"十四五"时期国家重点出版物出版专项规划·重大出版工程规划项目

变革性光科学与技术丛书

Polarized Light and Optical Systems（I）

偏振光和光学系统

（第一卷）

[美] 罗素·奇普曼（Russell A. Chipman）
[美] 慧梓—蒂凡尼·林（Wai-Sze Tiffany Lam） 著
[美] 嘉兰·杨（Garam Young）

侯俊峰 张旭升 王东光 译

清華大学出版社
北京

内容简介

本书是有关偏振光学及光学系统偏振设计和分析方面的一本系统性论著，讨论了偏振光基本理论和测量方法、偏振光线追迹和偏振像差理论，以及偏振像差理论在常用偏振元件和系统中的应用。全书共27章，分为两卷，其中第一卷为第1～13章，介绍光的偏振特性及其表征方法、偏振光干涉、琼斯矩阵、米勒矩阵、偏振测量术、菲涅耳公式、偏振光线追迹、光学光线追迹、琼斯光瞳和局部坐标系、菲涅耳像差、薄膜等内容；第二卷为第14～27章，介绍基于泡利矩阵的琼斯矩阵解析、近轴偏振像差、偏振像差对成像的影响、平移和延迟计算、倾斜像差、双折射光线追迹、基于偏振光线追迹矩阵的光束组合、单轴材料和元件、晶体偏振器、衍射光学元件、液晶盒、应力双折射、多阶延迟器及其延迟的不连续性等。本书内容非常丰富、翔实，特别是关于光学系统的偏振光线追迹、偏振像差分析及应用泡利矩阵进行偏振特性解析等部分内容，是作者对于偏振光学研究的最新成果。

本书可供从事光学工程、天文观测、空间遥感、材料科学、微纳结构科学、生物医学等领域的科研和工程技术人员参考阅读，也可作为相关专业的高年级本科生、研究生的教学参考书。

北京市版权局著作权合同登记号　图字：01-2022-0604

Polarized Light and Optical Systems/by Russell A. Chipman，Wai-Sze Tiffany Lam，Garam Young / ISNB：978-1-4987-0056-6

图书在版编目(CIP)数据

偏振光和光学系统. 第一卷/(美)罗素・奇普曼(Russell A. Chipman)，(美)慧梓一蒂凡尼・林(Wai-Sze Tiffany Lam)，(美)嘉兰・杨(Garam Young)著；侯俊峰，张旭升，王东光译. —北京：清华大学出版社，2023. 6

(变革性光科学与技术丛书)

书名原文：Polarized Light and Optical Systems

ISBN 978-7-302-63378-5

Ⅰ. ①偏…　Ⅱ. ①罗…　②慧…　③嘉…　④侯…　⑤张…　⑥王…　Ⅲ. ①偏振光－光学系统　Ⅳ. ①O436. 3

中国国家版本馆 CIP 数据核字(2023)第 068446 号

责任编辑：鲁永芳
封面设计：意匠文化・丁奔亮
责任校对：薄军霞
责任印制：宋　林

出版发行：清华大学出版社
　　网　　址：http://www. tup. com. cn，http://www. wqbook. com
　　地　　址：北京清华大学学研大厦 A 座　　**邮　　编**：100084
　　社 总 机：010-83470000　　**邮　　购**：010-62786544
　　投稿与读者服务：010-62776969，c-service@tup. tsinghua. edu. cn
　　质量反馈：010-62772015，zhiliang@tup. tsinghua. edu. cn
印 装 者：三河市龙大印装有限公司
经　　销：全国新华书店
开　　本：185mm×260mm　　**印　　张**：29. 75　　**字　　数**：724 千字
版　　次：2023 年 8 月第 1 版　　**印　　次**：2023 年 8 月第1 次印刷
定　　价：189. 00 元

产品编号：093817-01

丛书编委会

主　编

罗先刚　中国工程院院士，中国科学院光电技术研究所

编　委

周炳琨　中国科学院院士，清华大学

许祖彦　中国工程院院士，中国科学院理化技术研究所

杨国桢　中国科学院院士，中国科学院物理研究所

吕跃广　中国工程院院士，中国北方电子设备研究所

顾　敏　澳大利亚科学院院士、澳大利亚技术科学与工程院院士、中国工程院外籍院士，皇家墨尔本理工大学

洪明辉　新加坡工程院院士，新加坡国立大学

谭小地　教授，北京理工大学、福建师范大学

段宣明　研究员，中国科学院重庆绿色智能技术研究院

蒲明博　研究员，中国科学院光电技术研究所

丛书序

光是生命能量的重要来源，也是现代信息社会的基础。早在几千年前人类便已开始了对光的研究，然而，真正的光学技术直到400年前才诞生，斯涅耳、牛顿、费马、惠更斯、菲涅耳、麦克斯韦、爱因斯坦等学者相继从不同角度研究了光的本性。从基础理论的角度看，光学经历了几何光学、波动光学、电磁光学、量子光学等阶段，每一阶段的变革都极大地促进了科学和技术的发展。例如，波动光学的出现使得调制光的手段不再限于折射和反射，利用光栅、菲涅耳波带片等简单的衍射型微结构即可实现分光、聚焦等功能；电磁光学的出现，促进了微波和光波技术的融合，催生了微波光子学等新的学科；量子光学则为新型光源和探测器的出现奠定了基础。

伴随着理论突破，20世纪见证了诸多变革性光学技术的诞生和发展，它们在一定程度上使得过去100年成为人类历史长河中发展最为迅速、变革最为剧烈的一个阶段。典型的变革性光学技术包括激光技术、光纤通信技术、CCD成像技术、LED照明技术、全息显示技术等。激光作为美国20世纪的四大发明之一（另外三项为原子能、计算机和半导体），是光学技术上的重大里程碑。由于其极高的亮度、相干性和单色性，激光在光通信、先进制造、生物医疗、精密测量、激光武器乃至激光核聚变等技术中均发挥了至关重要的作用。

光通信技术是近年来另一项快速发展的光学技术，与微波无线通信一起极大地改变了世界的格局，使“地球村”成为现实。光学通信的变革起源于20世纪60年代，高琨提出用光代替电流，用玻璃纤维代替金属导线实现信号传输的设想。1970年，美国康宁公司研制出损耗为20 dB/km的光纤，使光纤中的远距离光传输成为可能，高琨也因此获得了2009年的诺贝尔物理学奖。

除了激光和光纤之外，光学技术还改变了沿用数百年的照明、成像等技术。以最常见的照明技术为例，自1879年爱迪生发明白炽灯以来，钨丝的热辐射一直是最常见的照明光源。然而，受制于其极低的能量转化效率，替代性的照明技术一直是人们不断追求的目标。从水银灯的发明到荧光灯的广泛使用，再到获得2014年诺贝尔物理学奖的蓝光LED，新型节能光源已经使得地球上的夜晚不再黑暗。另外，CCD的出现为便携式相机的推广打通了最后一个障碍，使得信息社会更加丰富多彩。

20世纪末以来，光学技术虽然仍在快速发展，但其速度已经大幅减慢，以至于很多学者认为光学技术已经发展到瓶颈期。以大口径望远镜为例，虽然早在1993年美国就建造出10 m口径的“凯克望远镜”，但迄今为止望远镜的口径仍然没有得到大幅增加。美国的30 m望远镜仍在规划之中，而欧洲的OWL百米望远镜则由于经费不足而取消。在光学光刻方面，受到衍射极限的限制，光刻分辨率取决于波长和数值孔径，导致传统i线（波长为365 nm）光刻机单次曝光分辨率在200 nm以上，而每台高精度的193光刻机成本达到数亿元人民币，且单次曝光分辨率也仅为38 nm。

在上述所有光学技术中，光波调制的物理基础都在于光与物质(包括增益介质、透镜、反射镜、光刻胶等)的相互作用。随着光学技术从宏观走向微观，近年来的研究表明：在小于波长的尺度上(即亚波长尺度)，规则排列的微结构可作为人造“原子”和“分子”，分别对入射光波的电场和磁场产生响应。在这些微观结构中，光与物质的相互作用变得比传统理论中预言的更强，从而突破了诸多理论上的瓶颈难题，包括折反射定律、衍射极限、吸收厚度-带宽极限等，在大口径望远镜、超分辨成像、太阳能、隐身和反隐身等技术中具有重要应用前景。譬如，基于梯度渐变的表面微结构，人们研制了多种平面的光学透镜，能够将几乎全部入射光波聚集到焦点，且焦斑的尺寸可突破经典的瑞利衍射极限，这一技术为新型大口径、多功能成像透镜的研制奠定了基础。

此外，具有潜在变革性的光学技术还包括量子保密通信、太赫兹技术、涡旋光束、纳米激光器、单光子和单像元成像技术、超快成像、多维度光学存储、柔性光学、三维彩色显示技术等。它们从时间、空间、量子态等不同维度对光波进行操控，形成了覆盖光源、传输模式、探测器的全链条创新技术格局。

值此技术变革的肇始期，清华大学出版社组织出版“变革性光科学与技术丛书”，是本领域的一大幸事。本丛书的作者均为长期活跃在科研第一线，对相关科学和技术的历史、现状和发展趋势具有深刻理解的国内外知名学者。相信通过本丛书的出版，将会更为系统地梳理本领域的技术发展脉络，促进相关技术的更快速发展，为高校教师、学生以及科学爱好者提供沟通和交流平台。

是为序。

罗先刚

2018 年 7 月

目　录

第 8 章

第 9 章

第 10 章

第 11 章

第 12 章

第 13 章

作者简介

罗素·奇普曼(Russell A. Chipman)，博士，亚利桑那大学光学科学教授，也是日本宇都宫大学光学研究与教育中心(CORE)的客座教授。他在这两所大学教授偏振光、偏振测量和偏振光学设计课程。奇普曼教授获得麻省理工学院(MIT)物理学学士学位，以及亚利桑那大学光学科学硕士和博士学位。他是美国光学学会(OSA)和国际光学与光子学学会(SPIE)的会员。2015 年，他获得了 SPIE 的 2007 G. G. Stokes 偏振测量研究奖和 OSA 的约瑟夫·夫琅禾费奖/罗伯特·伯利光学工程奖。他是美国航天局喷气推进实验室气溶胶多角度成像仪的联合研究员，该偏振测量仪计划于 2021 年前后发射到地球轨道，用于监测城市的气溶胶和污染。他还在为其他 NASA 系外行星和遥感任务开发紫外和红外偏振仪试验样机和分析方法。他最近专注于开发 Polaris-M 偏振光线追迹代码，该软件可分析包含各向异性材料、电光调制器、衍射光学元件、偏振散射光和许多其他效应的光学系统。他的爱好包括徒步旅行、钻研日语、养兔子和听音乐。

慧梓-蒂凡尼·林(Wai-Sze Tiffany Lam)，博士，在香港出生和长大。她目前是脸书 Oculus 研究项目的光学科学家。她在亚利桑那大学获得了光学工程学士学位和光学科学硕士和博士学位。她为双折射和光学旋光元件、具有应力双折射的元件、晶体延迟器和偏振器中的像差以及液晶盒的建模开发了稳健的光学建模和偏振仿真算法。其中许多算法构成了艾里光学公司销售的商业光线追迹软件 Polaris-M 的基础。

嘉兰·杨(Garam Young)，博士，毕业于韩国首尔国立大学获得物理学学士学位，随后获得亚利桑那大学光学科学学院的博士学位，还获得了毕业告别演讲和优秀研究生荣誉。然后，她在帕萨迪纳市的 Synopsys 公司开发 CODE V 和 LightTools 的偏振特性和优化特性，目前在旧金山湾区担任光学和照明工程师。她的丈夫和女儿让她在家里忙个不停。

致　谢

我们的家人在我们写这本书的过程中提供了如此多的支持，他们是 Laure，Peter，Kin Lung，Tek Yin，Wai Kwan，Stefano 和 Sofia。

特别感谢亚利桑那大学光学科学学院、喷气推进实验室、宇都宫大学光学研究和教育中心、Oculus 研发实验室和 Nalux 有限公司。

如果没有这么多同事的帮助，这本书是不可能完成的，其中包括：Lloyd Hillman，Steve McClain，Jim McGuire，James B. Breckinridge，Stacey Sueoka，Christine Bradley，Brian Daugherty，Scott Tyo，Anna-Britt Mahler，Scott McEldowney，Michihisa Onishi，Hannah Nobel，Paula Smith，Matthew Smith，Kyle Hawkins，Meredith Kupinski，Lisa Li，Dennis Goldstein，Shih-Yau Lu，Karen Twietmeyer，David Chenault，John Gonglewski，Yukitoshi Otani，Ashley Gasque，Larry Pezzaniti，Robert Galter，Nasrat Raouf，Glenn Boreman，David Diner，Greg Smith，Rolland Shack，Dan Reiley，Angus Macleod，Cindy Gardner，Stanley Pau，David Voeltz，Ab Davis，Joseph Shaw，Kira Hart，James C. Wyant，Amy Phillips，Tom Brown，John Stacey，Suchandra Banerjee，Brian DeBoo，David Salyer，Toyohiko Yatagai，Julie Gillis，Alba Peinado，Jeff Davis，Juliana Richter，Jack Jewell，Alex Erstad，Chanda Bartlett-Walker，Jaden Bankhead，Kazuhiko Oka，Wei-Liang Hsu，Adriana Stohn，Eustace Dereniak，Chikako Sugaya，Justin Wolfe，John Greivenkamp，Momoka Sugimura，Erica Mohr，Alex Schluntz，Charles LaCasse，Jason Auxier，Karlton Crabtree，Israel Vaughn，Pierre Gerligand，Jose Sasian，Ami Gupta，Ann Elsner，Juan Manuel Lopez，Kurt Denninghoff，Toru Yoshizawa，Kyle Ferrio，Tom Bruegge，Bryan Stone，James Harvey，Brian Cairns，Charles Davis，Adel Joobeur，Robert Shannon，Robert Dezmelyk，Matt Dubin，Quinn Jarecki，Masafumi Seigo，Tom Milster，James Hadaway，Dejian Fu，Steven Burns，James Trollinger Jr.，Beth Sorinson，Mike Hayford，Jennifer Parsons，Johnathan Drewes，Bob Breault，Rodney Fuller，Peter Maymon，Alan Huang，Jacob Krause，Kasia Sieluzycka，Jurgen Jahns，Phillip Anthony，Aristide Dogariu，Michaela May，Jon Herlocker，Robert Pricone，Charlie Hornback，Krista Drummond，Barry Cense，Lena Wolfe，Neil Beaudry，Virginia Land，Noah Gilbert，Helen Fan，Eugene Waluschka，Phil McCulloch，Thomas Germer，Thiago Jota，Morgan Harlan，Tracy Gin，Cedar Andre，Dan Smith，Victoria Chan，Lirong Wang，Christian Brosseau，Andre Alanin，Graham Myhre，Mona Haggard，Eugene W. Cross，Ed West，Shinya Okubo，Matt Novak，Andrew Stauer，Conrad Wells，Michael Prise，Caterina Ubacch，David Elmore，Oersted Stavroudis，Weilin Liu，Tyson Ririe，Tom Burleson，Long Yang，Sukumar Murali，Julia Craven，Goldie Goldstein，Adoum Mahamat，Ravi Kinnera，Livia Zarnescu，Robert Rodgers，Randy Gove，Gordon Knight，Randall Hodgeson，Dan Brown，Nick Craft，Stephen Kupiac，Graeme Duthie，John Caulfield Jr.，Joseph Shamir，Ken Cardell，and Bill Galloway。

前　言

本书为本科生和研究生偏振光课程教材，该课程已在亚利桑那大学光学科学学院开展和完善了约十年。本书还可作为光学工程师和光学设计师在构建偏振测量仪、设计严格偏振光学系统以及为各种目的操控偏振光方面的参考书。

偏振是液晶显示器、三维(3D)电影、先进遥感卫星、微光刻系统和许多其他产品的核心技术。应用偏振光的光学系统其复杂性越来越大，由此，用于仿真和设计的工具也迅速发展起来了。更精确和复杂的偏振器、波片、偏振分束器和薄膜的发展为设计师和科学家提供了新的选择，也带来了许多仿真上的挑战。

与蜜蜂和蚂蚁不同，人类本质上是偏振视盲的。人类看不到天空、水和自然界其他地方丰富而微妙的偏振信息。同样，我们也无法看到偏振光在透过挡风玻璃、眼镜和所有光学系统时是如何变化和演变的。因此，学生往往难以理解偏振对光学系统设计、计量、成像、大气光学以及光在组织中传播的重要性。本书通过将偏振光的基本原理与光学工程师和设计师的实践结合起来，就这些技术背后的光学知识提供了指导。

偏振涉及多达 16 个自由度：线偏振、圆偏振和椭圆偏振、二向衰减、延迟和退偏。这些自由度对我们来说是不可见的，因此可能看起来很抽象。在与学生的讨论中，我们偶尔会听到偏振被认为是复杂的、困难的，而且经常被误解。不幸的是，这种情况经常发生，因为许多偏振概念是在仓促和过于简化的处理中教授的。

本书包含对偏振光及偏振光学系统的详细讨论，以澄清作者发现的容易产生混淆的几个主题，以及通常被忽视的以下主题：

- 电磁场和菲涅耳方程的符号约定
- 用琼斯算法在横向平面局部坐标系中处理偏振光
- 许多微妙的相位问题
- 使用矩阵指数，以一种新的更简单的方式定义延迟的三个自由度和二向衰减的三个自由度
- 斯托克斯参数和米勒矩阵的非正交坐标系
- 将琼斯或米勒算法应用于三维光线追迹光学系统，特别是用于杂散光或组织光学

为了解决这些问题,我们开发了一种新的教学方法,并在课堂上进行了测试。这种方法从光传播的三维方法开始。光在光学系统中以任意方向传播,用数学对此进行处理。但琼斯矩阵和米勒矩阵仅描述沿 z 轴的传播。重新定位此 z 轴,使其成为局部坐标,会带来一些重要问题,尤其对于反射的描述。这里,我们教授了三维偏振光线追迹矩阵,它简化了光学系统和偏振元件的分析。然后,琼斯矢量和琼斯矩阵被视为一个有用的特殊情形。这种三维方法听起来可能更复杂,但实际上它使偏振计算更简单。我们开始喜欢这种三维方法,因为它解决了长期以来关于琼斯矩阵和正入射反射的坐标相关悖论!

在许多入门光学课程中,普遍介绍了偏振,但很少再详细讨论。经常介绍菲涅耳方程,但其结果却被忽略了。因此,本书给出了描述菲涅耳方程如何影响光通过透镜和反射镜以及成像的详细研究。通过学习偏振光的衍射和成像,学生可逐步了解菲涅耳方程如何改变点扩散函数的结构,以及偏振态如何在点物的像中变化。

在光学工程中,偏振元件通常被视为一个独立的子系统。偏振的数学方法,即琼斯演算和米勒演算,一直与一阶光学、像差理论、透镜设计的数学方法分开,并且在很大程度上也与干涉和衍射分开。早期对偏振的研究主要集中在琼斯演算、米勒演算和偏振元件上。本书将偏振元件视为光学元件,也将光学元件视为偏振元件。透镜和反射镜系统的特性随波长、角度和位置而变化,这些就是像差。类似地,偏振元件的偏振特性随波长、角度和位置而变化,这些就是偏振像差。正如光学设计师在传统光学设计中需要对光程长度进行详细计算一样,偏振光线追迹也可以对偏振特性进行类似的详细计算。

现在大多数光学设计程序都提供了偏振光线追迹计算,因此现在许多用户更需要了解偏振光在光学系统中传播的细微之处,以便成功使用偏振光线追迹软件,并能够清楚地表达结果。到目前为止,偏振光线追迹尚未成为光学课程的一部分。为了解决这一问题,我们为讲师提供了材料,将课程建立为以光学系统中的偏振为基础,而不是把偏振作为一个子系统。本书通过讲授偏振元件、偏振元件序列、偏振测量、菲涅耳方程和各向异性材料的基础知识来满足这些需求。

偏振元件从来都不是理想的。所提出的理论和分析方法便于人们深入理解常见光学元件(如透镜、折轴反射镜和棱镜)的偏振效应。因此,本书在偏振像差方面投入了相当大的篇幅:波片的延迟随入射角和波长的变化,以及线栅、偏振片和格兰-泰勒偏振器的角度相关性。

为了完善本书对光学系统的论述,本书提供了光线追迹算法和近轴光学的概述,并提供了足够的材料,使来自光学以外的科学家和工程师熟悉光线追迹算法的基本概念。本书中的许多示例系统都是用我们内部研究的偏振光线追迹软件 Polaris-M 计算的,该软件基于三维偏振光线追迹矩阵。

我们觉得这些概念很有趣,希望我们的魅力能传达给读者。几何是数学中最令人愉悦的领域之一,偏振与光学系统的结合提供了大量的几何问题和见解。对于光学设计师来说,从标量波前像差函数(一个自由度,光程长度)的面转移到八维琼斯光瞳及其高维形状是一大步。但一旦人们习惯了二向衰减像差和延迟像差,将塞德尔像差和泽尼克像差推广到八维空间就具有极大的美和对称性。我们在对偏振像差的研究中,在琼斯演算结构中给出了这个八维琼斯矩阵空间的逐步指导。

罗素·奇普曼

慧梓-蒂凡尼·林

嘉兰·杨

这本书是怎么产生的

第一作者罗素·奇普曼讲授偏振光学已有30多年，同时在光学设计、偏振测量和偏振器件领域开展了广泛的偏振研究项目。多年来，他的研究优先于书籍写作，但课程材料获得了稳步发展和讲授。

从2006年开始，嘉兰·杨撰写了一篇关于偏振光线追迹的论文，在此过程中，偏振光线追迹中围绕相位、延迟和倾斜像差的许多潜在问题被揭示出来，并澄清了深层次的问题。这些进展致使亚利桑那州科学基金会支持编写一个研究偏振光线追迹的程序Polaris-M，以演示这些新的偏振光线追迹方法。蒂凡尼·林与史蒂夫·麦克莱恩(Steve McClain)共同负责各向异性材料光线追迹算法的开发和测试，生成了许多极具指导意义的偏振光线追迹示例，并开发了双折射光线追迹的特殊处理方法。

本书是第一作者对于偏振像差研究的顶峰，该项研究始于1982年，是在喷气推进实验室的吉姆·怀恩特(Jim Wyant)和吉姆·布雷金里奇(Jim Breckinridge)指导下在亚利桑那大学光学研究生院开展的。在奇普曼的教材和研究经验、杨的偏振光线追迹论文和林的各向异性光线追迹论文中，这一雄心勃勃项目的各个部分都已就绪。这不仅仅是一本关于偏振光和偏振演算的书，它还将引导读者了解光学系统的现代观点，即光学系统中的一切都是偏振元件。

建议的课程

根据多年来讲授这门课程的经验，作者安排了各章的逻辑顺序。该顺序的组织是为了在课堂上自然流畅。这些章节从简单到复杂，从基础的概念到更实用的概念。根据课程目标，可以选择不同的章节顺序。以下是三个建议的课程：粉色突出显示的是(1)本科偏振光学课程，蓝色突出显示的是(2)研究生偏振光学课程，紫色突出显示的是(3)偏振光学设计高级课程。

本科生课程：偏振的光

1. 引言和概述
2. 偏振光
3. 斯托克斯参量和庞加莱球
4. 偏振光干涉
5. 琼斯矩阵及偏振特性
6. 米勒矩阵
7. 偏振测量术
8. 菲涅耳公式
9. 偏振光线追迹计算
10. 光学光线追迹
11. 琼斯光瞳和局部坐标系
12. 菲涅耳像差
13. 薄膜
14. 基于泡利矩阵的琼斯矩阵数据约简
15. 近轴偏振像差
16. 有偏振像差的成像
17. 平移和延迟计算
18. 倾斜像差
19. 双折射光线追迹
20. 用偏振光线追迹矩阵进行光束组合
21. 单轴材料和元件
22. 晶体偏振器
23. 衍射光学元件
24. 液晶盒
25. 应力诱导双折射
26. 多阶延迟器和不连续性之谜
27. 总结和结论

研究生课程:偏振光学

1. 引言和概述
2. 偏振光
3. 斯托克斯参量和庞加莱球
4. 偏振光的干涉
5. 琼斯矩阵和偏振特性
6. 米勒矩阵
7. 偏振测量术
8. 菲涅耳公式
9. 偏振光线追迹计算
10. 光学光线追迹
11. 琼斯光瞳和局部坐标系
12. 菲涅耳像差
13. 薄膜
14. 基于泡利矩阵的琼斯矩阵数据约简
15. 近轴偏振像差
16. 有偏振像差的成像
17. 平移和延迟计算
18. 倾斜像差
19. 双折射光线追迹
20. 用偏振光线追迹矩阵进行光束组合
21. 单轴材料和元件
22. 晶体偏振器
23. 衍射光学元件
24. 液晶盒
25. 应力诱导双折射
26. 多阶延迟器和不连续性之谜
27. 总结和结论

高级课程:偏振光学设计

1. 引言和概述
2. 偏振光
3. 斯托克斯参量和庞加莱球
4. 偏振光的干涉
5. 琼斯矩阵和偏振特性
6. 米勒矩阵
7. 偏振测量术
8. 菲涅耳公式
9. 偏振光线追迹计算
10. 光学光线追迹
11. 琼斯光瞳和局部坐标系
12. 菲涅耳像差
13. 薄膜
14. 基于泡利矩阵的琼斯矩阵数据约简
15. 近轴偏振像差
16. 有偏振像差的成像
17. 平移和延迟计算
18. 倾斜像差
19. 双折射光线追迹
20. 用偏振光线追迹矩阵进行光束组合
21. 单轴材料和元件
22. 晶体偏振器
23. 衍射光学元件
24. 液晶盒
25. 应力诱导双折射
26. 多阶延迟器和不连续性之谜
27. 总结和结论

章节导览

第 1 章：引言和概述

概述了偏振光和偏振光学，并介绍光学系统中的几个偏振问题。介绍了光的电磁本性。解释了偏振元件，如偏振器、延迟器、退偏器，以及相关特性，如双折射。以图形方式研究了一系列偏振问题：未镀膜透镜的马耳他十字图案、偏振器和延迟器的视场相关性、光学薄膜引起的偏振像差、应力双折射以及液晶的角度相关性。

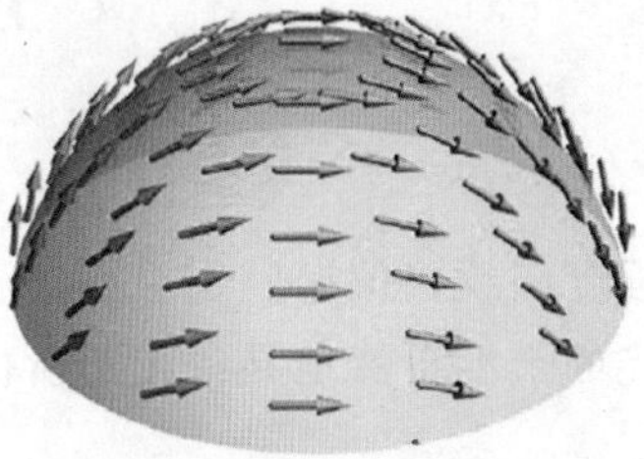

半球面波前上的线偏振

第 2 章：偏振光

涵盖了单色光和平面波在二维琼斯矢量和三维偏振矢量中的数学处理，详细探讨了偏振椭圆，在此过程中回顾了基本向量数学。最后总结讨论了球面波前和光源的偏振。

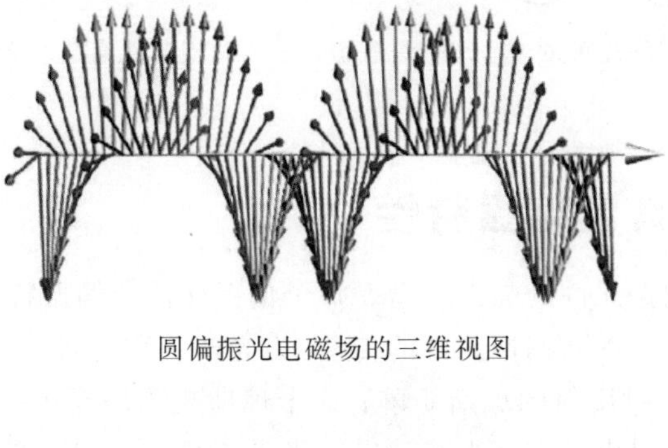

圆偏振光电磁场的三维视图

第 3 章：斯托克斯参量和庞加莱球

研究多色光、部分偏振光和非相干光。斯托克斯参量有一个不寻常的非正交坐标系，它对于辐射测量和遥感问题非常有效。庞加莱球是斯托克斯参量的三维表示，它简化了许多偏振元件问题的分析。

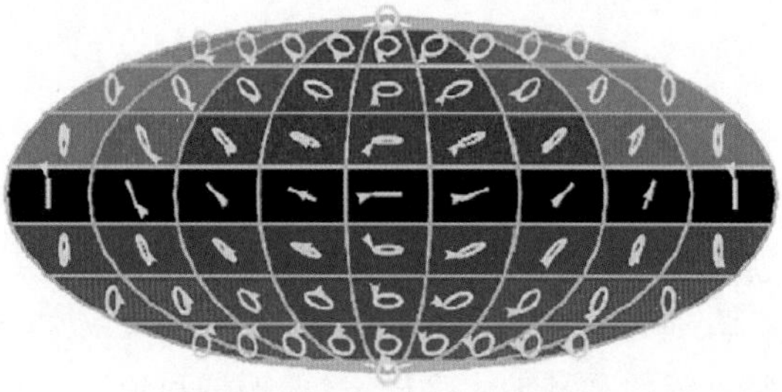

墨卡托投影法表示的庞加莱球

第 4 章：偏振光干涉

研究干涉中的偏振条纹和强度条纹。偏振问题会影响干涉仪，并给记录良好的干涉图造成困难。部分偏振光和多色光的干涉自然地导致光的斯托克斯参数描述。

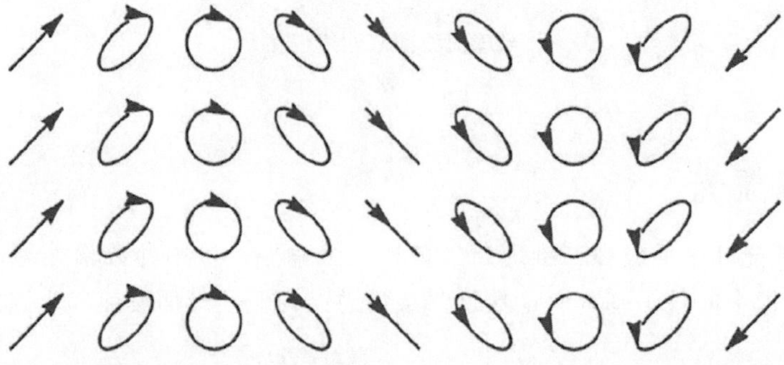

0°和 90°激光束的干涉产生具有恒定强度和周期性偏振条纹的图案

第 5 章：琼斯矩阵及偏振特性

发展了矩阵作为偏振元件的强大模型。每个偏振元件和偏振特性都有一个对应的琼斯矩阵族。考虑了光通过一系列偏振元件的传播，为光学工程师提供了有价值的例子。考察了光正入射到反射镜上时反射的琼斯矩阵；这个琼斯矩阵展现了一个悖论，它将通过偏振光线追迹矩阵来解决。提出了入射光束和出射光束不平行情况下琼斯矩阵的概念，这在光学设计中非常重要。

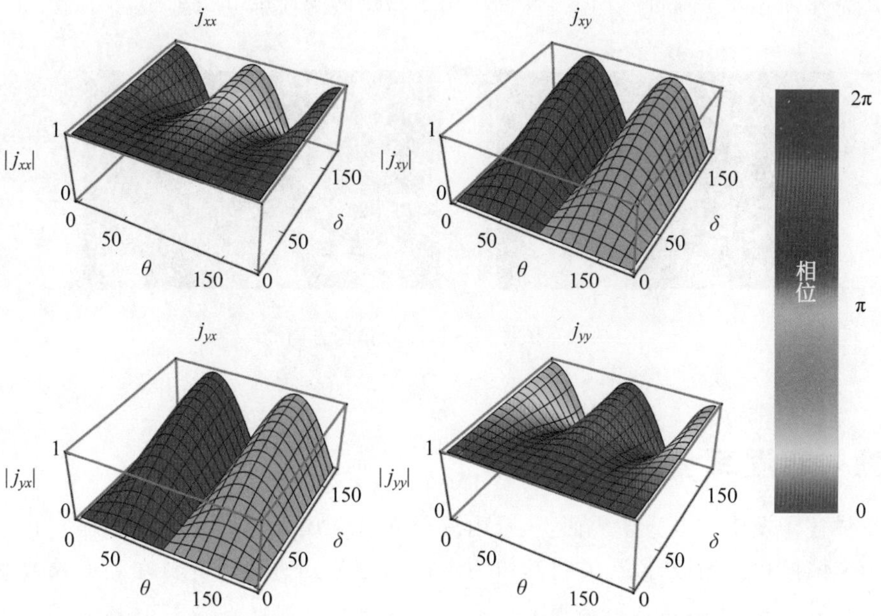

所有线性延迟器的琼斯矩阵。高度是幅值，颜色编码为相位

第 6 章：米勒矩阵

为偏振元件（偏振器、二向衰减器、延迟器以及退偏器）的非相干光计算提供了一种强大的方法。引入反射和折射米勒矩阵，将该方法推广到包含光学元件的问题。退偏是一种具有九个自由度的常见现象。

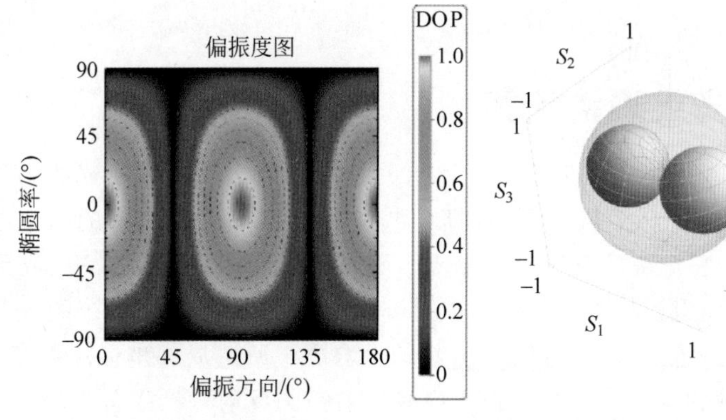

水平和垂直偏振器之间孔径上的二维和三维偏振度图

第 7 章：偏振测量术

将米勒矩阵方法应用于斯托克斯参数和米勒矩阵的测量。斯托克斯偏振测量仪在遥感中有许多应用，包括描述大气中的气溶胶特征和在杂乱场景中寻找人造物体。米勒矩阵用

于测试偏振元件和光子器件,并作为椭偏仪用于测量薄膜厚度和折射率。

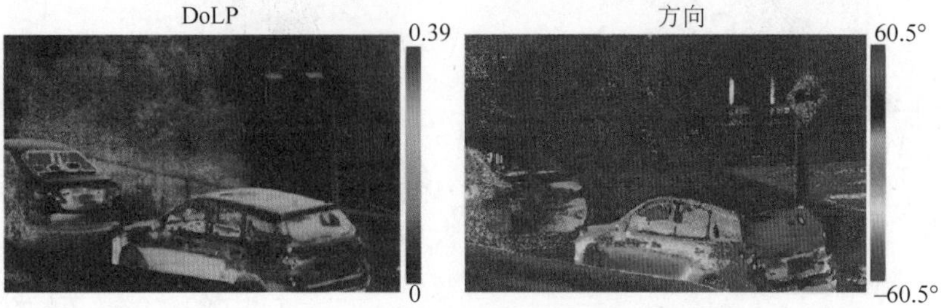

汽车图像的偏振度和偏振方向

第 8 章：菲涅耳公式

本章描述了发生在电介质界面上、全内反射和从金属反射镜反射的偏振变化。将入射光解析为 s 偏振和 p 偏振分量,并将其作为本征偏振分别进行研究。在延迟导数变为无穷大的临界角处,会发生非常大的偏振效应。

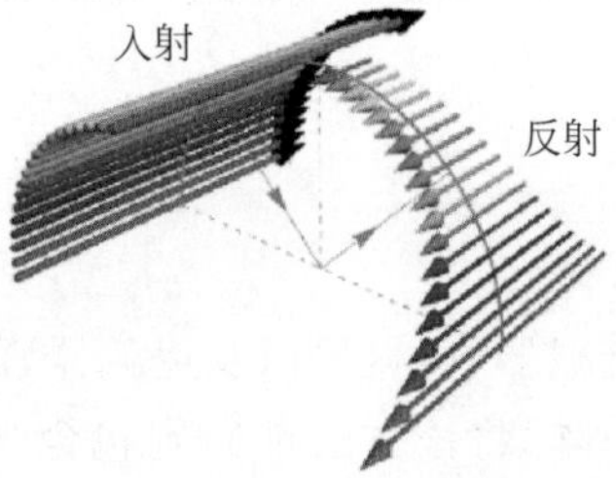

玻璃表面反射的 p 偏振光的入射和反射电场矢量

第 9 章：偏振光线追迹计算

本章开发了 3×3 偏振光线追迹矩阵和相关算法。该演算将偏振光线追迹系统化为三维偏振光线追迹矩阵,即 ***P*** 矩阵,它是琼斯矩阵的三维推广。***P*** 矩阵的一个主要优点是它定义在全局坐标中;它解决了琼斯矩阵和局部坐标由于奇点和非唯一性导致的深层次问题,这是贯穿本书的主题。因此,任何用 ***P*** 矩阵进行光线追迹光学系统的人都会得到相同的矩阵,不像琼斯矩阵或米勒矩阵的计算,其结果取决于所选局部坐标的顺序。给出了使用 ***P*** 矩阵计算二向衰减和延迟的算法。正入射时反射镜的反射琼斯矩阵与透射半波延迟器的琼斯矩阵相同,这一悖论得到了解决。通过偏振干涉仪的光线追迹(如图所示)给出了一个重要的演算例子。

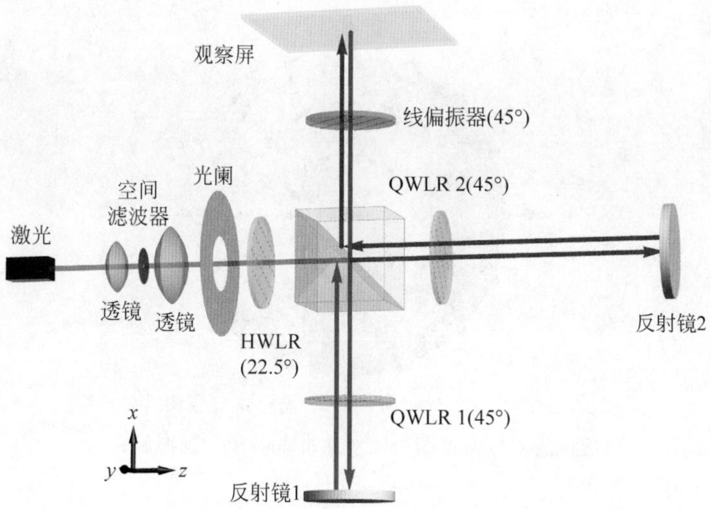

用偏振光线追迹演算分析偏振干涉仪

第 10 章：光学光线追迹

本章介绍了光线追迹光学系统的算法，并计算了波前和偏振像差函数。偏振光线追迹算法考虑了光线追迹过程中镀膜和未镀膜界面的偏振效应，例如菲涅耳系数。偏振光线追迹矩阵用于计算光线的透射率（切趾）、二向衰减和延迟特性。波前的光线网格构成了确定偏振像差函数的基础。给出了光线追迹概念的一个示例：有两个非球面的手机镜头。本章最后回顾了偏振光线追迹的历史。

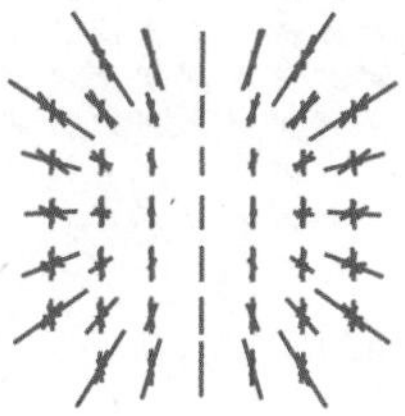

通过手机镜头的离轴光束的二向衰减，逐面重叠在出瞳中

第 11 章：琼斯光瞳和局部坐标系

本章分析了将定义于三维球面上的光线追迹结果转换为平面表示的琼斯光瞳的难题。琼斯光瞳在工业上常用于表示偏振像差。为了正确使用琼斯光瞳，解释了局部坐标系的微妙之处，并提出了最优方法。发展了两种主要的局部坐标系：偶极坐标系和双极坐标系。对于高数值孔径波前，由于双极坐标系更接近透镜的自然行为，因此使用双极坐标系更加方便。双极坐标还包含一个迷人的双退化奇点。手机镜头示例继续说明 **P** 矩阵如何转换为琼斯光瞳。

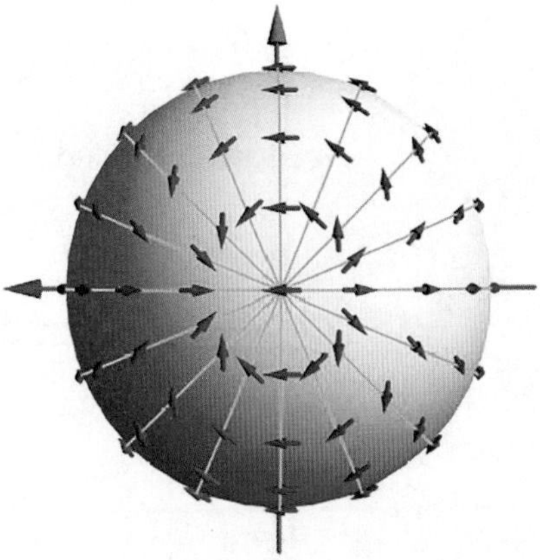

透镜的双极偏振图中围绕双奇点的 720°偏振旋转

第 12 章：菲涅耳像差

本章将菲涅耳公式应用于几个示例光学系统，得到的偏振像差令人惊讶。正交偏振器之间的未镀膜透镜会漏光形成马耳他十字图案。卡塞格林望远镜中的金属膜层将少量像散引入轴上光束！该望远镜在正交偏振器之间的点扩散函数中心为深色，另有四个光斑分布在周边。菲涅耳公式的一个巧妙应用是菲涅耳菱体——一种基于全内反射的四分之一波延迟器。

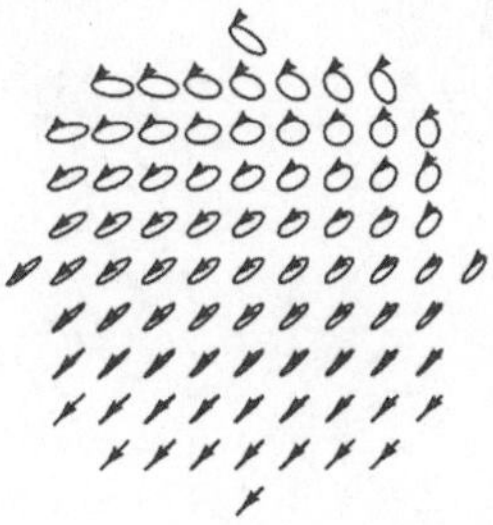

当入射偏振方向在 s 和 p 之间的 45°时，从铝折光镜反射的 f/1 光束的偏振态

第 13 章：薄膜

本章涵盖了几种最重要的光学薄膜及其偏振特性：

- 增透膜
- 增强反射膜
- 金属分束膜
- 偏振分束膜

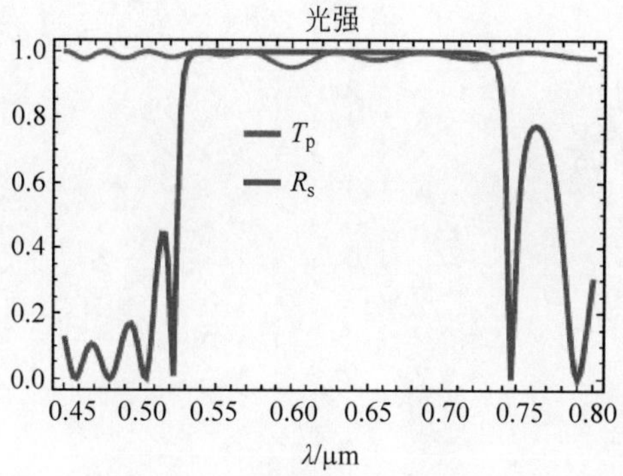

麦克尼尔(MacNeille)偏振分束棱镜分光膜的 p 强度透射率和 s 强度反射率

第 14 章：基于泡利矩阵的琼斯矩阵数据约简

本章将琼斯光瞳解释为二向衰减和延迟像差函数。琼斯矩阵一章介绍了从偏振特性、二向衰减和延迟计算琼斯矩阵的正问题。本章通过求琼斯矩阵的标准形式，泡利矩阵和矩阵指数将琼斯矩阵转换为二向衰减和延迟。

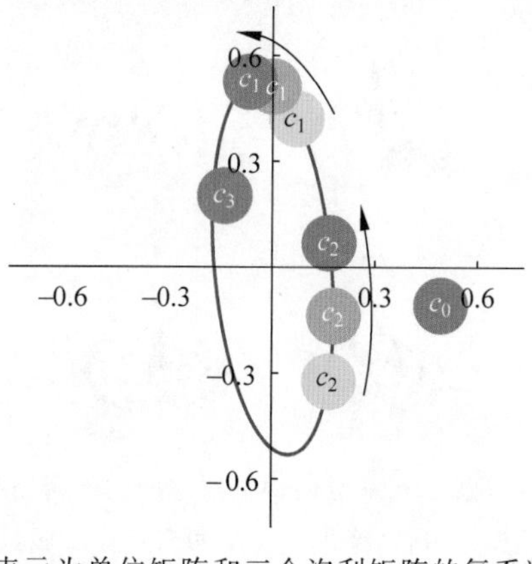

偏振元件可表示为单位矩阵和三个泡利矩阵的复系数加权之和。
当元件旋转时，两个线性系数沿椭圆轨迹移动，而单位矩阵系数和圆泡利系数保持不动

第 15 章：近轴偏振像差

本章研究径向对称系统中偏振像差的形式，从入射角函数开始，结合典型的二向衰减和像差函数，得出二阶偏振像差模式，类似于离焦、倾斜和平移。将近轴光线追迹像差作为研究起点，以便扩展认知完全像差。

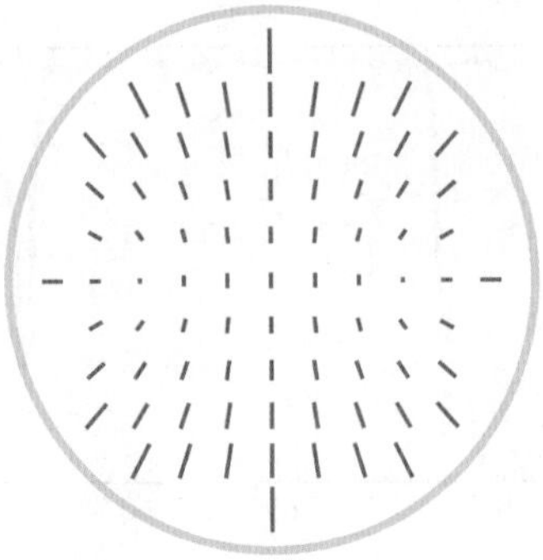

望远镜离轴视场光瞳上的双峰延迟分布,有两个零点,围绕每个零点快轴旋转 180°

第 16 章: 有偏振像差的成像

本章研究衍射以及存在偏振像差时点扩散函数和光学传递函数的计算。从光学系统出射的偏振态的变化会引起像及其偏振结构的有趣变化。由于倾斜像差和全内反射引起的延迟,角立方体的偏振像差非常大。

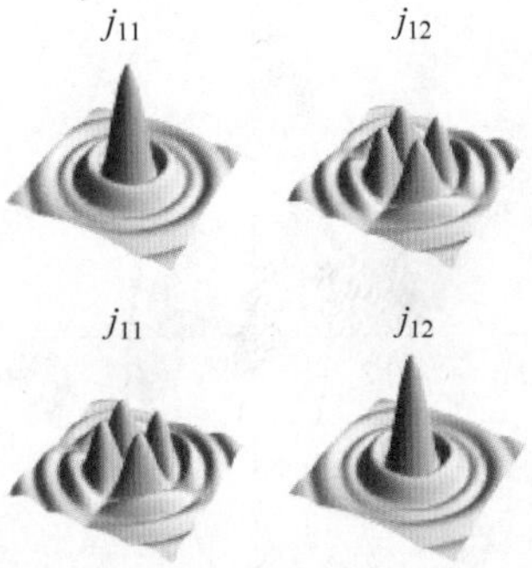

在 x 和 x、y 和 x、x 和 y 以及 y 和 y 方向偏振器之间的卡塞格林望远镜的点扩展函数,对于正交偏振器组合,产生了一个四瓣点扩展函数,中间为暗

第 17 章: 平移和延迟计算

本章描述了延迟器和延迟的计算。延迟是一个特别微妙且有时矛盾的概念,通常描述为两个正交偏振态之间的光程差。然而,当一个系统有两个以上的干涉光束时,会出现其他概念问题,这些问题会使测量和解释显示器用双折射薄膜的特性变得复杂。当入射光线、中间光线段和出射光线彼此不平行时,三维中的延迟计算会出现一个悖论。本章展示了如何在详细了解通过光学系统的光线路径的情况下,简单地解决延迟悖论。

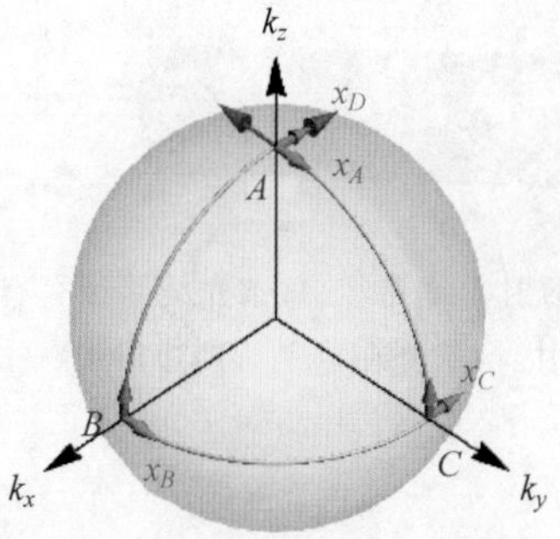

延迟的计算取决于单位传播球上形成的球面多边形面积，该单位传播球由每个光线段所有传播矢量形成

第 18 章：倾斜像差

本章将延迟悖论的解决方案应用于非偏振光学系统中发生的偏振态旋转。用 Pancharatnam/ Berry 相位解释了一种新型的偏振像差，即倾斜像差。倾斜像差的一个独特特征是它存在于理想非偏振光学系统中。这种效应对于具有大视场的高数值孔径光学系统是非常显著的；微光刻系统就是这种光学系统的好例子。推导了倾斜像差对偏振点扩展函数和光学传递函数的影响。

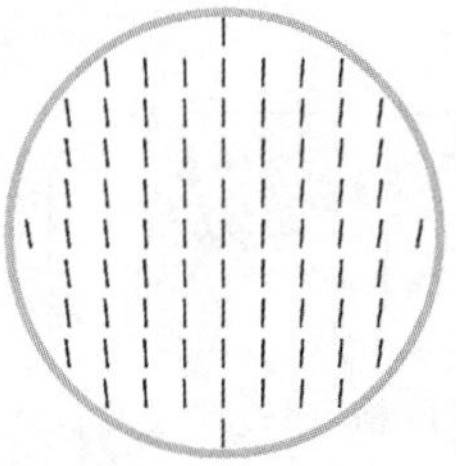

由于偏振态的平行转移，离轴视场的出射偏振在光瞳上发生了偏振旋转

第 19 章：双折射光线追迹

本章介绍了各向异性材料的光线追迹方法，并讨论了光线倍增的处理。通过各向异性材料进行偏振光线追迹需要追迹所有分裂光线的大量参数：

- 传播矢量 $\boldsymbol{k}$
- 坡印廷矢量 $\boldsymbol{S}$
- 模式折射率 n
- 复菲涅耳系数 a
- 电场方向 $\hat{\boldsymbol{E}}$

各向异性算法可以处理双折射和反射、镀膜的各向异性界面、倏逝光线，包括全内反射和抑制反射。本书的网站 www. polarizedlight. org 包含光束通过双轴材料以及偏振态演化的动画。

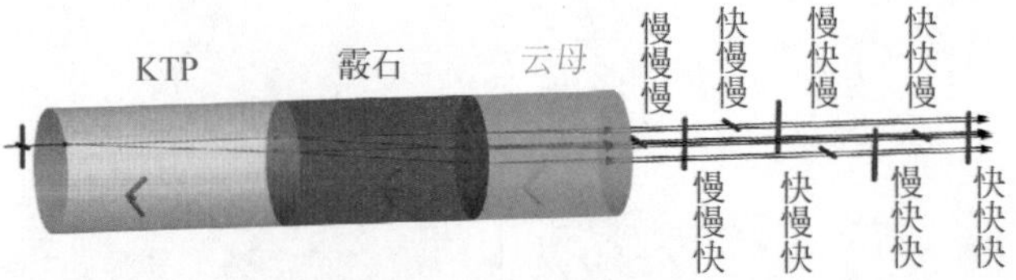

通过三块各向异性晶体序列的 8 条透射光线路径,每条光线路径具有不同的模式序列和不同的光程长度。8 条光线平行出射,每条都在双平行四边形形状中的不同位置出射

第 20 章:用偏振光线追迹矩阵进行光束组合

本章分析了具有相似和不同传播方向的多个波前的相互作用。作为光线追迹过程的一部分,必须仿真多个出射光束的相互作用,以分析双折射器件和干涉仪。组合多个波前的众多问题之一是光线网格的相对位置和插值的必要性。

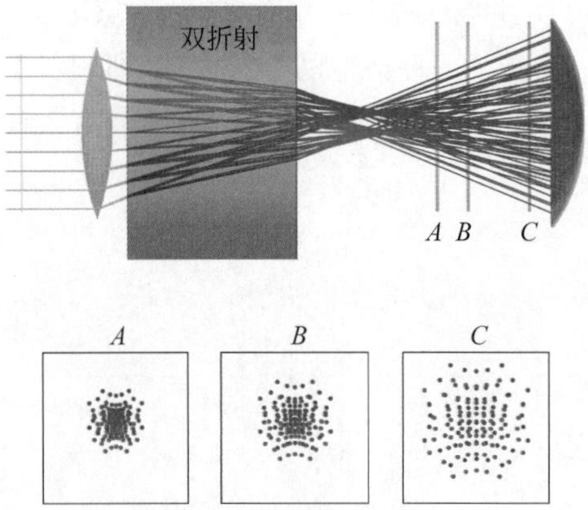

两种模式(红色和蓝色)的光线网格,通过厚波片聚焦,在不同位置具有不同的像差。仿真需要把相应的电场相加来模拟干涉、衍射和成像

第 21 章:单轴材料和元件

本章探索了常见单轴器件中的光传播和光线追迹。折射率椭球有助于解释波前通过双折射界面的传播。在单轴材料中,由于折射率的角度变化,异常模的双折射像差非常复杂。在分析波片时,了解这种像差很重要。

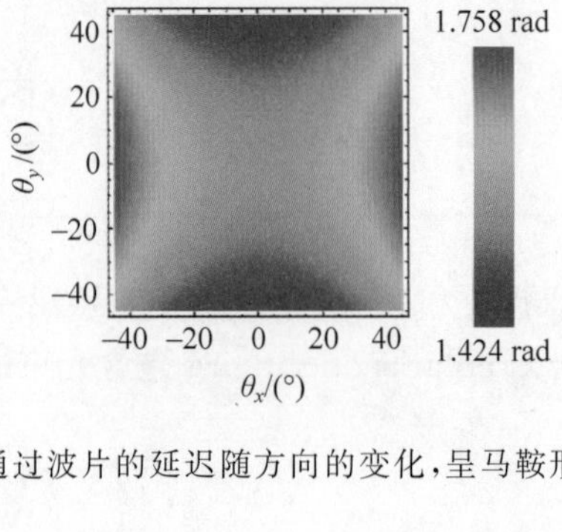

通过波片的延迟随方向的变化,呈马鞍形

第 22 章：晶体偏振器

本章对常见但被误解的光学元件(晶体偏振器,包括格兰-泰勒和格兰-汤普逊)进行了新的分析。这种研究方法使人们对偏振器的视场、光束切趾及其像差有了新的认识。描述了由晶体偏振器产生的众多小光束,并解释了它们的路径。分析变得更加复杂,但对于入射球面波的平行和正交晶体偏振器对来说却很有趣。

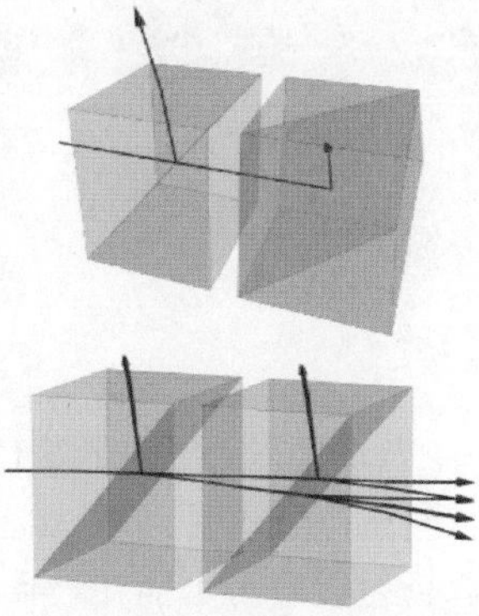

轴上光线不能穿过一对正交的格兰-泰勒偏振器,但对于 4°离轴光线,会透过五个模式对。这将偏振器的视场限制为 3°

第 23 章：衍射光学元件

本章使用严格的耦合波分析法对衍射光学元件进行了模拟。研究了反射光栅、线栅偏振器和减反射膜亚波长结构的偏振特性。解释了通过对振幅系数(菲涅耳系数)进行积分,在偏振光线追迹中准确包含衍射光学元件的方法。

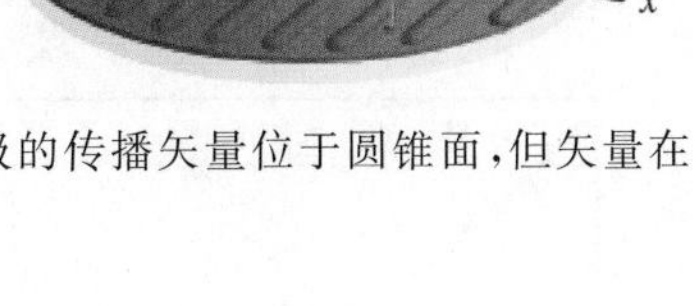

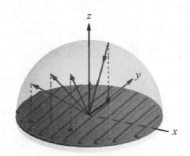

面外照射衍射光栅,不同衍射级的传播矢量位于圆锥面,但矢量在 xy 平面上的投影保持等间距

第 24 章：液晶盒

液晶盒通过旋转液晶分子来操控光的偏振,从而产生电控延迟器、偏振控制器和空间光调制器。本章分析了最常见和历史上最重要的方案。液晶盒的主要问题之一是延迟随角度的变化。在不同设计之间比较了这些角偏振像差,并研究了液晶盒与视场校正双轴多层膜

模组,以制作高性能液晶显示器。为了在显示器市场上占据主导地位,液晶技术克服了许多障碍,包括吸收、散射、低对比度、切换时间、均匀性、有限视角、向错和偏振像差。

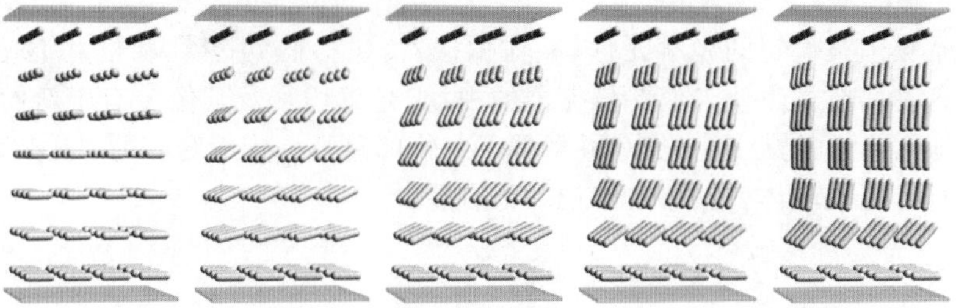

从 0V(左)到 5V(右)的扭曲向列相液晶盒中的指向矢分布

第 25 章: 应力诱导双折射

应力诱导双折射是光学中的一个普遍问题,由于成型工艺在注塑塑料光学元件中,以及由于光机安装技术较差在玻璃透镜中,经常出现这种问题。应力是光学元件中的内力,它改变了原子之间的距离,产生空间变化的双折射。应力可能在玻璃成型、塑料透镜注塑成型或光学元件安装过程中产生。本章的算法模拟了偏振光通过具有应力双折射的光学元件的传播。讨论了在 CAD 文件中存储应力信息的常用数据结构。包括解读应力双折射偏光镜彩色图像的方法。

注塑成型 DVD 透镜中的应力(蓝色)和应变(红色)的空间分布

第 26 章: 多阶延迟器和不连续性之谜

多阶延迟器是延迟大于一个波的延迟器。例如,复合延迟器(由多个双折射板构成)的延迟可以在 $1\frac{1}{2}$ 波到 $2\frac{1}{2}$ 波的延迟之间连续变化,而不会通过 2 波延迟!当双折射组件的快轴彼此不平行或不垂直时,可以认为延迟同时有多个值。实测数据证实了这一复杂但迷人的问题。

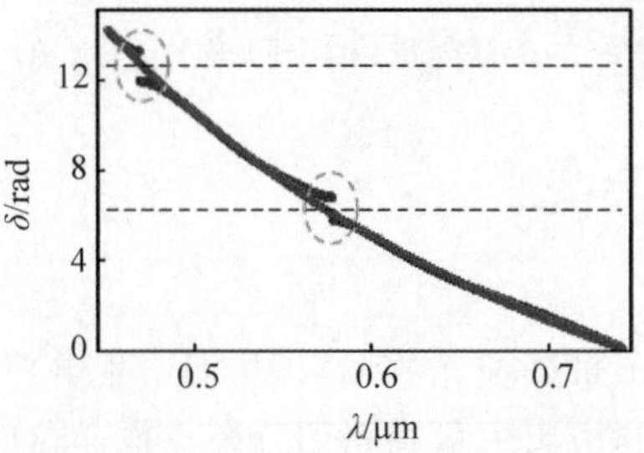

轴对齐的双片延迟器的延迟谱是连续的(红色),但当其中一片稍微旋转时,在 $2n\pi$(蓝色)值附近会出现不连续,绿色圆圈中所示

第 27 章：总结和结论

本章对本书的所有问题进行审视，以了解全局。回顾了光程长度、相位、延迟和坐标系等关键问题，并讨论了偏振容差。本书通过讨论偏振效应和像差的交流问题来结束。光学设计师和工程师如何与同事、供应商和生产同行最好地沟通这一复杂信息？

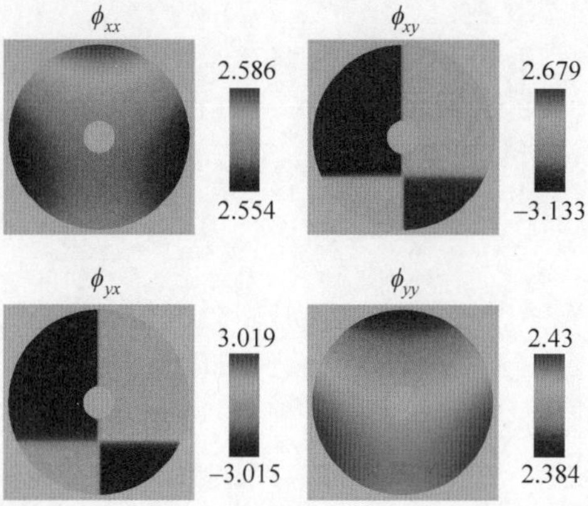

琼斯光瞳的相位部分显示了偏振像差(线性延迟倾斜)，这导致点扩散函数的 x 和 y 偏振部分略微分离

学习特征

本课程是作者罗素·奇普曼在亚利桑那大学为本科生和研究生讲授多年的偏振课程。此外，许多 SPIE 和 OSA 短期课程都讲授了大部分课程内容。观察学生的学习，观察他们的困难，并从课堂上获得反馈，使本书具有几个特点，包括将光学设计整合到研究中。

彩色图

偏振和几何光学是高度几何化的学科，许多概念的交流用三维彩色图形比用方程式更有效。颜色表达更多细节，并能加快理解速度。准备这么多的图形需要付出巨大的努力，我们的作者之一蒂凡尼·林率先开发了图形。

庞加莱球

庞加莱球对于理解和解释偏振光非常有用。要真正欣赏和应用球形，三维庞加莱球至关重要。因此，本书的网站上有一个庞加莱球：www.polarizedlight.org。我们建议在厚纸上打印这个庞加莱球，然后将其切割和折叠，并将其粘贴成球形。

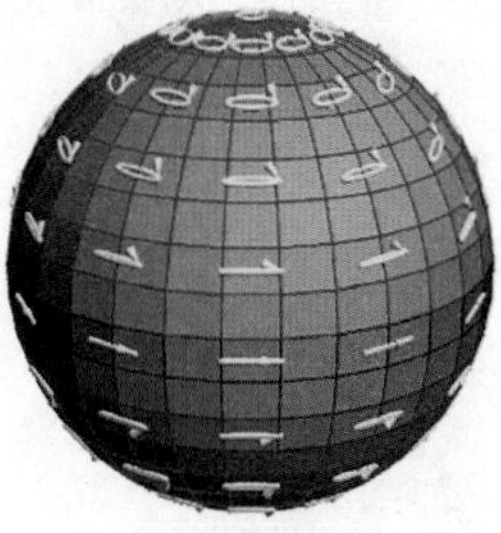

庞加莱球

视图

彩色图形在课堂上非常有效，可以吸引学生并保持他们的兴趣。采用本书的教师可以使用一套包含大多数插图的教学视图。

工作例子

贯穿全书的是与习题集密切相关的数值例子。这些工作例子解释了坐标旋转等基本概念,并为重要例子提供了有用的数值。学生通过对这些例子的学习,可以加快在数学问题解决技能上的进步,并进一步理解基本物理过程。当首次引入线性代数方法以帮助掌握矩阵操作时,工作示例给出了线性代数方法的逐步说明。

习题集和解题手册

每章都包含习题集,以帮助学生掌握概念并测试其解决问题的能力。通常,前几个问题只需用几分钟,然后问题的难度就会增加。

三维偏振光线追迹演算

对沿任何方向传播的光进行操作的 3×3 矩阵在这里得到了充分的解释,并集成到光学设计算法中。嘉兰·杨在她的论文中阐述了这个矩阵的概念,并给出了许多例子,证明了它优于琼斯算法。蒂凡尼·林在她的论文中进一步将偏振光线追迹演算扩展到双折射元件,包括单轴、双轴和应力双折射光学元件。

参考列表

贯穿全书的列表给出了偏振光、琼斯矩阵、米勒矩阵、斯托克斯参量和材料特性的关键特性。

缩略语表

a, a_p, a_s	振幅系数，s 和 p 系数，例如菲涅耳、薄膜
A	面积
A_E	入瞳的面积
a_i	像差系数
A_x, A_y, A_z	电场沿坐标轴的实振幅
$\mathbf{A}$	分析器矢量，米勒矩阵的顶行
$\mathbf{A}(\rho)$	琼斯矩阵，描述了振幅的偏振无关变化
$a(x, y)$	振幅函数
Abs	绝对值
AoP($\boldsymbol{S}$)	斯托克斯参量 $\boldsymbol{S}$ 的偏振角
apt(x, y)	孔径函数
ARM	振幅响应矩阵
arg	复数的参数
$\mathbf{B}$ 和 $\boldsymbol{B}$	磁感应场和磁感应强度矢量
BP	蓝相
BRDF	双向反射分布函数
c	光速
C	对比度
C_0, C_1, C_2	应力光学系数
$\boldsymbol{C}$	应力光学张量
C_q	第 q 个面的曲率
CA	晶轴
CR(δ)	圆延迟器，延迟量 δ
d	液晶盒间隙
d	薄膜厚度
$D, \mathcal{D}$	二向衰减
$\boldsymbol{d}$	偶极轴矢量
$\mathbf{D}$ 和 $\boldsymbol{D}$	电位移场和电位移场矢量
$\boldsymbol{D}$	对角矩阵，奇异值矩阵
$\boldsymbol{D}$	并矢矩阵
Det	行列式
DFT	离散傅里叶变换
D_H, D_{45}, D_R	二向衰减分量
DoCP($\boldsymbol{S}$)	斯托克斯参量 $\boldsymbol{S}$ 的圆偏振度
DOE	衍射光学元件
DoLP($\boldsymbol{S}$)	斯托克斯参量 $\boldsymbol{S}$ 的线偏振度
DoP($\boldsymbol{S}$)	斯托克斯参量 $\boldsymbol{S}$ 的偏振度

e	椭圆率,椭圆短轴与长轴的比值
e	异常模式的标记
E	偏振器或二向衰减器的消光比
E	异常主轴的标记
E	杨氏模量
$\boldsymbol{E}$	琼斯矢量
$\boldsymbol{E}$	偏振矢量
$\boldsymbol{E}(\boldsymbol{r},t)$	单色平面波的电场
$\boldsymbol{E}_q$	在第 q 个光线截点的电场矢量
E_x,E_y,E_z	电场沿三个坐标轴的复振幅
$\mathbf{ED}(d_H,d_{45},d_L)$	椭圆二向衰减器,二向衰减分量 d_H、d_{45}、d_L
$\mathbf{E}(\varepsilon,\psi)$	椭圆率为 ε、取向角为 ψ 的椭圆偏振器
EPD	入瞳直径
$\mathbf{ER}(\delta_H,\delta_{45},\delta_L)$	椭圆延迟器,延迟分量 δ_H、δ_{45}、δ_L
f	快模式的标记
F	快主轴的标记
FEM	有限元模型
FOV	视场
$\boldsymbol{G}$ 和 g	旋光张量和旋光常数
$\boldsymbol{g}_{\mathrm{In},i}$、$\boldsymbol{g}_{\mathrm{Exit},i}$	定义在入瞳面和出瞳面的双极坐标
H	拉格朗日不变量
$\boldsymbol{H}$	水平偏振光的琼斯矢量
H 和 $\boldsymbol{H}$	磁场和磁场矢量
$\boldsymbol{H}$	厄米矩阵
$\boldsymbol{H}$	物坐标
$H(\boldsymbol{r},t)$	单色平面波的磁场
i,j	求和序数
i	各向同性模式的标记
i_c	主光线入射角
i_m	边缘光线入射角
I	光通量、光强度、特定偏振态的光强部分
I	第一个斯托克斯参量,S_0,光通量
I	米勒矩阵的非齐次性
$\boldsymbol{I}$	单位矩阵
Im	复数值的虚部
inc	入射光线的标记
$I_{\max},I_{\min}$	最大和最小光强透射率
IPS	面内切换
IR	抑制折射
$\boldsymbol{J}$	琼斯矩阵
$\boldsymbol{J}_{光瞳}$	琼斯矩阵光瞳
$JP(x,y)$	在出瞳面上对波前和偏振态的全面描述
k	波数
$\boldsymbol{k}$	传播矢量
$\hat{\boldsymbol{k}}_q$	在第 q 个光线截点的归一化传播矢量

l	物理光线路径
l	左旋圆偏振模式的标记
$\boldsymbol{L}$	左旋圆偏振光的琼斯矢量
L、L_2	矩阵的条件数
L	左主折射率的标记
$\hat{\boldsymbol{L}}(\theta)$	取向角为 θ 的线偏振光
LC	液晶
LCoS	硅基液晶
LD(t_1,t_2,θ)	线性二向衰减器(部分偏振器),t_1、t_2 为振幅透射率,θ 为轴向
LCD	液晶显示器
LED	发光二极管
LR(δ,θ)	线性延迟器,δ 为延迟量,θ 为快轴方向
LP(·)	线性偏振器的琼斯矩阵
M	下标,表示递增相位符号规则中的量
M	放大率
M	介质主轴的标记
$\boldsymbol{M}$	米勒矩阵
$\overrightarrow{\boldsymbol{M}}$	展开的米勒矢量,16×1
MMBRDF	米勒矩阵二向反射分布函数
MPSM	米勒点扩展矩阵
MVA	多畴垂直配向液晶盒
MTF	调制传递函数
MTM	调制传递矩阵
m_{ij},M_{ij}	米勒矩阵元,m_{00},m_{01},…,m_{33}
Δn	双折射率
n	折射率
$\boldsymbol{N}_i$	零空间的矢量
NA	数值孔径
o	寻常模式的标记
O	寻常主轴的标记
$\boldsymbol{O}$、$\boldsymbol{O}^{-1}$	正交变换矩阵
$\boldsymbol{O}_{n,e}^{m}$	定向器基函数
OA	光轴
OPL	光程长度
OTM	光学传递矩阵
P	光通量、辐照度、偏振光通量,P_{H},P_{V},P_{45},…
p	在入射面内的 p 分量
p_1、p_2	应变光学系数
$\hat{\boldsymbol{p}}$	p 分量基矢量
$\boldsymbol{P}$	光通量测量值矢量
$\boldsymbol{P}$	3D 偏振光线追迹矩阵
$\breve{\boldsymbol{P}}$	用于相加的 3D 偏振光线追迹矩阵,其 $\boldsymbol{k}$ 的奇异值设置为零
PBS	偏振分束器
PDL	偏振相关损耗,分贝数表示的消光比

POI	入射面
PSA	偏振态分析器
PSF	点扩展函数
PSG	偏振态发生器
PSM	点扩展矩阵
PTM	相位传递矩阵
$p_q(x,y,z)$	1—0 值的孔径函数
PVA	图案化垂直配向液晶盒
$\Vert \mathbf{W} \Vert_p$	矩阵或矢量 $\mathbf{W}$ 的 p 范数
q	表面或元件的序数
Q	表面、元件等的总数
Q	斯托克斯参量的第二个参数 S_1，即 0°－90°光通量
$\boldsymbol{Q}$	3D 平行转移矩阵
r, r_p, r_s	振幅反射系数
R	曲率半径
r	右旋偏振模式的标记
R_p, R_s	光强反射系数
$\boldsymbol{r}$	位置矢量
R	右主折射率的标记
r, r_q	光线截点坐标，在第 q 个面上的光线截点
$\boldsymbol{R}$	右旋圆偏振光的琼斯矢量
$\boldsymbol{R}$, **Rot**	旋转矩阵
$\boldsymbol{R}(\alpha)$	琼斯矩阵旋转运算符
$\boldsymbol{R}_{\mathrm{M}}(\cdot)$	斯托克斯参量和米勒矩阵的旋转矩阵
RMS	均方根
Re(·)	实部
RCWA	严格耦合波分析
s	垂直于入射面的 s 分量
$\hat{\boldsymbol{s}}$	s 分量基矢量
$\boldsymbol{S}$	坡印廷矢量
$\boldsymbol{S}$	应力张量
s	慢模式的标记
S	慢主轴的标记
S_0, S_1, S_2, S_3	斯托克斯参量
$1, s_1, s_2, s_3$	归一化的斯托克斯参量
$\boldsymbol{S}$	斯托克斯参量
sup	上界，限定的最大值
STN	超扭曲向列型液晶盒
SVD	奇异值分解
SWG	亚波长光栅
t	时间，厚度
t, t_p, t_s	振幅透射系数
T	透射率，出射光通量与入射光通量之比
$t_{q-1,q}$	光线段的长度，面 $q-1$ 至面 q
TE	横向电场

TIR	全内反射
TM	横向磁场
TN	扭曲向列型液晶盒
T_p, T_s	光强透射系数
Tr	矩阵的迹
$T_{\max}$	偏振态的最大透射率
$T_{\min}$	偏振态的最小透射率
u	能量密度
U	第 3 个斯托克斯参数 S_2，即 45°－135°光通量
u	边缘光线角度
$\bar{u}_q$	面后的主光线角度
$\boldsymbol{U}$	非偏振光的斯托克斯参量，(1,0,0,0)
$\boldsymbol{U}, \boldsymbol{V}$	酉矩阵
V	第 4 个斯托克斯参数 S_3，即右旋-左旋光通量
V	条纹的可见性
V	速度
$\mathbf{V}$	垂直偏振光的琼斯矢量
$\mathbf{V}_{n,e}^{m}(\rho, \phi)$	矢量泽尼克多项式
VAN	垂直配向模式
$\boldsymbol{W}$	偏振测量值矩阵
$\boldsymbol{W}^{-1}$	偏振测量值约减矩阵
$\boldsymbol{W}_P^{-1}$	$\boldsymbol{W}$ 的伪逆矩阵
$\boldsymbol{W}^{\mathrm{T}}$	矩阵 $\boldsymbol{W}$ 的转置
$W(x, y)$	波像差函数
$x_{\mathrm{E}}, y_{\mathrm{E}}$	入瞳坐标
$\hat{\boldsymbol{x}}_{\mathrm{Loc}}, \hat{\boldsymbol{y}}_{\mathrm{Loc}}$	局部 x、y 坐标
$\bar{\boldsymbol{y}}_q$	第 q 面上的主光线高度
$z(x, y)$	某个面上的弧垂(矢高)函数
x, y, z	笛卡儿坐标轴
135	135°线偏振光的琼斯矢量
45	45°线偏振光的琼斯矢量
α	旋光度
$\alpha_{s,t,q}, \alpha_p$	菲涅耳 s、p 系数
β	薄膜的相位厚度
β_m	第 m 衍射级的衍射角
γ	分离角、偏离角
γ	应变张量系数
Γ	应变张量
δ	延迟量
$\delta_{\mathrm{H}}, \delta_{45}, \delta_{\mathrm{R}}, \delta_{\mathrm{L}}$	延迟分量
$\delta_{i,j}$	克罗内克 δ 函数
$\delta_{主}$	主延迟
$\delta_{展开}$	展开的延迟
Δn	双折射率
$\Delta\lambda$	光谱带宽

ΔOPL	光程差
Δr	横向剪切
Δt	光线路径
ε	偏振椭圆的椭圆率
ε_0	自由空间的介电常数
$\tilde{\boldsymbol{\varepsilon}}$,$\boldsymbol{\varepsilon}$	介电张量
η	庞加莱球上的纬度
η	薄膜层或基底的特征导纳
η,$\hat{\boldsymbol{\eta}}$	表面法线,从入射介质指向别处
η	逆介电张量
θ	角度,入射角、旋转角、偏振器或延迟器的角度
θ_i,θ_{in},θ_{inc}	入射角
θ_B	布儒斯特角
θ_B	光栅闪耀角
θ_C	临界角
$\bar{\theta}_q$	第 q 个面上的主光线入射角
Θ_1^m	偏振基矢量
κ	折射率的虚部,吸收系数
κ	圆锥常数
λ	波长
λ_B	闪耀波长
$\boldsymbol{\Lambda}_i$	奇异值
μ_i	奇异值
$\boldsymbol{\mu}$	磁导率张量
Ξ	扩展量
ξ,ξ_q,ξ_r	本征值
v_p 和 v_r	相位速度和光线速度
ν	泊松比
ρ	复振幅
ρ	归一化的光瞳坐标
ρ,ρ_p,ρ_s	振幅系数的幅值
$\hat{\boldsymbol{\rho}}$	归一化的光瞳坐标
σ	正应力
$\boldsymbol{\sigma}_0$	单位矩阵
$\boldsymbol{\sigma}_1$,$\boldsymbol{\sigma}_2$,$\boldsymbol{\sigma}_3$	泡利矩阵
Σ	用波数表示的相位
τ	剪切应力
τ_q	第 q 个面后的约化厚度
ϕ	光的相位,复数的相位
φ	从 x 轴开始逆时针度量的光瞳角
Φ	入射面
Φ_q	第 q 个面的光焦度
$\boldsymbol{\Phi}(\phi)$	总相位变化的琼斯矩阵
Ψ	偏振椭圆的主轴角度

$\boldsymbol{\Psi}$	延迟器的快轴方向
Ψ_{o}、Ψ_{e}	寻常模式和异常模式的临界角
ω	角频率,单位为弧度每秒
$\bar{\omega}_q$	第 q 个面的主光线约减角度
Ω	立体角,单位为立体弧度、球面度
$\boldsymbol{\Omega}$	应变光学张量
$\cdot$	点积,矩阵乘积
$\dagger$	伴随矢量,转置的复共轭

第 1 章

引言和概述

对于许多光学系统来说，想要选择理想的偏振元件组合是很困难的。同样，理解和控制光学系统的偏振特性也是一个巨大的挑战，对于一些系统来说，这需要多年专业的偏振工程经验才能实现。这样的系统被称为严格偏振光学系统，因为这类系统存在偏振方面的挑战并且某些技术规范也难以实现。液晶显示和微光刻光学是严格偏振系统的两个例子。偏振工程是设计、制造、测试和大批量生产这种严格偏振光学系统的工程。

通常许多其他光学系统的偏振特性都很小，一般不会显著影响它们的使用。例如，许多透镜对偏振态的改变相对较小，大约为1%或更小。即使偏振效应很小，它们也是令人感兴趣的，并且必须确保满足某些偏振技术规范。

本书致力于解释这些大大小小的偏振效应或偏振像差，其中一项主要技术是偏振光线追迹。光线追迹是一套计算光线通过光学系统路径的算法。偏振光线追迹添加了跟踪偏振态演变的计算，并显示光线路径的偏振分布和偏振特性信息。

1.1 偏振光

光是一种横向电磁波，是一种移动的电磁场。光的电场和磁场在与光传播方向垂直的方向横向振荡。当电荷(电子和质子)加速并振荡时，光就产生了。然后，光的作用力反过来造成电荷振荡。偏振指的是光在横向平面上的特性，描述了光是偏振的还是非偏振的以及偏振方向。光的偏振态可用偏振元件来控制。透镜、反射镜、光学膜层、衍射光栅、晶体、液晶以及许多其他界面和材料都会改变光的偏振态。本书的目标是开发有效和通用的方法，来理解光在偏振元件作用下,或通过光学系统时,以及在自然环境中的偏振变化。

人眼对于偏振光不敏感。我们可感知光的明暗和色彩但无法判断光是偏振的还是非偏振的,或偏振方向是怎样的。正因为人类是偏振视盲的,所以我们无法感知身边的许多偏振现象,室内的或室外的,如图 1.1 和图 1.2 所示。我们的眼睛无法判断出彩虹的光线和道路上反射的眩光是高度偏振的,同样也无法感知来自液晶显示器发出的偏振光。我们无法看到偏振光是如何被眼镜(图 1.1(c))和车窗(图 1.2)中的应力扰乱的。偏振器和偏光仪可使这种偏振效应变得可见。许多动物可以看见光的偏振,例如蜜蜂、蚂蚁和章鱼。它们把偏振用于实现各种目的,包括导航、交流和寻找猎物。

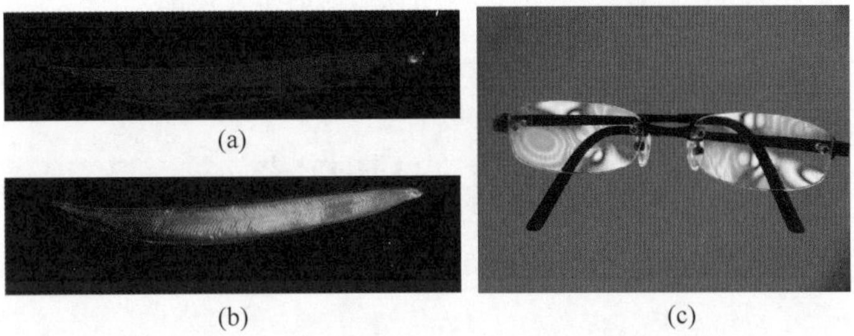

图 1.1 (a)为了躲避捕食者,在可见光下看到的细头鳗幼仔几乎是透明的。(b)当用偏振滤光片观看时,鳗鱼由于部分身体双折射引起的偏振变化,而更容易被看到。因此,偏振视觉在寻找这样的猎物时很有用。(图片来自 NOAA.[1])(c)正交圆偏振镜下的眼镜

图 1.2 在晴天用带有(a)和没有(b)偏振滤光镜的相机拍摄车窗顶。彩虹棋盘图案揭示了钢化玻璃的应力双折射现象

1.2 偏振态和庞加莱球

单色光是一种单一频率、单一波长、电场呈余弦振荡的光。单色光是理想化的，是光源的波长展宽趋近于零的极限情况。单频激光器发出的光可近似为单色光，但是仍具有很窄的频谱宽度。第2章（偏振光）会介绍光的数学表述形式，本节仅介绍一部分概念。

偏振椭圆是由单色光的电场矢量尖端所描绘出的图形，且周期性重复。单色光一定是偏振的，不管是线偏振、椭圆偏振还是圆偏振，因为它是周期性的。当光的电场只在单个方向振动，例如图1.3所示沿着 y 轴的正负方向，这样的光是线偏振的。振动的方向是偏振面或偏振角。

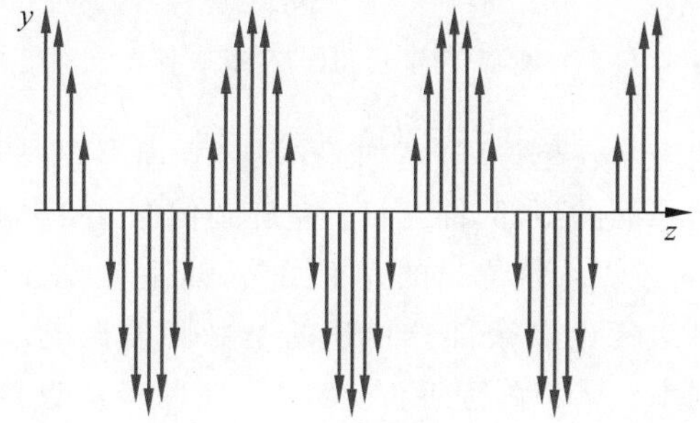

图1.3 单色线偏振光在 y 轴的电场分布情况

对于沿着 z 轴传播的线偏振光，光的电场有相同相位的 x 和 y 分量，每个周期有两次两个分量在同时刻到达零的情况。否则，该光为椭圆偏振光，如图1.4所示，x 分量和 y 分量是不同相的。电场矢量顶端的轨迹为一个椭圆，每个周期描绘一个偏振椭圆，这是偏振光学中的一个标志性图形。逆着光传播的方向观察时可以描绘出偏振椭圆。单色圆偏振光具有恒定的电场振幅，电场方向在横向平面内均匀旋转。圆偏振光具有左旋和右旋偏振光两种形式。按照惯例，逆着光传播方向观察时，右旋圆偏振光随时间顺时针旋转，左旋圆偏振光随时间逆时针旋转。同样，椭圆偏振光具有右或左螺旋性，这取决于旋转方向。

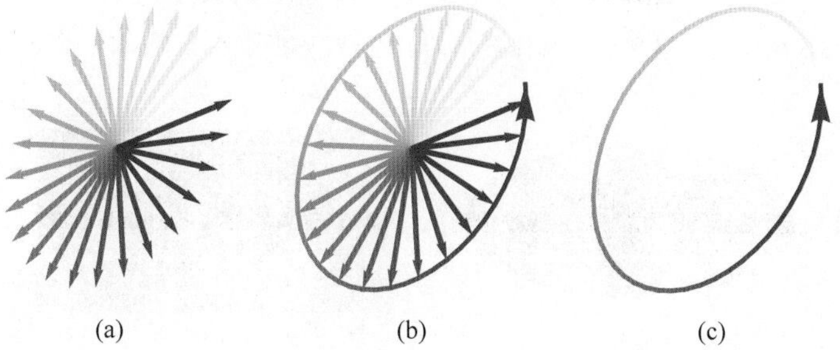

图1.4 (a)椭圆偏振态的偏振椭圆是一个周期内电场矢量尖端所描绘的椭圆。(b)用边界椭圆表示电场与时间的关系。(c)通常只画椭圆表示偏振态。箭头的位置表示光波的相位

光也包含一个磁场，它的矢量指向在横向平面内，方向垂直于电场且与电场同相振荡。图1.5显示了单色光的电场（红色）和磁场（蓝色）在空间中以几种偏振态振荡。在大多数类型的光与物质的相互作用中，光与物质的相互作用以电场为主；因此，按照惯例，光的偏振

态是用它的电场来描述的。而磁场对于计算光与磁性材料、双折射材料、衍射光栅和液晶等多种介质的相互作用非常重要。

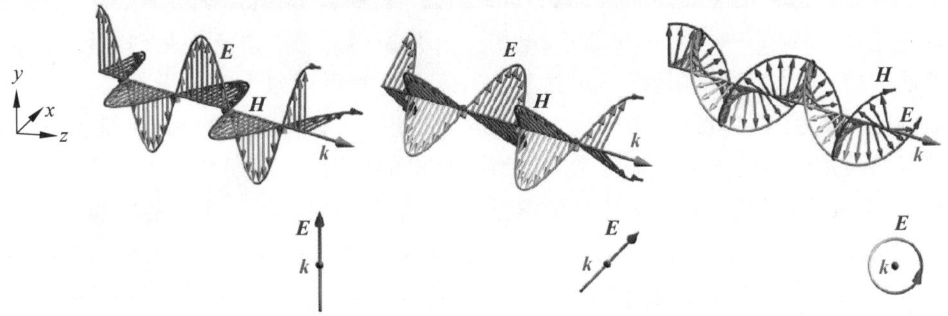

(a)　　(b)　　(c)

图 1.5　空间中(a)90°偏振,(b)45°偏振光和(c)左旋圆偏振光的电场(红)和磁场(蓝)

偏振椭圆可以方便地表示在单位球(庞加莱球)的表面上,如图 1.6 所示,在前、后视图中显示。右旋圆偏振光在球面的顶部,即北极;左旋圆偏振光在球面的底部,即南极。线偏振光位于赤道上。注意,对于一个绕赤道的完整回路,偏振态旋转 180°,这将使 x 偏振光返回到 x 偏振光。庞加莱球表面的其余部分描述的是椭圆偏振光,在北半球具有右旋性,在南半球具有左旋性。椭圆率在赤道附近近似为线性,在两极附近接近圆形。庞加莱球面连续地表示了所有可能的偏振椭圆。如图 1.7 所示,将庞加莱球展开在平面上也很有用。

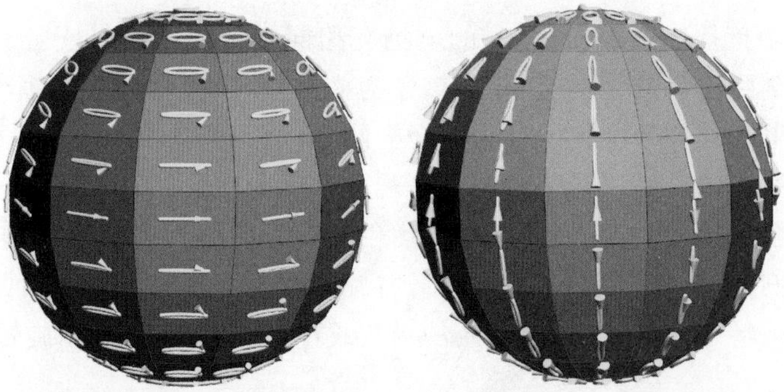

图 1.6　庞加莱球在球面上包含了所有偏振态的表示,线偏振态在赤道周围,两个圆偏振态在两极

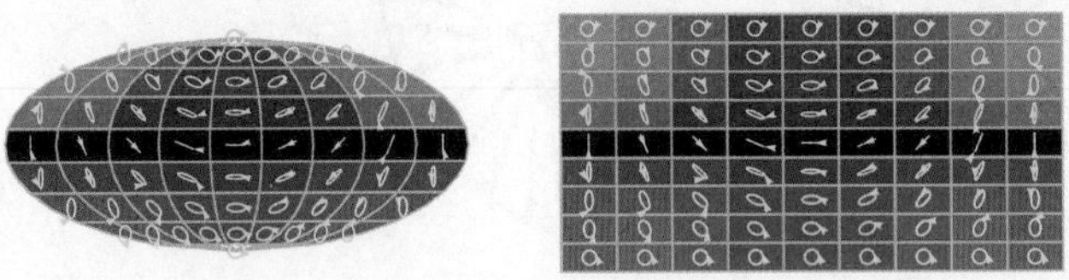

(a)　　(b)

图 1.7　在平面上庞加莱球的两种表示:(a)Mollweide 投影和(b)矩形投影,其中整个顶行是右旋圆偏振的,整个底行是左旋圆偏振的

根据不同的应用,有许多方法可以用来描述偏振态。在第 2 章涉及的二元复矢量(琼斯矢量)和三元偏振矢量,特别适用于光学设计、衍射和干涉测量术,在这些情况下,光的相位

很重要。第3章涉及的斯托克斯参量非常适用于实验室测量和描述室外自然光，这些都是多色光和非相干光的应用，其中相位的意义不大。

1.3　偏振元件和偏振特性

偏振元件是一种用来改变或控制光的偏振态以及在不同偏振态之间转换的光学元件。根据偏振元件是否改变光的振幅、相位或相干性，偏振元件被分为三大类：偏振器、延迟器和退偏器。反射镜、透镜、薄膜和几乎所有光学元件都会在一定程度上改变偏振，但通常不被认为是偏振元件，因为这不是它们的主要作用，而是一种副作用。

偏振器透射已知的偏振态，与入射偏振态无关。最常见的是线偏振器，沿其透射轴透过线偏振光。线偏振器是这样一个器件，当它置于非偏振入射光中时，会产生一束光，该束光的电场矢量主要在一个平面内振荡，而在垂直平面内只有一个很小的分量。理想偏振器对于特定偏振态的透射率为1，对于正交偏振态的透射率为0。偏振器是二向衰减器或部分偏振器的一个例子，二向衰减器对于两个正交的偏振态具有两个透射率 $T_{\max}$ 和 $T_{\min}$，二向衰减器可用二向衰减率 D 来表征

$$D=\frac{T_{\max}-T_{\min}}{T_{\max}+T_{\min}},\quad 0\leqslant D\leqslant 1 \tag{1.1}$$

它对于偏振器取值为1，对于同等透过所有入射偏振态的光学元件取值为0。偏振片或宝丽来人造偏光片，是一种大块的塑料片，吸收一个偏振态而透过另一个正交的偏振态。如图1.8所示，偏振分束器将两个正交的偏振分量导向不同的方向。

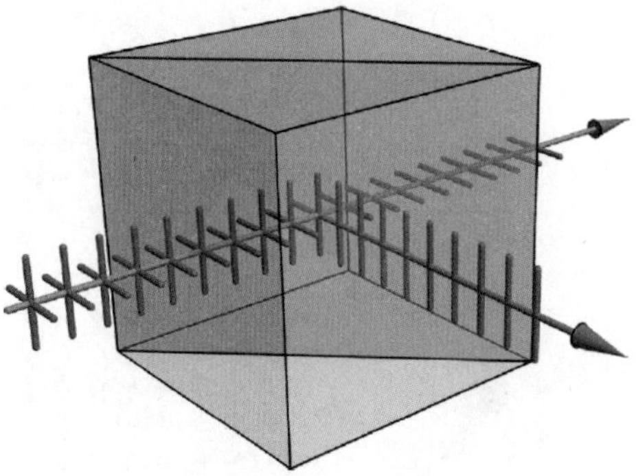

图1.8　偏振分束器将正交偏振分量分到两个方向

延迟器对于两个特殊的偏振态(快态和慢态)有两种不同的光程长度。与快态相比，慢态被延缓，或称为延迟。延迟量是光程长度之差，描述了两种偏振态之间的相对相位变化。任意入射偏振态进入延迟器后分解为快态和慢态，两个分量以不同的光程长度从延迟器出射，如图1.9所示。线性延迟器将光分为两个线偏振分量，彼此间隔90°，并将其中一个偏振态延迟。四分之一波长线性延迟器引入四分之一波长的相对相位延迟，用于将线偏振光转换为圆偏振光。半波线性延迟器可以将一个线偏振分量延迟半波长，可用于改变线偏振光的方向。

退偏器扰乱偏振态，将偏振光转换为非偏振光。退偏通常与散射有关，特别是多次散射。积分球很容易使一束光退偏。蛋白石(欧泊)是一种由紧密排列的石英球组成的宝石，其薄片常被用作退偏器。教室和会议室的大多数屏幕可以有效地使光束退偏。尝试用偏振光去照亮屏幕，可观察到无法通过偏振片使散射光消光。透镜、反射镜、滤光片和其他典型光学元件表现出非常微弱的退偏效应，通常小于零点几个百分点。因此，在大多数光学系统中，退偏幅度小且不明显。光学表面通过精细加工和镀膜以减少散射，因此高质量光学表面的退偏通常很小，图1.10展示了一组空间退偏的偏振椭圆。

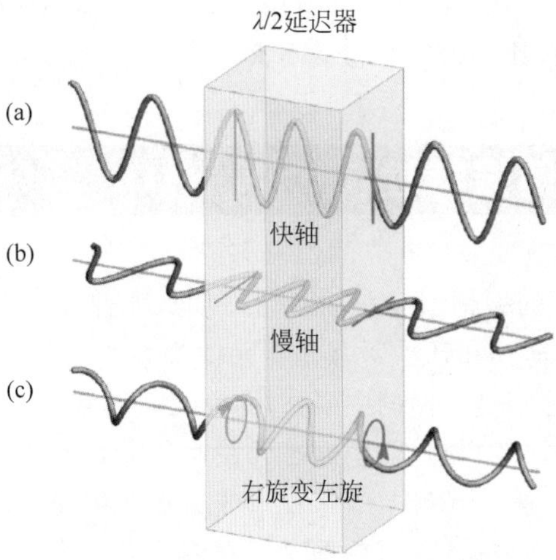

图 1.9 三种偏振态的光,从左边空气中进入一个半波线性延迟器(双折射波片),其快轴(较低折射率)在垂直方向。两个平面是入射平面和出射平面。垂直的偏振模式(图(a),较低折射率)在延迟器中具有更长的波长,所以它的光程长度比水平偏振模式(图(b))小 1/2 波长。(图(c))右旋圆偏振光分解为两个模式,它们独立传播,然后从延迟器合并出射。由于两个模式之间存在半个波长的光程差(延迟量),这个出射光束变为左旋圆偏振光

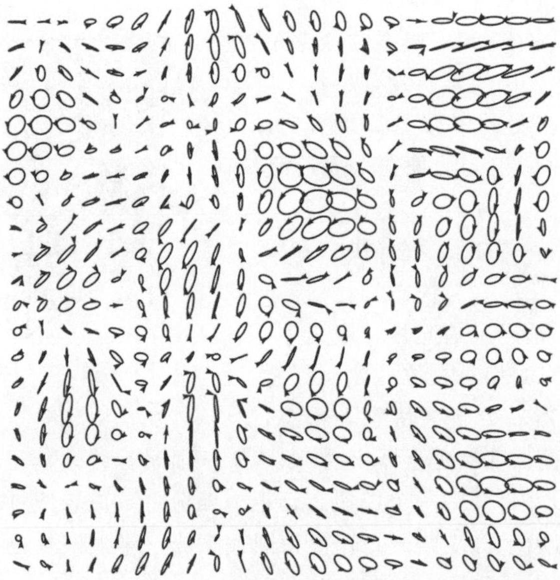

图 1.10 一种具有空间变化偏振态的退偏光场

1.4 偏振测量术和椭偏测量术

一束光的偏振特性可以由偏振测量仪测得,偏振测量仪可以由相机、辐射计和光谱仪配置起来,通过一系列偏振镜去测量光通量,并计算出偏振态;这是测光偏振测量仪。图 1.11 展示了一种类型的测光偏振测量仪的构造,即旋转延迟器的成像偏振测量仪。图 1.12 显示

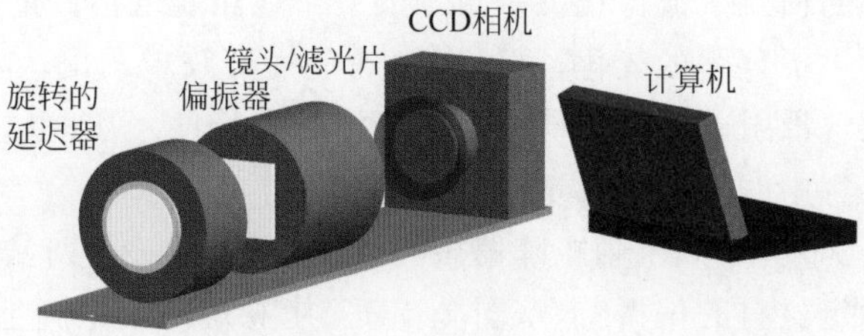

图 1.11 一种旋转延迟器的成像偏振测量仪，由一个延迟器、一个线偏振器和一个相机组成。通过延迟器旋转至多个角度并测量多幅图像来计算光的偏振度、偏振角和椭圆率并形成图像

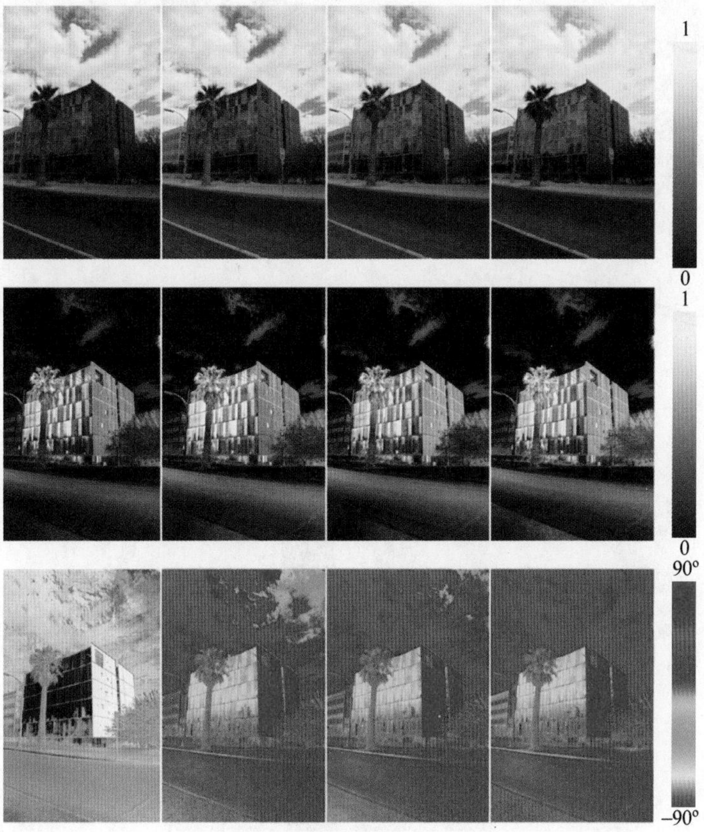

图 1.12 亚利桑那大学 Meinel 光学科学大楼的偏振图像。(第一行)强度图像，(中间行)线偏振度图像，(第三行)线偏振角图像。(左列)RGB 图像，(第二列)470nm 图像，(第三列)550nm 图像，(第四列)660nm 图像。Meinel 建筑的北侧为各种不同角度的玻璃窗格，反射出不同偏振度和偏振角的天光(从橙色约−80°到绿色约 50°)。建筑的右侧是铜质金属，窗户很少，线偏振角(AoLP)为约 80°。天空大部分是多云的，线偏振度(DoLP)很小(暗)，仅少数未被云层遮挡的蓝天区域在中间行显示为白色。在 660nm 处，多云天空与蓝天的线偏振角基本相同，而在 470nm 处多云天空的 AoLP 则有明显变化。(由 Karlton Crabtree 和 Narantha Balagopal 拍摄)

了亚利桑那大学 Meinel 光学科学大楼的偏振图像。一个有趣的特点是窗户正面的偏振。从窗户反射的部分偏振天空光，其偏振态随着窗户角度的不同而不同。因此，偏振测量术可

以用来恢复物体的方向信息。成像偏振测量术的一个应用是气溶胶的测量。经微小粒子散射的光在偏振态上发生了显著的变化,可以用来确定气溶胶粒子的大小和密度。气溶胶偏振测量仪通过测量大气散射的阳光来研究大气气溶胶的特性。在地球轨道上的成像偏振测量仪可以绘制全球大气中的气溶胶含量。

测量样品的偏振测量仪,如米勒矩阵偏振测量仪,通过用一系列偏振态的光照射样品并测量出射偏振态来确定材料的偏振特性(图 1.13)。米勒矩阵偏振测量仪可用于测量偏振元

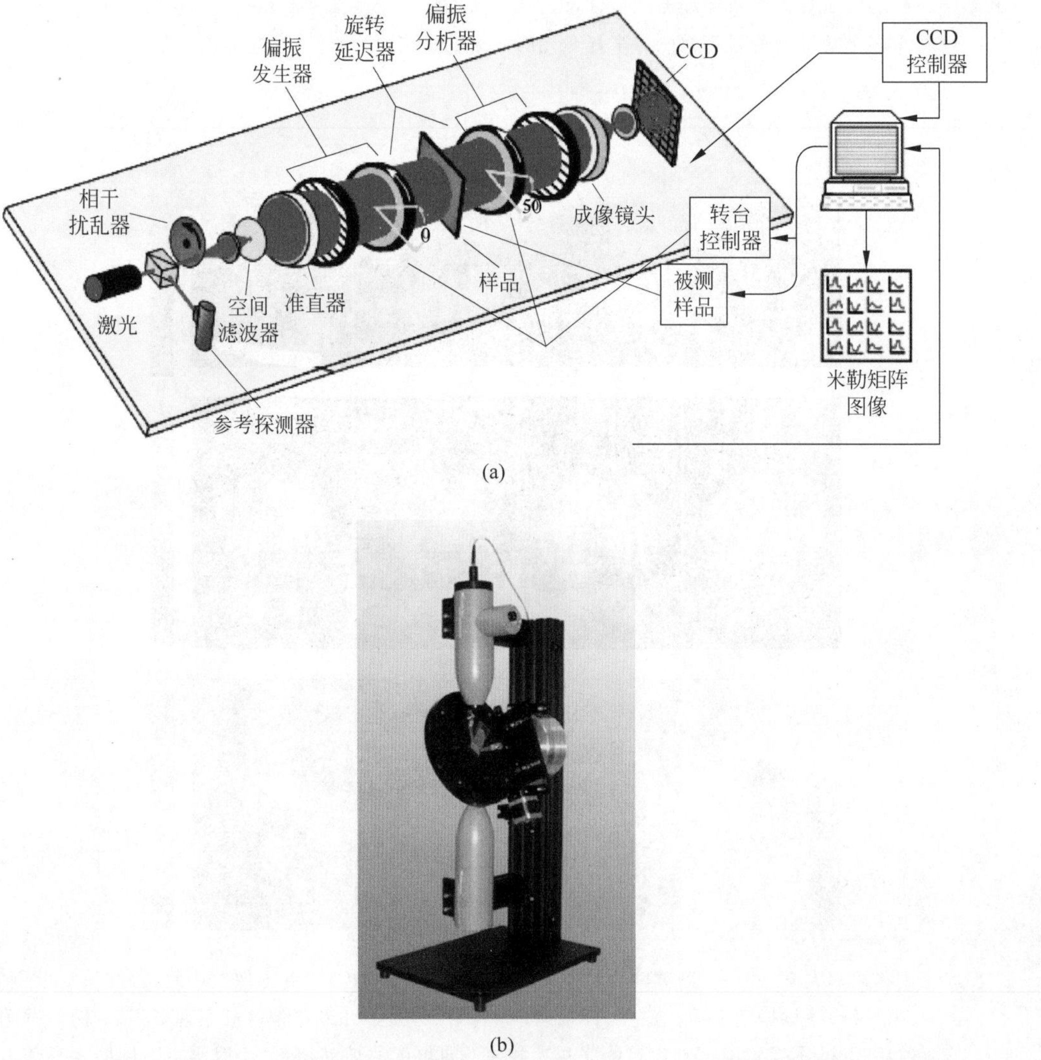

(a)

(b)

图 1.13 (a)米勒矩阵成像偏振测量仪,通过多种照明偏振器件和分析偏振器件组合对样品进行照明和测量,可测量样品的米勒矩阵、二向衰减、延迟和退偏。这个米勒矩阵偏振计通过一个线偏振器和一个可旋转角度的延迟器对样品进行照明。光和样品相互作用,出射光偏振态发生改变。根据测量需求,光可以经由样品反射、透过、衍射或散射。出射光偏振态的变化可以在光进入相机或辐射计之前,通过一个旋转角度的延迟器和一个线偏振器来分析。(b)用于透射米勒矩阵测量的商用米勒矩阵偏振计。这个偏振计每秒可以测量 30 个米勒矩阵。光源和偏振发生器位于仪器上部,分析器和探测器位于仪器底部。(由 Alabama 州 Huntsville 地区的 Axometrics 公司提供)

件、液晶盒、视网膜成像和其他形式的生物成像。椭偏仪是一种用于测量样品的偏振测量仪，最初由 Paul Drude 于 1880 年代发明，当时他正在寻找一种方法来测量材料的折射率，特别是金属的折射率。他认识到，如果将偏振角为 45°的线偏振光从入射面上反射，就可以利用反射光偏振态的主轴方向和椭圆率来测量表面的折射率。椭偏测量术的名称就是根据偏振椭圆的特性而来的[2]。后来，椭圆偏振测量技术发展到能够非常精确地测量单层薄膜的厚度和折射率。因此，椭圆偏振测量术促进了减反射镀膜的发展，如 20 世纪 20 年代的四分之一波长厚的氟化镁膜层。通过对多层薄膜在不同入射角和不同波长下的测量，椭偏仪可以精确地获得多层薄膜的特性[3]。椭偏仪现在是集成电路和微电子器件制造以及其他工业计量应用中的一项必不可少的技术。

1.5　各向异性材料

各向异性材料的折射率随光波电场的方向而变化。许多各向异性材料是晶体，例如方解石和石英。在一个单晶方解石中，所有的钙碳键都朝着一个方向，这个方向被称为光轴。碳酸盐自由基中的三个碳氧键位于垂直平面内。沿光轴偏振的光与正交平面内偏振的光相比，它们与不同的一组化学键相互作用，导致两种偏振光产生两个折射率，它们都对应同一个入射传播方向。当光折射进入方解石或其他各向异性材料时，折射成两种正交偏振的模式，即 o 光和 e 光，通常沿不同的方向传播。这在图 1.14 中可以清楚地看到。

因此，在偏振光线追迹过程中，每一条进入各向异性晶体的光线产生两条出射光线，这两条光线需要追迹到光学系统的输出端。如图 1.15 所示，当存在第二个各向异性光学元件时，光线再次倍增，需要追迹通过系统剩余部分的 4 条光线。一般来说，包含 N 个各向异性元件的系统会产生 2^N 条独立的光线，所有光线都需要被追迹来模拟光通过系统。每一条经过独立路径的光线都有各自的振幅、偏振态和光程长度。因此，出瞳中的光可以用 2^N 个不同的波像差函数来描述；每一个子波都有不同的振幅像差、离焦、球差、彗差、像散等。

图 1.14　通过方解石传播的光分解为两种模式，它们沿着不同的路径传播，产生两个图像

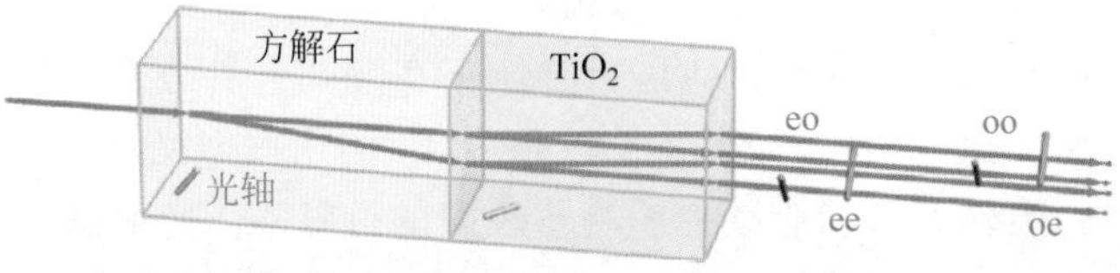

图 1.15 偏振光线追迹展示了一束光通过方解石后分成了两束光。通过第二种各向异性材料氧化钛后,每一束光都会加倍。每个入射波前都会产生四个出射波前

1.6 光学系统中的典型偏振问题

偏振为许多光学系统的工作奠定了基础。例如液晶显示、用于显微光刻行业的椭偏仪以及芯片制造过程中用于测试沉积层成分和厚度的偏振仪器。但是许多系统都存在偏振相关的问题,在设计光学系统时经常需要对其分析。下面简要介绍一些简单光学系统的偏振像差,以便理解偏振光线追迹理论及分析的目的和方法。

1.6.1 偏振器的角度相关性

光学设计者面临的一个问题是偏振器对光的入射角度的依赖性。二向色偏振器(偏振片)和线栅偏振器都吸收投射到其吸收轴上的偏振分量。当入射角在垂直于或平行于透射轴的平面内变化时,消光比很高。但是由于基本几何的原因,当光在其他方向传播时这个高消光比会减小。当与消光轴成 45°的平面内传播时,漏光(leakage)最严重。图 1.16 展示了两个偏振镜的 3D 视图,一个偏振器的吸收轴沿 y 轴(绿色),另一个沿 x 轴。轴上的方向用一条短黑线表示。如图 1.17 所示,当一束入射光沿对角线方向偏离轴线时,吸收轴不再正交,有越来越多的光泄漏通过。因此,如果一个 45°光锥入射,透射强度如图 1.18 所示。

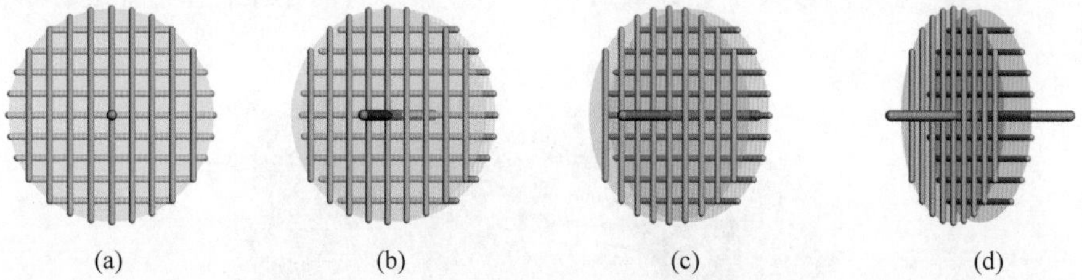

图 1.16 在 x-z 平面内从几个角度观察两个偏振器的 3D 示意图。前偏振器的透射轴是竖向的,用绿线表示。后偏振器的透射轴是水平的,用红线表示。粗黑线表示 z 轴,垂直于两个偏振器。(a)正入射时,两个透射轴是垂直的。在 15°(b),30°(c),45°(d)观察时,绿线和红线都保持垂直。在这些方向照射时,这对偏振器的消光比是最好的

1.6.2 延迟器的波长和角度相关性

简单的双折射波片是最常见的延迟器,其特性随波长和入射角变化。由于单轴晶体的寻常折射率和异常折射率随波长而变化,即色散,因此双折射也是波长的函数。图 1.19 展示了石英和 MgF_2 四分之一波长延迟器的延迟量与波长的关系。

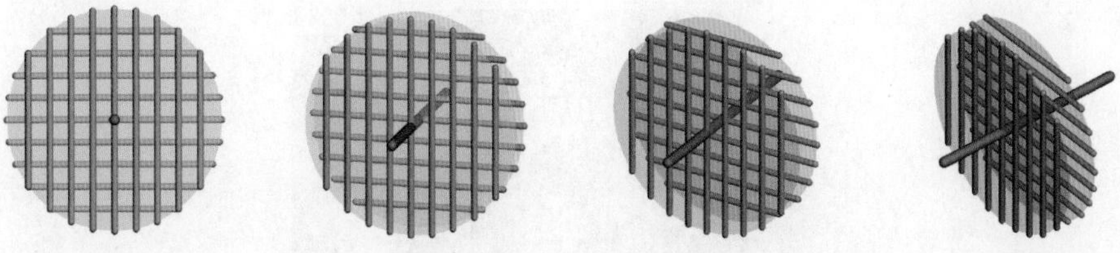

图 1.17　当光传播方向在对角平面内变化时，两个相同偏振器的视图。(a)沿 z 轴的 0°入射角，绿线和红线是正交的。当入射角在 45°(相对 x、y 轴)平面内依次变化为(b)15°、(c)30°、(d)45°时，偏振器透射轴的投影不再正交，因此偏振器对出现漏光

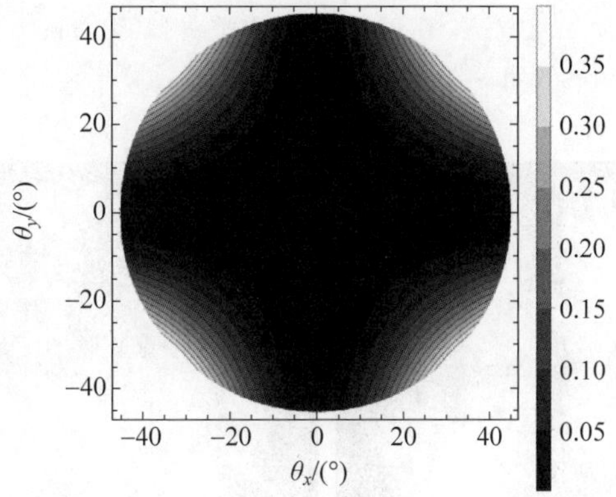

图 1.18　45°光锥通过一对正交偏振器发生部分泄漏的光强图

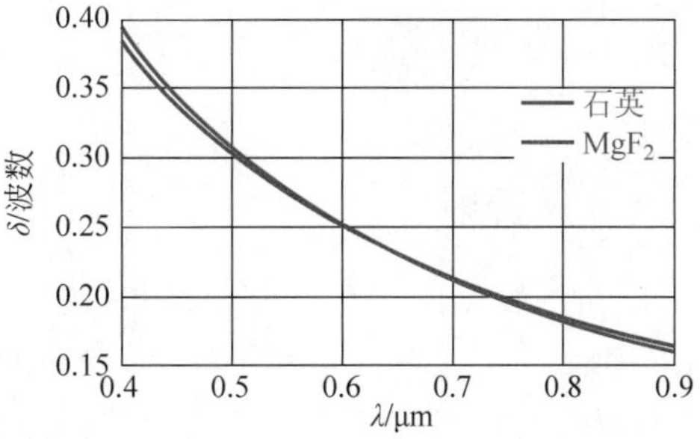

图 1.19　石英(红色)和氟化镁(蓝色)λ/4 波片(λ=600nm)的波长和延迟量相关性

延迟器的延迟量也随着入射角的变化而变化。因为通过延迟器的光程随入射角的增大而增大，并且异常折射率随角度变化，所以延迟器的延迟量随角度有一个类似环形的变化。针对石英四分之一波片延迟器的计算如图 1.20 所示。对于 y 偏振的光，沿 x-z 平面和 y-z 平面入射的光出射偏振态不变，但其他所有方向入射的光偏振态都发生变化。当延迟器或其他双折射晶体被放置在锥光镜(conoscope)中时，延迟量的变化是很容易看到的。锥光镜是这样一种光学仪器，它将偏振光聚焦通过样品并用另一个偏振器去分析偏振光。图 1.21(a)显示了锥光镜中厚的方解石 A-板的锥光镜图像，图 1.21(b)显示了厚方解石晶体的图像，其光轴沿平板法线，这种结构称为 C-板。

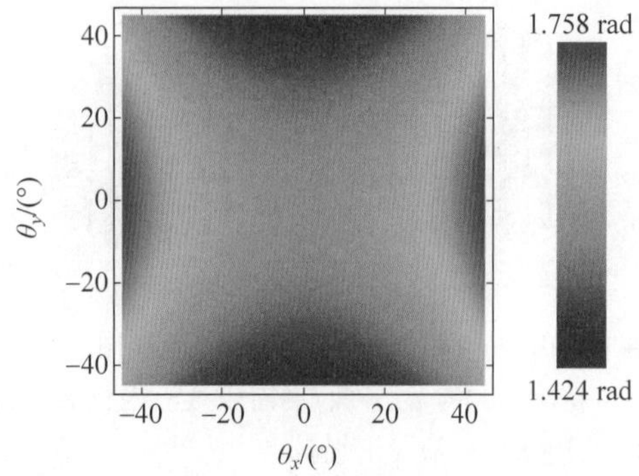

图 1.20　四分之一波长延迟器的延迟量(1.571rad)随入射角的变化情况：在包含光轴的平面内(垂直)随着入射角增大，延迟量减小；在正交平面(水平)内延迟量随入射角增大。在对角线方向，随着入射角变化，延迟量几乎不变

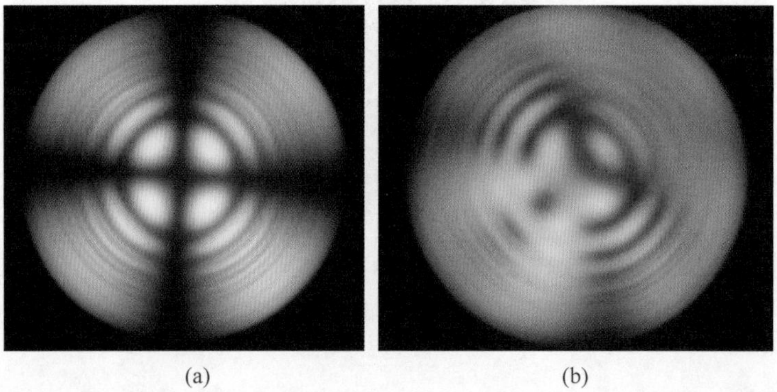

图 1.21　方解石 A-板(a)和 C-板(b)在锥光镜中的图像，彩色条纹显示了出射偏振态随角度和波长的变化

1.6.3　透镜中的应力双折射

关于偏振光和透镜的另一个问题是应力双折射，特别是注塑透镜。应力双折射是一种空间变化的双折射，由透镜内应力压缩或拉伸材料的原子，导致双折射。在制造过程中，由于透镜材料冷却不均匀，应力双折射将残留在玻璃坯料或注塑透镜中。应力也可来源于外部施加的力，例如透镜安装支架作用在透镜上的力，甚至重力。因此，应力双折射引入了非预期的延迟量变化。将透镜放置在正交偏振器之间(这个系统称为偏光镜)，可以观察到应力双折射。由应力引起的延迟会使得部分光的偏振态发生改变，这种改变了的分量将通过第二个偏振器。通过观察偏振光泄漏，如图 1.22 所示，可以直观地看到应力。应力双折射通常可以通过退火来减弱，即将透镜加热到接近玻璃软化转变温度，然后缓慢冷却以降低内部应力。退火是高品质光学玻璃的常规工艺。图 1.23(a)展示了偏光镜中一块受到机械应力的玻璃。强度分布图显示了偏振态改变了的区域。图 1.23(b)显示了快速冷却产生高应力的一块玻璃。透镜中的应力双折射会降低其成像质量。

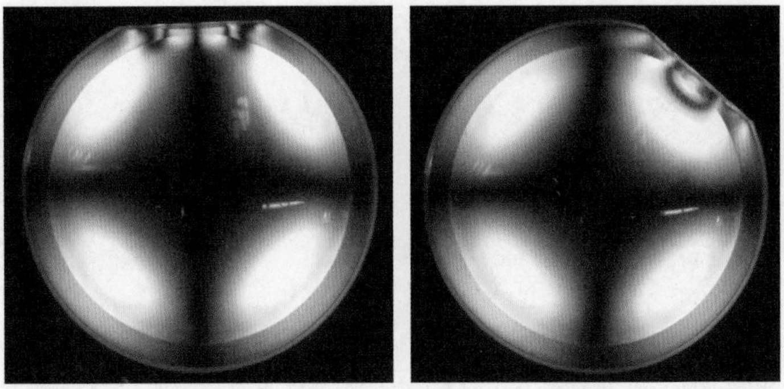

(a)　(b)

图 1.22　一个注塑透镜的应力双折射，(a)位于正交偏振器之间(在顶部)，(b)将透镜旋转 45°

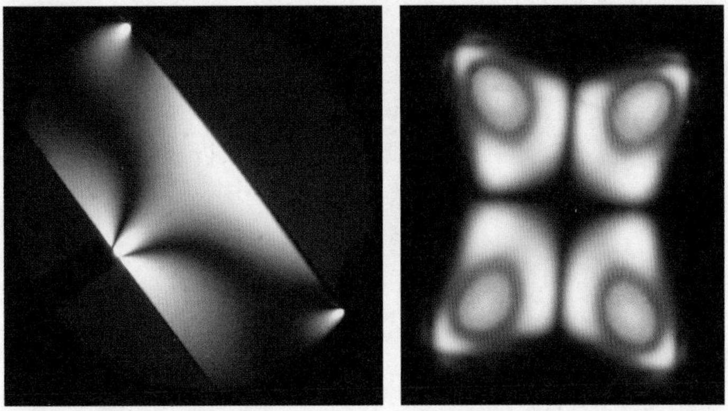

(a)　(b)

图 1.23　(a)偏光镜中由压力引起的应力双折射。通过右上方的两个点支撑的一块玻璃，由左下方一颗螺丝钉施加压力。(b)将一块包含有大应力的方形玻璃放在正交偏振器之间观察，可以观察到应力引起的延迟随波长的变化

1.6.4　液晶显示器和投影仪

液晶是一种双折射分子组成的浓稠液体，通常是根据偶极矩选择的棒状分子。这些分子在施加的电场作用下旋转，从而调节液晶元件的延迟量。图 1.24 展示了一个典型的扭曲向列液晶单元分子方向随不同电压的变化。当把液晶放置在偏振器之间时，液晶表现为一个电压控制的强度调制器。为了制造液晶显示器，在两块玻璃板之间放置一层薄薄的液晶，并在一个可寻址的阵列中制作一个电极阵列，以调整每个像素的电场，并与一组微小的红、绿、蓝滤光片组合在一起。

液晶盒、液晶显示器和投影仪都存在非常具有挑战性的偏振像差问题。显示器中出现的非预期偏振变化会导致不想要的显示色彩变化。眼睛对色彩的变化非常敏感，因此需要尽量减少这种不希望有的偏振变化。引起液晶器件颜色变化的一个主要原因是液晶器件的延迟量随入射角的变化很大。延迟量大小、快轴及椭圆率均会随角度变化。图 1.24(f)展示了这种延迟量变化的一个例子。椭圆表示快态，椭圆的大小表示延迟量的大小。这种变

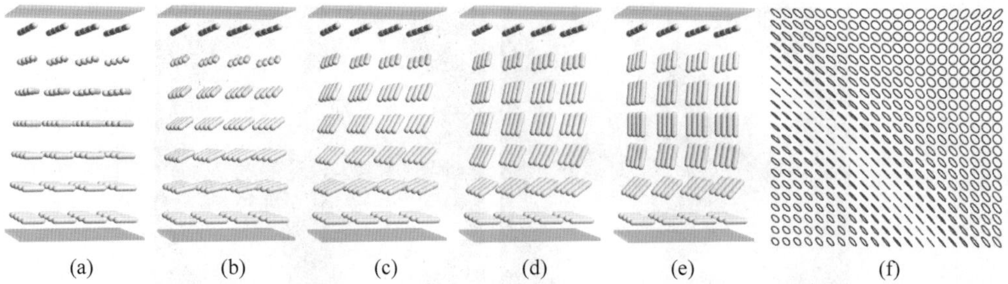

图 1.24 不同电压下,扭曲向列液晶盒的分子方向,电压从左向右依次递增。光沿垂直方向传播,液晶分子锚定在水平面的顶部和底部。在 0V 处(a),分子在水平面内绕 z 轴(垂直方向)扭转。随着电压的增加(向右依次增大),在液晶盒中央的分子开始偏离水平面,减少了对于延迟量的贡献。在高电压下,中心的分子旋转到垂直平面,而顶部和底部的分子仍然锚定在基板上。(f)液晶盒在电场中的延迟变化(快轴方向和延迟量大小)

化如果不加以补偿,会导致显示器的色彩和亮度随入射角而变化,这是很让人分心的。这种延迟量的角度相关性通常通过添加另一层双折射分子薄膜(双轴多层膜)来修正,双轴多层膜通常由圆盘状分子制造,可有效补偿棒状液晶分子的双折射随角度的变化,如图 1.25(b)所示。

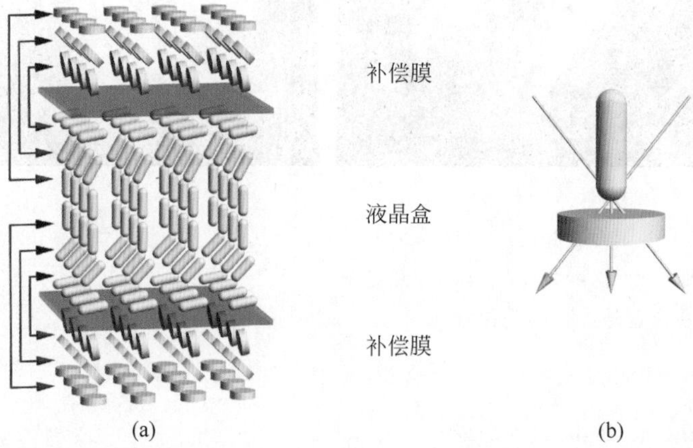

图 1.25 在所有显示器中,液晶盒都配备补偿薄膜来减少偏振像差。上部的薄膜补偿液晶盒的上半部分,下面的薄膜补偿液晶盒的下半部分;通过减少非必要的偏振态变化和偏振光泄漏,大大提高了显示的色彩质量

1.7 光学设计

光学设计是一门寻求各类光学元件的最优和有用组合的工程实践。它也称为镜头设计,这是因为镜头、望远镜和显微镜的设计以及对于像差的理解,自 19 世纪后期光学设计正式确立以来,一直是其核心的研究领域。

光学系统可以分为成像系统和其他类型的光学系统,如照明系统。成像系统的设计是将输入球面波转化为输出球面波。然而,用透镜和反射镜不可能将来自物体有限区域的输

入波转换为完美的球面输出波[①]。用透镜和反射镜的组合,出射波面与球面的一些偏差不可避免。这些相较于球面波前的偏差称为像差。波前是从光源出发的等相位和等光程的面。光程是沿某一路径通过一个光学系统的波长数,通常以米为单位。几分之一波长的光程长度变化对成像质量有显著影响。传统的光学设计,我们说它不考虑偏振的影响,其重点是通过光线追迹计算光程长度。光程长度的变化比振幅或偏振态的变化对成像质量的影响要大得多。光学设计中最重要的一项任务是通过优化光学系统,使光学系统在期望的波长范围和目标位置上的像差达到最小。在许多类型的光学系统中,如电影镜头和光刻镜头,对波前像差的控制都十分严格。

考虑一个手机镜头的例子(图1.26;美国专利7453654实施例#3),由光线追迹计算得到的一组光线路径。五束准直光(平行光)从左侧物空间进入,并用垂直于波前的光线表示。在示例中,由光学分析软件Polaris-M[②]计算了每条光线与第一个表面的交点,这些交点称为光线截点。根据斯涅尔定律,在第一片透镜内部计算光线的方向,称为传播矢量。之后,折射光线传播,直到它与第二个表面相交,并计算第一个截点与第二个截点之间的光线长度。光线长度与折射率的乘积就是该光线段的光程长度。重复上述过程,求解光线截点然后折射光线,直到光线从最后一个表面出射进入像空间。该镜头的孔径光阑位于第一个表面,在那里来自各个视场的不同颜色的光线相交。更多关于光线追迹的内容请参考第10章(见关于几何和偏振光线追迹的讨论)。

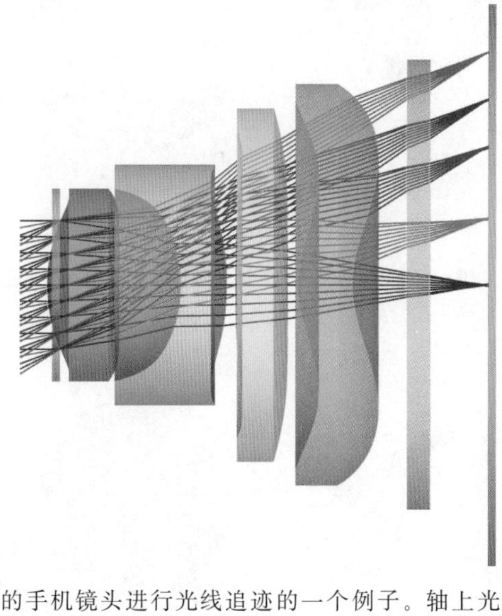

图1.26　通过四个元件的手机镜头进行光线追迹的一个例子。轴上光线用红线表示,轴外视场的光线分别用绿、蓝、紫和棕线表示。蓝色为一个平行平面的红外阻隔滤光片,位于最右侧像面的左侧

为了评估该镜头的成像质量和像差,追迹一组光线到像平面。轴上光束的光线几乎会

① 也存在特殊情况,如麦克斯韦鱼眼镜头和Luneburg镜头这一类具有弯曲物面和像面的镜头。这些例外情形不适用于相机镜头、手机镜头和大多数成像应用。

② Polaris-M是一款由Airy光学公司开发的偏振光线追迹程序,该公司位于亚利桑那州图森市。

聚到了一点,而轴外光束的光线会聚情况较差。为了评估像差,计算一组光线在一个球面上的光程长度,该球面以像点为中心,即参考球面,如图 1.27 所示。图 1.28 展示了以波长数表示的轴上物点的波像差。图 1.29 展示了绿色离轴光束的波像差。

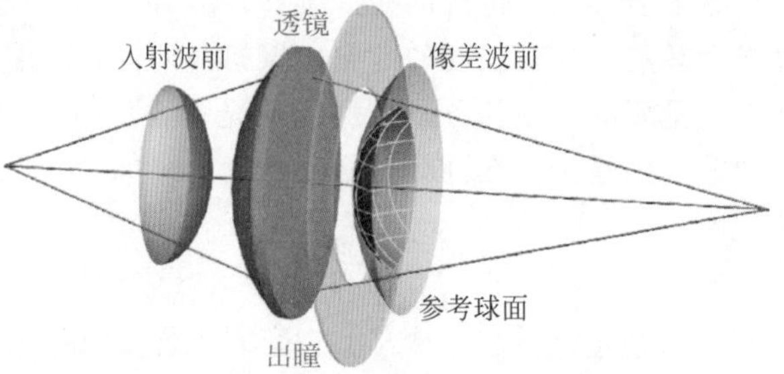

图 1.27 示例镜头(绿)的入射波前(紫)是球面,出射波前会聚到像点(右)。以像点为中心构建一个参考球面(蓝色),与出瞳(淡紫色)的中心相交。带有像差的出射波前(紫色,黄色网格线)是从物体和入瞳算起具有恒定光程的面。参考球面和带有像差波前之间沿光路的间隔就是波前像差。当这些面重合时,波前是球面并且没有像差。"衍射受限波前"通常被认为与参考球面光程差小于四分之一波长

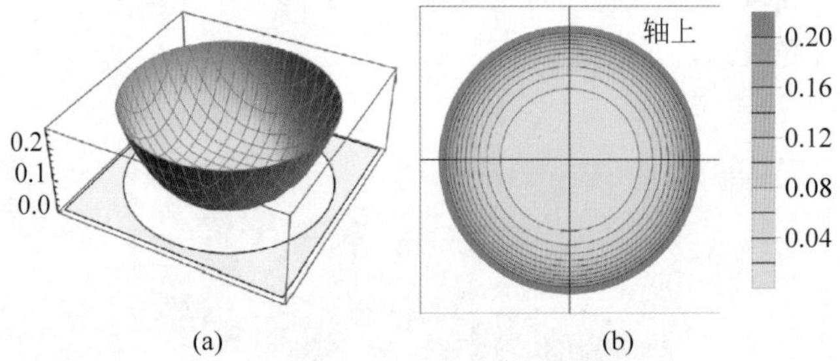

图 1.28 以两种形式展示图 1.26 轴上光束的波像差,一种是斜视图(a),另一种是彩色等高线图(b)。可看到大约四分之一波长的球差,即一个四阶碗状像差。理想的球面波前具有平整的波像差图

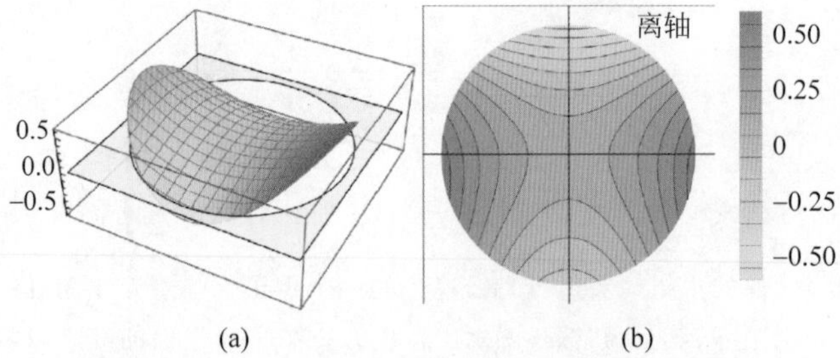

图 1.29 图 1.26 轴外光束波像差的两种表示方法,波像差包含十分之四波长的彗差、一个波长的像散和四分之一波长的球差

这些像差对像的影响可以通过第 16 章(有偏振像差的成像)中的傅里叶光学方法进行计算。点光源的像被称为点扩散函数(PSF),是通过对出瞳处的波前进行傅里叶变换来计算的。图 1.30 展示了两种轴上 PSF 的表示方法:斜投影图和彩色等高线图。这个 PSF 的形式非常接近于理想波前(艾里斑)的 PSF,但由于球差而变大。峰值强度降低到无像差

PSF 强度的 40％左右，因此像的斯特雷尔比是 0.4。图 1.31 展示了离轴 PSF 的两个视图，其中 PSF 更宽，峰值强度因为更大的像差而进一步降低。

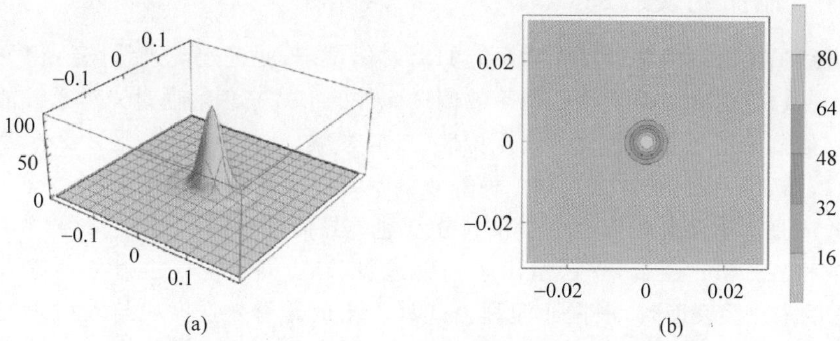

图 1.30　轴上 PSF，点光源像的光通量分布，(a)斜视图和(b)伪彩色等强度线图。任意光通量单位

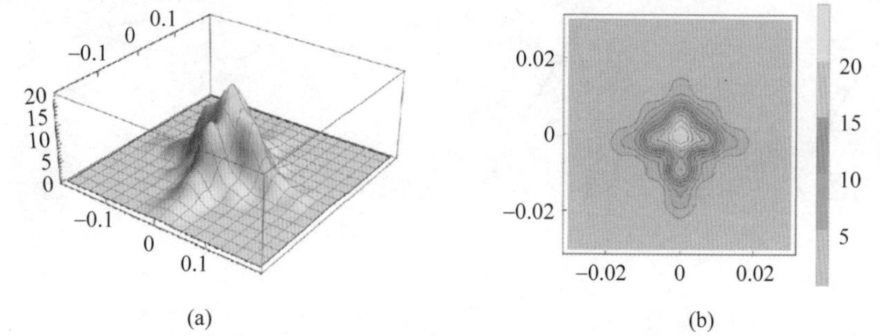

图 1.31　离轴 PSF，(a)斜视图和(b)伪彩色等高线图。与图 1.30 的轴上 PSF 相比，由于该光束的像差更大，峰值强度更低，光的分布更宽(导致分辨率更低)

在传统光学设计中，用于计算 PSF 的假设如下：①所有光线透过率是相等的；②在出瞳中出射偏振态是均匀不变的。计算只考虑光程长度变化和波像差的影响。图 1.28～图 1.31 中应用的这些假设是本书所指的传统光学设计假设。由于偏振像差通常很小，因此被忽略了，这对于许多系统是一种很好的近似。

事实上，光线的透过率是不同的。每一条光线有一组不同的入射角，会导致各个界面对应的透过率不同。此外，折射时光的偏振态有细微的变化，因此在出瞳处偏振态分布不均匀。这些振幅和偏振的改变取决于每个表面上使用的抗反射膜层。因此，计算膜层对偏振光线追迹的影响，必须给出膜层性质及透镜形状和折射率。一些膜层会引起比其他膜层更大的振幅和偏振变化。对于类似这个手机镜头的系统，膜层对波像差和 PSF 的影响很小。在这种情况下，当波像差的影响远大于振幅和偏振像差的影响时，传统光学设计的假设是合理的。为了确定这些假设在什么情况下是合理的，应该进行额外的偏振计算来确定每条光线截点处的振幅、光程长度和偏振变化，并将这些效应级联起来成为偏振光线追迹。

从 20 世纪 60 年代早期到 90 年代中期，商业光学设计程序只基于光程长度的计算。在此期间，传统的光线追迹假设适用于大多数光学设计计算。但到了 21 世纪初，许多光学设计问题都需要偏振计算来精确模拟大数值孔径的先进光学系统，对这种偏振敏感系统进行公差分析，了解光学膜层对波像差和偏振像差的影响。现在，功能全面的光学设计程序允许设计人员在光学表面指定膜层,计算输出偏振态,并确定光路的偏振特性。

1.7.1 偏振光线追迹

偏振光线追迹的目的是计算光学系统的出射偏振态,并确定与光线路径相关的偏振特性,即二向衰减、延迟和退偏特性。用等效偏振元件的形式来理解通过光学系统的光路是非常有用的。需搞清楚与光路相关的偏振特性(二向衰减、延迟和退偏)是什么?等效偏振元件,二向衰减器、延迟器,是什么?哪一种等效偏置元件会造成偏振态改变?

偏振效应是由于反射和折射中 s 和 p 分量的差异而产生的。图 1.32(a)和(b)定义了入射光的 s 和 p 分量。图 1.32(c)给出了强度透射系数,即从空气折射分别进入折射率为 1.5、2 和 4 的未镀膜表面时,根据菲涅耳公式计算出的透射光强度比与入射角的关系。抗反射膜界面具有相似的曲线但提高了透射率,透射率更加接近于 1。

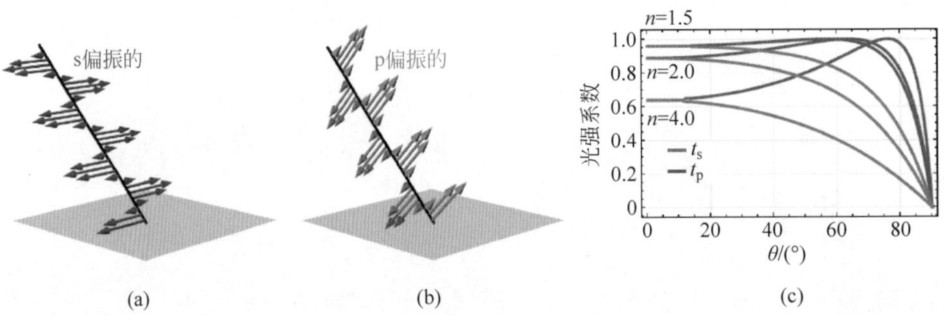

图 1.32 (a),(b)光束在界面上 s 和 p 分量的定义。(c)s 光(绿线)和 p 光(蓝线)从空气进入不同折射率透镜的菲涅耳透射系数是入射角的函数。透射的差异性导致了二向衰减或部分偏振

偏振光线追迹的主要方法是偏振矩阵传播法。计算出每个光线截点和光线段的偏振矩阵。用矩阵乘法将偏振相互作用级联起来。最后,计算出从物空间到像空间每条光线路径的偏振矩阵(例如琼斯矩阵或米勒矩阵)。偏振光线追迹的结果可与传统光线追迹得到的光程长度结合起来,并进行其他一系列附加的分析。

偏振矩阵传播法可以确定所有入射偏振态的输出偏振态,并描述光线路径的二向衰减和延迟。如果偏振态改变幅度是个问题,这有助于理解偏振态改变的原因,以及对它能做点什么。描述光线路径最简单的方法是用琼斯矩阵,即 2×2 复数矩阵,如式(1.2)所示。这里,矩阵元素用笛卡儿复数形式和极坐标形式表示,

$$\boldsymbol{J}=\begin{pmatrix} j_{11} & j_{21} \\ j_{12} & j_{22} \end{pmatrix}=\begin{pmatrix} x_{11}+\mathrm{i}y_{11} & x_{12}+\mathrm{i}y_{12} \\ x_{21}+\mathrm{i}y_{21} & x_{22}+\mathrm{i}y_{22} \end{pmatrix}=\begin{pmatrix} \rho_{11}\mathrm{e}^{\mathrm{i}\phi_{11}} & \rho_{12}\mathrm{e}^{\mathrm{i}\phi_{12}} \\ \rho_{21}\mathrm{e}^{\mathrm{i}\phi_{21}} & \rho_{22}\mathrm{e}^{\mathrm{i}\phi_{22}} \end{pmatrix} \tag{1.2}$$

停下来思考一下这种偏振矩阵传播方法对偏振光学设计师和其他需要使用它并且理解其工作的工程师的重要性。传统的光学设计用波像差函数来描述像差,这是一个标量函数,在出瞳中波前上每一点都有一个值。偏振矩阵传播法将波前上每一点的标量函数替换为琼斯矩阵。这个函数称为偏振像差函数或琼斯光瞳。从每一条光线只有一个变量(光程长度)的表示法,到每一条光线有八个变量的矩阵表示法,这是一个非常实质性的复杂化!本书将会以一种循序渐进的方式,通过后面几个章节来详细介绍这些自由度并给出如何使用这些

附加信息的指导。因此，我们将学习解释偏振像差并了解它们对成像和各种测量的影响。难怪早期的光学设计师在他们的成像质量计算中没有包括对未镀膜或有镀膜的透镜表面和反射镜进行计算，因为这并不容易。

而且这变得更加复杂了！

1.7.2　透镜的偏振像差

由于菲涅耳公式和薄膜公式的效应，透镜会出现偏振像差。对于一个在球面上的轴上球面波，入射角从光瞳中心起始呈近似线性增大，入射面为径向方向，如图 1.33(a)所示。对于大部分减反膜，偏振光在 p 平面（径向）和 s 平面（切向）的透射差异近似呈二次方增大，如图 1.32(c)所示。因此，一个未镀膜透镜表面实际上是一个弱的线性偏振器，具有径向的透射轴，近似二次增大的二向衰减率，如图 1.33(b)所示。图 1.34 显示了当 90°线偏振光、45°线偏振光和左旋圆偏振光进入透镜时，在未镀膜透镜出瞳中采集的一系列偏振椭圆，即偏振光瞳图。在图 1.34(a)中，光束的顶部和底部较亮，右侧和左侧较暗，并且在光瞳边缘对角线处的偏振转向径向方向。图 1.34(b)有相同的形式，但绕中心旋转了 45°。当圆偏振光入射时，光线在光瞳边缘逐渐趋于椭圆化，而非圆形，椭圆的长轴沿径向。如果将未镀膜透镜放在正交的偏振器之间，沿两个偏振器轴的光出现消光，但是沿光瞳对角线出现漏光，如图 1.35 所示，这种图案称为马耳他十字（Maltese cross）。当马耳他十字光束聚焦时可观察到一个有趣的图案。由于这个偏振像差，在忽略波像差的情况下，PSF 的中心和沿 x 轴和 y 轴都是暗的，但在一个环中有四个光斑，离中心更远的地方有更暗的光斑，如图 1.36 所示。

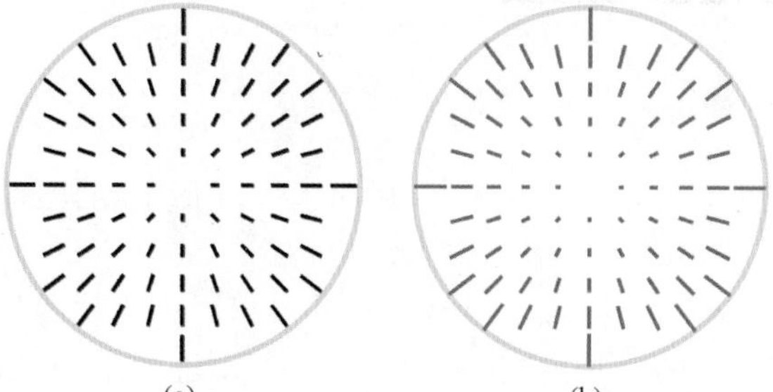

图 1.33　(a)显示了轴上球面波入射到球面上时，入射面和入射角的函数。入射角是径向的，并且从中心线性增大。(b)显示了轴上光源在透镜表面的二向衰减方向和大小。二向衰减是径向的，大小呈二次增大。二向衰减像差用棕色线段表示

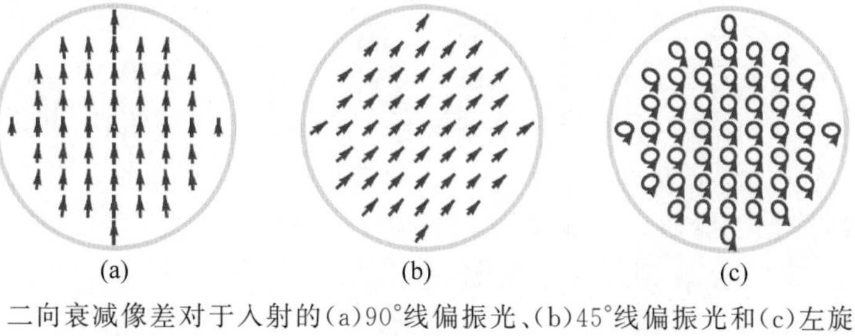

图 1.34　图 1.33 二向衰减像差对于入射的(a)90°线偏振光、(b)45°线偏振光和(c)左旋圆偏振光的影响

大多数透镜表面都镀有增透膜。对于镀有四分之一波长厚的 MgF_2 增透膜的透镜表

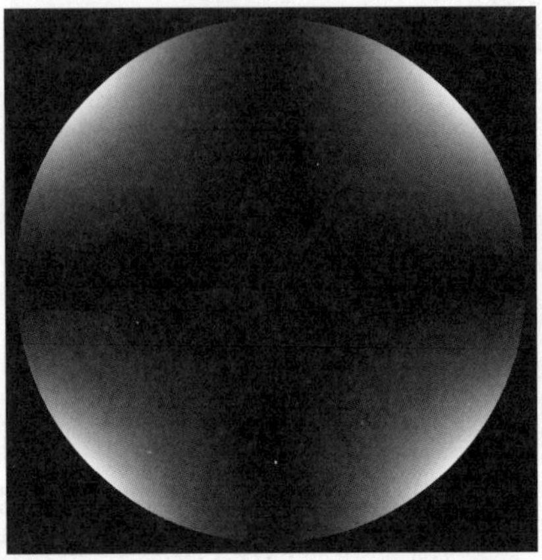

图 1.35　将一个未镀膜的透镜放在正交的(x、y 方向的)偏振器之间观察，可以看到漏光，这就是马耳他十字图案

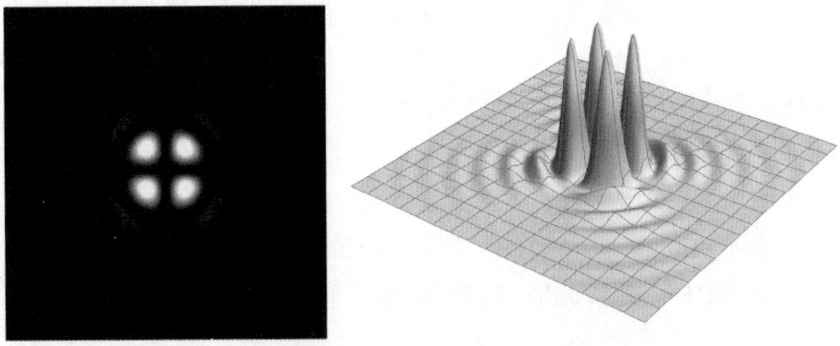

(a)　(b)

图 1.36　未镀膜的透镜位于正交偏振器(x、y 方向的)之间的 PSF。(a)强度图，(b)斜视图

面，二向衰减通常减少到未镀膜的五分之一，从而大大降低了偏振像差。通常情况下，也会引入很少量的延迟。

对于一个多元件的镜头，二向衰减和延迟逐级累积。正透镜和负透镜都引入相同符号的二向衰减。以图 1.37 中的一对显微物镜为例，准直光进入第一个物镜，在两个物镜之间形成一个焦点，并被第二个物镜准直。这组低偏振显微物镜的数值孔径为 0.55。图 1.38 展示了这对低偏振显微物镜的测量偏振像差。这里二向衰减比延迟更大，在光瞳的边缘处二向衰减达到 0.09。即使在这种低偏振像差情况下，也有近 10%的偏振，当第一个透镜被准直的线偏振光照射，出射光被正交的偏振器阻挡时，光瞳平均漏光也具有马耳他十字图样。

光学系统中存在延迟表明该系统存在受偏振影响的光程长度，因此在不同偏振态下会有不同的干涉图案。镀有金属膜的球面、抛物面、椭球面和双曲面反射镜，在轴上可见延迟偏振像差，相关的光学系统如卡塞格林望远镜有一个切向方向的快轴，其延迟量大小从光瞳中心开始增加。图 1.39(a)显示了球面和二次曲面反射镜的轴上延迟像差。平行于线段的偏振态相位超前，垂直于线段的偏振态相位滞后。因此，对于 90°线偏振的球面波前，波前会变形，如图 1.39(b)所示。对于轴上光源，由于延迟，金属反射镜、卡塞格林望远镜及类似光学系统沿着两个轴具有不同的二次相位变化；反射镜使轴上光束产生了像散，该像散无法由传统光线追迹计算得到！这种像散与入射光的偏振面方向一致；当偏振态旋转时，像散波像差也随之旋转。幸运的是，像卡塞格林望远镜这样的普通光学系统通常只有不到十

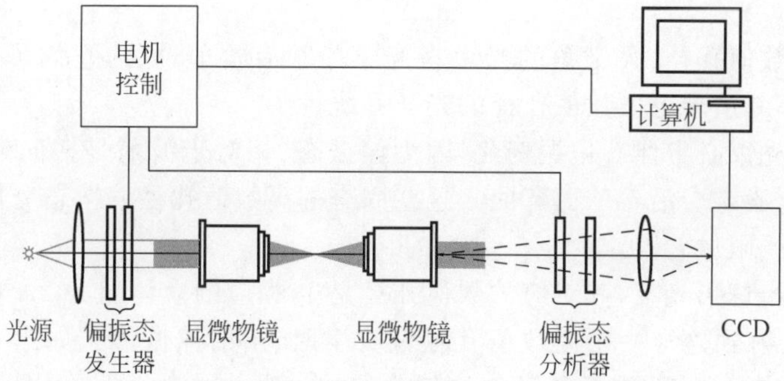

图 1.37　成像偏振测量仪中用于测量偏振像差的光路布局，其中准直光进入第一个显微物镜，聚焦，然后从第二个显微物镜准直出射

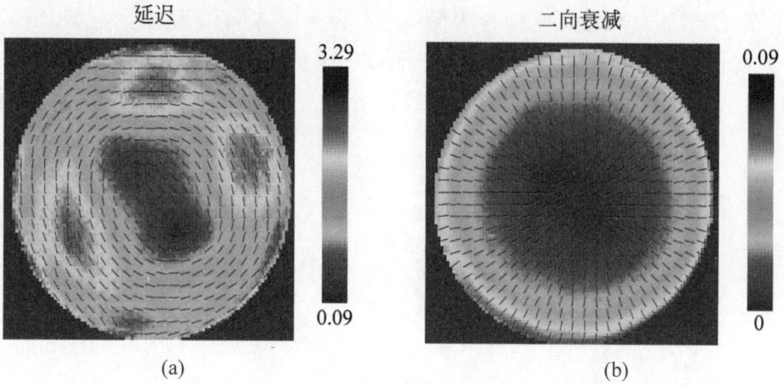

图 1.38　轴上光束通过一对显微物镜的偏振像差测量结果。(a)二向衰减像差分布，其中最大值为 0.09。(b)延迟像差分布，最大值为 3°(或 0.09 波长)。两种像差在入射角度较小的光瞳中心附近都有较小的偏振像差。用米勒矩阵偏振测量仪进行的测量

分之一波长的这种金属膜层引起的像散，所以这种像散的来源对光学设计者来说不是很重要。尽管如此，这种像散的来源也应该引起重视，因为它很容易在干涉测量中看到，当它出现时，需要进行合理的解释。

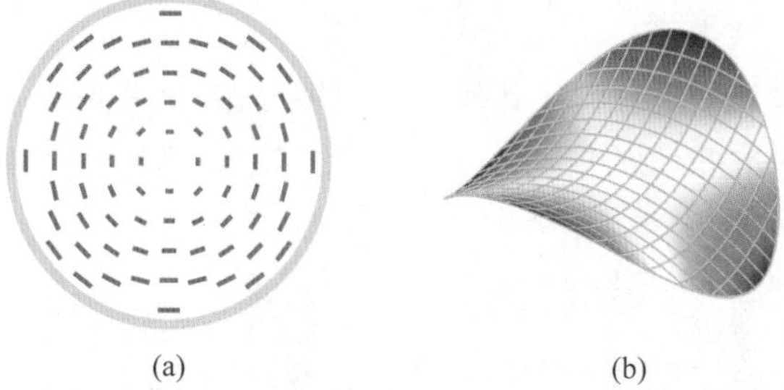

图 1.39　(a)球面或抛物面反射镜在轴向照明下的延迟像差；线条表示光瞳上延迟的快轴方向和延迟大小。当 90°线偏振的球面波前与延迟像差(a)相互作用时会产生像散波前(b)。白色表示主光线的光程长度，紫色表示较短的光程长度，绿色表示较长的光程长度

1.7.3　高数值孔径波前

数值孔径表征了光学系统能接收或传输光的角度范围；F 数或 $F/\#$ 描述了类似的光

学性质。具有高数值孔径、大锥角的光束在光学中很有价值,因为它们可以聚焦为较小的像。因此,人们不断追求更大数值孔径的光学系统。

高数值孔径光束必定伴有偏振变化,因为偏振态(相对于波前是横向的)无法在三维空间中保持均匀,它必定会沿着球面弯曲。这些固有的高数值孔径偏振态变化往往是有害的,扩展了理想衍射受限像。

假设有一束半球形光束,其对应的数值孔径是 1,相应的立体角为 2π 立体弧度。例如,当 x 偏振的光入射到这样一个高数值孔径镜头上时,出射偏振形式如图 1.40 所示。在 z 轴(光束中心的光轴)附近,偏振是近似均匀分布的。沿着 y 轴,光总是能在保持 x 方向的偏振,一直到光瞳的边缘,因为沿着 x 轴的这些矢量与球面相切。沿着 x 轴,光必须向上倾斜(带有负的 z 分量),向下倾斜(带有正的 z 分量),才能保持在球面上。光的偏振态继续旋转,直到在图 1.40(a)中光瞳的左右两侧,光变为 $\pm z$ 方向偏振,因为这里光在 $\pm x$ 方向传播。在光瞳边缘附近,偏振变化如图 1.41 所示。这种偏振变化的结果是 PSF 在一个方向上拉长,类似像散。图 1.40 仅显示了在高数值孔径光束中偏振可能变化的一种形式。

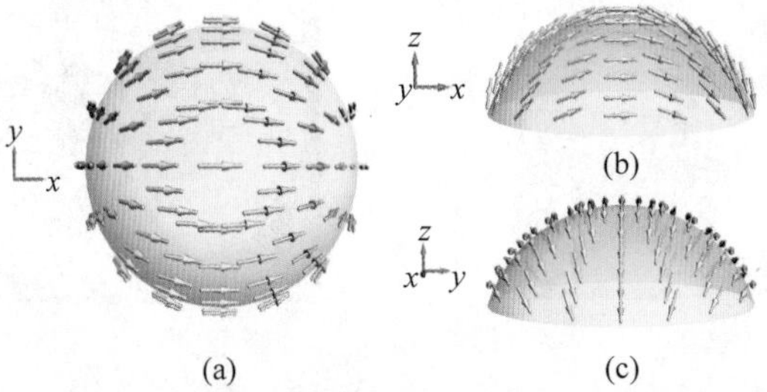

图 1.40 一个高数值孔径的球面波在 x 方向上线性偏振,(a)沿 z 轴的视图,(b)沿 y 轴的视图,(c)沿 x 轴的视图。该偏振与 11.4 节的双极坐标对应,双极位于 z 轴上

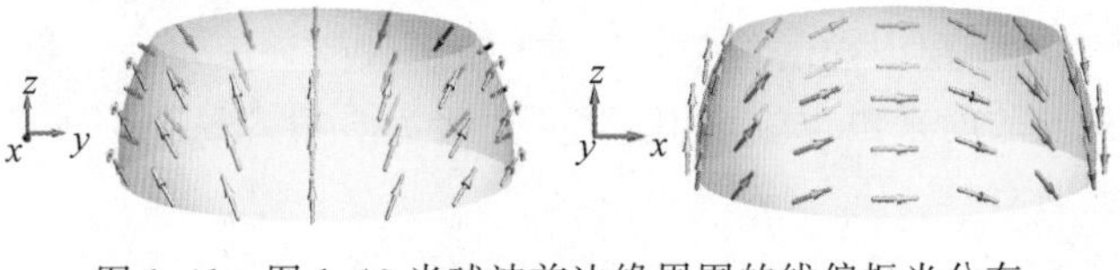

图 1.41 图 1.40 半球波前边缘周围的线偏振光分布

显微光刻和显微镜领域十分关注其他一些偏振分布,这些偏振分布具有有用的成像性能,特别是如图 1.42 所示的径向和切向偏振光束。注意,这些光波偏振态不能不间断地延伸到原点,因此会在中心产生一个暗斑。

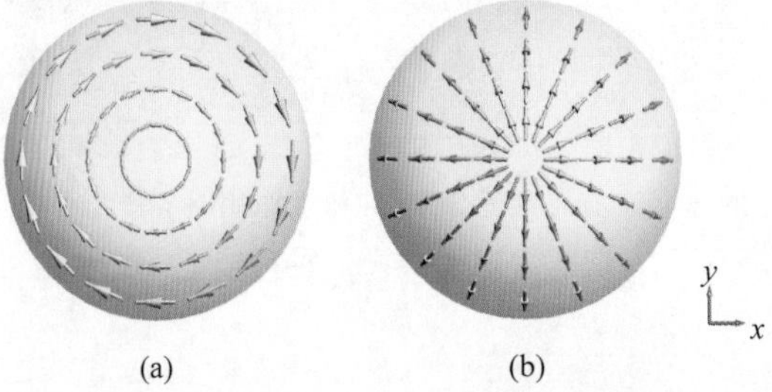

图 1.42 (a)切向偏振波前和(b)径向偏振波前的偏振分布

1.8　历史发展回顾

光的横波性质和偏振性质对光学和物理学的发展起了重要作用。Goldstein 的《偏振光》[4]第 1 章之前对偏振光历史做了很精彩的总结。另一个总结在 Brosseau 的《偏振光基础，一种统计光学方法》中的第 1 部分(偏振光理解的历史回顾)。随着 1800 年至 1830 年对偏振光和衍射的深入理解，人们终于达成共识，认为光是一种横波。在 Buchwald 的《光的波动理论的兴起》中，可以找到这一形成时期广受关注的科学争议。出版于 1842 年 Pereira 著的《偏振光讲义》(可在线获得)，其中记录了 19 世纪上半叶对偏振光的深刻理解[5]。

随着宝丽来塑料偏振片的发明，偏振光学取得了巨大的进步。在宝丽来发明之前，偏振器往往是小而昂贵的，例如尼科尔棱镜。大而便宜的偏振片和延迟器的使用推动了偏振光学和相关领域的快速发展。Land 和 West[6]、Grabau[7]论述了二向色偏振器的历史。

1.9　偏振光学参考书籍

以下是一些关于偏振光的书籍或有意义的偏振光章节的简短清单，作者认为这些书对学生会有帮助。Goldstein 对偏振数学方法进行了透彻的研究，讨论了菲涅耳方程、椭偏测量术及很多其他主题。对于高中生和本科生这样的入门者，Können 是一个很好的开始，他对偏振光进行了非数学讨论。在网上可找到 Können 的免费版本[8]。Mansuripur 在研究生水平对许多偏振效应提供了非数学讨论[9]。

[1] Shurcliff, W. A., Polarized Light. Production and Use, Cambridge, MA: Harvard University Press, 1966.

[2] Azzam, R. M. A. and Bashara, N. M., Ellipsometry and Polarized Light, 2nd edition Amsterdam: Elsevier, 1987.

[3] Kliger, D. S. and Lewis, J. W., Polarized Light in Optics and Spectroscopy, Elsevier, 1990.

[4] Können, G. P., Polarized Light in Nature, CUP Archive, 1985.

[5] Hecht, E., Optics, 4th edition, Addison Wesley Longman, 1998.

[6] Brosseau, C., Fundamentals of Polarized Light: A Statistical Optics Approach, New York: Wiley, 1998.

[7] Born, M. and Wolf, E., Principles of Optics: Electromagnetic Theory of Propagation, Interference and Diffraction of Light, 7th expanded edition, Cambridge University Press, 1999.

[8] Mansuripur, M., Classical Optics and Its Applications, 2nd edition, Cambridge University Press, 2009.

[9] Collette, E., Field Guide to Polarization, SPIE Press, 2006.

[10] Cloude, S., Polarisation: Applications in Remote Sensing, Oxford University Press, 2009.

[11] Goldstein, D., Polarized Light, Revised and expanded 3rd edition, Vol. 83, Boca

Raton,FL:CRC Press,2011.

[12] Horváth,G.,Polarized Light and Polarization Vision in Animal Sciences,Springer Series in Vision Research(2),2014.

1.10 习题集

1.1 为什么单色光波有周期性电场?为什么单色平面波的电场必定会在横向平面上沿椭圆轨迹运动?

1.2 画出30°线偏振光的偏振椭圆。画出$E_x(t)$和$E_y(t)$,x和y分量,磁场在哪个平面内振动?

1.3 在图1.34中,对于90°的入射偏振光,偏振椭圆的长轴沿光瞳边缘是如何变化的?45°偏振光呢?左旋圆偏振光呢?

1.4 使用一个偏振片,旋转一副偏振太阳镜并估计左右镜片透光轴的对准性。轴线是水平还是垂直的?两个轴是相同的还是存在细微的差异?

1.5 用液晶投影仪的偏振光去照射投影屏幕。

a. 投影仪发出的光在红、绿、蓝波段是如何偏振的?

b. 用旋转偏振器检查从屏幕散射的光。分别投射一个红色、绿色和蓝色的场景,目测散射光的线性偏振度。

c. 偏振对于散射的角度是否有相关性?

1.6 用线偏振器研究人造彩虹的偏振特性。背向太阳,用软管、草坪洒水器或水雾机制造水雾。在阳台或其他地方看向水雾,在暗背景下看水雾的效果最好。透过偏振器看彩虹,沿着彩虹的弧形画出彩虹的偏振图,表明线偏振的方向。偏振度很难用肉眼准确估计,但大约接近90%。不同颜色的线偏振度是否相同?

1.7 用轴上准直光束从无穷远照射透镜球面,入射角从中心开始近似线性增大还是二次增大?

1.8 考虑图1.40中的线偏振半球波前,

a. 过原点的哪个平面中,所有的电场矢量都指向同一方向?

b. 在光瞳中哪些相对点上电场方向相反?

c. 当沿着半球波前的边缘移动时,电场是如何旋转的?

1.9 图1.22中哪里的应力最大?

1.10 一个特定的二向衰减器,或部分偏振器,最大透射率$T_{max}=0.7$,二向衰减率$D=0.999$,求T_{min}。

1.11 对比度定义为$C=\frac{T_{max}}{T_{min}}$。求二向衰减率的表达式,作为对比度的函数。当二向衰减率为0.999时,对比度是多少?

1.12 在600nm处,一石英晶片有三个波的延迟量,另一MgF_2晶片有四个波的延迟量,则可以得到一个一波的延迟器。参考图1.19,在什么波长下可组成3/4波的延迟器?5/4波的延迟器?

1.13 取两个偏振片,使它们的透光轴正交。当它们围绕水平轴、垂直轴和对角线轴旋转时拍摄照片。描述它们是怎样漏光的，以及消光变化情况。

1.14 考虑光通过两个正交的偏振器，它们分别与 $\boldsymbol{x}=(1,0,0)$ 和 $\boldsymbol{y}=(0,1,0)$ 对准，光沿 $\boldsymbol{k}=(\sin\phi\cos\theta,\sin\phi\sin\theta,\cos\phi)$ 的方向传播。将两个偏振器投影到横向平面上，求它们吸收轴之间的表观角度 χ。通过这对偏振器的透射率为 $T=\cos^2\chi$。沿对角 $\phi=45°$ 将 T 展开为 θ 的泰勒级数，以确定透射率的最低阶多项式变化。

1.15 马吕斯定律指出，当一个理想的线偏振器放置在线偏振光中，光的透射率可表示为 $F=\cos^2\theta$，其中 θ 是入射偏振光和偏振器透射轴之间的夹角。假设在 0°偏振光中一个接一个放置 N 个偏振器(级联)，第一个偏振器方向为水平 0°，并且每个后续的偏振器相对于前一偏振器旋转固定的角度，使得最后一个偏振器总是在竖直方向 90°。例如，如果 $N=4$，偏振器的方向依次为 0°、30°、60°、90°。根据马吕斯定律，以这种方式排列的 2、4 和 8 个偏振器的光强透射率是多少？随着 N 的增加，透射率是如何变化的？(如果光通过一个角度为 β 的线偏振器，出射光为 β 角线偏振的且幅度衰减)。如果入射光是 α 角线偏振的，通过 β 角的线偏振器，则出射光为 β 角的线偏振光，其衰减的幅值为 $\cos^2(\alpha-\beta)$。

1.11 参考文献

[1] S. Johnsen and T. Frank, Polarization Vision, Operation Deep Scope(2005). S. Johnsen using images from E. Widder, NOAA (http://oceanexplorer. noaa. gov/explorations/05deepscope/ background/polarization/media/eel. html, accessed on July 15, 2017).

[2] R. M. A. Azzam and N. M. Bashara, Ellipsometry and Polarized Light, Elsevier Science(1987).

[3] I. Ohlidal and D. Franta, Ellipsometry of thin film systems, in Progress in Optics, Vol. 41, ed. E. Wolf, Elsevier(2000), pp. 181-282.

[4] J. Z. Buchwald, The Rise of the Wave Theory of Light, Optical Theory and Experiment in the Early Nineteenth Century, The University of Chicago Press(1989).

[5] J. Pereira, On the polarization of light, and its useful applications, Pharm. J 2(1842): 619-637. (https://play. google. com/store/books/details?id=OylbAAAAcAAJ&rdid=book-ylbAAAAcAAJ&rdot=1, accessed October 25, 2016.)

[6] E. H. Land and C. D. West, Dichroism and dichroic polarizers, Colloid Chemistry 6(1946): 160-190.

[7] M. Grabau, Polarized light enters the world of everyday life, Journal of Applied Physics 9. 4(1938): 215-225.

[8] G. P. Können, Polarized light in nature, CUP Archive (1985). (http://s3. amazonaws. com/guntherkonnen/documents/249/1985_Pol_Light_in_Nature_book. pdf?1317929665, accessed October 25, 2016.)

[9] M. Mansuripur, Classical Optics and Its Applications, Cambridge: Cambridge University Press (2002).

第 2 章

偏 振 光

2.1 偏振光的描述

本章从描述单色平面波在任意方向的传播及其电场和磁场开始。表 2.1 列出了描述偏振光的几种常用方法[1-3]。本章首先使用偏振矢量来描述平面波的偏振态。然后详细讨论了描述单色平面波沿 z 轴传播的琼斯矢量，分析了平面波的偏振态和偏振椭圆、相位、偏振光成分以及正交性。这种单色波可用激光①产生。最后，考虑到光源的偏振，定义了两种进入光学系统的光束偏振模型：偶极球面波和双极球面波。第 3 章将进一步使用斯托克斯参量和庞加莱球描述非相干光和多色光（非单色光），其中庞加莱球是一种偏振态的图形化表示。

本书主要使用琼斯矢量来描述平面波，使用偏振矢量（三维电场矢量）来描述球面（或近似球面）波的偏振光，并在斯托克斯参量具有优势的地方使用斯托克斯参量。

表 2.1 偏振光计算的常用方法

光的描述	特性	偏振元件描述
琼斯矢量	沿 z 轴的单色平面波 两个复元素	琼斯矩阵

① 激光几乎是单色的，但总有一个小的波长扩展。

续表

光 的 描 述	特　　性	偏振元件描述
偏振矢量	沿任意方向的单色平面波 三个复元素	偏振光线追迹矩阵
斯托克斯参量	沿 z 轴的非相干光 四个实元素	米勒矩阵

2.2 偏振矢量

光是一种横向电磁波，是在真空中以光速传播的振荡电场和磁场[4-6]。最简单的光波是具有平坦波前的单色平面波，代表准直光束，例如图 2.1 所示的线性偏振电磁横波。假设一个单色平面波，波长为 λ，沿单位传播矢量 $\boldsymbol{k}$ 的方向传播，角频率为 ω，单位为弧度每秒①。单色平面波在空间 $\boldsymbol{r}$ 和时间 t 的电场 $\boldsymbol{E}(\boldsymbol{r},t)$ 为

$$\boldsymbol{E}(\boldsymbol{r},t)=\mathrm{Re}\left[\boldsymbol{E}\mathrm{e}^{\mathrm{i}\left(\frac{2\pi}{\lambda}\boldsymbol{k}\cdot\boldsymbol{r}-\omega t-\phi_0\right)}\right]=\mathrm{Re}\left[\begin{pmatrix}E_x\\E_y\\E_z\end{pmatrix}\mathrm{e}^{\mathrm{i}\left(\frac{2\pi}{\lambda}\boldsymbol{k}\cdot\boldsymbol{r}-\omega t-\phi_0\right)}\right]=\mathrm{Re}\left[\mathrm{e}^{\mathrm{i}\left(\frac{2\pi}{\lambda}\boldsymbol{k}\cdot\boldsymbol{r}-\omega t-\phi_0\right)}\begin{pmatrix}A_x\mathrm{e}^{-\mathrm{i}\phi_x}\\A_y\mathrm{e}^{-\mathrm{i}\phi_y}\\A_z\mathrm{e}^{-\mathrm{i}\phi_x}\end{pmatrix}\right] \tag{2.1}$$

偏振矢量 $\boldsymbol{E}$ 描述了偏振态。$\boldsymbol{E}$ 是复振幅，单位是伏特每米。$\boldsymbol{E}$ 的三个场分量以三种不同的形式表示，式(2.1)中(E_x,E_y,E_z)是沿三个坐标轴 x、y、z 的复振幅分量。A_x、A_y、A_z 是复振幅的大小，ϕ_x、ϕ_y、ϕ_z 是它们的相位。图 2.1 中间隔为 λ 的蓝色平面表示具有恒定相位的波前面。

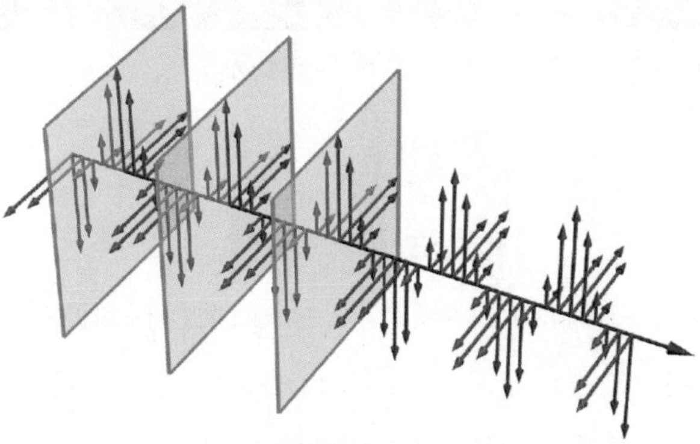

图 2.1　线偏振电磁波的电场矢量(红)和磁场矢量(蓝)。图示为三个恒定相位的波前面，间隔 1 个波长

$\boldsymbol{E}$ 是一个电场矢量，但是它在三维空间里完全表征了偏振椭圆，所以 $\boldsymbol{E}$ 也称为偏振矢量。传播矢量[7] $\boldsymbol{k}$ 为

$$\boldsymbol{k}=(k_x,k_y,k_z),\quad |\boldsymbol{k}|=1 \tag{2.2}$$

① ω 是 2π 乘以频率，单位是赫兹。

它被归一化并代表传播方向[①]。$\boldsymbol{k}$ 指向与波前相关的光线方向。三个分量(k_x, k_y, k_z)是方向余弦,是 $\boldsymbol{k}$ 与 x、y、z 轴之间角度的余弦。向量 $\boldsymbol{r}$ 定义了全局坐标系中的位置,

$$\boldsymbol{r}=(r_x, r_y, r_z) \tag{2.3}$$

在所选坐标系的原点,$\boldsymbol{r}=(0,0,0)$,$t=0$,电场为

$$\boldsymbol{E}=\begin{pmatrix}E_x\\E_y\\E_z\end{pmatrix} \tag{2.4}$$

对于在各向同性介质(如真空、空气、水和玻璃)中的传播,偏振矢量与传播矢量正交,因此它们的点积为零

$$\boldsymbol{E}\cdot\boldsymbol{k}=\begin{pmatrix}E_x\\E_y\\E_z\end{pmatrix}\cdot\begin{pmatrix}k_x\\k_y\\k_z\end{pmatrix}=0 \tag{2.5}$$

式$\dfrac{2\pi}{\lambda}\boldsymbol{k}\cdot\boldsymbol{r}-\omega t-\phi_0$ 是平面波针对所有空间和时间的相位,通常以弧度表示,有时用度表示。相位指定了周期中的一个位置。ϕ_0 是光的绝对相位,它是光在初始状态($\boldsymbol{r}=(0,0,0)$,$t=0$)的相位。相位也可以用波数 Φ 来表示,

$$\Phi=\frac{\boldsymbol{k}\cdot\boldsymbol{r}}{\lambda}-\frac{\omega t+\phi_0}{2\pi} \tag{2.6}$$

如果 Φ 在一个相位恒定的面上是常数,在这种情况下是平面波前。相位可以分为整数部分和小数部分。Φ 的整数部分提供了波前编号的方法,例如波前 $-2,-1,0,1,2,\cdots$。Φ 的小数部分表示余弦波内一个用 $\boldsymbol{r}$ 和 t 表示的位置点,或者对于偏振光,表示电场在偏振椭圆上的位置。式(2.1)中各 x、y、z 电场分量的相位是 $\phi_x+\phi_0$、$\phi_y+\phi_0$、$\phi_z+\phi_0$。

2.3 偏振矢量的性质

$\boldsymbol{E}$ 是一个复矢量,每个复数都可用极坐标形式表示,

$$\boldsymbol{E}=\begin{pmatrix}E_x\\E_y\\E_z\end{pmatrix}=\begin{bmatrix}A_x e^{-i\phi_x}\\A_y e^{-i\phi_y}\\A_z e^{-i\phi_z}\end{bmatrix} \tag{2.7}$$

A_x、A_y 和 A_z 是实振幅,表示每个分量在一个周期内达到的最大值。相位 ϕ_x、ϕ_y 和 ϕ_z 带负号,因为递减相位符号规则,$\dfrac{2\pi}{\lambda}\boldsymbol{k}\cdot\boldsymbol{r}-\omega t$,参见 2.17 节。将 $\boldsymbol{E}$ 乘以时间相位 $e^{-i\omega t}$,取 $\boldsymbol{r}=(0,0,0)$处的实部,得到三维取向的偏振椭圆 $\boldsymbol{E}(t)$,

$$\boldsymbol{E}(t)=\mathrm{Re}\left[e^{-i\omega t}\begin{pmatrix}E_x\\E_y\\E_z\end{pmatrix}\right]=\mathrm{Re}\left[e^{-i\omega t}\begin{bmatrix}A_x e^{-i\phi_x}\\A_y e^{-i\phi_y}\\A_z e^{-i\phi_z}\end{bmatrix}\right] \tag{2.8}$$

---

① 在大多数文献中,波矢 $\boldsymbol{k}$ 的大小为 $2\pi/\lambda$。本书中,$\boldsymbol{k}$ 定义为归一化波矢,因此波矢为 $2\pi/\lambda\boldsymbol{k}$,$|\boldsymbol{k}|=1$。

图 2.2 展示了左旋圆偏光的三维偏振椭圆[1]。符号 $\boldsymbol{E}$ 将用于琼斯矢量和偏振矢量，因为两者都是电场振幅。电矢量和磁矢量必须只在垂直于传播矢量 $\boldsymbol{k}$ 的平面(横向平面)内振动，如图 2.3 所示。

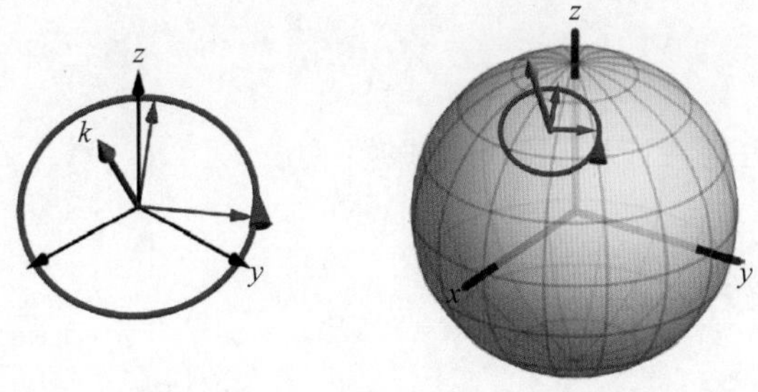

图 2.2　(a)左旋圆偏振光偏振椭圆(红色)的三维图，并显示了传播矢量 $\boldsymbol{k}=(6,2,9)/11$(黑色)。(b)在单位球面上绘制的椭圆，$\boldsymbol{k}$ 垂直于球面。定义横向平面的两个基向量以蓝色显示

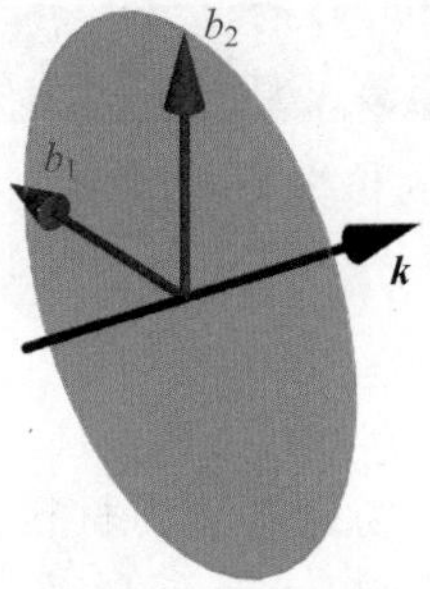

图 2.3　关于传播矢量 $\boldsymbol{k}$，横向平面包含垂直于 $\boldsymbol{k}$ 的两个正交方向，其基矢量 $\boldsymbol{b}_1$ 和 $\boldsymbol{b}_2$ 可在任意方向上选取

对于线偏振光，所有三个电场分量应该同时通过零点，每个周期两次。这要求式(2.8)中的三个相位彼此相差 0 或 π，

$$\phi_x-\phi_y=0 \text{ 或 } \pi, \quad \phi_x-\phi_z=0 \text{ 或 } \pm\pi \tag{2.9}$$

对于圆偏振光，电场矢量的大小是恒定的。这可以通过在多个时刻测试 $\boldsymbol{E}$ 的实部的大小来验证，例如，在 $t=0$ 和四分之一周期之后($t=\pi/(2\omega)$)当 $\boldsymbol{E}$ 的虚部产生实电场时。因此，当这两个矢量 $\boldsymbol{E}(0)$ 和 $\boldsymbol{E}(\pi/2)$ 正交且大小相等时，$\boldsymbol{E}$ 描述圆偏振光，

$$\mathrm{Re}(\boldsymbol{E})\cdot \mathrm{Jm}(\boldsymbol{E})=0 \quad \text{和} \quad |\mathrm{Re}(\boldsymbol{E})|=|\mathrm{Jm}(\boldsymbol{E})| \tag{2.10}$$

如果光不是线偏振光或圆偏振光，它就是椭圆偏振光。为了确定偏振态的螺旋性，也就是右旋还是左旋，可以计算时间 $t=0$ 和 $t=\pi/(2\omega)=T/4$ 时电场矢量的叉积。如果叉积与传播矢量反平行，则光的螺旋性是右旋的。如果叉积平行于传播矢量，光的螺旋性是左旋的。因此，螺旋性(手性)由下式的符号决定

$$\{\boldsymbol{E}(0)\times \boldsymbol{E}[\pi/(2\omega)]\}\cdot \boldsymbol{k} \tag{2.11}$$

如果式(2.11)为正，则电场逆时针旋转(左旋)，如果为负，则电场顺时针旋转(右旋)。要确定椭圆率和主轴的方向，请参考 2.16 节。

数学小贴士 2.1　向量的伴随

上标 † 表示向量的伴随,即转置的复共轭,例如 $\boldsymbol{E}=(A_x\mathrm{e}^{-\mathrm{i}\phi_x}\quad A_y\mathrm{e}^{-\mathrm{i}\phi_y}\quad A_z\mathrm{e}^{-\mathrm{i}\phi_z})^{\mathrm{T}}$ 的伴随为

$$\boldsymbol{E}^{\dagger}=(A_x\mathrm{e}^{\mathrm{i}\phi_x}\quad A_y\mathrm{e}^{\mathrm{i}\phi_y}\quad A_z\mathrm{e}^{\mathrm{i}\phi_z}) \tag{2.12}$$

伴随提供了一种快捷方法来计算复矢量的振幅平方 $|\boldsymbol{E}|^2$,

$$|\boldsymbol{E}|^2=\boldsymbol{E}^{\dagger}\cdot\boldsymbol{E}=(A_x\mathrm{e}^{\mathrm{i}\phi_x}\quad A_y\mathrm{e}^{\mathrm{i}\phi_y}\quad A_z\mathrm{e}^{\mathrm{i}\phi_z})\cdot\begin{pmatrix}A_x\mathrm{e}^{-\mathrm{i}\phi_x}\\A_y\mathrm{e}^{-\mathrm{i}\phi_y}\\A_z\mathrm{e}^{-\mathrm{i}\phi_z}\end{pmatrix}=A_x^2+A_y^2+A_z^2 \tag{2.13}$$

2.4　在各向同性介质中传播

以上对 $\boldsymbol{E}$ 的描述均为在真空中的传播。在玻璃、水和其他介质中,光速 V 降低,介质的特征表现为其折射率 n,

$$n=\frac{c}{V} \tag{2.14}$$

光度变慢是因为当它的电场和磁场通过透明材料传播时,电磁场会引发原子电荷以 ω 运动,这种电荷运动会产生相同频率在相同方向上传播,但略有延迟的光。因此,折射率表征了特定频率的光与材料相互作用的强度。如果这种相互作用的强度与 $\boldsymbol{E}$ 和 $\boldsymbol{H}$ 的方向无关,则材料是各向同性的;也就是说,对于所有传播方向和偏振态,n 是相同的。第 19 章讨论了各向异性材料,例如方解石和石英(见各向异性材料的讨论)。

2.5　磁场、光通量和偏振光通量

光是一种横向电磁波。光的磁场 $\boldsymbol{H}(\boldsymbol{r},t)$ 振动方向垂直于电场,并与电场同相。对于在真空中传播的光,对应的磁场是

$$\boldsymbol{H}(\boldsymbol{r},t)=\mathrm{Re}\left[\boldsymbol{H}\mathrm{e}^{\mathrm{i}\left(\frac{2\pi}{\lambda}\boldsymbol{k}\cdot\boldsymbol{r}-\omega t-\phi_0\right)}\right]=\mathrm{Re}\left[\begin{pmatrix}H_x\\H_y\\H_z\end{pmatrix}\mathrm{e}^{\mathrm{i}\left(\frac{2\pi}{\lambda}\boldsymbol{k}\cdot\boldsymbol{r}-\omega t-\phi_0\right)}\right] \tag{2.15}$$

它的单位为安培每米。图 2.4 显示了几种偏振态下电场和磁场随时间的变化。

坡印廷矢量 $\boldsymbol{S}$ 描述了电磁波能量的瞬时流动,单位为瓦特每平方米[2],

$$\boldsymbol{S}(\boldsymbol{r},t)=\boldsymbol{E}(\boldsymbol{r},t)\times\boldsymbol{H}(\boldsymbol{r},t) \tag{2.16}$$

坡印廷矢量与辐照度具有相同的单位(单位面积每秒的能量,或千克每秒)[3,8]。对于线偏振光,坡印廷矢量每周期振荡两次;对于圆偏振光,坡印廷矢量是常数。光学探测器对光的许多周期进行平均测量,因为探测器不能在数百太赫兹的光学频率下做出响应。因此,

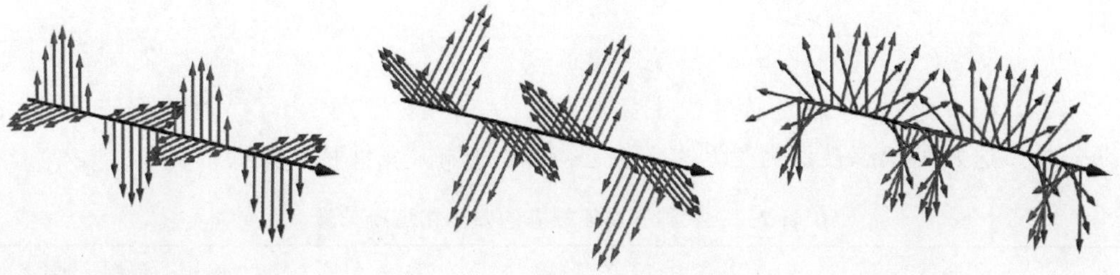

(a)　(b)　(c)

图 2.4　三种偏振态的电场(红色)和磁场(蓝色)在三维空间中的呈现。(a)竖直线偏振光。(b)45°线偏振光。(c)右旋圆偏振光

光学探测器测量的是时间平均能流,称为光通量或辐照度 P。光束的光通量是单位时间内穿过垂直于能量流动方向单位面积的能量的时间平均值。光通量通常被称为光强度,但在辐射测量学中,光强度特指来自点光源的每球面度的瓦特数。尽管如此,光强度术语的这种用法仍被广泛使用,也很容易理解,即使它没有遵循官方的定义[9-10]。光束的辐照度 P,是光的电磁场传输的单位面积上的功率,以瓦特每平方米为单位。单色平面波(式(2.1))的光通量 P 是

$$P=\frac{\varepsilon_0 c}{2}\boldsymbol{E}^\dagger\cdot\boldsymbol{E}=\frac{\varepsilon_0 c}{2}\begin{pmatrix}A_x e^{i\phi_x} & A_y e^{i\phi_y} & A_z e^{i\phi_z}\end{pmatrix}\cdot\begin{pmatrix}A_x e^{-i\phi_x}\\ A_y e^{-i\phi_y}\\ A_z e^{-i\phi_z}\end{pmatrix}=\frac{\varepsilon_0 c}{2}(A_x^2+A_y^2+A_z^2) \tag{2.17}$$

通常情况下,常数 $\varepsilon_0 c/2$ 会被忽略,琼斯矢量相关问题的计算会在归一化光通量 $\boldsymbol{E}^\dagger\cdot\boldsymbol{E}$ 中进行。只有在 MKS 单位制下且要得出辐射度单位的结果时,$\varepsilon_0 c/2$ 才是必需的。

2.6　琼斯矢量

在许多偏振问题中,光的传播通常被限制在一个方向上。当光通过一系列偏振片和延迟片传播时,光沿单一方向传播。按照惯例光沿着 z 轴传播,从负向正。这种光经常被模型化为平面波,传播矢量为

$$\boldsymbol{k}=(0,0,1) \tag{2.18}$$

这种光在传播方向上没有电场分量,因为对于所有各向同性介质,电场总是在 $\boldsymbol{k}$ 的横向平面内振动。在这种情况下,光的 z 电场分量 E_z 为零,因此它可以被忽略,因此单色平面波的描述被简化为仅 x 和 y 电场分量。这个二元矢量就是琼斯矢量[11-12]。琼斯矢量有两个复元素,表征了沿 z 传播单色光场的偏振态

$$\boldsymbol{E}=\begin{pmatrix}E_x\\ E_y\end{pmatrix}=\begin{pmatrix}A_x e^{-i\phi_x}\\ A_y e^{-i\phi_y}\end{pmatrix} \tag{2.19}$$

琼斯矢量有四个自由度,两个任意的电场振幅 A_x 和 A_y,以及两个任意的相位 ϕ_x 和 ϕ_y,它们定义了光波的偏振态。琼斯矢量的单位与电场的单位相同,为伏特每米。归一化的琼斯矢量 $\hat{\boldsymbol{E}}$,用一个插入符号作上标表示,其振幅被归化为 1,

$$|\hat{\boldsymbol{E}}|=\boldsymbol{E}^{\dagger}\cdot\boldsymbol{E}=A_x^2+A_y^2=1 \tag{2.20}$$

其中,“归一化”的偏振光通量意味着光通量为 1。表 2.2 列出了六种偏振态的归一化琼斯矢量。这六种状态被认为是基本偏振态,在定义偏振元件特性时经常出现。

表 2.2　六种基本偏振态的归一化琼斯矢量

偏振态	琼斯矩阵	偏振椭圆
水平,0°	$\boldsymbol{H}=\begin{pmatrix}1\\0\end{pmatrix}$	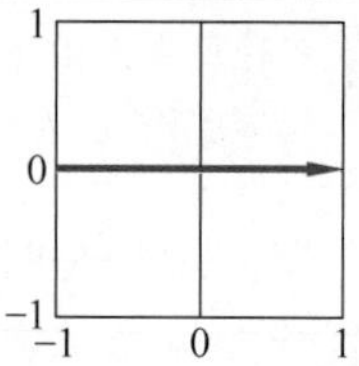
垂直,90°	$\boldsymbol{V}=\begin{pmatrix}0\\1\end{pmatrix}$	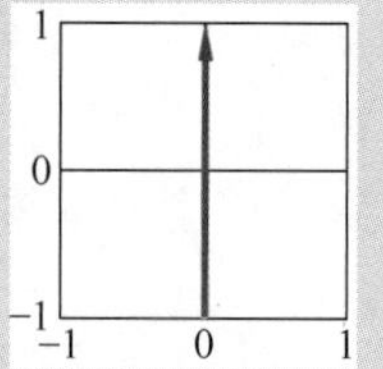
45°	$45=\frac{1}{\sqrt{2}}\begin{pmatrix}1\\1\end{pmatrix}$	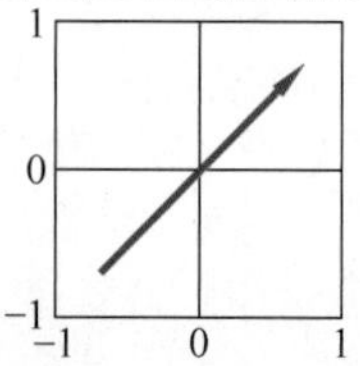
135°	$135=\frac{1}{\sqrt{2}}\begin{pmatrix}1\\-1\end{pmatrix}$	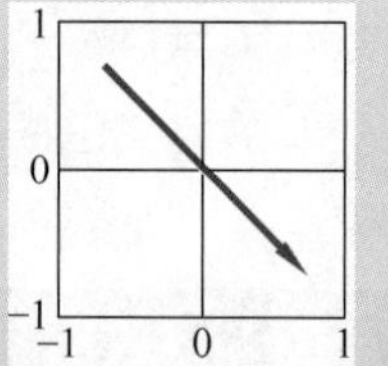
右旋圆	$\boldsymbol{R}=\frac{1}{\sqrt{2}}\begin{pmatrix}1\\-\mathrm{i}\end{pmatrix}$	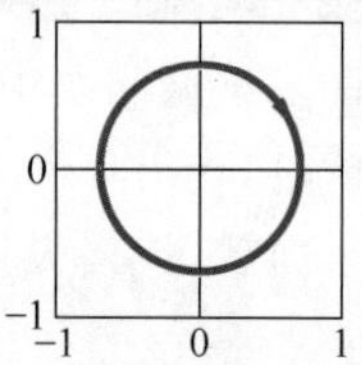
左旋圆	$\boldsymbol{L}=\frac{1}{\sqrt{2}}\begin{pmatrix}1\\\mathrm{i}\end{pmatrix}$	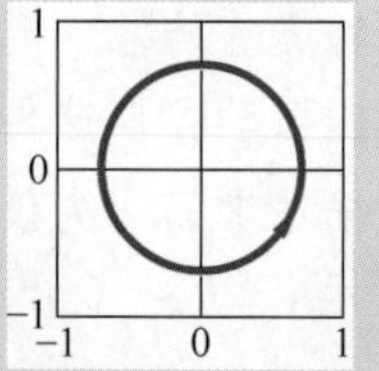

方向从水平 x 轴开始度量,并逆时针增加

根据定义,单色光是单一频率的周期光。由于这种周期性,它的电场矢量描绘了一个简单的图形,即偏振椭圆,它是偏振光最形象的表示法。看向光束时,偏振椭圆是由电场矢量的端点定义的,它描绘了一个随时间变化的椭圆。为了产生偏振椭圆,将琼斯矢量乘以时间相位 $\mathrm{e}^{-\mathrm{i}\omega t}$,且时间在一个周期内变化,得到

$$\boldsymbol{E}(t)=\mathrm{Re}\left[\mathrm{e}^{-\mathrm{i}\omega t}\begin{pmatrix}A_x\,\mathrm{e}^{-\mathrm{i}\phi_x}\\A_y\,\mathrm{e}^{-\mathrm{i}\phi_y}\end{pmatrix}\right] \tag{2.21}$$

如图 2.5 所示。总体来说，在大多数光与物质相互作用中，电场施加的力比磁场大得多，因此用电场而不是磁场来定义偏振方向和偏振椭圆[1]。这就是偏振的本质，$\boldsymbol{E}$ 的横向性质。偏振计算、琼斯计算、米勒计算和偏振光线追迹计算的一个重要任务就是要描述许多不同类型的光学系统中的这些横向特性和相关的偏振态变换。

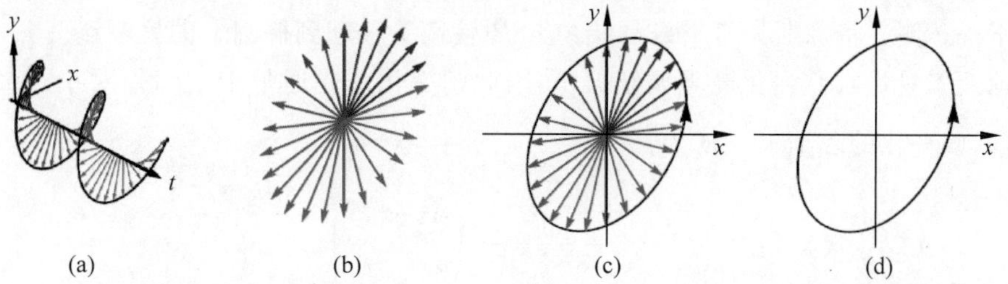

图 2.5　(a)单个周期内椭圆偏振态的电场矢量。(b)单个周期内作为时间函数的电场矢量。(c)电场矢量显示为作为时间函数的边界椭圆。(d)通常只画椭圆表示偏振态，这是偏振椭圆。箭头的位置表示波的绝对相位。这个偏振椭圆有一个左旋圆偏振分量，因为当看向光束时，它逆时针循环

琼斯矢量的两个复数分量 E_x 和 E_y 可用振幅 A 和相位 ϕ 极坐标形式表示，或(右)析出 x 的相位因子 ϕ_x，

$$\boldsymbol{E}=\begin{pmatrix}A_x\,\mathrm{e}^{-\mathrm{i}\phi_x}\\A_y\,\mathrm{e}^{-\mathrm{i}\phi_y}\end{pmatrix}=\mathrm{e}^{-\mathrm{i}\phi_x}\begin{pmatrix}A_x\\A_y\,\mathrm{e}^{-\mathrm{i}\phi}\end{pmatrix} \tag{2.22}$$

在这种形式下，相对相位 ϕ(x 和 y 场分量之间的相位差)显然为

$$\phi=\phi_y-\phi_x \tag{2.23}$$

例 2.1　偏振椭圆家族

图 2.6 展示了一系列琼斯矢量的偏振椭圆

$$\boldsymbol{E}=\begin{pmatrix}1\\0.5\mathrm{e}^{-\mathrm{i}\phi}\end{pmatrix} \tag{2.24}$$

椭圆随着相对相位 ϕ 而变化。这里将 y 振幅设置为 x 振幅的一半。

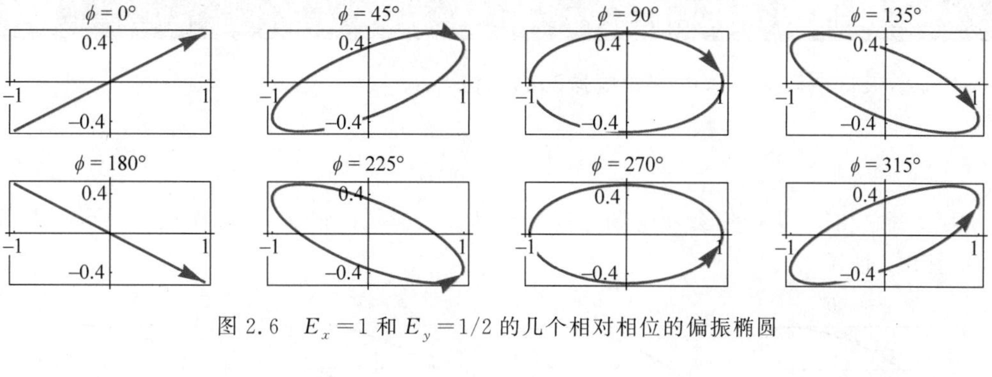

图 2.6　$E_x=1$ 和 $E_y=1/2$ 的几个相对相位的偏振椭圆

偏振椭圆位于一个矩形框内,该矩形框的大小是振幅 A_x、A_y 的两倍。相对相位决定了椭圆在框中的形状:

(1) 当 $\phi=0°$或 180°时,偏振态是线性的,沿着其中一条对角线;

(2) 当 $\phi=\pm 90°$,椭圆接触所有四条边的中间,并且在该椭圆族中具有最大椭圆率;

(3) 对于 $0°<\phi<180°$,椭圆是右旋椭圆偏振的;

(4) 对于 $-180°<\phi<0°$或 $180°<\phi<360°$,椭圆为左旋椭圆偏振的。

椭圆箭头的位置表示偏振态的绝对相位。在这个椭圆族中,E_x 在 $t=0$ 时等于 1,因此箭头位于 $+x$ 侧。将琼斯矢量乘以复相位 $e^{-i\phi}$ 使箭头移动到椭圆上的另一点。

对琼斯矢量进行归一化就是调整振幅,因此归一化的光通量 P 为 1。对于式(2.22)的琼斯矢量,归一化的琼斯矢量 $\hat{\boldsymbol{E}}$ 为

$$\hat{\boldsymbol{E}}=\frac{1}{\sqrt{A_x^2+A_y^2}}\begin{pmatrix}A_x e^{-i\phi_x}\\ A_y e^{-i\phi_y}\end{pmatrix} \tag{2.25}$$

所以 $|\hat{\boldsymbol{E}}|=1$。

数学小贴士 2.2 矩阵向量乘法

矩阵乘法对向量作线性变换,将原向量元素作线性组合后生成新向量。给定一个 N 元素的向量 $\boldsymbol{A}$ 和一个 $M\times N$ 元素的矩阵 $\boldsymbol{C}$(M 行 N 列),所得矩阵 $\boldsymbol{B}$ 的元素为

$$b_j=\sum_{n=1}^{N}c_{j,n}a_n \tag{2.26}$$

其中,a、b 和 c 是向量 $\boldsymbol{A}$、向量 $\boldsymbol{B}$ 和矩阵 $\boldsymbol{C}$ 的分量。例如,3×3 矩阵向量乘法的一般公式为

$$\boldsymbol{C}\cdot\boldsymbol{A}=\boldsymbol{B}=\begin{pmatrix}b_1\\ b_2\\ b_3\end{pmatrix}=\begin{pmatrix}c_{11} & c_{12} & c_{13}\\ c_{21} & c_{22} & c_{23}\\ c_{31} & c_{32} & c_{33}\end{pmatrix}\begin{pmatrix}a_1\\ a_2\\ a_3\end{pmatrix}=\begin{pmatrix}c_{11}a_1+c_{12}a_2+c_{13}a_3\\ c_{21}a_1+c_{22}a_2+c_{23}a_3\\ c_{31}a_1+c_{32}a_2+c_{33}a_3\end{pmatrix} \tag{2.27}$$

2.7 总相位的演化

将琼斯矢量乘以 $e^{-i\phi_0}$,可改变偏振态的相位,

$$e^{-i\phi_0}\boldsymbol{E}=e^{-i\phi_0}\begin{pmatrix}E_x\\ E_y\end{pmatrix} \tag{2.28}$$

因改变总相位,该操作会使电场超前并移动偏振椭圆的箭头,但偏振椭圆的形状保持不变,如图 2.7 所示。

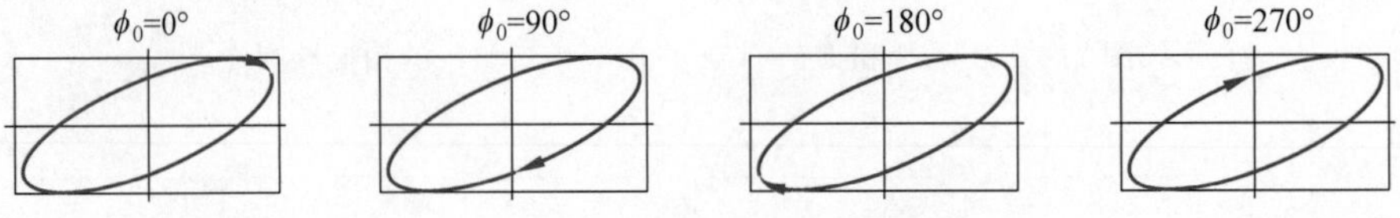

图 2.7 $E_x=1$ 和 $E_y=e^{-i\pi/4}/2$ 的偏振椭圆(不同相位 ϕ_0)

2.8　琼斯矢量的旋转

矩阵乘法的一个应用是对偏振态进行旋转，如图 2.8 所示。将琼斯矢量乘以笛卡儿旋转矩阵 $\boldsymbol{R}(\alpha)$ 来旋转琼斯矢量的方向，

$$\boldsymbol{R}(\alpha)=\begin{pmatrix}\cos\alpha & -\sin\alpha \\ \sin\alpha & \cos\alpha\end{pmatrix} \tag{2.29}$$

该方法旋转椭圆的长轴，保持椭圆率不变。相对于主轴，相位保持不变。对于图 2.8 的例子，旋转方程为

$$\begin{pmatrix}\cos\alpha & -\sin\alpha \\ \sin\alpha & \cos\alpha\end{pmatrix}\begin{pmatrix}1 \\ \mathrm{i}/2\end{pmatrix}=\begin{pmatrix}\cos\alpha-\mathrm{i}\sin\alpha/2 \\ \sin\alpha+\mathrm{i}\cos\alpha/2\end{pmatrix} \tag{2.30}$$

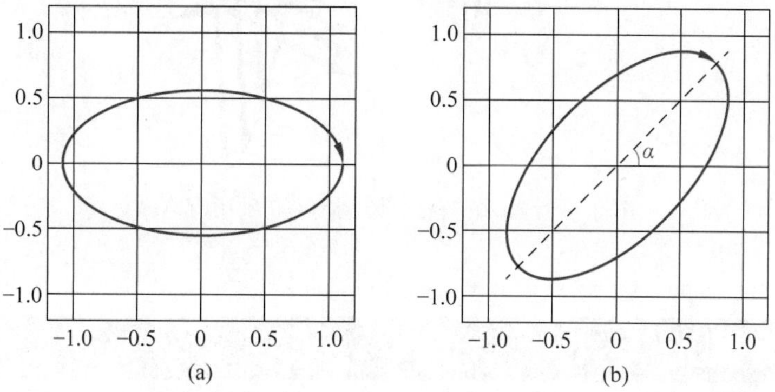

图 2.8　图(a)所示的椭圆偏振态逆时针旋转角度 α，旋转后的偏振态显示在图(b)

2.9　线偏振光

线偏振光的电场矢量在正负方向之间的单一方向上振动。磁场的振幅沿正交方向振动，并与电场同相，如图 2.9 所示。电场的振幅在每个周期内两次归零。如图 2.5 所示，椭圆偏振光和圆偏振光的振幅永远不会为零。振幅为零要求 x 和 y 分量之间的相对相位 $\phi_x-\phi_y$ 为 0°或 180°。水平线偏振光(0°)的琼斯矢量为

$$\boldsymbol{E}=A\mathrm{e}^{-\mathrm{i}\phi_0}\begin{pmatrix}1 \\ 0\end{pmatrix} \tag{2.31}$$

其中，A 是振幅，ϕ_0 是绝对相位。根据递减相位符号规则，ϕ_0 前为负号。归一化水平线偏振光(具有单位振幅并且绝对相位为 0)的琼斯矢量用 $\boldsymbol{H}$ 表示，

$$\boldsymbol{H}=\begin{pmatrix}1 \\ 0\end{pmatrix} \tag{2.32}$$

其中，$\boldsymbol{H}$ 不能与磁场矢量混淆。以角度 α(从 x 轴逆时针度量)偏振的归一化线偏振光琼斯矢量 $\mathbf{LP}(\alpha)$ 可通过琼斯矢量旋转变换 $\boldsymbol{R}(\alpha)$(式(2.29))来获得，其中

$$\mathbf{LP}(\alpha)=\boldsymbol{R}(\alpha)\cdot\boldsymbol{H}=\begin{pmatrix}\cos\alpha & -\sin\alpha \\ \sin\alpha & \cos\alpha\end{pmatrix}\cdot\begin{pmatrix}1 \\ 0\end{pmatrix}=\begin{pmatrix}\cos\alpha \\ \sin\alpha\end{pmatrix} \tag{2.33}$$

任意一束线偏振光的琼斯矢量为

$$\boldsymbol{E}=A\mathrm{e}^{-\mathrm{i}\phi_0}\begin{pmatrix}\cos\alpha\\ \sin\alpha\end{pmatrix} \tag{2.34}$$

其中,A 是振幅,ϕ_0 是 $t=0$ 时的绝对相位。

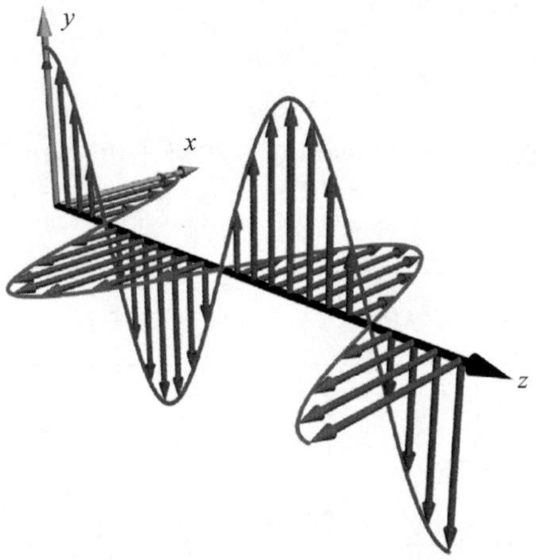

图 2.9　线偏振态的电场(水平)和磁场(垂直)

2.10　圆偏振光

单色圆偏振光具有恒定的电场振幅,电场方向在横向平面内均匀旋转。圆偏振光有两种形式,右旋圆偏振和左旋圆偏振,取决于旋转方向或电场和磁场矢量的螺旋性。按照惯例,如图 2.10 所示,当朝 z 轴负方向看向光束时,右旋圆偏振光的电场矢量顺时针旋转[13]。如果把左手的拇指对准传播方向,即离开页面方向,那么左手的手指指向电场的运动方向。因此,右旋圆偏振光遵循左手规则。类似地,当看向光束时,左旋圆偏振光的电场矢量逆时针旋转,并遵循右手规则[1]。

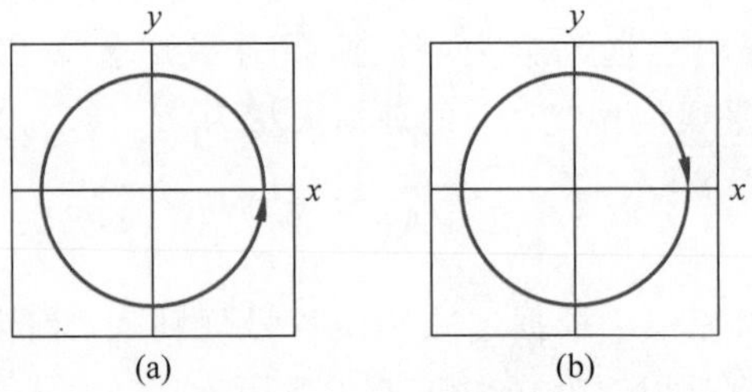

图 2.10　(a)观察一束左旋圆偏振光,电场和磁场在时间上逆时针转动。(b)观察一束右旋圆偏振光,电场和磁场在时间上顺时针转动

看向一束右旋圆偏振光,电场和磁场在时间上顺时针旋转。归一化光束的右旋圆偏振琼斯矢量 $\boldsymbol{R}$ 为

$$\boldsymbol{R}=\frac{1}{\sqrt{2}}\begin{pmatrix}1\\ -\mathrm{i}\end{pmatrix} \tag{2.35}$$

对于左旋圆偏振光束，电场和磁场逆时针循环，归一化琼斯矢量 $\boldsymbol{L}$ 为

$$\boldsymbol{L}=\frac{1}{\sqrt{2}}\begin{pmatrix}1\\ \mathrm{i}\end{pmatrix} \tag{2.36}$$

对于每个偏振态，可以在三维空间画出时间螺旋函数 $\boldsymbol{E}(x,y,t)$ 和空间螺旋函数 $\boldsymbol{E}(x,y,z)$。设 $t=0$，右旋圆偏振光的空间螺旋为

$$\mathrm{Re}\left[\boldsymbol{E}(z,0)\right]=A\left[\cos\left(\frac{2\pi}{\lambda}z\right)\hat{\boldsymbol{x}}+\cos\left(\frac{2\pi}{\lambda}z-\frac{\pi}{2}\right)\hat{\boldsymbol{y}}\right]=A\left[\cos\left(\frac{2\pi}{\lambda}z\right)\hat{\boldsymbol{x}}+\sin\left(\frac{2\pi}{\lambda}z\right)\hat{\boldsymbol{y}}\right] \tag{2.37}$$

这个螺旋遵循左手规则；当右手的手指在矢量前进的方向上弯曲时，拇指指向 z 增加的方向。通过设置 $z=0$，可以得到右旋圆偏振光的时间螺旋为

$$\mathrm{Re}\left[\boldsymbol{E}(0,t)\right]=A\left[\cos\left(\frac{2\pi}{\lambda}z\right)\hat{\boldsymbol{x}}+\cos\left(\frac{2\pi}{\lambda}z+\frac{\pi}{2}\right)\hat{\boldsymbol{y}}\right]=A\left[\cos\left(\frac{2\pi}{\lambda}z\right)\hat{\boldsymbol{x}}-\sin\left(\frac{2\pi}{\lambda}z\right)\hat{\boldsymbol{y}}\right] \tag{2.38}$$

这个右旋圆偏振时间螺旋遵循左手规则。请注意，由于 $\frac{2\pi}{\lambda}z-\omega t$ 中的负号，空间螺旋和时间螺旋具有相反的螺旋性。图 2.11(a)显示了右旋圆偏振光的时间螺旋，图 2.11(b)显示了空间螺旋。注意相反的螺旋性。因此，左右旋圆偏振是以相应的空间螺旋命名的。对于左旋圆偏振光，螺旋性在两个图中是相反的。

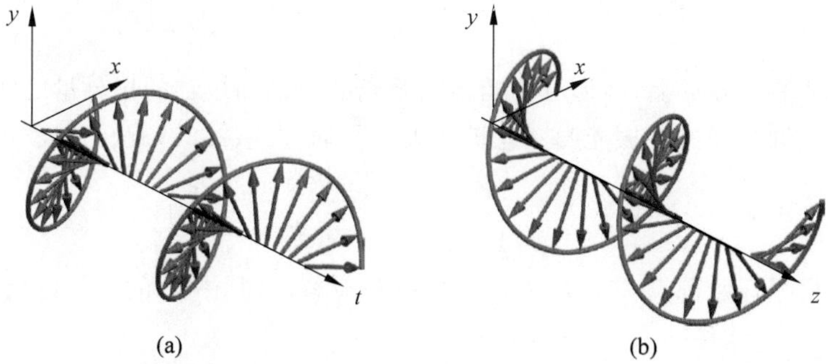

图 2.11　右旋圆偏振光的时间螺旋(a)和空间螺旋(b)旋转方向相反。时间螺旋是通过 x、y 和 t 用电场矢量端点绘制的空间曲线，时间螺旋遵循左手规则。对于右旋圆偏振光，关于 x、y 和 z 的空间螺旋是右旋的

2.11　椭圆偏振光

图 2.12 展示了偏振椭圆的主要几何特性。椭圆的椭圆率 ε 定义为短轴的长度 b 除以长轴的长度 a，

$$\varepsilon=\frac{b}{a} \tag{2.39}$$

长轴的方向 Ψ 从 x 轴逆时针旋转度量。图 2.13 展示了椭圆率逐渐增加的一系列椭圆。

对于偏振光，椭圆与电场和磁场矢量的振动有关；顺时针和逆时针椭圆都会出现。因此，把偏振椭圆的椭圆率推广为正值和负值，让其从 -1(右旋圆偏振光)到 1(左旋圆偏振

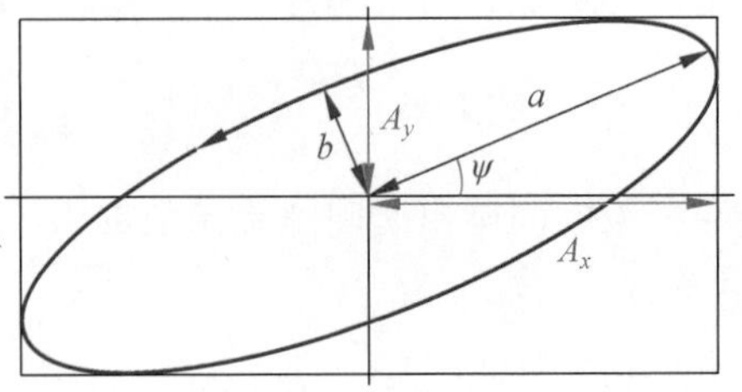

图 2.12　a 是偏振椭圆长轴的长度,b 是短轴的长度,Ψ 是长轴的方向

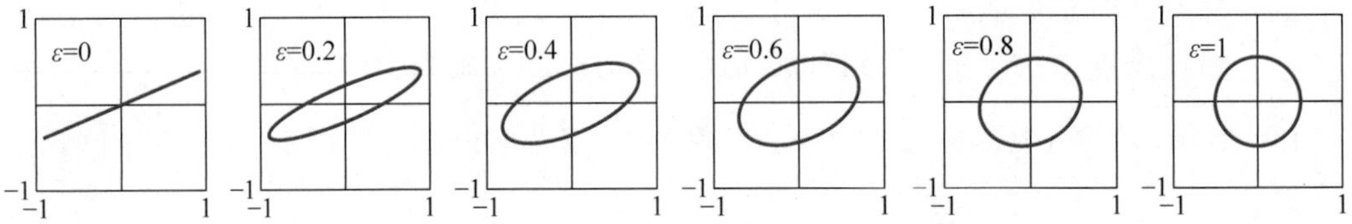

图 2.13　椭圆率 ε 分别为 0、0.2、0.4、0.6、0.8、1 的偏振椭圆

光)之间变化。椭圆率为 0 时表示线偏振光。类似地,当 $\varepsilon<0$ 时,光为右螺旋的;当 $\varepsilon>0$ 时,光为左螺旋的。对于水平长轴,$\Psi=0$,长轴 a 沿 x,短轴 b 沿 y,归一化的椭圆偏振琼斯矢量为

$$\boldsymbol{E}(\varepsilon,0)=\frac{1}{\sqrt{a^2+b^2}}\begin{pmatrix}a\\ \mathrm{i}b\end{pmatrix}=\frac{1}{\sqrt{1+\varepsilon^2}}\begin{pmatrix}1\\ -\mathrm{i}\varepsilon\end{pmatrix} \tag{2.40}$$

虚部 i 出现在 y 分量上,因为对于椭圆偏振光沿长轴和短轴的场分量之间总是存在 90°相位差。任意主轴方向的偏振光归一化琼斯矢量可通过式(2.29)旋转角度 Ψ 获得,

$$\boldsymbol{E}(\varepsilon,\psi)=\frac{1}{\sqrt{1+\varepsilon^2}}\begin{pmatrix}\cos\Psi+\mathrm{i}\varepsilon\sin\Psi\\ -\mathrm{i}\varepsilon\cos\Psi+\sin\Psi\end{pmatrix} \tag{2.41}$$

逆问题是根据任意琼斯矢量 $\boldsymbol{E}$ 来得到偏振椭圆参量,其中 $\boldsymbol{E}$ 的分量以极坐标形式表示

$$\boldsymbol{E}=\begin{pmatrix}A_x\mathrm{e}^{-\mathrm{i}\phi_x}\\ A_y\mathrm{e}^{-\mathrm{i}\phi_y}\end{pmatrix} \tag{2.42}$$

如图 2.14 所示,偏振椭圆必须内接一个 $2A_x\times2A_y$ 的矩形,并且与四条边相切。如图 2.14 所示主轴必定沿着两条对角线中的一条。如果式(2.23)中的相对相位满足以下条件,则轴位于第一和第三象限:

$$-\pi/4<\phi<\pi/4 \quad 或 \quad 3\pi/4<\phi<5\pi/4 \tag{2.43}$$

否则,主轴位于第二和第四象限。

主轴方向 Ψ 与琼斯矢量相关,如下所示:

$$\tan(2\Psi)=\frac{2A_xA_y\cos\phi}{A_x^2-A_y^2} \quad 或 \quad \Psi=\frac{1}{2}\arctan\left(\frac{2A_xA_y\cos\phi}{A_x^2-A_y^2}\right) \tag{2.44}$$

半长轴长度 a 为长轴长度的一半,为从原点到最远处的距离,它具有复杂的表达式,

$$a=\sqrt{A_x^2\cos^2\Psi+A_y^2\sin^2\Psi+2A_xA_y\cos\Psi\sin\Psi\cos\phi} \tag{2.45}$$

类似地,短半轴为

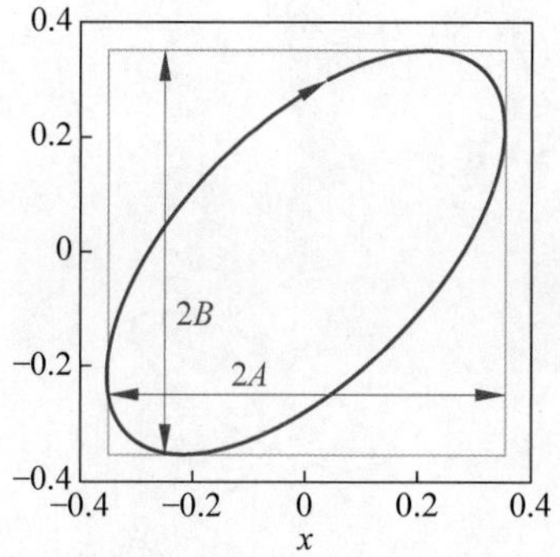

图 2.14　偏振椭圆的边界框是一个矩形，其边长等于 x 和 y 振幅的两倍

$$b=\sqrt{A_x^2\sin^2\Psi+A_y^2\cos^2\Psi-2A_xA_y\cos\Psi\sin\Psi\cos\phi} \tag{2.46}$$

因此，椭圆率方程是相当复杂的，

$$\varepsilon=\frac{b}{a}=\sqrt{\frac{A_x^2\sin^2\Psi+A_y^2\cos^2\Psi-2A_xA_y\cos\Psi\sin\Psi\cos\phi}{A_x^2\cos^2\Psi+A_y^2\sin^2\Psi+2A_xA_y\cos\Psi\sin\Psi\cos\phi}} \tag{2.47}$$

注意，a 和 b 遵循以下关系：

$$a^2+b^2=A_x^2+A_y^2 \tag{2.48}$$

例 2.2　椭圆偏振琼斯矢量

如图 2.15 所示，主轴方向为 $\Psi=\pi/4$、椭圆率为 $\varepsilon=1/2$ 的归一化琼斯矢量为

$$\boldsymbol{E}=\frac{1}{\sqrt{10}}\begin{pmatrix}2+\mathrm{i}\\2-\mathrm{i}\end{pmatrix} \tag{2.49}$$

$\boldsymbol{E}$ 可以乘以任意相位 $\mathrm{e}^{-\mathrm{i}\phi}$。

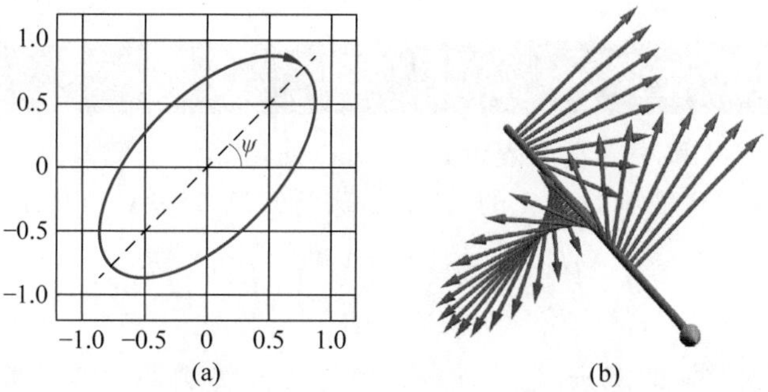

图 2.15　式(2.49)的偏振椭圆，看向光束(a)和时间螺旋的三维视图(b)

2.12　正交琼斯矢量

当偏振态的长轴夹角为 90°，螺旋性相反，椭圆率大小相等时，偏振态是正交的。三对正交偏振态如图 2.16 所示。水平(0°)和垂直(90°)线偏振光彼此正交，右旋和左旋圆偏振光也是如此。正交偏振态的相位没有规定，可以采用任意值。对于代表正交偏振的两个琼

斯矢量 $\boldsymbol{E}_1$ 和 $\boldsymbol{E}_2$,$\boldsymbol{E}_1$ 的伴随与 $\boldsymbol{E}_2$ 的点积为零,

$$\boldsymbol{E}_1^\dagger \cdot \boldsymbol{E}_2 = (E_{1x}^* \quad E_{1y}^*) \cdot \begin{pmatrix} E_{2x} \\ E_{2y} \end{pmatrix} = 0 \tag{2.50}$$

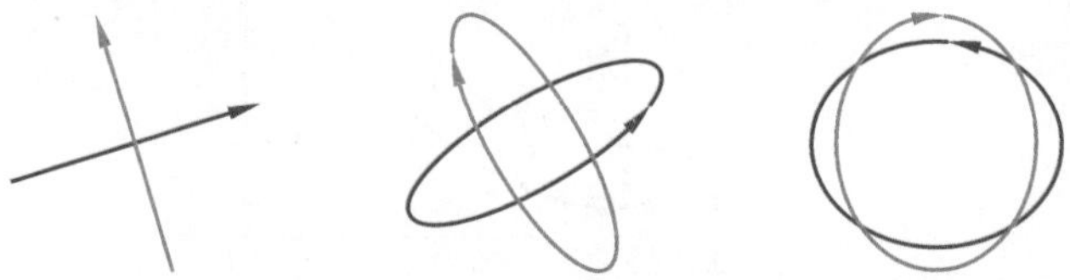

图 2.16 正交偏振态的长轴夹角 90°,螺旋性相反,椭圆率大小相等

例 2.3 两个琼斯矢量的正交性

琼斯矢量 $\boldsymbol{F}$ 正交于

$$\hat{\boldsymbol{E}} = \frac{1}{\sqrt{10}}\begin{pmatrix} 2+\mathrm{i} \\ 2-\mathrm{i} \end{pmatrix} \tag{2.51}$$

通过将 $\boldsymbol{F}$ 的任意一个元素设置为任意数值并求解另一个元素,可以很容易地解出非归一化的 $\boldsymbol{F}$ 矢量。在这里,F_y 被设置为 1,并求解方程得到 F_x

$$\hat{\boldsymbol{E}}^\dagger \cdot \boldsymbol{F} = \frac{(2-\mathrm{i} \quad 2+\mathrm{i})^*}{\sqrt{10}}\begin{pmatrix} F_x \\ 1 \end{pmatrix} = 0, \quad F_x = \frac{-3-4\mathrm{i}}{5} \tag{2.52}$$

然后,如果需要的话 $\boldsymbol{F}$ 可以被归一化并且乘上任意相位 $\mathrm{e}^{-\mathrm{i}\phi}$。

$$\hat{\boldsymbol{F}} = \frac{\mathrm{e}^{-\mathrm{i}\phi}}{5\sqrt{2}}\begin{pmatrix} -3-4\mathrm{i} \\ 5 \end{pmatrix} \tag{2.53}$$

2.13 基矢量的改变

琼斯矢量最常用 x 和 y 分量来表示,但也可以使用其他正交偏振基。下面的矩阵变换将琼斯矢量从 xy 基底变换到归一化的、正交的琼斯矢量基底 $\boldsymbol{A}$ 和 $\boldsymbol{B}$ 上,

$$\begin{pmatrix} E_A \\ E_B \end{pmatrix} = \begin{pmatrix} A_x^* & A_y^* \\ B_x^* & B_y^* \end{pmatrix} \cdot \begin{pmatrix} E_x \\ E_y \end{pmatrix} \tag{2.54}$$

这是一个基底酉变换的例子,是一种广义旋转(旋转矩阵可含有实数或复数值)。"普通旋转"应该有一个实数旋转矩阵。如果基底酉变换应用于两个矢量,那么两个矢量的内积(点积)保持不变;矢量之间的角度和长度都没有改变。

例 2.4 圆偏振基底

琼斯矢量经常使用左旋和右旋圆偏振基态作为基底,而不是使用 x 和 y 作为基底,该基底可从 xy 基底变换而来[14]

$$\begin{pmatrix} E_L \\ E_R \end{pmatrix} = \frac{1}{\sqrt{2}}\begin{pmatrix} 1 & -\mathrm{i} \\ 1 & \mathrm{i} \end{pmatrix} \cdot \begin{pmatrix} E_x \\ E_y \end{pmatrix} \tag{2.55}$$

2.14 琼斯矢量的相加

相同频率的两个平面波在相同方向上传播的合成是通过它们的琼斯矢量相加来模拟的。两个这样的单色光束可输入到分束器的两个不同的面上，并进行调整，使得它们在出射后以相同的方向传播。如果分束器后的两个琼斯矢量分别具有琼斯矩阵 $\boldsymbol{E}_A$ 和 $\boldsymbol{E}_B$，那么合成光束具有琼斯矢量 $\boldsymbol{E}$，

$$\boldsymbol{E}_A+\boldsymbol{E}_B=\begin{pmatrix}E_{x,A}\\E_{y,A}\end{pmatrix}+\begin{pmatrix}E_{x,B}\\E_{y,B}\end{pmatrix}=\boldsymbol{E} \tag{2.56}$$

这种光束合成发生在干涉仪的输出端。把琼斯矢量相加时必须小心，要确保相位得到正确指定，因为当任一相位变化时会产生一系列偏振椭圆。

例 2.5　圆偏振光的叠加

合成具有相同振幅(这里设置为 1/2)的单色右旋圆偏振光和左旋圆偏振光，其中右旋圆偏振分量上有可调相位 ϕ，其表达式为

$$\boldsymbol{E}=\frac{\mathrm{e}^{\mathrm{i}\phi}}{2}\begin{pmatrix}1\\-\mathrm{i}\end{pmatrix}+\frac{1}{2}\begin{pmatrix}1\\\mathrm{i}\end{pmatrix}=\frac{\mathrm{e}^{\mathrm{i}\phi/2}}{2}\begin{pmatrix}\mathrm{e}^{\mathrm{i}\phi/2}+\mathrm{e}^{-\mathrm{i}\phi/2}\\-\mathrm{i}(\mathrm{e}^{\mathrm{i}\phi/2}-\mathrm{e}^{-\mathrm{i}\phi/2})\end{pmatrix}=\mathrm{e}^{\mathrm{i}\phi/2}\begin{pmatrix}\cos(\phi/2)\\\sin(\phi/2)\end{pmatrix} \tag{2.57}$$

生成线偏振光，线偏振光的方向 $\phi/2$ 取决于圆偏振光之间的相对相位。因此，等振幅和可变相位的左旋和右旋圆偏振光束的干涉提供了一种产生方向可调线偏振光的方法。

2.15 偏振光通量分量

琼斯矢量 $\boldsymbol{E}$ 的光通量 P 是由式(2.17)计算的。$\boldsymbol{E}$ 的偏振光通量 I_A 是 $\boldsymbol{E}$ 光通量的一部分，是归一化偏振态 $\hat{\boldsymbol{E}}_A$ 中的通量，即由透射 $\hat{\boldsymbol{E}}_A$ 的理想偏振器透射的光通量，

$$I_A=|\hat{\boldsymbol{E}}_A^{\dagger}\cdot\boldsymbol{E}|^2=\left|\begin{pmatrix}E_{A,x}^{*} & E_{A,y}^{*}\end{pmatrix}\begin{pmatrix}A_x\mathrm{e}^{-\mathrm{i}\phi_x}\\A_y\mathrm{e}^{-\mathrm{i}\phi_y}\end{pmatrix}\right|^2 \tag{2.58}$$

$\hat{\boldsymbol{E}}_A$ 偏振态光通量在 $\boldsymbol{E}$ 中的占比为 I_A/P。$\boldsymbol{E}$ 的总光通量是任意两个正交偏振态的偏振通量之和。例如，x 方向的偏振通量和 y 方向的偏振通量之和为

$$\boldsymbol{E}^{\dagger}\boldsymbol{E}=\begin{pmatrix}E_x^{*} & E_y^{*}\end{pmatrix}\cdot\begin{pmatrix}E_x\\E_y\end{pmatrix}=\begin{pmatrix}A_x\mathrm{e}^{\mathrm{i}\phi_x} & A_y\mathrm{e}^{\mathrm{i}\phi_y}\end{pmatrix}\cdot\begin{pmatrix}A_x\mathrm{e}^{-\mathrm{i}\phi_x}\\A_y\mathrm{e}^{-\mathrm{i}\phi_y}\end{pmatrix}=A_x^2+A_y^2 \tag{2.59}$$

偏振态为 $\boldsymbol{E}$ 的单色光可以被理想的偏振分束器分成两个标准正交(正交和归一化的)的偏振态 $\hat{\boldsymbol{E}}_A$ 和 $\hat{\boldsymbol{E}}_B$，其复振幅 α 和 β 由下式给出

$$\boldsymbol{E}=(\hat{\boldsymbol{E}}_A^{\dagger}\cdot\boldsymbol{E})\boldsymbol{E}_A+(\hat{\boldsymbol{E}}_B^{\dagger}\cdot\boldsymbol{E})\boldsymbol{E}_B=\alpha\boldsymbol{E}_A+\beta\boldsymbol{E}_B \tag{2.60}$$

对于任意的琼斯矢量 $\boldsymbol{E}$，

$$\boldsymbol{E}=\mathrm{e}^{-\mathrm{i}\phi_x}\begin{pmatrix}A_x\\A_y\mathrm{e}^{-\mathrm{i}\phi}\end{pmatrix} \tag{2.61}$$

表 2.3 列出了每个基本偏振态 I_H、I_V、I_{45}、I_{135}、I_R 和 I_L 的光通量组成。这些式子在第 3 章中将用于琼斯矢量和斯托克斯参量之间的转换。

表 2.3 E 中的基偏振态的光通量

偏 振 态	琼斯矢量基	偏振通量 I
水平,0°	$\boldsymbol{H}=\begin{pmatrix}1\\0\end{pmatrix}$	$I_H=\lvert E_x\rvert^2=A_x^2$
垂直,90°	$\boldsymbol{V}=\begin{pmatrix}0\\1\end{pmatrix}$	$I_V=\lvert E_y\rvert^2=A_y^2$
45°	$\boldsymbol{45}=\frac{1}{\sqrt{2}}\begin{pmatrix}1\\1\end{pmatrix}$	$I_{45}=\frac{1}{2}\lvert E_x+E_y\rvert^2=\frac{A_x^2+A_y^2}{2}+A_xA_y\cos\phi$
135°	$\boldsymbol{135}=\frac{1}{\sqrt{2}}\begin{pmatrix}1\\-1\end{pmatrix}$	$I_{135}=\frac{1}{2}\lvert E_x-E_y\rvert^2=\frac{A_x^2+A_y^2}{2}-A_xA_y\cos\phi$
右旋	$\boldsymbol{R}=\frac{1}{\sqrt{2}}\begin{pmatrix}1\\-\mathrm{i}\end{pmatrix}$	$I_{\mathrm{R}}=\frac{1}{2}\lvert E_x+\mathrm{i}E_y\rvert^2=\frac{A_x^2+A_y^2}{2}+A_xA_y\sin\phi$
左旋	$\boldsymbol{L}=\frac{1}{\sqrt{2}}\begin{pmatrix}1\\\mathrm{i}\end{pmatrix}$	$I_{\mathrm{L}}=\frac{1}{2}\lvert E_x-\mathrm{i}E_y\rvert^2=\frac{A_x^2+A_y^2}{2}-A_xA_y\sin\phi$

2.16 偏振矢量转换为琼斯矢量

通过在横向平面中选取一个基底并沿着新的基矢量计算振幅,可以将定义在三维中的偏振态的偏振椭圆转换成(二维)琼斯矢量。然后,可应用最后几节的琼斯矩阵分析法来分析偏振态的椭圆率、光通量成分和其他度量。在横向平面中两个基矢量的选择是任意的。对于给定的 $\boldsymbol{k}$,选取两个归一化的实数向量($\hat{\boldsymbol{v}}_1$ 和 $\hat{\boldsymbol{v}}_2$),它们彼此正交并且垂直于 $\boldsymbol{k}$,

$$\hat{\boldsymbol{v}}_1\cdot\hat{\boldsymbol{v}}_2=0,\quad \boldsymbol{k}\cdot\hat{\boldsymbol{v}}_1=0,\quad \boldsymbol{k}\cdot\hat{\boldsymbol{v}}_2=0 \tag{2.62}$$

那么,任何垂直于 $\boldsymbol{k}$ 的偏振矢量 $\boldsymbol{E}$ 都可以写成 $\hat{\boldsymbol{v}}_1$ 和 $\hat{\boldsymbol{v}}_2$ 的叠加,

$$\begin{aligned}\boldsymbol{E}(\boldsymbol{r},t)&=\mathrm{Re}\left[\boldsymbol{E}\mathrm{e}^{\mathrm{i}\left(\frac{2\pi}{\lambda}\boldsymbol{k}\cdot\boldsymbol{r}-\omega t-\phi\right)}\right]=\mathrm{Re}\left\{\left[(\boldsymbol{E}\cdot\hat{\boldsymbol{v}}_1)\hat{\boldsymbol{v}}_1+(\boldsymbol{E}\cdot\hat{\boldsymbol{v}}_2)\hat{\boldsymbol{v}}_2\right]\mathrm{e}^{\mathrm{i}\left(\frac{2\pi}{\lambda}\boldsymbol{k}\cdot\boldsymbol{r}-\omega t-\phi\right)}\right\}\\&=\mathrm{Re}\left[(A_{v1}\mathrm{e}^{-\mathrm{i}\phi_{v1}}\hat{\boldsymbol{v}}_1+A_{v2}\mathrm{e}^{-\mathrm{i}\phi_{v2}}\hat{\boldsymbol{v}}_2)\mathrm{e}^{\mathrm{i}\left(\frac{2\pi}{\lambda}\boldsymbol{k}\cdot\boldsymbol{r}-\omega t-\phi\right)}\right]\end{aligned} \tag{2.63}$$

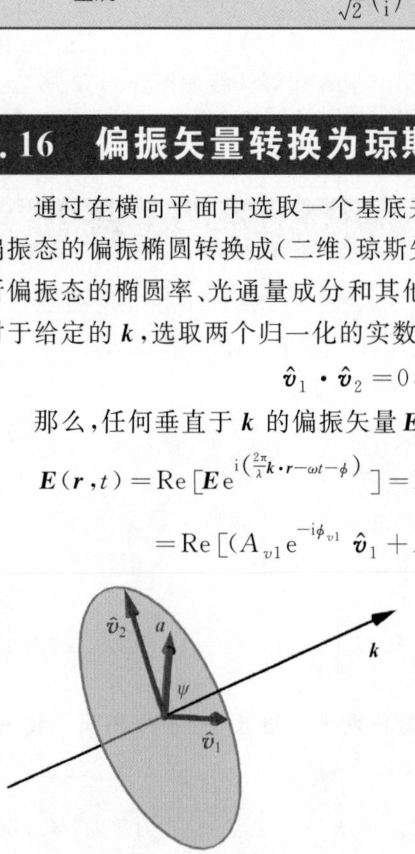

图 2.17 从 $\hat{\boldsymbol{v}}_1$ 到 $\vec{\boldsymbol{a}}$ 度量的主轴方向 Ψ,轴矢量用红色箭头表示

其中,A_{vi} 是沿 $\hat{\boldsymbol{v}}_i$ 的实振幅。这就在($\hat{\boldsymbol{v}}_1$,$\hat{\boldsymbol{v}}_2$)基底下定义了一个琼斯矢量

$$\boldsymbol{E}=\begin{pmatrix}A_{v1}\mathrm{e}^{-\mathrm{i}\phi_{v1}}\\A_{v2}\mathrm{e}^{-\mathrm{i}\phi_{v2}}\end{pmatrix} \tag{2.64}$$

使用式(2.44)计算局部坐标中的主轴方向 Ψ,其中 Ψ 是从 $\hat{\boldsymbol{v}}_1$ 到 $\hat{\boldsymbol{v}}_2$ 度量的,如图 2.17 所示。

局部坐标的选取将在第 11 章进一步讨论(见琼斯光瞳和局部坐标系的讨论)。

例 2.6　转换为琼斯矢量

作为一个例子，沿着 $\boldsymbol{k}=(6,6,7)/11$ 传播的左旋圆偏振光将用三种不同的琼斯矢量基底来表示，以了解基底的任意性及展示它们如何相互关联。琼斯矢量基底使用三个不同的偶极（纬度和经度）系统，如图 2.18 所示，来生成 $\hat{\boldsymbol{v}}_1$ 和 $\hat{\boldsymbol{v}}_2$ 基矢量。该左旋圆偏振光的偏振矢量是

$$\boldsymbol{E}=\frac{1}{22}\begin{pmatrix}11+7\mathrm{i}\\-11+7\mathrm{i}\\-12\end{pmatrix} \tag{2.65}$$

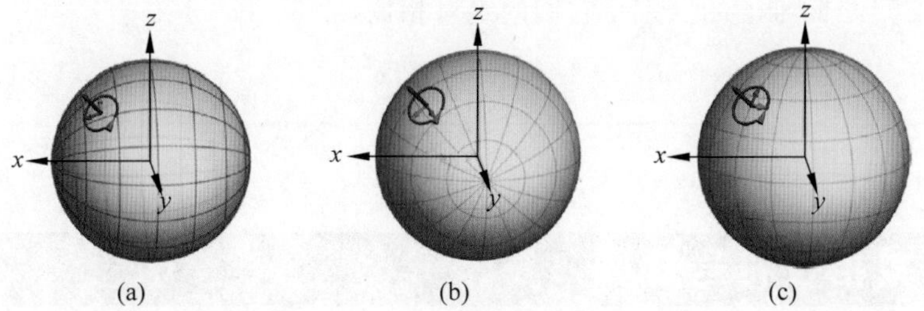

图 2.18　图中显示了一个带有传播矢量（黑色箭头）的左旋圆偏振态（红色圆圈，其上的箭头表示相位），可用三个不同的局部坐标系中的基矢量表示 E_x 和 E_y。在图(a)，第一个基矢量（绿色）沿着纬度线，第二个基矢量（蓝色）沿着经度线，沿 x 轴。在图(b)，显示了相同的偏振态，但基矢量沿着经纬度线而极轴沿 y 轴，在图(c)，极轴沿 z 轴

通过取 $\boldsymbol{k}$ 和偶极轴 $\boldsymbol{d}$ 的归一化叉积，生成沿纬度方向的基矢量

$$\hat{\boldsymbol{v}}_1=\frac{\boldsymbol{d}\times\boldsymbol{k}}{|\boldsymbol{d}\times\boldsymbol{k}|},\quad \hat{\boldsymbol{v}}_2=\boldsymbol{k}\times\hat{\boldsymbol{v}}_1 \tag{2.66}$$

对于第一个例子，琼斯矢量基底使用纬度和经度，极轴沿着 x 轴；基矢量是

$$\hat{\boldsymbol{v}}_1=\frac{1}{\sqrt{85}}\begin{pmatrix}0\\-7\\6\end{pmatrix},\quad \hat{\boldsymbol{v}}_2=\frac{1}{11\sqrt{85}}\begin{pmatrix}85\\-36\\-42\end{pmatrix} \tag{2.67}$$

琼斯矢量 $\boldsymbol{E}_{jx}$ 变为

$$\boldsymbol{E}_{jx}=\begin{pmatrix}\boldsymbol{E}\cdot\hat{\boldsymbol{v}}_1\\\boldsymbol{E}\cdot\hat{\boldsymbol{v}}_2\end{pmatrix}=\frac{1}{2\sqrt{85}}\begin{pmatrix}-7+11\mathrm{i}\\-11-7\mathrm{i}\end{pmatrix}=\frac{-7+11\mathrm{i}}{2\sqrt{85}}\begin{pmatrix}1\\\mathrm{i}\end{pmatrix}\approx\frac{\mathrm{e}^{2.138\mathrm{i}}}{\sqrt{2}}\begin{pmatrix}1\\\mathrm{i}\end{pmatrix} \tag{2.68}$$

选择使用极轴沿着 y 轴的经纬度基底，生成的基矢量是

$$\hat{\boldsymbol{v}}_1=\frac{1}{\sqrt{85}}\begin{pmatrix}7\\0\\-6\end{pmatrix},\quad \hat{\boldsymbol{v}}_2=\frac{1}{11\sqrt{85}}\begin{pmatrix}-36\\85\\-42\end{pmatrix} \tag{2.69}$$

琼斯矢量 $\boldsymbol{E}_{jy}$ 变为

$$\boldsymbol{E}_{jy}=\begin{pmatrix}\boldsymbol{E}\cdot\hat{\boldsymbol{v}}_1\\\boldsymbol{E}\cdot\hat{\boldsymbol{v}}_2\end{pmatrix}=\frac{1}{2\sqrt{85}}\begin{pmatrix}-7-11\mathrm{i}\\11-7\mathrm{i}\end{pmatrix}=\frac{-7-11\mathrm{i}}{2\sqrt{85}}\begin{pmatrix}1\\\mathrm{i}\end{pmatrix}\approx\frac{\mathrm{e}^{-2.138\mathrm{i}}}{\sqrt{2}}\begin{pmatrix}1\\\mathrm{i}\end{pmatrix} \tag{2.70}$$

最后使用极轴沿着 z 轴的经纬度基底，得到基向量

$$\hat{\boldsymbol{v}}_1=\frac{1}{\sqrt{2}}\begin{pmatrix}-1\\1\\0\end{pmatrix},\quad \hat{\boldsymbol{v}}_2=\frac{1}{22}\begin{pmatrix}-11-7\mathrm{i}\\11-7\mathrm{i}\\6\mathrm{i}\end{pmatrix} \tag{2.71}$$

琼斯矢量 $\boldsymbol{E}_{jz}$ 变为

$$\boldsymbol{E}_{jz}=\begin{pmatrix}\boldsymbol{E}\cdot\hat{\boldsymbol{v}}_1\\ \boldsymbol{E}\cdot\hat{\boldsymbol{v}}_2\end{pmatrix}=\frac{1}{\sqrt{2}}\begin{pmatrix}1\\ \mathrm{i}\end{pmatrix} \tag{2.72}$$

这是左旋圆偏光的标准琼斯矢量(式(2.36))。在圆偏振光的情况下,三个琼斯矢量 $\boldsymbol{E}_{jx}$、$\boldsymbol{E}_{jy}$ 和 $\boldsymbol{E}_{jz}$ 之间唯一的区别是它们的绝对相位,

$$\boldsymbol{E}_{jz}=\mathrm{e}^{-2.138\mathrm{i}}\boldsymbol{E}_{jx}=\mathrm{e}^{2.138\mathrm{i}}\boldsymbol{E}_{jy} \tag{2.73}$$

2.17 递减相位符号规则

电磁波通常用两种不同的符号规则之一来表示。分别为:相位随时间递减并随空间递增,$\frac{2\pi}{\lambda}\boldsymbol{k}\cdot\boldsymbol{r}-\omega t-\phi_0$,这是本书将采用的规则;或者相位随时间递增并随空间递减,$\omega t-\frac{2\pi}{\lambda}\boldsymbol{k}\cdot\boldsymbol{r}+\phi_0$。根据选择,在圆偏振光和椭圆偏振光的数学描述中必须调整各自正负号。递减相位和递增相位这两种规则都被广泛使用;因此,当使用来自不同来源的琼斯算法方程时要小心。读者应该学会从上下文识别文稿中的符号规则,因为符号规则往往没有进行说明。

关于相位出现两种规则是因为余弦函数为偶函数

$$\cos(\theta)=\cos(-\theta) \tag{2.74}$$

因此,相位规则的选取并不重要,因为

$$\cos\left(\frac{2\pi}{\lambda}z-\omega t-\phi_0\right)=\cos\left(\omega t-\frac{2\pi}{\lambda}z+\phi_0\right) \tag{2.75}$$

并且对于所有的 z 和 t

$$\mathrm{Re}\left[\mathrm{e}^{\mathrm{i}\left(\frac{2\pi}{\lambda}z-\omega t-\phi_0\right)}\right]=\mathrm{Re}\left[\mathrm{e}^{\mathrm{i}\left(\omega t-\frac{2\pi}{\lambda}z+\phi_0\right)}\right] \tag{2.76}$$

在递减相位规则中,沿 z 方向传播的单色平面波的形式为

$$\boldsymbol{E}(z,t)=\mathrm{Re}\left[\begin{pmatrix}A_x\mathrm{e}^{-\mathrm{i}\phi_x}\\A_y\mathrm{e}^{-\mathrm{i}\phi_y}\\0\end{pmatrix}\mathrm{e}^{\mathrm{i}\left(\frac{2\pi}{\lambda}z-\omega t-\phi_0\right)}\right]=\begin{pmatrix}A_x\cos\left(\frac{2\pi}{\lambda}z-\omega t-\phi_0-\phi_x\right)\\A_y\cos\left(\frac{2\pi}{\lambda}z-\omega t-\phi_0-\phi_y\right)\\0\end{pmatrix} \tag{2.77}$$

这里,光波随着时间前进,相位减少。光波通过增加相位而被延迟。在递减相位规则中,振幅为 A、绝对相位为 ϕ_0 的右旋圆偏振平面波的方程为

$$\boldsymbol{E}(z,t)=\mathrm{Re}\left[\mathrm{e}^{\mathrm{i}\left(\frac{2\pi}{\lambda}z-\omega t-\phi_0\right)}\frac{A}{\sqrt{2}}\begin{pmatrix}1\\-\mathrm{i}\\0\end{pmatrix}\right] \tag{2.78}$$

因此，本书中右旋圆偏振光的琼斯矢量为

$$\boldsymbol{R}=\frac{A\,\mathrm{e}^{-\mathrm{i}\phi_0}}{\sqrt{2}}\begin{pmatrix}1\\-\mathrm{i}\end{pmatrix} \tag{2.79}$$

类似地，在递减相位规则中，左旋圆偏振光的琼斯矢量为

$$\boldsymbol{L}=\frac{A\,\mathrm{e}^{-\mathrm{i}\phi_0}}{\sqrt{2}}\begin{pmatrix}1\\\mathrm{i}\end{pmatrix} \tag{2.80}$$

2.18　递增相位符号规则

除本节外，本书不使用另一种符号规则：递增相位符号规则。在递增相位符号规则中，相位随时间增加，因此 ϕ 的符号改变。本节使用下标 M 表示所表示的量使用的是递增相位符号规则。用递增相位规则表示的单色平面波的形式是

$$\boldsymbol{E}_M(z,t)=\mathrm{Re}\left[\begin{pmatrix}A_x\,\mathrm{e}^{\mathrm{i}\phi_x}\\A_y\,\mathrm{e}^{\mathrm{i}\phi_y}\\0\end{pmatrix}\mathrm{e}^{\mathrm{i}\left(\omega t-\frac{2\pi}{\lambda}z+\phi_0\right)}\right]=\begin{pmatrix}A_x\cos\left(\omega t-\dfrac{2\pi}{\lambda}z+\phi_0+\phi_x\right)\\A_y\cos\left(\omega t-\dfrac{2\pi}{\lambda}z+\phi_0+\phi_y\right)\\0\end{pmatrix} \tag{2.81}$$

平面波方程中唯一的变化是指数的符号。注意，由于余弦函数是偶函数，符号实际上并不重要。因此，在递增相位符号规则下，左、右旋圆偏振光的琼斯矢量分别为

$$\boldsymbol{L}_M=\frac{A\,\mathrm{e}^{\mathrm{i}\phi_0}}{\sqrt{2}}\begin{pmatrix}1\\-\mathrm{i}\end{pmatrix},\quad \boldsymbol{R}_M=\frac{A\,\mathrm{e}^{\mathrm{i}\phi_0}}{\sqrt{2}}\begin{pmatrix}1\\\mathrm{i}\end{pmatrix} \tag{2.82}$$

递增相位规则中，左旋圆偏振光的琼斯矢量是递减相位规则中右旋圆偏振光的琼斯矢量，反之亦然。这可能会导致混乱！符号规则的选择也影响琼斯矩阵元素的符号，见第 5 章。

2.19　光源的偏振态

从光源出射或进入光学系统的偏振态是由许多因素决定的：光是出射、散射还是反射的；光源的温度和粗糙度；照明光的偏振和方向；还有很多其他因素。偏振可能以简单或复杂的方式变化，例如，图 2.19 展示了一个球面波前上的复杂偏振变化的例子。通常情况下，入射光的偏振难以知晓，或者在不同的测量中可能会有所不同。本节将简要介绍光源偏振的两种基本模型：偶极模型(dipole model)和双极模型(double pole model)。

偶极电磁波的形式简单，是除平面波外最常见的电磁波。电荷在简谐振荡中沿直线振荡产生偶极辐射。偶极在许多电磁波源的建模中都很重要，例如无线电天线和激发原子的辐射。偶极波是一种沿经度线线偏振的球面波[2,15-16]。最大振幅的辐射出现在垂直于电荷振荡轴的平面上。偶极源不沿电荷振荡轴辐射。偶极波由沿直线(这里选取图 2.20 中的

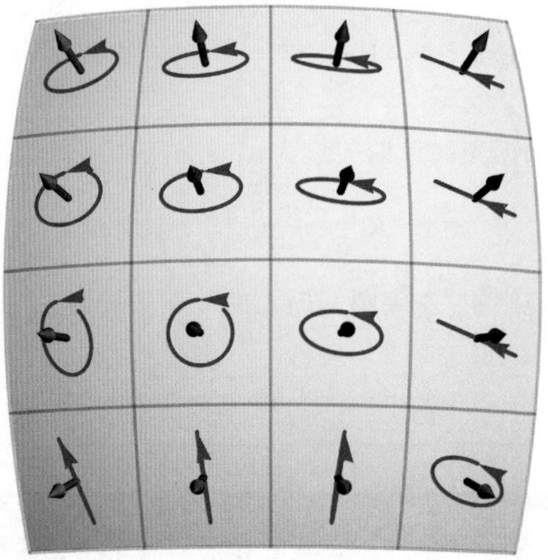

图 2.19　用矢量 $\boldsymbol{k}$(黑色)和偏振椭圆(红色)表示的任意偏振波前的波前片网格

y 轴)进行简谐振荡的电荷辐射产生。假设 θ 是经度,绕 z 轴从纸面向外的方向度量,ϕ 是纬度。在这个极坐标系中,归一化传播矢量 $\boldsymbol{k}$ 和偶极波的偏振矢量 $\boldsymbol{E}$ 是

$$\boldsymbol{k}=\begin{pmatrix}\cos\phi\sin\theta\\ \sin\phi\\ \cos\phi\cos\theta\end{pmatrix},\quad \boldsymbol{E}=\begin{pmatrix}-\sin\phi\sin\theta\\ \cos\phi\\ -\sin\phi\cos\theta\end{pmatrix}\tag{2.83}$$

偶极电场如图 2.20 所示,是一个 4π 球面度的球面波前。用线偏振光和许多其他光源照射的孤立原子的散射光可能会产生偶极场。

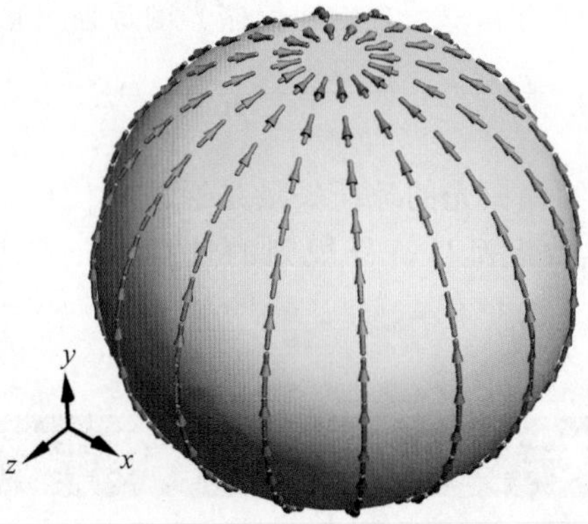

图 2.20　迎着 z 轴看到的偶极波前的偏振向量。电荷振荡的轴是垂直的 y 轴

图 2.21 中显示的双极球面波是光学中另一种十分常见的线偏振球面波。当透镜被准直的线偏振光照射时,将产生双极球面波。当光折射并改变方向时,入射偏振态在每个透镜表面上旋转。当光离开透镜时,偏振椭圆已经围绕垂直于入射和出射光线的轴旋转;旋转轴是它们的叉积,如图 2.22 所示,图中竖直线偏振光的传播方向被透镜改变,用竖线表示。因此,离开透镜的偏振波前不同于偶极球面波。当对球面波前中的每一条出射光线进行这种旋转时,就会产生如图 2.21 所示的双极偏振模式。这种形式的偏振波前出现在正透镜和负透镜上。过 z 轴画出一些大圆。沿着每一个大圆,偏振态与大圆形成一个恒定的角度;

这是如图 2.22 所示旋转作用的结果。理想的非偏振透镜会出现双极波。由于 s 和 p 菲涅耳反射和透射系数会偏离这个模式，但通常出射波前几乎都是双极模式。因此，双极偏振波前是一个非常有用和十分常见的光源模型。这种偏振模式也被用作描述球面波，并将它们展平到计算机屏幕和页面上。这个专题将在第 11 章深入讨论（见琼斯光瞳和局部坐标系的讨论）。

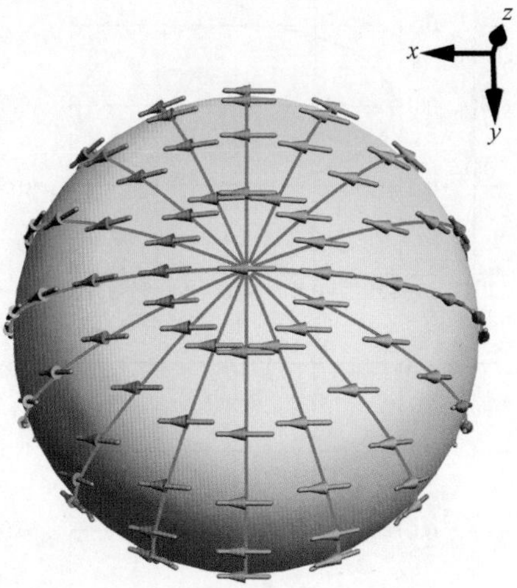

图 2.21　双极偏振模式中的线偏振球面波前是基本的偏振波前，它近似于从光学透镜出射的光波，包括正透镜和负透镜（顶部和底部）。偏振与过轴的大圆形成一个恒定的角度

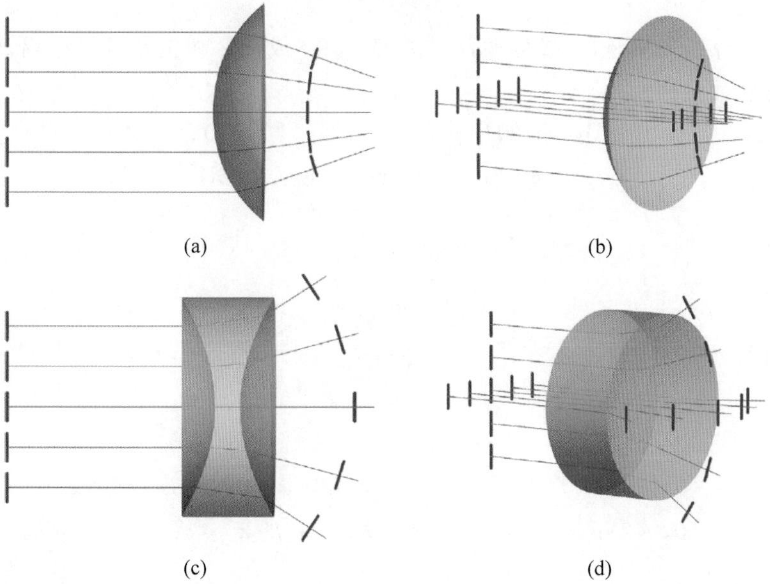

图 2.22　两个理想的非偏振透镜，（图(a)，(b)）正透镜和（图(c)，(d)）负透镜，旋转入射光的偏振面（图(a)，红线），当光折射通过透镜并射出透镜后改变了方向

2.20 习题集

2.1 估计下列偏振椭圆的琼斯矢量。求出相位,将箭头正确放置在 $t=0$ 处。

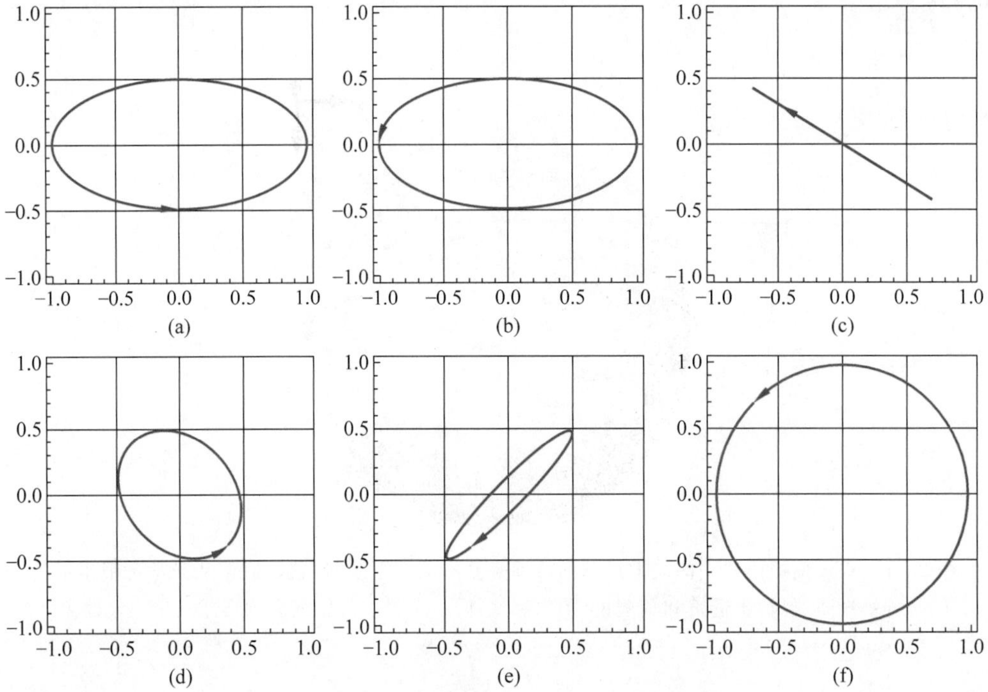

2.2 下列哪个琼斯矢量是(a)线偏振,(b)圆偏振,90°或 $\pi/2$ 相位差且等振幅,(c)任意相位关系的椭圆偏振?

a. $(2,2)$; b. $(\mathrm{i}/2,1)$; c. $(\mathrm{i},-\mathrm{i})$;

d. $(1,-4)$; e. $(2+2\mathrm{i},-2+2\mathrm{i})$; f. $(2+2\mathrm{i},-3+2\mathrm{i})$;

g. $(0,1+\mathrm{i})$; h. $(3,-6\mathrm{i})$; i. $(2+3\mathrm{i},-3+2\mathrm{i})$;

j. $(2,-\mathrm{i})$

2.3 设平面波 $\boldsymbol{E}(\boldsymbol{r},t)=\mathrm{Re}\left[\mathrm{e}^{-\mathrm{i}\left(\frac{2\pi}{\lambda}\boldsymbol{k}\cdot\boldsymbol{r}-\omega t\right)}\begin{pmatrix}a_x+\mathrm{i}b_x\\a_y+\mathrm{i}b_y\\a_z+\mathrm{i}b_z\end{pmatrix}\right]$,求下列时间和地点的电场和坡印廷矢量。

a. $t=0,\boldsymbol{r}=(0,0,0)$; b. $t=0,\boldsymbol{r}=\lambda^2\boldsymbol{k}/(4\pi)$;

c. $t=\pi,\boldsymbol{r}=(0,0,0)$; d. $t=4\pi/\omega,\boldsymbol{r}=8\lambda^2k/\pi$

2.4 a. 求正交于 $\begin{pmatrix}E_x\\E_y\end{pmatrix}=\begin{pmatrix}A_x\mathrm{e}^{-\mathrm{i}\phi_x}\\A_y\mathrm{e}^{-\mathrm{i}\phi_y}\end{pmatrix}$ 的归一化琼斯矢量的一般方程;

b. 用右旋圆偏光验证方程;

c. 为什么正交琼斯矢量的相位是一个可以任意选择的自由参数?

d. 给定一个传播方向 $\boldsymbol{k}=(k_x, k_y, k_z)$ 和偏振矢量 $\boldsymbol{F}=(A_x e^{-i\phi_x}, A_y e^{-i\phi_y}, A_z e^{-i\phi_z})$，计算与 $\boldsymbol{F}$ 正交的偏振矢量（归一化的或未归一化的）。

2.5 将下面的琼斯矢量逆时针旋转 45°（从 $+x$ 到 $+y$）。

a. $\boldsymbol{v}_1=(1, \mathrm{i})$；b. $\boldsymbol{v}_2=(3, 3)$；c. $\boldsymbol{v}_3=(0, -2)$；d. $\boldsymbol{v}_4=(1+\mathrm{i}, 1-\mathrm{i})$

2.6 a. 琼斯矢量 $\boldsymbol{E}_3=(w+\mathrm{i}x, y+\mathrm{i}z)$ 的归一化通量是多少？

b. $\boldsymbol{E}_3$ 的光通量以 $\mathrm{W/m^2}$（瓦特每平方米）为单位是多少？

c. 琼斯矢量元素 $w+\mathrm{i}x$ 和 $y+\mathrm{i}z$ 的单位是什么？

2.7 a. 求从左、右旋圆偏振基态到 xy 基的基底变换矩阵？

b. 将琼斯矢量 $\begin{pmatrix} E_L \\ E_R \end{pmatrix}=\frac{1}{\sqrt{2}}\begin{pmatrix} e^{i\eta} \\ e^{-i\eta} \end{pmatrix}$ 从圆偏振基转换到 xy 基，并确定偏振态类型。

2.8 将普通线性 xy 基底琼斯矢量的六个基本偏振态（表 2.2）转化为 LR 圆偏振基（式(2.55)）。

2.9 给定圆琼斯矢量基下的琼斯矢量 $\boldsymbol{E}=(1,1)$，将其转换到 xy 基。

2.10 偏振矢量为 $(4\mathrm{i}, 6, 4\mathrm{i})$ 的光可能传播的两个方向是什么？这可通过求 $\boldsymbol{E}$ 场在两个不同时刻的叉乘来确定，用实数场表示而不是指数形式。

2.11 给定偏振矢量 $\boldsymbol{E}=(6\mathrm{i}, 10, -8\mathrm{i})$

a. 证明 $\boldsymbol{E}$ 是圆偏振的；

b. 求光的传播轴。沿轴的方向是未定的；

c. 哪个方向光会传播得到左旋圆偏振光？

2.12 圆偏振单色平面波电场的方程在空间或时间上给定点会描绘出一条螺旋线。绘制振幅为 1 的右旋圆偏振光的螺旋图，$\boldsymbol{E}(z,t)=\mathrm{Re}\left[e^{i\left(\frac{2\pi}{\lambda}kz-\omega t-\phi\right)}\frac{A}{\sqrt{2}}\begin{pmatrix} 1 \\ -\mathrm{i} \\ 0 \end{pmatrix}\right]$

a. 绘制在 $t=0$，$(E_x(z,0), E_y(z,0), z)$ 的螺旋图（面向 $-E_z$，三维透视图中的前视图）；

b. 空间螺旋是右螺旋还是左螺旋？

c. 在固定点上绘制相同的螺旋图，以时间为函数 $x=y=z=0$，$(E_x(0,t), E_y(0,t), t)$；

d. 时间螺旋是右螺旋还是左螺旋？

2.13 对于以下的琼斯矢量：

$$E_1=\begin{pmatrix} 1 \\ 1-\mathrm{i} \end{pmatrix}, E_2=\begin{pmatrix} -\mathrm{i} \\ -\mathrm{i} \end{pmatrix}, E_3=\begin{pmatrix} -\mathrm{i} \\ 1 \end{pmatrix}, E_4=\begin{pmatrix} 5/4 \\ 3\mathrm{i}/4 \end{pmatrix}, E_5=\frac{1}{2}\begin{pmatrix} \mathrm{i} \\ 1+\mathrm{i}\sqrt{2} \end{pmatrix}, E_6=\begin{pmatrix} -\mathrm{i} \\ -\pi/3 \end{pmatrix}$$

a. 绘制偏振椭圆，并指出电场旋转的方向。

b. 计算 x 分量和 y 分量之间的相位差 $\delta(\phi)=\phi_x-\phi_y$，椭圆主轴的方向 Ψ 和归一化光通量 P。对于圆偏振光，主轴方向是无定义的。

c. 计算圆偏振度（DoCP），其定义为 $|P_\mathrm{L}-P_\mathrm{R}|/(P_\mathrm{L}+P_\mathrm{R})$。

2.14 a. 计算法向量 $\hat{\boldsymbol{w}}$ 来确定右手正交基 $(\hat{\boldsymbol{u}}, \hat{\boldsymbol{v}}, \hat{\boldsymbol{w}})$，其中 $\hat{\boldsymbol{u}}=\frac{1}{\sqrt{3}}\begin{bmatrix} 1 \\ 1 \\ 1 \end{bmatrix}$，$\hat{\boldsymbol{v}}=\frac{1}{\sqrt{6}}\begin{bmatrix} 1 \\ 1 \\ -2 \end{bmatrix}$。

b. 写出垂直于 $\hat{\boldsymbol{u}}$ 的旋转单位矢量 $\hat{s}(t)$ 的表达式，当看向 $\hat{\boldsymbol{u}}$ 时绕 $\hat{\boldsymbol{u}}$ 轴顺时针旋转，角速度为 ωrad/s，且 $\hat{s}(0)=\hat{\boldsymbol{v}}$。这是向 $\hat{\boldsymbol{u}}$ 方向传播的右旋圆偏振光在某一点处的电场表达式。

c. 计算这个波的偏振矢量 $\boldsymbol{E}$。

2.21 参考文献

[1] W. A. Shurcliff, Polarized Light. Production and Use, Cambridge, MA: Harvard University Press (1966).

[2] D. Goldstein, Polarized Light, Revised and Expanded, Vol. 83, Boca Raton, FL: CRC Press, (2011).

[3] C. Brosseau, Fundamentals of Polarized Light: A Statistical Optics Approach, New York: Wiley, (1998).

[4] M. Born and E. Wolf, Principles of Optics, 6th edition, Cambridge, UK: Cambridge University Press, (1980).

[5] E. Hecht, Optics, Reading, MA: Addison-Wesley, 1987.

[6] R. M. A. Azzam and N. M. Bashara, Ellipsometry and Polarized Light, 2nd edition, Amsterdam: Elsevier(1987).

[7] G. Yun, K. Crabtree, and R. Chipman, Three-dimensional polarization ray-tracing calculus I: Definition and diattenuation, Appl. Opt. 50(2011): 2855-2865.

[8] M. Born and E. Wolf, Principles of Optics: Electromagnetic Theory of Propagation, Interference and Diffraction of Light, CUP Archive(1999).

[9] E. L. Dereniak and G. D. Boreman, Infrared Detectors and Systems, New York: Wiley(1996).

[10] G. J. Zissis and W. L. Wolfe, The Infrared Handbook, Ann Arbor, MI: Infrared Information and Analysis Center(1978).

[11] R. C. Jones, A new calculus for the treatment of optical systems: I. Description and discussion of the calculus, J. Opt. Soc. Am. 31(1941): 488-493.

[12] R. M. A. Azzam and N. M. Bashara, Ellipsometry and Polarization Light, New York: North-Holland (1977), p. 97.

[13] W. Swindell. Handedness of polarization after metallic reflection of linearly polarized light, JOSA 61. 2(1971): 212-215.

[14] J. P. McGuire Jr. and R. A. Chipman, Diffraction image formation in optical systems with polarization aberrations. I: Formulation and example, JOSA A 7. 9(1990): 1614-1626.

[15] J. D. Jackson, Classical Electromagnetism, New York: Wiley(1975).

[16] A. Shadowitz, The Electromagnetic Field, New York: McGraw-Hill(1975).

第 3 章

斯托克斯参量和庞加莱球

3.1 多色光的描述

非偏振光和部分偏振光是光在宇宙中的主要形式。星光几乎总是非偏振的。这种非偏振光是不相干的；它无法形成稳定的干涉图样。单色光(第 2 章的主题)是个例外,它主要来自激光。第 2 章的偏振矢量和琼斯矢量无法描述部分偏振光。

斯托克斯参量是表征光束偏振特性的一种方法,适用于非偏振光、部分偏振光和偏振光。用斯托克斯参量描述的光束可以是非相干光束,也可以是相干光束[1-3]。非相干光在干涉和衍射过程中遵循与相干光相同的基本原理；然而,由于非相干光的多色自然属性,细节更加复杂。多色光是指多种波长的光,不是单色的光。图 3.1(a)显示了四种不同频率的单色波的电场振幅。当叠加这些场时,得到的振幅如图 3.1(b)所示,表现为不同高度和不规则周期的随机峰,这就是多色光的特性。单色光和多色光的一个区别是单色光一定是偏振的。单色光具有单一频率,呈余弦状。因此,单色光永远固定在一个单一的偏振态。

本章给出了斯托克斯参量及其数学性质,并讨论了部分偏振光和非偏振光。研究了线偏振光、圆偏振光和椭圆偏振光的斯托克斯参量特性。给出了斯托克斯参量和琼斯矢量之间的转换。描述了斯托克斯参量的非正交坐标系,这种特殊的坐标系正确地处理了非相干光的叠加和干涉。然后,建立了与斯托克斯参量相关的偏振态图形——庞加莱球。非相干光波的叠加及其干涉性质将在第 4 章讨论。

这四个斯托克斯参量通常被称为斯托克斯矢量。斯托克斯参量不是真正的矢量,因为它们不作为矢量进行变换或旋转。可将斯托克斯参量作为矢量叠加,来模拟非相干光束的叠加。斯托克斯参量也可由米勒矩阵通过矩阵-矢量乘法进行操作。因此,将斯托克斯参量称为斯托克斯矢量可被接受,并且也很常见,但应该记住,它们不是真正的矢量。

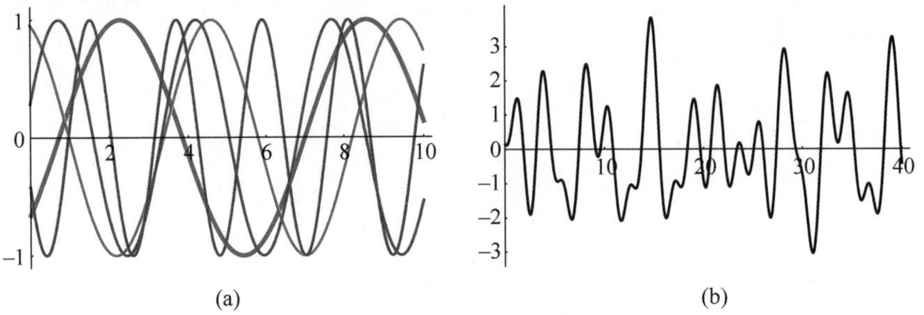

图 3.1 由四种不同波长的单色光波(a)叠加而成的多色光波的电场振幅随时间变化图(b)

3.2 斯托克斯参量的唯象定义

4 个斯托克斯参量[4],即 S_0、S_1、S_2、S_3,是用理想偏振器进行的 6 个偏振光通量测量值定义的

$$\boldsymbol{S}=\begin{pmatrix}S_0\\S_1\\S_2\\S_3\end{pmatrix}=\begin{pmatrix}P_H+P_V\\P_H-P_V\\P_{45}-P_{135}\\P_R-P_L\end{pmatrix}=\begin{pmatrix}I\\Q\\U\\V\end{pmatrix} \tag{3.1}$$

斯托克斯参量通常写成矢量形式 $\boldsymbol{S}$(具有四个实数元)。S_0 是光束的总辐照度。S_1 为水平(0°)偏振光通量分量(P_H)与垂直(90°)偏振光通量分量(P_V)之差。当 $S_1=0$ 时,水平线偏振器测得的光通量与垂直线偏振器测得的光通量相等。因此,S_1 度量了水平偏振超过垂直偏振的程度,如果 $P_V>P_H$,S_1 为负。类似地,S_2 是 45°光通量(P_{45})减去 135°光通量(P_{135})。最后,S_3 度量了右旋(P_R)与左旋(P_L)圆偏振光通量之差。斯托克斯参量也经常被标记为 I、Q、U 和 V,特别是在遥感和天文学中。

表 3.1 列出了六种基本偏振态的斯托克斯参量,每个光通量 S_0 都归一化为 1。最后一行给出了非偏振光的归一化斯托克斯参量。

表 3.1 基本偏振态及其斯托克斯参量

偏振类型	符号	斯托克斯参量
水平线偏振	**H**	(1,1,0,0)
垂直线偏振	**V**	(1,−1,0,0)
45°线偏振	**45**	(1,0,1,0)
135°线偏振	**135**	(1,0,−1,0)
右旋圆偏振	**R**	(1,0,0,1)
左旋圆偏振	**L**	(1,0,0,−1)
非偏振光	**U**	(1,0,0,0)

例 3.1　斯托克斯参量

一束光被测得有如下斯托克斯参量，$\boldsymbol{S}=\begin{bmatrix}S_0\\S_1\\S_2\\S_3\end{bmatrix}=\begin{bmatrix}6\\4\\2\\-4\end{bmatrix}$。计算式(3.1)中定义的斯托克斯参量的 6 个光通量。

由于 $S_0=P_H+P_V$ 和 $S_1=P_H-P_V$，$P_H=\dfrac{S_0+S_1}{2}$ 和 $P_V=\dfrac{S_0-S_1}{2}$，其他 4 种光通量也有类似的方程。因此，用光通量矢量 $\boldsymbol{P}$ 表示的六个光通量测量值为

$$\boldsymbol{P}=\begin{pmatrix}P_H\\P_V\\P_{45}\\P_{135}\\P_R\\P_L\end{pmatrix}=\begin{pmatrix}5\\1\\4\\2\\1\\5\end{pmatrix}$$

3.3　非偏振光

非偏振光的偏振态是随机变化的，对任何特定偏振态都没有倾向。太阳光是非偏振的。太阳光球中原子的激发没有特定的方向，经常受到其他高速运动的原子的冲击。对于非偏振光，任何理想的偏振器都能透射一半的光。如果旋转线偏振器，出射光具有恒定的光通量。

在非偏振光的电场下，如图 3.2 所示，矢量的端点围绕原点随机移动，有时顺时针，有时逆时针，有时近似线性。每一小段弧都近似为椭圆，但椭圆参数是不断变化的。当光源发射偏振态随机分布的光子时，就产生了非偏振光。每个光子的偏振都与先前由激发原子和它相邻原子发出的光子不相关。光束的偏振椭圆是不断变化的。

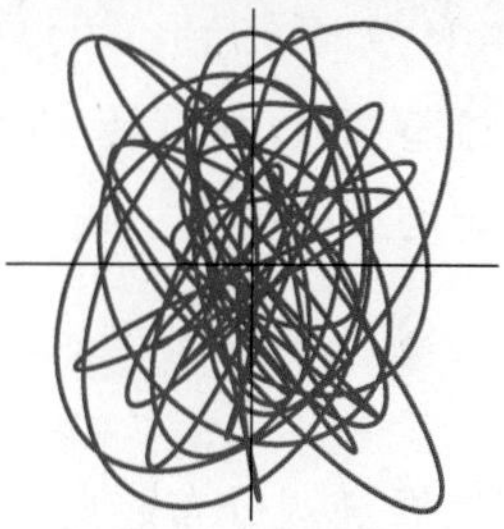

图 3.2　图示为非偏振光电场分布，电场的端点轨迹为一个随机变化的偏振椭圆。该轨迹图是用来模拟太阳光的，其中矢量场在不到一个光学周期内改变其局部椭圆参数

3.4　部分偏振光和偏振度

偏振度(DoP)是用斯托克斯参量来表征偏振态随机性的度量。偏振度定义为

$$\mathrm{DoP}(\boldsymbol{S})=\frac{\sqrt{S_1^2+S_2^2+S_3^2}}{S_0},\quad 0\leqslant \mathrm{DoP}\leqslant 1 \tag{3.2}$$

DoP 为 1 的光束是偏振的，光处于单一偏振态，光可以完全被匹配的偏振器阻挡。对于

这样一束完全偏振光,斯托克斯参量元素满足恒等式

$$S_0^2 = S_1^2 + S_2^2 + S_3^2 \tag{3.3}$$

相反,当 DoP 为 0 时,光束是非偏振的。此时,所有理想偏振器都会阻挡一半的光束,因为光没有偏重任何特定的偏振态。

部分偏振光具有随机变化的偏振态,但倾向于某个特定偏振态;有一个总的平均偏振态。在部分偏振光中,某些偏振椭圆比其他偏振椭圆更可能出现。图 3.3 为圆偏振(a)和部分圆偏振光束的电场图示例,其中偏振度逐渐减小。

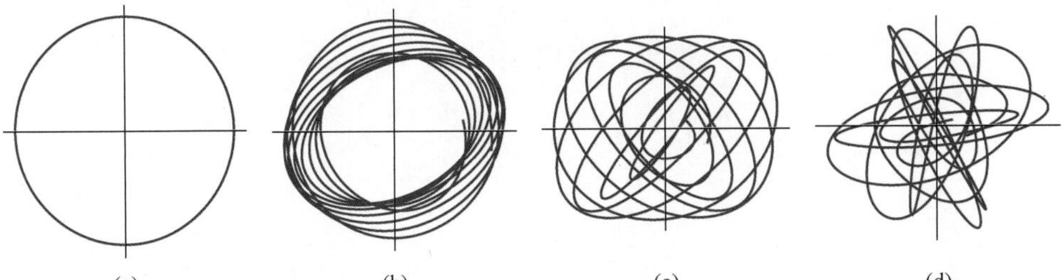

图 3.3 对于 DoCP 为 1.0、0.95、0.75 和 0.5(从左到右)的部分圆偏振光,随时间变化的电场具有逐渐变化的偏振椭圆

偏振光通量是偏振部分的光通量,为

$$\sqrt{S_1^2 + S_2^2 + S_3^2} \tag{3.4}$$

因此,DoP 为偏振光通量与总光通量 S_0 的比值。对于一束线偏振光,调整线偏振器的方向可以透过整束光,而旋转 90°的正交偏振器阻挡整束光。部分线偏振光具有随机分布,但倾向于特定的线偏振态。线偏振度 DoLP 定义为

$$\text{DoLP}(\boldsymbol{S}) = \frac{\sqrt{S_1^2 + S_2^2}}{S_0} \tag{3.5}$$

它描述偏振椭圆分布趋向于线性的程度,或等效于描述将电场限制在一个平面内的程度。当 DoLP=1 时,光束为线偏振光。旋转线偏振器,当它与偏振面对齐时,可以使所有光通过。对于 45°线偏振光,随着 DoP 或 DoLP 从 1 减小到 0,偏振椭圆变得更加随机,如图 3.4 所示。

DoLP 还与偏振器在光束中旋转时产生的光通量调制度有关,其中 $P_{\max}$ 和 $P_{\min}$ 是最大和最小的透射光通量,

$$\text{DoLP}(\boldsymbol{S}) = \frac{P_{\max} - P_{\min}}{P_{\max} + P_{\min}} = \frac{\sqrt{S_1^2 + S_2^2}}{S_0} \tag{3.6}$$

如图 3.5 所示。偏振方向 Ψ 为偏振器达到 $P_{\max}$ 的角度。圆偏振光和非偏振光的 DoLP 都为 0。

部分线偏振光常产生于物体表面对非偏振太阳光的散射;通常,在垂直于入射面的平面内散射的偏振光(s 偏振光,见 1.7.1 节和图 1.32)比在入射面内散射的偏振光(p 偏振

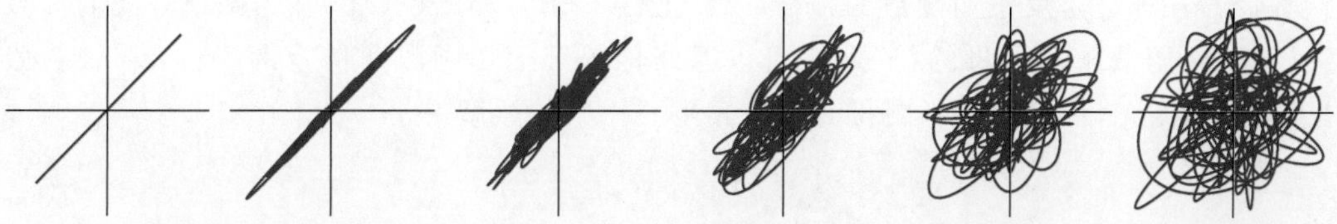

图 3.4　在 DoLP 为 1.0、0.8、0.6、0.4、0.2 和 0 的情况下，45°部分线偏光随时间变化的电场呈现随机变化的偏振椭圆

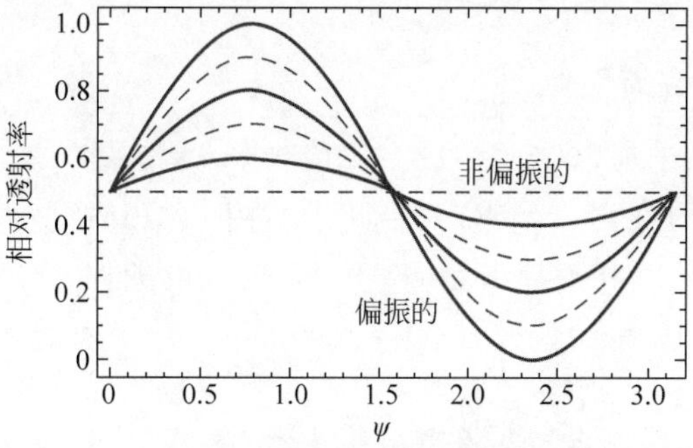

图 3.5　在部分线偏振光束中，旋转偏振器的透过率产生的光通量调制度与线偏振度成正比。非偏振光是不会被调制的。图中显示的不同线对应于 DoLP 为 0（未偏振）、0.2、0.4、0.6、0.8 和 1（偏振）的光。偏振情况由马吕斯定律描述

光）更多。散射光的偏振椭圆在时间和空间上仍然是随机变化的，但散射增加了 s 分量的比例。因此，太阳光或白炽灯光从物体表面散射后通常是部分偏振的，而不是非偏振光。当非偏振光从光滑的水面反射时，反射的光束变为部分偏振光。图 3.6 显示了反射光的 DoP，可以使用菲涅耳公式（8.3.3 节）计算。

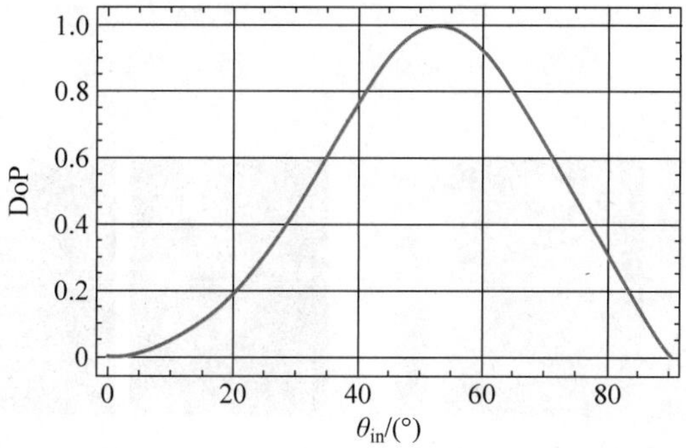

图 3.6　非偏振入射光在光滑的水面上经过镜面反射后，线偏振度逐渐增大，达到 57°（布儒斯特角）时，反射光变为水平方向的完全偏振光。超过布儒斯特角，偏振度降低，直到掠入射，此时反射光是非偏振的，就像正入射时一样

线偏振光的偏振角 AoP 是从 x 轴逆时针测量的电场振动的角度，以弧度表示，

$$\mathrm{AoP}(\boldsymbol{S})=\frac{1}{2}\arctan\frac{S_2}{S_1}=\frac{1}{2}\mathrm{arctan2}(S_1,S_2) \tag{3.7}$$

函数 arctan2 是反正切函数的一种形式，把分子(S_2)和分母(S_1)作为两个独立的参数，通过独立使用分子和分母的符号，它可以返回传统反正切函数两倍范围($-\pi$ 到 π)的值。对于椭圆偏振光，AoP 是偏振椭圆长轴的角度。用圆偏振度

$$\mathrm{DoCP}(\boldsymbol{S}) = \frac{S_3}{S_0} \tag{3.8}$$

来表征圆偏振光通量的比例，并表明螺旋性的符号。DoCP=1 表示右旋圆偏振光；DoCP=−1 表示左旋圆偏振光，DoCP=0 表示线偏振光、部分线偏振光或非偏振光。环境中自然光的 DoCP 通常接近于 0。

例 3.2　建筑物的斯托克斯图像

图 3.7 展示了亚利桑那大学光学科学大楼在 660nm 波长下的光强度图像 S_0，用成像偏振分析仪 GroundMSPI[5-6] 拍摄。GroundMSPI 可以精确测量线偏振斯托克斯参量(S_0，S_1，S_2)。图 3.8 为斯托克斯参量 S_1 和 S_2 的灰度图像，图 3.9 为相同数据的伪彩色图像。

图 3.7　亚利桑那大学 Meinel 光学科学大楼的强度图像。建筑的整个北面都是不同角度倾斜的窗户。足球场的顶部是在右上方。高强度为白色，低强度为黑色

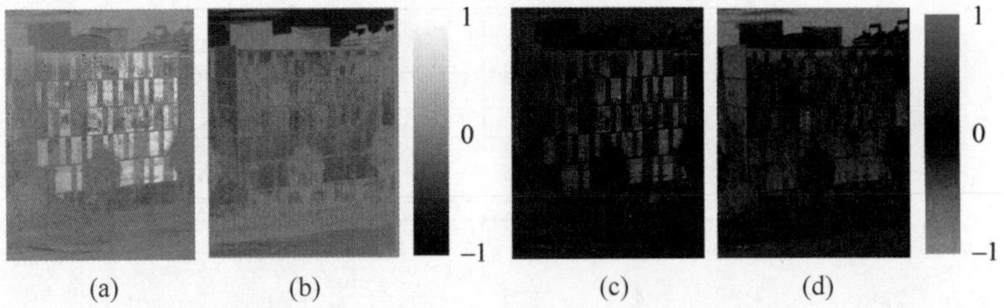

图 3.8　图 3.7 中图像的斯托克斯参量 S_1((a)和(c))和 S_2((b)和(d))。在图(a)和(b)中，灰色表示零，较亮的区域表示 S_1 或 S_2 为正，较暗的区域表示 S_1 和 S_2 为负。在图(c)和(d)中，黑色表示零，红色表示正，绿色表示负。斯托克斯参量随窗户角度而明显变化

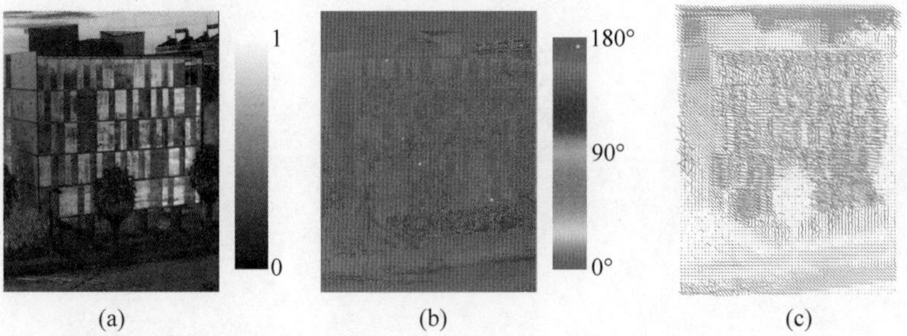

图3.9　Meinel大楼图像的DoP图像(a)显示了很大的变化。图像中的结构、窗户、树木、路灯、人行道等都很容易识别，但对比度机制与强度图像完全不同。AoP图像(b)显示大部分图像(红色和紫色)的偏振方向变化不大，但一些区域(蓝色)显示明显不同的方向。在AoP图中，低DoP的区域往往噪声很大。在矢量图(c)中显示了许多线段，线段长度表示DoP，线段方向表示AoP。树木和屋顶结构可以看到具有低DoP。同样，从一个窗格到另一个窗格，DoP和AoP的变化是惊人的

3.5　光谱带宽

图3.2到图3.4展示了非偏振光和部分偏振光的随机变化的椭圆。本节研究椭圆是如何快速变化的。

光束的光谱是指光束中波长的范围，特别是指光谱功率密度图，即每纳米的光通量单位。可见光的光谱可用棱镜展示，也可用分光计测量。光谱带宽 $\Delta\lambda$ 是指光谱中波长的范围，通常用光的半高全宽(FWHM)表示。光的光谱带宽决定了部分偏振光偏振椭圆变化的速度。真正的单色光的光谱带宽为零，椭圆不变。激光是准单色的，光谱带宽接近于零，但不等于零。一些超长相干长度的激光器实现了光谱带宽 $\Delta\lambda/\lambda<10^{-9}$。

对于非偏振光，不同波长的光可以有不同的偏振态，随着这些偏振态在相位超前和相位落后的变化，偏振态随之变化。对于太阳光和其他宽带可见光，这些偏振变化发生得非常快，在 10^{-14}s的量级上，以至于光探测器无法响应偏振态的快速波动。图3.10(a)是对非偏振太阳光电场的模拟。电场矢量的轨迹在短时段可以描绘为椭圆曲线，但这些局部椭圆参量是不断变化的。对于阳光，椭圆参量在不到一个光学周期内发生明显变化，椭圆弧呈现随机性。变化速率与光的光谱带宽有关。对于准单色光，非偏振光的椭圆参数变化相当缓慢。图3.10(b)为光谱带宽 $\Delta\lambda/\lambda=0.1$ 时的电场变化，图3.10(c)为 $\Delta\lambda/\lambda=0.05$ 时的电场变化。这样小的光谱带宽产生一个变化的椭圆，其中椭圆从一个周期到另一个周期的变化很小；非偏振光的椭圆参量在几个周期内几乎是恒定的。图(b)和(c)看起来是部分偏振(也就是说，不是所有偏振态都是随机的)，只是因为展示了波形的一小部分。经过较长一段时间后，这些函数将完全随机化。图3.11(a)～(d)展示了图3.10(c)在四个连续等长时间片段内的状态，展示了偏振椭圆经历了多个不同偏振态区域的变化。图3.11(e)显示了较长时段的偏振态，展示了偏振态的总体随机性。

具有一定光谱带宽的偏振光(DoP=1)也具有时变偏振椭圆的电场。随着不同波长的椭圆增加，椭圆参量也随之变化。图3.12显示了几个不同 $\Delta\lambda/\lambda$ 圆偏振光场的例子。对于单色光 $\Delta\lambda/\lambda=0$，椭圆(圆)是固定的。随着光谱带宽的增大，椭圆的变化更加迅速，但始终

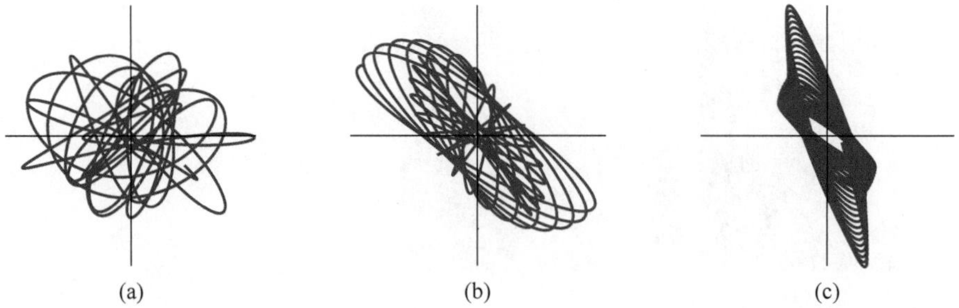

图 3.10 非偏振光具有随机变化的偏振椭圆。对于阳光(a),矢量场在不到一个光学周期内改变其局部椭圆参量。对于较小的光谱带宽,非偏振光的偏振椭圆变化得更慢,在几个周期内保持在一个相似的椭圆中。光谱带宽分别为 $\Delta\lambda/\lambda=0.1$(b)和 $\Delta\lambda/\lambda=0.05$(c)的两个非偏振光例子,表现出典型的偏振椭圆变化

保持接近其基圆形式。在这些模拟中,每个波长都有相同的圆偏振态。这些图形是通过加入不同频率的圆函数得到的。这些完全偏振光很容易被误认为是如图 3.3 所示的部分偏振光。对图 3.12 中函数的 x 和 y 分量进行傅里叶变换可以看出,每个谱分量都有一个圆偏振的琼斯矢量。

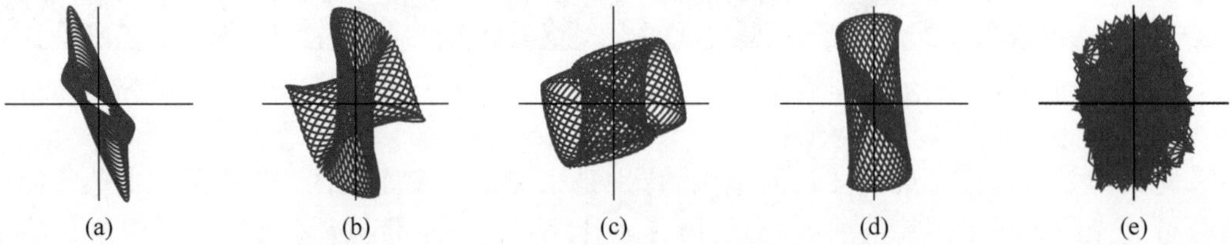

图 3.11 图 3.10(c)的偏振态在四个((a)~(d))连续相同时间周期内随机变化的偏振椭圆。(e)偏振椭圆在一个较长时间段内表现出它接近一个随机的非偏振分布

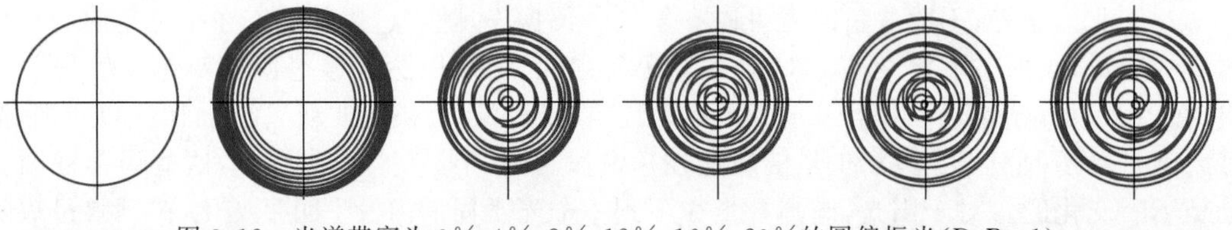

图 3.12 光谱带宽为 0%、4%、8%、12%、16%、20%的圆偏振光(DoP=1)

3.6 偏振椭圆的旋转

接下来介绍通常用斯托克斯参量进行的数学运算。当偏振态相对于坐标轴旋转 Ψ 时,如图 3.13 所示,斯托克斯参量的变换为

$$\boldsymbol{S}_{\mathrm{ER}}=\boldsymbol{R}_{\mathrm{M}}(\Psi)\cdot\boldsymbol{S}=\begin{pmatrix}1&0&0&0\\0&\cos2\Psi&-\sin2\Psi&0\\0&\sin2\Psi&\cos2\Psi&0\\0&0&0&1\end{pmatrix}\cdot\begin{pmatrix}S_0\\S_1\\S_2\\S_3\end{pmatrix}=\begin{pmatrix}S_0\\S_1\cos2\Psi-S_2\sin2\Psi\\S_1\sin2\Psi+S_2\cos2\Psi\\S_3\end{pmatrix}\tag{3.9}$$

其中，$\boldsymbol{S}_{\mathrm{ER}}$ 表示旋转后椭圆的斯托克斯参量。因此，斯托克斯参量相对于坐标系的旋转是通过矩阵 $\boldsymbol{R}_{\mathrm{M}}(\Psi)$来进行的，

$$\boldsymbol{R}_{\mathrm{M}}(\Psi)=\begin{pmatrix}1 & 0 & 0 & 0\\ 0 & \cos 2\Psi & -\sin 2\Psi & 0\\ 0 & \sin 2\Psi & \cos 2\Psi & 0\\ 0 & 0 & 0 & 1\end{pmatrix} \tag{3.10}$$

在 6.5 节中，这个矩阵也被证明是米勒矩阵的旋转矩阵。2Ψ 的出现是因为斯托克斯 S_1 轴和 S_2 轴之间只有 45°的间隔(3.12 节)。旋转 180°使"斯托克斯矢量"回到初始状态：0°水平偏振光旋转成 180°水平偏振光；因此，$\boldsymbol{R}_{\mathrm{M}}(180°)$必须等于单位矩阵。根据定义，对于将 x 分量转向 $+y$ 轴方向的旋转，也就是当看向光束时逆时针旋转，Ψ 是正的。

例 3.3　将斯托克斯参量旋转 45°

把描述偏振态的斯托克斯参量旋转 45°，变换为

$$S_{\mathrm{ER}}=\boldsymbol{R}_{\mathrm{M}}(45°)\cdot S=\begin{pmatrix}1 & 0 & 0 & 0\\ 0 & 0 & -1 & 0\\ 0 & 1 & 0 & 0\\ 0 & 0 & 0 & 1\end{pmatrix}\cdot\begin{pmatrix}S_0\\ S_1\\ S_2\\ S_3\end{pmatrix}=\begin{pmatrix}S_0\\ -S_2\\ S_1\\ S_3\end{pmatrix} \tag{3.11}$$

S_1 和 S_2 元素反转，且 S_2 元素符号改变。圆偏振分量 S_3 在旋转中保持不变。

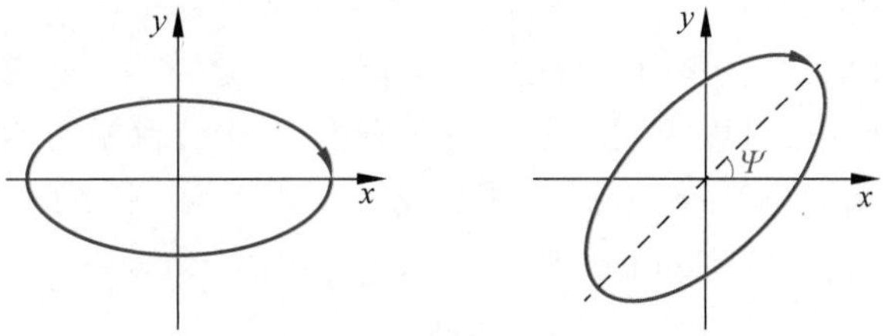

图 3.13　偏振态逆时针旋转角度 Ψ

3.7　线偏振斯托克斯参量

按逆时针从零开始度量、方向角为 Ψ 的线偏振光，其归一化斯托克斯参量 $\mathbf{LP}_{\mathrm{S}}(\Psi)$可通过将水平偏振斯托克斯参量 $\boldsymbol{H}$ 与米勒旋转矩阵(式(3.9))相乘来确定

$$\mathrm{LP}_{\mathrm{S}}(\Psi)=\boldsymbol{R}_{\mathrm{M}}(\Psi)\cdot\boldsymbol{H}=\begin{pmatrix}1 & 0 & 0 & 0\\ 0 & \cos(2\Psi) & -\sin(2\Psi) & 0\\ 0 & \sin(2\Psi) & \cos(2\Psi) & 0\\ 0 & 0 & 0 & 1\end{pmatrix}\cdot\begin{pmatrix}1\\ 1\\ 0\\ 0\end{pmatrix}=\begin{pmatrix}1\\ \cos(2\Psi)\\ \sin(2\Psi)\\ 0\end{pmatrix} \tag{3.12}$$

请再一次注意，2Ψ 是必要的，以使偏振光在 0°和 180°具有相同的斯托克斯参量。因此，可以看出，斯托克斯参量不像矢量那样转换，所以不是真矢量。

3.8 椭圆偏振参量

部分偏振光的斯托克斯参量 $\boldsymbol{S}$ 在数学上可以表示为完全偏振光的"斯托克斯矢量"$\boldsymbol{S}_{\mathrm{P}}$ 和非偏振光的"斯托克斯矢量"$\boldsymbol{S}_{\mathrm{U}}$ 之和,它们与 $\boldsymbol{S}$ 唯一关联,如下所示:

$$\boldsymbol{S}=\boldsymbol{S}_{\mathrm{P}}+\boldsymbol{S}_{\mathrm{U}}=\begin{pmatrix}S_0\\S_1\\S_2\\S_3\end{pmatrix}=\begin{pmatrix}\sqrt{S_1^2+S_2^2+S_3^2}\\S_1\\S_2\\S_3\end{pmatrix}+\left(S_0-\sqrt{S_1^2+S_2^2+S_3^2}\right)\begin{pmatrix}1\\0\\0\\0\end{pmatrix} \tag{3.13}$$

第一个矢量的 DoP 为 1,而第二个矢量是非偏振的(1,0,0,0),DoP 为 0。因此,部分偏振光在数学上可以看作偏振光和非偏振光的叠加。虽然斯托克斯参量通过式(3.13)在数学上被分为偏振和非偏振部分,但没有相应的偏振器件来分离光束中的偏振和非偏振部分。

斯托克斯参量偏振部分对应的偏振椭圆有以下参数:

$$\text{长轴方位角:}\Psi=\frac{1}{2}\arctan\left(\frac{S_2}{S_1}\right) \tag{3.14}$$

$$\text{椭圆率:}\varepsilon=\frac{b}{a}=\frac{|S_3|}{\sqrt{S_1^2+S_2^2+S_3^2}+\sqrt{S_1^2+S_2^2}},\quad 0\leqslant\varepsilon\leqslant 1 \tag{3.15}$$

$$\text{离心率:}e=\sqrt{1-\varepsilon^2} \tag{3.16}$$

$$\text{圆偏振度:}\mathrm{DoCP}=S_3/S_0,\quad -1\leqslant\mathrm{DoCP}\leqslant 1 \tag{3.17}$$

椭圆率 ε 为相应电场偏振椭圆的短轴(b)与长轴(a)之比,在 0(线偏振光)和 1(圆偏振光)之间变化。偏振椭圆也可以用它的离心率来描述,对于圆偏振光,离心率为零,随着椭圆变扁(更像雪茄状)而增大,对于线偏振光则变成 1。图 3.14 展示了一系列偏振椭圆(总是电场振幅而非辐照度)的椭圆率和 DoCP。

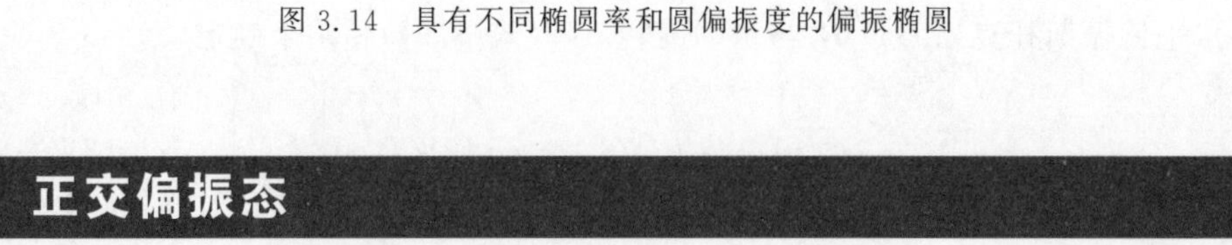

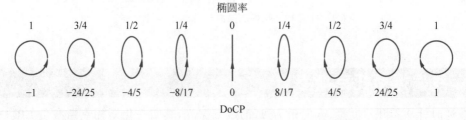

图 3.14 具有不同椭圆率和圆偏振度的偏振椭圆

3.9 正交偏振态

当两个偏振态的主轴相差 90°、它们的螺旋性相反、椭圆率大小相等时,偏振态是正交的,如图 3.15 所示,这在 2.12 节讨论过。对于偏振态(DoP=1),若它们具有下面的斯托克斯参量 $\boldsymbol{S}$ 和 $\boldsymbol{S}_{\mathrm{orth}}$,

$$\boldsymbol{S}=\begin{pmatrix}S_0\\S_1\\S_2\\S_3\end{pmatrix}\quad 和 \quad \boldsymbol{S}_{\text{orth}}=\begin{pmatrix}S_0\\-S_1\\-S_2\\-S_3\end{pmatrix} \tag{3.18}$$

则是正交偏振态。对于部分偏振态,没有定义它的正交态,例如非偏振光没有正交偏振态。但部分偏振光的偏振部分具有正交态。

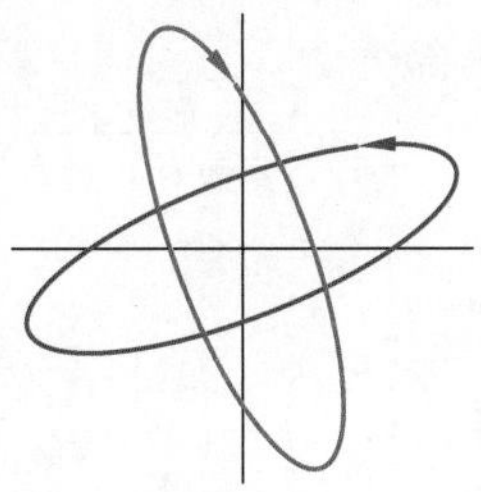

图 3.15　具有正交的长轴、相等的椭圆率和相反的螺旋度的一对正交偏振椭圆

3.10　斯托克斯参量和琼斯矢量的符号规则

琼斯矢量和斯托克斯参量之间的转换取决于两种表示法中为圆偏振选取的符号规则。应用单色光波电场的递减相位规则(表 3.2),左旋圆偏振光为$(1,\mathrm{i})/\sqrt{2}$,y 分量为正复数。本书为斯托克斯参量采用了最常见的符号规则,其中右旋圆偏振分量具有正的 S_3。因此,在我们的斯托克斯参量中,右旋圆偏振为正,而在琼斯矢量中,左旋圆偏振为正。在琼斯矢量和斯托克斯参量之间的转换式中,以及稍后在琼斯矩阵和米勒矩阵之间的转换式中,都恰当包含了负号(6.12 节)。对于其他符号规则的选取,检查椭圆和圆偏振态以及椭圆和圆延迟器之间的一些转换就可快速验证选取的符号规则的一致性。

表 3.2　基本偏振态及其斯托克斯参量

偏振类型	符　号	斯托克斯参量	琼斯矢量
水平线偏振	**H**	(1,1,0,0)	(1,0)
垂直线偏振	**V**	(1,−1,0,0)	(0,1)
45°线偏振	**45**	(1,0,1,0)	$(1,1)/\sqrt{2}$
135°线偏振	**135**	(1,0,−1,0)	$(1,-1)/\sqrt{2}$
右旋圆偏振光	**R**	(1,0,0,1)	$(1,-\mathrm{i})/\sqrt{2}$
左旋圆偏振光	**L**	(1,0,0,−1)	$(1,\mathrm{i})/\sqrt{2}$
非偏振光	**U**	(1,0,0,0)	无法表示

3.11　偏振光通量及斯托克斯参量和琼斯矢量之间的变换

对于斯托克斯参量为 $\boldsymbol{S}$ 的光束,一个特定的偏振器能透射一定比例的光通量,这个光通量分量是该特定偏振态下的偏振光通量。然后计算基本偏振态的偏振光通量,作为斯托克斯参量与琼斯矢量之间进行转换的一个步骤。琼斯矢量 $\boldsymbol{E}=(A_x\mathrm{e}^{-\phi_x},A_y\mathrm{e}^{-\phi_y})$(2.6 节)描述的沿 z 方向传播的单色平面波为

$$\boldsymbol{E}(\boldsymbol{r},t)=\mathrm{Re}\left\{\hat{\boldsymbol{x}}A_x\exp\left[\mathrm{i}\left(\frac{2\pi z}{\lambda}-\omega t-\phi_x\right)\right]+\hat{\boldsymbol{y}}A_y\exp\left[\mathrm{i}\left(\frac{2\pi z}{\lambda}-\omega t-\phi_y\right)\right]\right\} \tag{3.19}$$

琼斯矢量的单位为伏特每米,而斯托克斯参量的单位为瓦特每平方米,描述完全偏振光的斯托克斯参量很容易转换成等效的琼斯矢量,反之亦然。等效意味着琼斯矢量和斯托克斯参量均可描述具有相同偏振椭圆和光通量的光束。然而,斯托克斯参量不能确定光的相位。对于部分偏振光,光通量的偏振部分 P_P 为

$$P_\mathrm{P}=\sqrt{S_1^2+S_2^2+S_3^2} \tag{3.20}$$

琼斯矢量

$$\boldsymbol{E}=\begin{pmatrix}E_x\\E_x\end{pmatrix}=\begin{pmatrix}A_x\mathrm{e}^{-\mathrm{i}\phi_x}\\A_y\mathrm{e}^{-\mathrm{i}\phi_y}\end{pmatrix} \tag{3.21}$$

的水平 $P_\mathrm{H}(0°)$和垂直 $P_\mathrm{V}(90°)$偏振光通量是通过理想的 x 和 y 方向偏振器的透射光通量:

$$P_\mathrm{H}=\frac{\varepsilon_0 c}{2}A_x^2,\quad P_\mathrm{V}=\frac{\varepsilon_0 c}{2}A_y^2 \tag{3.22}$$

P_H 和 P_V 与相位无关。其中 c 为光速,ε_0 为自由空间的介电常数。因子 $\varepsilon_0 c/2$ 用于振幅平方(单位是$(\mathrm{V/m})^2$)和 $\mathrm{W/m^2}$ 之间作转换。用 x、y 振幅和相位表示的 45°和 135°偏振光通量 P_{45} 和 P_{135} 为

$$\begin{cases}P_{45}=\dfrac{\varepsilon_0 c}{4}[A_x^2+A_y^2+2A_xA_y\cos(\phi_x-\phi_y)]\\[2ex]P_{135}=\dfrac{\varepsilon_0 c}{4}[A_x^2+A_y^2-2A_xA_y\cos(\phi_x-\phi_y)]\end{cases} \tag{3.23}$$

对于 45°偏振光,x 和 y 分量同相或 $\phi_x-\phi_y=0$,而对于 135°偏振光,$\phi_x-\phi_y=\pi$。右旋和左旋圆偏振光通量 P_R 和 P_L 对应于 x 和 y 相位差$\pm\pi/2$,

$$\begin{gathered}P_\mathrm{R}=\frac{\varepsilon_0 c}{4}[A_x^2+A_y^2+2A_xA_y\sin(\phi_x-\phi_y)]\\P_\mathrm{L}=\frac{\varepsilon_0 c}{4}[A_x^2+A_y^2-2A_xA_y\sin(\phi_x-\phi_y)]\end{gathered} \tag{3.24}$$

为了将琼斯矢量转换成斯托克斯参量,这些表达式可应用于式(3.1)中斯托克斯参量的定义。琼斯矢量 $\boldsymbol{E}$ 按如下方法转换成斯托克斯参量:

$$\boldsymbol{S}(\boldsymbol{E})=\frac{\varepsilon_0 c}{2}\begin{pmatrix}A_x^2+A_y^2\\A_x^2-A_y^2\\2A_xA_y\cos(\phi_x-\phi_y)\\2A_xA_y\sin(\phi_x-\phi_y)\end{pmatrix} \tag{3.25}$$

当电场 x 和 y 分量的相对相位为 0 或 π 时,光是线偏振的,斯托克斯参量具有非零的 S_1 和(或)S_2 分量,但 S_3 分量为零,因此 $\sin(\phi_x-\phi_y)=0$。类似地,当相对相位为$\pm\pi/2$,$\cos(\phi_x-\phi_y)=0$,对于给定的一组振幅 A_x 和 A_y,偏振椭圆具有最大椭圆率。琼斯矢量的

绝对相位不改变对应的斯托克斯参量，因此

$$\boldsymbol{S}(\mathrm{e}^{-\mathrm{i}\phi}\boldsymbol{E})=\boldsymbol{S}(\boldsymbol{E}) \tag{3.26}$$

例 3.4 求解光通量分量

图 3.16(a)绘制了琼斯矢量 $\boldsymbol{E}$ 对应偏振态的偏振椭圆，

$$\boldsymbol{E}=\sqrt{\frac{2}{\varepsilon_0 c}}\mathrm{e}^{0.6\mathrm{i}}\begin{pmatrix}\mathrm{i}\\0.8+0.5\mathrm{i}\end{pmatrix} \tag{3.27}$$

$\sqrt{2/(\varepsilon_0 c)}$ 是将琼斯矢量 $\boldsymbol{E}$ 进行归一化的单位转换，归一化后不是以伏特每米为单位。偏振光通量分量对为 $P_\mathrm{H}=|\mathrm{i}|^2=1$，$P_\mathrm{V}=|0.8+0.5\mathrm{i}|^2=0.89$。根据式(3.23)和式(3.24)，$P_{45}=1.445$，$P_{135}=0.445$，$P_\mathrm{R}=1.745$，$P_\mathrm{L}=0.145$，得到斯托克斯参量 $\boldsymbol{S}=(1.89,0.11,1,1.6)$。相应的正交偏振态对在图 3.16 中按比例绘制(图(b)～(d))。

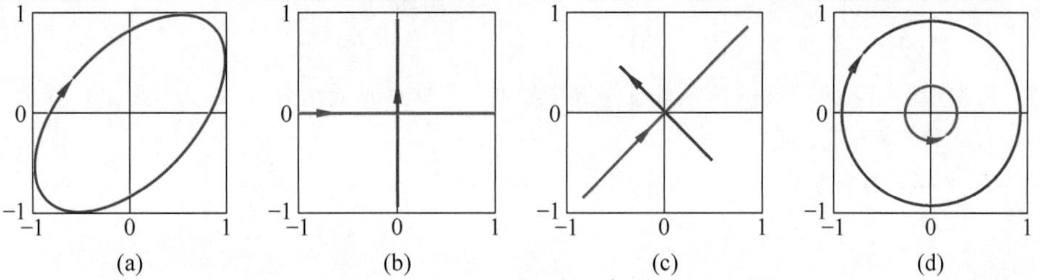

图 3.16 用偏振椭圆表示的椭圆偏振态(a)。分解为水平和垂直光通量分量(b)、45°和 135°分量(c)以及右旋和左旋圆分量(d)。请注意水平和垂直分量上的箭头如何与椭圆偏振态的箭头相一致。类似地，45°和 135°分量上的箭头作为矢量相加得到椭圆偏振态的箭头。同样，从原点到右旋和左旋圆偏振分量箭头的矢量相加，得到椭圆偏振态的箭头位置

一组完全偏振的斯托克斯参量，或者一组部分偏振的斯托克斯参量的偏振部分，等效于琼斯矢量 $\boldsymbol{E}$，

$$\boldsymbol{E}(\boldsymbol{S})=\sqrt{\frac{2}{\varepsilon_0 c}}\begin{pmatrix}\sqrt{\dfrac{S_0+S_1}{2}}\\\sqrt{\dfrac{S_0-S_1}{2}}\mathrm{e}^{-2\mathrm{i}\arctan(S_2,S_3)}\end{pmatrix} \tag{3.28}$$

这个琼斯矢量可以乘以任意相位 $\mathrm{e}^{-\mathrm{i}\phi}$，因为斯托克斯参量不确定绝对相位。

例 3.5 将琼斯矢量转换为斯托克斯参量

图 3.17 绘出了琼斯矢量 $\boldsymbol{E}$ 的偏振椭圆，并把它分解成基本偏振态对。

$$\boldsymbol{E}=\sqrt{\frac{2}{\varepsilon_0 c}}\begin{pmatrix}1.5\\0.5+0.5\mathrm{i}\end{pmatrix}=\frac{2}{\varepsilon_0 c}\begin{pmatrix}1.5\\0.707\mathrm{e}^{\mathrm{i}0.785}\end{pmatrix} \tag{3.29}$$

注意箭头位置表示了偏振电场分量的相位。当从原点到这些箭头的两个矢量相加时，它们等于图 3.17(a)中从原点到椭圆的矢量。$\boldsymbol{E}$ 有如下的偏振光通量分量对：$P_\mathrm{H}=2.25$ 和 $P_\mathrm{V}=0.5$、$P_{45}=2.125$ 和 $P_{135}=0.625$、$P_\mathrm{R}=0.625$ 和 $P_\mathrm{L}=2.125$。对应的斯托克斯参量为

$$\boldsymbol{S}=\begin{pmatrix}1.5^2+0.707^2\\1.5^2-0.707^2\\2(1.5)(0.707)\cos(-0.785)\\2(1.5)(0.707)\sin(-0.785)\end{pmatrix}=\begin{pmatrix}2.75\\1.75\\1.5\\-1.5\end{pmatrix}\tag{3.30}$$

因该偏振态可用琼斯矢量描述,所以偏振度必然为 1。其他椭圆偏振参数如下:DoLP$=\sqrt{85}/11\approx0.838$,长轴方向 $\Psi\approx20°$,DoCP$=-6/11$,椭圆率 $\varepsilon=-0.30$,离心率 $e\approx0.95$。

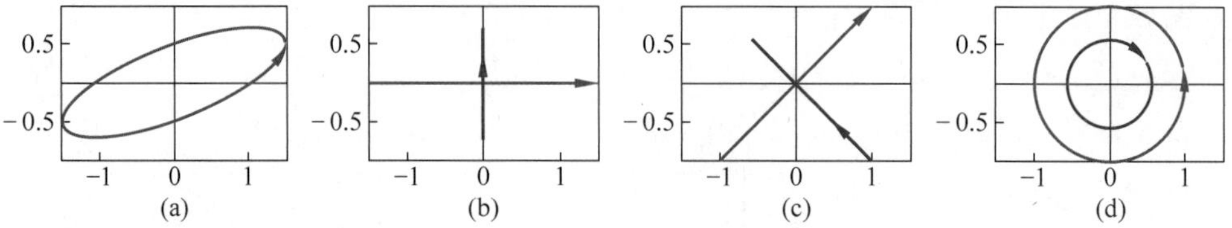

图 3.17 用偏振椭圆表示的椭圆偏振态(a),分解为水平和垂直光通量分量(b)、45°和 135°分量(c)以及右旋和左旋圆分量(d)

3.12 斯托克斯参量的非正交坐标系

斯托克斯参量有一个特殊的坐标系,因为 S_1、S_2 和 S_3 轴不构成正交坐标系。这个非正交坐标系是一个非常"聪明"的坐标系,它有效地描述了部分偏振光的叠加。

正交坐标系使用相互垂直的基矢量,例如笛卡儿基矢量集 $\hat{\boldsymbol{x}}$、$\hat{\boldsymbol{y}}$ 和 $\hat{\boldsymbol{z}}$:

$$\begin{cases}\hat{\boldsymbol{x}}\times\hat{\boldsymbol{y}}=0\\\hat{\boldsymbol{y}}\times\hat{\boldsymbol{z}}=0\\\hat{\boldsymbol{z}}\times\hat{\boldsymbol{x}}=0\end{cases}\tag{3.31}$$

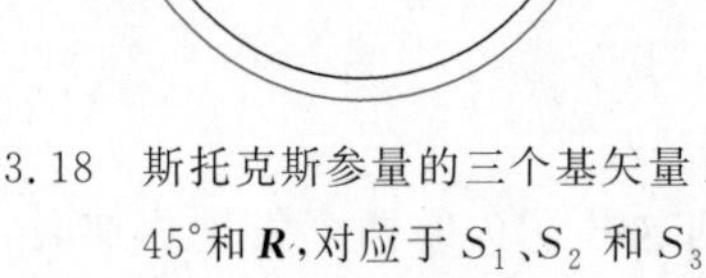

图 3.18 斯托克斯参量的三个基矢量 $\boldsymbol{H}$、45°和 $\boldsymbol{R}$,对应于 S_1、S_2 和 S_3 基态,在笛卡儿空间中是不正交的

正交坐标系简化了绝大多数几何计算,是物理和光学中主要使用的坐标系。琼斯矢量使用标准的 x-y 正交坐标系。另一方面,斯托克斯参量使用基矢量,其中的正负值表示正交偏振,而不是相反的方向。S_1 和 S_2 基态代表的电场只有 45°的间隔;在琼斯算法中,这两种基态处于正交的中间,如图 3.18 所示。

这种非正交坐标系的巨大实用性有两个原因。首先,斯托克斯参量在 0°和 180°偏振光之间没有区别,因为对于非相干光,没有有效差异。线偏振光是沿着一条线振荡的,如在横平面内沿 0°和 180°线,其电场在 $+x$ 方向和 $-x$ 方向上的偏移量相等。一个偏振器在 0°方向与偏振器旋转 180°后的方向具有相同的光学效果。这就是为什么偏振器有一个偏振面,如"水平",而不是一个单一的方向,例如 $+x$。由于斯托克斯参量不能区分在 0°和 180°的偏振光,因此线偏振光 $\hat{\boldsymbol{L}}(\Psi)$ 的斯托克斯参量在线偏振光旋转 180°后重复,

$$\hat{\boldsymbol{L}}(\Psi)=\begin{pmatrix}1\\ \cos 2\Psi\\ \sin 2\Psi\\ 0\end{pmatrix}=\hat{\boldsymbol{L}}(\Psi+\pi)=\begin{pmatrix}1\\ \cos(2(\Psi+\pi))\\ \sin(2(\psi+\pi))\\ 0\end{pmatrix}\tag{3.32}$$

这解释了米勒旋转矩阵中的 2Ψ。其次，斯托克斯参量元素的正负号表示正交偏振。加入正交偏振的非相干光束会降低光的偏振度。例如，单位面积上光通量相等的水平偏振和垂直偏振多色光，这两束光叠加在一起将产生非偏振光。

3.13　庞加莱球

庞加莱球是偏振态和斯托克斯参量的几何表示，它简化了许多偏振问题的分析，特别是涉及延迟器[2]的问题。亨利·庞加莱于 1892 年在他的著作 *Traité de Lumieré*[7] 中介绍了庞加莱球，如图 3.19 所示，将所有完全偏振态映射为球面上的点。图中给出了庞加莱球的三个视角下的透视图(包含正面和背面)。图 3.20 显示了庞加莱球的另一种视图，其纬度线和经度线叠加在一起。椭圆是正对球的中心画的，因此，北(上)半球是右旋椭圆偏振的。

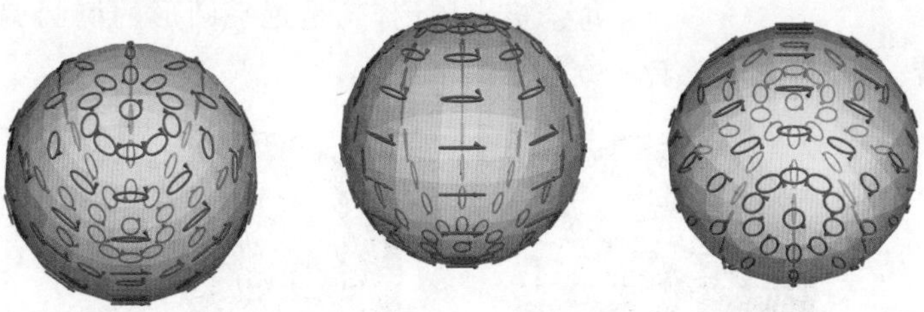

图 3.19　庞加莱球是偏振态的三维表示。球面上一组点的坐标已被转换为归一化的斯托克斯参量，并在球面上画出了椭圆。这些透视图从三个不同角度同时展示了前后两面，展示了偏振方向是如何绕球体的 360°整圆旋转 180°的

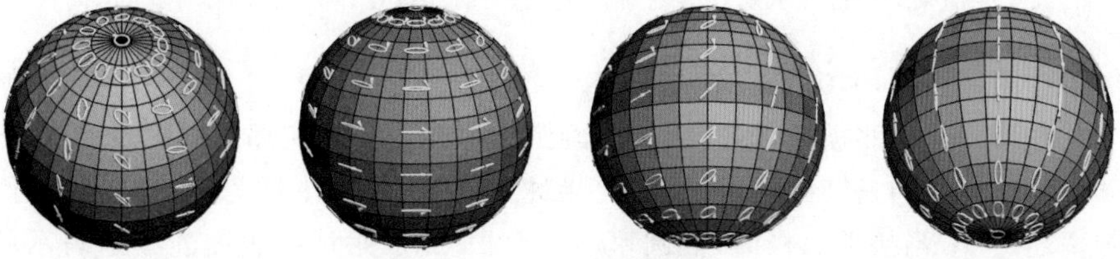

(a)　(b)　(c)　(d)

图 3.20　这里显示了庞加莱球的四个视图。以 135°光或 $-S_2$ 为中心(a)，以 0°光或 $+S_1$ 为中心(b)，以 45°光或 $+S_2$ 为中心(c)，以 90°光或 $-S_1$ 为中心(d)。所有的完全偏振态都表示在球面上。赤道周围的暗带代表线偏振光，两极是圆偏光。以面向球心方式在球面上画出了偏振态，上半球是右旋椭圆偏振的

考虑将斯托克斯参量 $\boldsymbol{S}$ 除以光通量 S_0 得到归一化的斯托克斯参量 $\hat{\boldsymbol{S}}$，

$$\hat{\boldsymbol{S}}=\begin{pmatrix}1\\s_1\\s_2\\s_3\end{pmatrix}=\frac{\boldsymbol{S}}{S_0}=\begin{pmatrix}1\\S_1/S_0\\S_2/S_0\\S_3/S_0\end{pmatrix}\tag{3.33}$$

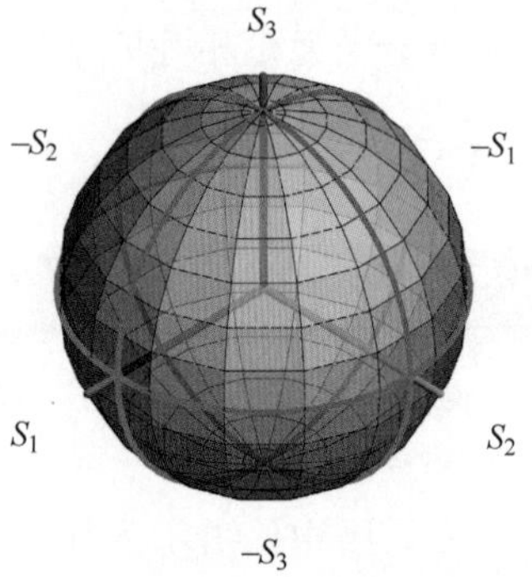

图 3.21 庞加莱球的轴是斯托克斯参量基本偏振态

$\hat{\boldsymbol{S}}$ 的偏振度，DoP($\hat{\boldsymbol{S}}$)是

$$\mathrm{DoP}(\hat{\boldsymbol{S}})=\sqrt{s_1^2+s_2^2+s_3^2}\tag{3.34}$$

对于所有的偏振态，偏振度为 1，因此归一化的斯托克斯分量满足以下关系：

$$\sqrt{s_1^2+s_2^2+s_3^2}=1\tag{3.35}$$

庞加莱球把每个偏振态的归一化斯托克斯参量(s_1,s_2,s_3)表示为三维空间中的一个点。庞加莱球的轴为斯托克斯参量的基态$\pm S_1$、$\pm S_2$、$\pm S_3$，如图 3.21 所示。完全偏振态位于球面，因为它们的 DoP 等于 1。图 3.22 显示了庞加莱球顶部和底部的圆偏振区域。在每个极点周围，光是近乎圆形的椭圆偏振态，当我们绕极点沿纬度圆转一圈时，主轴旋转 180°。

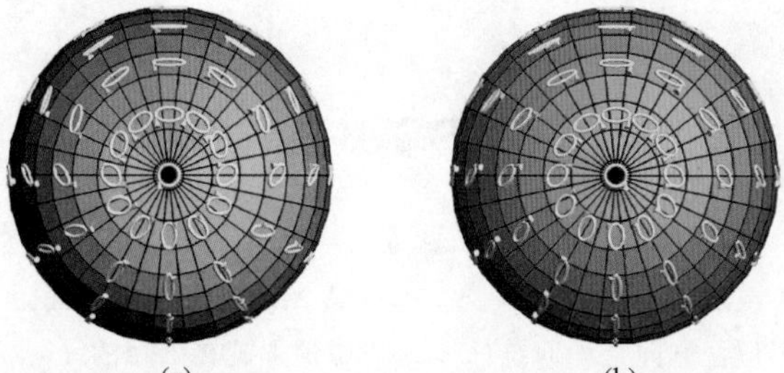

(a) (b)

图 3.22 庞加莱球的极点区域代表右旋圆偏振态(a，北极点)和左旋圆偏振态(b，南极点)

庞加莱球的原点(0,0,0)代表非偏振光。线偏振态占据 s_1-s_2 平面内的单位圆。右旋圆偏振光是在球顶部的北极点(0,0,1)。左旋圆偏振光位于球底部的南极点(0,0,−1)。球表面的其余部分描述的是椭圆偏振光，在北半球为右旋，在南半球为左旋。在接近赤道时，光的椭圆率趋于 0；当接近两极时，椭圆率趋于±1。庞加莱球的表面连续地表示所有可能的偏振态。

庞加莱球的内部代表部分偏振光，离开原点的距离表示 DoP。因此，以原点为中心、半径为 1/2 的球描述了所有 DoP 为 1/2 的部分偏振态。图 3.23(a)显示了一系列球，每个都包含一个固定 DoP 的偏振态。始于中心并穿过每个球的一条径向线描述了一个具有相同偏振椭圆但 DoP 不同的偏振态。如图 3.23(a)所示，沿线段(s_1,0,0)，$-1\leqslant s_1\leqslant 0$，偏振态从完全垂直偏振、强垂直偏振、弱垂直偏振变化到无偏振。如图 3.23(b)所示为随机偏振椭圆的例子。

沿着庞加莱球赤道从(1,0,0)移动到(0,1,0)、(−1,0,0)、(0,−1,0)，最后回到起点(1,0,0)，偏振态从水平或 0°变化到 45°、90°、135°，然后回到水平或 0°，如图 3.24(a)所示。180°

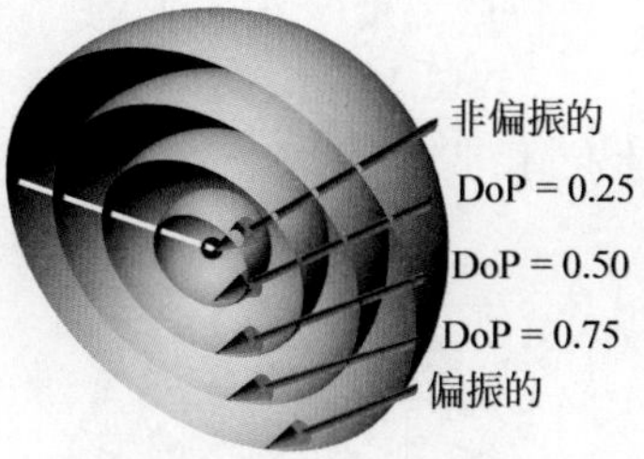

(a)

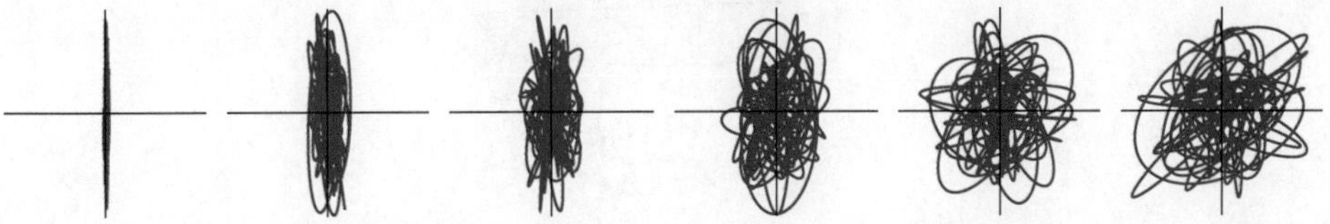

(b)

图 3.23　(a)恒定偏振度的面是以原点为中心的庞加莱球内部的一系列球面。这些球中心点代表非偏振光。(b)沿白线的偏振态呈随机偏振椭圆状,从垂直偏振(左)到非偏振(右)

方向的偏振态与 0°方向的相同；0°和 180°方向的偏振器产生相同的偏振态。因此,沿庞加莱球的赤道移动时,偏振轴的方向 Ψ 以经度 ζ 的一半速率变化,

$$\Psi=\frac{\zeta}{2} \tag{3.36}$$

这是式(3.7)中因子 2 的结果。

沿着一条经线,从南极(左旋圆偏振),穿过赤道,到北极(右旋圆偏振),光的椭圆率发生变化,但主轴的方向保持不变,如图 3.24(b)球的正面所示。球面上的纬度线,即垂直于过极点的 S_3 轴的平面内的圆圈,在南极点纬度为 $-90°$,在赤道为 0°,在北极点为 90°,或者用更熟悉的弧度制表示,从 $-\pi/2$ 到 0 到 $\pi/2$。沿着纬度圆移动,归一化的斯托克斯参量 S_3 和椭圆率保持不变,但椭圆的长轴方向旋转了 180°,如图 3.24(c)所示。每一个纬度圆对应着一个恒定圆偏振度的偏振态。归一化斯托克斯参量的圆偏振度为

$$\mathrm{DoCP}(\boldsymbol{S})=\frac{S_3}{S_0}=s_3 \tag{3.37}$$

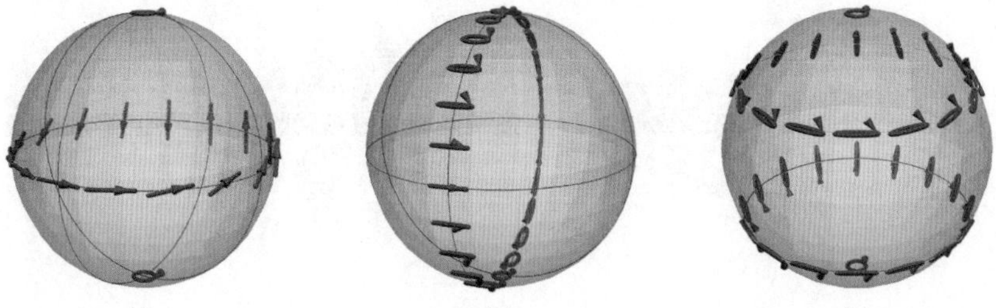

(a)　(b)　(c)

图 3.24　(a)当我们沿赤道移动 360°时,赤道上的线偏振态旋转 180°。(b)偏振椭圆沿经度大圆从左旋圆偏振光变为水平偏振光,再到右旋圆偏振光,都有一个水平主轴。延伸到背面,所有的椭圆都有一个垂直的主轴。(c)两个纬度圆上的偏振变化。在每一个纬度,椭圆主轴方向变化,而圆偏振度保持不变

因此,庞加莱球上以弧度为单位的纬度 η 正比于 s_3

$$\sin\eta = s_3 = \text{DoCP} \tag{3.38}$$

图 3.25 显示了庞加莱球上位于球坐标 2Ψ 和纬度 η 处的主轴方向。

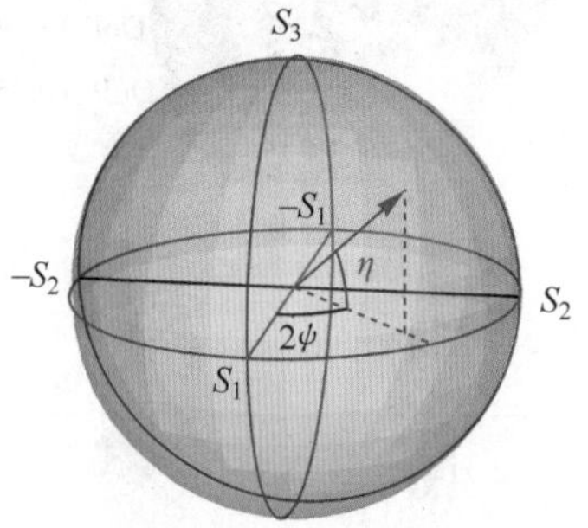

图 3.25 主轴方向 Ψ 和纬度 η 的偏振态在庞加莱球上的位置

3.14 庞加莱球的平面展开

正如在表示地球时,不仅可以用球体表示,还可用平面展开图来表示,我们同样也可以用各种平面表示法来表示庞加莱球面。首先,可以在一个矩形内表示庞加莱球,其中 x 轴表示偏振轴方向,y 轴为 DoCP,如图 3.26(a)所示。在这个等矩形投影(equi-rectangular projection)中,顶部的整行代表右旋圆偏振光,底部的整行代表左旋圆偏振光。还有其他标准映射转换可用来表示庞加莱球。图 3.26(b)描绘了庞加莱球的摩尔威德投影(Mollweide projection),图 3.26(c)为正弦投影(sinusoidal projection),图 3.26(d)为间断正弦投影(interrupted sinusoidal projection)。

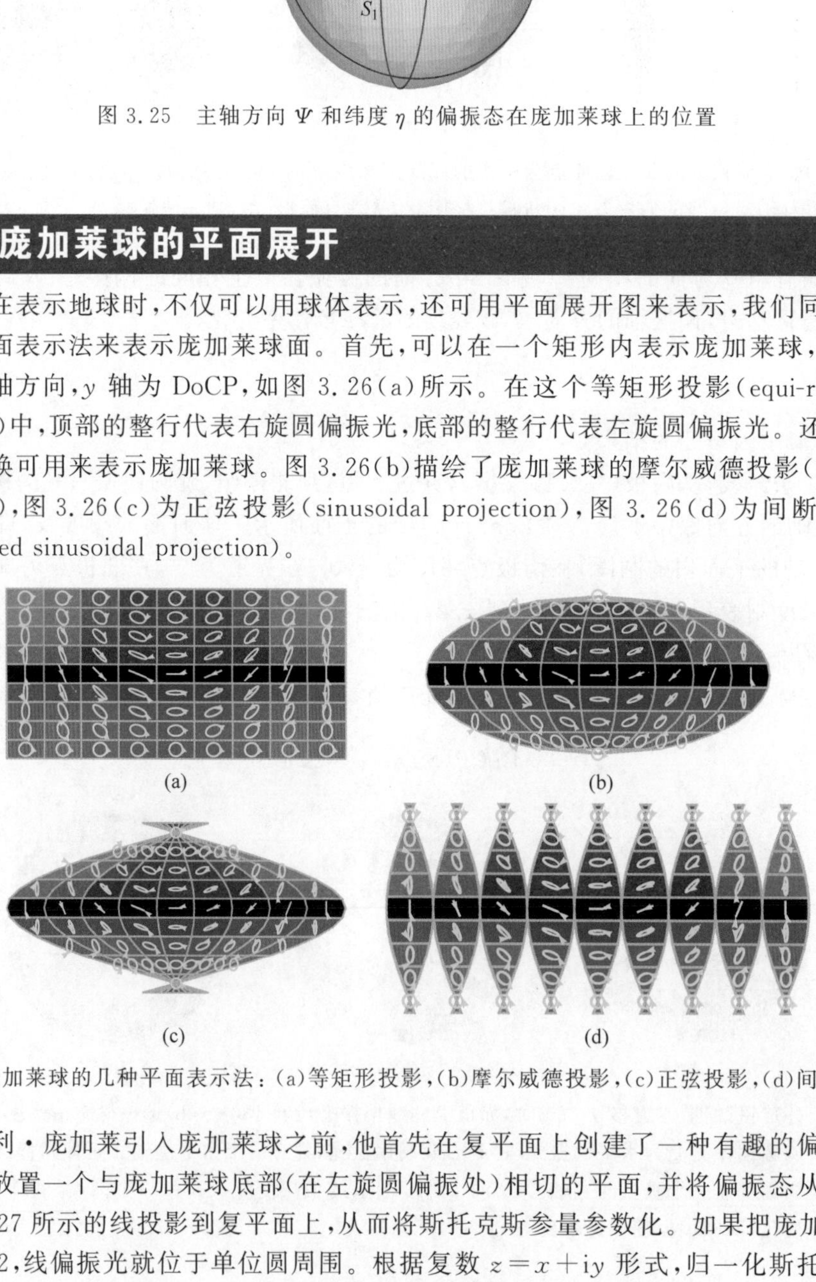

图 3.26 庞加莱球的几种平面表示法:(a)等矩形投影,(b)摩尔威德投影,(c)正弦投影,(d)间断正弦投影

在亨利·庞加莱引入庞加莱球之前,他首先在复平面上创建了一种有趣的偏振光表示法。通过放置一个与庞加莱球底部(在左旋圆偏振处)相切的平面,并将偏振态从庞加莱球沿如图 3.27 所示的线投影到复平面上,从而将斯托克斯参量参数化。如果把庞加莱球的半径设为 1/2,线偏振光就位于单位圆周围。根据复数 $z=x+\mathrm{i}y$ 形式,归一化斯托克斯参量

最终参数化为

$$\boldsymbol{S}=\begin{pmatrix}1\\ s_1\\ s_2\\ s_3\end{pmatrix}=\begin{pmatrix}1\\ \dfrac{2x}{1+x^2+y^2}\\ \dfrac{2y}{1+x^2+y^2}\\ \dfrac{2}{1+x^2+y^2}-1\end{pmatrix}\tag{3.39}$$

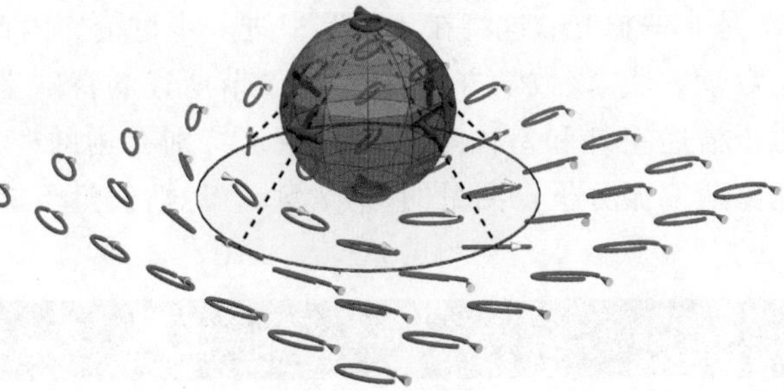

图 3.27　从右旋圆偏振态开始投影庞加莱球，可在复平面上表示所有偏振态

图 3.28 显示了庞加莱球的复平面原点附近的偏振态。各个中心圆包含了所有具有相同椭圆率的偏振态。径向线表示恒定的主轴方向。用归一化斯托克斯矢量元素表示的参数化复平面为

$$x+\mathrm{i}y=\frac{s_1+\mathrm{i}s_2}{1+s_3}\tag{3.40}$$

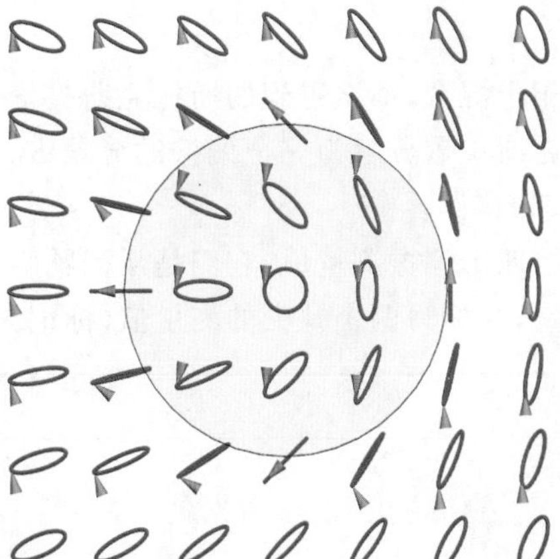

图 3.28　庞加莱球在平面上的投影，左旋圆偏振光在原点，线偏振光在单位圆上，右旋圆偏振光在无穷远

3.15　总结和结论

斯托克斯参量是光学中表征光束偏振态的标准方法。琼斯矢量最适合于相干光束。由于激光的光谱带宽几乎是单色的($\Delta\lambda \ll 1\mathrm{nm}$)，并且激光束可以很好地准直，因此可以很好

地用琼斯矢量和偏振矢量来近似激光。这些激光产生的光波比较容易描述。另一方面,来自太阳、灯泡、LED 和大多数其他光源的光绝非单色的。如 4.7 节所述,用数学方法描述所有这些波的叠加是很有挑战性的。

斯托克斯参量既可用于相干光束,也可用于非相干光束。非相干光在干涉和衍射过程中遵循与相干光相同的基本原理;然而,由于非相干光的多色自然特性,细节更加复杂。例如,单色光不能是非偏振的。特别是,偏振的非相干光束可以叠加形成非偏振光,而相互相干的光束则不能。将一个手电筒(带水平起偏器)发出的光和另一个手电筒(带垂直起偏器)发出的光相混合,将产生非偏振光。把来自水平偏振的和垂直偏振的激光混合在一起,将产生一系列偏振态,而不是非偏振光;这将在 4.4 节中进一步讨论。因此,非相干光采用了不同于琼斯矢量的偏振数学方法,该数学方法具有 3.12 节所述的特殊坐标系。

斯托克斯参量对于描述室外和室内场景的偏振是特别有用的[8]。这些斯托克斯参量图像和光谱是用斯托克斯偏振分析仪测量的(第 7 章)。琼斯矢量不能用于描述自然光。

3.16 习题集

3.1 对于以下斯托克斯参量,确定偏振度、线偏振度、偏振椭圆主轴方向、圆偏振度和椭圆率。

a. (1,0,1,0)

b. (1,0,0.5,0)

c. (2,1,0.5,−0.5)

d. (3,1,0,−1)

e. (1,0.2,0.3,0.6)

f. (1,−0.8,0.1,0.4)

如果所有六束光被非相干混合,那么得到的斯托克斯矢量是什么?

3.2 将习题 3.1 中的斯托克斯参量分解为完全偏振的分量 $\boldsymbol{S}_{\mathrm{P}}$ 和非偏振的分量 $\boldsymbol{S}_{\mathrm{U}}$。用相同的尺度绘制 $\boldsymbol{S}_{\mathrm{P}}$ 的偏振椭圆。

3.3 下表中的每一行有一组四个偏振测量值,它们是从标题所示六个测量类型中选测出来的。计算斯托克斯参量,并填写两个缺失的测量值(标记为□)。

	P_{H}	P_{V}	P_{45}	P_{135}	P_{R}	P_{L}
a.	10	1	3	□	6	□
b.	5	2	5	□	□	2
c.	9	□	9	□	0	18
d.	6	□	□	4	10	7
e.	□	7	6	6	10	□
f.	4	□	6	4	□	4

3.4 为什么表征线偏振光方向的斯托克斯参量随 2Ψ 变化,而琼斯矢量元素随 Ψ 变化?

3.5 证明对于斯托克斯参量为(S_0, S_1, S_2, S_3)的部分偏振光,能透过匹配的理想偏振器的最大光通量大于偏振光通量$\sqrt{S_1^2+S_2^2+S_3^2}$。能够更多透射多少光通量?

3.6 a. 在庞加莱球上，DoCP=2/3 对应的所有偏振态在哪里？

b. 在庞加莱球上，主轴方向为 30°的所有偏振态在哪里？

c. 试说明能以 50%透过率穿过 45°线偏器的偏振态在庞加莱球上的位置。

d. 画出 45°线偏振光依次通过 $\lambda/4$ 线性延迟器（快轴为 0°）、$\lambda/4$ 线性延迟器（快轴为 45°）、$\lambda/4$ 左旋圆延迟器的轨迹。

3.7 将代表相同偏振态的琼斯矢量与斯托克斯参量配对。

a. (1,1,0,0)	i. $(1+i,0)$
b. $(\sqrt{2},1,1,0)$	ii. (0,1)
c. (1,0,1,0)	iii. (i,i)
d. $(\sqrt{2},-1,1,0)$	iv. $(1,i)$
e. (1,−1,0,0)	v. $2^{\frac{1}{4}}(\cos 22.5°,\sin 22.5°)$
f. (1,0,0,1)	vi. $(-i,1)$
g. (1,0,0,0)	vii. $2^{\frac{1}{4}}(\cos 67.5°,\sin 67.5°)$

3.8 给定辐照度 P、取向角 θ 和椭圆率 ε，求完全偏振的斯托克斯参数集：

$P/(\mathrm{W/m^2})$	θ	ε
2	0°	0
10	22.5°	0.1
10	45°	0.25
100	60°	0.4
30	90°	0.5
0.1	113°	1

3.9 将以下琼斯矢量转换为斯托克斯参量：

a. (1,1) b. $(e^{\frac{i\pi}{4}},0)$ c. $(1,e^{i\delta})$ d. $(1,i/2)$

3.10 将以下斯托克斯参量转换为琼斯矢量：

a. (1,0,0,1) b. $(1,1/\sqrt{2},1/\sqrt{2},0)$ c. $(1,0,1/\sqrt{2},1/\sqrt{2})$

d. $(\sqrt{14},1,2,3)$ e. $(1,-\cos2\theta,\sin2\theta,0)$ f. $(\sqrt{3},1,1,1)$

3.11 斯托克斯矢量为 $\boldsymbol{S}=(11,6,6,7)$ 的光透过一个可调节的偏振旋转器，该旋转器旋转偏振椭圆的主轴。

a. 旋转以下角度：10°、22.5°、30°、45°、90°、135°和 180°，求所得的斯托克斯矢量。

b. 画出庞加莱球并标出基本偏振态。

c. 画出入射偏振态和 a 中所有的出射偏振态。随着旋转角的增加，在庞加莱球上描绘轨迹。

3.12 对斯托克斯矢量进行如下操作：

(1,0,−1,0) (1,−0.5,0,0) (1,0.5,0.5,0) (5,0,0,2)

a. 求偏振度。

b. 确认偏振态，并区分它是偏振的、部分偏振的，还是非偏振的。

c. 将斯托克斯参量 $\boldsymbol{S}$ 分解为偏振的分量 $\boldsymbol{S}_{\mathrm{P}}$ 和非偏振的分量 $\boldsymbol{S}_{\mathrm{U}}$。

d. 求与 $\boldsymbol{S}_{\mathrm{P}}$ 正交的偏振的斯托克斯矢量 $\boldsymbol{S}_0(\boldsymbol{D}_0=1)$。

3.13 椭圆偏振态有一个水平长轴,偏振度为 1,看向光束时顺时针旋转。水平偏振器通过 70%的光通量,垂直偏振器通过 30%。

a. 求归一化斯托克斯参量 $\boldsymbol{S}$。

b. 椭圆率和圆偏振度是多少?

c. 求正交偏振态。

d. 如果将椭圆的长轴旋转 60°,求所得的斯托克斯矢量。

3.14 斯托克斯参量为 $\boldsymbol{S}=(27,22,14,7)$ 的光透过一个可调节的偏振旋转器,该旋转器旋转偏振椭圆的主轴。

a. 求旋转以下角度后的斯托克斯参量:10°、22.5°、30°、45°、90°、135°和 180°。

b. 画出庞加莱球并标出六个基本偏振态。画出入射偏振态和 a 中所有出射偏振态。描绘轨迹。

c. 对于 $\boldsymbol{S}$,求偏振度并画出偏振椭圆。

3.15 假设部分偏振斯托克斯矢量为 $\boldsymbol{S}=(1,0,0.3,0)$。

a. 将 $\boldsymbol{S}$ 分解为两个光通量相等的完全线偏振态 $\boldsymbol{L}_1$ 和 $\boldsymbol{L}_2$ 之和。

b. $\boldsymbol{L}_1$ 和 $\boldsymbol{L}_2$ 的斯托克斯参量是正交的吗?

c. 把 $\boldsymbol{S}$ 分解成两个相等光通量的完全偏振斯托克斯参量之和,这样的分解是唯一的吗?若有帮助的话,选择一个数值例子。对于任意的斯托克斯矢量,分解是唯一的吗?利用庞加莱球可以帮助理解。

d. 对于哪种或哪些偏振态,分解不是唯一的?

3.16 为什么斯托克斯矢量使用一个非正交基,使得 x 和 y 分量在相同的基态 S_1 上以正值和负值的形式出现?在典型的矢量中,x 和 y 作为两个正交矢量基态出现。

3.17 证明:如果 $\mathrm{DoP}_1>\mathrm{DoP}_2$ 的两束部分偏振光相加,得到的偏振度不能大于 DoP_1,但可以小于 DoP_2。它什么时候等于 DoP_1?

3.18 如果两个振幅相等的偏振斯托克斯参量相加,结果位于庞加莱球的何处?如果三个振幅相等的偏振斯托克斯参量相加,结果位于庞加莱球的何处?

3.17 参考文献

[1] R. M. A. Azzamn and N. M. Bashara, Ellipsometry and Polarized Light, 2nd edition, Amsterdam: Elsevier(1987).

[2] W. A. Shurcliff, Polarized Light-Production and Use, Cambridge, MA: Harvard University Press (1962).

[3] D. Goldstein, Polarized Light, 2nd edition, New York, NY: Marcel Dekker(2003).

[4] G. G. Stokes, On the composition and resolution of streams of polarized light from different sources, Transactions of the Cambridge Philosophical Society 9(1851): 399.

[5] D. J. Diner, A. Davis, B. Hancock, S. Geier, B. Rheingans, V. Jovanovic, M. Bull, D. M. Rider, R. A. Chipman, A.-B. Mahler, and S. C. McClain, First results from a dual photoelastic-modulator-based polarimetric camera, Applied Optics 49(2010): 2929-2946.

[6] D. J. Diner, A. Davis, B. Hancock, G. Gutt, R. A. Chipman, and B. Cairns, Dual-photoelastic-modulator-based polarimetric imaging concept for aerosol remote sensing, Applied Optics, 46(2007): 8428-8445.
[7] H. Poincaré, Traite de la Lumiere, Paris 2, 165(1892).
[8] G. P. Können, Polarized Light in Nature, CUP Archive(1985).

第 4 章

偏振光干涉

4.1 引言

干涉是光波在叠加或干涉时产生干涉条纹的能力。在很多情况下,单色光很容易产生干涉条纹和散斑图样。因此,激光常被用于全息记录和用作许多干涉仪的光源。非相干光,如太阳光和发光二极管的光,只在非常有限的条件下才会产生干涉条纹,比如合成光束的光程长度(OPL)相差不到几个波长。本章首先讨论相干单色偏振光的干涉。然后,再研究多色光的干涉,以理解为什么斯托克斯参量可以很好地表征这种光束组合过程。

干涉仪的性能主要依赖于光束的光通量、光谱、波前质量和偏振性,后者是我们关注的焦点。相干性的基本度量是干涉图的质量,即条纹可见度,也就是条纹的对比度。当干涉光束的偏振态对齐时,干涉条纹的可见度最高,但随着偏振矢量夹角增大,干涉条纹的可见度降低。当正交偏振干涉时,条纹可见度变为零。但可能仍然会存在偏振条纹,这是偏振态的一种调制。即使条纹可见度为零,也可以通过引入一个中间角度的偏振器来恢复干涉图样。

自从托马斯·杨在 1803 年发表了他早期的干涉实验结果[1]以来,光的干涉就为理解光的本质提供了重要线索。两束相等的光可以在某些区域抵消,而在其他区域产生两倍的光通量,这个事实为光的波动性提供了强有力的证据。后来,菲涅耳和阿拉果[2]发现,如果两束光具有正交偏振态,则不会形成干涉条纹。因此,偏振控制是优化干涉仪和全息记录装置性能的一个重要因素。

4.2 光波的叠加

干涉是指当两个或两个以上的光波叠加在一起时所产生的可测量的效应。当两束光是相干的，它们可发生相长干涉(constructively interfere)和相消干涉(destructively interfere)，产生能揭示两束光重要信息的干涉图样。

当光束在线性光学介质中合并时，它们的电场叠加。用下标 q 标记各个光束，光束重叠的整个空间区域的电场变为

$$\boldsymbol{E}(\boldsymbol{r},t)=\boldsymbol{E}_1(\boldsymbol{r},t)+\boldsymbol{E}_2(\boldsymbol{r},t)+\boldsymbol{E}_3(\boldsymbol{r},t)+\cdots=\sum_q \boldsymbol{E}_q(\boldsymbol{r},t) \tag{4.1}$$

当光束是单色的，例如所有光束都来自同一激光，所有光束都有共同的角频率 ω 和彼此之间固定的相位关系。光束的干涉用它们的场叠加表示，其中每个场有 x、y 和 z 振幅分布 $A(\boldsymbol{r})$ 和相位分布 $\phi(\boldsymbol{r})$，

$$\boldsymbol{E}(\boldsymbol{r},t)=\mathrm{Re}\left(\mathrm{e}^{-\mathrm{i}\omega t}\sum_q \boldsymbol{E}_q(\boldsymbol{r})\mathrm{e}^{-\mathrm{i}\frac{2\pi}{\lambda}\boldsymbol{k}_q\cdot\boldsymbol{r}}\right)=\mathrm{Re}\left(\mathrm{e}^{-\mathrm{i}\omega t}\sum_q \begin{pmatrix} E_{x,q}(\boldsymbol{r}) \\ \boldsymbol{E}_{y,q}(\boldsymbol{r}) \\ \boldsymbol{E}_{z,q}(\boldsymbol{r}) \end{pmatrix}\right)$$

$$=\mathrm{Re}\left(\mathrm{e}^{-\mathrm{i}\omega t}\sum_q \begin{pmatrix} A_{x,q}(\boldsymbol{r})\mathrm{e}^{-\mathrm{i}\phi_x(\boldsymbol{r})} \\ A_{y,q}(\boldsymbol{r})\mathrm{e}^{-\mathrm{i}\phi_y(\boldsymbol{r})} \\ A_{z,q}(\boldsymbol{r})\mathrm{e}^{-\mathrm{i}\phi_z(\boldsymbol{r})} \end{pmatrix}\right) \tag{4.2}$$

杨氏双缝干涉仪，如图 4.1 所示，使一个入射波前通过两个名义上宽度相等的狭缝从而发出两束光，这样通过分波前产生干涉图样。由于衍射，从每个狭缝发出的光以一定角度发散出去，在观察屏幕上形成干涉条纹。当光波正入射到两个狭缝时，从两个狭缝发出的光的相位相等。在观察屏上，由于到观察屏的路径长度之差 ΔL 随角度而变化，两束光的相位差也随角度变化。在 ΔL 是波长的整数倍的地方，发生相长干涉，干涉图样是明亮的，两束光同相。在两束光的相位差是 π 弧度的位置，干涉图样是暗的。由于假设狭缝不改变偏振，两束光具有相同的偏振，因此在干涉图样的计算中没有考虑偏振。

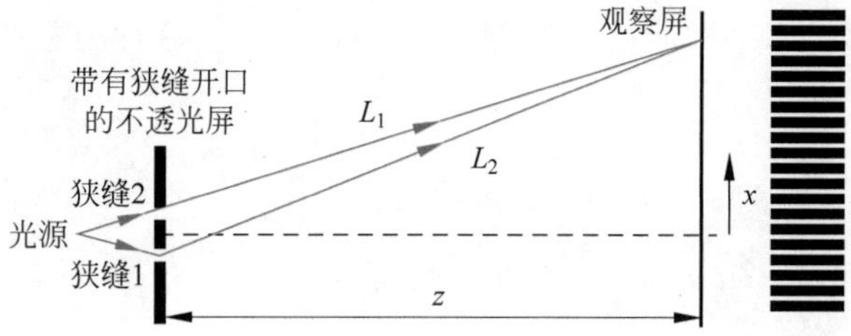

图 4.1　杨氏双缝干涉原理图，右侧显示的是相应的干涉图样

杨氏双缝通过分波面产生干涉，从一个波前提取两个独立的片段并将它们组合。大多数干涉仪采用分振幅方式，用分束器或衍射光学元件(如光栅)将光波的振幅分开，从而产生两束或多束光。如图 4.2 所示为非偏振分束器，它将入射光束分为两束光(a)并将两束光合并(b)。分束器可设计成将一束光等分为两束振幅相等的光束，但一般来说，分束是不相等

的。在实践中,分束器也会改变光的偏振;第一束将有一个偏振态,第二束将有一个不同的偏振态。分束器可以设计成非偏振的,其中偏振变化很小。另外,偏振分束器也很常见,其中一个偏振分量(p 偏振分量)透射,另一个偏振分量(s 偏振分量)被反射。

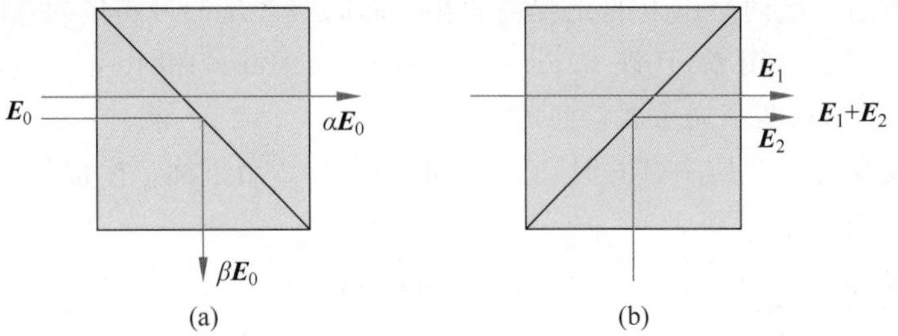

图 4.2 (a)非偏振分束器将入射光 $\boldsymbol{E}_0$ 分为 $\alpha\boldsymbol{E}_0$ 和 $\beta\boldsymbol{E}_0$ 两束光。(b)分束器将两束光合并。从左侧入射的光束,出射时琼斯矢量为 $\boldsymbol{E}_1$。从底部入射的光束以 $\boldsymbol{E}_2$ 出射。对于相干单色光束,合并光束的琼斯矢量为 $\boldsymbol{E}_1+\boldsymbol{E}_2$

4.3 干涉仪

干涉仪将光波分开和合并,并测量由此产生的相长干涉和相消干涉,通常是为了获得关于波前形状或光学表面形状的信息。目前已经有数百种干涉仪配置,并且干涉仪被用于各种应用,包括光学测量、光通信和全息[3-10]。两种具有代表性的干涉仪分别是马赫-曾德尔干涉仪(图 4.3)和泰曼-格林干涉仪(图 4.4)。这两种干涉仪将入射波前分成两个波,分别对两束光进行处理,然后用分束器重新合并波前以产生干涉图样。在图 4.3 中,测试了一个透射样品的波前质量。激光束由扩束器准直并照射分束器 1。透射光束即测试光束,透射通过样品,从反射镜 1 反射,然后从分束器 2 反射到照相机。从分束器 1 反射的光束,即参考光束,从反射镜 2 反射并透射通过分束器 2。在离开分束器 2 时,一个镜头将样品成像到屏幕、照相机或探测器上,在那里可以观察到干涉。如果参考光束是高质量的平面波,样品的像差可以用干涉图样测量。图 4.4 中的泰曼-格林干涉仪与此类似,除了单个分束器被使用了两次。泰曼-格林干涉仪在光学车间中常用于测试光学元件[3]。准直透射光束经过透镜聚焦,由凹面镜反射,第二次通过透镜,再由分束器反射。这种配置可用来测试透镜、反射镜形状或这两种元件的组合。

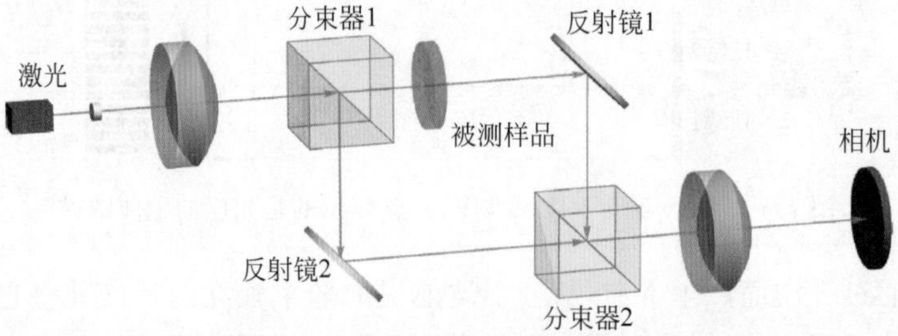

图 4.3 马赫-曾德尔干涉仪原理图,它利用两个分束器并采取两个不同的路径,使光束干涉。图中显示了一个透射被测样品,但也可使用许多不同类型的被测样品

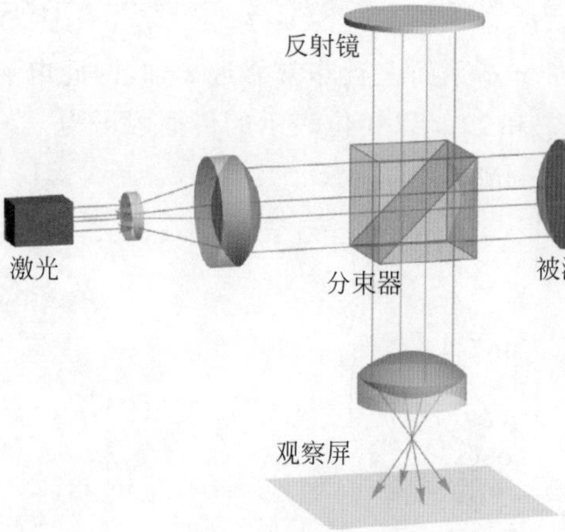

图 4.4　泰曼-格林干涉仪的原理图，它使用单个分束器，并使从干涉仪两臂返回的波前发生干涉

如图 4.5 所示为马赫-曾德尔干涉仪，这种配置可任意调节两出射光束的偏振态和相对振幅。来自激光器的线偏振光被准直并通过半波片。偏振分束器将 p 偏振光透射到反射镜 1，将 s 偏振光反射到反射镜 2。两个路径都有一个双延迟器组成的偏振态控制器。首先，$\lambda/4$ 线性延迟器的方向将光的椭圆率调节为任意想要的值，从左旋圆偏光到线偏光到右旋圆偏光。然后，$\lambda/2$ 线性延迟器的方向调整每个偏振椭圆的主轴方向。这两束光用一个非偏振分束器合并，它们的干涉图样由照相机、胶片或其他探测器进行测量。两束光之间的角度可通过倾斜反射镜来调节，这控制了条纹的空间频率。平移其中一个反射镜来调整相位，这可移动条纹。通过旋转初始 $\lambda/2$ 线性延迟器来调节两束光的相对振幅，使更多的光进入一个通道，更少的光进入另一个通道，这可改变条纹对比度。利用这种干涉仪，可在两个任意偏振态和任意振幅之间产生干涉。4.4 节讨论了一些由此产生的干涉图样。

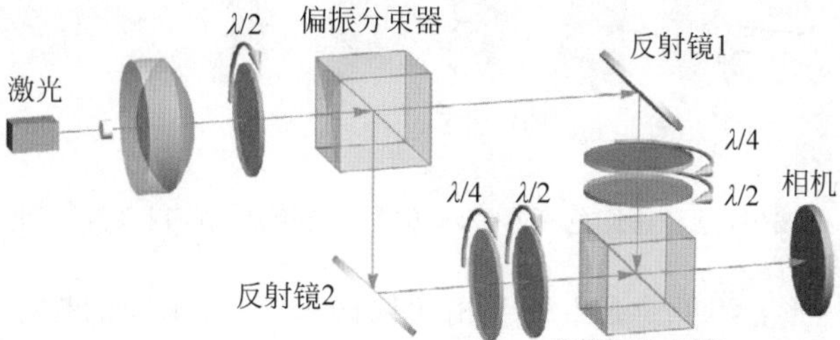

图 4.5　用于研究偏振光干涉的马赫-曾德尔干涉仪。每条路径上可旋转的四分之一波($\lambda/4$)和半波($\lambda/2$)线性延迟器可产生任意偏振椭圆对。初始的可旋转半波延迟器调整每个臂中光通量的比例。偏振分束器(PBS)输出 p 偏振光并将所有这些光传输到反射镜 1，PBS 输出 s 偏振光并将所有这些光传输到反射镜 2

4.4　近似平行单色平面波的干涉

如图 4.6 所示，考虑两个传播方向几乎平行的平面波的干涉。第一束具有偏振矢量 $\boldsymbol{E}_1$，第二束具有偏振矢量 $\boldsymbol{E}_2$。当光束重叠时，它们会发生干涉，电场叠加，

$$\boldsymbol{E}(\boldsymbol{r},t)=\mathrm{Re}\left(\boldsymbol{E}_1\mathrm{e}^{\mathrm{i}\left(\frac{2\pi}{\lambda}\boldsymbol{k}_1\cdot\boldsymbol{r}-\omega t-\phi_1\right)}+\boldsymbol{E}_2\mathrm{e}^{\mathrm{i}\left(\frac{2\pi}{\lambda}\boldsymbol{k}_2\cdot\boldsymbol{r}-\omega t-\phi_2\right)}\right) \tag{4.3}$$

假设归一化传播矢量 $\boldsymbol{k}_1$ 和 $\boldsymbol{k}_2$ 在 x-z 平面上且非常靠近 z 轴,因此电场的 z 分量非常接近于零。从 z 轴度量的传播角为 ζ_1 和 ζ_2。以相位表示的传播因子为

$$\boldsymbol{k}_1\cdot\boldsymbol{r}=\begin{pmatrix}\sin\zeta_1\\0\\\cos\zeta_1\end{pmatrix}\cdot\begin{pmatrix}x\\y\\z\end{pmatrix}=x\sin\zeta_1+z\cos\zeta_1,$$

$$\boldsymbol{k}_2\cdot\boldsymbol{r}=\begin{pmatrix}\sin\zeta_2\\0\\\cos\zeta_2\end{pmatrix}\cdot\begin{pmatrix}x\\y\\z\end{pmatrix}=x\sin\zeta_2+z\cos\zeta_2 \tag{4.4}$$

因此,电场为

$$\boldsymbol{E}(z,t)=\mathrm{Re}\left[\mathrm{e}^{-\mathrm{i}\omega t}\left(\begin{pmatrix}E_{1,x}\\E_{1,y}\\E_{1,z}\end{pmatrix}\mathrm{e}^{\mathrm{i}\frac{2\pi}{\lambda}(x\sin\zeta_1+z\cos\zeta_1)-\mathrm{i}\phi_1}+\begin{pmatrix}E_{2,x}\\E_{2,y}\\E_{2,z}\end{pmatrix}\mathrm{e}^{\mathrm{i}\frac{2\pi}{\lambda}(x\sin\zeta_2+z\cos\zeta_2)-\mathrm{i}\phi_2}\right)\right] \tag{4.5}$$

干涉图样可以在任何平面上观察到。为简单起见,令 $z=0$。当传播矢量接近 z 轴时,z 分量趋于零。然后可以去掉 z 分量,并可将 $\boldsymbol{E}$ 矢量替换为 2×1 的琼斯矢量。观察面上的电场变成

$$\boldsymbol{E}(0,t)=\mathrm{Re}\left[\mathrm{e}^{-\mathrm{i}\omega t}\left(\begin{pmatrix}E_{1,x}\\E_{1,y}\end{pmatrix}\mathrm{e}^{\mathrm{i}\left(\frac{2\pi}{\lambda}x\sin\zeta_1-\phi_1\right)}+\begin{pmatrix}E_{2,x}\\E_{2,y}\end{pmatrix}\mathrm{e}^{\mathrm{i}\left(\frac{2\pi}{\lambda}x\sin\zeta_2-\phi_2\right)}\right)\right] \tag{4.6}$$

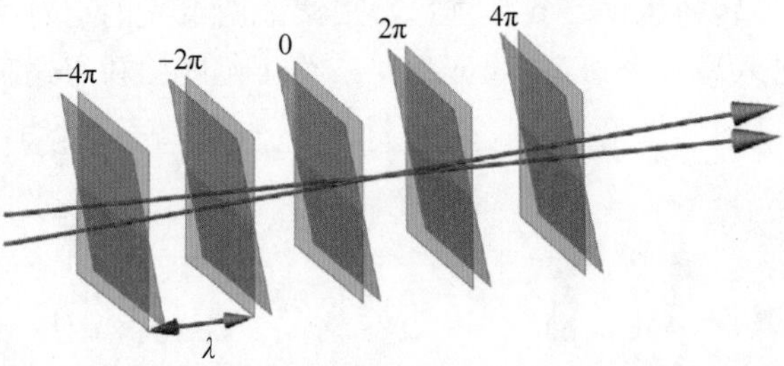

图 4.6 两个平面波(蓝色和粉红色)的干涉,传播方向相互之间以及与 z 轴之间的角度很小

首先考虑这种情形:两干涉光束处于相同偏振态,但有不同的振幅 A_1 和 A_2。x 分量的相位可作为参考相位($\phi_1=0$),y 相位则成为相对相位($\phi_2=\phi$)。归一化琼斯矢量($F_{1,x}$,$F_{2,x}$)可以被提出来,所以式(4.6)变成

$$\boldsymbol{E}(0,t)=\mathrm{Re}\left[\mathrm{e}^{-\mathrm{i}\omega t}\begin{pmatrix}F_{1,x}\\F_{1,y}\end{pmatrix}\left(A_1\mathrm{e}^{\mathrm{i}\left(\frac{2\pi}{\lambda}x\sin\zeta_1\right)}+A_2\mathrm{e}^{\mathrm{i}\left(\frac{2\pi}{\lambda}x\sin\zeta_2-\phi\right)}\right)\right] \tag{4.7}$$

干涉图样中的强度分布 $P(x)$ 为

$$\begin{aligned}P(x)&=\frac{\varepsilon_0c}{2}\boldsymbol{E}^\dagger\boldsymbol{E}\\&=\frac{\varepsilon_0c}{2}\left(A_1\mathrm{e}^{-\mathrm{i}\left(\frac{2\pi}{\lambda}x\sin\zeta_1\right)}+A_2\mathrm{e}^{-\mathrm{i}\left(\frac{2\pi}{\lambda}x\sin\zeta_2-\phi\right)}\right)\left(A_1\mathrm{e}^{\mathrm{i}\left(\frac{2\pi}{\lambda}x\sin\zeta_1\right)}+A_2\mathrm{e}^{\mathrm{i}\left(\frac{2\pi}{\lambda}x\sin\zeta_2-\phi\right)}\right)\end{aligned}$$

$$=\frac{\varepsilon_0 c}{2}\left(A_1^2+A_2^2+A_1A_2\mathrm{e}^{\mathrm{i}\frac{2\pi x}{\lambda}(\sin\zeta_1-\sin\zeta_2)+\mathrm{i}\phi}+A_1A_2\mathrm{e}^{-\mathrm{i}\frac{2\pi x}{\lambda}(\sin\zeta_1-\sin\zeta_2)-\mathrm{i}\phi}\right)$$

$$=\frac{\varepsilon_0 c}{2}\left\{A_1^2+A_2^2+2A_1A_2\cos\left[\frac{2\pi x}{\lambda}(\sin\zeta_1-\sin\zeta_2)+\phi\right]\right\} \tag{4.8}$$

此干涉图样的光通量呈余弦变化，其周期为$\Lambda=\lambda/(\sin\zeta_1-\sin\zeta_2)$。最小光通量($P_{\min}$)和最大光通量($P_{\max}$)分别为

$$P_{\min}=\frac{\varepsilon_0 c}{2}(A_1^2+A_2^2-2A_1A_2)\quad 和 \quad P_{\max}=\frac{\varepsilon_0 c}{2}(A_1^2+A_2^2+2A_1A_2) \tag{4.9}$$

条纹的质量用条纹对比度V来描述，

$$V=\frac{P_{\max}-P_{\min}}{P_{\max}+P_{\min}}=\frac{2A_1A_2}{A_1^2+A_2^2} \tag{4.10}$$

这取决于两个光束之间的相对光通量。当振幅相等($A_1=A_2$)时，最小光通量为0，条纹对比度最大，$V=1$，这些条纹是最容易探测的。随着振幅比值A_1/A_2的增加或减少，$P_{\min}$增大，条纹对比度降低，条纹变得更难探测。当比值A_1/A_2趋于零时，$P_{\min}$趋于$P_{\max}$，由于光强调制度很小，条纹变得难以测量。图4.7显示了由于两个光通量的不同比值所产生的不同对比度的干涉条纹。条纹对比度越高，条纹越容易测量，干涉测量的信噪比越好。在本章的其余部分中，将从光通量方程中去掉$\varepsilon_0 c/2$项，方程以归一化光通量单位表示。

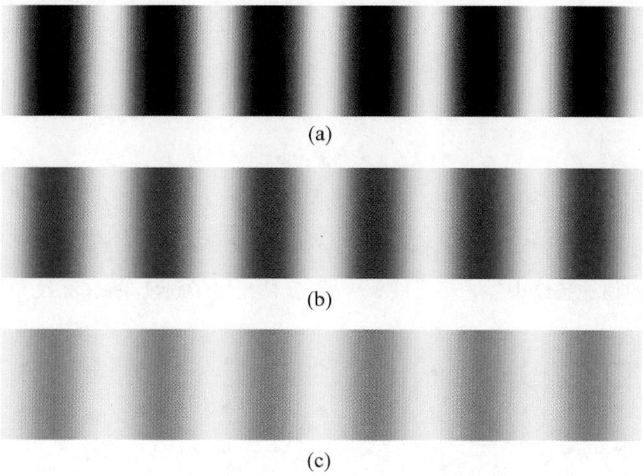

图4.7　相同偏振态的两束光的干涉条纹图。(a)两束光的光通量相等$P_1/P_2=1$，生成条纹的对比度为1；(b)$P_1/P_2=1/3$，对比度为0.5；(c)$P_1/P_2=9/11$，对比度为0.1

接下来，将在例4.1和例4.2中研究不同偏振态光束之间的干涉。

例4.1　水平和垂直偏振光的干涉

考虑在x-z平面内靠近z轴且沿z轴对称传播($\zeta_1=-\zeta_2=\zeta$)的0°水平偏振和90°垂直偏振平面波之间的干涉。假设光束的振幅相等；因此，琼斯矢量为$\boldsymbol{E}_1=(1,0)$和$\boldsymbol{E}_2=(0,1)$。在$z=0$平面中的$\boldsymbol{E}$场，即式(4.7)，变为

$$\boldsymbol{E}(0,t)=\mathrm{Re}\left[\mathrm{e}^{-\mathrm{i}\omega t}\left(\begin{pmatrix}1\\0\end{pmatrix}\mathrm{e}^{\mathrm{i}\left(\frac{2\pi}{\lambda}x\sin\zeta\right)}+\begin{pmatrix}0\\1\end{pmatrix}\mathrm{e}^{-\mathrm{i}\left(\frac{2\pi}{\lambda}x\sin\zeta-\phi\right)}\right)\right] \tag{4.11}$$

就产生了一个在 x 方向上变化的琼斯矢量。传播因子(指数)描述了两个光束之间相对相位的线性变化。所得到的干涉图样如图 4.8 所示。当 x 偏振光和 y 偏振光相位相同时,光是 45°线偏振的。随着相对相位的变化,偏振态在 S_2S_3 平面中沿着庞加莱球面上的大圆,从 45°线偏振变化到右旋圆偏振态,到 135°线偏振,再到左旋圆偏振态,以此类推。这些是偏振条纹,偏振条纹图中的强度分布是恒定的,

$$P(x)=\boldsymbol{E}^{\dagger}\boldsymbol{E}=1 \tag{4.12}$$

因此条纹对比度为零。相机记录不到强度波动,除了恒定的光通量之外记录不到其他信息。因此,许多文献说正交偏振态不会发生干涉。但这些正交偏振态确实会干涉,偏振态被调制了,只是没有强度条纹。因此,更准确地说正交偏振态不产生(强度)干涉条纹,只产生偏振条纹。当一个 45°方向的线偏振器插入偏振条纹时,如图 4.9 所示,就恢复出了强度条纹。圆偏振器恢复不同相位的强度条纹,如图 4.10 所示。许多干涉仪对正交偏振光进行干涉,然后使用偏振器产生条纹。

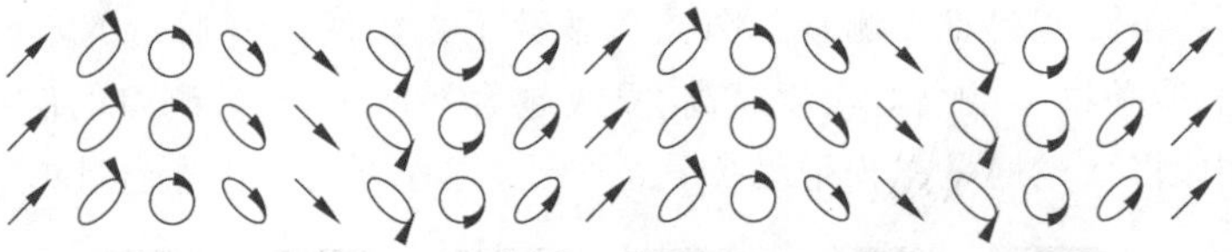

图 4.8 等振幅的水平偏振光和垂直偏振光干涉产生周期性的偏振态。这些偏振条纹的光通量是常数。最大光通量 $P_{\max}$ 和最小光通量 $P_{\min}$ 相等,条纹对比度为零

图 4.9 在图 4.8 的偏振条纹中插入一个线偏振器,就恢复出了强度条纹(亮纹和暗纹)并可进行测量

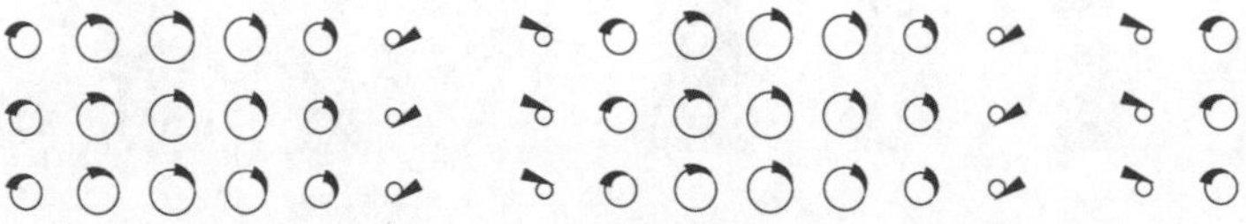

图 4.10 在图 4.8 的条纹中插入一个圆偏振器,就可恢复出不同相位的强度条纹

两个 45°和 135°偏振的等振幅平面波干涉也可以形成类似的偏振条纹图样,如图 4.11 所示。此时,偏振态在庞加莱球面上沿 S_1 和 S_3 轴构成的平面内的大圆变化。

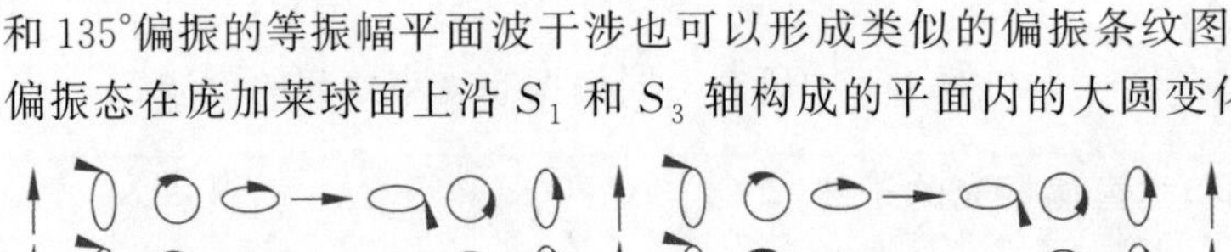

图 4.11 由 45°和 135°倾斜平面波的干涉产生了与图 4.8 相似的条纹。偏振态在庞加莱球面上沿 S_1S_3 面内的另一个大圆演变

例 4.2　左旋圆偏振光和右旋圆偏振光的干涉

由左右旋圆偏振光干涉形成了一组特别实用的偏振条纹。根据式(4.7),电场变为

$$\boldsymbol{E}(0,t)=\frac{1}{\sqrt{2}}\mathrm{Re}\left[\mathrm{e}^{-\mathrm{i}\omega t}\left(\begin{pmatrix}1\\ \mathrm{i}\end{pmatrix}\mathrm{e}^{\mathrm{i}\left(\frac{2\pi}{\lambda}x\sin\zeta+\phi\right)}+\begin{pmatrix}1\\ -\mathrm{i}\end{pmatrix}\mathrm{e}^{-\mathrm{i}\left(\frac{2\pi}{\lambda}x\sin\zeta+\phi\right)}\right)\right]$$
$$=\sqrt{2}\,\mathrm{Re}\left[\mathrm{e}^{-\mathrm{i}\omega t}\begin{pmatrix}\cos\left(\frac{2\pi}{\lambda}x\sin\zeta+\phi\right)\\ \sin\left(\frac{2\pi}{\lambda}x\sin\zeta+\phi\right)\end{pmatrix}\right] \tag{4.13}$$

这是一个周期为 $\Lambda=\lambda/(2\sin\zeta)$ 的旋转线偏振态,如图 4.12 所示。当插入一个线偏振器时,就会恢复强度条纹。当偏振器旋转,如图 4.13 所示,条纹跟随偏振器移动。这提供了一种移动干涉图样的简单方法,例如移相干涉测量术中使用的移动条纹或步进条纹。

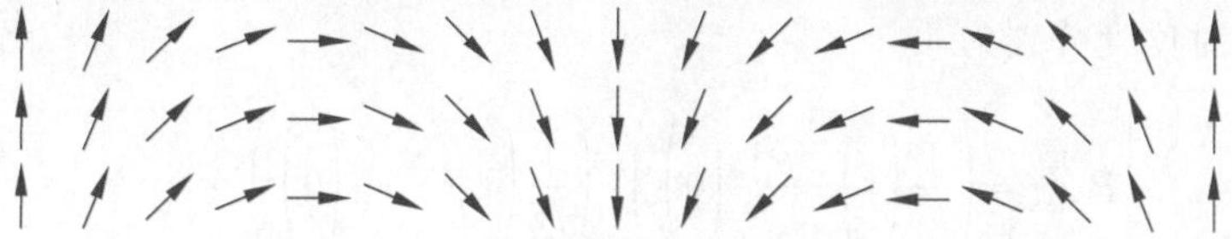

图 4.12　频率差为 5%的等振幅的左右旋圆偏振光叠加产生旋转线偏振态

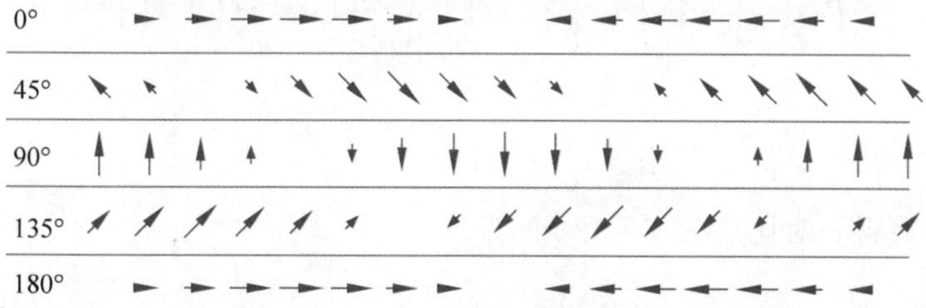

图 4.13　在图 4.12 的偏振条纹中插入一个 0°(顶行)的偏振器,产生强度条纹。旋转偏振器(其余的行)会导致条纹图案移动,这为移动干涉图样提供了一种便利的方法

4.5　大角度平面波干涉

在干涉仪中,两束光通常彼此非常接近地传播,光束夹角在毫弧度量级内。对于全息记录,角度通常要大得多。4.4 节的原理也适用于任意传播方向,但条纹对比度取决于偏振方向与传播矢量 $\boldsymbol{k}_1$、$\boldsymbol{k}_2$ 构成的平面之间的相对关系。图 4.14 显示了单色平面波相互间呈

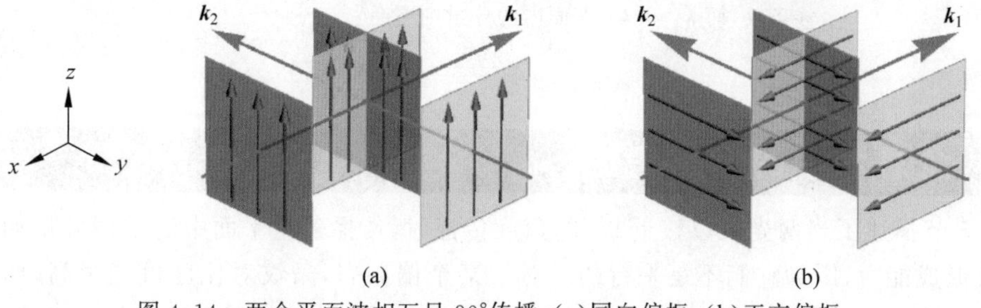

图 4.14　两个平面波相互呈 90°传播,(a)同向偏振,(b)正交偏振

90°传播的两种情况。图 4.14(a)中,两束线偏振光沿 z 方向振动,即 $\boldsymbol{k}_1\times\boldsymbol{k}_2$ 方向,电场 $\boldsymbol{E}_1$ 和 $\boldsymbol{E}_2$ 平行。在这种情况下,光束可以发生相长干涉和相消干涉,产生具有良好对比度的干涉条纹。在图 4.14(b)的例子中,$\boldsymbol{E}_1$、$\boldsymbol{E}_2$ 在 $\boldsymbol{k}_1$ 和 $\boldsymbol{k}_2$ 构成的平面内,但彼此垂直,$\boldsymbol{E}_1\cdot\boldsymbol{E}_2=0$。这些场不能产生强度条纹。

同样,考虑图 4.15 的情形,其中两个圆偏振光 $\boldsymbol{E}_1$ 和 $\boldsymbol{E}_2$,

$$\boldsymbol{E}_1=\frac{1}{\sqrt{2}}\begin{pmatrix}1\\ \mathrm{i}\\ 0\end{pmatrix},\quad \boldsymbol{E}_2=\frac{1}{\sqrt{2}}\begin{pmatrix}1\\ 0\\ \mathrm{i}\end{pmatrix} \tag{4.14}$$

以 90°的相对角度传播。在这种情况下,每束光的 z 分量将发生干涉,但正交分量不会发生干涉。假设两束光的光通量都是 1,干涉图样在一个周期内的平均光通量是 2。x 和 y 分量的光通量将分别相加,而两个 z 分量的振幅将相加或相减。最大和最小光通量 $P_{\max}$ 和 $P_{\min}$ 以及条纹对比度分别为

$$\begin{cases}P_{\max}=\left(\frac{1}{\sqrt{2}}\begin{pmatrix}1\\ \mathrm{i}\\ 0\end{pmatrix}+\frac{1}{\sqrt{2}}\begin{pmatrix}1\\ 0\\ \mathrm{i}\end{pmatrix}\right)^{\dagger}\left(\frac{1}{\sqrt{2}}\begin{pmatrix}1\\ \mathrm{i}\\ 0\end{pmatrix}+\frac{1}{\sqrt{2}}\begin{pmatrix}1\\ 0\\ \mathrm{i}\end{pmatrix}\right)=3\\ P_{\min}=\left(\frac{1}{\sqrt{2}}\begin{pmatrix}1\\ \mathrm{i}\\ 0\end{pmatrix}+\frac{1}{\sqrt{2}}\begin{pmatrix}-1\\ 0\\ -\mathrm{i}\end{pmatrix}\right)^{\dagger}\left(\frac{1}{\sqrt{2}}\begin{pmatrix}1\\ \mathrm{i}\\ 0\end{pmatrix}+\frac{1}{\sqrt{2}}\begin{pmatrix}-1\\ 0\\ -\mathrm{i}\end{pmatrix}\right)=1\\ V=\frac{P_{\max}-P_{\min}}{P_{\max}+P_{\min}}=\frac{3-1}{3+1}=\frac{1}{2}\end{cases} \tag{4.15}$$

在这种情况下,将得到对比度为 $V=1/2$ 的条纹。

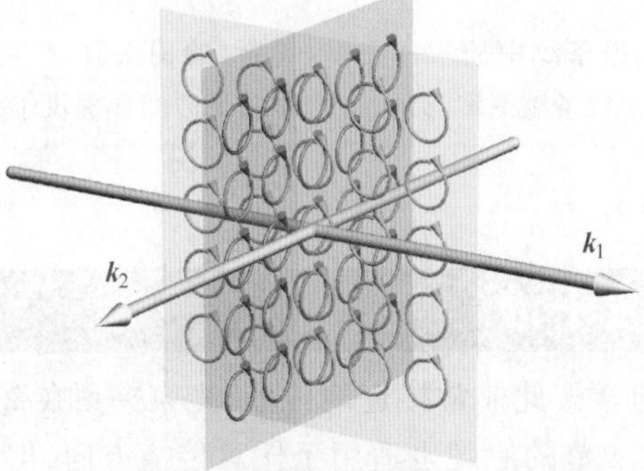

图 4.15 两束圆偏振光相互呈 90°传播,沿 $\boldsymbol{k}_1\times\boldsymbol{k}_2$(垂直方向)的分量会产生干涉条纹,而 $\boldsymbol{k}_1$ 和 $\boldsymbol{k}_2$ 平面内的分量则不会

4.6 全息术中的偏振考虑

4.5 节描述了当两光束以接近 90°的角度传播时,传播矢量平面中的偏振分量如何降低了条纹形成能力,因为它们不是平行的。对于某个偏振态,条纹对比度可能很高,而对于另一个偏振态,条纹对比度可能很低。这对于全息装置中的偏振设置有重要的意义。

全息术是一种记录光波并在以后再现光波的技术。全息图是一种光学元件,例如透明片,它含有光波的编码记录。这种编码记录通常是一种强度干涉图。由于记录的波可以是一个复杂的波前,全息图能够创建复杂物体的三维视图。大量的全息装置已被应用于各种各样的任务。本节将考虑一种最常见的全息配置,以突出偏振问题,这是大多数全息记录装置的共性问题。

图 4.16 展示了记录全息图的常见装置。激光通过可调分束器分束。每束光都经过空间滤波。测试光束照射样品后的散射光再照射全息图。参考光束是照射全息图的纯球面波。测试光束和参考光束之间的干涉被记录在照相胶片或类似的全息介质中,并形成振幅或相位图案。随后,当用另一束相同的参考光束照射全息图时,全息图会产生并传播多个衍射级,其中一个衍射级将是测试光束的延续。这个全息波前包含了物体的三维视图。

为了产生具有良好对比度的全息条纹,参考光束和测试光束的偏振态必须基本相同。在图 4.16 中,当偏振态垂直于页面时,就像图 4.14(a)那样,可得到最佳全息图。如果偏振方向在页面内,如图 4.14(b)那样,则条纹的对比度较差。在全息图的某些部分,参考光束和样品光束的偏振态可能是正交的,在该区域将不会出现条纹。

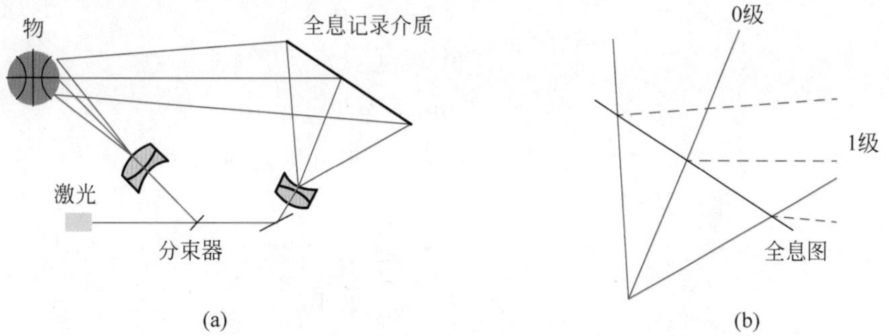

图 4.16　一种记录全息图的典型光学装置。具有良好相干长度的激光束在分束器上被分束。透过分束器的部分光发散,其球面波照射全息记录介质。较大部分的光被空间过滤并照亮散射物体。散射光入射到全息记录介质上,它可看作由物体发出的球面波的一个大集合。物波和参考波之间的干涉图样被记录为全息图。随后,当全息图被球面波(b)照射时,球面波与全息图中的精细条纹相互作用,产生了多个级次的衍射。0 级光束是入射球面波的延续。更有趣的是 ± 1 级衍射光束。一级光束是物波的延续,当观察时,它投射出物体的三维图像。另一级包含物体的畸变视图

4.7　偏振光束的叠加

4.7.1　两束不同频率的偏振光叠加

两种不同频率的单色光束叠加不会产生偏振椭圆。电场矢量的端点描绘了一个更一般的形状,可认为是一个随时间变化的偏振态,呈现为一个演变的椭圆。例如,考虑两个沿 z 轴传播的平面波。设 $\boldsymbol{E}_1(\boldsymbol{r},t)$是角频率 ω_1 的 x 方向偏振光,$\boldsymbol{E}_2(\boldsymbol{r},t)$是等振幅但不同角频率 ω_2 的 y 方向偏振光。使 $\boldsymbol{E}_1(\boldsymbol{r},t)$与 $\boldsymbol{E}_2(\boldsymbol{r},t)$叠加,得到的电场是单个电场之和,

$$\boldsymbol{E}(\boldsymbol{r},t)=\mathrm{Re}(\hat{\boldsymbol{x}}\boldsymbol{E}_1\mathrm{e}^{\mathrm{i}(k_1z-\omega_1t-\phi_x)}+\hat{\boldsymbol{y}}\boldsymbol{E}_2\mathrm{e}^{\mathrm{i}(k_2z-\omega_2t-\phi_y)}) \tag{4.16}$$

对于10%的频率差,$\omega_1=1.1\omega_2$,电场轨迹如图4.17所示。在每一个短暂的瞬间,电场的轨迹近似于一个椭圆,但椭圆率是稳步变化的。这个特殊形状是李萨如图形(Lissajous figure)的一个例子,这种类型的曲线由下面的参数方程形成

$$\begin{pmatrix}x(t)\\y(t)\end{pmatrix}=\begin{pmatrix}a\cos(2\pi ct)\\b\cos(2\pi dt+\phi)\end{pmatrix} \tag{4.17}$$

其中,c 和 d 是两个整数,a 和 b 是任意振幅。由于 $\boldsymbol{E}_1$ 和 $\boldsymbol{E}_2$ 分量间的相位差在变化,$\omega_1t-\omega_2t=1.1\omega_2t-\omega_2t=0.1\omega_2t$,因此这种波具有不断变化的偏振椭圆。对于这两个不同频率的光波,相位差随时间线性增加。这束合成光开始时是45°线偏振,两束光相位相同。当 x 分量和 y 分量相位变得不一致时,光变为椭圆偏振光,并且椭圆率持续增大,直到它变为右旋圆偏振光。当两束光相位相差180°时,偏振椭圆演变为135°线偏振光,并继续变化,变为左旋圆偏振光。经过10个 ω_1 周期和11个 ω_2 周期,两束光再次同相,其椭圆变为45°线偏振。这个形状演变的时变斯托克斯参量为

$$\boldsymbol{S}(t)=\begin{pmatrix}2\\0\\2\cos(0.1\omega_2t)\\2\sin(0.1\omega_2t)\end{pmatrix} \tag{4.18}$$

它是快速波动的,每10个 ω_1 周期完成一个循环,对于可见光约为 2×10^{-14}s。S_1 是零,因为波的 x 分量和 y 分量总是相等的。

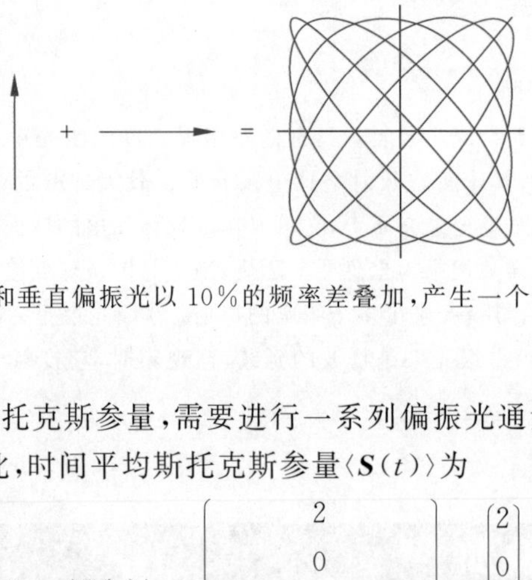

图4.17 等振幅的水平和垂直偏振光以10%的频率差叠加,产生一个时变偏振态,平均后表现为非偏振光

为了测量该束光的斯托克斯参量,需要进行一系列偏振光通量的测量。每次测量需要超过10个光学周期;因此,时间平均斯托克斯参量 $\langle\boldsymbol{S}(t)\rangle$ 为

$$\boldsymbol{S}=\langle\boldsymbol{S}(t)\rangle=\begin{pmatrix}2\\0\\\langle 2\cos(0.1\omega_2t)\rangle\\\langle 2\sin(0.1\omega_2t)\rangle\end{pmatrix}=\begin{pmatrix}2\\0\\0\\0\end{pmatrix} \tag{4.19}$$

得到非偏振光的斯托克斯参量。虽然测得的斯托克斯参量表明是非偏振光,但光束具有不同频率的水平和垂直线偏振光分量。对斯托克斯偏振测量仪来说,这束光与非偏振光难以区分。

综上所述,两束不同频率的激光合并时,斯托克斯偏振仪测得的偏振态为两束单独激光斯托克斯参量之和。对于前面的例子,斯托克斯参量方程变成

$$S = H + V = \begin{pmatrix}1\\1\\0\\0\end{pmatrix} + \begin{pmatrix}1\\-1\\0\\0\end{pmatrix} = \begin{pmatrix}2\\0\\0\\0\end{pmatrix} \tag{4.20}$$

图 4.18 显示了频率差为 5%的等振幅右旋和左旋圆偏振光叠加。这种花瓣状图案描述了一种近乎线性但方向稳步旋转的偏振态，在大约 20 个光学周期内旋转了 360°。光学探测器太慢，跟不上这种快速的偏振态演变。对于这个波，分光通量 P_H 和 P_V 相等。类似地，P_{45} 和 P_{135} 数量上也相等，所以 $S_2=0$。最后，仔细分析可知，电场矢量沿顺时针方向和逆时针方向旋转的时间相等，因此 $S_3=P_R-P_L=0$。这些示例光波是相干的，而不是非相干的，因为光束是周期性的。干涉发生得太快以至于无法观察到，但可以从方程中推断和理解干涉。同样，非相干光波也会干涉；然而，光波是随机的，在任何特定情况下发生的变化都不能通过测量而得到。

图 4.19 显示了另外几对频率差为 10%的单色光束叠加的结果。

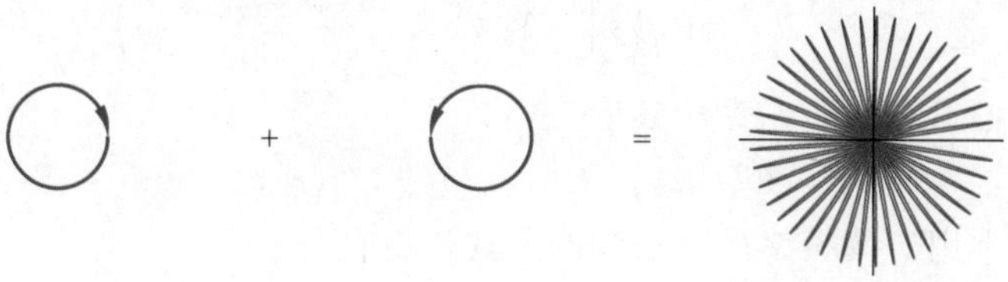

图 4.18　具有 5%频率差的等振幅左、右旋圆偏振光叠加，生成旋转的近似线偏振态

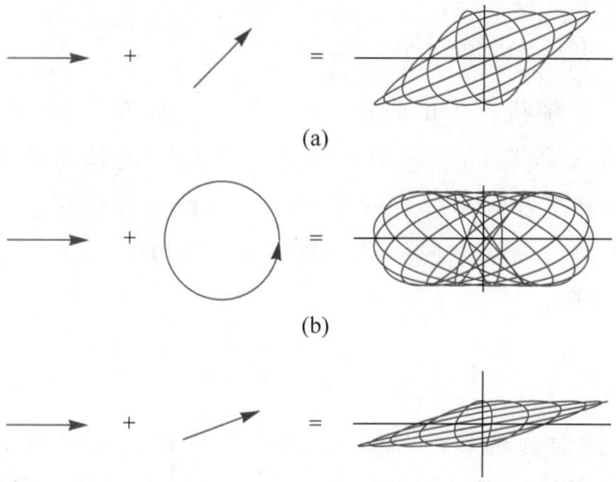

图 4.19　不同频率非正交偏振光束叠加的三个例子。(a)10%频率差的水平和 45°线偏振光干涉产生 22.5°的部分偏振光。(b)10%频率差的水平偏振光和右旋圆偏振光干涉产生具有水平快轴的部分椭圆偏振光。(c)将 10%频率差的水平和 20°线偏振光叠加在一起，得到一个 10°方向的近似偏振光

4.7.2　多色光束的叠加

本节将详细研究多色非偏振光的测量，并进行数值模拟。在垂直偏振多色光波的基础

上加入水平偏振多色光波,用斯托克斯偏振测量仪对产生的非偏振光束进行仿真测量。4.7.1节展示了不同频率的两个平面波分量如何产生快速变化的偏振态,从而降低偏振度。类似地,在本节例子中,由于两束白光中大多数频率成分对是不同的,当多色光叠加时,偏振度大大降低。

白光的波段覆盖眼睛的视觉响应区,大约从400nm到700nm,频率范围从750THz到430THz(1THz=10^{12}Hz)。光的电场是每个成分频率的电场的叠加。因此,多色光可写成单色光在频率上的积分。

透过水平偏振器且沿z方向传播的准直白光束的电场是

$$\boldsymbol{E}_x(\boldsymbol{r},t)=\mathrm{Re}\left(\hat{\boldsymbol{x}}\int_0^{\infty}A_x(\omega)\mathrm{e}^{\mathrm{i}(kz-\omega t-\phi_x(\omega))}\mathrm{d}\omega\right) \tag{4.21}$$

其中,$A_x(\omega)$是该白光光束关于角频率的实振幅函数,$\phi_x(\omega)$是$t=0$时刻每个频率成分的相位。y方向上的所有分量都会被偏振器去除。由此产生的多色光电场可用电场频谱$E_x(\omega)$对频率进行积分来确定。同样,另一束通过垂直偏振器的白光的电场为

$$\boldsymbol{E}_y(\boldsymbol{r},t)=\mathrm{Re}\left(\hat{\boldsymbol{y}}\int_0^{\infty}A_y(\omega)\mathrm{e}^{\mathrm{i}(kz-\omega t-\phi_y(\omega))}\mathrm{d}\omega\right) \tag{4.22}$$

当两束光合并时,偏振态及斯托克斯参量为

$$\boldsymbol{E}(\boldsymbol{r},t)=\boldsymbol{E}_x(\boldsymbol{r},t)+\boldsymbol{E}_y(\boldsymbol{r},t) \tag{4.23}$$

当进行仿真时,通常用离散频率成分求和的形式代替积分

$$\boldsymbol{E}_1(z,t)=\hat{\boldsymbol{x}}\mathrm{Re}\left[\sum_{q=1}^{Q}(A_{x,q}\mathrm{e}^{\mathrm{i}(k_qz-\omega_qt-\phi_{x,q})})\right] \tag{4.24}$$

$$\boldsymbol{E}_2(z,t)=\hat{\boldsymbol{y}}\mathrm{Re}\left[\sum_{r=1}^{R}(A_{y,r}\mathrm{e}^{\mathrm{i}(k_rz-\omega_rt-\phi_{y,r})})\right] \tag{4.25}$$

在这个仿真中,$Q=R=8$,随机产生的频率、振幅和相位如图4.20所示。图4.21为前3×10^{-14}s的x偏振(a1)和y偏振(a2)电场。注意这些光波是非周期性的,因为它们的多色性。各个振动的宽度和高度在峰与峰之间变化。这两种光波合在一起形成如图4.21(c)所示的非偏振态。由该光波传递的电场分量的瞬时光通量$P(\boldsymbol{r},t)$,单位是瓦特每平方米,正比于电场分量的平方(坡印廷矢量),

$$P(\boldsymbol{r},t)=\frac{\varepsilon_0c}{2}\mid\boldsymbol{E}(\boldsymbol{r},t)\mid^2 \tag{4.26}$$

图4.22给出了x和y瞬时光通量(以$\varepsilon_0c/2$为单位),它们始终为正。通过x偏振器(绿色)和y偏振器(橙色)进行光通量测量时,这些信号被光学探测器积分,产生光电流。斯托克斯参量S_0等于绿色和橙色曲线之和的积分。类似地,S_1等于它们之差,如图4.22中紫色曲线所示,该信号可以是正的,也可以是负的,它的长时间积分值趋于零。

通过45°和135°偏振器的瞬时光通量分量为

$$|\hat{\boldsymbol{E}}_{45}^{\dagger}\cdot\boldsymbol{E}|^2=\frac{(A_x+A_y)^2}{2}\quad 和 \quad|\hat{\boldsymbol{E}}_{135}^{\dagger}\cdot\boldsymbol{E}|^2=\frac{(A_x-A_y)^2}{2} \tag{4.27}$$

在计算通过45°和135°线偏振器的光通量之前,可以将y偏振分量延迟四分之一波长,即$\boldsymbol{E}_y(t,\pi/2)$,来模拟圆偏振光通量。四分之一波长的延迟是消色差的,它不是时间上的延迟,每个频率延迟四分之一个周期,如图4.23所示。图4.24绘制了45°、135°、右旋圆偏振

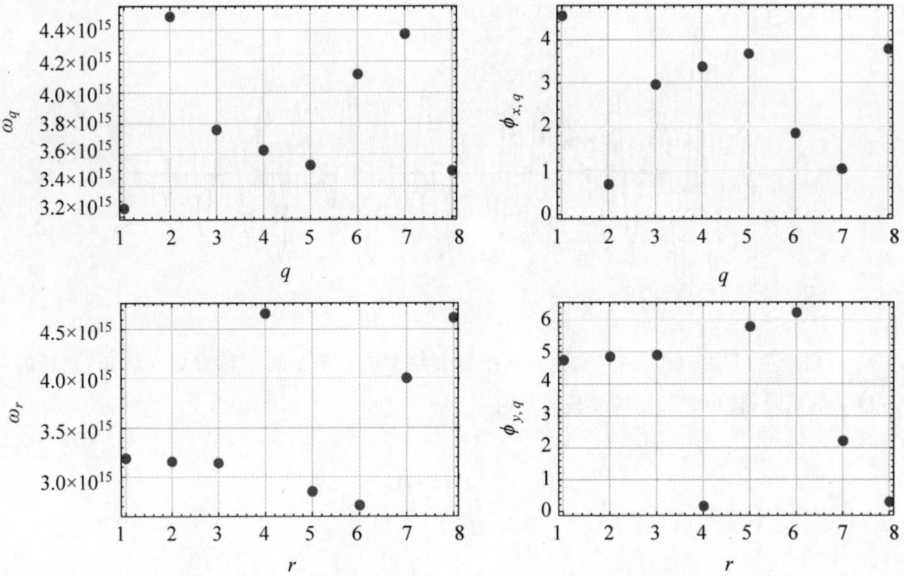

图 4.20　针对如图 4.21 所示的例子，用于式(4.25)的随机产生的频率和相位

和左旋圆偏振四种基偏振态的偏振通量，瞬时差用蓝色表示。图 4.22 和图 4.24 中蓝色曲线的积分为斯托克斯参量 S_1、S_2 和 S_3。

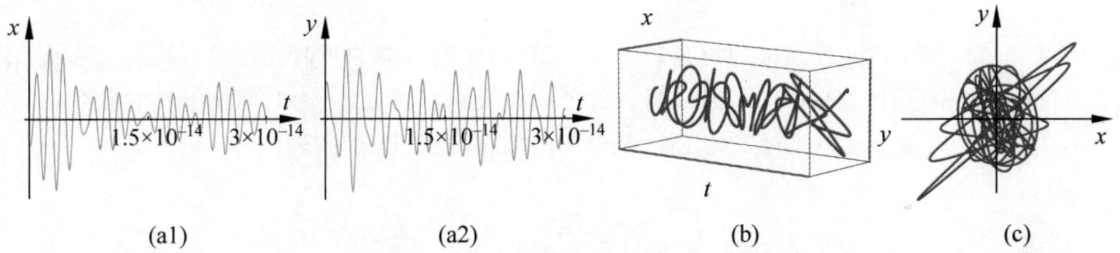

图 4.21　短时间内(10^{-13} s)沿 x 偏振的多色光 $\boldsymbol{E}_1(0,t)$ 和沿 y 偏振的多色光 $\boldsymbol{E}_2(0,t)$ 的振荡示例(a1～a2)。所得电场矢量的轨迹为随机图形(b)，变化的偏振椭圆(c)

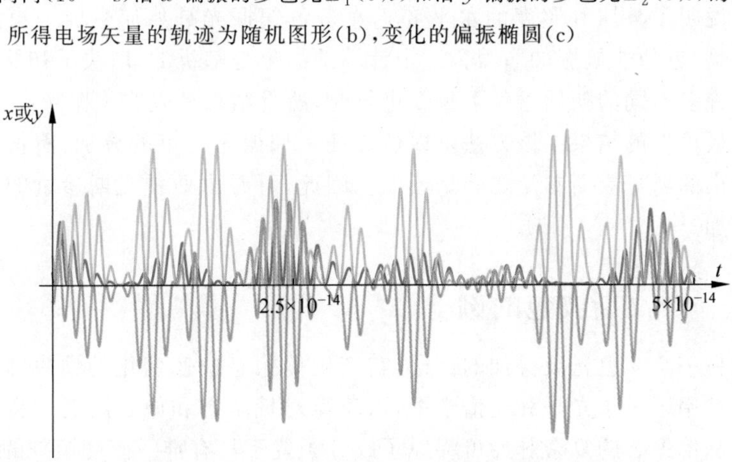

图 4.22　通过水平(绿色)和垂直(橙色)偏振器的瞬时光通量。紫色的曲线是水平光通量减去垂直光通量之差。对这个紫色函数求积分得到 S_1

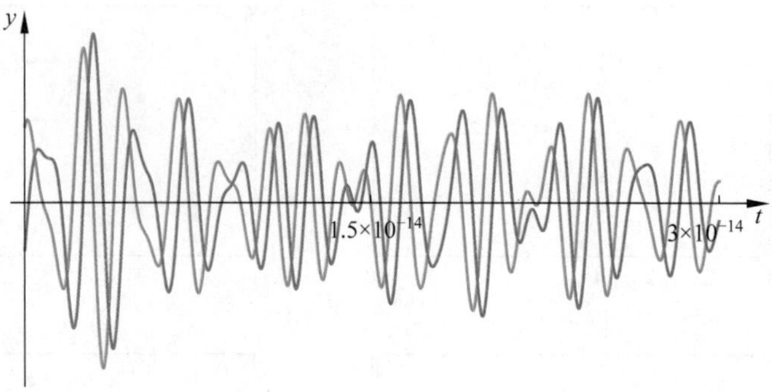

图 4.23 $\boldsymbol{E}_y(t)$(橙色)和 $\boldsymbol{E}_y(t,\pi/2)$(绿色),其中每个频率成分被延迟了四分之一波长,较长的波长需要较长的延时,较短波长则需要较短延时

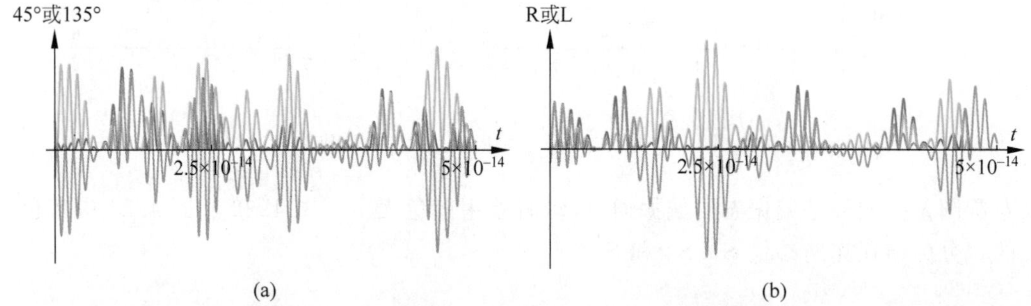

图 4.24 在 3×10^{-14} s 内通过(a)45°(绿色)和 135°(橙色)线偏振器的瞬时光通量,以及(b)右旋(绿色)和左旋(橙色)圆偏振器的瞬时通量。蓝色曲线表示两者之差,为时间函数。对蓝色曲线积分得到 S_2(a)和 S_3(b)。对于此光波,随时间的推移,积分趋向于零

$$\boldsymbol{E}_y(t,\pi/2)=\mathrm{Re}\left[\hat{\boldsymbol{y}}\sum_{r=1}^{R}(A_{y,r}\mathrm{e}^{\mathrm{i}(k_r z-\omega_r t+\pi/2)})\right] \tag{4.28}$$

这个仿真说明了叠加等照度的水平和垂直多色偏振光是如何生成一束近似非偏振光的。答案仅仅是“近似非偏振的”,因为这个计算的结果是随机的,取决于初始参数和积分时间。当仿真在许多不同的初始条件下重新进行时,所得结果是以非偏振光作为均值的分布,或非偏振光是最可能的结果。该方法可以仿真任意偏振态光束的叠加,所得偏振态可很好地用两独立光束的斯托克斯参量之和来近似。因此,可看出斯托克斯参量的叠加如何描述多色光波的叠加。

4.7.3 一个高斯波包的例子

这里给出另一个多色光波叠加的例子,它产生偏振态快速变化的锁模脉冲。具有时变偏振态的脉冲被用于量子光学和光谱学中,以获得对量子态和原子跃迁的良好控制。具有快速变化频率和偏振态的复杂脉冲可将原子或分子置于具有唯一密度矩阵的特定量子态。

一个近似高斯波包由 $Q=21$ 种不同频率、不同线偏振化方向的平行单色平面波组合而成。中心频率 $\omega_0=3\times10^{15}$ rad/s 对应于 $\lambda_0=627.9$nm。21 个频率 ω_q 的间隔是 $\Delta\omega=3\times10^{13}$ rad/s,$q=-10,-9,\cdots,10$,其中

$$\omega_q = 3\times 10^{15} + 3\times 10^{13} q \tag{4.29}$$

实际振幅 A_q 以高斯函数的形式变化(图 4.25),

$$A_q = \frac{\exp\left(\frac{-q^2}{18}\right)}{\sqrt{2\pi}} \tag{4.30}$$

这些选择是任意的,但得出的结论是相当普遍的。

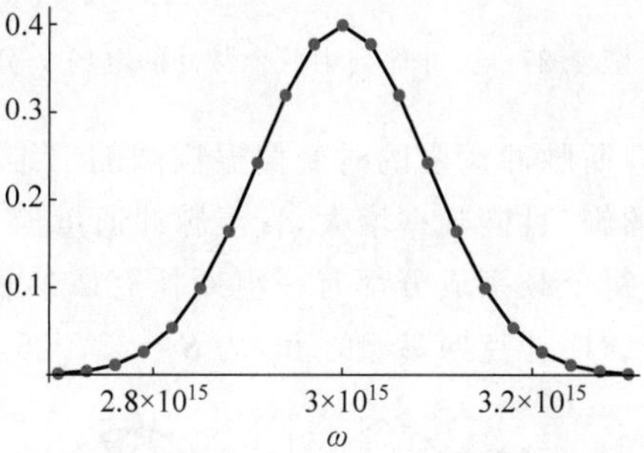

图 4.25　波包的 21 个实振幅形成一个高斯包络线

在 $t=0$ 时,相位都设置为 0。每个频率成分都是线偏振的。中心频率 ω_0 的光波为 0°线偏振。然后,每个频率之间的线偏振角 χ 有 18°(π/10rad)的旋转,

$$\chi_q = \frac{\pi q}{10} \tag{4.31}$$

因此,光波电场相应的时变表达式为

$$\boldsymbol{E}(t) = \sum_{q=-10}^{10} \mathrm{Re}\left[\mathrm{e}^{-\mathrm{i}\omega_q t} A_q \begin{pmatrix} \cos(\pi q/10) \\ \sin(\pi q/10) \end{pmatrix}\right] \tag{4.32}$$

图 4.26 显示了 x 和 y 电场随时间的变化。由于振幅分布近似高斯分布,波形也近似高斯形状。由于频率是离散的和周期性的,所以波形也是周期的(傅里叶级数),周期为 21×10^{-12}s,如图 4.27 所示。斯托克斯偏振测量仪将偏振态 $\boldsymbol{S}$ 测量为各个频率的斯托克斯参量之和。

$$\boldsymbol{S} = \sum_{q=-10}^{10} \boldsymbol{S}_q = \sum_{q=-10}^{10} A_q^2 \begin{pmatrix} 1 \\ \cos(\pi q/5) \\ \sin(\pi q/5) \\ 0 \end{pmatrix} = \begin{pmatrix} 1 \\ \cos(\pi q/5) \\ \sin(\pi q/5) \\ 0 \end{pmatrix} = \begin{pmatrix} 3 \\ 0.5 \\ 0 \\ 0 \end{pmatrix} \tag{4.33}$$

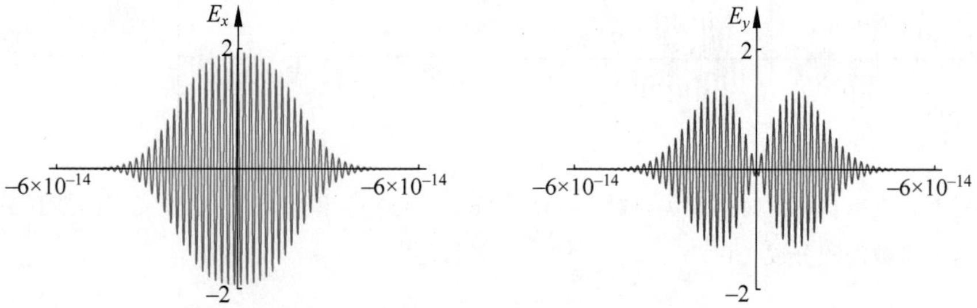

图 4.26　单个波包内的 x 和 y 电场

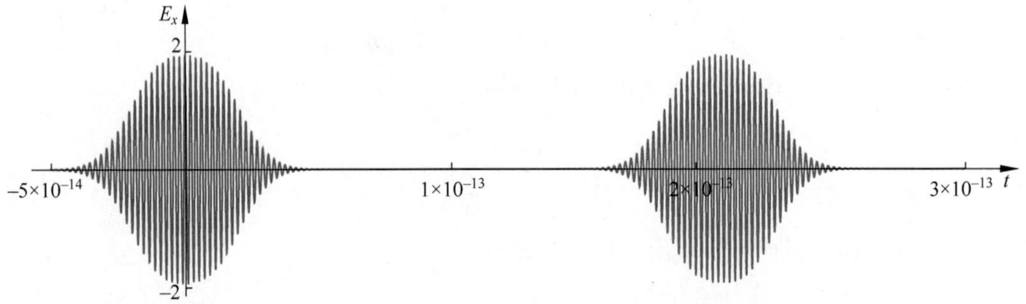

图 4.27 脉冲序列中两个脉冲的电场 x 分量

图 4.28 给出了一个高斯脉冲宽度的时变偏振椭圆的三维视图。电场在脉冲中心呈 0°线偏振,然后开始椭圆状螺旋,且椭圆率增大,直至脉冲通量消失。图 4.29 显示了构成斯托克斯参量的瞬时光通量。每个频率成分都有一组斯托克斯参量 $\boldsymbol{S}_q$,见表 4.1。该光束的斯托克斯参量为各频率成分的斯托克斯参量之和,为 $\boldsymbol{S}=(3,0.5,0,0)$,DoP=1/6。

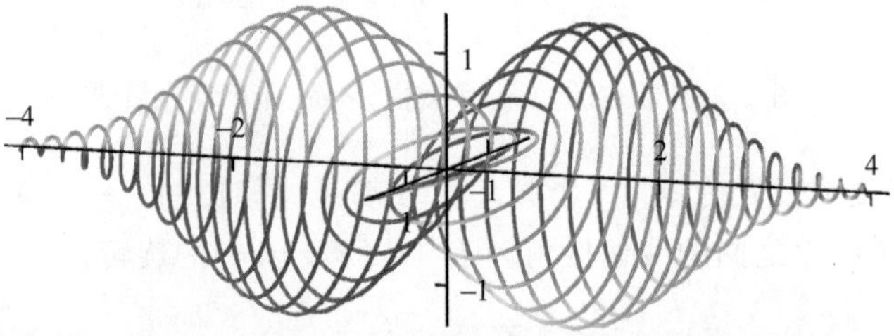

图 4.28 三维视图显示了 x 和 y 分量随时间围绕着轴螺旋,以一种偏振椭圆稳步演变的形式。彩色圈的颜色从红、绿、蓝到红,每 2.1×10^{-15} s 循环一次,这是一个近似周期。脉冲的前半部分具有左螺旋性(逆时针方向)。经过水平偏振后,后半部分脉冲具有右螺旋性。沿 z 轴以 10^{-14} s 为单位标记时间

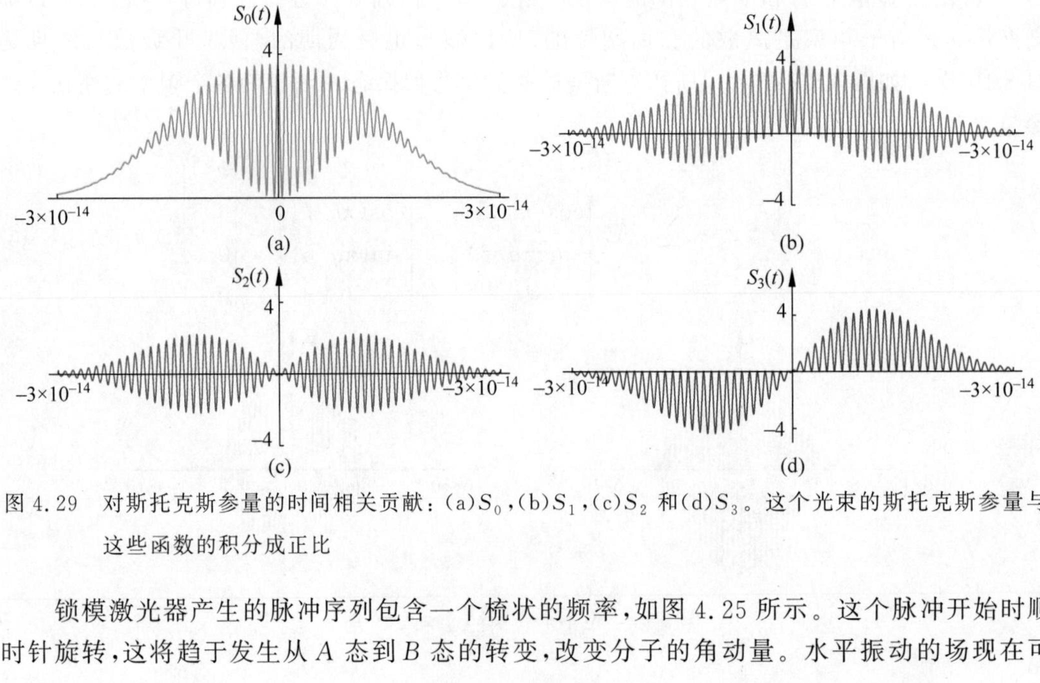

图 4.29 对斯托克斯参量的时间相关贡献:(a)S_0,(b)S_1,(c)S_2 和(d)S_3。这个光束的斯托克斯参量与这些函数的积分成正比

锁模激光器产生的脉冲序列包含一个梳状的频率,如图 4.25 所示。这个脉冲开始时顺时针旋转,这将趋于发生从 A 态到 B 态的转变,改变分子的角动量。水平振动的场现在可

以把分子驱动到 C 态,最后逆时针的场可以把它驱动到另一个 D 态。

锁模激光器通常产生线偏振光。一种产生这种复杂脉冲的方法是使用厚的旋光板,例如 C 向切割的石英,利用它的旋光色散。这将使不同频率的偏振面旋转不同的量,产生像这个例子一样的偏振脉冲。由于腔体 Q 因子,在激光腔内放置旋光板可增加偏振旋转。其他延迟器的组合可产生各种各样的脉冲偏振特性。

表 4.1　高斯波包各频谱成分的斯托克斯参量

序号	S_0	S_1	S_2	S_3
−10	0.00000238	0.00000238	0	0
−9	0.0000196	0.0000159	0.0000115	0
−8	0.000129868	0.0000401316	0.000123512	0
−7	0.000687587	−0.000212476	0.000653935	0
−6	0.00291502	−0.0023583	0.00171341	0
−5	0.0098957	−0.0098957	0	0
−4	0.0268993	−0.021762	−0.015811	0
−3	0.0585498	−0.0180929	−0.0556842	0
−2	0.102047	0.0315343	−0.0970525	0
−1	0.142418	0.115219	−0.0837113	0
0	0.159155	0.159155	0	0
1	0.142418	0.115219	0.0837113	0
2	0.102047	0.0315343	0.0970525	0
3	0.0585498	−0.0180929	0.0556842	0
4	0.0268993	−0.021762	0.015811	0
5	0.0098957	−0.0098957	0	0
6	0.00291502	−0.0023583	−0.00171341	0
7	0.000687587	−0.000212476	−0.000653935	0
8	0.000129868	0.0000401316	−0.000123512	0
9	0.0000196413	0.0000158901	−0.0000115449	0
10	0.00000238	0.00000238	0	0

梳状频率的相对相位对于脉冲整形非常重要。如果在区间$(-\pi,\pi)$内随机选取 21 个相位 ϕ_q,如图 4.30(a)所示,脉冲不再是高斯型,而是具有不规则形状,如图 4.30(b)所示。

$$\boldsymbol{E}(t)=\sum_{q=-10}^{10}\mathrm{Re}\left[\mathrm{e}^{-\mathrm{i}(\omega_q t+\phi_q)}A_q\begin{pmatrix}\cos(\pi q/10)\\ \sin(\pi q/10)\end{pmatrix}\right] \tag{4.34}$$

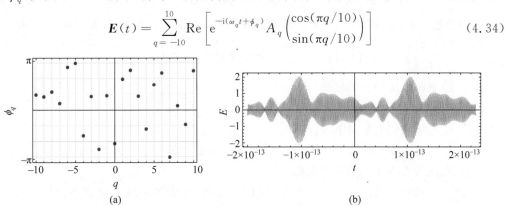

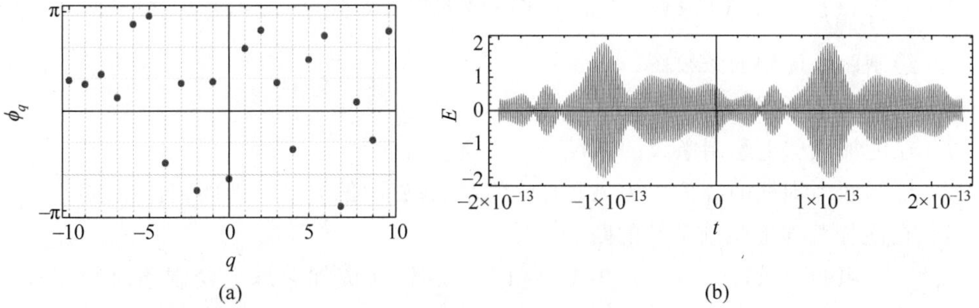

图 4.30　当图 4.25 中的 21 个高斯脉冲振幅被赋予随机相位时(a),脉冲形状被破坏而呈不规则状(b),图示为两个周期

4.8 总结

总之,当叠加两个不同波长和不同偏振态的单色光束时,得到的偏振态在时间上迅速变化。频率差越小,图样重复的时间就越长。偏振分析仪在测量中取许多这种周期的平均值,由于对偏振态取平均值,测量出的偏振度会降低。合成光束的斯托克斯参量等于两个单独激光束的斯托克斯参量之和。

单色光束类似于钢琴上的单个音符,而非相干光束类似于用你的手臂靠在多个钢琴键上弹奏的声音。叠加琼斯矢量类似于在几架不同的钢琴上弹奏完全相同的音符。这些声波会发生相长和相消的干涉,从而在室内建立起声波的干涉条纹。叠加斯托克斯参数类似于几个小孩在同一个房间里敲击钢琴。

4.9 习题集

4.1 计算图 4.19 中三束光的偏振度。

4.2 具有下列相对相位 ϕ 的右旋 $\boldsymbol{R}=(1,-\mathrm{i})/\sqrt{2}$ 和左旋 $\boldsymbol{L}=(1,\mathrm{i})/\sqrt{2}$ 圆偏振光,将其琼斯矢量叠加将得到什么偏振态:

a. 同相,$\phi=0$。

b. 不同相,$\phi=\pi$。

c. 正交,$\phi=\pi/2$。

假设 $\boldsymbol{R}$ 的相位是固定的,而 $\boldsymbol{L}$ 的相位改变。

4.3 编写一个程序来画出 $\boldsymbol{E}=\begin{pmatrix}a_x+\mathrm{i}b_x\\a_y+\mathrm{i}b_y\end{pmatrix}$ 的偏振椭圆,方法是画一系列从 (x_j,y_j) 到 (x_{j+1},y_{j+1}) 的线,其中,对于 $t=(0,\Delta t,2\Delta t,\cdots,1)$,有 $\begin{pmatrix}x_j\\y_j\end{pmatrix}=\mathrm{Re}\left[\mathrm{e}^{-\mathrm{i}2\pi t_j}\begin{pmatrix}a_x+\mathrm{i}b_x\\a_y+\mathrm{i}b_y\end{pmatrix}\right]$。

4.4 当单色的 0°线偏振光与 90°线偏振光干涉时,偏振条纹的琼斯矢量函数为 $\boldsymbol{E}(x)=\mathrm{e}^{-\mathrm{i}2\pi x/\Lambda}\begin{pmatrix}1\\0\end{pmatrix}+\mathrm{e}^{\mathrm{i}2\pi x/\Lambda}\begin{pmatrix}0\\1\end{pmatrix}$,其中 Λ 是条纹的周期。

a. 绘制两个周期的条纹图。

b. 得到的光通量 $P(x)$ 是多少?

c. 在庞加莱球上绘制条纹的路径。

4.5 a. 绘制两个周期的等振幅为 A_0 的单色左、右旋圆偏振光干涉的偏振条纹。

b. 在庞加莱球上绘制条纹的路径。

c. 当振幅变为 $A_R=2A_0/3$ 和 $A_L=4A_0/3$ 时,在庞加莱球上绘制条纹的路径,所得的光通量 $P(x)$ 是多少?

d. 对于 $A_R=A_0/3$ 和 $A_L=5A_0/3$,重复 c. 。

4.6　考虑偏振条纹图样 $\boldsymbol{E}(x)=\begin{pmatrix}\cos(2\pi x/\Lambda)\\ \mathrm{i}\sin(2\pi x/\Lambda)\end{pmatrix}$，这个图样只能由两个特殊偏振态 $\boldsymbol{E}_1$ 和 $\boldsymbol{E}_2$ 在特定的振幅比 $|\boldsymbol{E}_1|/|\boldsymbol{E}_2|$ 通过干涉 $\boldsymbol{E}(x)=\mathrm{e}^{-\mathrm{i}2\pi x/\Lambda}\boldsymbol{E}_1+\mathrm{e}^{\mathrm{i}2\pi x/\Lambda}\boldsymbol{E}_2$ 产生

a. 绘制偏振条纹 $\boldsymbol{E}(x)$。

b. 求唯一的偏振态 $\boldsymbol{E}_1$ 和 $\boldsymbol{E}_2$。

4.7　估算通过干涉产生以下干涉图样的两个唯一的琼斯矢量，估算它们的振幅比和光通量比。

a.

b.

c.

d.

e.

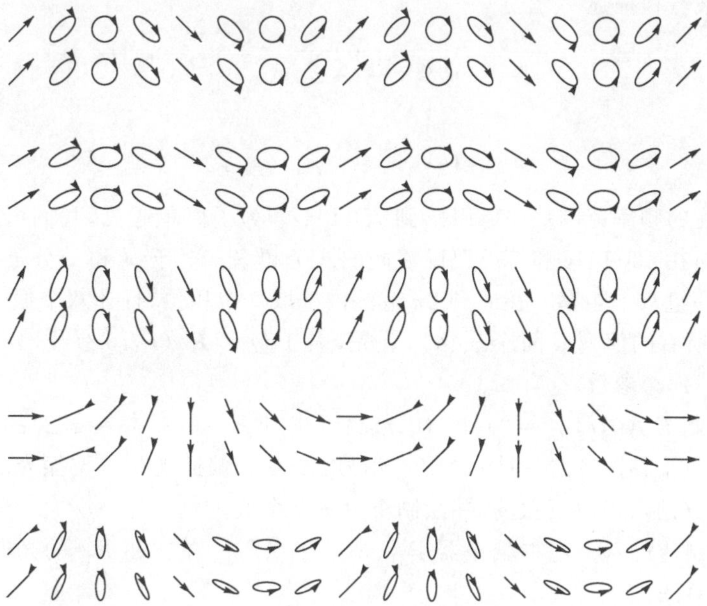

4.8　单色线偏振光 $\boldsymbol{E}_1=\begin{pmatrix}1\\0\end{pmatrix}$ 和椭圆偏振光 $\boldsymbol{E}_2=\begin{pmatrix}\cos\zeta\\ \mathrm{i}\sin\zeta\end{pmatrix}$ 发生干涉。

a. 求 $\boldsymbol{E}_2$ 的椭圆率（关于 ζ 的函数）。

b. 对于 $0\leqslant\zeta\leqslant\pi$，求偏振条纹的条纹可见度 V（关于 ζ 的函数）。

c. 绘制 $\zeta=0,\pi/6,\pi/3,\pi/2,3\pi/4$ 和 π 的偏振条纹。

4.9　三个频率为 $\nu_1=480\mathrm{THz}$，$\nu_2=500\mathrm{THz}$，$\nu_3=520\mathrm{THz}$ 的激光束，经二向色滤光器混合后以相同的传播矢量传播。对应的琼斯矢量是 $\boldsymbol{E}_1=(1,0)$、$\boldsymbol{E}_2=(\cos(\pi/3),\sin(\pi/3))$ 和 $\boldsymbol{E}_3=(\cos(2\pi/3),\sin(2\pi/3))$。

a. 所得的偏振态 $\boldsymbol{E}_\alpha$ 是什么？适当使用琼斯矢量或斯托克斯参量。

b. $\boldsymbol{E}_\alpha$ 的偏振度是多少？

叠加第四束光 $\boldsymbol{E}_4$，它的频率为 $\nu_4=480\mathrm{THz}$，琼斯矢量为 $\boldsymbol{E}_4=(0,\mathrm{i})$。

c. 所得的偏振态 $\boldsymbol{E}_\beta$ 是什么？

d. $\boldsymbol{E}_\beta$ 的偏振度是多少？

e. 现在，移除光束 $\boldsymbol{E}_1$，则 $\boldsymbol{E}_2$、$\boldsymbol{E}_3$ 和 $\boldsymbol{E}_4$ 组合光束的偏振度是多少？

4.10　两个偏振态 $\boldsymbol{E}_1=(2,0)$ 和 $\boldsymbol{E}_2=(-1,\mathrm{i})$ 发生干涉。什么相对相位能产生最亮的光束？哪个相对相位产生最微弱的光束？如果两个平面波以某个角度传播，条纹可见度会是多少？

4.11 带有偏振器的杨氏双缝。杨氏双缝的一个狭缝上配置有一个右旋圆偏振器,另一个狭缝上配有一个左旋圆偏振器。狭缝非常窄,宽度相等。狭缝间距 10 个波长。狭缝被几乎单色的线偏振光均匀地正入射照明。

a. 将远场中屏幕上形成的干涉图案描述为偏离狭缝之间中心线的角度 θ 的函数。

b. 画出偏振条纹。

4.12 这个问题模拟了两个非相干偏振光束的叠加,一个水平偏振,一个垂直偏振。这个例子说明了为什么多色光束的叠加应该用斯托克斯参量之和来处理。两束光都用多色平面波方程描述

$$\boldsymbol{E}_1(z,t)=\mathrm{Re}\left[\hat{\boldsymbol{x}}\sum_{q=1}^{Q}A_{x,q}\mathrm{e}^{\mathrm{i}(k_q z-2\pi v_q t+\phi_{x,q})}\right]$$

$$\boldsymbol{E}_2(z,t)=\mathrm{Re}\left[\hat{\boldsymbol{y}}\sum_{q=1}^{Q}A_{y,q}\mathrm{e}^{\mathrm{i}(k_q z-2\pi v_q t+\phi_{y,q})}\right]$$

可见光的频率范围从 430THz 到 750THz。为了简单起见,我们可减少频率成分,考虑分布在 430THz 和 750THz 之间的八个频率。对于 x 和 y 分量,分别在该谱段中生成一组八个频率。在 0 到 2π 范围内选取八个相位,且让八个振幅都等于 1。

a. 把所有的值列成两个表格。首先,表 1 包含 $\boldsymbol{E}_1(\boldsymbol{r},t)$参数,$1\leqslant q\leqslant 8$,表 2 包含 $\boldsymbol{E}_2(\boldsymbol{r},t)$参数,$1\leqslant r\leqslant 8$。

b. 绘制 $E_x(0,t,\phi_x=0)$、$E_y(0,t,\phi_y=0)$和 $E_y(0,t,\phi_y=\pi/2)$的瞬时值,这是每个分量平移四分之一波长的 E_y 信号,作为 x 偏振光和 y 偏振光的时间函数。使用足够的点来解析振荡,并绘制至少 400 个值。

c. 绘制透过六个基本偏振器 P_{H}、P_{V}、P_{45}、P_{135}、P_{R} 和 P_{L} 的光通量与时间的函数关系图。

d. 用数值积分计算斯托克斯参量。随着积分时间的增加,积分收敛的速度有多快?你的斯托克斯参数可能会收敛到非偏振光,但并不保证就是这样。

e. 为了更好地理解这一点,将第一个 y 频率设置为等于第一个 x 频率,其余频率保持不变。重新计算斯托克斯参量。

f. 最后,将所有八个 y 频率设置为等于八个 x 频率。然后,将所有 y 相位设置为等于对应的 x 相位加上 $\pi/2$。重新计算斯托克斯参量。

g. 从 a 到 e 得出一些结论。

4.13 a. 假设移相泰曼-格林干涉仪(如图所示),它用一个 PBS 和两个线性 $\lambda/4$ 延迟器,使光以最小的损耗通过系统。一旦光束被重新合并,就用检偏器来得到条纹。45°线偏振器前面两光路的琼斯矩阵是什么?整个系统的琼斯矩阵是什么?务必考虑两臂之间不匹配的相位。

b. 假设其中一个 1/4 波片从 45°旋转一个小角度 δ,此臂的新琼斯矩阵是什么?整个系统呢?这对被测相位会有什么影响?

c. 假设其中一个波片的延迟量偏离一个很小的量 δ。此臂的新琼斯矩阵是什么?整个系统呢?这对被测相位会有什么影响?

d. 当以 $\boldsymbol{L}_{45}$ 入射时,绘制偏振(在 $\mathbf{LP}_{45}$ 之前)随相移的函数。

e. 画出条纹对比度随输入偏振态变化的函数。

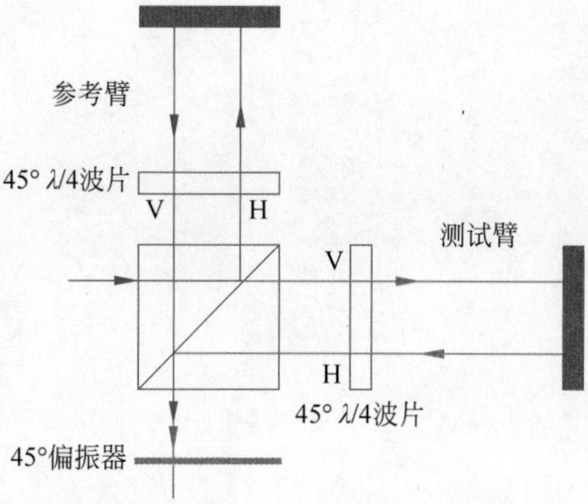

f. 什么偏振态的条纹对比度最大?

g. 什么偏振态的条纹对比度最小?

4.10 参考文献

[1] O. S. Heavens and R. W. Ditchburn, Insight into Optics, New York: John Wiley & Sons(1991).

[2] E. Hecht, Optics, 4th edition, Addison Wesley(2002), pp. 386-387.

[3] D. Malacara, (ed.), Optical Shop Testing, Vol. 59, New York: John Wiley & Sons(2007).

[4] E. P. Goodwin and J. C. Wyant, Field guide to interferometric optical testing, SPIE(2006).

[5] C. M. Vest, Holographic Interferometry, Vol. 476, New York: John Wiley & Sons(1979), p. 1.

[6] P K. Rastogi, Holographic Interferometry, Vol. 1, Heidelberg/Berlin: Springer(1994).

[7] S. Tolansky, An Introduction to Interferometry, New York: John Wiley & Sons(1973).

[8] P L. Polavarapu, (ed.), Principles and Applications of Polarization-Division Interferometry, New York: John Wiley & Sons(1998).

[9] A. Ya Karasik and V. A. Zubov, Laser Interferometry Principles, Boca Raton, FL: CRC Press(1995).

[10] M. P Rimmer and J. C. Wyant, Evaluation of large aberrations using a lateral-shear interferometer having variable shear, Applied Optics 14. 1(1975): 142-150.

第 5 章

琼斯矩阵及偏振特性

5.1 引言

偏振元件是用于改变或控制光的偏振态以及在偏振态之间转换的光学元件。最常见的偏振元件是偏振器和延迟器。反射镜、透镜、薄膜和几乎所有的光学元件在一定程度上都会改变偏振，但它们通常不被视为偏振元件，因为这不是它们的主要作用，而是副作用。

偏振元件和光学元件的偏振特性可分为三大类：

- 二向衰减，偏振相关的振幅变化；
- 延迟，偏振相关的相位变化；
- 退偏，偏振度的随机降低。

本章讨论以下这类问题：给定一系列偏振特性，计算相应的琼斯矩阵，这是正向问题。琼斯矩阵提供了一种强有力的方法来描述偏振元件序列和通过光学系统光路的内在偏振特性。第 14 章将继续讨论琼斯矩阵的逆向问题，即给定一个任意的琼斯矩阵，确定它的偏振特性。

本章用琼斯矩阵对偏振器、延迟器、二向衰减和延迟进行了描述。偏振元件序列通过矩阵乘法来建模。退偏不能用琼斯矩阵来描述，因此这个问题被推迟到第 6 章用米勒矩阵算法来处理。第 9 章将琼斯矩阵方法扩展到三维表示，即偏振光线追迹计算。

首先，在 5.2 节和 5.3 节描述了基本的偏振效应和材料特性。接下来介绍了用来对这些特性进行建模的各种琼斯矩阵。然后，用厄米矩阵、酉矩阵和奇异值分解方法分析了更复杂矩阵的二向衰减和延迟分量。

5.2　二向色性和双折射材料

许多偏振元件由特定材料制成，其光学特性由与偏振态相关的折射率和吸收系数描述。这些偏振材料有许多例子，包括大多数晶体（例如方解石和石英）、方向性材料（例如偏振片），以及纳米结构材料（例如衍射光栅、全息图和线栅偏振器）。

当一种材料的吸收系数与偏振态有关时，该材料是二向色（dichroic）的，显示出二向色性（dichroism）。1815 年，Biot 首次在准宝石电气石[1]中发现了二向色性。图 5.1 展示了四块电气石在 0°和 90°偏振光照射下的二向色性。在可见光谱中，寻常光比异常光被吸收得多[2-3]。常用的偏振片是二向色偏振器的另一个例子[4-5]。

当材料的折射率与偏振态相关时，材料是双折射的，双折射率是两个主折射率之差，$\Delta n = n_1 - n_2$。双折射材料的主要用途是制作延迟器。

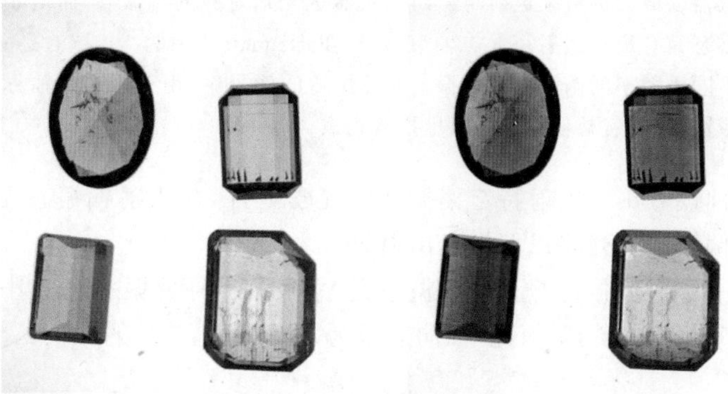

(a)　　(b)

图 5.1　二向色性最早发现于电气石中。二向色的准宝石电气石对于正交偏振具有不同的吸收光谱，并且会使透射光部分偏振化。(a)通过一个 0°偏振器，这四块切割抛光后的电气石更加明亮，透光度更高。(b)通过 90°偏振器，颜色发生偏移，因为吸收带与偏振相关，宝石颜色更深

5.3　二向衰减和延迟

本节给出了偏振元件偏振特性的基本定义，5.4～5.6 节将讨论它们的矩阵表示。

5.3.1　二向衰减

二向衰减——元件的光强透射率是入射偏振态的函数，如图 5.2 所示[6]。二向衰减 D 是偏振器或部分偏振器性能的度量。由最大 $T_{\max}$（在所有偏振态中）和最小 $T_{\min}$ 光强透射率，定义二向衰减为

$$D = \frac{T_{\max} - T_{\min}}{T_{\max} + T_{\min}}, \quad 0 \leqslant D \leqslant 1 \tag{5.1}$$

二向衰减的性质很有用，D 从 1 变化到 0，其中 1 对应于偏振器，0 对应于均等透射所有

偏振态的元件,例如延迟器或非偏振元件。当非偏振光入射到偏振元件上时,出射光的偏振度等于该元件的二向衰减率。

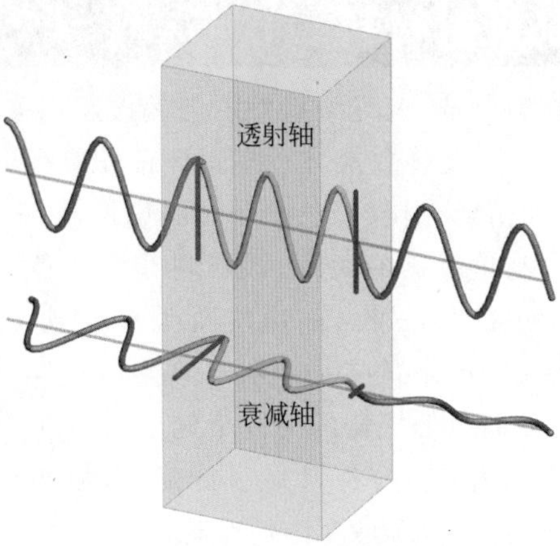

图 5.2 二向衰减器以最大透射率透射与二向衰减器透光轴对齐的偏振态,而与衰减轴对齐的正交偏振态具有最小透射率。二向衰减器(diattenuator)中的"di"指的是两个,这里是指具有不同透射率的两个本征偏振。在偏振片的例子中,由于沿衰减轴方向偏振的光波吸收系数很大,衰减偏振态振幅呈指数衰减

偏振器——一种设计用于透射特定偏振态的光学元件,与入射偏振态无关。正交态的透射接近于零。非偏振入射光将以偏振光出射。

理想偏振器——透射偏振态与入射偏振态无关,只有一种偏振态能出射。正交偏振态,即消光态,其透射率为 $T_{\min}=0$。因此,二向衰减为

$$D=\frac{T_{\max}-0}{T_{\max}+0}=1 \tag{5.2}$$

所以对于理想偏振器,$D=1$。偏振器从不是理想的,它们的二向衰减接近但小于 1。

线偏振器——这样一种器件,当置于非偏振入射光中时,产生光束的电场矢量主要在一个平面内振荡,在垂直平面内只有一个很小的分量[7]。

偏振无关透射——当所有入射偏振态以相等的衰减率透射时,即 $T_{\max}=T_{\min}$,此时二向衰减为

$$D=\frac{T_{\max}-T_{\max}}{T_{\max}+T_{\max}}=0 \tag{5.3}$$

一个例子是理想延迟器;透射时偏振态发生变化,但 $T_{\max}$ 和 $T_{\min}$ 相等,$D=0$。

消光比——E,即最大透射率与最小透射率之比,是衡量偏振器性能的另一个常用指标。

$$E=\frac{T_{\max}}{T_{\min}}=\frac{1+D}{1-D} \tag{5.4}$$

对于理想的偏振器 $E=\infty$。

二向衰减器——展现二向衰减的光学元件或偏振元件。偏振器的二向衰减率非常接近 1,但几乎所有的光学表面都有一定的二向衰减。二向衰减器的例子包括偏振器和二向色性材料(偏振片、电气石),以及用菲涅耳方程描述反射和透射差异的金属和介电界面、薄膜(均

匀的和各向同性的)和衍射光栅。

偏振相关损耗——PDL,以分贝为单位的消光比,

$$\mathrm{PDL}=10\lg\frac{T_{\max}}{T_{\min}} \tag{5.5}$$

偏振相关损耗是光纤光学中表述二向衰减的一种常用方式。

二向色性——一种材料特性,它在光传播过程中引起二向衰减。二向色性与正交偏振态的吸收系数差异有关。

5.3.2　延迟

本征偏振——以与入射态相同的偏振态离开元件或系统的偏振态。除了振幅和绝对相位可能发生变化,出射态保持不变。每个非退偏偏振元件都有两个本征偏振。任何非本征偏振态的入射光都以不同于入射态的偏振态透射。本征偏振是相应的琼斯或米勒矩阵的本征向量。

理想延迟器——一种具有两个本征偏振态的无损光学元件,这两个本征态具有不同光程长度(OPL)或相位变化量。图 5.3 展示了通过半波延迟器传播的两种模式的不同延迟。

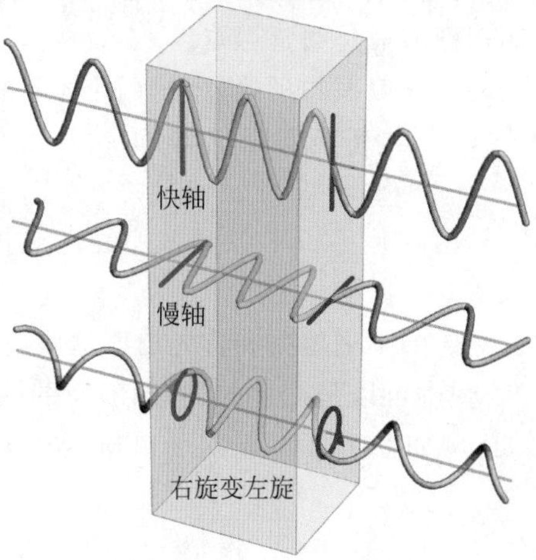

图 5.3　在延迟器中,上方的光波和中间的光波这两种模式具有不同的光程长度。沿着快轴偏振的偏振态,在入射后经过 $2\frac{1}{4}$个周期首先射出。沿着慢轴的偏振态出射得较晚,在入射后经 $2\frac{3}{4}$个周期射出。任何其他偏振态的光都以不同的偏振态出射。对于这种半波线性延迟器,右旋圆偏振光将以左旋圆偏振光出射

延迟器——偏振特性接近理想延迟器的一种光学元件。延迟器会有一些传输损耗,通常会有少量的二向衰减。两个本征偏振的透射率应该相等(否则该元件也将是一个二向衰减器)。例如,双折射延迟器,如波片,由于双折射将入射光分成具有正交偏振的两个模式,其中一个模式相对于另一个模式发生延迟,两个模式之间折射率不同。其他产生延迟的相互作用包括金属反射、多层薄膜的反射和透射、应力双折射以及与衍射光栅的相互作用。这

些相互作用也经常同时带有延迟和二向衰减。

延迟量——δ,本征偏振之间的光程差。延迟量通常用四种不同的单位来表示(表5.1)。在本书中,延迟量一般用弧度表示,所以$\delta=2\pi$表示一个波长的光程差。π弧度的延迟量是180°或$\lambda/2$(半波)。从上下文可以很容易看出用法。

表5.1 延迟量的常用单位

弧度	对于一个波长的延迟量 $\delta=2\pi$
角度	对于一个波长的延迟量 $\delta=360°$
纳米	对于一个波长的延迟量 $\delta=\lambda$;对于550nm的光,$\delta=550$nm
波数	对于一个波长的延迟量 $\delta=1$

实际中最常见的延迟器是四分之一波长线性延迟器和半波长线性延迟器。四分之一波长线性延迟器具有$\pi/2$弧度的延迟量,最常用于线性偏振光和圆偏振光之间的转换。半波线性延迟器具有π的延迟量,通常用于旋转线性偏振面。

线性延迟器——具有快、慢本征偏振的延迟器,这两个本征偏振态是正交的和线性偏振的。线性延迟器通常由双折射晶体板制成,特别是方解石、氟化镁、石英、金红石和钒酸钇这些晶体。

圆延迟器——具有快、慢本征偏振的延迟器,这两个本征偏振是左旋和右旋圆偏振的。光学活性液体,如葡萄糖和葡萄糖溶液是圆延迟器。

椭圆延迟器——具有快、慢本征偏振的延迟器,这两个本征偏振是正交的椭圆偏振态。晶体石英是椭圆延迟器、线性延迟器还是圆延迟器,取决于晶片是如何从晶体上切割下来的。

波片——也称为延迟片,是由一片平行平板或多片线性双折射材料板构成的延迟片。波片几乎总是线性延迟器。

快轴——与较小的OPL对应的本征偏振和首先出射的偏振态。对于双折射延迟器,它是与较低折射率对应的模式。快轴可以是线性的、椭圆形态的或圆形态的。对于线性延迟器,轴是一条特定角度的直线,例如0°和180°。对于椭圆或圆延迟器,则是对应的椭圆偏振态。

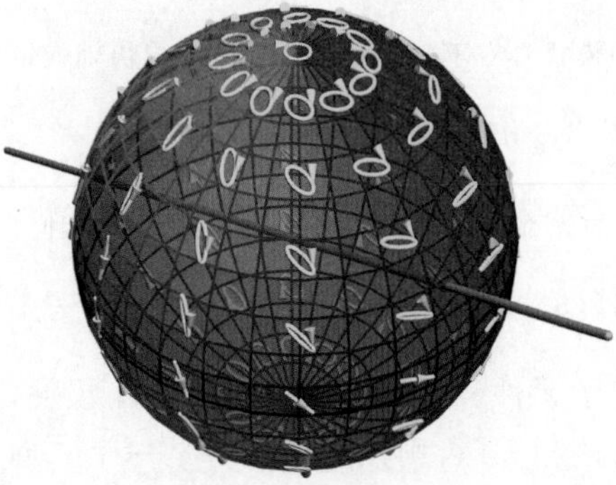

图5.4 穿过庞加莱球中心的轴(棕色)

慢轴——与较大OPL相关的本征偏振,对于双折射延迟器,它是与较高折射率对应的模式。

请注意,术语“轴”(axis)听起来似乎仅指线性偏振态,但如这里所使用的,快和慢本征偏振也可以是椭圆形或圆形的,术语“轴”仍然适用。如图5.4所示,穿过庞加莱球[①]中心的轴可以穿过两个正交的线偏振态、两个正交的椭圆偏振态或两个正交的圆偏振态。

双折射——引起传播延迟的一种材料特性。

① 庞加莱球在第3章中介绍。

为简单起见，上述定义仅参考了元件的透射。这里所使用的术语“透射”(transmission)的定义适用于从光学元件出射的任何光束，透射的、反射的、被衍射光栅衍射的、从表面或体内散射的，等等。

数学小贴士 5.1　矩阵乘法

矩阵 $\boldsymbol{A}$ 和矩阵 $\boldsymbol{B}$ 的矩阵乘积，$\boldsymbol{AB}$ 或 $\boldsymbol{A}\cdot\boldsymbol{B}$，是 $\boldsymbol{A}$ 的相应行和 $\boldsymbol{B}$ 的相应列的逐元素内积计算的[8-10]。$\boldsymbol{A}\cdot\boldsymbol{B}$ 的第 i,j 个元素是

$$(\boldsymbol{A}\cdot\boldsymbol{B})_{i,j}=\sum_k A_{i,k}B_{k,j} \tag{5.6}$$

当需要阐明方程的矩阵乘法含义时，插入点乘(·)表示矩阵乘法。在矩阵乘法运算很明显的其他地方，可以将点乘符号去掉。

矩阵乘法与阶数有关，因为一般来说，矩阵不能交换，

$$\sum_k A_{i,k}B_{k,j}\neq\sum_k B_{i,k}A_{k,j},\quad 所以\ \boldsymbol{A}\cdot\boldsymbol{B}\neq\boldsymbol{B}\cdot\boldsymbol{A} \tag{5.7}$$

当 $\boldsymbol{A}\cdot\boldsymbol{B}=\boldsymbol{B}\cdot\boldsymbol{A}$，$\boldsymbol{A}$ 和 $\boldsymbol{B}$ 称为可交换矩阵。

矩阵乘法是可结合的，相邻矩阵可以任意顺序用括号组合并相乘，

$$(\boldsymbol{A}\cdot\boldsymbol{B})\cdot\boldsymbol{C}=\boldsymbol{A}\cdot(\boldsymbol{B}\cdot\boldsymbol{C}) \tag{5.8}$$

5.4　琼斯矩阵

琼斯矩阵的数学理论为描述这些偏振效应提供了一套系统的方法，特别适用于计算光学元件序列的相互作用。琼斯矩阵提供了一种简单的方法来表征偏振元件和光学元件的偏振特性。琼斯矩阵和琼斯矢量一起组成琼斯计算法；计算法指的是一种用于计算的系统方法，这里指偏振计算[11-17]。其中，入射光由二元琼斯矢量 $\boldsymbol{E}$(第 2 章)表示。偏振元件用琼斯矩阵 $\boldsymbol{J}$ 表示，这是一个 2×2 的复元素矩阵。

琼斯矩阵通过矩阵—矢量乘法将任意入射偏振态 $\boldsymbol{E}_0$ 与相应的出射偏振态 $\boldsymbol{E}'$ 关联起来，

$$\begin{aligned}\boldsymbol{E}'=\boldsymbol{J}\cdot\boldsymbol{E}_0&=\begin{pmatrix}j_{xx}&j_{xy}\\j_{yx}&j_{yy}\end{pmatrix}\begin{pmatrix}E_x\\E_y\end{pmatrix}=\begin{pmatrix}j_{x\leftarrow x}&j_{x\leftarrow y}\\j_{y\leftarrow x}&j_{y\leftarrow y}\end{pmatrix}\begin{pmatrix}E_x\\E_y\end{pmatrix}\\&=\begin{pmatrix}j_{xx}E_x+j_{xy}E_y\\j_{yx}E_x+j_{yy}E_y\end{pmatrix}=\begin{pmatrix}E'_x\\E'_y\end{pmatrix}\end{aligned} \tag{5.9}$$

式(5.9)中的点乘代表矩阵—矢量相乘。琼斯矩阵可以表征单个偏振元件或偏振元件序列的偏振变换。琼斯矢量元素 E_x 和 E_y 的单位是伏特每米(电场单位)。琼斯矩阵元素 j_{xx}、j_{xy}、j_{yx} 和 j_{yy} 是无量纲的。

如图 5.5 所示的偏振元件序列的琼斯矩阵为 $\boldsymbol{J}$，

$$\boldsymbol{J}=\boldsymbol{J}_Q\cdot\boldsymbol{J}_{Q-1}\cdots\boldsymbol{J}_2\cdot\boldsymbol{J}_1=\prod_{q=1}^{Q}\boldsymbol{J}_{Q-q+1} \tag{5.10}$$

它由矩阵乘法确定。在这种乘积表示法中，$\prod$ 表示一系列项的乘积，这里是矩阵乘法。与光相互作用的第一个元件在矩阵乘法的右侧，与光相互作用的最后一个元件在矩阵乘法

的左侧。使用矩阵的一个好处是,系统表征可适用于所有入射偏振态。

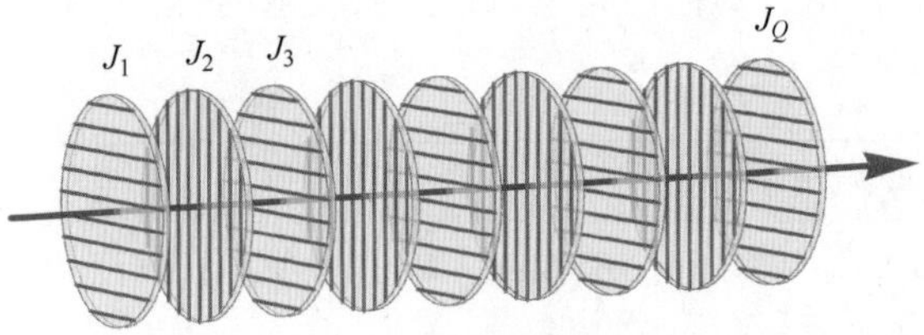

图 5.5 光通过一系列 Q 个用琼斯矩阵 $\boldsymbol{J}_q$ 表示的偏振元件传播

5.4.1 本征偏振

特征值和特征向量有助于理解和分类琼斯矩阵的偏振属性。矩阵的特征向量是与矩阵相乘后保持其方向的向量;输出特征向量是输入特征向量的常数倍。每个琼斯矩阵有两个特征向量 $\boldsymbol{E}_q$ 和 $\boldsymbol{E}_r$,以及两个相关的特征值 ξ_q 和 ξ_r,它们满足

$$\begin{cases}\boldsymbol{J}\cdot\boldsymbol{E}_q=\xi_q\boldsymbol{E}_q=\rho_q \mathrm{e}^{-\mathrm{i}\phi_q}\boldsymbol{E}_q\\ \boldsymbol{J}\cdot\boldsymbol{E}_r=\xi_r\boldsymbol{E}_r=\rho_r \mathrm{e}^{-\mathrm{i}\phi_r}\boldsymbol{E}_r\end{cases} \tag{5.11}$$

相互作用后,特征向量的振幅 ρ_q 和 ρ_r 以及相位 φ_q 和 φ_r 可能已经改变,但是它的状态,即方向和椭圆率没有改变。特征值是振幅和相位的相应变化。琼斯矩阵的特征向量也被称为本征偏振,因为它们代表两个且仅有两个偏振态,这两个偏振态在透射时不发生改变[18]。与单位矩阵成正比的矩阵是例外,所有的偏振态都是其本征偏振。

数学小贴士 5.2 2×2 矩阵的特征值和特征向量

为求解式(5.11)的两个特征值 ξ_q、ξ_r,建立了特征方程,

$$\begin{aligned}\det(\boldsymbol{J}-\xi I)&=\det\begin{pmatrix} j_{xx}-\xi & j_{xy}\\ j_{yx} & j_{yy}-\xi\end{pmatrix}\\ &=(j_{xx}-\xi)(j_{yy}-\xi)-j_{xy}j_{yx}=0\end{aligned} \tag{5.12}$$

$\boldsymbol{I}$ 是 2×2 的单位矩阵。如果矩阵有一个逆矩阵,则它的行列式 $\det(\boldsymbol{J})$是非零的,且行列式大小给出了矩阵变换的比例因子。2×2 矩阵的行列式为

$$\det\left[\begin{pmatrix} m_{11} & m_{12}\\ m_{21} & m_{22}\end{pmatrix}\right]=m_{11}m_{22}-m_{12}m_{21} \tag{5.13}$$

式(5.12)右边是一个关于 ξ 的二次方程

$$\xi^2-(j_{xx}+j_{yy})\xi+j_{xx}j_{yy}-j_{xy}j_{yx}=0 \tag{5.14}$$

此方程的两个解,即特征值 ξ_q 和 ξ_r,可根据琼斯矩阵元素求出

$$\xi_q,\xi_r=\frac{j_{xx}+j_{yy}}{2}\pm\frac{1}{2}\sqrt{(j_{xx}-j_{yy})^2+4j_{xy}j_{yx}} \tag{5.15}$$

把特征值代入方程(5.11)求解特征向量。由于不需要对特征向量进行归一化,所以可以将特征向量设置为试验向量(trial vectors)

$$\boldsymbol{E}_q=\begin{pmatrix}1\\q\end{pmatrix}\quad 和 \quad \boldsymbol{E}_r=\begin{pmatrix}1\\r\end{pmatrix} \tag{5.16}$$

其中 q 和 r 可由下式计算

$$q=\frac{-j_{xx}+j_{yy}+\sqrt{(j_{xx}-j_{yy})^2+4j_{xy}j_{yx}}}{2j_{xy}}=\frac{\xi_q-j_{xx}}{j_{xy}}=\frac{j_{yx}}{\xi_q-j_{yy}} \tag{5.17}$$

$$r=\frac{-j_{xx}+j_{yy}+\sqrt{(j_{xx}-j_{yy})^2+4j_{xy}j_{yx}}}{2j_{xy}}=\frac{\xi_r-j_{xx}}{j_{xy}}=\frac{j_{yx}}{\xi_r-j_{yy}} \tag{5.18}$$

两个归一化的本征偏振是

$$\hat{\boldsymbol{E}}_q=\frac{\mathrm{e}^{-\mathrm{i}\zeta_1}}{\sqrt{1+|q|^2}}\begin{pmatrix}1\\q\end{pmatrix}\quad 和 \quad \hat{\boldsymbol{E}}_r=\frac{\mathrm{e}^{-\mathrm{i}\zeta_2}}{\sqrt{1+|r|^2}}\begin{pmatrix}1\\r\end{pmatrix} \tag{5.19}$$

相位 ζ_1 和 ζ_2 是任意的。特征向量的总相位 ζ 是不确定的，这里标注出来是为了提醒它是一个自由参数。对于复值向量，归一化的条件是 $\boldsymbol{E}_q^{\dagger}\cdot\boldsymbol{E}_q=1$。

式(5.17)的特殊情况，其中

$$j_{yx}=0\ 和\ \xi_q-j_{yy}=0,\quad 则\ \boldsymbol{E}_q=\begin{pmatrix}0\\1\end{pmatrix} \tag{5.20}$$

类似地，当

$$j_{yx}=0\ 和\ \xi_r-j_{yy}=0,\quad 则\ \boldsymbol{E}_r=\begin{pmatrix}0\\1\end{pmatrix} \tag{5.21}$$

一个 $n\times n$ 的方阵将有 n 个特征值和 n 个特征向量。

根据本征偏振的正交性，琼斯矩阵被分为两类[19]：齐次的和非齐次的。当 $\boldsymbol{E}_q^{\dagger}\cdot\boldsymbol{E}_r=0$ 时，两个复值向量是正交的。

齐次偏振元件——本征偏振正交的元件。它的本征偏振态对应最大和最小透射率，也对应于最大和最小 OPL。齐次琼斯矩阵具有相对简单的性质。根据本征偏振的形式，齐次元件可分为线偏振的、圆偏振的或椭圆偏振的。因此，当 $\boldsymbol{E}_q$ 和 $\boldsymbol{E}_r$ 是线偏振态时，$\boldsymbol{J}$ 是线性偏振元件：线性二向衰减器、线性延迟器，或线性二向衰减器和延迟器的组合。当 $\boldsymbol{E}_q$ 和 $\boldsymbol{E}_r$ 为圆偏振态时，$\boldsymbol{J}$ 为圆偏振元件。同样，当 $\boldsymbol{E}_q$ 和 $\boldsymbol{E}_r$ 为椭圆偏振态时，$\boldsymbol{J}$ 为椭圆偏振元件。

非齐次偏振元件——本征偏振不正交的元件，即 $\boldsymbol{E}_q^{\dagger}\cdot\boldsymbol{E}_r\neq 0$。当二向衰减轴和延迟轴不对齐时就会出现这种情况。非齐次琼斯矩阵有更复杂的性质，不能简单地归类为线偏振、圆偏振或椭圆偏振元件。非齐次矩阵的本征偏振通常不是最大和最小透射率所对应的偏振态。这种非齐次元件也将对前向和后向传播的光束展现不同的偏振特性。第 14 章将详细介绍非齐次矩阵。

例 5.1　非齐次矩阵

矩阵 $\begin{pmatrix}1 & -1/2\\0 & 1/2\end{pmatrix}$ 具有特征值 $\xi_q=1$、$\xi_r=1/2$，对应的特征向量为 $\boldsymbol{E}_q=\begin{pmatrix}1\\0\end{pmatrix}$(0°线偏振光)和 $\boldsymbol{E}_r=\begin{pmatrix}1\\1\end{pmatrix}$(45°线偏振光)。因此，$\boldsymbol{E}_q^{\dagger}\cdot\boldsymbol{E}_r\neq 0$，它是非齐次的。

5.4.2 琼斯矩阵标记法

琼斯矩阵和米勒矩阵使用相同的符号,因为它们总是分开出现,它们的乘法会产生各自的输出结果。除非另有说明,延迟器琼斯矩阵假定采用对称相位约定(表5.2)。

表5.2 理想偏振元件矩阵的表示法

CR(δ)	圆延迟器,延迟量 δ	式(5.48)
ED(d_H, d_{45}, d_R)	椭圆二向衰减器,二向衰减分量 d_H, d_{45}, d_R	式(5.56)
EP(ε, ψ)	椭圆偏振器,椭圆率 ε,方向角 ψ	式(5.30)
ER($\delta_H, \delta_{45}, \delta_R$)	椭圆延迟器,延迟分量 $\delta_H, \delta_{45}, \delta_R$	式(5.60)
LD(t_1, t_2, θ)	线性二向衰减器(部分偏振器),振幅透射率 $t_1, t_2 (t_1 \geqslant t_2)$,$t_1$ 轴为 θ 方向	式(5.33)
LP(θ)	线偏振器,透射轴在 θ 方向	式(5.29)
LR(δ, θ)	线性延迟器,延迟量 δ,快轴的方向角为 θ	式(5.41)
$\boldsymbol{R}(\theta)$	以角度 θ 改变基底的旋转矩阵	式(5.23)

5.4.3 琼斯矩阵的旋转

如图5.6所示,许多光学系统需要旋转偏振器或延迟器来改变和调制偏振态。给定偏振元件的初始琼斯矩阵 $\boldsymbol{J}$,当该元件围绕光传播方向旋转角度 θ 时,新的琼斯矩阵 $\boldsymbol{J}(\theta)$ 为

$$\boldsymbol{J}(\theta) = \boldsymbol{R}(\theta) \cdot \boldsymbol{J} \cdot \boldsymbol{R}(-\theta) \tag{5.22}$$

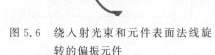

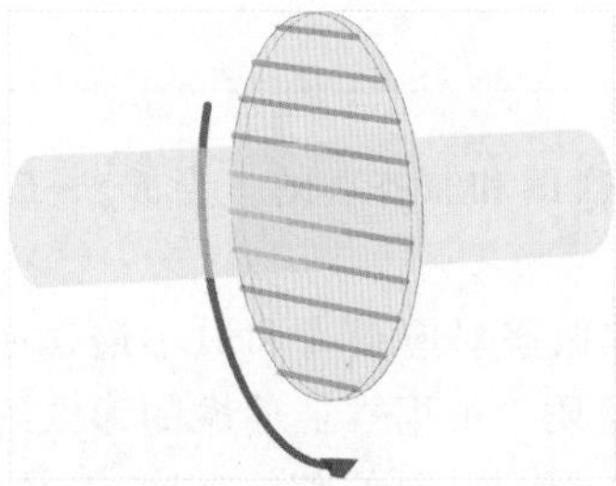

图5.6 绕入射光束和元件表面法线旋转的偏振元件

其中琼斯旋转矩阵 $\boldsymbol{R}$ 与二维笛卡儿旋转矩阵相同,

$$\boldsymbol{R}(\theta) = \begin{pmatrix} \cos\theta & -\sin\theta \\ \sin\theta & \cos\theta \end{pmatrix} \tag{5.23}$$

这是一个基底酉变换的示例。类似地,一个琼斯矢量 $\boldsymbol{E}$,旋转 θ 角后变为 $\boldsymbol{E}(\theta) = \boldsymbol{R}(\theta) \cdot \boldsymbol{E}$。

记住 $\boldsymbol{R}(\theta)$ 中 j_{xy} 和 j_{yx} 元素上负号位置的一种方法是将 $\boldsymbol{H} = \begin{pmatrix} 1 \\ 0 \end{pmatrix}$ 旋转为 $\hat{45} = \frac{1}{\sqrt{2}}\begin{pmatrix} 1 \\ 1 \end{pmatrix}$,即

$$\boldsymbol{R}(45°) \cdot \boldsymbol{H} = \frac{1}{\sqrt{2}}\begin{pmatrix} 1 & -1 \\ 1 & 1 \end{pmatrix} \cdot \begin{pmatrix} 1 \\ 0 \end{pmatrix} = \frac{1}{\sqrt{2}}\begin{pmatrix} 1 \\ 1 \end{pmatrix} \tag{5.24}$$

琼斯旋转矩阵 $\boldsymbol{R}(\theta)$ 具有以下性质:

(1) 对于一系列旋转,角度可以相加,

$$\boldsymbol{R}(\alpha) \cdot \boldsymbol{R}(\beta) = \boldsymbol{R}(\alpha + \beta) \tag{5.25}$$

(2) $\boldsymbol{R}(-\theta)$ 是 $\boldsymbol{R}(\theta)$ 的逆,

$$\boldsymbol{R}(\alpha) \cdot \boldsymbol{R}(-\alpha) = \boldsymbol{R}(\alpha) \cdot \boldsymbol{R}^{-1}(\alpha) = \boldsymbol{R}(\alpha - \alpha) = \boldsymbol{R}(0) = \begin{pmatrix} 1 & 0 \\ 0 & 1 \end{pmatrix} \tag{5.26}$$

(3) $\boldsymbol{R}$ 满足交换律,$\boldsymbol{R}(\alpha) \cdot \boldsymbol{R}(\beta) = \boldsymbol{R}(\beta) \cdot \boldsymbol{R}(\alpha)$。

当入射态和偏振元件一起旋转 θ 时,

$$[\boldsymbol{R}(\theta) \cdot \boldsymbol{J} \cdot \boldsymbol{R}(-\theta)] \cdot [\boldsymbol{R}(\theta) \cdot \boldsymbol{E}] = \boldsymbol{R}(\theta) \cdot \boldsymbol{J} \cdot \boldsymbol{E} \tag{5.27}$$

两次旋转 $\boldsymbol{R}(-\theta) \cdot \boldsymbol{R}(\theta)$ 相互抵消,这提供了一种方法来记住旋转一个矩阵是 $[\boldsymbol{R}(\theta) \cdot \boldsymbol{J} \cdot \boldsymbol{R}(-\theta)]$,而不是相反。

5.5　偏振器和二向衰减器的琼斯矩阵

5.5.1　偏振器的琼斯矩阵

理想的偏振器完全透射一种偏振态，并完全衰减另一个正交偏振态。水平线偏振器的琼斯矩阵 **LP**(0)透射入射光中的所有 x 分量并阻挡 y 分量，

$$\mathbf{LP}(0°)\cdot\begin{pmatrix}E_x\\E_y\end{pmatrix}=\begin{pmatrix}1&0\\0&0\end{pmatrix}\cdot\begin{pmatrix}E_x\\E_y\end{pmatrix}=\begin{pmatrix}E_x\\0\end{pmatrix}\tag{5.28}$$

调整线偏振器琼斯矩阵 **LP**(0)的方向，使其通过角度 θ 偏振的光，调整角度后的琼斯矩阵可用式(5.22)计算[20]，

$$\mathbf{LP}(\theta)=\boldsymbol{R}(\theta)\cdot\mathbf{LP}(0)\cdot\boldsymbol{R}(-\theta)=\begin{pmatrix}\cos^2\theta & \cos\theta\sin\theta\\ \cos\theta\sin\theta & \sin^2\theta\end{pmatrix}\tag{5.29}$$

表 5.3　偏振器的琼斯矩阵

透　射　轴	偏振器的琼斯矩阵
水平线偏振器 **HLP**,$\boldsymbol{L}(0°)$	$\begin{pmatrix}1&0\\0&0\end{pmatrix}$
垂直线偏振器 **VLP**,$\boldsymbol{L}(90°)$	$\begin{pmatrix}0&0\\0&1\end{pmatrix}$
45°线偏振器 $\boldsymbol{L}(45°)$	$\frac{1}{2}\begin{pmatrix}1&1\\1&1\end{pmatrix}$
135°线偏振器 $\boldsymbol{L}(135°)$	$\frac{1}{2}\begin{pmatrix}1&-1\\-1&1\end{pmatrix}$
右旋圆偏振器 **RCP**	$\frac{1}{2}\begin{pmatrix}1&\mathrm{i}\\-\mathrm{i}&1\end{pmatrix}$
左旋圆偏振器 **LCP**	$\frac{1}{2}\begin{pmatrix}1&-\mathrm{i}\\\mathrm{i}&1\end{pmatrix}$

表 5.3 列出了六种基本偏振态的琼斯矩阵。任何琼斯矩阵表都必须采用绝对相位约定。琼斯矩阵的绝对相位是乘在整个琼斯矩阵上的一个相位。这里，选取琼斯矩阵的总绝对相位，使得 j_{xx} 是正实数。这些矩阵中的任何一个都可以乘以-1或 $\mathrm{e}^{\mathrm{i}\phi}$，尽管出射相位将会不同，但偏振器矩阵的作用保持不变。

要测试琼斯矩阵是否代表偏振器，可以计算特征值。如果其中一个特征值为零，则该元件是偏振器。

例 5.2　线偏振器对本征偏振态的作用

线偏振器 **LP**(θ)透射所有的线偏振态 $\hat{\boldsymbol{L}}(\theta)$，这是一个本征偏振，其特征值为 $\xi_1=1$，

$$\mathbf{LP}(\theta)\cdot\hat{\boldsymbol{L}}(\theta)=\begin{pmatrix}\cos^2\theta & \cos\theta\sin\theta\\ \cos\theta\sin\theta & sin^2\theta\end{pmatrix}\cdot\begin{pmatrix}\cos\theta\\\sin\theta\end{pmatrix}=\begin{pmatrix}\cos\theta\\\sin\theta\end{pmatrix}=1\cdot\begin{pmatrix}\cos\theta\\\sin\theta\end{pmatrix}$$

线偏振器 $\mathbf{LP}(\theta)$完全衰减偏振态 $\hat{\boldsymbol{L}}(\theta+90°)$，这是一个特征值为 $\xi_2=0$ 的本征偏振，

$$\mathbf{LP}(\theta)\cdot\hat{\boldsymbol{L}}(\theta+90°)=\begin{pmatrix}\cos^2\theta & \cos\theta\sin\theta\\ \cos\theta\sin\theta & \sin^2\theta\end{pmatrix}\cdot\begin{pmatrix}\sin\theta\\ -\cos\theta\end{pmatrix}=\begin{pmatrix}0\\0\end{pmatrix}=0\cdot\begin{pmatrix}\sin\theta\\ -\cos\theta\end{pmatrix}$$

理想椭圆偏振器可以通过所有的 $\boldsymbol{E}(\varepsilon,\psi)$偏振态(见式(2.41)，它的椭圆率为 ε，方向角为 ψ)，并阻挡正交偏振态 $\boldsymbol{E}(-\varepsilon,\psi+\pi/2)$，它的琼斯矩阵是

$$\mathbf{EP}(\varepsilon,\psi)=\frac{1}{1+\varepsilon^2}\begin{pmatrix}\cos^2\psi+\varepsilon^2\sin^2\psi & \mathrm{i}\varepsilon+(\varepsilon^2-1)\cos\psi\sin\psi\\ -\mathrm{i}\varepsilon-(\varepsilon^2-1)\cos\psi\sin\psi & \varepsilon^2\cos^2\psi+\sin^2\psi\end{pmatrix} \tag{5.30}$$

5.5.2 线性二向衰减器琼斯矩阵

二向衰减器是部分偏振器。一个本征偏振具有振幅透射率 t_1，另一个正交本征偏振具有振幅透射率 t_2。由于两种不同的透射率或衰减率，术语“二向衰减”指与偏振相关的透射率。因此，二向衰减器指的是具有二向衰减的光学元件。齐次二向衰减器的最大和最小透射率对应的入射偏振态是正交偏振态。纯二向衰减器只有二向衰减，没有延迟。

为了生成二向衰减器的琼斯矩阵，首先考虑水平线性二向衰减器 $\mathbf{LD}(t_{\max},t_{\min},0°)$，$x$ 分量的振幅透射率为 $t_{\max}$，y 分量的为 $t_{\min}$($t_{\max}>t_{\min}$，$t_{\max}$ 和 $t_{\min}$ 是正定的，即实数且非负数)，$t_{\max}$ 的透射轴方向为 0°，

$$\mathbf{LD}(t_1,t_2,0°)=\mathbf{LD}(t_{\max},t_{\min},0)=\begin{pmatrix}t_{\max} & 0\\ 0 & t_{\min}\end{pmatrix}=\begin{pmatrix}\sqrt{T_{\max}} & 0\\ 0 & \sqrt{T_{\min}}\end{pmatrix} \tag{5.31}$$

其中，$T_{\max}=t_{\max}^2$ 和 $T_{\min}=t_{\min}^2$ 是相应的光强透射率。对入射光的影响是使 x 和 y 分量衰减不同的量，

$$\mathbf{LD}(t_1,t_2,0)\cdot\boldsymbol{E}=\begin{pmatrix}t_{\max} & 0\\ 0 & t_{\min}\end{pmatrix}\cdot\begin{pmatrix}E_x\\ E_y\end{pmatrix}=\begin{pmatrix}t_{\max}E_x\\ t_{\min}E_y\end{pmatrix}=\begin{pmatrix}\boldsymbol{E}'_x\\ \boldsymbol{E}'_y\end{pmatrix}=\boldsymbol{E}' \tag{5.32}$$

其中，$\boldsymbol{E}'$是出射偏振态。透射轴角度为 θ 的线性二向衰减器为

$$\begin{aligned}\mathbf{LD}(t_1,t_2,\theta)&=\boldsymbol{R}(\theta)\cdot\mathbf{LD}(t_1,t_2,0)\cdot\boldsymbol{R}(-\theta)\\ &=\begin{pmatrix}t_{\max}\cos^2\theta+t_{\min}\sin^2\theta & (t_{\max}-t_{\min})\cos\theta\sin\theta\\ (t_{\max}-t_{\min})\cos\theta\sin\theta & t_{\max}\sin^2\theta+t_{\min}\cos^2\theta\end{pmatrix}\end{aligned} \tag{5.33}$$

$\mathbf{LD}(t_1,t_2,\theta)$的二向衰减是通过将振幅透射率取平方转换为强度透射率而得到的，

$$D\left[\mathbf{LD}(t_{\max},t_{\min},0°)\right]=\frac{t_{\max}^2-t_{\min}^2}{t_{\max}^2+t_{\min}^2} \tag{5.34}$$

$t_{\min}$、$t_{\max}$ 与二向衰减的关系是

$$t_{\min}=t_{\max}\sqrt{\frac{1-D}{1+D}} \tag{5.35}$$

图 5.7 画出了 $t_{\max}$ 等于 1 的线性二向衰减器的琼斯矩阵的四个元素。

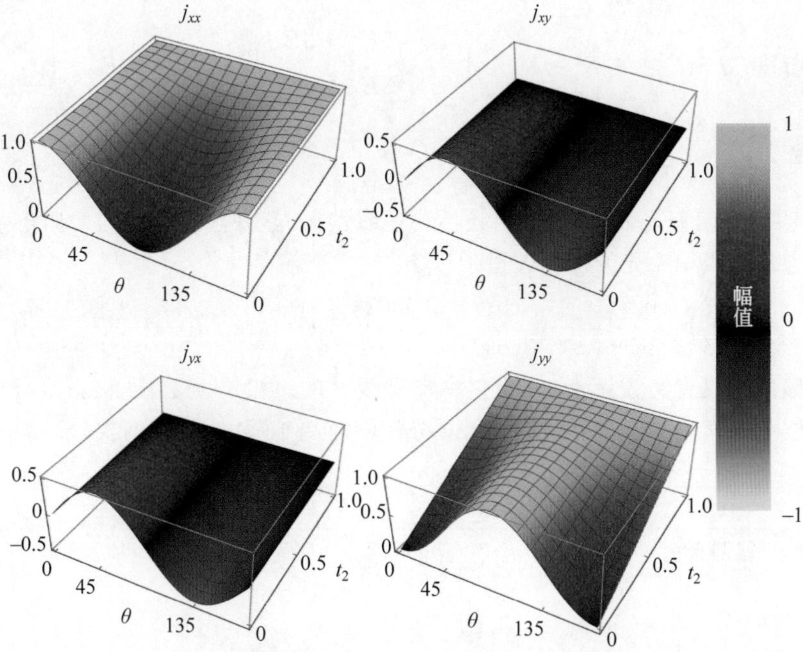

图 5.7　绘制了 $t_1=1$ 线性二向衰减器 $\mathbf{LD}(1,t_2,\theta)$ 的琼斯矩阵元素。所有元素都是实数。理想偏振器沿着前边缘，单位矩阵（$t_1=t_2=1$，非二向衰减琼斯矩阵）在后面。青色表示 1，黑色表示 0，棕色和黄色小于 0

例 5.3　导出线性二向衰减器的琼斯矩阵

通过将两个输入琼斯矢量关联到两个输出琼斯矢量，可以导出琼斯矩阵。下面的例子导出了一个特殊的线性二向衰减器，它的透射轴方向为 45°。该琼斯矩阵由以下两个条件定义：

(1) 所有入射的 45°线偏振光都以 45°线偏振光的形式透射。

(2) 入射的 135°线偏振光，其振幅的 1/4（或光通量的 1/16）能透射为 135°线偏振光。

a. 建立这两个条件下的两个琼斯矩阵方程，并求出对应的琼斯矩阵元素的线性方程。然后求解各个元素。

由于

$$\begin{pmatrix} a & b \\ c & d \end{pmatrix}\cdot\frac{1}{\sqrt{2}}\begin{pmatrix} 1 \\ 1 \end{pmatrix}=\frac{1}{\sqrt{2}}\begin{pmatrix} 1 \\ 1 \end{pmatrix},\quad \begin{pmatrix} a & b \\ c & d \end{pmatrix}\cdot\frac{1}{\sqrt{2}}\begin{pmatrix} 1 \\ -1 \end{pmatrix}=\frac{1}{4}\frac{1}{\sqrt{2}}\begin{pmatrix} 1 \\ -1 \end{pmatrix}$$

$a+b=1, c+d=1, a-b=1/4$ 以及 $c-d=-1/4$。因此

$$\boldsymbol{J}=\begin{pmatrix} a & b \\ c & d \end{pmatrix}=\frac{1}{8}\begin{pmatrix} 5 & 3 \\ 3 & 5 \end{pmatrix}$$

b. 求行列式、特征值、特征向量和逆矩阵。

行列式：$\det(\boldsymbol{J})=ad-bc=\frac{5}{8}\times\frac{5}{8}-\frac{3}{8}\times\frac{3}{8}=\frac{1}{4}$

特征值：$\det(\boldsymbol{J}-\xi\boldsymbol{I})=0=(a-\xi)(d-\xi)-bc, \xi_q=1, \xi_r=1/4$

特征向量：$\boldsymbol{J}\cdot\boldsymbol{E}_q=\xi_q\boldsymbol{E}_q=1\begin{pmatrix}E_x\\E_y\end{pmatrix}=\frac{1}{8}\begin{pmatrix}5E_x+3E_y\\3E_x+5E_y\end{pmatrix}$，$\boldsymbol{E}_q=\begin{pmatrix}1\\1\end{pmatrix}$，$\boldsymbol{E}_r=\begin{pmatrix}1\\-1\end{pmatrix}$

逆矩阵：$\boldsymbol{J}^{-1}=\frac{1}{2}\begin{pmatrix}5&-3\\-3&5\end{pmatrix}$

c. 证明当线偏振光入射时，透射光始终是线偏振光，并求出相应的偏振角 ψ。

角度为 θ 的线偏振光的琼斯矢量乘以 $\boldsymbol{J}$：

$$\frac{1}{8}\begin{pmatrix}5&3\\3&5\end{pmatrix}\begin{pmatrix}\cos\theta\\\sin\theta\end{pmatrix}=\frac{1}{8}\begin{pmatrix}5\cos\theta+3\sin\theta\\3\cos\theta+5\sin\theta\end{pmatrix},\quad \psi=\arctan\left(\frac{3\cos\theta+5\sin\theta}{5\cos\theta+3\sin\theta}\right)$$

最终偏振态只有实数元素，因此它一定是线性的。没有复数项，因此 x 和 y 分量之间没有相位差来产生椭圆率；x 分量和 y 分量同时趋于零，每周期两次。

例 5.4 偏振器测验

矩阵

$$\boldsymbol{J}_1=\begin{pmatrix}0&1/2\\0&1/2\end{pmatrix}\tag{5.36}$$

它的特征值为 $\xi_q=1/2$ 和 $\xi_r=0$。由于其中一个特征值为 0，对应的特征向量(1,0)被完全阻挡，只有一个偏振态(1,1)出射。由于特征向量(1,0)和(1,1)不是正交的，偏振器是非齐次的。

矩阵

$$\boldsymbol{J}_1=\frac{1}{200}\begin{pmatrix}99&101\\101&99\end{pmatrix}\tag{5.37}$$

它的特征值为 $\xi_q=1$ 和 $\xi_r=1/100$。由于特征值都不为 0，该元件不是偏振器，而是二向衰减器。特征向量(1,1)和(1,−1)是正交的，所以二向衰减器是齐次的。二向衰减为

$$D=\frac{1^2-\left(\frac{1}{100}\right)^2}{1^2+\left(\frac{1}{100}\right)^2}=\frac{999}{1001}\tag{5.38}$$

5.6 延迟器的琼斯矩阵

理想的延迟器将不同的相位变化引入两个正交的本征偏振。理想延迟器是无损耗的。实际延迟器有一些损耗，通常也有少量的二向衰减。

5.6.1 线性延迟器的琼斯矩阵

线性延迟器 $\mathbf{LR}(\delta,\theta)$ 有两个正交本征偏振 $\hat{\boldsymbol{L}}(\theta)$ 和 $\hat{\boldsymbol{L}}(\theta+90°)$。线偏振态 $\hat{\boldsymbol{L}}(\theta)$ 在通过

延迟器时保持不变，只有这个本征偏振的相位发生了变化。相位变化了 ϕ_1，得到一个特征值 $\xi_1=\mathrm{e}^{-\mathrm{i}\phi_1}$，负号如 2.17 节所述由递减相位约定产生。由于这是一个延迟器，正交态 $\hat{\boldsymbol{L}}(\theta+90°)$ 的相位变化 ϕ_2 不同于 ϕ_1，得到特征值 $\xi_2=\mathrm{e}^{-\mathrm{i}\phi_2}$，延迟量 $\delta=|\phi_1-\phi_2|$ 是两个本征偏振之间相位差的绝对值。$\theta=0$ 时对应的琼斯矩阵为

$$\mathbf{LR}(\delta,0)=\begin{pmatrix}\mathrm{e}^{-\mathrm{i}\phi_1} & 0\\ 0 & \mathrm{e}^{-\mathrm{i}\phi_2}\end{pmatrix} \tag{5.39}$$

延迟器有两个自由度，绝对相位变化和延迟量，但通常只指定一个，即延迟量。因此，当构造延迟器的琼斯矩阵时，存在一个与相位约定相关的相位选择问题：

(1) 慢轴不变约定，使快本征偏振相位超前，使慢本征偏振相位保持不变；

(2) 快轴不变约定，使慢本征偏振相位滞后，使快本征偏振相位保持不变；

(3) 对称相位约定，对称地使快本征偏振相位超前并延迟慢本征偏振的相位；

(4) 在本征偏振之间选取其他的相位划分方式。

对于快轴为水平偏振方向的线性延迟器，有以下四种选择：

$$\text{a. }\begin{pmatrix}\mathrm{e}^{-\mathrm{i}\delta} & 0\\ 0 & 1\end{pmatrix},\quad \text{b. }\begin{pmatrix}1 & 0\\ 0 & \mathrm{e}^{\mathrm{i}\delta}\end{pmatrix},\quad \text{c. }\begin{pmatrix}\mathrm{e}^{-\mathrm{i}\delta/2} & 0\\ 0 & \mathrm{e}^{\mathrm{i}\delta/2}\end{pmatrix},\quad \text{d. }\begin{pmatrix}\mathrm{e}^{-\mathrm{i}(\delta/2+\phi)} & 0\\ 0 & \mathrm{e}^{\mathrm{i}(\delta/2-\phi)}\end{pmatrix} \tag{5.40}$$

对称相位形式与第 14 章中给出的使用泡利矩阵描述偏振特性吻合得最好，因此这是此处首选的形式，但用形式 a 和 b 进行手工计算通常更容易。在对称相位约定中，快轴方向为 θ 的线性延迟器 $\mathbf{LR}(\delta,\theta)$ 的琼斯矩阵为

$$\begin{aligned}\mathbf{LR}(\delta,\theta)&=\boldsymbol{R}(\theta)\begin{pmatrix}\mathrm{e}^{-\mathrm{i}\delta/2} & 0\\ 0 & \mathrm{e}^{\mathrm{i}\delta/2}\end{pmatrix}\boldsymbol{R}(-\theta)\\ &=\begin{pmatrix}\mathrm{e}^{-\mathrm{i}\delta/2}\cos^2\theta+\mathrm{e}^{\mathrm{i}\delta/2}\sin^2\theta & -\mathrm{i}\sin\left(\dfrac{\delta}{2}\right)\sin(2\theta)\\ -\mathrm{i}\sin\left(\dfrac{\delta}{2}\right)\sin(2\theta) & \mathrm{e}^{\mathrm{i}\delta/2}\cos^2\theta+\mathrm{e}^{-\mathrm{i}\delta/2}\sin^2\theta\end{pmatrix}\end{aligned} \tag{5.41}$$

表 5.4 列出了线性和圆 1/4 和半波延迟器的常见琼斯矩阵。图 5.8 绘出了所有延迟量和方向的线性延迟琼斯矩阵的四个元素。因为琼斯矩阵元素是复杂的，振幅和相位都被表示出来。振幅由 2D 表面的高度表示，元素的相位用颜色编码表示。四个元素图的前沿，延迟量 $\delta=0$，琼斯矩阵是单位矩阵。沿左右两边($\theta=0°$或 180°)的延迟器为水平延迟器；垂直延迟器位于中间线上($\theta=90°$)。背面($\delta=180°$)是所有的半波线性延迟器。

对称相位形式的四分之一波长线性延迟器 $\mathbf{LR}(\pi/2,\theta)$ 的琼斯矩阵为

$$\mathbf{LR}(\pi/2,\theta)=\frac{1}{\sqrt{2}}\begin{pmatrix}1-\mathrm{i}\cos2\theta & -2\mathrm{i}\cos\theta\sin\theta\\ -2\mathrm{i}\cos\theta\sin\theta & 1+\mathrm{i}\cos2\theta\end{pmatrix} \tag{5.42}$$

四分之一波长延迟器可以把与快轴成±45°的线偏振光转换为圆偏振光。对称相位约定的半波线性延迟器的琼斯矩阵 $\mathbf{LR}(\pi,\theta)$ 为

$$\mathbf{LR}(\pi,\theta)=\begin{pmatrix}-\mathrm{i}\cos2\theta & -\mathrm{i}\sin2\theta\\ -\mathrm{i}\sin2\theta & \mathrm{i}\cos2\theta\end{pmatrix} \tag{5.43}$$

表 5.4 遵照递减相位约定的三种绝对相位约定延迟器琼斯矩阵：快轴不变、对称相位约定和慢轴不变

快轴	延迟器：四分之一波		
	快轴不变	对称相位约定	慢轴不变
水平，0°，**LR**(π/2,0°)	$\begin{pmatrix}1 & 0\\0 & \mathrm{i}\end{pmatrix}$	$\frac{1}{\sqrt{2}}\begin{pmatrix}1-\mathrm{i} & 0\\0 & 1+\mathrm{i}\end{pmatrix}$	$\begin{pmatrix}-\mathrm{i} & 0\\0 & 1\end{pmatrix}$
垂直，90°，**LR**(π/2,90°)	$\begin{pmatrix}\mathrm{i} & 0\\0 & 1\end{pmatrix}$	$\frac{1}{\sqrt{2}}\begin{pmatrix}1+\mathrm{i} & 0\\0 & 1-\mathrm{i}\end{pmatrix}$	$\begin{pmatrix}1 & 0\\0 & -\mathrm{i}\end{pmatrix}$
45°，**LR**(π/2,45°)	$\frac{1}{2}\begin{pmatrix}1+\mathrm{i} & 1-\mathrm{i}\\1-\mathrm{i} & 1+\mathrm{i}\end{pmatrix}$	$\frac{1}{\sqrt{2}}\begin{pmatrix}1 & -\mathrm{i}\\-\mathrm{i} & 1\end{pmatrix}$	$\frac{1}{2}\begin{pmatrix}1-\mathrm{i} & -1-\mathrm{i}\\-1-\mathrm{i} & 1-\mathrm{i}\end{pmatrix}$
135°，**LR**(π/2,135°)	$\frac{1}{2}\begin{pmatrix}1+\mathrm{i} & -1+\mathrm{i}\\-1+\mathrm{i} & 1+\mathrm{i}\end{pmatrix}$	$\frac{1}{\sqrt{2}}\begin{pmatrix}1 & \mathrm{i}\\\mathrm{i} & 1\end{pmatrix}$	$\frac{1}{2}\begin{pmatrix}1-\mathrm{i} & 1+\mathrm{i}\\1+\mathrm{i} & 1-\mathrm{i}\end{pmatrix}$
右旋圆 QWRCR	$\frac{1}{2}\begin{pmatrix}1+\mathrm{i} & 1+\mathrm{i}\\-1-\mathrm{i} & 1+\mathrm{i}\end{pmatrix}$	$\frac{1}{\sqrt{2}}\begin{pmatrix}\mathrm{i} & \mathrm{i}\\-\mathrm{i} & \mathrm{i}\end{pmatrix}$	$\frac{1}{2}\begin{pmatrix}1-\mathrm{i} & -1+\mathrm{i}\\1-\mathrm{i} & 1-\mathrm{i}\end{pmatrix}$
左旋圆 QWLCR	$\frac{1}{2}\begin{pmatrix}1+\mathrm{i} & -1-\mathrm{i}\\1+\mathrm{i} & 1+\mathrm{i}\end{pmatrix}$	$\frac{1}{\sqrt{2}}\begin{pmatrix}\mathrm{i} & -\mathrm{i}\\\mathrm{i} & \mathrm{i}\end{pmatrix}$	$\frac{1}{2}\begin{pmatrix}1-\mathrm{i} & 1-\mathrm{i}\\-1+\mathrm{i} & 1-\mathrm{i}\end{pmatrix}$
快轴	延迟器：半波		
	快轴不变	对称相位约定	慢轴不变
水平，0°，**LR**(π,0°)	$\begin{pmatrix}1 & 0\\0 & -1\end{pmatrix}$	$\begin{pmatrix}-\mathrm{i} & 0\\0 & \mathrm{i}\end{pmatrix}$	$\begin{pmatrix}-1 & 0\\0 & 1\end{pmatrix}$
垂直，90°，**LR**(π,90°)	$\begin{pmatrix}-1 & 0\\0 & 1\end{pmatrix}$	$\begin{pmatrix}\mathrm{i} & 0\\0 & -\mathrm{i}\end{pmatrix}$	$\begin{pmatrix}1 & 0\\0 & -1\end{pmatrix}$
45°，**LR**(π,45°)	$\begin{pmatrix}0 & 1\\1 & 0\end{pmatrix}$	$\begin{pmatrix}0 & -\mathrm{i}\\-\mathrm{i} & 0\end{pmatrix}$	$\begin{pmatrix}0 & -1\\-1 & 0\end{pmatrix}$
135°，**LR**(π,135°)	$\begin{pmatrix}0 & -1\\-1 & 0\end{pmatrix}$	$\begin{pmatrix}0 & \mathrm{i}\\\mathrm{i} & 0\end{pmatrix}$	$\begin{pmatrix}0 & 1\\1 & 0\end{pmatrix}$
右旋，**CR**(−π)	$\begin{pmatrix}0 & \mathrm{i}\\-\mathrm{i} & 0\end{pmatrix}$	$\begin{pmatrix}0 & 1\\-1 & 0\end{pmatrix}$	$\begin{pmatrix}0 & -\mathrm{i}\\\mathrm{i} & 0\end{pmatrix}$
左旋，**LR**(π)	$\begin{pmatrix}0 & -\mathrm{i}\\\mathrm{i} & 0\end{pmatrix}$	$\begin{pmatrix}0 & -1\\1 & 0\end{pmatrix}$	$\begin{pmatrix}0 & \mathrm{i}\\-\mathrm{i} & 0\end{pmatrix}$

为了使 $\mathbf{LR}(\pi,\theta)$ 满足快轴不变约定，矩阵需乘以 i，

$$\mathrm{i}\mathbf{LR}(\pi,\theta)=\begin{pmatrix}\cos 2\theta & \sin 2\theta\\ \sin 2\theta & -\cos 2\theta\end{pmatrix} \tag{5.44}$$

两个矩阵 $\mathrm{i}\mathbf{LR}(\pi,\theta)$ 或 $\mathbf{LR}(\pi,\theta)$ 都表示半波线性延迟器。半波线性延迟器的一个常见用途是将线偏振态旋转到新的方向。考虑一个快轴方向为 θ 的半波线性延迟器，入射线偏振态方向为 $(\theta-\alpha)$，也就是说，在快轴一侧 α 弧度。出射偏振态为

$$\mathrm{i}\mathbf{LR}(\pi,\theta)\cdot\begin{pmatrix}\cos(\theta-\alpha)\\ \sin(\theta-\alpha)\end{pmatrix}=\begin{pmatrix}\cos(\theta+\alpha)\\ \sin(\theta+\alpha)\end{pmatrix} \tag{5.45}$$

它旋转到快轴的另一侧 α 弧度，出射态被旋转 2α 弧度。因此，把半波延迟器的快轴置于输入和期望输出线偏振态的中间位置，可在任意两个线偏振态之间进行转换。对于入射线偏振光，半波线性延迟器的旋转将使得出射线偏振光以两倍的延迟器角速度旋转。对于入射椭圆偏振光，出射椭圆的主轴以两倍的角速度旋转。半波线性延迟器将右旋圆偏振光转换

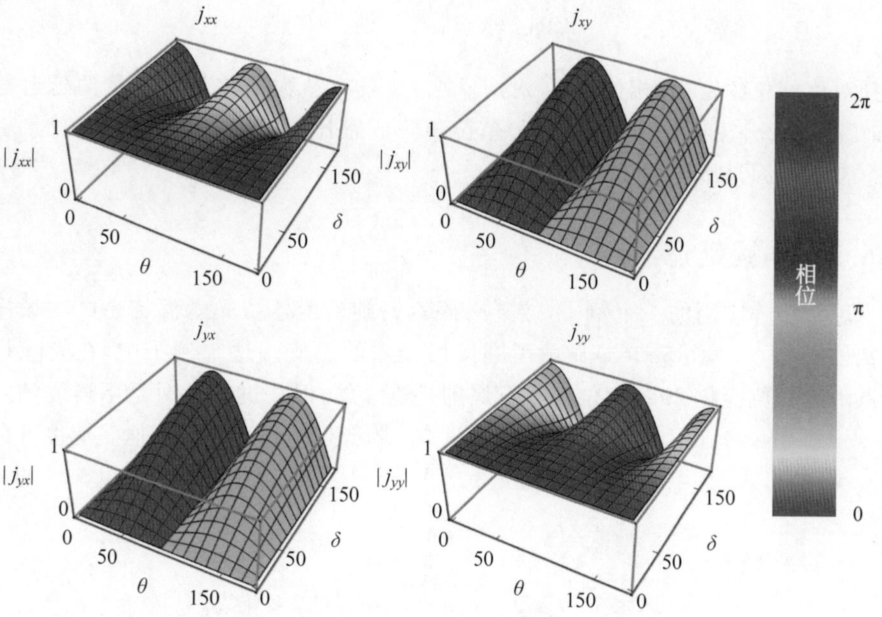

图 5.8　对称相位形式的所有线性延迟器的四个琼斯矩阵元素图。方向在前面变化(度)，延迟量从前到后变化(度)。高度表示元素的大小。对元素的相位进行循环颜色编码，红色表示 0 相位，从绿色到青色为半波相位，从紫色和粉色最后回到红色为 1λ 相位

成左旋圆偏振光，反之亦然，

$$\mathrm{i}\mathbf{LR}(\pi,\theta)\cdot\begin{pmatrix}1\\ \pm\mathrm{i}\end{pmatrix}=\mathrm{e}^{\pm 2\mathrm{i}\theta}\begin{pmatrix}1\\ \mp\mathrm{i}\end{pmatrix}\tag{5.46}$$

如果半波延迟器以 ω 的角速度旋转，

$$\mathrm{i}\mathbf{LR}(\pi,\omega t)\cdot\begin{pmatrix}1\\ \pm\mathrm{i}\end{pmatrix}=\mathrm{e}^{\pm 2\mathrm{i}\omega t}\begin{pmatrix}1\\ \mp\mathrm{i}\end{pmatrix}\tag{5.47}$$

则光在时间上发生线性相移，这意味着光在角频率上平移了两倍的延迟器角速度，频率或增或减。因此，旋转延迟器可以给光施加角动量或从中减去角动量，从而使光的颜色发生细微变化。

将对称相位形式乘以 $\mathrm{e}^{-\mathrm{i}\delta/2}$，得到 $\mathrm{e}^{-\mathrm{i}\delta/2}\mathbf{LR}(\delta,\theta)$，可将线性延迟器的琼斯矩阵表示为快本征偏振相位超前，而慢本征偏振保持不变的形式。类似地，用 $\mathrm{e}^{\mathrm{i}\delta/2}\mathbf{LR}(\delta,\theta)$，可将线性延迟器的琼斯矩阵表示为使慢本征偏振相位延后，而保持快本征偏振不变的形式。

5.6.2　圆延迟器的琼斯矩阵

圆延迟器的琼斯矩阵为 $\mathbf{CR}(\delta)$，它相当于笛卡儿旋转矩阵，但它的三角自变量是 $\delta/2$，

$$\mathbf{CR}(\delta)=\begin{pmatrix}\cos\dfrac{\delta}{2} & \sin\dfrac{\delta}{2}\\ -\sin\dfrac{\delta}{2} & \cos\dfrac{\delta}{2}\end{pmatrix}\tag{5.48}$$

注意，1λ 的圆延迟器的琼斯矩阵为

$$\mathbf{CR}(2\pi)=\begin{pmatrix}-1 & 0\\ 0 & -1\end{pmatrix} \tag{5.49}$$

由于选择对称相位约定,总相位是 π,对应于−1。具有整数倍波长延迟量的延迟器琼斯矩阵,例如 $1\lambda(\delta=2\pi)$、$2\lambda(\delta=4\pi)$等,都与单位矩阵成正比,不会引起偏振态变化。引起圆延迟的一个常见原因是旋光性。

5.6.3 涡旋延迟器

作为琼斯矩阵应用的一个例子,接下来探索涡旋延迟器。光学涡旋是电磁场零点附近的一个相位奇点[21]。图 5.9(a)显示了圆偏振光中的涡旋。这个例子中,在光瞳相位图的中心零点附近相位变化 2π。相位在零点周围是连续的,但在过零点时是不连续的。这是螺旋错位(screw dislocation),在此图中,相位具有 $\arctan(y/x)$形式。其他涡旋也可以是 $m\cdot\arctan(y/x)$的形式,其中 m 是涡旋的阶数。作为对比,图 5.9(b)显示了电磁场的一个普通零点。

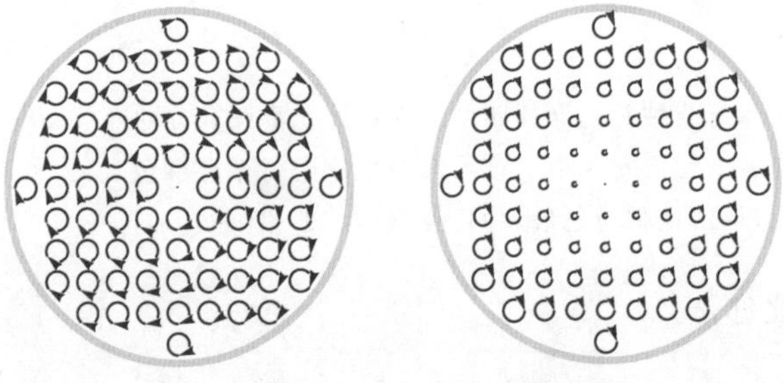

图 5.9 光学涡旋的光瞳图(a),其中光的相位(由圆圈上的箭头位置表示)在电磁场零点周围变化 2π。在涡旋处,电磁场是不连续的。(b)场的一个普通零点,其中偏振态不变,没有间断,也没有光学涡旋

涡旋延迟器是一种空间变化的半波延迟器,其中延迟器的快轴根据与 x 轴的角度 $\phi=\arctan(y/x)$旋转[22-24]。极坐标中涡旋延迟器的空间变化琼斯矩阵为

$$\boldsymbol{J}(m\phi)=\begin{pmatrix}\cos(m\phi) & \sin(m\phi)\\ \sin(m\phi) & -\cos(m\phi)\end{pmatrix} \tag{5.50}$$

其中,m 是涡旋延迟器的阶数。图 5.10 显示了 $m=1,2,3$ 和 4 阶延迟量的光瞳图。式(5.50)在原点处的值取决于接近原点的方向 ϕ。因此,式(5.50)在原点不是连续的。涡旋延迟器可以由液晶聚合物制造。随着逐渐接近原点,延迟量变化越来越快;因此,制造的涡旋延迟器将在中心使用一个不透明的黑点来隐藏顶点处的一小块无序区域。

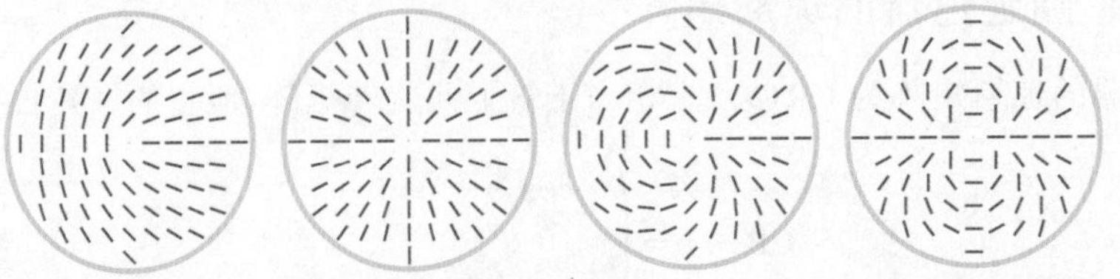

图 5.10 $m=1,2,3$ 和 4(从左至右)的涡旋延迟器的延迟量光瞳图(以粉色表示,线段方向表示快轴方向)。这些涡旋延迟器在任何地方都是半波线性延迟器,其快轴绕光瞳旋转 $m/2$ 次;沿着径向线快轴方向是恒定的。原点处延迟的不连续性用一个小点标出

图 5.11 显示了 0°线偏振准直入射光经涡旋元件后出射偏振面是如何变化的。这些偏振图是原始偏振涡旋的例子。在偏振涡旋中，当围绕场中的零点做小圆周运动时，偏振态旋转 π 的几倍[25]。当这些涡旋延迟器位于 0°和 90°线偏振器之间时，透射强度如图 5.12 所示。当这种光聚焦时，形成了有趣的图案，如图 5.13 所示。按照第 16 章的方法，将出射光分布作傅里叶变换，然后取平方来计算光通量分布，可计算出这些强度图像。涡旋延迟器可应用于创建光镊和微光刻中的特殊点扩散函数[26-27]。图 5.11(a)中的光场图样，即径向偏振光，当很高数值孔径的这种光束聚焦时特别有趣，因为它可以比均匀偏振光束聚焦得更紧(更小)[28-29]。

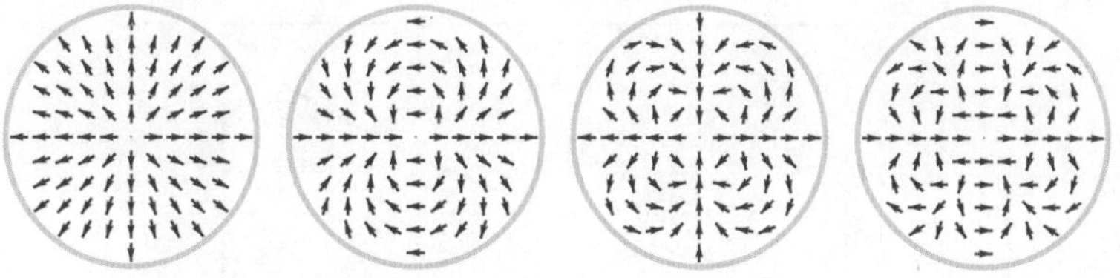

图 5.11　对于 $m=1,2,3$ 和 4(从左至右)的涡旋延迟器，0°偏振光入射，出射偏振态的光瞳图。出射光在任何地方都是线偏振的，振幅不变，但在原点展现不连续性，即涡旋

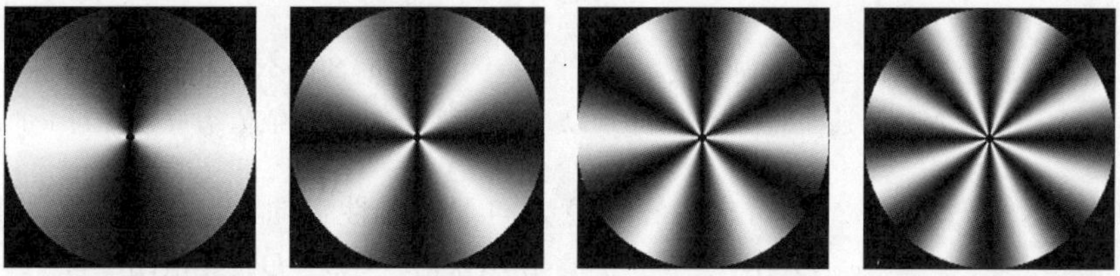

图 5.12　水平和垂直线偏振器之间的涡旋延迟器产生的光瞳强度，$m=1,2,3$ 和 4，在光瞳中呈余弦变化

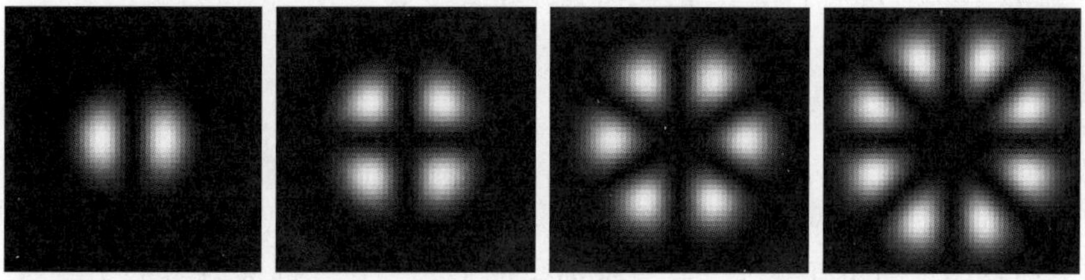

图 5.13　水平和垂直线偏振器之间的涡旋延迟器的点扩散函数($m=1,2,3$ 和 4)。它们中间是暗的，被一组明亮的亮斑包围着，这些亮斑就像螺旋桨。如果第二个偏振器旋转，螺旋桨会跟着偏振器一起旋转。点扩散函数的计算在第 16 章中讨论

5.7　广义二向衰减器和延迟器

下面几节将前面几节中用于线性和圆本征偏振的齐次琼斯矩阵方程推广到椭圆本征偏振。首先，研究线性二向衰减器的另一种形式。这部分内容在代数上更具挑战性，但得到的方程非常有用。

5.7.1 线性二向衰减器

当平均振幅透射率(特征值的平均值)设为 cosh(d)时,二向衰减器琼斯矩阵(式(5.31))具有简单而有趣的形式,其中 $2d$ 是二向衰减率 D 的双曲反正切,即 $d=\text{arctanh}(D)/2$ 并且

$$\mathbf{LD}(D,0)=\begin{pmatrix}\cosh(d)+\sinh(d) & 0\\ 0 & \cosh(d)-\sinh(d)\end{pmatrix}\tag{5.51}$$

由于高度对称,式(5.51)既简单又有指导意义。特征值如图 5.14 所示,其中一个特征值(矩阵元 j_{xx})大于 1,意味着在这种形式下特征值具有增益。

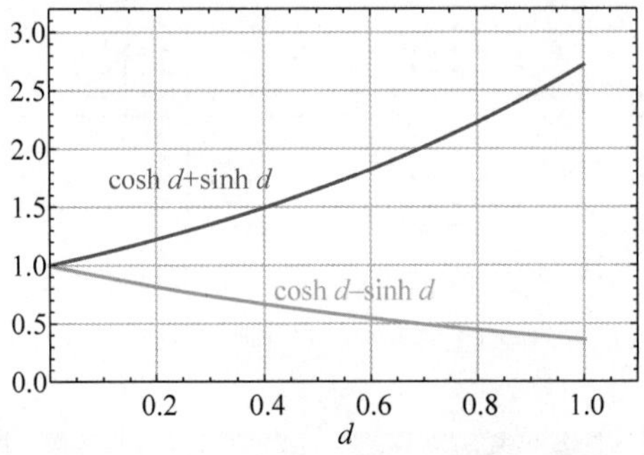

图 5.14 具有最简形式的线性二向衰减器琼斯矩阵(式(5.51))的两个特征值,$d=\text{arctanh}(D)/2$ 作为函数参数。通常将 LD(D,0)乘以一个常数,将两个特征值缩放到 0 到 1 的范围内

依据旋转运算(式(5.22)),可求得在任意方向上的线性二向衰减器的琼斯矩阵为

$$\mathbf{LD}(D_{\mathrm{H}},D_{45})=\frac{1}{D}\begin{pmatrix}D\cosh(d)+D_{\mathrm{H}}\sinh(d) & D_{45}\sinh(d)\\ D_{45}\sinh(d) & D\cosh(d)-D_{\mathrm{H}}\sinh(d)\end{pmatrix}\tag{5.52}$$

其中,D_{H} 和 D_{45} 分别是水平和 45°的二向衰减相关参数。

5.7.2 椭圆二向衰减器

椭圆二向衰减器透射两个椭圆本征偏振,其偏振和相位不变,但振幅透射率(两个本征值)ξ_q 和 ξ_r 不同。对于这两个椭圆本征偏振,当用斯托克斯参量而不是琼斯矢量表示时,椭圆二向衰减器的琼斯矩阵实际上具有最简单的形式。让二向衰减率 D 用三个二向衰减分量表示,一个水平分量 D_{H},一个 45°分量 D_{45},一个左旋圆分量 D_{L},

$$D=\sqrt{D_{\mathrm{H}}^2+D_{45}^2+D_{\mathrm{L}}^2},\quad 0\leqslant D\leqslant 1\tag{5.53}$$

其中用斯托克斯参量表示的非归一化本征偏振是

$$\boldsymbol{S}_q=\begin{pmatrix}D\\ D_{\mathrm{H}}\\ D_{45}\\ -D_{\mathrm{L}}\end{pmatrix}\quad 和\quad \boldsymbol{S}_r=\begin{pmatrix}D\\ -D_{\mathrm{H}}\\ -D_{45}\\ D_{\mathrm{L}}\end{pmatrix}\tag{5.54}$$

用归一化琼斯矢量表示的对应的本征偏振是 $\boldsymbol{E}_q$ 和 $\boldsymbol{E}_r$,

$$\boldsymbol{E}_q=\frac{1}{\sqrt{2D(D_{\mathrm{H}}+D)}}\begin{pmatrix}D_{\mathrm{H}}-D\\ D_{45}+\mathrm{i}D_{\mathrm{L}}\end{pmatrix}\quad 和\quad \boldsymbol{E}_r=\frac{1}{\sqrt{2D(D_{\mathrm{H}}+D)}}\begin{pmatrix}D_{\mathrm{H}}+D\\ D_{45}+\mathrm{i}D_{\mathrm{L}}\end{pmatrix}\tag{5.55}$$

这个椭圆二向衰减器的琼斯矩阵 $\mathbf{ED}(D_{\mathrm{H}},D_{45},D_{\mathrm{L}})$很容易用矩阵指数和双曲反正切表示为

$$\mathbf{ED}(D_{\mathrm{H}},D_{45},D_{\mathrm{L}})=\exp\left[\operatorname{arctanh}(D)\frac{D_{\mathrm{H}}\sigma_1+D_{45}\sigma_2+D_{\mathrm{L}}\sigma_3}{2D}\right] \tag{5.56}$$

该种形式将在 14.4.5 节中进一步讨论。两个振幅透射率,即特征值,是

$$\begin{cases}\xi_q=\cosh\left[\dfrac{\operatorname{arctanh}(D)}{2}\right]+\sinh\left[\dfrac{\operatorname{arctanh}(D)}{2}\right]=\cosh(d)+\sinh(d)\\ \xi_r=\cosh\left[\dfrac{\operatorname{arctanh}(D)}{2}\right]-\sinh\left[\dfrac{\operatorname{arctanh}(D)}{2}\right]=\cosh(d)-\sinh(d)\end{cases} \tag{5.57}$$

如图 5.14 所示,式(5.57)中的一个振幅透射率将大于 1,表明琼斯矩阵具有增益。因此,为了描述没有增益的传统光学元件,矩阵 $\mathbf{ED}(D_{\mathrm{H}},D_{45},D_{\mathrm{L}})$需要乘以小于 $1/\xi_q$ 的常数。例如,为将椭圆二向衰减器的最大振幅透射率设为 $t_{\max}$,按如下方式缩放矩阵:

$$\frac{t_{\max}}{\xi_q}\mathbf{ED}(D_{\mathrm{H}},D_{45},D_{\mathrm{L}}) \tag{5.58}$$

例 5.5　椭圆二向衰减器实例

二向衰减 $D=\sqrt{3}/2$,最大透射偏振态的斯托克斯参量为$(\sqrt{3},1,1,-1)$,二向衰减分量 $D_{\mathrm{H}}=D_{45}=D_{\mathrm{L}}=1/2$ 的椭圆二向衰减器琼斯矩阵为

$$\mathbf{ED}\left(\frac{1}{2},\frac{1}{2},\frac{1}{2}\right)=\begin{pmatrix}2\sqrt{\dfrac{2}{3}} & \dfrac{1-\mathrm{i}}{\sqrt{6}}\\ \dfrac{1+\mathrm{i}}{\sqrt{6}} & \sqrt{\dfrac{2}{3}}\end{pmatrix} \tag{5.59}$$

特征值(振幅透过率)为 $\sqrt{2+\sqrt{3}}$ 和 $\sqrt{2-\sqrt{3}}$ 。如果最大振幅透射为 $t_{\max}=1/2$,那么矩阵应该被缩放到 $\dfrac{1}{2\sqrt{2+\sqrt{3}}}\mathbf{ED}\left(\dfrac{1}{2},\dfrac{1}{2},\dfrac{1}{2}\right)$。

5.7.3　椭圆延迟器

椭圆延迟器透射两个椭圆偏振态,这两个偏振态不发生改变,但会有不同的相位变化。将这些相位变化对称地选取为 $\phi_q=-\delta/2$ 和 $\phi_r=\delta/2$,正如对线性延迟器所做的那样,当使用泡利矩阵①和斯托克斯参量表示这两个本征偏振时,椭圆延迟琼斯矩阵 $\mathbf{ER}(\delta_{\mathrm{H}},\delta_{45},\delta_{\mathrm{L}})$具有最简单的形式,

$$\begin{aligned}\mathbf{ER}(\delta_{\mathrm{H}},\delta_{45},\delta_{\mathrm{L}})&=\exp\left[-\mathrm{i}(\delta_{\mathrm{H}}\sigma_1+\delta_{45}\sigma_2+\delta_{\mathrm{L}}\sigma_3)/2\right]\\ &=\begin{pmatrix}\cos\left(\dfrac{\delta}{2}\right)-\mathrm{i}\sin\left(\dfrac{\delta}{2}\right)\dfrac{\delta_{\mathrm{H}}}{\delta} & -\mathrm{i}\sin\left(\dfrac{\delta}{2}\right)\dfrac{(\delta_{45}-i\delta_{\mathrm{L}})}{\delta}\\ -\mathrm{i}\sin\left(\dfrac{\delta}{2}\right)\dfrac{(\delta_{45}+\mathrm{i}\delta_{\mathrm{L}})}{\delta} & \cos\left(\dfrac{\delta}{2}\right)+\mathrm{i}\sin\left(\dfrac{\delta}{2}\right)\dfrac{\delta_{\mathrm{H}}}{\delta}\end{pmatrix}\end{aligned} \tag{5.60}$$

① 椭圆延迟器方程和泡利矩阵的推导将在第 14 章中进一步解释。

其中延迟量是用三个延迟分量形式给出的：水平分量 δ_H、45°分量 δ_{45} 和左旋圆分量 δ_L，

$$\delta = \sqrt{\delta_H^2 + \delta_{45}^2 + \delta_L^2} \tag{5.61}$$

本征偏振由式(5.54)和式(5.55)给出，用延迟分量 δ_H、δ_{45} 和 δ_L 代替相应的二向衰减分量：d_H、d_{45} 和 d_L。椭圆延迟器在第 14 章中有更详细的介绍。

例 5.6　椭圆二向衰减器和椭圆延迟器

用非归一化斯托克斯参量表示的本征偏振为 $\mathbf{S}_1=(0.374,0.1,0.2,0.3)$ 和 $\mathbf{S}_2=(0.374,-0.1,-0.2,-0.3)$，二向衰减分量为 $D_H=0.1$、$D_{45}=0.2$ 和 $D_L=-0.3$ 的椭圆二向衰减器的琼斯矩阵是

$$\mathbf{ED}(0.1,0.2,-0.3)=\begin{pmatrix} 1.07 & 0.11+0.16\mathrm{i} \\ 0.11-0.16\mathrm{i} & 0.97 \end{pmatrix} \tag{5.62}$$

在本节中，所有数字都四舍五入到小数点后三位。特征值为 $\xi_1=1.22$，$\xi_2=0.82$；其中一个特征值如预期的那样大于 1。图 5.15 绘出了本征偏振态，包括二向衰减效应。对于最大振幅透射率为 1，琼斯矩阵变为

$$\frac{\mathbf{ED}(0.1,0.2,-0.3)}{1.22}=\begin{pmatrix} 0.88 & 0.09+0.13\mathrm{i} \\ 0.09-0.13\mathrm{i} & 0.79 \end{pmatrix} \tag{5.63}$$

延迟分量为 $\delta_H=0.1$、$\delta_{45}=0.2$ 和 $\delta_L=-0.3$ 的相应的椭圆延迟器 $\mathbf{ER}(0.1,0.2,-0.3)$ 为

$$\mathbf{ER}(0.1,0.2,-0.3)=\begin{pmatrix} 0.98-0.05\mathrm{i} & 0.15-0.10\mathrm{i} \\ -0.15-0.10\mathrm{i} & 0.98+0.05\mathrm{i} \end{pmatrix} \tag{5.64}$$

笛卡儿极坐标形式的特征值是

$$\xi_1=0.98-0.19\mathrm{i}=\mathrm{e}^{-0.19\mathrm{i}} \quad 和 \quad \xi_2=0.98+0.19\mathrm{i}=\mathrm{e}^{0.19\mathrm{i}} \tag{5.65}$$

特征值相位之差是延迟量 δ，

$$\delta=0.19-(-0.19)=\sqrt{0.1^2+0.2^2+0.3^2}=0.37 \tag{5.66}$$

将 $\mathbf{ER}(0.1,0.2,-0.3)$ 乘以 $\mathbf{ED}(0.1,0.2,-0.3)$，可产生具有共同本征偏振的椭圆二向衰减器器和椭圆延迟器的组合。

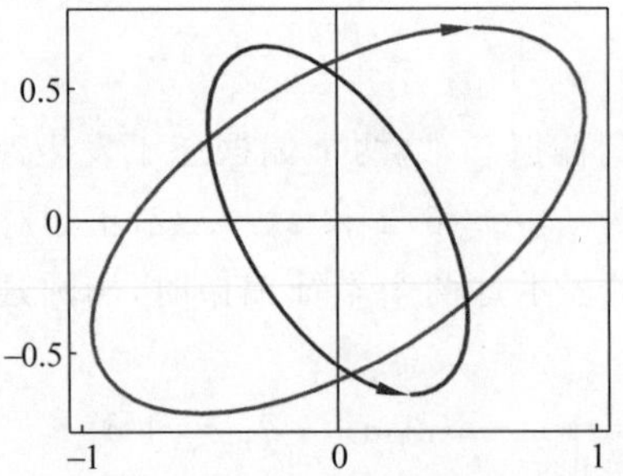

图 5.15　特征值(振幅透射率)按比例缩放了的椭圆二向衰减器的本征偏振，具有相反的螺旋度和正交的主轴。它们的相位与入射相位相同

5.8　非偏振琼斯矩阵的振幅和相位变化

具有两个相等实元素的对角琼斯矩阵 $\boldsymbol{A}(\rho)$ 描述了与偏振无关的振幅变化，例如吸收或偏振无关反射，

$$\boldsymbol{A}(\rho)\cdot\boldsymbol{E}=\begin{pmatrix}\rho & 0\\ 0 & \rho\end{pmatrix}\cdot\begin{pmatrix}E_x\\ E_y\end{pmatrix}=\begin{pmatrix}\rho E_x\\ \rho E_y\end{pmatrix}=\begin{pmatrix}\boldsymbol{E}'_x\\ \boldsymbol{E}'_y\end{pmatrix}=\rho\boldsymbol{E}=\boldsymbol{E}' \tag{5.67}$$

其中 $0\leqslant\rho\leqslant 1$ 为振幅透射比。包含总相位变化的琼斯矩阵 $\boldsymbol{\Phi}(\phi)$ 是

$$\boldsymbol{\Phi}(\phi)=\mathrm{e}^{-\mathrm{i}\phi}\begin{pmatrix}1 & 0\\ 0 & 1\end{pmatrix} \tag{5.68}$$

这种相位变化与偏振态无关，例如通过大气或玻璃传播。对于球差、彗差或任何其他波前像差，可以使用该相位琼斯矩阵来构造琼斯矩阵函数。

$$\boldsymbol{\Phi}(\phi)=\mathrm{e}^{\mathrm{i}\frac{2\pi}{\lambda}\mathrm{OPL}}\begin{pmatrix}1 & 0\\ 0 & 1\end{pmatrix} \tag{5.69}$$

$\boldsymbol{\Phi}$ 表示通过厚度为 t、折射率为 n 的各向同性材料的传播。例如，玻璃的相位琼斯矩阵为

$$\mathrm{e}^{\mathrm{i}\frac{2\pi}{\lambda}nt}\begin{pmatrix}1 & 0\\ 0 & 1\end{pmatrix} \tag{5.70}$$

例 5.7　幂零矩阵

如果有 $\boldsymbol{N}^2=\begin{pmatrix}0 & 0\\ 0 & 0\end{pmatrix}$，矩阵 $\boldsymbol{N}$ 是幂零的。光不能通过两个相同的幂零矩阵偏振元件的串联序列。假设由三个偏振器的琼斯矩阵生成幂零矩阵，

$$\boldsymbol{N}=\mathbf{LP}(90°)\cdot\mathbf{LP}(45°)\cdot\mathbf{LP}(0°)=\begin{pmatrix}0 & 0\\ 1/2 & 0\end{pmatrix}$$

$\boldsymbol{N}$ 的两个特征值分别是 0 和 0。它的特征向量也是简并的(相同的)(0,1)，是具有零透射率的唯一入射偏振态。很容易看出，具有最大透射率的偏振态是 $\begin{pmatrix}1\\ 0\end{pmatrix}$，其中

$$\boldsymbol{N}\cdot\begin{pmatrix}1\\ 0\end{pmatrix}=\begin{pmatrix}0\\ 1/2\end{pmatrix}$$

5.9　琼斯矩阵的矩阵性质

琼斯矩阵的性质反映了两类基本矩阵的性质：厄米矩阵和酉矩阵[30]。

5.9.1　厄米矩阵：二向衰减

表现二向衰减的琼斯矩阵 $\boldsymbol{H}$ 是厄米矩阵；厄米矩阵的伴随或共轭转置等于矩阵本身，

$$\boldsymbol{H}=\boldsymbol{H}^{\dagger} \tag{5.71}$$

因此,厄米矩阵的元素满足

$$\begin{pmatrix} j_{xx} & j_{xy} \\ j_{yx} & j_{yy} \end{pmatrix} = \begin{pmatrix} j_{xx}^* & j_{yx}^* \\ j_{xy}^* & j_{yy}^* \end{pmatrix} \tag{5.72}$$

因此,厄米矩阵的对角元素必须是实数,因为

$$j_{xx} = j_{xx}^*, \quad j_{yy} = j_{yy}^* \tag{5.73}$$

并且非对角元素必须是彼此的复共轭,

$$j_{xy} = j_{yx}^* = u + \mathrm{i}v \quad 和 \quad j_{yx} = j_{xy}^* = u - \mathrm{i}v \tag{5.74}$$

如果厄米矩阵用与泡利矩阵相关的四个实系数 h_0、h_1、h_2 和 h_3 来表示,

$$\boldsymbol{H} = \begin{pmatrix} h_0 + h_1 & h_2 - \mathrm{i}h_3 \\ h_2 + \mathrm{i}h_3 & h_0 - h_1 \end{pmatrix} \tag{5.75}$$

那么 $\boldsymbol{H}$ 的特征值是

$$\xi_q, \xi_r = h_0 \pm \sqrt{h_1^2 + h_2^2 + h_3^2} \tag{5.76}$$

对应的特征向量

$$\boldsymbol{E}_q = \begin{pmatrix} h_1 + \sqrt{h_1^2 + h_2^2 + h_3^2} \\ h_2 + \mathrm{i}h_3 \end{pmatrix}, \quad \boldsymbol{E}_r = \begin{pmatrix} h_1 - \sqrt{h_1^2 + h_2^2 + h_3^2} \\ h_2 + \mathrm{i}h_3 \end{pmatrix} \tag{5.77}$$

因此,$\boldsymbol{H}$ 的二向衰减率 D 是

$$D = \frac{\xi_q^2 - \xi_r^2}{\xi_q^2 + \xi_r^2} = \frac{2h_0\sqrt{h_1^2 + h_2^2 + h_3^2}}{h_0^2 + h_1^2 + h_2^2 + h_3^2} \tag{5.78}$$

厄米矩阵的特征值是实数。因此,厄米矩阵代表测量值,正如可以在光束中插入偏振器,然后用辐射计探测特定偏振态的功率一样。厄米矩阵的特征向量是正交的。厄米矩阵是伸缩矩阵,它能将圆或球的单位矢量变为椭球的矢量(可能有复元素)。生成的最大和最小长度矢量就是特征向量,它的长度被特征值缩放。

厄米矩阵可通过酉变换对角化。酉变换后,厄米矩阵的特征值就是对角元素。

5.9.2 酉矩阵和酉变换:延迟器

延迟器琼斯矩阵是酉矩阵,用 $\boldsymbol{U}$ 表示。对于酉琼斯矩阵,它的伴随矩阵等于逆矩阵,

$$\boldsymbol{U}^{-1} = \begin{pmatrix} j_{xx} & j_{xy} \\ j_{yx} & j_{yy} \end{pmatrix}^{-1} = \begin{pmatrix} j_{xx} & j_{xy} \\ j_{yx} & j_{yy} \end{pmatrix}^{\dagger} = \boldsymbol{U}^{\dagger} = \begin{pmatrix} j_{xx}^* & j_{yx}^* \\ j_{xy}^* & j_{yy}^* \end{pmatrix} \tag{5.79}$$

像所有酉矩阵一样,延迟器琼斯矩阵的特征值 ξ_q 和 ξ_r 的大小为 1,因此它们可以表示为

$$\xi_q = \mathrm{e}^{-\mathrm{i}\phi_q}, \quad \xi_r = \mathrm{e}^{-\mathrm{i}\phi_r} \tag{5.80}$$

延迟器琼斯矩阵 $\boldsymbol{U}$ 的延迟量是特征值相位之间的差值大小,

$$\delta = |\arg(\xi_q) - \arg(\xi_r)| = |\phi_q - \phi_r| \tag{5.81}$$

$\boldsymbol{U}$ 的行是归一化的正交向量,

$$\boldsymbol{U}_i^{\dagger} \cdot \boldsymbol{U}_j = \delta_{ij} \tag{5.82}$$

从而形成正交基。同样,$\boldsymbol{U}$ 的列也是正交的。酉矩阵的行列式为单位值,$\det(\boldsymbol{U})=1$。酉矩阵代表旋转。因此,酉矩阵将旋转偏振态,$\boldsymbol{U}\cdot\boldsymbol{E}$ 不改变矢量的大小

$$|\boldsymbol{U}\cdot\boldsymbol{E}|=|\boldsymbol{E}| \tag{5.83}$$

琼斯旋转矩阵

$$\boldsymbol{R}(\theta)=\begin{pmatrix}\cos\theta & -\sin\theta\\ \sin\theta & \cos\theta\end{pmatrix} \tag{5.84}$$

是酉矩阵。$\boldsymbol{R}(\theta)$的矩阵元为实数，把一个实向量旋转成另一个实向量。像$\boldsymbol{R}(\theta)$这样的实酉矩阵被记为正交矩阵[31]。$\boldsymbol{R}$ 的第一列为向量(1,0)将旋转到的状态。类似地，$\boldsymbol{R}$ 的第二列是(0,1)将旋转到的状态。其他具有复数元素的酉矩阵执行复数旋转；一个实向量可以旋转成一个复向量。

酉变换通过左乘酉矩阵和右乘逆矩阵将矩阵 $\boldsymbol{J}$ 旋转到新的基底，

$$\boldsymbol{U}\cdot\boldsymbol{J}\cdot\boldsymbol{U}^{-1} \tag{5.85}$$

为了将 $\boldsymbol{J}$ 从 x-y 基底变换成任意基底，$\boldsymbol{U}$ 的行向量与新的正交基向量共轭。

$\boldsymbol{J}$ 的酉变换保持矩阵的特征值和行列式不变。它将 $\boldsymbol{J}$ 的特征向量作为一个组进行旋转，保持它们的点积也就是特征向量之间的角度不变。

厄米琼斯矩阵 $\boldsymbol{H}$ 总是可以通过酉变换对角化，

$$\boldsymbol{U}\cdot\boldsymbol{H}\cdot\boldsymbol{U}^{-1}=\begin{pmatrix}\rho_q & 0\\ 0 & \rho_r\end{pmatrix} \tag{5.86}$$

对角化后，$\boldsymbol{H}$ 的两个实特征值 ρ_q 和 ρ_r 在对角线上。$\boldsymbol{U}^{-1}$ 的行和 $\boldsymbol{U}$ 的列包含 $\boldsymbol{H}$ 的归一化特征向量，它们总是正交的。

例 5.8　酉变换

线性基底和圆基底之间的一个重要酉变换可由矩阵 $\boldsymbol{B}$ 实现

$$\boldsymbol{B}=\frac{1}{\sqrt{2}}\begin{pmatrix}1 & \mathrm{i}\\ 1 & -\mathrm{i}\end{pmatrix} \tag{5.87}$$

其中 $\boldsymbol{B}^{-1}=\boldsymbol{B}^{\dagger}=\frac{1}{\sqrt{2}}\begin{pmatrix}1 & 1\\ -\mathrm{i} & \mathrm{i}\end{pmatrix}$。

$\boldsymbol{B}$ 将一个用 x-y 线性基底表示的琼斯矢量(E_x,E_y)变换到 R-L 圆基底：

$$\begin{pmatrix}E_{\mathrm{R}}\\ E_{\mathrm{L}}\end{pmatrix}=\boldsymbol{B}\cdot\begin{pmatrix}E_x\\ E_y\end{pmatrix}=\frac{1}{\sqrt{2}}\begin{pmatrix}E_x+\mathrm{i}E_y\\ E_x-\mathrm{i}E_y\end{pmatrix} \tag{5.88}$$

在 R-L 圆基底中，右旋圆偏振光具有单位琼斯矢量(1,0)，左旋圆偏振光的琼斯矢量为(0,1)。

作为酉变换的一个例子，x-y 线性基底中的左旋圆偏振器琼斯矩阵是 $\mathbf{LCP}=\frac{1}{2}\begin{pmatrix}1 & -\mathrm{i}\\ \mathrm{i} & 1\end{pmatrix}$，R-L 圆基底中对应的琼斯矩阵是

$$\boldsymbol{B}\cdot\frac{1}{2}\begin{pmatrix}1 & -\mathrm{i}\\ \mathrm{i} & 1\end{pmatrix}\cdot\boldsymbol{B}^{-1}=\frac{1}{\sqrt{2}}\begin{pmatrix}1 & \mathrm{i}\\ 1 & -\mathrm{i}\end{pmatrix}\cdot\frac{1}{2}\begin{pmatrix}1 & -\mathrm{i}\\ \mathrm{i} & 1\end{pmatrix}\cdot\frac{1}{\sqrt{2}}\begin{pmatrix}1 & 1\\ -\mathrm{i} & \mathrm{i}\end{pmatrix}=\begin{pmatrix}0 & 0\\ 0 & 1\end{pmatrix} \tag{5.89}$$

其中,例如,任意偏振态的光束可做如下分析:

$$\begin{pmatrix}0 & 0\\0 & 1\end{pmatrix}\begin{pmatrix}E_{\mathrm{R}}\\E_{\mathrm{L}}\end{pmatrix}=\begin{pmatrix}0\\E_{\mathrm{L}}\end{pmatrix} \tag{5.90}$$

在 x-y 线性基底中延迟量为 δ 的圆延迟器琼斯矩阵为 $\mathbf{CR}(\delta)=\begin{pmatrix}\cos\delta/2 & \sin\delta/2\\-\sin\delta/2 & \cos\delta/2\end{pmatrix}$。在 R-L 圆基底中对应的琼斯矩阵为

$$\boldsymbol{B}\cdot\begin{pmatrix}\cos\frac{\delta}{2} & \sin\frac{\delta}{2}\\-\sin\frac{\delta}{2} & \cos\frac{\delta}{2}\end{pmatrix}\cdot\boldsymbol{B}^{-1}=\begin{pmatrix}\cos\frac{\delta}{2}-\mathrm{i}\sin\frac{\delta}{2} & 0\\0 & \cos\frac{\delta}{2}+\mathrm{i}\sin\frac{\delta}{2}\end{pmatrix}=\begin{pmatrix}\mathrm{e}^{-\mathrm{i}\delta/2} & 0\\0 & \mathrm{e}^{+\mathrm{i}\delta/2}\end{pmatrix} \tag{5.91}$$

因此,可以看出酉变换如何用于不同于 x-y 基的其他基中进行琼斯矩阵运算,例如,在 R-L 基或任何其他可能的正交基中。

例 5.9 厄米矩阵的对角化

椭圆二向衰减器 $\boldsymbol{H}_1$

$$\boldsymbol{H}_1=\frac{\mathbf{ED}\left(0,\frac{-1+e^2}{\sqrt{2}(1+e^2)},-\frac{-1+e^2}{\sqrt{2}(1+e^2)}\right)}{\sqrt{e}}=\begin{pmatrix}\frac{1+e}{2e} & \frac{(1+\mathrm{i})\sinh\frac{1}{2}}{\sqrt{2e}}\\\frac{(1-\mathrm{i})\sinh\frac{1}{2}}{\sqrt{2e}} & \frac{1+e}{2e}\end{pmatrix} \tag{5.92}$$

具有斯托克斯本征偏振

$$\boldsymbol{S}_q=\begin{pmatrix}1\\0\\1/\sqrt{2}\\1/\sqrt{2}\end{pmatrix}\quad 和 \quad \boldsymbol{S}_r=\begin{pmatrix}1\\0\\-1/\sqrt{2}\\-1/\sqrt{2}\end{pmatrix} \tag{5.93}$$

把它酉变换为对角阵。一个本征偏振是椭圆偏振,介于 45°和右旋圆偏振之间;另一个本征偏振是正交的,在 135°和左旋圆偏振之间。因子 $1/\sqrt{e}$ 在不改变二向衰减率的情况下调节最大和最小振幅透射率,它是式(5.58)中描述的吸收系数。这些斯托克斯本征偏振可根据式(5.55)转换为归一化琼斯本征偏振 $\boldsymbol{E}_q$ 和 $\boldsymbol{E}_r$,

$$\boldsymbol{E}_q=\begin{pmatrix}\frac{1+\mathrm{i}}{2}\\\frac{1}{\sqrt{2}}\end{pmatrix},\quad \boldsymbol{E}_r=\begin{pmatrix}-\frac{1+\mathrm{i}}{2}\\\frac{1}{\sqrt{2}}\end{pmatrix} \tag{5.94}$$

因此,用 $\boldsymbol{E}_q$ 和 $\boldsymbol{E}_r$ 的共轭作为行可构造出酉矩阵 $\boldsymbol{U}_1$,来对角化 $\boldsymbol{H}_1$

$$\boldsymbol{U}_1=\frac{1}{2}\begin{pmatrix}1-\mathrm{i} & \sqrt{2}\\-1+\mathrm{i} & \sqrt{2}\end{pmatrix} \tag{5.95}$$

对 $\boldsymbol{H}_1$ 进行酉变换 $\boldsymbol{U}_1\boldsymbol{H}_1\boldsymbol{U}_1^{-1}$ 得到一个对角矩阵，

$$\boldsymbol{U}_1\boldsymbol{H}_1\boldsymbol{U}_1^{-1}=\frac{1}{2}\begin{pmatrix}1-\mathrm{i} & \sqrt{2}\\ -1+\mathrm{i} & \sqrt{2}\end{pmatrix}\cdot\begin{pmatrix}\dfrac{1+e}{2e} & \dfrac{(1+\mathrm{i})\sinh\dfrac{1}{2}}{\sqrt{2e}}\\ \dfrac{(1-\mathrm{i})\sinh\dfrac{1}{2}}{\sqrt{2e}} & \dfrac{1+e}{2e}\end{pmatrix}\cdot$$

$$\frac{1}{2}\begin{pmatrix}1+\mathrm{i} & -1-\mathrm{i}\\ \sqrt{2} & \sqrt{2}\end{pmatrix}=\begin{pmatrix}1 & 0\\ 0 & 1/e\end{pmatrix} \tag{5.96}$$

椭圆二向衰减器 $\boldsymbol{H}_1$ 的两个振幅透射率，也就是它的特征值 1 和 $1/e$，现在位于对角线上。

5.9.3 极分解法：将延迟和二向衰减分开

任意琼斯矩阵可能混合有二向衰减和延迟。如果二向衰减器和延迟器具有相同的特征向量，则琼斯矩阵 $\boldsymbol{J}$ 是齐次的，酉矩阵和厄米矩阵可交换；交换算子$[\boldsymbol{H},\boldsymbol{U}]$为零，

$$[\boldsymbol{H},\boldsymbol{U}]=\boldsymbol{H}\cdot\boldsymbol{U}-\boldsymbol{U}\cdot\boldsymbol{H}=0 \tag{5.97}$$

这种齐次琼斯矩阵可通过酉变换对角化，

$$\boldsymbol{U}\cdot\boldsymbol{J}\cdot\boldsymbol{U}^{-1}=\begin{pmatrix}\xi_q & 0\\ 0 & \xi_r\end{pmatrix} \tag{5.98}$$

得到对角矩阵，特征值位于其对角线上，$\boldsymbol{U}$ 的列是特征向量。

一般来说，具有二向衰减和延迟任意混合的矩阵 $\boldsymbol{J}$ 会有非零的交换算子，即$[\boldsymbol{H},\boldsymbol{U}]\neq 0$。那么，$\boldsymbol{J}$ 不能通过酉变换对角化，$\boldsymbol{J}$ 具有非正交的本征偏振，这定义为非齐次矩阵。此外，特征值不一定代表最大和最小振幅透射率，并且用于二向衰减的齐次琼斯矩阵方程通常不成立，

$$D\neq\frac{\xi_q^2-\xi_r^2}{\xi_q^2+\xi_r^2} \tag{5.99}$$

非齐次矩阵或齐次矩阵可用极分解法(polar decomposition)表示为酉矩阵和厄米矩阵的乘积，或者厄米矩阵乘以酉矩阵[32-35]：

$$\boldsymbol{J}=\boldsymbol{U}\cdot\boldsymbol{H}=\boldsymbol{H}'\cdot\boldsymbol{U} \tag{5.100}$$

在这两种形式的极分解法中，酉矩阵保持不变，但厄米矩阵 $\boldsymbol{H}$ 和 $\boldsymbol{H}'$根据分解的顺序而不同[34]，如图 5.16 所示。极分解分量可以通过两种不同的方法计算。

第一种方法，$\boldsymbol{J}$ 可以通过奇异值分解分解成酉矩阵 $\boldsymbol{W}$、奇异值对角矩阵 $\boldsymbol{D}$ 和酉矩阵的伴随 $\boldsymbol{V}^\dagger$ 的乘积[36]，

$$\boldsymbol{J}=\boldsymbol{W}\cdot\boldsymbol{D}\cdot\boldsymbol{V}^\dagger=\begin{pmatrix}w_{x,1} & w_{x,2}\\ w_{y,1} & w_{y,2}\end{pmatrix}\begin{pmatrix}\Lambda_1 & 0\\ 0 & \Lambda_2\end{pmatrix}\begin{pmatrix}v_{x,1}^* & v_{y,1}^*\\ v_{x,2}^* & v_{y,2}^*\end{pmatrix} \tag{5.101}$$

其中奇异值排序为 $\Lambda_1\geqslant\Lambda_2$。$\boldsymbol{J}$ 的最大振幅透射率为 Λ_1，对应于输入偏振态$(v_{x,1}v_{y,1})$和输

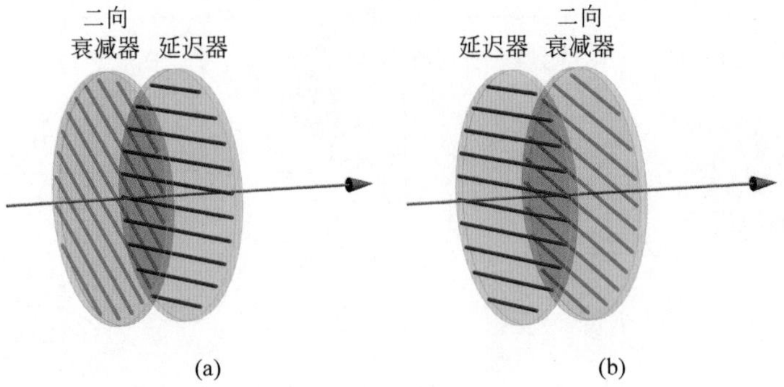

图 5.16　一个非齐次的琼斯矩阵可以用极分解法表示为(a)一个二向衰减器后接一个延迟器,或者(b)一个相同的延迟器后接一个不同的二向衰减器

出偏振态$(w_{x,1} w_{y,1})$。最小振幅透射率对应于第二个奇异值、$\mathbf{V}^{\dagger}$ 第二行的共轭和 $\mathbf{W}$ 第二列。因此,$\boldsymbol{J}$ 的二向衰减率由奇异值计算如下:

$$D=\frac{\Lambda_1^2-\Lambda_2^2}{\Lambda_1^2+\Lambda_2^2} \tag{5.102}$$

关于奇异值分解的更多内容可参见数学小贴士 9.2。$\boldsymbol{J}$ 极分解的厄米分量(厄米矩阵)计算如下:

$$\boldsymbol{H}=\mathbf{VDV}^{\dagger},\quad \boldsymbol{H}'=\mathbf{WDW}^{\dagger} \tag{5.103}$$

那么酉分量(酉矩阵,纯延迟器)就是

$$\boldsymbol{U}=\mathbf{WV} \tag{5.104}$$

第二种方法,计算厄米部分的平方

$$\boldsymbol{J}^{\dagger}\boldsymbol{J}=\boldsymbol{H}^2\quad 和\quad \boldsymbol{J}\boldsymbol{J}^{\dagger}=\boldsymbol{H}'^2 \tag{5.105}$$

这得到另一对表达式,用矩阵平方根法(式(14.36))求解极分解的厄米或二向衰减部分

$$\boldsymbol{H}=\sqrt{\boldsymbol{J}^{\dagger}\boldsymbol{J}},\quad \boldsymbol{H}'=\sqrt{\boldsymbol{J}\boldsymbol{J}^{\dagger}} \tag{5.106}$$

式(5.106)要求 $\boldsymbol{H}$ 和 $\boldsymbol{J}$ 是非奇异的,具有非零行列式。于是,$\boldsymbol{U}=\boldsymbol{J}\boldsymbol{H}^{-1}=\boldsymbol{H}'^{-1}\boldsymbol{J}$。

对于任意的琼斯矩阵 $\boldsymbol{J}$,纯延迟器琼斯矩阵 $\boldsymbol{U}$ 可视为 $\boldsymbol{J}$ 的延迟部分,$\boldsymbol{H}$ 或 $\boldsymbol{H}'$ 可视为二向衰减部分。请注意,极分解法是顺序相关的:要么延迟器在前,随后是二向衰减器,或者反之亦然。14.6 节将进一步讨论非齐次矩阵。14.4.5 节中给出了偏振分量的阶数无关的表示法,即偏振分量的指数形式。

例 5.10　极分解法示例

考虑一个非齐次矩阵

$$\boldsymbol{J}=\frac{1}{4}\begin{pmatrix}2-2\mathrm{i} & 2-2\mathrm{i}\\ -1-\mathrm{i} & 1+\mathrm{i}\end{pmatrix} \tag{5.107}$$

它的特征值$\approx(0.868\mathrm{e}^{-1.025\mathrm{i}},0.576\mathrm{e}^{1.025\mathrm{i}})$。入射归一化特征矢量和出射特征矢量的偏振椭圆如图 5.17 所示。$\boldsymbol{J}$ 的奇异值分解分量是

$$\mathbf{W}=\begin{pmatrix}\mathrm{e}^{-\mathrm{i}\pi/4} & 0\\ 0 & \mathrm{e}^{\mathrm{i}\pi/4}\end{pmatrix}=\mathbf{LR}\left(\frac{\pi}{2},0\right) \tag{5.108}$$

$$\boldsymbol{D}=\begin{pmatrix}1 & 0\\ 0 & \frac{1}{2}\end{pmatrix}=\mathbf{LD}\left(1,\frac{1}{2},0\right) \tag{5.109}$$

和

$$\boldsymbol{V}^{\dagger}=\frac{1}{\sqrt{2}}\begin{pmatrix}1 & 1\\ -1 & 1\end{pmatrix}=\mathbf{CR}\left(\frac{\pi}{2},0\right) \tag{5.110}$$

厄米部分是

$$\boldsymbol{H}=\sqrt{\boldsymbol{J}^{\dagger}\boldsymbol{J}}=\boldsymbol{VDV}^{\dagger}=\frac{1}{4}\begin{pmatrix}3 & 1\\ 1 & 3\end{pmatrix}$$

$$\boldsymbol{H}'=\sqrt{\boldsymbol{JJ}^{\dagger}}=\boldsymbol{WDW}^{\dagger}=\begin{pmatrix}1 & 0\\ 0 & \frac{1}{2}\end{pmatrix} \tag{5.111}$$

对于二向衰减率 3/5，两者都有特征值 1 和 1/2；因此，根据极分解法，这是 $\boldsymbol{J}$ 的二向衰减。酉部分是

$$\boldsymbol{U}=\boldsymbol{WV}^{\dagger}=\frac{1}{2}\begin{pmatrix}1-\mathrm{i} & 1-\mathrm{i}\\ -1-\mathrm{i} & 1+\mathrm{i}\end{pmatrix} \tag{5.112}$$

它的特征值为 $\pi/3$ 和 $-\pi/3$，延迟量为 $2\pi/3$。根据极分解法，这是 $\boldsymbol{J}$ 的延迟。图 5.18 绘出了 $\boldsymbol{H}$、$\boldsymbol{H}'$ 和 $\boldsymbol{U}$ 的特征矢量。

根据极分解法，$\boldsymbol{J}$ 可用两种方式表示为 $\boldsymbol{UH}$ 和 $\boldsymbol{H}'\boldsymbol{U}$，

$$\begin{aligned}\boldsymbol{J}=\boldsymbol{UH}&=\frac{1}{2}\begin{pmatrix}1-\mathrm{i} & 1-\mathrm{i}\\ -1-\mathrm{i} & 1+\mathrm{i}\end{pmatrix}\cdot\frac{1}{4}\begin{pmatrix}3 & 1\\ 1 & 3\end{pmatrix}\\ &=\boldsymbol{H}'\boldsymbol{U}=\begin{pmatrix}1 & 0\\ 0 & \frac{1}{2}\end{pmatrix}\cdot\frac{1}{2}\begin{pmatrix}1-\mathrm{i} & 1-\mathrm{i}\\ -1-\mathrm{i} & 1+\mathrm{i}\end{pmatrix}\\ &=\frac{1}{4}\begin{pmatrix}2-2\mathrm{i} & 2-2\mathrm{i}\\ -1-\mathrm{i} & 1+\mathrm{i}\end{pmatrix}\end{aligned} \tag{5.113}$$

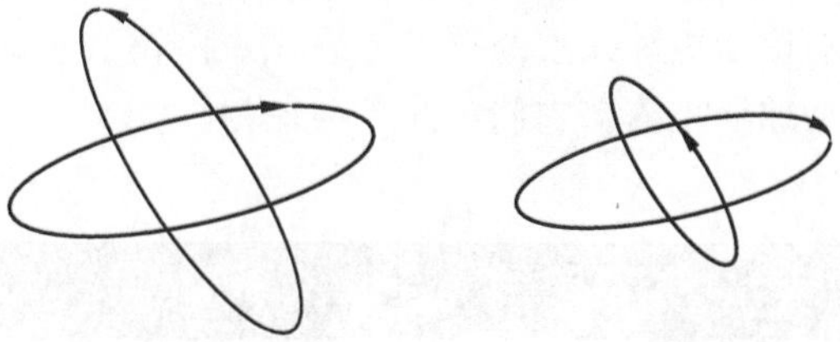

(a)　　(b)

图 5.17　归一化的入射本征偏振(a)和出射本征偏振(b)。注意主轴不是正交的；因此，本征偏振不是正交的。二向衰减和延迟都是存在的

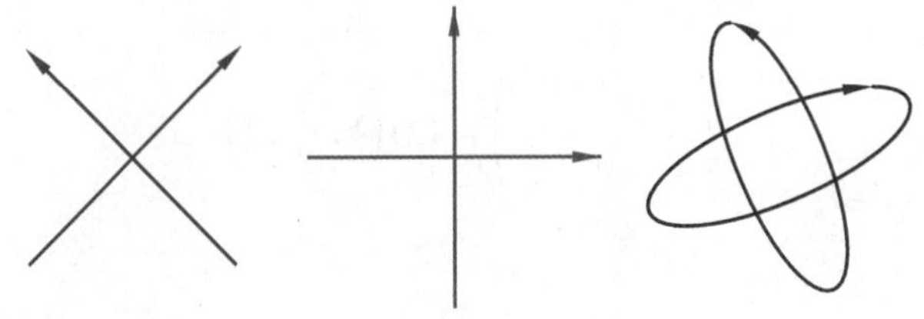

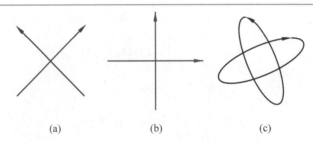

图 5.18 非齐次琼斯矩阵 $\boldsymbol{J}$ 的厄米部分 $\boldsymbol{H}$(二向衰减)((a),红),厄米部分 $\boldsymbol{H}'$((b),绿)和酉部分 $\boldsymbol{U}$(延迟)((c),蓝)的归一化本征偏振

5.10 递增相位符号约定

2.17 节和 2.18 节介绍并讨论了相位的符号约定。本书使用递减相位符号约定。另一个符号约定,递增相位符号约定,在本书中没有使用,但将在本节中进行讨论。在本节中下标 M 用于表示遵从递增相位符号约定的物理量,ϕ 符号按此约定变化。于是单色平面波的形式如下:

$$\boldsymbol{E}_M(z,t)=\mathrm{Re}\left[\begin{pmatrix}E_x\\E_y\end{pmatrix}\mathrm{e}^{\mathrm{i}(\omega t-kz+\phi)}\right]=\begin{pmatrix}E_x\\E_y\end{pmatrix}\cos(\omega t-kz+\phi) \tag{5.114}$$

用递增相位符号约定,平面波方程中唯一的变化是 $\omega t-kz+\phi$ 的符号。请注意,由于余弦是一个偶函数,因此余弦参数的符号无关紧要,$\cos(\theta)=\cos(-\theta)$。

在递增相位符号约定中,左、右旋圆偏振光的琼斯矢量为

$$\boldsymbol{L}_M=\frac{a\,\mathrm{e}^{\mathrm{i}\phi}}{\sqrt{2}}\begin{pmatrix}1\\-\mathrm{i}\end{pmatrix},\quad \boldsymbol{R}_M=\frac{a\,\mathrm{e}^{\mathrm{i}\phi}}{\sqrt{2}}\begin{pmatrix}1\\\mathrm{i}\end{pmatrix} \tag{5.115}$$

请注意,在递增相位约定中,左旋圆偏振光的琼斯矢量是递减相位约定中右旋圆偏振光的琼斯矢量,反之亦然。如果约定表述不清楚,这可能会变得非常混乱!

符号约定的选择影响琼斯矩阵元素的符号。表 5.5 比较了递减相位符号约定和递增相位符号约定中的几种常见琼斯矩阵。它们彼此是共轭的。

5.11 总结

琼斯算法为计算二向衰减和延迟提供了一种简洁而灵活的方法。琼斯计算法是为解决相干光问题而建立的;特别是,琼斯矢量的相加可模拟相干光束的叠加,琼斯矩阵的相加可模拟在干涉仪中多条路径合成激光束,如第 4 章所述。

具有正交特征向量的琼斯矩阵(齐次矩阵)的分析比更一般的情况更简单,齐次琼斯矩阵的特征值直接与延迟量和二向衰减率有关。二向衰减器具有厄米琼斯矩阵,延迟器具有酉琼斯矩阵。

琼斯矢量和琼斯矩阵的定义假设光是单色的,因此是相干的。因此,琼斯矩阵适用于偏

振光线追迹计算。但更一般地说，琼斯矩阵很好地描述了光学系统或偏振元件序列的二向衰减和延迟，在这种情况下，它们的应用不限于单色光。因为琼斯矩阵包含绝对相位，它们很容易与光学设计计算相结合，使它们成为光学设计中处理偏振像差问题的有效工具。

对于理想的偏振元件，偏振特性很容易定义。对于实际的偏振元件，偏振特性的精确定义更为微妙，因为偏振元件，例如偏振器和延迟器，可能会显示出一些二向衰减、一些延迟，甚至可能是一些退偏。这些特性将随着波长和入射角的变化而变化，也可能随着元件上的位置而变化。

延迟器的琼斯矩阵在对称相位约定中是最简练的，在对称相位约定中，较快偏振态的相位超前了延迟量的一半，较慢偏振态的相位滞后了延迟量的一半。通常，偏振元件的总相位是未知的，例如对于采购的元件；那么，延迟器的对称相位形式对于琼斯矩阵来说是一个简练但任意的选择。许多参考文献给出了用其他延迟器约定的琼斯矩阵：①慢本征偏振不变或②快本征偏振不变。这些延迟器琼斯矩阵在图 5.19 中以振幅和相位(彩色编码)绘制，以供比较：(左图)慢本征偏振不变，这使快本征偏振的相位超前，或(右图)快本征偏振不变，使慢本征偏振的相位滞后。与图 5.8 的唯一区别是相位。

表 5.5　递减和递增相位约定中的琼斯矩阵

快　轴	延迟器：四分之一波	
	递减相位约定，快轴不变	递增相位约定，快轴不变
水平，0°，**QWHLR** 或 **LR**(π/2,0°)	$\begin{pmatrix}1 & 0\\0 & i\end{pmatrix}$	$\begin{pmatrix}1 & 0\\0 & -i\end{pmatrix}$
垂直，90°，**QWVLR** 或 **LR**(π/2,90°)	$\begin{pmatrix}i & 0\\0 & 1\end{pmatrix}$	$\begin{pmatrix}-i & 0\\0 & 1\end{pmatrix}$
45°，**QW45LR LR**(π/**2**,**45**°)	$\frac{1}{2}\begin{pmatrix}1+i & 1-i\\1-i & 1+i\end{pmatrix}$	$\frac{1}{2}\begin{pmatrix}1-i & 1+i\\1+i & 1-i\end{pmatrix}$
135°，**QW135LR LR**(π/2,135°)	$\frac{1}{2}\begin{pmatrix}1+i & -1+i\\-1+i & 1+i\end{pmatrix}$	$\frac{1}{2}\begin{pmatrix}1-i & -1-i\\-1-i & 1-i\end{pmatrix}$
右旋圆 **QWRCR**	$\frac{1}{2}\begin{pmatrix}1+i & 1+i\\-1-i & 1+i\end{pmatrix}$	$\frac{1}{2}\begin{pmatrix}1-i & 1-i\\-1+i & 1-i\end{pmatrix}$
左旋圆 **QWLCR**	$\frac{1}{2}\begin{pmatrix}1+i & -1-i\\1+i & 1+i\end{pmatrix}$	$\frac{1}{2}\begin{pmatrix}1-i & -1+i\\1-i & 1-i\end{pmatrix}$

快　轴	延迟器：半波	
	递减相位约定	递增相位约定
半波水平线性延迟器 **HWHLR**	$\begin{pmatrix}1 & 0\\0 & -1\end{pmatrix}$	$\begin{pmatrix}1 & 0\\0 & -1\end{pmatrix}$
半波垂直线性延迟器 **HWVLR**	$\begin{pmatrix}-1 & 0\\0 & 1\end{pmatrix}$	$\begin{pmatrix}-1 & 0\\0 & 1\end{pmatrix}$
半波 45°线性延迟器 **HW45LR**	$\begin{pmatrix}0 & 1\\1 & 0\end{pmatrix}$	$\begin{pmatrix}0 & 1\\1 & 0\end{pmatrix}$
半波 135°线性延迟器 **HW135LR**	$\begin{pmatrix}0 & -1\\-1 & 0\end{pmatrix}$	$\begin{pmatrix}0 & -1\\-1 & 0\end{pmatrix}$

续表

快　　轴	延迟器：半波	
	递减相位约定	递增相位约定
半波右旋圆延迟器 **HWRCR**	$\begin{pmatrix} 0 & i \\ -i & 0 \end{pmatrix}$	$\begin{pmatrix} 0 & -i \\ i & 0 \end{pmatrix}$
半波左旋圆延迟器 **HWLCR**	$\begin{pmatrix} 0 & -i \\ i & 0 \end{pmatrix}$	$\begin{pmatrix} 0 & i \\ -i & 0 \end{pmatrix}$

快　　轴	偏振器	
	递减相位约定	递增相位约定
水平线偏振器 **HLP**	$\begin{pmatrix} 1 & 0 \\ 0 & 0 \end{pmatrix}$	$\begin{pmatrix} 1 & 0 \\ 0 & 0 \end{pmatrix}$
垂直线偏振器 **VLP**	$\begin{pmatrix} 0 & 0 \\ 0 & 1 \end{pmatrix}$	$\begin{pmatrix} 0 & 0 \\ 0 & 1 \end{pmatrix}$
45°线偏振器 **L45P**	$\frac{1}{2}\begin{pmatrix} 1 & 1 \\ 1 & 1 \end{pmatrix}$	$\frac{1}{2}\begin{pmatrix} 1 & 1 \\ 1 & 1 \end{pmatrix}$
135°线偏振器 **L135P**	$\frac{1}{2}\begin{pmatrix} 1 & -1 \\ -1 & 1 \end{pmatrix}$	$\frac{1}{2}\begin{pmatrix} 1 & -1 \\ -1 & 1 \end{pmatrix}$
右旋圆偏振器 **RCP**	$\frac{1}{2}\begin{pmatrix} 1 & i \\ -i & 1 \end{pmatrix}$	$\frac{1}{2}\begin{pmatrix} 1 & -i \\ i & 1 \end{pmatrix}$
左旋圆偏振器 **LCP**	$\frac{1}{2}\begin{pmatrix} 1 & -i \\ i & 1 \end{pmatrix}$	$\frac{1}{2}\begin{pmatrix} 1 & i \\ -i & 1 \end{pmatrix}$

选用了绝对相位；因此，快轴经历了零相位变化，慢轴被滞后。

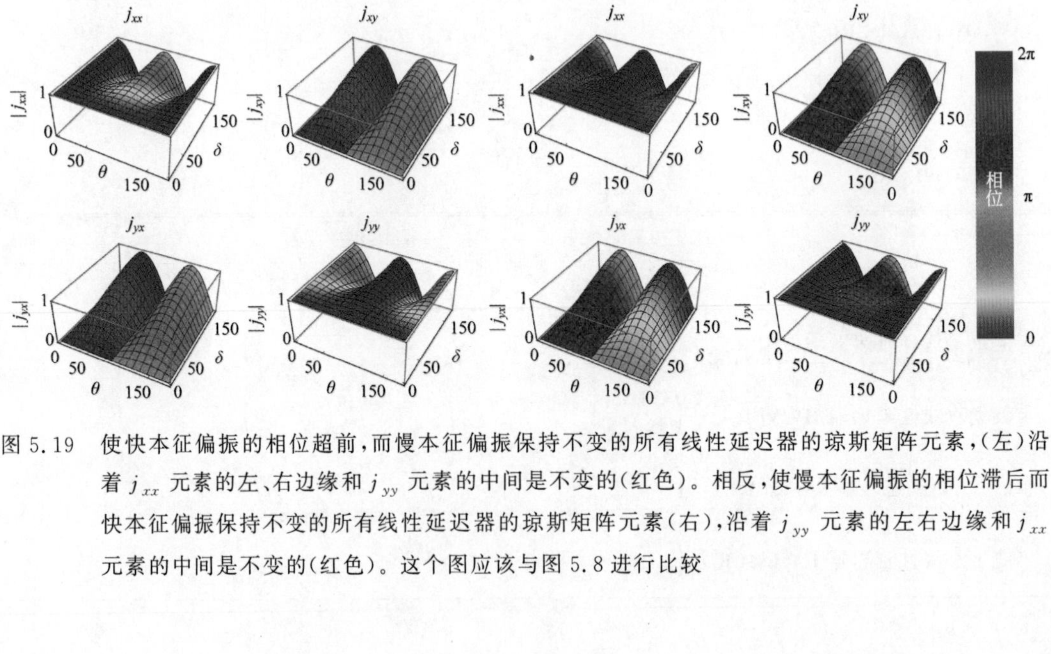

图 5.19　使快本征偏振的相位超前，而慢本征偏振保持不变的所有线性延迟器的琼斯矩阵元素，(左)沿着 j_{xx} 元素的左、右边缘和 j_{yy} 元素的中间是不变的(红色)。相反，使慢本征偏振的相位滞后而快本征偏振保持不变的所有线性延迟器的琼斯矩阵元素(右)，沿着 j_{yy} 元素的左右边缘和 j_{xx} 元素的中间是不变的(红色)。这个图应该与图 5.8 进行比较

5.12　习题集

数学小贴士 5.3　习题集中的相位

通常，在习题集中指定偏振元件时，不会指定元件的绝对相位(如果指定了，习题文本会变得乏味、冗长和混乱)。因此，如果习题要用到一个水平快轴的四分之一波线性延迟器，琼斯矩阵可以是下面中的任何一个

$$\begin{pmatrix}1 & 0\\ 0 & \mathrm{i}\end{pmatrix},\quad \frac{1}{\sqrt{2}}\begin{pmatrix}1-\mathrm{i} & 0\\ 0 & 1+\mathrm{i}\end{pmatrix},\begin{pmatrix}-\mathrm{i} & 0\\ 0 & 1\end{pmatrix},\quad \mathrm{e}^{-\mathrm{i}\phi}\begin{pmatrix}1 & 0\\ 0 & \mathrm{i}\end{pmatrix} \tag{5.116}$$

如果没有指定绝对相位，这些矩阵中的每一个都是正确的。此外，本书建议，采用对称延迟器约定的第二个矩阵是最规范的，但显然它不是最容易用于手工计算的形式。因此，在习题评分时，任何相位的答案都应该被接受。例如，如果你认为答案是单位矩阵，而你得到了以下任何一种形式，

$$\begin{pmatrix}1 & 0\\ 0 & 1\end{pmatrix},\quad \begin{pmatrix}\mathrm{i} & 0\\ 0 & \mathrm{i}\end{pmatrix},\quad \frac{1}{\sqrt{2}}\begin{pmatrix}1-\mathrm{i} & 0\\ 0 & 1-\mathrm{i}\end{pmatrix},\quad \begin{pmatrix}-1 & 0\\ 0 & -1\end{pmatrix},\quad \begin{pmatrix}\mathrm{e}^{-\mathrm{i}\phi} & 0\\ 0 & \mathrm{e}^{-\mathrm{i}\phi}\end{pmatrix} \tag{5.117}$$

那么可以停止了，你已经完成了！

5.1　矩阵乘以下列琼斯矩阵序列。然后，在偏振器和延迟器琼斯矩阵表中识别所得的琼斯矩阵。该矩阵可能相差一个常数或同相位(−1 和 i)，具体取决于为延迟器选取的相位。

a. 两个线性延迟器 **LR**[π/2,0]

b. **LR**[π/2,90°]后接 **LR**[π/2,0]

c. **LR**[π/4,90°],**LP**[0°]和 **LR**[π/4,0]

d. 三个线偏振器 **LP**[0°]、**LP**[45°]、**LP**[0°]

e. 一个线偏振器在两个圆延迟器之间 **CR**[−π/2],**LP**[0°],**CR**[π/2]

f. 两个二向衰减率为 1 的左旋圆二向衰减器 **CD**[1,0]

g. 圆延迟器和圆二向衰减器 **CR**[−π/2],**CD**[1,0]和 **CR**[π/2]

h. **CR**[π]后接 **LR**[π,0]

i. **CR**[π],**LR**[π,45°]和 **LR**[π,0]

j. **LR**[π/2,−45°],**CR**[π]和−i**LR**[π/2,45°]

k. **LR**[π/2,−45°],**CR**[π/2]和−i**LR**[π/2,45°]

5.2　对下列延迟器用三种相位约定计算琼斯矩阵，

(1)快轴不变，(2)对称相位约定，(3)慢轴不变

a. **LR**[π,45°]

b. **LR**[π/2,135°]

c. **LR**[π/8,0]

d. **LR**[π/2,30°]

e. **LR**[π/4,45°]

f. **LR**[π/3,45°]

5.3 给定琼斯矩阵 $\boldsymbol{J}_1=\begin{pmatrix}-\dfrac{1}{2} & \dfrac{1}{2}-\dfrac{\mathrm{i}}{\sqrt{2}}\\ \dfrac{-1}{2}-\dfrac{\mathrm{i}}{\sqrt{2}} & \dfrac{3}{2}\end{pmatrix}$。

a. 通过计算特征值证明 $\boldsymbol{J}_1$ 代表一个偏振器。

b. 为什么这些特征值能证明这个矩阵是偏振器?

c. 计算透射态和消光态对应的非归一化琼斯矢量。

d. 这个元件是齐次的吗?

5.4 运用线偏振器 **LP**(θ)的琼斯矩阵和角度为 $\theta-\alpha$ 的线偏振光,推导出线偏振光透过线偏振器的马吕斯定律。

5.5 通过特征值和特征向量分析琼斯矩阵 $\boldsymbol{J}=\begin{pmatrix}\dfrac{1}{2}+\dfrac{\mathrm{i}}{4} & \dfrac{1}{2}-\dfrac{\mathrm{i}}{4}\\ \dfrac{1}{2}-\dfrac{\mathrm{i}}{4} & \dfrac{1}{2}+\dfrac{\mathrm{i}}{4}\end{pmatrix}$的偏振特性。

5.6 求下列琼斯矩阵的特征值和本征偏振。将矩阵分类为延迟器、偏振器、二向衰减器或其组合。将矩阵分类为线性、圆或椭圆偏振元件:

a. $\dfrac{1}{2}\begin{pmatrix}1 & \mathrm{i}\\ -\mathrm{i} & 1\end{pmatrix}$ b. $\dfrac{1}{2}\begin{pmatrix}1+\mathrm{i} & 1-\mathrm{i}\\ 1-\mathrm{i} & 1+\mathrm{i}\end{pmatrix}$

c. $\begin{pmatrix}0 & -1\\ 1 & 0\end{pmatrix}$ d. $\dfrac{1}{8}\begin{pmatrix}5 & 3\\ 3 & 5\end{pmatrix}$

e. $\begin{pmatrix}1 & 0\\ 0 & 1/2\end{pmatrix}$ f. $\dfrac{1}{2}\begin{pmatrix}1-\mathrm{i} & -1+\mathrm{i}\\ \sqrt{2} & \sqrt{2}\end{pmatrix}$

g. $\dfrac{1}{4}\begin{pmatrix}3 & 1\\ 1 & 3\end{pmatrix}$ h. $\dfrac{1}{8}\begin{pmatrix}5 & -\sqrt{3}\\ -\sqrt{3} & 7\end{pmatrix}$

i. $\dfrac{1}{2\sqrt{2}}\begin{pmatrix}1+\sqrt{3} & -1+\sqrt{3}\\ -1+\sqrt{3} & 1+\sqrt{3}\end{pmatrix}$ j. $\dfrac{1}{\sqrt{2}}\begin{pmatrix}\mathrm{i} & -1\\ 1 & -\mathrm{i}\end{pmatrix}$

k. $\dfrac{1}{\sqrt{2}}\begin{pmatrix}0 & -1+\mathrm{i}\\ 1+\mathrm{i} & 0\end{pmatrix}$ l. $\dfrac{1}{4}\begin{pmatrix}3 & \mathrm{i}\\ -\mathrm{i} & 3\end{pmatrix}$

m. $\dfrac{1}{3}\begin{pmatrix}1 & 2\\ 2 & 1\end{pmatrix}$ n. $\dfrac{1}{3}\begin{pmatrix}1 & -2\\ 2 & 1\end{pmatrix}$

5.7 使用 **LD**($1,t_{\min},\pi/4$)的矩阵验证琼斯矩阵的二向衰减率公式

$$D=\sqrt{1-\frac{4\mid\det\boldsymbol{J}\mid^2}{\operatorname{Tr}(\boldsymbol{J}^\dagger\cdot\boldsymbol{J})^2}} \tag{5.118}$$

5.8 对于非偏振入射光,求任意琼斯矩阵的透射率,$\boldsymbol{J}=\begin{pmatrix}j_{11} & j_{12}\\ j_{21} & j_{22}\end{pmatrix}$。

a. 计算 0°和 90°偏振态的透射光通量。透射率是透射光通量与入射光通量之比。

b. 非偏振光可以被视为任意两种正交偏振态的非相干组合。根据 a. 小题,计算非偏振光的透射率。

c. 计算 45°和 135°偏振态的透射光通量，并依据这些值计算非偏振光的透射率。

5.9 考虑式(5.57)的特征值，证明式(5.56)的椭圆二向衰减器琼斯矩阵的二向衰减率等于 D。

5.10 证明两个偏振器的乘积 $\mathbf{LP}(0)\mathbf{LP}(\pi/4)$不是式(5.29)中的线偏振器形式。

5.11 a. 求让偏振态旋转 180°的琼斯矩阵。

b. 当偏振面旋转 180°时，相干光会发生什么变化？琼斯矢量会改变吗？

c. 线偏振光的琼斯矢量和偏振态是如何变化的？

d. 圆偏振光的琼斯矢量和偏振态是如何变化的？

5.12 根据矩阵乘法的定义 $(\boldsymbol{A}\cdot\boldsymbol{B})_{i,j}=\sum_{k}A_{i,k}B_{k,j}$

a. 证明矩阵乘法满足结合律 $(\boldsymbol{A}\cdot\boldsymbol{B})\cdot\boldsymbol{C}=\boldsymbol{A}\cdot(\boldsymbol{B}\cdot\boldsymbol{C})$。

b. 证明如果 $\boldsymbol{A}\cdot\boldsymbol{B}=\boldsymbol{C}$，那么对于共轭，有 $\boldsymbol{A}^{\dagger}\cdot\boldsymbol{B}^{\dagger}=\boldsymbol{C}^{\dagger}$

5.13 验证延迟器方程的周期性。

a. 证明线性延迟器方程 $\mathbf{LR}_1(\delta,0°)=\begin{pmatrix}\mathrm{e}^{-\mathrm{i}\delta} & 0\\ 0 & 1\end{pmatrix}$具有周期性，并且周期为 2π，$\mathbf{LR}_1(\delta,0°)=\mathbf{LR}_1(\delta+2\pi,0°)$

b. 给定任意方向，证明延迟器方程的对称形式

$$\mathbf{LR}(\delta,\theta)=\begin{pmatrix}\mathrm{e}^{\frac{-\mathrm{i}\delta}{2}}\cos^2\theta+\mathrm{e}^{\frac{\mathrm{i}\delta}{2}}\sin^2\theta & -\mathrm{i}\sin\left(\dfrac{\delta}{2}\right)\sin(2\theta)\\ -\mathrm{i}\sin\left(\dfrac{\delta}{2}\right)\sin(2\theta) & \mathrm{e}^{\frac{\mathrm{i}\delta}{2}}\cos^2\theta+\mathrm{e}^{\frac{-\mathrm{i}\delta}{2}}\sin^2\theta\end{pmatrix}$$

不具有 2π 周期性，$\mathbf{LR}(\delta,\theta)\neq\mathbf{LR}(\delta+2\pi,\theta)$。解释一下不同之处。为什么这是合理的？

5.14 a. 证明半波线性延迟器琼斯矩阵 $\mathbf{LR}(\pi,\theta)=\begin{pmatrix}\cos 2\theta & \sin 2\theta\\ \sin 2\theta & -\cos 2\theta\end{pmatrix}$，对于所有角度 θ，能把左旋圆偏振光转换为右旋圆偏振光。

b. 出射偏振态如何随角度 θ 变化？

5.15 以 45°取向的一般线性二向衰减器可用泡利自旋矩阵写成 $\rho_0\sigma_0+\rho_2\sigma_2$(第 14 章)。计算琼斯矩阵。以 ρ_0 和 ρ_2 的函数形式计算 45°和 135°线偏振光的振幅透射率。计算两个光强透射率和二向衰减率。

5.16 证明线性延迟器琼斯矩阵的二向衰减总是 0。

$$\mathbf{LR}(\delta,\theta)=\begin{pmatrix}\mathrm{e}^{\frac{-\mathrm{i}\delta}{2}}\cos^2\theta+\mathrm{e}^{\frac{\mathrm{i}\delta}{2}}\sin^2\theta & -\mathrm{i}\sin\left(\dfrac{\delta}{2}\right)\sin(2\theta)\\ -\mathrm{i}\sin\left(\dfrac{\delta}{2}\right)\sin(2\theta) & \mathrm{e}^{\frac{\mathrm{i}\delta}{2}}\cos^2\theta+\mathrm{e}^{\frac{-\mathrm{i}\delta}{2}}\sin^2\theta\end{pmatrix}$$

5.17 求线性二向衰减器的琼斯矩阵，它把在 30°偏振的 4/9 光通量透射为 30°线偏振光，把在 120°偏振的 1/9 光通量透射为 120°线偏振光。

5.18 举一个两个特征值都等于零的幂零 2×2 矩阵 $\boldsymbol{N}$ 的例子。对于一个特定的 $\boldsymbol{E}_1$ 偏振态，$\boldsymbol{N}$ 透射所有入射光通量，但是光以正交偏振态出射。

5.19 a. 透射所有 x 偏振光通量(作为 x 偏振光)和一半 y 偏振光通量(作为 y 偏振光)的部分偏振器的琼斯矩阵是什么？

b. 当透光轴逆时针旋转到角度 θ 时,琼斯矩阵 $\boldsymbol{D}(\theta)$ 是什么?

c. 假设左旋圆偏振光入射到两个偏振器组成的序列上,$\boldsymbol{D}(\pi/2)\boldsymbol{D}(0)$。两个二向衰减器序列的琼斯矩阵是什么?

d. 求出射偏振态。相对于入射偏振态的光通量是多少?偏振椭圆的椭圆率和角度是多少?

e. 求三个二向衰减器 $\boldsymbol{D}(\pi/2)\boldsymbol{D}(\pi/4)\boldsymbol{D}(0)$ 序列的琼斯矩阵。

f. 哪个偏振态的透射率最大?

g. 求二向衰减率 D。

5.20 a. 计算正交于 $\boldsymbol{E}_1=\begin{pmatrix} a \\ b+\mathrm{i}c \end{pmatrix}$ 的偏振态 $\boldsymbol{E}_2$。

b. 证明对于所有的 a、b 和 c 值,不存在将 $\boldsymbol{E}_1$ 变换成 $\boldsymbol{E}_2$ 的单个矩阵 $\begin{pmatrix} j_{xx} & j_{xy} \\ j_{yx} & j_{yy} \end{pmatrix}$。因此,不存在偏振元件"正交器",它总能够将任意输入偏振态变换为正交偏振态。

5.21 特定的光学仪器需要偏振元件,该偏振元件将所有入射的水平线偏振光转换成 45°线偏振光,并将所有入射的 45°线性偏振光转换成右旋圆偏振光。

a. 求具有这些性质的琼斯矩阵 $\boldsymbol{J}$。请注意,矩阵将根据假设的相位而变化。

b. $\boldsymbol{J}$ 的特征值是什么?

c. $\boldsymbol{J}$ 是齐次的吗?本征偏振是正交的吗?

d. $\boldsymbol{J}$ 有增益吗?出射功率比入射功率大吗?

5.22 a. 推导出一种方法来求任意琼斯矩阵,该矩阵可进行以下两种任意变换,$\begin{pmatrix} j_{xx} & j_{xy} \\ j_{yx} & j_{yy} \end{pmatrix}\begin{pmatrix} a \\ b \end{pmatrix}=\begin{pmatrix} s \\ t \end{pmatrix}$,和 $\begin{pmatrix} j_{xx} & j_{xy} \\ j_{yx} & j_{yy} \end{pmatrix}\begin{pmatrix} c \\ d \end{pmatrix}=\begin{pmatrix} u \\ v \end{pmatrix}$。创建一个 4×4 的矩阵,它是 a,b,c 和 d 的函数,对向量 $(j_{xx} \quad j_{xy} \quad j_{yx} \quad j_{yy})^{\mathrm{T}}$ 进行运算得到 $(s \quad t \quad u \quad v)^{\mathrm{T}}$。然后对 j_{xx}、j_{xy}、j_{yx} 和 j_{yy} 求解这个方程。

b. 求琼斯矩阵,将(1,0)转换为(0,1)并将(0,1)转换为 $(1,-1/\sqrt{2})$。

5.23 图 5.11 显示了由涡旋延迟器和输入偏振光束产生的径向偏振光束。怎样能产生切向偏振光束?

5.24 证明对于一阶二向衰减,水平线性二向衰减器的琼斯矩阵为

$$\mathbf{LD}\left(1+\frac{d}{2},1-\frac{d}{2},0°\right)=\begin{pmatrix} 1+\dfrac{d}{2} & 0 \\ 0 & 1-\dfrac{d}{2} \end{pmatrix}$$

5.25 证明式(5.19)不适用于形式为 $\boldsymbol{J}=\begin{pmatrix} 1 & 0 \\ a & b \end{pmatrix}$ 的矩阵。为这种特殊情况找到一个求本征偏振的替代方程。

5.26 通过求将(1,0)转换为 $\boldsymbol{E}(\varepsilon,\psi)$ 并将(0,1)转换为正交偏振态的酉矩阵 $\boldsymbol{U}$,推导出式(5.30)中椭圆偏振器的琼斯矩阵。然后用 $\boldsymbol{U}$ 对 $\mathbf{LP}(0)$ 进行基底的酉变换,来生成 $\mathbf{EP}(\varepsilon,\psi)$。验证 $\mathbf{EP}(\varepsilon,\psi)$ 对 $\boldsymbol{E}(\varepsilon,\psi)$ 的作用和对正交偏振态的作用。

5.13　参考文献

[1] F. Pezzotta and B. M. Laurs, Tourmaline: The kaleidoscopic gemstone, Elements 7. 5 (2011): 333-338.

[2] M. Grabau, Polarized light enters the world of everyday life, J. Appl. Phys. 9. 4(1938): 215-225.

[3] W. R. Phillips, Mineral Optics: Principles and Techniques, WH Freeman(1971).

[4] E. Land, Some aspects of the development of sheet polarizers, J. Opt. Soc. Am. 41(1951): 957-962.

[5] W. A. Shurcliff, Polarized Light. Production and Use, Cambridge, MA: Harvard University Press (1966).

[6] R. A. Chipman, Polarization analysis of optical systems, Opt. Eng. 28. 2(1989): 280-290.

[7] J. M. Bennett, Polarizers, in Handbook of Optics, Vol. I, Chapter 13, 3rd edition, ed. M. Bass, New York: McGraw-Hill(2010).

[8] G. E. Shilov, Linear Algebra(translated and edited by Richard A. Silverman), Dover(1977).

[9] D. Poole, Linear Algebra: A Modern Introduction, Cengage Learning(2014).

[10] G. Strang, Linear Algebra and Its Applications, Belmont, CA: Thomson, Brooks/Cole(2006).

[11] R. Jones, A new calculus for the treatment of optical systems, J. Opt. Soc. Am. 31(1941): 500-503.

[12] H. Hurwitz Jr. and R. Jones, A new calculus for the treatment of optical systems, J. Opt. Soc. Am. 31 (1941): 493-495.

[13] R. Jones, A new calculus for the treatment of optical systems, J. Opt. Soc. Am. 31(1941): 488-493.

[14] R. Jones, A new calculus for the treatment of optical systems. IV, J. Opt. Soc. Am. 32 (1942): 486-493.

[15] R. Jones, A new calculus for the treatment of optical systems VI. Experimental determination of the matrix, J. Opt. Soc. Am. 37(1947): 110.

[16] R. Jones, A new calculus for the treatment of optical systems V. A more general formulation, and description of another calculus, J. Opt. Soc. Am. 37(1947): 107.

[17] R. Jones, A new calculus for the treatment of optical systems. VII. Properties of the N-matrices, J. Opt. Soc. Am. 38(1948): 671-683.

[18] R. M. A. Azzam and N. M. Bashara, Ellipsometry and Polarization Light, New York: North-Holland (1977), p. 97.

[19] S.-Y. Lu and R. A. Chipman, Homogeneous and inhomogeneous Jones matrices, JOSA A 11. 2 (1994): 766-773.

[20] D. Goldstein, Polarized Light, Revised and Expanded, Vol. 83, CRC Press(2011).

[21] J. F. Nye and M. V. Berry, Dislocations in wave trains, Proceedings of the Royal Society of London A: Mathematical, Physical and Engineering Sciences, Vol. 336. No. 1605. The Royal Society(1974).

[22] S. McEldowney, D. Shemo, R. Chipman, and P. Smith, Creating vortex retarders using photoaligned liquid crystal polymers, Opt. Lett. 33(2008): 134-136.

[23] S. McEldowney, D. Shemo, and R. Chipman, Vortex retarders produced from photo-aligned liquid crys-tal polymers, Opt. Express 16(2008): 7295-7308.

[24] P. Piron, P. Blain, S. Habraken, and D. Mawet, Polarization holography for vortex retarders recording, Appl. Opt. 52(2013): 7040-7048.

[25] A. Boivin, J. Dow, and E. Wolf, Energy flow in the neighborhood of the focus of a coherent beam, J. Opt. Soc. Am. 57(1967): 1171-1175.

[26] K. T. Gahagan and G. A. Swartzlander, Optical vortex trapping of particles, Opt. Lett. 21. 11(1996): 827-829.

[27] J. Curtis and D. Grier, Modulated optical vortices, Opt. Lett. 28(2003): 872-874.

[28] S. Quabis, R. Dorn, M. Eberler, O. Glockl, and G. Leuchs, Focusing light to a tighter spot, Opt. Commun. 179(2000): 1-7.

[29] R. Dorn, S. Quabis, and G. Leuchs, Sharper focus for radially polarized light beam, Phys. Rev. Lett. 91 (2003): 23.

[30] G. Arfken, Mathematical Methods for Physicists, Chapter 4.4, New York: Academic(1970).

[31] G. Arfken, Mathematical Methods for Physicists, Chapter 4.3, New York: Academic(1970).

[32] P. Lancaster and M. T. Tismenetsky, The Theory of Matrices, 2nd edition, New York: Academic (1985).

[33] R. A. Horn and C. R. Johnson, Topics in Matrix Analysis, Cambridge: Cambridge University Press (1991).

[34] S. Lu and R. Chipman, Homogeneous and inhomogeneous Jones matrices, J. Opt. Soc. Am. A 11 (1994): 766-773.

[35] S. Lu and R. Chipman, Interpretation of Mueller matrices based on polar decomposition, J. Opt. Soc. Am. A 13(1996): 1106-1113.

[36] H. H. Barrett and K. J. Myers, Foundations of Image Science, Section 1.5, New York: Wiley(2004).

第 6 章

米勒矩阵

6.1 引言

米勒矩阵提供了一种表征样品所有偏振特性：二向衰减、延迟和退偏的系统方法。米勒矩阵有一个简单的定义；对于任何类型的样品，它都是 4×4 的矩阵，将一组入射斯托克斯参量与出射斯托克斯参量联系起来。尽管其定义简单，米勒矩阵的性质还是相当复杂的。

米勒矩阵的引入大大扩展了可以描述的偏振现象的范围。琼斯方法仅适用于非退偏相互作用的情形；所有完全偏振的入射态都以完全偏振的形式出射。事实上，对于大多数光学系统，如透镜、望远镜、显微镜和光纤系统来说，这些非退偏的相互作用是理想情况。大多数光学系统工作于非常接近无退偏的条件。

存在退偏时，偏振光变成部分偏振的，偏振度降低。在显微镜或望远镜中，这种退偏情况通常与诸如污垢、指纹、划痕或不良光学膜层等缺陷有关。米勒矩阵，而不是琼斯矩阵，更适合表征这些缺陷的偏振效应。但更普遍的情况是，当偏振光从任何物体散射时，如油漆、纸张、灰尘、岩石、塑料等，偏振度会降低，并出现一些退偏。因此，米勒矩阵扩展了可以描述的光与物质相互作用的范围。

6.2 米勒矩阵

米勒矩阵 $\boldsymbol{M}$ 是一个 4×4 的矩阵，它通过矩阵矢量乘法[1-2]将入射斯托克斯参量 $\boldsymbol{S}$ 转

换为出射斯托克斯参量$\boldsymbol{S}'$,

$$\boldsymbol{M}\cdot\boldsymbol{S}=\boldsymbol{S}'=\begin{bmatrix}M_{00}&M_{01}&M_{02}&M_{03}\\M_{10}&M_{11}&M_{12}&M_{13}\\M_{20}&M_{21}&M_{22}&M_{23}\\M_{30}&M_{31}&M_{32}&M_{33}\end{bmatrix}\cdot\begin{bmatrix}S_0\\S_1\\S_2\\S_3\end{bmatrix}=\begin{bmatrix}S'_0\\S'_1\\S'_2\\S'_3\end{bmatrix}\tag{6.1}$$

根据矩阵矢量乘法的定义,出射的斯托克斯参量$\boldsymbol{S}'$为

$$\boldsymbol{S}'=\begin{bmatrix}S'_0\\S'_1\\S'_2\\S'_3\end{bmatrix}=\begin{bmatrix}S_0M_{00}+S_1M_{01}+S_2M_{02}+S_3M_{03}\\S_0M_{10}+S_1M_{11}+S_2M_{12}+S_3M_{13}\\S_0M_{20}+S_1M_{21}+S_2M_{22}+S_3M_{23}\\S_0M_{30}+S_1M_{31}+S_2M_{32}+S_3M_{33}\end{bmatrix}\tag{6.2}$$

入射$\boldsymbol{S}$的每个元素通过$\boldsymbol{M}$中的元素与$\boldsymbol{S}'$的四个元素相关联。由于$\boldsymbol{S}$和$\boldsymbol{S}'$的元素单位是辐照度,$\boldsymbol{M}$的元素是无量纲的辐照度比值。因为辐照度是实数,所以$\boldsymbol{M}$的元素是实数,而不是复数。我们的惯例是将下标从 0 到 3 编号,以匹配相应的斯托克斯参量的下标。

例 6.1 米勒矩阵列的含义

当非偏振光入射时,米勒矩阵的第 0 列(序数从 0 到 3)描述了出射偏振态,

$$\boldsymbol{M}\cdot\boldsymbol{S}=\boldsymbol{S}'=\begin{bmatrix}M_{00}&M_{01}&M_{02}&M_{03}\\M_{10}&M_{11}&M_{12}&M_{13}\\M_{20}&M_{21}&M_{22}&M_{23}\\M_{30}&M_{31}&M_{32}&M_{33}\end{bmatrix}\begin{bmatrix}1\\0\\0\\0\end{bmatrix}=\begin{bmatrix}M_{00}\\M_{10}\\M_{20}\\M_{30}\end{bmatrix}\tag{6.3}$$

第 0 列也是平均出射偏振态,因为当 0°或 90°偏振光入射时,出射态是第 0 列加或减第 1 列,

$$\boldsymbol{M}\cdot\boldsymbol{S}=\boldsymbol{S}'=\begin{bmatrix}M_{00}&M_{01}&M_{02}&M_{03}\\M_{10}&M_{11}&M_{12}&M_{13}\\M_{20}&M_{21}&M_{22}&M_{23}\\M_{30}&M_{31}&M_{32}&M_{33}\end{bmatrix}\begin{bmatrix}1\\1\\0\\0\end{bmatrix}=\begin{bmatrix}M_{00}\\M_{10}\\M_{20}\\M_{30}\end{bmatrix}+\begin{bmatrix}M_{01}\\M_{11}\\M_{21}\\M_{31}\end{bmatrix}\tag{6.4}$$

$$\boldsymbol{M}\cdot\boldsymbol{S}=\boldsymbol{S}'=\begin{bmatrix}M_{00}&M_{01}&M_{02}&M_{03}\\M_{10}&M_{11}&M_{12}&M_{13}\\M_{20}&M_{21}&M_{22}&M_{23}\\M_{30}&M_{31}&M_{32}&M_{33}\end{bmatrix}\begin{bmatrix}1\\-1\\0\\0\end{bmatrix}=\begin{bmatrix}M_{00}\\M_{10}\\M_{20}\\M_{30}\end{bmatrix}-\begin{bmatrix}M_{01}\\M_{11}\\M_{21}\\M_{31}\end{bmatrix}\tag{6.5}$$

因此,第 0 列是这两种输出态的平均值。当 45°或 135°偏振光入射时,出射态为第 0 列加或减第 2 列。类似地,当右旋或左旋圆偏振光入射时,出射态是第 0 列加上或减去第 3 列。因此,第 0 列被视为平均输出。

6.3 偏振元件序列

一系列偏振元件的效应或相互作用可以通过它们各自的米勒矩阵$\boldsymbol{M}_q$的矩阵乘法来描

述，其中 q 是描述元件顺序的序数。遇到的第一个元件的米勒矩阵位于相乘的矩阵序列的最右端，最后一个元件的米勒矩阵 $\boldsymbol{M}_Q$ 位于矩阵乘积的最左侧。

$$\boldsymbol{M} = \boldsymbol{M}_Q \cdot \boldsymbol{M}_{Q-1} \cdots \boldsymbol{M}_2 \cdot \boldsymbol{M}_1 = \prod_{q=1}^{Q} \boldsymbol{M}_{Q-q+1} \tag{6.6}$$

因此，利用简单的矩阵乘法运算就可以很容易地计算出元件序列偏振效应的性质。在计算米勒矩阵的级联时，可以使用矩阵乘法的结合律

$$(\boldsymbol{M}_3 \cdot \boldsymbol{M}_2) \cdot \boldsymbol{M}_1 = \boldsymbol{M}_3 \cdot (\boldsymbol{M}_2 \cdot \boldsymbol{M}_1) \tag{6.7}$$

相邻矩阵可以任意顺序组合相乘。例 6.2 展示了一个偏振元件序列的例子。

6.4　非偏振的米勒矩阵

非偏振光学元件不会改变任何入射偏振态只有振幅和(或)相位会改变。非吸收、非偏振样品的米勒矩阵是 4×4 的单位矩阵 $\boldsymbol{I}$，

$$\boldsymbol{I} = \begin{bmatrix} 1 & 0 & 0 & 0 \\ 0 & 1 & 0 & 0 \\ 0 & 0 & 1 & 0 \\ 0 & 0 & 0 & 1 \end{bmatrix} \tag{6.8}$$

$\boldsymbol{I}$ 是真空的米勒矩阵，也是空气的近似米勒矩阵。对于中性密度滤光器或具有偏振无关吸收或损耗的元件，米勒矩阵满足 $T_{\max} = T_{\min} = T$，所得的米勒矩阵与单位矩阵成比例，可以用线性二向衰减器的标记法 $\mathbf{LD}(T_{\max}, T_{\min}, \theta)$（式(6.53)）表示为

$$\mathbf{LD}(T, T, 0) = T \begin{bmatrix} 1 & 0 & 0 & 0 \\ 0 & 1 & 0 & 0 \\ 0 & 0 & 1 & 0 \\ 0 & 0 & 0 & 1 \end{bmatrix} \tag{6.9}$$

与琼斯矢量不同，斯托克斯参量不包含绝对相位项。绝对相位变化为 ϕ 的琼斯矩阵为

$$e^{j\phi} \begin{bmatrix} 1 & 0 \\ 0 & 1 \end{bmatrix} \tag{6.10}$$

相位变化没有对应的米勒矩阵。如果需要计算相位变化或光程长度，则除了计算米勒矩阵，还需进行上式计算。各偏振分量之间的相对相位变化，即延迟，可通过米勒运算得到。

6.5　偏振元件绕光束方向的旋转

当米勒矩阵为 $\boldsymbol{M}$ 的偏振元件绕入射光束旋转 θ 角时，入射角不变。例如，正入射光束通过一个绕法线旋转的元件，所得米勒矩阵 $\boldsymbol{M}(\theta)$ 为

$$\begin{aligned} \boldsymbol{M}(\theta) &= \boldsymbol{R}_M(\theta) \cdot \boldsymbol{M} \cdot \boldsymbol{R}_M(-\theta) \\ &= \begin{bmatrix} 1 & 0 & 0 & 0 \\ 0 & \cos 2\theta & -\sin 2\theta & 0 \\ 0 & \sin 2\theta & \cos 2\theta & 0 \\ 0 & 0 & 0 & 1 \end{bmatrix} \cdot \begin{bmatrix} M_{00} & M_{01} & M_{02} & M_{03} \\ M_{10} & M_{11} & M_{12} & M_{13} \\ M_{20} & M_{21} & M_{22} & M_{23} \\ M_{30} & M_{31} & M_{32} & M_{33} \end{bmatrix} \cdot \end{aligned}$$

$$\begin{bmatrix}1 & 0 & 0 & 0\\0 & \cos 2\theta & \sin 2\theta & 0\\0 & -\sin 2\theta & \cos 2\theta & 0\\0 & 0 & 0 & 1\end{bmatrix} \tag{6.11}$$

$\boldsymbol{R}_M(\theta)$是米勒旋转矩阵,

$$\boldsymbol{R}_M(\theta)=\begin{bmatrix}1 & 0 & 0 & 0\\0 & \cos 2\theta & -\sin 2\theta & 0\\0 & \sin 2\theta & \cos 2\theta & 0\\0 & 0 & 0 & 1\end{bmatrix} \tag{6.12}$$

是绕光轴旋转的矩阵。$\boldsymbol{R}_M(\theta)$已在第 3 章介绍,同时也讨论了斯托克斯参量的非正交坐标系。

对于矢量,基底的旋转变换是用旋转矩阵左乘来实现的。因此,斯托克斯参量通过下面这种变换实现相对于其坐标系的旋转

$$\boldsymbol{S}(\theta)=\boldsymbol{R}_M(\theta)\cdot\boldsymbol{S}=\begin{bmatrix}1 & 0 & 0 & 0\\0 & \cos 2\theta & -\sin 2\theta & 0\\0 & \sin 2\theta & \cos 2\theta & 0\\0 & 0 & 0 & 1\end{bmatrix}\cdot\begin{bmatrix}S_0\\S_1\\S_2\\S_3\end{bmatrix}$$

$$=\begin{bmatrix}S_0\\S_1\cos 2\theta-S_2\sin 2\theta\\S_1\sin 2\theta+S_2\cos 2\theta\\S_3\end{bmatrix} \tag{6.13}$$

出现 2θ 是因为 S_1 轴和 S_2 轴仅间隔 45°。旋转 180°会将斯托克斯参量恢复到初始状态,因此 $\boldsymbol{R}_M(180°)$必须等于单位矩阵。根据定义,对于将 x 分量向 $+y$ 轴转动的旋转,即看向光束方向逆时针的旋转,θ 为正值。

对于矩阵,基底的旋转变换需要两个符号相反的旋转矩阵,一个左乘,一个右乘,这是矩阵的酉变换。注意式(6.11)中第一个旋转矩阵中的 $+\theta$ 和第二个旋转矩阵中的 $-\theta$。这些符号可以通过比较非旋转坐标系中的矩阵矢量乘法来理解。

$$\boldsymbol{M}\cdot\boldsymbol{S}=\boldsymbol{S}' \tag{6.14}$$

将旋转后的矩阵和旋转后的斯托克斯参量相乘,各自分别表示在方括号中,

$$\begin{aligned}&[\boldsymbol{R}_M(\theta)\cdot\boldsymbol{M}\cdot\boldsymbol{R}_M(-\theta)]\cdot[\boldsymbol{R}_M(\theta)\cdot\boldsymbol{S}]\\&=\boldsymbol{R}_M(\theta)\cdot\boldsymbol{M}\cdot[\boldsymbol{R}_M(-\theta)\cdot\boldsymbol{R}_M(\theta)]\cdot\boldsymbol{S}\\&=\boldsymbol{R}_M(\theta)\cdot\boldsymbol{M}\cdot\boldsymbol{S}\\&=\boldsymbol{R}_M(\theta)\cdot\boldsymbol{S}'\end{aligned} \tag{6.15}$$

由于矩阵乘法满足结合律,$(\boldsymbol{A}\cdot\boldsymbol{B})\cdot\boldsymbol{C}=\boldsymbol{A}\cdot(\boldsymbol{B}\cdot\boldsymbol{C})$,括号可以重新排列成上式第二行表达式。$\boldsymbol{R}_M(\theta)$是酉旋转矩阵,反方向旋转必然可以消除旋转的影响,

$$\boldsymbol{R}_M(\theta)\cdot\boldsymbol{R}_M(-\theta)=\begin{bmatrix}1&0&0&0\\0&\cos2\theta&-\sin2\theta&0\\0&\sin2\theta&\cos2\theta&0\\0&0&0&1\end{bmatrix}\cdot\begin{bmatrix}1&0&0&0\\0&\cos2\theta&\sin2\theta&0\\0&-\sin2\theta&\cos2\theta&0\\0&0&0&1\end{bmatrix}$$

$$=\begin{bmatrix}1&0&0&0\\0&1&0&0\\0&0&1&0\\0&0&0&1\end{bmatrix}\tag{6.16}$$

得到单位矩阵。因此，

$$\boldsymbol{R}_M(-\theta)=\boldsymbol{R}_M^{-1}(\theta)\tag{6.17}$$

6.6　延迟器的米勒矩阵

延迟器是具有两种本征偏振态的偏振元件，这两种偏振态保持入射偏振态（本征偏振态）传输，但光程长度（相位）不同。本节给出了理想延迟器的米勒矩阵公式，其中假设两种本征偏振态无损耗传输，并且元件没有二向衰减。

双折射延迟器通过将入射光分解成偏振态正交且折射率不同的两个模式来工作。一个模式相对于另一个模式有传播延迟，产生两个光程长度，由此产生光程差，即延迟，如图 5.3 所示。其他延迟机制包括从金属表面反射、多层薄膜的反射和透射、应力双折射以及与衍射光栅的相互作用。这些相互作用也常伴随着二向衰减。

延迟器的特性由本征偏振态之间的光程差（延迟量 δ）和本征偏振态（较短光程长度的偏振态（快轴）、较长光程长度的偏振态（慢轴））来表征。延迟量一般用弧度制表示，所以 $\delta=2\pi$ 表示光程差为一个波长。需要注意的是，虽然“轴”一般用于表示线偏振态，但本征偏振态也可能为椭圆偏振或圆偏振的，仍然可用“轴”这个术语。

延迟器对斯托克斯参量的作用可通过庞加莱球的旋转来观察。以穿过延迟器两个本征偏振态的直线作为庞加莱球上的旋转轴，则旋转的幅度就是延迟量。6.8 节将详细阐述延迟器的这种性质。

在米勒矩阵运算中，延迟器由以下形式的实酉矩阵表示：

$$\boldsymbol{M}_{\text{延迟器}}=\begin{bmatrix}1&0\quad0\quad0\\0&\\0&3\times3\ \text{旋转}\\0&\text{矩阵}\end{bmatrix}\tag{6.18}$$

其中，除了 $\boldsymbol{M}_{00}$ 元素，第一行和第一列都是零。实酉矩阵称为正交矩阵。正交矩阵的行构成一组正交的单位矢量，列也是这样。酉矩阵 $\boldsymbol{U}$ 的定义是，转置共轭矩阵与其逆矩阵相等的矩阵，

$$\boldsymbol{U}^{\dagger}=(\boldsymbol{U}^{\mathrm{T}})^{*}=\boldsymbol{U}^{-1}\tag{6.19}$$

对于一个实矩阵，其复共轭等于矩阵本身，所以正交矩阵 $\boldsymbol{O}$ 的转置矩阵等于它的逆矩阵，

$$\boldsymbol{O}^{\mathrm{T}}=\boldsymbol{O}^{-1}\tag{6.20}$$

因此,$\boldsymbol{M}^{\mathrm{T}}=\boldsymbol{M}^{-1}$ 可以用于检测一个米勒矩阵是否为纯延迟器。正交矩阵是旋转矩阵,例如延迟器的米勒矩阵。右下角 3×3 的元素构成在(S_1,S_2,S_3)空间的旋转矩阵,其中(S_1,S_2,S_3)是三个斯托克斯参量。这是延迟器在数学上旋转庞加莱球的方式。纯延迟器米勒矩阵的延迟量 δ 为

$$\delta=\arccos\left(\frac{M_{00}+M_{11}+M_{22}+M_{33}}{2}-1\right)=\arccos\left(\frac{\mathrm{Tr}(\boldsymbol{M})}{2}-1\right) \tag{6.21}$$

Tr 表示矩阵的迹,即对角线元素之和。延迟量为 δ 的水平线性延迟器的米勒矩阵为

$$\mathbf{LR}(\delta,0)=\begin{bmatrix}1 & 0 & 0 & 0\\ 0 & 1 & 0 & 0\\ 0 & 0 & \cos\delta & \sin\delta\\ 0 & 0 & -\sin\delta & \cos\delta\end{bmatrix} \tag{6.22}$$

当 $\mathbf{LR}(\delta,0)$作用于一组斯托克斯参量时,前两个元素 S_0 和 S_1 保持不变,它们是水平和垂直线偏振光这两种本征偏振态中的非零元素。快轴方向为 θ 的线性延迟器的米勒矩阵 $\mathbf{LR}(\delta,\theta)$可用式(6.11)所示的米勒矩阵旋转操作导出,即

$$\mathbf{LR}(\delta,\theta)=\begin{bmatrix}1 & 0 & 0 & 0\\ 0 & \cos^2 2\theta+\cos\delta\sin^2 2\theta & (1-\cos\delta)\cos 2\theta\sin 2\theta & -\sin\delta\sin 2\theta\\ 0 & (1-\cos\delta)\cos 2\theta\sin 2\theta & \cos\delta\cos^2 2\theta+\sin^2 2\theta & \cos 2\theta\sin\delta\\ 0 & \sin\delta\sin 2\theta & -\cos 2\theta\sin\delta & \cos\delta\end{bmatrix} \tag{6.23}$$

延迟量为 δ 的圆延迟器的米勒矩阵为

$$\mathbf{CR}(\delta)=\begin{bmatrix}1 & 0 & 0 & 0\\ 0 & \cos\delta & \sin\delta & 0\\ 0 & -\sin\delta & \cos\delta & 0\\ 0 & 0 & 0 & 1\end{bmatrix} \tag{6.24}$$

这个米勒矩阵可描述旋光材料和法拉第旋转。

表 6.1 给出了四分之一波长延迟器 $\delta=\pi/2$ 和半波延迟器 $\delta=\pi$ 的米勒矩阵,它们的快轴对应于基偏振态。

表 6.1 四分之一波长延迟器和半波延迟器在各基本偏振态下的米勒矩阵

延迟器类型	符号	米勒矩阵
水平四分之一波长线性延迟器	HQWLR	$\begin{bmatrix}1 & 0 & 0 & 0\\ 0 & 1 & 0 & 0\\ 0 & 0 & 0 & 1\\ 0 & 0 & -1 & 0\end{bmatrix}$
垂直四分之一波长线性延迟器	VQWLR	$\begin{bmatrix}1 & 0 & 0 & 0\\ 0 & 1 & 0 & 0\\ 0 & 0 & 0 & -1\\ 0 & 0 & 1 & 0\end{bmatrix}$
45°四分之一波长线性延迟器	QWLR(45°)	$\begin{bmatrix}1 & 0 & 0 & 0\\ 0 & 0 & 0 & -1\\ 0 & 0 & 1 & 0\\ 0 & 1 & 0 & 0\end{bmatrix}$

续表

延迟器类型	符　号	米勒矩阵
135°四分之一波长线性延迟器	QWLR(135°)	$\begin{bmatrix}1&0&0&0\\0&0&0&1\\0&0&1&0\\0&-1&0&0\end{bmatrix}$
四分之一波长右旋圆延迟器	QWRCR	$\begin{bmatrix}1&0&0&0\\0&0&1&0\\0&-1&0&0\\0&0&0&1\end{bmatrix}$
四分之一波长左旋圆延迟器	QWLCR	$\begin{bmatrix}1&0&0&0\\0&0&-1&0\\0&1&0&0\\0&0&0&1\end{bmatrix}$
水平或垂直的半波线性延迟器（具有相同的米勒矩阵）	HHWLR	$\begin{bmatrix}1&0&0&0\\0&1&0&0\\0&0&-1&0\\0&0&0&-1\end{bmatrix}$
45°或 135°半波线性延迟器	HWLR(45°)	$\begin{bmatrix}1&0&0&0\\0&-1&0&0\\0&0&1&0\\0&0&0&-1\end{bmatrix}$
右旋或左旋半波圆延迟器	RHWCR	$\begin{bmatrix}1&0&0&0\\0&-1&0&0\\0&0&-1&0\\0&0&0&1\end{bmatrix}$

快轴位于 θ 角的半波延迟器 **HWLR**(θ)的米勒矩阵为

$$\mathbf{HWLR}(\theta)=\begin{bmatrix}1&0&0&0\\0&\cos4\theta&\sin4\theta&0\\0&\sin4\theta&-\cos4\theta&0\\0&0&0&-1\end{bmatrix}\tag{6.25}$$

半波线性延迟器的米勒矩阵元素如图 6.1(b)所示。水平半波线性延迟器和垂直半波线性延迟器的米勒矩阵是相同的，因为这两种半波延迟器同等变换所有入射斯托克斯参量。快轴在 θ 角的四分之一波长线性延迟器的米勒矩阵 **QWLR**(θ)为

$$\mathbf{QWLR}(\theta)=\begin{bmatrix}1&0&0&0\\0&\cos^2 2\theta&\cos2\theta\sin2\theta&-\sin2\theta\\0&\cos2\theta\sin2\theta&\sin^2 2\theta&\cos2\theta\\0&\sin2\theta&-\cos2\theta&0\end{bmatrix}$$

$$=\begin{bmatrix}1 & 0 & 0 & 0\\ 0 & \frac{1}{2}(1+\cos4\theta) & \frac{1}{2}\sin4\theta & -\sin2\theta\\ 0 & \frac{1}{2}\sin4\theta & \frac{1}{2}(1-\cos4\theta) & \cos2\theta\\ 0 & \sin2\theta & -\cos2\theta & 0\end{bmatrix} \tag{6.26}$$

米勒矩阵元素如图 6.1(a)所示。所有线性延迟器的米勒矩阵 $\mathbf{LR}(\delta,\theta)$ 的元素在图 6.2 中以二维形式展示。

椭圆延迟器的米勒矩阵一般用延迟分量($\delta_{\mathrm{H}},\delta_{45},\delta_{\mathrm{R}}$)表示。延迟 δ 的大小和相应本征偏振态的斯托克斯参量为

$$\delta=\sqrt{\delta_{\mathrm{H}}^2+\delta_{45}^2+\delta_{\mathrm{R}}^2},\quad \boldsymbol{S}_{\mathrm{fast}}=\begin{bmatrix}1\\ \delta_{\mathrm{H}}/\delta\\ \delta_{45}/\delta\\ \delta_{\mathrm{R}}/\delta\end{bmatrix} \tag{6.27}$$

椭圆延迟器的米勒矩阵为

$$\mathbf{ER}(\delta_{\mathrm{H}},\delta_{45},\delta_{\mathrm{R}})=\begin{bmatrix}1 & 0 & 0 & 0\\ 0 & \frac{\delta_{\mathrm{H}}^2+(\delta_{45}^2+\delta_{\mathrm{R}}^2)C}{\delta^2} & \frac{\delta_{45}\delta_{\mathrm{H}}T}{\delta^2}+\frac{\delta_{\mathrm{R}}S}{\delta} & \frac{\delta_{\mathrm{H}}\delta_{\mathrm{R}}T}{\delta^2}-\frac{\delta_{45}S}{\delta}\\ 0 & \frac{\delta_{45}\delta_{\mathrm{H}}T}{\delta^2}-\frac{\delta_{\mathrm{R}}S}{\delta} & \frac{\delta_{45}^2+(\delta_{\mathrm{R}}^2+\delta_{\mathrm{H}}^2)C}{\delta^2} & \frac{\delta_{\mathrm{R}}\delta_{45}T}{\delta^2}+\frac{\delta_{\mathrm{H}}S}{\delta}\\ 0 & \frac{\delta_{\mathrm{H}}\delta_{\mathrm{R}}T}{\delta^2}+\frac{\delta_{45}S}{\delta} & \frac{\delta_{\mathrm{R}}\delta_{45}T}{\delta^2}-\frac{\delta_{\mathrm{H}}S}{\delta} & \frac{\delta_{\mathrm{R}}^2+(\delta_{45}^2+\delta_{\mathrm{H}}^2)C}{\delta^2}\end{bmatrix} \tag{6.28}$$

其中 $C=\cos\delta, S=\sin\delta, T=1-\cos\delta$。半波椭圆延迟器米勒矩阵 **HWR** 简化为以下形式:

$$\mathbf{HWR}(r_1,r_2,r_3)=\begin{bmatrix}1 & 0 & 0 & 0\\ 0 & -1+2r_1^2 & 2r_2r_1 & 2r_1r_3\\ 0 & 2r_2r_1 & -1+2r_2^2 & 2r_2r_3\\ 0 & 2r_3r_1 & 2r_2r_3 & -1+2r_3^2\end{bmatrix} \tag{6.29}$$

其中 $\sqrt{r_1^2+r_2^2+r_3^2}=1, r_1=\frac{\delta_{\mathrm{H}}}{\pi}, r_2=\frac{\delta_{45}}{\pi}, r_3=\frac{\delta_{\mathrm{R}}}{\pi}$。图 6.3 显示了所有四分之一波长椭圆延迟器和半波椭圆延迟器米勒矩阵元素的密度图。

延迟器米勒矩阵的延迟量参数($\delta_{\mathrm{H}},\delta_{45},\delta_{\mathrm{R}}$)可以根据式(6.27)和式(6.28)通过相加非对角元素来计算,

$$(\delta_{\mathrm{H}},\delta_{45},\delta_{\mathrm{R}})=\frac{\delta}{2\sin\delta}(M_{23}-M_{32},M_{31}-M_{13},M_{12}-M_{21}) \tag{6.30}$$

在延迟量趋近于 0 时,式(6.30)可改写为

$$(\delta_{\mathrm{H}},\delta_{45},\delta_{\mathrm{R}})=\frac{1}{2}(M_{23}-M_{32},M_{31}-M_{13},M_{12}-M_{21}) \tag{6.31}$$

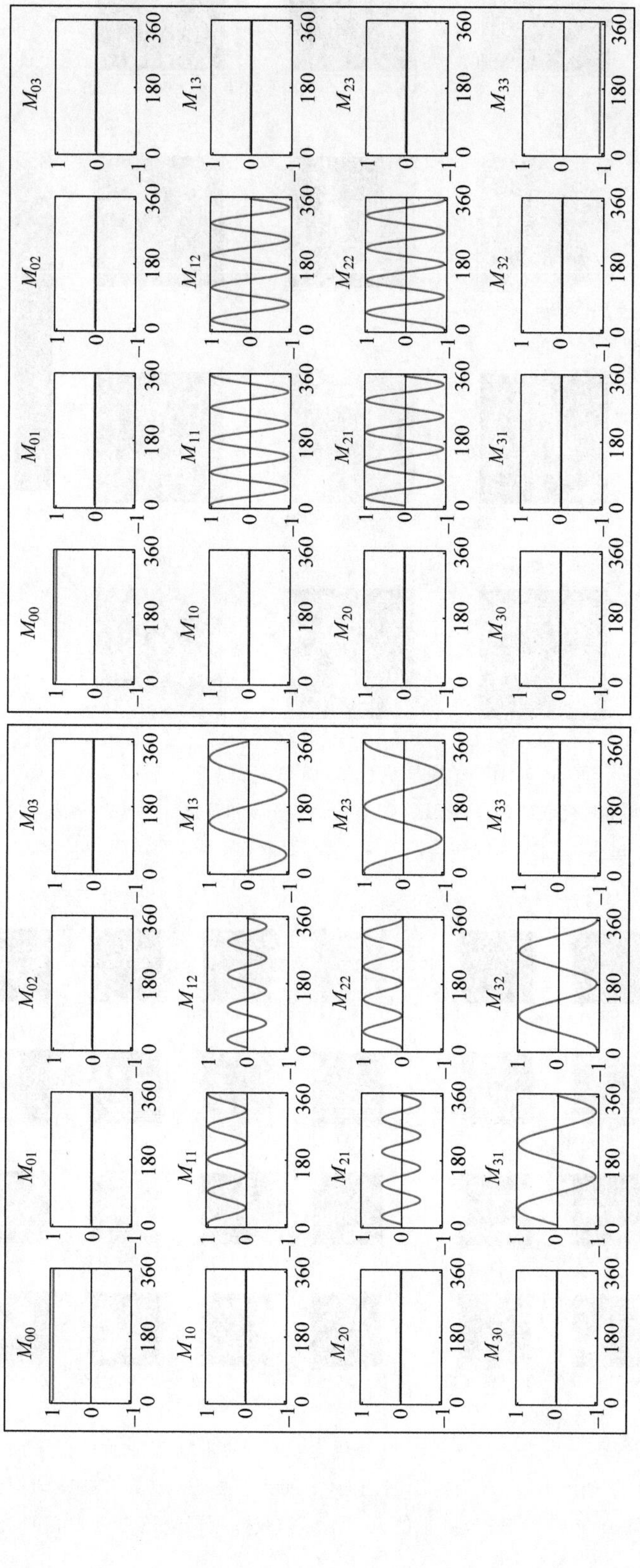

图 6.1　(a)λ/4 线性延迟器米勒矩阵的元素。横坐标是延迟器快轴方向，从 0°到 360°。(b)λ/2 线性延迟器米勒矩阵元素与快轴方向的函数关系

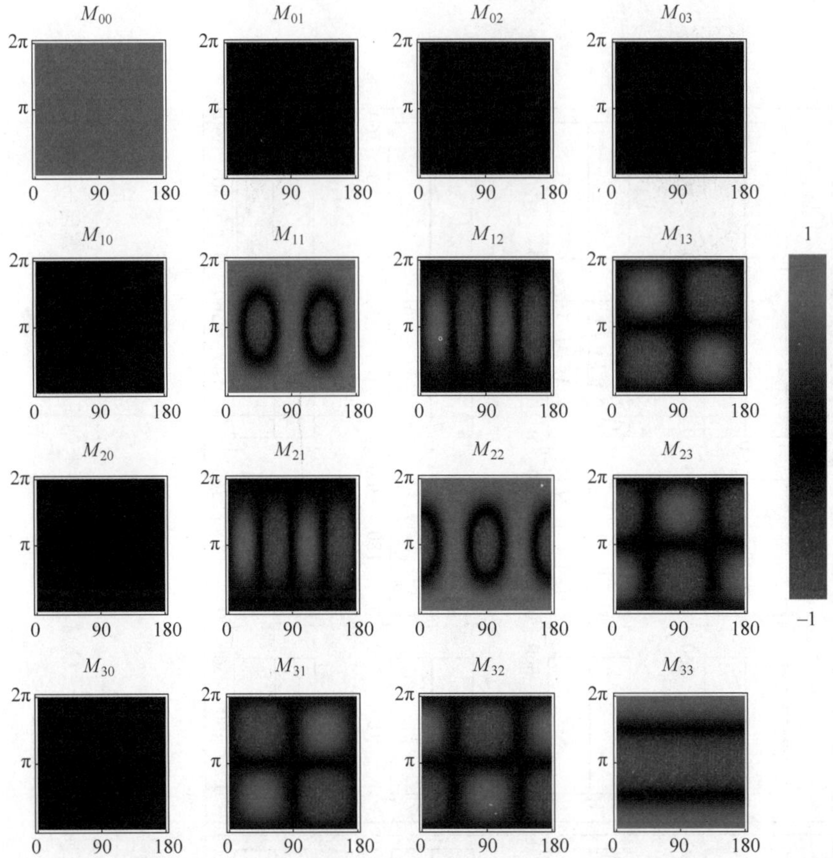

图 6.2 线性延迟器米勒矩阵元素的密度图。y 轴是延迟量，以弧度表示。x 轴是快轴方向，以度为单位。颜色表示米勒矩阵元素值。每个图形的底部(0 个波长)和顶部(1 个波长)表示单位矩阵，$\delta=(0,2\pi)$。同样，穿过中心的水平线包含所有 $\lambda/2$ 线性偏延迟器米勒矩阵的元素，$\delta=\pi$

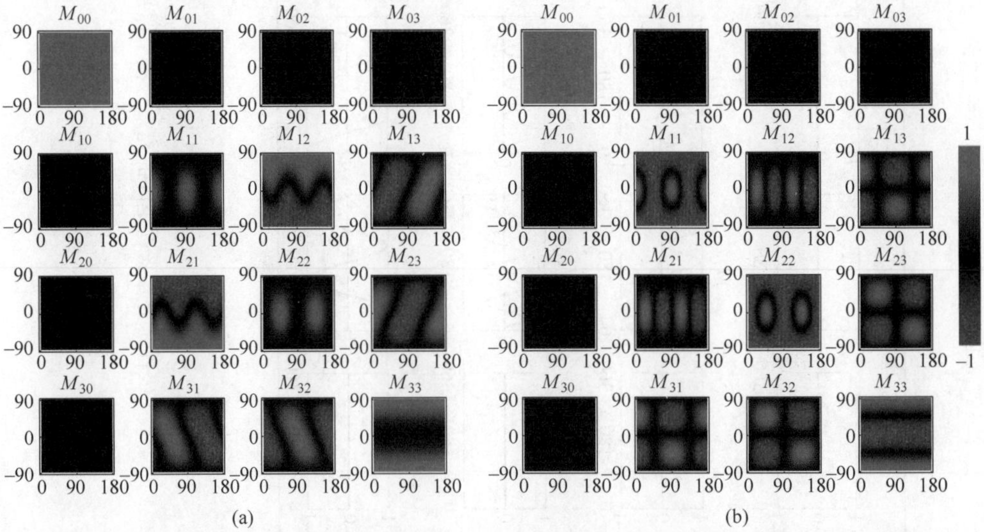

图 6.3 四分之一波长椭圆延迟器(a)和二分之一波长椭圆延迟器(b)的米勒矩阵元素密度图。x 轴是方向。y 轴是快轴的庞加莱球纬度，底部为左旋圆偏振，中间为线偏振，顶部为右旋圆偏振。颜色表示米勒矩阵元素值。每个方框代表一个展平的庞加莱球。线性延迟器落在过中心的线上

由于分母为零，式(6.30)不适用于半波延迟器。对于这种特殊情况，可用对角元素导出的下式表示：

$$(\delta_H,\delta_{45},\delta_R)=\pi\left[\sqrt{\frac{M_{11}+1}{2}},\operatorname{sign}(M_{12})\sqrt{\frac{M_{22}+1}{2}},\operatorname{sign}(M_{13})\sqrt{\frac{M_{33}+1}{2}}\right] \tag{6.32}$$

由于平方根总是得到正值，因此非对角元素的符号用于确定延迟器轴的方向。式(6.32)总是返回正 δ_H 值的轴。对于半波延迟器，具有正交轴的延迟器具有相同的米勒矩阵。

例 6.2 米勒矩阵乘法举例

在快轴方向为 0°的半波线性延迟器后放置快轴方向为 45°的半波线性延迟器可以构成半波圆延迟器。

$$\mathbf{HWLR}(45°)\cdot\mathbf{HWLR}(0°)=\begin{bmatrix}1&0&0&0\\0&0&1&0\\0&1&0&0\\0&0&0&-1\end{bmatrix}\cdot\begin{bmatrix}1&0&0&0\\0&1&0&0\\0&0&-1&0\\0&0&0&-1\end{bmatrix}$$
$$=\begin{bmatrix}1&0&0&0\\0&-1&0&0\\0&0&-1&0\\0&0&0&1\end{bmatrix}$$
$$=\mathbf{LHWCR}=\mathbf{RHWCR} \tag{6.33}$$

由于左旋和右旋半波圆延迟器的米勒矩阵相等，因此无法确定旋向。

6.7 偏振器和二向衰减器的米勒矩阵

6.7.1 基本的偏振器

偏振器只出射一个偏振态，另一正交偏振态被阻挡。理想的偏振器可以 100%透过透射偏振态，并完全阻挡其正交偏振态。这两种偏振态是偏振器的两个本征偏振态。

例 6.3 水平线性偏振器的米勒矩阵

理想水平线偏振器的米勒矩阵 **HLP** 作用于任意的 $\boldsymbol{S}$，都会产生 $S'_0=S'_1$ 的斯托克斯参量，即水平方向的线偏光。

$$\mathbf{HLP}\cdot\boldsymbol{S}=\frac{1}{2}\begin{bmatrix}1&1&0&0\\1&1&0&0\\0&0&0&0\\0&0&0&0\end{bmatrix}\cdot\begin{bmatrix}S_0\\S_1\\S_2\\S_3\end{bmatrix}=\begin{bmatrix}S'_0\\S'_1\\S'_2\\S'_3\end{bmatrix}=\frac{1}{2}\begin{bmatrix}S_0+S_1\\S_0+S_1\\0\\0\end{bmatrix}=\frac{S_0+S_1}{2}\begin{bmatrix}1\\1\\0\\0\end{bmatrix} \tag{6.34}$$

由于 **HLP** 的前两行相等,$\boldsymbol{S}'$的前两个元素相等,入射光的 S_2 和 S_3 特性丧失,因此出射光总是水平线偏振光。水平和垂直的线偏振态是该矩阵的两个本征偏振态,

$$\mathbf{HLP}\cdot\boldsymbol{H}=\frac{1}{2}\begin{bmatrix}1&1&0&0\\1&1&0&0\\0&0&0&0\\0&0&0&0\end{bmatrix}\cdot\begin{bmatrix}1\\1\\0\\0\end{bmatrix}=1\begin{bmatrix}1\\1\\0\\0\end{bmatrix}$$

$$\mathbf{HLP}\cdot\boldsymbol{V}=\frac{1}{2}\begin{bmatrix}1&1&0&0\\1&1&0&0\\0&0&0&0\\0&0&0&0\end{bmatrix}\cdot\begin{bmatrix}1\\-1\\0\\0\end{bmatrix}=\begin{bmatrix}0\\0\\0\\0\end{bmatrix}=0\begin{bmatrix}1\\-1\\0\\0\end{bmatrix}\tag{6.35}$$

特征值分别为 1 和 0,即这两个偏振态的强度透射率。任何 4×4 矩阵都有 4 个特征矢量和特征值。**HLP** 的另外两个特征值和特征矢量如下:

$$\begin{cases}\dfrac{1}{2}\begin{bmatrix}1&1&0&0\\1&1&0&0\\0&0&0&0\\0&0&0&0\end{bmatrix}\cdot\begin{bmatrix}0\\0\\1\\0\end{bmatrix}=0\begin{bmatrix}0\\0\\1\\0\end{bmatrix}\\[2ex]\dfrac{1}{2}\begin{bmatrix}1&1&0&0\\1&1&0&0\\0&0&0&0\\0&0&0&0\end{bmatrix}\cdot\begin{bmatrix}0\\0\\0\\1\end{bmatrix}=0\begin{bmatrix}0\\0\\0\\1\end{bmatrix}\end{cases}\tag{6.36}$$

这两个特征矢量不是有效的斯托克斯参量,因为 $S_0<\sqrt{S_1^2+S_2^2+S_3^2}$,这违反了斯托克斯参量的条件。因此,这两个特征矢量不算作本征偏振态。

利用 $\boldsymbol{M}_R(\theta)$,可很容易地从 **HLP** 计算出透射轴在 θ 方向的线性偏振器的米勒矩阵,为

$$\begin{aligned}\mathbf{LP}(\theta)&=\boldsymbol{R}_M(\theta)\cdot\mathbf{HLP}\cdot\boldsymbol{R}_M(-\theta)\\&=\begin{bmatrix}1&0&0&0\\0&\cos2\theta&-\sin2\theta&0\\0&\sin2\theta&\cos2\theta&0\\0&0&0&1\end{bmatrix}\cdot\frac{1}{2}\begin{bmatrix}1&1&0&0\\1&1&0&0\\0&0&0&0\\0&0&0&0\end{bmatrix}\cdot\begin{bmatrix}1&0&0&0\\0&\cos2\theta&\sin2\theta&0\\0&-\sin2\theta&\cos2\theta&0\\0&0&0&1\end{bmatrix}\\&=\begin{bmatrix}1&\cos2\theta&\sin2\theta&0\\\cos2\theta&\cos^22\theta&\sin2\theta\cos2\theta&0\\\sin2\theta&\sin2\theta\cos2\theta&\sin^22\theta&0\\0&0&0&0\end{bmatrix}\end{aligned}\tag{6.37}$$

LP(θ)透射 θ 方向的线偏振态,并阻挡 $\theta+90°$方向的偏振态。

表 6.2 包含 6 个理想偏振器的米勒矩阵,这 6 个偏振器透过 6 组基本斯托克斯参量。图 6.4 描绘了线性偏振器 16 个米勒矩阵元素与透射轴角度 θ 的函数关系。

表 6.2　各基本偏振态的偏振器米勒矩阵

偏振器类型	符　号	米勒矩阵
水平线偏振器	HLP	$\frac{1}{2}\begin{bmatrix}1&1&0&0\\1&1&0&0\\0&0&0&0\\0&0&0&0\end{bmatrix}$
垂直线偏振器	VLP	$\frac{1}{2}\begin{bmatrix}1&-1&0&0\\-1&1&0&0\\0&0&0&0\\0&0&0&0\end{bmatrix}$
45°线偏振器	LP(45°)	$\frac{1}{2}\begin{bmatrix}1&0&1&0\\0&0&0&0\\1&0&1&0\\0&1&0&0\end{bmatrix}$
135°线偏振器	LP(135°)	$\frac{1}{2}\begin{bmatrix}1&0&-1&0\\0&0&0&0\\-1&0&1&0\\0&0&0&0\end{bmatrix}$
右旋圆偏振器	RCP	$\frac{1}{2}\begin{bmatrix}1&0&0&1\\0&0&0&0\\0&0&0&0\\1&0&0&1\end{bmatrix}$
左旋圆偏振器	LCP	$\frac{1}{2}\begin{bmatrix}1&0&0&-1\\0&0&0&0\\0&0&0&0\\-1&0&0&1\end{bmatrix}$

椭圆偏振器透射长轴位于 θ 方向的椭圆偏振态，透射的本征偏振态位于庞加莱球的纬度 η 处，其中 $-\pi/2\leqslant\eta\leqslant\pi/2$。椭圆偏振器的米勒矩阵 $\mathbf{EP}(\theta,\eta)$ 为

$$\mathbf{EP}(\theta,\eta)=\frac{1}{2}\begin{bmatrix}1&\cos2\theta\cos\eta&\sin2\theta\cos\eta&\sin\eta\\\cos2\theta\cos\eta&\cos^2 2\theta\cos^2\eta&\frac{1}{2}\sin4\theta\cos^2\eta&\cos2\theta\cos\eta\sin\eta\\\sin2\theta\cos\eta&\frac{1}{2}\sin4\theta\cos^2\eta&\sin^2 2\theta\cos^2\eta&2\cos\theta\sin\theta\cos\eta\sin\eta\\\sin\eta&\cos2\theta\sin\eta\cos\eta&\sin2\theta\cos\eta\sin\eta&\sin^2\eta\end{bmatrix}\tag{6.38}$$

6.15 节的问题 6.7 描述了推导过程。也可以认为一个椭圆偏振器透射庞加莱球坐标(d_H，d_{45}，d_R)表示的偏振态，并阻挡与其正交的偏振态。透过的本征偏振态为

$$\boldsymbol{S}_1=(1,d_H,d_{45},d_R),\quad d_H^2+d_{45}^2+d_R^2=1\tag{6.39}$$

这个椭圆偏振器的米勒矩阵为

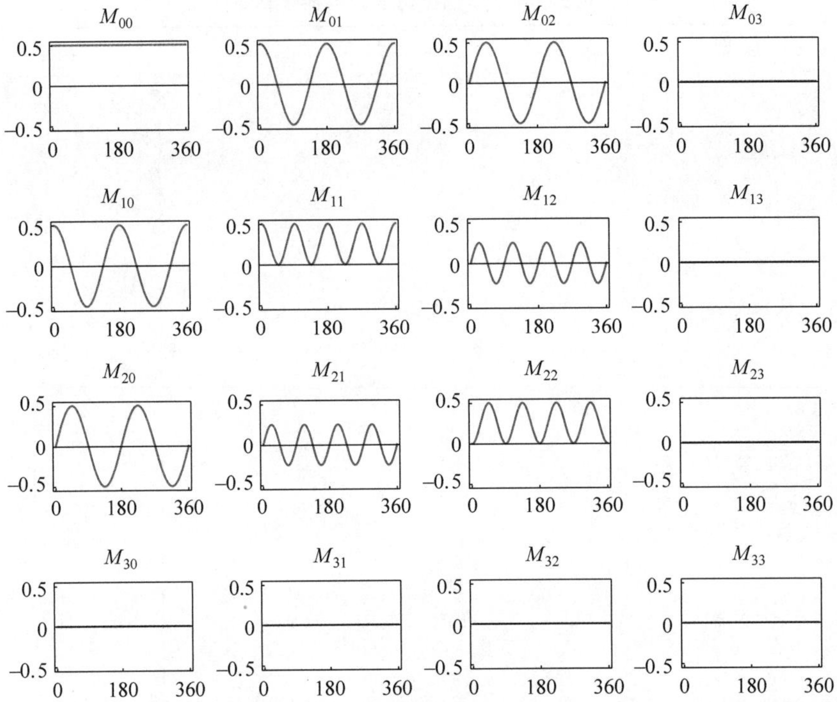

图 6.4　线性偏振器 16 个米勒矩阵元素与透射轴角度 θ 的函数关系

$$\mathbf{EP}(d_{\mathrm{H}}, d_{45}, d_{\mathrm{R}}) = \frac{1}{2}\begin{bmatrix} 1 & d_{\mathrm{H}} & d_{45} & d_{\mathrm{R}} \\ d_{\mathrm{H}} & d_{\mathrm{H}}^2 & d_{\mathrm{H}} d_{45} & d_{\mathrm{H}} d_{\mathrm{R}} \\ d_{45} & d_{\mathrm{H}} d_{45} & d_{45}^2 & d_{45} d_{\mathrm{R}} \\ d_{\mathrm{R}} & d_{\mathrm{H}} d_{\mathrm{R}} & d_{\mathrm{R}} d_{45} & d_{\mathrm{R}}^2 \end{bmatrix} \tag{6.40}$$

6.7.2　透过率和二向衰减

偏振器和部分偏振器由二向衰减特性表征，其描述了透射辐照度大小随入射偏振态的变化。二向衰减大小 D，通常被简称为二向衰减率，是偏振元件或光学系统中的最大透射率 $T_{\max}$ 和最小透射率 $T_{\min}$ 的函数，

$$D = \frac{T_{\max} - T_{\min}}{T_{\max} + T_{\min}} = \frac{\sqrt{M_{01}^2 + M_{02}^2 + M_{03}^2}}{M_{00}}, \quad 0 \leqslant D \leqslant 1 \tag{6.41}$$

二向衰减有一个有用的性质，即 D 可以从 1(偏振器)变化到 0(均等透射所有偏振态的元件，例如延迟器或非偏振相互作用)。

米勒矩阵的透射辐照度及其二向衰减仅取决于第一行，$M_0 = (M_{00}, M_{01}, M_{02}, M_{03})$，因为这些是唯一影响 S_0' 的元素。如图 6.5 所示，二向衰减和消光比 $T_{\min}/T_{\max}$ 是非线性的关系。

为了求得 $T_{\max}$ 和 $T_{\min}$，首先对入射斯托克斯参量进行归一化，因此有 $s_0 = 1$。归一化的斯托克斯参量可以由三元矢量 $\mathbf{s}$ 定义，该矢量表示的是单位庞加莱球上的偏振态坐标，

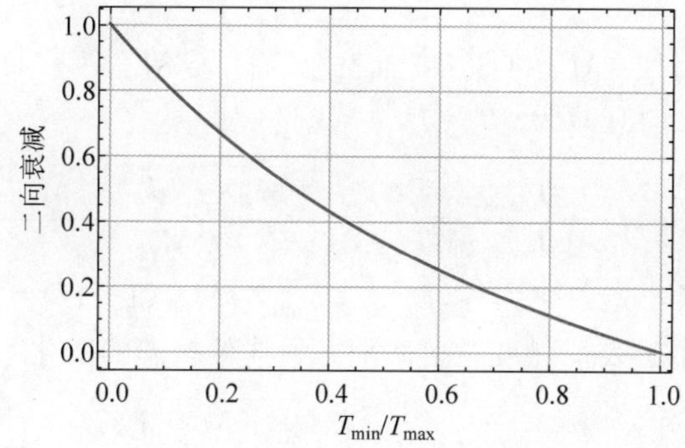

图 6.5　二向衰减和消光比(T_{min}/T_{max})之间的关系

$$\hat{\boldsymbol{S}}=\frac{S}{S_0}=\begin{bmatrix}s_0\\s_1\\s_2\\s_3\end{bmatrix}=\begin{bmatrix}1\\\boldsymbol{s}\end{bmatrix},\quad \boldsymbol{s}=(s_1,s_2,s_3) \tag{6.42}$$

对于非偏振光，$\boldsymbol{s}$ 的大小为零，$|\boldsymbol{s}|=0$。对于完全偏振态，$|\boldsymbol{s}|=1$。$\boldsymbol{s}$ 的引入使得偏振态的表述与光通量无关。

米勒矩阵为 $\boldsymbol{M}$ 的元件，透射率 $T(\boldsymbol{s})$是出射光通量与入射光通量之比，

$$T(\boldsymbol{M},\boldsymbol{s})=\frac{S_0'}{S_0}=\boldsymbol{M}\cdot\hat{\boldsymbol{S}}=M_{00}+M_{01}s_1+M_{02}s_2+M_{03}s_3 \tag{6.43}$$

这取决于米勒矩阵第一行与入射斯托克斯参量的点乘。透射率对入射偏振态的相关性由三元二向衰减参量 $\boldsymbol{d}$ 表征，其定义为

$$\boldsymbol{d}=\frac{(M_{01},M_{02},M_{03})}{M_{00}}=(d_{\mathrm{H}},d_{45},d_{\mathrm{R}}) \tag{6.44}$$

二向衰减参量具有三个分量，对应于斯托克斯参量的三个分量(x/y、45°/135°、右/左)，每个分量表征了透射率随每个斯托克斯参量分量的变化。二向衰减参量 $\boldsymbol{d}$ 通常被称为二向衰减矢量或分析器矢量，但与斯托克斯参量相似，$\boldsymbol{d}$ 不是真正的矢量。二向衰减参量不可以叠加。对于斯托克斯三元矢量 $\boldsymbol{s}$，透射率函数 T 为

$$T(\boldsymbol{M},\boldsymbol{s})=\frac{S_0'}{S_0}=\boldsymbol{M}\cdot\hat{\boldsymbol{S}}=M_{00}+M_{01}s_1+M_{02}s_2+M_{03}s_3=M_{00}(1+\boldsymbol{d}\cdot\boldsymbol{s}) \tag{6.45}$$

平均透射率为 M_{00}，可由所有偏振的斯托克斯参量求平均值来计算。平均透射率也是非偏振入射光($\boldsymbol{s}_U=(0,0,0)$)的透射率。透射率的偏振态相关变化由入射斯托克斯三元矢量和二向衰减矢量的点乘项 $\boldsymbol{s}\cdot\boldsymbol{d}$ 决定。最大透射率 T_{max} 出现在点积最大时，即 $\boldsymbol{s}$ 和 $\boldsymbol{d}$ 平行时，此时 S_0'的幅值也最大。透射率最大的入射斯托克斯参量 $\boldsymbol{S}_{max}$ 和透射率最小的入射斯托克斯参量 $\boldsymbol{S}_{min}$ 为

$$\boldsymbol{S}_{max}=\frac{\boldsymbol{d}}{|\boldsymbol{d}|}=\frac{1}{D}\begin{bmatrix}D\\d_{\mathrm{H}}\\d_{45}\\d_{\mathrm{R}}\end{bmatrix}\quad 和\quad \boldsymbol{S}_{min}=\frac{-\boldsymbol{d}}{|\boldsymbol{d}|}=\frac{1}{D}\begin{bmatrix}D\\-d_{\mathrm{H}}\\-d_{45}\\-d_{\mathrm{R}}\end{bmatrix} \tag{6.46}$$

对应有

$$T_{\max}=M_{00}(1+D) \quad 和 \quad T_{\min}=M_{00}(1-D) \tag{6.47}$$

因此,任一米勒矩阵的二向衰减为

$$D(\boldsymbol{M})=\frac{T_{\max}-T_{\min}}{T_{\max}+T_{\min}}=\frac{\sqrt{M_{01}^2+M_{02}^2+M_{03}^2}}{M_{00}} \tag{6.48}$$

对于理想偏振器,最小透射率为零,$D=1$,$T_{\min}=M_{00}(1-D)=0$。线性偏振灵敏度或线性二向衰减 LD($\boldsymbol{M}$)用于表征强度透射率随入射线偏振态的变化:

$$\mathrm{LD}(\boldsymbol{M})=\frac{\sqrt{M_{01}^2+M_{02}^2}}{M_{00}} \tag{6.49}$$

线性偏振灵敏度常被作为遥感系统中的性能参数,遥感系统设计用于测量入射功率,与地球散射光中的任何线偏振分量无关[3]。LD($\boldsymbol{M}$)=1 表示 $\boldsymbol{M}$ 是一个线性分析器;$\boldsymbol{M}$ 不一定只是一个线偏振器,也可能是线偏振器后还有一些其他偏振元件。

光纤光学元件和系统中的二向衰减通常用偏振相关损耗 PDL 表征,单位为分贝:

$$\mathrm{PDL}(\boldsymbol{M})=10\lg\frac{T_{\max}}{T_{\min}} \tag{6.50}$$

格兰汤普逊偏振器通常能达到 60dB 的 PDL。许多不同类型的偏振片也以较低成本制造和销售。偏振片是二向色性的偏振器,其对偏振方向沿着和垂直于分子吸收轴的偏振光有吸收性差异,因此它们的 PDL 具有很强的波长相关性。它们的 PDL 从最好偏振片的 50dB 以上到一些低成本偏振片的 20dB 之间不等。Polarcor① 二向色偏振片由排列在玻璃中的纳米尺寸银结晶体构成,在近红外区域可以获得 60dB 的 PDL。

当偏振器序列的透射轴平行时,净偏振相关损耗是各元件偏振相关损耗之和。透射轴正交的两个二向衰减器的偏振相关损耗,可用一个二向衰减器的偏振相关损耗减去另一个的偏振相关损耗来计算。

6.7.3 偏振度

偏振度 $P(\boldsymbol{M})$是指以非偏振光 $\boldsymbol{U}$ 入射时出射光的偏振化程度 DoP[4],

$$P(\boldsymbol{M})=\mathrm{DoP}(\boldsymbol{M}\cdot\boldsymbol{U})=\frac{\sqrt{M_{10}^2+M_{20}^2+M_{30}^2}}{M_{00}} \tag{6.51}$$

出射偏振态 $\boldsymbol{S}_P(\boldsymbol{M})$是 $\boldsymbol{M}$ 的第一列,

$$\boldsymbol{S}_p(\boldsymbol{M})=\boldsymbol{M}\cdot\boldsymbol{U}=\begin{bmatrix}M_{00} & M_{01} & M_{02} & M_{03}\\ M_{10} & M_{11} & M_{12} & M_{13}\\ M_{20} & M_{21} & M_{22} & M_{23}\\ M_{30} & M_{31} & M_{32} & M_{33}\end{bmatrix}\cdot\begin{bmatrix}1\\0\\0\\0\end{bmatrix}=\begin{bmatrix}M_{00}\\M_{10}\\M_{20}\\M_{30}\end{bmatrix} \tag{6.52}$$

偏振度不一定等于二向衰减。$\boldsymbol{S}_p$ 也不一定等于透射率最大的入射偏振态 $\boldsymbol{S}_{\max}$。偏振度参量或偏振度矢量定义为$(p_{\mathrm{H}},p_{45},p_{\mathrm{R}})=(M_{10},M_{20},M_{30})/M_{00}$,即非偏振光入射时归

---

① Polarcor 是康宁公司的注册商标。

一化的斯托克斯参量。

6.7.4　二向衰减器

部分偏振器或齐次二向衰减器的米勒矩阵为 $\mathbf{LD}(T_x,T_y,0)$，其中 T_x 和 T_y 分别为沿 x 和 y 轴的强度透射率，

$$\mathbf{LD}(T_x,T_y,0)\cdot\begin{bmatrix}S_0\\S_1\\S_2\\S_3\end{bmatrix}=\frac{1}{2}\begin{bmatrix}T_x+T_y & T_x-T_y & 0 & 0\\T_x-T_y & T_x+T_y & 0 & 0\\0 & 0 & 2\sqrt{T_xT_y} & 0\\0 & 0 & 0 & 2\sqrt{T_xT_y}\end{bmatrix}\cdot\begin{bmatrix}S_0\\S_1\\S_2\\S_3\end{bmatrix}=\begin{bmatrix}S'_0\\S'_1\\S'_2\\S'_3\end{bmatrix}\tag{6.53}$$

理想二向衰减器对两个正交的线性本征偏振态具有两个不同的光强透射率 $T_{\max}$ 和 $T_{\min}$，因此命名为"二向""衰减器"。角度 θ 方向的线性二向衰减器 $\mathbf{LD}(T_x,T_y,\theta)$ 的米勒矩阵为

$$\begin{aligned}\mathbf{LD}(T_{\max},T_{\min},\theta)&=\boldsymbol{R}_M(\theta)\cdot\mathbf{LD}(T_{\max},T_{\min},0)\cdot\boldsymbol{R}_M(-\theta)\\&=\frac{1}{2}\begin{bmatrix}A & B\cos2\theta & B\sin2\theta & 0\\B\cos2\theta & A\cos^2 2\theta+C\sin^2 2\theta & (A-C)\cos2\theta\sin2\theta & 0\\B\sin2\theta & (A-C)\cos2\theta\sin2\theta & C\cos^2 2\theta+A\sin^2 2\theta & 0\\0 & 0 & 0 & C\end{bmatrix}\end{aligned}\tag{6.54}$$

其中，

$$A=T_{\max}+T_{\min},\quad B=T_{\max}-T_{\min},\quad C=2\sqrt{T_{\max}T_{\min}}\tag{6.55}$$

这是用酉矩阵 $\boldsymbol{R}_M(\theta)$ 进行酉变换的一个例子。

图 6.6 是所有线性二向衰减器米勒矩阵 $\mathbf{LD}(1,T_{\min},\theta)$ 的密度图。理想二向衰减器没有延迟，但是实际上，大多数二向衰减器都有一些延迟。一个没有延迟的纯线性二向衰减器的例子是光透射进入透明电介质中，于是 $T_{\max}$ 和 $T_{\min}$ 由强度菲涅耳系数给出。金属表面的反射可作为一个有延迟的二向衰减器。

理想二向衰减器的米勒矩阵是厄米矩阵，它们有实数特征值。厄米矩阵等于其转置矩阵的复共轭，即它的厄米伴随矩阵 $\boldsymbol{H}=\boldsymbol{H}^\dagger=(\boldsymbol{H}^{\mathrm{T}})^*$。由于米勒矩阵是实数，$\boldsymbol{H}^*=\boldsymbol{H}$，理想二向衰减器的米勒矩阵等于它们的转置矩阵，

$$\boldsymbol{H}=\boldsymbol{H}^{\mathrm{T}}\tag{6.56}$$

并且关于对角线对称。理想的水平线性偏振器沿一个轴的透射率为零，$T_x=1$，$T_y=0$，其米勒矩阵如下：

$$\mathbf{LD}(1,0,0)=\frac{1}{2}\begin{bmatrix}1 & 1 & 0 & 0\\1 & 1 & 0 & 0\\0 & 0 & 0 & 0\\0 & 0 & 0 & 0\end{bmatrix}\tag{6.57}$$

一个实际的偏振器 $T_x<1$，因此有

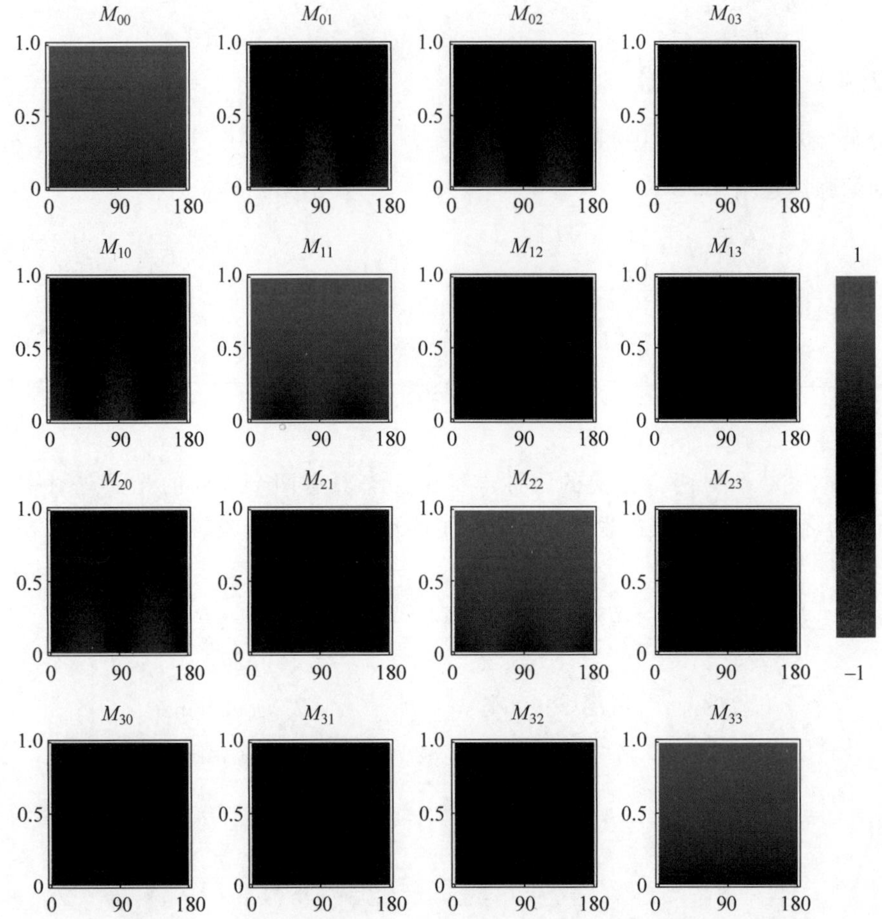

图 6.6 $T_{\max}=1$ 的所有线性二向衰减器的米勒矩阵。x 轴是透射轴方向 θ,从 0°变化到 180°,y 轴是 $T_{\min}$,从底部的 0(偏振器)变化到顶部的 1(具有单位矩阵的非偏振器)

$$\mathbf{LD}(T_x,0,0)=\frac{T_x}{2}\begin{bmatrix}1&1&0&0\\1&1&0&0\\0&0&0&0\\0&0&0&0\end{bmatrix}\tag{6.58}$$

线性、椭圆或圆二向衰减器米勒矩阵 $\boldsymbol{D}$ 的一般方程,用米勒矩阵的第一行表示为

$$\begin{aligned}&\boldsymbol{D}(d_{\mathrm{H}},d_{45},d_{\mathrm{R}},T_{\mathrm{Avg}})\\&=T_{\mathrm{Avg}}\begin{bmatrix}1&d_{\mathrm{H}}&d_{45}&d_{\mathrm{R}}\\d_{\mathrm{H}}&A&0&0\\d_{45}&0&A&0\\d_{\mathrm{R}}&0&0&A\end{bmatrix}+\frac{T_{\mathrm{Avg}}(1-A)}{D^2}\begin{bmatrix}0&0&0&0\\0&d_{\mathrm{H}}^2&d_{45}d_{\mathrm{H}}&d_{\mathrm{H}}d_{\mathrm{R}}\\0&d_{45}d_{\mathrm{H}}&d_{45}^2&d_{45}d_{\mathrm{R}}\\0&d_{\mathrm{H}}d_{\mathrm{R}}&d_{45}d_{\mathrm{R}}&d_{\mathrm{R}}^2\end{bmatrix}\end{aligned}\tag{6.59}$$

其中,$D=\sqrt{d_{\mathrm{H}}^2+d_{45}^2+d_{\mathrm{R}}^2}$,$A=\sqrt{1-d_{\mathrm{H}}^2-d_{45}^2-d_{\mathrm{R}}^2}$,$T_{\mathrm{Avg}}=\dfrac{T_{\max}+T_{\min}}{2}$。

6.8　庞加莱球的操作

6.8.1　延迟器在庞加莱球面上的操作

庞加莱球被广泛使用的主要原因是它为延迟器运算提供了简单的几何描述，这在 3.13 节已进行了介绍。延迟器的基本模型是一种将光分解成两个正交偏振态(模式)并对每个模式施加不同相移的元件(图 5.3)。这个光程差就是延迟量 δ。

延迟器的米勒矩阵包含一个 3×3 的旋转矩阵，如式(6.18)所示。椭圆延迟器的米勒矩阵 **ER**(式(6.28))用三个延迟分量(δ_H,δ_{45},δ_R)表示，它们定义了延迟器快轴的斯托克斯参数。这个米勒矩阵作用在入射斯托克斯参数上，将它们在庞加莱球面上的初始位置绕穿过延迟器快态和慢态的轴旋转角度 δ。对于透过双折射延迟器的入射偏振态，随着延迟器的延迟量从 0 稳定地增加到 δ，该偏振态绕延迟器轴沿着圆弧演变。

图 6.7 显示了 45°线偏振光入射到垂直的四分之一波长线性延迟器上时的轨迹。偏振态沿着圆弧从(0,1,0)演变到$(0,-1,1)/\sqrt{2}$，终止于(0,0,1)。在这种情况下，是围绕 S_1 轴旋转的；偏振态演变的方向满足拇指指向快轴的左手法则。这假设庞加莱球是用右手坐标绘制的，满足①

$$S_1 \times S_2 = S_3 \tag{6.60}$$

将左手放在快轴上方的球面上，拇指从快轴向外指，握拳，手指卷曲的方向表示 $\delta>0$ 时偏振态绕旋转轴演变的方向。

图 6.8 显示了快轴垂直的 $\lambda/4$ 线性延迟器作用于不同的入射线偏振态。每个入射态在球面上绕延迟器轴从赤道沿圆弧移动 90°。

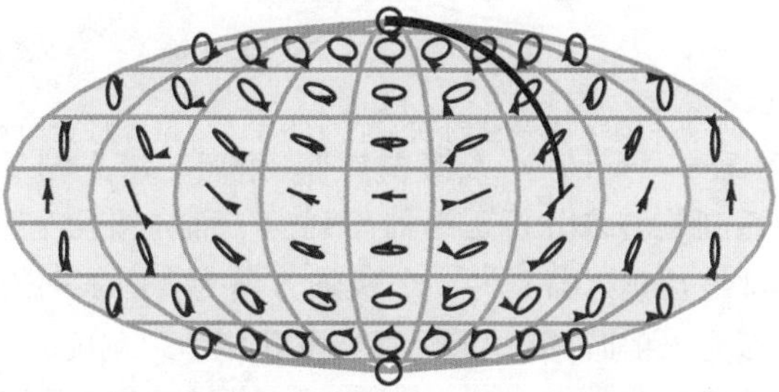

图 6.7　垂直 $\lambda/4$ 线性延迟器作用在 45°线偏振光上，这使偏振态变为右旋圆偏振态。演变轨迹更粗的一端朝向出射态

图 6.9 显示了快轴在 0°方向的半波线性延迟器作用在几种线偏振态下的表现。每种线偏振态沿着一个 180°的轨迹移动，并在赤道上结束，成为另一个线偏振态。用庞加莱球推断，很容易看出，所有的半波线性延迟器都将赤道上的一个偏振态变回到赤道上的另一个偏振态，而快慢轴固定不动，如图 6.10 所示。因此，半波线性延迟器用于旋转线偏光的方向。

① 右手叉积很容易验证。将右手手指放在 $+S_1$ 上，扫向 $+S_2$，拇指将指向 S_3。该测试检查坐标系是否为右手坐标系。

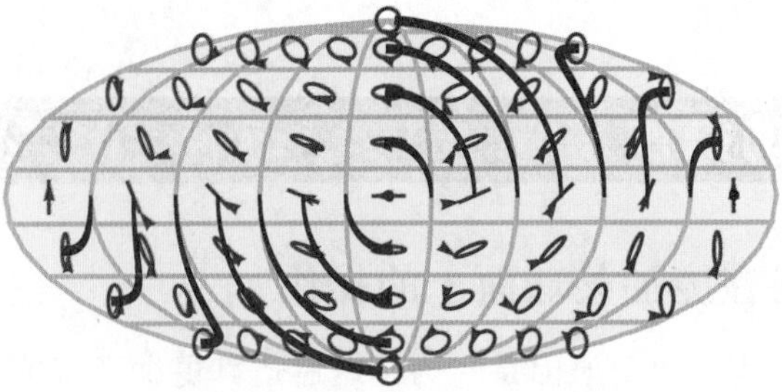

图 6.8　垂直 $\lambda/4$ 线性延迟器作用于一组线偏振态,使偏振态绕 S_1 轴旋转 90°

图 6.11 显示了一个 1λ 圆延迟器的作用($\delta=2\pi$)。其旋转轴穿过两极。对于圆延迟器,庞加莱球像地球一样绕穿过两极的轴旋转。

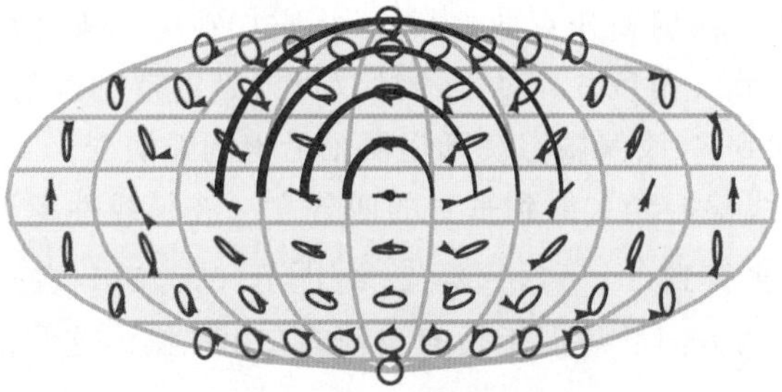

图 6.9　垂直半波线性延迟器作用于一组线偏振态。它将线偏振态围绕 S_1 轴旋转 180°,将输入的线偏振态映射为输出的线偏振态

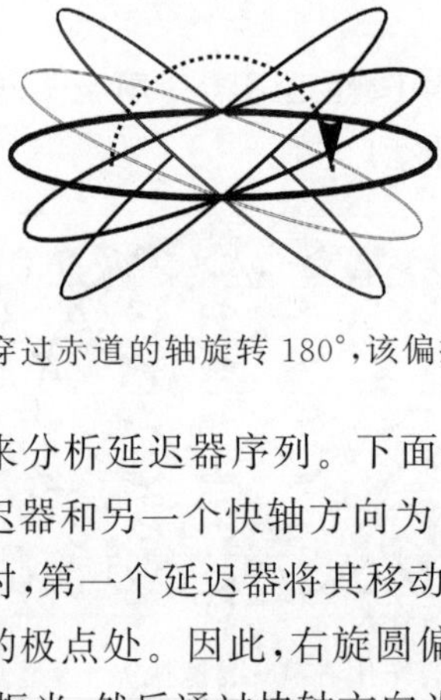

图 6.10　赤道上的一个偏振态绕穿过赤道的轴旋转 180°,该偏振态将变回赤道上的另一个偏振态

可用庞加莱球的一系列旋转来分析延迟器序列。下面介绍几个重要的例子。图 6.12 显示了快轴方向水平的半波线性延迟器和另一个快轴方向为 45°的半波线性延迟器对几种偏振态的作用。当右旋圆偏振光入射时,第一个延迟器将其移动到左旋圆偏振的极点处,然后第二个延迟器将其返回到右旋圆偏振的极点处。因此,右旋圆偏振光是这种延迟器组合的本征偏振态。45°偏振光被旋转为 135°偏振光,然后通过快轴方向为 45°的半波延迟器,偏振态保持不变,如图 6.12 中的黑线所示。整体旋转 180°,因此,该延迟器组合可以充当半波圆延迟器。

对于球的任何旋转序列,表面上的两个点必定会回到它们开始的位置。因此,一系列旋转具有绕旋转轴单一旋转的整体效果。光通过一系列延迟器的传播,总的偏振变换等效于单个通常具有椭圆快轴的延迟器的作用。终止的两个偏振态(也是它们的起始位置)是组合延迟器的本征偏振态。事实上,椭圆延迟器通常最容易由一组两个或多个线性延迟器构成。

圆延迟器也可以由线性延迟器构成。考虑延迟量为 δ 的 45°线性延迟器。当该延迟器放置在水平四分之一波长延迟器和垂直四分之一波长线性延迟器之间时,δ 延迟器的快轴和慢轴旋转到圆偏振极点,该三元复合延迟器构成延迟量为 δ 的圆延迟器。如果水平和垂直线性延迟器的延迟量被调整为角度 μ，则快轴和慢轴移动到庞加莱球面的纬度 $\pm\mu$ 上。

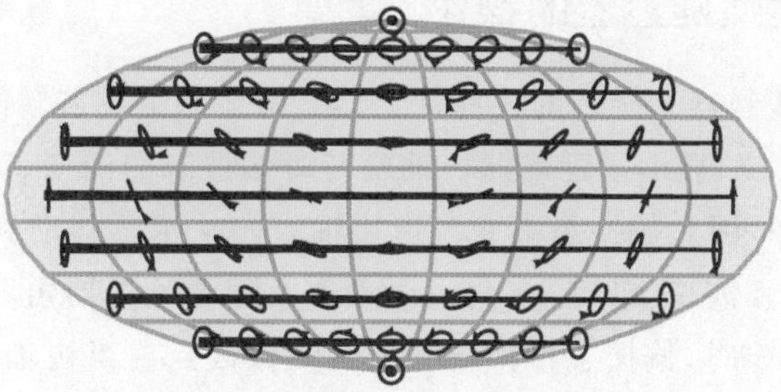

图 6.11　一个 1λ 圆延迟器的作用是将庞加莱球绕两极旋转 360°，因此所有出射偏振态都是入射偏振态

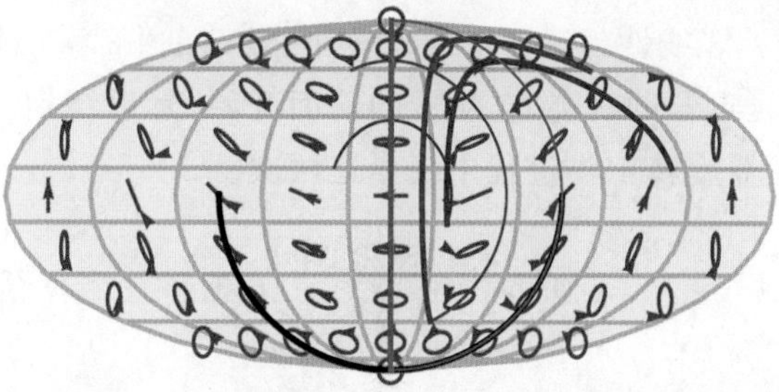

图 6.12　0°和45°的两个半波线性延迟器序列是半波圆延迟器。该序列对应于泡利矩阵乘法 $\boldsymbol{\sigma}_1 \times \boldsymbol{\sigma}_2 = \mathrm{i}\boldsymbol{\sigma}_3$（式(6.108)）

例 6.4　三个四分之一波长延迟器的序列

考虑三个四分之一波长延迟器的序列，前两个快轴方向分别为 0°、45°，随后是左旋圆偏振器。图 6.13 显示了庞加莱球上两个入射椭圆偏振态的轨迹，一个是本征态 $(1, 1/\sqrt{2}, 0, 1/\sqrt{2})$，另一个是长轴水平的偏振态 $(1, 0.383, 0, 0.924)$。本征态经过一个球面三角形返回初始位置，轨迹的第一道弧线最细，最后一道弧线最粗。对于另一个偏振态，光在水平四分之一波长延迟器之后变成线偏振，然后移动为 45°方向轻微椭圆偏振态。最后，由于圆延迟器，该偏振态沿着纬度圆移动，并终结为长轴水平方向的椭圆偏振。该输出偏振态是输入偏振态绕本征偏振旋转 180°，因此，这个序列是半波椭圆延迟器。

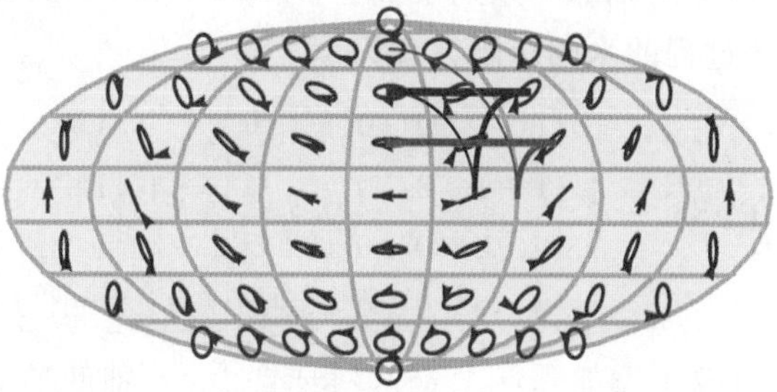

图 6.13　庞加莱球面上显示了三个 $\lambda/4$ 延迟器序列的迹线，(1)水平的，(2)45°的和(3)左旋圆延迟器。这两个序列的弧对应于两个不同的入射偏振态。水平延迟器的迹线最细，圆延迟器的迹线最粗。其中一组迹线序列返回其起点，这是复合延迟器的特征矢量或本征偏振态。因为另一条迹线相对本征态对称地开始和终止，所以三个延迟器的组合充当了一个具有椭圆本征偏振态的半波延迟器

6.8.2　旋转线性延迟器的操作

一种重要的偏振调制器是旋转的线性延迟器。考虑入射到旋转的 $\lambda/4$ 线性延迟器上的水平线偏振光,图 6.14(b)显示了延迟器快轴旋转时偏振态的演变。当快轴方向水平时,入射偏振态是本征偏振态,因此偏振态不变。当快轴方向从水平移动到 10°时,过延迟器的偏振态沿着一个小的 90°弧演变,沿着 45°角远离赤道。随着延迟器角度的增大,轨迹接近 45°经度圆。当角度达到 45°时,偏振态移动到右旋圆偏振极点。当快轴垂直时,光回到水平偏振态,该偏振态在北半球移动了一个“8”字形的上半部分。在快轴接下来的 90°旋转过程中,偏振轨迹在南半球移动穿过左旋圆偏振态,完成如图 6.14(b)所示的“8”字形轨迹。图 6.14(a)显示了旋转 $\lambda/8$ 线性延迟器形成的较小、较窄的“8”字形轨迹。图 6.14(c)显示了一个旋转 $3\lambda/8$ 线性延迟器的轨迹,它从球的前面开始,然后绕到球的背面。旋转 $\lambda/2$ 线性延迟器的轨迹在延迟器旋转 180°过程中绕赤道两次。

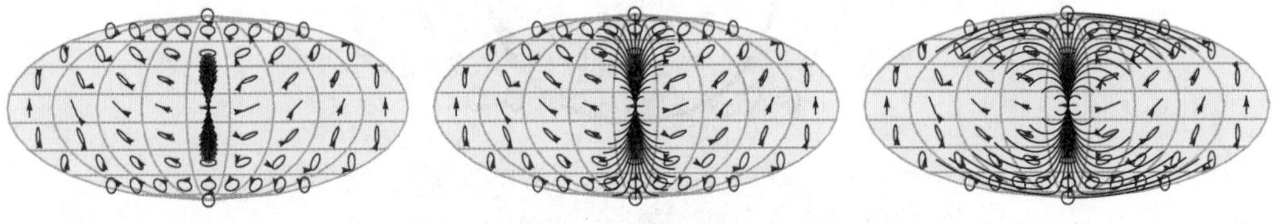

图 6.14　旋转线性延迟器对水平线性偏振光的作用,显示了三个延迟值,$\lambda/8$ 波长(a)、$\lambda/4$ 波长(b)和 $3/8\lambda$ 波长(c)。由此产生的偏振态在庞加莱球面上描绘出一个竖向的数字 8。1/8 波长延迟器在球面上产生的所有偏振态的平均距离小于 1/4 波长延迟器;3/8 波长接近旋转延迟器偏振仪的最佳延迟量

6.8.3　偏振器和二向衰减器的操作

透过二向色偏振器和二向衰减器的光通量比率(透射率),可以在庞加莱球面上和内部表示为垂直于二向衰减器透射轴的一系列平面。例如,理想水平线偏振器作用于任意一组归一化斯托克斯参数,该过程的米勒矩阵方程为

$$\mathbf{HLP}\cdot\hat{\boldsymbol{S}}=\frac{1}{2}\begin{bmatrix}1&1&0&0\\1&1&0&0\\0&0&0&0\\0&0&0&0\end{bmatrix}\cdot\begin{bmatrix}1\\s_1\\s_2\\s_3\end{bmatrix}=\frac{1}{2}\begin{bmatrix}1+s_1\\1+s_1\\0\\0\end{bmatrix}\tag{6.61}$$

透射率 $(1+s_1)/2$ 对应于庞加莱球上一系列垂直于 S_1 轴的平面,如图 6.15 所示。每个平面表示一组具有相同透射率的偏振态。穿过球中心的平面表示透射率为 1/2 的斯托克斯参数,包括 45°偏振、135°偏振、左右旋圆偏振和非偏振。在(1,0,0)处与球面相切的平面表示透射率为 1 的偏振态(在偏振器透光轴上)。在(−1,0,0)处与球面相切的平面表示透射率为零的偏振态(在偏振器消光轴上)。相同的情况适用于任何偏振器。对于二向衰减器,透射率在 T_{max} 和 T_{min} 之间线性变化。

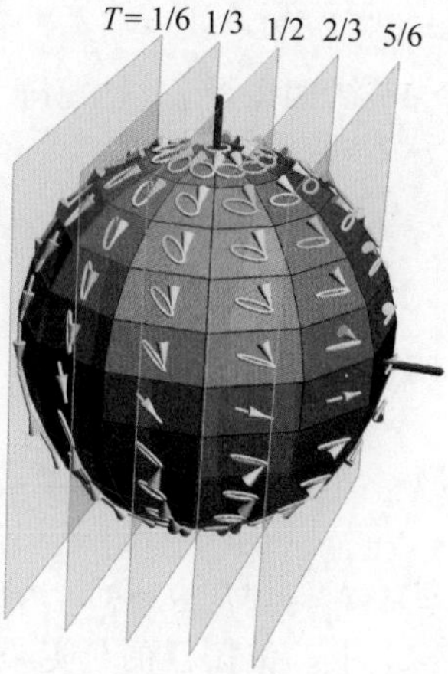

图 6.15　对于二向衰减器，垂直于透光轴的线表示一组透过率相等的偏振态。对于垂直于轴的平面，透射率从 T_{min} 到 T_{max} 呈线性变化

下面考虑斯托克斯参数在通过二向色性材料(如偏振片)时的演变。入射偏振态将向庞加莱球上的透射轴移动。图 6.16 显示了几种不同的入射偏振态通过二向色的二向衰减器时相应的轨迹。二向衰减在刚开始时为零，并随着传播距离的增加而增加。对于偏振入射光束，偏振态沿着大圆从吸收轴向透射轴演变。当初始偏振态更接近透射态或衰减态时，弧长更短。轴上的两个入射态(透射态和衰减态)的轨迹长度为零，因此这些偏振态不会移动。

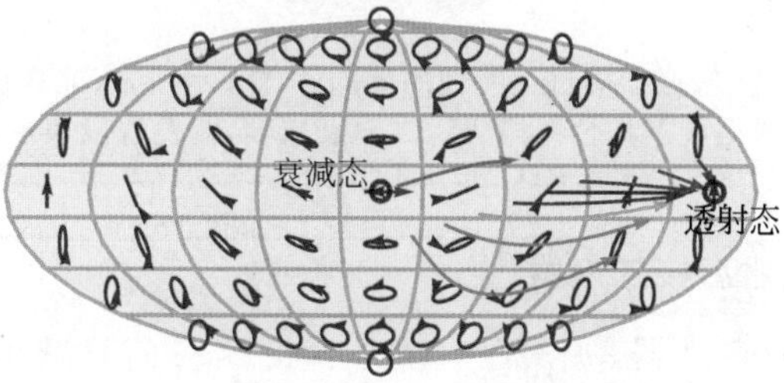

图 6.16　在庞加莱球上绘制了几个初始偏振态通过二向衰减率为 0.6 的二向色介质的偏振态演变，其中介质的透射态(透射轴)为垂直偏振的，衰减态为水平偏振的。在每个轨迹的开始，二向衰减为零。二向衰减沿箭头方向稳步增加。在每个箭头的中点，二向衰减率为 0.3；在箭头的末端或顶端，二向衰减率为 0.6。二向衰减率为 1 时，轨迹会延伸到透射态

6.8.4　偏振特性的表示

许多商用偏振分析仪使用庞加莱球表示与二向衰减特性(d_H, d_{45}, d_R)、偏振度特性(p_H, p_{45}, p_R)和延迟特性($\delta_H, \delta_{45}, \delta_R$)相关的本征态，其中下标 H、45 和 R 表示相应的斯托克斯参数分量。本节给出了两个示例。

例 6.5 偏振器序列

一个水平线偏振器后接一个45°线偏振器,米勒矩阵为

$$\mathbf{LP}(45°)\cdot\mathbf{LP}(0°)=\frac{1}{2}\begin{bmatrix}1&0&1&0\\0&0&0&0\\1&0&1&0\\0&0&0&0\end{bmatrix}\cdot\frac{1}{2}\begin{bmatrix}1&1&0&0\\1&1&0&0\\0&0&0&0\\0&0&0&0\end{bmatrix}=\frac{1}{4}\begin{bmatrix}1&1&0&0\\0&0&0&0\\1&1&0&0\\0&0&0&0\end{bmatrix}\tag{6.62}$$

本征偏振态是垂直偏振光和135°偏振光,因此,这是一个非齐次偏振器的米勒矩阵。二向衰减参数位于首行,为

$$(M_{01},M_{02},M_{03})=(1,0,0)\tag{6.63}$$

偏振度参数位于左列,为

$$(M_{10},M_{20},M_{30})=(0,1,0)\tag{6.64}$$

这些特性用庞加莱球表示在图6.17中。偏振器的延迟没有定义,因此没有标示出来。

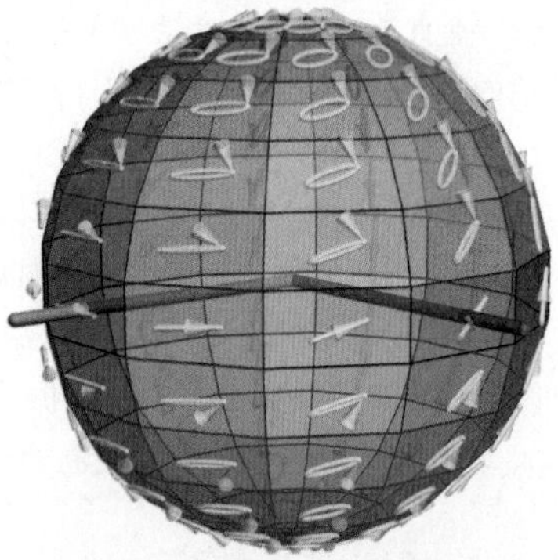

图6.17 特殊非齐次偏振器的偏振特性的庞加莱球表示法,该非齐次偏振器由水平偏振器后接45°偏振器组成。棕色线段表示二向衰减轴,蓝色线段表示偏振度轴

例 6.6 线性二向衰减器后接延迟器

一个水平线性二向衰减器,$T_{\max}=1, T_{\min}=0.5$,二向衰减率 $D=1/3$,其后是一个45°四分之一波长线性延迟器,则米勒矩阵为

$$\begin{aligned}&\mathbf{LR}\left(\frac{\pi}{2},45°\right)\cdot\mathbf{LD}\left(1,\frac{1}{2},0°\right)\\&=\begin{bmatrix}1&0&0&0\\0&0&0&-1\\0&0&1&0\\0&1&0&0\end{bmatrix}\cdot\frac{1}{4}\begin{bmatrix}3&1&0&0\\1&3&0&0\\0&0&\frac{4}{\sqrt{2}}&0\\0&0&0&\frac{4}{\sqrt{2}}\end{bmatrix}\\&=\frac{1}{4}\begin{bmatrix}3&1&0&0\\0&0&0&\frac{-4}{\sqrt{2}}\\0&0&\frac{4}{\sqrt{2}}&0\\1&3&0&0\end{bmatrix}\end{aligned}\tag{6.65}$$

具有二向衰减参数(1/3,0,0)、偏振度参数(0,0,1/3)和延迟参数(0,π/2,0)。这些性质表示在庞加莱球上,如图 6.18 所示。

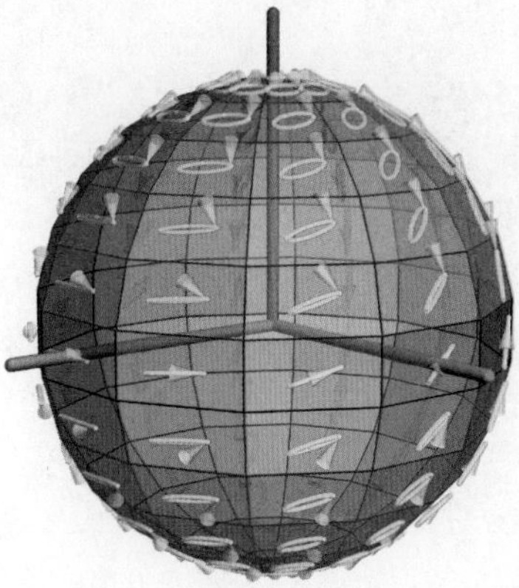

图 6.18　式(6.65)的米勒矩阵偏振特性的庞加莱球表示。
棕色线段表示二向衰减轴,蓝色线段表示偏振度轴,绿色线段表示延迟快轴

6.9　弱偏振元件

弱偏振元件只引起偏振态微小的变化。弱偏振元件的米勒矩阵接近于单位矩阵乘以一个常数(考虑吸收或传输损耗)。弱米勒矩阵的性质比一般的米勒矩阵简单得多,因为延迟、二向衰减和退偏都接近于零。这种弱偏振元件的一些重要例子是镜头、显微镜、望远镜中的透镜表面和反射镜表面,由于菲涅耳方程、抗反射膜层或反射镜面,它们的偏振特性不为零,但二向衰减和延迟效应通常远低于 0.05。

通过将米勒矩阵关于二向衰减或延迟进行泰勒级数展开,可研究米勒矩阵的结构并获得这些弱元件的偏振性质。弱延迟器的延迟接近零。对椭圆延迟器的一般方程(式(6.28))进行泰勒级数展开并保留一阶项,得到如下简单的弱延迟器米勒矩阵,

$$\lim_{\delta_H,\delta_{45},\delta_R\to 0}\mathbf{ER}(\delta_H,\delta_{45},\delta_R)=\begin{bmatrix}1&0&0&0\\0&1&\delta_R&-\delta_{45}\\0&-\delta_R&1&\delta_H\\0&\delta_{45}&-\delta_H&1\end{bmatrix}\tag{6.66}$$

类似地,对二向衰减器的一般表达式进行一阶泰勒级数展开可得弱二向衰减器米勒矩阵,

$$\lim_{d_H,d_{45},d_R\to 0}\mathbf{D}(d_H,d_{45},d_R,T_{Avg})=T_{Avg}\begin{bmatrix}1&d_H&d_{45}&d_R\\d_H&1&0&0\\d_{45}&0&1&0\\d_R&0&0&1\end{bmatrix}\tag{6.67}$$

将这两个表达式结合起来,就得到弱二向衰减器和延迟器的米勒矩阵,

$$\mathbf{WDR}(d_{\mathrm{H}},d_{45},d_{\mathrm{R}},\delta_{\mathrm{H}},\delta_{45},\delta_{\mathrm{R}},T_{\mathrm{Avg}})=T_{\mathrm{Avg}}\begin{bmatrix}1 & d_{\mathrm{H}} & d_{45} & d_{\mathrm{R}}\\ d_{\mathrm{H}} & 1 & \delta_{\mathrm{R}} & -\delta_{45}\\ d_{45} & -\delta_{\mathrm{R}} & 1 & \delta_{\mathrm{H}}\\ d_{\mathrm{R}} & \delta_{45} & -\delta_{\mathrm{H}} & 1\end{bmatrix} \tag{6.68}$$

这三个方程只对一阶项成立。当这些参数不是无穷小的时候,高阶项就出现了,它们可以从前面给出的精确方程中计算得出。

弱二向衰减器的第一行和第一列是对称的。弱延迟器右下 3×3 元素在非对角线方向是反对称的。弱偏振元件米勒矩阵的第一行和第一列中反对称分量的出现和右下方 3×3 元素中对称分量的出现,表明存在退偏,这将在 6.11.4 节详述。

例 6.7 弱偏振的米勒矩阵

考虑一个弱偏振的米勒矩阵

$$\boldsymbol{M}=\begin{bmatrix}1 & 0.02 & 0 & 0.01\\ 0.02 & 1 & -0.005 & 0\\ 0 & 0.005 & 1 & -0.01\\ 0.01 & 0 & 0.01 & 1\end{bmatrix} \tag{6.69}$$

二向衰减的水平分量 $d_{\mathrm{H}}=0.02$,右旋圆分量 $d_{\mathrm{R}}=0.01$。二向衰减大小为

$$d=\sqrt{0.02^2+0.01^2}\approx 0.022 \tag{6.70}$$

具有最大透射率的偏振态的斯托克斯参量正比于

$$S_{\max}\propto\begin{bmatrix}0.022\\ 0.02\\ 0\\ 0.01\end{bmatrix} \tag{6.71}$$

延迟具有水平分量 $\delta_{\mathrm{H}}=0.01$ 和右旋圆分量 $\delta_{\mathrm{R}}=0.005$。因为这些参数与二向衰减参数成正比,所以矩阵是齐次的,有正交本征偏振态,由二向衰减部分和延迟部分共享。延迟大小为

$$\delta=\sqrt{0.01^2+0.005^2}\approx 0.011 \tag{6.72}$$

6.10 非退偏的米勒矩阵

非退偏的米勒矩阵是一系列米勒矩阵,它对于 DoP($\boldsymbol{S}$)=1 的任意完全偏振入射光,出射时仍为完全偏振光。非退偏米勒矩阵的退偏指数为 1,这将在式(6.79)中介绍。非退偏米勒矩阵是米勒矩阵的一个子集。琼斯矩阵只能描述非退偏的相互作用。非退偏米勒矩阵是那些具有对应琼斯矩阵的米勒矩阵,因此非退偏米勒矩阵也被称为米勒-琼斯矩阵[5]。

理想偏振器是非退偏的,当入射光束是偏振的,出射光束也是偏振的。同样,理想延迟器也是非退偏的。非退偏米勒矩阵包含所有任意序列二向衰减和延迟的米勒矩阵乘积。米勒-琼斯矩阵必须对所有 θ 和 η 满足以下条件:

$$\mathrm{DoP}(\boldsymbol{M}\cdot\boldsymbol{S})=\mathrm{DoP}\left(\begin{bmatrix}M_{00}&M_{01}&M_{02}&M_{03}\\M_{10}&M_{11}&M_{12}&M_{13}\\M_{20}&M_{21}&M_{22}&M_{23}\\M_{30}&M_{31}&M_{32}&M_{33}\end{bmatrix}\cdot\begin{bmatrix}1\\\cos(2\theta)\cos\eta\\\sin(2\theta)\cos\eta\\\sin\eta\end{bmatrix}\right)=1 \tag{6.73}$$

非退偏米勒矩阵的一个必要但不充分的条件是[6]

$$\mathrm{Tr}(\boldsymbol{M}\cdot\boldsymbol{M}^{\mathrm{T}})=4M_{00}^2 \tag{6.74}$$

其中，Tr 是矩阵的迹，即对角元素之和。$\mathrm{Tr}(\boldsymbol{M}\cdot\boldsymbol{M}^{\mathrm{T}})$等于所有矩阵元素的平方和，

$$\begin{aligned}\mathrm{Tr}(\boldsymbol{M}\cdot\boldsymbol{M}^{\mathrm{T}})=&M_{00}^2+M_{01}^2+M_{02}^2+M_{03}^2+M_{10}^2+M_{11}^2+M_{12}^2+M_{13}^2+\\&M_{20}^2+M_{21}^2+M_{22}^2+M_{23}^2+M_{30}^2+M_{31}^2+M_{32}^2+M_{33}^2\end{aligned} \tag{6.75}$$

在典型的成像光学系统中，退偏是透镜和反射镜表面、滤光器和偏振元件不希望有的特性。退偏与散射有关，光学表面经过精心制作和镀膜可以减小散射。对于高质量的光学表面，退偏通常非常小。因此，大多数光学表面都可以用非退偏米勒矩阵很好地描述。

6.11　退偏

退偏是光的偏振度(DoP)的降低。退偏最早是由大卫·布鲁斯特在 1815 年提出的[7]。在米勒运算中，退偏可被描述为偏振光到非偏振光的耦合。偏振入射光经过退偏器件后，出射的斯托克斯参数 DoP<1，并且可以在数学上分解为完全偏振的和非偏振的斯托克斯参数的组合。

具有显著散射的光学元件在一定程度上会使光退偏。类似地，粗糙的金属表面、涂漆表面和天然表面(如岩石、草地和沙子)会使光部分退偏。积分球(图 6.19)在实验室中经常被用来将光退偏成近似非偏振光，就像乳白玻璃板那样。牛奶和其他混浊液体在退偏方面也很有效。当用激光照射积分球时，出射光是散斑图案，出射偏振态被扰乱，类似退偏光束。图 6.20 显示了模拟偏振散斑图案的椭圆图。x 偏振光形成一个散斑图案，y 偏振光形成另一个图案。它们组合在一起，由随机偏振场中每个点的琼斯矢量描述。对于单色照明，图案在每个点都是偏振的，但对一个区域中的斯托克斯参数取平均会产生退偏效果。

米勒矩阵有 16 个独立自由度(DoF)，见表 6.3。在这 16 个自由度中，一个对应于损耗，三个对应于二向衰减，三个对应于延迟，其余九个自由度描述退偏。

表 6.3　偏振矩阵中的自由度

	琼斯矩阵	米勒矩阵
透过率	1	1
绝对相位	1	0
二向衰减	3	3
延迟	3	3
退偏	0	9

米勒矩阵三个对角元素 M_{11}、M_{22}、M_{33} 所体现的退偏往往在九个自由度中最显著。理想退偏器的米勒矩阵 **ID**，可将所有入射光束转换为非偏振光，

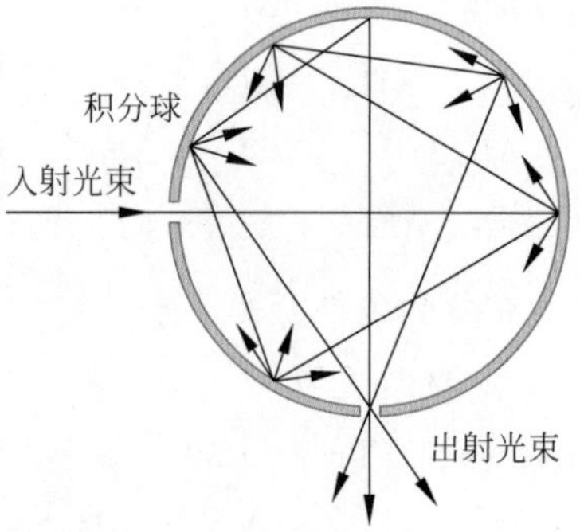

图 6.19 积分球是很好的退偏器。其内壁有高反射率的漫反射涂层。大多数光线在到达输出端口之前会有多次散射,确保每条出射光线都包含来自各种路径和散射角度的光

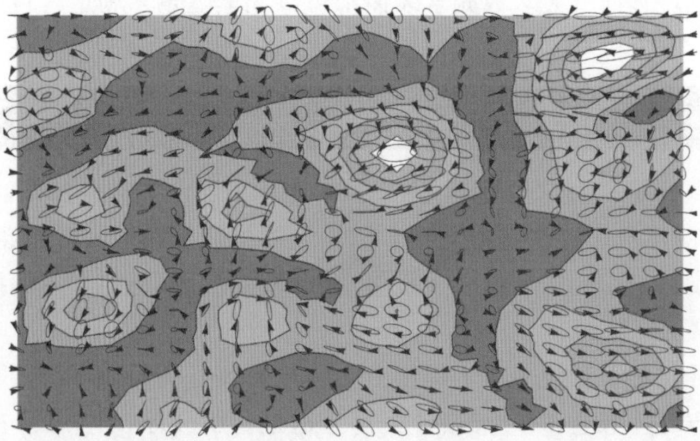

图 6.20 激光照射积分球或其他退偏器的散斑图案的模拟。因为光束是单色的,所以激光散斑图案在每个点都是偏振的。然而,每个散斑的振幅和偏振态都不同。这里,将偏振椭圆映射在强度分布的等高线图上,其中棕色最暗,白色最亮。散斑图案具有较大的低光通量区域和小得多的亮区域,即散斑[8-9]

$$\mathbf{ID}\cdot\boldsymbol{S}=\begin{bmatrix}1&0&0&0\\0&0&0&0\\0&0&0&0\\0&0&0&0\end{bmatrix}\cdot\begin{bmatrix}S_0\\S_1\\S_2\\S_3\end{bmatrix}=\begin{bmatrix}S_0\\0\\0\\0\end{bmatrix}\tag{6.76}$$

只有非偏振光才可以从这种器件中出射。虽然这个矩阵是理想化的,但一些器件,如积分球,接近这种几乎完全退偏的条件。

部分退偏器的米勒矩阵对所有入射态退偏效果相同,

$$\mathbf{PD}\cdot\boldsymbol{S}=\begin{bmatrix}1&0&0&0\\0&d&0&0\\0&0&d&0\\0&0&0&d\end{bmatrix}\cdot\begin{bmatrix}S_0\\S_1\\S_2\\S_3\end{bmatrix}=(1-d)\begin{bmatrix}S_0\\0\\0\\0\end{bmatrix}+d\begin{bmatrix}S_0\\S_1\\S_2\\S_3\end{bmatrix}\tag{6.77}$$

所有完全偏振入射态都以 DoP($\mathbf{PD}\cdot\boldsymbol{S}$)$=d$ 部分偏振态出射。对角的退偏器米勒矩阵 **DD** 代表一个可变的部分退偏器；出射光的偏振度是入射偏振态的函数，S_1 的出射 DoP 为 a，S_2 的为 b，S_3 的为 c，

$$\mathbf{DD}=\begin{bmatrix}1&0&0&0\\0&a&0&0\\0&0&b&0\\0&0&0&c\end{bmatrix}\tag{6.78}$$

物理上，退偏与散射密切相关，常源于延迟或二向衰减在时间、空间或波长上的快速变化。

6.11.1　退偏指数和平均偏振度

两个退偏指标——退偏指数和平均偏振度，用来描述米勒矩阵对入射态的退偏程度[10-12]。

退偏指数 DI($\boldsymbol{M}$)是归一化米勒矩阵 $\boldsymbol{M}/M_{00}$ 与理想退偏器的欧几里得距离，用 $\|\ \|$ 表示：

$$\mathrm{DI}(\boldsymbol{M})=\left\|\frac{\boldsymbol{M}}{M_{00}}-\mathbf{ID}\right\|=\frac{\sqrt{\left(\sum_{i,j}M_{ij}^2\right)-M_{00}^2}}{\sqrt{3}M_{00}}\tag{6.79}$$

DI($\boldsymbol{M}$)的变化范围为 0(理想退偏器)到 1(所有非退偏米勒矩阵，包括所有纯二向衰减器、纯延迟器和由它们组成的任意序列)。退偏指数方程的形式类似于斯托克斯参数的偏振度方程。

平均偏振度，或平均 DoP，是庞加莱球面上均匀分布的入射偏振光所对应出射光偏振度的算术平均值，

$$\text{平均 DoP}(\boldsymbol{M})=\frac{\int_0^{\pi}\int_{-\pi/2}^{\pi/2}\mathrm{DoP}(\boldsymbol{M}\cdot\boldsymbol{S}(\theta,\eta))\cos\eta\,\mathrm{d}\eta\,\mathrm{d}\theta}{2\pi}\tag{6.80}$$

其中，对于斯托克斯参数 $\boldsymbol{S}(\theta,\eta)$，$\theta$ 是主轴的方向，η 是庞加莱球上的纬度(单位为弧度)，

$$\boldsymbol{S}(\theta,\eta)=\begin{bmatrix}1\\\cos(2\theta)\cos\eta\\\sin(2\theta)\cos\eta\\\sin\eta\end{bmatrix}\tag{6.81}$$

平均 DoP 从 0 到 1 变化，用单个数值概括了退偏特性。当平均 DoP 等于 1 时，出射光总是完全偏振的，表示非退偏的米勒矩阵。接近 1 的值表示少量退偏。当平均 DoP 等于 0 时，出射光是完全退偏的，只有非偏振光出射。图 6.21 显示了一个孔径内具有不同偏振器的 DI 和平均 DoP，例 6.9 中给出了详细的计算。

DI 和平均 DoP 的值通常很接近。平均 DoP 是更容易理解的指标，它给出了出射光的偏振度均值(在庞加莱球上取平均)，即期望值。DI 在米勒矩阵构形空间中具有明确的几何意义，是从理想退偏器米勒矩阵到非退偏器米勒矩阵超球面的欧几里得距离。

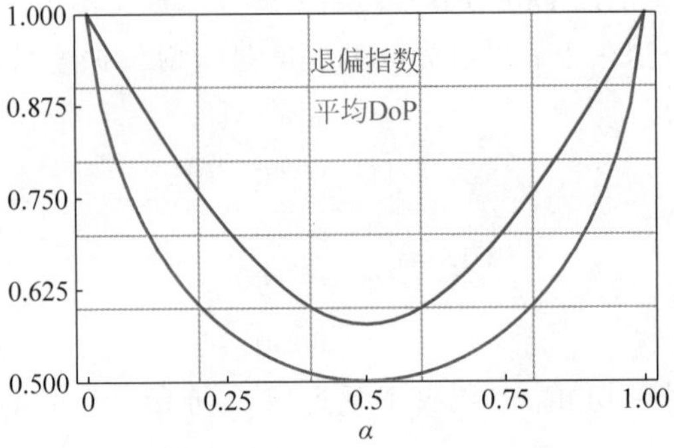

图 6.21 孔径的比例 α 部分覆盖水平偏振器，$1-\alpha$ 部分覆盖垂直偏振器，形成的一组米勒矩阵的退偏指数(红色)和平均偏振度(绿色)

6.11.2 偏振度面和偏振度图

通过使用偏振度面和偏振度图分析偏振度随入射态的变化，可了解退偏的九个自由度[13]。

米勒矩阵 $\boldsymbol{M}$ 的 DoP 面是将每组归一化斯托克斯参数 $\boldsymbol{S}$ 径向内移到距离原点 DoP($\boldsymbol{S}'=\boldsymbol{M}\cdot\boldsymbol{S}$)处而形成的，其中 $\boldsymbol{S}$ 由庞加莱球面上的三个斯托克斯参量(S_1,S_2,S_3)组成。在庞加莱球面上对所有入射的 $\boldsymbol{S}$ 作图，有

$$\text{DoP 面}(\boldsymbol{M},\boldsymbol{S})=\frac{\sqrt{S_1'(\boldsymbol{M},\boldsymbol{S})^2+S_2'(\boldsymbol{M},\boldsymbol{S})^2+S_3'(\boldsymbol{M},\boldsymbol{S})^2}}{S_0'(\boldsymbol{M},\boldsymbol{S})}(S_1,S_2,S_3) \quad (6.82)$$

DoP 面是标量 DoP 和矢量(S_1,S_2,S_3)的乘积，形成的一个三维曲面。对于非退偏米勒矩阵，所有入射态的出射偏振度都是 1，因此，DoP 面是单位球。在这种情况下，庞加莱球没有收缩。

DoP 图是将 DoP 表示为庞加莱球展平图上的等高线图。为创建 DoP 图，把庞加莱球表面用长轴方向 θ 和圆偏振度 DoCP 参数化为

$$\boldsymbol{S}(\theta,\text{DoCP})=\begin{bmatrix}1\\ \cos(2\theta)\cos(\arcsin\text{DoCP})\\ \sin(2\theta)\cos(\arcsin\text{DoCP})\\ \text{DoCP}\end{bmatrix} \quad (6.83)$$

米勒矩阵出射光的 DoP 被绘制为等高线图，是 θ 和 DoCP 的函数。DoP 面和 DoP 图代表相同的信息，即作为入射偏振态函数的出射 DoP。

举一个退偏的例子，有一个孔径，它的一半覆盖有水平偏振器，另一半覆盖有垂直偏振器，形成米勒矩阵 $\boldsymbol{M}_1$，

$$\boldsymbol{M}_1=\frac{1}{2}\begin{bmatrix}1&1&0&0\\1&1&0&0\\0&0&0&0\\0&0&0&0\end{bmatrix}+\frac{1}{2}\begin{bmatrix}1&-1&0&0\\-1&1&0&0\\0&0&0&0\\0&0&0&0\end{bmatrix}=\begin{bmatrix}1&0&0&0\\0&1&0&0\\0&0&0&0\\0&0&0&0\end{bmatrix} \quad (6.84)$$

$\boldsymbol{M}_1$ 的 DoP 面和 DoP 图如图 6.22 所示。当①垂直偏振光入射且仅垂直偏振光出射时和②

水平偏振光入射且仅水平偏振光出射时，出现两个 DoP 的最大值。位于庞加莱球面水平偏振态和垂直偏振态之间的中间圆上的入射偏振态，出射光是完全退偏的，并且是一半水平偏振光和一半垂直偏振光的非相干叠加。

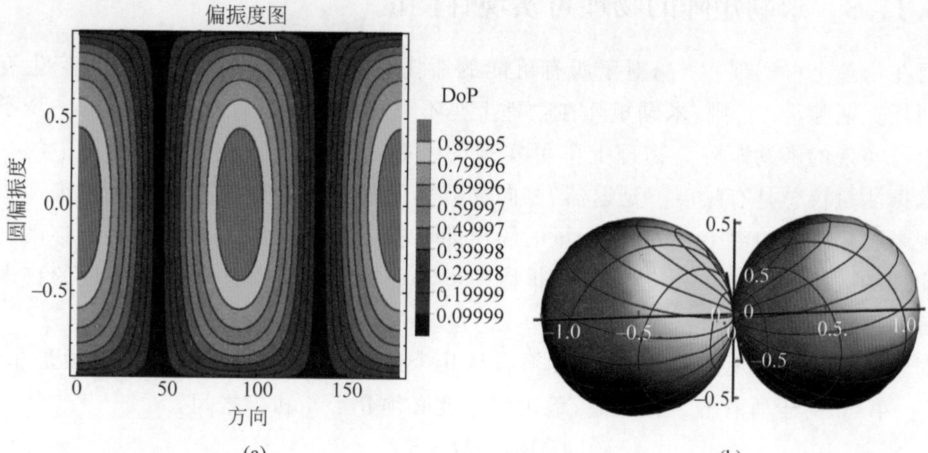

(a)　(b)

图 6.22　$\boldsymbol{M}_1$ 的偏振度图(a)和偏振度面(b)，$\boldsymbol{M}_1$ 是由水平和 90°线性偏振器组合形成的米勒矩阵

另一个例子，考虑一个米勒矩阵为 $\boldsymbol{M}_2$ 的元件，其孔径的一半覆盖有水平线性偏振器，而另一半覆盖有 45°线性偏振器，

$$\boldsymbol{M}_2=\frac{1}{2}\begin{bmatrix}1&1&0&0\\1&1&0&0\\0&0&0&0\\0&0&0&0\end{bmatrix}+\frac{1}{2}\begin{bmatrix}1&0&1&0\\0&0&0&0\\1&0&1&0\\0&0&0&0\end{bmatrix}=\begin{bmatrix}1&0.5&0.5&0\\0.5&0.5&0&0\\0.5&0&0.5&0\\0&0&0&0\end{bmatrix}\tag{6.85}$$

$\boldsymbol{M}_2$ 的 DoP 面和 DoP 图如图 6.23 所示。最大 DoP 的两个偏振态(1，−1，0，0)和(1，0，−1，0)分别被两个偏振器阻挡。可以看出，DoP 图中的最大值不必正交。

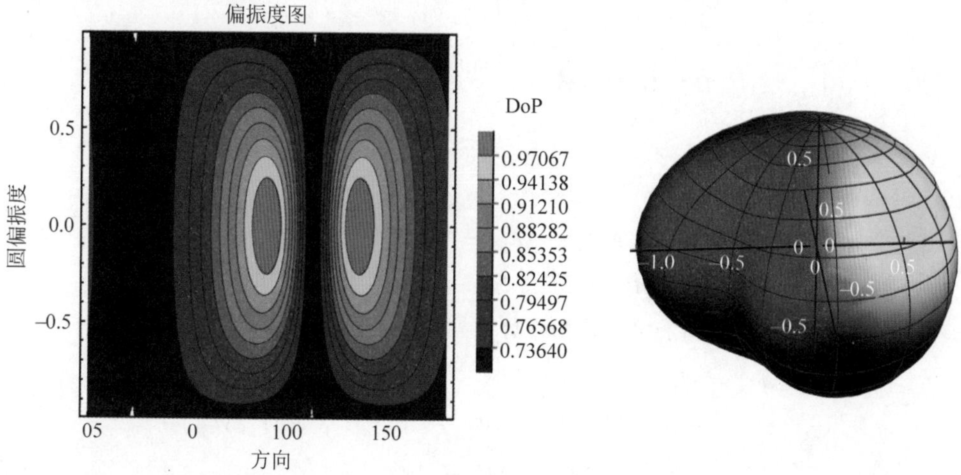

(a)　(b)

图 6.23　$\boldsymbol{M}_2$ 的偏振度图(a)和偏振度面(b)，$\boldsymbol{M}_2$ 是由水平和 45°线性偏振器组合形成的米勒矩阵

DoP 图和 DoP 面可以显示一个或两个最大值和一个或两个最小值。对于环绕庞加莱球的整圈入射态,这些最大值或最小值也可能简并。

6.11.3 米勒矩阵的物理可实现性测试

要在物理上可实现[14-15],对于所有可能的斯托克斯参量集,米勒矩阵要能产生有效的出射斯托克斯参量;否则,米勒矩阵在物理上是不可实现的。只有 4×4 矩阵的一个子集是物理上可实现的米勒矩阵。物理上不可实现的米勒矩阵可能是米勒矩阵测量中的一个问题。偏振测量仪总是有噪声。延迟器、二向衰减器及其组合刚好位于物理可实现和物理不可实现米勒矩阵的边界上。因此,少量的噪声即可将退偏指数为 1 的米勒矩阵移动到非物理可实现的区域。Goldstein 提供了将非物理可实现的米勒矩阵移动到最接近的物理可实现矩阵的算法和例子[16]。

对于物理上可实现的米勒矩阵,必须满足几个条件。第一,输出光通量必须是非负的,$S_0'\geqslant 0$。第二,对于所有输入偏振态,输出偏振度必须介于 0 和 1 之间,

$$0\leqslant \mathrm{DoP}(\boldsymbol{M}\cdot\boldsymbol{S})\leqslant 1 \tag{6.86}$$

如果偏振度大于 1,则输出偏振态是非物理可实现的。对物理可实现性的一个检验是测试退偏指数在 0 和 1 之间,

$$0\leqslant \mathrm{DI}(\boldsymbol{M})\leqslant 1 \tag{6.87}$$

目前已开发出了一些综合性且系统性的测试法。Givens 和 Kostinski[17] 对米勒矩阵物理可实现性的评估如下。定义洛伦兹度量矩阵 $\boldsymbol{G}$ 为

$$\boldsymbol{G}=\begin{bmatrix}1&0&0&0\\0&-1&0&0\\0&0&-1&0\\0&0&0&-1\end{bmatrix} \tag{6.88}$$

然后,米勒相干矩阵为

$$\boldsymbol{D}=\mathbf{GM}^{\mathrm{T}}\mathbf{GM}=\begin{bmatrix}a_{00}&a_{01}&a_{02}&a_{03}\\a_{10}&a_{11}&a_{12}&a_{13}\\a_{20}&a_{21}&a_{22}&a_{23}\\a_{30}&a_{31}&a_{32}&a_{33}\end{bmatrix} \tag{6.89}$$

其中,

$$\begin{aligned}
a_{00}&=M_{00}^2-M_{10}^2-M_{20}^2-M_{30}^2\\
a_{01}&=M_{00}M_{01}-M_{10}M_{11}-M_{20}M_{21}-M_{30}M_{31}\\
a_{02}&=M_{00}M_{02}-M_{10}M_{12}-M_{20}M_{22}-M_{30}M_{32}\\
a_{03}&=M_{00}M_{03}-M_{10}M_{13}-M_{20}M_{23}-M_{30}M_{33}\\
a_{10}&=-M_{00}M_{01}+M_{10}M_{11}+M_{20}M_{21}+M_{30}M_{31}\\
a_{11}&=-M_{01}^2+M_{11}^2+M_{21}^2+M_{31}^2\\
a_{12}&=-M_{01}M_{02}+M_{11}M_{12}+M_{21}M_{22}+M_{31}M_{32}\\
a_{13}&=-M_{01}M_{03}+M_{11}M_{13}+M_{21}M_{23}+M_{31}M_{33}
\end{aligned}$$

$$a_{20}=-M_{00}M_{02}+M_{10}M_{12}+M_{20}M_{22}+M_{30}M_{32}$$
$$a_{21}=-M_{01}M_{02}+M_{11}M_{12}+M_{21}M_{22}+M_{31}M_{32}$$
$$a_{22}=-M_{02}^2+M_{12}^2+M_{22}^2+M_{32}^2$$
$$a_{23}=-M_{02}M_{03}+M_{12}M_{13}+M_{22}M_{23}+M_{32}M_{33}$$
$$a_{30}=-M_{00}M_{03}+M_{10}M_{13}+M_{20}M_{23}+M_{30}M_{33}$$
$$a_{31}=-M_{01}M_{03}+M_{11}M_{13}+M_{21}M_{23}+M_{31}M_{33}$$
$$a_{32}=-M_{02}M_{03}+M_{12}M_{13}+M_{22}M_{23}+M_{32}M_{33}$$
$$a_{33}=-M_{03}^2+M_{13}^2+M_{23}^2+M_{33}^2$$

为了成为物理上可实现的米勒矩阵，①$\boldsymbol{D}$ 的所有特征值必须是实数，及②与最大特征向量对应的特征值必须对应一组有效的斯托克斯参量。

例 6.8　检验米勒矩阵的物理可实现性

考虑一个具有单一自由度 β 的退偏矩阵族 $\boldsymbol{M}_3$ 的例子，

$$\boldsymbol{M}_3=\begin{bmatrix}1 & 0.1 & 0 & 0\\ \beta & 0.9 & 0 & 0\\ 0 & 0 & 0.9 & 0\\ 0 & 0 & 0 & 0.8\end{bmatrix} \tag{6.90}$$

β(元素 M_{10})在什么范围内，$\boldsymbol{M}_3$ 是一个有效的物理可实现的米勒矩阵呢？对应的米勒相干矩阵为

$$\boldsymbol{D}_3=\begin{bmatrix}1-\beta^2 & 0.1-0.9\beta & 0 & 0\\ -0.1+0.9\beta & 0.8 & 0 & 0\\ 0 & 0 & 0.81 & 0\\ 0 & 0 & 0 & 0.64\end{bmatrix} \tag{6.91}$$

特征值为

$$\lambda=\begin{cases}0.81\\ 0.64\\ 0.9-0.5\beta^2-0.5\sqrt{0.72\beta-3.64\beta^2+\beta^4}\\ 0.9-0.5\beta^2+0.5\sqrt{0.72\beta-3.64\beta^2+\beta^4}\end{cases} \tag{6.92}$$

由判别式 $0.72\beta-3.64\beta^2+\beta^4$ 得出 β 范围为 $0\leqslant\beta\leqslant0.2$。因此，$\beta$ 只有在该范围内，四个特征值才均为实数。容易证实，在此范围内，第四个特征值对应的特征向量具有物理可实现的斯托克斯参量。因此，只有在 $0\leqslant\beta\leqslant0.2$ 的范围内，$\boldsymbol{M}_3$ 才是有效的米勒矩阵。

6.11.4　弱退偏元件

6.9 节用三个二向衰减自由度和三个延迟自由度在单位矩阵邻域描述了弱非退偏元件的米勒矩阵。这种方法很容易扩展到其余的九个自由度，从而得到九种形式的退偏[18]。观察退偏自由度的一种简单方法如下。对于弱米勒矩阵，退偏自由度与下列矩阵元素的组合相关，

$$\mathbf{WDepol}=\begin{bmatrix}1 & e_1 & e_2 & e_3\\ -e_1 & 1-g_1 & f_3 & -f_2\\ -e_2 & f_3 & 1-g_2 & f_1\\ -e_3 & -f_2 & f_1 & 1-g_3\end{bmatrix}\tag{6.93}$$

九种形式被分成三个族。g_1、g_2、g_3 与对角线相关,被标记为对角退偏。e_1、e_2、e_3 与二向衰减元素中的反对称值相关,被标记为幅值退偏。f_1、f_2、f_3 与延迟元素中的对称值相关,被标记为相位退偏。幅度退偏、相位退偏和对角退偏这三种形式中的每一种都有一个与 S_1 相关的项、一个与 S_2 相关的项和一个与 S_3 相关的项。当 e、f、g 分量接近 0 时,矩阵 **WDepol** 接近单位矩阵,退偏可被视为弱的。由于这些元素的对称性,**WDepol** 没有二向衰减和延迟。随着退偏强度的增加,这些项不再是纯线性的。通过将 **WDepol** 提高到任意幂,可以生成弱极限外的具有特定退偏项的退偏矩阵,

$$\mathbf{WDepol}^N=\begin{bmatrix}1 & e_1 & e_2 & e_3\\ -e_1 & 1-g_1 & f_3 & f_2\\ -e_2 & f_3 & 1-g_2 & f_1\\ -e_3 & f_2 & f_1 & 1-g_3\end{bmatrix}^N\tag{6.94}$$

必须注意,因为式(6.93)的矩阵只有在系数等于 0 的极限情况下才能物理可实现;因此,式(6.93)是轻微非物理可实现的,得到的矩阵需要做微小调整以达到物理可实现性。

6.11.5 米勒矩阵相加

式(6.6)所示的米勒矩阵的矩阵乘积代表了偏振元件序列。另一方面,米勒矩阵相加表示偏振元件并排共享一个孔径。无论何时,两个不同的非退偏米勒矩阵相加,必定会引入退偏。一般来说,孔径上,不同的斯托克斯参数出射时组合起来会降低偏振度。

米勒矩阵函数可以在时间或空间上积分,以模拟随时间或空间变化的偏振过程,如下面两个例子所示。

例 6.9 两个偏振器覆盖一个孔径

考虑一个孔径,其中一部分 α 被水平线偏振器覆盖,其余部分 $1-\alpha$ 被垂直线偏振器填充。得到的米勒矩阵是,

$$\begin{aligned}\alpha\,\mathbf{HLP}+(1-\alpha)\,\mathbf{VLP}&=\frac{\alpha}{2}\begin{bmatrix}1&1&0&0\\1&1&0&0\\0&0&0&0\\0&0&0&0\end{bmatrix}+\frac{(1-\alpha)}{2}\begin{bmatrix}1&-1&0&0\\-1&1&0&0\\0&0&0&0\\0&0&0&0\end{bmatrix}\\&=\frac{1}{2}\begin{bmatrix}1&2\alpha-1&0&0\\2\alpha-1&1&0&0\\0&0&0&0\\0&0&0&0\end{bmatrix}\end{aligned}\tag{6.95}$$

当 $\alpha=1/2$ 时,孔径的一半为水平偏振的,另一半为垂直偏振的。它们的组合起到部分退偏器的作用,退偏指数为 $1/\sqrt{3}$。S_2 和 S_3 退偏,但 S_1 出射时保持不变。

例 6.10 旋转的四分之一波长线性延迟器

考虑一个快速旋转的四分之一波长线性延迟器，类似于图 6.14 中描述的情况，有一个时间平均的米勒矩阵

$$\int_0^{2\pi}\mathbf{QWLR}(\theta)\,\mathrm{d}\theta=\int_0^{2\pi}\begin{bmatrix}1 & 0 & 0 & 0\\ 0 & \cos^2(2\theta) & \cos(2\theta)\sin(2\theta) & -\sin(2\theta)\\ 0 & \cos(2\theta)\sin(2\theta) & \sin^2(2\theta) & \cos(2\theta)\\ 0 & \sin(2\theta) & -\cos(2\theta) & 0\end{bmatrix}\mathrm{d}\theta$$

$$=\begin{bmatrix}1 & 0 & 0 & 0\\ 0 & \frac{1}{2} & 0 & 0\\ 0 & 0 & \frac{1}{2} & 0\\ 0 & 0 & 0 & 0\end{bmatrix} \tag{6.96}$$

退偏指数为 $1/\sqrt{6}$ 和平均 DoP 为 $\pi/8$，二者相差约 0.016。这种米勒矩阵使圆偏振光完全退偏，并且使线偏振度减小一半。

6.12 琼斯矩阵和米勒矩阵的关联

6.12.1 使用张量积将琼斯矩阵转换为米勒矩阵

与米勒矩阵一样，琼斯矩阵(第 5 章)对样品偏振进行了非常有效的表征，特别是因为琼斯矩阵具有更简单的性质，而且更容易操作和解释。将米勒矩阵映射到琼斯矩阵(反之亦然)的复杂性在于，米勒矩阵不能表示绝对相位，琼斯矩阵不能表示退偏。只有非退偏米勒矩阵或米勒一琼斯矩阵才有对应的琼斯矩阵。所有琼斯矩阵都有一个对应的米勒矩阵。然而，由于绝对相位在米勒矩阵中没有表示，许多具有不同绝对相位的琼斯矩阵可被映射为同一米勒矩阵。

琼斯矩阵和米勒矩阵都可以计算非退偏相互作用序列的偏振特性，即级联一系列二向衰减器和延迟器的效应。当这个同样的偏振元件序列由琼斯矩阵或米勒矩阵计算时，结果都包含相同的二向衰减和延迟特性。两种方法都适用。

数学小贴士 6.1 张量积

两个 2×2 矩阵的张量积 $\boldsymbol{A}\otimes\boldsymbol{B}$ 是以下矩阵[5,19-21]

$$\boldsymbol{A}\otimes\boldsymbol{B}=\begin{bmatrix}a_{11} & a_{12}\\ a_{21} & a_{22}\end{bmatrix}\otimes\begin{bmatrix}b_{11} & b_{12}\\ b_{21} & b_{22}\end{bmatrix}=\begin{bmatrix}a_{11}\begin{bmatrix}b_{11} & b_{12}\\ b_{21} & b_{22}\end{bmatrix} & a_{12}\begin{bmatrix}b_{11} & b_{12}\\ b_{21} & b_{22}\end{bmatrix}\\ a_{21}\begin{bmatrix}b_{11} & b_{12}\\ b_{21} & b_{22}\end{bmatrix} & a_{22}\begin{bmatrix}b_{11} & b_{12}\\ b_{21} & b_{22}\end{bmatrix}\end{bmatrix}$$

$$
=\begin{bmatrix} a_{11}b_{11} & a_{12}b_{12} & a_{12}b_{11} & a_{12}b_{12} \\ a_{11}b_{21} & a_{11}b_{22} & a_{12}b_{21} & a_{12}b_{22} \\ a_{21}b_{11} & a_{21}b_{12} & a_{22}b_{11} & a_{22}b_{12} \\ a_{21}b_{21} & a_{21}b_{22} & a_{22}b_{21} & a_{22}b_{22} \end{bmatrix} \tag{6.97}
$$

通过张量积 $\boldsymbol{J}^{\mathrm{T}} \otimes \boldsymbol{J}^{\dagger}$ 的酉变换,琼斯矩阵 $\boldsymbol{J}$ 被变换成等价的米勒矩阵 $\boldsymbol{M}$,酉矩阵 $\boldsymbol{U}$ 为

$$
\boldsymbol{U}=\frac{1}{\sqrt{2}}\begin{bmatrix} 1 & 0 & 0 & 1 \\ 1 & 0 & 0 & -1 \\ 0 & 1 & 1 & 0 \\ 0 & \mathrm{i} & -\mathrm{i} & 0 \end{bmatrix}=(\boldsymbol{U}^{-1})^{\dagger} \tag{6.98}
$$

请注意,四行中的每一行都是泡利矩阵的展平版本,但第四行是负的 $\sigma_3$①。对应于琼斯矩阵 $\boldsymbol{J}$ 的米勒矩阵为②

$$
\boldsymbol{M}=\boldsymbol{U}\cdot(\boldsymbol{J}^{*}\otimes\boldsymbol{J})\cdot\boldsymbol{U}^{-1} \tag{6.99}
$$

形式为 $\boldsymbol{J}'=\mathrm{e}^{-\mathrm{i}\phi}\boldsymbol{J}$ 的所有琼斯矩阵都变换成同样的米勒矩阵。考虑琼斯矩阵,将它的复元素表示为极坐标形式,

$$
\boldsymbol{J}=\begin{bmatrix} j_{xx} & j_{xy} \\ j_{yx} & j_{yy} \end{bmatrix}=\begin{bmatrix} \rho_{xx}\mathrm{e}^{-\mathrm{i}\phi_{xx}} & \rho_{xy}\mathrm{e}^{-\mathrm{i}\phi_{xy}} \\ \rho_{yx}\mathrm{e}^{-\mathrm{i}\phi_{yx}} & \rho_{yy}\mathrm{e}^{-\mathrm{i}\phi_{yy}} \end{bmatrix} \tag{6.100}
$$

张量积 $\boldsymbol{J}^{*}\otimes\boldsymbol{J}$ 用式(6.97)计算。

$$
(\boldsymbol{J}^{*}\otimes\boldsymbol{J})=\begin{bmatrix} \rho_{xx}\mathrm{e}^{\mathrm{i}\phi_{xx}}\begin{bmatrix} \rho_{xx}\mathrm{e}^{-\mathrm{i}\phi_{xx}} & \rho_{xy}\mathrm{e}^{-\mathrm{i}\phi_{yy}} \\ \rho_{yx}\mathrm{e}^{-\mathrm{i}\phi_{yx}} & \rho_{yy}\mathrm{e}^{-\mathrm{i}\phi_{yy}} \end{bmatrix} & \rho_{xy}\mathrm{e}^{\mathrm{i}\phi_{xy}}\begin{bmatrix} \rho_{xx}\mathrm{e}^{-\mathrm{i}\phi_{xx}} & \rho_{xy}\mathrm{e}^{-\mathrm{i}\phi_{xy}} \\ \rho_{yx}\mathrm{e}^{-\mathrm{i}\phi_{yx}} & \rho_{yy}\mathrm{e}^{-\mathrm{i}\phi_{yy}} \end{bmatrix} \\ \rho_{yx}\mathrm{e}^{\mathrm{i}\phi_{yx}}\begin{bmatrix} \rho_{xx}\mathrm{e}^{-\mathrm{i}\phi_{xx}} & \rho_{xy}\mathrm{e}^{-\mathrm{i}\phi_{xy}} \\ \rho_{yx}\mathrm{e}^{-\mathrm{i}\phi_{yx}} & \rho_{yy}\mathrm{e}^{-\mathrm{i}\phi_{yy}} \end{bmatrix} & \rho_{yy}\mathrm{e}^{\mathrm{i}\phi_{yy}}\begin{bmatrix} \rho_{xx}\mathrm{e}^{-\mathrm{i}\phi_{xx}} & \rho_{xy}\mathrm{e}^{-\mathrm{i}\phi_{yy}} \\ \rho_{yx}\mathrm{e}^{-\mathrm{i}\phi_{yx}} & \rho_{yy}\mathrm{e}^{-\mathrm{i}\phi_{yy}} \end{bmatrix} \end{bmatrix}
$$

$$
=\begin{bmatrix} \rho_{xx}^{2} & \rho_{xx}\rho_{xy}\mathrm{e}^{\mathrm{i}(\phi_{xx}-\phi_{xy})} & \rho_{xy}\rho_{xx}\mathrm{e}^{\mathrm{i}(\phi_{xy}-\phi_{xx})} & \rho_{xy}^{2} \\ \rho_{xx}\rho_{yx}\mathrm{e}^{\mathrm{i}(\phi_{xx}-\phi_{yx})} & \rho_{xx}\rho_{yy}\mathrm{e}^{\mathrm{i}(\phi_{xx}-\phi_{yy})} & \rho_{xy}\rho_{yx}\mathrm{e}^{\mathrm{i}(\phi_{xy}-\phi_{yz})} & \rho_{xy}\rho_{yy}\mathrm{e}^{\mathrm{i}(\phi_{xy}-\phi_{yy})} \\ \rho_{yx}\rho_{xx}\mathrm{e}^{\mathrm{i}(\phi_{yx}-\phi_{xx})} & \rho_{yx}\rho_{xy}\mathrm{e}^{\mathrm{i}(\phi_{yx}-\phi_{xy})} & \rho_{yy}\rho_{xx}\mathrm{e}^{\mathrm{i}(\phi_{yy}-\phi_{xx})} & \rho_{yy}\rho_{xy}\mathrm{e}^{\mathrm{i}(\phi_{yy}-\phi_{xy})} \\ \rho_{yx}^{2} & \rho_{yx}\rho_{yy}\mathrm{e}^{\mathrm{i}(\phi_{yx}-\phi_{yy})} & \rho_{yy}\rho_{yx}\mathrm{e}^{\mathrm{i}(\phi_{yy}-\phi_{yx})} & \rho_{yy}^{2} \end{bmatrix} \tag{6.101}
$$

当 $\boldsymbol{J}^{*}\otimes\boldsymbol{J}$ 被 $\boldsymbol{U}$ 和 $\boldsymbol{U}^{-1}$ 变换时,它给出了如式(6.102)所示的米勒矩阵元素。

---

① 在本书的琼斯矩阵中,正 σ_3 与左旋圆偏振相关(14.6.1 节和 14.6.2 节)。在斯托克斯参量中,正 S_3 与右旋圆偏振和椭圆偏振相关。因此,这两个分量之间的转换需要一个负号。

② 在斯托克斯参量和米勒矩阵的一些工作中,最后一个斯托克斯参数 S_3 的正值表示左旋圆偏振光,而不是本书中的右旋圆偏振光。

$$
\boldsymbol{U}\cdot(\boldsymbol{J}^{*}\otimes\boldsymbol{J})\cdot\boldsymbol{U}^{-1}=\begin{bmatrix}M_{00}\\M_{01}\\M_{02}\\M_{03}\\M_{10}\\M_{11}\\M_{12}\\M_{13}\\M_{20}\\M_{21}\\M_{22}\\M_{23}\\M_{30}\\M_{31}\\M_{32}\\M_{33}\end{bmatrix}=\begin{bmatrix}
\frac{1}{2}(\rho_{xx}^2+\rho_{xy}^2+\rho_{yx}^2+\rho_{yy}^2)\\
\frac{1}{2}(\rho_{xx}^2-\rho_{xy}^2+\rho_{yx}^2-\rho_{yy}^2)\\
\rho_{xx}\rho_{xy}\cos(\phi_{xx}-\phi_{xy})+\rho_{yx}\rho_{yy}\cos(\phi_{yx}-\phi_{yy})\\
\rho_{xx}\rho_{xy}\sin(\phi_{xx}-\phi_{xy})+\rho_{yx}\rho_{yy}\sin(\phi_{yx}-\phi_{yy})\\
\frac{1}{2}(\rho_{xx}^2+\rho_{xy}^2-\rho_{yx}^2-\rho_{yy}^2)\\
\frac{1}{2}(\rho_{xx}^2-\rho_{xy}^2-\rho_{yx}^2+\rho_{yy}^2)\\
\rho_{xx}\rho_{xy}\cos(\phi_{xx}-\phi_{xy})-\rho_{yx}\rho_{yy}\cos(\phi_{yx}-\phi_{yy})\\
\rho_{xx}\rho_{xy}\sin(\phi_{xx}-\phi_{xy})-\rho_{yx}\rho_{yy}\sin(\phi_{yx}-\phi_{yy})\\
\rho_{xx}\rho_{yx}\cos(\phi_{xx}-\phi_{yx})+\rho_{xy}\rho_{yy}\cos(\phi_{xy}-\phi_{yy})\\
\rho_{xx}\rho_{yx}\cos(\phi_{xx}-\phi_{yx})-\rho_{xy}\rho_{yy}\cos(\phi_{xy}-\phi_{yy})\\
\rho_{xy}\rho_{yx}\cos(\phi_{xy}-\phi_{yx})+\rho_{xx}\rho_{yy}\cos(\phi_{xx}-\phi_{yy})\\
-\rho_{xy}\rho_{yx}\sin(\phi_{xy}-\phi_{yx})+\rho_{xx}\rho_{yy}\sin(\phi_{xx}-\phi_{yy})\\
-\rho_{xx}\rho_{yx}\sin(\phi_{xx}-\phi_{yx})-\rho_{xy}\rho_{yy}\sin(\phi_{xy}-\phi_{yy})\\
-\rho_{xx}\rho_{yx}\sin(\phi_{xx}-\phi_{yx})+\rho_{xy}\rho_{yy}\sin(\phi_{xy}-\phi_{yy})\\
-\rho_{xy}\rho_{yx}\sin(\phi_{xy}-\phi_{yx})-\rho_{xx}\rho_{yy}\sin(\phi_{xx}-\phi_{yy})\\
-\rho_{xy}\rho_{yx}\cos(\phi_{xy}-\phi_{yx})+\rho_{xx}\rho_{yy}\cos(\phi_{xx}-\phi_{yy})
\end{bmatrix} \tag{6.102}
$$

例 6.11　将琼斯矩阵转换为米勒矩阵的数值例子

考虑一个琼斯矩阵

$$
\boldsymbol{J}=\begin{bmatrix}\frac{1}{4} & \frac{1}{4}\\ \frac{e^{i\frac{\pi}{2}}}{\sqrt{2}} & \frac{e^{-i\frac{\pi}{2}}}{\sqrt{2}}\end{bmatrix}=\begin{bmatrix}\frac{1}{4} & \frac{1}{4}\\ \frac{i}{\sqrt{2}} & \frac{-i}{\sqrt{2}}\end{bmatrix} \tag{6.103}
$$

这个琼斯矩阵代表一个 45°方向的线性二向衰减器，其二向衰减率为 0.778，后接一个 120°的延迟器，其方向为 22.5°，椭圆率为 $-0.391\approx\pi/8$。在泡利矩阵分解中，该延迟器有一个 88°的线性延迟量，方向为 22.5°，和一个 81°的圆延迟量。这个延迟器之后是另一个二向衰减量为 0.778、方向为 0°的二向衰减器。这个特殊的 $\boldsymbol{J}$ 提供了简单的变换，不涉及琐碎的琼斯矩阵或米勒矩阵。张量积为

$$
(\boldsymbol{J}^{*}\otimes\boldsymbol{J})=\begin{bmatrix}
\frac{1}{4}\begin{bmatrix}\frac{1}{4} & \frac{1}{4}\\ \frac{e^{i\frac{\pi}{2}}}{\sqrt{2}} & \frac{e^{-i\frac{\pi}{2}}}{\sqrt{2}}\end{bmatrix} & \frac{1}{4}\begin{bmatrix}\frac{1}{4} & \frac{1}{4}\\ \frac{e^{i\frac{\pi}{2}}}{\sqrt{2}} & \frac{e^{-i\frac{\pi}{2}}}{\sqrt{2}}\end{bmatrix}\\
\frac{e^{-i\frac{\pi}{2}}}{\sqrt{2}}\begin{bmatrix}\frac{1}{4} & \frac{1}{4}\\ \frac{e^{i\frac{\pi}{2}}}{\sqrt{2}} & \frac{e^{-i\frac{\pi}{2}}}{\sqrt{2}}\end{bmatrix} & \frac{e^{i\frac{\pi}{2}}}{\sqrt{2}}\begin{bmatrix}\frac{1}{4} & \frac{1}{4}\\ \frac{e^{i\frac{\pi}{2}}}{\sqrt{2}} & \frac{e^{-i\frac{\pi}{2}}}{\sqrt{2}}\end{bmatrix}
\end{bmatrix} \tag{6.104}
$$

上式变为

$$(\boldsymbol{J}^* \otimes \boldsymbol{J})=\begin{bmatrix} \left(\frac{1}{4}\right)^2 & \left(\frac{1}{4}\right)^2 & \left(\frac{1}{4}\right)^2 & \left(\frac{1}{4}\right)^2 \\ \frac{e^{i\frac{\pi}{2}}}{4\sqrt{2}} & \frac{e^{-i\frac{\pi}{2}}}{4\sqrt{2}} & \frac{e^{i\frac{\pi}{2}}}{4\sqrt{2}} & \frac{e^{-i\frac{\pi}{2}}}{4\sqrt{2}} \\ \frac{e^{-i\frac{\pi}{2}}}{4\sqrt{2}} & \frac{e^{-i\frac{\pi}{2}}}{4\sqrt{2}} & \frac{e^{i\frac{\pi}{2}}}{4\sqrt{2}} & \frac{e^{i\frac{\pi}{2}}}{4\sqrt{2}} \\ \frac{e^{-i\frac{\pi}{2}}}{\sqrt{2}}\frac{e^{i\frac{\pi}{2}}}{\sqrt{2}} & \frac{e^{-i\frac{\pi}{2}}}{\sqrt{2}}\frac{e^{-i\frac{\pi}{2}}}{\sqrt{2}} & \frac{e^{i\frac{\pi}{2}}}{\sqrt{2}}\frac{e^{i\frac{\pi}{2}}}{\sqrt{2}} & \frac{e^{i\frac{\pi}{2}}}{\sqrt{2}}\frac{e^{-i\frac{\pi}{2}}}{\sqrt{2}} \end{bmatrix} = \begin{bmatrix} \frac{1}{16} & \frac{1}{16} & \frac{1}{16} & \frac{1}{16} \\ \frac{i}{4\sqrt{2}} & -\frac{i}{4\sqrt{2}} & \frac{i}{4\sqrt{2}} & -\frac{i}{4\sqrt{2}} \\ -\frac{i}{4\sqrt{2}} & -\frac{i}{4\sqrt{2}} & \frac{i}{4\sqrt{2}} & \frac{i}{4\sqrt{2}} \\ \frac{1}{2} & \frac{-1}{2} & \frac{-1}{2} & \frac{1}{2} \end{bmatrix} \tag{6.105}$$

相应的米勒矩阵为

$$\boldsymbol{M}=\boldsymbol{U}\cdot(\boldsymbol{J}^*\otimes\boldsymbol{J})\cdot\boldsymbol{U}^{-1}=\begin{bmatrix} \frac{9}{16} & 0 & -\frac{7}{16} & 0 \\ -\frac{7}{16} & 0 & \frac{9}{16} & 0 \\ 0 & 0 & 0 & -\frac{1}{2\sqrt{2}} \\ 0 & -\frac{1}{2\sqrt{2}} & 0 & 0 \end{bmatrix} \tag{6.106}$$

6.12.2 使用泡利矩阵将琼斯矩阵转换为米勒矩阵

将琼斯矩阵转变为米勒矩阵的一种等效方法是用两个泡利矩阵的点积来确定每个米勒矩阵元素，M_{ij}

$$M_{ij}=\frac{1}{2}\mathrm{Tr}(\boldsymbol{\sigma}_i\cdot\boldsymbol{J}^*\cdot\boldsymbol{\sigma}_j\cdot\boldsymbol{J}^{\mathrm{T}}) \tag{6.107}$$

其中，Tr 是矩阵的迹，且

$$\boldsymbol{\sigma}_0=\begin{bmatrix}1&0\\0&1\end{bmatrix},\quad \boldsymbol{\sigma}_1=\begin{bmatrix}1&0\\0&-1\end{bmatrix},\quad \boldsymbol{\sigma}_2=\begin{bmatrix}0&1\\1&0\end{bmatrix},\quad \boldsymbol{\sigma}_3=\begin{bmatrix}0&-i\\i&0\end{bmatrix} \tag{6.108}$$

是单位矩阵和泡利矩阵。

例 6.12 用琼斯矩阵计算一个元素

用式(6.100)中的琼斯矩阵计算 M_{13} 元素。

$$\begin{aligned} M_{13}&=\frac{1}{2}\mathrm{Tr}(\boldsymbol{\sigma}_1\cdot\boldsymbol{J}^*\cdot\bar{\boldsymbol{\sigma}}_3\cdot\boldsymbol{J}^{\mathrm{T}}) \\ &=\frac{1}{2}\mathrm{Tr}\left(\begin{bmatrix}1&0\\0&-1\end{bmatrix}\cdot\begin{bmatrix}\rho_{xx}e^{i\phi_{xx}}&\rho_{xy}e^{i\phi_{xy}}\\ \rho_{yx}e^{i\phi_{yx}}&\rho_{yy}e^{i\phi_{yy}}\end{bmatrix}\cdot\begin{bmatrix}0&-i\\i&0\end{bmatrix}\cdot\begin{bmatrix}\rho_{xx}e^{-i\phi_{xx}}&\rho_{yx}e^{-i\phi_{yx}}\\ \rho_{xy}e^{-i\phi_{xy}}&\rho_{yy}e^{-i\phi_{yy}}\end{bmatrix}\right) \\ &=\rho_{xx}\rho_{xy}\sin(\phi_{xx}-\phi_{xy})+\rho_{yx}\rho_{yy}\sin(\phi_{yy}-\phi_{yx}) \end{aligned} \tag{6.109}$$

这与第一种方法式(6.102)中的结果相契合。

6.12.3　将米勒矩阵转换为琼斯矩阵

非退偏米勒矩阵利用以下关系转换为等效琼斯矩阵：

$$\boldsymbol{J}=\begin{bmatrix} j_{xx} & j_{xy} \\ j_{yx} & j_{yy} \end{bmatrix}=\begin{bmatrix} \rho_{xx}\mathrm{e}^{-\mathrm{i}\phi_{xx}} & \rho_{xy}\mathrm{e}^{-\mathrm{i}\phi_{xy}} \\ \rho_{yx}\mathrm{e}^{-\mathrm{i}\phi_{yx}} & \rho_{yy}\mathrm{e}^{-\mathrm{i}\phi_{yy}} \end{bmatrix} \tag{6.110}$$

其中幅值为

$$\begin{cases} \rho_{xx}=\sqrt{\dfrac{M_{00}+M_{01}+M_{10}+M_{11}}{2}} \\ \rho_{xy}=\sqrt{\dfrac{M_{00}-M_{01}+M_{10}-M_{11}}{2}} \\ \rho_{yx}=\sqrt{\dfrac{M_{00}+M_{01}-M_{10}-M_{11}}{2}} \\ \rho_{yy}=\sqrt{\dfrac{M_{00}-M_{01}-M_{10}+M_{11}}{2}} \end{cases} \tag{6.111}$$

其相对相位为

$$\begin{cases} \phi_{xx}-\phi_{xy}=\arctan\left(\dfrac{M_{03}+M_{13}}{M_{02}+M_{12}}\right) \\ \phi_{yx}-\phi_{xx}=\arctan\left(\dfrac{M_{30}+M_{31}}{M_{20}+M_{21}}\right) \\ \phi_{yy}-\phi_{xx}=\arctan\left(\dfrac{M_{32}-M_{23}}{M_{22}+M_{33}}\right) \end{cases} \tag{6.112}$$

相位 ϕ_{xx} 没有确定，是其他 ϕ 的“参考相位”。由于米勒矩阵元素的数量较多，以及非退偏元素之间的约束，这些方程并不是唯一的。

当 $j_{xx}=0$ 时出现特殊情况，arctan 的分子和分母都为 0，式(6.112)中的相位方程失效。变换方程可以重构为紧密相关的形式，并使用另一个琼斯矩阵元素的相位作为“参考相位”。

例 6.13　两个线性二向衰减器的级联

两个相同的线性二向衰减器(部分线偏器)的 $T_{\max}=1.0$，$T_{\min}=0.707$。当第二个二向衰减器的透光轴旋转时，求米勒矩阵 $\boldsymbol{M}(\theta)$。

a. θ 变化时，最大和最小二向衰减率是多少？

b. 这些组合中有没有可以形成椭圆二向衰减器的？

c. 作为 θ 函数的偏振度是多少？

数学表达式相对复杂，所以只有使用计算器或计算机软件来解决这个问题才有意义。

解：

a. 通过将两个线性二向衰减器的表达式相乘，得到复杂的表达式

$$\mathbf{M}(\theta)=\mathbf{LD}(T_{\max},T_{\min},\theta)\cdot\mathbf{LD}(T_{\max},T_{\min},0)$$

$$=\frac{1}{2}\begin{bmatrix}A & B\cos(2\theta) & B\sin(2\theta) & 0\\ B\cos(2\theta) & A\cos^2(2\theta)+C\sin^2(2\theta) & A-C\cos(2\theta)\sin(2\theta) & 0\\ B\sin(2\theta) & (A-C)\cos(2\theta)\sin(2\theta) & C\cos^2(2\theta)+A\sin^2(2\theta) & 0\\ 0 & 0 & 0 & C\end{bmatrix}\begin{bmatrix}A & B & 0 & 0\\ B & A & 0 & 0\\ 0 & 0 & C & 0\\ 0 & 0 & 0 & C\end{bmatrix}$$

$$=\frac{1}{4}\begin{bmatrix}A^2+B^2\cos(2\theta) & 2AB\cos^2\theta & BC\sin(2\theta) & 0\\ 2B\cos^2\theta[C+(A-C)\cos(2\theta)] & B^2\cos(2\theta)+A^2\cos^2(2\theta)+AC\sin^2(2\theta) & \frac{1}{2}(A-2C)\sin(4\theta) & 0\\ B[A+(A-C)\cos(2\theta)]\sin(2\theta) & [B^2+A(A-C)\cos(2\theta)]\sin(2\theta) & C[C\cos^2(2\theta)+A\sin^2(2\theta)] & 0\\ 0 & 0 & 0 & C^2\end{bmatrix}$$

(6.113)

其中,

$$A=T_{\max}+T_{\min},\quad B=T_{\max}-T_{\min},\quad C=2\sqrt{T_{\max}T_{\min}} \tag{6.114}$$

代入 $T_{\max}=1.0$、$T_{\min}=0.707=1/\sqrt{2}$,可得 16 个元素的表达式

$$\mathbf{M}=\begin{bmatrix}M_{00}\\M_{01}\\M_{02}\\M_{03}\\M_{10}\\M_{11}\\M_{12}\\M_{13}\\M_{20}\\M_{21}\\M_{22}\\M_{23}\\M_{30}\\M_{31}\\M_{32}\\M_{33}\end{bmatrix}=\begin{bmatrix}3+2\sqrt{2}+(3-2\sqrt{2})\cos(2\theta)\\ 2\cos^2\theta\\ -2^{3/4}(-2+\sqrt{2})\sin(2\theta)\\ 0\\ \cos(2\theta)+\cos^2(2\theta)+22^{1/4}(-1+\sqrt{2})\sin^2(2\theta)\\ (3-2\sqrt{2})\cos(2\theta)+(3+2\sqrt{2})\cos^2(2\theta)+22^{1/4}(1+\sqrt{2})\sin^2(2\theta)\\ \dfrac{-(-2\sqrt{2}+22^{3/4})\sin(4\theta)}{2^{1/4}}\\ 0\\ [1+(1+22^{1/4}-22^{3/4})\cos(2\theta)]\sin(2\theta)\\ -[-3+2\sqrt{2}+(-3+22^{1/4}-2\sqrt{2}+22^{3/4})\cos(2\theta)]\sin(2\theta)\\ 22^{3/4}\left[2^{3/4}\cos^2(2\theta)+\left(1+\dfrac{1}{\sqrt{2}}\right)\sin^2(2\theta)\right]\\ 0\\ 0\\ 0\\ 0\\ 4\dfrac{1}{\sqrt{2}}\end{bmatrix} \tag{6.115}$$

b. 单个元件的二向衰减率是

$$D=\frac{1-\frac{1}{\sqrt{2}}}{1+\frac{1}{\sqrt{2}}}=\frac{\sqrt{2}-1}{\sqrt{2}+1}=3-2\sqrt{2}\approx 0.1716 \tag{6.116}$$

这是一个相当弱的部分偏振器。当两个元件的透光轴平行时，出现最大的二向衰减。

$$\begin{cases} T_{\max}=1\times 1=1, \quad T_{\min}=0.7\times 0.7=\dfrac{1}{2} \\ D_{\max}=(1-1/2)/(1+1/2)=1/3 \end{cases} \tag{6.117}$$

类似地，当透光轴垂直时，出现最小的二向衰减，并且二向衰减消失

$$\begin{cases} T_{\max}=1\times 0.7=0.7, \quad T_{\min}=0.7\times 1=0.7 \\ D_{\min}=(0.7-0.7)/(0.7+0.7)=0 \end{cases} \tag{6.118}$$

c. 由于 $M_{03}=0$，所以二向衰减总是线性的。

d. 由于 $M_{30}=0$，偏振度 $P(\theta)$ 是纯线性的，如图 6.24 所示。

$$\begin{aligned} P(\theta) &= \frac{\sqrt{M_{10}^2+M_{20}^2}}{M_{00}} \\ &= \frac{\sqrt{\left[\cos(2\theta)+\cos^2(2\theta)+22^{1/4}(-1+\sqrt{2})\sin^2(2\theta)\right]^2+\{[1+(1+22^{1/4}-22^{3/4})\cos(2\theta)]\sin(2\theta)\}^2}}{32\left[\dfrac{1}{4}\left(1+\dfrac{1}{\sqrt{2}}\right)^2+\dfrac{1}{4}\left(1-\dfrac{1}{\sqrt{2}}\right)^2\cos(2\theta)\right]} \\ &= \frac{\sqrt{-13+12\sqrt{2}+4\cos(2\theta)+(17-12\sqrt{2})\cos(4\theta)}}{8\sqrt{2}\left\{\dfrac{1}{4}\left(1+\dfrac{1}{\sqrt{2}}\right)^2+\left[\dfrac{1}{4}\left(1-\dfrac{1}{\sqrt{2}}\right)^2\cos 2\theta\right]\right\}} \end{aligned} \tag{6.119}$$

当非偏振光入射时，出射光对于 $\theta=90^\circ+n180^\circ$ 是非偏振的。

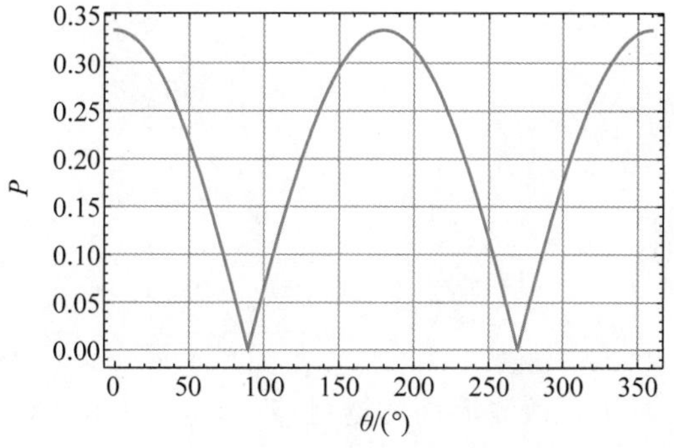

图 6.24　当第二个元件旋转时，二向衰减器组合的偏振度

6.13　用米勒矩阵实现光线追迹

米勒矩阵经常用于光线追迹，尤其是非相干光线追迹。琼斯矩阵在光线追迹成像系统更受青睐，是因为它们包含绝对相位。许多系统需要非相干光线追迹，例如照明光学系统和散射系统的模拟。在照明系统中，汽车前照灯被做成许多小透镜，光线从许多不同的路径到达被照明面的每个部分，具有差异很大的光程长度。不需要计算这些不同光线之间的干涉，因为不用评估球面波前质量。因此，对米勒矩阵或斯托克斯参数求和是合适的。类似地，在模拟光通过大气中的气溶胶、动物组织、混浊介质时，或光学系统中的散射光计算时，需要光通量、方向和偏振态，但光路长度不用于判定干涉。出于这些目的，米勒矩阵通常用于描述

这些相互作用。

倾斜光线通常发生这样的情形：一个相互作用的出射 s 分量通常与下一个相互作用的 s 分量不对齐,此时需要针对每一个这些相互作用应用米勒旋转运算(式(6.11))。每条光线通常会有不同的几何变换(这将在第 17 章中探讨),需要研究这个问题以组合来自不同光线路径的米勒矩阵,例如,在探测器像素处组合。

用于散射的米勒矩阵也可用在米勒矩阵光线追迹中。对于来自不同表面的散射或体散射,有许多不同的米勒矩阵模型[22-23]。此处将不去描述这些米勒矩阵的计算。国家标准和技术研究所(NIST)提供了一个针对散射的米勒矩阵库[24]。

6.13.1 折射的米勒矩阵

均匀各向同性界面(例如,典型的玻璃或金属界面)上的反射和折射具有 s 和 p 本征偏振。相关的偏振特性是二向衰减和延迟的组合,其轴与 s 和 p 平面对齐。由于光线会改变方向,因此需要一个不同的坐标系来表示全局坐标中的入射和出射斯托克斯参数。

下面假设,s 与 $+S_1$ 对齐,p 与 $-S_1$ 对齐。T_s 是 s 的强度透射率,T_p 是 p 的强度透射率。s 态和 p 态之间的延迟为 δ。T_s、T_p 和 δ 由菲涅耳公式(第 8 章)或薄膜公式(如 13.2 节和 13.3.1 节)确定[4]。表征折射的米勒矩阵是二向衰减器和延迟器米勒矩阵的乘积,

$$\begin{aligned}\mathbf{LDR}(D,\delta,0)&=\frac{1}{2}\begin{bmatrix}T_s+T_p & T_s-T_p & 0 & 0\\ T_s-T_p & T_s+T_p & 0 & 0\\ 0 & 0 & 2\sqrt{T_sT_p}\cos\delta & 2\sqrt{T_sT_p}\sin\delta\\ 0 & 0 & -2\sqrt{T_sT_p}\sin\delta & 2\sqrt{T_sT_p}\cos\delta\end{bmatrix}\\&=\frac{T_s+T_p}{2}\begin{bmatrix}1 & D & 0 & 0\\ D & 1 & 0 & 0\\ 0 & 0 & \sqrt{1-D^2}\cos\delta & \sqrt{1-D^2}\sin\delta\\ 0 & 0 & -\sqrt{1-D^2}\sin\delta & \sqrt{1-D^2}\cos\delta\end{bmatrix}\end{aligned}\tag{6.120}$$

其中 D 是二向衰减率。对于未镀膜界面的透射,延迟量 δ 为 0。对于薄膜界面,例如减反膜或分束器膜,延迟是非零的。折射米勒矩阵是齐次的；本征偏振态,即 s 偏振和 p 偏振,是正交的。

6.13.2 反射的米勒矩阵

在大多数光学标注中(包括本章),反射后坐标系中的一个符号发生变化,使得在传播矢量方向改变时,保持右手坐标系。设想有一个测量透射的斯托克斯偏振测量仪。现在,为了测量反射,偏振仪绕竖向的 y 轴旋转,垂直于 z 轴(入射光沿着 z 轴传播)。通过绕 y 轴移动偏振仪来测量反射光束,可以看到 45°分量已经改变了符号。此外,所有圆和椭圆偏振态的螺旋性(旋向)也在反射时改变符号,因为右旋圆偏振反射为左旋圆偏振,反之亦然。

反射后,斯托克斯参数的 S_2 分量(45°/135°的线偏振光)和 S_3 分量(圆偏振光)符号改变。S_2 分量在反射(漫反射或镜面反射)时会改变符号,因为光传播矢量的 z 分量(与样品表面法线平行的分量)会改变符号。为了保持右手坐标系,其中一个横向坐标也必须改变符

号。若选择 x 坐标改变符号，那么从样品反射或后向散射后空间坐标 (x,y,z) 转换为 $(-x,y,-z)$；z 是反射前的传播方向，反射后变为 $-z$。坐标的变化表明，45°方向偏振的光束反射后在同一全局平面内偏振，在反射后的坐标中偏振方向为 135°。

R_s 是 s 的强度反射率，R_p 是 p 的强度反射率，δ 为延迟量，由菲涅耳公式或薄膜公式计算得到。反射的米勒矩阵为

$$\boldsymbol{M}_{\text{refl}}(R_s,R_p,\delta)=\frac{1}{2}\begin{bmatrix} R_s+R_p & R_s-R_p & 0 & 0 \\ R_s-R_p & R_s+R_p & 0 & 0 \\ 0 & 0 & -2\sqrt{R_sR_p}\cos\delta & -2\sqrt{R_sR_p}\sin\delta \\ 0 & 0 & 2\sqrt{R_sR_p}\sin\delta & -2\sqrt{R_sR_p}\cos\delta \end{bmatrix} \tag{6.121}$$

根据这种反射约定，用反射模式的偏振仪测量的样品米勒矩阵 $\boldsymbol{M}$，绕法线旋转该米勒矩阵的方程为

$$\boldsymbol{M}_{\text{refl}}(\theta)=\boldsymbol{R}(\theta)\cdot\boldsymbol{M}_{\text{refl}}\cdot\boldsymbol{R}(\theta)=\begin{bmatrix} 1 & 0 & 0 & 0 \\ 0 & \cos\theta & -\sin\theta & 0 \\ 0 & \sin\theta & \cos\theta & 0 \\ 0 & 0 & 0 & 1 \end{bmatrix}\cdot$$
$$\begin{bmatrix} M_{00} & M_{01} & M_{02} & M_{03} \\ M_{10} & M_{11} & M_{12} & M_{13} \\ M_{20} & M_{21} & M_{22} & M_{23} \\ M_{30} & M_{31} & M_{32} & M_{33} \end{bmatrix}\cdot\begin{bmatrix} 1 & 0 & 0 & 0 \\ 0 & \cos\theta & -\sin\theta & 0 \\ 0 & \sin\theta & \cos\theta & 0 \\ 0 & 0 & 0 & 1 \end{bmatrix} \tag{6.122}$$

式(6.122)可与透射米勒矩阵式(6.11)相对比。例如，透射轴方向为 20°的透射偏振器的米勒矩阵和方向为 20°(对于入射光)的反射偏振器的米勒矩阵是不同的，因为偏振光从反射偏振器上以反射坐标系−20°方向出射(在入射坐标系中是 20°)。本质上，反射偏振器米勒矩阵在 20°分析，但偏振是在−20°。对于方向为 0°或 90°的线偏振器矩阵和方向为 0°或 90°的线性延迟器的特殊情况，这种变换产生相同的透射和反射米勒矩阵。

弱偏振反射样品的归一化反射米勒矩阵，它们的二向衰减、延迟和退偏接近于零，接近于理想反射器的米勒矩阵，

$$\boldsymbol{M}_{\text{refl}}=\begin{bmatrix} 1 & 0 & 0 & 0 \\ 0 & 1 & 0 & 0 \\ 0 & 0 & -1 & 0 \\ 0 & 0 & 0 & -1 \end{bmatrix} \tag{6.123}$$

$\boldsymbol{M}_{\text{refl}}$ 也是没有偏振效应时反射或散射的米勒矩阵。

6.14　米勒矩阵的起源

出生于瑞士的物理学教授汉斯・米勒在 20 世纪 40 年代初提出了米勒矩阵的概念[4]，并以他的名字命名了米勒矩阵。他在一份机密报告中描述了这个概念[25]，之后解密，在

1943 年他的物理课程笔记中详细描述了它[26]。他唯一的与以他名字命名的 4×4 矩阵有关的出版物是美国光学学会的一份简短会议摘要[27]。他的研究生南森·帕克在他的论文[28]和相关出版物[1]中进一步发展了米勒矩阵的概念。克拉克·琼斯随后在他的其中一篇关于琼斯运算的系列论文中比较了米勒矩阵和琼斯矩阵[29],并参考了米勒所著的"最近解密"的报告。

在所有这些工作之前的 1929 年,保罗·苏蕾特已经发展了一组四个线性方程来关联入射和出射的斯托克斯参数,等效于米勒矩阵,只是没有采用矩阵形式[30]。这些线性方程也被弗朗西斯·佩兰在 1942 年放入矩阵形式中[31]。

6.15 习题集

6.1 证明下列米勒矩阵相等:

a. $\mathbf{LR}(\delta,45°)$和 $\mathbf{LR}(2\pi-\delta,135°)$

b. $\mathbf{LP}(\theta)$和$\mathrm{LP}(\theta+\pi)$

c. $\mathbf{LD}(1,t,\pi/8)$和 $\mathbf{LD}(1,t,9\pi/8)$

6.2 a. 求 0°、45°、90°线偏振器的米勒矩阵:$\mathbf{LP}(0)$、$\mathbf{LP}(\pi/4)$、$\mathbf{LP}(\pi/2)$。

b. 计算 $\mathbf{LP}(0)\cdot\mathbf{LP}(\pi/2)$和 $\mathbf{LP}(0)\cdot\mathbf{LP}(\pi/4)\cdot\mathbf{LP}(\pi/2)$。

c. 分别求快轴方向为 0°、45°、90°的 λ/4 线性延迟器的米勒矩阵 $\mathbf{LR}(\pi/2,0)$、$\mathbf{LR}(\pi/2,\pi/4)$和 $\mathbf{LR}(\pi/2,\pi/2)$。

d. $\mathbf{LP}(0)$和 $\mathbf{LR}(\pi/2,0)$满足交换律吗?即是否有 $\mathbf{LP}(0)\cdot\mathbf{LR}\left(\frac{\pi}{2},0\right)=\mathbf{LR}\left(\frac{\pi}{2},0\right)\cdot\mathbf{LP}(0)$?

e. $\mathbf{LP}(0)$和 $\mathbf{LR}(\pi/2,\pi/4)$满足交换律吗?

6.3 求 $\mathbf{LR}(\pi/2,0)\cdot\mathbf{LP}(\pi/4)\cdot\mathbf{LR}(\pi/2,\pi/2)$。证明这是一个圆偏振器。

6.4 证明快轴在 θ 方向的 λ/4 线性延迟器的米勒矩阵和快轴在 $\theta\pm\pi/2$ 方向的 3λ/4 线性延迟器的米勒矩阵相等。

6.5 证明在 $T_{\max}=1$ 且 $T_{\min}=0$ 时二向衰减器的米勒矩阵式子(式(6.59))简化为线性偏振器式子(式(6.37))。

6.6 分析米勒矩阵 $\boldsymbol{M}=\begin{bmatrix}1&0&0&0\\0&0&1&0\\0&1&0&0\\0&0&0&-1\end{bmatrix}$的性质。

a. 判断这是一个偏振器还是延迟器的米勒矩阵。

b. 透射的光通量如何随入射斯托克斯参量的变化而变化?

c. 对圆偏振光的作用是什么?

d. 作图说明轴变化时对线偏振光的作用。

在你的描述中使用本征值和相关的本征向量。

6.7 证明椭圆偏振的斯托克斯参量 $\boldsymbol{S}(\theta,\eta)=(1,\cos(2\theta)\cos\eta,\sin(2\theta)\cos\eta,\sin\eta)$是 $\mathbf{EP}(\theta,\eta)$的一个本征偏振态。

6.8　计算式(6.38)中的椭圆偏振器米勒矩阵 $\mathbf{EP}(\theta,\eta)$，它透射的斯托克斯参量为 $(1,\cos(2\theta)\cos\eta,\sin(2\theta)\cos\eta,\sin\eta)$。

a. 求使线偏振态 $(1,\cos(2\theta),\sin(2\theta),0)$ 转换为目标态 $(1,\cos(2\theta)\cos\eta,\sin(2\theta)\cos\eta,\sin\eta)$ 的线性延迟器米勒矩阵 $\boldsymbol{U}$。

b. 从线偏振器米勒矩阵 $\mathbf{LP}(\theta)$ 开始，使用 $\boldsymbol{U}$ 应用酉变换将 $\mathbf{LP}(\theta)$ 转换为 $\mathbf{EP}(\theta,\eta)$。

c. 验证 $\mathbf{EP}(\theta,\eta)$ 的特征值与特征向量。

6.9　a. 一个理想圆延迟器的米勒矩阵(式(6.24))的特征值与延迟量 δ 是怎样关联的？

b. 一个线性延迟器的米勒矩阵的特征值与延迟量 δ 是怎样关联的？

6.10　将 $\mathbf{LR}(\pi/2,0)$ 后接 $\mathbf{LR}(\pi/2,\pi/4)$，最后接 $\mathbf{CR}(\pi/2)$ 的米勒矩阵相乘，求出延迟和本征偏振。

6.11　a. 描述将任意入射斯托克斯参量转化为非偏振光的所有米勒矩阵集。哪个元素一定是零？哪个元素可以是非零的？

b. 这个集合有几个自由度？

c. 其中哪个米勒矩阵可以完全阻挡特定入射偏振态？

6.12　考虑部分偏振光束，其斯托克斯参量为 $\boldsymbol{S}=(1,s_1,s_2,s_3)$。

a. 哪种二向衰减器米勒矩阵 $\boldsymbol{M}_{\mathrm{D}}$ 可以将 $\boldsymbol{S}$ 转化为非偏振光？

b. 解释为什么这种二向衰减器可以减少而不是增加偏振度？

c. $\boldsymbol{S}$ 的偏振度和 $\boldsymbol{M}_{\mathrm{D}}$ 的二向衰减之间是什么关系？

d. $\boldsymbol{M}_{\mathrm{D}}$ 作用在相同 DoP 的正交偏振态上是什么效果？

6.13　式(6.25)中半波线性延迟器的米勒矩阵的式子中方向 θ 的周期性是什么？

6.14　证明式(6.28)中延迟分量为 $(\delta_{\mathrm{H}},\delta_{45},\delta_{\mathrm{R}})$ 的半波椭圆延迟器的米勒矩阵是

$$\mathbf{HWR}(r_1,r_2,r_3)=\begin{bmatrix}1 & 0 & 0 & 0\\ 0 & -1+2r_1^2 & 2r_2r_1 & 2r_1r_3\\ 0 & 2r_2r_1 & -1+2r_2^2 & 2r_2r_3\\ 0 & 2r_3r_1 & 2r_2r_3 & -1+2r_3^2\end{bmatrix}$$

其中，$\sqrt{r_1^2+r_2^2+r_3^2}=1,\ r_1=\dfrac{\delta_{\mathrm{H}}}{\pi},\ r_2=\dfrac{\delta_{45}}{\pi},\ r_3=\dfrac{\delta_{\mathrm{R}}}{\pi}$，上式与具有正交延迟分量 $(-\delta_{\mathrm{H}},-\delta_{45},-\delta_{\mathrm{R}})$ 的椭圆延迟器的米勒矩阵相同。

6.15　针对琼斯矩阵元素 $j_{xx}=0$ 的特殊情况，建立一组将米勒矩阵转化为琼斯矩阵的方程式。

6.16　利用式(6.28)中的一般椭圆延迟器方程，证明以下两个米勒矩阵相等：

$$\mathbf{ER}(\delta_{\mathrm{H}},\delta_{45},\delta_{\mathrm{R}})=\mathbf{ER}\left(\frac{2\pi(\delta_{\mathrm{H}},\delta_{45},\delta_{\mathrm{R}})}{\sqrt{\delta_{\mathrm{H}}^2+\delta_{45}^2+\delta_{\mathrm{R}}^2}}-(\delta_{\mathrm{H}},\delta_{45},\delta_{\mathrm{R}})\right)$$

6.17　给定一偏振光束，其主轴方向 θ，庞加莱球上纬度为 η，求一个半波线性延迟器的方向，以将偏振态转换为正交态。

6.18　创建一个例子，一个延迟器米勒矩阵乘以一组斯托克斯参量，在庞加莱球上产生传播通过延迟器的偏振态弧，遵从左手规则。当你的左手拇指与延迟器快轴对齐指向庞加莱球外，偏振态绕旋转轴移动的方向沿着左手手指的方向。

6.19 使用庞加莱球，推导出可以将水平线偏振光转换为45°线偏振光的所有延迟器。转换所需的最小延迟量是多少？快轴方向是什么？

6.20 将延迟量为90°、快轴方向为45°的线性延迟器放置在水平四分之一波长延迟器和垂直四分之一波长线性延迟器之间。该组合形成一个圆延迟器。这个组合的延迟量是多少？随着中间四分之一波长延迟器的快轴从0°旋转到180°，组合的特性如何变化？

6.21 a. 用庞加莱球证明，当延迟量为δ、方向为45°的线性延迟器放置在水平四分之一波长线性延迟器和垂直四分之一波长线性延迟器之间时，该组件形成圆延迟器。

b. 延迟器的延迟量是多少？用庞加莱球解释延迟量的大小。

c. 用琼斯矩阵来解决问题，证明这个序列对中间延迟器进行了酉变换。

6.22 考虑线性二向衰减器 $\mathbf{LD}\left(T_{\max}, T_{\min}, \frac{\pi}{4}\right)$。入射和出射斯托克斯参量满足什么条件，可使入射和出射偏振度相等？解释非偏振元件、二向衰减器，如何能降低某些输入态的偏振度。

6.23 对于斯托克斯参量为$(S_0, S_1, S_2, 0)$的部分线偏振光束，其中$S_0 > \sqrt{S_1^2 + S_1^2}$，证明可以透过理想偏振器的最大光量大于偏振光通量$\sqrt{S_1^2 + S_1^2}$。能透过的更多的光通量是多少？

6.24 求解可将偏振态(4,1,1,0)转换为非偏振光的线性二向衰减器。为简单起见，设定$T_{\max}=1$。二向衰减器会增加偏振度吗？解释这里偏振度降低的原因。

6.25 推导延迟量为δ弧度和快轴方向为0°的线性延迟器的米勒矩阵$\mathbf{LR}(\delta, 0)$。对矩阵元素M_{ij}建立并求解一个至少16个线性方程的方程组。每四个方程的形式如下：

$$\mathbf{LR}(\delta, 0°) \cdot \boldsymbol{S} = \boldsymbol{S}' = \begin{bmatrix} M_{00} & M_{01} & M_{02} & M_{03} \\ M_{10} & M_{11} & M_{12} & M_{13} \\ M_{20} & M_{21} & M_{22} & M_{23} \\ M_{30} & M_{31} & M_{32} & M_{33} \end{bmatrix} \cdot \begin{bmatrix} S_0 \\ S_1 \\ S_2 \\ S_3 \end{bmatrix} = \begin{bmatrix} S'_0 \\ S'_1 \\ S'_2 \\ S'_3 \end{bmatrix}$$

并且应该关联适当的入射和出射斯托克斯参量。需要用琼斯算法来生成入射和出射偏振态对，它具有所需的S_2、S_3分量。

6.26 针对二向衰减器米勒矩阵$\boldsymbol{M}\mathrm{s}$族(是s、t、u的函数)，计算并比较退偏指数和平均偏振度，其中

$$\boldsymbol{M}\mathrm{s} = \begin{bmatrix} 1 & s & t & u \\ 0 & 0 & 0 & 0 \\ 0 & 0 & 0 & 0 \\ 0 & 0 & 0 & 0 \end{bmatrix}$$

6.27 a. 计算米勒矩阵族$\boldsymbol{M\alpha}$的退偏指数，该矩阵族连接理想退偏振器和单位矩阵，是混合比α函数

$$\boldsymbol{M\alpha} = \alpha \boldsymbol{I} + (1-\alpha)\mathbf{ID} = \begin{bmatrix} 1 & 0 & 0 & 0 \\ 0 & \alpha & 0 & 0 \\ 0 & 0 & \alpha & 0 \\ 0 & 0 & 0 & \alpha \end{bmatrix}$$

b. 计算米勒矩阵族的 $\boldsymbol{M}\alpha$ 平均偏振度，该矩阵族连接理想退偏振器和单位矩阵，是混合比 α 函数。

c. 计算部分退偏振器 $\boldsymbol{M\alpha\gamma}$ 族的退偏指数，该矩阵族将线偏振光退偏至 DoP 为 α，将圆偏振光退偏至 γ，是 α 和 γ 的函数，其中

$$\boldsymbol{M\alpha\gamma}=\begin{bmatrix}1&0&0&0\\0&\alpha&0&0\\0&0&\alpha&0\\0&0&0&\gamma\end{bmatrix}$$

d. 计算 $\boldsymbol{M\alpha\gamma}$ 的平均偏振度，它是混合比 α 的函数。

e. α 和 γ 取何值时，退偏指数和平均偏振度相等？

f. 退偏指数和平均偏振度哪个更大？

g. 在理想退偏器邻域内，哪个线性变化，哪个二次变化？

6.28 由于以下偏振元件缺陷，预计会引起哪些形式的退偏？相加或积分米勒矩阵来判断以下特性：

a. 具有 45°快轴的晶体四分之一波长线性延迟器具有楔形(厚度变化)。例如，89°和 91°的延迟器相加，或者从 89°到 91°进行积分。

b. 由于拉伸处理，快轴为 0°的聚合物线性延迟器的快轴在 0°附近变化。

c. 由于拉伸处理，透射轴为 45°的偏振片的透射轴在 45°附近变化。

d. 由于厚度变化，透射轴为 90°的偏振片具有二向衰减的变化。

6.29 生产中的一个系统需要用四分之一波长线性延迟器将右旋圆偏振光转换为水平线偏振光。最终的偏振态应该位于水平线偏振光的 0.03rad 圆内。使用庞加莱球来计算延迟器大小和方向的允许误差。

6.16 参考文献

[1] N. G. Parke, Optical algebra, J. Math. Phys. 28. 1 (1949): 131-139.

[2] R. A. Chipman, Mueller matrices, in Handbook of Optics, Vol. I, Chapter 14, ed. M. Bass, McGraw-Hill (2009).

[3] P. W. Maymon and R. A. Chipman, Linear Polarization Sensitivity Specifications for Spaceborne Instruments, San Diego International Society for Optics and Photonics (1992).

[4] W. A. Shurcliff, Polarized Light, Production and Use, Cambridge, MA: Harvard University Press (1962).

[5] C. Brosseau, Fundamentals of Polarized Light: A Statistical Optics Approach, Wiley-Interscience (1998), 228.

[6] J. J. Gil and E. Bernabeu, Obtainment of the polarizing and retardation parameters of a non-depolarizing optical system from the polar decomposition of its Mueller matrix, Optik 76. 2 (1987): 67-71.

[7] D. Brewster, Experiments on the depolarisation of light as exhibited by various mineral, animal, and vegetable bodies, with a reference of the phenomena to the general principles of polarization, Philos. Trans. R. Soc. London 105 (1815): 29-53.

[8] J. Christopher Dainty, ed. Laser Speckle and Related Phenomena, Vol. 9, Springer Science & Business

Media (2013).
[9] R. Frieden, Probability, Statistical Optics, and Data Testing: A Problem Solving Approach, Vol. 10, Springer Science & Business Media (2012).
[10] J. J. Gil, and E. Bernabeu, A depolarization criterion in Mueller matrices, J. Mod. Opt. 32. 3 (1985): 259-261.
[11] J. J. Gil and E. Bernabeu, Depolarization and polarization indices of an optical system, J. Mod. Opt. 33. 2 (1986): 185-189.
[12] R. A. Chipman, Depolarization index and the average degree of polarization, Appl. Opt. 44. 13 (2005): 2490-2495.
[13] B. DeBoo, J. Sasian, and R. Chipman, Degree of polarization surfaces and maps for analysis of depolarization, Opt. Express, 12(20) (2004): 4941-4958.
[14] S. R. Cloude, Conditions for the physical realisability of matrix operators in polarimetry, Proc. Soc. Photo - Opt. Instrum. Eng. 1166 (1989): 177-185.
[15] S. Cloude, Polarisation: Applications in Remote Sensing, Oxford University Press (2010).
[16] D. Goldstein, Polarized Light, 3rd edition, Section 8. 4. 2. New York, NY: Marcel Dekker (2011).
[17] C. R. Givens and A. B. Kostinski, A simple necessary and sufficient condition on physically realizable Mueller matrices, J. Mod. Opt. 40. 3 (1993): 471-481.
[18] H. D. Noble, S. C. McClain, and R. A. Chipman, Mueller matrix roots depolarization parameters, Appl. Opt. 51 (2012): 735-744.
[19] R. Simon, The connection between Mueller and Jones matrices of polarization optics, Opt. Commun. 42. 5 (1982): 293-297.
[20] K. Kim, L. Mandel et al., Relationship between Jones and Mueller matrices for random media. J. Opt. Soc. Am. A 4 (1987): 433-437.
[21] D. Goldstein, Polarized Light, 2nd edition New York, NY: Marcel Dekker (2003), 166.
[22] J. C. Stover, Optical Scattering: Measurement and Analysis, SPIE Press (2012).
[23] T. Germer, Polarized light diffusely scattered under smooth and rough interfaces, Optical Science and Technology, SPIE's 48th Annual Meeting, International Society for Optics and Photonics (2003).
[24] T. Germer (http://www.nist.gov/pml/div685/grp06/scattering_scatmech.cfm, accessed February 29, 2016).
[25] H. Mueller, Memorandum on the polarization optics of the photoelastic shutter, Report No. 2 of the OSRD project OEMsr-576, Nov. 15, 1943. A declassified report.
[26] H. Mueller, Informal notes about 1943 on Course 8. 26 at Massachusetts Institute of Technology.
[27] H. Mueller, The foundations of optics, Proceedings of the Winter Meeting of the Optical Society of America, J. Opt. Soc. Am. 38 (1948): 661.
[28] N. G. Parke Ⅲ, Matrix Optics, PhD thesis, Department of Physics, Massachusetts Institute of Technology (1948), 181.
[29] R. Clark Jones, A new calculus for the treatment of optical system, V. A more general formulation, and description of another calculus, J. Opt. Soc. Am 37(2) (1947): 107-110.
[30] P. Soleillet, Parameters characterising partially polarized light in fluorescence phenomena, Ann. Phys. 12(10) (1929): 23-97.
[31] F. Perrin, Polarization of light scattered by isotropic opalescent media, J. Chem. Phys. 10. 7 (1942): 415-427.

第 7 章

偏振测量术

7.1 引言

人类天然无法欣赏我们周围丰富的偏振现象。人眼几乎感觉不到偏振，对不同偏振态的响应只引起不到 3%的变化，太小了以至于很难注意到。为了测量、可视化和利用这些偏振信息，需要使用偏振测量仪。人们针对不同的波长、速度和应用开发了许多不同类型的偏振测量仪。偏振图像经常包含意想不到的、迷人的信息。偏振太阳镜开始让我们瞥见周围环境中的偏振，但这只是一个很小的一瞥，因为太阳镜的偏振片处于固定角度。为了更清晰地观察环境中的偏振，需将水平偏振器放在一只眼睛上，将垂直偏振器放在另一只眼睛上。随着正交偏振态进入我们的双眼，当大脑试图解释来自双眼的信号中的“非自然差异”时，许多物体呈现出非自然的外观。通过正交偏光镜观察流动的水特别有趣。喷泉、海浪和其他湍流的偏振足够大，并且波动很快，因此通过正交偏光镜进入我们双眼的视图对于视觉系统来说尤其难以调和。通过正交偏光镜观察世界表明我们周围有大量的偏振成分。为了量化这种偏振特征，偏振测量仪用于测量偏振度、偏振角和偏振的波长相关性。本章概述了多种类型的偏振测量仪及其应用。

本章介绍了测量斯托克斯参量和米勒矩阵元素的方法和算法。提出了一种用偏振元件进行一系列辐射测量和数据简化的通用公式。这种数据简化是一个线性估计问题，有助于使用线性代数得到有效的解决方案，通常使用最小二乘估计来寻求数据的最佳匹配。一个重要的考虑因素是防止零空间（null space，即一组无法由实际斯托克斯参量生成的信号模式)进入数据分析。偏振数据简化过程的类似研究可在其他参考文献中找到[1-4]。

本章讨论了几种斯托克斯偏振测量仪。旋转元件偏振测量法、振荡元件偏振测量法和相位调制偏振测量法是在一段时间内获取一系列测量值以获得斯托克斯参数的方法[5]。其他技术,如分振幅偏振测量法和分波前偏振测量法,可同时测量斯托克斯参量的所有四个元素。本章包括优化斯托克斯偏振测量仪的讨论。

此外,还综述了偏振测量的原理。进行精确偏振测量的主要困难之一是非理想偏振元件引起的系统误差。因此,偏振测量和数据简化过程是针对包含任意偏振元件而制定的,通过测量它们传输的和分析的斯托克斯参量来进行校准,通过最小化条件数解决偏振测量仪优化问题。

在本章中,各个量是用斯托克斯参数和米勒矩阵表示的,因为在辐射测量中这些通常是最合适的偏振表示形式。

万花筒的发明者大卫·布鲁斯特描述了最早的偏振测量仪之一[6]。

7.2 偏振测量仪能看到什么?

偏振图像之所以有趣,一个原因是它与彩色图像(如相机拍摄的红色、绿色和蓝色图像)或与我们眼睛渲染场景的方式有着明显的差异。总之,颜色表达能量,而偏振表达方向。

颜色来源于原子和分子的能级。入射光场引起电荷振荡,这些运动与分子的旋转、振动和电子能级相互作用,其中一些光被吸收为热,而振荡电荷则将剩余的能量以透射、反射或散射的形式辐射出去。因此,我们看到的、可用光谱仪测量的颜色,是散射介质中能级的光谱指纹。在传统图像中,所有亮度和颜色的对比度都来自这些光谱特性。

振荡电荷主要以小分子尺度的偶极子辐射,电荷围绕其平衡点以正弦形式来回振荡,就像弹簧上的电荷一样。这类偶极子具有特定的辐射模式。偶极子不能沿着偶极轴辐射,偶极轴就是电荷振荡的方向。最强的辐射发生在垂直于偶极轴的平面上。因此,当观察排列成平面且在垂直于视线的平面上振荡的偶极子时,光将沿偶极轴偏振。当观察到非偏振光时,电荷在投射到与我们视线垂直的平面上的所有方向上都均匀地振荡。当光高度偏振时,分子电荷主要沿一个轴振荡(投射到我们的视野中)。因此,偏振信息分两步出现。首先,入射光引起电荷振荡。偏振入射光通常使电荷主要沿入射光电场的方向振荡。一些材料可以在一定角度范围内迅速扩展电荷振荡的方向,但大多数材料的响应是在接近入射电场的方向上振荡。然后一旦电荷处于振荡状态,偏振测量仪就可以从它的角度观察电荷振荡是如何分布的。如果振荡方向不均匀,则光是部分偏振的。

因此,偏振特征更像是一种几何特征,是对入射光偏振和我们对电荷振荡视角的响应。颜色取决于材料中的量子力学能级。因此,颜色和强度通常与偏振的关系不大。偏振图像包含有关散射表面的方向、折射率和纹理以及入射光偏振态的信息。

7.3 偏振测量仪

偏振测量仪是测量光束和样品偏振特性的光学仪器。偏振测量学是偏振测量的科学,其最简单的特征是用偏振元件进行辐射测量。精确的偏振测量需要特别关注精确辐射测量所存在的所有问题，以及许多必须掌控的附加偏振问题，以便从偏振测量中准确确定偏振特性。

偏振测量仪的典型应用包括地球和天体的遥感、偏振元件的校准、薄膜厚度和折射率的测量（椭偏测量术）、材料的光谱偏振研究、偏振光学系统（如液晶显示器和投影仪）的装调。

7.3.1 光测量偏振测量仪

光测量偏振测量仪测量光束的偏振态及其偏振特性：斯托克斯参量、线偏振光的电场矢量振荡方向、圆偏振光的螺旋性、椭圆偏振光的椭圆参数以及偏振度。

光测量偏振测量仪使用放在辐射计前面光束中的一组偏振元件，利用这组偏振态分析器对光束进行分析，并获得一组光通量测量值。使用 7.4.1 节中的数据简化算法，依据这些测量值确定光束的偏振特性。

7.3.2 样品测量偏振测量仪

样品测量偏振测量仪确定从一个样品入射和出射偏振态之间的关系，并根据测量值推断样品的偏振特性：二向衰减、延迟和退偏。“出射光束”一词是通用术语，在不同的测量中可能描述透射、反射、衍射、散射或其他改变了的光束。“样品”也是一个广义的包容性术语，用于描述一般的光-物质相互作用或此类相互作用的序列，并适用于任何物品。

使用位于光源和样品之间的一组偏振元件进行测量，并使用样品和辐射计之间的另一组单独的偏振元件分析出射光束。一些非常有趣的样品包括物体表面、表面上的薄膜、偏振元件、光学元件、光学系统、自然场景、生物样品和工业样品。

只有对偏振发生器和偏振分析器进行良好校准，才能进行准确的偏振测量，为此必须准确知晓偏振发生器出射的偏振态，以及由分析器准确分析偏振态。要进行精确的偏振测量，偏振元件不需要是理想的或最高质量的。如果通过仔细校准获知了偏振元件的米勒矩阵，则由非理想偏振元件产生的系统误差将在 7.4.3 节的数据约简过程中被消除。

7.3.3 完全的和不完全的偏振测量仪

如果可以通过测量确定四个斯托克斯参数，则光测量偏振测量仪是完全的。非完全的光测量偏振测量仪不能用于确定四个斯托克斯参数，而只是测量其中一个子集。例如，在探测器前面使用旋转偏振器的偏振测量仪不能确定光束中的圆偏振成分 S_3，因此是不完全的。同样，如果样品测量偏振测量仪能够测量完整的米勒矩阵，则该样品测量偏振测量仪是完全的，否则是不完全的。完全的偏振测量仪称为斯托克斯偏振测量仪或米勒偏振测量仪。

7.3.4 偏振发生器和偏振分析器

偏振发生器由光源、光学元件和偏振元件组成，以产生已知偏振态的光束。图 7.1(a) 给出了一个例子。偏振发生器由出射光束的斯托克斯参量表征。偏振分析器是偏振元件、光学元件和探测器的组合，用于对入射光束中的特定偏振分量进行光通量测量。图 7.1(b) 显示了一个示例——旋转延迟器的偏振分析器。偏振分析器由类似斯托克斯形式的分析器矢量 **A** 表征，该矢量指定了所分析的入射偏振态，即在探测器上产生最大响应的偏振态。

样品测量偏振测量仪需要偏振发生器和偏振分析器,而光测量偏振测量仪只需要偏振分析器。通常,术语偏振发生器和偏振分析器仅指发生器和分析器中的偏振元件。对于给定的偏振态,区分椭圆(和圆)发生器和椭圆分析器很重要,因为它们通常具有不同的偏振特性和不同的米勒矩阵。

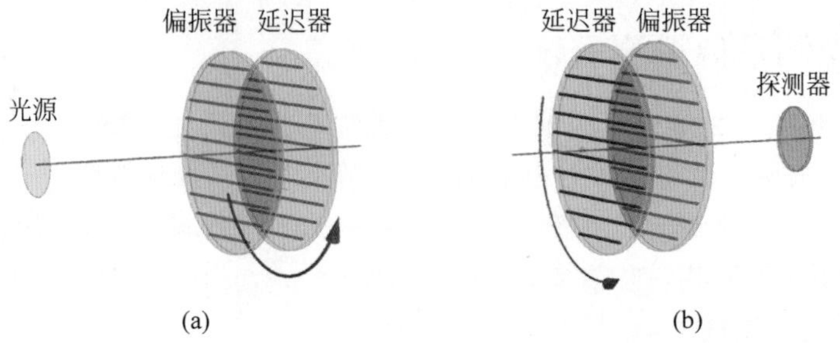

图 7.1　(a)偏振发生器,本例中由光源、偏振器和旋转延迟器组成,能生成一组校准的偏振态。(b)偏振分析器,本例中由旋转延迟器、偏振器和探测器组成,测量一组校准了的入射偏振光通量成分

7.4　偏振测量和数据约简的数学方法

7.4.1　斯托克斯偏振测量术

偏振分析器由用于分析偏振态的偏振元件、偏振元件之后的任何其他光学元件(透镜、反射镜等)以及偏振测量仪探测器组成。所有元件的偏振效应都包含在测量和数据约简程序中。偏振分析器可表征为含有四个元素的分析器矢量,其定义类似于斯托克斯参数。设 P_H 为一束单位水平偏振光入射时探测器测量的光通量(产生的电流或电压)。类似地,P_V、P_{45}、P_{135}、P_R 和 P_L 是具有单位光通量的相应入射偏振光产生的探测器光通量测量值。然后,偏振分析器的分析器矢量 $\mathbf{A}$ 为

$$\mathbf{A}=\begin{pmatrix}a_0\\a_1\\a_2\\a_3\end{pmatrix}=\begin{pmatrix}P_H+P_V\\P_H-P_V\\P_{45}-P_{135}\\P_R-P_L\end{pmatrix} \tag{7.1}$$

注意,在没有噪声的情况下,$P_H+P_V=P_{45}+P_{135}=P_R+P_L$。偏振分析器对任意偏振态 $\boldsymbol{S}$ 的响应 P 是分析器矢量与入射斯托克斯参量的点积,

$$P=\mathbf{A}\cdot\boldsymbol{S}=a_0S_0+a_1S_1+a_2S_2+a_3S_3 \tag{7.2}$$

分析器矢量是偏振分析器米勒矩阵的第一行。

在下文中,将假定所测量的斯托克斯参数在时间上是恒定的。

将一组偏振分析器置于光束中获得一组斯托克斯参数的测量值。假设分析器总数为 Q,每个分析器为 $\mathbf{A}_q$,其中 $q=0,1,\cdots,Q-1$ 为序号。假设所有测量的入射斯托克斯参数相同。第 q 个测量产生一个输出,光通量测量值为 $P_q=\mathbf{A}_q\cdot\boldsymbol{S}$。偏振测量矩阵 $\boldsymbol{W}$ 定义为

$Q\times 4$ 矩阵,第 q 行包含分析器矢量 $\boldsymbol{A}_q$,

$$\boldsymbol{W}=\begin{pmatrix} a_{00} & a_{01} & a_{02} & a_{03} \\ a_{10} & a_{11} & a_{12} & a_{13} \\ \vdots & & & \\ a_{Q-1,0} & a_{Q-1,1} & a_{Q-1,2} & a_{Q-1,3} \end{pmatrix} \tag{7.3}$$

把 Q 个光通量测量值排列成测量的光通量矢量 $\boldsymbol{P}=(P_0 \quad P_1 \quad \cdots \quad P_{Q-1})^{\mathrm{T}}$。$\boldsymbol{P}$ 与 $\boldsymbol{S}$ 由以下偏振测量方程相关联:

$$\boldsymbol{P}=\begin{pmatrix} P_0 \\ P_1 \\ \vdots \\ P_{Q-1} \end{pmatrix}=\boldsymbol{W}\cdot\boldsymbol{S}=\begin{pmatrix} a_{00} & a_{01} & a_{02} & a_{03} \\ a_{10} & a_{11} & a_{12} & a_{13} \\ \vdots & & & \\ a_{Q-1,0} & a_{Q-1,1} & a_{Q-1,2} & a_{Q-1,3} \end{pmatrix}\cdot\begin{pmatrix} S_0 \\ S_1 \\ S_2 \\ S_3 \end{pmatrix} \tag{7.4}$$

计算出 $\boldsymbol{W}$ 的逆并将其应用于测量数据,即可求得斯托克斯参数。入射斯托克斯参数的测量值 $\boldsymbol{S}_{\mathrm{m}}$ 与数据通过偏振数据约简矩阵 $\boldsymbol{W}^{-1}$ 相关联

$$\boldsymbol{W}^{-1}\cdot\boldsymbol{P}=\boldsymbol{S}_{\mathrm{m}} \tag{7.5}$$

这是偏振数据约简方程。在研制斯托克斯偏振测量仪过程中,先构建分析器矢量。该校准确定了 $\boldsymbol{W}$ 的行,从而确定 $\boldsymbol{W}^{-1}$。然后将 $\boldsymbol{W}^{-1}$ 应用于测量,以计算斯托克斯参数。

在求解偏振测量方程时,需要考虑矩阵逆 $\boldsymbol{W}^{-1}$ 的存在性、秩和唯一性。$\boldsymbol{W}$ 的秩是线性独立的行数。最直接的情况出现在执行四次测量时。如果 $Q=4$ 且使用了四个线性独立的分析器向量,则 $\boldsymbol{W}$ 为秩为 4,然后 $\boldsymbol{W}^{-1}$ 存在并且是唯一的和非奇异的。偏振测量仪的数据约简由式(7.5)实现;偏振测量仪测量入射斯托克斯参数的所有四个元素。若要线性独立,$\boldsymbol{W}$ 的行列式必须不为零,因此矩阵逆存在。

偏振测量仪校准过程的目标是准确确定 $\boldsymbol{W}$。

例 7.1　四个偏振器的偏振测量仪

考虑一个斯托克斯偏振测量仪,其采用四次测量,理想偏振器放置在辐射计前面。四个分析器依次为(1)水平偏振器,(2)垂直偏振器,(3)45°偏振器和(4)右旋圆偏振器。将四个分析器矢量排列为偏振测量矩阵的行,$\boldsymbol{W}$ 为

$$\boldsymbol{P}=\begin{pmatrix} P_0 \\ P_1 \\ P_2 \\ P_3 \end{pmatrix}=\boldsymbol{W}\cdot\boldsymbol{S}=\frac{1}{2}\begin{pmatrix} 1 & 1 & 0 & 0 \\ 1 & -1 & 0 & 0 \\ 1 & 0 & 1 & 0 \\ 1 & 0 & 0 & 1 \end{pmatrix}\cdot\begin{pmatrix} S_0 \\ S_1 \\ S_2 \\ S_3 \end{pmatrix} \tag{7.6}$$

1/2 来自理想偏振器米勒矩阵中的 1/2,因为偏振器传输一半的非偏振光。因为矩阵 $\boldsymbol{W}$ 是方阵,所以 $\boldsymbol{W}$ 的逆矩阵是唯一的,

$$\boldsymbol{W}^{-1}=\begin{pmatrix} 1 & 1 & 0 & 0 \\ 1 & -1 & 0 & 0 \\ -1 & -1 & 2 & 0 \\ -1 & -1 & 0 & 2 \end{pmatrix} \tag{7.7}$$

四个光通量测量值标记为 P_H、P_V、P_{45} 和 P_R。偏振测量仪的这组光通量测量值放置到一个向量(光通量向量 $\boldsymbol{P}$)中。由偏振数据约简矩阵 $\boldsymbol{W}^{-1}$ 和光通量向量的矩阵乘法计算斯托克斯参数 $\boldsymbol{S}$,

$$\boldsymbol{S}=\begin{pmatrix}S_0\\S_1\\S_2\\S_3\end{pmatrix}=\boldsymbol{W}^{-1}\cdot\boldsymbol{P}=\begin{pmatrix}1&1&0&0\\1&-1&0&0\\-1&-1&2&0\\-1&-1&0&2\end{pmatrix}\cdot\begin{pmatrix}P_H\\P_V\\P_{45}\\P_R\end{pmatrix}=\begin{pmatrix}P_H+P_V\\P_H-P_V\\-P_H-P_V+2P_{45}\\-P_H-P_V+2P_R\end{pmatrix}\tag{7.8}$$

例如,如果偏振测量仪测量出了一个光通量向量 $\boldsymbol{P}=(2,1,2,2)$,则测得的偏振态为

$$\boldsymbol{W}^{-1}\cdot\boldsymbol{P}=\begin{pmatrix}1&1&0&0\\1&-1&0&0\\-1&-1&2&0\\-1&-1&0&2\end{pmatrix}\cdot\begin{pmatrix}2\\1\\2\\2\end{pmatrix}=\begin{pmatrix}3\\1\\1\\1\end{pmatrix}\tag{7.9}$$

当 $Q>4$ 时,采集的测量值多于四个,$\boldsymbol{W}$ 不是方阵,它的逆 $\boldsymbol{W}^{-1}$ 不是唯一的,存在多个 $\boldsymbol{W}^{-1}$。四参量的斯托克斯矢量 $\boldsymbol{S}$ 超定,方程的数量多于未知数的数量。在没有噪声的情况下,不同的 $\boldsymbol{W}^{-1}$ 产生相同的 $\boldsymbol{S}$。但是,并非每一组光通量测量值都对应一组有意义的斯托克斯参数,一些可能的光通量向量位于零空间,它们是偏振测量仪无法产生的光通量向量(见数学小贴士 7.1),但噪声会产生它们。由于噪声始终存在,因此需要得到最佳 $\boldsymbol{W}^{-1}$。$\boldsymbol{S}_m$ 的最小二乘估计利用一个特殊的矩阵逆,即 $\boldsymbol{W}$ 的伪逆 $\boldsymbol{W}_P^{-1}$,

$$\boldsymbol{W}_P^{-1}=(\boldsymbol{W}^T\cdot\boldsymbol{W})^{-1}\cdot\boldsymbol{W}^T\tag{7.10}$$

由一组光通量测量值给出的最佳估计 $\boldsymbol{S}$ 为

$$\boldsymbol{S}=\boldsymbol{W}_P^{-1}\cdot\boldsymbol{P}=(\boldsymbol{W}^T\cdot\boldsymbol{W})^{-1}\cdot\boldsymbol{W}^T\cdot\boldsymbol{P}\tag{7.11}$$

当 $\boldsymbol{W}$ 的秩为 3 或更小时,偏振测量仪是不完全的。最优矩阵逆是伪逆,但只确定了斯托克斯参数元素的三个或更少的性质;测量了斯托克斯参数在三个或更少方向上的投影。若这些方向和斯托克斯基矢量对齐,则测量了这些斯托克斯参数元素,但通常测量的是参数的线性组合。

许多偏振测量仪使用旋转或振荡偏振元件。对于这些偏振测量仪,分析器矢量包含旋转角度或振荡参数的三角函数。探测器上的光通量是一个周期函数。此种情况下,斯托克斯参数与光通量的傅里叶级数系数相关。

测量四个斯托克斯参数需要四次测量。斯托克斯偏振测量仪通常使用四次以上的测量,以提高精度并减少测量中噪声的影响。当进行四次测量时,任何噪声都会按照噪声的比例改变测量值。当使用四次以上的测量时,通过数据评判可减少噪声的影响。

7.4.2 米勒矩阵元素的测量

首先研究单个米勒矩阵元素的测量;然后元素以四个为一组进行测量。7.4.3 节开发了使用伪逆测量整个米勒矩阵的算法。

四个米勒矩阵元素 M_{00}、M_{01}、M_{10} 和 M_{11} 可使用理想水平(**H**)和垂直(**V**)线偏振器的

四次测量来进行测量。在(发生器/分析器)设置为(**H/H**)、(**V/H**)、(**H/V**)和(**V/V**)的情况下，得到四个测量值 P_0、P_1、P_2 和 P_3，它们确定了米勒矩阵元素的以下组合：

$$\begin{cases} P_0=(M_{00}+M_{01}+M_{10}+M_{11})/4 \\ P_1=(M_{00}-M_{01}+M_{10}-M_{11})/4 \\ P_2=(M_{00}+M_{01}-M_{10}-M_{11})/4 \\ P_3=(M_{00}-M_{01}-M_{10}+M_{11})/4 \end{cases} \tag{7.12}$$

求解这四个方程，得到米勒矩阵元素

$$\begin{bmatrix} M_{00} \\ M_{01} \\ M_{10} \\ M_{11} \end{bmatrix} = \begin{bmatrix} P_0+P_1+P_2+P_3 \\ P_0-P_1+P_2-P_3 \\ P_0+P_1-P_2-P_3 \\ P_0-P_1-P_2+P_3 \end{bmatrix} \tag{7.13}$$

使用发生器和分析器状态的不同组合确定其他米勒矩阵元素。米勒矩阵中矩阵角上的四个矩阵元素(M_{00},M_{0i},M_{j0},M_{ji})可通过使用 $\pm i$ 发生器和 $\pm j$ 分析器的四次测量确定。例如，一对左右旋圆偏振发生器和一对 45°和 135°方向的分析器可确定元素(M_{00},M_{03},M_{20},M_{23})。

如果使用非偏振发生器，则两个元素 M_{00} 和 M_{0i} 可用一对分析器斯托克斯参数 $\pm S_i$ 进行两次测量得到。使用非偏振发生器和分析器，在单次测量中可以单独测量的唯一元素是 M_{00}，这基本上是一种纯辐射的非偏振测量。

7.4.3　米勒数据约简矩阵

本节得出数据简化方程，以根据任意测量序列来计算米勒矩阵[2,7-8]。该算法使用理想值或偏振发生器和分析器矢量的校准值。数据简化方程是作用于数据矢量上直接的矩阵-矢量乘法。该方法是 7.4.1 节中介绍的关于斯托克斯偏光测量术的数据简化方法的扩展。

米勒矩阵偏振测量仪采用序号 $q=0,1,\cdots,Q-1$ 标记的 Q 个测量值。对于第 q 次测量，发生器产生斯托克斯参数为 $\boldsymbol{S}_q$ 的光束，并通过分析器矢量 $\boldsymbol{A}_q$ 分析离开样品的光束。测得的光通量 P_q 与样品米勒矩阵的关系如下：

$$\begin{aligned} P_q &= \boldsymbol{A}_q^{\mathrm{T}}\boldsymbol{M}\boldsymbol{S}_q \\ &= (a_{q0} \quad a_{q1} \quad a_{q2} \quad a_{q3}) \cdot \begin{bmatrix} M_{00} & M_{01} & M_{02} & M_{03} \\ M_{10} & M_{11} & M_{12} & M_{13} \\ M_{20} & M_{21} & M_{22} & M_{23} \\ M_{30} & M_{31} & M_{32} & M_{33} \end{bmatrix} \cdot \begin{bmatrix} S_{q0} \\ S_{q1} \\ S_{q2} \\ S_{q3} \end{bmatrix} \\ &= \sum_{j=0}^{3}\sum_{k=0}^{3} a_{qj} m_{jk} S_{qk} \\ &= a_{q0}S_{q0}M_{00} + a_{q0}S_{q1}M_{01} + a_{q0}S_{q2}M_{02} + a_{q0}S_{q3}M_{03} + \\ &\quad\ a_{q1}S_{q1}M_{10} + a_{q1}S_{q1}M_{11} + a_{q1}S_{q2}M_{12} + a_{q1}S_{q3}M_{13} + \\ &\quad\ a_{q2}S_{q2}M_{20} + a_{q2}S_{q1}M_{21} + a_{q2}S_{q2}M_{22} + a_{q2}S_{q3}M_{23} + \end{aligned}$$

$$a_{q3}S_{q3}M_{30}+a_{q3}S_{q1}M_{31}+a_{q3}S_{q2}M_{32}+a_{q3}S_{q3}M_{33} \tag{7.14}$$

为了应用先前用于斯托克斯偏振测量仪的方法，通过将米勒矩阵展平为 16×1 的米勒矢量 $\vec{\boldsymbol{M}}=(M_{00}\quad M_{01}\quad M_{02}\quad M_{03}\quad M_{10}\quad \cdots\quad M_{33})^{\mathrm{T}}$，将该方程改写为矢量-矢量点积。然后，用于第 q 次测量的 16×1 偏振测量矢量 $\boldsymbol{W}_q$（相当于斯托克斯分析器矢量）定义如下：

$$\begin{aligned}\boldsymbol{W}_q&=(w_{q00}\quad w_{q01}\quad w_{q02}\quad w_{q03}\quad w_{q10}\quad \cdots\quad w_{q33})^{\mathrm{T}}\\&=(a_{q0}s_{q0}\quad a_{q0}s_{q1}\quad a_{q0}s_{q2}\quad a_{q0}s_{q3}\quad a_{q1}s_{q0}\quad \cdots\quad a_{q3}s_{q3})^{\mathrm{T}}\end{aligned} \tag{7.15}$$

其中，$w_{qjk}=a_{qj}s_{qk}$。第 q 个光通量测量值是点积

$$P_q=\boldsymbol{W}_q\cdot\vec{\boldsymbol{M}}=\begin{pmatrix}a_{q0}S_{q0}\\a_{q0}S_{q1}\\a_{q0}S_{q2}\\a_{q0}S_{q3}\\a_{q1}S_{q0}\\a_{q1}S_{q1}\\\vdots\\a_{q3}S_{q3}\end{pmatrix}\cdot\begin{pmatrix}M_{00}\\M_{01}\\M_{02}\\M_{03}\\M_{10}\\M_{11}\\\vdots\\M_{33}\end{pmatrix}=\begin{pmatrix}w_{q,00}\\w_{q,01}\\w_{q,02}\\w_{q,03}\\w_{q,10}\\w_{q,11}\\\vdots\\w_{q,33}\end{pmatrix}\cdot\begin{pmatrix}M_{00}\\M_{01}\\M_{02}\\M_{03}\\M_{10}\\M_{11}\\\vdots\\M_{33}\end{pmatrix} \tag{7.16}$$

整个序列的 Q 个米勒偏振测量仪测量值由 $Q\times16$ 偏光测量矩阵 $\boldsymbol{W}$ 描述，其中第 q 行为 $\boldsymbol{W}_q$。米勒矩阵偏振测量仪的这个偏光测量方程将光通量矢量 $\boldsymbol{P}$ 与样品米勒矢量联系起来

$$\boldsymbol{P}=\boldsymbol{W}\cdot\vec{\boldsymbol{M}}=\begin{pmatrix}P_1\\P_2\\\vdots\\P_Q\end{pmatrix}=\begin{pmatrix}w_{1,00}&w_{1,01}&\cdots&w_{1,33}\\w_{2,00}&w_{2,01}&\cdots&w_{2,33}\\\vdots&&&\\w_{Q,00}&w_{Q,01}&\cdots&w_{Q,33}\end{pmatrix}\cdot\begin{pmatrix}M_{00}\\M_{01}\\\vdots\\M_{33}\end{pmatrix} \tag{7.17}$$

如果 $\boldsymbol{W}$ 包含 16 个线性无关的行，米勒矩阵所有的 16 个元素就能获得确定。当 $Q=16$，矩阵逆是唯一的，米勒矩阵元素可从偏振数据约简方程确定

$$\vec{\boldsymbol{M}}=\boldsymbol{W}^{-1}\cdot\boldsymbol{P} \tag{7.18}$$

当 $Q>16$，$\vec{\boldsymbol{M}}$ 是超定的，使用 $\boldsymbol{W}$ 的伪逆 $\boldsymbol{W}_P^{-1}$，$\vec{\boldsymbol{M}}$ 的最佳(最小二乘)偏振数据约简方程为

$$\vec{\boldsymbol{M}}=(\boldsymbol{W}^{\mathrm{T}}\cdot\boldsymbol{W})^{-1}\cdot\boldsymbol{W}^{\mathrm{T}}\cdot\boldsymbol{P}=\boldsymbol{W}_P^{-1}\cdot\boldsymbol{P} \tag{7.19}$$

此程序的优点如下。第一，该程序不假设偏振态发生器和分析器具有任何特定形式。例如，发生器和分析器中的偏振元件不需要以均匀的角度增量旋转，但可以包括任意序列。第二，偏振元件不假定为理想的偏振元件。如果通过校准程序确定了偏振发生器和分析器矢量，则在数据约简中校正了非理想偏振元件的影响。第三，该程序容易处理超定的测量序列(针对整个米勒矩阵超过 16 次测量)，提供了一个最小二乘的解决方案。第四，数据约简的矩阵-向量形式易于实现和理解。

例 7.2　米勒矩阵偏振测量仪实例的数据约简

考虑一台偏振测量仪，它在发生器和分析器上带有滤光片转轮，发生器和分析器都有一个空置状态、一个水平线偏振器、一个 45°偏振器和一个右旋圆偏振器。发生器滤光片

转轮移动到其初始位置，即不产生偏振的空置状态，同时分析器转轮转过它的四个位置并进行四次测量。随后发生器滤光片转轮移动到其第二、第三和第四位置，并重复测量序列进行 16 次测量。偏振测量矩阵 **W** 为

$$\boldsymbol{W}=\begin{pmatrix}
4 & 0 & 0 & 0 & 0 & 0 & 0 & 0 & 0 & 0 & 0 & 0 & 0 & 0 & 0 & 0\\
2 & 0 & 0 & 0 & 2 & 0 & 0 & 0 & 0 & 0 & 0 & 0 & 0 & 0 & 0 & 0\\
2 & 0 & 0 & 0 & 0 & 0 & 0 & 0 & 2 & 0 & 0 & 0 & 0 & 0 & 0 & 0\\
2 & 0 & 0 & 0 & 0 & 0 & 0 & 0 & 0 & 0 & 0 & 0 & 2 & 0 & 0 & 0\\
2 & -2 & 0 & 0 & 0 & 0 & 0 & 0 & 0 & 0 & 0 & 0 & 0 & 0 & 0 & 0\\
1 & -1 & 0 & 0 & 1 & -1 & 0 & 0 & 0 & 0 & 0 & 0 & 0 & 0 & 0 & 0\\
1 & -1 & 0 & 0 & 0 & 0 & 0 & 0 & 1 & -1 & 0 & 0 & 0 & 0 & 0 & 0\\
1 & -1 & 0 & 0 & 0 & 0 & 0 & 0 & 0 & 0 & 0 & 0 & 1 & -1 & 0 & 0\\
2 & 0 & -2 & 0 & 0 & 0 & 0 & 0 & 0 & 0 & 0 & 0 & 0 & 0 & 0 & 0\\
1 & 0 & -1 & 0 & 1 & 0 & -1 & 0 & 0 & 0 & 0 & 0 & 0 & 0 & 0 & 0\\
1 & 0 & -1 & 0 & 0 & 0 & 0 & 0 & 1 & 0 & -1 & 0 & 0 & 0 & 0 & 0\\
1 & 0 & -1 & 0 & 0 & 0 & 0 & 0 & 0 & 0 & 0 & 0 & 1 & 0 & -1 & 0\\
2 & 0 & 0 & -2 & 0 & 0 & 0 & 0 & 0 & 0 & 0 & 0 & 0 & 0 & 0 & 0\\
1 & 0 & 0 & -1 & 1 & 0 & 0 & -1 & 0 & 0 & 0 & 0 & 0 & 0 & 0 & 0\\
1 & 0 & 0 & -1 & 0 & 0 & 0 & 0 & 1 & 0 & 0 & -1 & 0 & 0 & 0 & 0\\
1 & 0 & 0 & -1 & 0 & 0 & 0 & 0 & 0 & 0 & 0 & 0 & 1 & 0 & 0 & -1
\end{pmatrix} \tag{7.20}$$

偏振数据约简矩阵为

$$\boldsymbol{W}^{-1}=\begin{pmatrix}
1 & 0 & 0 & 0 & 0 & 0 & 0 & 0 & 0 & 0 & 0 & 0 & 0 & 0 & 0 & 0\\
-1 & 0 & 0 & 0 & 2 & 0 & 0 & 0 & 0 & 0 & 0 & 0 & 0 & 0 & 0 & 0\\
-1 & 0 & 0 & 0 & 0 & 0 & 0 & 0 & 2 & 0 & 0 & 0 & 0 & 0 & 0 & 0\\
-1 & 0 & 0 & 0 & 0 & 0 & 0 & 0 & 0 & 0 & 0 & 0 & 2 & 0 & 0 & 0\\
-1 & 2 & 0 & 0 & 0 & 0 & 0 & 0 & 0 & 0 & 0 & 0 & 0 & 0 & 0 & 0\\
1 & -2 & 0 & 0 & -2 & 4 & 0 & 0 & 0 & 0 & 0 & 0 & 0 & 0 & 0 & 0\\
1 & -2 & 0 & 0 & 0 & 0 & 0 & 0 & -2 & 4 & 0 & 0 & 0 & 0 & 0 & 0\\
1 & -2 & 0 & 0 & 0 & 0 & 0 & 0 & 0 & 0 & 0 & 0 & -2 & 4 & 0 & 0\\
-1 & 0 & 2 & 0 & 0 & 0 & 0 & 0 & 0 & 0 & 0 & 0 & 0 & 0 & 0 & 0\\
1 & 0 & -2 & 0 & -2 & 0 & 4 & 0 & 0 & 0 & 0 & 0 & 0 & 0 & 0 & 0\\
1 & 0 & -2 & 0 & 0 & 0 & 0 & 0 & -2 & 0 & 4 & 0 & 0 & 0 & 0 & 0\\
1 & 0 & -2 & 0 & 0 & 0 & 0 & 0 & 0 & 0 & 0 & 0 & -2 & 0 & 4 & 0\\
-1 & 0 & 0 & 2 & 0 & 0 & 0 & 0 & 0 & 0 & 0 & 0 & 0 & 0 & 0 & 0\\
1 & 0 & 0 & -2 & -2 & 0 & 0 & 4 & 0 & 0 & 0 & 0 & 0 & 0 & 0 & 0\\
1 & 0 & 0 & -2 & 0 & 0 & 0 & 0 & -2 & 0 & 0 & 4 & 0 & 0 & 0 & 0\\
1 & 0 & 0 & -2 & 0 & 0 & 0 & 0 & 0 & 0 & 0 & 0 & -2 & 0 & 0 & 4
\end{pmatrix} \tag{7.21}$$

W^{-1} 的奇异值为

$$(7.464\ \ 5.464\ \ 5.464\ \ 5.464\ \ 5.464\ \ 4\ \ 4\ \ 4\ \ 4\ \ 2\ \ 2\ \ 1.464\ \ 1.464\ \ 1.464\ \ 1.464\ \ 0.536)^{T} \tag{7.22}$$

因此,条件数 * 大约为 7.46/0.54≈13.9,这远远不是最优状态。

* 条件数的定义见 7.11 节。

本节的工具提供了一种测量样品米勒矩阵的方法,适用于透射、反射和散射的测量。通常,米勒矩阵的测量是一个中间步骤,所需的信息是二向衰减或延迟。在这种情形中,可采用 6.6 节、6.11.3 节、6.12 节和 14.6 节的方法。

7.4.4 零空间与伪逆

矩阵的零空间和伪逆是理解精确测量米勒矩阵和斯托克斯参数算法的重要工具。零空间和伪逆可识别噪声是如何通过偏振数据分析传播的,并用于最小化偏振测量仪中的噪声。本节在例 7.3 中提供了一个斯托克斯偏振测量仪数据约简的例子。该结果随后用于解释数学小贴士 7.1 中的零空间。伪逆在数学小贴士 7.2 中解释,然后在例 7.4 中应用,以解释如何在该偏振测量仪测量中降低噪声。

例 7.3 六次测量的斯托克斯偏振测量仪

考虑一台偏振测量仪,它获取六个测量值:P_{H}、P_{V}、P_{45}、P_{135}、P_{R} 和 P_{L}。将六个分析器矢量排列在 $\mathbf{W}$ 的行中

$$\mathbf{W}=\frac{1}{2}\begin{pmatrix}1 & 1 & 0 & 0\\ 1 & -1 & 0 & 0\\ 1 & 0 & 1 & 0\\ 1 & 0 & -1 & 0\\ 1 & 0 & 0 & 1\\ 1 & 0 & 0 & -1\end{pmatrix} \tag{7.23}$$

由于 $\mathbf{W}$ 不是方阵,它没有唯一的矩阵逆。伪逆 $\mathbf{W}_{P}^{-1}$ 是

$$\mathbf{W}_{P}^{-1}=\begin{pmatrix}\frac{1}{3} & \frac{1}{3} & \frac{1}{3} & \frac{1}{3} & \frac{1}{3} & \frac{1}{3}\\ 1 & -1 & 0 & 0 & 0 & 0\\ 0 & 0 & 1 & -1 & 0 & 0\\ 0 & 0 & 0 & 0 & 1 & -1\end{pmatrix} \tag{7.24}$$

对六个测量值序列的偏振数据约简过程为

$$\boldsymbol{W}_P^{-1}\cdot\boldsymbol{P}=\begin{pmatrix}\frac{1}{3}&\frac{1}{3}&\frac{1}{3}&\frac{1}{3}&\frac{1}{3}&\frac{1}{3}\\1&-1&0&0&0&0\\0&0&1&-1&0&0\\0&0&0&0&1&-1\end{pmatrix}\cdot\begin{pmatrix}P_{\mathrm{H}}\\P_{\mathrm{V}}\\P_{45}\\P_{135}\\P_{\mathrm{R}}\\P_{\mathrm{L}}\end{pmatrix}$$

$$=\begin{pmatrix}\frac{1}{3}(P_{\mathrm{H}}+P_{\mathrm{V}}+P_{45}+P_{135}+P_{\mathrm{R}}+P_{\mathrm{L}})\\P_{\mathrm{H}}-P_{\mathrm{V}}\\P_{45}-P_{135}\\P_{\mathrm{R}}-P_{\mathrm{L}}\end{pmatrix}\tag{7.25}$$

注意，S_0（总光通量）可通过多种方式从测量值计算得到，包括从正交偏振光通量之和计算，

$$S_0=P_{\mathrm{H}}+P_{\mathrm{V}}=P_{45}+P_{135}=P_{\mathrm{R}}+P_{\mathrm{L}}\tag{7.26}$$

伪逆 $\boldsymbol{W}_P^{-1}$ 的第一行把 S_0 的这三个不同估计值做了平均。使用式(7.26)，可以生成其他矩阵逆。式(7.26)给出了三个不同的矩阵逆：

$$\begin{cases}\boldsymbol{W}_1^{-1}=\begin{pmatrix}1&1&0&0&0&0\\1&-1&0&0&0&0\\0&0&1&-1&0&0\\0&0&0&0&1&-1\end{pmatrix}\\\boldsymbol{W}_2^{-1}=\begin{pmatrix}0&0&1&1&0&0\\1&-1&0&0&0&0\\0&0&1&-1&0&0\\0&0&0&0&1&-1\end{pmatrix}\\\boldsymbol{W}_3^{-1}=\begin{pmatrix}0&0&0&0&1&1\\1&-1&0&0&0&0\\0&0&1&-1&0&0\\0&0&0&0&1&-1\end{pmatrix}\end{cases}\tag{7.27}$$

在没有噪声的情况下，所有三个矩阵逆将计算出相同的斯托克斯参数。对于矩阵逆，所有可能的第一行都由下式生成

$$(a\quad a\quad b\quad b\quad 1-a-b\quad 1-a-b)\tag{7.28}$$

a、b 是任意实数。

数学小贴士 7.1　零空间

例 7.3 的偏振测量仪用六个光通量测量值只能生成四种光通量模式：S_0 生成 $\boldsymbol{W}$ 的第一列，S_1 生成 $\boldsymbol{W}$ 的第二列，S_2 生成 $\boldsymbol{W}$ 的第三列，S_3 生成 $\boldsymbol{W}$ 的第四列。在没有噪声的情况下，偏振测量仪测量的所有光通量矢量应为这四列的线性组合。由于光通量矢量有六个元素，因此需要另外两个基矢量来完全构建六维空间，例如，

$$\boldsymbol{N}_1=(a\quad a\quad 0\quad 0\quad -a\quad -a)\text{ 和 }\boldsymbol{N}_2=(0\quad 0\quad b\quad b\quad -b\quad -b) \tag{7.29}$$

或任意线性组合对$(\alpha\boldsymbol{N}_1+\beta\boldsymbol{N}_2)$。对于一个$(m\times n)$维度的矩阵 $\boldsymbol{M}$，零空间是矢量集 $\boldsymbol{N}_i$，使得

$$\boldsymbol{M}\cdot\boldsymbol{N}_i=\begin{pmatrix}0\\0\\\vdots\\0\end{pmatrix} \tag{7.30}$$

矩阵-矢量的乘积是一个零矢量，其长度等于 $\boldsymbol{M}$ 的行数。

在偏振测量仪情形中，感兴趣的零空间与 $\boldsymbol{W}_P^{-1}$ 相关。当 $\boldsymbol{W}$ 乘以斯托克斯参数矢量时，它不能在 $\boldsymbol{W}_P^{-1}$ 的零空间中生成一个矢量。在例 7.3 中，式(7.29)中的 $\boldsymbol{N}_1$ 和 $\boldsymbol{N}_2$ 位于零空间。

请注意，当一个零空间矢量乘以 $\boldsymbol{M}$ 的逆时，结果也是零矢量，

$$\boldsymbol{N}_1\cdot\boldsymbol{W}=(a\quad a\quad 0\quad 0\quad -a\quad -a)\cdot\frac{1}{2}\begin{pmatrix}1&1&0&0\\1&-1&0&0\\1&0&1&0\\1&0&-1&0\\1&0&0&1\\1&0&0&-1\end{pmatrix}=\begin{pmatrix}0\\0\\0\\0\end{pmatrix} \tag{7.31}$$

同样

$$\boldsymbol{N}_2\cdot\boldsymbol{W}=\begin{pmatrix}0\\0\\0\\0\end{pmatrix} \tag{7.32}$$

这意味着零空间矢量可按任意线性组合$(\alpha\boldsymbol{N}_1+\beta\boldsymbol{N}_2)$的形式相加到 $\boldsymbol{W}_P^{-1}$ 四行中的任一行，得到的矩阵仍然是矩阵逆。因此，可以向 $\boldsymbol{W}_P^{-1}$ 四行中的每一行相加任意数量的两个矢量，得到的矩阵是式(7.24)中 $\boldsymbol{W}$ 的逆矩阵。因此，$\boldsymbol{W}^{-1}$ 有八个自由度。在这个矩阵逆的大空间中，哪一个是偏振测量仪的最佳逆？正如例 7.4 中的进一步解释，伪逆在存在噪声的情况下提供最稳健的数据约简。

对于例 7.3，其他矩阵逆的一些容易理解的第一行包括以下矢量：

$$(1\quad 1\quad 0\quad 0\quad 0\quad 0),\quad (0\quad 0\quad 1\quad 1\quad 0\quad 0)\quad\text{和}\quad (0\quad 0\quad 0\quad 0\quad 1\quad 1) \tag{7.33}$$

这些表达式对应于计算总光通量 S_0 为 $P_{\mathrm{H}}+P_{\mathrm{V}}=P_{45}+P_{135}=P_{\mathrm{R}}+P_{\mathrm{L}}$。

数学小贴士 7.2　伪逆

矩形矩阵的矩阵逆不是唯一的。在矩阵逆集合中，伪逆 $\boldsymbol{W}_P^{-1}$ 是唯一的，因为它的任何行都不包含零空间的任何分量，每行都与零空间正交，

$$\boldsymbol{W}_P^{-1}\cdot\boldsymbol{N}_i=\begin{pmatrix}0\\0\\\vdots\\0\end{pmatrix} \tag{7.34}$$

其中，$\boldsymbol{N}_i$ 是任意零空间矢量[9-10]。因此，将伪逆用于偏振数据约简操作，式(7.5)和式(7.25)给出了最佳最小二乘解，该解尽可能消除了数据约简中的噪声。伪逆可以通过几种算法来计算。首先，在所有标准数学软件包中都有伪逆，如 Mathematica 和 MATLAB®。在 $\boldsymbol{W}$ 的奇异值分解分量上用 $m\times4$ 元素计算斯托克斯偏振测量矩阵 $\boldsymbol{W}$ 的伪逆的一种简单而直接的方法是

$$\boldsymbol{W}=\boldsymbol{UDV}^{\dagger}=\begin{pmatrix}u_{00}&u_{01}&u_{02}&&u_{0,m-1}\\u_{10}&u_{11}&u_{12}&\cdots&u_{1,m-1}\\u_{20}&u_{21}&u_{22}&&u_{2,m-1}\\&\vdots&&\ddots&\\u_{m-1,0}&u_{m-1,1}&u_{m-1,2}&&u_{m-1,m-1}\end{pmatrix}\cdot\begin{pmatrix}\Lambda_0&0&0&0\\0&\Lambda_1&0&0\\0&0&\Lambda_2&0\\0&0&0&\Lambda_3\\&\vdots&&\\0&0&0&0\end{pmatrix}\begin{pmatrix}v_{00}^*&v_{01}^*&v_{02}^*&v_{03}^*\\v_{10}^*&v_{11}^*&v_{12}^*&v_{13}^*\\v_{20}^*&v_{21}^*&v_{22}^*&v_{23}^*\\v_{30}^*&v_{31}^*&v_{32}^*&v_{33}^*\end{pmatrix} \tag{7.35}$$

其中，$\boldsymbol{U}$ 是 $m\times m$ 酉矩阵，$\boldsymbol{D}$ 是 $m\times4$ 对角矩阵，$\boldsymbol{V}$ 是 4×4 酉矩阵。$\boldsymbol{D}$ 在对角线上有四个奇异值 Λ_i，后面几行用零填充。伪逆 $\boldsymbol{W}_P^{-1}$ 是

$$\boldsymbol{W}_P^{-1}=\boldsymbol{VD}^{-1}\boldsymbol{U}^{\dagger}=\begin{pmatrix}v_{00}&v_{10}&v_{20}&v_{30}\\v_{01}&v_{11}&v_{21}&v_{31}\\v_{02}&v_{12}&v_{22}&v_{32}\\v_{03}&v_{13}&v_{23}&v_{33}\end{pmatrix}\begin{pmatrix}\frac{1}{\Lambda_0}&0&0&0&0&&0\\0&\frac{1}{\Lambda_1}&0&0&0&\cdots&0\\0&0&\frac{1}{\Lambda_2}&0&0&&0\\0&0&0&\frac{1}{\Lambda_3}&0&&0\end{pmatrix}\cdot\begin{pmatrix}u_{00}^*&u_{10}^*&u_{20}^*&&u_{m-1,0}^*\\u_{01}^*&u_{11}^*&u_{21}^*&\cdots&u_{m-1,1}^*\\u_{02}^*&u_{12}^*&u_{22}^*&&u_{m-1,2}^*\\&\vdots&&\ddots&\\u_{0,m-1}^*&u_{1,m-1}^*&u_{2,m-1}^*&&u_{m-1,m-1}^*\end{pmatrix} \tag{7.36}$$

例 7.4　一个调制偏振测量仪的例子

为了探究矩阵逆的多重性、伪逆、零空间以及噪声的影响，考虑下面的超定偏振测量仪。旋转延迟器偏振测量仪由一个旋转的 $\lambda/4$ 延迟器后接一个水平线偏振器构成，延迟器从 $\theta_0=0$ 开始到 315°结束，每 45°采集 16 个测量值。分析器的米勒矩阵方程为

$$\boldsymbol{HLP}\cdot\boldsymbol{QWLR}(\theta)=\frac{1}{2}\begin{pmatrix}1&1&0&0\\1&1&0&0\\0&0&0&0\\0&0&0&0\end{pmatrix}\cdot\begin{pmatrix}1&0&0&0\\0&\frac{1}{2}(1+\cos(4\theta))&\frac{1}{2}\sin(4\theta)&-\sin(2\theta)\\0&\frac{1}{2}\sin(4\theta)&\frac{1}{2}(1-\cos(4\theta))&\cos(2\theta)\\0&\sin(2\theta)&-\cos(2\theta)&0\end{pmatrix}$$

$$=\frac{1}{2}\begin{pmatrix}1&\frac{1}{2}(1+\cos(4\theta))&\frac{1}{2}\sin(4\theta)&-\sin(2\theta)\\1&\frac{1}{2}(1+\cos(4\theta))&\frac{1}{2}\sin(4\theta)&-\sin(2\theta)\\0&0&0&0\\0&0&0&0\end{pmatrix}\tag{7.37}$$

分析器矢量 $\boldsymbol{A}(\theta)$是米勒矩阵的最上面一行，

$$\boldsymbol{A}(\theta)=\frac{1}{2}\begin{pmatrix}1\\\frac{1}{2}(1+\cos(4\theta))\\\frac{1}{2}\sin(4\theta)\\-\sin(2\theta)\end{pmatrix}\tag{7.38}$$

对于连续旋转的延迟器，图 7.2 绘制了分析器矢量的四个元素。探测到的来自 S_0 的光通量未被旋转延迟器调制。S_1(绿色)在 360°范围内产生四个余弦调制周期，并有一半大小的恒定偏移(DC)。S_2(青色)有四个正弦调制周期。S_3 有两个负的正弦调制周期。S_3 的调制是 S_1 和 S_2 调制的两倍；因此，对于 $\pi/2$ 的延迟量，旋转 $\lambda/4$ 延迟器的偏振测量仪测量 S_3 的精度是 S_1 和 S_2 的两倍，因为其调制更大。

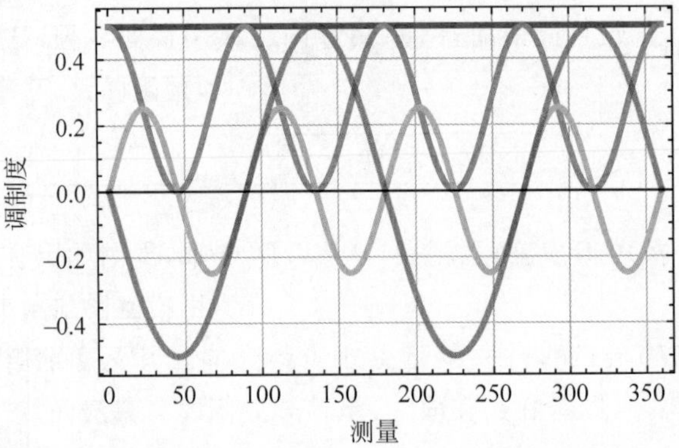

图 7.2　随着 $\lambda/4$ 延迟器的旋转，分析器矢量的元素：(红色)$\boldsymbol{A}_0$、(绿色)$\boldsymbol{A}_1$、(青色)$\boldsymbol{A}_2$、(紫色)$\boldsymbol{A}_3$

每 22.5°对分析器矢量方程(7.38)和图 7.2 进行一次采样，得到式(7.39)，即偏振测量矩阵 $\boldsymbol{W}$，并给出了其条形图(图 7.3)。

$$
\boldsymbol{W}=\frac{1}{2}\begin{pmatrix}
1 & 1 & 0 & 0 \\
1 & 1/2 & 1/2 & -1/\sqrt{2} \\
1 & 0 & 0 & -1 \\
1 & 1/2 & -1/2 & -1/\sqrt{2} \\
1 & 1 & 0 & 0 \\
1 & 1/2 & 1/2 & 1/\sqrt{2} \\
1 & 0 & 0 & 1 \\
1 & 1/2 & -1/2 & 1/\sqrt{2} \\
1 & 1 & 0 & 0 \\
1 & 1/2 & 1/2 & -1/\sqrt{2} \\
1 & 0 & 0 & -1 \\
1 & 1/2 & -1/2 & -1/\sqrt{2} \\
1 & 1 & 0 & 0 \\
1 & 1/2 & 1/2 & 1/\sqrt{2} \\
1 & 0 & 0 & 1 \\
1 & 1/2 & -1/2 & 1/\sqrt{2}
\end{pmatrix} . \tag{7.39}
$$

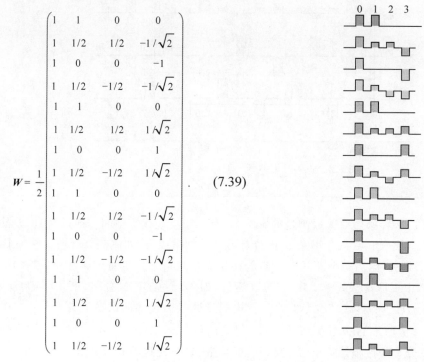

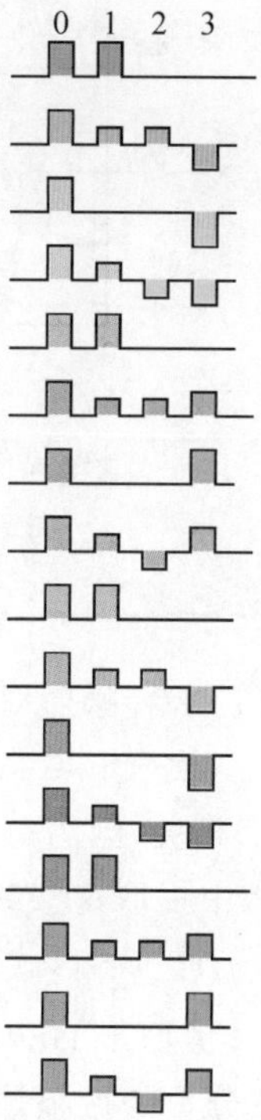

图 7.3　旋转延迟器示例的偏振测量矩阵元素的视图。最后八行与前八行相同，这有利于降噪。请注意，测量的后半部分与前半部分重复。这没什么错，事实上，这种重复可减少缓慢漂移和低频噪声对偏振测量的影响，如果操作得当，可以完全消除亮度或响应度整体线性漂移的影响

偏振数据约简矩阵 $\boldsymbol{W}_P^{-1}$ 是 $\boldsymbol{W}$ 的伪逆矩阵，如图 7.4 所示，

$$
\begin{aligned}
\boldsymbol{W}_P^{-1} &= (\boldsymbol{W}^{\mathrm{T}} \cdot \boldsymbol{W})^{-1} \cdot \boldsymbol{W}^{\mathrm{T}} \\
&= \frac{1}{8}\begin{pmatrix}
-1 & 1 & 3 & 1 & -1 & 1 & 3 & 1 & -1 & 1 & 3 & 1 & -1 & 1 & 3 & 1 \\
4 & 0 & -4 & 0 & 4 & 0 & -4 & 0 & 4 & 0 & -4 & 0 & 4 & 0 & -4 & 0 \\
0 & 4 & 0 & -4 & 0 & 4 & 0 & -4 & 0 & 4 & 0 & -4 & 0 & 4 & 0 & -4 \\
0 & -\sqrt{2} & -2 & -\sqrt{2} & 0 & \sqrt{2} & 2 & \sqrt{2} & 0 & -\sqrt{2} & -2 & -\sqrt{2} & 0 & \sqrt{2} & 2 & \sqrt{2}
\end{pmatrix}
\end{aligned} \tag{7.40}
$$

举一仿真测量例：如果偏振测量仪测量的光通量矢量为 $\boldsymbol{P}=(0,1,2,1,0,1,2,1,0,1,2,1,0,1,2,1)$，则测得的斯托克斯参数 $\boldsymbol{S}$ 为

$$
\boldsymbol{S}=\boldsymbol{W}_P^{-1} \cdot \boldsymbol{P}=\begin{pmatrix} 4 \\ -4 \\ 0 \\ 0 \end{pmatrix} \tag{7.41}
$$

它是垂直方向的线偏振光，光通量为 4。

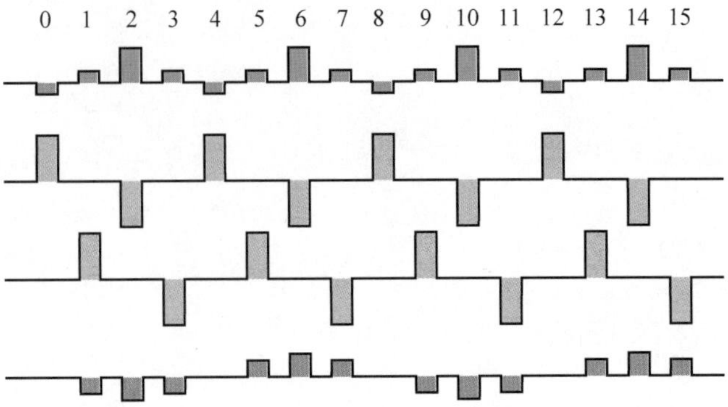

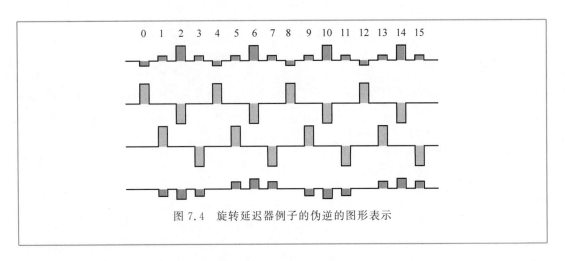

图 7.4 旋转延迟器例子的伪逆的图形表示

频域分析可以解释噪声对偏振测量的影响,并有助于可视化零空间。通过对 $\boldsymbol{W}_P^{-1}$ 的行进行离散傅里叶变换(DFT,数学小贴士 16.1),可计算频率成分,如图 7.5 所示。这些 DFT 与 $\boldsymbol{W}$ 列中的频率相关,因为每个斯托克斯参数在光通量矢量中产生特定频率(图 7.2)。数据约简需要从 $\boldsymbol{P}$ 中提取这些频率。$\boldsymbol{W}_P^{-1}$ 的第三行,如其绿色 DFT(右图,正弦频谱)所示,很容易理解;为了计算 S_2,式(7.40)的第三行提取光通量矢量的四次谐波分量(DFT 中的 $n=5,13$)的振幅,类似于 DFT。类似地,$\boldsymbol{W}_P^{-1}$ 的第四行(如它的蓝色 DFT 所示),从光通量矢量的二次谐波分量的振幅计算出 S_3。由于四分之一波长延迟器对该分量的调制是 S_1 和 S_2 的两倍,因此在式(7.40)中它的 DFT 分量是 S_3 的一半。$\boldsymbol{W}_P^{-1}$ 最上面一行的 DFT,即红色 DFT,最初令人费解。S_0 表示的光通量未被调制,它是恒定的。为什么红色 DFT 包含四次谐波分量($n=5,13$)? S_1 以余弦方式调制四次谐波,但也具有直流分量,即图 7.2 绿色曲线的恒定偏移。因此,数据约简需要确定光通量矢量的直流分量中有多少是由于 S_1 引起的,并从总直流分量中去除该直流分量,以计算由于 S_0 引起的光通量的直流分量部分。

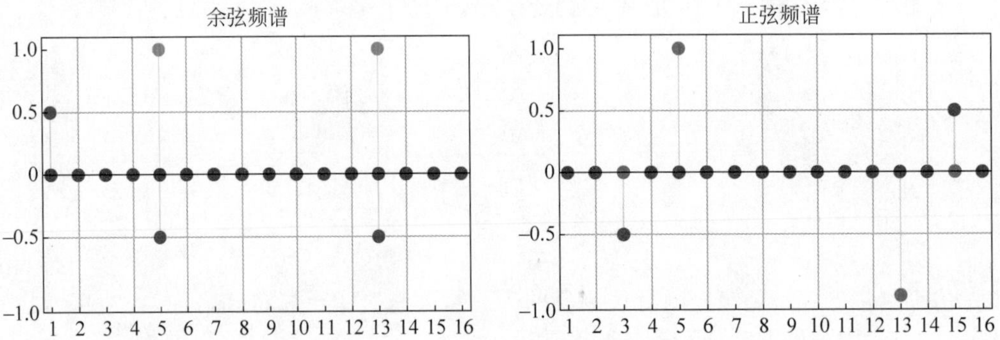

图 7.5 $\boldsymbol{W}_P^{-1}$ 的第一行(红色,余弦,为得到 S_0)、第二行(橙色,余弦,为得到 S_1)、第三行(绿色,正弦,为得到 S_2)和第四行(蓝色,正弦,为得到 S_3)的离散傅里叶变换。DFT 的成分从 1(直流或常数项)到 2(基频,每周期一个正弦或余弦),再到 N(这里是 16,负的基频)。每个正弦或余弦由两个 δ 函数组成

光通量矢量中存在的噪声及其对测量的影响可以通过噪声的 DFT 来理解。将噪声采

样为 16 个值，其中将有一个直流分量、八个余弦分量和七个正弦分量(在奈奎斯特频率下，第八个正弦分量在所有元素处采样为零)。如图 7.6 所示。这 16 个函数中的每一个都可视为一个向量，与所有其他函数正交，构成了偏振测量仪信号的一组有用的基底。

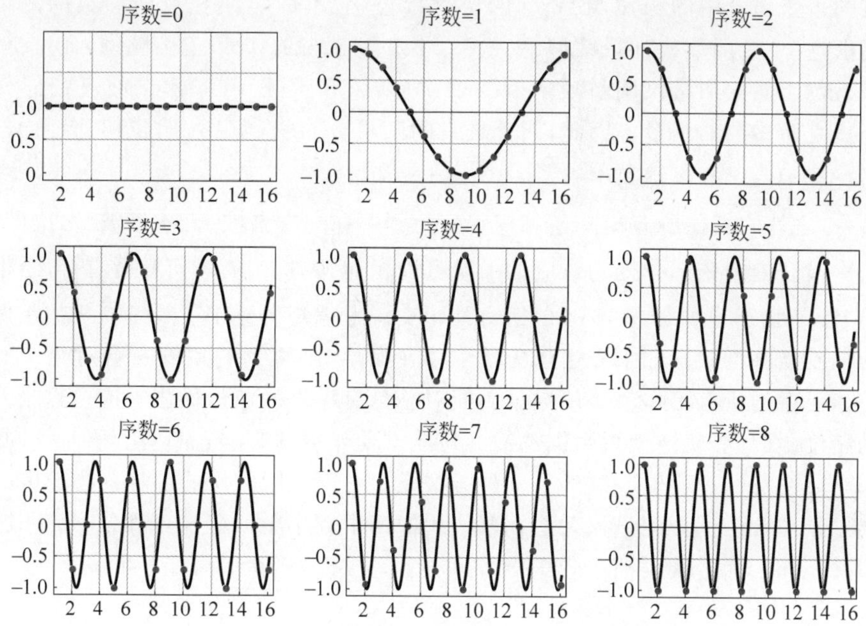

(a)

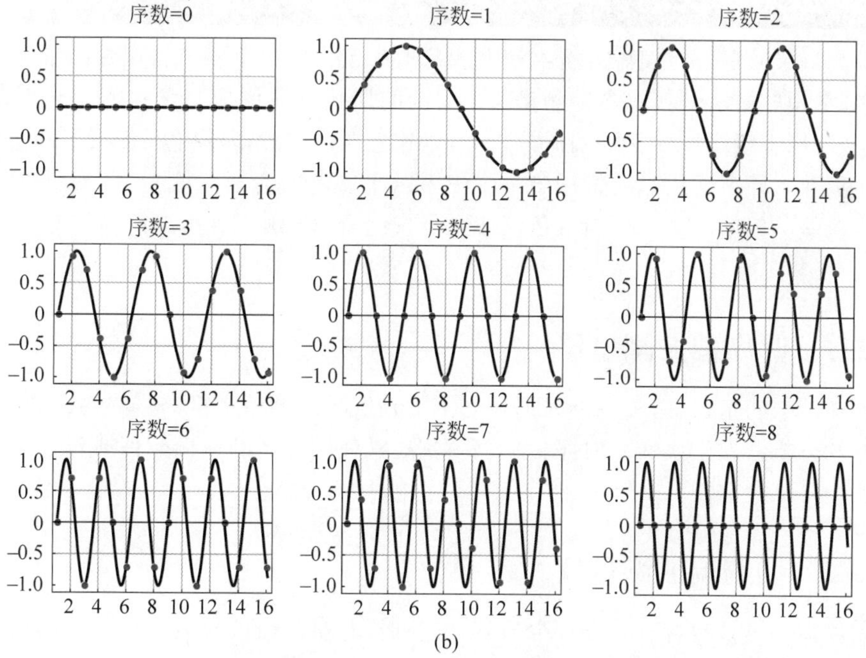

(b)

图 7.6　具有 16 个点的实采样函数的采样余弦(a)和正弦(b)构成离散傅里叶变换中的 16 个函数基集。序数为 0 和 8 的正弦波不是基集的一部分，因为它们均匀地采样为零

考虑当噪声中存在三次谐波(例如,无论正弦或余弦)。三次谐波与数据约简矩阵 $\boldsymbol{W}_P^{-1}$ 的所有行正交。因此,该噪声分量不会影响偏振测量仪的精度!三次谐波不影响测量。伪逆会自动消除 $\boldsymbol{P}$ 中的任何三次谐波。类似地,一次谐波、五次谐波、六次谐波、七次谐波和二次谐波的余弦部分中的噪声与 $\boldsymbol{W}_P^{-1}$ 的所有行正交,不影响斯托克斯参数的测量。$\boldsymbol{W}_P^{-1}$ 的零空间由这 12 个函数或"向量"(余弦频率:1、2、3、5、6、7 和 8,正弦频率:1、3、5、6 和 7)构成。只有位于偏振测量仪调制频率 DC、四次(余弦和正弦)和二次谐波正弦部分的噪声会影响斯托克斯参数的测量。因此,四分之三的随机分布噪声(16－4)/16,会由 $\boldsymbol{W}_P^{-1}$ 过滤掉,因为它位于 $\boldsymbol{W}_P^{-1}$ 的零空间中。

除 $\boldsymbol{W}_P^{-1}$ 之外的其他所有矩阵逆怎样呢?与频率在一次谐波、五次谐波、六次谐波、七次谐波和二次谐波的余弦部分处相对应的矢量可以相加到 $\boldsymbol{W}_P^{-1}$ 的任何和所有行,结果是另一个矩阵逆 $\boldsymbol{W}^{-1}$,由于这些分量与 $\boldsymbol{W}$ 的所有列正交。考虑矩阵逆 $\boldsymbol{W}_A^{-1}$,其中某些比例的这些分量被相加到某些行中。如果光通量矢量中存在噪声,则得到的矩阵逆会对相应的噪声频率有响应。已做的所有工作就是使数据约简对总是有噪声的信号做出响应。这会降低偏振测量仪的精度。因此,伪逆使得数据约简尽可能不受噪声的影响,而使用任何其他矩阵逆通常不是一个好主意。说明这一点的另一种方法是,伪逆给出了斯托克斯参数产生的信号数据的最小二乘拟合。偏振测量仪无法在其使用的四个频率上区分噪声和信号,但使用伪逆,它可以消除不同于信号调制频率的噪声。事实上,它可以消除尽可能多的噪声。

7.5 偏振测量仪的分类

偏振测量仪通过一组偏振分析器获取测量值来工作。以下各节将偏振测量仪分为四大类,其中最常用的做法是获取多个测量值。完全的斯托克斯偏振测量仪需要至少四次光通量测量,其使用一组线性独立的偏振分析器,以建立四个方程,其中包含四个未知量,即四个斯托克斯参数。许多斯托克斯偏振测量仪使用四次以上的光通量测量来提高信噪比和/或减少系统误差。偏振测量仪可与单色仪或光谱仪组合,以测量斯托克斯参数光谱或米勒矩阵光谱。

7.5.1 时序偏振测量仪

在时序偏振测量仪中,一系列光通量的测量是按时间顺序进行的。在各次测量之间,偏振发生器和分析器发生改变。时序偏振测量仪通常使用旋转的偏振元件或包含一组分析器的滤光轮。

7.5.2 调制偏振测量仪

调制偏振测量仪包含一个偏振分析器,它在时间、空间或波长上周期性地变化。调制偏振测量仪在测量中以高频对通道中的偏振信息进行编码[11]。空间调制偏振测量仪,如微栅偏振测量仪或双折射楔形棱镜偏振测量仪[12],可拍摄瞬态或快速变化现象的偏振图像"快照"。时间调制偏振测量仪使用周期性变化的元件,例如电机带动匀速旋转的延迟器[13]、光弹调制器[14]和正弦变化的液晶[15]。此类偏振测量仪可用于捕获时间静态场景的高空间分辨率图像。

光谱调制偏振测量仪在偏振器前利用厚双折射晶体的延迟色散，使分析器矢量随波长变化，并将偏振编码到光谱信息中，然后将光谱信息传递给光谱仪，在光谱仪中测量光谱。入射光无偏振时，光谱不改变。随着偏振度的增加，大致出现了光谱的余弦调制，这些“通道光谱”的振幅表示偏振度。

通常，当测量偏振或强度呈现空间变化的场景时，空间调制偏振测量仪被认为具有误差缺陷[16]，而时间调制偏振测量仪被认为在测量时间变化的场景时存在误差[17]。当被测物体的光通量或偏振随波长变化时，光谱调制偏振测量仪[18]具有类似的缺陷。尽管如此，Tyo 已经表明，如果相应的偏振或强度变化满足带宽限制，则可以进行无缺陷偏振测量[19-20]。

7.5.3　分振幅

分振幅偏振测量仪利用分束器将测量光束分开，并将它们导向多个分析器和探测器。分振幅偏振测量仪可以同时获得多个测量值，为快速变化场景的测量或移动平台的测量提供了优势。许多分振幅偏振测量仪使用偏振分束器对光束同时进行分束和分析。

7.5.4　分孔径

分孔径偏振测量仪使用多个并行工作的偏振分析器。偏振测量仪光束的孔径被细分。每束光通过一个单独的偏振分析器传播到一个单独的探测器。探测器通常同步以同时获取测量值。这在原理上类似于 3D 电影系统中使用的偏光眼镜，在该应用中，不同的分析器放置在每只眼睛上，通常是右旋和左旋圆分析器，向每只眼睛同时呈现两个不同的透视场景。

7.5.5　成像偏振测量仪

当偏振测量仪的探测器是焦平面阵列时，可使用不同分析器采集一系列图像(原始图像)，从而测算出斯托克斯矢量图像或米勒矩阵图像。

成像偏振测量仪特别容易受到原始图像未对齐的影响，因为偏振特性是根据光通量测量值之间的差异确定的。由于虚假偏振与实际偏振混合，这种未对齐会导致图像中的偏振瑕疵。由于目标运动、偏振测量仪运动、振动和旋转元件轻微楔形造成的光束漂移，会出现原始图像未对齐问题。偏振瑕疵在图像强度变化最快的区域、物体边缘和点源附近最大。物体边缘通常是入射角和散射角较大的地方。在这些区域周围，通常预计会出现最大的偏振。由于振动、图像运动和图像未对齐，这些区域也是数据最可疑的区域。其他误差源于不完美的偏振元件和探测器噪声。

当目标源光通量在原始图像之间波动时，整个图像会出现均匀的偏振误差。在室外斯托克斯图像中，目标源波动是一个严重的问题，因为阳光由于云的运动而产生波动。

许多偏振图像和光谱，甚至那些已发表的，都是不准确的。在本书作者的偏振实验室中，有严格的偏振测量仪操作程序，许多数据采集过程都经过评估，然后将可疑数据丢弃并重新测量。测量中会存在杂散光、单色仪校准和漂移、测量期间进入房间内的环境光、样品未对齐、软件问题以及与建筑物通风系统和电源相关的问题。建议以一定程度的怀疑态度进行所有偏振测量,直到清楚了解测量系统和测量环境,并给出适当的测试和校准。

7.6 斯托克斯偏振测量仪配置

根据成本、速度、精度、尺寸和其他考虑因素,偏振测量仪由多种偏振发生器构成。所有的偏振测量仪都包含一个或多个偏振器来分析偏振。大多数偏振测量仪也使用延迟器来为分析偏振态提供多样性。这些延迟器可以是旋转的波片或延迟量可调的延迟器,例如液晶器件、电光调制器和其他延迟调制器。本节将介绍一些常见的偏振测量仪配置,并讨论其关键特性。

7.6.1 同时偏振测量

两类偏振测量仪可进行同时偏振测量:分孔径偏振测量仪和分振幅偏振测量仪。7.4节所述的偏振测量仪是时序偏振测量仪,随着偏振分析器改变,用单个探测器进行一系列测量。当光在测量序列中快速波动时,时序偏振测量仪会产生明显的偏振误差。

某些偏振测量仪可同时进行所有测量。光源,如爆炸或火箭羽状尾焰,会改变其亮度或移动太快,以至于无法通过时序偏振测量仪进行精确测量。在分波前偏振测量技术中,入射波前被空间分割,在空间的不同点进行同时测量。或者,在分振幅偏振测量技术中,使用分束器分割入射波前的振幅,然后并行使用多个分析器和探测器。这两类偏振测量仪通常没有活动部件。

1. 分孔径偏振测量术

分孔径偏振测量术使用独立的偏振元件分析波前的不同部分。例如,可以将多个相机指向同一场景,每个相机或辐射计中集成了不同的偏振器。在太空中运用的第一台分孔径偏振测量仪使用了一对视轴校准摄像机(指向完全相同方向的摄像机),它们在航天飞机上飞行[21-22]。在每个摄像机前面放置一个线偏振器,偏振器轴线相互正交。探测器必须进行空间校准,以便每个焦平面上探测器像元的视野能够很好地对齐。

2. 分焦平面偏振测量术

分焦平面偏振测量术使用集成于焦平面上的偏振分析器阵列,以便相邻像素分析不同的偏振态。这些也被称为微偏振器阵列偏振测量仪,因为它们包含与焦平面阵列(例如CCD或CMOS图像传感器)集成在一起的像素大小的微偏振器阵列[23-25]。图7.7显示了一个微偏振器阵列的例子,其中定向为0°、45°、90°、135°的四个线偏振器阵列重复位于焦平面上。最早的方案是使用红外线栅偏振器[26],因为它们的线尺寸和线间距较大,比可见光线栅偏振器更容易制造。随着线栅偏振器技术的发展,出现了可见光线栅偏振器和微偏振器阵列[27]。可以使用多种偏振器方案,并且分析器可以是线偏、椭偏或圆偏的[15]。此项技术需要从几个像素进行光通量测量,以计算该组像素的斯托克斯参数,然后在图像上重复进行数据缩减。图7.8显示了微偏振器阵列的米勒矩阵测量成像示例,其中 M_{01} 和 M_{10} 元素显示0°和90°偏振器元件,M_{02} 和 M_{20} 元素显示45°和135°偏振器元件。对于这种微偏振器阵列,偏振器元件都是线性的;没有测量到圆偏分量,因此这是一个非完全的偏振测量仪。

图 7.7　微偏振器阵列具有重复的一组偏振器，适于放置在焦平面阵列上，使相邻像素分析不同的偏振态

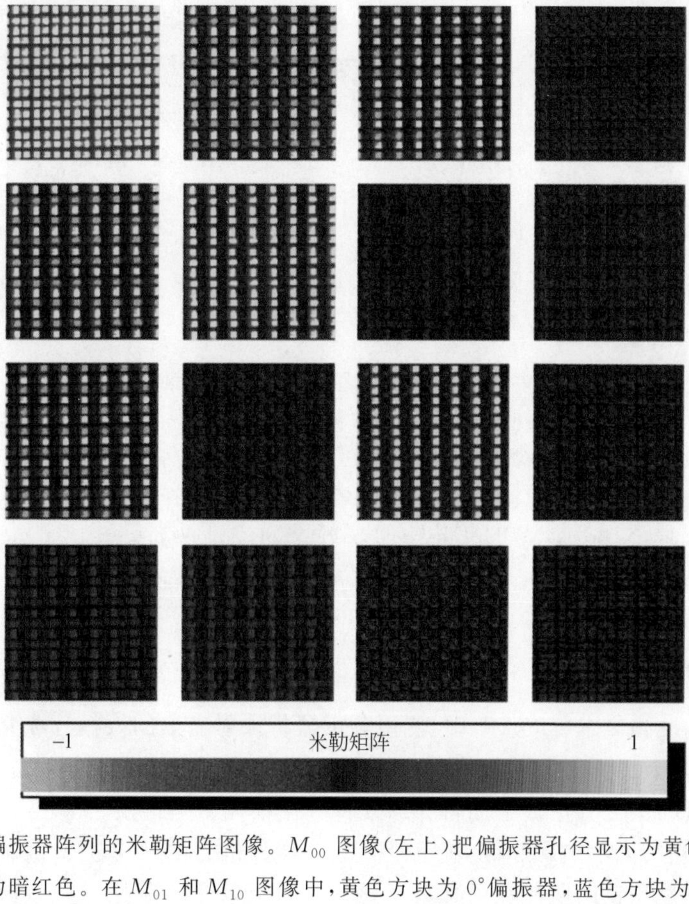

图 7.8　微偏振器阵列的米勒矩阵图像。M_{00} 图像(左上)把偏振器孔径显示为黄色，不透明区域为暗红色。在 M_{01} 和 M_{10} 图像中，黄色方块为 0°偏振器，蓝色方块为 90°偏振器。类似地，在 M_{02} 和 M_{20} 图像中，黄色方块为 45°偏振器，蓝色方块为 135°偏振器。理想情况下，最后一列和最后一行都为零。该图像的定量分析给出了偏振器二向衰减和方向误差的精确测量值

微偏振器阵列偏振测量仪方法的优点是尺寸小,可用偏振元件阵列同时测量斯托克斯参数。不同偏振元件的数量会造成探测器分辨率降低,以及偏振元件模式中存在信息的空间位移,这是它的缺点。早期的微偏振器阵列被制作成一些单独的元件,然后小心地在焦平面上方对齐。阵列和探测器阵列之间的间隔会导致大光锥的串扰,因为很多光在到达预期像素之前穿过了相邻的偏振器。也就是说,通过一个偏振器元件的光可以到达相邻像素。从探测器表面反射的光也可以从微偏振器阵列再次反射回探测器,从而导致出现问题。把微偏振器阵列直接制作在 CMOS 或 CCD 表面上,可将相邻像素之间的这种串扰最小化,也能最小化多次反射。

线性元件的微偏振器阵列很常见。还开发了使用二向色染料的椭圆偏振元件阵列,用于测量全斯托克斯图像,如图 7.9 所示。将薄的光聚合性聚合物层布施于衬底上,然后用某种模式的偏振紫外光产生像素化的排列层。一种液晶聚合物薄膜被用作延迟器,其快轴通过取向层定向,然后在紫外光下聚合成硬膜。添加具有光滑上表面的隔离层以形成偏振器的衬底。重复该过程以制造偏振器层,该偏振器层由掺杂有染料的液体聚合物组成。图 7.10 和图 7.11 显示了偏振图像的示例,包括线偏振度(DoLP),由采用该技术的全斯托克斯分焦面偏振测量仪测得。

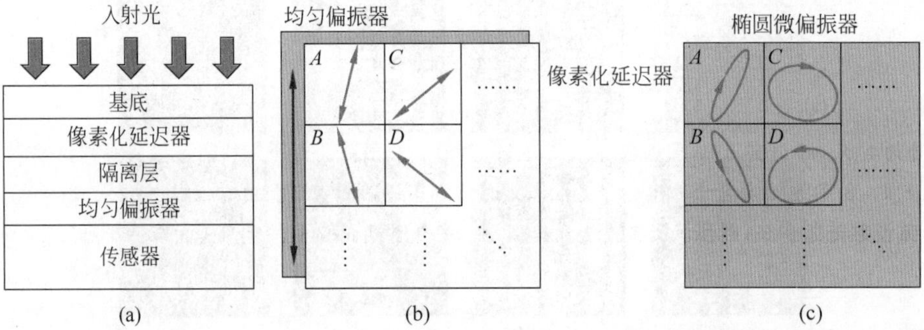

图 7.9 (a)全斯托克斯微偏振器阵列,它制作在衬底上,具有像素化的延迟层、隔离层和均匀偏振器层,并紧靠传感器。(b)像素化的线性延迟器阵列,制作成四个方向:A、B、C 和 D。光传播通过像素化延迟器,然后通过均匀线性偏振器。(c)相应的分析态由椭圆表示:A、B、C 和 D,它们位于庞加莱球面的最优位置(经由 OSA Optics Express 提供;W.-L. Hsu, G. Myhre, K. Balakrishnan, N. Brock, M. Ibn-Elhaj, and S. Pau, Full-Stokes imaging polarimeter using an array of elliptical polarizer, Opt. Express 22(3), 3063-3074(2014)中的图 2[28])

3. 分振幅偏振测量术

在分振幅偏振测量术(DOAP)中,使用分束器将入射光束的振幅分成几个分量,然后进行分析,最后在多个探测器上进行检测。例如,偏振分束器或沃拉斯顿棱镜可以将光束分成两个可单独测量的正交分量。下面将介绍几种分振幅偏振测量仪。

DOAP 可以使用两个探测器,利用偏振分束器分析光的两个正交偏振分量,也可以使用四个探测器测量完整的斯托克斯参数。要分析两个以上的斯托克斯参数,分振幅偏振测量仪的第一个分束器必须是部分偏振的,而不是完全偏振的。如果初始分束器是偏振的(透射偏振度为 1),则在第一个分束器处光会被完全解析为两种偏振态,随后的分束器无法测量

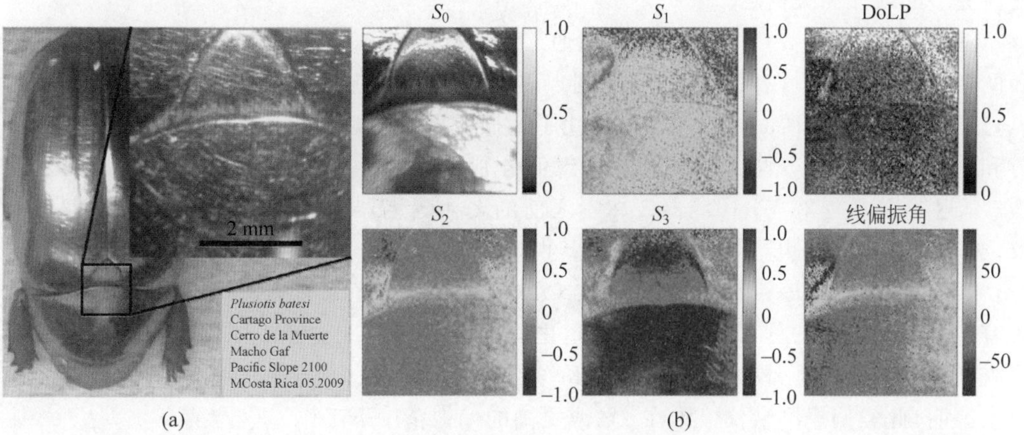

图 7.10　用全斯托克斯分焦平面偏振测量仪拍摄的一种甲虫 Plusiotis batesi 的全斯托克斯图像，其外壳反射的圆偏振光。(a)整个甲虫的图像，其中小正方形表示头部附近的测量区域，并放大显示在图框的右上角。(b)测量得到的偏振参数：S_0、S_1、DoLP、S_2、S_3 和线偏振角。S_3 图像显示了这种甲虫外骨骼的显著特征，它将非偏振的入射光反射为几乎是左旋圆偏振光(经由 OSA Optics Express 提供；W.-L. Hsu，J. Davis，K. Balakrishnan，M. Ibn-Elhai，S. Kroto，N. Brock，and S. Pau，Polarization microscope using a near infrared full-Stokes imaging polarimeter，Opt. Express 23(4)，4357-4368(2015)中的图 9[29])

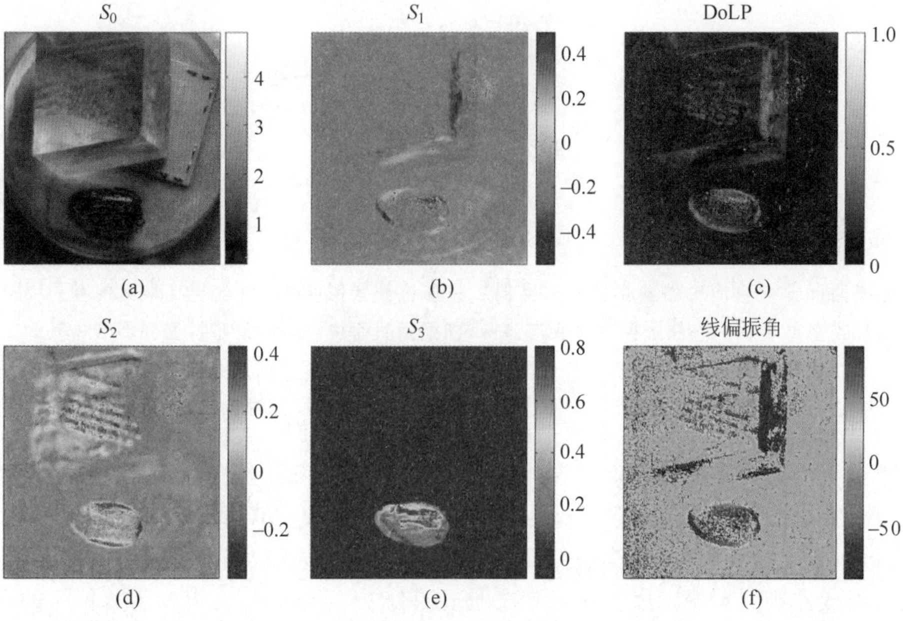

图 7.11　(a)甲虫的光强图像 S_0，底部黑色物体为甲虫，中上方为方解石晶体。甲虫在 S_1、DoLP 和 S_2 中表现出一些线性偏振。引人注目的效果是甲虫在 S_3(e)中所表现出的实质性圆偏振。请注意，图像中没有任何其他圆偏振(经由 OSA Optics Express 提供；W.-L. Hsu，G. Myhre，K. Balakrishnan，N. Brock，M. Ibn-Elhaj，and S. Pau，Full-Stokes imaging polarimeter using an array of elliptical polarizer，Opt. Express 22(3)，3063-3074(2014)中的图 8[28])

任何更多的线性无关信息。

图 7.12 为 Gamiz[30] 提出的一种四通道 DOAP,使用一个部分偏振分束器、两个延迟器和两个偏振分束器。在四个探测器上进行测量。选择偏振元件分析庞加莱球面上的四个点,这四个点位于正四面体顶点。这优化了偏振数据约简矩阵的条件数(7.11 节)。对于平行和垂直的分量,部分偏振分束器的理想值分别接近 80%和 20%。探测器 1 和 2 之前的 $\lambda/2$ 延迟器方向为 22.5°,探测器 3 和 4 之前的 $\lambda/4$ 延迟器方向为 45°。对于成像偏振测量仪,必须注意确保探测器的空间对齐和探测器响应的均衡。理想情况下,四个焦平面对准到 1/100 像素间距,放大率和畸变控制在类似水平。对朗契光栅和类似的周期性图案成像,并观察四个探测器上的莫尔条纹,可使通道之间实现这种精准对齐。使用不同探测器重建斯托克斯参数的缺点是,校准中的小误差和探测器之间的漂移会导致 DoLP 的测量不确定性。事实证明,此类偏振测量仪极难在 1%或更高的偏振精度下工作。

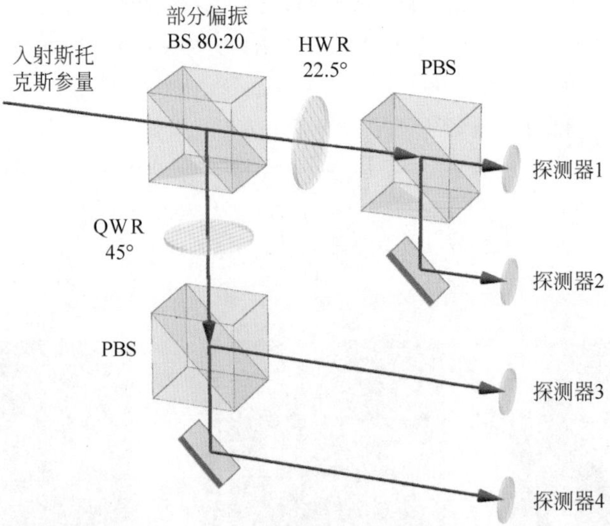

图 7.12　一种四通道分振幅偏振测量仪,设计成四束平行光出射。第一个元件是部分偏振分束器,它透过 0.8 的 p 偏振光通量和 0.2 的 s 偏振光通量;其余的光通量反射。PBS 是偏振分束器,QWR 是四分之一波长延迟器,HWR 是半波长延迟器

另一种 DOAP 方案如图 7.13 所示,输出四束光,解析为 I_0、I_{90}、I_{45} 和 I_{135},所有出射光束平行且处于相同偏振态,在页面平面内偏振。下面我们逐个分析四束光。入射光由非偏振分束器分光。其中反射光束在内部反射,并被偏振分束器分光。①p 偏振的透射光束,它被解析且在页面平面内偏振(90°),再次发生内反射并从底部射出。②s 偏振的反射光束(现在它被解析为沿 z 偏振),它透过 45°的四分之一波片,变成右旋圆偏振光,从顶部的反射镜正反射成左旋圆偏振光束。在第二次通过四分之一波片后,光束变为 p 偏振的,因此它透过偏振分束器,从底部射出,它沿 z 偏振,但解析的是 0°偏振的入射光束。回过头来看非偏振分束器透射的光束(水平方向的黑色箭头),该光束通过两个立方体宽度的间隔块,并通过定向为 22.5°的半波线性延迟器,这将使线性偏振旋转 45°。光束入射到偏振分束器上。③入射到 DOAP 上的 45°光分量现在取向为 0°,该 s 偏振光向上反射。另一个 45°的四分之一波片和一个反射镜将光束转换为向下传播的 90°偏振光,由于其在偏振分束器处为 p 偏振

光，因此被透射并从 DOAP 底部射出，并且包含入射光 45°分量的一半。④回到第二个 PBS，入射到 DOAP 上的 135°光分量现在定向为 90°，该 p 偏振光被透射。该光束在 DOAP 的最右侧发生内反射，并以 90°取向射出，但解析的是 135°入射光。因此，在出口处，最左边的光束解析为 I_0，然后是 I_{90}、I_{45} 和直到右边的 I_{135}，但都沿 z 偏振。请注意，所有四束光的路径长度相等；路径长度等于立方体元件宽度的五倍。

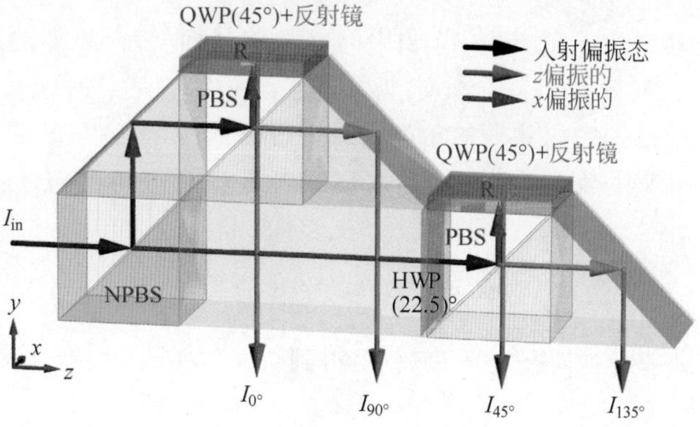

图 7.13　一种用于线偏振的分振幅偏振测量仪，四束光程长度相等的光束在同一方向上出射

另一种不同类型的 DOAP 是四探测器偏振测量仪，一种完全的斯托克斯偏振测量仪，由 Azzam[31] 提出，其中光束依次照射四个探测器，如图 7.14 所示。照射第一个探测器的部分光被反射到第二个探测器，其中较大部分的 p 偏振光透射进第一个探测器并在第一个探测器处测量，而更多的 s 偏振光被镜面反射到第二个探测器。类似地，旋转第二检测器以优先测量入射的 45°分量。同样，第三个探测器对光进行部分分析，反射出不同的偏振态到第四个探测器。最后一个探测器在正入射时基本上吸收所有剩余的光。任何朝向偏振测量仪入口的后向反射光都会被前三个探测器部分探测到，从而提高整体灵敏度。探测器镀有薄膜，设计使得反射时产生特定延迟，使偏振测量仪对入射圆偏振和线偏振灵敏。每个探测器测得的信号与它吸收的部分光成正比，该吸收的部分光是斯托克斯参数的线性组合。为了测量 S_2 和 S_3，偏振测量仪需要面外反射。这种类型的偏振测量仪对入射角非常敏感，为达到 1% 的测量精度，入射角准确度应优于 0.1°。

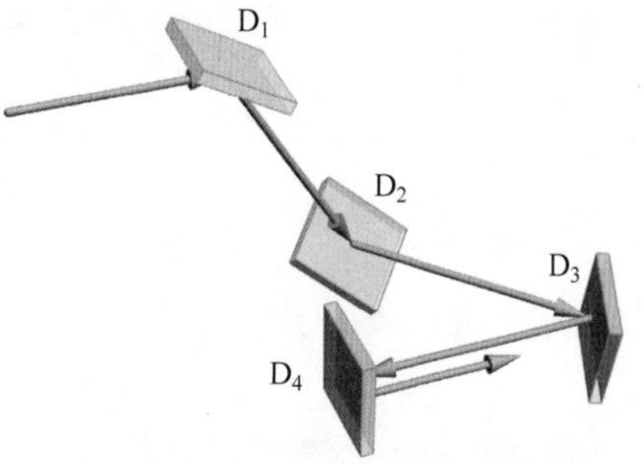

图 7.14　在 Azzam 提出的四探测器偏振测量仪中，光在每个探测器上被部分探测，每个探测器反射光的偏振态发生了变化

7.6.2　旋转元件偏振测量术

许多斯托克斯偏振测量仪使用旋转偏振元件（旋转线性延迟器或旋转偏振器）来实时调制要检测的光。根据不同配置，可以测量斯托克斯参数的不同组合。

1. 旋转分析器偏振测量仪

旋转分析器偏振测量仪(图 7.15)通过旋转探测器前面的偏振器来测量线性斯托克斯参数。作为分析器透光轴 θ 函数的偏振测量仪分析器矢量为

$$\boldsymbol{A}(\theta)=\frac{1}{2}(1 \quad \cos(2\theta) \quad \sin(2\theta) \quad 0)^{\mathrm{T}} \tag{7.42}$$

上标 T 表示转置为列向量。在图 7.15(b)中的庞加莱球面上,分析器的迹线是绿色显示的沿赤道的圆圈。因为 $\boldsymbol{A}$ 的最后一个元素为零,这是一个不完全的偏振测量仪,无法测量 S_3。当在几倍 180°的范围内以相等的角度增量进行测量时,很容易发展出基于傅里叶级数的数据约简算法。如果获得了几倍 180°角度范围内的 Q 个等间距光通量测量值,信号是周期的。

$$\theta_q=q\Delta\theta,\quad \Delta\theta=n\,\frac{180^\circ}{Q},\quad \text{其中 } q=0,1,2,\cdots,Q-1 \tag{7.43}$$

把分析器矢量作用到前三个斯托克斯参数上,得到

$$\begin{aligned} P(\theta)&=\boldsymbol{A}(\theta)\cdot\boldsymbol{S}\\ &=\frac{1}{2}(1 \quad \cos(n\theta) \quad \sin(n\theta))^{\mathrm{T}}\cdot(S_0 \quad S_1 \quad S_2)^{\mathrm{T}}\\ &=\frac{1}{2}(S_0+S_1\cos(n\theta)+S_2\sin(n\theta)) \end{aligned} \tag{7.44}$$

因此,若将偏振器旋转 360°($n=2$)并以等角间距获取光通量,则数据可表示为傅里叶级数

$$P(\theta)=a_0+a_2\cos(2\theta)+b_2\sin(2\theta) \tag{7.45}$$

其中,信号被调制在二次谐波上,且一次谐波系数为零($a_1=0=b_1$)。测得的斯托克斯参数为

$$S_0=2a_0,\quad S_1=2a_2,\quad S_2=2b_2 \tag{7.46}$$

偏振的方向 ψ、线偏振度 DoLP 为

$$\psi=\frac{1}{2}\arctan\left(\frac{S_2}{S_1}\right)=\frac{1}{2}\arctan\left(\frac{b_2}{a_2}\right),\quad \mathrm{DoLP}=\frac{\sqrt{S_1^2+S_2^2}}{S_0}=\frac{\sqrt{b_2^2+a_2^2}}{a_0} \tag{7.47}$$

旋转偏振器偏振测量仪的一个问题是,大多数探测器具有一定的偏振灵敏度,它们对相同光通量的不同线偏振态的响应略有不同。例如,对于光电二极管,当线偏振平面旋转时,响应度可变化 0.25%至 2%。为使偏光测量具有 1%的精度水平,需要通过校准将此类探测器灵敏度和任何其他光学元件的灵敏度(二向衰减)纳入分析器矢量,从而提高偏振数据约简矩阵的精度。该探测器灵敏度在下面的偏振测量仪方案中进行研究。

2. 旋转分析器加上固定分析器偏振测量仪

解决探测器残余偏振灵敏度问题的一种方法是将旋转分析器与另一个固定分析器结合使用。因此,如图 7.16 所示,经第二个分析器(折转反射镜、光栅等)后,系统再通过任何光学元件到探测器仅透射单一偏振态。一个缺点是,通过这对分析器的平均透射率从一半减少到四分之一。另一个缺点是,对于偏振态与第二个分析器接近正交的光源而言,光通量始终较低,使得在该偏振态附近的测量精度较低。

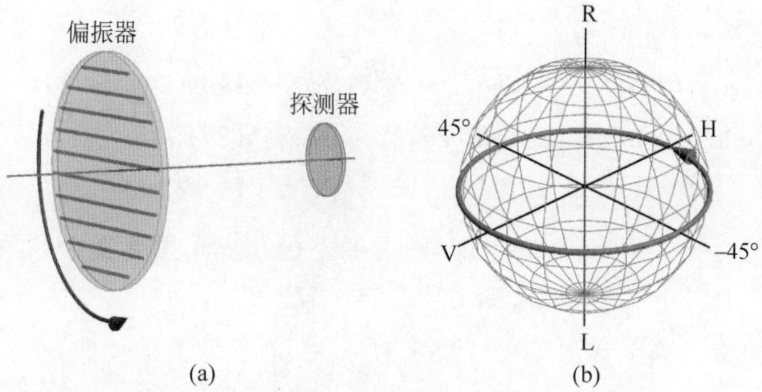

图 7.15　(a)旋转分析器偏振测量仪旋转探测器或相机前的偏振器，测量 S_0、S_1 和 S_2。(b)旋转偏振器偏振测量仪的分析器矢量围绕庞加莱球的赤道移动

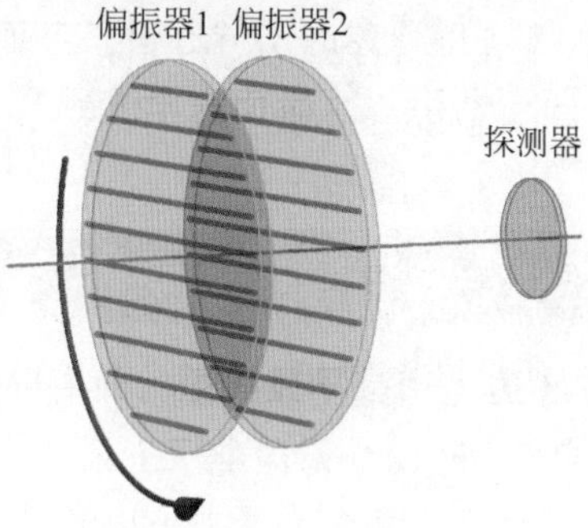

图 7.16　旋转分析器和探测器之间有固定分析器的偏振测量仪，可消除探测器或第二个偏振器之后的光学元件的二向衰减问题，因为它在偏振器 2 后透射固定的偏振态

3. 旋转延迟器和固定分析器的偏振测量仪

最常见的旋转元件偏振测量仪是旋转延迟器偏振测量仪，因为易于组装和校准，并且因为所有四个斯托克斯参数都能测量，所以偏振测量仪是完全的。该方案如图 7.17 所示。入射光透射通过旋转的线性延迟器，然后通过固定的线性偏振器，最后，光到达探测器，并在延迟器旋转到一系列角度 θ_q 时获取一系列光通量测量值。

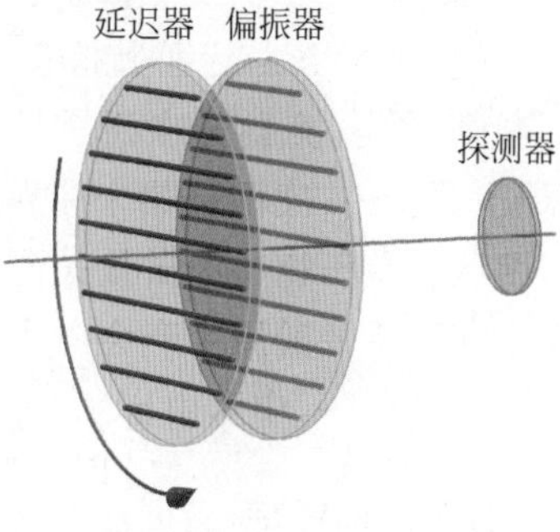

图 7.17　旋转延迟器、固定偏振器的偏振测量仪

调制信号由两个频率组成，可表示为以下傅里叶级数：

$$P = \frac{a_0}{2} + \frac{1}{2}\sum_{n=1}^{2}\left[a_{2n}\cos(2n\theta) + b_{2n}\sin(2n\theta)\right] \tag{7.48}$$

其中 θ 是延迟器的方位角。通过将线偏振光乘以线性延迟器的米勒矩阵来计算分析器矢量。假设一个理想的偏振器，其透光轴方向为 0°，分析器矢量(是延迟器方向和延迟量 δ 的函数)是矩阵的第一行($()_0$ 表示米勒矩阵的顶行(第 0 行))

$$\mathbf{A}(\theta) = (\mathbf{LP}(0)\cdot\mathbf{LR}(\delta,\theta))_0$$

$$=\frac{1}{2}\begin{pmatrix}1\\1\\0\\0\end{pmatrix}^{\mathrm{T}}\cdot\begin{pmatrix}1&0&0&0\\0&\cos^2(2\theta)+\cos\delta\sin^2(2\theta)&(1-\cos\delta)\cos(2\theta)\sin(2\theta)&-\sin\delta\sin(2\theta)\\0&(1-\cos\delta)\cos(2\theta)\sin(2\theta)&\cos\delta\cos^2(2\theta)+\sin^2(2\theta)&\cos(2\theta)\sin\delta\\0&\sin\delta\sin(2\theta)&-\cos(2\theta)\sin\delta&\cos\delta\end{pmatrix}$$

$$=\frac{1}{2}\begin{pmatrix}1\\\cos^2(2\theta)+\cos\delta\sin^2(2\theta)\\(1-\cos\delta)\cos(2\theta)\sin(2\theta)\\-\sin\delta\sin(2\theta)\end{pmatrix}\tag{7.49}$$

例如,如果延迟器的延迟量为 $\delta=\pi/2$,分析器矢量变为

$$\boldsymbol{A}(\theta)=\frac{1}{2}\begin{pmatrix}1\\\cos^2(2\theta)\\\cos(2\theta)\sin(2\theta)\\-\sin(2\theta)\end{pmatrix}=\frac{1}{2}\begin{pmatrix}1\\\dfrac{1+\cos(2\theta)}{2}\\\dfrac{\sin(4\theta)}{2}\\-\sin(2\theta)\end{pmatrix}\tag{7.50}$$

右边的表达式可严格表示为 $\sin(n\theta)$ 和 $\cos(n\theta)$ 项之和,因此光通量 $P(\theta)$ 可以转变为一个傅里叶级数,其中斯托克斯参数与傅里叶系数相关,如式(7.51)所示:

$$\begin{aligned}P(\theta)&=\boldsymbol{A}(\theta)\cdot\boldsymbol{S}\\&=\frac{1}{2}S_0+\frac{1}{4}S_1+\frac{\cos(4\theta)}{4}S_1+\frac{\sin(4\theta)}{4}S_2-\frac{\sin(2\theta)}{2}S_3\\&=a_0+b_2\sin(2\theta)+a_4\cos(4\theta)+b_4\sin(4\theta)\end{aligned}\tag{7.51}$$

因此,采集 θ 旋转 360°以上的光通量测量值序列,将其傅里叶级数写为傅里叶系数形式

$$P(\theta)=a_0+b_2\sin(2\theta)+a_4\cos(4\theta)+b_4\sin(4\theta)\tag{7.52}$$

其他频率分量应为零,或包含噪声。通过变换傅里叶系数,可得斯托克斯参数为

$$S_0=2(a_0-a_4),\quad S_1=4a_4,\quad S_2=4b_4,\quad S_3=-2b_2\tag{7.53}$$

如果光通量测量值序列是在超过 180°的旋转范围内测得的,则信号被调制为 $\cos(2\theta)$、$\sin(2\theta)$ 和 $\sin\theta$。

旋转延迟器偏振测量仪方案的一个优点是,探测器仅观察单个偏振态;因此,探测器的任何偏振灵敏度都不会导致信号调制或影响偏振测量仪的精度。附加光学元件可位于光学系统中的任何位置,但当可能时,最好将其置于偏振器之后。当强偏振元件(如折转反射镜和衍射光栅)放置在偏振器之后时,它们的偏振特性不会影响信号。另一个优点是,由于线偏振器不旋转,因此仅使用单个转台。

6.8.2 节描述了旋转不同延迟量的延迟器的庞加莱球轨迹。如果旋转的延迟器为半波线性延迟器,则迹线绕着赤道,偏振测量仪不完全。分析器矢量的最后一个元素为零,偏振测量仪将不会测量 S_3。分析器分析一个旋转的线性偏振态;偏振测量仪的作用类似于旋转偏光器偏振测量仪。一般来说,当延迟值接近零或接近半波,旋转延迟器偏振测量仪变得不准确,因为偏振测量矩阵变得几乎奇异。

例 7.5　旋转 $\lambda/4$ 延迟器的偏振测量仪

7.6.2 节以光通量值的傅里叶级数形式分析了数据；这里，给出了旋转四分之一波片的偏振数据约简矩阵方法的一个例子。让偏振测量仪在 180°的旋转角度内进行八次测量，这样就在 0°、22.5°、45°、67.5°、90°、112.5°、135°和 157.5°的角度下获得了光通量测量值。偏振测量矩阵为

$$\boldsymbol{W}=\frac{1}{4}\begin{pmatrix}2 & 2 & 0 & 0\\ 2 & 1 & 1 & -\sqrt{2}\\ 2 & 0 & 0 & -2\\ 2 & 1 & -1 & -\sqrt{2}\\ 2 & 2 & 0 & 0\\ 2 & 1 & 1 & \sqrt{2}\\ 2 & 0 & 0 & 2\\ 2 & 1 & -1 & \sqrt{2}\end{pmatrix} \tag{7.54}$$

请注意，第一行等于第五行，因为当延迟器的快轴平行或垂直于偏振器的透光轴时，分析器矢量相同。这种冗余对 $\boldsymbol{W}$ 矩阵分析法无碍，它把提供的任意测量值序列利用了起来。斯托克斯参数由偏振数据约简矩阵 $\boldsymbol{W}_P^{-1}$ 乘以测得的光通量矢量 $\boldsymbol{P}$ 确定，

$$\boldsymbol{S}=\boldsymbol{W}_P^{-1}\cdot\boldsymbol{P}=\frac{1}{4}\begin{pmatrix}-1 & 1 & 3 & 1 & -1 & 1 & 3 & 1\\ 4 & 0 & -4 & 0 & 4 & 0 & -4 & 0\\ 0 & 4 & 0 & -4 & 0 & 4 & 0 & -4\\ 0 & -\sqrt{2} & -2 & -\sqrt{2} & 0 & \sqrt{2} & 2 & \sqrt{2}\end{pmatrix}\begin{pmatrix}P_0\\ P_{22.5}\\ P_{45}\\ P_{67.5}\\ P_{90}\\ P_{112.5}\\ P_{135}\\ P_{157.5}\end{pmatrix} \tag{7.55}$$

傅里叶分量出现在 $\boldsymbol{W}$ 的列和 $\boldsymbol{W}_P^{-1}$ 的行中。$\boldsymbol{W}_P^{-1}$ 的第二行和第三行分别具有余弦和正弦的两个周期。最下面一行有一个正弦周期。

7.6.3　可变延迟器和固定偏振器组合的偏振测量仪

可变延迟器允许控制延迟量大小，同时快轴和慢轴保持固定，如图 7.18(a)所示。图 7.18(b)所示的偏振测量仪，在线偏振器前面有一个可变线性延迟器(如液晶盒、电光调制器或光弹调制器)，可以测量庞加莱球单个圆上的偏振态[8]。通常，可变延迟器的快轴与偏振器透光轴成 45°角，以获得庞加莱球面上的最长圆弧。例如，对于快轴为 0°的延迟器和透光轴为 45°的偏振器，分析器矢量 $\boldsymbol{A}(\delta)$ 是偏振元件米勒矩阵的首行，

$$\mathbf{A}(\delta)=(\mathbf{LP}(\pi/4)\cdot\mathbf{LR}(\delta,0))_0=\frac{1}{2}\begin{pmatrix}1\\0\\1\\0\end{pmatrix}^{\mathrm{T}}\cdot\mathbf{LR}(\delta,0)$$

$$=\frac{1}{2}\begin{pmatrix}1\\0\\1\\0\end{pmatrix}^{\mathrm{T}}\cdot\begin{pmatrix}1&0&0&0\\0&1&0&0\\0&0&\cos\delta&\sin\delta\\0&0&-\sin\delta&\cos\delta\end{pmatrix}=\frac{1}{2}\begin{pmatrix}1\\0\\\cos\delta\\\sin\delta\end{pmatrix}\tag{7.56}$$

因此,对于快轴位于0°的可变延迟器,其后接一个45°偏振器,可以测量S_0、S_2和S_3,但不能测量S_1。

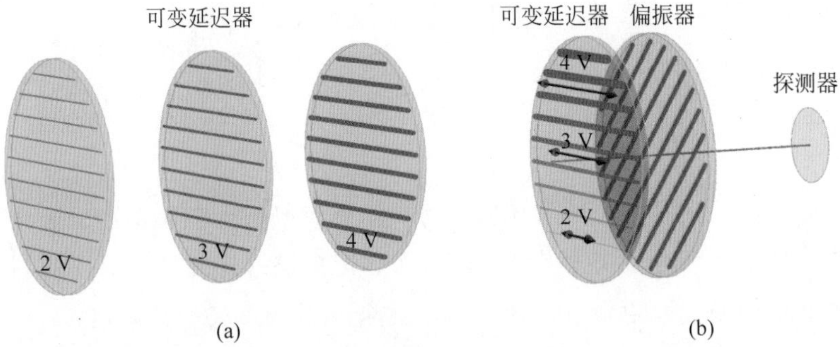

图7.18 (a)液晶可变线性延迟器具有电控可调的延迟量,由线粗细示意。(b)可变延迟器置于线偏振器前面的偏振测量仪。最佳情况下,延迟器的快轴位于与偏振器透光轴成45°的位置。施加于液晶盒上随时间变化的电压由可变延迟器上的不同电压值和线粗细表示

使用两个可变延迟器,可以构建一个完全的分析仪,能够测量所有偏振态(图7.19)。最佳方向是将第二个快轴放置在距离第一个延迟器透光轴45°的位置。例如,第一个可变延迟器的快轴选取为45°方向,第二个可变延迟器的快轴选取为0°方向,以及偏振器透光轴选取为135°方向,所得分析器矢量为

$$\mathbf{A}(\delta_1,\delta_2)=(\mathbf{LP}(-\pi/4)\cdot\mathbf{LR}(\delta_2,0)\cdot\mathbf{LR}(\delta_1,\pi/4))_0$$

$$=\frac{1}{2}\begin{pmatrix}1\\0\\-1\\0\end{pmatrix}^{\mathrm{T}}\cdot\begin{pmatrix}1&0&0&0\\0&1&0&0\\0&0&\cos\delta_2&\sin\delta_2\\0&0&-\sin\delta_2&\cos\delta_2\end{pmatrix}\cdot\begin{pmatrix}1&0&0&0\\0&\cos\delta_1&0&-\sin\delta_1\\0&0&1&0\\0&\sin\delta_1&0&\cos\delta_1\end{pmatrix}$$

$$=\frac{1}{2}\begin{pmatrix}1\\-\sin\delta_1\sin\delta_2\\-\cos\delta_2\\-\cos\delta_1\sin\delta_2\end{pmatrix}\tag{7.57}$$

7.6.4 光弹调制器偏振测量仪

可变线性延迟器的一种常见形式是光弹调制器或PEM。如第25章所述,对透明材料

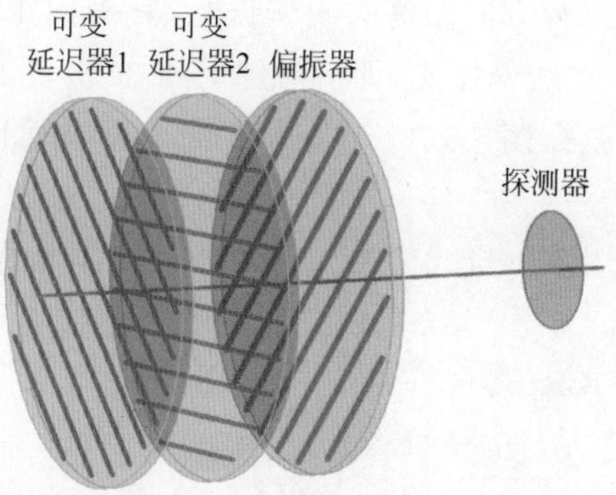

图 7.19　由两个可变线性延迟器构成的偏振分析仪可以构成一个完全的、能够分析所有偏振态的斯托克斯偏振仪。最佳情况下，延迟器 1 和延迟器 2 的快轴间隔 45°，且偏振器的透光轴与快轴 2 成 45°

施加力会由于应力诱导双折射而产生延迟。可变延迟器可以通过对透明元件施加力来制造，但由于玻璃和其他合适材料中的应力光学系数值很小，所以需要施加较大的力。克服这一限制的一种聪明方法是 PEM，该方法由巴多兹于 20 世纪 60 年代发明[32]，并由肯普进一步发展[33]。20 世纪 70 年代，Hinds 仪器公司将 PEM 商业化，该公司开发了一系列 PEM 产品以及基于 PEM 的椭偏仪和偏光测量仪[34]。

为了构造 PEM，需要制作高度共振的元件形状。机械品质因数(Q 因数)超过 10^4 的元件很容易制造。当用压电换能器发出的声波以元件的基频激励时，晶体内的驻波振幅迅速增加至驱动信号振幅的 10^4 倍，并且在小于 0.5W 的合理的驱动信号下实现了显著的双折射和延迟。产生的延迟是余弦调制的，并保持非常稳定的延迟振荡频率。对于沿 x-y 轴的延迟调制，PEM 的时间相关米勒矩阵 $\mathbf{LR}(t,\delta_0,\theta=0)$ 为

$$\mathbf{LR}(t,\delta_0,\theta=0)=\begin{pmatrix}1 & 0 & 0 & 0\\0 & 1 & 0 & 0\\0 & 0 & \cos(\delta_0\cos\omega t) & \sin(\delta_0\cos\omega t)\\0 & 0 & -\sin(\delta_0\cos\omega t) & \cos(\delta_0\cos\omega t)\end{pmatrix}\tag{7.58}$$

其中，ω 是声波频率的 2π 倍，δ_0 是余弦延迟的幅值。通过改变驱动声波的振幅，可将延迟量调制振幅 δ_0 调整为例如四分之一波、半波或更大的振幅。

PEM 与 $\lambda/4$ 延迟器相结合，可构成圆延迟调制器，使入射线偏振光的方向发生振荡。圆延迟调制器是由两个正交 $\lambda/4$ 线性延迟器和位于两者之间的一个 PEM 可变线性延迟器组成，可由米勒矩阵方程描述

$$\begin{aligned}\mathbf{CR}(t)&=\mathbf{LR}(\pi/2,\pi/4)\cdot\mathbf{LR}(\delta_0\cos\omega t,0)\cdot\mathbf{LR}(\pi/2,-\pi/4)\\&=\begin{pmatrix}1 & 0 & 0 & 0\\0 & 0 & 0 & -1\\0 & 0 & 1 & 0\\0 & 1 & 0 & 0\end{pmatrix}\cdot\begin{pmatrix}1 & 0 & 0 & 0\\0 & 1 & 0 & 0\\0 & 0 & \cos(\delta_0\cos\omega t) & \sin(\delta_0\cos\omega t)\\0 & 0 & -\sin(\delta_0\cos\omega t) & \cos(\delta_0\cos\omega t)\end{pmatrix}\cdot\begin{pmatrix}1 & 0 & 0 & 0\\0 & 0 & 0 & 1\\0 & 0 & 1 & 0\\0 & -1 & 0 & 0\end{pmatrix}\\&=\begin{pmatrix}1 & 0 & 0 & 0\\0 & \cos(\delta_0\cos\omega t) & \sin(\delta_0\cos\omega t) & 0\\0 & -\sin(\delta_0\cos\omega t) & \cos(\delta_0\cos\omega t) & 0\\0 & 0 & 0 & 1\end{pmatrix}\end{aligned}\tag{7.59}$$

当线偏振光入射时,输出为方向振荡的线偏振光,其来回正弦摆动。例如,如果延迟量振幅 δ_0 是 $\lambda/4$,入射光波是 0°线偏振光,即沿时钟上的 3:00 到 9:00 轴对齐,则输出光的方向在 12:00 到 6:00 之间正弦振荡。式(7.59)是在庞加莱球面上旋转偏振元件本征态的酉变换示例。

PEM 与线偏振器结合用来分析线偏振。PEM 圆延迟调制器后接 0°线偏振器具有下面的分析器矢量

$$
\begin{aligned}
\mathbf{A}(t) &= (\mathbf{LP}(0)\cdot\mathbf{CR}(\delta_0))_0 \\
&= \left[\frac{1}{2}\begin{pmatrix}1&1&0&0\\1&1&0&0\\0&0&0&0\\0&0&0&0\end{pmatrix}\cdot\begin{pmatrix}1&0&0&0\\0&\cos(\delta_0\cos\omega t)&\sin(\delta_0\cos\omega t)&0\\0&-\sin(\delta_0\cos\omega t)&\cos(\delta_0\cos\omega t)&0\\0&0&0&1\end{pmatrix}\right]_0 \\
&= \frac{1}{2}\begin{pmatrix}1\\1+\cos(\delta_0\cos\omega t)\\\sin(\delta_0\cos\omega t)\\0\end{pmatrix}
\end{aligned}
\tag{7.60}
$$

7.6.5 节多角度成像气溶胶偏振测量仪有两个通道,一个通道在 PEM 之后有一个 0°偏振器,另一个通道在相同 PEM 之后有一个并行的 45°偏振器。对于 45°通道,分析器矢量为

$$
\begin{aligned}
\mathbf{A}(t) &= (\mathbf{LP}(\pi/4)\cdot\mathbf{CR}(\delta_0))_0 \\
&= \left[\frac{1}{2}\begin{pmatrix}1&0&1&0\\0&0&0&0\\1&0&1&0\\0&0&0&0\end{pmatrix}\cdot\begin{pmatrix}1&0&0&0\\0&\cos(\delta_0\cos\omega t)&\sin(\delta_0\cos\omega t)&0\\0&-\sin(\delta_0\cos\omega t)&\cos(\delta_0\cos\omega t)&0\\0&0&0&1\end{pmatrix}\right]_0 \\
&= \frac{1}{2}\begin{pmatrix}1\\1-\sin(\delta_0\cos\omega t)\\\cos(\delta_0\cos\omega t)\\0\end{pmatrix}
\end{aligned}
\tag{7.61}
$$

PEM 的一些优点包括大孔径、低工作电压、高的耐受光功率(与高功率激光器一起使用)和宽接收角[35]。因为延迟是由驻波产生的,所以存在延迟的空间变化,在元件中心周围近似为二次方。PEM 通常由玻璃、熔融石英、ZnSe 和 CaF_2 构成,在宽光谱范围内具有透过性。由于频率稳定性高,偏振测量灵敏度(精度)优于 10^{-5}[36-38]。

典型的 PEM 元件尺寸为几十厘米,产生的基频范围为 20～80kHz。因此,PEM 偏振测量仪需用高速探测器测量,以兆赫兹速率解析调制。PEM 调制器的低频应用不实际,因为元件尺寸会过大。两个 PEM 可以成对工作,频率略有不同。然后,延迟信号包含平均频率处的高频信号和拍频处的低频信号,给出的低频调制可使用相机或其他较慢探测器进行测量。PEM 常置于一对四分之一波长延迟器之间用作电-光圆延迟调制器。

7.6.5 MSPI 和 MAIA 成像偏振测量仪

基于 PEM 的成像偏振测量仪的两个例子是喷气推进实验室为大气气溶胶遥感而开发的 AirMSPI 和 MAIA 偏振测量仪。这些偏振测量仪使用 7.6.4 节所述的线偏振器前的圆

延迟调制器去调制入射偏振，可测量前三个斯托克斯参数。

AirMSPI，如图 7.20(a)所示，是机载多角度光谱偏振成像仪的缩写。AirMSPI 是作为未来 NASA 地球科学任务的原型偏振测量仪开发的，该任务旨在从太空研究气溶胶、云和陆地表面。第二代仪器 AirMSPI-2 测量了以 445nm、645nm、865nm、1620nm 和 2185nm 为中心的五个光谱段的线偏振。带有双 PEM 调制器及并排 SWIR 和 UV-VISNIR 焦平面的光学布局如图 7.20(b)所示。

AirMSPI 开发了用于高精度 DoLP 测量的技术，实现了优于 0.5%的精度。然后，AirMSPI 在 NASA 的高空 ER-2 飞机上进行了 100 多次飞行，从 20km 的高度获取了大气和地球表面的偏振图像。这些高空图像提供了类似太空的数据，以协助开发成像偏振测量仪和数据约简算法，从而使偏振测量仪能够证明数据的价值，并证明其适用于太空应用[39]。

气溶胶多角度成像仪 MAIA 是 AirMSPI 的后续成像偏振测量仪。MAIA 于 2016 年被美国宇航局选为其“地球冒险仪器”计划的一部分，将作为遥感设施建造并放置在地球轨道上[40]。MAIA 进行必要的辐射和偏振测量，以表征空气污染中颗粒物的数量、大小和组成。MAIA 的研究将空间气溶胶测量与健康和医院记录相结合，利用 MAIA 获得的气溶胶和空气污染的多年记录，以研究心血管和呼吸系统疾病等健康问题与早逝之间的关系。

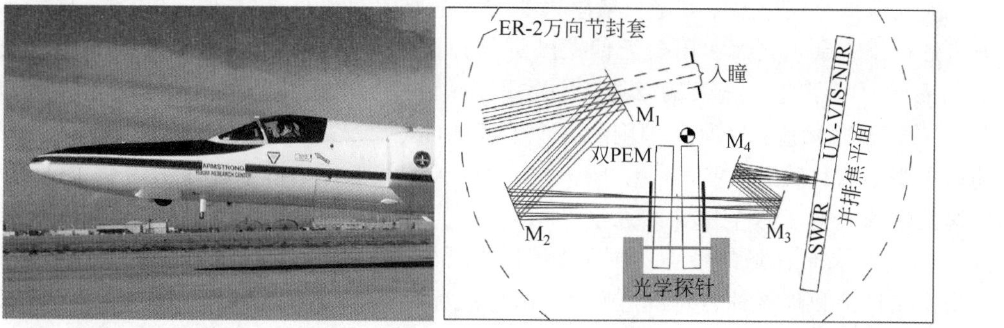

(a) (b)

图 7.20 (a)安装在 NASA ER-2 飞机机头下方的 AirMSPI-2(黑色凸起)。(b)AirMSPI-2 光学布局图(由 NASA/JPL 加州理工学院提供)

MAIA 是一种推扫式成像仪，当它沿地面轨道移动时，可以从几行像素中建立图像。MAIA 有一组狭长的带通滤波器，它们排列在焦平面的像素行上，并在 365nm 到 2125nm 的 14 个光谱带中采集图像。其中 445nm、665nm 和 1035nm 三个波段是偏振的，在一组像素行上使用 0°线栅偏振器，在相邻一组像素行上使用 45°线栅偏振器。孔径光阑附近的两个 PEM 以 36ms 的周期调制线偏振。每秒读取焦平面约 1000 次。非偏振光未被调制，而完全偏振光约 70%被调制。S_0 和 S_1(I 和 Q)通过 0°偏振器的调制幅度确定，而 S_0 和 S_2(I 和 U)通过 45°偏振器确定。

天基辐射和偏振测量的一个严重问题是，随着探测器老化和暴露于空间辐射，像素增益会随时间变化[41-42]。在卫星成像系统的使用寿命期内，像素增益降低 5%以上的情况并不少见。相邻像素将以不同的量退化。因此，使用不同像素测量斯托克斯参数的偏振测量方法受到挑战，无法在空间中长期达到 1%的精度。MSPI 和 MAIA 通过使用 PEM 在单个像素处测量 S_0 和 S_1 来解决该像素退化问题，即使增益发生变化，也能提供准确的归一化 $s_1=S_1/S_0$。在另一行，测量 S_0 和 S_2，提供长期准确的 $s_2=S_2/S_0$。它们组合起来用于测量偏振度 DoLP=$\sqrt{s_1^2+s_2^2}$和线偏振角 AoLP=$\arctan(s_2/s_1)/2$,并且即使存在较大的差分像素增益变化,这些偏振度量也能保持准确。

对于波长低于 1000nm 的波段,AirMSPI 和 MAIA 采用 CMOS 焦平面,波长高于1000nm 的波段则使用 HgCdTe 焦平面。这些焦平面的速度不足以测量 42kHz 的 PEM 调制。为了产生较慢的偏振调制,将两个频率差约为 25kHz 且轴线对齐的 PEM 放置在光束中,PEM1 和 PEM2 的延迟相长干涉和相消干涉。当以相同的延迟大小 δ_0 调制两个 PEM 时,将双 PEM 延迟重写为高频和低频调制的乘积,

$$\delta(t)=\delta_0\sin(\omega_1 t-\varphi_1)+\delta_0\sin(\omega_2 t-\varphi_2)=2\delta_0\cos(\omega_b t-\eta)\sin(\bar{\omega}t-\bar{\varphi}) \tag{7.62}$$

其中,ω_1 和 ω_2 是相位为 φ_1 和 φ_2 的两个 PEM 的共振频率。两个 PEM 的频率平均值 $\bar{\omega}$ 为高频载波,$\bar{\varphi}$ 为 φ_1 和 φ_2 的平均值,该高频振荡将被探测器平均。低频延迟调制发生在拍频 ω_b(频差的一半)处,其相位为 η,它由焦平面解析。探测器每帧时间 π/ω_b 获取大约 20 个测量值。双 PEM 以±45°放置在正交四分之一波片之间,作为圆延迟调制器使用。

7.6.6 实例:大气偏振图像

大气偏振是遥感偏振测量仪最感兴趣和最重要的观测目标之一。图 7.21 显示了约瑟夫・肖在蒙大拿州立大学用全天偏振测量仪拍摄的两张 DoLP 图像。图像的周长是地平线,天顶在中心。这台全天偏振测量仪使用液晶可变延迟器和广角镜头来测量天空的线偏振[43-44]。遮蔽物遮挡了太阳周围的一个小区域,以避免焦平面上的光线过多。晴朗蓝天的偏振主要由瑞利散射决定[45-46]。图 7.21(a)晴天的线偏振度沿着距太阳约 90°的垂直黄色带达到峰值。对于这个特殊的天空,DoLP 达到大约 65%的最大值。DoLP 在太阳周围较低,位于左侧蓝色区域的中心。在峰值偏振带之外,DoLP 减小,在反太阳点几乎没有偏振,这是仅在日出和日落时的太阳光照明。晴空的标称偏振分布可由大气气体、氮、氧、氩和次要成分的瑞利散射方程建模。理论上,在晴朗干燥的天空中,DoLP 峰值可高达 85%(图例中为红色)。由于多次散射,该峰值 DoLP 减小(蓝色)。云主要由多次散射主导,这大大降低了 DoLP。图 7.21(b)在另一张全天图像中,在高 DoLP 带附近可以看到一些云,它们是

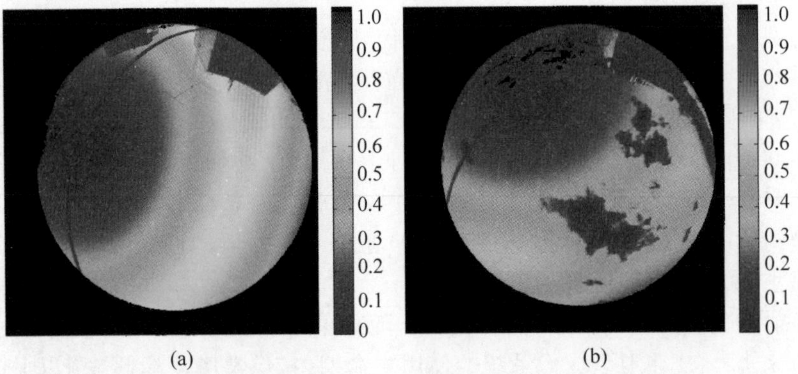

图 7.21 (a)在(530±10)nm 处测量的晴空伪彩色全天空线偏振度图像,显示了天空中典型的无云天空 DoLP 图,左侧太阳周围的 DoLP 较低,DoLP 从太阳开始径向增加,在太阳周围 90°处达到峰值 DoLP。(b)在距离太阳约 90°的天空中有一些云,云看起来几乎没有偏振,云周围是 DoLP 减小的区域(蒙大拿州立大学光学技术中心约瑟夫・肖教授提供)

蓝色的不规则斑块；这些是 DoLP 大大减小的区域。在这一天，由于气溶胶的影响，总的 DoLP 降低，DoLP 峰值仅达到 60%左右。

气溶胶是地球大气中悬浮的小颗粒，包括水滴、来自火山的硫酸盐颗粒、灰尘和工业过程产生的颗粒(空气污染)。气溶胶的尺寸通常在十分之几微米到几微米之间，但也可以观察到超出此范围的尺寸。较大的粒子更难保持在高空，并在短时间内沉降。气溶胶散射是地球能量平衡中的一个重要因素，该平衡将太阳光的入射光通量与辐射回太空的能量联系起来。球形液滴的散射由 Mie 理论[47-49]描述，该理论在散射角从近 140°(彩虹角)到 180°(回射角)时具有显著的偏振相关性。利用气溶胶的偏振特征来确定其浓度、尺寸分布以及实的和虚的折射率已经有了相当大的发展[50]。多角度多光谱偏振测量甚至可以估计大气中颗粒物、灰尘、烟雾等的分布[51-52]。

来自云层的偏振信号主要来自第一次散射，光在云虹和多余虹中是非常偏振的，而在很多散射角下几乎无偏振[53-54]。来自薄气溶胶的散射是部分偏振的。高光谱成像结合 Mie 散射理论可以确定气溶胶的平均粒径和折射率的虚部，从而给出水纯净度的指征。增加可见光和短波红外波长的多角度偏振数据可以确定气溶胶折射率的实部 n_r，其灵敏度远高于单独的光强度测量。机载“研究型扫描偏振测量仪”(RSP)[55-56]证明了气溶胶特性的这种敏感性，并通过理论敏感性研究进行了分析[57]。气溶胶是用“地球反射的偏振性和方向性”(POLDER)从空间测量的，这是一种具有八个光谱带的单通道偏振仪，其中三个是偏振的，DoLP 不确定度约为 2%[58]。NASA 的“Glory”任务“气溶胶偏振测量仪传感器”(APS)仪器，使用与机载 RSP 类似的设计概念，旨在提供非常精确的多角度偏振测量(线偏振不确定度约为 0.2%)，但由于非成像工作方式，分辨率较低(6～20km)[59]。不幸的是，Glory 在 2011 年发射后未能进入轨道。

下面将从 AirMSPI(7.6.5 节)展示大型复杂气溶胶偏振特性的几个例子，它们是由偏振测量仪向下看获得的。图 7.22 是一幅典型的云偏振图像，其中 AirMSPI 偏振仪执行了后向扫描(扫描从飞机前方开始，至天底点然后结束，向后看)。这两幅图像在天底点最窄。渲染的强度图像(左)和 DoLP 图像(右)已进行地理标记，以便推扫宽度与地面上图像覆盖的距离相对应。RGB 强度图像渲染了云层的密度和亮度，云层之间有明显的暗间断，此处可见地球表面。云没有明显的颜色，它们是均匀的白色，因为相对于可见光的波长，云中水滴较大，所以每个波长的散射量大致相同。DoLP 图像根据每个波段的线偏振度进行着色。黑色区域在 470nm、660nm 和 865nm 三个波段具有非偏振光。白色区域，如散射角约为 140°的主云虹，在所有三个波段都具有较高的 DoLP。彩色环，即多余虹，通过云中水滴的散射而偏振，位于 DoLP 图像中主云虹的左上角。多余虹以反太阳点(glory)为中心，DoLP 随着波长和角度的变化而迅速变化。蓝环在 470nm 处的偏振度比其他波长大，红环在 865nm 处的偏振度更高，以此类推。从 138°到 180°的这个区域中，颜色序列取决于液滴大小，在该场景中，液滴大小与中值直径为 12μm 的球形水滴分布的 Mie 散射非常匹配，该例子展示了成像偏振法如何测量气溶胶特性。

实际上，在分析向下看的偏振数据时，多角度强度数据确定了气溶胶三维分布的第一近似。波长越短，对较小气溶胶粒子的密度越敏感；波长越长，对较大气溶胶粒子的密度越敏感。然后，前向光散射模型结合偏振和强度测量来估计颗粒大小和折射率，甚至可以使用 Mie 散射拟合和其他散射模型将液态水与冰以及不规则形状的灰尘、硫酸盐和污染固体颗

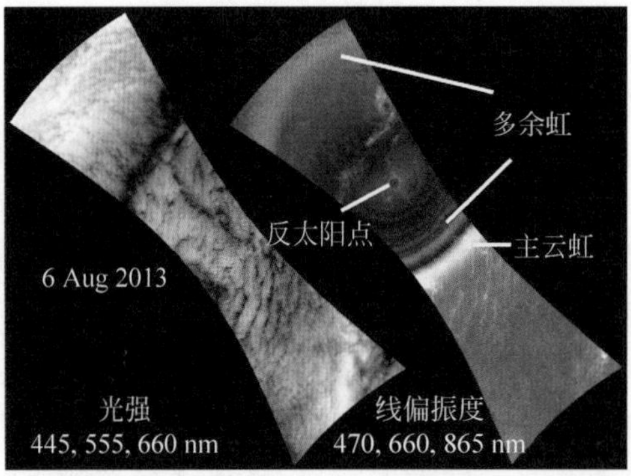

图 7.22 太平洋上空云层的 AirMSPI 强度图像和 DoLP 图像,显示出在距太阳约 140°处主云虹的 DoLP 较高,在所有三个波段高度偏振,因此呈白色。在主云虹内部,偏振度随视角振荡,形成几个彩色环,偏振度对于 470nm(蓝色)、660nm(绿色)和 865nm(红色)在不同角度达到峰值。光环的中心是反太阳点,光线从水滴回射。DoLP 的角分布与中值直径为 12μm 的球形水滴分布的 Mie 散射非常匹配。这些数据来自 NASA 兰利研究中心大气科学数据中心(由 NASA/JPL 加州理工学院提供)

粒区别开来。

图 7.23 比较了(a)具有均匀雾滴大小的云和(b)具有显著不同雾滴大小的两个相邻云团的 AirMSPI 数据集。图(b)从一个云团到另一个云团时,多余虹的大小会发生变化。

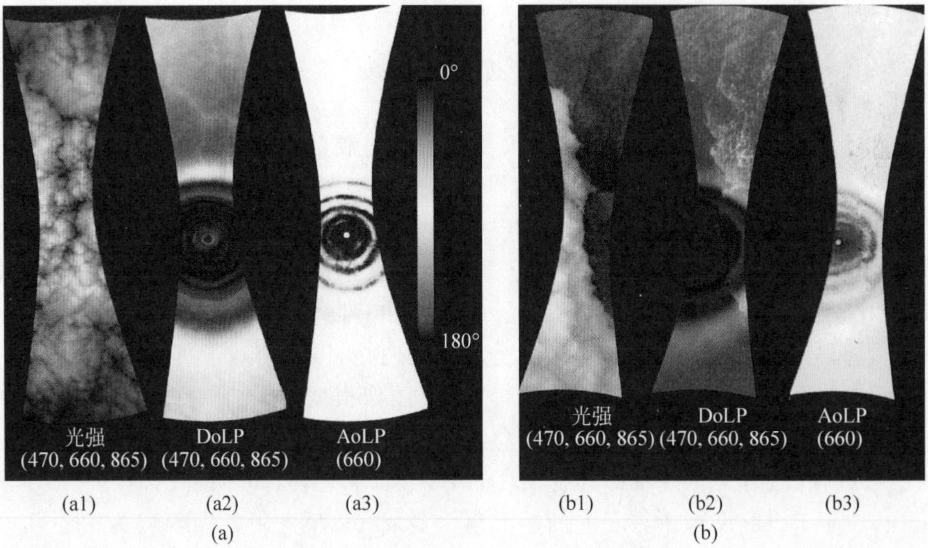

图 7.23 一对 AirMSPI 云图,显示了 Mie 散射,(a)均匀和(b)非均匀液滴分布。(a1)云的强度图像,着色为 470nm(蓝色)、660nm(绿色)和 865nm(红色)。(a2)使用相同着色方案的 DoLP 图像。云虹是中心上方和下方的窄白色带,其中三个波段都是高度偏振的。向中心移动的是高度着色(光谱偏振)的多余虹,其中 DoLP 随波长在角带中变化。(a3)线偏振角(AoLP)在围绕反太阳点的圆形带中变化,它的色标在右边。(b1)强度图像,左下角显示较亮的云团,右上角显示较暗的云团。(b2)两个云团之间的边界在 DoLP 中很明显。彩色多余环在云边界上具有不连续性。红色、绿色和蓝色的环在左侧有一个较大的半径,这清楚地显示了两个云团中水滴大小的差异。(b3)对应的 AoLP 图像。这些数据来自 NASA 兰利研究中心大气科学数据中心(由 NASA/JPL 加州理工学院提供)

7.7　样品测量偏振测量仪

图7.24显示了样品测量偏振测量仪的示意图，用于确定样品的偏振特性，包括二向衰减、延迟和退偏性。样品米勒矩阵 $\boldsymbol{M}$ 的元素可以通过一系列 $q=0,1,\cdots,Q-1$ 的偏振测量获得。偏振态发生器(PSG)产生一组偏振态，用一系列斯托克斯参数 $\boldsymbol{S}_q$ 表示。离开样品的斯托克斯参数为 $\boldsymbol{M}\cdot\boldsymbol{S}_q$。这些离开的偏振态由第 q 个偏振态分析器(PSA) $\boldsymbol{A}_q$ 分析，产生第 q 个测量光通量 $P_q=\boldsymbol{A}_q^{\mathrm{T}}\boldsymbol{M}\boldsymbol{S}_q$。假设每个测得的光通量是样品米勒矩阵元素的线性函数(该方法不涉及倍频等非线性光学相互作用)。从偏光测量数据集得到一组线性方程组，用于求解米勒矩阵元素。

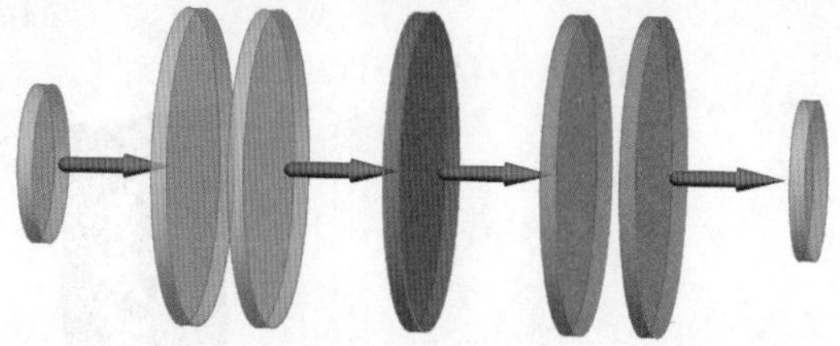

图7.24　样品测量偏振测量仪由光源、偏振态发生器、样品、偏振态分析器和探测器组成

7.7.1　偏光镜

偏光镜是相对简单的偏振测量仪，用于检查放置在一对偏振器之间的样品，如图7.25所示。主要应用是筛查样品的延迟或应力双折射，偏光镜擅长这项任务。通常，两个正交的线偏振器产生一个暗场(暗背景)。然后，放置在偏振器之间的样品引起的任何偏振变化都会导致漏光，这在暗场中很容易观察到。使用偏光镜，观测者目视就可以检测到非常小的延迟，或者很容易估计样品中的双折射分布。可以使用两个线偏振器、椭圆偏振器或圆偏振器的任何配置。接下来，描述最重要的偏光镜设置，以了解每种设置能揭示的偏振特性。25.6.1节包含偏光镜图像示例和偏光镜设置对比(图25.18～图25.25)。有关偏光镜的详细研究，请参见几个参考文献[60]～文献[63]，以及 Theocaris 和 Gdoutos[64]、Aben 和 Guillemet[65]的综合研究。

1. 线偏光镜

线偏光镜将样品置于两个线偏振器(通常是偏振片)之间①。偏振器可以是正交的(暗场测量)，也可以是平行的(亮场测量)，或介于两者之间的任何位置。经典的正交线偏光镜具有正交的偏振器和暗视场，如图7.26所示。考虑水平偏振器照射样品和垂直偏振器分析出射光。透射光通量 P 取决于样品的米勒矩阵元素，如下所示：

① 线偏光镜对线性二向衰减的一个分量和圆二向衰减(对应于 S_2 和 S_3)也很敏感，但不常用于该应用。

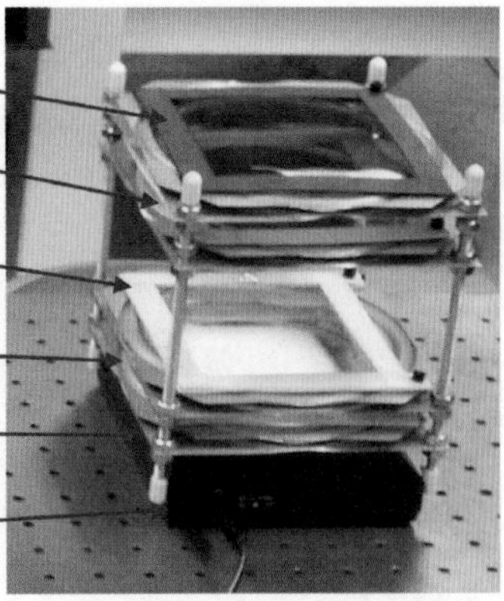

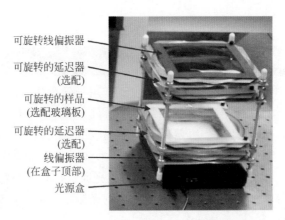

图 7.25 由典型的五金商店组件、偏光片和延迟器制成的偏光镜图片。使用不同的延迟器,可以构造出圆偏光镜和其他椭圆偏光镜

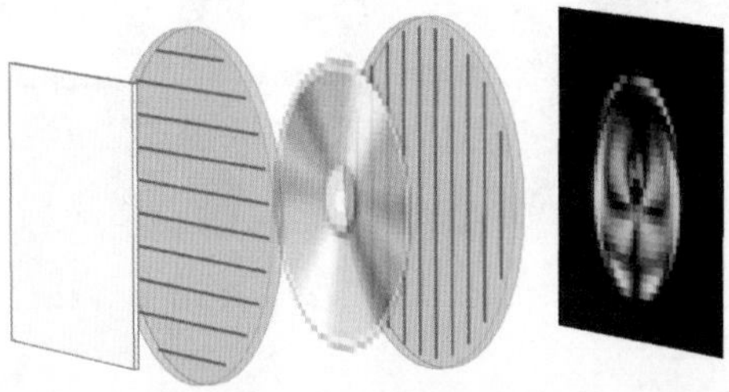

图 7.26 正交线偏振器偏光镜将样品放置在正交线偏振器之间,这些正交线偏振器通常是大型偏振片。由于使用了大的漫射光源,因此当头部移动时,很容易看到样品。可选镜头(未显示)可用于将偏光镜图像投影到屏幕或相机上。这种偏光镜是暗背景的,因此样品引起的任何偏振变化都具有很高的可见度。在这里,以涂敷金属和压印完成之前的透明光盘(CD)坯料为样品,屏幕上显示了实际 CD 的偏光镜图像

$$P=\boldsymbol{A}^{\mathrm{T}}\cdot\boldsymbol{M}\cdot\boldsymbol{S}=\frac{1}{2}(1\quad -1\quad 0\quad 0)\cdot\begin{pmatrix}m_{00}&m_{01}&m_{02}&m_{03}\\m_{10}&m_{11}&m_{12}&m_{13}\\m_{20}&m_{21}&m_{22}&m_{23}\\m_{30}&m_{31}&m_{32}&m_{33}\end{pmatrix}\cdot\begin{pmatrix}1\\1\\0\\0\end{pmatrix}$$

$$=\frac{m_{00}+m_{01}-m_{10}-m_{11}}{2} \tag{7.63}$$

因此,当 $m_{00}+m_{01}-m_{10}-m_{11}=0$ 时,视场保持暗场。如果样品是一个线延迟器 $\mathbf{LR}(\delta,\theta)$,光通量方程变为

$$P=\boldsymbol{A}^{\mathrm{T}}\cdot\mathbf{LR}(\delta,\theta)\cdot\boldsymbol{S}=\frac{1}{2}(1\quad -1\quad 0\quad 0)\cdot$$

$$\begin{pmatrix}1&0&0&0\\0&\cos^2(2\theta)+\cos\delta\sin^2(2\theta)&(1-\cos\delta)\cos(2\theta)\sin(2\theta)&-\sin\delta\sin(2\theta)\\0&(1-\cos\delta)\cos(2\theta)\sin(2\theta)&\cos\delta\cos^2(2\theta)+\sin^2(2\theta)&\cos(2\theta)\sin\delta\\0&\sin\delta\sin(2\theta)&-\cos(2\theta)\sin\delta&\cos\delta\end{pmatrix}\cdot\begin{pmatrix}1\\1\\0\\0\end{pmatrix}$$

$$=\frac{1-(\cos^2(2\theta)+\cos\delta\sin^2(2\theta))}{2}=\frac{\sin^2(\delta/2)\sin^2(2\theta)}{4} \tag{7.64}$$

正交线偏光镜对线性延迟的方向具有$\sin^2(2\theta)$的响应，当延迟快轴在0°或90°时没有响应(漏光)，对45°或135°方向具有最大响应。因此，正交线偏光镜仅能发现一半的线性延迟，但错过了另一半的线性延迟。如果可以首先测量一次样品，然后旋转45°并再次测量，也就是检测0°和45°分量的延迟贡献，则很容易解决这一问题。因此，通过两次测量，可以获得由应力双折射引起的线性延迟的良好视图，显示延迟的大小和方向如何在整个样品中变化。取式(7.64)在$\delta=0$处的二阶泰勒级数展开式，得到$\delta^2\sin^2(2\theta)/4$，表明对于小的延迟，透射光通量是延迟的二次方。

正交偏振器的线偏光镜也对圆延迟敏感，如式(7.65)所示，

$$\begin{aligned}P&=\mathbf{A}^{\mathrm{T}}\cdot\mathbf{CR}(\delta_{\mathrm{R}})\cdot\boldsymbol{S}\\&=\frac{1}{2}(1\quad 1\quad 0\quad 0)\cdot\begin{pmatrix}1&0&0&0\\0&\cos\delta_{\mathrm{R}}&\sin\delta_{\mathrm{R}}&0\\0&-\sin\delta_{\mathrm{R}}&\cos\delta_{\mathrm{R}}&0\\0&0&0&1\end{pmatrix}\cdot\begin{pmatrix}1\\1\\0\\0\end{pmatrix}\\&=\frac{1-\cos\delta_{\mathrm{R}}}{2}\approx\frac{\cos^2\delta_{\mathrm{R}}}{4}\end{aligned} \tag{7.65}$$

因此，偏振镜任意单次测量只测量三个延迟分量($\delta_0,\delta_{45},\delta_{\mathrm{R}}$)中的两个，$\delta_{45}$和$\delta_{\mathrm{R}}$，而不能同时测量两个线性延迟分量。由于0°线偏光入射到样品上，这是0°或90°取向的线性延迟器的本征偏振，因此不能测量δ_0。

如图7.27所示的平行偏振器线偏光镜有一个亮场背景，而不是暗场；因此，在这种构造下，较小的延迟更难在视觉上看到。这种平行偏振器线偏光镜是一种有用的延迟测量技术的基础。对于一组延迟，在平行偏振器之间旋转的线性延迟器的透射率如图7.28所示。测量最大透射率$T_{\max}$和最小透射率$T_{\min}$，就容易确定延迟量为

$$\delta=\arccos\left(\frac{2T_{\min}-T_{\max}}{T_{\max}}\right) \tag{7.66}$$

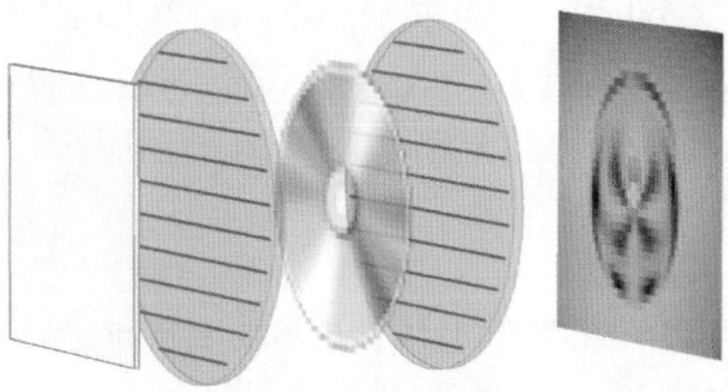

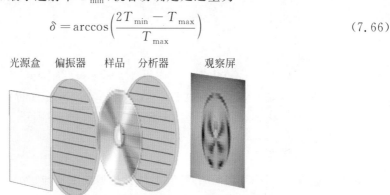

图7.27 平行偏振器线偏光镜示意图，以光盘(CD)为样品

图7.28(b)绘制了延迟量与$T_{\min}/T_{\max}$的函数关系。由于函数在$T_{\min}/T_{\max}=0$和1时曲线斜率极大，因此测试对接近零或半波的延迟不太敏感。延迟轴是$T_{\max}$对应的方向，

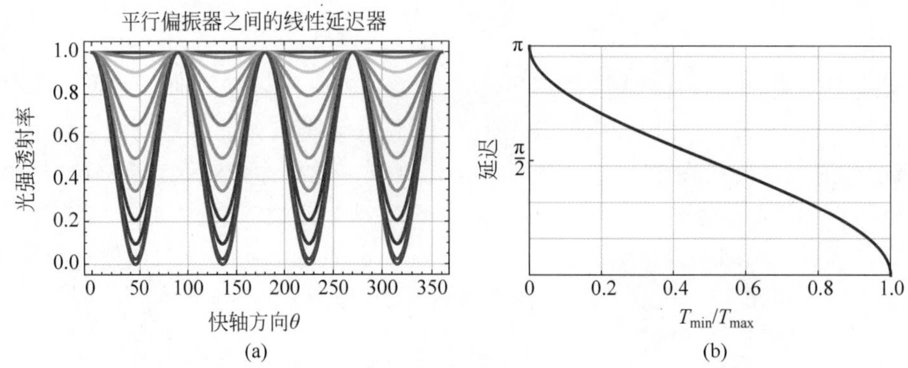

图 7.28　(a)线性延迟器在平行偏振器之间旋转时的光强透射率。最大和最小透射率 $T_{\max}$ 和 $T_{\min}$ 的测量,提供了一种有用的延迟量和轴方向测量技术。曲线显示了 0°延迟(红色,上)、18°(橙色,从顶部算起第二)、36°、…、90°(青色,中)、…、180°(品红,下)延迟的光强调制。(b)以弧度为单位的延迟,随 $T_{\min}/T_{\max}$ 的变化

但此测试无法区分快轴和慢轴;因此,可能是快轴,也可能是慢轴①。图 7.28(a)中的透射率函数对于 δ 或 $2\pi-\delta$、$2\pi+\delta$,依此类推,是相同的,所以延迟量的阶数也不确定。第 26 章(多阶延迟器和不连续性之谜)讨论了延迟量阶数的确定。

2. 圆偏光镜

圆偏光镜将样品置于两个正交圆偏振器之间,在暗背景下可观察到任何偏振变化,即光泄漏。图 7.29 为一个示意图,右旋圆偏振器由水平线偏振器和 135°的 $\lambda/4$ 线性延迟器构成,左旋圆偏振器由 45°的 $\lambda/4$ 线性延迟器和垂直线偏振器构成。该偏光镜将测量总线性延迟 $\sqrt{\delta_0^2+\delta_{45}^2}$。任何圆延迟量 δ_R 或圆二向衰减率都具有圆偏振的本征偏振态,因此无法观测到。对于圆偏光镜和在 θ 方向线性延迟量为 δ 的线性延迟样品的光通量方程 P 为

$$P=\mathbf{A}^{\mathrm{T}}\cdot\mathbf{LR}(\delta,\theta)\cdot\boldsymbol{S}=\frac{1}{2}(1\quad 0\quad 0\quad -1)\cdot$$
$$\begin{pmatrix}1 & 0 & 0 & 0\\ 0 & \cos^2(2\theta)+\cos\delta\sin^2(2\theta) & (1-\cos\delta)\cos(2\theta)\sin(2\theta) & -\sin\delta\sin(2\theta)\\ 0 & (1-\cos\delta)\cos(2\theta)\sin(2\theta) & \cos\delta\cos^2(2\theta)+\sin^2(2\theta) & \cos(2\theta)\sin\delta\\ 0 & \sin\delta\sin(2\theta) & -\cos(2\theta)\sin\delta & \cos\delta\end{pmatrix}\cdot\begin{pmatrix}1\\0\\0\\1\end{pmatrix}$$
$$=\frac{1-\cos\delta}{2}\approx\frac{\delta^2}{4}\tag{7.67}$$

透射光通量 $(1-\cos\delta)/2$ 不依赖于 θ,线性延迟的测量与它的方向无关。如果旋转具有应力双折射(几乎完全是线性延迟)的样品,则偏光图案会旋转,但与延迟相关的光泄漏不会改变。旋转样品不会获得额外的偏振信息。实际上,该偏光镜常用的片状圆偏振器具有延迟色散,正交圆偏振器泄漏出更多的红光和紫光,因此圆偏光镜的背景为紫色而非黑色。

---

① 通过倾斜延迟器并分析延迟量变化,可以区分快轴和慢轴。

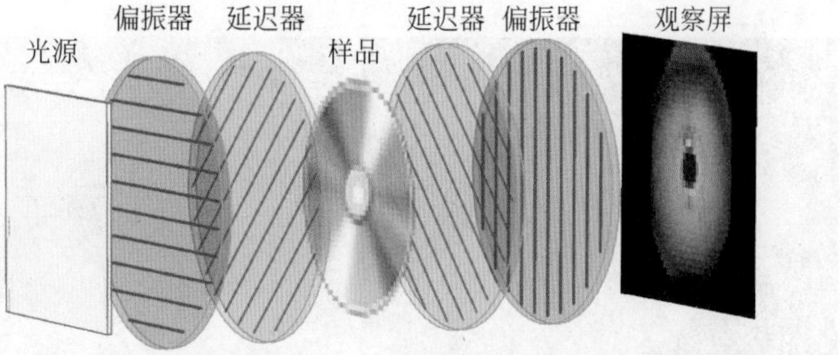

图 7.29　以光盘为样品的圆偏光镜示意图。样品放置在正交圆偏振器之间。第一个延迟器与第一个线偏振器成 135°角，它们共同构成偏振态发生器(圆偏振器)。第二个线偏振器与第二个延迟器成 45°角，它们共同构成分析器(圆偏振器)

3. 干涉色

如图 19.5、图 19.6 和图 19.7 所示，延迟器有色散，在蓝色中具有较大的延迟，在红色中具有较小的延迟①。这种色散导致在偏光镜中观察双折射样品会有颜色变化，该颜色变化称为干涉色。迈克尔·莱维(Michael-Levy)干涉色图(图 7.30)显示了颜色与延迟量的关系(以纳米为单位)，延迟量标记在图的底部[66-67]。具有线性变化延迟量的双折射楔在正交偏振器线偏光镜中的干涉色如图 7.31 所示。顶部附近的暗带是零延迟出现的地方。对于较小的延迟，泄漏的光在暗背景上是微弱的白色，它显示为灰色。下一个白带是半波或大约 275nm 的延迟量。当光通过一个波长的延迟时，它将完全消光，因为入射偏振将恢复到其入射偏振态。波长较短的蓝光将首先消光，约 450nm，形成褐色。然后，在 500nm 和 700nm 之间，绿色消光，接着是黄色和红色，在图 7.31 中该区域形成强烈颜色图案。下一个接近白色的区段(黄色)出现在三个半波长或 825nm 左右。随着延迟量的增加，会产生一些非常饱和的颜色，黄色、品红、紫色、青色和黄色。随着延迟阶数(波数)的进一步增大，颜色变得更加柔和，强度逐渐减弱。

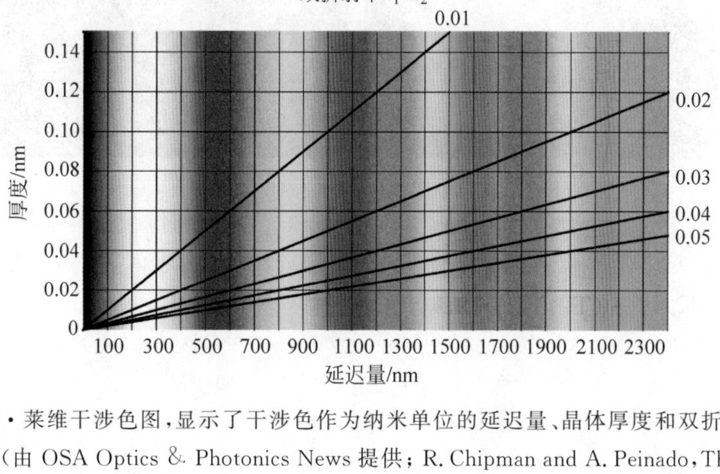

图 7.30　迈克尔·莱维干涉色图，显示了干涉色作为纳米单位的延迟量、晶体厚度和双折射率(黑线斜率)的函数(由 OSA Optics & Photonics News 提供；R. Chipman and A. Peinado，The mystery of the birefringent butterfly，Opt. Photon. News 24. 10，52-57(2013)[69] 中的图片)

① 这指的是单个元件或简单延迟器。由多片构成的复合延迟器可以设计成红色比蓝色具有更多的延迟量。

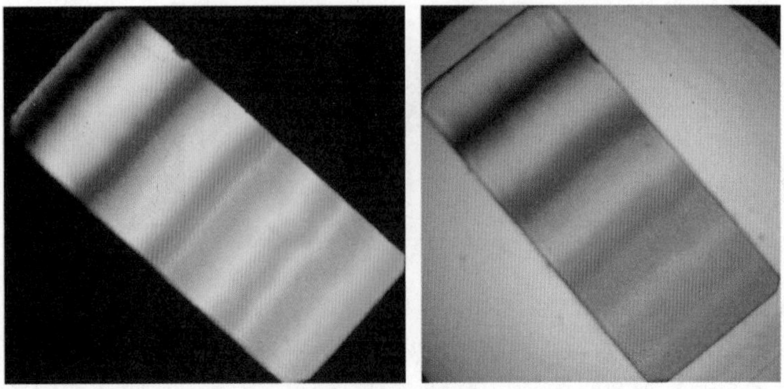

图 7.31 (a)在正交偏振器偏光镜中放置一个线性变化的延迟器(石英光楔),可以看到干涉色。厚度从左上角向右下角增加。沿着窄顶边的黑带对应于零个波长的延迟。(b)当石英光楔放置在平行偏振器偏光镜中时,条纹移动。暗条纹现在以半波延迟为中心,该条纹是暗的,因为半波石英会将偏振方向从 0°旋转到 90°,实现消光

干涉色可以用来估计双折射材料的延迟。如果材料是已知的,可使用 Michael-Levy 干涉色图(图 7.30)估计双折射样品的厚度,其中过原点的直线显示了不同双折射率(沿图右侧标记)和厚度(沿图左侧标记)对应的颜色[68]。因此,双折射率为 0.01 的材料的黄色表示厚度约为 0.085mm。

图 7.32 中使用干涉色,通过将石膏抛光到不同厚度来创建艺术品,即彩色蝴蝶[69]。图 7.33 绘制了蝴蝶的厚度函数,其中不同厚度的估算光谱显示在右侧。

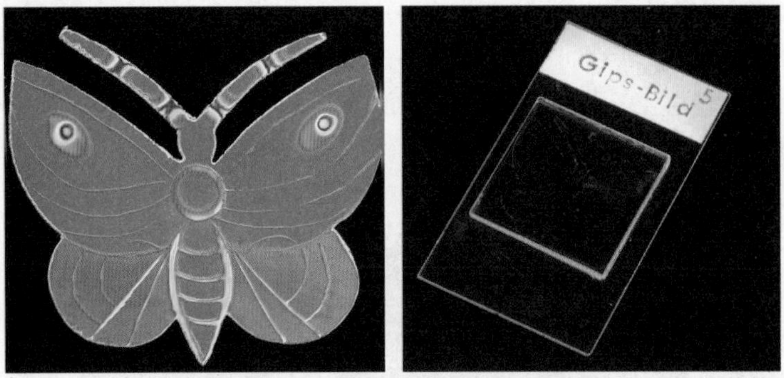

图 7.32 (a)在正交线偏振器偏光镜中观察到的蝴蝶的彩色图像。蝴蝶是由一种双折射材料——石膏打磨成不同厚度而形成的。这件具有历史意义的双折射艺术品被命名为 Gips-bild(石膏图)。(b)在偏光镜外观察,主体是透明的。蝴蝶轮廓隐约可见,但没有颜色(由 OSA Optics & Photonics News 提供; R. Chipman and A. Peinado, The mystery of the birefringent butterfly, Opt. Photon. News 24. 10, 52-57(2013)[69] 中的图片)

4. 色板偏光镜

线偏光镜和圆偏光镜不能区分具有相等延迟但快轴方向间隔 90°的情形。在米勒演算中,这些是具有相同米勒矩阵的正延迟和负延迟,也就是

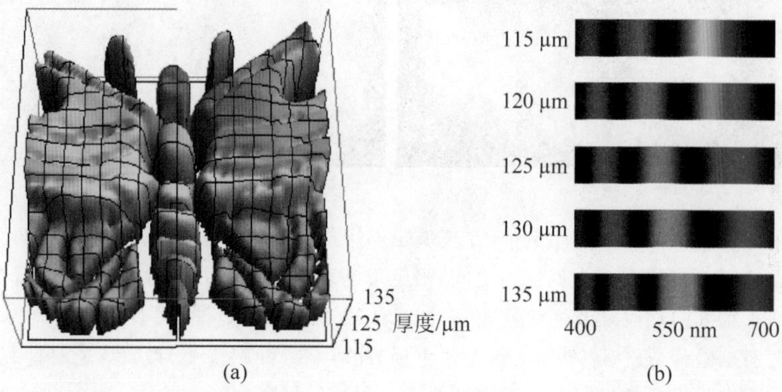

图 7.33　(a)蝴蝶的厚度函数，厚度以高度和颜色显示。(b)蝴蝶中使用的石膏的不同厚度对应的光谱，显示干涉条纹随波长的变化(由 OSA Optics & Photonics News 提供；R. Chipman and A. Peinado，The mystery of the birefringent butterfly，Opt. Photon. News 24. 10，52-57(2013)[69]中的图片)

$$\mathbf{LR}(\delta,\theta+90^\circ)=\mathbf{LR}(-\delta,\theta) \tag{7.68}$$

在这些偏光镜中观察延迟样品时，快轴和慢轴的方向对于 90°间隔是不明确的。如图 7.34 所示，可通过在偏光镜内添加一个称为色板的延迟器来解决这种不确定性[70]。为了解析“正”和“负”延迟量(45° vs. 135°)，在样品之后和偏振器之前增加一个延迟器，这种装置称为“灵敏色板偏光镜”，如图 7.34 所示。色板的色散与样品的延迟相结合，使零值附近的延迟呈现不同的颜色。为了保持样品的零延迟为暗透射状态，使色板延迟器的快轴与偏振器的轴对齐。于是，色板的延迟和色散叠加到样品的延迟上，移动了暗零级条纹的位置，并将正延迟和负延迟着色为蓝色和黄色①。将色板的着色与图 7.35 中的正交偏振器偏振测量仪进行比较。图 25.18～图 25.21、图 25.24 和图 25.25 中可看到其他的色板偏光镜图案。

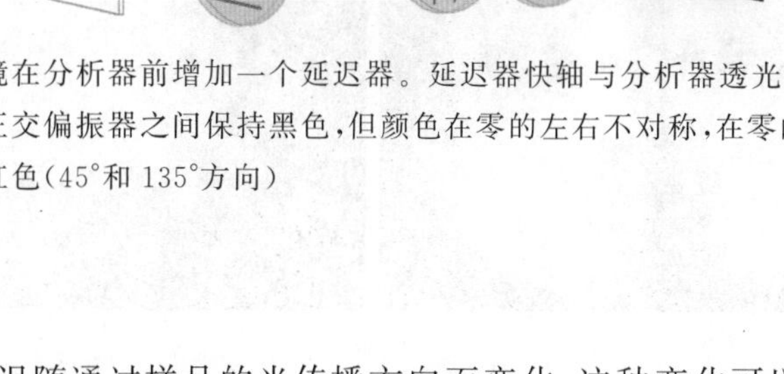

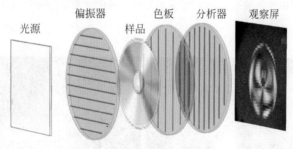

图 7.34　灵敏色板偏光镜在分析器前增加一个延迟器。延迟器快轴与分析器透光轴平行；然后，应力为零的样品区域在正交偏振器之间保持黑色，但颜色在零的左右不对称，在零的一侧变为黄色，在零的另一侧变为粉红色(45°和 135°方向)

5. 锥光镜

双折射样品的延迟随通过样品的光传播方向而变化，这种变化可以用锥光镜观察。锥

① 哪个符号或延迟是蓝色的，哪个是黄色的，取决于色板快轴的方向。

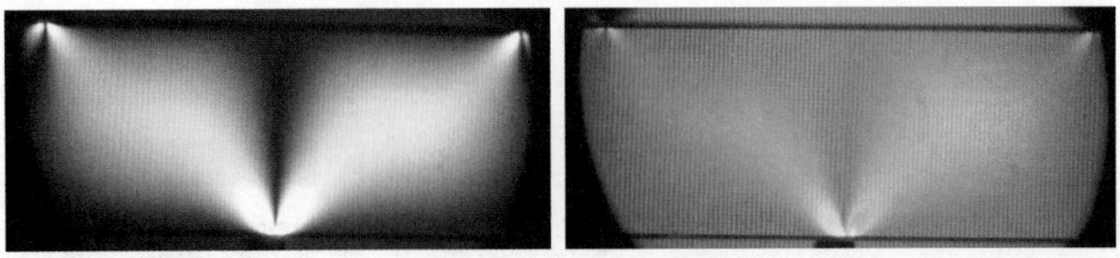

(a) (b)

图 7.35 使用可调节螺钉从中心向上推,在玻璃矩形中产生应力,同时玻璃顶部左右两侧用两个销支撑。(a)在 0°和 90°正交偏振器之间,当延迟为垂直或水平方向时,透射光通量为零。当延迟轴从垂直方向顺时针或逆时针旋转时,光线通过分析器泄漏,但观察不到旋转,泄漏关于垂直方向是偶函数。(b)添加一块 λ/4 色板,此时顺时针旋转变为蓝色,逆时针旋转变为黄色,从而提供了延迟量过零时延迟方向改变 90°的一种视图

光镜是一种偏光镜与通过样品强烈聚焦的光学系统的组合,如图 7.36 所示。具有多个波数延迟量的厚双折射元件会产生复杂图案,如图 7.37 中方解石 A 板的锥光镜图像。暗条纹出现在两种情况下:①当延迟快轴或慢轴与正交偏振器对齐时,和/或②当延迟过零或整数个波长时。迈克尔·莱维干涉色图(图 7.30)是着色的理想示例,可用于估计延迟量。图 7.37 显示了使用石英延迟器敏感色板的锥光镜图像,以使增大和减少延迟量的方向可见。图 7.38 显示了锥光镜如何轻松通过两个白圈的存在识别双轴晶体(19.5 节和图 19.20),以及定位穿过白圈中央的两个光轴。

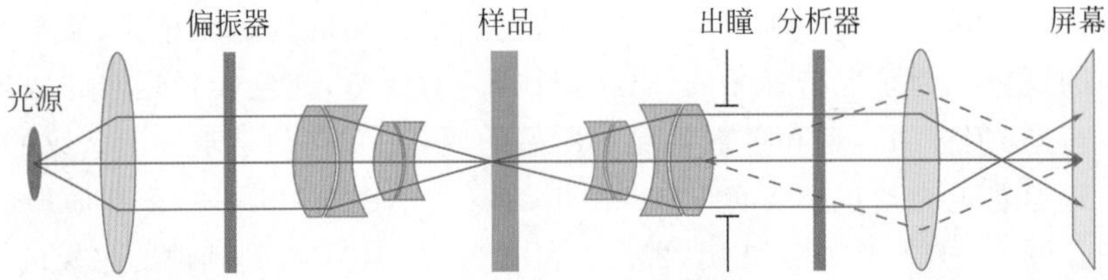

图 7.36 锥光镜聚焦偏振光并通过样品,以揭示偏振如何随角度变化。因此,直接观察第二个显微物镜的出瞳或将其成像到屏幕上

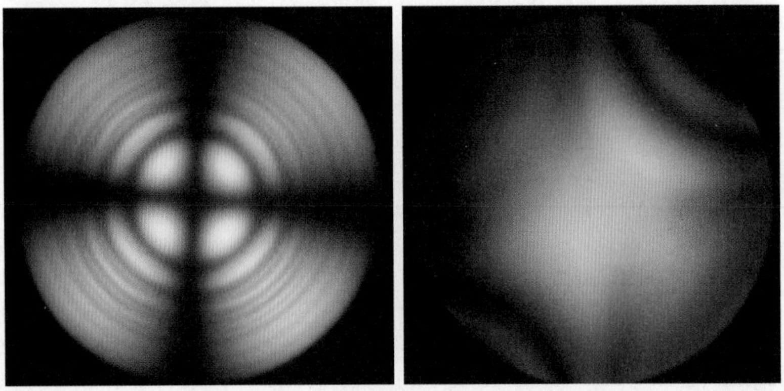

(a) (b)

图 7.37 (a)过厚方解石 C 板的锥光镜图像,零延迟在中心,延迟随角度呈二次增大。注意,由于延迟在径向增加,径向上的颜色变化遵循迈克尔·莱维干涉色图(图 7.30)。C 板的延迟方向沿径向,因此会出现垂直和水平暗条纹,因为延迟平行或垂直于两个偏振器。(b)过石英 A 板且添加色板的锥光镜图像,以显示延迟的符号。延迟沿 45°对角线逐渐减小,呈淡黄色;沿 135°对角线逐渐增大,呈蓝色

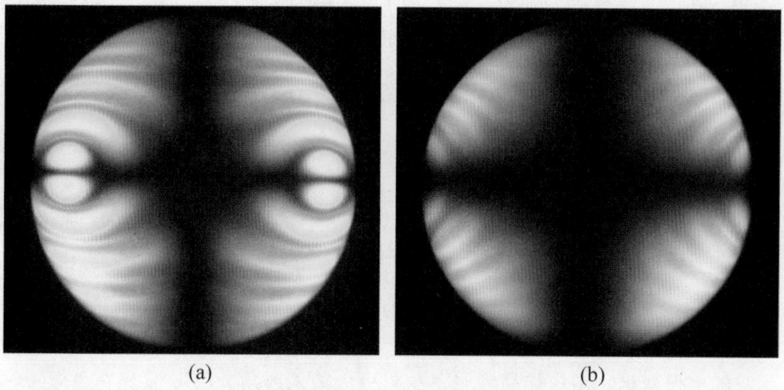

图 7.38　(a)双轴晶体麝香岩的锥光镜图像有两个白色圆圈,有黑线穿过圆圈,指示两个光轴的方向,即零双折射方向。(b)对于双折射更强的黄玉,两个光轴位于 30°视场之外,在该锥光镜图像左右

7.7.2　米勒偏振测量术配置

米勒矩阵偏振测量仪测量样品的所有偏振特性:二向衰减、延迟和退偏。斯托克斯偏振测量仪的所有偏振分析器可并入米勒矩阵偏振测量仪的偏振分析器部分,包括旋转延迟器、微偏振器阵列、分振幅和分孔径分析器。大多数这些分析器可以反转,也可用作偏振发生器。

米勒矩阵偏振测量仪测量偏振态发生器和偏振态分析器之间的所有物体的米勒矩阵。这是偏振关键区域,在该区域中,需要对来自分束器、反射镜、透镜等的任何显著偏振进行表征,并在数据约简中解释。如果可能,透镜、反射镜和其他元件位于该区域之外。

根据应用情况,通过合理配置偏振发生器和偏振分析器,可在透射、反射、散射或后向反射布局中测量米勒矩阵,如图 7.39 所示。

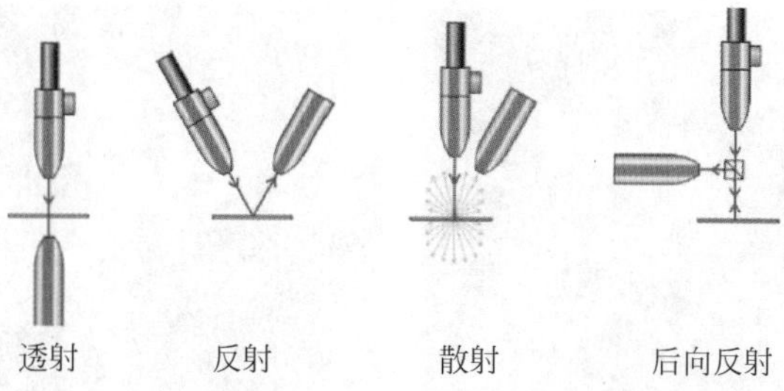

图 7.39　可灵活配置带有偏振发生器(顶部组件)和便携式偏振分析器(左,底部组件)的通用米勒矩阵偏振测量仪,以透射、反射、散射和逆反射方式测量样品(蓝色)(7.7.2.2 节)(由亚拉巴马州 Huntsville 市的 Axometrics 公司提供)

为了表征光学元件、膜层和椭偏测量,米勒矩阵通常作为入射角的函数进行测量。可使用米勒矩阵成像偏振测量仪通过聚焦在样品上或聚焦透过样品同时测量一个角度范围,并将第二个物镜的出瞳成像在相机上,透射的情形如图 7.40 所示。图 7.41 显示了反射的情形。如图 7.42(a)所示为能测量宽入射角的米勒矩阵偏振测量仪,通过使用显微物镜的方

式。图 7.42(b)显示了从光瞳右侧的 18°入射角到光瞳左侧的 72°入射角测量的视角加宽薄膜。这些薄膜用于液晶(LC)显示盒,以增加液晶盒的视场并减少随角度的颜色变化。米勒矩阵随入射角的变化是为了补偿向列相液晶盒的延迟随角度的自然变化。

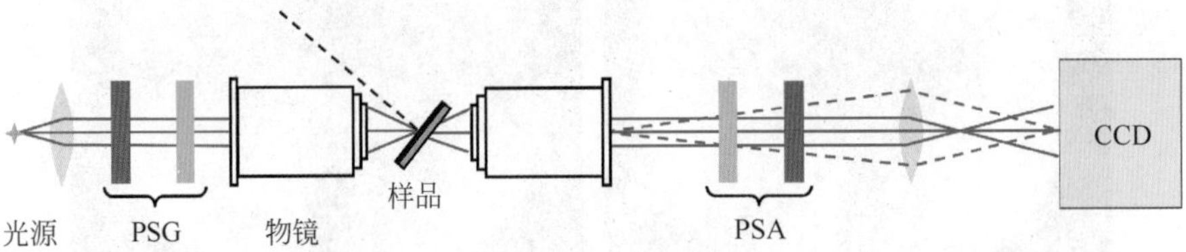

图 7.40　米勒矩阵成像偏振测量仪示例,构造为透射式测量(如椭偏测量),使用两个显微物镜获得作为入射角函数的偏振变化。图中样品倾斜以获得更大的入射角。CCD 聚焦在显微物镜出瞳上

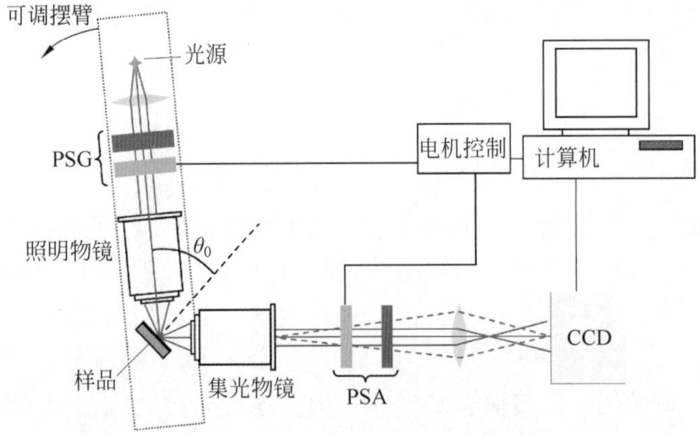

图 7.41　一种米勒矩阵成像偏振测量仪,用于测量随入射角变化的反射特性,使用样品室中的两个显微物镜。显微镜物镜的出瞳被成像到 CCD 上,以便每个像素接收以不同入射角和方位角反射的光

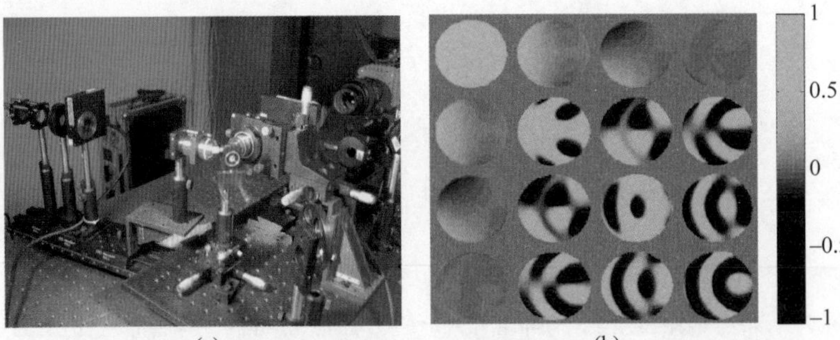

图 7.42　(a)一张入射角米勒矩阵偏振测量仪的照片,中心有两个显微镜物镜,用于照射样品和收集样品的反射光。带旋转延迟器的偏振发生器位于左侧,分析器和相机位于右侧。(b)用于液晶投影仪系统的视场加宽薄膜的入射角米勒矩阵图像示例。该薄膜的设计使其延迟随角度而变化,与 LC 盒的变化相反,从而大大增加了组合器件的视场

1. 双旋转延迟器偏振测量仪

如图 7.43 所示的双旋转延迟器米勒矩阵偏振测量仪是最常见的米勒矩阵偏振测量仪之一。光源发出的光首先通过(1)固定的线性偏振器，然后通过(2)旋转的线性延迟器、(3)样品、(4)旋转的线性延迟器，最后通过(5)固定的线性偏振器。在最常见的配置中，偏振器是平行的，并且延迟器以 5∶1 的角度增量旋转。这个 5∶1 的比率将所有 16 个米勒矩阵元素编码到检测信号中 12 个不同频率的振幅和相位上。Azzam[1]首先描述了这种设计，并解释了为何比率 1∶1、2∶1、3∶1 和 4∶1 都得到不完全的偏振测量仪。因此，5∶1 是得到完全米勒矩阵偏振测量仪的第一个整数比。还可使用许多其他旋转比。可以使用 7.4 节中的偏振数据约简矩阵方法进行数据约简，或者可以对检测信号进行傅里叶分析，并根据傅里叶系数计算米勒矩阵元素[71]。

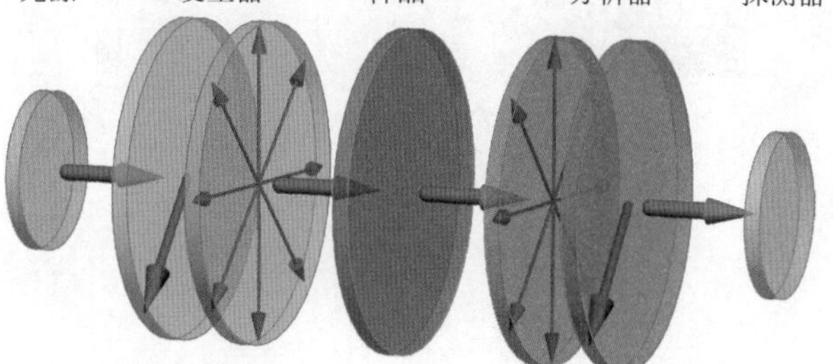

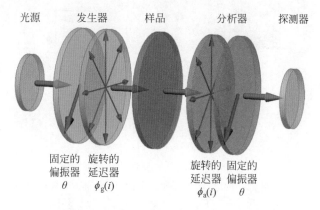

图 7.43　双旋转延迟器米勒矩阵偏振测量仪由一个光源、一个固定的线偏振器、一个分步旋转的延迟器、样品、第二个分步旋转的延迟器、另一个固定的线偏振器和探测器组成

这种双旋转延迟器米勒矩阵偏振测量仪配置有几个设计优势。由于偏振器不动，发生器中的偏振器只接受光源的一种偏振态，使测量不受光源偏振以及偏振器之前光学系统的偏振像差的影响。如果偏振器旋转且入射光束为椭圆偏振，则会引入强度的系统调制，这需要在数据约简中进行补偿。类似地，分析器中的偏振器不旋转，只有一个偏振态通过分析光学系统并传输到探测器上。分析光学系统中的任何二向衰减和探测器中的任何偏振敏感性都不会影响测量。

延迟量的最佳值接近 $2\pi/3$rad($\lambda/3$ 波片)。如果 $\delta_1=\delta_2=\pi$ rad(半波线性延迟器)，则仅产生和分析线性偏振态，并且不能测量样品米勒矩阵的最后一行和最后一列。

双旋转延迟器米勒矩阵偏振测量仪经常通过旋转两个延迟器并测量空气来校准，这是式(7.66)的推广。由于两个延迟器以不同的速率旋转，因此可以确定各自的延迟量，以及延迟器轴的起始方向，以及小角度近似下最后一个偏振器的相对方向，小角度近似对于小误差是足够的[72]，或者在更一般的方法中，适用于更大的误差[73-74]。

2. 接近后向反射的偏光测量术

一些反射光学元件需要在接近垂直入射的情况下进行测试，例如角锥棱镜回射器、硅基液晶(LCoS)面板(24.4.6 节)和其他反射空间光调制器。如图 7.44 所示，逆反射测试要求在样品前面插入低偏振的、理想情况下为非偏振的分束器。理想情况下,非偏振分束器具有相等的 s、p 振幅以及相等的 s、p 相位[75]。

在图 7.44 中,来自偏振态发生器的部分光束从非偏振分束器反射,并且正入射到样品上;其余的光在消光器中去除。从样品反射的光在分束器处被分束,透射部分继续通过偏振分析器到达焦平面。焦平面获取样品的一系列原始图像,并从原始图像集中逐个像素计算偏振测量区域内的米勒矩阵图像。

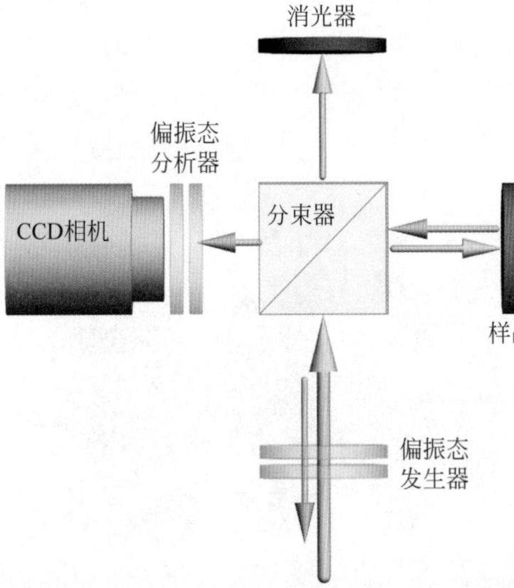

图 7.44 成像偏振测量仪构造,用于后向反射测试,使用了非偏振分束器和消光器

为获得样品的米勒矩阵图像,必须校准并去除非偏振分束器的反射损耗和非偏振分束器的透射率。理想的非偏振分束器应无偏振,其延迟和二向衰减应为零,反射和透射的米勒矩阵将都是单位矩阵。在实际应用中,商用非偏振分束器总是具有一定的二向衰减和延迟。

样品米勒矩阵 $\boldsymbol{M}_{\mathrm{S}}$ 由测量的米勒矩阵 $\boldsymbol{M}_{测}$ 确定,其中 $\boldsymbol{M}_{\mathrm{T}}$ 表示分束器的透射,$\boldsymbol{M}_{\mathrm{R}}$ 表示分束器的反射,

$$\boldsymbol{M}_{测}=\boldsymbol{M}_{\mathrm{T}}\cdot\boldsymbol{M}_{\mathrm{S}}\cdot\boldsymbol{M}_{\mathrm{R}} \tag{7.69}$$

在样品室校准期间,在每个波长处测量 $\boldsymbol{M}_{\mathrm{T}}$ 和 $\boldsymbol{M}_{\mathrm{R}}$。$\boldsymbol{M}_{\mathrm{S}}$ 被确定为

$$\boldsymbol{M}_{\mathrm{S}}=(\boldsymbol{M}_{\mathrm{T}})^{-1}\cdot\boldsymbol{M}_{测}\cdot(\boldsymbol{M}_{\mathrm{R}})^{-1} \tag{7.70}$$

必须谨慎进行补偿,仔细考虑所有仪器变量,如准直、渐晕、杂散光和入射角。

同样的方法也适用于透镜、反射镜和其他用于操控光束通过样品室的辅助光学元件。一旦校准了样品之前的光学系统米勒矩阵 $\boldsymbol{M}_1$ 和样品之后的光学系统米勒矩阵 $\boldsymbol{M}_2$ 后,可在数据约简中应用它们的矩阵逆,

$$\boldsymbol{M}_{\mathrm{S}}=(\boldsymbol{M}_2)^{-1}\cdot\boldsymbol{M}_{测}\cdot(\boldsymbol{M}_1)^{-1} \tag{7.71}$$

7.8 解读米勒矩阵图像

作为米勒矩阵测量的示例,对几个样品进行了测量分析。图 7.45 显示了一张低质量二向色偏振片的米勒矩阵图像。如果这是一个理想的偏振器,M_{00}、M_{01}、M_{10} 和 M_{11} 元素图

像将是纯青色，而所有其他元素将是黑色。这种偏振器是通过将二向色性液晶分子喷涂到移动的塑料基板上，在该基板上分子自对齐而制成的。实际中对齐方式并不完美。在 M_{02} 和 M_{20} 元素中，红色表示透射轴逆时针旋转，青色表示顺时针旋转。M_{22} 和 M_{33} 元素的值表明偏振器漏光严重，表明二向衰减率小于 1。用于廉价液晶显示(如儿童玩具)的低成本偏振器有很大的市场，这些米勒矩阵数据可以评估此类元件相对于技术规范和要求的性能。

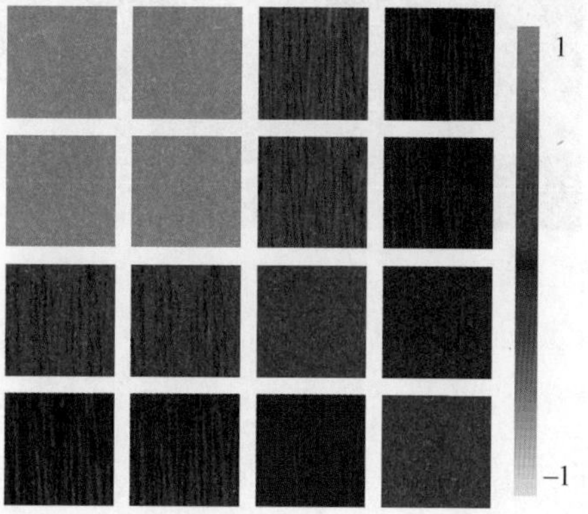

图 7.45　非常低成本偏振器 12×12mm 区域的归一化米勒矩阵图像。它揭示了许多缺陷，包括偏振器方向的变化和偏振漏光

图 7.46 显示了石英楔块的米勒矩阵图像。延迟量从上到下呈线性变化，在 M_{22}、M_{23}、M_{32} 和 M_{33} 元素中产生了周期性水平条纹。

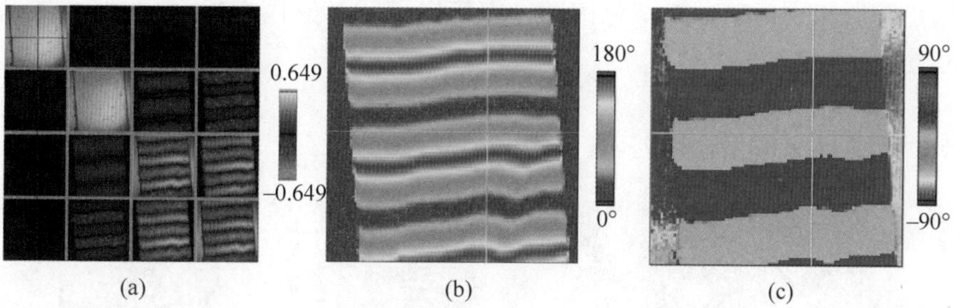

图 7.46　(a)产生线性变化延迟的石英楔的米勒矩阵图像。(b)蓝色条纹表示整数个波数的延迟；红色条纹是半波位置。由于楔块的厚度不均匀，因此条纹不是直的。(c)每次延迟通过整数值或半整数值的延迟量时，延迟的方向会发生 90°的变化，从红色变为蓝色

图 7.47 显示了石膏蝴蝶的米勒矩阵图像。图 7.33 的厚度数据源自该图像。蝴蝶图像见元素 M_{11}、M_{13}、M_{31} 和 M_{33}，这些元素与 45°处的线性延迟相关，而元素 M_{13} 和 M_{31} 具有相反的符号(6.6 节)。元素 M_{12}、M_{21}、M_{23} 和 M_{32} 中的微弱信号表明样品的延迟轴在偏振测量仪中略微旋离 45°。

接下来，比较两个单轴 C 板[①](一片无旋光的方解石晶板和一片具有附加旋光的石英晶板)的锥光米勒矩阵图像。C 板的光轴垂直于双折射板的两个面，因此正入射的光不会有线性双折射。图 7.48 显示了方解石 C 板的米勒矩阵锥光镜图像，该方解石 C 板对于 30°锥角

---

① 　C 板的定义见图 19.12 所述。

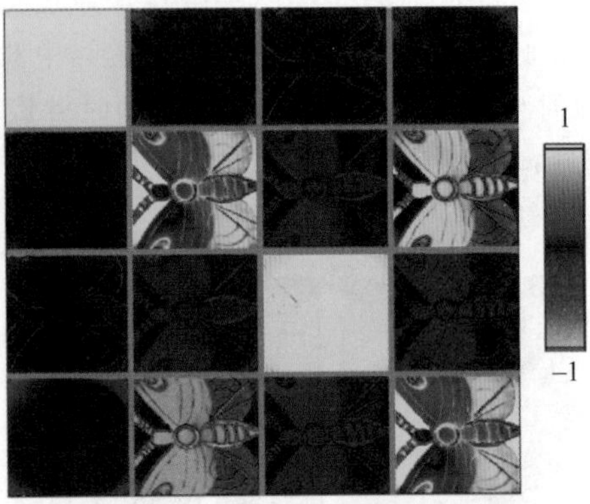

图 7.47 石膏蝴蝶的米勒矩阵图像,M_{11}、M_{13}、M_{31} 和 M_{33} 元素显示了 45°方向的线性延迟(由 OSA Optics & Photonics News 提供; R. Chipman and A. Peinado, The mystery of the birefringent butterfly, Opt. Photon. News 24.10,52-57(2013)[69] 中的图片)

的入射光束具有快速变化的延迟。在垂直入射时,没有双折射,因此延迟为零,米勒矩阵是一个单位矩阵,在对角线元素的中心像素上用黄色表示,在非对角线元素上用黑色表示。随着入射角从零开始增加,双折射在各个方向上对称地增加;线性延迟(图 7.48(b1))以二次方形式增加。延迟方向(图 7.48(b2))围绕中心均匀旋转 360°。当延迟达到 180°时(最里面的红环),延迟方向改变 90°(第一个环形带),跨过该环带延迟增大,直到达到 360°(一个波长),第二个环带开始出现。对于这个光锥,当延迟为一个波长时,米勒矩阵再次成为单位矩阵,即米勒矩阵图像中的第一个黄色圆圈。在第二圈和第三圈,延迟量为两个波和三个波。在边缘,延迟量达到了大约 $4\frac{1}{4}\lambda$。圆延迟图像(图 7.48(b3))为零,表明延迟为纯线性的。21.6.2 节讨论了 C 板的偏振像差,其与本例类似,无旋光。

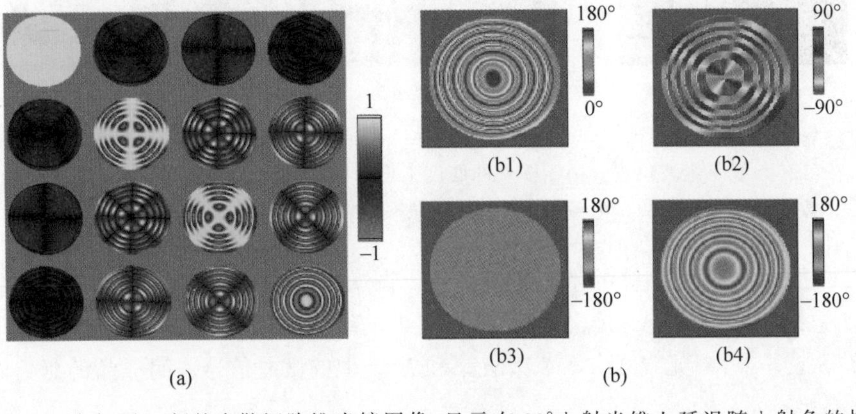

图 7.48 (a)方解石 C 板的米勒矩阵锥光镜图像,显示在 30°入射光锥上延迟随入射角的快速变化。(b1)线性延迟。(b2)延迟方向。(b3)圆延迟。(b4)延迟大小

为了进行比较,图 7.49(a)给出了测得的米勒矩阵,为通过石英 C 板的入射角的函数,以及图(b)相关的延迟参数。石英是一种单轴材料,测量的中心恰好沿着光轴;因此,中心的线性延迟为零。但与普通单轴材料不同,石英在光轴附近传播时具有旋光性(圆延迟)。

在正入射时，测得的米勒矩阵近似为

$$\begin{pmatrix} 1 & 0 & 0 & 0 \\ 0 & -1 & 0 & 0 \\ 0 & 0 & -1 & 0 \\ 0 & 0 & 0 & 1 \end{pmatrix} \tag{7.72}$$

这是半波圆延迟器的米勒矩阵。从中心到边缘，在 30°入射角下，延迟增加 7 个波，如延迟大小图像所示(图 7.49(b4))。圆延迟(图 7.49(b3))从正入射开始减小并接近零。线性延迟量的大小，在 C 板的轴上为零，从中心开始以二次对称方式增加(图 7.49(b1))[①]。线性延迟的方向在每次完全旋转时变化 360°。每当延迟量大小通过 0 或 π 时，延迟方向改变 90°，这可解释环形带。当延迟量大小通过 $2n\pi$ 时，即图 7.49(b4)中每个绿带的中心，相应的米勒矩阵必须是单位矩阵，米勒矩阵的对角元素为黄色环，非对角元素有黑环。在米勒矩阵图像的顶行中也可以看到一些弱线性和圆二向衰减。

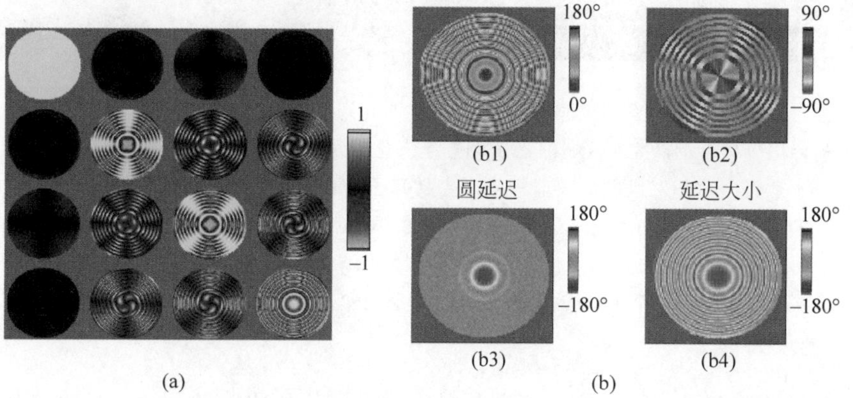

图 7.49　(a)石英 C 板的米勒矩阵锥光镜图像，在 30°入射光锥上延迟随入射角快速变化。(b1)线性延迟。(b2)延迟方向。在圆延迟图(b3)中央的光轴附近可看到旋光。(b4)延迟量大小

7.9　校准偏振测量仪

偏振测量仪校准的目标是获得精确的数据约简矩阵，这样，偏振测量仪就能够可靠、准确地工作。当发生器和分析器中使用的偏振元件及其方向已知到足够的精度时，$\boldsymbol{W}$ 矩阵就很容易构建，精确的数据约简也就很简单。

但校准很少如此容易。严格根据偏振元件制造商的技术指标校准偏振测量仪是不切实际的，公差太大了。市售延迟器的延迟量仅给定为百分之一左右，且其延迟量随温度和波长而变化。但通过在平行偏振器之间旋转延迟器，可以精确校准延迟器(7.7.1.1 节)。规格明确的偏振器更容易获得，如消光比大于 10^5 的格兰-泰勒偏振器，但透光轴的方向(相对于偏振测量仪的预期坐标系 x、y、45°和 135°)仍然需要标定。

① 向着边缘有一些明显的莫尔条纹。延迟变化很快，每个像素在朝边缘方向角度增大的范围内都做了平均。

许多偏振测量仪通过旋转高质量的“校准”线偏振器进行校准,例如格兰-汤普逊棱镜偏振器,这种方法可以利用偏振度为1的光产生良好的校准数据集。当需要在接近非偏振光或在非偏振光下校准时,就必须构造合适的校准光源。积分球通常被用作非偏振光源,尽管很难证明它们的非偏振度达到了千分之几。为了产生具有较小线偏振度的光束,可在非偏振光束中使用倾斜玻璃板,DoLP可以根据菲涅耳方程计算,也可以使用旋转偏振器测量[76]。一个问题是,当光束入射角在倾斜玻璃板上变化时,DoLP将线性变化,这可能是个误差源。两块相反方向倾斜的玻璃板提供了高级解决方案,消除了线性DoLP的变化,如图7.50所示。

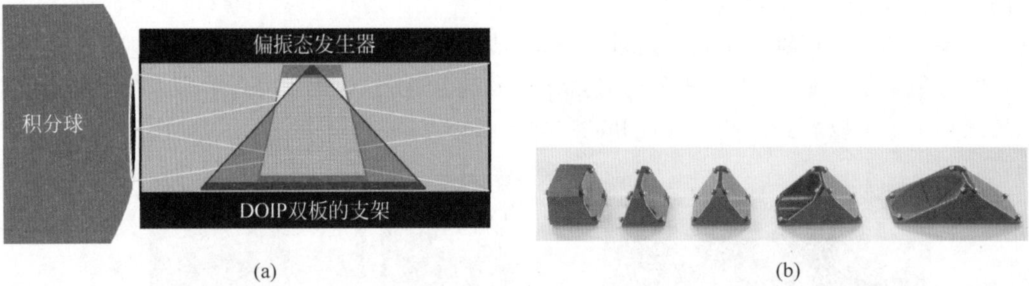

图7.50　(a)用于校准的产生低DoLP态的偏振态发生器示意图。它使用一个积分球来产生非偏振光,通过一对相对倾斜的玻璃板来产生具有小DoLP的光束。显示了两对玻璃板:(青色)较小倾斜用于较小DoLP,以及(蓝色)较大倾斜用于较大DoLP。来自积分球的光束具有一定范围的入射角。向上传播的光束将以较大的角度射向第一块板,然后以较小的角度射向第二块板,从而补偿一阶菲涅耳系数的变化。(b)用于产生低DoLP光的四组成对玻璃板的图片

另一个系统误差是发生器和分析器矢量在校准和使用之间的漂移。偏振测量仪的温度在校准和使用之间可能会发生变化,从而改变延迟,并轻微改变通过光学系统的光路。众所周知,步进电机和其他旋转台的角度会漂移。液晶盒通常会在几天内显著漂移。无论什么原因,如果测量时的偏振测量矩阵为$\boldsymbol{W}_{漂移}$,则斯托克斯参数或米勒矩阵元素中的误差为

$$\boldsymbol{M}_{测量}=\boldsymbol{W}_P^{-1}\cdot\boldsymbol{W}_{漂移}\cdot\boldsymbol{M}_{\mathrm{s}} \tag{7.73}$$

其中,$\boldsymbol{M}_{\mathrm{s}}$是样品的米勒矩阵或斯托克斯参数,$\boldsymbol{M}_{测量}$是测量值。

7.10　偏振图像中的伪影

偏振测量仪中的伪影是明显的偏振特征,它不是真实的,而是偏振测量仪系统误差的结果。理解伪影的一个简单方法是描绘偏振测量仪测量完全非偏振的场景,此种情形下,偏振图像中存在的任何偏振都是由于偏振测量仪工作或数据约简中的某些误差造成的。偏振伪影通常与场景中的运动、场景边缘附近的光强梯度以及偏振测量仪的分析器矢量在校准和工作之间的漂移有关。伪影在偏振数据中无处不在。在预期会出现伪影的情况下,透彻的理解可以避免对偏振数据的错误解读。

7.10.1　像素未对齐

由于成像偏振测量仪需要通过不同的分析器获取场景的多个图像，因此当特定像素的视野在位置、时间或波长上不重合时，可能会出现误差。

考虑一个旋转延迟器成像偏振测量仪，它采取时序测量模式。如果延迟器有一些楔形的、不平行的表面，它作为一个弱棱镜将会偏折光线。当延迟器在测量时旋转，图像在焦平面上会经历一个小圆圈，因此在每个像素处，视野都会轻微晃动。如果物体具有均匀的强度和偏振，这种圆周运动几乎不会造成差别。但是当存在光强梯度时，特别是在点光源和边缘的周围，测量的光通量将波动，数据约简将计算错误并产生偏振伪影[77]。

分焦平面偏振测量仪的偏振伪影更大，因为相邻像素具有不同的分析器，并且需要几个像素来进行每个偏振测量[78]。例如，图 7.51 是使用 MSPI 偏振测量仪拍摄的停车场 660nm 图像。相应的 DoLP 如图 7.52(a)所示。在图 7.52(b)中，DoLP 数据已被约简以模拟微偏振器阵列成像偏振测量仪，它具有图 7.7 形式的偏振器掩模。左右两图的所有差异都来自微偏振器阵列的偏振伪影。在右 DoLP 图像中，所有物体和阴影的边缘周围都会出现瑕疵。图 7.53 比较了 MSPI 测量的 S_2 图像和使用微偏振器阵列偏振测量仪相应的 S_2 图像。

图 7.51　停车场中汽车的照度图像

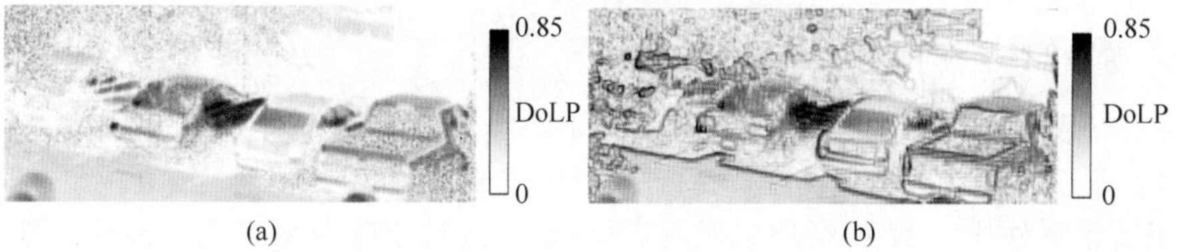

图 7.52　(a)图 7.51 的 DoLP 图像。白色区域的 DoLP 较低。(b)用分焦平面偏振测量仪测量的 DoLP 图像。左右图像之间的任何差异都是偏振伪影。所有亮边周围的瑕疵都很明显，例如汽车边缘及其阴影的边缘，以及树中的瑕疵。分焦平面偏振伪影具有棋盘格图案特征

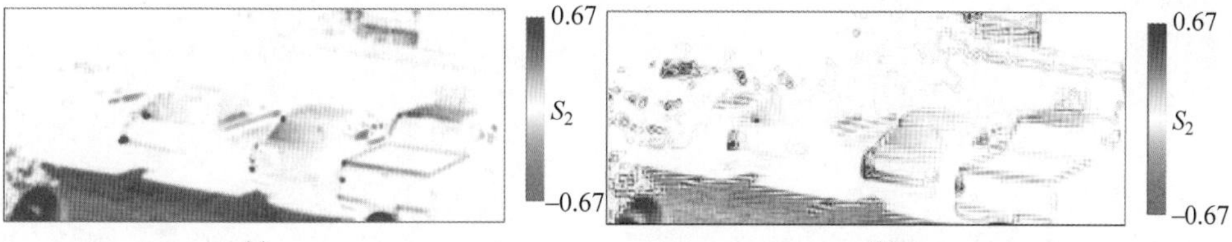

图 7.53　(a)MSPI 测量的 S_2 图像和(b)使用分焦平面偏振测量仪测量的 S_2 图像。两幅图像之间的差异表征了该图像的偏振伪影。同样，在右边的图像中可以看到棋盘格结构

7.11　优化偏振测量仪

在设计新的偏振测量仪时,需选择一组合适的偏振发生器和分析器。显然,所有的偏振分析器不应该在庞加莱球面上位于一起,而应该分散放置。线性代数、奇异值分解和条件数的标准方法为生成数值稳定的数据约简矩阵提供了指导[71,79-82]。例如,用四个分析态测量斯托克斯参数,其顶点在庞加莱球上形成正四面体,这是四测量通道的斯托克斯偏振测量仪的最佳选择。此配置在整个球面上提供几乎相等的覆盖范围。四面体在球面上可以有不同的方向,没有一个最佳的正四面体取向。图 7.54 显示了如何通过一个偏振器和一个延迟量接近 133°的旋转线性延迟器(绿色轨迹)来到达四面体的顶点。生成规则四面体的另一种方法如图 7.12 所示。

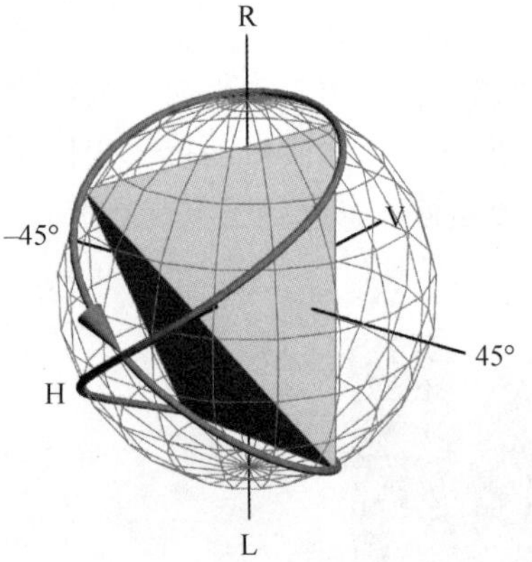

图 7.54　具有最佳延迟量的旋转延迟器分析器的庞加莱球迹线,它将通过正四面体的四个顶点。
迹线在偏振器位置交叉

偏光测量矩阵 **W** 的秩和零空间将偏振测量仪区分为完全的或不完全的。对于完全的斯托克斯偏振测量仪,**W** 的秩应为 4,对于完全的米勒矩阵偏振测量仪,**W** 的秩应为 16。无法测量部分或全部位于 **W** 的零空间的任何偏振态。完全的偏振测量仪的 **W** 没有零空间①。当测量的 **M** 在零空间中有分量时,数据约简得到 **W** 域内的邻近重构(nearby reconstruction)。

W 的每一行在 **M** 的重构中形成一个基向量。也就是说,在每个偏振测量仪状态下测得的强度是 **M** 在相应基向量上的投影。对于一个有效的重构,基向量之间应该有最小的相关性;它们应该是线性独立的、广分布的,并且在幅值上良好平衡的。对于 $Q>16$ 的超定系统,基向量提供了偏振空间的冗余覆盖,提高了存在噪声时的性能。可以选取基态更密集地位于需要获取的关于 **M** 的大多数信息的方向上。例如,测量应力双折射的偏振测量仪最感兴趣的是线性延迟,因此可以选择基态来提高这些参数上的信噪比,而牺牲二向衰减和退偏精度。

对于测量各种任意 **M** 的通用偏振测量仪,偏光测量矩阵应尽可能远离奇异性,它应该有良好的条件数。

通过奇异值分解(SVD)可深入了解 **W** 的条件性,Tyo[80] 和 Sabatke 等[79]将 SVD 引入偏振测量仪设计。SVD 将任意 $N\times K$ 矩阵 **W** 分解为

$$\mathbf{W}=\mathbf{U}\cdot\mathbf{D}\cdot\mathbf{V}^{\mathrm{T}}=\mathbf{U}\cdot\begin{pmatrix}\mu_1 & & & & \\ & \mu_2 & & & \\ & & \ddots & & \\ & & & \mu_{K-1} & \\ & & & & \mu_K \\ 0 & 0 & \cdots & 0 & 0 \\ & & \vdots & & \end{pmatrix}\cdot\mathbf{V}^{\mathrm{T}} \tag{7.74}$$

---

① 作为对比,当测量的数量超过测量参数的数量,**W** 过度约束时,逆 $\mathbf{W}^{-1}$ 将有一个零空间。

其中,$\boldsymbol{U}$ 和 $\boldsymbol{V}$ 是 $N\times N$ 和 $K\times K$ 的酉矩阵,$\boldsymbol{D}$ 是 $N\times K$ 对角矩阵。对角线元素 μ_k 是奇异值。$\boldsymbol{W}$ 的秩是非零奇异值的数量。与非零奇异值相关联的 $\boldsymbol{U}$ 列构成 $\boldsymbol{W}$ 域的正交基;与零奇异值相关联的 $\boldsymbol{V}$ 列构成 $\boldsymbol{W}$ 零空间的正交基。与非零值奇异值相关联的 $\boldsymbol{V}$ 列构成 $\boldsymbol{W}$ 全向量空间的正交基,从而重构 $\boldsymbol{M}$。每个奇异值给出了在此基集中对应向量的相对强度,$\boldsymbol{U}$ 列构成了从 $\boldsymbol{V}$ 基集到 $\boldsymbol{W}$ 原始基集的映射。由于

$$\boldsymbol{P}=\boldsymbol{W}\cdot\boldsymbol{M}=\boldsymbol{U}\cdot\begin{pmatrix} u_1 & 0 & 0 & 0 \\ 0 & u_2 & 0 & 0 \\ & & \ddots & \\ 0 & 0 & 0 & u_{16} \\ & & \vdots & \end{pmatrix}\cdot\boldsymbol{V}^{\mathrm{T}}\cdot\boldsymbol{M} \tag{7.75}$$

对应于零奇异值的 $\boldsymbol{U}$ 行描述了不能由任何米勒矩阵生成的光通量测量值集。因此,它们在偏振测量中的存在只能由噪声引起(见例 7.4)。基于这种解释,$\boldsymbol{V}$ 中与相对较小的奇异值相关联的任何基向量都接近零空间,并且很可能几乎没有信息内容;这种小奇异值主要将噪声放大进入 $\boldsymbol{M}$ 重构中。误差源产生的投影(光通量向量)类似于 $\boldsymbol{V}$ 中基向量生成的光通量向量(特别是对应于大奇异值的那些),这些误差源将强烈耦合到 $\boldsymbol{M}$ 的重构中。L_2 条件数等于最大奇异值与最小奇异值之比[83],因此最小化条件数相当于尽可能均衡奇异值的范围,以便基向量具有广的分布和相似的权重。

对于四测量通道斯托克斯偏振测量仪,代表四个分析器态的各个斯托克斯矢量,当绘制在庞加莱球上时,定义了一个通常不规则的四面体。四面体的体积与 $\boldsymbol{W}$ 的行列式成正比,当顶点形成正四面体时,体积最大(图 7.54)。在这种情况下,顶点到球面上任意点的最大距离获得最小化,条件数也最小。

将条件数应用于米勒矩阵偏振测量仪的两个例子如下:第一个是最佳偏振测量仪的例子,第二个几乎是奇异的。

例 7.6　双四面体米勒偏振测量仪

考虑一个米勒矩阵偏振测量仪,它使用四个发生器状态 $\boldsymbol{V}_1$、$\boldsymbol{V}_2$、$\boldsymbol{V}_3$ 和 $\boldsymbol{V}_4$,位于庞加莱球面上的规则四面体的顶点,相应的斯托克斯矢量为

$$\begin{cases} \boldsymbol{V}_1=(1,1,0,0) \\ \boldsymbol{V}_2=\left(1,-\dfrac{1}{3},\dfrac{2\sqrt{2}}{3},0\right) \\ \boldsymbol{V}_3=\left(1,-\dfrac{1}{3},-\dfrac{\sqrt{2}}{3},\sqrt{\dfrac{2}{3}}\right) \\ \boldsymbol{V}_4=\left(1,-\dfrac{1}{3},-\dfrac{\sqrt{2}}{3},-\sqrt{\dfrac{2}{3}}\right) \end{cases} \tag{7.76}$$

分析器状态也选择为 $\boldsymbol{V}_1$、$\boldsymbol{V}_2$、$\boldsymbol{V}_3$ 和 $\boldsymbol{V}_4$。由发生器和分析器的各个组合可获得 16 个测量值。该偏振测量仪是具有最小条件数的 16 测量值米勒矩阵偏振测量仪中的一员,因此可将其视为最佳配置。对应的 16 个奇异值为

$$\left(4,\frac{4\sqrt{3}}{3},\frac{4\sqrt{3}}{3},\frac{4\sqrt{3}}{3},\frac{4\sqrt{3}}{3},\frac{4\sqrt{3}}{3},\frac{4\sqrt{3}}{3},\frac{4}{3},\frac{4}{3},\frac{4}{3},\frac{4}{3},\frac{4}{3},\frac{4}{3},\frac{4}{3},\frac{4}{3},\frac{4}{3}\right) \tag{7.77}$$

条件数是3,等于第一个和最后一个奇异值之商。这可能是米勒矩阵偏振测量仪的最佳条件数。$\boldsymbol{U}$ 的16列中的每列表示用于重构被测米勒矩阵的不同正交分量。在存在白噪声的情况下,对应于第一列的米勒矩阵分量将以最高的信噪比进行测量,优于 $\boldsymbol{U}$ 中接下来六个分量(列)的信噪比约 $\sqrt{3}$ 倍,优于最后九个米勒矩阵元素约3倍。测量最准确的元素是 M_{00}。该最佳偏振测量仪对于各个矩阵元素测量值的相对精度,如下面的矩阵所示:

$$\begin{pmatrix} 1 & \frac{1}{\sqrt{3}} & \frac{1}{\sqrt{3}} & \frac{1}{\sqrt{3}} \\ \frac{1}{\sqrt{3}} & \frac{1}{3} & \frac{1}{3} & \frac{1}{3} \\ \frac{1}{\sqrt{3}} & \frac{1}{3} & \frac{1}{3} & \frac{1}{3} \\ \frac{1}{\sqrt{3}} & \frac{1}{3} & \frac{1}{3} & \frac{1}{3} \end{pmatrix} \tag{7.78}$$

因此,延迟元素的测量精度不如二向衰减和偏振元素。

例7.7　近奇异米勒偏振测量仪

本例为具有近奇异偏振测量矩阵的偏振测量仪例子,$\boldsymbol{W}$ 的第二行(产生 $\mathbf{V}_1$,分析 $\mathbf{V}_2$),

$$(1,-0.333,0.943,0,1,-0.333,0.943,0,0,0,0,0,0,0,0,0) \tag{7.79}$$

被下面的矢量替换

$$(1,1,0.005,0,1,1,0.0005,0,0,0,0,0,0,0,0,0) \tag{7.80}$$

近似等于 $\boldsymbol{W}$ 的第一行

$$(1,1,0,0,1,1,0,0,0,0,0,0,0,0,0,0) \tag{7.81}$$

所以这两行几乎是线性相关的。检查得到的奇异值为

$$\begin{aligned}(&4.056,2.727,2.309,2.309,2.309,2.309,2.022,1.499,\\ &1.333,1.333,1.333,1.333,1.333,1.333,1.333,0.0004)\end{aligned} \tag{7.82}$$

最后一个奇异值接近于零,条件数约为100。当测得的光通量包含对应于 $\mathbf{V}^{\mathrm{T}}$ 最后一行的模式时,该元素将在数据约简期间相对于米勒矩阵的其他15个元素放大约100倍,它通常将主导测量。在存在随机噪声的情况下,测得的米勒矩阵通常会接近 $\boldsymbol{U}$ 的第16列(分割为4×4"米勒矩阵"),因此测量将不准确。

总之,与非常小的奇异值相对应的元素在矩阵求逆中被大大放大,并且在偏振数据约简中会干扰米勒矩阵的其余部分。

7.12 习题集

7.1　旋转延迟器偏振测量仪在一个线偏振器前面旋转 $\lambda/4$ 线性延迟器,线偏振器定向为

0°。它在延迟器快轴角度 $\theta_q=0°、30°、60°、90°、120°$ 和 150°下获得六个光通量测量值 P_q。

a. 计算偏振测量矩阵 $\boldsymbol{W}$。

b. 有没有行相等？这是个问题吗？偏振测量仪是完全的吗？

c. S_0 是一个非偏振分量，测得的光通量是怎样调制的？

d. 依据 $\boldsymbol{W}$ 的伪逆求偏振数据约简矩阵 $\boldsymbol{W}_P^{-1}$。

e. 延迟器旋转过 180°时，每行中存在哪些频率？

f. 为什么计算 S_0 的行不是常数？

g. 计算对应于如下光通量测量值的斯托克斯参数：

$$P=\left(5,5-\frac{\sqrt{3}}{2},5-\frac{\sqrt{3}}{2},5,5+\frac{\sqrt{3}}{2},5+\frac{\sqrt{3}}{2}\right)$$

h. 计算与光通量测量值集 $\boldsymbol{P}_N=(0,1,-1,0,-1,1)$ 对应的斯托克斯参数。当然，负光通量在物理上是不可能实现的。这是一个零空间向量的示例。

i. 证明 $\boldsymbol{P}_N$ 能被加到 $\boldsymbol{W}_P^{-1}$ 的任一行上，所得的矩阵也是 $\boldsymbol{W}$ 的矩阵逆。

j. $\boldsymbol{P}_N$ 与 $\boldsymbol{W}$ 的列的关系是什么？

7.2　考虑一个偏振测量仪，它在 0°的线偏振器前面带有一个旋转的 $\lambda/4$ 线性延迟器。我们将使用此偏振测量仪查看信号中噪声的影响。$\boldsymbol{W}$ 和 $\boldsymbol{W}^{-1}$ 矩阵如下：

$$\boldsymbol{W}=\frac{1}{8}\begin{pmatrix}4&4&0&0\\4&1&\sqrt{3}&-2\sqrt{3}\\4&1&-\sqrt{3}&-2\sqrt{3}\\4&4&0&0\\4&1&\sqrt{3}&2\sqrt{3}\\4&1&-\sqrt{3}&2\sqrt{3}\end{pmatrix},\quad \boldsymbol{W}^{-1}=\frac{1}{3}\begin{pmatrix}-1&2&2&-1&2&2\\4&-2&-2&4&-2&-2\\0&2\sqrt{3}&-2\sqrt{3}&0&2\sqrt{3}&-2\sqrt{3}\\0&-\sqrt{3}&-\sqrt{3}&0&\sqrt{3}&\sqrt{3}\end{pmatrix}$$

a. 考虑测量随时间变化的斯托克斯矢量。如果测量是在 t_1 到 t_6 瞬间进行的，那么如何在数学上表示该偏振测量仪进行的光通量测量？请注意，用 $\boldsymbol{W}\cdot\boldsymbol{S}(t)$ 表示六个测量值是不正确的。找到一个有效的表示法。

b. 使 $\boldsymbol{S}(t)=\boldsymbol{S}+\boldsymbol{n}(t)=\begin{pmatrix}\sqrt{3}\\1\\1\\1\end{pmatrix}+\cos\left(\frac{\pi}{6}t\right)\begin{pmatrix}0.1\\0.03\\0.03\\0.03\end{pmatrix}$，其中 $\boldsymbol{S}$ 由一个常数向量和一个“噪声”向量组成。假设在时间 $t_n=n$ 秒进行六次测量，其中 $n=1,2,3,\cdots,6$。求光通量测量值集，并计算由该偏振测量仪测量的最终斯托克斯参数。测得的斯托克斯矢量与信号的恒定部分相差多少百分比？

c. 接下来，使用延迟器方向 $\theta_m=(30\times m)°$，其中 $m=0,1,2,\cdots,11$ 进行 12 次测量，而不是 6 次。假设信号仍旧遵循 b. 中的形式，求出测量的斯托克斯参数。使用测量时间 $t_n=n$ 秒，其中 $n=1,2,3,\cdots,12$。测得的斯托克斯参数与信号的恒定部分相差多少百分比？产生这种结果的噪声是什么？

d. 使用 c. 中的矩阵，将矢量($\sqrt{3}$10−1− $\sqrt{3}$−2− $\sqrt{3}$−101 $\sqrt{3}$2)加到 $\boldsymbol{W}^{-1}$ 的每一行

中。$\boldsymbol{W}^{-1}$ 还是 $\boldsymbol{W}$ 的逆吗？使用这个新的 $\boldsymbol{W}^{-1}$，测得的斯托克斯参数是什么？同样，使用测量时间 $t_n=n$ 秒，其中 $n=1,2,3,\cdots,12$。测得的斯托克斯参数与信号的恒定部分相差多少百分比？

7.3 旋转偏振器偏振测量仪与侧窗式光电倍增管一起使用，该光电倍增管对于水平偏振光比垂直偏振光具有10%更大的响应率 R，按 $R(\theta)=R_0(1.05+0.05\cos(2\theta))$ 变化。描述如何在数据约简过程中纠正此灵敏度的误差。

7.4 在偏振测量仪中，光首先通过旋转的四分之一波线性延迟器，再通过旋转的偏振器，然后才能被探测到。偏振器以延迟器快轴角度 θ 的3倍旋转。

a. 确定作为 θ 函数的分析器向量。

b. 在延迟器旋转 2π 范围内，将每个分析器矢量元素表示为傅里叶余弦和正弦级数。

c. 在操作过程中，四分之一波延迟器旋转 2π，偏振器旋转 6π，傅里叶余弦系数 c_0、c_1、c_2、c_3…和傅里叶正弦系数 s_1、s_2、s_3…从等距光通量测量值列表中计算(请注意，正弦没有DC傅里叶系数 s_0，它在任何地方都是零)。求出斯托克斯参数 S_0、S_1、S_2、S_3 和信号的傅里叶系数之间的关系。

7.5 当测量波动的光源时，时序偏振测量仪的精度降低。考虑一个有±10%光强变化的非偏振光源，按时间呈正弦变化，时间周期为1s，

$$P(t)=S_0[1+0.1\sin(2\pi t)]$$

让旋转偏振器偏振测量仪在 $T=2\text{s}$ 内旋转360°，测量光束获取16个测量值。

a. 斯托克斯参数中的误差是多少？

b. 如果偏振测量仪以 $T=1.5\text{s}$ 的时间获取其测量值，斯托克斯参数的误差将是多少？

c. 为确保斯托克斯参数精度为1%(光源波动幅度的十分之一)，偏振测量仪需要以多快的速度获取其测量值？

d. 概括你的结果。如果光源以振幅 ψ 波动，周期为 T 或更小，则需要用多快的速度获取测量值，以获得 β%的精度？

7.6 将旋转偏振器偏振测量仪的分析器矢量与旋转分析器加固定0°分析器偏振测量仪的分析器矢量进行比较。当水平偏振光和垂直偏振光入射时，测出的总光通量之比是多少？哪一种测量垂直偏振光更准确？更准确程度如何？

7.7 偏振测量仪使用以下理想发生器和分析器的组合来测量几个米勒矩阵元素。进行以下八个光通量测量：$P_{\mathrm{H,H}}$、$P_{\mathrm{H,V}}$、$P_{\mathrm{V,H}}$、$P_{\mathrm{V,V}}$、$P_{45,45}$、$P_{45,135}$、$P_{135,45}$ 和 $P_{135,135}$。

a. 能测量哪些米勒矩阵元素？不能测量哪些？

b. 确定偏振测量仪的偏光测量矩阵 $\boldsymbol{W}$，$\boldsymbol{W}\cdot\boldsymbol{M}=\boldsymbol{P}$，其中 $\boldsymbol{P}$ 是八个光通量测量值的向量，$\boldsymbol{M}$ 是可以测量的米勒矩阵元素的向量。从 $\boldsymbol{M}$ 向量中丢弃不可测量的米勒矩阵元素。

c. 针对该偏振测量仪，给出任何有效的偏振数据约简矩阵 $\boldsymbol{W}^{-1}$。矩阵逆运算不是必要的。

d. $\boldsymbol{W}^{-1}$ 的尺度(列数、行数)是多少？

e. 描述矩阵逆的零空间的概念。

f. $\boldsymbol{W}^{-1}$ 的零空间的尺度数是多少？

g. 确定 $\boldsymbol{W}^{-1}$ 的一个零空间矢量。

7.8 将一个旋转的部分偏振器($T_{max}=1, T_{min}=0.5$)用于偏振测量仪。

a. 作为角度θ函数的分析器矢量是什么?

b. 偏振测量仪在0°、45°、90°和135°下进行测量。然后,将偏振器放置在0°位置,并将四分之一波延迟器插到前面,快轴为±45°的角度,用作左右旋部分分析器进行测量。偏振测量矩阵$\boldsymbol{W}$和偏振数据约简矩阵$\boldsymbol{W}^{-1}$是什么?

7.9 斯托克斯偏振测量仪对光强波动为$P(m)=100+100\sin(2\pi m/M)/2$的非偏振光束进行$M$次光通量测量。符号$m$是偏振测量仪进行测量的序数。这使得每次测量的$S_0$不同。让偏振测量仪使用旋转分析器,按顺序进行以下四次测量:H、45、V、135,四次测量的$m=1,2,3,4$。

a. 用m的形式写出该偏振测量仪的分析器矢量。另外,求该偏振测量仪的$\boldsymbol{W}$和$\boldsymbol{W}^{-1}$矩阵。

b. 对于$M=1,2,3,\cdots,32$,写出该偏振测量仪计算得到的S_1大小的列表。

c. 哪个M产生的S_1最大?该值是否对应于分析器矢量上的某些频率?如果是,怎样?

d. 我们知道光束是非偏振的,因此S_1的值是偏振测量仪伪影。使用b.中的曲线图解释S_0的不同频率对S_1输出的影响?

7.10 某个圆偏光镜具有右旋圆偏振器、任意米勒矩阵样品和左旋圆分析器。

a. 建立该偏光镜的米勒矩阵方程,并确定入射在样品上并且透过分析器的光通量的比例,以样品米勒矩阵元素函数的形式表示。

b. 哪些米勒矩阵元素不会导致暗背景的任何变化?

c. 哪些米勒矩阵元素会导致光泄漏?

d. 对于一个延迟量为δ、方向为0°的线性延迟器,求漏光量(透射)。

e. 证明线性延迟器的漏光与快轴方向无关。

f. 延迟量为δ_R的圆延迟器的漏光量是多少?

7.11 考虑非偏振图像中的偏振伪影。斯托克斯成像偏振测量仪按顺序使用以下六个分析器:H、V、45、135、R、L,拍摄场景的六幅图像以测量斯托克斯图像,并使用伪逆进行数据约简。每幅图像的曝光时间很短,但两幅图像之间的时间为0.1s。图像为32像素×32像素。假设场景是非偏振的,但场景图像以每秒10像素的速率在CCD上沿$-x$方向移动。计算以下测试场景的测量斯托克斯图像,其中$1\leqslant m, n\leqslant 32$。

a. $I(m,n)=100+100\sin\left(\dfrac{2\pi m}{16}\right)$

b. $I(m,n)=32\sqrt{m/32}$

c. $I(m,n)=100\mathrm{e}^{-[(m-16)^2+(n-16)^2]/64}$

7.12 一个微偏振器阵列斯托克斯成像偏振测量仪正在测量一颗艾里斑直径为1像素的非偏振恒星。恒星的中心可以位于相对于像素的任何位置。可能出现的最大和最小偏振误差是多少?恒星图像相应的中心在哪里?

7.13 偏振测量仪进行三次测量,使用①开放式辐射计(无偏振元件),②透光轴为22.5°的理想线偏振器和③透光轴为112.5°的理想线偏振器。

a. 设置偏振测量矩阵$\boldsymbol{W}$。它有多少线性独立的行(矩阵秩是多少)?

b. 计算两种单位光通量入射态(0°线偏振光和 45°线偏振光)的光通量测量矢量 PH 和 P45。

c. 使用伪逆计算偏振数据约简矩阵 $\boldsymbol{W}^{-1}$。

d. 根据 PH 和 P45 计算入射斯托克斯矢量。

e. 这是一个不完全的偏振测量仪。在 3D 庞加莱球上展示产生相同测量斯托克斯参数的偏振态集。

f. 比较 $\boldsymbol{W}^{-1}$ 的行数与秩,并评论信息总量。

g. 三个测量值中是否有多余的?

7.14 九种形式的退偏(e 振幅、f 相位、g 对角线),当较小时,可表示为弱退偏米勒矩阵

$$\boldsymbol{M}=\begin{pmatrix}1 & e_1 & e_2 & e_3\\ -e_1 & 1-g_1 & f_3 & f_2\\ -e_2 & f_3 & 1-g_2 & f_1\\ -e_3 & f_2 & f_1 & 1-g_3\end{pmatrix}$$

a. 正交线偏振器偏振测量仪对九种形式的弱退偏有多敏感?

b. 当样品旋转 $\pi/4$ 时,灵敏度如何变化?

c. 正交圆偏振器偏振测量仪对九种形式的弱退偏有多敏感?

7.15 考虑用偏光镜测量线性二向衰减。

a. 通过用(1,1,0,0)和(1,−1,0,0)操作,证明 $T_{\max}=1$、透光轴 $\theta=0$ 和二向衰减率为 D 的线性二向衰减器的方程为

$$\mathbf{LD}(T_{\max}=1,D,0)=\frac{1}{2}\begin{pmatrix}\dfrac{1}{1+D} & \dfrac{D}{1+D} & 0 & 0\\ \dfrac{D}{1+D} & \dfrac{1}{1+D} & 0 & 0\\ 0 & 0 & \sqrt{\dfrac{1-D}{1+D}} & 0\\ 0 & 0 & 0 & \sqrt{\dfrac{1-D}{1+D}}\end{pmatrix}$$

b. 正交线偏振器偏振测量仪对弱线性二向衰减(为二向衰减率 D 和透射角 θ 的函数)有多敏感?求一个准确的表达式。

c. 展开为关于 D 的二阶泰勒级数。

d. 正交圆偏振器偏振测量仪对弱线性二向衰减(为透射率 D 和透射角 θ 的函数)有多敏感?求一个准确的表达式。

e. 展开为关于 D 的二阶泰勒级数。

7.16 考虑测量六个米勒矩阵元素。

a. 测量六个米勒矩阵元素 M_{00}、M_{01}、M_{20}、M_{21}、M_{30} 和 M_{31} 所需的最小测量次数是多少?

b. 确定这个测量所需的几对发生器和分析器。

c. 标记光通量分量测量值为 $\boldsymbol{P}=(P_0,P_1,P_2,\cdots)$,并给出一个偏振数据约简矩阵 $\boldsymbol{W}^{-1}$,从光通量向量 $\boldsymbol{P}$ 计算这些米勒矩阵元素。

7.17　考虑一种斯托克斯偏振测量仪，它具有两个位于庞加莱球赤道上的分析器和两个位于 S_1 和 S_3 平面中的分析器，由角度 α 参数化为

$$\boldsymbol{A}_1=(1,\cos\alpha,\sin\alpha,0),\quad \boldsymbol{A}_2=(1,\cos\alpha,-\sin\alpha,0)$$

$$\boldsymbol{A}_3=(1,\cos(\pi-\alpha)\alpha,0,\sin\alpha),\quad \boldsymbol{A}_4=(1,\cos(\pi-\alpha)\alpha,0,-\sin\alpha)$$

a. 求偏振测量矩阵 $\boldsymbol{W}$。

b. 证明这是一个完全的偏振测量仪，只要 $\sin\alpha\neq0$、$\cos\alpha\neq0$。

c. 对于 $\alpha=\pi/4$，奇异值和偏振数据约简矩阵 $\boldsymbol{W}^{-1}$ 是什么？

d. 对于 $\alpha=\pi/90$，奇异值和偏振数据约简矩阵 $\boldsymbol{W}^{-1}$ 是什么？

e. 对于 d.，当从庞加莱球的中心测量时，球表面上的一个偏振态与最近的分析器之间的最大可能的最大角度是多少？

f. 求优化条件数的 α 值（近似解就可以）。

g. 在庞加莱球上绘制此方案的分析器矢量，它们形成什么几何图形？

h. 对于 f.，当从庞加莱球的中心测量时，球表面上两个分析器之间的最大角度是多少？请注意，条件数没有二次最小值。因为两个奇异值的值交叉，所以它的斜率在它的最小值处有一个不连续性。首先，一个奇异值位于分母中，然后是另一个，它们在最小值处切换。

7.18　一个偏振测量仪，它通过在探测器前旋转偏振器 $\mathbf{LP}(\theta)$ 来测量线性斯托克斯参数 (S_0,S_1,S_2)，角度分别为 $\theta=0°$、$30°$、$60°$、$90°$、$120°$、$150°$。

a. 求 6×3 的偏振测量矩阵 $\boldsymbol{W}$，它作用在 (S_0,S_1,S_2) 上可计算出光通量矢量 $\boldsymbol{P}=(P_1,P_2,P_3,P_4,P_5,P_6)$。

b. 计算数据约简矩阵，为伪逆 $\boldsymbol{W}_P^{-1}$。

该探测器被另一个探测器取代，它也是一个弱二向衰减器，它对 135°偏振光的灵敏度仅为 45°偏振光的 90%。

c. 计算这个弱二向衰减器的米勒矩阵 $\mathbf{LD}[1,9/10,\pi/4]$，以及 $\mathbf{LD}[1,9/10,\pi/4]\cdot\mathbf{LP}(0)$ 组合的米勒矩阵。

d. 为这个带有二向衰减性探测器的偏振测量仪计算新的偏振测量矩阵，称之为 $\boldsymbol{W}1$。

e. 当 $\{1,1,0\}$、$\{1,-1,0\}$、$\{1,0,1\}$ 和 $\{1,0,-1\}$ 入射时，绘制光通量矢量。如果改变了探测器，但数据约简没有改变，则会出现偏振测量误差。

f. 为模拟这个误差，计算 3×3 的矩阵 $\boldsymbol{W}_P^{-1}\cdot\boldsymbol{W}1$。

这个矩阵将入射偏振态和测量值联系起来。理想情况下 $\boldsymbol{W}_P^{-1}\cdot\boldsymbol{W}1$ 是单位矩阵。

g. 当 $\{1,1,0\}$、$\{1,-1,0\}$、$\{1,0,1\}$ 和 $\{1,0,-1\}$ 入射时，计算测量的偏振态。

h. 当 $\{1,1,0\}$、$\{1,-1,0\}$、$\{1,0,1\}$ 和 $\{1,0,-1\}$ 入射时，计算误差。

解释这些结果。

i. 哪些偏振态是用错误的光通量测量的？

j. 哪些偏振态是用错误的偏振度测量的？

k. 哪些偏振态是用错误的偏振角测量的？

7.13 致谢

作者要感谢以下为本章做出贡献的合作者：尼尔·博德利、克里斯蒂娜·布拉德利、布莱恩·德布、大卫·切诺、戴夫·迪纳、安·埃尔斯纳、迈克尔·加雷、安娜·布里特·马勒、阿尔巴·佩纳多、拉里·佩扎尼蒂、马特·史密斯、保拉·史密斯、卡伦·特维特迈耶、贾斯汀·沃尔夫和冯·徐。

7.14 参考文献

[1] R. M. A. Azzam, Photopolarimetric measurement of the Mueller matrix by Fourier analysis of a single detected signal, Opt. Lett. 2. 6 (1978): 148-150.

[2] M. A. F. Thiel, Error calculation of polarization measurements, JOSA 66. 1 (1976): 65-67.

[3] R. M. A. Azzam and N. M. Bashara, Ellipsometry and Polarized Light, North-Holland (1987).

[4] J. O. Stenflo, Optimization of the LEST polarization modulation system, LEST Foundation, Technical Report 44 (1991).

[5] P. S. Hauge, Recent developments in instrumentation in ellipsometry, Surf. Sci. 96. 1-3 (1980): 108-140.

[6] D. Brewster, On the compensations of polarized light, with the description of a polarimeter, for measuring degrees of polarization, Trans. R. Irish Acad. (1843): 377-392.

[7] R. M. A. Azzam, Mueller-matrix ellipsometry: A review, Optical Science, Engineering and Instrumentation 97, International Society for Optics and Photonics (1997).

[8] J. M. Bueno, Polarimetry using liquid-crystal variable retarders: Theory and calibration, J. Opt. A: Pure Appl. Opt. 2. 3 (2000): 216.

[9] E. H. Moore, On the reciprocal of the general algebraic matrix, Bull. Am. Math. Soc. 26 (1920): 294-295.

[10] R. Penrose, A generalized inverse for matrices, Proc. Cambridge Philos. Soc. 51(3) (1955): 406-413.

[11] A. S. Alenin and J. S. Tyo, Generalized channeled polarimetry, J. Opt. Soc. Am. A 31 (2014): 1013-1022.

[12] K. Oka and T. Kaneko, Compact complete imaging polarimeter using birefringent wedge prisms, Opt. Express 11 (2003): 1510-1519.

[13] D. H. Goldstein, Mueller matrix dual-rotating retarder polarimeter, Appl. Opt. 31 (1992): 6676-6683.

[14] D. J. Diner, A. Davis, B. Hancock, G. Gutt, R. A. Chipman, and B. Cairns, Dual-photoelastic-modulator-based polarimetric imaging concept for aerosol remote sensing, Appl. Opt. 46 (2007): 8428-8445.

[15] G. Myhre, W. -L. Hsu, A. Peinado, C. LaCasse, N. Brock, R. A. Chipman, and S. Pau, Liquid crystal polymer full-stokes division of focal plane polarimeter, Opt. Express 20 (2012): 27393-27409.

[16] B. M. Ratliff, J. K. Boger, M. P. Fetrow, J. S. Tyo, and. T. Black, Image processing methods to compensate for IFOV errors in microgrid imaging polarimeters, in Proc. SPIE Vol. 6240: Polarization: Measurement, Analysis, and Remote Sensing Ⅶ, eds. D. H. Goldstein and D. B. Chenault, Bellingham, WA: SPIE (2006), p. 6240OE.

[17] L. Gendre, A. Foulonneau, and L. Bigué, High-speed imaging acquisition of stokes linearly polarized components using a single ferroelectric liquid crystal modulator, in Proc. SPIE vol. 7461: Polarization

Science and Remote Sensing IV, eds. J. A. Shaw and J. S. Tyo, Bellingham, WA: SPIE (2009), p. 74610G.

[18] M. W. Kudenov, M. E. L. Jungwirth, E. L. Dereniak, and G. R. Gerhart, White light Sagnac interferometer for snapshot linear polarimetric imaging, Opt. Express 17 (2009): 22520-22534.

[19] J. S. Tyo, C. F. LaCasse, and B. M. Ratliff, Total elimination of sampling errors in polarization imagery obtained with integrated microgrid polarimeters, Opt. Lett. 34 (2009): 3187-3189.

[20] C. F. LaCasse, J. S. Tyo, and R. A. Chipman, Spatio-temporally modulated polarimetry, in Proc. SPIE Vol. 8160: Polarization Science and Remote Sensing V, eds. J. A. Shaw and J. S. Tyo, Bellingham, WA: SPIE (2011), p. 816020.

[21] S. A. Israel and M. J. Duggin, Characterization of terrestrial features using Space-Shuttle-based polarimetry, Geoscience and Remote Sensing Symposium, 1992. IGARSS'92. International. Vol. 2. IEEE (1992).

[22] Walter G. Egan, W. R. Johnson, and V. S. Whitehead, Terrestrial polarization imagery obtained from the Space Shuttle: Characterization and interpretation. Appl. Opt. 30. 4 (1991): 435-442.

[23] C. S. Chun, Fleming, D. L., Harvey, W. A., and Torok, E. J., Polarization-sensitive thermal imaging sensor, In SPIE's 1995 International Symposium on Optical Science, Engineering, and Instrumentation, International Society for Optics and Photonics (1995), pp. 438-444.

[24] G. P. Nordin, J. T. Meier, P. C. Deguzman, and M. W. Jones, Micropolarizer array for infrared imaging polarimetry, J. Opt. Soc. Am. A 16(5) (1999): 1168-1174.

[25] G. Myhre, A. Sayyad, and S. Pau, Patterned color liquid crystal polymer polarizers, Opt. Express 18. 26 (2010): 27777-27786.

[26] P. Yeh, A new optical model for wire grid polarizers, Opt. Commun. 26. 3 (1978): 289-292.

[27] S. Arnold, et al. 52. 3: An improved polarizing beamsplitter LCOS projection display based on wire-grid polarizers, SID Symposium Digest of Technical Papers, Vol. 32, No. 1, Blackwell Publishing Ltd (2001).

[28] W.-L. Hsu, G. Myhre, K. Balakrishnan, N. Brock, M. Ibn-Elhaj, and S. Pau, Full-Stokes imaging polarimeter using an array of elliptical polarizer, Opt. Express 22(3) (2014): 3063-3074.

[29] W.-L. Hsu, J. Davis, K. Balakrishnan, M. Ibn-Elhai, S. Kroto, N. Brock, and S. Pau, Polarization microscope using a near infrared full-Stokes imaging polarimeter, Opt. Express 23(4) (2015): 4357-4368.

[30] V. L. Gamiz, Performance of a four channel polarimeter with low light level detection, Proc. SPIE 3121 (1997): 35-46.

[31] R. Azzam, Arrangement of four photodetectors for measuring the state of polarization of light, Opt. Lett. 10 (1985): 309-311.

[32] M. Billardon and J. Badoz, Birefringence modulator, CR Acad. Sci. Ser. B 262 (1966): 1672-1675.

[33] J. C. Kemp, Piezo-optical birefringence modulators: New use for a long-known effect, JOSA 59. 8 (1969): 950-954.

[34] http://www.hindsinstruments.com/.

[35] J. O. Stenflo and H. Povel, Astronomical polarimeter with 2-D detector arrays, Appl. Opt. 24 (1985): 3893-3898.

[36] H. Povel, H. Aebersold, and J. O. Stenflo, Charge-coupled device image sensor as a demodulator in a 2-D polarimeter with a piezoelastic modulator, Appl. Opt. 29 (1990): 1186-1190.

[37] H. Povel, C. U. Keller, and I.-A. Yadigaroglu, Two-dimensional polarimeter with a charge-coupleddevice image sensor and a piezoelastic modulator, Appl. Opt. 33 (1994): 4254-4260.

[38] A. M. Gandorfer and H. P. Povel, First observations with a new imaging polarimeter, Astron.

Astrophys. 328 (1997): 381-389.

[39] F. Xu, G. Harten, D. J. Diner, O. V. Kalashnikova, F. C. Seidel, C. J. Bruegge, and O. Dubovik, Coupled retrieval of aerosol properties and land surface reflection using the Airborne Multiangle SpectroPolarimetric Imager (AirMSPI), J. Geophys. Res. Atmos. (2017).

[40] Y. Liu and D. J. Diner, Multi-angle imager for aerosols: A satellite investigation to benefit public health, Public Health Rep. 132. 1 (2017): 14-17.

[41] P. M. Teillet et al., A generalized approach to the vicarious calibration of multiple Earth observation sensors using hyperspectral data, Remote Sens. Environ. 77. 3 (2001): 304-327.

[42] K. J. Thome et al., Vicarious calibration of ASTER via the reflectance-based approach, IEEE Trans. Geosci. Remote Sens. 46. 10 (2008): 3285-3295.

[43] N. J. Pust and J. A. Shaw, Dual-field imaging polarimeter using liquid crystal variable retarders, Appl. Opt. 45 (2006): 5470-5478.

[44] N. J. Pust and J. A. Shaw, Digital all-sky polarization imaging of partly cloudy skies, Appl. Opt. 47 (2008): H190-H198.

[45] S. Chandrasekhar and D. D. Elbert, The illumination and polarization of the sunlit sky on Rayleigh scattering, Trans. Am. Philos. Soc. 44(6) (1954) 643-728.

[46] A. T. Young, Rayleigh scattering, Appl. Opt. 20. 4 (1981): 533-535.

[47] G. Mie, Beiträge zur Optik trüber Medien, speziell kolloidaler Metallösungen, Ann. Phys. 330(3) (1908): 377-445.

[48] H. C. van de Hulst, Light Scattering by Small Particles, New York: John Wiley & Sons (1957).

[49] C. F. Bohren and D. R. Huffmann, Absorption and Scattering of Light by Small Particles, New York: Wiley-Interscience (2010).

[50] A. A. Kokhanovsky, Satellite Aerosol Remote Sensing over Land, ed. G. Leeuw, Berlin: Springer (2009).

[51] M. I. Mishchenko et al., Past, present, and future of global aerosol climatologies derived from satellite observations: A perspective, J. Quant. Spectr. Radiative Transfer 106. 1 (2007): 325-347.

[52] M. I. Mishchenko, L. D. Travis, and A. A. Lacis, Multiple Scattering of Light by Particles: Radiative Transfer and Coherent Backscattering, Cambridge University Press (2006).

[53] G. P. Konnen, Polarized Light in Nature, Cambridge: Cambridge University Press (1985).

[54] K. L. Coulson, Polarization and Intensity of Light in the Atmosphere, Hampton: A. Deepak (1988).

[55] B. Cairns, L. D. Travis, and E. E. Russell, The research scanning polarimeter: Calibration and groundbased measurements, Proc. SPIE. 3754 (1999).

[56] J. Chowdhary, B. Cairns, and L. D. Travis. Case studies of aerosol retrievals over the ocean from multiangle, multispectral photopolarimetric remote sensing data, J. Atmos. Sci. 59. 3 (2002): 383-397.

[57] D. A. Chu, Y. J. Kaufman, G. Zibordi, J. D. Chern, J. Mao, C. Li, and B. N. Holben, Global monitoring of air pollution over land from the Earth Observing System-Terra Moderate Resolution Imaging Spectroradiometer (MODIS), J. Geophys. Res. Atmos. 108(D21) (2003).

[58] J. L. Deuzé et al., Analysis of the POLDER (POLarization and Directionality of Earth's Reflectances) airborne instrument observations over land surfaces, Remote Sens. Environ. 45. 2 (1993): 137-154.

[59] M. I. Mishchenko, B. Cairns, J. E. Hansen, L. D. Travis, G. Kopp, C. F. Schueler, B. A. Fafaul, R. J. Hooker, H. B. Maring, and T. Itchkawich, Accurate monitoring of terrestrial aerosols and total solar irradiance: Introducing the Glory Mission, Bull. Am. Meteorol. Soc. 88(5) (2007): 677-691.

[60] R. M. A. Azzam and N. M. Bashara, Ellipsometry and Polarized Light, Amsterdam: Elsevier (1987).

[61] H. Aben, J. Anton, and A. Errapart, Modern photoelasticity for residual stress measurement in glass, Strain 44.1 (2008): 40-48.

[62] H. Aben, Integrated Photoelasticity, McGraw-Hill International Book Company (1979).

[63] T. S. Narasimhamurty, Photoelastic and Electro-optic Properties of Crystals, Springer Science & Business Media (2012).

[64] P. S. Theocaris and E. E. Gdoutos, Matrix Theory of Photoelasticity, Springer-Verlag (1979).

[65] H. Aben and C. Guillemet, Photoelasticity of Glass, Springer Science & Business Media (2012).

[66] A. Michel-Lévy and A. Lacroix, Les Minéraux des Roches, Paris: Librairie Polytechnique (1888).

[67] https://www. mccrone. com/mm/the-michel-levy-interference-color-chart-microscopys-magical-color-key/#sthash. rx7qUDgR. dpuf (accessed April 23, 2017).

[68] W. D. Nesse, Introduction of Optical Mineralogy, 2nd edition, University of Cambridge (1991).

[69] R. Chipman and A. Peinado, The mystery of the birefringent butterfly, Opt. Photon. News 24.10 (2013): 52-57.

[70] H. Aben, and I. C. Guillemet, Basic photoelasticity, in Photoelasticity of Glass, Berlin Heidelberg: Springer (1993), pp. 51-68.

[71] M. H. Smith, Optimization of a dual-rotating-retarder Mueller matrix polarimeter, Appl. Opt. 41.13 (2002): 2488-2493.

[72] D. H. Goldstein and R. A. Chipman, Error analysis of a Mueller matrix polarimeter, JOSA A 7.4 (1990): 693-700.

[73] D. B. Chenault, J. L. Pezzaniti, and R. A. Chipman, Mueller matrix algorithms, in Proc. SPIE 1746, Polarization Analysis and Measurement, 231 (1992).

[74] L. Broch, and L. Johann, Optimizing precision of rotating compensator ellipsometry, Phys. Stat. Sol. C 5(5) (2008): 1036-1040.

[75] M. Tilsch and K. Hendrix, Optical interference coatings design contest 2007: Triple bandpass filter and nonpolarizing beam splitter, Appl. Opt. 47 (2008): C55-C69.

[76] A. Mahler and R. Chipman, Polarization state generator: a polarimeter calibration standard, Appl. Opt. 50 (2011): 1726-1734.

[77] R. A. Chipman, Polarimeter calibration error gets far out of control, in Proc. SPIE 9583, An Optical Believe It or Not: Key Lessons Learned Ⅳ, 95830H (2015).

[78] M. Novak et al., Analysis of a micropolarizer array-based simultaneous phase-shifting interferometer, Appl. Opt. 44.32 (2005): 6861-6868.

[79] D. S. Sabatke, A. M. Locke, M. R. Descour, W. C. Sweatt, J. P. Garcia, E. L. Dereniak, S. A. Kemme, and G. S. Phipps, Figures of merit for complete Stokes polarimeter optimization, in Proc. SPIE 4133, Polarization Analysis, Measurement, and Remote Sensing Ⅲ, 75 (2000).

[80] J. S. Tyo, Design of optimal polarimeters: Maximization of signal-to-noise ratio and minimization of systematic error, Appl. Opt. 41(4) (2002): 619-630.

[81] K. Twietmeyer, GDx-MM: An imaging Mueller matrix retinal polarimeter, College of Optical Sciences, Tucson, The University of Arizona, PhD thesis, 347 (2007).

[82] K. Twietmeyer and R. A. Chipman, Optimization of Mueller matrix polarimeters in the presence of error sources, Opt. Express 16(15) (2008): 11589-11603.

[83] R. A. Horn and C. R. Johnson, Matrix Analysis, Cambridge: Cambridge University Press (1985).

第 8 章

菲涅耳公式

8.1 引言

菲涅耳公式描述了光在两种介质界面上的行为。根据两种介质的折射率，光的振幅在反射光束和折射光束之间分配。由此得到的振幅系数(由菲涅耳系数描述)用于我们的各种偏振矩阵中，以在偏振光线追迹算法中包含反射和折射的影响。当波前传播通过光学系统，由此引起的偏振效应会产生二向衰减和延迟像差。

光学系统中发生的最直接的偏振变化是在介电-介电和介电-金属界面上的变化。当光射向界面时，它分为反射光束和透射光束。反射和透射的光量取决于其偏振态和相对于界面的方向。菲涅耳公式将反射和透射光束的复振幅与表面的光学特性和入射角联系起来。在偏振光线追迹过程中，菲涅耳公式用于计算光传播通过光学系统时的偏振变化，以确定与光线交点和过光学系统的光线路径相关的二向衰减和延迟。

如第 13 章(薄膜)所述，具有膜层的光学表面(如减反膜层和分束器膜层)具有更复杂的振幅反射系数和透射系数，它们的计算要通过将菲涅耳系数应用于光学材料的多层堆叠来进行。各向异性材料(如方解石和蓝宝石)振幅透射系数的计算将在第 19 章中推导。

我们感兴趣的是界面对光传播的影响。菲涅耳公式可严格地从适用于均匀各向同性界面的麦克斯韦方程导出。许多文献源都很好地涵盖了这一推导。本章我们将重点讨论偏振效应、菲涅耳公式的结果、它们的大小和形式，以及如何将这些偏振效应集成到光学设计中。

本章介绍菲涅耳公式，然后应用菲涅耳公式描述介电界面处发生的偏振变化、全内反射和金属反射，例如反射镜上的。并对反射和折射时发生的偏振变化进行了表征。然后，描述了几个示例光学系统产生的偏振像差，如第 12 章中的卡塞格林望远镜和第 27 章中的天文望远镜。

8.2 光的传播

8.2.1 平面波和光线

给定入射在平面界面上的平面波，反射和折射平面波的振幅和相位是多少？光学设计涉及平面、球面和其他波前。在光学光线追迹中，光被视为光线。波前的一小块区域可以假设为局部平面波前。局限于平面波的目的是为便于推导。类似地，光学表面是平面、球面或非球面。但在光线附近，为便于进行光线追迹，可将表面视为平面。因此，可使用界面的局部特性计算光线在反射和折射时的偏振变化，这是一种非常好的近似法。

8.2.2 入射面

入射面是由入射平面波的波矢 $\boldsymbol{k}_i$ 和表面法线 η 构成的平面，如图 8.1 所示。入射介质的折射率为 n_i，透射介质的折射率为 n_t。平面波以入射角 θ_i（从界面法线度量）入射。反射光束以 $\boldsymbol{k}_r$ 方向传播回入射介质。透射光束以折射角 θ_t 沿 k_t 方向传播进入透射介质。

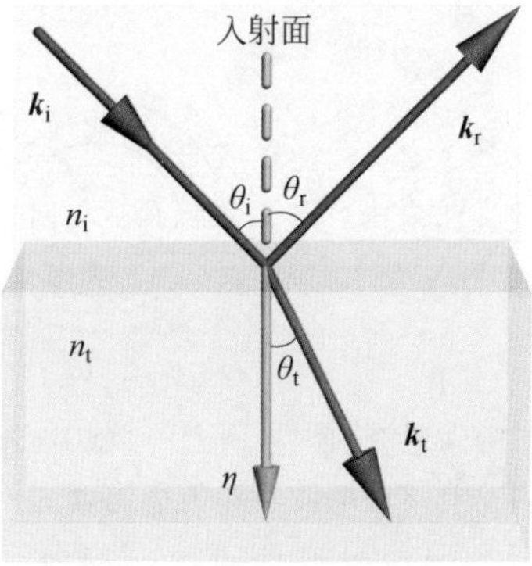

图 8.1　平面波在界面处的反射和折射。入射面是包含入射波矢量 $\boldsymbol{k}_i$ 和表面法线 η 的平面

8.2.3 均匀各向同性界面

界面将光学系统的某一部分分成具有不同特性的两部分，例如透镜表面或反射镜表面。本章假设材料是各向同性的、均匀的、非吸收的、非磁性的，并且界面上没有自由电荷。

下面给出不同类型材料和界面的术语：

均匀界面——具有均匀光学特性的界面，例如通光孔径上具有恒定折射率 $n+\mathrm{i}\kappa$，折射率可能是实数（透明介质）或复数（吸收或金属）；

非均匀界面——非均匀界面具有变化的成分或变化的膜层厚度；

各向同性材料——折射率对于材料内的所有方向和偏振态都相同;

各向异性材料——双折射或旋光材料,光的折射率随光的偏振方向而变化。

8.2.4 介质中的光传播

光在真空中以光速 c 传播,

$$c = 299792458\text{m/s} \tag{8.1}$$

当光通过材料传播时,光的电场和磁场驱动材料的电荷、电子和质子,然后它们以光的频率振荡。在吸收材料中,原子和分子很容易转变为材料的其他电子和振动量子态,光被吸收为热量或散射到其他方向。透明材质,如空气、水和玻璃,在光的频率附近没有有效的转变。

考虑折射到玻璃中的光线。单色光驱动表面电荷产生简谐振动。电荷被光加速,并且电荷辐射也得到加速。对于单色平面波或球面波,所有被照电荷被置于振荡中,并且来自这些电荷的相干辐射会沿着原始光束方向向前辐射光束。透明材料中的电荷振动与入射光不完全同相;因此,原子的辐射光会稍有延迟。入射光和由原子重新辐射的光叠加的最终结果是光变慢,这是光折射率的来源。

透明材料的折射率 n 是真空中的光速与介质中的光速 V 之比,

$$n = c/V \tag{8.2}$$

根据斯涅耳定律,折射角 θ_t 与入射角 θ_i 有关

$$n_i \sin\theta_i = n_t \sin\theta_t \tag{8.3}$$

斯涅耳定律体现了动量守恒。它还描述了两种介质之间界面上必然发生的相位匹配,如图 8.2 所示。

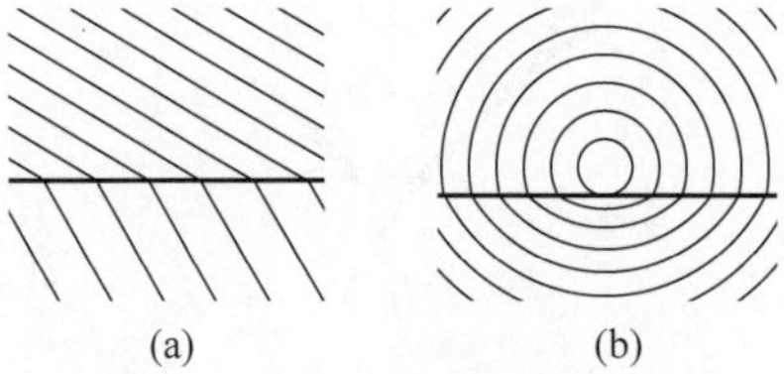

(a) (b)

图 8.2 平面波(a)和球面波(b)入射波前在界面上的交点与透射波前在界面上的交点相匹配。入射和出射波前具有不同的波长和传播速度。因为它们具有相同的频率,所以它们在界面处匹配

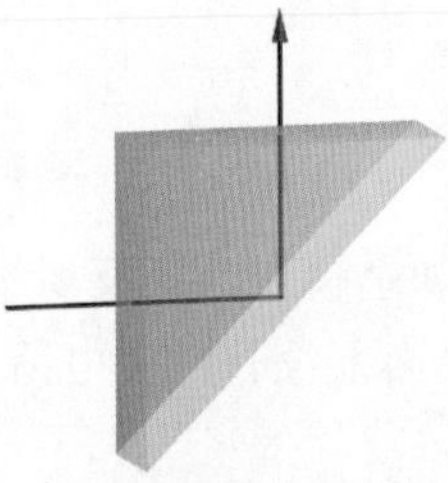

图 8.3 当光线从玻璃-空气界面反射时,会发生内反射

光场与透明材料电荷振荡之间存在平衡。光的电场被削弱,而一些能量被束缚在电荷振荡中。光场减小了,但光通量没有减小。当光线入射到界面上时,原子和分子的电荷开始运动。通过求解界面处的麦克斯韦方程组,可计算光电场的反射振幅系数和透射振幅系数。

与透明材料相关的反射分为两种情况,外反射和内反射。当 $n_i < n_t$ 时发生外反射,例如当光线从空气到玻璃界面反射时;当 $n_t < n_i$ 时发生内反射,例如在玻璃内部从空气界面反射的光,如图 8.3 所示。

当光从金属表面反射时，反射光的电场受金属复折射率的影响。金属具有自由电荷，当存在电场或施加电压时，它们很容易在原子之间移动。从光学角度看，这是造成金属复折射率 $n+i\kappa$ 的原因。折射率的虚部控制光波在材料中传播时被吸收的速度。当从 $\kappa>2$ 的金属反射时，入射光的能量在几十纳米内就基本上被吸收掉。

8.3　菲涅耳公式

8.3.1　s 偏振分量和 p 偏振分量

入射光的电场在 $\boldsymbol{k}$ 的横向平面内振动。如图 8.4 所示，它可分为在入射面内振动的 p 偏振分量和垂直于入射面振动的 s 偏振分量。s 分量的基矢量 $\hat{\boldsymbol{s}}$ 构造如下：

$$\hat{\boldsymbol{s}}=\frac{\boldsymbol{k}\times\boldsymbol{\eta}}{\|\boldsymbol{k}\times\boldsymbol{\eta}\|} \tag{8.4}$$

它位于界面上。由于 s 分量的电场垂直于入射面，因此也被称为横向电场或 TE 模式，如图 8.5 所示。p 分量的基矢量 $\hat{\boldsymbol{p}}$ 为

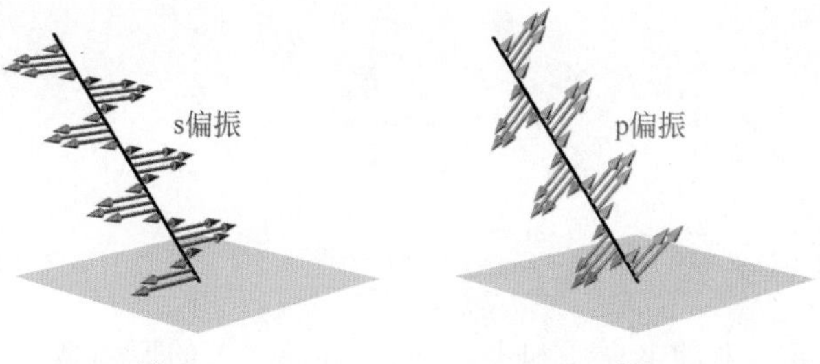

图 8.4　入射到界面上的光束的 s 偏振分量和 p 偏振分量的电场。(a)s 分量垂直于入射面。(b)p 分量在入射面内。s 分量位于表面上，而 p 分量有一个分量指向表面内

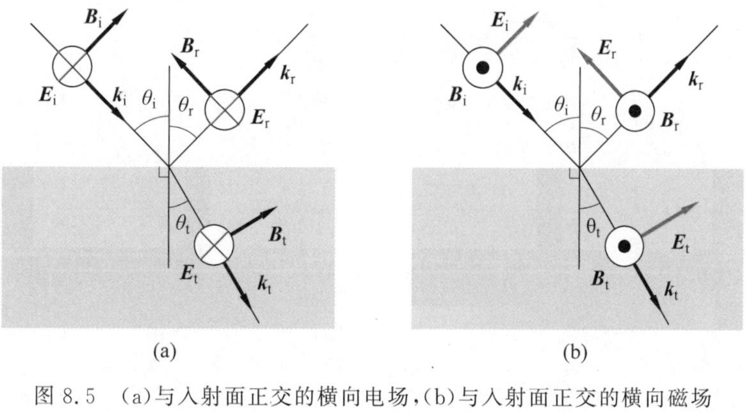

图 8.5　(a)与入射面正交的横向电场，(b)与入射面正交的横向磁场

$$\hat{\boldsymbol{p}}=\hat{\boldsymbol{k}}\times\hat{\boldsymbol{s}} \tag{8.5}$$

它位于入射面内。p 分量也称为横向磁场或 TM 模式，因为相应的磁场垂直于入射面。($\hat{\boldsymbol{s}}$，

$\hat{\boldsymbol{p}},\hat{\boldsymbol{k}}$)形成右手正交基。入射光的偏振矢量 $\boldsymbol{E}$ 用 s 分量和 p 分量表示为

$$\boldsymbol{E}=E_{\mathrm{s}}\hat{\boldsymbol{s}}+E_{\mathrm{p}}\hat{\boldsymbol{p}} \tag{8.6}$$

任意入射平面波可以分解为 s 分量和 p 分量,然后各自反射和折射。在正入射时,s 和 p 的定义无效,式(8.4)中的叉积变为零,而 $\hat{\boldsymbol{s}}$ 变得无法定义。由于 $\hat{\boldsymbol{s}}$ 和 $\hat{\boldsymbol{p}}$ 已简并,因此可选取表面上的任意一对正交单位矢量。

8.3.2 振幅系数

考虑一束平面波入射在均匀各向同性界面上。假设入射介质没有吸收,因此,n_{i} 是实数;n_{t} 可以是实数,也可以是复数。入射平面波与界面相互作用,产生反射和透射平面波。s 偏振入射平面波反射和透射成 s 偏振反射波和 s 偏振透射波。对于入射的 p 偏振平面波也是如此。这两种入射偏振态 s 和 p 是反射和折射的本征偏振态。其他入射偏振态(s 态和 p 态的组合)通常不会以入射偏振态反射和折射。因此,根据 s 分量和 p 分量描述反射和折射是最简单的。

界面前后的平面波振幅由振幅系数 r_{s}、t_{s}、r_{p} 和 t_{p} 关联起来。入射的和反射的电场振幅关联如下①:

$$\begin{cases}\boldsymbol{E}_{\mathrm{s,r}}=r_{\mathrm{s}}\boldsymbol{E}_{\mathrm{s,i}}=\rho_{\mathrm{s,r}}\mathrm{e}^{-\mathrm{i}\phi_{\mathrm{s,r}}}\boldsymbol{E}_{\mathrm{s,i}} \\ \boldsymbol{E}_{\mathrm{s,t}}=t_{\mathrm{s}}\boldsymbol{E}_{\mathrm{s,i}}=\rho_{\mathrm{s,t}}\mathrm{e}^{-\mathrm{i}\phi_{\mathrm{s,t}}}\boldsymbol{E}_{\mathrm{s,i}}\end{cases} \text{和} \quad \begin{matrix}\boldsymbol{E}_{\mathrm{p,r}}=r_{\mathrm{p}}\boldsymbol{E}_{\mathrm{p,i}}=\rho_{\mathrm{p,r}}\mathrm{e}^{-\mathrm{i}\phi_{\mathrm{p,r}}}\boldsymbol{E}_{\mathrm{p,i}} \\ \boldsymbol{E}_{\mathrm{p,t}}=t_{\mathrm{p}}\boldsymbol{E}_{\mathrm{p,i}}=\rho_{\mathrm{p,t}}\mathrm{e}^{-\mathrm{i}\phi_{\mathrm{p,t}}}\boldsymbol{E}_{\mathrm{p,i}}\end{matrix} \tag{8.7}$$

8.3.3 菲涅耳公式

与两个电介质(或入射的电介质和金属基底)界面相关的振幅系数为菲涅耳系数。有四个系数,即反射的 s 和 p 系数以及透射的 s 和 p 系数,如下所示[1-4]:

$$r_{\mathrm{s}}(\theta_{\mathrm{i}})=\frac{n_{\mathrm{i}}\cos\theta_{\mathrm{i}}-n_{\mathrm{t}}\cos\theta_{\mathrm{t}}}{n_{\mathrm{i}}\cos\theta_{\mathrm{i}}+n_{\mathrm{t}}\cos\theta_{\mathrm{t}}}=\frac{-\sin(\theta_{\mathrm{i}}-\theta_{\mathrm{t}})}{\sin(\theta_{\mathrm{i}}+\theta_{\mathrm{t}})} \tag{8.8}$$

$$t_{\mathrm{s}}(\theta_{\mathrm{i}})=\frac{2n_{\mathrm{i}}\cos\theta_{\mathrm{i}}}{n_{\mathrm{i}}\cos\theta_{\mathrm{i}}+n_{\mathrm{t}}\cos\theta_{\mathrm{t}}}=\frac{2\sin\theta_{\mathrm{t}}\cos\theta_{\mathrm{i}}}{\sin(\theta_{\mathrm{i}}+\theta_{\mathrm{t}})} \tag{8.9}$$

$$r_{\mathrm{p}}(\theta_{\mathrm{i}})=\frac{n_{\mathrm{t}}\cos\theta_{\mathrm{i}}-n_{\mathrm{i}}\cos\theta_{\mathrm{t}}}{n_{\mathrm{t}}\cos\theta_{\mathrm{i}}+n_{\mathrm{i}}\cos\theta_{\mathrm{t}}}=\frac{\tan(\theta_{\mathrm{i}}-\theta_{\mathrm{t}})}{\tan(\theta_{\mathrm{i}}+\theta_{\mathrm{t}})} \tag{8.10}$$

$$t_{\mathrm{p}}(\theta_{\mathrm{i}})=\frac{2n_{\mathrm{i}}\cos\theta_{\mathrm{i}}}{n_{\mathrm{t}}\cos\theta_{\mathrm{i}}+n_{\mathrm{i}}\cos\theta_{\mathrm{t}}}=\frac{2\sin\theta_{\mathrm{t}}\cos\theta_{\mathrm{i}}}{\sin(\theta_{\mathrm{i}}+\theta_{\mathrm{t}})\cos(\theta_{\mathrm{i}}-\theta_{\mathrm{t}})} \tag{8.11}$$

利用斯涅耳定律,消去折射角,得出这四个系数的另一种形式,即仅取决于入射角的形式,

$$r_{\mathrm{s}}(\theta_{\mathrm{i}})=\frac{\cos\theta_{\mathrm{i}}-\sqrt{n^2-\sin^2\theta_{\mathrm{i}}}}{\cos\theta_{\mathrm{i}}+\sqrt{n^2-\sin^2\theta_{\mathrm{i}}}} \tag{8.12}$$

---

① 如 2.17 节和 2.18 节所述,这些公式是以本书使用的递减相位约定给出的。在递增相位约定中,复振幅系数为复共轭或 $\rho e^{\mathrm{i}\phi}$。当然,这两个约定都能产生等效电场 $\boldsymbol{E}$。

$$t_s(\theta_i)=\frac{2\cos\theta_i}{\cos\theta_i+\sqrt{n^2-\sin^2\theta_i}} \tag{8.13}$$

$$r_p(\theta_i)=\frac{n^2\cos\theta_i-\sqrt{n^2-\sin^2\theta_i}}{n^2\cos\theta_i+\sqrt{n^2-\sin^2\theta_i}} \tag{8.14}$$

$$t_p(\theta_i)=\frac{2n\cos\theta_i}{n^2\cos\theta_i+\sqrt{n^2-\sin^2\theta_i}} \tag{8.15}$$

其中 $n=n_t/n_i$。

菲涅耳系数是折射率的函数。因此，它们能以两种形式出现：用 $n+i\kappa$ 计算的递减相位约定形式和用 $n-i\kappa$ 计算的递增相位约定形式。

8.3.4　强度系数

菲涅耳振幅系数与各种波前的电场振幅有关。菲涅耳强度系数将反射和折射光束中的光通量与入射光通量联系起来。对于反射光束，强度系数就是振幅系数的幅值平方，

$$R_s(\theta_i)=|r_s(\theta_i)|^2 \tag{8.16}$$

$$R_p(\theta_i)=|r_p(\theta_i)|^2 \tag{8.17}$$

对于透射系数，必须考虑两个附加效应。首先，对于在非真空材料中传播的光，光波会诱发电荷运动，并作用于光通量。折射率为 n 的材料中的光通量与真空中光通量的 n 倍成正比。因此，在硅中振幅为 1V/m($n=4$)的平面波单位面积传递的能量是真空中振幅同样为 1V/m 的平面波的四倍。其次，光束的面积随折射而变化，如图 8.6 所示。折射面积与入射面积之比为

$$\frac{A_t}{A_i}=\frac{\cos\theta_t}{\cos\theta_i} \tag{8.18}$$

注意，由于 $\theta_i=\theta_r$，光束的截面积在反射时不会改变。

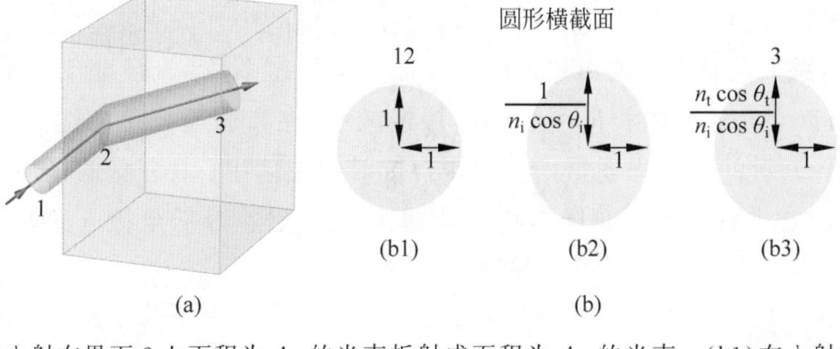

图 8.6　(a)入射在界面 2 上面积为 A_i 的光束折射成面积为 A_t 的光束。(b1)在入射介质中具有单位半径的圆光束。(b2)在界面上具有沿入射面拉伸的截面。(b3)折射后的光束截面

考虑到这两个因素，菲涅耳透射强度系数变为

$$T_s(\theta_i)=\frac{n_t\cos\theta_t}{n_i\cos\theta_i}|t_s(\theta_i)|^2 \tag{8.19}$$

$$T_p(\theta_i)=\frac{n_t\cos\theta_t}{n_i\cos\theta_i}\,|\,t_p(\theta_i)\,|^2 \tag{8.20}$$

其中,n_t/n_i 表示在不同介质中传输的不同功率,$\cos\theta_t/\cos\theta_i$ 表示光束横截面的变化。

各向同性表面上透射和反射光的二向衰减由 s 和 p 菲涅耳强度透射和反射系数定义,

$$D_t=\frac{T_s-T_p}{T_s+T_p} \quad 和 \quad D_r=\frac{R_s-R_p}{R_s+R_p} \tag{8.21}$$

例 8.1 玻璃的反射和透射

假设一束光从空气($n_i=1$)中入射,并且从折射率 $n_t=1.5$ 的玻璃界面反射和透射。图 8.7(a)显示了菲涅耳振幅透射系数随 θ_i 的变化。接近正入射时,折射到玻璃中的 $\boldsymbol{E}$ 为入射 $\boldsymbol{E}$ 的 0.8。该振幅随着 θ_i 的增加而单调减小,并在掠入射时达到零。图 8.7(b)显示了菲涅耳振幅反射系数。在正入射时,其大小为 0.2;$r_s(0)$和 $r_p(0)$在大小上相等,但由于下面讨论的菲涅耳系数的符号约定,它们在符号上相反,$r_s(0)<0$。当 $\theta_i=90°$,$r_s(\theta_i)$单调减小到-1;所有的光都以掠入射反射。$r_p(\theta_i)$减小,在大约 $\theta_i=57°$处穿过零点,这是 8.3.6 节讨论的布儒斯特角。

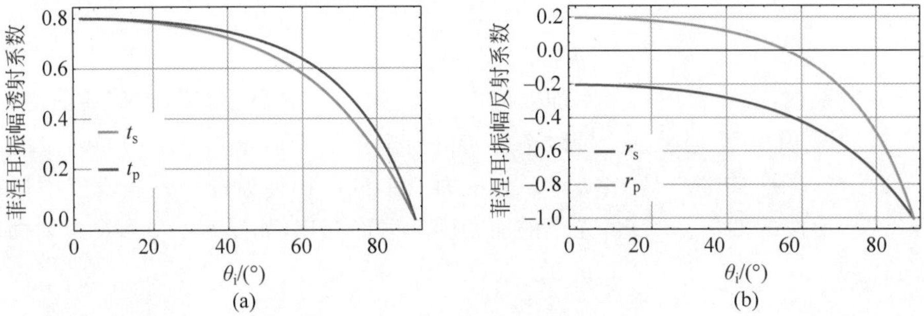

图 8.7 (a)振幅透射系数 t_s(绿色)和 t_p(蓝色)随界面处的入射角而变化,入射折射率为 $n_i=1$,透射折射率为 $n_t=1.5$。(b)振幅反射系数 r_s(红色)和 r_p(橙色)随入射角变化的函数曲线

在考虑了计算强度透射率(式(8.19)和式(8.20))的附加因素后,菲涅耳强度透射系数与振幅透射系数具有不同的形式。图 8.8 显示了强度系数。s 强度反射率 R_s 从 0.04 单调增加到 1。p 强度反射率 R_p 从 0.04 缓慢减小,在布儒斯特角处达到 0。在正入射时,s 分量和 p 分量的部分光通量($T=0.96$)折射到玻璃中。p 分量的光通量透射率 T_p 增加,最初呈二次曲线增加至布儒斯特角处的 1,然后迅速降低至掠入射时的 0。s 分量的强度透射率 T_s 从 0.96 单调减小至 0。

图 8.9 显示了折射和反射相应的二向衰减。值得复述一下几个特性。首先,在布儒斯特角处,反射光是完全偏振的,二向衰减率为 1,只有一小部分的光通量(大约 0.17)被反射。同样在布儒斯特角下,p 分量的透射率达到 100%;这在诸如激光腔内部的情形中非常有用,在这种情况下,损耗必定最小。在接近正入射时,二向衰减和偏振变化都很小。此外,由于两个折射率都是实数,菲涅耳系数是实数,没有延迟,只有二向衰减。注意,当反射的 p 分量通过布儒斯特角时,它会经历 180°的相位变化。

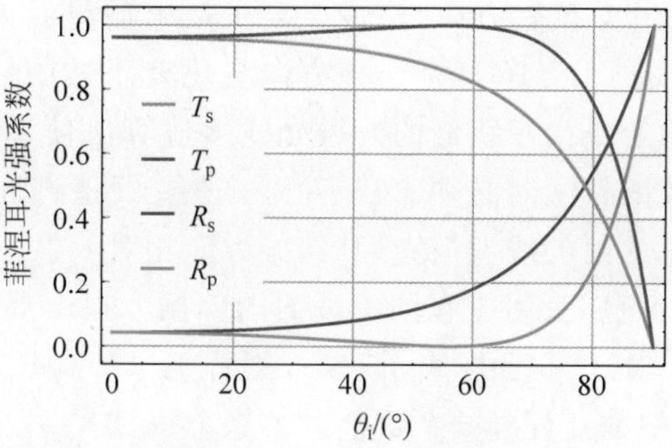

图 8.8　强度透射系数 T_s(绿色)和 T_p(蓝色)以及强度反射系数 R_s(红色)和 R_p(橙色)随界面处的入射角而变化,入射折射率为 $n_i=1$,透射折射率为 $n_t=1.5$

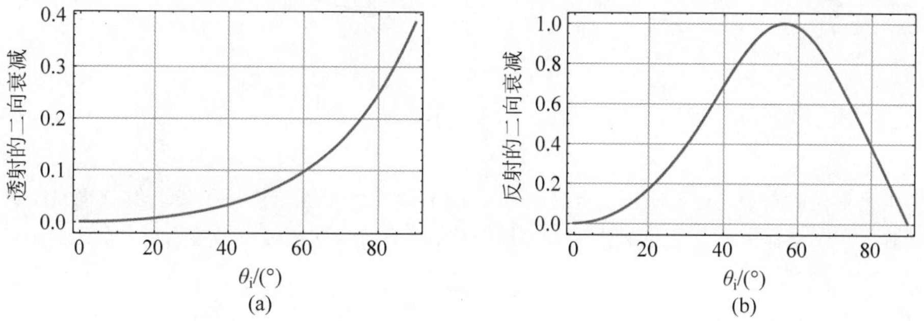

图 8.9　在入射折射率为 $n_i=1$,透射折射率为 $n_t=1.5$ 的界面上,(a)透射的二向衰减随入射角的变化,(b)反射的二向衰减随入射角的变化

8.3.5　正入射

在正入射时,入射光沿界面法线方向,s 和 p 之间的差异消失。任何入射偏振态的电场都位于沿着界面的方向,即 s 偏振的定义。在正入射时,入射面未定义,因此 s 和 p 简并。当 θ_i 接近零时,求菲涅耳公式的极限,s 和 p 振幅透射系数变得相等,

$$t(0)=t_p(0)=t_s(0)=\frac{2n_i}{n_t+n_i} \tag{8.22}$$

类似地,两个振幅反射系数变为

$$r(0)=r_p(0)=-r_s(0)=\frac{n_t-n_i}{n_t+n_i} \tag{8.23}$$

因此,正入射强度透射系数和反射系数为

$$T(0)=T_p(0)=T_s(0)=\frac{n_t}{n_i}\left|\frac{2n_i}{n_t+n_i}\right|^2 \tag{8.24}$$

$$R(0)=R_p(0)=R_s(0)=\left|\frac{n_t-n_i}{n_t+n_i}\right|^2 \tag{8.25}$$

在几乎所有参考文献中,菲涅耳振幅系数的推导都针对入射和反射光束使用右手坐标

以及$(\hat{\boldsymbol{s}},\hat{\boldsymbol{p}},\hat{\boldsymbol{k}})$。由于基矢量$\hat{\boldsymbol{k}}$反转方向,该情况要求反射后界面处的其中一个横向基矢量(s或p)的符号发生变化,如图8.10所示。该方向变化要求其中一个反射振幅系数中有一个额外负号来符合这种约定。由于我们的偏振光线追迹算法使用全局坐标,因此不需要这个负号。在选择振幅系数的符号时必须非常小心,并在光线追迹计算过程中保持一致。

考虑正入射或接近正入射的线偏振光,其偏振方向相对入射右手坐标为45°,如图8.11所示。光使电子沿着45°振荡,反射光在同一平面内偏振。在全局范围内,入射光和反射光的偏振面在同一平面上。用右手坐标表示,该入射光为45°偏振光,而反射光为135°偏振光! 式(8.8)和式(8.12)中的菲涅耳s系数包含了这个负号[①]。

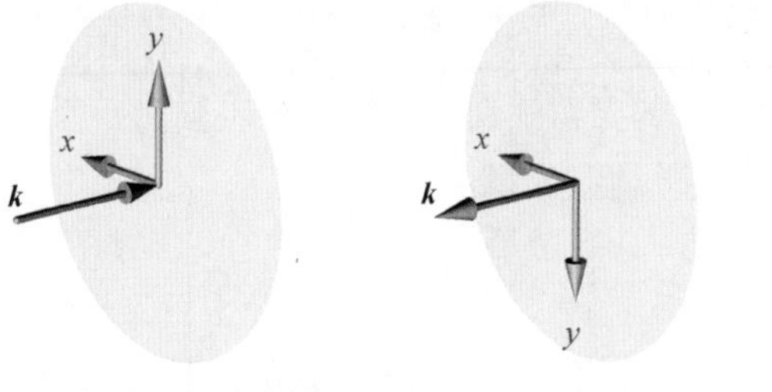

图8.10 正入射光的右手坐标系示例。入射光基矢量(a)和反射光基矢量(b)。由于传播向量$\boldsymbol{k}$改变方向,其中一个坐标x或y也必须改变符号以保持右手约定;在此处y改变了方向

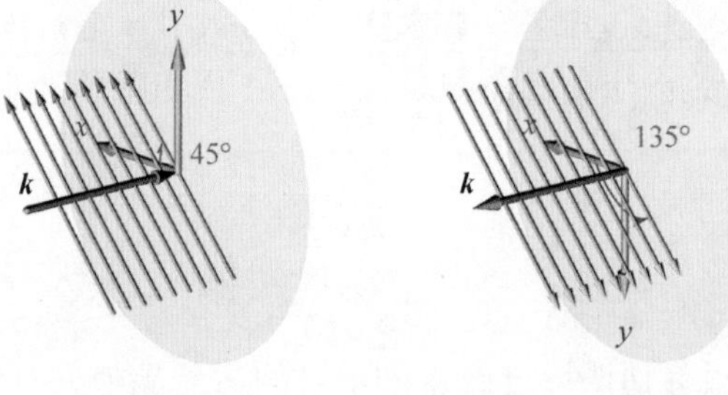

图8.11 在包含$\boldsymbol{k}$的右手坐标系中,45°线偏振外反射为135°线偏振

图8.12显示了入射在界面上的左旋圆偏振光和反射后的状态。光场沿顺时针方向移动反射镜的电荷,从$(+x\to+y)$到$(-x\to+y)$。作为时间的函数,反射光场继续沿相同的方向旋转(橙色小箭头),但现在传播方向反转。光波的螺旋性已从左旋圆偏振变为右旋圆偏振。

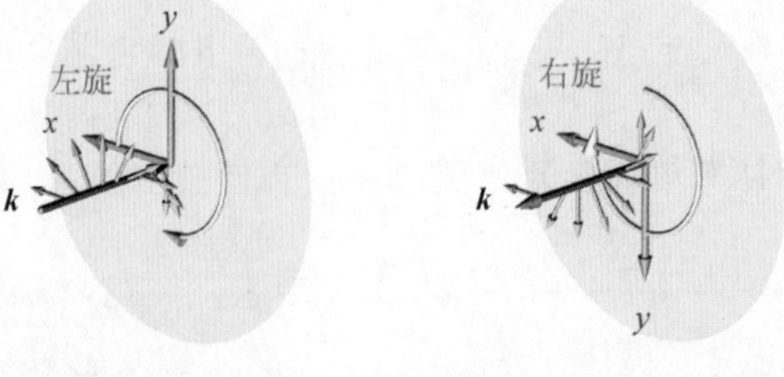

图8.12 在包含$\boldsymbol{k}$的右手坐标系中,正入射时,左旋圆偏振总是从各向同性界面上反射为右旋圆偏振

① 这是最常见的菲涅耳公式符号约定。

8.3.6　布儒斯特角

与菲涅耳公式有关的一个特殊角度是布儒斯特角。布儒斯特角 θ_B 由入射角 θ_i 定义，其中 p 反射率为零，$r_p=0$，这发生在

$$\theta_B=\arctan\frac{n_t}{n_i} \tag{8.26}$$

图 8.13(a)显示了不同 n_t/n_i 下的布儒斯特角。注意，在 $n_t/n_i=1$ 时，布儒斯特角为 45°。

由于没有 p 偏振光在布儒斯特角反射，只有 s 偏振光反射，因此反射光是偏振的。当非偏振光以布儒斯特角入射到表面时，反射光是线偏振的且垂直于入射面，即反射光是 s 偏振的。因此，在布儒斯特角偏振度变成 1，如图 8.14 所示。

该特性提供了一种制作偏振器的简便方法，从电介质媒介以布儒斯特角反射几乎准直的光束可用作偏振器。虽然反射光通量不是很大，$n_t/n_i=1.5$ 时约为 0.17，但偏振器极易制作。

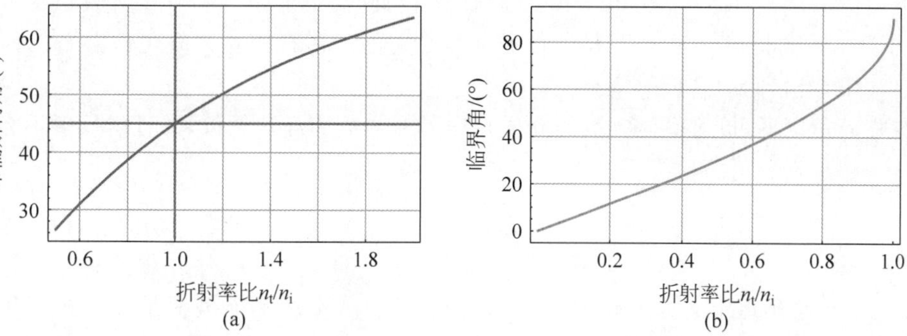

图 8.13　(a)布儒斯特角 θ_B 和(b)临界角 θ_c 与折射率比 n_t/n_i 的函数关系

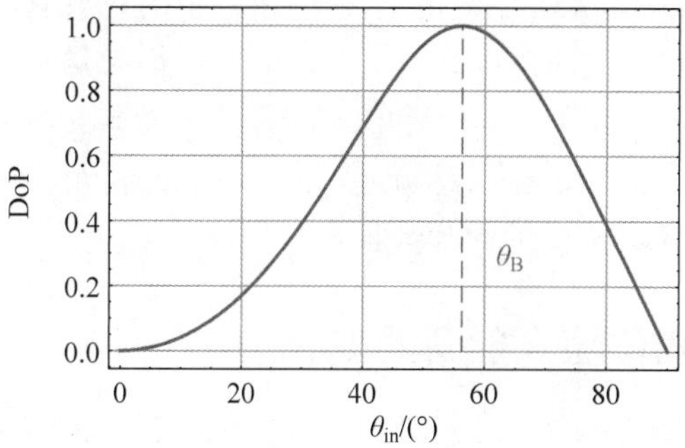

图 8.14　对于 $n_t/n_i=1.5$，非偏振入射光在空气-玻璃界面反射的偏振度

布儒斯特角现象发生在特殊入射角，其中反射和折射光束之间的角度为 90°，$\theta_i+\theta_t=90°$。折射介质中电荷的运动方向与折射角成 90°。偶极子振荡器不沿该轴辐射。因此，在布儒斯特角处，折射材料中的电荷不能将光辐射(反射)回到入射介质中，100%的 p 偏振光折射到折射介质中。这种现象可能非常有用。例如，许多元件以布儒斯特角置于激光腔中，作用于 p 偏振光，以最小化损耗和最大化增益。

8.3.7 临界角

与菲涅耳公式有关的另一个特殊角度是临界角。外反射($n_i<n_t$)和内反射($n_i>n_t$)之间有区别。例如,内反射发生在玻璃内部。在内反射过程中,只有在 θ_i 小于临界角的范围内入射光才能逃逸进入低折射率介质中。当斯涅耳定律的折射角等于 90°时,出现临界角;折射光以掠射角离开界面。求解 $\theta_t=90°$的斯涅耳定律,得到入射角,即临界角 θ_c

$$\sin\theta_c=\frac{n_t}{n_i} \tag{8.27}$$

对于 θ_i 大于 θ_c,所有入射能量都被内反射,这种情况称为全内反射(TIR)。TIR 对于设计低损耗光学系统非常有用。许多光学系统例如双筒望远镜使用 TIR 棱镜将损耗降至最低。通常用棱镜代替折反镜。入射面和出射面都镀有减反膜层,以最大限度地减少反射损失。斜边发生 TIR 反射率为 100%,产生的损失远远小于金属反射镜的反射损失。TIR 棱镜设计的综合考虑可参考 Wolfe[5] 的文献。图 8.13(b)绘制了不同 n_t/n_i 下的临界角。对于玻璃($1.5<n_i<2$),θ_c 在 40°~30°范围内;因此,高折射率玻璃可在更大角度范围产生 TIR,并且这种高折射率对于 TIR 器件通常是必需的。钻石和立方氧化锆宝石的许多闪耀光来自 TIR,与它们的高折射率有关。

在临界角以下,折射率为实数的介质材料具有实数菲涅耳系数,并且内反射不会发生相位变化。超过临界角的相位变化为

$$\tan\frac{\phi_s}{2}=\frac{\sqrt{\sin^2\theta_r-\sin^2\theta_c}}{\cos\theta_r} \quad 和 \quad \tan\frac{\phi_p}{2}=\frac{\sqrt{\sin^2\theta_r-\sin^2\theta_c}}{\cos\theta_r\sin^2\theta_c} \tag{8.28}$$

5.3.2 节将延迟定义为本征偏振之间的光程差,这里的本征偏振是 s 偏振光和 p 偏振光。利用菲涅耳系数的相位计算相位差

$$\Delta=\arg[r_s]-\arg[r_p]=\phi_s-\phi_p \tag{8.29}$$

得到一个数值 Δ,它包含一个额外的 π 相位,这是由反射时的几何旋转引起的,如图 8.10~图 8.12 所示。在这个正入射示例中,$\Delta=\pi$,这是由于 s 基矢量符号的变化。s 光和 p 光应具有相同的相位变化。必须去掉这个额外的 π 相位才能得到光程差,即物理相位差为

$$\delta=\arg[-r_s]-\arg[r_p]=(\arg[r_s]+\pi)-\arg[r_p]=\phi_s-\phi_p+\pi \tag{8.30}$$

17.6.1 节将讨论偏振光线追迹中的附加 π 问题。

8.3.8 强度和相位随入射角的变化

本节将讨论反射随入射角的变化。图 8.15 绘制了空气-玻璃($n=1.5$)界面外部和内部反射的菲涅耳 s 和 p 反射系数。菲涅耳系数[6]在入射和出射局部坐标中定义,使用最广泛使用的符号约定[7],两者都是右手准则。在正入射时,由于局部坐标的选择,s 和 p 反射系数具有相反的符号。

图 8.16 显示了外部和内部反射的 s、p 偏振之间的相对相移。由于反射过程中坐标变化的原因,存在残余菲涅耳 π 相位差。在布儒斯特角 θ_B 处,p 菲涅耳反射系数过零时改变符号,当入射角大于 θ_B 时,在反射上产生额外的 π 相移。透射光是部分偏振的,而反射光完全偏振。在临界角 θ_c 处,s 偏振光和 p 偏振光振幅相等,但相位变化不同,导致非零延迟。

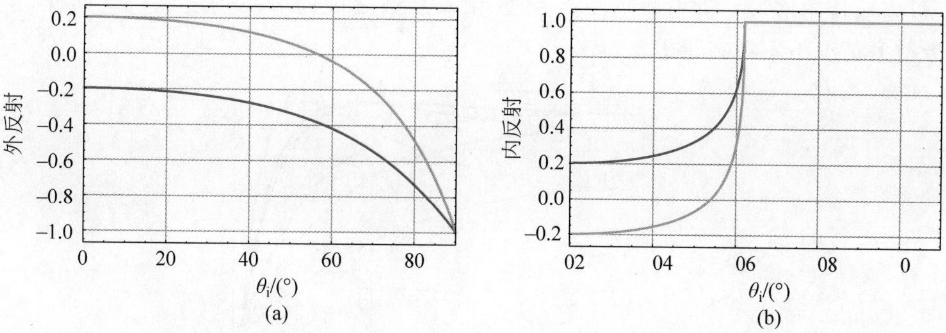

图 8.15　菲涅耳外反射(a)和内反射(b)中的 s 偏振(红色)和 p 偏振(橙色)振幅反射系数与入射角的关系

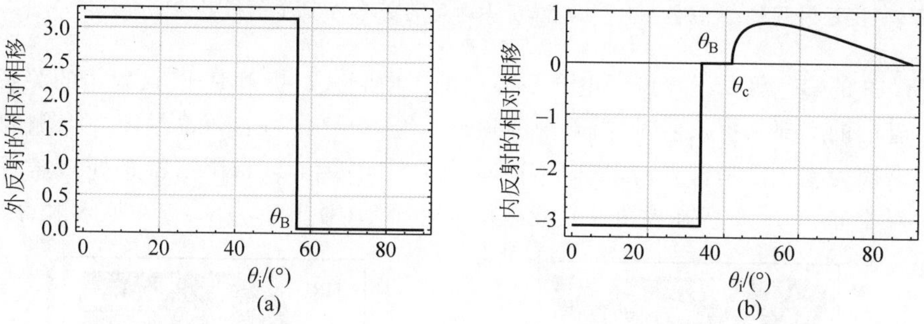

图 8.16　由菲涅耳系数计算的外反射(a)和内反射(b)相对相移随入射角变化的函数关系

8.3.9　具有菲涅耳系数的琼斯矩阵

光线从各向同性介质反射或折射进入各向同性介质的琼斯矩阵包含菲涅耳振幅系数。首先,考虑在 s-p 坐标中定义的琼斯矩阵。对于单个各向同性表面,因为 s 偏振光完全耦合到 s 偏振光,而 p 偏振光完全耦合到 p 偏振光,所以反射和折射琼斯矩阵是对角矩阵,

$$\boldsymbol{J}_{\text{reflect}}=\begin{pmatrix} r_s & 0 \\ 0 & r_p \end{pmatrix} \quad 和 \quad \boldsymbol{J}_{\text{refract}}=\begin{pmatrix} t_s & 0 \\ 0 & t_p \end{pmatrix} \tag{8.31}$$

由于琼斯矩阵是在右手坐标系中表示的,因此相移就是菲涅耳系数相移。对于小于 θ_B 的入射角,由于反射前后的右手局部坐标系的选择,反射的琼斯矩阵显示 π 相移,如图 8.10 所示。该值不是真正的延迟,因为它包含局部坐标几何变换引入的 π 相位,如 17.6.1 节所述。10.6 节将介绍包含菲涅耳系数的反射和折射偏振光线追迹 $\boldsymbol{P}$ 矩阵的构建。

8.4　菲涅耳折射和反射

8.4.1　介电折射

在菲涅耳公式中,只有折射率的比值起作用,系数仅取决于该比值。图 8.17 显示了折射率比值($n=n_t/n_i$)对菲涅耳强度透射系数的影响。随着折射率比的增大,正入射透射率

减小,布儒斯特角增大。折射率越高,s 系数和 p 系数之间的分离程度越快。同样,这些纯实数折射率情况下不存在延迟。

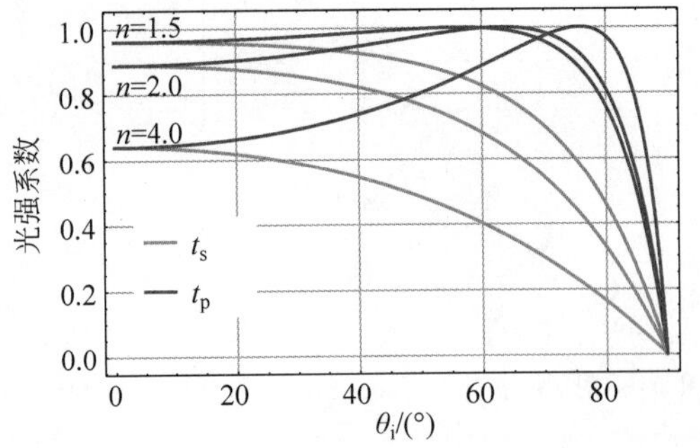

图 8.17 强度透射系数 t_s(绿色)和 t_p(蓝色)随入射角的变化,界面上的折射率比为 n_2/n_1:1.5、2 和 4

图 8.18 的彩色等高线绘制了电介质界面的二向衰减与折射率比、入射角的关系。正入射时(沿着图的底部)、掠入射时(沿着图的顶部)、全内反射时(在等高线图左上侧的红色区域)二向衰减为零。沿垂直方向,二向衰减单调上升至峰值 1(布儒斯特角处),然后单调下降至零(对于 $n_1/n_2<1$ 在临界角处),或单调下降至零(对于 $n_1/n_2>1$ 在掠入射角处)。

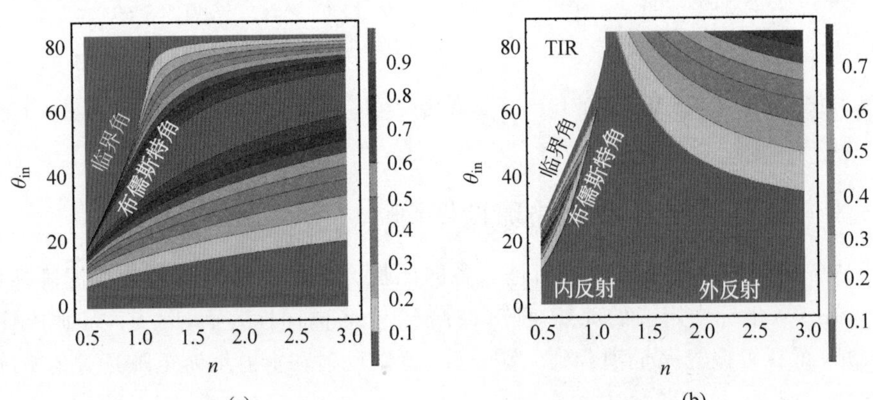

图 8.18 (a)不同入射角 θ_{in}、不同折射率比 n 的介电界面透射二向衰减。布儒斯特角出现在紫色带中间。(b)不同入射角 θ_{in}、不同折射率比 n 的介质界面反射二向衰减

8.4.2 外反射

当光线从光疏介质到光密介质(如空气-玻璃界面)反射时,会发生外反射。图 8.19 描绘了三种不同偏振电场的外反射:s 偏振态、s 和 p 偏振态的等量组合以及 p 偏振态。由于菲涅耳符号约定可能会令人困惑,因此在三维中对界面前后的场进行可视化是很有帮助的。

需要注意正确理解菲涅耳系数的符号。如果计算得当,偏振光线追迹矩阵将在正入射反射时产生零延迟,在 $\theta_B<\theta_i<\theta_c$ 范围内外反射时产生 π 相移。当入射角大于 θ_c 时,内反射的延迟迅速变化,如图 8.16 所示。反射电场矢量的振幅小于对应的入射电场的。随着入射角的增加,电场的 s 分量从 0.2 稳步增加到 1.0。电场的 p 分量在布儒斯特角后改变其符号,并且在布儒斯特角处具有零反射率,这是 $\theta_B<\theta_i<\theta_c$ 范围内反射的 π 延迟的来源。

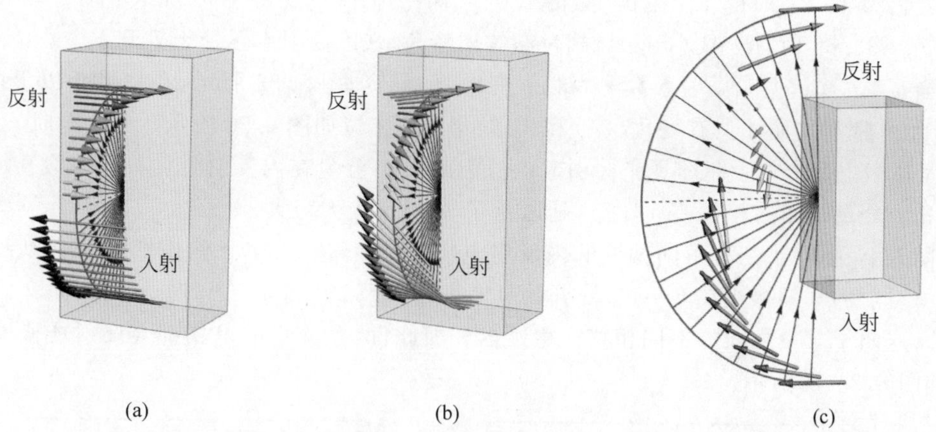

图 8.19　入射光为 s 偏振态(a)、45°偏振态(b)和 p 偏振态(c)的外部反射，入射角从 7°变化到掠入射附近的 88°。由于 p 偏振图形在不同入射角下会重叠，因此每对入射和反射都进行了空间平移，以便更好地可视化。蓝色箭头表示布儒斯特角处的反射电场。每对入射电场矢量(黑色箭头)和相应的反射电场矢量(彩色箭头)用相同的颜色绘制。箭头表示电场矢量随时间的振动，箭头的长度表示电场矢量的振幅

图 8.20 显示了圆偏振光的外反射。由于当 $\theta_i<\theta_B$ 时，s 和 p 分量在反射时都有 π 相移，所以左旋圆偏振光在正入射时反射为右旋圆偏振光。注意，“左旋”和“右旋”是相对于传播方向局部定义的。对于 $\theta_i<\theta_B$，当在三维全局坐标中观察时，入射光和反射光在同一方向上旋转。当 θ_i 接近 θ_B 时，反射的 p 分量的振幅低于反射的 s 分量的。因此，它反射为右旋椭圆偏振光。当 $\theta_i=\theta_B$ 时，反射光变成纯 s 偏振。对于 $\theta_i>\theta_B$，随着向掠入射接近，反射的 s 分量和 p 分量的振幅都增加，而 p 分量在布儒斯特角之前有一个额外的 π 相移。因此，左旋圆偏振光反射为左旋椭圆偏振光。当 $\theta_i\approx 90°$时，左旋圆偏振光反射为左旋圆偏振光。

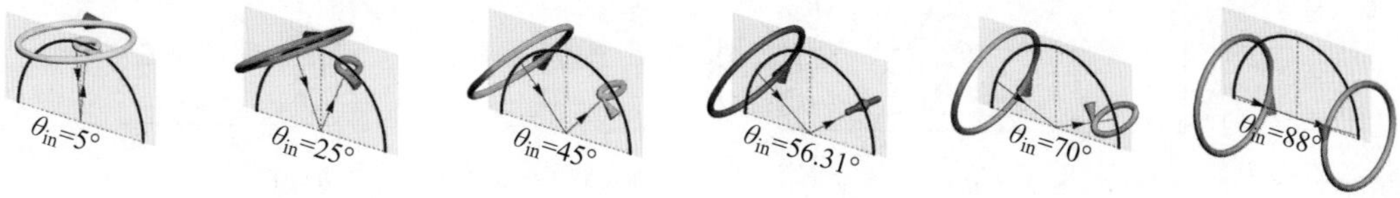

图 8.20　左旋圆入射光以不同的入射角度从空气-玻璃界面外反射。正入射周围的反射光是右旋椭圆偏振的。它在布儒斯特角($\theta_B=56.31°$)处变为线偏振的，在 θ_B 以上变为左旋椭圆偏振的

8.4.3　内反射

内反射是指界面处折射率从大到小的反射，例如玻璃-空气界面处玻璃内部的反射。当光以临界角以上入射时，s 偏振和 p 偏振的强度反射率均为 1，反射是无损的。这种非常理想的特性使得直角棱镜广泛用于 90°的光束反射，以及棱镜在双筒望远镜和许多其他应用中的普及。由于在临界角以上 s 和 p 强度反射是相等的，因此二向衰减为零，但存在较大的延迟，如下面的内反射示例所示。

图 8.21 显示了从折射率 $n_1=1.5$ 的玻璃到折射率 $n_2=1$ 的空气传播的光线的强度反射系数 R_s 和 R_p 以及强度透射系数 T_s 和 T_p。正入射时，4%的光通量反射。R_s 单调增加

至临界角为 41.81°时的 1。在 θ_c 以上,反射率保持为 1,直到 $\theta_i=90°$掠入射时。当布儒斯特角 $\theta_B=33.69°$时,R_p 减小到 0。超过布儒斯特角,强度反射率迅速上升到 1。

当 $\theta_i>\theta_c$ 时,振幅反射系数 r_s 和 r_p 变得复杂。如图 8.22 所示,在临界角以上,r_s 和 r_p 的大小都为 1,而相位有变化。r_s 和 r_p 的菲涅耳相位如图 8.23 所示。正入射时 r_p 中的 π 菲涅耳相位是由右手菲涅耳坐标引起的。因此,s、p 分量在内反射时具有零相移。延迟量是 s 和 p 分量之间的相位差。注意,延迟在 θ_c 处斜率为无穷大。

图 8.24 描绘了三种不同偏振的内反射电场:s 偏振态、s 和 p 偏振态的组合以及 p 偏振态。反射的 p 偏振光在 $\theta_i=\theta_B$ 处开始具有非零相移,而当 $\theta_i=\theta_c$ 时,s 偏振光开始具有相移。这两个分量之间的不同相移产生延迟。因此,两个分量的电场都会反射成椭圆偏振光,如图 8.24(b)所示。

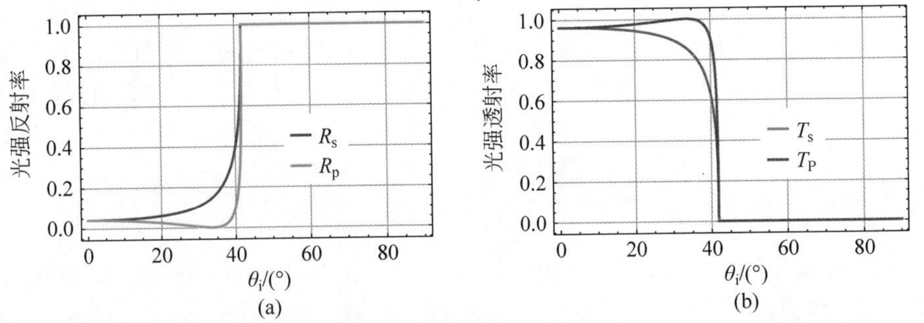

图 8.21 (a)强度反射系数 R_s(红色)和 R_p(橙色)以及(b)强度透射系数 T_s(绿色)和 T_p(蓝色)随入射角的变化

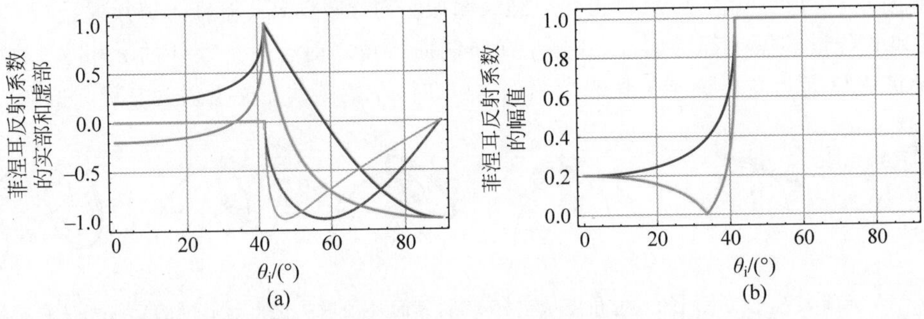

图 8.22 (a)菲涅耳振幅反射系数 Re(r_s)(红色)、Re(r_p)(橙色)、Im(r_s)(紫色)和 Im(r_p)(青色)随入射角的变化。(b)菲涅耳振幅反射系数 r_s(红色)和 r_p(橙色)的绝对值大小随入射角的变化

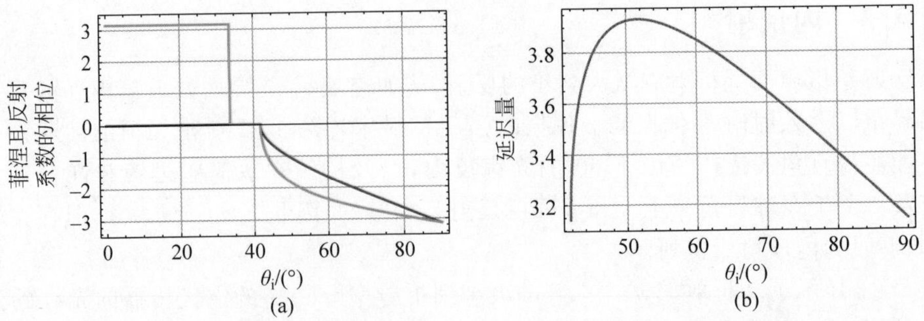

图 8.23 (a)r_s(红色)和 r_p(橙色)的菲涅耳相移随入射角的变化。(b)内反射延迟量随入射角变化

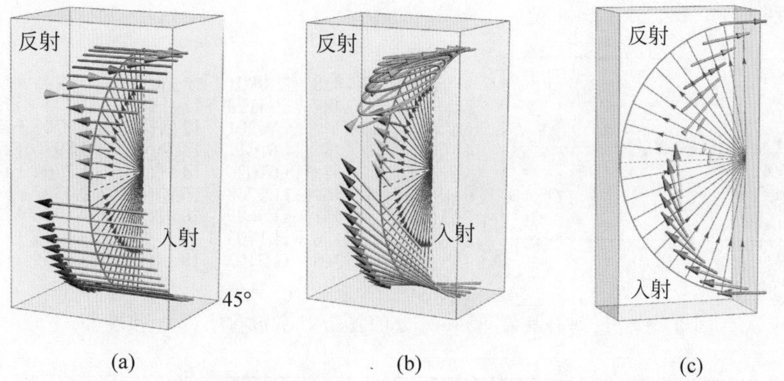

图 8.24　(a)内反射的入射和反射偏振态，入射光为从 7°到 88°入射的 s 偏振光。(b)从 0.6°到 88°入射的 45°偏振光的内反射。超过布儒斯特角时 s 和 p 之间的相移产生椭圆偏振反射光。(c)p 偏振入射光的内反射。从正入射到布儒斯特角，反射的 s、p 偏振分量同相，然后相位发生改变(箭头移离线段末端)

图 8.25 显示了圆偏振光的内反射。在正入射反射时，s 分量和 p 分量产生零相移，传播方向反转，因此左旋圆偏振光反射为右旋圆偏振光。当 θ_i 接近 θ_B 时，反射的 p 分量的振幅低于反射的 s 分量的。因此，它反射为右旋椭圆偏振光。当 $\theta_i=\theta_B$ 时，反射光变成纯 s 偏振。当 $\theta_i>\theta_B$ 时，随着接近掠入射，反射的 s 分量和 p 分量的振幅都逐渐增大，而 p 分量有一个额外的 π 位移。因此，左旋圆偏振光反射为左旋椭圆偏振光。当 $\theta_i\approx 90°$时，左旋圆偏振光反射为左旋圆偏振光。

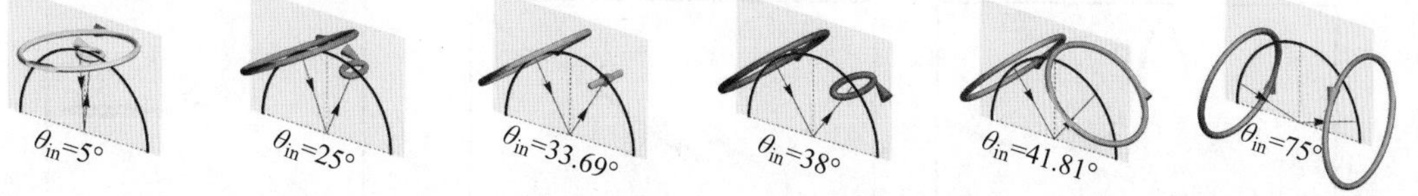

图 8.25　左旋圆偏振光的内反射。正入射附近的反射光是右旋椭圆偏振的。布儒斯特角($\theta_B=33.69°$)处反射光变成线偏振，在 θ_B 以上变成左旋椭圆偏振。其椭圆率增大，在临界角($\theta_c=44.81°$)处变为左旋圆偏振光

8.4.4　金属反射

从光滑金属表面反射的光受其复折射率($n+i\kappa$)的影响，与电介质表面的实数折射率相反。玻璃和光学塑料等透明电介质的折射率大于 1，虚部很小，而金属的折射率则有一个很大的虚部。图 8.26 列出了一些常见金属在 633nm 处的折射率，并将这些折射率画在(n,κ)复平面上。

使用相同的菲涅耳公式(也适用于电介质)，可计算从光滑金属表面反射的振幅和相位变化，但用的是金属的复折射率。得到的菲涅耳系数是复值。将 r_s 和 r_p 以极坐标形式表示为 $r_s=\rho_s e^{-i\phi_s}$，$r_p=\rho_p e^{-i\phi_p}$，其中 ρ_s 和 ρ_p 的大小描述电场分量振幅的变化，ϕ_s 和 ϕ_p 描述相位变化。由于光波的透射部分在金属表面附近被迅速吸收，因此透射系数不适用，但反

射系数仍然适用。

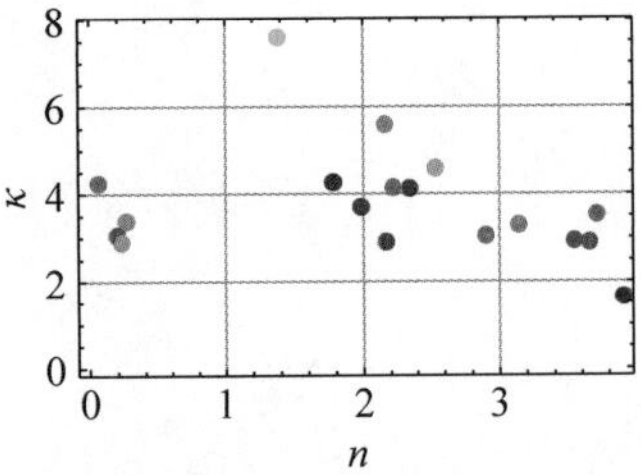

1 金(Au)	0.1828 + i3.0901	10 锂(Li)	0.2205 + i2.9248
2 铜(Cu)	0.2487 + i3.4128	11 钼(Mo)	3.704 + i3.544
3 铝(Al)	1.3742 + i7.6201	12 镍(Ni)	1.9707 + i3.7232
4 铱(Ir)	2.528 + i4.6141	13 锇(Os)	3.8976 + i1.6577
5 铑(Rh)	2.152 + i5.6102	14 钯(Pd)	1.7704 + i4.2903
6 银(Ag)	0.0562 + i4.2768	15 铂(Pt)	2.3322 + i4.1463
7 铁(Fe)	2.8951 + i3.0689	16 钛(Ti)	2.1532 + i2.9248
8 钴(Co)	2.2126 + i4.1703	17 钨(W)	3.6412 + i2.9147
9 铬(Cr)	3.1348 + i3.3103	18 钒(V)	3.5279 + i2.9511

图 8.26 普通金属在 633nm 处的复折射率包含实部 n 和虚部 κ

例 8.2 铝的菲涅耳系数

铝是最常见的金属反射镜,因为它在可见光和近红外波段具有高反射率、低成本和易于加工。铝不会被腐蚀、耐潮湿,也不会像银那样因为大气中微量的硫而失去光泽。铝的折射率光谱变化如图 8.27 所示。

考虑光滑铝表面在 633nm 处的反射,其复折射率为 1.374+i7.620。s 和 p 的振幅反射系数如图 8.28 所示,在正入射时约为 0.955。s 分量振幅反射率较大并且单调递增到掠入射 $\theta_i=90°$时的 1。p 系数开始呈二次递减,在 $\theta_i=82°$附近达到最小值,约为 0.83,然后迅速增加到掠入射时的 1(图 8.29)。振幅反射率的差异导致了反射的二向衰减(图 8.28(b))。图 8.29(a)显示了 s 偏振光(红色)和 p 偏振光(橙色)振幅反射系数的相移。相移的差异导致了反射的延迟(图 8.29(b))。Medicus 等[8]讨论了金属反射相位变化的测量技术。

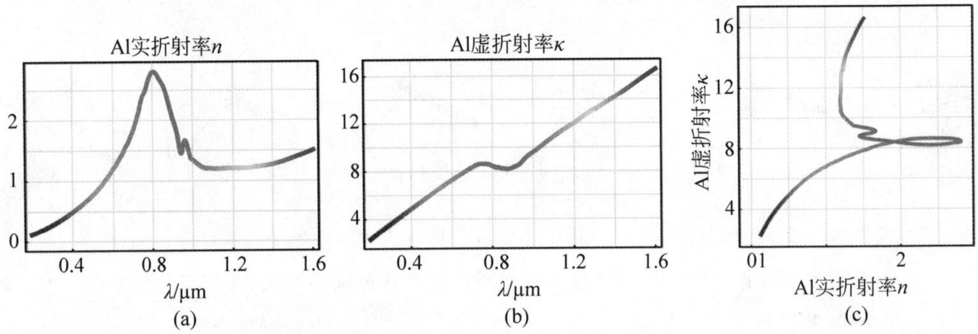

图 8.27 (a)铝折射率的实部与波长,(b)虚部与波长,(c)实部与虚部的关系图

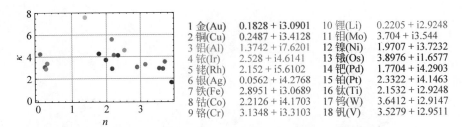

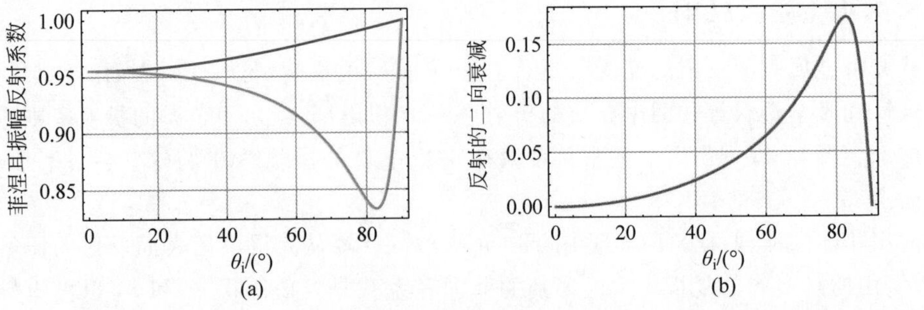

图 8.28 (a)振幅反射系数 r_s(红色)、r_p(橙色),(b)铝表面反射的二向衰减随入射角的变化

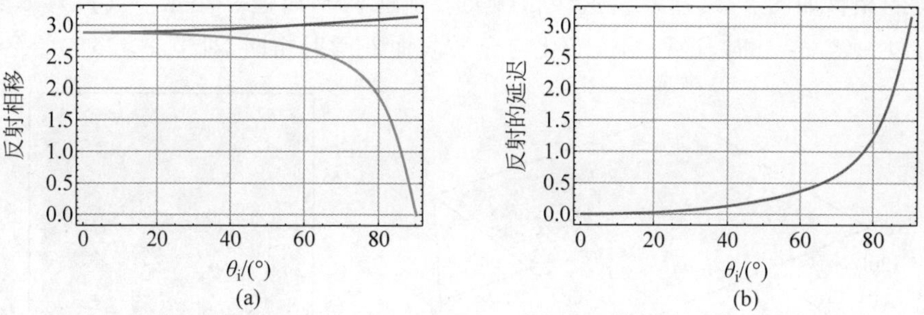

图 8.29 (a)铝反射的相移 ϕ_s(红色)和 ϕ_p(橙色),(b)延迟随入射角的变化

光透过金属前表面只能传播一小段距离,刚进入金属几纳米内就被金属吸收。被吸收光量的比例计算为 $1-R$,其中 R 为强度反射系数。s、p 分量的铝的吸收值为入射角的函数,绘制在图 8.30 中。

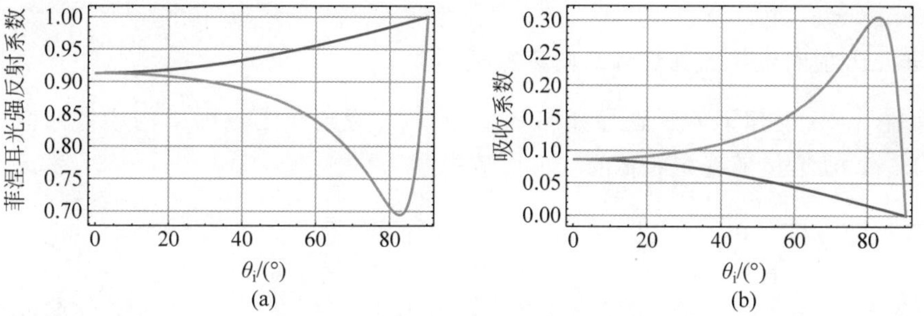

图 8.30 铝反射过程中,s(红色)和 p(橙色)偏振分量的反射(a)和吸收(b)是入射角的函数

1. 正入射反射

图 8.31 显示了从空气($n=1$)中正入射的金属反射率,它是复折射率的函数。反射率随 κ 的增大而增大。当 n 大于 1 时,它也随着 n 的增大而增大,或当 n 小于 1 时,它随着 n 的减小而增大。

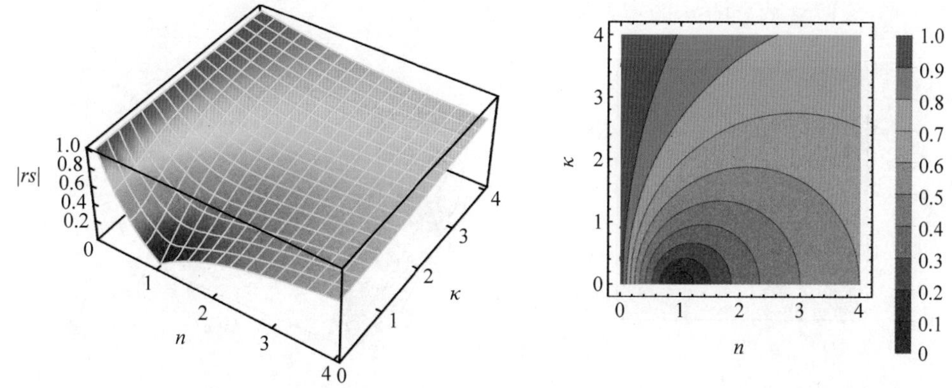

图 8.31 金属在正入射时的反射率是复折射率的函数

对应的相移如图 8.32 所示。这些相移大多刚刚小于 π,但 n 小于空气折射率 1 且 κ 小于 2 时除外。当 $\kappa=0$ 时,这种相位变化与介质表面外反射相同,对于 $n>1$,它始终为 π。

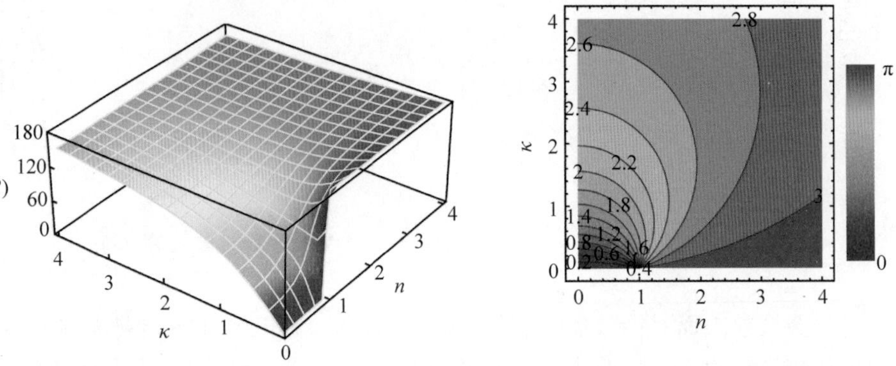

图 8.32 正入射时金属反射的相位变化

2. 非正入射时金属的延迟和二向衰减

金属在 30°入射角下的延迟量如图 8.33 所示。反射延迟量随 κ 的增大而减小。对于 $n>1$ 和 $\kappa>1$,延迟量随着 n 和 κ 的增大而减小。

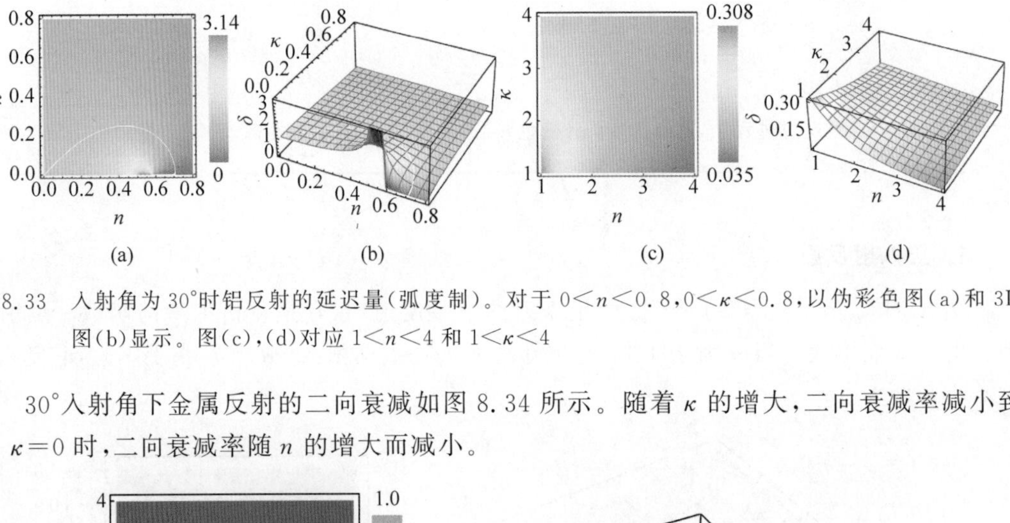

图 8.33 入射角为 30°时铝反射的延迟量(弧度制)。对于 $0<n<0.8$,$0<\kappa<0.8$,以伪彩色图(a)和 3D 图(b)显示。图(c),(d)对应 $1<n<4$ 和 $1<\kappa<4$

30°入射角下金属反射的二向衰减如图 8.34 所示。随着 κ 的增大,二向衰减率减小到 0。$\kappa=0$ 时,二向衰减率随 n 的增大而减小。

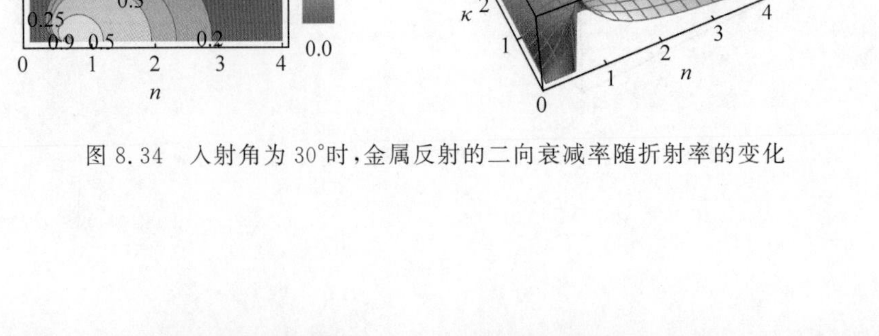

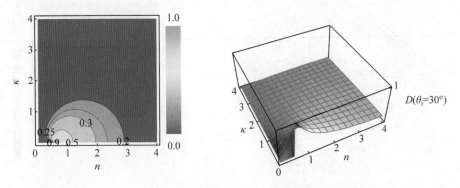

图 8.34 入射角为 30°时,金属反射的二向衰减率随折射率的变化

图 8.35 显示了相对入射面 45°偏振光入射到金属上，从空气到铝以不同的入射角度反射的偏振变化。Swindell[9] 对金属表面反射率的旋向性进行了详细的讨论。

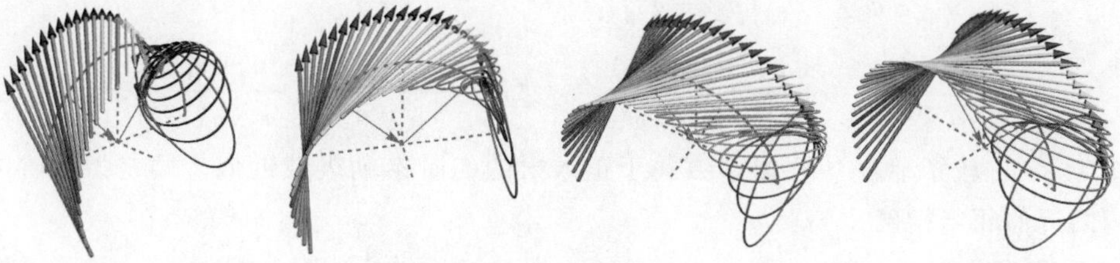

图 8.35　45°线偏振入射光从空气-金属表面以不同角度反射。黑色箭头表示入射光，彩色箭头表示反射光。每个入射角的箭体对具有相同的颜色

8.5　菲涅耳系数的近似表示

菲涅耳系数是振幅系数的第一个也是最简单的例子，随后将介绍多层膜、各向异性界面和衍射光学结构的振幅系数。式(8.8)～式(8.11)的函数形式复杂，系数难以处理。查看菲涅耳系数的特性，它们的行为并不明显。

使用菲涅耳公式时，目的通常是理解光程长度、振幅、相位、二向衰减和延迟，并使用公式寻求光学元件和膜层的合适方案，以达到光学系统指标。若光学系统的特性可用简单定义的函数来表示，就能增强这种理解。采用近似但更简单的函数(通常是多项式)代替复杂的公式(如菲涅耳公式)，这种做法通常是很有帮助的，这些函数虽然用了近似，但保持了较高的精度。然后，通过这些近似函数的推导，可更清晰地描述像差的来源，并且可更容易地构造像差补偿方法。通常，近似函数便于交流。在光学设计和分析软件中，仍将使用精确公式，但为了理解偏振像差的来源，可以使用近似函数。

根据情况，将使用两种类型的近似函数，①泰勒级数和②函数拟合。泰勒级数将一个点邻域中的函数表示为从函数导数计算得到的一系列多项式。而拟合则将某一范围内的函数描述为基函数之和，并调整权重以最小化拟合与函数之间的差异。

8.5.1　菲涅耳系数的泰勒级数

点 x_0 附近函数 $f(x)$ 的泰勒级数定义为

$$f(x)=\sum_{n=0}^{\infty}\frac{\partial^n f(x_0)}{\partial x^n}\frac{(x-x_i)^n}{n!}$$
$$=f(x_0)+f'(x_0)(x-x_0)+f''(x_0)\frac{(x-x_0)^2}{2!}+$$
$$f'''(x_0)\frac{(x-x_0)^3}{3!}+\cdots \tag{8.32}$$

前两项描述通过点的切线。第三项添加二次分量，依此类推。例如，图 8.36 显示了 r_s 菲涅耳系数的线性、二次和三次拟合的收敛性，每种拟合都扩展了精确表示的范围。

菲涅耳公式是关于零入射角对称的偶函数。因此，关于正入射的菲涅耳系数泰勒级数

只有偶数项。相对简单和有用的闭合形式二次系数表达式计算如下：

$$r_s(\mathrm{i})=\frac{n_1-n_2}{n_1+n_2}+\frac{\mathrm{i}^2 n_1(n_1-n_2)}{n_2(n_1+n_2)},\quad r_p(\mathrm{i})=\frac{n_2-n_1}{n_1+n_2}+\frac{\mathrm{i}^2 n_1(n_1^2-n_1 n_2)}{n_2(n_1+n_2)} \tag{8.33}$$

$$t_s(\mathrm{i})=\frac{2n_1}{n_1+n_2}+\frac{\mathrm{i}^2 n_1(n_1-n_2)}{n_2(n_1+n_2)},\quad t_p(\mathrm{i})=\frac{2n_1}{n_1+n_2}+\frac{\mathrm{i}^2 n_1^2(n_1-n_2)}{n_2^2(n_1+n_2)} \tag{8.34}$$

图 8.37 比较了菲涅耳振幅系数关于正入射的二阶泰勒级数近似。偏差为四阶的，30°范围内的近似相当精确。

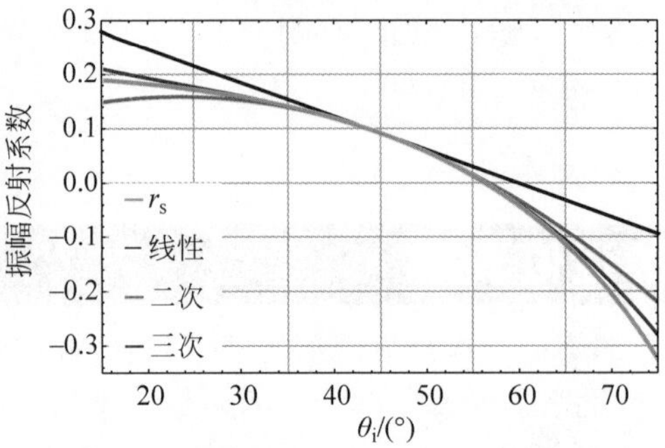

图 8.36 从空气到 $n=1.5$ 的 r_s 菲涅耳系数，关于 45°入射角展开的线性、二次和三次泰勒级数近似，表明精确表示的范围随阶数的增大而增大

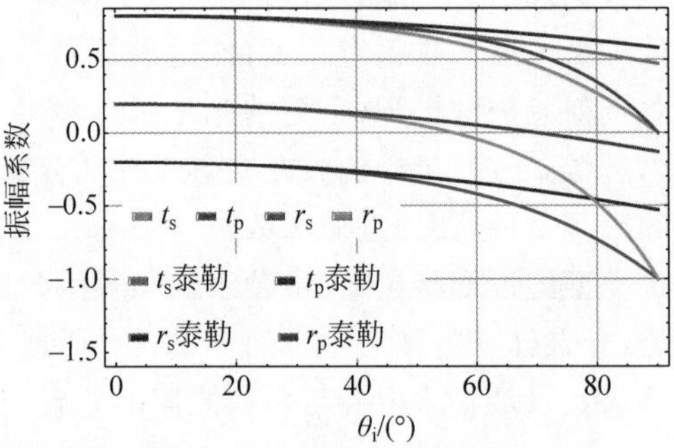

图 8.37 用二次泰勒级数拟合比较反射和折射的菲涅耳振幅系数。在 $\theta=30°$的范围内近似非常好

8.6 总结

菲涅耳公式描述了偏振态在反射和折射时的变化。在光学系统中，每束光通常是带像差的球面波，当它入射到表面上时，入射角和入射面在整个光束上都会发生变化。因此，由于菲涅耳公式，光束中的二向衰减和延迟的大小和方向也会发生变化。这些变化称为偏振像差，正如波前像差是光束和成像中的光程长度和相位的变化一样。偏振像差分为二向衰减像差和延迟像差。这些偏振像差一般不大，通常对光学系统性能的影响很小或可忽略不计。但了解它们的起源和作用很重要。

第 12 章将分析几种光学系统及其偏振像差。在每个实例中，描述了光学系统并选取一束光进行分析。计算出入射角并用于生成二向衰减像差和延迟像差图。点扩展函数表示为相干光的琼斯矩阵或非相干光的米勒矩阵，并显示了样品输入偏振的偏振分布。

8.7　习题集

8.1　求出折射率之间的关系，使得正入射时强度反射系数等于强度透射系数。

8.2　证明如果光束以布儒斯特角从空气入射到平行平板上，它仍会以布儒斯特角通过后表面。

8.3　证明：对于在空气中从电介质的反射，当 $\theta\to 90^\circ$，$R_s(\theta)$ 和 $R_p(\theta)$ 都接近于相同的值。求当 $\theta\to 90^\circ$ 时 $R_s(\theta)$ 和 $R_p(\theta)$ 的斜率。

8.4　验证：对于入射角 θ，菲涅耳 s 和 p 振幅系数之间有以下关系：$r_p=\dfrac{r_s(r_s-\cos(2\theta))}{1-r_s\cos(2\theta)}$。

8.5　求出实折射率 n，使得从空气正入射时 $t_p=r_p$。反射与透射光通量之比 R_p/T_p 是多少？

8.6　求出实折射率 n，使得从空气正入射时 $t_p=\kappa r_p$，其中 κ 是一个实常数。当 $\kappa=3$ 时，反射与透射光通量之比 R_p/T_p 是多少？

8.7　光从空气折射进入折射率为 $n=\sqrt{3}$ 的玻璃界面。

a. 求布儒斯特角。

b. 在布儒斯特角时，折射的 p 偏振光通量的比例是多少？

c. 在布儒斯特角时，反射光束或折射光是 100% 偏振的吗？

d. 在布儒斯特角时，反射光束和折射光束之间的夹角是多少？

e. 如果光从玻璃进入空气，并从这个界面出射，临界角的值是多少？

8.8　使用 $n=2$ 的倾斜平行平板玻璃片，设计一个可变二向衰减器。准直光束入射到倾斜玻璃板上，折射进入，然后从板中折射出来。通过倾斜玻璃板，引入了可变二向衰减率 D。如果非偏振光入射，则出射光的偏振度等于平板的二向衰减率。给出 $\theta(D)$ 反函数的查找表，将入射角作为待求二向衰减的函数。忽略多重反射。在搭建此器件时，对可能遇到的问题进行讨论。

8.9　考虑无吸收、无膜层的电介质界面，即具有实折射率。将弱二向衰减定义为二向衰减率小于 0.05，将强二向衰减定义为二向衰减率大于 0.5。

a. 在折射率比 $n=n_2/n_1$、$1/3<n<3$ 的什么范围内，以及在入射角 $0<\theta<90^\circ$ 的什么范围内，介电界面在透射中为弱二向衰减？

b. 在反射时为强二向衰减？

c. 在反射时为弱二向衰减？

d. 在反射时为强反射？

8.10　a. 用菲涅耳公式描述的未镀膜介电界面是否有二向衰减？

b. 用菲涅耳公式描述的未镀膜介电界面是否有延迟？

c. 二向衰减和延迟的形式是什么：线性、椭圆，还是圆？

8.11　银在三种波长下的复折射率为：

400nm	0.138+2.005i
710nm	0.168+4.286i
1460nm	0.374+9.449i

a. 在 710nm 处,绘制入射角在 0°和 90°之间的 s 和 p 强度反射系数。入射角为何值时二向衰减率最大?波长变长还是变短时,二向衰减会增大?

b. 在 710nm 处,绘制入射角在 0°和 90°之间反射的 s 和 p 绝对相位变化。绘制入射角在 0°和 90°之间的延迟。对于小入射角,延迟量近似为 $\delta(\theta)=\delta_0+\delta_2(\theta)$。确定 δ_0 和 δ_2。

c. 小角度的延迟是随着波长的增大而增大,还是随着波长的减小而增大?

d. 如何改变折射率来最大化反射率和最小化延迟(接近 π)?什么样的材料有这样的复折射率?

8.12 对于 n 个点的集合,可以找到一个 $n-1$ 阶的多项式,它恰好通过所有的点。例如,考虑 5 个点$(x_0,f(x_0))$,$(x_1,f(x_1))$,$(x_2,f(x_2))$,$(x_3,f(x_3))$和$(x_4,f(x_4))$可拟合出四阶多项式 $f(x)=c_0+xc_1+x^2c_2+x^3c_3+x^4c_4$。点与系数可由矩阵方程关联:

$$\begin{pmatrix} m_{00} & m_{01} & m_{02} & m_{03} & m_{04} \\ m_{10} & m_{11} & m_{12} & m_{13} & m_{14} \\ m_{20} & m_{21} & m_{22} & m_{23} & m_{24} \\ m_{30} & m_{31} & m_{32} & m_{33} & m_{34} \\ m_{40} & m_{41} & m_{42} & m_{43} & m_{44} \end{pmatrix} \begin{pmatrix} c_0 \\ c_1 \\ c_2 \\ c_3 \\ c_4 \end{pmatrix} = \begin{pmatrix} f(x_0) \\ f(x_1) \\ f(x_2) \\ f(x_3) \\ f(x_4) \end{pmatrix}$$

a. 求这个方程中的矩阵系数 m_{ij},依据 $f(x)$集合来计算 c。

b. 给出计算多项式系数 $c_0,\cdots,c_4$ 的矩阵方程。

c. 给出方程,用于将三个点拟合为二次方程,从而得到 c_0、c_1 和 c_2。给出所有 9 个矩阵元素,作为$(x_1,f(x_1))$,$(x_2,f(x_2))$和$(x_3,f(x_3))$的函数。

d. 给出方程,用于将三个点拟合为偶数阶四阶方程,从而得到 c_0、c_2 和 c_4。给出所有 9 个矩阵元素,作为$(x_0,f(x_0))$,$(x_2,f(x_2))$和$(x_4,f(x_4))$的函数。

e. 拟合空气/硅($n=4$)界面在角度为 0°、30°和 45°的振幅透射系数 t_s 和 t_p。

f. t_s 或 t_p 中的哪一个量有更显著的四阶项?

8.13 针对 $n_1=1.0$ 和 $n_2=1.5$,将振幅系数进行最小二乘拟合 $f(\theta)=a_0+a_2\theta^2+a_4\theta^4$,如图 8.7 所示。

8.14 求出蓝宝石实际半波延迟器的琼斯矩阵,其快轴为 45°,在 $\lambda=589$nm 处 $n_O=1.76817$ 和 $n_E=1.76009$。第 5 章给出了理想延迟器的琼斯矩阵,现在考虑一个实际延迟器。求出厚度 t,然后求出寻常光和异常光的绝对相位。由于这些光程长度,延迟器的琼斯矩阵将不是对称的、快轴不变的或慢轴不变的形式(表 5.4)。计算寻常光和异常光在正入射时菲涅耳公式的值,并在琼斯矩阵中包含所得的微小二向衰减。

8.8　参考文献

[1]　R. M. A. Azzam and N. M. Bashara, Ellipsometry and Polarized Light, North-Holland, Elsevier Science (1987).

[2]　M. Born and E. Wolf, Principles of Optics, 7th (expanded) edition (1999), pp. 790-852.

[3]　D. H. Goldstein, Polarized Light, 3rd edition, Boca Raton, FL: CRC Press (2010).

[4]　J. A. Stratton, Electromagnetic Theory, New York: John Wiley & Sons (2007).

[5]　W. B. Wolfe, Nondispersive prisms, The Handbook of Optics 2, Handbook of Optics, eds. M. Bass, E. Van Stryland, D. Williams, and W. Wolfe, New York: McGraw-Hill, 1996, 4-1 (1994).

[6]　E. Hecht, Optics, Addison-Wesley (2002), pp. 113-122.

[7]　M. Born and E. Wolf, Principles of Optics, Cambridge University Press (2003).

[8]　K. M. Medicus, A. Fricke, J. E. Brodziak Jr., and A. D. Davies, The effect of phase change on reflection on optical measurements, in Proc. SPIE 5879, Recent Developments in Traceable Dimensional Measurements Ⅲ, 587906 (2005).

[9]　W. Swindell, Handedness of polarization after metallic reflection of linearly polarized light, J. Opt. Soc. Am. 61 (1971): 212-215.

第 9 章

偏振光线追迹计算

偏振光线追迹的目的是计算光线通过光学系统过程中偏振态的演变并确定与这些光线关联的偏振特性，例如二向衰减和延迟。通过跟踪许多光线，可以评估与光学系统相关的偏振像差，并且可以将包含膜层设计、偏振元件和其他元件的特定光学系统的行为与光学系统的偏振指标进行比较。此外，了解膜层、各个表面、偏振元件和其他组件引起的偏振像差，也有助于明确设计和确定偏振指标。偏振光线追迹可以详细了解各个表面或组件如何影响系统的偏振性能。

在不同的偏振光线追迹矩阵方法中，琼斯矩阵在光学设计中已应用了至少 20 年。偏振光线追迹通过计算光学系统任意光线路径所对应的琼斯矩阵，来计算偏振像差函数。琼斯矩阵处理琼斯矢量，特别指的是单色平面波，琼斯矢量描述了横向平面中相对于 x-y 坐标系的电场和偏振椭圆。如果平面波不沿 z 轴传播，那么 x-y 坐标指的是与特定横向平面相关联的局部坐标。然而，光学设计中利用琼斯矢量和矩阵对高度弯曲光束进行光线追迹时，需要对每条光线和每个光线段使用局部坐标来确定空间中琼斯矢量 x、y 分量的方向，由于局部坐标固有的奇异性而导致局部坐标系很复杂。依据作者的经验，使用琼斯矢量局部坐标将导致一系列较小的复杂性，在处理接近奇异点的光线和描述高数值孔径光束时都是如此。不管选择什么局部坐标，这些问题始终存在。根据卷绕数定理（winding number theorem），不可能定义一个连续且可微的矢量场，该矢量场被约束在整个球的球面上，且场中少于两个零点；一组纬度矢量或一组经度矢量提供了两个例子，其中零点出现在极点位置。所有局部坐标系选取都存在这种奇异性。

本章提出了一个不同的偏振光线追迹算法来解决局部坐标下的奇点问题。在每个光线截点处用一个 3×3 的偏振光线追迹矩阵 **P** 来描述偏振效应，**P** 是 2×2 琼斯矩阵的广义形式。利用 3×3 矩阵，可方便地适应于任意传播方向，并避免局部坐标中的奇异性问题（第 11 章，琼斯光阑和局部坐标系）。通过将每个光线截点的 **P** 矩阵进行矩阵乘积，可计算沿光线路径通过光学系统传播的偏振效应。于是在像空间中 **P** 矩阵阵列可用来确定曲面（例如三维电场的球面波前和畸变波前）上的偏振态。在一些文献中已经提到了三维偏振光线追迹方法，但还没有发展成完整的数学方法[5-7]。参考文献[8]和[9]中三维偏振光线追迹算法是本章的基础，由亚利桑那大学偏振实验室开发的偏振光线追迹程序“Polaris-M”[10-11]，已由艾里光学公司（Airy Optics，Inc）商业化。

9.1 节介绍了三维偏振光线追迹矩阵。9.2 节和 9.3 节通过示例进一步阐述了 **P** 矩阵。9.4 节推导了一个算法来计算给定 **P** 矩阵的二向衰减。9.5 节以干涉仪作为例子，9.6 节讨论了 **P** 矩阵叠加的问题。9.7 节分析了空心角立方体回射器。

9.1　偏振光线追迹矩阵 P 的定义

偏振光线追迹矩阵 **P** 表征了光线与光学表面、元件、一系列光学元件或整个光学系统相互作用而引起的电场矢量三个分量的变化。考虑光线通过光学系统的偏振态演化，该光学系统有 N 个界面，用序号 q 标记。假设所有的材料都是各向同性的，所以偏振变化只会发生在界面上，而不是沿着光线段（后面将去除这个限制）。光线将在界面 $q=1,2,3,\cdots$ 上反射或折射。光线从界面 $q-1$ 按 $\hat{\boldsymbol{k}}_{q-1}$ 方向出射，其电场矢量是 $\boldsymbol{E}_{q-1}$，然后入射在界面 q 上。在界面 q 处，偏振态可能会被偏振元件、反射或折射改变，光线将以传播矢量 $\hat{\boldsymbol{k}}_q$ 和电场矢量 $\boldsymbol{E}_q$ 离开界面 q。入射电场矢量 $\boldsymbol{E}_{q-1}$ 和出射电场矢量 $\boldsymbol{E}_q$ 由第 q 个光线截断点的偏振光线追迹矩阵 $\boldsymbol{P}_q$ 线性关联起来，如式(9.1)所示。

$$\boldsymbol{E}_q=\begin{pmatrix}E_{x,q}\\E_{y,q}\\E_{z,q}\end{pmatrix}=\boldsymbol{P}_q\boldsymbol{E}_{q-1}=\begin{pmatrix}p_{xx,q} & p_{xy,q} & p_{xz,q}\\p_{yx,q} & p_{yy,q} & p_{yz,q}\\p_{zx,q} & p_{zy,q} & p_{zz,q}\end{pmatrix}\begin{pmatrix}E_{x,q-1}\\E_{y,q-1}\\E_{z,q-1}\end{pmatrix}\tag{9.1}$$

类似地，入射传播矢量 $\hat{\boldsymbol{k}}_{q-1}$ 和出射传播矢量 $\hat{\boldsymbol{k}}_q$ 也通过偏振光线追迹矩阵 $\boldsymbol{P}_q$ 线性相关①（图 9.1）。

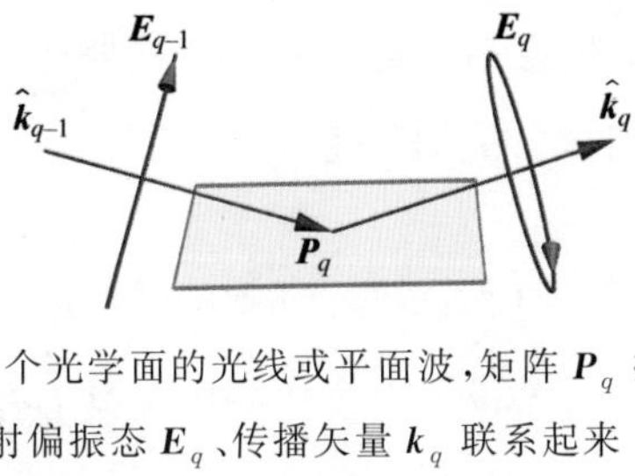

图 9.1　对于入射在第 q 个光学面的光线或平面波，矩阵 $\boldsymbol{P}_q$ 把入射偏振态 $\boldsymbol{E}_{q-1}$、传播矢量 $\boldsymbol{k}_{q-1}$ 和出射偏振态 $\boldsymbol{E}_q$、传播矢量 $\boldsymbol{k}_q$ 联系起来

一系列各向同性光学元件的净偏振效应通过级联每个光线截点的 $\boldsymbol{P}_q$ 矩阵来表示，从

① 传播矢量在本书中都是归一化的。

而得到偏振光线追迹矩阵 $\boldsymbol{P}_{\text{total}}$

$$\boldsymbol{P}_{\text{total}}=\boldsymbol{P}_N\boldsymbol{P}_{N-1}\cdots\boldsymbol{P}_q\cdots\boldsymbol{P}_2\boldsymbol{P}_1=\prod_{q=N,-1}^{1}\boldsymbol{P}_q \tag{9.2}$$

偏振光线追迹矩阵是琼斯矩阵的三维推广,式(9.2)与第 5 章(琼斯矩阵和偏振性质)中的琼斯矩阵乘积方程式(5.10)的形式相同。

在传统的光线追迹中,为了计算光线对波前像差的贡献,在光学系统入瞳和出瞳之间沿着光线把所有光线片段的光程长度相加(第 10 章,光学光线追迹)。类似地,偏振光线追迹矩阵描述了偏振相关的透射和相位对光程长度的贡献。偏振相关的透射和相位贡献可能来自镀膜和未镀膜的界面、衍射光栅、全息元件和其他偏振效应。

式(9.1)中定义的 $\boldsymbol{P}_q$ 是欠约束的,它没有唯一定义 $\boldsymbol{P}_q$。在式(9.1)中,所有偏振态的变换可以描述为任意两个线性不相关基矢量 $\boldsymbol{E}_a$ 和 $\boldsymbol{E}_b$ 变换的线性组合

$$\boldsymbol{E}'_a=\boldsymbol{P}_q\boldsymbol{E}_a,\quad \boldsymbol{E}'_b=\boldsymbol{P}_q\boldsymbol{E}_b \tag{9.3}$$

式(9.3)产生了六个方程,每行一个,但 $\boldsymbol{P}_q$ 有九个元素。因此,式(9.1)并不完全约束 $\boldsymbol{P}_q$。为唯一地定义 $\boldsymbol{P}_q$,给式(9.3)增加一个附加条件,该附加条件把入射和出射传播矢量关联起来

$$\hat{\boldsymbol{k}}_q=\boldsymbol{P}_q\hat{\boldsymbol{k}}_{q-1} \tag{9.4}$$

9.2 使用正交变换的偏振光线追迹矩阵形式

使用偏振光线追迹演算的光线追迹计算涉及全局坐标和局部坐标之间的频繁变换,以及其他现象,全局坐标系定义光学系统和每个 $\boldsymbol{P}$,局部坐标系定义了偏振元件、各向异性材料、薄膜界面、衍射光栅、反射、折射和其他现象的物理性质。不同坐标系之间的正交变换,如 s-p 坐标系,是简单而普遍的。本节介绍了坐标变换标记法。

正交矩阵,也称为实酉矩阵,描述了正交坐标系的旋转。此处,正交矩阵在局部坐标基和全局坐标基之间进行变换,反之亦然。通常,由于光线方向的变化,在界面前后需要一对独立的基向量。

对于表面的反射和折射,s 偏振态和 p 偏振态以及传播矢量构成了自然基,即($\hat{\boldsymbol{s}},\hat{\boldsymbol{p}},\hat{\boldsymbol{k}}$)基,如图 9.2 所示。对于各向同性介质中的光滑界面,$\hat{\boldsymbol{s}}$ 和 $\hat{\boldsymbol{p}}$ 分别定义为垂直于和平行于入射面,因此是菲涅耳方程的本征偏振态。第 q 个截断点处,入射的表面局部坐标系($\hat{\boldsymbol{s}}_q,\hat{\boldsymbol{p}}_q,\hat{\boldsymbol{k}}_{q-1}$)和出射的表面局部坐标系($\hat{\boldsymbol{s}}'_q,\hat{\boldsymbol{p}}'_q,\hat{\boldsymbol{k}}_q$)是

$$\hat{\boldsymbol{s}}_q=\frac{\hat{\boldsymbol{k}}_{q-1}\times\hat{\boldsymbol{\eta}}_q}{|\hat{\boldsymbol{k}}_{q-1}\times\hat{\boldsymbol{\eta}}_q|},\quad \hat{\boldsymbol{p}}_q=\hat{\boldsymbol{k}}_{q-1}\times\hat{\boldsymbol{s}}_q,\quad \hat{\boldsymbol{s}}'_q=\hat{\boldsymbol{s}}_q,\quad \hat{\boldsymbol{p}}'_q=\hat{\boldsymbol{k}}_q\times\hat{\boldsymbol{s}}_q \tag{9.5}$$

其中 $\hat{\boldsymbol{\eta}}$ 是第 q 个表面的法线。我们的约定是,让 $\hat{\boldsymbol{\eta}}$ 从入射介质指向下一种介质。有一种特殊情形,对于正入射光线,$\hat{\boldsymbol{\eta}}$ 平行于 $\hat{\boldsymbol{k}}_{q-1}$,因此($\hat{\boldsymbol{\eta}}_q\times\hat{\boldsymbol{k}}_{q-1}=0$)式(9.5)中的 $\hat{\boldsymbol{s}}_q$ 不能确定。在这种情形下,构成正交右手坐标系的任意局部坐标系都能用于正入射。一种简单的选择是从前面的光线截点复用 $\hat{\boldsymbol{s}}'_{q-1}$ 并计算 $\hat{\boldsymbol{p}}_q$

$$\hat{\boldsymbol{s}}_q=\hat{\boldsymbol{s}}'_q=\hat{\boldsymbol{s}}'_{q-1},\quad \hat{\boldsymbol{p}}_q=\hat{\boldsymbol{k}}_{q-1}\times\hat{\boldsymbol{s}}_q,\quad \hat{\boldsymbol{p}}'_q=\hat{\boldsymbol{k}}_q\times\hat{\boldsymbol{s}}_q \tag{9.6}$$

图 9.2 显示了用于入射光线的局部坐标系，光线沿 $\hat{\boldsymbol{k}}_{\text{in}}$ 入射在一个平的界面上，界面法线是 $\hat{\boldsymbol{\eta}}$。$(\hat{\boldsymbol{s}}'_{\text{T}},\hat{\boldsymbol{p}}'_{\text{T}},\hat{\boldsymbol{k}}_{\text{T}})$ 是折射光线的局部坐标基，$(\hat{\boldsymbol{s}}'_{\text{R}},\hat{\boldsymbol{p}}'_{\text{R}},\hat{\boldsymbol{k}}_{\text{R}})$ 是反射光线的局部坐标基。

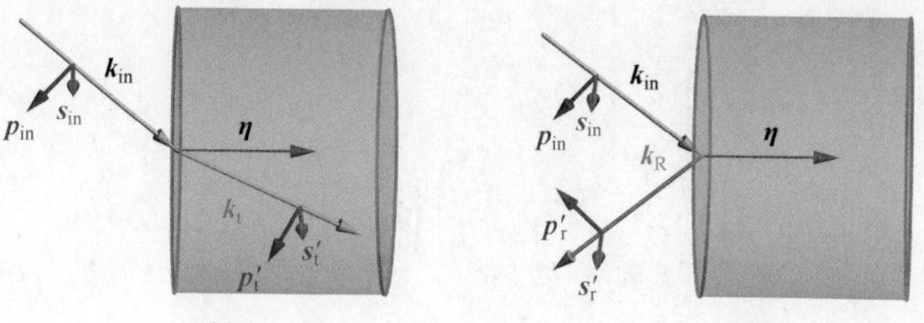

图 9.2　入射和折射光线(a)、入射和反射光线(b)的局部坐标基

第 q 个界面的入射$(\hat{\boldsymbol{s}}_q)$和出射$(\hat{\boldsymbol{s}}'_q)$矢量始终是相同的，因此将 $\hat{\boldsymbol{s}}_q$ 用于这两个矢量，仅 $\hat{\boldsymbol{p}}_q$ 矢量发生改变。正交矩阵是

$$\boldsymbol{O}_{\text{in},q}^{-1}=\begin{pmatrix}\hat{s}_{x,q} & \hat{s}_{y,q} & \hat{s}_{z,q}\\ \hat{p}_{x,q} & \hat{p}_{y,q} & \hat{p}_{z,q}\\ \hat{k}_{x,q-1} & \hat{k}_{y,q-1} & \hat{k}_{z,q-1}\end{pmatrix},\quad \boldsymbol{O}_{\text{out},q}=\begin{pmatrix}\hat{s}_{x,q} & \hat{p}'_{x,q} & \hat{k}_{x,q}\\ \hat{s}_{y,q} & \hat{p}'_{y,q} & \hat{k}_{y,q}\\ \hat{s}_{z,q} & \hat{p}'_{z,q} & \hat{k}_{z,q}\end{pmatrix} \tag{9.7}$$

把 $\boldsymbol{O}_{\text{in},q}^{-1}$ 作用于定义在全局坐标系中的入射电场矢量 $\boldsymbol{E}_{q-1}$ 上，从而计算出 $\boldsymbol{E}_{q-1}$ 在入射 sp 局部坐标系$(\hat{\boldsymbol{s}}_q,\hat{\boldsymbol{p}}_q,\hat{\boldsymbol{k}}_{q-1})$中的投影，也就是

$$\boldsymbol{E}_{\text{sp},q-1}=\begin{pmatrix}E_{\text{s},q-1}\\ E_{\text{p},q-1}\\ 0\end{pmatrix}=\boldsymbol{O}_{\text{in},q}^{-1}\begin{pmatrix}E_{x,q-1}\\ E_{y,q-1}\\ E_{z,q-1}\end{pmatrix} \tag{9.8}$$

$\boldsymbol{O}_{\text{out},q}$ 把全局坐标系$(\hat{\boldsymbol{x}},\hat{\boldsymbol{y}},\hat{\boldsymbol{z}})$旋转到出射 sp′局部坐标系$(\hat{\boldsymbol{s}}_q,\hat{\boldsymbol{p}}'_q,\hat{\boldsymbol{k}}_q)$，它作用于定义在出射局部坐标系$(\hat{\boldsymbol{s}}_q,\hat{\boldsymbol{p}}'_q,\hat{\boldsymbol{k}}_q)$中的电场 $\boldsymbol{E}_{\text{sp}',q}=\begin{bmatrix}E_{\text{s},q}\\ E_{\text{p}',q}\\ 0\end{bmatrix}$ 上，从而计算出全局坐标系中的出射电场矢量 $\boldsymbol{E}_q$。

$$\boldsymbol{E}_q=\boldsymbol{O}_{\text{out},q}\cdot\begin{pmatrix}E_{\text{s},q}\\ E_{\text{p}',q}\\ 0\end{pmatrix}=\begin{pmatrix}\hat{s}_{x,q} & \hat{p}'_{x,q} & \hat{k}_{x,q}\\ \hat{s}_{y,q} & \hat{p}'_{y,q} & \hat{k}_{y,q}\\ \hat{s}_{z,q} & \hat{p}'_{z,q} & \hat{k}_{z,q}\end{pmatrix}\cdot\begin{pmatrix}E_{\text{s},q}\\ E_{\text{p}',q}\\ 0\end{pmatrix}=E_{\text{s},q}\begin{pmatrix}\hat{s}_{x,q}\\ \hat{s}_{y,q}\\ \hat{s}_{z,q}\end{pmatrix}+E_{\text{p}',q}\begin{pmatrix}\hat{p}'_{x,q}\\ \hat{p}'_{y,q}\\ \hat{p}'_{z,q}\end{pmatrix}$$

$$=E_{\text{s},q}\hat{\boldsymbol{s}}_q+E_{\text{p}',q}\hat{\boldsymbol{p}}'_q \tag{9.9}$$

数学小贴士 9.1　正交变换

正交变换是从一个坐标系旋转到另一个坐标系。这通过一个旋转矩阵来实现，也就是酉矩阵，它将一套正交坐标$(\hat{\boldsymbol{a}},\hat{\boldsymbol{b}},\hat{\boldsymbol{c}})$映射到另一套坐标$(\hat{\boldsymbol{d}},\hat{\boldsymbol{e}},\hat{\boldsymbol{f}})$。旋转矩阵 R_1 以$(\hat{\boldsymbol{a}},\hat{\boldsymbol{b}},\hat{\boldsymbol{c}})$为列

$$\boldsymbol{R}_1=\begin{pmatrix}a_x & b_x & c_x\\ a_y & b_y & c_y\\ a_z & b_z & c_z\end{pmatrix} \tag{9.10}$$

它把全局坐标$(\hat{\boldsymbol{x}},\hat{\boldsymbol{y}},\hat{\boldsymbol{z}})$旋转到$(\hat{\boldsymbol{a}},\hat{\boldsymbol{b}},\hat{\boldsymbol{c}})$

$$\begin{pmatrix}a_x & b_x & c_x\\ a_y & b_y & c_y\\ a_z & b_z & c_z\end{pmatrix}\begin{pmatrix}1\\0\\0\end{pmatrix}=\begin{pmatrix}a_x\\a_y\\a_z\end{pmatrix},\quad \begin{pmatrix}a_x & b_x & c_x\\ a_y & b_y & c_y\\ a_z & b_z & c_z\end{pmatrix}\begin{pmatrix}0\\1\\0\end{pmatrix}=\begin{pmatrix}b_x\\b_y\\b_z\end{pmatrix},\quad \begin{pmatrix}a_x & b_x & c_x\\ a_y & b_y & c_y\\ a_z & b_z & c_z\end{pmatrix}\begin{pmatrix}0\\0\\1\end{pmatrix}=\begin{pmatrix}c_x\\c_y\\c_z\end{pmatrix} \tag{9.11}$$

同理,$\boldsymbol{R}_1$ 的逆矩阵把$(\hat{\boldsymbol{a}},\hat{\boldsymbol{b}},\hat{\boldsymbol{c}})$旋转回$(\hat{\boldsymbol{x}},\hat{\boldsymbol{y}},\hat{\boldsymbol{z}})$。当$(\hat{\boldsymbol{a}},\hat{\boldsymbol{b}},\hat{\boldsymbol{c}})$是实值矢量,$\boldsymbol{R}_1$ 的逆矩阵也就是 $\boldsymbol{R}_1$ 的转置矩阵。

$$\boldsymbol{R}_1^{-1}=\begin{pmatrix}a_x & a_y & a_z\\ b_x & b_y & b_z\\ c_x & c_y & c_z\end{pmatrix},$$

$$\begin{pmatrix}a_x & a_y & a_z\\ b_x & b_y & b_z\\ c_x & c_y & c_z\end{pmatrix}\begin{pmatrix}a_x\\a_y\\a_z\end{pmatrix}=\begin{pmatrix}1\\0\\0\end{pmatrix},$$

$$\begin{pmatrix}a_x & a_y & a_z\\ b_x & b_y & b_z\\ c_x & c_y & c_z\end{pmatrix}\begin{pmatrix}b_x\\b_y\\b_z\end{pmatrix}=\begin{pmatrix}0\\1\\0\end{pmatrix},\begin{pmatrix}a_x & a_y & a_z\\ b_x & b_y & b_z\\ c_x & c_y & c_z\end{pmatrix}\begin{pmatrix}c_x\\c_y\\c_z\end{pmatrix}=\begin{pmatrix}0\\0\\1\end{pmatrix} \tag{9.12}$$

使用式(9.10),可计算出从$(\hat{\boldsymbol{x}},\hat{\boldsymbol{y}},\hat{\boldsymbol{z}})$旋转到$(\hat{\boldsymbol{d}},\hat{\boldsymbol{e}},\hat{\boldsymbol{f}})$的正交变换矩阵,

$$\boldsymbol{R}_2=\begin{pmatrix}d_x & e_x & f_x\\ d_y & e_y & f_y\\ d_z & e_z & f_z\end{pmatrix} \tag{9.13}$$

例 9.1　求解把$(\hat{\boldsymbol{a}},\hat{\boldsymbol{b}},\hat{\boldsymbol{c}})$旋转为$(\hat{\boldsymbol{d}},\hat{\boldsymbol{e}},\hat{\boldsymbol{f}})$的正交变换矩阵

使用数学小贴士 9.1 中的方程(9.12)和方程(9.13),$\boldsymbol{R}_2\boldsymbol{R}_1^{-1}$ 把$(\hat{\boldsymbol{a}},\hat{\boldsymbol{b}},\hat{\boldsymbol{c}})$旋转为$(\hat{\boldsymbol{d}},\hat{\boldsymbol{e}},\hat{\boldsymbol{f}})$,因为 $\boldsymbol{R}_1^{-1}$ 把$(\hat{\boldsymbol{a}},\hat{\boldsymbol{b}},\hat{\boldsymbol{c}})$变换为$(\hat{\boldsymbol{x}},\hat{\boldsymbol{y}},\hat{\boldsymbol{z}})$,而 $\boldsymbol{R}_2$ 把$(\hat{\boldsymbol{x}},\hat{\boldsymbol{y}},\hat{\boldsymbol{z}})$变换为$(\hat{\boldsymbol{d}},\hat{\boldsymbol{e}},\hat{\boldsymbol{f}})$。因此,$\boldsymbol{R}_2\boldsymbol{R}_1^{-1}\hat{\boldsymbol{a}}=\hat{\boldsymbol{d}},\boldsymbol{R}_2\boldsymbol{R}_1^{-1}\hat{\boldsymbol{b}}=\hat{\boldsymbol{e}},\boldsymbol{R}_2\boldsymbol{R}_1^{-1}\hat{\boldsymbol{c}}=\hat{\boldsymbol{f}}$。

例 9.2　平板玻璃的正交变换矩阵

如图 9.2(a)所示,一条沿 $\hat{\boldsymbol{k}}_{\text{in}}=\left(0,\sin\dfrac{\pi}{6},\cos\dfrac{\pi}{6}\right)$传播的光线折射进入一块平板玻璃,其表面法线为$\hat{\boldsymbol{\eta}}=(0,0,1)$,折射方向为 $\hat{\boldsymbol{k}}_{\text{T}}=(0,1/3,2\sqrt{2}/3)$。求正交变换矩阵 $\boldsymbol{O}_{\text{in}}^{-1}$ 和 $\boldsymbol{O}_{\text{out}}$。

首先，计算局部坐标矢量

$$\hat{\boldsymbol{s}}=\frac{\hat{\boldsymbol{k}}_{\text{in}}\times\hat{\boldsymbol{\eta}}}{|\hat{\boldsymbol{k}}_{\text{in}}\times\hat{\boldsymbol{\eta}}|}=(1,0,0)$$

$$\hat{\boldsymbol{p}}=\hat{\boldsymbol{k}}_{\text{in}}\times\hat{\boldsymbol{s}}=\left(0,\frac{\sqrt{3}}{2},-\frac{1}{2}\right)$$

$$\hat{\boldsymbol{s}}'=\hat{\boldsymbol{s}}=(1,0,0)$$

$$\hat{\boldsymbol{p}}'=\hat{\boldsymbol{k}}_{\text{T}}\times\hat{\boldsymbol{s}}'=\left(0,\frac{2\sqrt{2}}{3},-\frac{1}{3}\right)$$

然后，正交变换矩阵为

$$\boldsymbol{O}_{\text{in}}^{-1}=\begin{pmatrix}\hat{s}_x & \hat{s}_y & \hat{s}_z\\ \hat{p}_x & \hat{p}_y & \hat{p}_z\\ \hat{k}_{x,\text{in}} & \hat{k}_{y,\text{in}} & \hat{k}_{z,\text{in}}\end{pmatrix}=\begin{pmatrix}1 & 0 & 0\\ 0 & \frac{\sqrt{3}}{2} & \frac{-1}{2}\\ 0 & \frac{1}{2} & \frac{\sqrt{3}}{2}\end{pmatrix}$$

$$\boldsymbol{O}_{\text{out}}=\begin{pmatrix}\hat{s}_x & \hat{p}'_x & \hat{k}_{x,\text{T}}\\ \hat{s}_y & \hat{p}'_y & \hat{k}_{y,\text{T}}\\ \hat{s}_z & \hat{p}'_z & \hat{k}_{z,\text{T}}\end{pmatrix}=\begin{pmatrix}1 & 0 & 0\\ 0 & \frac{2\sqrt{2}}{3} & \frac{1}{3}\\ 0 & \frac{-1}{3} & \frac{2\sqrt{2}}{3}\end{pmatrix}$$

在介电、金属、多层膜界面上的反射和折射的物理效应可由入射的$(\hat{\boldsymbol{s}},\hat{\boldsymbol{p}})$分量来描述。折射或反射的$\boldsymbol{P}_q$可用$\boldsymbol{J}_{\text{t},q}$和$\boldsymbol{J}_{\text{r},q}$导出，这两个量定义于局部坐标基$\hat{\boldsymbol{s}}$和$\hat{\boldsymbol{p}}$中，以及式(9.7)，

$$\boldsymbol{J}_{\text{t},q}=\begin{pmatrix}\alpha_{\text{s,t},q} & 0 & 0\\ 0 & \alpha_{\text{p,t},q} & 0\\ 0 & 0 & 1\end{pmatrix},\quad \boldsymbol{J}_{\text{r},q}=\begin{pmatrix}\alpha_{\text{s,r},q} & 0 & 0\\ 0 & \alpha_{\text{p,r},q} & 0\\ 0 & 0 & 1\end{pmatrix}\tag{9.14}$$

注意，在 sp 坐标系中，反射和折射的琼斯矩阵是对角矩阵。下角标 t 表示折射，r 表示反射，s 表示 s 偏振，p 表示 p 偏振。$\alpha_{\text{s,t},q}$、$\alpha_{\text{p,t},q}$是 s、p 振幅透射系数，$\alpha_{\text{s,r},q}$、$\alpha_{\text{p,r},q}$是 s、p 振幅反射系数。对于两种各向同性介质间未镀膜的界面，这些系数可用菲涅耳方程来计算。对于镀膜界面，这些系数可用多层薄膜计算方法(第 13 章，薄膜)计算[12-14]。对于折射和反射，偏振光线追迹矩阵分别是

$$\boldsymbol{P}_q=\boldsymbol{O}_{\text{out},q}\boldsymbol{J}_{\text{t},q}\boldsymbol{O}_{\text{in},q}^{-1},\quad \boldsymbol{P}_q=\boldsymbol{O}_{\text{out},q}\boldsymbol{J}_{\text{r},q}\boldsymbol{O}_{\text{in},q}^{-1}\tag{9.15}$$

例 9.3　折射的 $\boldsymbol{P}_q$

使用式(9.8)、式(9.9)和式(9.15)，折射后在全局坐标系中的折射电场矢量$\boldsymbol{E}_q$和入射电场矢量$\boldsymbol{E}_{q-1}$通过一系列坐标变换联系起来：

$$\begin{aligned}
\boldsymbol{E}_q &= \boldsymbol{P}_q \boldsymbol{E}_{q-1} \\
&= \boldsymbol{O}_{\text{out},q} \begin{pmatrix} \alpha_{\text{s,t},q} & 0 & 0 \\ 0 & \alpha_{\text{p,t},q} & 0 \\ 0 & 0 & 1 \end{pmatrix} \boldsymbol{O}_{\text{in},q}^{-1} \begin{pmatrix} E_{x,q} \\ E_{y,q} \\ E_{z,q} \end{pmatrix} \\
&= \boldsymbol{O}_{\text{out},q} \begin{pmatrix} \alpha_{\text{s,t},q} & 0 & 0 \\ 0 & \alpha_{\text{p,t},q} & 0 \\ 0 & 0 & 1 \end{pmatrix} \begin{pmatrix} E_{\text{s},q-1} \\ E_{\text{p},q-1} \\ 0 \end{pmatrix} = \boldsymbol{O}_{\text{out},q} \begin{pmatrix} \alpha_{\text{s,t},q} E_{\text{s},q-1} \\ \alpha_{\text{p,t},q} E_{\text{p},q-1} \\ 0 \end{pmatrix} = \boldsymbol{O}_{\text{out},q} \begin{pmatrix} E_{\text{s},q} \\ E_{\text{p}',q} \\ 0 \end{pmatrix} \\
&= \begin{bmatrix} \hat{s}_{x,q} & \hat{p}'_{x,q} & \hat{k}_{x,q} \\ \hat{s}_{y,q} & \hat{p}'_{y,q} & \hat{k}_{y,q} \\ \hat{s}_{z,q} & \hat{p}'_{z,q} & \hat{k}_{z,q} \end{bmatrix} \begin{pmatrix} E_{\text{s},q} \\ E_{\text{p}',q} \\ 0 \end{pmatrix} = E_{\text{s},q} \hat{\boldsymbol{s}}_q + E_{\text{p}',q} \hat{\boldsymbol{p}}'_q
\end{aligned}$$

1. $\boldsymbol{O}_{\text{in},q}^{-1}$ 把定义在全局坐标系中的入射电场矢量 $\boldsymbol{E}_{q-1}$ 投影到入射局部坐标系($\hat{\boldsymbol{s}}_q$,$\hat{\boldsymbol{p}}_q$,$\hat{\boldsymbol{k}}_{q-1}$)中,得到 $\boldsymbol{E}_{\text{sp},q-1}$。注意,$\boldsymbol{E}_{\text{sp},q-1}$ 是定义在($\hat{\boldsymbol{s}}_q$,$\hat{\boldsymbol{p}}_q$,$\hat{\boldsymbol{k}}_{q-1}$)中琼斯矢量,带有一个附加的零。

2. $\boldsymbol{J}_{\text{t},q}$(或 $\boldsymbol{J}_{\text{r},q}$)计算出带有附加零的出射琼斯矢量 $\boldsymbol{E}_{\text{sp}',q}$,其定义在($\hat{\boldsymbol{s}}_q$,$\hat{\boldsymbol{p}}'_q$,$\hat{\boldsymbol{k}}_q$)中。

3. $\boldsymbol{O}_{\text{out},q}$ 把 $\boldsymbol{E}_{\text{sp}',q}$ 转化为全局坐标系中的出射电场矢量 $\boldsymbol{E}_q$。

反射和折射过程中的偏振变换将 s 偏振和 p 偏振作为本征偏振。由衍射光栅、全息图、亚波长光栅和其他非各向同性界面引起的变换常常将一些 s 偏振耦合到 p 偏振,反之亦然。因此,光栅、全息图、线栅偏振器、亚波长光栅和其他非各向同性界面的琼斯矩阵可以具有非对角元素。因此,一般来说,给定光线截点的 $\boldsymbol{P}_q$ 矩阵为

$$\boldsymbol{P}_q = \boldsymbol{O}_{\text{out},q} \boldsymbol{J}_q \boldsymbol{O}_{\text{in},q}^{-1} \tag{9.16}$$

其中 $\boldsymbol{J}_q = \begin{bmatrix} j_{11} & j_{12} & 0 \\ j_{21} & j_{22} & 0 \\ 0 & 0 & 1 \end{bmatrix}$ 表示在其任意选取的局部坐标系中相互作用的琼斯矩阵[①]。

对于不改变光线方向的相互作用,例如偏振片和延迟器,表面局部坐标被任意选定为垂直于传播矢量,方程(9.16)变为

$$\boldsymbol{P}_q = \boldsymbol{O}_{\text{in},q} \boldsymbol{J}_q \boldsymbol{O}_{\text{in},q}^{-1} \tag{9.17}$$

9.3 延迟器的偏振光线追迹矩阵例子

矩阵 $\boldsymbol{P}$ 是单条光线的偏振光线追迹矩阵,因为每条光线的正交变换矩阵(式(9.7))都不同,除非光束是准直的,并且所有表面都是平面。式(9.16)中的 $\boldsymbol{P}$ 矩阵不仅依赖于对应的琼斯矩阵(光学元件),而且还依赖于传播矢量。

---

① 对于光栅和全息元件,不同的衍射级次自然会有不同的 $\boldsymbol{J}_q$。

图 9.3 显示了作用在不同传播矢量(蓝色箭头)光束上的 $\lambda/4$ 线性延迟器。三条光线中的每一条都正入射到延迟器元件上。对于快轴为水平方向、表面法线为 $\hat{\boldsymbol{\eta}}=(0,0,1)$ 的四分之一波长延迟器,其琼斯矩阵为 $\begin{pmatrix} e^{-i\pi/4} & 0 \\ 0 & e^{i\pi/4} \end{pmatrix}$。琼斯矩阵是在对称相位约定中表示的,其中快轴偏振态超前八分之一波长,慢轴延迟八分之一波长。法线方向为 $\hat{\boldsymbol{\eta}}=(0,1,0)$ 或 $\hat{\boldsymbol{\eta}}=(1,0,0)$ 的同样的四分之一波长延迟器,其对应的 $\boldsymbol{P}$ 矩阵是不同的。表 9.1 显示了所有这三种情形的 $\boldsymbol{P}$ 矩阵。

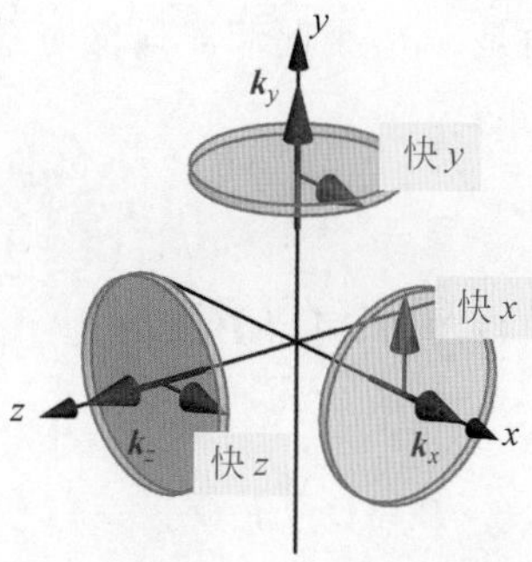

图 9.3　作用于沿 x、y 和 z 轴传播光线的四分之一波长线性延迟器。蓝色箭头表示传播矢量,红色箭头表示每个延迟器的快轴

请注意,对于沿 z 轴传播的光线,$\boldsymbol{P}$ 与填充了 0 以及右下角元素 1 的琼斯矩阵相同,但一般来说,$\boldsymbol{P}$ 矩阵不同于琼斯矩阵。表 9.1 中的 $\boldsymbol{P}$ 将相位与全局坐标中电场的对应分量关联起来。

例 9.4　利用菲涅耳反射系数计算从玻璃平板反射光线的 $\boldsymbol{P}$ 矩阵

一条沿 $\hat{\boldsymbol{k}}_{\text{in}}=\left(0,\sin\frac{\pi}{6},-\cos\frac{\pi}{6}\right)$ 传播的光线,从一块法线为 $\hat{\boldsymbol{\eta}}=(0,0,1)$ 的玻璃平板($n=1.5$)反射,反射方向沿 $\hat{\boldsymbol{k}}_{\text{R}}$,如图 9.2(b)所示。求这个反射的 $\boldsymbol{P}$ 矩阵。

首先,利用反射定律计算 $\hat{\boldsymbol{k}}_{\text{R}}$

$$\hat{\boldsymbol{k}}_R=\left(0,\sin\frac{\pi}{6},-\cos\frac{\pi}{6}\right)$$

然后,计算局部坐标矢量

$$\hat{\boldsymbol{s}}=\frac{\hat{\boldsymbol{k}}_{\text{in}}\times\hat{\boldsymbol{\eta}}}{|\hat{\boldsymbol{k}}_{\text{in}}\times\hat{\boldsymbol{\eta}}|}=(1,0,0)$$

$$\hat{\boldsymbol{p}}=\hat{\boldsymbol{k}}_{\text{in}}\times\hat{\boldsymbol{s}}=\left(0,\frac{\sqrt{3}}{2},-\frac{1}{2}\right)$$

$$\hat{\boldsymbol{s}}'=\hat{\boldsymbol{s}}=(1,0,0)$$

$$\hat{\boldsymbol{p}}'=\hat{\boldsymbol{k}}_{\text{R}}\times\hat{\boldsymbol{s}}'=\left(0,-\frac{\sqrt{3}}{2},-\frac{1}{2}\right)$$

于是,正交变换矩阵为

$$\boldsymbol{O}_{\text{in}}^{-1}=\begin{pmatrix} \hat{s}_x & \hat{s}_y & \hat{s}_z \\ \hat{p}_x & \hat{p}_y & \hat{p}_z \\ \hat{k}_{x,\text{in}} & \hat{k}_{y,\text{in}} & \hat{k}_{z,\text{in}} \end{pmatrix}=\begin{pmatrix} 1 & 0 & 0 \\ 0 & \frac{\sqrt{3}}{2} & \frac{-1}{2} \\ 0 & \frac{1}{2} & \frac{\sqrt{3}}{2} \end{pmatrix}$$

$$\boldsymbol{O}_{\text{out}}=\begin{pmatrix} \hat{s}_x & \hat{p}'_x & \hat{k}_{x,\text{R}} \\ \hat{s}_y & \hat{p}'_y & \hat{k}_{y,\text{R}} \\ \hat{s}_z & \hat{p}'_z & \hat{k}_{z,\text{R}} \end{pmatrix}=\begin{pmatrix} 1 & 0 & 0 \\ 0 & \frac{-\sqrt{3}}{2} & \frac{1}{2} \\ 0 & \frac{-1}{2} & \frac{-\sqrt{3}}{2} \end{pmatrix}$$

入射角是 π/6,因此菲涅耳反射系数是 $r_s=-0.2404$、$r_p=0.1589$。所以,该反射的琼斯矩阵是

$$\boldsymbol{J}=\begin{pmatrix} r_s & 0 \\ 0 & r_p \end{pmatrix}=\begin{pmatrix} -0.2404 & 0 \\ 0 & 0.1589 \end{pmatrix}$$

利用式(9.15),可得 $\boldsymbol{P}$ 矩阵为

$$\boldsymbol{P}=\boldsymbol{O}_{\text{out}}\boldsymbol{J}_{\text{r}}\boldsymbol{O}_{\text{in}}^{-1}=\begin{bmatrix} \hat{s}_x & \hat{p}'_x & \hat{k}_{x,\text{R}} \\ \hat{s}_y & \hat{p}'_y & \hat{k}_{y,\text{R}} \\ \hat{s}_z & \hat{p}'_z & \hat{k}_{z,\text{R}} \end{bmatrix}\begin{pmatrix} r_s & 0 & 0 \\ 0 & r_p & 0 \\ 0 & 0 & 1 \end{pmatrix}\begin{pmatrix} \hat{s}_x & \hat{s}_y & \hat{s}_z \\ \hat{p}_x & \hat{p}_y & \hat{p}_z \\ \hat{k}_{x,\text{in}} & \hat{k}_{y,\text{in}} & \hat{k}_{z,\text{in}} \end{pmatrix}$$

$$=\begin{bmatrix} 1 & 0 & 0 \\ 0 & \frac{-\sqrt{3}}{2} & \frac{1}{2} \\ 0 & \frac{-1}{2} & \frac{-\sqrt{3}}{2} \end{bmatrix}\begin{pmatrix} -0.240408 & 0 & 0 \\ 0 & 0.1589 & 0 \\ 0 & 0 & 1 \end{pmatrix}\begin{bmatrix} 1 & 0 & 0 \\ 0 & \frac{\sqrt{3}}{2} & \frac{-1}{2} \\ 0 & \frac{1}{2} & \frac{\sqrt{3}}{2} \end{bmatrix}$$

$$=\begin{pmatrix} -0.240408 & 0 & 0 \\ 0 & 0.130825 & 0.501818 \\ 0 & -0.501818 & -0.710275 \end{pmatrix}$$

表 9.1 同一个四分之一波长线性延迟器的偏振光线追迹矩阵,快轴为水平方向,光线正入射,但有三个不同的表面法向量

$\boldsymbol{J}$	$\hat{\boldsymbol{\eta}}$	$\hat{\boldsymbol{k}}_{\text{in}}$	$\hat{\boldsymbol{k}}_{\text{out}}$	$\boldsymbol{P}$
$\begin{bmatrix} e^{-i\pi/4} & 0 \\ 0 & e^{i\pi/4} \end{bmatrix}$	$\begin{bmatrix} 0 \\ 0 \\ 1 \end{bmatrix}$	$\begin{bmatrix} 0 \\ 0 \\ 1 \end{bmatrix}$	$\begin{bmatrix} 0 \\ 0 \\ 1 \end{bmatrix}$	$\begin{bmatrix} e^{-i\pi/4} & 0 & 0 \\ 0 & e^{i\pi/4} & 0 \\ 0 & 0 & 1 \end{bmatrix}$
$\begin{bmatrix} e^{-i\pi/4} & 0 \\ 0 & e^{i\pi/4} \end{bmatrix}$	$\begin{bmatrix} 0 \\ 1 \\ 0 \end{bmatrix}$	$\begin{bmatrix} 0 \\ 1 \\ 0 \end{bmatrix}$	$\begin{bmatrix} 0 \\ 1 \\ 0 \end{bmatrix}$	$\begin{bmatrix} e^{-i\pi/4} & 0 & 0 \\ 0 & 1 & 0 \\ 0 & 0 & e^{i\pi/4} \end{bmatrix}$
$\begin{bmatrix} e^{-i\pi/4} & 0 \\ 0 & e^{i\pi/4} \end{bmatrix}$	$\begin{bmatrix} 1 \\ 0 \\ 0 \end{bmatrix}$	$\begin{bmatrix} 1 \\ 0 \\ 0 \end{bmatrix}$	$\begin{bmatrix} 1 \\ 0 \\ 0 \end{bmatrix}$	$\begin{bmatrix} 1 & 0 & 0 \\ 0 & e^{-i\pi/4} & 0 \\ 0 & 0 & e^{i\pi/4} \end{bmatrix}$

例 9.5 半波延迟器的 $\boldsymbol{P}$ 矩阵

如图 9.4 所示,考虑一条光线沿着 $\hat{\boldsymbol{k}}=(0,\sin10°,\cos10°)$ 方向穿过一个半波片,半波片的快轴相对局部坐标系 x 轴呈 α 角取向,表面法线方向为 $\hat{\boldsymbol{\eta}}=(0,\sin10°,\cos10°)$,琼斯矩阵为 $\begin{bmatrix} \cos2\alpha & \sin2\alpha \\ \sin2\alpha & -\cos2\alpha \end{bmatrix}$。本例中,忽略半波片的有限厚度。

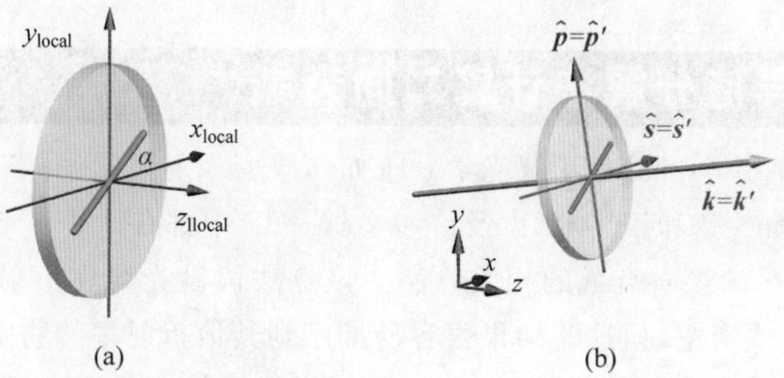

图 9.4　(a)一个半波片,它的快轴(粉色线段)与 x_{local} 轴成 α 角。(b)半波片相对于 z 轴倾斜了 10°。一条正入射光线(棕色箭头)穿过在全局 xyz 坐标系中倾斜的波片

对于正入射,s 偏振和 p 偏振简并,$\hat{s}$ 可选取为(1,0,0)。然后,由式(9.6)可算得 $\hat{p}=(0,\cos10°,-\sin10°)$,因为光线没有偏折。对于这个波片例子,$\hat{s}=\hat{s}'$,$\hat{p}=\hat{p}'$,$\hat{k}=\hat{k}'$。根据式(9.15),光线正入射在倾斜波片上的 $\boldsymbol{P}$ 矩阵为

$$\boldsymbol{P}=\begin{pmatrix}1 & 0 & 0\\ 0 & \cos10° & \sin10°\\ 0 & -\sin10° & \cos10°\end{pmatrix}\begin{pmatrix}\cos(2\alpha) & \sin(2\alpha) & 0\\ \sin(2\alpha) & -\cos(2\alpha) & 0\\ 0 & 0 & 1\end{pmatrix}\begin{pmatrix}1 & 0 & 0\\ 0 & \cos10° & \sin10°\\ 0 & -\sin10° & \cos10°\end{pmatrix}^{-1}$$

$$=\begin{pmatrix}\cos(2\alpha) & \cos10°\sin(2\alpha) & -\sin10°\sin(2\alpha)\\ \cos10°\sin(2\alpha) & -\cos^2 10°\cos(2\alpha)+\sin^2 10° & \cos^2\alpha\sin20°\\ -\sin10°\sin(2\alpha) & \cos^2\alpha\sin20° & \cos^2 10°-\cos(2\alpha)\sin^2 10°\end{pmatrix}$$

原先相对于快轴取向角为 $\pi/2-\alpha$ 的入射 p 偏振 $(0\quad\cos10°\quad-\sin10°)^{\mathrm{T}}$,现在旋转到 $\boldsymbol{P}\cdot\begin{bmatrix}0\\ \cos10°\\ -\sin10°\end{bmatrix}=\begin{bmatrix}\sin(2\alpha)\\ -\cos10°\cos(2\alpha)\\ \sin10°\cos(2\alpha)\end{bmatrix}$,也就是相对于快轴方向为 $\arccos(\sin(2\alpha))$。原先相对于快轴取向角为 α 的入射 s 偏振,则旋转到 $\boldsymbol{P}\cdot\begin{bmatrix}1\\0\\0\end{bmatrix}=\begin{bmatrix}\cos(2\alpha)\\ \cos10°\sin(2\alpha)\\ -\sin10°\sin(2\alpha)\end{bmatrix}$,也就是与快轴成 2α 角,如图 9.5 所示。

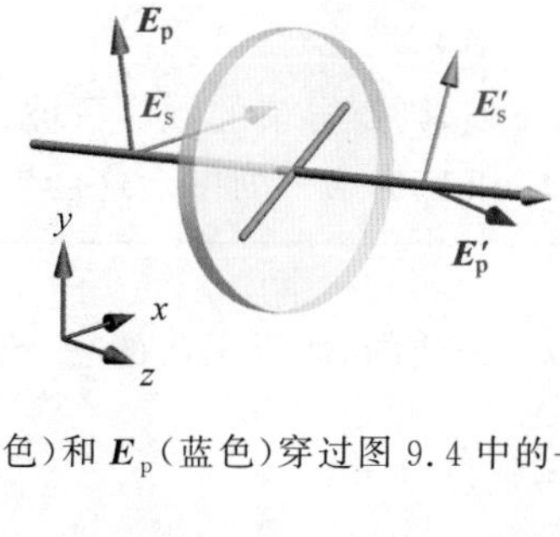

图 9.5　入射电场矢量 $\boldsymbol{E}_s$(粉色)和 $\boldsymbol{E}_p$(蓝色)穿过图 9.4 中的一个半波片后,旋转到 $\boldsymbol{E}_s'$ 和 $\boldsymbol{E}_p'$

9.4 采用奇异值分解法计算二向衰减

偏振光线追迹的一个目的是了解光学系统如何改变入射光的偏振特性。分析琼斯矩阵偏振特性的方法在第5章和第14章以及许多文献[15-17]中都有论述。本节推导了确定任意偏振光线追迹矩阵 $\boldsymbol{P}$ 的二向衰减的相关算法。该算法假设光线在折射率为1的介质中开始和结束,例如空气或真空,但这些结果很容易推广到其他折射率的物空间和像空间。

二向衰减率 D 表征了所有入射偏振态中最大光强透射率 $T_{\max}$ 和最小光强透射率 $T_{\min}$ 的差异,

$$D=\frac{T_{\max}-T_{\min}}{T_{\max}+T_{\min}},\quad 0\leqslant D\leqslant 1 \tag{9.18}$$

理想偏振器的二向衰减率等于1;一个入射偏振态完全透射,但另一个偏振态完全衰减。一个二向衰减率为零的元件会使所有的偏振态均匀地衰减。

一般 $\boldsymbol{P}$ 矩阵的二向衰减计算是复杂的,因为 $\boldsymbol{P}$ 的本征向量通常不代表物理偏振态,因为在大多数情况下,光线以不同的方向进入和离开光学元件[18]。因此,奇异值分解,而不是本征向量,适合于计算 $\boldsymbol{P}$ 的二向衰减。

数学小贴士9.2 奇异值分解(singular value decomposition,SVD)

一个3×3方阵 $\boldsymbol{B}$ 的奇异值分解[19-20]就是如下矩阵分解:

$$\boldsymbol{B}=\boldsymbol{U}\boldsymbol{D}\boldsymbol{V}^{\dagger}=\begin{pmatrix}u_{x,0} & u_{x,1} & u_{x,2}\\ u_{y,0} & u_{y,1} & u_{y,2}\\ u_{z,0} & u_{z,1} & u_{z,2}\end{pmatrix}\begin{pmatrix}\Lambda_0 & 0 & 0\\ 0 & \Lambda_1 & 0\\ 0 & 0 & \Lambda_2\end{pmatrix}\begin{pmatrix}v_{x,0}^{*} & v_{y,0}^{*} & v_{z,0}^{*}\\ v_{x,1}^{*} & v_{y,1}^{*} & v_{z,1}^{*}\\ v_{x,2}^{*} & v_{y,2}^{*} & v_{z,2}^{*}\end{pmatrix} \tag{9.19}$$

式中 $\boldsymbol{U}$、$\boldsymbol{V}$ 是酉矩阵,$\boldsymbol{D}$ 是具有非负实元素的对角矩阵。† 表示厄米特伴随

$$\boldsymbol{V}^{\dagger}=(\boldsymbol{V}^{*})^{\mathrm{T}} \tag{9.20}$$

$\boldsymbol{U}$ 的列是 $\boldsymbol{B}\boldsymbol{B}^{\dagger}$ 的正交本征向量,$\boldsymbol{V}$ 的列是 $\boldsymbol{B}^{\dagger}\boldsymbol{B}$ 的正交本征向量。

矩阵 $\boldsymbol{B}\boldsymbol{B}^{\dagger}$ 和 $\boldsymbol{B}^{\dagger}\boldsymbol{B}$ 是厄米矩阵,具有相同的特征值。$\boldsymbol{D}$ 的对角元素称为奇异值 Λ_i[21],是来自 $\boldsymbol{B}\boldsymbol{B}^{\dagger}$ 或 $\boldsymbol{B}^{\dagger}\boldsymbol{B}$ 的特征值的非负实平方根。按照惯例,奇异值按降序排列。

$$\Lambda_0\geqslant\Lambda_1\geqslant\Lambda_2\geqslant 0 \tag{9.21}$$

如果 $\boldsymbol{U}$ 和 $\boldsymbol{V}$ 的列也被重新排列,则奇异值的顺序可被重新排列。我们的首选约定是将入射和出射传播矢量放置在 $\boldsymbol{U}$ 和 $\boldsymbol{V}$ 的第一列中。这会导致奇异值的重新排序。

由于 $\boldsymbol{P}$ 矩阵是由 $\boldsymbol{P}\hat{\boldsymbol{k}}_{q-1}=\hat{\boldsymbol{k}}_q$ 构建的,所以①$\boldsymbol{P}$ 的一个奇异值始终是1,②$\boldsymbol{V}$ 的相关列是 $\hat{\boldsymbol{k}}_0$,③$\boldsymbol{U}$ 的相关列是 $\hat{\boldsymbol{k}}_Q$

$$\boldsymbol{P}=\boldsymbol{U}\boldsymbol{D}\boldsymbol{V}^{\dagger}=\begin{pmatrix}k_{x,Q} & u_{x,1} & u_{x,2}\\ k_{y,Q} & u_{y,1} & u_{y,2}\\ k_{z,Q} & u_{z,1} & u_{z,2}\end{pmatrix}\begin{pmatrix}1 & 0 & 0\\ 0 & \Lambda_1 & 0\\ 0 & 0 & \Lambda_2\end{pmatrix}\begin{pmatrix}k_{x,0}^{*} & k_{y,0}^{*} & k_{z,0}^{*}\\ v_{x,1}^{*} & v_{y,1}^{*} & v_{z,1}^{*}\\ v_{x,2}^{*} & v_{y,2}^{*} & v_{z,2}^{*}\end{pmatrix} \tag{9.22}$$

$\boldsymbol{V}$ 的另两个列$\boldsymbol{v}_1$、$\boldsymbol{v}_2$ 是入射横向平面内产生最大和最小透射光通量的两个特殊偏振态。$\boldsymbol{v}_1$、$\boldsymbol{v}_2$ 始终是正交的。类似地，$\boldsymbol{U}$ 的最后两列是出射横向平面中对应的两个正交偏振态 $\boldsymbol{u}_1$ 和 $\boldsymbol{u}_2$。

$\boldsymbol{P}$、$\boldsymbol{P}$ 的奇异值和这些特殊偏振态之间的关系是

$$\boldsymbol{P}\boldsymbol{v}_1=\Lambda_1\boldsymbol{u}_1,\quad \boldsymbol{P}\boldsymbol{v}_2=\Lambda_2\boldsymbol{u}_2,\quad \boldsymbol{P}\hat{\boldsymbol{k}}_0=\hat{\boldsymbol{k}}_Q \tag{9.23}$$

当 $\Lambda_1\neq\Lambda_2$，$\boldsymbol{v}_1$、$\boldsymbol{v}_2$ 是仅有的两个正交入射偏振态，且当它们分别以 $\boldsymbol{u}_1$ 和 $\boldsymbol{u}_2$ 形式从 $\boldsymbol{P}$ 中出射时，它们仍然保持正交。因此，这两组正交态($\boldsymbol{v}_1$，$\boldsymbol{v}_2$)和($\boldsymbol{u}_1$，$\boldsymbol{u}_2$)构成了入射和出射偏振态的规范基。奇异值分解 *SVD* 直接得到这些特殊偏振态，它们与本征偏振态类似。

任意归一化入射偏振态 $\boldsymbol{E}$ 可表示为$\boldsymbol{v}_1$ 和$\boldsymbol{v}_2$ 的线性组合

$$\boldsymbol{E}=\alpha\boldsymbol{v}_1+\beta\boldsymbol{v}_2 \tag{9.24}$$

其中 α 和β 通常是复数，$\sqrt{|\alpha|^2+|\beta|^2}=1$。经过 $\boldsymbol{P}$ 之后透射电场矢量是 $\boldsymbol{PE}$。因此，透射电场的光通量是

$$I_{透}=|\boldsymbol{PE}|^2=\boldsymbol{E}^{\dagger}\boldsymbol{P}^{\dagger}\boldsymbol{PE} \tag{9.25}$$

根据式(9.23)和式(9.25)，透射电场的光通量是

$$I_{透}=|\alpha|^2\Lambda_1^2+|\beta|^2\Lambda_2^2=|\alpha|^2(\Lambda_1^2-\Lambda_2^2)+\Lambda_2^2 \tag{9.26}$$

从式(9.26)结构上看，$|\alpha|^2(\Lambda_1^2-\Lambda_2^2)$和 Λ_2^2 都是正的，且 $\Lambda_1\geqslant\Lambda_2$，最大光强透射率出现在入射偏振态为$\boldsymbol{v}_1$ 时，最小光强透射率出现在入射偏振态为$\boldsymbol{v}_2$ 时，也就是对于任意偏振光线追迹矩阵 $\boldsymbol{P}$，有

$$I_{透}=\begin{cases}I_{\max}=\Lambda_1^2 & 如果\ |\alpha|^2=1\\ I_{\min}=\Lambda_2^2 & 如果\ |\alpha|^2=0\end{cases} \tag{9.27}$$

因此，$\boldsymbol{P}$ 的二向衰减率为

$$D=\frac{\Lambda_1^2-\Lambda_2^2}{\Lambda_1^2+\Lambda_2^2} \tag{9.28}$$

$\boldsymbol{v}_1=\boldsymbol{v}_{\max}$ 和$\boldsymbol{v}_2=\boldsymbol{v}_{\min}$ 是 $\boldsymbol{P}$ 给出最大和最小透射率时所对应的入射偏振态。$\boldsymbol{u}_1=\boldsymbol{P}\boldsymbol{v}_1$ 和 $\boldsymbol{u}_2=\boldsymbol{P}\boldsymbol{v}_2$ 是相应的出射偏振态。对于理想偏振器，一个入射偏振态完全被衰减；因此，奇异值 $\Lambda_2=0$。

确定 $\boldsymbol{P}$ 矩阵延迟量的算法较为复杂，其推导将在单独一章介绍(见第 17 章，平移和延迟计算)。

9.5　实例：带有偏振分束器的干涉仪

本节采用带有偏振分束器(PBS)的干涉仪作为示例来进行偏振光线追迹计算。图 9.6 为干涉仪的示意图。在干涉臂中，四分之一波长延迟器和反射镜的组合用于引导光通过 PBS，这样光就不会反射回激光器，如果没有四分之一波长延迟器就会发生这种情况。这是因为当圆偏振光从镜子反射时它的手性发生了变化；也就是说，左旋反射为右旋，反之亦然。进行这种三维计算有助于以直接的方式模拟这些变化。

在本例中，仅计算偏振元件的 $\boldsymbol{P}$ 矩阵。为简单起见，所有光线都沿着轴向传播，正入射到每个反射镜和延迟器上。

假设激光产生垂直线偏振光。在 PBS 之前,所有光线都通过一个快轴方向(相对水平轴)为 22.5°的半波线性延迟器(HWLR)。这将产生一束 45°线偏振光,使得等量的 s 偏振和 p 偏振入射到 PBS 上。22.5° HWLR 的琼斯矩阵为

$$\boldsymbol{J}_{\text{HWLR}}=R\left[\frac{\pi}{8}\right]\cdot\begin{pmatrix}1&0\\0&-1\end{pmatrix}\cdot R\left[\frac{\pi}{8}\right]^{-1}=\frac{1}{\sqrt{2}}\begin{pmatrix}1&1\\1&-1\end{pmatrix}\tag{9.29}$$

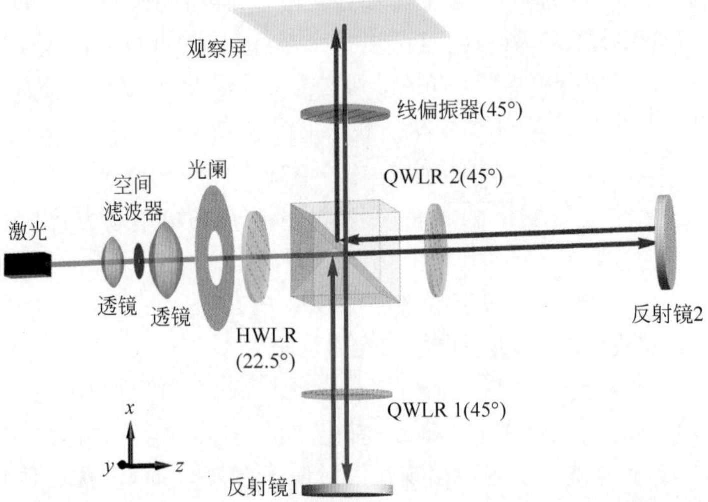

图 9.6 有一个偏振分束器及每个臂上都有四分之一波长延迟器的干涉仪。圆偏振光入射到每个反射镜上。入射的左旋圆偏振光从反射镜反射为右旋圆偏振光,反之亦然。因此,从偏振分束器向下反射的 s 偏振光在其返回路径上转换为 p 偏振光并射向屏幕。两个从 PBS 向上射出的光束是正交偏振态,如果没有线偏振器将它们投影到共同的 45°偏振态则不会产生强度干涉条纹

由于$\hat{\boldsymbol{\eta}}_1=\hat{\boldsymbol{k}}_0=\hat{\boldsymbol{z}}$,光线在界面上不会弯折,因此$\boldsymbol{O}_{\text{in},1}=\boldsymbol{O}_{\text{out},1}$。因此,第一个光线截点(HWLR)处的$\boldsymbol{P}$矩阵为

$$\begin{aligned}\boldsymbol{P}_{\text{HWLR}}&=\boldsymbol{O}_{\text{out},1}\boldsymbol{J}_{\text{HWLR}}\boldsymbol{O}_{\text{in},1}^{-1}\\&=\begin{pmatrix}1&0&0\\0&1&0\\0&0&1\end{pmatrix}\cdot\frac{1}{\sqrt{2}}\begin{pmatrix}1&1&0\\1&-1&0\\0&0&\sqrt{2}\end{pmatrix}\cdot\begin{pmatrix}1&0&0\\0&1&0\\0&0&1\end{pmatrix}=\frac{1}{\sqrt{2}}\begin{pmatrix}1&1&0\\1&-1&0\\0&0&\sqrt{2}\end{pmatrix}\end{aligned}\tag{9.30}$$

下一个偏振元件是 PBS,它将光束分为两条路径:参考光路(反射然后再透射)和测试光路(透射然后再反射)。由于$\boldsymbol{P}$与传播方向相关,因此每条路径都有各自的$\boldsymbol{P}$矩阵。

9.5.1 参考光路光线追迹

首先考虑参考光路。在 PBS 斜面处,光被分束成 s 和 p 分量,分光面的表面法线为$\hat{\boldsymbol{\eta}}=(1,0,1)/\sqrt{2}$。因此

$$\hat{\boldsymbol{k}}_{\text{ref},2}=-\hat{\boldsymbol{x}},\quad\hat{\boldsymbol{s}}_{\text{ref},2}=\hat{\boldsymbol{s}}'_{\text{ref},2}=\hat{\boldsymbol{y}},\quad\hat{\boldsymbol{p}}_{\text{ref},2}=-\hat{\boldsymbol{x}},\quad\hat{\boldsymbol{p}}'_{\text{ref},2}=-\hat{\boldsymbol{z}}\tag{9.31}$$

下标“ref”表示沿参考路径的光线。PBS 反射的$\boldsymbol{P}$矩阵是

$$\boldsymbol{P}_{\mathrm{PBS(R)}}=\begin{pmatrix}| & | & | \\ \hat{\boldsymbol{s}}'_{\mathrm{ref},2} & \hat{\boldsymbol{p}}'_{\mathrm{ref},2} & \hat{\boldsymbol{k}}_{\mathrm{ref},2} \\ | & | & |\end{pmatrix}\begin{pmatrix}r_{\mathrm{s}} & 0 & 0 \\ 0 & r_{\mathrm{p}} & 0 \\ 0 & 0 & 1\end{pmatrix}\begin{bmatrix}- & \hat{\boldsymbol{s}}_{\mathrm{ref},2} & - \\ - & \hat{\boldsymbol{p}}_{\mathrm{ref},2} & - \\ - & \hat{\boldsymbol{k}}_{1} & -\end{bmatrix}$$

$$=\begin{pmatrix}0 & 0 & -1 \\ 1 & 0 & 0 \\ 0 & -1 & 0\end{pmatrix}\cdot\begin{pmatrix}1 & 0 & 0 \\ 0 & 0 & 0 \\ 0 & 0 & 1\end{pmatrix}\cdot\begin{pmatrix}0 & 1 & 0 \\ -1 & 0 & 0 \\ 0 & 0 & 1\end{pmatrix}=\begin{pmatrix}0 & 0 & -1 \\ 0 & 1 & 0 \\ 0 & 0 & 0\end{pmatrix} \tag{9.32}$$

式中，线段表示矢量占据了相应的矩阵行或列。

注意中间的矩阵，三维琼斯矩阵，是在局部坐标系($\hat{\boldsymbol{s}},\hat{\boldsymbol{p}},\hat{\boldsymbol{k}}$)中的。$\boldsymbol{P}_{\mathrm{PBS(R)}}$ 是在全局坐标系中，并且明确展示了 PBS 把传播矢量从 $\hat{\boldsymbol{z}}$ 反射到 $-\hat{\boldsymbol{x}}$，把 $\hat{\boldsymbol{y}}$ 偏振反射到 $\hat{\boldsymbol{y}}$ 偏振，并去除了入射光中的 $\hat{\boldsymbol{x}}$ 偏振分量。

下一个元件是快轴方向为 45°(从 y 轴到 z 轴)的四分之一波线性延迟器(QWLR)，其快轴向量为$(0,1/\sqrt{2},1/\sqrt{2})$，其琼斯矩阵为

$$\boldsymbol{J}_{\mathrm{QWLR(45)}}=\boldsymbol{R}[-45°]\cdot\frac{1}{\sqrt{2}}\begin{pmatrix}1-\mathrm{i} & 0 \\ 0 & 1+\mathrm{i}\end{pmatrix}\cdot\boldsymbol{R}[-45°]^{-1}$$

$$=\frac{1}{\sqrt{2}}\begin{pmatrix}1-\mathrm{i} & 0 \\ 0 & 1+\mathrm{i}\end{pmatrix}=\frac{1}{\sqrt{2}}\begin{pmatrix}1 & -\mathrm{i} \\ -\mathrm{i} & 1\end{pmatrix} \tag{9.33}$$

光线是正入射在 QWLR 上的，因此我们依照式(9.6)选取局部坐标系；$\hat{\boldsymbol{s}}'_{\mathrm{ref},2}$用作 $\hat{\boldsymbol{s}}_{\mathrm{ref},3}$，计算 $\hat{\boldsymbol{p}}_{\mathrm{ref},3}$ 和 $\hat{\boldsymbol{p}}'_{\mathrm{ref},3}$

$$\hat{\boldsymbol{k}}_{\mathrm{ref},3}=-\hat{\boldsymbol{x}},\quad \hat{\boldsymbol{s}}_{\mathrm{ref},3}=\hat{\boldsymbol{s}}'_{\mathrm{ref},3}=\hat{\boldsymbol{s}}'_{\mathrm{ref},2}=\hat{\boldsymbol{y}},\quad \hat{\boldsymbol{p}}_{\mathrm{ref},3}=\hat{\boldsymbol{p}}'_{\mathrm{ref},3}=-\hat{\boldsymbol{z}} \tag{9.34}$$

因此，QWLR 的 $\boldsymbol{P}$ 矩阵是

$$\boldsymbol{P}_{\mathrm{QWLR}}=\boldsymbol{O}_{\mathrm{out}}\cdot\boldsymbol{J}_{\mathrm{QWLR(45)}}\cdot\boldsymbol{O}_{\mathrm{in}}^{-1}$$

$$=\begin{pmatrix}0 & 0 & -1 \\ 1 & 0 & 0 \\ 0 & -1 & 0\end{pmatrix}\cdot\frac{1}{\sqrt{2}}\begin{pmatrix}1 & -\mathrm{i} & 0 \\ -\mathrm{i} & 1 & 0 \\ 0 & 0 & \sqrt{2}\end{pmatrix}\cdot\begin{pmatrix}0 & 1 & 0 \\ 0 & 0 & -1 \\ -1 & 0 & 0\end{pmatrix}$$

$$=\frac{1}{\sqrt{2}}\begin{pmatrix}\sqrt{2} & 0 & 0 \\ 0 & 1 & \mathrm{i} \\ 0 & \mathrm{i} & 1\end{pmatrix} \tag{9.35}$$

下一个元件是回射光线的理想反射镜。由于光线是正入射在反射镜上的

$$\hat{\boldsymbol{k}}_{\mathrm{ref},4}=\hat{\boldsymbol{x}},\quad \hat{\boldsymbol{s}}_{\mathrm{ref},4}=\hat{\boldsymbol{s}}'_{\mathrm{ref},4}=\hat{\boldsymbol{s}}'_{\mathrm{ref},3}=\hat{\boldsymbol{y}}$$

$$\hat{\boldsymbol{p}}_{\mathrm{ref},4}=-\hat{\boldsymbol{z}},\quad \hat{\boldsymbol{p}}'_{\mathrm{ref},4}=\hat{\boldsymbol{z}} \tag{9.36}$$

根据 $\boldsymbol{J}_{\mathrm{mirror}}=\begin{pmatrix}1 & 0 \\ 0 & -1\end{pmatrix}$，理想反射镜的 $\boldsymbol{P}$ 矩阵是

$$\boldsymbol{P}_{M,1}=\boldsymbol{O}_{\mathrm{out}}\cdot\boldsymbol{J}_{\mathrm{mirror}}\cdot\boldsymbol{O}_{\mathrm{in}}^{-1}$$

$$=\begin{pmatrix}0 & 0 & 1 \\ 1 & 0 & 0 \\ 0 & 1 & 0\end{pmatrix}\cdot\begin{pmatrix}1 & 0 & 0 \\ 0 & -1 & 0 \\ 0 & 0 & 1\end{pmatrix}\cdot\begin{pmatrix}0 & 1 & 0 \\ 0 & 0 & -1 \\ -1 & 0 & 0\end{pmatrix}$$

$$=\begin{pmatrix}-1&0&0\\0&1&0\\0&0&1\end{pmatrix} \tag{9.37}$$

然后,光线以相反方向(沿着$+x$)返回到 QWLR。局部坐标系为

$$\hat{\boldsymbol{k}}_{\text{ref},5}=\hat{\boldsymbol{x}},\quad \hat{\boldsymbol{s}}_{\text{ref},5}=\hat{\boldsymbol{s}}'_{\text{ref},5}=\hat{\boldsymbol{s}}'_{\text{ref},4}=\hat{\boldsymbol{y}},\quad \hat{\boldsymbol{p}}_{\text{ref},5}=\hat{\boldsymbol{p}}'_{\text{ref},5}=\hat{\boldsymbol{z}} \tag{9.38}$$

QWLR 的快轴方向仍为$(1,1/\sqrt{2},1/\sqrt{2})$,但由于传播方向反转,在局部坐标系的琼斯矩阵中快轴取向角为 135°,所以

$$\begin{aligned}\boldsymbol{P}_{\text{QWLR},2}&=\boldsymbol{O}_{\text{out}}\cdot\boldsymbol{J}_{\text{QWLR}(135)}\cdot\boldsymbol{O}_{\text{in}}^{-1}\\&=\begin{pmatrix}0&0&1\\1&0&0\\0&1&0\end{pmatrix}\cdot\frac{1}{\sqrt{2}}\begin{pmatrix}1&\mathrm{i}&0\\\mathrm{i}&1&0\\0&0&\sqrt{2}\end{pmatrix}\cdot\begin{pmatrix}0&1&0\\0&0&1\\1&0&0\end{pmatrix}\\&=\frac{1}{\sqrt{2}}\begin{pmatrix}\sqrt{2}&0&0\\0&1&\mathrm{i}\\0&\mathrm{i}&1\end{pmatrix}\end{aligned} \tag{9.39}$$

下一步,光线透射通过 PBS,其表面法线为$\hat{\boldsymbol{\eta}}=(1,0,1)/\sqrt{2}$,

$$\hat{\boldsymbol{k}}_{\text{ref},6}=\hat{\boldsymbol{x}},\quad \hat{\boldsymbol{s}}_{\text{ref},6}=\hat{\boldsymbol{s}}'_{\text{ref},6}=-\hat{\boldsymbol{y}},\quad \hat{\boldsymbol{p}}_{\text{ref},5}=\hat{\boldsymbol{p}}'_{\text{ref},5}=-\hat{\boldsymbol{z}} \tag{9.40}$$

PBS 把光束中的$\hat{\boldsymbol{s}}_{\text{ref},6}$偏振态反射出来,透射$\hat{\boldsymbol{p}}_{\text{ref},6}$,透射的$\hat{\boldsymbol{k}}_{\text{ref},5}$不偏折

$$\begin{aligned}\boldsymbol{P}_{\text{PBS(T)}}&=\begin{pmatrix}0&0&1\\-1&0&0\\0&-1&0\end{pmatrix}\cdot\begin{pmatrix}0&0&0\\0&1&0\\0&0&1\end{pmatrix}\cdot\begin{pmatrix}0&-1&0\\0&0&-1\\1&0&0\end{pmatrix}\\&=\begin{pmatrix}1&0&0\\0&0&0\\0&0&1\end{pmatrix}\end{aligned} \tag{9.41}$$

$\boldsymbol{P}_{\text{PBS(T)}}$透射$\hat{\boldsymbol{z}}$偏振,去除$\hat{\boldsymbol{y}}$偏振,并且不改变入射光线的传播矢量。

9.5.2 测试光路光线追迹

对于测试光路,PBS 透射 p 偏振并且传播矢量不变。下标"test"表示沿测试光路的光线。使用 PBS 的表面法线,

$$\hat{\boldsymbol{k}}_{\text{test},2}=\hat{\boldsymbol{z}},\quad \hat{\boldsymbol{s}}_{\text{test},2}=\hat{\boldsymbol{s}}'_{\text{test},2}=\hat{\boldsymbol{y}},\quad \hat{\boldsymbol{p}}_{\text{test},2}=\hat{\boldsymbol{p}}'_{\text{test},2}=-\hat{\boldsymbol{x}} \tag{9.42}$$

$$\boldsymbol{P}_{\text{PBS(T)}}=\begin{pmatrix}0&-1&0\\1&0&0\\0&0&1\end{pmatrix}\cdot\begin{pmatrix}0&0&0\\0&1&0\\0&0&1\end{pmatrix}\cdot\begin{pmatrix}0&1&0\\-1&0&0\\0&0&1\end{pmatrix}=\begin{pmatrix}1&0&0\\0&0&0\\0&0&1\end{pmatrix} \tag{9.43}$$

$\boldsymbol{P}_{\text{PBS(T)}}$透射$\hat{\boldsymbol{x}}$偏振并阻止$\hat{\boldsymbol{y}}$偏振。然后,光束通过 QWLR,其取向角为$x$、$y$轴之间 45°。局部坐标及相应的$\boldsymbol{P}$矩阵是

$$\hat{\boldsymbol{k}}_{\text{test},3}=\hat{\boldsymbol{z}},\quad \hat{\boldsymbol{s}}_{\text{test},3}=\hat{\boldsymbol{s}}'_{\text{test},3}=\hat{\boldsymbol{s}}'_{\text{test},2}=\hat{\boldsymbol{y}},\quad \hat{\boldsymbol{p}}_{\text{test},2}=\hat{\boldsymbol{p}}'_{\text{test},2}=-\hat{\boldsymbol{x}} \tag{9.44}$$

$$\boldsymbol{P}_{\text{QWLR}}=\boldsymbol{O}_{\text{out}}\cdot\boldsymbol{J}_{\text{QWLR}(45)}\cdot\boldsymbol{O}_{\text{in}}^{-1}$$

$$
=\begin{pmatrix}0 & -1 & 0\\1 & 0 & 0\\0 & 0 & 1\end{pmatrix}\cdot\frac{1}{\sqrt{2}}\begin{pmatrix}1 & -\mathrm{i} & 0\\-\mathrm{i} & 1 & 0\\0 & 0 & \sqrt{2}\end{pmatrix}\cdot\begin{pmatrix}0 & 1 & 0\\-1 & 0 & 0\\0 & 0 & 1\end{pmatrix}
$$

$$
=\frac{1}{\sqrt{2}}\begin{pmatrix}1 & \mathrm{i} & 0\\\mathrm{i} & 1 & 0\\0 & 0 & \sqrt{2}\end{pmatrix} \tag{9.45}
$$

假设测试反射镜也是理想反射镜，光线反射时它的传播方向从 z 改变为 $-z$

$$
\hat{\boldsymbol{k}}_{\text{test},4}=\hat{\boldsymbol{z}},\quad \hat{\boldsymbol{s}}_{\text{test},4}=\hat{\boldsymbol{s}}'_{\text{test},4}=\hat{\boldsymbol{s}}'_{\text{test},3}=\hat{\boldsymbol{y}},\quad \hat{\boldsymbol{p}}_{\text{test},4}=-\hat{\boldsymbol{x}},\quad \hat{\boldsymbol{p}}'_{\text{test},4}=\hat{\boldsymbol{x}} \tag{9.46}
$$

$$
\boldsymbol{P}_{M,2}=\boldsymbol{O}_{\text{out}}\cdot\boldsymbol{J}_{\text{mirror}}\cdot\boldsymbol{O}_{\text{in}}^{-1}
$$

$$
=\begin{pmatrix}0 & 1 & 0\\1 & 0 & 0\\0 & 0 & -1\end{pmatrix}\cdot\begin{pmatrix}1 & 0 & 0\\0 & -1 & 0\\0 & 0 & 1\end{pmatrix}\cdot\begin{pmatrix}0 & 1 & 0\\-1 & 0 & 0\\0 & 0 & 1\end{pmatrix}=\begin{pmatrix}1 & 0 & 0\\0 & 1 & 0\\0 & 0 & -1\end{pmatrix} \tag{9.47}
$$

光线以相反方向传播回到 QWLR。与参考光路情形类似，在局部坐标系中 QWLR 的快轴方向现在是 135°。

$$
\hat{\boldsymbol{k}}_{\text{test},5}=-\hat{\boldsymbol{z}},\quad \hat{\boldsymbol{s}}_{\text{test},5}=\hat{\boldsymbol{s}}'_{\text{test},5}=\hat{\boldsymbol{s}}'_{\text{test},4}=\hat{\boldsymbol{y}},\quad \hat{\boldsymbol{p}}_{\text{test},5}=\hat{\boldsymbol{p}}'_{\text{test},5}=\hat{\boldsymbol{x}} \tag{9.48}
$$

$$
\boldsymbol{P}_{\text{QWLR},2}=\boldsymbol{O}_{\text{out}}\cdot\boldsymbol{J}_{\text{QWLR(135)}}\cdot\boldsymbol{O}_{\text{in}}^{-1}
$$

$$
=\begin{pmatrix}0 & 1 & 0\\1 & 0 & 0\\0 & 0 & -1\end{pmatrix}\cdot\frac{1}{\sqrt{2}}\begin{pmatrix}1 & \mathrm{i} & 0\\\mathrm{i} & 1 & 0\\0 & 0 & \sqrt{2}\end{pmatrix}\cdot\begin{pmatrix}0 & 1 & 0\\1 & 0 & 0\\0 & 0 & -1\end{pmatrix}
$$

$$
=\frac{1}{\sqrt{2}}\begin{pmatrix}1 & \mathrm{i} & 0\\\mathrm{i} & 1 & 0\\0 & 0 & \sqrt{2}\end{pmatrix} \tag{9.49}
$$

最后，光线第二次到达 PBS。这一次，光线被反射，它的传播方向从 $-z$ 改变为 x 方向。

$$
\hat{\boldsymbol{k}}_{\text{test},6}=\hat{\boldsymbol{x}},\quad \hat{\boldsymbol{s}}_{\text{test},6}=\hat{\boldsymbol{s}}'_{\text{test},6}=\hat{\boldsymbol{y}},\quad \hat{\boldsymbol{p}}_{\text{test},6}=\hat{\boldsymbol{x}},\quad \hat{\boldsymbol{p}}'_{\text{test},6}=\hat{\boldsymbol{z}} \tag{9.50}
$$

$$
\boldsymbol{P}_{\text{PBS(R)}}=\begin{pmatrix}0 & 0 & 1\\1 & 0 & 0\\0 & 1 & 0\end{pmatrix}\cdot\begin{pmatrix}1 & 0 & 0\\0 & 0 & 0\\0 & 0 & 1\end{pmatrix}\cdot\begin{pmatrix}0 & 1 & 0\\1 & 0 & 0\\0 & 0 & -1\end{pmatrix}=\begin{pmatrix}0 & 0 & -1\\0 & 1 & 0\\0 & 0 & 0\end{pmatrix} \tag{9.51}
$$

$\boldsymbol{P}_{\text{PBS(R)}}$将 $\hat{\boldsymbol{y}}$ 偏振分量反射，同时阻断 $\hat{\boldsymbol{z}}$ 偏振。

9.5.3 过检偏器的光线追迹

从 PBS 出射后，两个光路的光线都沿着 $+x$ 轴传播，并通过在 y-z 平面内呈 45°的线性偏振器。利用 $\boldsymbol{J}_{\text{LP(45)}}=\begin{pmatrix}0.5 & 0.5\\0.5 & 0.5\end{pmatrix}$ 和局部坐标，$\hat{\boldsymbol{k}}_7=\hat{\boldsymbol{x}}$，$\hat{\boldsymbol{s}}_7=\hat{\boldsymbol{s}}'_7=\hat{\boldsymbol{y}}$，$\hat{\boldsymbol{p}}_7=\hat{\boldsymbol{p}}'_7=\hat{\boldsymbol{z}}$，偏振器 $\boldsymbol{P}_{\text{LP}}$ 为

$$
\boldsymbol{P}_{\text{LP}}=\boldsymbol{O}_{\text{out}}\cdot\boldsymbol{J}_{\text{LP[45]}}\cdot\boldsymbol{O}_{\text{in}}^{-1}=\begin{pmatrix}0 & 0 & 1\\1 & 0 & 0\\0 & 1 & 0\end{pmatrix}\cdot\begin{pmatrix}0.5 & 0.5 & 0\\0.5 & 0.5 & 0\\0 & 0 & 1\end{pmatrix}\cdot\begin{pmatrix}0 & 1 & 0\\0 & 0 & 1\\1 & 0 & 0\end{pmatrix}
$$

$$=\begin{pmatrix}1 & 0 & 0\\ 0 & 0.5 & 0.5\\ 0 & 0.5 & 0.5\end{pmatrix} \tag{9.52}$$

9.5.4 两个光路的累积 *P* 矩阵

这里从右向左列出了参考光路(红色路径)的矩阵序列,因为矩阵乘法序列是从右向左书写的:

LP[45] ← **PBS**(T) ← **QWLR** ← 反射镜 ← **QWLR** ← **PBS**(R) ← **HWLR**

$$\begin{pmatrix}1 & 0 & 0\\ 0 & \frac{1}{2} & \frac{1}{2}\\ 0 & \frac{1}{2} & \frac{1}{2}\end{pmatrix}\begin{pmatrix}1 & 0 & 0\\ 0 & 0 & 0\\ 0 & 0 & 1\end{pmatrix}\begin{pmatrix}1 & 0 & 0\\ 0 & \frac{1}{\sqrt{2}} & \frac{i}{\sqrt{2}}\\ 0 & \frac{i}{\sqrt{2}} & \frac{1}{\sqrt{2}}\end{pmatrix}\begin{pmatrix}-1 & 0 & 0\\ 0 & 1 & 0\\ 0 & 0 & 1\end{pmatrix}\begin{pmatrix}1 & 0 & 0\\ 0 & \frac{1}{\sqrt{2}} & \frac{i}{\sqrt{2}}\\ 0 & \frac{i}{\sqrt{2}} & \frac{1}{\sqrt{2}}\end{pmatrix}\begin{pmatrix}0 & 0 & -1\\ 0 & 1 & 0\\ 0 & 0 & 0\end{pmatrix}\begin{pmatrix}\frac{1}{\sqrt{2}} & \frac{1}{\sqrt{2}} & 0\\ \frac{1}{\sqrt{2}} & \frac{-1}{\sqrt{2}} & 0\\ 0 & 0 & 1\end{pmatrix} \tag{9.53}$$

参考光路的累积 ***P*** 矩阵是

$$\boldsymbol{P}_{\text{ref}}=\begin{pmatrix}0 & 0 & 1\\ \frac{i}{2\sqrt{2}} & \frac{-i}{2\sqrt{2}} & 0\\ \frac{i}{2\sqrt{2}} & \frac{-i}{2\sqrt{2}} & 0\end{pmatrix} \tag{9.54}$$

参考光路在观察屏上的电场是

$$\boldsymbol{E}_{\text{ref}}=\boldsymbol{P}_{\text{ref}}\cdot\begin{pmatrix}E_x\\ E_y\\ 0\end{pmatrix}=\begin{pmatrix}0\\ \frac{i}{2\sqrt{2}}(E_x-E_y)\\ \frac{i}{2\sqrt{2}}(E_x-E_y)\end{pmatrix} \tag{9.55}$$

对于测试光路(蓝色路径),它的矩阵序列是

LP[45] ← **PBS**(R) ← **QWLR** ← 反射镜 ← **QWLR** ← **PBS**(T) ← **HWLR**

$$\begin{pmatrix}1 & 0 & 0\\ 0 & \frac{1}{2} & \frac{1}{2}\\ 0 & \frac{1}{2} & \frac{1}{2}\end{pmatrix}\begin{pmatrix}0 & 0 & -1\\ 0 & 1 & 0\\ 0 & 0 & 0\end{pmatrix}\begin{pmatrix}1 & 0 & 0\\ 0 & \frac{1}{\sqrt{2}} & \frac{i}{\sqrt{2}}\\ 0 & \frac{i}{\sqrt{2}} & \frac{1}{\sqrt{2}}\end{pmatrix}\begin{pmatrix}1 & 0 & 0\\ 0 & 1 & 0\\ 0 & 0 & -1\end{pmatrix}\begin{pmatrix}1 & 0 & 0\\ 0 & \frac{1}{\sqrt{2}} & \frac{i}{\sqrt{2}}\\ 0 & \frac{i}{\sqrt{2}} & \frac{1}{\sqrt{2}}\end{pmatrix}\begin{pmatrix}1 & 0 & 0\\ 0 & 0 & 0\\ 0 & 0 & 1\end{pmatrix}\begin{pmatrix}\frac{1}{\sqrt{2}} & \frac{1}{\sqrt{2}} & 0\\ \frac{1}{\sqrt{2}} & \frac{-1}{\sqrt{2}} & 0\\ 0 & 0 & 1\end{pmatrix} \tag{9.56}$$

测试光路的累积 ***P*** 矩阵是

$$\boldsymbol{P}_{\text{test}}=\begin{pmatrix}0 & 0 & 1\\ \frac{i}{2\sqrt{2}} & \frac{i}{2\sqrt{2}} & 0\\ \frac{i}{2\sqrt{2}} & \frac{i}{2\sqrt{2}} & 0\end{pmatrix} \tag{9.57}$$

米自测试光路的电场是

$$\boldsymbol{E}_{\text{test}}=\boldsymbol{P}_{\text{test}}\cdot\begin{pmatrix}E_x\\E_y\\0\end{pmatrix}=\begin{pmatrix}0\\\frac{\mathrm{i}}{2\sqrt{2}}(E_x+E_y)\\\frac{\mathrm{i}}{2\sqrt{2}}(E_x+E_y)\end{pmatrix}\tag{9.58}$$

对于水平偏振入射激光，通过把激光的偏振矢量 $\boldsymbol{E}_0=(1,0,0)$ 和各个 $\boldsymbol{P}$ 矩阵相乘可计算出两支光路的序列电场矢量。考虑沿着干涉仪参考臂的偏振态，全局偏振态序列为

$$\begin{matrix}\mathbf{LP}[45] & \leftarrow \mathbf{PBS}(\mathrm{T}) & \leftarrow \mathbf{QWLR} & \leftarrow \text{反射镜} & \leftarrow \mathbf{QWLR} & \leftarrow \mathbf{PBS}(\mathrm{R}) & \leftarrow \mathbf{HWLR} & \leftarrow \boldsymbol{E}_{\text{in}}\\ \begin{pmatrix}0\\\frac{\mathrm{i}}{2\sqrt{2}}\\\frac{\mathrm{i}}{2\sqrt{2}}\end{pmatrix} & \begin{pmatrix}0\\0\\\frac{\mathrm{i}}{\sqrt{2}}\end{pmatrix} & \begin{pmatrix}0\\0\\\frac{\mathrm{i}}{\sqrt{2}}\end{pmatrix} & \begin{pmatrix}0\\\frac{1}{2}\\\frac{\mathrm{i}}{2}\end{pmatrix} & \begin{pmatrix}0\\\frac{1}{2}\\\frac{\mathrm{i}}{2}\end{pmatrix} & \begin{pmatrix}0\\\frac{1}{\sqrt{2}}\\0\end{pmatrix} & \begin{pmatrix}\frac{1}{\sqrt{2}}\\\frac{1}{\sqrt{2}}\\0\end{pmatrix} & \begin{pmatrix}1\\0\\0\end{pmatrix}\end{matrix}\tag{9.59}$$

测试光路对应的序列是

$$\begin{matrix}\mathbf{LP}[45] & \leftarrow \mathbf{PBS}(\mathrm{R}) & \leftarrow \mathbf{QWLR} & \leftarrow \text{反射镜} & \leftarrow \mathbf{QWLR} & \leftarrow \mathbf{PBS}(\mathrm{T}) & \leftarrow \mathbf{HWLR} & \leftarrow \boldsymbol{E}_{\text{in}}\\ \begin{pmatrix}0\\\frac{\mathrm{i}}{2\sqrt{2}}\\\frac{\mathrm{i}}{2\sqrt{2}}\end{pmatrix} & \begin{pmatrix}0\\\frac{\mathrm{i}}{\sqrt{2}}\\0\end{pmatrix} & \begin{pmatrix}0\\\frac{\mathrm{i}}{\sqrt{2}}\\0\end{pmatrix} & \begin{pmatrix}\frac{1}{2}\\\frac{\mathrm{i}}{2}\\0\end{pmatrix} & \begin{pmatrix}\frac{1}{2}\\\frac{\mathrm{i}}{2}\\0\end{pmatrix} & \begin{pmatrix}\frac{1}{\sqrt{2}}\\0\\0\end{pmatrix} & \begin{pmatrix}\frac{1}{\sqrt{2}}\\\frac{1}{\sqrt{2}}\\0\end{pmatrix} & \begin{pmatrix}1\\0\\0\end{pmatrix}\end{matrix}\tag{9.60}$$

由于 $\boldsymbol{P}$ 矩阵的构造方式是，入射传播矢量与 $\boldsymbol{P}$ 矩阵相乘得到出射传播矢量，因此可用类似的方式计算两个路径的传播矢量序列。参考光路的传播矢量序列为

$$\begin{matrix}\mathbf{LP}[45] & \leftarrow \mathbf{PBS}(\mathrm{T}) & \leftarrow \mathbf{QWLR} & \leftarrow \text{反射镜} & \leftarrow \mathbf{QWLR} & \leftarrow \mathbf{PBS}(\mathrm{R}) & \leftarrow \mathbf{HWLR} & \leftarrow \hat{\boldsymbol{k}}_0\\ \begin{pmatrix}1\\0\\0\end{pmatrix} & \begin{pmatrix}1\\0\\0\end{pmatrix} & \begin{pmatrix}1\\0\\0\end{pmatrix} & \begin{pmatrix}1\\0\\0\end{pmatrix} & \begin{pmatrix}-1\\0\\0\end{pmatrix} & \begin{pmatrix}-1\\0\\0\end{pmatrix} & \begin{pmatrix}0\\0\\1\end{pmatrix} & \begin{pmatrix}0\\0\\1\end{pmatrix}\end{matrix}\tag{9.61}$$

测试光路的传播矢量序列为

$$\begin{matrix}\mathbf{LP}[45] & \leftarrow \mathbf{PBS}(\mathrm{R}) & \leftarrow \mathbf{QWLR} & \leftarrow \text{反射镜} & \leftarrow \mathbf{QWLR} & \leftarrow \mathbf{PBS}(\mathrm{T}) & \leftarrow \mathbf{HWLR} & \leftarrow \hat{\boldsymbol{k}}_0\\ \begin{pmatrix}1\\0\\0\end{pmatrix} & \begin{pmatrix}1\\0\\0\end{pmatrix} & \begin{pmatrix}0\\0\\-1\end{pmatrix} & \begin{pmatrix}0\\0\\-1\end{pmatrix} & \begin{pmatrix}0\\0\\1\end{pmatrix} & \begin{pmatrix}0\\0\\1\end{pmatrix} & \begin{pmatrix}0\\0\\1\end{pmatrix} & \begin{pmatrix}0\\0\\1\end{pmatrix}\end{matrix}\tag{9.62}$$

如果测试光路有一个由琼斯矩阵描述的未知样品，而不是理想反射镜，那么矩阵序列变为

$$\begin{array}{ccccccccccccc} \mathbf{LP}[45] & \leftarrow & \mathbf{PBS}(\mathrm{R}) & \leftarrow & \mathbf{QWLR} & \leftarrow & \text{样品} & \leftarrow & \mathbf{QWLR} & \leftarrow & \mathbf{PBS}(\mathrm{T}) & \leftarrow & \mathbf{HWLR} \end{array}$$

$$\begin{pmatrix}1&0&0\\0&\frac{1}{2}&\frac{1}{2}\\0&\frac{1}{2}&\frac{1}{2}\end{pmatrix}\begin{pmatrix}0&0&-1\\0&1&0\\0&0&0\end{pmatrix}\begin{pmatrix}1&0&0\\0&\frac{1}{\sqrt{2}}&\frac{\mathrm{i}}{\sqrt{2}}\\0&\frac{\mathrm{i}}{\sqrt{2}}&\frac{1}{\sqrt{2}}\end{pmatrix}\begin{pmatrix}-1&0&0\\0&j_{yy}&j_{yz}\\0&j_{zy}&j_{zz}\end{pmatrix}\begin{pmatrix}1&0&0\\0&\frac{1}{\sqrt{2}}&\frac{\mathrm{i}}{\sqrt{2}}\\0&\frac{\mathrm{i}}{\sqrt{2}}&\frac{1}{\sqrt{2}}\end{pmatrix}\begin{pmatrix}1&0&0\\0&0&0\\0&0&1\end{pmatrix}\begin{pmatrix}\frac{1}{\sqrt{2}}&\frac{1}{\sqrt{2}}&0\\\frac{1}{\sqrt{2}}&\frac{-1}{\sqrt{2}}&0\\0&0&1\end{pmatrix} \tag{9.63}$$

入射光若是水平线偏振光,测试光路的电场为

$$\boldsymbol{E}_{\text{out}}=\frac{(j_{yx}-j_{xy})+\mathrm{i}(j_{xx}+j_{yy})}{4\sqrt{2}}\begin{pmatrix}0\\1\\1\end{pmatrix} \tag{9.64}$$

9.6 偏振光线追迹矩阵的叠加形式

本节介绍偏振光线追迹矩阵的相干组合(叠加)方法。在 9.1 节中,选取式(9.4)来唯一定义给定光线的 $\boldsymbol{P}$ 矩阵。然而,式(9.4)不是唯一的选择。在垂直于传播矢量 $\hat{\boldsymbol{k}}_{q-1}$ 的横向平面上所有偏振态的变换可描述为任意两个独立线性基矢量 $\boldsymbol{E}_a$ 和 $\boldsymbol{E}_b$ 的变换的线性组合,

$$\boldsymbol{E}'_a=\boldsymbol{P}_q\boldsymbol{E}_a,\quad \boldsymbol{E}'_b=\boldsymbol{P}_q\boldsymbol{E}_b \tag{9.65}$$

式(9.65)中的关系式产生六个方程,每行一个,但 $\boldsymbol{P}_q$ 有九个元素。因此,式(9.1)并不完全约束 $\boldsymbol{P}_q$。为了唯一地定义 $\boldsymbol{P}_q$,通过关联入射和出射传播矢量来添加另外三个约束,

$$\boldsymbol{P}_q\hat{\boldsymbol{k}}_{q-1}=\gamma\hat{\boldsymbol{k}}_q \tag{9.66}$$

γ 的选取是任意的,但只有两个值(0 或 1)使得 $\boldsymbol{P}_q$ 可以重复级联并保持 γ 值不变。γ 的两种取值描述了相同的偏振效应。取 $\gamma=1$,这是 9.1 节中的选择,只有理想偏振器才有奇异矩阵,

$$\boldsymbol{P}_q\hat{\boldsymbol{k}}_{q-1}=\hat{\boldsymbol{k}}_q \tag{9.67}$$

$\gamma=1$ 是本书大部分章节对 $\boldsymbol{P}$ 的主要定义。结合式(9.67),现在每条光线都具有唯一定义的 $\boldsymbol{P}_q$。

若 $\gamma=0$,$\boldsymbol{P}_q$ 总是奇异的,因此 $\boldsymbol{P}_q^{-1}$ 不存在。$\boldsymbol{P}_q$ 的奇异值之一将始终为零,特征值之一也将为零。当用 $\gamma=0$ 这个约定定义 $\boldsymbol{P}$ 矩阵时,偏振光线追迹矩阵的叠加形式用带上标符的 $\breve{\boldsymbol{P}}$ 表示

$$\breve{\boldsymbol{P}}_q\hat{\boldsymbol{k}}_{q-1}=0 \tag{9.68}$$

式(9.68)的定义简化了光束的叠加,例如在干涉仪中。假设一条光线进入马赫-曾德尔干涉仪,产生两条出射光线 $\boldsymbol{P}_A$ 和 $\boldsymbol{P}_B$。对于入射偏振态 $\boldsymbol{E}_{\text{in}}$,出射偏振态是单个光束出射偏振态之和

$$\boldsymbol{E}_{\text{out}}=(\boldsymbol{P}_A+\boldsymbol{P}_B)\boldsymbol{E}_{\text{in}}=\boldsymbol{E}'_A+\boldsymbol{E}'_B \tag{9.69}$$

$\boldsymbol{E}_{\text{out}}$ 可写为

$$\boldsymbol{E}_{\text{out}} = \boldsymbol{P}\boldsymbol{E}_{\text{in}} \tag{9.70}$$

式中 $\boldsymbol{P}$ 是干涉仪的偏振光线追迹矩阵。但把式(9.4)应用到传播矢量 $\hat{\boldsymbol{k}}_{\text{in}}$ 上，得到

$$\boldsymbol{P}\hat{\boldsymbol{k}}_{\text{in}} = (\boldsymbol{P}_A + \boldsymbol{P}_B)\hat{\boldsymbol{k}}_{\text{in}} = 2\hat{\boldsymbol{k}}_{\text{out}} \tag{9.71}$$

这不是想要的结果，因为 $\boldsymbol{P}\hat{\boldsymbol{k}}_{\text{in}}$ 应该为 $\hat{\boldsymbol{k}}_{\text{out}}$。光线追迹中对通过干涉仪或双折射滤波器的平行光束进行合并时，可把偏振光线追迹矩阵的定义做一点改变，使用式(9.68)中的替代定义 $\breve{\boldsymbol{P}}$ 来避免 $\boldsymbol{k}$ 矢量加倍的问题。$\boldsymbol{P}$ 和 $\breve{\boldsymbol{P}}$ 之间的差异是由 $\hat{\boldsymbol{k}}_{\text{in}}$ 和 $\hat{\boldsymbol{k}}_{\text{out}}$ 的外积形成的并矢 $\boldsymbol{D}$，

$$\begin{cases} \boldsymbol{D} = \begin{pmatrix} \hat{k}_{x,\text{in}}\hat{k}_{x,\text{out}} & \hat{k}_{y,\text{in}}\hat{k}_{x,\text{out}} & \hat{k}_{z,\text{in}}\hat{k}_{x,\text{out}} \\ \hat{k}_{x,\text{in}}\hat{k}_{y,\text{out}} & \hat{k}_{y,\text{in}}\hat{k}_{y,\text{out}} & \hat{k}_{z,\text{in}}\hat{k}_{y,\text{out}} \\ \hat{k}_{x,\text{in}}\hat{k}_{z,\text{out}} & \hat{k}_{y,\text{in}}\hat{k}_{z,\text{out}} & \hat{k}_{z,\text{in}}\hat{k}_{z,\text{out}} \end{pmatrix} \\ \boldsymbol{D}\hat{\boldsymbol{k}}_{\text{in}} = \begin{pmatrix} \hat{k}_{x,\text{in}}\hat{k}_{x,\text{out}} & \hat{k}_{y,\text{in}}\hat{k}_{x,\text{out}} & \hat{k}_{z,\text{in}}\hat{k}_{x,\text{out}} \\ \hat{k}_{x,\text{in}}\hat{k}_{y,\text{out}} & \hat{k}_{y,\text{in}}\hat{k}_{y,\text{out}} & \hat{k}_{z,\text{in}}\hat{k}_{y,\text{out}} \\ \hat{k}_{x,\text{in}}\hat{k}_{z,\text{out}} & \hat{k}_{y,\text{in}}\hat{k}_{z,\text{out}} & \hat{k}_{z,\text{in}}\hat{k}_{z,\text{out}} \end{pmatrix} \begin{pmatrix} \hat{k}_{x,\text{in}} \\ \hat{k}_{y,\text{in}} \\ \hat{k}_{z,\text{in}} \end{pmatrix} = \begin{pmatrix} \hat{k}_{x,\text{out}} \\ \hat{k}_{y,\text{out}} \\ \hat{k}_{z,\text{out}} \end{pmatrix} = \hat{\boldsymbol{k}}_{\text{out}} \end{cases} \tag{9.72}$$

因此，方程

$$\breve{\boldsymbol{P}} = \boldsymbol{P} - \boldsymbol{D} \tag{9.73}$$

使得在偏振光线追迹矩阵 $\boldsymbol{P}$(便于相乘)和 $\breve{\boldsymbol{P}}$(便于相加)之间更易于转换。

9.6.1　干涉仪例子的 P 矩阵合并

9.5 节中干涉仪系统的 $\boldsymbol{P}$ 矩阵可用每支光路的 $\breve{\boldsymbol{P}}$ 来计算。用式(9.4)可构建 $\boldsymbol{P}_{\text{test}}$ 和 $\boldsymbol{P}_{\text{ref}}$。一束光进入干涉仪后被分为两束，它们以相同的方向从干涉仪系统出射。这个系统很适宜用来展示 $\breve{\boldsymbol{P}}$ 的应用，使用 $\breve{\boldsymbol{P}}$ 把 $\boldsymbol{P}_{\text{test}}$ 和 $\boldsymbol{P}_{\text{ref}}$ 加起来计算合并的 $\boldsymbol{P}$ 矩阵。$\hat{\boldsymbol{k}}_{\text{in}} = \hat{\boldsymbol{z}}$ 和 $\hat{\boldsymbol{k}}_{\text{out}} = \hat{\boldsymbol{x}}$ 的并矢矩阵是

$$\boldsymbol{D} = \begin{pmatrix} 0 & 0 & 1 \\ 0 & 0 & 0 \\ 0 & 0 & 0 \end{pmatrix} \tag{9.74}$$

然后，可计算两支光路的 $\breve{\boldsymbol{P}}$

$$\breve{\boldsymbol{P}}_{\text{test}} = \boldsymbol{P}_{\text{test}} - \boldsymbol{D} = \begin{pmatrix} 0 & 0 & 0 \\ \dfrac{\mathrm{i}}{2\sqrt{2}} & \dfrac{\mathrm{i}}{2\sqrt{2}} & 0 \\ \dfrac{\mathrm{i}}{2\sqrt{2}} & \dfrac{\mathrm{i}}{2\sqrt{2}} & 0 \end{pmatrix}, \quad \breve{\boldsymbol{P}}_{\text{ref}} = \boldsymbol{P}_{\text{ref}} - \boldsymbol{D} = \begin{pmatrix} 0 & 0 & 0 \\ \dfrac{\mathrm{i}}{2\sqrt{2}} & \dfrac{-\mathrm{i}}{2\sqrt{2}} & 0 \\ \dfrac{\mathrm{i}}{2\sqrt{2}} & \dfrac{-\mathrm{i}}{2\sqrt{2}} & 0 \end{pmatrix} \tag{9.75}$$

系统的合并 $\boldsymbol{P}$ 矩阵 $\boldsymbol{P}_{\text{cmb}}$ 为

$$\boldsymbol{P}_{\mathrm{cmb}} = \breve{\boldsymbol{P}}_{\mathrm{test}} + \breve{\boldsymbol{P}}_{\mathrm{ref}} + \boldsymbol{D} = \begin{pmatrix} 0 & 0 & 1 \\ \frac{\mathrm{i}}{\sqrt{2}} & 0 & 0 \\ \frac{\mathrm{i}}{\sqrt{2}} & 0 & 0 \end{pmatrix} \tag{9.76}$$

利用 $\boldsymbol{P}_{\mathrm{cmb}}$ 可直接算出 $\boldsymbol{E}_{\mathrm{out}}$,得到的结果与 $\boldsymbol{E}_{\mathrm{test}}$、$\boldsymbol{E}_{\mathrm{ref}}$ 相加的结果相同,其中 $\boldsymbol{E}_{\mathrm{test}}$、$\boldsymbol{E}_{\mathrm{ref}}$ 分别计算自 $\boldsymbol{P}_{\mathrm{test}}$、$\boldsymbol{P}_{\mathrm{ref}}$,

$$\begin{aligned} \boldsymbol{E}_{\mathrm{out}} &= \boldsymbol{P}_{\mathrm{cmb}} \cdot \boldsymbol{E}_{\mathrm{in}} = \boldsymbol{P}_{\mathrm{cmb}} \cdot \begin{pmatrix} E_x \\ E_y \\ 0 \end{pmatrix} = \frac{\mathrm{i}E_x}{\sqrt{2}} \begin{pmatrix} 0 \\ 1 \\ 1 \end{pmatrix} \\ &= \boldsymbol{P}_{\mathrm{test}} \cdot \boldsymbol{E}_{\mathrm{test}} + \boldsymbol{P}_{\mathrm{ref}} \cdot \boldsymbol{E}_{\mathrm{ref}} \end{aligned} \tag{9.77}$$

9.7 例子:空心角锥镜

角锥镜常用作后向反射器,其偏振特性得到了很好的研究[22-24]。空心镀铝角锥镜提供了一个非齐次偏振元件的示例,该元件中的二向衰减和延迟不对齐。这个例子着重计算角锥镜的 $\boldsymbol{P}$ 矩阵和系统的二向衰减。

图 9.7 显示了由三个相互垂直的铝镜组成的空心角锥镜。入射面标记为 1,三个相互垂直的反射面标记为 2、3 和 4。假设铝的折射率在 500nm 处为 0.77+6.06i。

一束准直入射光可走六条不同的光线路径,取决于它的入射位置[25]。图 9.8 显示了其中一条用黑色箭头标记传播矢量的光线路径。入射和出射传播矢量是反向平行的,并沿着 z 轴。

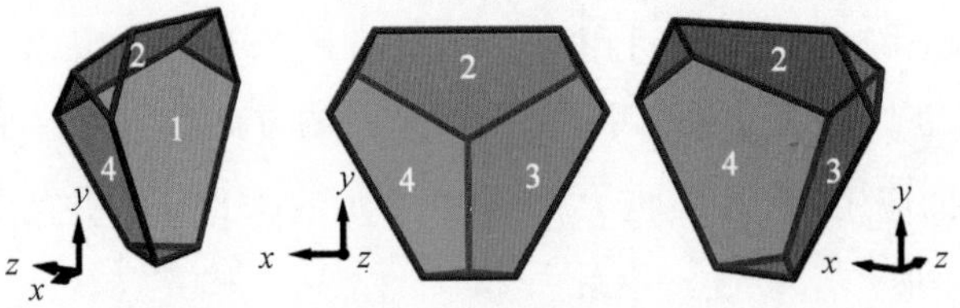

图 9.7 角锥回射器(CCR),它的面标记为 1 至 4,其中 1 是前表面

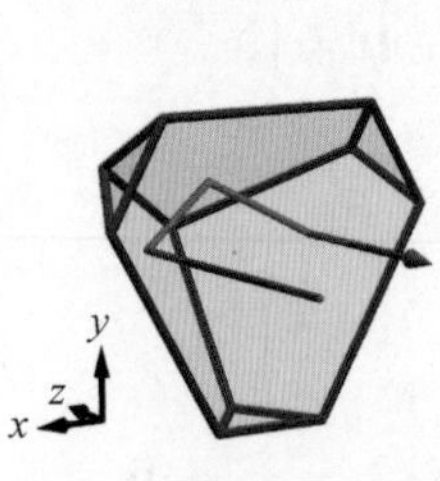

图 9.8 单条光线通过中空镀铝 CCR 的路径俯视图。角锥镜的三个反射面相互垂直

图 9.9 显示了角锥镜在三个不同视图中的传播矢量(黑色)、s 局部坐标矢量(实心红色)、p 局部坐标矢量(虚线蓝色)。图(a)显示了当光线以图 9.8 中相同的视点传播时,局部坐标基(s,p)是如何变化的。图(b)和(c)是绕 y 轴旋转了的图形。

角锥镜的每个反射面由它的法向量 $\hat{\boldsymbol{\eta}}_q$ 表示,$\hat{\boldsymbol{k}}_{q-1}$ 确定了每个截点 q 的局部坐标,$\boldsymbol{P}_q$

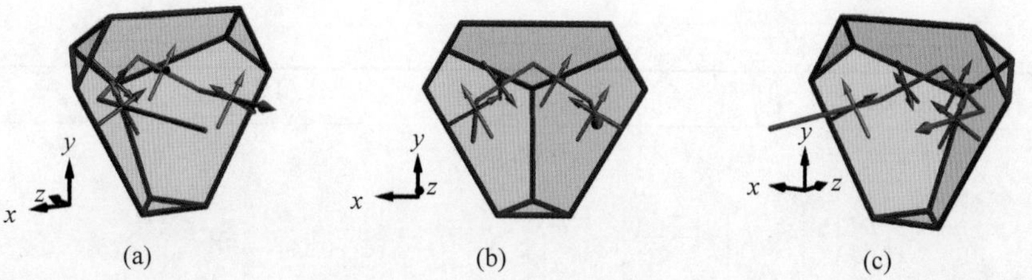

图 9.9　角锥镜的三个不同视图，显示光线通过角锥镜传播时局部坐标矢量(实心红色的 $\boldsymbol{s}$ 矢量、蓝色的 $\boldsymbol{p}$ 矢量和黑色的传播矢量)的变化

是唯一定义的。表 9.2 总结了这条光线的传播矢量、局部坐标和 $\boldsymbol{P}$ 矩阵。

这条光线路径的净偏振光线追迹矩阵 $\boldsymbol{P}_{\mathrm{cc}}$(cc 代表角锥镜)可由表 9.2 中的三个 $\boldsymbol{P}$ 矩阵级联乘积来计算得到

$$\boldsymbol{P}_{\mathrm{cc}}=\boldsymbol{P}_3\boldsymbol{P}_2\boldsymbol{P}_1=\begin{pmatrix}0.39+0.78\mathrm{i} & 0.01+0.02\mathrm{i} & 0\\ -0.02\mathrm{i} & 0.40+0.78\mathrm{i} & 0\\ 0 & 0 & -1\end{pmatrix} \tag{9.78}$$

$\boldsymbol{P}_{\mathrm{cc}}$ 的 SVD 给出了

$$\begin{cases}\boldsymbol{U}_{\mathrm{cc}}=\begin{pmatrix}0 & 0.63+0.15\mathrm{i} & 0.74+0.17\mathrm{i}\\ 0 & 0.37-0.66\mathrm{i} & -0.32+0.57\mathrm{i}\\ 1 & 0 & 0\end{pmatrix}\\ \boldsymbol{D}_{\mathrm{cc}}=\begin{pmatrix}1 & 0 & 0\\ 0 & 0.88 & 0\\ 0 & 0 & 0.87\end{pmatrix}\\ \boldsymbol{V}_{\mathrm{cc}}=\begin{pmatrix}0 & 0.43-0.49\mathrm{i} & 0.47-0.6\mathrm{i}\\ 0 & -0.41-0.64\mathrm{i} & 0.38+0.52\mathrm{i}\\ -1 & 0 & 0\end{pmatrix}\end{cases} \tag{9.79}$$

表 9.2　与一条通过镀铝空心角锥镜光线关联的传播矢量、局部坐标基矢量、表面法线矢量、偏振光线追迹矩阵

q	$\hat{\boldsymbol{k}}_{q-1}$	$\hat{\boldsymbol{k}}_q$	$\hat{\boldsymbol{P}}_q$	$\hat{\boldsymbol{P}}'_q$	$\hat{\boldsymbol{s}}_q$	$\hat{\boldsymbol{\eta}}_q$	$\boldsymbol{P}_q$
1	$\begin{pmatrix}0\\0\\-1\end{pmatrix}$	$\begin{pmatrix}\frac{-2\sqrt{2}}{3}\\0\\\frac{-1}{3}\end{pmatrix}$	$\begin{pmatrix}-1\\0\\0\end{pmatrix}$	$\begin{pmatrix}\frac{-1}{3}\\0\\\frac{2\sqrt{2}}{3}\end{pmatrix}$	$\begin{pmatrix}0\\-1\\0\end{pmatrix}$	$\begin{pmatrix}\sqrt{\frac{2}{3}}\\0\\\frac{-1}{\sqrt{3}}\end{pmatrix}$	$\begin{pmatrix}0.26+0.16\mathrm{i} & 0 & 0.94\\ 0 & -0.96-0.18\mathrm{i} & 0\\ -0.75-0.46\mathrm{i} & 0 & 0.33\end{pmatrix}$
2	$\begin{pmatrix}\frac{-2\sqrt{2}}{3}\\0\\\frac{-1}{3}\end{pmatrix}$	$\begin{pmatrix}\frac{-\sqrt{2}}{3}\\\sqrt{\frac{2}{3}}\\\frac{1}{3}\end{pmatrix}$	$\begin{pmatrix}\frac{-1}{6}\\\frac{\sqrt{3}}{2}\\\frac{\sqrt{2}}{3}\end{pmatrix}$	$\begin{pmatrix}\frac{5}{6}\\\frac{1}{2\sqrt{3}}\\\frac{\sqrt{2}}{3}\end{pmatrix}$	$\begin{pmatrix}\frac{-1}{2\sqrt{3}}\\\frac{-1}{2}\\\sqrt{\frac{2}{3}}\end{pmatrix}$	$\begin{pmatrix}\frac{-1}{\sqrt{6}}\\\frac{-1}{\sqrt{2}}\\\frac{-1}{\sqrt{3}}\end{pmatrix}$	$\begin{pmatrix}0.25-0.08\mathrm{i} & 0.44+0.33\mathrm{i} & 0.7+0.24\mathrm{i}\\ -0.95-0.05\mathrm{i} & -0.04+0.08\mathrm{i} & 0.23+0.14\mathrm{i}\\ -0.15 & 0.72+0.27\mathrm{i} & -0.57-0.01\mathrm{i}\end{pmatrix}$

续表

q	$\hat{\boldsymbol{k}}_{q-1}$	$\hat{\boldsymbol{k}}_q$	$\hat{\boldsymbol{P}}_q$	$\hat{\boldsymbol{P}}'_q$	$\hat{\boldsymbol{s}}_q$	$\hat{\boldsymbol{\eta}}_q$	$\boldsymbol{P}_q$
3	$\begin{pmatrix} \frac{-\sqrt{2}}{3} \\ \sqrt{\frac{2}{3}} \\ \frac{1}{3} \end{pmatrix}$	$\begin{pmatrix} 0 \\ 0 \\ 1 \end{pmatrix}$	$\begin{pmatrix} \frac{1}{6} \\ \frac{-1}{2\sqrt{3}} \\ \frac{2\sqrt{2}}{3} \end{pmatrix}$	$\begin{pmatrix} \frac{1}{2} \\ \frac{-\sqrt{3}}{2} \\ 0 \end{pmatrix}$	$\begin{pmatrix} \frac{-\sqrt{3}}{2} \\ \frac{-1}{2} \\ 0 \end{pmatrix}$	$\begin{pmatrix} \frac{-1}{\sqrt{6}} \\ \frac{1}{\sqrt{2}} \\ \frac{-1}{\sqrt{3}} \end{pmatrix}$	$\begin{pmatrix} -0.65-0.09i & -0.53-0.15i & 0.37+0.23i \\ -0.53-0.15i & -0.04+0.08i & -0.65-0.4i \\ -0.47 & 0.82 & 0.33 \end{pmatrix}$

如式(9.19)所示,$\boldsymbol{V}_{cc}$ 和 $\boldsymbol{U}_{cc}$ 将入射和出射传播矢量作为它们的第一列。表 9.3 列出了假设入射电场强度为 1 的最大和最小光强透射率,角锥镜二向衰减率由 $\boldsymbol{P}_{cc}$ 矩阵的奇异值计算得出。

表 9.3 输出的最大光强和与之相关的入射电场、透射电场的最小光强和与之相关的入射电场,以及光线通过角立方体系统的二向衰减率

I_{max}	$\boldsymbol{v}_1$	I_{min}	$\boldsymbol{v}_2$	$\boldsymbol{D}$
0.774	$\begin{pmatrix} 0.65e^{-0.85i} \\ 0.76e^{-2.15i} \\ 0 \end{pmatrix} = e^{-2.15i}\begin{pmatrix} 0.65e^{1.30i} \\ 0.76 \\ 0 \end{pmatrix}$	0.757	$\begin{pmatrix} 0.76e^{-0.91i} \\ 0.65e^{0.94i} \\ 0 \end{pmatrix} = e^{-0.91i}\begin{pmatrix} 0.76 \\ 0.65e^{1.85i} \\ 0 \end{pmatrix}$	0.014

$\boldsymbol{V}_{cc}$ 和 $\boldsymbol{U}_{cc}$ 的最后两列代表了对应于最大和最小光强透射率的两个入射偏振态($\boldsymbol{v}_1$,$\boldsymbol{v}_2$)和出射偏振态($\boldsymbol{u}_1$,$\boldsymbol{u}_2$)。$\boldsymbol{v}_1$、$\boldsymbol{v}_2$ 和 $\boldsymbol{u}_1$、$\boldsymbol{u}_2$ 是椭圆偏振态。因此,通过角锥镜的这条路径就像一个弱椭圆二向衰减器,二向衰减率为 0.014。$\boldsymbol{v}_1$ 和$\boldsymbol{v}_2$ 是唯一一对在出射时保持正交的正交入射偏振态。图 9.10 显示了在局部坐标系($\hat{\boldsymbol{s}}_0$,$\hat{\boldsymbol{p}}_0$,$\hat{\boldsymbol{k}}_0$)和($\hat{\boldsymbol{s}}_3$,$\hat{\boldsymbol{p}}_3$,$\hat{\boldsymbol{k}}_3$)中表示的与最大和最小光强透射率相关的偏振状态,其中每个椭圆的传播矢量都从页面指向读者。图 9.10(a)中的红色椭圆是具有最大光强透射率的出射(如 $\boldsymbol{u}_1$)偏振态(左边的椭圆)和对应的入射(如 $\boldsymbol{v}_1$)偏振态(右边的椭圆)。注意$\boldsymbol{v}_1$ 和 $\boldsymbol{u}_1$ 的旋向是相反的;经过奇数次反射,左旋入射偏振态在出射时变为右旋,因为偏振态的旋向是定义在局部坐标系中的。类似地,图 9.10(b)中的蓝色椭圆是具有最小光强透射率的出射(如 $\boldsymbol{u}_2$)偏振态和对应的入射(如$\boldsymbol{v}_2$)偏振态。$\boldsymbol{v}_2$ 和 $\boldsymbol{u}_2$ 的旋向也是相反的。

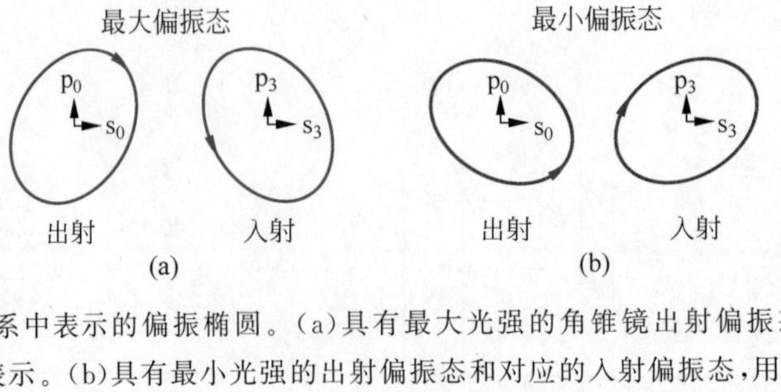

图 9.10 在局部坐标系中表示的偏振椭圆。(a)具有最大光强的角锥镜出射偏振态和对应的入射偏振态,用红色表示。(b)具有最小光强的出射偏振态和对应的入射偏振态,用蓝色表示

使用局部坐标系来描述传播方向相反的琼斯矢量会使这些偏振态和变换的讨论复杂化。在全局坐标系中，如图 9.11 所示，入射和相应出射偏振态的电场旋向是同向的；$\boldsymbol{v}_1$ 和 $\boldsymbol{u}_1$ 具有相同旋向，$\boldsymbol{v}_2$ 和 $\boldsymbol{u}_2$ 具有相同旋向，这是由于传播矢量 $\hat{\boldsymbol{k}}_0$ 和 $\hat{\boldsymbol{k}}_3$ 平行但方向相反的缘故。图 9.11 中所有偏振态都是在全局坐标系（x-y 平面）中表示的，从角锥镜外部看向内部；由于 $\hat{\boldsymbol{k}}_3=\hat{z}$，出射电场从纸面向外，而入射电场从纸面向里。

图 9.11 中所有偏振态都是在 x-y 平面中表示的，从角锥镜外面看向里面；由于 $\hat{\boldsymbol{k}}_3=\hat{z}$，且 $\hat{\boldsymbol{k}}_0$ 和 $\hat{\boldsymbol{k}}_3$ 是反平行的，出射偏振椭圆从纸面向外，而入射偏振椭圆从纸面向里。

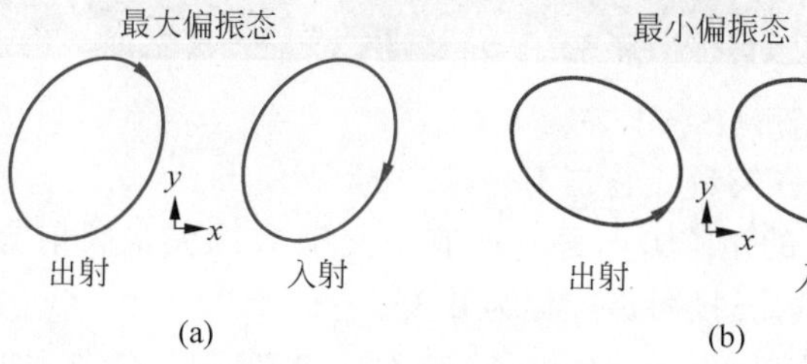

图 9.11　从角锥镜外朝里看到的偏振椭圆。(a)具有最大光强的角锥镜出射偏振态和对应的入射偏振态，用红色表示。(b)具有最小光强的出射偏振态和对应的入射偏振态，用蓝色表示

9.8　总结

在光学系统中光线是不断改变方向的，3×3 的偏振光线追迹矩阵可以在全局坐标中进行光线追迹，这提供了一个简单的方式来解释光学系统的偏振特性。9.5 节的干涉仪和 9.7 节的角锥镜强调了全局坐标直接表征法。使用局部坐标，不同分析人士可能会做出不同的选择，使复杂几何体的解释复杂化。将结果从全局坐标转换为其他有趣的局部坐标仍然是很简单的。

本章提出了一种用 3×3 矩阵进行偏振光线追迹的方法，并给出了它与琼斯计算法的关系。通过具体的例子总结了针对反射、折射和偏振元件的算法。

如果光学系统包含各向异性或双折射介质，则传播部分采用双折射介质的延迟矩阵和/或二向色介质的二向衰减矩阵的形式。把光线从界面 q 到 $q+1$ 的传播效应标记为 $\boldsymbol{A}_{q+1,q}$，那么光线通过一个包含各向异性介质（例如式(9.2)）光学系统的偏振光线追迹矩阵变为

$$\boldsymbol{P}_{\text{Total}}=\boldsymbol{P}_N\boldsymbol{A}_{N,N-1}\boldsymbol{P}_{N-1}\cdots\boldsymbol{A}_{3,2}\boldsymbol{P}_2\boldsymbol{A}_{2,1}\boldsymbol{P}_1=\boldsymbol{P}_N\prod_{q=N-1,-1}^{1}\boldsymbol{A}_{q+1,q}\boldsymbol{P}_q \tag{9.80}$$

式(9.80)非常适用于应力双折射和弱各向异性材料。在方解石和金红石等强双折射材料中，两种模式（寻常光和异常光）之间的双折射导致光线分离。在这种情况下，每条折射进入双折射材料的独立光线需要一个单独的偏振光线追迹矩阵。因为在这些双折射介质中的模式具有单一偏振性，光线截点 $\boldsymbol{P}_S$ 具有偏振器的形式。这个偏振器矩阵选择入射偏振态使其耦合为特定模式。关于在各向异性材料中光线追迹的进一步评论超出了本章的范围，将在第 19 章（双折射光线追迹）中对其进行介绍。

$\boldsymbol{P}$ 矩阵的二向衰减计算可通过 SVD 来进行。最大和最小透过率与 $\boldsymbol{P}$ 矩阵的奇异值相关联。SVD 的两个酉矩阵给出了两个规范化的入射和出射偏振态,它们相互正交,并与奇异值相关。入射传播矢量和出射传播矢量通过 $\boldsymbol{P}$ 关联起来,因为有约束 $\boldsymbol{P}\hat{\boldsymbol{k}}_{q-1}=\hat{\boldsymbol{k}}_q$ 作用于 $\boldsymbol{P}$ 的定义。引入了 $\breve{\boldsymbol{P}}$ 和传播并矢,来简化平行光线的 $\boldsymbol{P}$ 矩阵叠加。

用带有 PBS 的干涉仪系统作为例子,一步一步展示了如何用 $\boldsymbol{P}$ 矩阵进行光线追迹。最后,给出了一个通过空心镀铝角锥镜进行光线追迹的数值例子。

9.9 习题集

9.1 考虑一个单位矢量 $\boldsymbol{V}=(v_x,v_y,v_z)$

a. 求与 $\boldsymbol{V}$ 正交的单位矢量。它是不是唯一的?

b. 求将 $\boldsymbol{V}$ 映射到 $\boldsymbol{V}$ 的矩阵 $\boldsymbol{Dy}$,并将所有正交于 $\boldsymbol{V}$ 的矢量映射为零矢量。证明你的矩阵工作正常。这类投影矩阵称为并矢。

9.2 给定两套三矢量正交基($\boldsymbol{A},\boldsymbol{B},\boldsymbol{C}$)和($\boldsymbol{E},\boldsymbol{F},\boldsymbol{G}$),定义一个 3×3 的单位并矢 $\boldsymbol{H}$,它将单位矢量 $\boldsymbol{A}$ 映射到 $\boldsymbol{E}$,并且将两个正交分量 $\boldsymbol{B}$ 和 $\boldsymbol{C}$ 映射为零

$$\boldsymbol{H}\cdot\begin{pmatrix}A_x & B_x & C_x\\ A_y & B_y & C_y\\ A_z & B_z & C_z\end{pmatrix}=\begin{pmatrix}E_x & 0 & 0\\ E_y & 0 & 0\\ \boldsymbol{E}_z & 0 & 0\end{pmatrix}$$

求下列并矢:

a. 把(0,1,0)映射为(0,1,0);

b. 把(0,1,0)映射为(1,0,0);

c. 把(0,0,1)映射为(1,0,0);

d. 把(0,0,1)映射为(0,0,−1);

e. 把(0,0,1)映射为(α,β,γ);

f. 把(α,β,γ)映射为(α,β,γ);

g. 把(α,β,γ)映射为(δ,ε,ζ);

h. 单位并矢的特征值是什么?

i. 并矢的行列式是多少?

j. 证明 g. 的行是线性相关的;

k. 并矢矩阵是酉矩阵还是厄米矩阵?

9.3 光线的传播矢量是 $\boldsymbol{k}_1=(-2,-3,3)/\sqrt{2^2+3^2+3^2}$。

a. 为 $\boldsymbol{k}_1$ 创建并矢矩阵 $\boldsymbol{K}_1$。按下面的方法求横向平面的两个基向量:在不同的方向选取两个简单但任意的向量 $\boldsymbol{v}_1$ 和 $\boldsymbol{v}_2$。

b. 为得到一个正交向量,通过从 $\boldsymbol{v}_1$ 减去 $\boldsymbol{k}_1\cdot\boldsymbol{v}_1$ 构成 x 基向量 $\boldsymbol{x}_1$,并归一化。验证 $\boldsymbol{x}_1$ 是否正交于 $\boldsymbol{k}_1$ 且已归一化。

c. 构建 $\boldsymbol{x}_1$ 的并矢矩阵 $\boldsymbol{X}_1$。

d. 画出($\boldsymbol{k}_1,\boldsymbol{v}_1$)平面内各矢量的图形,并解释数学操作。

e. 通过从 $\boldsymbol{v}_2$ 中减去 $\boldsymbol{K}_1\cdot\boldsymbol{v}_2$ 和 $\boldsymbol{X}_1\cdot\boldsymbol{v}_2$ 来形成 y 基向量 $\boldsymbol{y}_1$,从而得到正交向量,并归

一化。验证 $\boldsymbol{y}_1$ 是否与 $\boldsymbol{k}_1$ 正交。这是三维格莱姆·施密特正交归一化算法的一个例子。

f. 正交基$(\boldsymbol{k}_1,\boldsymbol{x}_1,\boldsymbol{y}_1)$是左手系还是右手系？

g. 写出沿 $\boldsymbol{K}_1$ 传播的右旋圆偏振光的偏振矢量 $\boldsymbol{E}_1$。

9.4　正交矩阵

a. 求正交矩阵 $\boldsymbol{O}_1$，将 $\boldsymbol{x}$ 旋转为 $\boldsymbol{u}$，$\boldsymbol{y}$ 旋转为 $\boldsymbol{v}$，$\boldsymbol{z}$ 旋转为 $\boldsymbol{w}$，其中 $\boldsymbol{x}=(1,0,0)$，$\boldsymbol{y}=(0,1,0)$，$\boldsymbol{z}=(0,0,1)$，$\boldsymbol{u}=\left(\frac{3}{5},\frac{4}{5},0\right)$，$\boldsymbol{v}=(0,0,1)$，$\boldsymbol{w}=\left(\frac{4}{5},-\frac{3}{5},0\right)$。

b. 求正交矩阵 $\boldsymbol{O}_2$，将 $\boldsymbol{r}$ 旋转为 $\boldsymbol{x}$，$\boldsymbol{s}$ 旋转为 $\boldsymbol{y}$，$\boldsymbol{t}$ 旋转为 $\boldsymbol{z}$，其中 $\boldsymbol{r}=(0,12,5)/13$，$\boldsymbol{s}=(1,0,0)$，$\boldsymbol{t}=(0,5,-12)/13$。

c. 求正交矩阵 $\boldsymbol{O}_3$，将 $\boldsymbol{r}$ 旋转为 $\boldsymbol{u}$，$\boldsymbol{s}$ 旋转为 $\boldsymbol{v}$，$\boldsymbol{t}$ 旋转为 $\boldsymbol{w}$。

9.5　一块平板玻璃，其法线为 $\boldsymbol{\eta}=\left(\sin\frac{\pi}{6},0,\cos\frac{\pi}{6}\right)$，有一束入射光，它的传播矢量为 $\boldsymbol{k}_{\text{in}}=\left(0,\sin\frac{\pi}{6},-\cos\frac{\pi}{6}\right)$，折射光线的传播矢量为 $\boldsymbol{k}_1=\frac{1}{\sqrt{2}}\left(\frac{1}{4},\frac{1}{2},\frac{3\sqrt{3}}{4}\right)$。

a. 求 $\boldsymbol{s}$ 基矢量。

b. 求 $\boldsymbol{p}$ 基矢量。

c. 求正交矩阵，将全局坐标系$(\boldsymbol{x},\boldsymbol{y},\boldsymbol{z})$旋转到局部坐标系$(\boldsymbol{k},\boldsymbol{s},\boldsymbol{p})$。

d. 求折射后的 $\boldsymbol{s}'$、$\boldsymbol{p}'$ 基矢量。

e. 求正交矩阵，将全局坐标系$(\boldsymbol{x},\boldsymbol{y},\boldsymbol{z})$旋转到局部坐标系$(\boldsymbol{k},\boldsymbol{s}',\boldsymbol{p}')$。

f. 求入射角和折射角。

g. 如果入射折射率是 1，求介质的折射率。

这个界面的折射琼斯矩阵为 $\boldsymbol{J}=\begin{pmatrix}3/4 & 0\\ 0 & 6\sqrt{2}/11\end{pmatrix}$。

h. 求相关的偏振光线追迹矩阵 $\boldsymbol{P}$。

i. 相关的奇异值分解是什么？

9.6　a. 理想偏振器的偏振光线追迹矩阵的三个奇异值是什么？

b. 理想延迟器的偏振光线追迹矩阵的三个奇异值是什么？

9.7　求奇异值分解 $\boldsymbol{P}=\boldsymbol{U}\boldsymbol{D}\boldsymbol{V}^{\dagger}$ 的逆矩阵 $\boldsymbol{P}^{-1}$，用 $\boldsymbol{U}$、$\boldsymbol{D}$、$\boldsymbol{V}$ 表示。

9.8　给定下面的奇异值分解

$$\begin{pmatrix}0 & 0 & 1\\ \frac{1}{\sqrt{2}} & \frac{1}{\sqrt{2}} & 0\\ \frac{\mathrm{i}}{\sqrt{2}} & \frac{-\mathrm{i}}{\sqrt{2}} & 0\end{pmatrix}\begin{pmatrix}\frac{3}{8} & 0 & 0\\ 0 & \frac{1}{8} & 0\\ 0 & 0 & 1\end{pmatrix}\begin{pmatrix}0 & \frac{1}{\sqrt{2}} & \frac{-\mathrm{i}}{\sqrt{2}}\\ 0 & \frac{1}{\sqrt{2}} & \frac{\mathrm{i}}{\sqrt{2}}\\ 1 & 0 & 0\end{pmatrix}$$

a. 求解二向衰减率。

b. 光沿哪个轴入射和出射？

c. 这是一个线性、椭圆还是圆偏振元件？

9.9　为了计算一个截断点处的反射和/或折射偏振态，我们通常将偏振态分解为 s 偏振和

p偏振。当光线以0°入射角(垂直入射到表面)进入截断点处时,s偏振和p偏振没有区别。在这个问题中,我们计算了琼斯矩阵和偏振光线追迹矩阵($\boldsymbol{P}$)来描述正入射时的反射,并对结果进行了比较。

a. 考虑一条光线在空气($n_1=1$)中沿着$\boldsymbol{k}_1=(0,0,1)$传播,并入射在折射率$n_1=1.52$的玻璃表面,表面法线是$\boldsymbol{\eta}=(0,0,1)$。用菲涅耳反射系数$\begin{pmatrix} r_s & 0 \\ 0 & r_p \end{pmatrix}$写出反射的琼斯矩阵。

b. 使用a.中计算得到的琼斯矩阵,计算右旋圆偏振的入射琼斯矢量$\boldsymbol{E}_{in}=(1,-i)/\sqrt{2}$的反射琼斯矢量$\boldsymbol{E}_{out}$。

c. $\boldsymbol{E}_{out}$的偏振态是什么?

d. 计算同一条光线的$\boldsymbol{P}$矩阵。

e. 使用d.中得到的$\boldsymbol{P}$矩阵,计算右旋圆偏振入射光,其矢量为$(1,-i,0)/\sqrt{2}$,正入射然后反射的偏振矢量$\boldsymbol{E}$。

f. 比较c.和e.的结果。反射的电场矢量是哪个偏振态? c.和e.矛盾吗?请解释。

9.10 对于沿着z轴传播的光束,某个偏振元件的琼斯矩阵是$\boldsymbol{J}=\begin{pmatrix} j_{11} & j_{12} \\ j_{21} & j_{22} \end{pmatrix}$。现在,这个偏振元件被放置到光束沿着$\boldsymbol{k}=(1,1,1)/\sqrt{3}$传播且$x$轴移动到$\boldsymbol{x}_1=(0,-1,1)/\sqrt{2}$的系统中。

a. 求作为琼斯矩阵元素函数的偏振光线追迹矩阵$\boldsymbol{P}$。

b. 如果$\boldsymbol{J}$是快轴方向45°的四分之一波线性延迟器,求$\boldsymbol{P}$。

c. 哪个入射偏振矢量$\boldsymbol{E}_1$会产生光通量为16的出射左旋圆偏振态?

d. 求奇异值分解$\boldsymbol{P}=\boldsymbol{VDW}^{\dagger}$。

9.11 沿着方向$\boldsymbol{k}_0=(1,0,2)/\sqrt{5}$传播的光线入射到一个线栅偏振器上,其法线为$\boldsymbol{\eta}_0=(1,\sqrt{4},1)/\sqrt{6}$。所有的p偏振光透过该偏振器,以相同的方向$\boldsymbol{k}_0$出射。

a. 求该偏振器的透射偏振光线追迹矩阵$\boldsymbol{P}_t$。

b. 求反射的传播矢量$\boldsymbol{k}_r$。

c. 如果所有的s偏振光被反射,求反射矩阵$\boldsymbol{P}_r$。

d. 上述线栅偏振器被另一线栅偏振器代替,其s偏振光振幅反射系数为0.8,相位延迟量$\pi/3$。p偏振光振幅反射系数为0.1,相位延迟量$\pi/2$。求反射的偏振光线追迹矩阵。

9.12 一个反射式线性1/4波延迟器的表面法线为$\boldsymbol{\eta}_1=(0,0,1)$。它使得水平线偏光(快轴是$x$)的相位超前$\pi/4$,与之正交偏振态光的相位延迟$\pi/4$。入射光线的传播矢量是$\boldsymbol{k}_0=(0,\sin30°,\cos30°)$。计算三维偏振光线追迹矩阵。

a. 计算$(\boldsymbol{s}_1,\boldsymbol{p}_1,\boldsymbol{k}_0)$和$(\boldsymbol{s}'_1,\boldsymbol{p}'_1,\boldsymbol{k}'_0)$。

b. 用具有水平快轴的线性$\lambda/4$延迟器的琼斯矩阵$\boldsymbol{J}=\begin{pmatrix} e^{-i\pi/4} & 0 \\ 0 & e^{i\pi/4} \end{pmatrix}$计算$\boldsymbol{P}$矩阵。

c. 当入射光是右旋圆偏振光,在三维空间中反射偏振态的主轴方向是什么?

9.13　传播矢量为 $\boldsymbol{k}=(1,1,0)/\sqrt{2}$ 的光线正入射到沃拉斯顿棱镜的前表面。在法线方向为 $\boldsymbol{\eta}=(\cos 55°,\sin 55°,0)$ 的斜边上，z 方向偏振的 s 分量发生折射，并以 $\boldsymbol{k}_{\alpha}=(\cos 48°,\sin 48°,0)$ 方向射出棱镜。入射光中的正交分量，即界面处的 p 分量，以相对的方向折射，并以 $\boldsymbol{k}_{\beta}=(\cos 42°,\sin 42°,0)$ 方向射出棱镜。假设两束光都损失了 9% 的入射光通量，4% 进入棱镜，在斜面上反射损失 1%，4% 进入空气。我们的方程将只分析空气中入射光束和出射光束之间的偏振光线追迹矩阵。我们不写斜面上的 $\boldsymbol{P}$ 矩阵。

a. 求空气中入射光的 $\boldsymbol{s}$、$\boldsymbol{p}$ 和 $\boldsymbol{k}$ 分量。

b. 针对光束 α，求出沃拉斯顿偏振器的振幅透射矩阵，包括界面偏振效应和端到端损耗。在界面上光束的菲涅耳系数为 $(as_{\alpha},ap_{\alpha},as_{\beta},ap_{\beta})$。

c. 求光束 α 从全局坐标系到局部坐标系的正交变换

$$\boldsymbol{O}_{\alpha}^{-1}=\begin{pmatrix} s_x & s_y & s_z \\ p_x & p_y & p_z \\ k_x & k_y & k_z \end{pmatrix}$$

d. 求光束 α 从局部坐标系到全局坐标系的正交变换

$$\boldsymbol{O}_{\alpha}=\begin{pmatrix} s_x & p'_x & k\alpha_x \\ s_y & p'_y & k\alpha_y \\ s_z & p'_z & k\alpha_z \end{pmatrix}$$

e. 求光束 α 偏振器路径的偏振光线追迹矩阵。

f. 当入射光为左旋圆偏振光，$\boldsymbol{EL}=\left(\frac{1}{2}-\frac{\mathrm{i}}{2},\frac{-1}{2}+\frac{\mathrm{i}}{2},\frac{1+\mathrm{i}}{\sqrt{2}}\right)$，求出射光的 $\boldsymbol{E}$ 矢量。出射光通量和偏振态是什么？

g. 求光束 β 偏振器路径的偏振光线追迹矩阵。

9.14　沿着 y 轴传播的光线遇到一个屋脊反射镜，镜面法线为 $\boldsymbol{\eta}_1$ 和 $\boldsymbol{\eta}_2$。$\boldsymbol{k}_0=(0,1,0)$，$\boldsymbol{\eta}_1=(1,1,0)/\sqrt{2}$，$\boldsymbol{\eta}_2=(-1,1,0)/\sqrt{2}$。一半的光束从镜面 1 和镜面 2 反射，沿着方向 $\boldsymbol{k}_2=(0,-1,0)$ 射出。

a. 假设每个镜面的菲涅耳反射系数为 r_{s} 和 r_{p}，求出单个反射的偏振光线追迹矩阵 $\boldsymbol{P}_1$ 和 $\boldsymbol{P}_2$，以及整个路径的偏振光线追迹矩阵 $\boldsymbol{P}$。保持 r_{s} 和 r_{p} 为变量。

b. 光束的另一半先射向镜面 2，然后射向镜面 1，并以相同的方向射出。求出单个反射和整个路径的偏振光线追迹矩阵。

c. 求出琼斯矢量，它会以右旋圆偏振光的形式出射。

9.15　一个线偏振器，它的透射轴方向是 45°，表面法线是 $\boldsymbol{\eta}_1=(0,0,1)$。入射光线的传播矢量是 $\boldsymbol{k}_0=(0,\sin 30°,\cos 30°)$。偏振器不改变透射光线的传播方向。

a. 使用 $\boldsymbol{\eta}_1$ 和 $\boldsymbol{k}_0$ 计算 $(\boldsymbol{s}_1,\boldsymbol{p}_1,\boldsymbol{k}_0)$ 和 $(\boldsymbol{s}'_1,\boldsymbol{p}'_1,\boldsymbol{k}'_0)$。

b. 生成正交矩阵 $\boldsymbol{O}_{\mathrm{in}}$ 和 $\boldsymbol{O}_{\mathrm{out}}$。

c. 用 45° 方向线偏振器的琼斯矩阵计算 $\boldsymbol{P}$ 矩阵。

9.16　一个可调节的三镜反射器接收沿 z 轴的入射光，将其反射三次，使光仍沿 z 轴出射。镜子是理想的反射器，$rs=1$，$rp=1$。调整 θ 后，每个镜面后的传播矢量变化如下：

$$\boldsymbol{k}_0=(0,1,0)$$
$$\boldsymbol{k}_1=(\sin\theta,0,\cos\theta)$$
$$\boldsymbol{k}_2=(0,\sin\theta,\cos\theta)$$
$$\boldsymbol{k}_3=\boldsymbol{k}_0$$

a. 对于 $\theta=45°$ 的情形,求出第一个镜面的反射基矢量 $\boldsymbol{s}_1$、$\boldsymbol{p}_1$、$\boldsymbol{p}'_1$。可以使用 $\boldsymbol{s}$ 基向量的替代表达式 $\boldsymbol{s}_q=(\boldsymbol{k}_q\times\boldsymbol{k}_{q-1})/|\boldsymbol{k}_q\times\boldsymbol{k}_{q-1}|$。

b. 对于 $\theta=45°$ 的情形,构建正交变换矩阵 $\boldsymbol{O}_{\text{in},1}$ 和 $\boldsymbol{O}_{\text{out},1}$。

c. 计算偏振光线追迹矩阵 $\boldsymbol{P}_1$。

d. 若入射光是 x 方向的线偏振光,对于 $\theta=45°$ 的情形,求出射偏振光的取向。

e. 设计程序,以 θ 作为输入值,计算 $\boldsymbol{P}_1$、$\boldsymbol{P}_2$、$\boldsymbol{P}_3$ 及总的光线追迹矩阵 $\boldsymbol{P}$。

f. 对于 x 线偏振的入射光,画出出射偏振光的取向角与 θ 的函数关系图。

g. 对于什么 θ 值,光近似 45°线偏振?

h. 对于什么角度,光是 y 偏振的?

9.17 某条光线路径的偏振光线追迹矩阵是由下面三个矩阵方程定义的:

$$\boldsymbol{E}_{a,1}=\boldsymbol{P}\cdot\boldsymbol{E}_{a,0}$$
$$\boldsymbol{E}_{b,1}=\boldsymbol{P}\cdot\boldsymbol{E}_{b,0}$$
$$\boldsymbol{k}_1=\boldsymbol{P}\cdot\boldsymbol{k}_0$$

其中 $\boldsymbol{E}_{a,0}$ 和 $\boldsymbol{E}_{b,0}$ 是 $\boldsymbol{V}$ 的两列,当沿着该光线路径传播时,它们分别被 Λ_1 和 Λ_2 衰减。现在,光沿该光线路径以相反的方向发射,由 $\boldsymbol{U}$ 的列定义的两个偏振态分别被 Λ_1 和 Λ_2 衰减。求相反方向的 **PRT** 矩阵 $\breve{\boldsymbol{P}}$。因为两个方向的二向衰减是相同的,$\breve{\boldsymbol{P}}$ 不是 $\boldsymbol{P}$ 的矩阵逆。

9.18 求下面 $\boldsymbol{P}$ 矩阵的 $\breve{\boldsymbol{P}}$。对于每一个矩阵,求相应的入射和出射传播矢量 $\boldsymbol{k}_0$ 和 $\boldsymbol{k}_1$,以及二向衰减率。

a. $\boldsymbol{P}_1=\begin{pmatrix}1&0&0\\0&0.9&0\\0&0&0.5\end{pmatrix}$ b. $\boldsymbol{P}_2=\begin{pmatrix}0.5&0&0\\0&0.9&0\\0&0&1\end{pmatrix}$ c. $\boldsymbol{P}_3=\begin{pmatrix}0&0&1\\0&0.9&0\\0.5&0&0\end{pmatrix}$

d. $\boldsymbol{P}_4=\begin{pmatrix}0&0.9&0\\0&0&1\\0.5&0&0\end{pmatrix}$ e. $\boldsymbol{P}_5=\dfrac{1}{8}\begin{pmatrix}7&-1&0\\-1&7&0\\0&0&4\end{pmatrix}$ f. $\boldsymbol{P}_6=\dfrac{1}{8}\begin{pmatrix}1&7&0\\-7&-1&0\\0&0&4\end{pmatrix}$

g. $\boldsymbol{P}_7=\begin{pmatrix}0.714&0.01&-0.52\\-0.102&0.827&0.296\\0.289&-0.106&0.394\end{pmatrix}$

h. $\boldsymbol{P}_8=\begin{pmatrix}-0.67&0.183&0.052\\0.01&0.036&-0.822\\0.19&-0.719&-0.311\end{pmatrix}$

9.19 考虑移相泰曼-格林干涉仪,如下图所示,使用 PBS 和两个线性四分之一波长延迟器,以最小的损耗使光通过系统。

a. 一旦光束汇合,检偏器就用于获得条纹。45°线偏振器之前的两条路径的 $\boldsymbol{P}$ 矩阵是什么？整个系统的 **P** 矩阵是什么？务必解释两臂之间不匹配的相位。

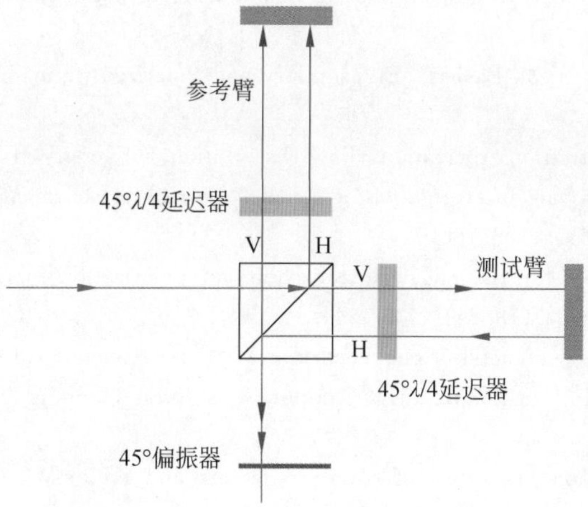

b. 假设其中一个 1/4 波片旋转(从 45°开始)了一个小角度 δ，该臂的新 **P** 矩阵是什么？系统的又是什么？这将如何影响被测相位？

c. 假设其中一个波片的延迟量改变了一个小量 δ，该臂的新 **P** 矩阵是什么？整个系统的又是什么？这将如何影响被测相位？

9.10 参考文献

[1] E. Waluschka, A polarization ray trace, Opt. Eng. 28 (1989): 86-89.

[2] R. A. Chipman, Mechanics of polarization ray tracing, Opt. Eng. 34 (1995): 1636-1645.

[3] R. A. Chipman, Polarization analysis of optical systems, Opt. Eng. 28 (1989): 90-99.

[4] S. G. Krantz, The index or winding number of a curve about a point, in Handbook of Complex Variables, Boston, MA: Birkhäuser (1999), pp. 49-50.

[5] P. Torok, P. Varga, Z. Laczik, and G. R. Booker, Electromagnetic diffraction of light focused through a planar interface between materials of mismatched refractive indices: An integral representation, J. Opt. Soc. Am. A 12 (1995): 325-332.

[6] P. Torok and T. Wilson, Rigorous theory for axial resolution in confocal microscopes, Opt. Commun. 137(1997): 127-135.

[7] P. Torok, P. D. Higdon, and T. Wilson, Theory for confocal and conventional microscopes imaging small dielectric scatterers, J. Mod. Opt. 45 (1997): 1681-1698.

[8] G. Yun, K. Crabtree, and R. A. Chipman, Three-dimensional polarization ray-tracing calculus Ⅰ, definition and diattenuation, Appl. Opt. 50 (2011): 2855-2865.

[9] G. Yun, S. McClain, and R. A. Chipman, Three-dimensional polarization ray-tracing calculus Ⅱ, retardance, Appl. Opt. 50 (2011): 2866-2874.

[10] R. A. Chipman, Challenges for polarization ray tracing, in International Optical Design Conference, OSA Technical Digest (CD), paper IWA4, OSA (2010).

[11] W. S. T. Lam, S. McClain, G. Smith, and R. Chipman, Ray tracing in biaxial materials, in International Optical Design Conference, OSA Technical Digest (CD), paper IWA1, OSA (2010).

[12] H. A. Macleod, Thin-Film Optical Filters, McGraw-Hill (1986), pp. 179-209.

[13] P. H. Berning, Theory and calculations of optical thin films, Phys. Thin Films 1 (1963): 69-121.

[14] M. Born and E. Wolf, Principles of Optics, Cambridge University Press (1999), pp. 63-74.

[15] S. Lu and R. A. Chipman, Homogeneous and inhomogeneous Jones matrices, J. Opt. Soc. Am. A 11 (1994): 766-773.

[16] R. M. A. Azzam and N. M. Bashara, Ellipsometry and Polarized Light, North Holland, (1977), pp. 67-84.

[17] R. A. Chipman, Polarization Aberrations, PhD Dissertation, University of Arizona (1987).

[18] S. Lu and R. A. Chipman, Interpretation of Mueller matrices based on polar decomposition, J. Opt. Soc. Am. A 13 (1996): 1106-1113.

[19] R. Barakat, Conditions for the physical realizability of polarization matrices characterizing passive systems, J. Mod. Opt. 34 (1987): 1535-1544.

[20] P. Lancaster and M. Tismenetsky, The Theory of Matrices, Academic (1985), pp. 1535-1544.

[21] G. H. Gloub and C. F. Van Loan, Matrix Computations, Johns Hopkins University Press (1996), pp. 70-73.

[22] E. R. Peck, Polarization properties of corner reflectors and cavities, J. Opt. Soc. Am. 52 (1962): 253-257.

[23] M. A. Acharekar, Derivation of internal incidence angles and coordinate transformations between internal reflections for corner reflectors at normal incidence, Opt. Eng. 23 (1984): 669-674.

[24] R. Kalibjian, Stokes polarization vector and Mueller matrix for a corner-cube reflector, Opt. Commun. 240 (2004): 39-68.

[25] J. Liu and R. M. A. Azzam, Polarization properties of corner-cube retroreflectors: Theory and experiment, Appl. Opt. 36(7) (1997).

第 10 章

光学光线追迹

10.1 引言

光线追迹是用来计算光通过光学系统路径的主要技术。传统的几何光线追迹是计算一组表征波前的光线的光程长度,并模拟成像系统的成像质量,用于分析照明系统,以及对散射系统(如大气或生物组织)中光的传播进行建模。为在模拟中包含薄膜、偏振元件、衍射光栅和液晶的影响,需要将几何光线追迹的方法推广到偏振光线追迹。光线的光程长度仍然计算出来,但偏振矩阵被融合进计算中去以追踪振幅和偏振的变化。

本章的目标如下:

- 介绍传统几何光线追迹;
- 提供偏振光线追迹算法,追踪光通过光学系统时偏振态的变化;
- 通过应用偏振光线追迹矩阵,计算光线路径的偏振特性;
- 用偏振像差函数和琼斯光瞳确定和解释波前的偏振特性。

与第 16 章(有偏振像差的成像)一起,第 10 章提供了用来理解"偏振光如何与光学系统相互作用"的工具。

偏振元件和光学元件(如反射镜、分束器和衍射光栅)的偏振特性可以单独描述。但这些元件在所有类型的光学系统中都是协同工作的,比如照相机、光谱仪、偏振测量仪、通信系统和微光刻系统。

随着偏振的重要性增加,需要模拟的不仅是反射和折射,这给光学设计人员带来了更大的负担。例如,镀膜工程师可能了解膜层的偏振特性,但没有分析工具来计算光线如何与几十个透镜和镜面上的这些膜层相互作用。类似地,液晶器件设计者有专门的液晶模拟工具,但这些工具不能提供端到端的光学系统仿真。相比之下,光学设计人员总是有工具,并负责用他们的光学设计软件对光学系统进行端到端的仿真。

因此,光学设计程序需要融合越来越多的科学模块(仿真程序),以便在光学设计过程中计算薄膜、衍射光栅、液晶、应力双折射等的物理效应。本章从传统的光学系统、反射和折射、透镜和反射镜开始,在后面的章节中介绍了其他光学元件种类:偏振器、延迟器、晶体元件、衍射光学元件、液晶器件和应力双折射元件。偏振射线追迹计算法成为将所有东西连接在一起进行端到端仿真的工具,并成为一个系统的工具用以了解当这些光学元件级联起来时二向衰减和延迟效应是如何相互作用的。

10.2 光线追迹的目的

光线追迹成像系统的主要目的是表征出射波前及它们的属性。成像系统出射波前相对于球面波前的偏差是波前像差函数。同样,出射波前相对于入射波前的振幅和偏振是偏振像差函数。这些函数可通过追迹过光学系统的光线阵列来计算。通常,光程长度的二维阵列形成波前像差函数。类似地,偏振光线追迹矩阵的阵列构成偏振像差函数。

在大多数成像系统中,球面波进入系统,近似球面波离开系统,在像面上形成图像。在几何光线追迹技术中,从光源出射的球面波前被分成一些小片,每片都分配一条光线。光线的传播矢量与波前的法线对齐。每一条光线都传播到光线与第一个光学表面的交点,称为光线截断点。在那里,光线发生反射或折射,使用反射定律或斯涅耳定律,计算出新的传播矢量。第二条光线段的截断点位于第二个表面,在那里又发生反射或折射过程。在每个表面上,光线截断点必须在表面的孔径内;否则,如果光线在孔径外或到达像面,光线终止。由光线追迹可确定成像质量。在本章中,光线追迹过程分六步考虑:

(1) 光线特性;

(2) 光学系统技术指标;

(3) 光束的描述;

(4) 几何光线追迹算法;

(5) 偏振光线追迹;

(6) 像差和成像质量分析。

本章将通过举一个偏振光线追迹分析的例子,重点介绍分析步骤,使读者准备好阅读本章的其余部分。例 10.1 中手机镜头(美国专利 7535658)的例子将用于介绍光学系统技术规格、几何及偏振光线追迹分析的每个步骤。

例 10.1 手机镜头的几何及偏振光线追迹例子

在讨论光线追迹的细节之前,以手机镜头系统为例,介绍了偏振光线追迹的主要概念。图 10.1 显示了过手机镜头中心的截面图及非球面透镜的形状。镜头结构见表 10.8~表 10.9。通过追迹过光学系统的光线阵列,可以准确地评价镜头的成像质量和偏振特性。

光线从左侧进入系统，折射通过四个透镜和一个红外(IR)截止滤光片，并聚焦在右侧的 CMOS 图像传感器上。在图 10.1(a)中，光线来自两个远方的物点：轴上视场和离轴视场。在每个表面 q 处，定义了一个面形方程 $z_q(x,y)$、一个孔径函数 $p_q(x,y,z)$和该表面后的材料折射率 $n_q(\lambda)$。这提供了几何光线追迹所需的光学系统描述。对于偏振光线追迹，还必须明确每个表面的膜层。在本例中，将使用未镀膜的表面来分析镜头。通常，当膜层未知时，使用四分之一波长 MgF_2 膜作为默认膜层，这是一种常见的抗反射膜。

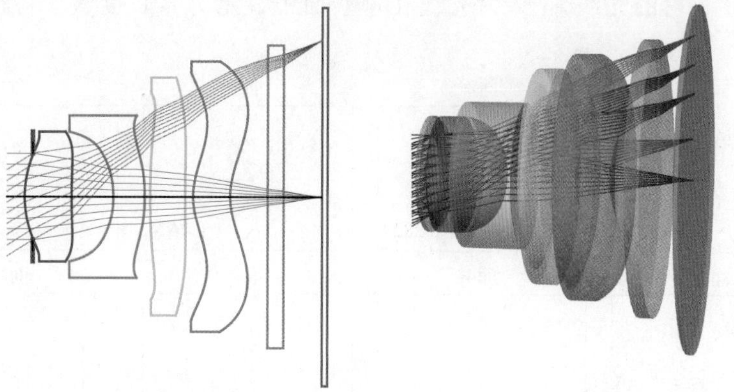

(a)　(b)

图 10.1　(a)具有非球面透镜的手机镜头系统的 y-z 截面图。光阑和入瞳位于第一个透镜表面之前。来自轴上视场的光线是红色的，来自离轴视场的光线是棕色的。(b)有五个物方视场点的手机镜头的三维视图。来自每个物点的光线以不同颜色显示(图片来自 Polaris-M)

光线从一个物点穿过系统的光程长度(OPL)的变化描述了光学系统的出射波前是如何偏离期望的球面波前的。图 10.2(a)显示了一束来自三个视场点的光线通过手机镜头传播并聚焦在像面。一个理想系统将产生零 OPL 变化(相对于球面参考波前)，出射波前为理想球面波前，在出瞳面上是平坦的 OPL 变化。在大多数成像系统中，OPL 变化不

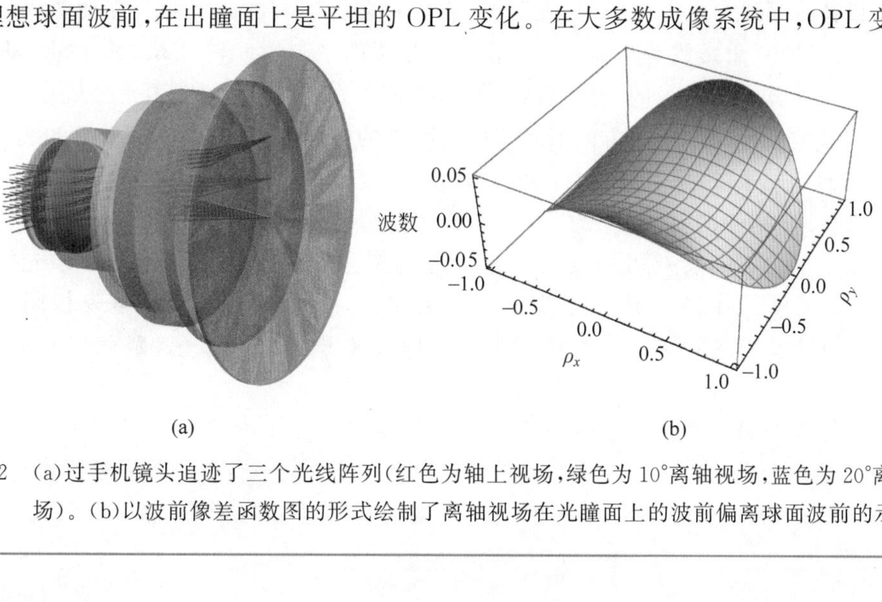

(a)　(b)

图 10.2　(a)过手机镜头追迹了三个光线阵列(红色为轴上视场，绿色为 10°离轴视场，蓝色为 20°离轴视场)。(b)以波前像差函数图的形式绘制了离轴视场在光瞳面上的波前偏离球面波前的示例

是平坦的。例如,图 10.2(b)显示了光线阵列的 OPL 变化,沿着一个轴的方向光程长度增加,而沿着另一个正交轴方向光程长度减少,这种像差模式称为像散。

出射波前也有偏振相关的像差。对于未镀膜和涂覆薄膜的界面,像差产生自入射角(AoI)的变化。图 10.3 显示了手机镜头每个面的一系列入射角图,其中每条线的位置表示光束中光线的位置。线段的长度表示光线在每个面上入射角的大小,线段的方向表示入射面的方向。对于手机镜头例子,入射角在面 3、1 和 7 中最大。在面 1、2、3、4、6、9 和 10 中可看到正入射的光线,正入射光线在这些面中显示为零长度线段(点),如图 10.3 所示。

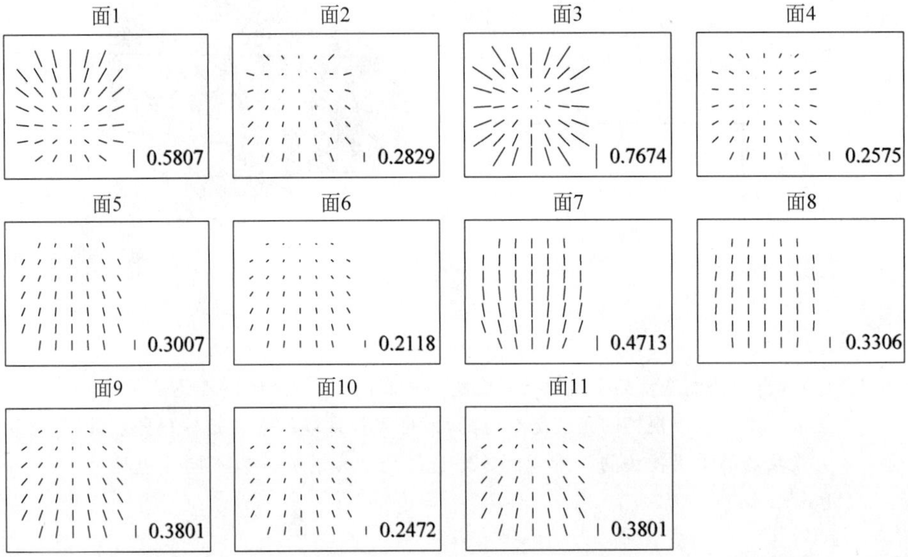

图 10.3 示例手机镜头系统在 10°视场情形下每个光学面的入射角图。图中的线段代表入射面,即 p 偏振光所在的平面。每个图右下角的数字给出了用弧度表示的最大入射角

手机镜头系统可以是未镀膜(无膜层)或具有多种不同的减反膜。在如图 10.4 所示的二向衰减图中,未镀膜手机镜头的二向衰减是逐面绘制的。利用第 8 章的菲涅耳方程,由入射角来计算每条光线的二向衰减。与 AoI 图类似,二向衰减图中每条线段的长度表示二向衰减的大小。线段的方向表示二向衰减轴的方向,即具有最大透射率的线偏振态。对于我们的示例系统,只存在线性二向衰减,而面 3 贡献了最大的二向衰减。如果透镜表面镀有减反膜,则二向衰减会发生变化,并引入少量的延迟。

像面上的总二向衰减可根据第 9 章所述的累积偏振光线追迹矩阵逐条光线计算。图 10.5(a)重叠了图 10.4 中每个面的二向衰减图,重叠时将它们调整为相同的比例;图 10.5(b)显示了整个镜头从入瞳到出瞳相应的累积二向衰减(入瞳和出瞳的定义见 10.5.3 节)。

偏振像差的另一个重要描述法是琼斯光瞳,它描述了每一条光线的琼斯矩阵在光瞳上的变化。一个无偏振像差的系统以单位矩阵作为其琼斯光瞳。第 16 章详细论述了琼斯光瞳。图 10.6 显示了手机镜头例子在 10°视场下出瞳处的琼斯光瞳。对角元素表明振

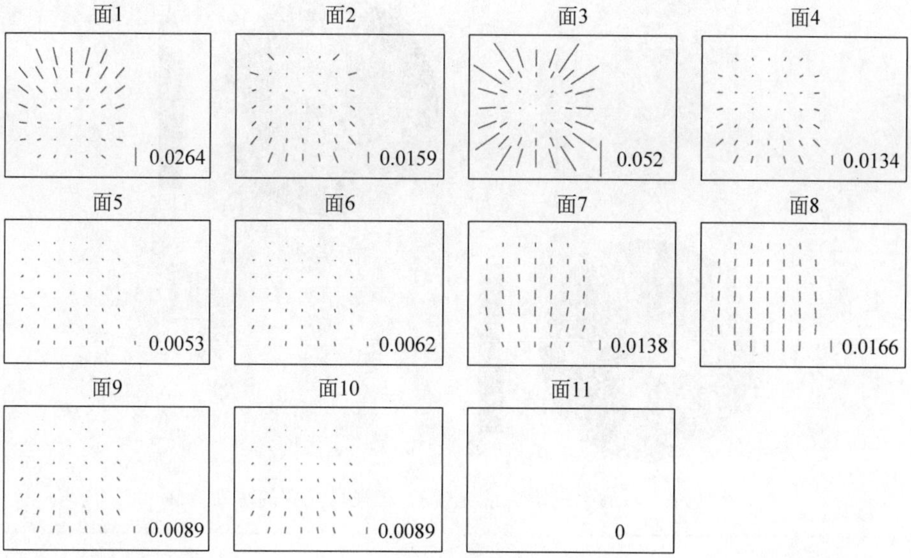

图 10.4　示例手机镜头系统在 10°视场下每个面的二向衰减图。右下角的数字表示最大二向衰减率

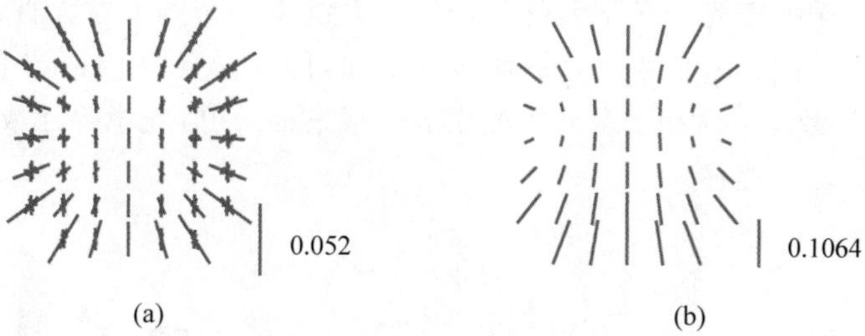

图 10.5　(a)把图 10.4 中每个面的二向衰减图对齐并重叠。(b)手机镜头出瞳处的二向衰减总和

幅透射率约为 0.8，对应于 x 偏振分量耦合到 x 偏振光，对应于 y 偏振分量耦合到 y 偏振光。非对角元素的值较小，小于 0.02。因此，这个琼斯矩阵接近于单位矩阵乘以常数 0.8。未镀膜透镜不产生延迟，因此琼斯矩阵没有虚部，这个特殊琼斯光瞳是纯实数的。一般来说，琼斯光瞳是复数。

AoI 图、二向衰减图和琼斯光瞳是有用的指标，用来评价每个光学面产生的偏振像差以及通过光学系统的总偏振像差。生成这些图示可以帮助光学设计师了解哪些面产生的偏振像差最大，如果可能的话，这些偏振像差如何相互补偿。偏振像差将在第 12 章(菲涅耳像差)和第 15 章(近轴偏振像差)中作进一步的讨论。本章重点介绍计算琼斯光瞳的算法。

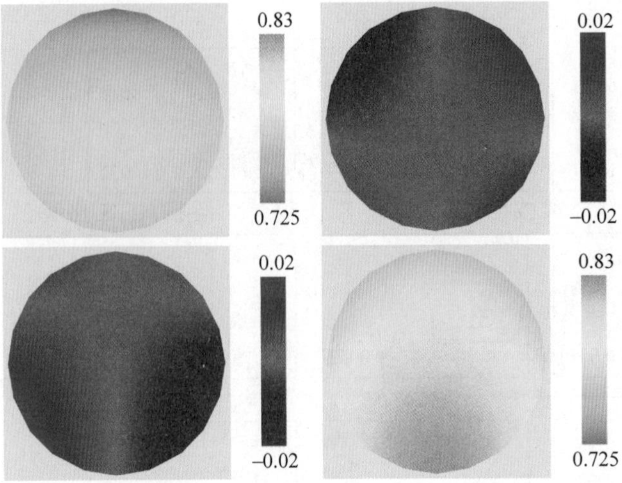

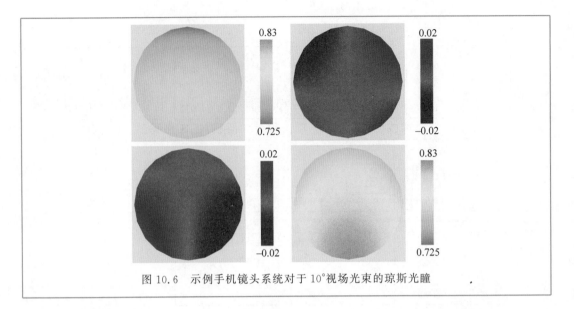

图 10.6 示例手机镜头系统对于 10°视场光束的琼斯光瞳

10.3 光学系统的技术指标

光学系统是用来操控光的光学元件集合。该系统由一系列光学元件组成：透镜、反射镜、光栅等。光学元件将空间划分为一系列子空间，即光学元件内部或它们之间的空间。图 10.7 显示了示例系统。这些子空间由光学界面或表面分开，光学界面或表面可由表 10.1 中列出的光学表面参数描述。

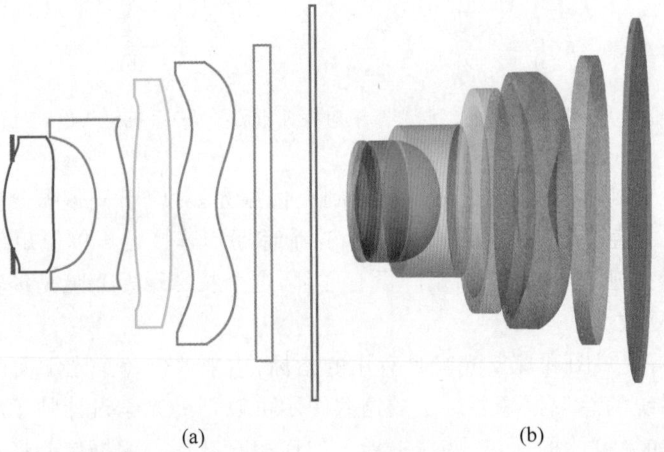

图 10.7 (a)一个光学系统，包括一个光阑、四个非球面透镜、一个滤光片(蓝色显示)和一个图像传感器(洋红色显示)。(b)同一系统的三维视图

表 10.1 每个光学面的面形参数

表面顶点位置	$\boldsymbol{v}$
表面顶点法线	a

续表

面形方程	$z(x,y)$或$f(x,y,z)$
光瞳方程	$p(x,y,z)$
入射介质的折射率	n_i
透射介质的折射率	n_x
厚度(到下一表面的距离)	t

为简化讨论,下面的光学系统描述适用于径向对称成像系统。光学系统将在全局坐标系(x,y,z)中描述。光最初的传播沿着 z 坐标增加的方向。z 轴就是光轴,也就是对称轴。所有球面的曲率中心都位于 z 轴上。径向对称曲面(圆锥面和非球面)的所有顶点和轴也与光轴重合。

在序列光线追迹中,光波与表面接触的顺序将由表面序数 q 指定,

$$q=0,1,2,\cdots,Q \tag{10.1}$$

$q=0$ 对应于物面,$q=1$ 可为入瞳,$q=Q-1$ 可为出瞳,$q=Q$ 为像面。非序列光线追迹将在 10.8 节中讨论。

光学系统是针对特定波长范围 $\lambda_{\min}\leqslant\lambda\leqslant\lambda_{\max}$ 或一组波长而设计的。通常,会指定参考波长 λ_{ref} 并用于确定焦距、光瞳位置和直径及类似的计算。面 q 和 $q+1$ 之间的空间如果是各向同性透明材料(如玻璃),则有一个实折射率函数 $n_q(\lambda)$。如果一种材料有明显的吸收,它也有一个虚的吸收系数 $\kappa_q(\lambda)$。对于各向异性材料(如方解石),$n_q(\lambda)$用介电张量 $\varepsilon_q(\lambda)$代替。在第 19 章讨论各向异性材料之前,都假设是各向同性材料和均匀界面。

10.3.1　面形方程

每个面的形状由面形方程 $z_q(x,y)$描述,或用隐性形式 $f_q(x,y,z)=0$ 表示。例如,曲率半径为 R($R>0$ 为凹面)、顶点在 z 轴上 z_0 点的球面,可由下面其中一个方程表示:

$$z(x,y)=z_0+R-\sqrt{R^2-x^2-y^2} \text{ 或}$$

$$f(x,y,z)=-z+z_0+R-\sqrt{R^2-x^2-y^2}=0 \tag{10.2}$$

第一种形式 $z(x,y)$描述了矢高或下垂,即离开基准平面的高度。

径向对称非球面(如抛物面(图 10.8)和椭球面),有一条通过顶点$\boldsymbol{v}_q$ 的对称轴,其轴向量为 $\boldsymbol{a}_q$。一个系统可能有倾斜,使 $\boldsymbol{a}_q$ 不平行于光轴,或偏心,使$\boldsymbol{v}_q$ 偏离光轴。

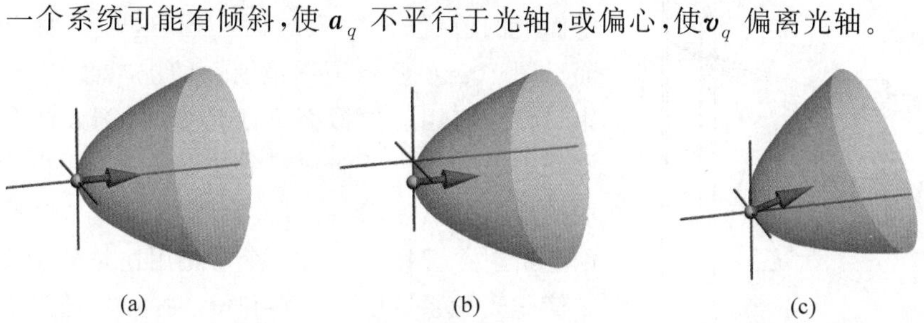

图 10.8　(a)一个抛物面,由它的顶点(黄色球体)和顶点处的曲面法线方向,轴向量(红色箭头)确定。(b)偏心抛物面。(c)倾斜抛物面

非旋转对称曲面是常见的; 例如,塑料成型提供了一种廉价且快速的方法来批量生产

复杂的非球面,例如渐进式眼镜镜片或用于手机镜头和激光打印机的镜片。这些面需要不同的曲面方程,如非球面系数或 Q 型多项式系数[1]。

10.3.2 孔径

每个光学面都有一个有限的范围。光学面上的透射或反射区域由其孔径确定(图 10.9)。孔径内的光线反射或折射,而孔径外的光线被阻挡或渐晕。每个面的孔径由一个 1～0 孔径函数 $p_q(x,y,z)$ 指定

$$p_q(x,y,z)=\begin{cases}1, & \text{孔径内}\\ 0, & \text{孔径外}\end{cases} \tag{10.3}$$

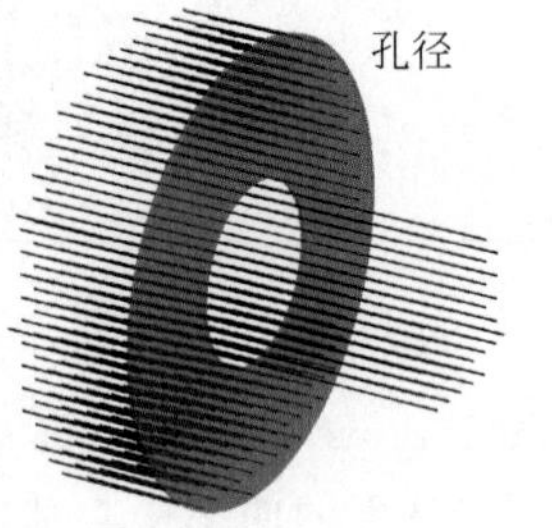

图 10.9 轴上光束通过一个孔径

10.3.3 光学面

当光与光学表面相互作用时,应当应用物理的光-表面相互作用机理。光学系统中的界面可以是未镀膜的或镀上无数种薄膜之一,例如减反射膜、增强反射膜和分光膜。一般来说,薄膜不影响几何光线轨迹;膜层对光线路径及光路长度的影响不大。因此,大多数几何光线追迹都是在不指定膜层的情况下进行的。但偏振光线追迹的结果依赖于薄膜,这些薄膜必须是光学系统技术规格的一部分,以便获得准确的偏振模拟。

膜层可由单层组成,但典型膜层包括多层薄膜堆叠,如 13.3 节(多层薄膜)所述。薄膜通常建模为均匀和各向同性的结构。均匀膜在孔径内具有均匀的厚度。各向同性膜对光波电场在所有方向具有相同的折射率,薄膜材料不是双折射的。均匀和各向同性界面是目前为止最常见的,但许多特殊器件可由各向异性膜或非均匀(空间变化的)膜制成。除镀膜界面,其他光学表面可具有周期性结构,例如衍射光栅和衍射光学元件。

10.3.4 虚拟面

虚拟面是可以添加到光学系统描述中的表面,这种表面不与光学元件表面相对应。入瞳和出瞳就是这类有趣表面的例子,它们不是透镜或反射镜表面。虚拟面的前后具有相同的折射率,因此不会偏折光线。经常需要找到光线在特定面上的位置,例如入瞳面,因此这时会使用一个虚拟面。图 10.10 显示了透镜前面的虚拟面,它对于计算光束尺寸很有用。虚拟面可以是虚面,例如两个透镜之间空间中的光线可延伸到某个远方平面上用以检查可能形成的虚像。然后,光线可能会返回到下一个按顺序的曲面上折射。虚拟面的另一个常见用途是分步变更坐标系来简化光学系统中的倾斜和偏心操作。通过更改虚拟面上的坐标系,虚拟面还可加快在多个坐标系中进行计算的速度。

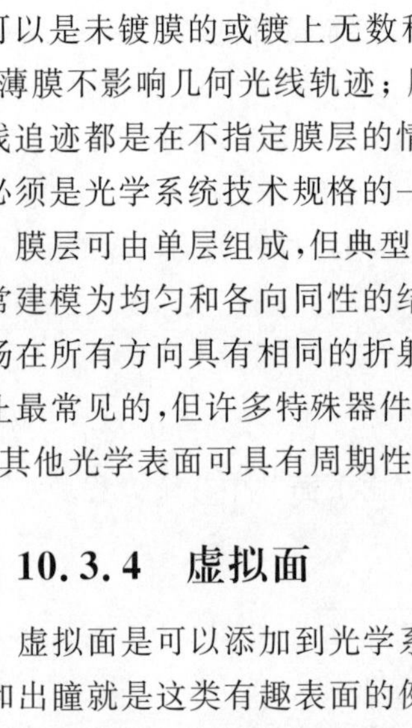

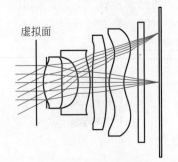

图 10.10 虚拟面的例子,它在光学系统前面,不会改变光线方向

10.4 光束的技术规格

成像系统设计用来接收一定空间范围内的入射光并成像，一定空间范围内的入射光用面积和立体角来描述，称为光学扩展量，其将在后面定义。物体发出的仅有限立体角的光线才能通过光学系统而不被阻挡。通过最简单光学系统的光束由物体范围(通常是标称尺寸)和入射光瞳确定。然后，来自物体的所有位于立体角 Ω(覆盖入瞳)内的光线通过光学系统传播到像面，而物体外部或入射光瞳以外的光线被阻挡。

光线是遵循反射和折射定律的几何线。光线是纯几何线。通过光学系统传播，光线被分成光线段，每段都有一个起始和终止位置以及一个方向，如图 10.11 所示。

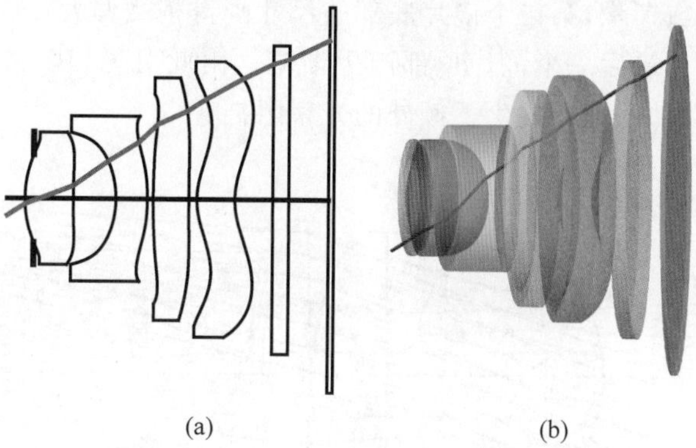

图 10.11　(a)光线(灰色)传播通过具有 5 个光学元件和 11 个光线段的示例镜头，在每个表面折射，在图像传感器处终止。(b)三维形式表示的同一系统

作为几何线，光线近似于光的行为。它们表示波前法线和坡印廷矢量，即能流的方向。窄激光束虽然没有光线那么细，但会沿着以光线为中心的路径穿过如图 10.11 所示的透镜。光线是极有用的。但与许多抽象概念一样，从衍射和量子光学的角度来看，光线的概念并不完全严格。光线在某些情况下工作得很好，而在其他情况下则不太好，例如当结构的尺寸与波长相当或小于光波长时。在光学设计中，光线是不可或缺的。

10.5 系统的描述

10.5.1 物面

在光线追迹中，光线从物体表面 $q=0$ 处开始。物体通常被建模为垂直于光轴的圆形或方形平面区域。这可表示为相机前面的场景、光源或某些其他发光或散射区域。它并不总是平的，也可能是弯曲的。类似地，可指定像的限制，例如，CCD、屏幕或一些其他元素的边界。

10.5.2 孔径光阑

系统中所有光阑(包括光学元件的边缘)中,限制轴上光束通过光学系统的光阑称为孔径光阑。许多相机镜头都有一个直径可调的孔径光阑,用于调节相机的 F 数设置。当光线被孔径光阑以外的其他孔径阻挡时,出现渐晕。通常在镜头中,轴上光线仅被孔径光阑阻挡。当物体离轴时,会出现渐晕现象;在某个点,光束边缘的光线开始被其他孔径阻挡,并且这种渐晕随着光束离轴增大而稳步增加。一些光学系统特意设计成光学元件足够大,以避免在整个视场范围内产生任何渐晕。

例如,图 10.12 显示了一种被称为"双高斯"镜头的镜头形式。轴上光束通过所有透镜表面,被镜头中央的孔径所限制,使其成为孔径光阑。10°和 14°视场光束的下方光线在第二个镜片的底部被限制或渐晕,第二个镜片底部的尺寸画得稍微偏大一点。类似地,10°和 14°视场光束的上方光线在最后一个镜片顶部产生渐晕。由此可见,10°和 14°光束不充满孔径光阑,因为孔径光阑以外的地方发生了额外的光束阻挡。

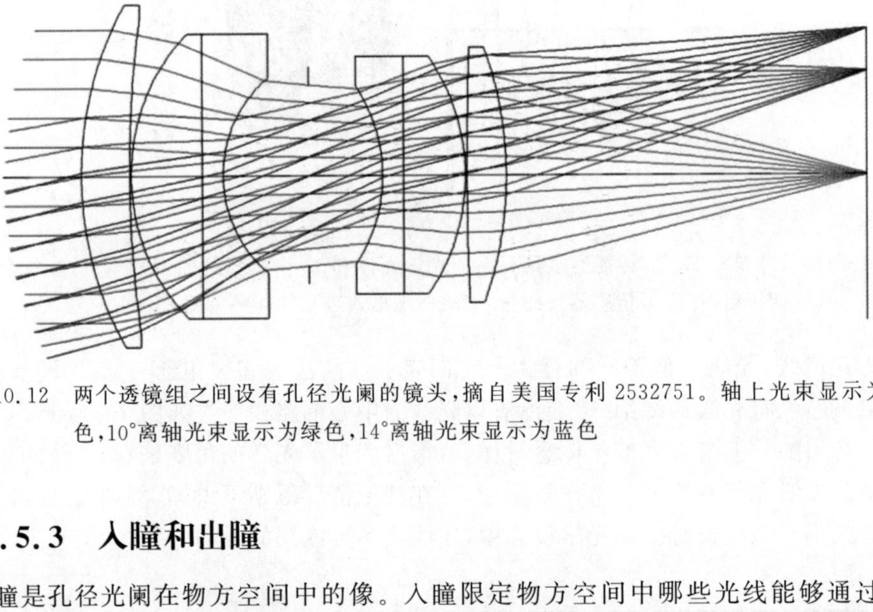

图 10.12 两个透镜组之间设有孔径光阑的镜头,摘自美国专利 2532751。轴上光束显示为红色,10°离轴光束显示为绿色,14°离轴光束显示为蓝色

10.5.3 入瞳和出瞳

入瞳是孔径光阑在物方空间中的像。入瞳限定物方空间中哪些光线能够通过孔径光阑。它的直径是入瞳直径(EPD)。由于与入瞳相关的量的重要性,它们用下标 E 标示。表 10.2 列出了四个特别关注的面及其各自的下标。在光线追迹中,只需要追踪通过孔径光阑的光线;因此,如果光线落在入瞳之外,则可在物方空间中删除这些光线。

表 10.2 像和光阑的标记

	下 标	面的序号,q
物面	O	0
入瞳	E	1
出瞳	X	$Q-1$
像面	I	Q

类似地,孔径光阑在像方空间中的像是出瞳。在成像系统中,近球面波通过出瞳并会聚

在相应的像点上。特定像点的参考球面是通过出瞳中心的球面，其曲率中心位于该像点上。参考球面代表理想出射波前，因此被用作出射波前像差的坐标系基础。图 10.13 显示了通过入瞳进入示例手机镜头系统的轴上和轴外波前。入瞳和出瞳可能位于镜头外(真实)或镜头内(虚拟)。虚拟入瞳和出瞳如图 10.14 所示。反射和折射不会在这些位置发生。

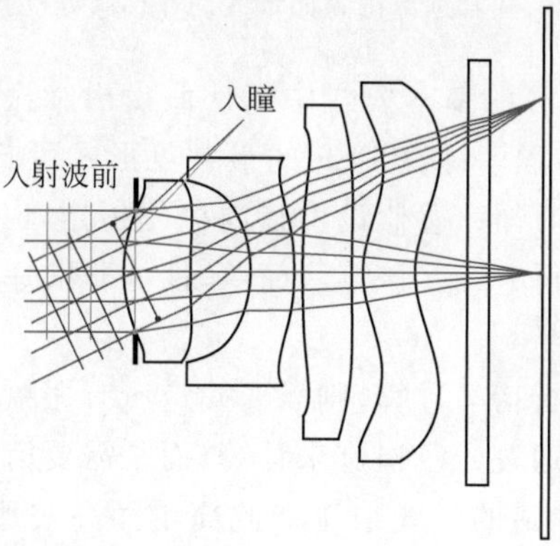

图 10.13　入瞳和进入手机镜头的两个准直入射波前。在物方空间中入瞳确定了可通过和不能通过孔径光阑的光线

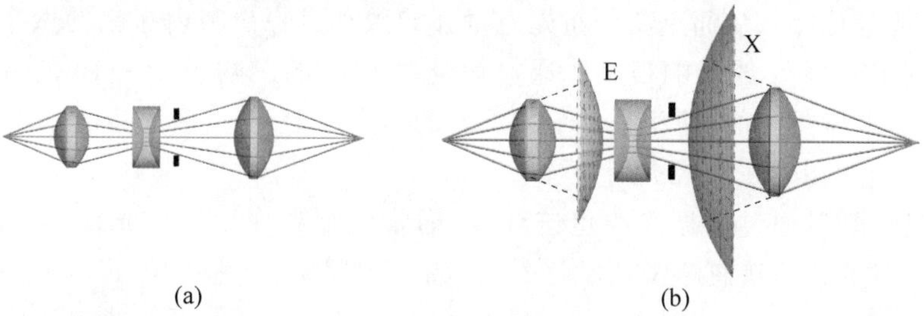

图 10.14　(a)点物通过光学系统成像为点像。孔径光阑位于第二透镜和第三透镜之间。(b)虚拟入瞳(E)是左侧的灰色面。虚拟出瞳(X)是右侧的棕色面。由于到这些光瞳(虚线)的光线是真实光线段(实线)的延伸，因此这些光瞳是虚拟的。真实光阑是物理上可及的，即对于 E 是在第一镜片前或对于 X 是在最后镜片后

10.5.4　出瞳的重要性

出瞳是光线追迹中一个非常重要的面，因为它在计算光学系统的点扩展函数(PSF)中起着重要的作用。衍射计算要求在以像点为中心的球面上精确描述波前的振幅和相位。通过光线追迹，可在球面上计算光程长度，从而计算波前。

人们需要的是一个已知振幅的面，其中振幅有一个简单的描述。在一个典型的出瞳处，形成一个锐利聚焦的孔径光阑像，该像在出瞳内具有均匀的亮度，在出瞳边界外是暗的。在出瞳附近，光的振幅由菲涅耳衍射(近场衍射)方程推演，并产生许多振荡，特别是在边界附近。图 10.15 显示了一个典型的菲涅耳衍射示例，在出瞳(图(b))之前(图(a))和之后(图(c))。出瞳几乎均匀，亮区和暗区之间是非常陡的过渡。在出瞳前后可见菲涅耳衍射振荡，离出瞳越远，振荡越大。因此，振幅在出瞳处比在其他地方更容易描述。

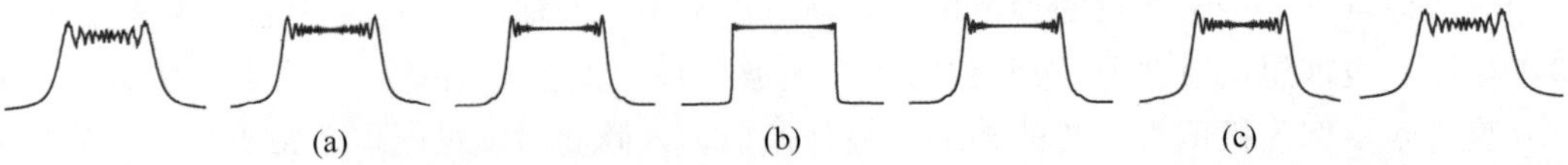

图 10.15　在出瞳附近传播的单色波前的振幅横截面。在出瞳前(a)和出瞳后(b),由于菲涅耳衍射,波前振幅有许多波动和振荡,随着远离出瞳而增大。在出瞳处(图(b),矩形),振幅是最稳定的

光学设计程序在 PSF 计算的基本模式中默认假设出瞳振幅函数为 1～0,出瞳内为 1,出瞳外为 0。因此,光线追迹程序计算 PSF 的最常见形式可归纳为:①从入瞳到出瞳的光线追迹,以计算波前的相位和形状,②假设出瞳内振幅恒定,以及③执行从出瞳到像平面的衍射计算(傅里叶变换)以获得 PSF。该算法简单,性能非常好。借助菲涅耳衍射,也可由出瞳计算其他平面的电场。

如果需要从非出瞳面进行衍射计算,则需要确定所有振幅的摆动和振荡,如图 10.15 所示。这些振幅变化不能单独通过光线追迹来计算,而是需要衍射计算,这是比光线追迹更复杂的计算。因此,从入瞳到出瞳的光线追迹如此简单而高效地演化到衍射和 PSF 计算,这简直是一个奇迹。

出瞳内部的振幅变化如何?由于反射和吸收,光线在通过光学系统时会损失不同数量的光通量。这种振幅像差称为切趾。此外,孔径光阑中等间距的光线在出瞳中可能会变得间距不均匀(光瞳像差),从而重新分布光通量并导致切趾。出瞳内振幅的微小而平滑的变化(≤20%)对 PSF 大小的影响很小。通常切趾对 PSF 的影响小于 λ/10 的波前像差。因此,波前像差是非常重要的,而切趾是不太重要的。实际上,在大多数几何光线追迹仿真中,切趾仍然没有包含在 PSF 的常规计算中。

光学系统的切趾通过偏振光线追迹计算,通常包含在使用偏振光线追迹的 PSF 计算中。传统的几何光线追迹忽略了切趾,假设光瞳均匀照明,产生的 PSF 对大多数传统光学系统都是精确的。而偏振光线追迹将产生更精确的 PSF。

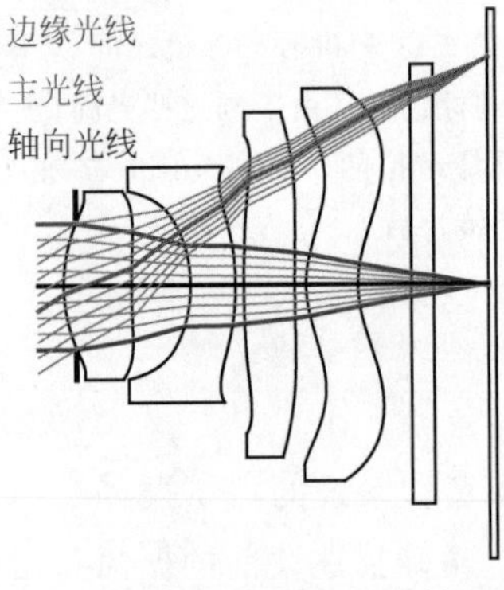

图 10.16　通过手机镜头追迹的轴上光束和离轴光束的光线扇。入瞳是紧靠第一面的黑色孔径。轴向光线(黑色)沿光轴传播,它是轴上光束的中心光线。轴上光束中的边缘光线(红色)穿过入瞳边缘。主光线(洋红色)是离轴光束的中心光线,它穿过入瞳中心

10.5.5　边缘光线和主光线

边缘光线从轴上物点开始,穿过入瞳和孔径光阑的边缘。边缘光线在每个面的高度被标记为 y_q。边缘光线与光轴形成一个角度 u。主光线是从物体边缘发出的光线,它穿过入瞳中心和孔径光阑中心,且在该处穿过光轴。与主光线相关的量用其上方的水平线标记。主光线在物上的高度为 $\bar{y}_0$,主光线相对于光轴的角度为 $\bar{u}_0$。主光线在入瞳处的高度为 $\bar{y}_E=0$,因为它被定义为通过光瞳的中心。图 10.16 显示了来自轴上物点的边缘光线、穿过光瞳中心的离轴主光线和沿光轴传播的轴向光线。

图 10.17(a)显示了一束离轴准直光线进入物方

空间的入瞳，其中主光线穿过入瞳中心。图 10.17(b)显示了另一束离轴光线从物方空间进入镜头，通过第一个面、第二个面等传播，直到像方空间。像方空间中的光线一直向后延伸(虚线)到虚拟出瞳。以像点为中心的参考球面(蓝色)通过出瞳中心。

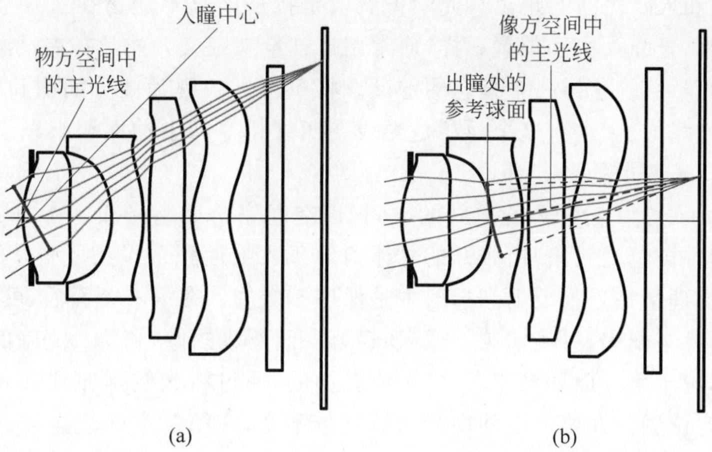

图 10.17　(a)大视场角的主光线和物方空间中的入瞳。对于准直入射光束，入瞳处的参考球面是平面。(b)离轴光束，以像点为中心的参考球面穿过出瞳中心。蓝色虚线是像方空间的光线不偏折向后延伸到出瞳的

10.5.6　数值孔径和拉格朗日不变量

有几个指标描述了能通过光学系统的光的角度和通量。如图 10.18 所示，径向对称光学系统的数值孔径(NA)描述了轴上光束的圆锥体，以实际边缘光线角 U 的形式描述，

$$\mathrm{NA}=n\ |\sin U| \tag{10.4}$$

其中 n 是参考波长在物方空间的折射率。在近轴光学中，实际边缘光线角度较小，式(10.4)可近似为 $n|U|$。

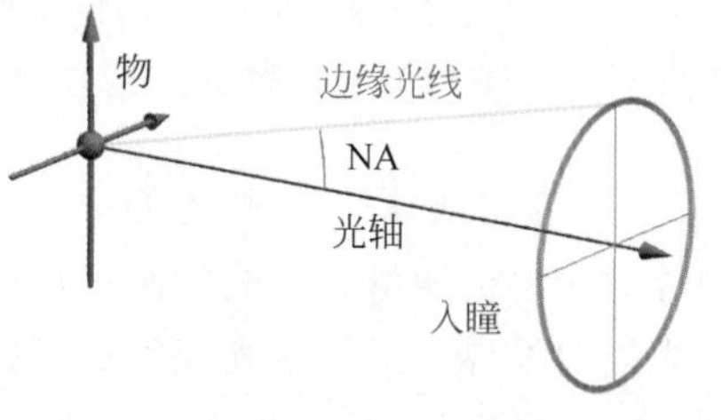

图 10.18　数值孔径是从光轴到边缘光线的角度的正弦值

近轴光学的线性性质给出了近轴光线高度与过光学系统的边缘光线和主光线角度之间的关系，即拉格朗日不变量(H)，

$$H=n\bar{u}y-nu\bar{y} \tag{10.5}$$

当近轴光束传播、折射和反射时 H 是不变的；因此，拉格朗日不变量在近轴系统中是一个守恒量。拉格朗日不变量在子午面内计算，具有长度乘以角度(弧度)的单位。拉格朗日不变量可在沿着光束的任何位置和任何空间(物方空间、第一透镜内部等)进行计算。在光瞳和光阑处，主光线高度($\bar{y}$)为零，则 $H=n\bar{u}y$。在像或物上，边缘光线高度(y)为零，因此 $H=-nu\bar{y}$。因此，当光束的 y 和 $\bar{y}$ 变小时，角度 u 和 $\bar{u}_0$ 必须变大，反之亦然。

10.5.7　光学扩展量

在三维空间中光学系统总的光处理能力是用光学扩展量 Ξ 描述的，也称为光学吞吐

量。在物方空间中光学扩展量定义为

$$\Xi = n^2 A_O \Omega_E = n^2 A_E \Omega_O \approx n^2 (A_O A_E)/(4\pi L^2) \tag{10.6}$$

其中,A_O 是物的面积,A_E 是入瞳的面积,Ω_E 是从物看入瞳的立体角,Ω_O 是从入瞳看物的立体角,L 是物和入瞳之间的距离。光学扩展量是拉格朗日不变量在三维空间的推广。光学扩展量像焦距、光瞳大小和位置一样,通常用近轴量来定义。光学扩展量给出了多少光线能够传输通过光学系统这样一个概念的定义。将每条光线视为微分面积和微分立体角,将它们积分得到光线的总"数",这个"数"是光线在四维相空间中的面积乘以立体角。光学扩展量与拉格朗日不变量的平方有关。

图 10.19(a)显示了物和入瞳之间的空间,该空间完全充满光线。在图 10.19(b)中,物的面积乘以入瞳(黄色光线集)所张开的立体角等于入瞳面积乘以物所张开的立体角①。光学扩展量这个物理量在近轴反射和折射中是保持不变的。在第一个面后,可定义光线的"第一空间"。在第一空间中,可确定第一像(物经第一面所成的像)和第一光瞳的位置。像和光瞳可以是实的,位于第一面和第二面之间,或者虚的,通过将光线延伸到第一面和第二面之外无限远来确定位置。在第一空间中光学扩展量不变,在第二空间也这样,等等,直到到达像空间。

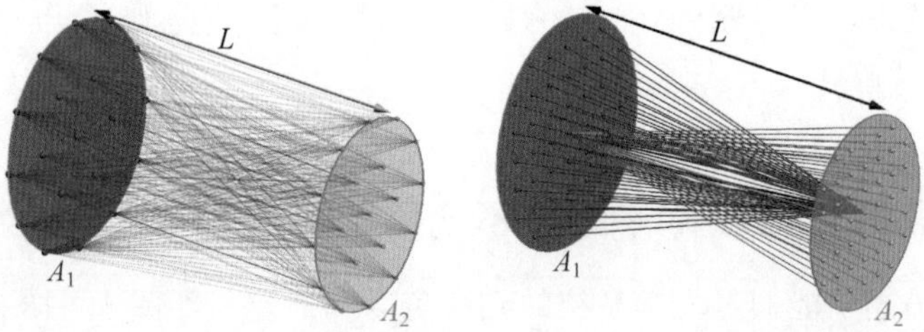

图 10.19 (a)物或像(紫色)和入瞳或出瞳(浅蓝色)之间的空间,该空间通常充满光线,这定义了系统的光学扩展量。(b)像的面积乘以光瞳所对应的立体角等于光瞳面积乘以物所对应的立体角。A_1 和 A_2 是 A_O 和 A_E,或 A_E 和 A_O

光学扩展量是光学系统的一个不变量,不能减少。图 10.20 显示了三个光束,它们具有相等的光学扩展量。左侧的圆可以是物、像或光瞳,圆锥体表示通过物、像或光瞳上每个点的光线的外界。当像或光瞳的面积减小时,光锥的立体角必须相应增大,反之亦然。这些示例光束都是远心的,因为每个光锥的中心光线都平行于光轴,相应的光瞳在无穷远处。通常,所有的中心光线(主光线)会聚或发散于光瞳中心。

光学系统中的光锥填充了四维相空间的一定体积,该体积在反射和折射过程中保持不变。这个相空间可用不同的方式来定义。例如,可通过物坐标(二维)和入瞳坐标(二维)来定义相空间。也可由像坐标(二维)和光线在像(二维)上的角坐标来定义,等等,在整个系统中都如此。它也可由物坐标(二维)、入瞳坐标(二维)以及物和入瞳之间的距离来定义。

如果像比物小,则从像看到的出瞳立体角相应地比入瞳立体角大,从而保持光学扩展量恒定。如果不减少光线,就不能减少光学系统的扩展量。"光线的相空间"是不可压缩的。

① 物和入瞳可反转,入瞳在左边,物在右边,取决于特定空间中光束的特性。

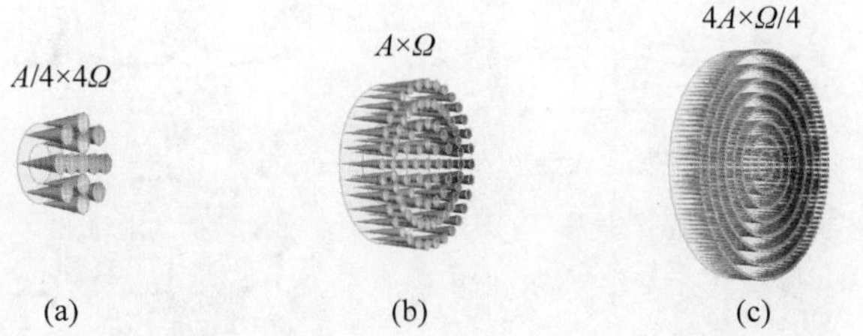

图 10.20　三束具有相同光学扩展量 $\Xi = A\Omega$ 的光束。(b)面积 A，其中每个点发出的光线充满立体角 Ω。(a)面积 $A/4$，其中每个点发出的光线充满 4Ω。(c)面积 $4A$，其中每个点的光线充满 $\Omega/4$

从热力学角度来看，不可能减少一束光的扩展量。光学扩展量与熵类似，熵也不能减少。

散射将增加光束的扩展量。考虑一个小的散射体，如漫射器或砂纸，用小立体角的光束照明。在散射体之后，从相同的区域射出的光填充了一个更大的立体角，从而增加了光学扩展量，定义了容纳光线所需的体积。光学系统无法将这种散射光束整形回原来的体积，因为这需要减小它的扩展量。

光学系统总是希望有大的光学扩展量。照相机镜头、显微镜物镜、望远镜等的成本随着扩展量的增加而迅速增加。因此，光学扩展量是最重要的光学指标之一。

10.5.8　偏振光

成像系统的光线追迹使用这样一个模型：从物点发出的球面波进入光学系统，波前被分成一组光线，每一条光线代表一个波前面元，如图 10.21 所示，每个球面波前面元显示时带有传播矢量。入射光的偏振态可以是简单的分布，如均匀平面波或简单的偶极场，也可以是任意复杂的分布，如图 10.22(a)所示。对于任意偏振的波前，每个波前面元(每条光线)的偏振态可用偏振矢量 $\boldsymbol{E}$ 来描述。

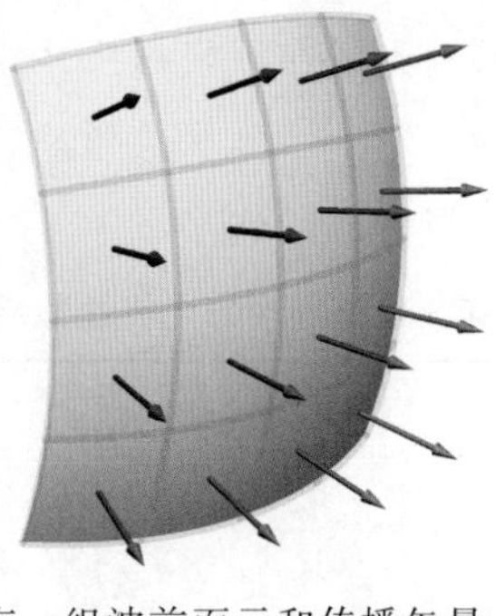

图 10.21　球面波前，具有一组波前面元和传播矢量。光线沿着传播矢量传播

历史上，通常用琼斯矢量描述光线追迹中的偏振态，其中每条光线的 E_x 和 E_y 分量需要不同的局部坐标系，如图 10.22(b)所示。这组局部坐标(以蓝色和绿色显示)是局部的，因为每条光线的都不同。在偏振光线追迹和其他分析中，经常使用局部坐标表示的琼斯矢量。当光线通过光学系统传播并改变方向时，每一条光线和光线的每个截点都需要不同的琼斯矢量局部坐标；局部坐标随着光线在系统中移动。在光学设计中，一种较好的方法是用三元偏振矢量 $\boldsymbol{E}$ 表示的单一全局偏振态描述波前偏振态。

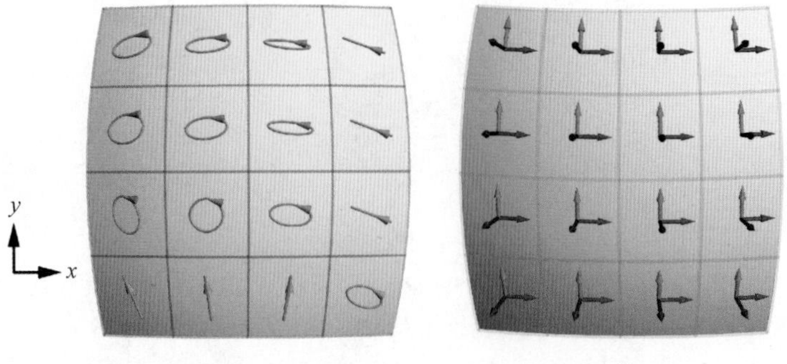

图 10.22 (a)任意偏振波前,用偏振椭圆(青色)和波前面元阵列表示。在全局坐标系中,每个偏振态都可描述为一个三元偏振矢量。(b)引入一组局部基向量 x(蓝色)、y(绿色)和 k(黑色),用于定义与球面波前相关的一组光线的琼斯矢量 x 和 y 分量。这些坐标是局部的,因为它们对于每条光线都是不同的

在许多偏振分析中,不需要源偏振的细节。在偏振光线追迹中,光线路径的偏振特性可以用偏振光线追迹矩阵或琼斯矩阵来计算。这些矩阵及其性质适用于任何入射偏振态。因此,不需要指定入射偏振态来进行光线追迹分析。

10.6 光线追迹

光线追迹的目的是应用反射定律和折射定律,追踪光线通过光学系统的路径,然后在像空间中收集光线信息,以评估光学系统的成像质量和性能。因为光线通过系统的路径不同,每个物点和波长的波前和偏振需要分别追迹。波前的变化是物点坐标和波长的函数,即系统的像差,是光线追迹中最重要的计算。表 10.3 列出了传统几何光线在每个光线截点处要计算的量。图 10.32 显示了一条示例光线在手机镜头系统中的传播;表 10.10 列出了每个光线截点处的光线截点、传播矢量和法线。10.8 节将介绍非序列光线追迹,其中光线通过表面的顺序未在光线追迹开始时就确定。

表 10.3 几何光线追迹中每个光线截断点的光线量

光线截点	$\boldsymbol{r}_q$
面法线	$\boldsymbol{\eta}_q$
面后的传播矢量	$\boldsymbol{k}_q$
光线段的长度	$t_{q-1,q}$
光线段的光程长度	$\mathrm{OPL}_{q-1,q}$

10.6.1 光线截点

追迹一条光线并计算从物到出瞳由反射和折射引起的光程的算法如下。对于每条光线,指定物坐标 $\boldsymbol{H}_0$ 和波长。为追迹通过光学系统的波前,将入瞳区域划分为若干片段,例

如，如图 10.21 所示的一组正方形或矩形面片。每个面片的中心用入瞳坐标$\boldsymbol{\rho}_E$ 定位，且具有归一化传播矢量 $\boldsymbol{k}_0$，其沿着从 $\boldsymbol{H}_0$ 到$\boldsymbol{\rho}_E$ 的直线方向，

$$\boldsymbol{k}_0=\frac{\boldsymbol{\rho}_E-\boldsymbol{H}_0}{|\boldsymbol{\rho}_E-\boldsymbol{H}_0|}=\begin{pmatrix}L\\M\\N\end{pmatrix}\tag{10.7}$$

传播矢量的分量(L,M,N)是传播方向的方向余弦，即光线与 x、y、z 轴形成的角度的余弦。现在光线已对准了光学系统，于是它就被追迹到它与第一个面 $\boldsymbol{r}_1$ 的光线截点，然后再到它与第二个面 $\boldsymbol{r}_2$ 的光线截点，依此类推。

图 10.23 显示了用于计算面 $q+1$ 处光线截点的几何图，以及从 q 到 $q+1$ 的光线光程长度OPL_q。光线沿 $\boldsymbol{k}_q$ 在光线截点 $\boldsymbol{r}_q$ 处离开上一个面 q。作为沿光线距离 t_q 函数的光线路径参数式方程为

$$\boldsymbol{r}_{q+1}(t)=\boldsymbol{r}_q+t_q\boldsymbol{k}_q\tag{10.8}$$

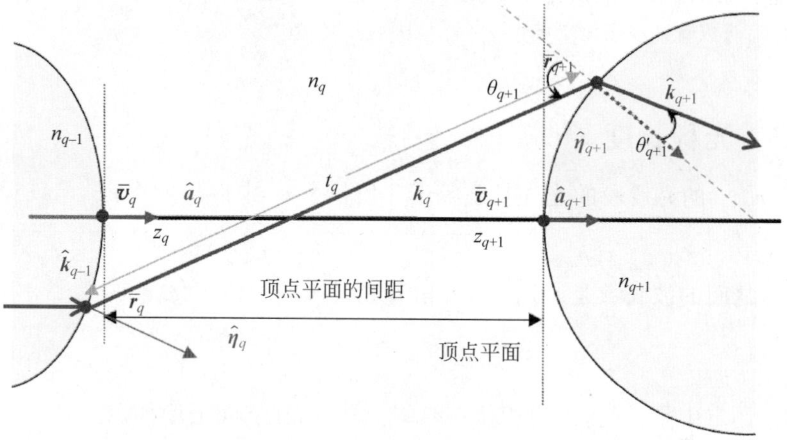

图 10.23　为了求光线截点 $\boldsymbol{r}_{q+1}$，首先通过求光线与面 $q+1$ 的交点来确定光线从 $\boldsymbol{r}_q$ 开始的长度，然后应用反射定律或折射定律来确定下一介质中的传播矢量 $\boldsymbol{k}_{q+1}$

光线向面 $q+1$ 传播。当前光线段的折射率为 n_q，折射或反射后光线段的折射率为 n_{q+1}。面的顶点位于$\boldsymbol{v}_{q+1}$，该顶点可位于光轴($z=0$)上或偏离光轴。旋转对称面的轴为 $\boldsymbol{a}_{q+1}$，如果该面倾斜，则轴 $\boldsymbol{a}_{q+1}$ 将不会与光轴平行。面由面形方程 $f(x,y,z)=0$ 定义。

通过将式(10.8)中的 x、y 和 z 分量代入面形方程，可看明白求解截点的过程，

$$f(r_{q,x}+t_qk_{q,x},r_{q,y}+t_qk_{q,y},r_{q,z}+t_qk_{q,z})\tag{10.9}$$

调整 t_q，直到在前进方向上找到式(10.2)右侧方程 f 的第一个零点。光线段长度 t_q 是 $\boldsymbol{r}_q$ 和 $\boldsymbol{r}_{q+1}$ 之间的距离，

$$t_q=|\boldsymbol{r}_{q+1}-\boldsymbol{r}_q|=\sqrt{(x_{q+1}-x_q)^2+(y_{q+1}-y_q)^2+(z_{q+1}-z_q)^2}\tag{10.10}$$

求解光线截点的数值方法不在本书的范围之内。求光线截点的算法取决于曲面的类型。斯宾塞提出了一种广泛应用的求解光线与球面交点的算法；他的方法是最优选择，因为该方法避免了被零除的问题并且程序具有高效性[3-5]。其他算法也用于计算光线与圆锥曲面[3,6]、非球面[7]和一般自由曲面[8-9]的交点。

10.6.2 光线与面的多重交点

光线追迹算法需要选择合适的光线与曲面的交点。许多光线(线段)与给定的曲面方程有两个或多个交点,如图 10.24(a)的圆所示。其他形状,如图 10.24(b)所示的非球面,每条线可有两个以上的光线交点。光线交点算法必须包含评估和选择正确光线交点的逻辑,即首先遇到的交点且位于曲面孔径内的交点。

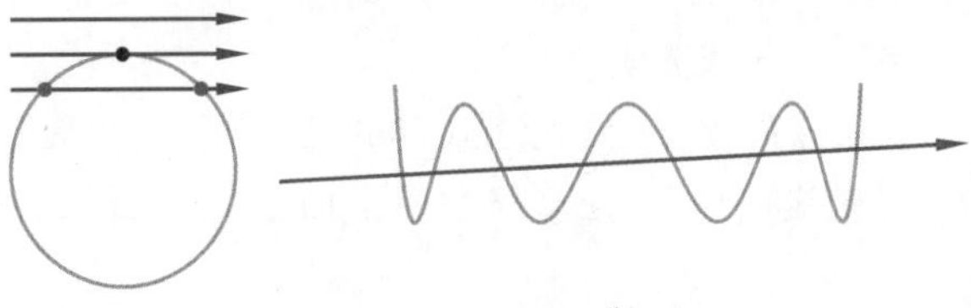

图 10.24 (a)光线与球面相交,可以有两个光线交点(绿色)、一个交点(蓝色)或没有。(b)更复杂的曲面,如非球面,可以有许多光线交点

10.6.3 光程长度

从 $\boldsymbol{r}_q$ 到 $\boldsymbol{r}_{q+1}$ 的光线段的光程长度等于几何长度 t_q 乘以折射率 n_q,

$$\mathrm{OPL}_q = n_q t_q = n_q\sqrt{(x_{q+1}-x_q)^2+(y_{q+1}-y_q)^2+(z_{q+1}-z_q)^2} \tag{10.11}$$

两个光线截点之间的波长数是 OPL_q/λ。沿着光线段的相位变化量是

$$\Delta\phi_q = \frac{2\pi n_q t_q}{\lambda} \tag{10.12}$$

这在递减相位约定中是正的,因为相位在时间上减少,在空间上增加。

如图 10.25 所示,穿过系统的第 q 条光线从入瞳 E 到出瞳 X 的光程长度为

$$\mathrm{OPL} = \sum_{q=\boldsymbol{E}}^{X} n_q t_q \tag{10.13}$$

图 10.25 描绘了通过示例手机镜头的边缘光线的各 OPL 贡献。

10.6.4 反射和折射

对于反射和折射,计算出在光线截点 $\boldsymbol{r}_{q+1}$ 处的面法线矢量 $\hat{\boldsymbol{\eta}}_{q+1}$。对于用隐式 $f(x,y,z)=0$ 表示的曲面,其法线是

$$\hat{\boldsymbol{\eta}}_{q+1} = \text{归一化}\left[\left(\frac{\partial f(x,y,z)}{\partial x},\frac{\partial f(x,y,z)}{\partial y},\frac{\partial f(x,y,z)}{\partial z}\right)\right] \tag{10.14}$$

上式在光线截点 $(x_{q+1},y_{q+1},z_{q+1})$ 处计算。

在参数形式中,曲面可用平面 (x,y) 中的坐标函数描述为 $(X(x,y),Y(x,y),Z(x,y))$。这个平面通常是与定心于光轴上的曲面顶点相切的平面。参数化形式的曲面法线为

$$\hat{\boldsymbol{\eta}}_{q+1} = \text{归一化}\left[\frac{\partial(X(x,y),Y(x,y),Z(x,y))}{\partial x}\times\frac{\partial(X(x,y),Y(x,y),Z(x,y))}{\partial y}\right] \tag{10.15}$$

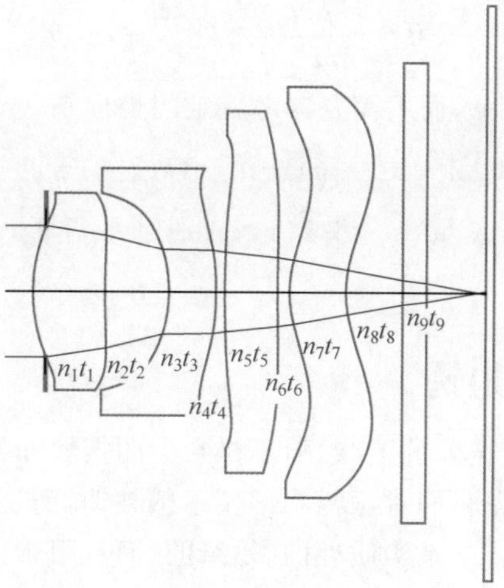

图 10.25　光线通过光学系统的光程长度是各个光线段光程长度之和

见习题 10.2 的例子。

入射面包含光线传播矢量 $\hat{\boldsymbol{k}}_q$ 与曲面法线矢量 $\hat{\boldsymbol{\eta}}_{q+1}$，如图 10.26(a)所示。这里曲面法线的约定如图 10.26(a)所示，将法线指向光线将要折射到的透射介质。

在光线截点 $\boldsymbol{r}_{q+1}$ 处的入射角 θ_{q+1} 是来自前一面的光线传播矢量与表面法向量之间的角度，

$$\theta_{q+1}=\arccos(\hat{\boldsymbol{k}}_q\cdot\hat{\boldsymbol{\eta}}_{q+1}) \tag{10.16}$$

依据反射定律，反射光线的传播矢量为

$$\boldsymbol{k}_{q+1}=\boldsymbol{k}_q-2(\boldsymbol{k}_q\cdot\hat{\boldsymbol{\eta}}_{q+1})\hat{\boldsymbol{\eta}}_{q+1} \tag{10.17}$$

斯涅耳折射定律是用入射角 θ_{q+1} 和折射角 θ'_{q+1} 来定义的

$$n_{q+1}\sin\theta'_{q+1}=n_q\sin\theta_{q+1} \tag{10.18}$$

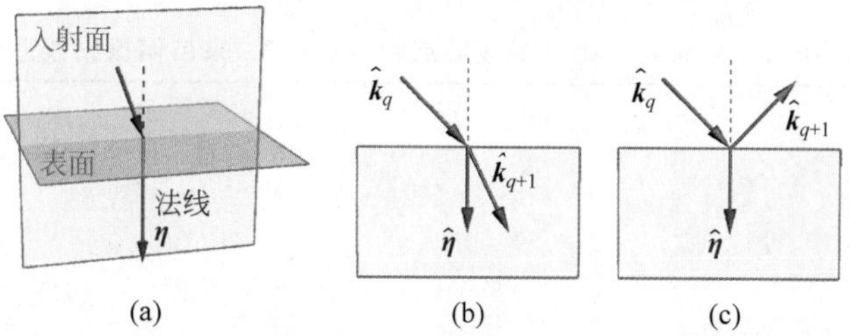

图 10.26　(a)在光线截点处，入射面由入射光线 $\hat{\boldsymbol{k}}_q$ 和法线 $\hat{\boldsymbol{\eta}}$ 定义法线垂直于表面，并指向透射介质，对折射光线(b)和反射光线(c)都如此

应用式(10.16)和式(10.18)，

$$\cos\theta'_{q+1}=\sqrt{1-\left(\frac{n_q}{n_{q+1}}\right)^2(1-\cos^2\theta_{q+1})} \tag{10.19}$$

折射光线的传播矢量是

$$\boldsymbol{k}_{q+1}=\frac{n_q}{n_{q+1}}\boldsymbol{k}_q-\left(\frac{n_q}{n_{q+1}}\cos\theta_{q+1}-\cos\theta'_{q+1}\right)\hat{\boldsymbol{\eta}}_{q+1} \tag{10.20}$$

斯涅耳定律可用矢量形式表示,而不需要参考特定的坐标系

$$n_q(\hat{\boldsymbol{k}}_q\times\hat{\boldsymbol{\eta}})=n_{q+1}(\hat{\boldsymbol{k}}_{q+1}\times\hat{\boldsymbol{\eta}}) \tag{10.21}$$

其中$\hat{\boldsymbol{\eta}}$是垂直于界面的单位矢量,$\hat{\boldsymbol{k}}_q$ 和 $\hat{\boldsymbol{k}}_{q+1}$ 分别是平行于入射和透射传播矢量的单位矢量。

10.6.5 偏振光线追迹

传统光线追迹计算的是波前的形状,而不是它们的振幅和偏振态。这并不是因为19世纪和20世纪初光学设计的先驱们对振幅和偏振不感兴趣,而是因为在光线追迹计算中包含振幅和偏振具有额外复杂性,这是实质性的、复杂的,而且很难证明,尤其是在计算机时代之前,房间里满是手工计算器的时代。

在偏振光学设计中,除了计算光程长度,还补充计算了偏振光线追迹矩阵 $\boldsymbol{P}$。这使得薄膜、未镀膜界面、光栅、各向异性材料和其他光学元件的贡献可包含在光线追迹中。$\boldsymbol{P}$ 给出了关于光线路径的振幅、二向衰减和延迟的信息。对所有偏振态,入瞳的偏振椭圆与出瞳的偏振椭圆可用 $\boldsymbol{P}$ 联系起来。每个 $\boldsymbol{P}$ 都可以转换成琼斯矩阵,用于描述光线路径偏振的八个自由度。

表10.4列出了从偏振光线追迹中获得的每个光线截点处的附加信息,超过了表10.3中所示的传统几何光线追迹中计算得到的量。沿光线路径的振幅透过率也计算出来了,这是几何光线追迹中无法获得的。波前振幅的变化称为切趾或振幅像差。偏振光线追迹计算相位与入射偏振态的关系,即延迟像差;不同的入射态有不同的光程长度,因此有不同的像差和干涉图。最后,切趾随着入射偏振态的变化而变化,这就是二向衰减像差。因此,偏振光线追迹提供的有关光学系统像差的信息是波前像差的八倍:透射振幅(一个自由度)、延迟像差(三个自由度)和二向衰减像差(三个自由度)。

表10.4 在面 q 上每条光线截点的附加信息,来自偏振光线追迹

光线截点基	$s_q=s'_q, p_q, p'_q$
振幅系数	$(t_{s,q}, t_{p,q}, r_{s,q}, r_{p,q})=(\alpha_{t,s,q}, \alpha_{t,p,q}, \alpha_{r,s,q}, \alpha_{t,p,q})$
在 $\boldsymbol{s}$-$\boldsymbol{p}$ 基中光线截点的琼斯矩阵	$\boldsymbol{J}_{t,q}=\begin{pmatrix}\alpha_{t,s,q} & 0\\ 0 & \alpha_{t,p,q}\end{pmatrix}$ 和 $\boldsymbol{J}_{r,q}=\begin{pmatrix}\alpha_{r,s,q} & 0\\ 0 & \alpha_{r,p,q}\end{pmatrix}$
在全局坐标系中,光线截点的偏振光线追迹矩阵	$\boldsymbol{P}_q=\boldsymbol{O}_{\text{out},q}\cdot\boldsymbol{J}_q\cdot\boldsymbol{O}_{\text{in},q}^{-1}$ $=\begin{pmatrix}s'_{x,q} & p'_{x,q} & k'_{x,q}\\ s'_{y,q} & p'_{y,q} & k'_{y,q}\\ s'_{z,q} & p'_{z,q} & k'_{z,q}\end{pmatrix}\cdot\begin{pmatrix}\alpha_{s,q} & 0 & 0\\ 0 & \alpha_{p,q} & 0\\ 0 & 0 & 1\end{pmatrix}\cdot\begin{pmatrix}s_{x,q} & s_{y,q} & s_{z,q}\\ p_{x,q} & p_{y,q} & p_{z,q}\\ k_{x,q} & k_{y,q} & k_{z,q}\end{pmatrix}$

偏振光线追迹的步骤如下。前三个步骤包括几何光线追迹,如前几节所述。偏振光线追迹过 $q+1$ 面的一条光线,需要 q 面出射的光线参数。偏振光线追迹的步骤概述如下:

(1) 计算光线在面 $q+1$ 上的交点,以及面 q 到面 $q+1$ 之间的光程长度(10.6.1节)。

(2) 计算光线交点处的面法线$\boldsymbol{\eta}_{q+1}$(10.6.2节)。

(3) 计算反射和折射的传播矢量(10.6.2 节)。

(4) 计算光线交点处入射和出射的基矢量 **s** 和 **p**(10.6.6 节)。

(5) 计算正交矩阵,将入射基旋转为出射基(表 10.4)。

(6) 计算光线交点处振幅系数和对应的琼斯矩阵,体现相互作用的物理特性(10.6.7 节)。

(7) 计算光线交点处的偏振光线追迹矩阵 **P** 和平行转移矩阵 **Q**(表 10.4)。

(8) 重复这个过程直到最后一个面。

10.6.6　*s* 分量和 *p* 分量

在每个光线截点处,需要一个局部基来描述光线局部坐标中的偏振。标准的基是 **s**、**p** 基,它与传播矢量 $\hat{\boldsymbol{k}}_q$ 一起,构成三元自然基组合,即$(\hat{\boldsymbol{s}},\hat{\boldsymbol{p}},\hat{\boldsymbol{k}})$。s 分量是垂直于入射面的光场分量,p 分量是入射面上的分量,如图 10.27 所示。图 10.28 显示了这个正交基三元组,在第 $q+1$ 个光线截点前是$(\hat{\boldsymbol{s}}_{q+1},\hat{\boldsymbol{p}}_{q+1},\hat{\boldsymbol{k}}_q)$,截点后是$(\hat{\boldsymbol{s}}'_{q+1},\hat{\boldsymbol{p}}'_{q+1},\hat{\boldsymbol{k}}_{q+1})$。

$$\hat{\boldsymbol{s}}_{q+1}=\frac{\hat{\boldsymbol{k}}_q\times\hat{\boldsymbol{\eta}}_{q+1}}{|\hat{\boldsymbol{k}}_q\times\hat{\boldsymbol{\eta}}_{q+1}|},\quad \hat{\boldsymbol{p}}_{q+1}=\hat{\boldsymbol{k}}_q\times\hat{\boldsymbol{s}}_{q+1},\quad 和\quad \hat{\boldsymbol{s}}'_{q+1}=\hat{\boldsymbol{s}}_{q+1},\quad \hat{\boldsymbol{p}}'_{q+1}=\hat{\boldsymbol{k}}_{q+1}\times\hat{\boldsymbol{s}}_{q+1} \tag{10.22}$$

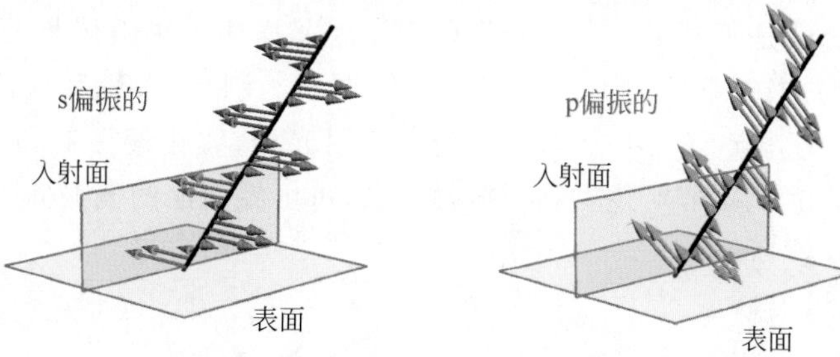

图 10.27　光线交点处的 s 偏振和 p 偏振分量。黄色平面为曲面的局部切面,蓝色矩形是入射面

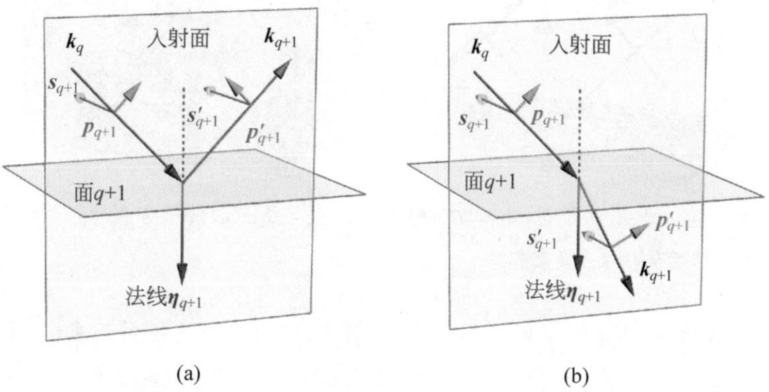

图 10.28　(a)反射和(b)折射的界面前后的传播矢量、面法线以及 *s* 基和 *p* 基矢量

对于折射,$\hat{\boldsymbol{s}}_q$ 基矢量在界面前后是相同的,只有 $\hat{\boldsymbol{p}}_q$ 矢量改变。对于如图 10.29 所示的反射,s 偏振的菲涅耳系数改变符号,以保持基向量左手规则。在各向同性界面上,s 偏振分量和 p 偏振分量是菲涅耳折射和反射方程的本征偏振。*p* 基矢量也可通过应用格莱姆·施

密特正交化来获得 $\hat{\boldsymbol{k}}_{\text{inc}}$ 和$\hat{\boldsymbol{\eta}}$。

$$\hat{\boldsymbol{p}}=\hat{\boldsymbol{k}}_{\text{inc}}\times\hat{\boldsymbol{s}}=\frac{\hat{\boldsymbol{k}}_{\text{inc}}-(\hat{\boldsymbol{k}}_{\text{inc}}\cdot\hat{\boldsymbol{\eta}})\hat{\eta}}{\sqrt{1-(\hat{\boldsymbol{k}}_{\text{inc}}\cdot\hat{\boldsymbol{\eta}})^2}} \tag{10.23}$$

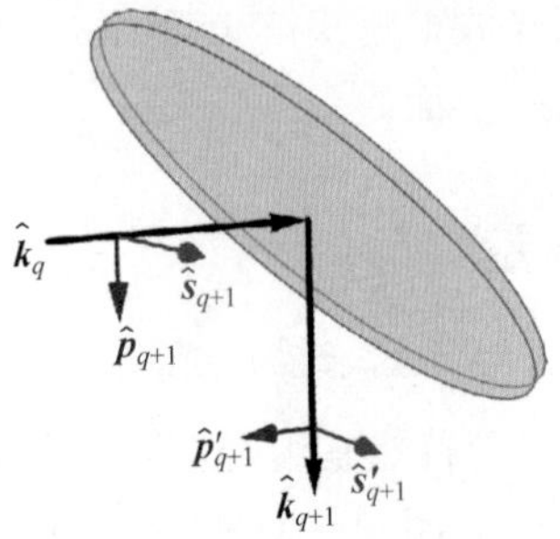

图 10.29 反射光线截点处的 s 基、p 基矢量

10.6.7 振幅系数和界面琼斯矩阵

界面前后光的电场用振幅系数来描述。界面前后指的是反射和折射。对于不同类型的界面,振幅系数的公式是不同的。8.3.2 节和 8.3.3 节描述了未镀膜界面的振幅系数。镀膜界面和多层薄膜的振幅系数见 13.3.1 节。各向异性材料(如单轴和双轴晶体以及旋光材料)的振幅系数见 19.7 节。衍射光学元件(包括衍射光栅、线栅偏振器和全息图)的振幅系数由 RCWA 计算,如 23.4 节所述。利用振幅关系,可由界面前的偏振椭圆计算出界面后的偏振椭圆,如图 10.30 所示。

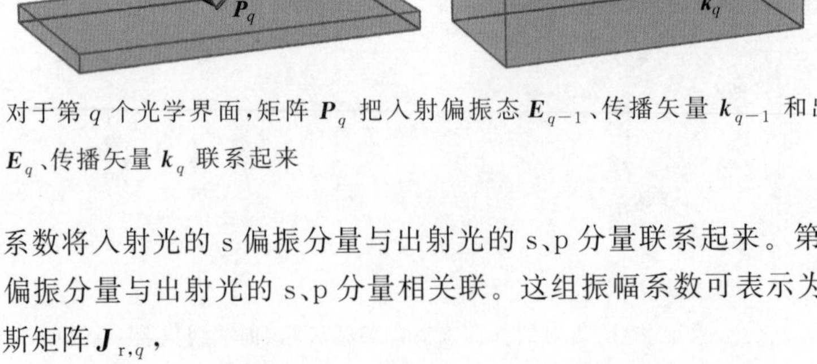

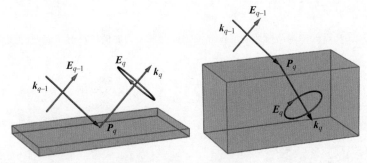

图 10.30 对于第 q 个光学界面,矩阵 $\boldsymbol{P}_q$ 把入射偏振态 $\boldsymbol{E}_{q-1}$、传播矢量 $\boldsymbol{k}_{q-1}$ 和出射偏振态 $\boldsymbol{E}_q$、传播矢量 $\boldsymbol{k}_q$ 联系起来

一对振幅系数将入射光的 s 偏振分量与出射光的 s、p 分量联系起来。第二对振幅系数将入射光的 p 偏振分量与出射光的 s、p 分量相关联。这组振幅系数可表示为折射琼斯矩阵 $\boldsymbol{J}_{\text{t},q}$ 或反射琼斯矩阵 $\boldsymbol{J}_{\text{r},q}$,

$$\boldsymbol{J}_{\text{t},q}=\begin{pmatrix}\alpha_{\text{t,s}\leftarrow\text{s},q} & \alpha_{\text{t,s}\leftarrow\text{p},q}\\ \alpha_{\text{t,p}\leftarrow\text{s},q} & \alpha_{\text{t,p}\leftarrow\text{p},q}\end{pmatrix}\quad 和\quad \boldsymbol{J}_{\text{r},q}=\begin{pmatrix}\alpha_{\text{r,s}\leftarrow\text{s},q} & \alpha_{\text{r,s}\leftarrow\text{p},q}\\ \alpha_{\text{r,p}\leftarrow\text{s},q} & \alpha_{\text{r,p}\leftarrow\text{p},q}\end{pmatrix} \tag{10.24}$$

其中下标 t 表示折射(透射),r 表示反射,s 表示 s 偏振,p 表示 p 偏振。琼斯矩阵描述了入

射偏振和出射偏振之间的关系。琼斯矩阵是在局部坐标系中定义的，其中局部 z 轴沿光线传播方向，局部 x 和 y 轴在偏振椭圆所在的横向平面中。最常见的局部坐标系是$(\hat{\boldsymbol{s}},\hat{\boldsymbol{p}},\hat{\boldsymbol{k}})$基；介质膜、金属膜和多层膜界面上的反射和折射用$(\hat{\boldsymbol{s}},\hat{\boldsymbol{p}})$分量表示。琼斯矩阵通过矩阵-矢量相乘将入射偏振态 $\boldsymbol{E}_{q-1}$ 与相应的出射偏振态 $\boldsymbol{E}_q$ 联系起来，

$$\boldsymbol{E}_{q,\mathrm{t}}=\begin{pmatrix}\boldsymbol{E}'_{\mathrm{s}}\\ \boldsymbol{E}'_{\mathrm{p}}\end{pmatrix}=\boldsymbol{J}_{\mathrm{t}}\cdot\boldsymbol{E}_{q-1}=\begin{pmatrix}j_{\mathrm{s}\leftarrow\mathrm{s}} & j_{\mathrm{s}\leftarrow\mathrm{p}}\\ j_{\mathrm{p}\leftarrow\mathrm{s}} & j_{\mathrm{p}\leftarrow\mathrm{p}}\end{pmatrix}\begin{pmatrix}E_{\mathrm{s}}\\ E_{\mathrm{p}}\end{pmatrix}\tag{10.25}$$

菲涅耳系数给出了入射振幅和反射/透射振幅之间的偏振相关关系。菲涅耳系数通常用光线界面的 s-和 p-本征偏振来表示。对于光线截点处的入射偏振态，入射电场被分解为 s 分量和 p 分量，相应的菲涅耳透射/反射系数作用于每个分量①。有关菲涅耳方程的更详细讨论，请参见第 8 章。

对于简单的反射和折射，琼斯矩阵是对角矩阵，如下所示：

$$\boldsymbol{J}_{\mathrm{t},q}=\begin{pmatrix}\alpha_{\mathrm{t,s},q} & 0\\ 0 & \alpha_{\mathrm{t,p},q}\end{pmatrix}\quad 和\quad \boldsymbol{J}_{\mathrm{r},q}=\begin{pmatrix}\alpha_{\mathrm{r,s},q} & 0\\ 0 & \alpha_{\mathrm{r,p},q}\end{pmatrix}\tag{10.26}$$

式中 $\alpha_{\mathrm{t,s},q}$、$\alpha_{\mathrm{t,p},q}$ 分别是 s、p 振幅透射系数，$\alpha_{\mathrm{r,s},q}$、$\alpha_{\mathrm{r,p},q}$ 是 s、p 振幅反射系数。对于未镀膜界面，这些振幅系数由菲涅耳方程计算。对于镀膜界面，通过多层薄膜计算法(13.3.1 节)[1,10-11]计算系数。

光栅、全息图、亚波长光栅和其他非各向同性界面的琼斯矩阵通常具有非对角元素，

$$\boldsymbol{J}_q=\begin{pmatrix}j_{11} & j_{12}\\ j_{21} & j_{22}\end{pmatrix}\tag{10.27}$$

$\boldsymbol{J}_q$ 表示局部坐标系中的相互作用琼斯矩阵。

10.6.8　偏振光线追迹矩阵

3×3 偏振光线追迹矩阵 $\boldsymbol{P}$ 表征了光线截点处的偏振态变化和传播方向的改变。$\boldsymbol{P}$ 矩阵是三维广义琼斯矩阵，追踪光波电场的所有三个分量，

$$\boldsymbol{E}_q=\begin{pmatrix}E_{x,q}\\ E_{y,q}\\ E_{z,q}\end{pmatrix}=\boldsymbol{P}_q\boldsymbol{E}_{q-1}=\begin{pmatrix}p_{xx,q} & p_{xy,q} & p_{xz,q}\\ p_{yx,q} & p_{yy,q} & p_{yz,q}\\ p_{zx,q} & p_{zy,q} & p_{zz,q}\end{pmatrix}\begin{pmatrix}\boldsymbol{E}_{x,q-1}\\ \boldsymbol{E}_{y,q-1}\\ \boldsymbol{E}_{z,q-1}\end{pmatrix}\tag{10.28}$$

第 9 章详细讨论了 $\boldsymbol{P}$ 矩阵的形式及其相对于传统琼斯矩阵的优点。

在 s 和 p 坐标中折射 $\boldsymbol{J}_{\mathrm{t},q}$ 和反射 $\boldsymbol{J}_{\mathrm{r},q}$ 的扩展琼斯矩阵是式(10.26)中 s 和 p 琼斯矩阵的直接推广，

$$\boldsymbol{J}_{\mathrm{t},q}=\begin{pmatrix}\alpha_{\mathrm{t,s},q} & 0 & 0\\ 0 & \alpha_{\mathrm{t,p},q} & 0\\ 0 & 0 & 1\end{pmatrix}\quad 和\quad \boldsymbol{J}_{\mathrm{r},q}=\begin{pmatrix}\alpha_{\mathrm{r,s},q} & 0 & 0\\ 0 & -\alpha_{\mathrm{r,p},q} & 0\\ 0 & 0 & -1\end{pmatrix}\tag{10.29}$$

参见例 10.2。类似地，对于透射元件，更广泛的琼斯矩阵(式(10.27))是

---

①　某些光线追迹软件计算 s 分量和 p 分量的平均值，以估计透射/反射振幅。对于每条光线传播方向及光线截点处的表面法线，s 分量和 p 分量是不同的，两个分量的简单平均不能正确描述光学系统的偏振光线追迹。

$$\boldsymbol{P}_q=\begin{pmatrix} j_{11} & j_{12} & 0 \\ j_{21} & j_{22} & 0 \\ 0 & 0 & 1 \end{pmatrix} \tag{10.30}$$

对于反射器件,j_{21} 和 j_{22} 元素会发生 8.3.7 节中所述的附加符号变化。然后,使用 9.2 节的正交变换算法将式(10.29)和式(10.30)的矩阵旋转到全局坐标系中,

$$\boldsymbol{P}_q=\boldsymbol{O}_{\text{out},q}\cdot\boldsymbol{J}_q\cdot\boldsymbol{O}_{\text{in},q}^{-1}=\begin{pmatrix} s'_{x,q} & p'_{x,q} & k_{x,q} \\ s'_{y,q} & p'_{y,q} & k_{y,q} \\ s'_{z,q} & p'_{z,q} & k_{z,q} \end{pmatrix}\cdot\begin{pmatrix} r_{s,q} & 0 & 0 \\ 0 & r_{p,q} & 0 \\ 0 & 0 & 1 \end{pmatrix}\cdot$$
$$\begin{pmatrix} s_{x,q} & s_{y,q} & s_{z,q} \\ p_{x,q} & p_{y,q} & p_{z,q} \\ k_{x,q-1} & k_{y,q-1} & k_{z,q-1} \end{pmatrix} \tag{10.31}$$

采用 $\boldsymbol{P}$ 矩阵的偏振光线追迹算法在下面这两个例子中进行了演示:①例 10.2 中的正入射,②例 10.3 中的图 10.31 所示的使用两个折反镜。

例 10.2　正入射时的偏振光线追迹矩阵

对于正入射的折射,为简单起见设 $\boldsymbol{k}_{\text{in}}=(0,0,1)=\boldsymbol{k}_{\text{t}}$。入射和透射的正交矩阵分别是

$$\boldsymbol{O}_{\text{in}}=\begin{pmatrix} s_x & p_x & k_{x,0} \\ s_y & p_y & k_{y,0} \\ s_z & p_z & k_{z,0} \end{pmatrix}=\begin{pmatrix} 1 & 0 & 0 \\ 0 & 1 & 0 \\ 0 & 0 & 1 \end{pmatrix}$$

$$\boldsymbol{O}_{\text{out,t}}=\begin{pmatrix} s'_x & p'_x & k_{x,1} \\ s'_y & p'_y & k_{y,1} \\ s'_z & p'_z & k_{z,1} \end{pmatrix}=\begin{pmatrix} 1 & 0 & 0 \\ 0 & 1 & 0 \\ 0 & 0 & 1 \end{pmatrix} \tag{10.32}$$

给定折射的琼斯矩阵$\begin{pmatrix} t_{\text{s}} & 0 \\ 0 & t_{\text{p}} \end{pmatrix}$,折射的 $\boldsymbol{P}$ 矩阵是

$$\boldsymbol{P}_{\text{t},0^\circ}=\begin{pmatrix} t_{\text{s}} & 0 & 0 \\ 0 & t_{\text{p}} & 0 \\ 0 & 0 & 1 \end{pmatrix} \tag{10.33}$$

对于正入射的反射,$\boldsymbol{k}_{\text{in}}=(0,0,1)=-\boldsymbol{k}_{\text{t}}$,反射的琼斯矩阵为$\begin{pmatrix} r_{\text{s}} & 0 \\ 0 & r_{\text{p}} \end{pmatrix}$,反射的正交矩阵为

$$\boldsymbol{O}_{\text{out,r}}=\begin{pmatrix} s'_x & p'_x & k_{x,1} \\ s'_y & p'_y & k_{y,1} \\ s'_z & p'_z & k_{z,1} \end{pmatrix}=\begin{pmatrix} 1 & 0 & 0 \\ 0 & -1 & 0 \\ 0 & 0 & -1 \end{pmatrix} \tag{10.34}$$

反射的 $\boldsymbol{P}$ 矩阵为

$$\boldsymbol{P}_{\mathrm{r},0^\circ}=\begin{pmatrix} r_{\mathrm{s}} & 0 & 0\\ 0 & -r_{\mathrm{p}} & 0\\ 0 & 0 & -1\end{pmatrix} \tag{10.35}$$

例 10.3　两个镀金折反镜

考虑两个镀金反射镜，波长为 765nm 的光线从 M_1 反射到 M_2。分别计算了每一反射的二向衰减和延迟，以及两次反射的总合效应。

第一个反射镜的法线矢量为 $\hat{\boldsymbol{\eta}}_1=(0,1,1)/\sqrt{2}$，第二个反射镜的法向矢量为 $\hat{\boldsymbol{\eta}}_2=(-1,-1,0)/\sqrt{2}$。第一次反射时，入射传播矢量为 $\hat{\boldsymbol{k}}_1=(-0.195,-0.195,0.961)$，入射角是 $\theta_1=57.184°$，反射传播矢量为 $\hat{\boldsymbol{k}}_2=(-0.195,-0.961,0.195)$。对于入射光线，根据式(10.22)可得 $\hat{\boldsymbol{s}}_1=(-0.973,0.164,-0.164)$，$\hat{\boldsymbol{p}}_1=(-0.126,-0.967,-0.221)$。出射的 s 基矢量没有改变，为 $\hat{\boldsymbol{s}}_1'=(-0.973,0.164,-0.164)$，但出射的 p 分量旋转为 $\hat{\boldsymbol{p}}_1'=(0.126,-0.221,-0.967)$。第一次反射的菲涅耳系数 r_{s1} 和 r_{p1} 分别是 $0.992\mathrm{e}^{\mathrm{i}2.918}$ 和 $0.975\mathrm{e}^{-\mathrm{i}0.751}$。第一次反射的偏振光线追迹矩阵 $\boldsymbol{P}_1$ 为

$$\begin{aligned}\boldsymbol{P}_1&=\boldsymbol{O}_{\mathrm{out},1}\cdot\boldsymbol{J}_1\cdot\boldsymbol{O}_{\mathrm{in},1}^{-1}\\ &=\begin{pmatrix} s_{1x}' & p_{1x}' & k_{2x}\\ s_{1y}' & p_{1y}' & k_{2y}\\ s_{1z}' & p_{1z}' & k_{2z}\end{pmatrix}\cdot\begin{pmatrix} r_{\mathrm{s1}} & 0 & 0\\ 0 & r_{\mathrm{p1}} & 0\\ 0 & 0 & 1\end{pmatrix}\cdot\begin{pmatrix} s_{1x} & s_{1y} & s_{1z}\\ p_{1x} & p_{1y} & p_{1z}\\ k_{1x} & k_{y1} & k_{1z}\end{pmatrix}\\ &=\begin{pmatrix} -0.889+0.219\mathrm{i} & 0.106+0.046\mathrm{i} & -0.361+0.054\mathrm{i}\\ 0.361-0.054\mathrm{i} & 0.314-0.137\mathrm{i} & -0.863-0.039\mathrm{i}\\ -0.106-0.046\mathrm{i} & 0.655-0.628\mathrm{i} & 0.314-0.137\mathrm{i}\end{pmatrix}\end{aligned} \tag{10.36}$$

式中，$\boldsymbol{O}_{\mathrm{in},1}^{-1}$ 作用于全局坐标系中的入射电场 $\boldsymbol{E}$，使其旋转到局部坐标基($\hat{\boldsymbol{s}}_1,\hat{\boldsymbol{p}}_1,\hat{\boldsymbol{k}}_1$)得到($\boldsymbol{E}_{\mathrm{s}},\boldsymbol{E}_{\mathrm{p}},0$)，也就是 $\boldsymbol{E}$ 往 s-p 入射局部坐标系上的投影。$\boldsymbol{J}_1$ 是由式(10.29)定义的扩展琼斯矩阵。然后，矩阵 $\boldsymbol{O}_{\mathrm{out},1}$ 将所得的电场从局部坐标系($\hat{\boldsymbol{s}}_1',\hat{\boldsymbol{p}}_1',\hat{\boldsymbol{k}}_2'$)旋转回全局笛卡儿坐标系。在此过程中，($\hat{\boldsymbol{s}}_1,\hat{\boldsymbol{p}}_1,\hat{\boldsymbol{k}}_1$)基中的电场 $\boldsymbol{E}$ 被映射到($r_{\mathrm{s1}}\hat{\boldsymbol{s}}_1',r_{\mathrm{p1}}\hat{\boldsymbol{p}}_1',\hat{\boldsymbol{k}}_2'$)。因为两个正交矩阵($\boldsymbol{O}_{\mathrm{in},1}$ 和 $\boldsymbol{O}_{\mathrm{out},1}$)都是用右手正交基定义的，三个出射基中的两个($\hat{\boldsymbol{k}}_2$ 和 $\hat{\boldsymbol{p}}_1'$)会因改变反射中的局部坐标引起 π 相位变化，其中 $\hat{\boldsymbol{k}}_2$ 被理解为反射，$\hat{\boldsymbol{p}}_1'$中的 π 相位被添加到 $\arg[r_{\mathrm{p1}}]$。

与 $\boldsymbol{P}$ 矩阵相关的二向衰减和延迟是通过第 9 章和第 17 章中描述的算法计算的。二向衰减是通过 $\boldsymbol{P}_1$ 的奇异值分解来计算的，

$$\boldsymbol{P}_1=\boldsymbol{U}_1\boldsymbol{\Sigma}_1\boldsymbol{V}_1^{\dagger}=\begin{pmatrix} -0.195 & -0.973\mathrm{e}^{\mathrm{i}2.918} & 0.126\mathrm{e}^{-\mathrm{i}0.750}\\ -0.961 & 0.164\mathrm{e}^{\mathrm{i}2.918} & -0.221\mathrm{e}^{-\mathrm{i}0.750}\\ 0.195 & -0.164\mathrm{e}^{\mathrm{i}2.918} & -0.967\mathrm{e}^{-\mathrm{i}0.750}\end{pmatrix}\cdot\begin{pmatrix} 1 & 0 & 0\\ 0 & 0.992 & 0\\ 0 & 0 & 0.975\end{pmatrix}\cdot$$

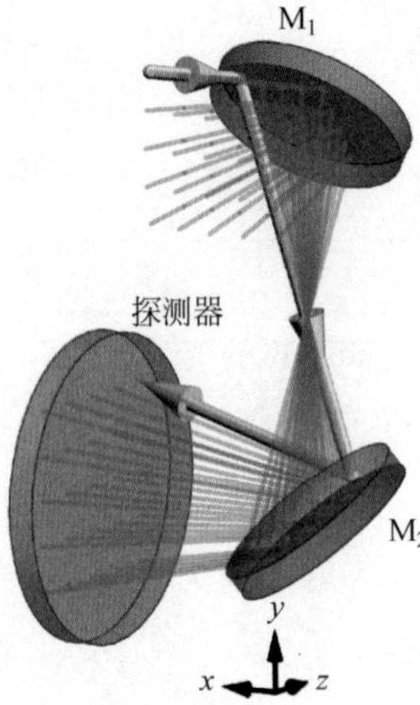

图 10.31 会聚光束(灰色)中的光线阵列依次经过反射镜 M_1、反射镜 M_2 反射,然后射向探测器。图中给出了顶部光线的偏振光线追迹细节,该光线用粗的橙色箭头突出显示

$$\begin{pmatrix} -0.195 & -0.973 & -0.126 \\ -0.195 & 0.164 & -0.967 \\ 0.961 & -0.164 & -0.221 \end{pmatrix} \tag{10.37}$$

式中奇异值 0.992 和 0.975 对应于 $|r_{s1}|$ 和 $|r_{p1}|$。因此,二向衰减率是 $D=(|r_{s1}|^2-|r_{p1}|^2)/(|r_{s1}|^2+|r_{p1}|^2)=0.018$。最大透射率的轴是(−0.973,0.164,−0.164),它是入射空间中的 $\boldsymbol{V}_1$ 和 $\hat{\boldsymbol{s}}_1$ 的第 2 列,或 $e^{i2.918}(-0.973,0.164,-0.164)$,它是 M_1 后的空间中的 $\boldsymbol{U}_1$ 和 $e^{i2.918}\hat{\boldsymbol{s}}_1'$ 的第 2 列。

为了计算 M_1 引起的延迟,首先从 $\boldsymbol{P}_1$ 中去除光线路径的几何变换;这在本质上拉直了路径[①]。M_1 的几何变换矩阵 $\boldsymbol{Q}_1$(将在第 17 章中介绍)是

$$\begin{aligned} \boldsymbol{Q}_1 &= \boldsymbol{O}_{\text{out},1}\cdot\boldsymbol{I}_{\text{reflect1}}\cdot\boldsymbol{O}_{\text{in},1}^{-1} \\ &= \begin{pmatrix} s'_{1x} & p'_{1x} & k_{2x} \\ s'_{1y} & p'_{1y} & k_{2y} \\ s'_{1z} & p'_{1z} & k_{2z} \end{pmatrix}\cdot\begin{pmatrix} 1 & 0 & 0 \\ 0 & -1 & 0 \\ 0 & 0 & 1 \end{pmatrix}\cdot\begin{pmatrix} s_{1x} & s_{1y} & s_{1z} \\ p_{1x} & p_{1y} & p_{1z} \\ k_{1x} & k_{1y} & k_{1z} \end{pmatrix} \\ &= \begin{pmatrix} 1 & 0 & 0 \\ 0 & 0 & -1 \\ 0 & -1 & 0 \end{pmatrix} \end{aligned} \tag{10.38}$$

$\boldsymbol{Q}_1$ 描述了非偏振反射。M_1 的延迟量从 $\boldsymbol{U}_{1Q}\cdot\boldsymbol{U}_{1Q}^{-1}$ 的本征值计算得到,其中根据奇异值分解有 $\boldsymbol{Q}_1^{-1}\boldsymbol{P}_1=\boldsymbol{U}_{1Q}\sum_{1Q}\boldsymbol{V}_{1Q}^{-1}$。本征值之间的相位差为 0.527rad,即 M_1 延迟量大小。对应

① 为了演示延迟的计算,这里使用了第 17 章中的几何变换矩阵 $\boldsymbol{Q}$。

于较小本征相位的本征向量是(0.126,0.967,0.221),这是入射空间中的快轴和 p 偏振。

对于第二次反射,以相同的方式计算 $\boldsymbol{P}_2$ 矩阵和相应的二向衰减及延迟。反射的 $\hat{\boldsymbol{k}}_3$ 为(0.961,0.195,0.195),反射角为 35.16°。入射 $\hat{\boldsymbol{s}}_2$ 和 $\hat{\boldsymbol{p}}_2$ 为(0.239,−0.239,−0.941)和(0.951,−0.137,0.277)。出射 $\hat{\boldsymbol{s}}'_2$ 和 $\hat{\boldsymbol{p}}'_2$ 是(0.239,−0.239,−0.941)和(−0.137,0.951,−0.277)。第二次反射的菲涅耳反射系数 r_{s2} 和 r_{p2} 分别为 $0.988e^{i2.80}$ 和 $0.982e^{-i0.507}$。然后

$$\boldsymbol{P}_2=\begin{pmatrix}-0.352+0.081i & -0.855-0.028i & 0.365-0.056i\\ 0.792-0.450i & -0.352+0.081i & 0.054-0.052i\\ -0.054+0.052i & -0.365+0.056i & -0.853+0.327i\end{pmatrix} \text{和}$$

$$\boldsymbol{Q}_2=\begin{pmatrix}0 & -1 & 0\\ -1 & 0 & 0\\ 0 & 0 & 1\end{pmatrix} \tag{10.39}$$

相应的二向衰减为 0.006,最大反射的轴为沿 s 偏振方向的(0.239,−0.239,−0.941),延迟量为 0.169rad,快轴方向为沿 p 偏振方向的(0.951,−0.137,0.277),在 M_2 的入射空间中。

综合两个反射镜的影响,总合的延迟和二向衰减由累积 $\boldsymbol{P}$ 矩阵获得,累积 $\boldsymbol{P}$ 矩阵通过矩阵乘法由 $\boldsymbol{P}_1$ 和 $\boldsymbol{P}_2$ 级联计算:

$$\begin{cases}\boldsymbol{P}=\boldsymbol{P}_2\cdot\boldsymbol{P}_1=\begin{pmatrix}-0.056-0.124i & -0.109-0.165i & 0.967-0.059i\\ -0.737+0.625i & 0.008-0.006i & 0.055+0.125i\\ 0.013-0.013i & -0.468+0.820i & 0.110+0.163i\end{pmatrix}\\ \boldsymbol{Q}=\boldsymbol{Q}_2\cdot\boldsymbol{Q}_1=\begin{pmatrix}0 & 0 & 1\\ -1 & 0 & 0\\ 0 & -1 & 0\end{pmatrix}\end{cases} \tag{10.40}$$

然后,采用与上面所述相同的方法,总的二向衰减率为 0.012,在入射空间中最大透射轴为($0.977e^{-i2.447}$,$0.118e^{i0.445}$,$0.175e^{-i2.414}$),延迟量为 0.365rad,在入射空间中快轴为($0.076e^{i0.186}$,0.974,$0.213e^{i0.013}$)。

例 10.4　折射通过手机镜头的一条光线的光线追迹参数

入射传播矢量为(0.0858,0.1730,0.98117)的入射光线在第一个镜片(0,0,0)处进入示例手机镜头,如图 10.32 所示。按照 10.6.5 节概述的光线追迹程序,根据表 10.10 所示的光线参数计算偏振光线追迹参数。偏振光线追迹参数见表 10.5。

在表 10.5 中,给出了具有菲涅耳 s 和 p 透射系数的琼斯矩阵、偏振光线追迹矩阵 $\boldsymbol{P}$ 和每个光线截点的平行转移矩阵 $\boldsymbol{Q}$。该示例系统的透镜表面未镀膜。

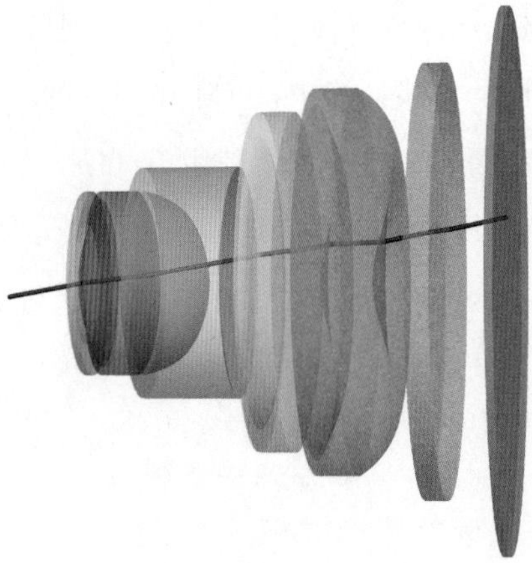

图 10.32　一条光线传播通过示例手机镜头

表 10.5　手机镜头系统的具有菲涅耳 s 和 p 透射系数的琼斯矩阵、$\boldsymbol{P}$ 矩阵和 $\boldsymbol{Q}$ 矩阵

q	琼斯矩阵($\boldsymbol{J}_q$)	$\boldsymbol{P}$ 矩阵($\boldsymbol{P}_q$)	$\boldsymbol{Q}$ 矩阵($\boldsymbol{Q}_q$)
0(光阑)	$\begin{pmatrix}1 & 0\\0 & 1\end{pmatrix}$	$\begin{pmatrix}1 & 0 & 0\\0 & 1 & 0\\0 & 0 & 1\end{pmatrix}$	$\begin{pmatrix}1 & 0 & 0\\0 & 1 & 0\\0 & 0 & 1\end{pmatrix}$
1	$\begin{pmatrix}0.77 & 0\\0 & 0.77\end{pmatrix}$	$\begin{pmatrix}0.767 & 0.002 & -0.013\\0.002 & 0.771 & -0.025\\0.045 & 0.090 & 0.992\end{pmatrix}$	$\begin{pmatrix}1.000 & -0.001 & -0.032\\-0.001 & 0.998 & -0.065\\0.032 & 0.065 & 0.997\end{pmatrix}$
2	$\begin{pmatrix}1.24 & 0\\0 & 1.24\end{pmatrix}$	$\begin{pmatrix}1.234 & -0.002 & 0.023\\-0.002 & 1.230 & 0.046\\-0.056 & -0.113 & 1.003\end{pmatrix}$	$\begin{pmatrix}0.999 & -0.001 & 0.035\\-0.001 & 0.998 & 0.071\\-0.035 & -0.071 & 0.997\end{pmatrix}$
3	$\begin{pmatrix}0.77 & 0\\0 & 0.77\end{pmatrix}$	$\begin{pmatrix}0.769 & 0.003 & 0.013\\0.003 & 0.775 & 0.026\\0.026 & 0.052 & 0.991\end{pmatrix}$	$\begin{pmatrix}1.000 & 0.000 & -0.008\\0.000 & 1.000 & -0.015\\0.008 & 0.0151 & 1.000\end{pmatrix}$
4	$\begin{pmatrix}1.23 & 0\\0 & 1.24\end{pmatrix}$	$\begin{pmatrix}1.232 & -0.004 & -0.002\\-0.004 & 1.226 & -0.004\\-0.039 & -0.079 & 1.009\end{pmatrix}$	$\begin{pmatrix}1.000 & 0.000 & 0.017\\0.000 & 0.999 & 0.034\\-0.017 & -0.034 & 0.999\end{pmatrix}$
5	$\begin{pmatrix}0.79 & 0\\0 & 0.79\end{pmatrix}$	$\begin{pmatrix}0.790 & 0.003 & -0.018\\0.003 & 0.793 & -0.035\\0.050 & 0.101 & 0.990\end{pmatrix}$	$\begin{pmatrix}0.999 & -0.001 & -0.038\\-0.001 & 0.997 & -0.076\\0.038 & 0.076 & 0.996\end{pmatrix}$
6	$\begin{pmatrix}1.21 & 0\\0 & 1.21\end{pmatrix}$	$\begin{pmatrix}1.209 & -0.003 & 0.022\\-0.003 & 1.205 & 0.044\\-0.055 & -0.110 & 1.003\end{pmatrix}$	$\begin{pmatrix}0.999 & -0.001 & 0.035\\-0.001 & 0.998 & 0.070\\-0.035 & -0.070 & 0.997\end{pmatrix}$
7	$\begin{pmatrix}0.76 & 0\\0 & 0.77\end{pmatrix}$	$\begin{pmatrix}0.760 & 0.001 & -0.057\\0.001 & 0.762 & -0.114\\0.082 & 0.165 & 0.983\end{pmatrix}$	$\begin{pmatrix}0.997 & -0.006 & -0.078\\-0.006 & 0.988 & -0.158\\0.078 & 0.158 & 0.984\end{pmatrix}$

续表

q	琼斯矩阵($\boldsymbol{J}_q$)	$\boldsymbol{P}$ 矩阵($\boldsymbol{P}_q$)	$\boldsymbol{Q}$ 矩阵($\boldsymbol{Q}_q$)
8	$\begin{pmatrix}1.24 & 0\\ 0 & 1.26\end{pmatrix}$	$\begin{pmatrix}1.243 & -0.001 & 0.077\\ -0.001 & 1.241 & 0.155\\ 0.107 & -0.216 & 0.985\end{pmatrix}$	$\begin{pmatrix}0.997 & -0.007 & 0.081\\ -0.007 & 0.987 & 0.164\\ -0.081 & -0.164 & 0.983\end{pmatrix}$
9	$\begin{pmatrix}0.79 & 0\\ 0 & 0.79\end{pmatrix}$	$\begin{pmatrix}0.790 & 0.003 & -0.014\\ 0.003 & 0.794 & -0.027\\ 0.047 & 0.095 & 0.990\end{pmatrix}$	$\begin{pmatrix}0.999 & -0.001 & -0.034\\ -0.001 & 0.998 & -0.068\\ 0.034 & 0.068 & 0.997\end{pmatrix}$
10	$\begin{pmatrix}1.21 & 0\\ 0 & 1.22\end{pmatrix}$	$\begin{pmatrix}1.211 & -0.003 & 0.021\\ -0.003 & 1.206 & 0.041\\ -0.055 & -0.110 & 1.004\end{pmatrix}$	$\begin{pmatrix}0.999 & -0.001 & 0.034\\ -0.001 & 0.998 & 0.068\\ -0.034 & -0.068 & 0.997\end{pmatrix}$
11(DEF)	$\begin{pmatrix}1 & 0\\ 0 & 1\end{pmatrix}$	$\begin{pmatrix}1 & 0 & 0\\ 0 & 1 & 0\\ 0 & 0 & 1\end{pmatrix}$	$\begin{pmatrix}1 & 0 & 0\\ 0 & 1 & 0\\ 0 & 0 & 1\end{pmatrix}$

10.7　波前分析

光学设计人员已开发了许多评价光学系统性能的指标，其中主要是波像差函数，它在成像系统的评价中起着基础性的作用。将波像差围绕光轴扩展到塞德尔像差中，为讨论像差的形状和形式提供了一种方法(10.7.5 节)。另一种不同的扩展方法也是常见的(10.7.6 节)，就是在圆形孔径上将单个波前扩展为一组正交函数，即泽尼克多项式。后面的章节将这些方法推广用于描述偏振像差。

10.7.1　归一化坐标

10.6 节描述了一系列界面上的单条光线。现在，考虑物、像和光瞳上大量光线的表征。在物表面上每条光线从物矢量 $\boldsymbol{h}_{\mathrm{O}}$ 处开始，在光瞳矢量$\boldsymbol{\rho}_{\mathrm{E}}$ 处与入瞳相交，如图 10.33 所示。对于像差的描述，通常把$\boldsymbol{\rho}$ 的大小在光瞳边缘处归一化为 1，把 $\boldsymbol{h}$ 在物的边缘处归一化为 1。

这些光线中的每一条都与像空间中出瞳处的出射光线配对。当物和光瞳采用归一化坐标时，波像差的描述可得到简化。在图 10.33 中，显示了一个圆形物体和一个圆形入瞳，但是归一化坐标对于任意形状的物和光瞳都是有用的，前提是在两个位置都定义了单位向量。

10.7.2　波像差函数

单条光线追迹提供了单条光线的路径、相位和偏振的信息。为了评估一个光学系统，人们需要了解充满光瞳的光线的特性，这些光线来自整个物，并涵盖某个光谱范围。评价成像光学系统性能的最重要工具是波像差函数，它描述了出瞳中的波前偏离理想球面的情况。

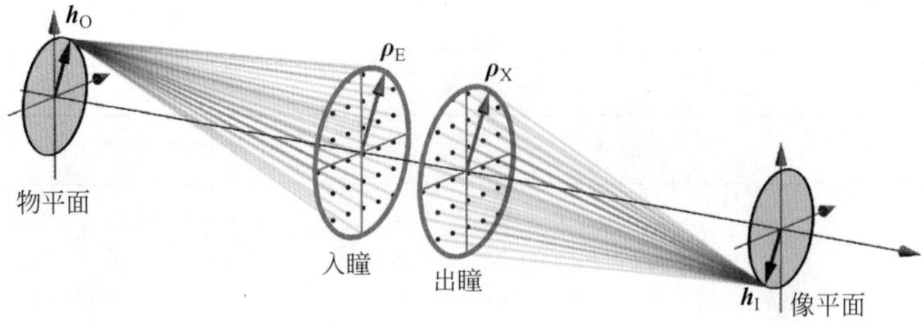

图 10.33 用于像差理论的归一化坐标。物空间中的光线从归一化物坐标 $\boldsymbol{h}_O$ 处开始，并在归一化坐标$\boldsymbol{\rho}_E$ 处与入瞳相交。出瞳上的出瞳矢量$\boldsymbol{\rho}_X$ 和像面上的视场矢量 $\boldsymbol{h}_I$ 是最常见的

在传统光学设计中，波像差函数是通过追迹穿过光学系统的一组光线来计算的。

对于每个物点 $\boldsymbol{h}$ 和波长 λ，波前(是入瞳坐标$\boldsymbol{\rho}_E$ 的函数)与参考球面的偏差是一个标量值函数 $W(\boldsymbol{h},\boldsymbol{\rho},\lambda)$。$W$ 通常用波数来表示，并在穿过出瞳中心的平面或球面上描述。在参考球面上标量波前的电场由(ρ,ϕ)或者(x,y)参数化为

$$\boldsymbol{E}(\rho,\phi)=E_0\exp(-\mathrm{i}2\pi W(\rho,\phi)/\lambda)=\boldsymbol{E}(x,y)=E_0\exp(-\mathrm{i}2\pi W(x,y)/\lambda) \tag{10.41}$$

波像差函数是用波数表示的相位函数。

在常规光学设计中，波像差函数是表征成像质量的主要计算指标。波像差函数是沿每条光线从入瞳球面到出瞳参考球面的光程长度。通常情况下，从所有光程长度中减去入瞳和出瞳之间主光线的光程长度，将光瞳中心的波像差函数值归化为零，使其更易于解释和比较。波像差描述了光学系统的色差、球差、彗差和所有其他几何像差。

为利用光线追迹技术对光学系统进行设计、优化和分析，需要对大量光线进行追迹，以便对成像质量进行采样。从一组物点开始追迹覆盖某个波长范围的一些光线，这些光线对光瞳中的许多位置进行采样。为形成高分辨率的像，每个物点的所有光线都需会聚到像面中的一个小区域，并且这些光线的光程差必须为波长的几分之一。另外，对于给定的物点，所有波长光线的像应形成在同一像点，以避免色差(作为波长的函数产生模糊)。因此，光学设计程序的一个主要任务是采用单条光线的追迹算法，并将该算法系统地应用于一组物点和波长的光线阵列。

10.7.3 偏振像差函数

虽然波像差函数描述了对出射波前形状和相位的几何贡献，但系统的界面、薄膜、滤光片、衍射光栅、晶体、液晶和其他组件对相位的贡献与光程长度没有直接关系。使用我们的偏振光线追迹算法可计算相位、振幅和偏振态的这些变化。在偏振光线追迹算法中，光学系统的总偏振效应存储在偏振光线追迹矩阵 $\boldsymbol{P}_{\text{total}}$ 中，通过把沿着从入瞳到出瞳每条光线路径上的光线截点的偏振光线追迹矩阵 $\boldsymbol{P}_q$ 级联起来，可计算该矩阵，

$$\boldsymbol{P}_{\text{total}}=\boldsymbol{P}_N\boldsymbol{P}_{N-1}\cdots\boldsymbol{P}_q\cdots\boldsymbol{P}_2\boldsymbol{P}_1=\prod_{q=N,-1}^{1}\boldsymbol{P}_q \tag{10.42}$$

偏振像差函数是 $\boldsymbol{P}$ 作为光线坐标的函数 $\boldsymbol{P}(\boldsymbol{h},\boldsymbol{\rho},\lambda)$。光学膜通过引入少量的离焦、球差、彗差和其他像差来调整波前。由于薄膜也具有延迟性，因此对于不同入射偏振态，其对偏振像差的贡献是不同的。因此，它们不能仅仅用波像差函数来描述，波前像差函数只是一个标量函数。图 10.34(a)显示了示例手机镜头在 10°视场情况下的偏振像差函数，其将入射准直

光束中的偏振矢量与出瞳中的偏振矢量相关联。由于光线在入瞳和出瞳之间改变方向，偏振像差函数的一部分是改变光线方向的旋转矩阵。另一部分包含了在每个未镀膜光线截点处的振幅损失。最后，该函数还包含未镀膜界面的累积二向衰减。图 10.5(b)是由 $\boldsymbol{P}(\boldsymbol{h},\boldsymbol{\rho},\lambda)$ 导出的。使用 9.4 节的算法可由 $\boldsymbol{P}(\boldsymbol{h},\boldsymbol{\rho},\lambda)$ 计算出二向衰减函数或二向衰减图。如果这个镜头也包含延迟源，那么延迟也会包含在 $\boldsymbol{P}(\boldsymbol{h},\boldsymbol{\rho},\lambda)$ 中，并可根据第 17 章的算法计算出来。

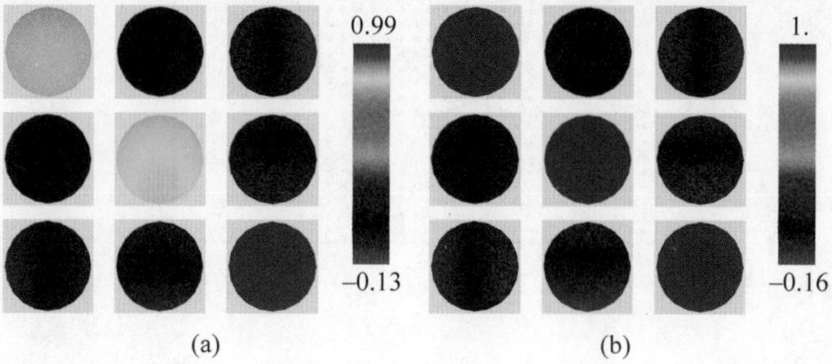

图 10.34　(a)手机镜头轴上 $\boldsymbol{h}=(0,0)$ 在 10°视场的偏振像差函数 $\boldsymbol{P}(\boldsymbol{h},\boldsymbol{\rho},\lambda)$。(b)对应的几何变换函数 $\boldsymbol{Q}(\boldsymbol{h},\boldsymbol{\rho},\lambda)$，它把非偏振光学系统入瞳和出瞳之间的几个量关联起来：(1)传播矢量和(2)偏振矢量，非偏振光学系统中光偏振椭圆仅在每个光线截点处改变方向，绕 s 基向量旋转

琼斯光瞳 $\boldsymbol{J}(\boldsymbol{h},\boldsymbol{\rho},\lambda)$将入瞳到出瞳中的琼斯矢量关联起来。由于这些光瞳面上的波前通常是球面，因此必须在每个球面上定义局部坐标。每条光线的偏振在相关局部坐标中得到了很好的描述。球面波前最常用的局部坐标系是双极坐标系(图 11.8～图 11.10)。第 11 章将详细讨论局部坐标的选择。如图 11.10(a)的中心所示，在双极坐标系中，通常反极是坐标中最均匀的部分，位于主光线上。如图 11.10(b)中心所示，奇点位于相反方向，沿着主光线向后。

图 10.6 显示了示例手机镜头在 10°视场处的琼斯光瞳，它描述了二向衰减、振幅损失、界面相位变化和延迟。对于未镀膜镜头，相位变化和延迟为零；因此，这个镜头的琼斯光瞳只包含实数值。

10.7.4　像差函数的评价

10.7.2 节的波像差函数是定义于所有 $\boldsymbol{h}$ 和 $\boldsymbol{\rho}$ 的连续函数。在光线追迹中，波像差函数必须通过追迹很多光线来采样。因此，针对感兴趣的量，计算一组光瞳阵列来评估波前和像质。

对于每个所选的 $\boldsymbol{h}$ 和波长 λ，定义充满光瞳的一个光线截点阵列 $\boldsymbol{r}_{i,j}$(图 10.35)，其中下标 i、j 取值范围为 $-M$ 至 M，产生 $2M+1$ 乘 $2M+1$ 的光线阵列①。下标为 $(i,j)=(0,0)$的光线通常就是主光线②。

追迹每一条光线通过光学系统至像空间的某个参考面上。在参考面上，光线的截点 $\boldsymbol{r}_{X,i,j}$ 和传播矢量 $\boldsymbol{k}_{X,i,j}$ 被收集到出瞳阵列中。

$$\boldsymbol{r}_X=\begin{pmatrix}\boldsymbol{r}_{-M,-M} & \boldsymbol{r}_{-M,-M+1} & \cdots & \boldsymbol{r}_{-M,M}\\ \vdots & \vdots & \ddots & \vdots\\ \boldsymbol{r}_{M,-M} & \boldsymbol{r}_{M,-M+1} & \cdots & \boldsymbol{r}_{M,M}\end{pmatrix},\quad \boldsymbol{k}_X=\begin{pmatrix}\boldsymbol{k}_{-M,-M} & \boldsymbol{k}_{-M,-M+1} & \cdots & \boldsymbol{k}_{-M,M}\\ \vdots & \vdots & \ddots & \vdots\\ \boldsymbol{k}_{M,-M} & \boldsymbol{k}_{M,-M+1} & \cdots & \boldsymbol{k}_{M,M}\end{pmatrix} \tag{10.43}$$

① 图中显示了方形阵列，但极坐标阵列和其他适合特定几何图形的阵列也很常见。

② 奇数条光线不是必要的，但将光线放在光瞳的正中心和阵列的正中心是很方便的。

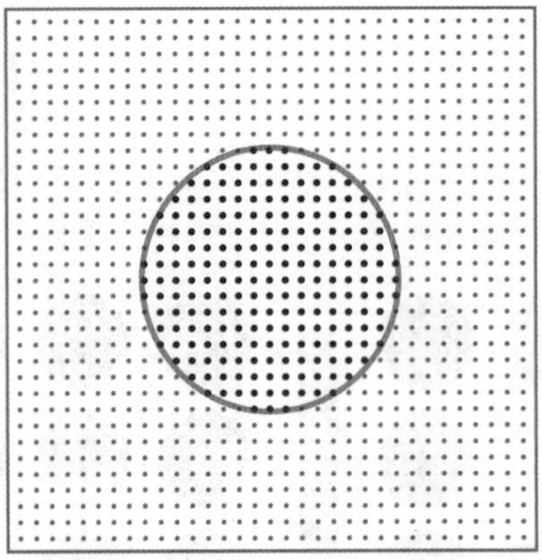

图 10.35 入瞳面上的光线阵列,充满了入瞳。蓝色圆是入瞳的边界,入瞳内的光线以红色显示

通过将光线路径延伸到像平面,可得到一组光线截点 $\boldsymbol{r}_{X,i,j}$ 和传播矢量 $\boldsymbol{k}_{X,i,j}$,并记录"光点"集合,从而计算光斑图,该光斑图表示光学系统的横向光线像差。较小的光斑是更好的,理想情况下所有光线都会聚到一个点。

第一个目的是确定出瞳中的光程差(OPD)图,该图描述了离开光学系统的波前形状以及波前与球面的偏差。把从物到出瞳的每个光线段的光程长度累加起来,计算出瞳阵列。

出瞳面上的采样光程长度,即$\mathrm{OPL}_{X,i,j}$,是波像差函数的基础,

$$\mathbf{OPL}_X = \begin{pmatrix} \mathrm{OPL}_{X,-M,-M} & \mathrm{OPL}_{X,-M,-M+1} & \cdots & \mathrm{OPL}_{X,-M,M} \\ \vdots & \vdots & \ddots & \vdots \\ \mathrm{OPL}_{X,M,-M} & \mathrm{OPL}_{X,M,-M+1} & \cdots & \mathrm{OPL}_{X,M,M} \end{pmatrix} \tag{10.44}$$

在出瞳面上采样的光程差 OPD,就是从所有采样 OPL 中减去主光线的 OPL:

$$\mathrm{OPD}_{X,i,j} = \mathrm{OPL}_{X,i,j} - \mathrm{OPL}_{X,0,0} \tag{10.45}$$

以波数表示的波像差函数,$W(\boldsymbol{r}_{i,j}) = \mathrm{OPD}/\lambda$,现在表示为出瞳坐标下的采样函数。

定义一个像点位置,并构造以该像点为中心且穿过出瞳中心的球面,以此作为参考球面。然后,在参考球面上找到像空间中光线阵列的光线交点,将从物或等效的入瞳(对所有光线相差一个常数)算起的光程长度表格化。主光线的 OPL 可以从追迹的光线阵列中所有光线的 OPL 中减去,得到与参考球面之间的偏差,即 OPD。

$$\begin{pmatrix} 0 & 0 & 0 & 0 & 0 & 0 & 0 & 0 & 0 \\ 0 & 0 & \mathrm{OPD}_{-3,-2} & \mathrm{OPD}_{-3,-1} & \mathrm{OPD}_{-3,0} & \mathrm{OPD}_{-3,1} & \mathrm{OPD}_{-3,2} & 0 & 0 \\ 0 & \mathrm{OPD}_{-2,-3} & \mathrm{OPD}_{-2,-2} & \mathrm{OPD}_{-2,-1} & \mathrm{OPD}_{-2,0} & \mathrm{OPD}_{-2,1} & \mathrm{OPD}_{-2,2} & \mathrm{OPD}_{-2,3} & 0 \\ 0 & \mathrm{OPD}_{-1,-3} & \mathrm{OPD}_{-1,-2} & \mathrm{OPD}_{-1,-1} & \mathrm{OPD}_{-1,0} & \mathrm{OPD}_{-1,1} & \mathrm{OPD}_{-1,2} & \mathrm{OPD}_{-1,3} & 0 \\ 0 & \mathrm{OPD}_{0,-3} & \mathrm{OPD}_{0,-2} & \mathrm{OPD}_{0,-1} & \mathrm{OPD}_{0,0} & \mathrm{OPD}_{0,1} & \mathrm{OPD}_{0,2} & \mathrm{OPD}_{0,3} & 0 \\ 0 & \mathrm{OPD}_{1,-3} & \mathrm{OPD}_{1,-2} & \mathrm{OPD}_{1,-1} & \mathrm{OPD}_{1,0} & \mathrm{OPD}_{1,1} & \mathrm{OPD}_{1,2} & \mathrm{OPD}_{1,3} & 0 \\ 0 & \mathrm{OPD}_{2,-3} & \mathrm{OPD}_{2,-2} & \mathrm{OPD}_{2,-1} & \mathrm{OPD}_{2,0} & \mathrm{OPD}_{2,1} & \mathrm{OPD}_{2,2} & \mathrm{OPD}_{2,3} & 0 \\ 0 & 0 & \mathrm{OPD}_{3,-2} & \mathrm{OPD}_{3,-1} & \mathrm{OPD}_{3,0} & \mathrm{OPD}_{3,1} & \mathrm{OPD}_{3,2} & 0 & 0 \\ 0 & 0 & 0 & 0 & 0 & 0 & 0 & 0 & 0 \end{pmatrix} \tag{10.46}$$

通常情况下，光线阵列充满入瞳和孔径光阑；因此，阵列外面的一些光线是渐晕的，不能到达出瞳。

为了构造参考球面，必须定义像面的位置。通常，像面位置被定义为近轴像面位置。可以使用其他标准，例如将像面定位在均方根（RMS）光斑尺寸最小的平面上，即光斑重心所在的平面。对于良好成像，所有这些标准都产生了彼此接近的参考球面，并且都适合于像差定义。

类似地，把光线阵列中每条光线的偏振像差函数组合起来形成采样的偏振像差函数阵列，

$$\boldsymbol{P}_X=\begin{pmatrix}0&0&0&0&0&0&0&0&0\\0&0&\boldsymbol{P}_{-3,-2}&\boldsymbol{P}_{-3,-1}&\boldsymbol{P}_{-3,0}&\boldsymbol{P}_{-3,1}&\boldsymbol{P}_{-3,2}&0&0\\0&\boldsymbol{P}_{-2,-3}&\boldsymbol{P}_{-2,-2}&\boldsymbol{P}_{-2,-1}&\boldsymbol{P}_{-2,0}&\boldsymbol{P}_{-2,1}&\boldsymbol{P}_{-2,2}&\boldsymbol{P}_{-2,3}&0\\0&\boldsymbol{P}_{-1,-3}&\boldsymbol{P}_{-1,-2}&\boldsymbol{P}_{-1,-1}&\boldsymbol{P}_{-1,0}&\boldsymbol{P}_{-1,1}&\boldsymbol{P}_{-1,2}&\boldsymbol{P}_{-1,3}&0\\0&\boldsymbol{P}_{0,-3}&\boldsymbol{P}_{0,-2}&\boldsymbol{P}_{0,-1}&\boldsymbol{P}_{0,0}&\boldsymbol{P}_{0,1}&\boldsymbol{P}_{0,2}&\boldsymbol{P}_{0,3}&0\\0&\boldsymbol{P}_{1,-3}&\boldsymbol{P}_{1,-2}&\boldsymbol{P}_{1,-1}&\boldsymbol{P}_{1,0}&\boldsymbol{P}_{1,1}&\boldsymbol{P}_{1,2}&\boldsymbol{P}_{1,3}&0\\0&\boldsymbol{P}_{2,-3}&\boldsymbol{P}_{2,-2}&\boldsymbol{P}_{2,-1}&\boldsymbol{P}_{2,0}&\boldsymbol{P}_{2,1}&\boldsymbol{P}_{2,2}&\boldsymbol{P}_{2,3}&0\\0&0&\boldsymbol{P}_{3,-2}&\boldsymbol{P}_{3,-1}&\boldsymbol{P}_{3,0}&\boldsymbol{P}_{3,1}&\boldsymbol{P}_{3,2}&0&0\\0&0&0&0&0&0&0&0&0\end{pmatrix}\tag{10.47}$$

式(10.47)显示了一个阵列，其中有 7 条光线穿过光瞳直径，但当然，阵列大小可任意选择。

偏振像差函数以一种明确的方式将入瞳和出瞳的偏振态在三维空间中联系起来。光学设计师和同行们还需要用平面形式表示偏振，以便打印、显示在计算机显示器上，或投射到屏幕上。定义在球面对（例如入瞳和出瞳中的参考球面）上的偏振像差函数，可转变为琼斯矩阵函数，通过在球面对上定义局部坐标系并将偏振像差函数旋转到每个球面的局部坐标系，如第 11 章所详述。从 $\boldsymbol{P}$ 到 $\boldsymbol{J}$ 的变换是用两个旋转矩阵来完成的，

$$\begin{aligned}\boldsymbol{J}=\boldsymbol{O}_X^{-1}\cdot\boldsymbol{P}\cdot\boldsymbol{O}_E&=\begin{pmatrix}\hat{x}_{x,X}&\hat{x}_{y,X}&\hat{x}_{z,X}\\\hat{y}_{z,X}&\hat{y}_{z,X}&\hat{y}_{z,X}\\\hat{k}_{x,X}&\hat{k}_{y,X}&\hat{k}_{z,X}\end{pmatrix}\begin{pmatrix}p_{xx}&p_{xy}&p_{xz}\\p_{yx}&p_{yy}&p_{yz}\\p_{zx}&p_{zy}&p_{zz}\end{pmatrix}\begin{pmatrix}\hat{x}_{x,E}&\hat{y}_{x,E}&\hat{k}_{x,E}\\\hat{x}_{y,E}&\hat{y}_{y,E}&\hat{k}_{y,E}\\\hat{x}_{z,E}&\hat{y}_{z,E}&\hat{k}_{z,E}\end{pmatrix}\\&=\begin{pmatrix}J_{11}&J_{12}&0\\J_{21}&J_{22}&0\\0&0&1\end{pmatrix}\end{aligned}\tag{10.48}$$

矩阵 $\boldsymbol{O}_E$ 把指定光线的入瞳局部坐标旋转为全局坐标($\hat{x}_E,\hat{y}_E,\hat{k}_E$)。第一列包含 x 局部坐标的 x、y 和 z 分量；第二列是 y 局部坐标；第三列是入瞳处的传播矢量。该正交矩阵表示从局部坐标到全局坐标的旋转用正交矩阵表示，从全局坐标到局部坐标的旋转用正交矩阵的逆表示。矩阵 $\boldsymbol{O}_X^{-1}$ 将 $\boldsymbol{P}$ 的全局坐标旋转为出瞳的局部坐标。第一行 $\boldsymbol{O}_X^{-1}$ 包含光线的出瞳 x 局部坐标，第二行包含 y 局部坐标，第三行包含传播矢量。

通过对物空间和像空间中的每个光线截点应用与局部坐标相关的旋转，每个 $\boldsymbol{P}_{i,j}$ 被转换成琼斯矩阵 $\boldsymbol{J}_{i,j}$，琼斯矩阵的阵列就是琼斯光瞳，

$$\mathbf{J}_X=\begin{pmatrix}0&0&0&0&0&0&0&0&0\\0&0&\mathbf{J}_{-3,-2}&\mathbf{J}_{-3,-1}&\mathbf{J}_{-3,0}&\mathbf{J}_{-3,1}&\mathbf{J}_{-3,2}&0&0\\0&\mathbf{J}_{-2,-3}&\mathbf{J}_{-2,-2}&\mathbf{J}_{-2,-1}&\mathbf{J}_{-2,0}&\mathbf{J}_{-2,1}&\mathbf{J}_{-2,2}&\mathbf{J}_{-2,3}&0\\0&\mathbf{J}_{-1,-3}&\mathbf{J}_{-1,-2}&\mathbf{J}_{-1,-1}&\mathbf{J}_{-1,0}&\mathbf{J}_{-1,1}&\mathbf{J}_{-1,2}&\mathbf{J}_{-1,3}&0\\0&\mathbf{J}_{0,-3}&\mathbf{J}_{0,-2}&\mathbf{J}_{0,-1}&\mathbf{J}_{0,0}&\mathbf{J}_{0,1}&\mathbf{J}_{0,2}&\mathbf{J}_{0,3}&0\\0&\mathbf{J}_{1,-3}&\mathbf{J}_{1,-2}&\mathbf{J}_{1,-1}&\mathbf{J}_{1,0}&\mathbf{J}_{1,1}&\mathbf{J}_{1,2}&\mathbf{J}_{1,3}&0\\0&\mathbf{J}_{2,-3}&\mathbf{J}_{2,-2}&\mathbf{J}_{2,-1}&\mathbf{J}_{2,0}&\mathbf{J}_{2,1}&\mathbf{J}_{2,2}&\mathbf{J}_{2,3}&0\\0&0&\mathbf{J}_{3,-2}&\mathbf{J}_{3,-1}&\mathbf{J}_{3,0}&\mathbf{J}_{3,1}&\mathbf{J}_{3,2}&0&0\\0&0&0&0&0&0&0&0&0\end{pmatrix} \tag{10.49}$$

对每个琼斯矩阵进行数据约简，计算出二向衰减光瞳图、延迟光瞳图、振幅图以及相关的偏振特性分布。类似地，如果指定了入射偏振态，则可计算出光线阵列的出射偏振态。光学系统的透过率可通过计算从入瞳到出瞳的透过率来计算。

波前的复杂性决定了光线阵列中所需的最小光线数，用以合理采样波前并表达其所有形貌特征，如图 10.36 所示。

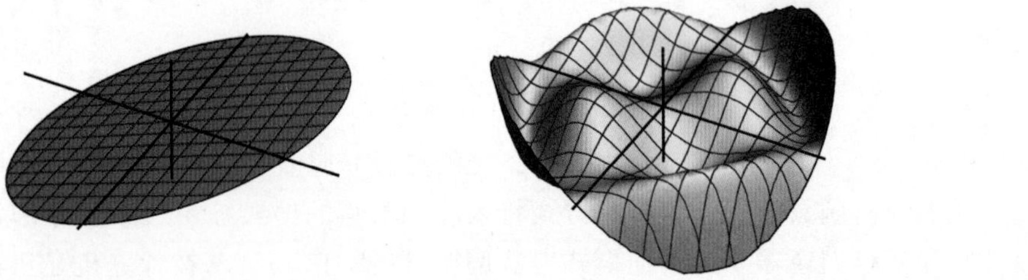

(a)　　(b)

图 10.36　(a)简单的波前需要较少的光线。(b)复杂的波前需要更多的光线来精确描述形状

10.7.5　赛德尔波像差的展开

需要一种语言来描述波像差函数，以提供一种有效的方法来表达波前的形状和特性，例如波前有多少个峰、孔、脊和谷。波前的形状通常被认为是低阶多项式，它是由球面和非球面的反射和折射定律自然产生的。

赛德尔波像差展开是通过把 $W(\boldsymbol{h},\boldsymbol{\rho},\lambda)$ 展开为物和光瞳坐标的多项式来实现的，如式(10.50)所示。标量波像差函数是孔径矢量和场矢量的标量积，即 $\boldsymbol{h}\cdot\boldsymbol{h}$，$\boldsymbol{h}\cdot\boldsymbol{\rho}$ 以及 $\boldsymbol{\rho}\cdot\boldsymbol{\rho}$。参考球面被定义为参考波长的近轴像点位置，

$$W(\boldsymbol{h},\boldsymbol{\rho})=\sum_{\alpha,\beta,\gamma=0}^{\infty}W_{\alpha,\beta,\gamma}(\boldsymbol{h}\cdot\boldsymbol{h})^{\alpha}(\boldsymbol{h}\cdot\boldsymbol{\rho})^{\beta}(\boldsymbol{\rho}\cdot\boldsymbol{\rho})^{\gamma} \tag{10.50}$$

其中 $W_{\alpha,\beta,\gamma}$ 是描述每个像差项大小的像差系数。对于径向对称的透镜和反射镜系统，对称性将上式各项限制为以下缩减集，索引为 j、m 和 n，

$$W(\boldsymbol{h},\boldsymbol{\rho})=\sum_{j,m,n=0}^{\infty}W_{k,l,m}(\boldsymbol{h}\cdot\boldsymbol{h})^{j}(\boldsymbol{h}\cdot\boldsymbol{\rho})^{m}(\boldsymbol{\rho}\cdot\boldsymbol{\rho})^{n} \tag{10.51}$$

其中 j、m 和 n 为整数，下标 k 和 l 定义为

$$k=2j+m,\quad l=2n+m \tag{10.52}$$

像差的阶数为 $2(j+m+n)$，它总是偶数。表 10.6 显示了赛德尔像差的前 10 项，其中 ϕ 是从 x 到 y 逆时针度量的角度。前六项如图 10.37 所示。

表 10.6　零阶、二阶、四阶赛德尔像差

名称	矢量形式	极坐标形式	j	m	n
		零　阶			
平移	$W_{0,0,0}$	$W_{0,0,0}$	0	0	0
		二　阶			
二次平移	$W_{2,0,0}(\boldsymbol{h}\cdot\boldsymbol{h})$	$W_{2,0,0}H^2$	2	0	0
倾斜	$W_{1,1,1}(\boldsymbol{h}\cdot\boldsymbol{\rho})$	$W_{1,1,1}H\rho\cos\phi$	0	2	0
离焦	$W_{0,2,0}(\boldsymbol{\rho}\cdot\boldsymbol{\rho})$	$W_{0,2,0}\rho^2$	0	0	2
		四　阶			
球差	$W_{0,4,0}(\boldsymbol{\rho}\cdot\boldsymbol{\rho})^2$	$W_{4,0,0}\rho^4$	4	0	0
彗差	$W_{1,3,1}(\boldsymbol{h}\cdot\boldsymbol{\rho})(\boldsymbol{\rho}\cdot\boldsymbol{\rho})$	$W_{1,3,1}H\rho^3\cos\phi$	1	3	1
像散	$W_{2,2,2}(\boldsymbol{h}\cdot\boldsymbol{\rho})^2$	$W_{2,2,2}H^2\rho^2\cos^2\phi$	2	2	2
场曲	$W_{2,2,0}(\boldsymbol{h}\cdot\boldsymbol{h})(\boldsymbol{\rho}\cdot\boldsymbol{\rho})$	$W_{2,2,0}H^2\rho^2$	2	2	0
畸变	$W_{3,1,1}(\boldsymbol{h}\cdot\boldsymbol{h})(\boldsymbol{h}\cdot\boldsymbol{\rho})$	$W_{3,1,1}H^3\rho\cos\phi$	3	1	1
四次平移	$W_{4,0,0}(\boldsymbol{h}\cdot\boldsymbol{h})^2$	$W_{4,0,0}H^4$	4	0	0

赛德尔像差以简单易懂的函数形式描述波前的形状，具有很好理解的意义。在 19 世纪 00 年代的算法中[12]，就可从近轴光线追迹中很容易计算出径向对称系统的四阶赛德尔像差系数。每个赛德尔项都计算为各面的边缘和主光线参数之和。当像差从面传播到面时，像差产生附加的高阶像差分量。通过对这些像差项的评估可知，计算六阶和高阶像差是复杂的，而不是简单的各面求和。Sasián[13-14]提供了根据近轴光线追迹计算最高至六阶赛德尔像差的方程。具有倾斜和偏心的离轴系统的赛德尔像差不能用式(10.51)和表 10.6 中的缩减项数来描述，而是需要式(10.50)中更完整的多项式集来描述，例如汤普逊的节点（或矢量）像差理论[15-20]。

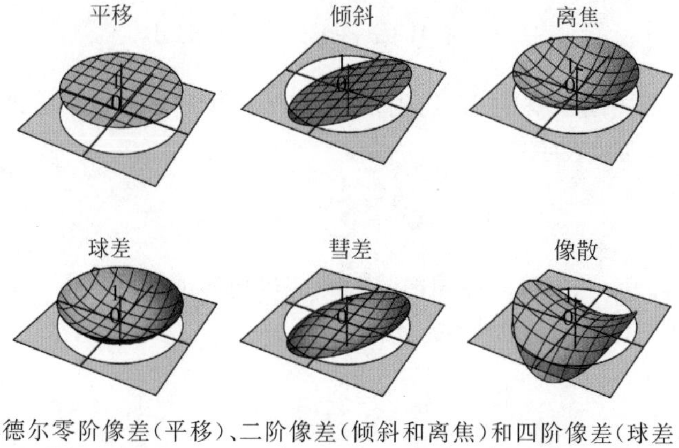

图 10.37　赛德尔零阶像差（平移）、二阶像差（倾斜和离焦）和四阶像差（球差、彗差和像散）

赛德尔像差描述了径向对称光学系统视场上的波前像差。在许多情况下，一次只需要描述一个波前。例如，干涉仪测量单个波前或一系列波前，而不是作为物坐标函数的连续波前。

赛德尔像差系数也可通过曲线拟合从一组波前中确定。波前可通过光线追迹或一组干涉图来确定。使用多项式作为曲面的基集的一个缺点是它们不是正交的。考虑由曲线拟合确定的二阶和四阶项的一组赛德尔系数。下一步开始确定第六阶赛德尔系数。这两组二阶和四阶系数是不同的,因为赛德尔像差项不是正交的。此外,镜头、望远镜和其他成像系统的出瞳中的波前形状千变万化。波前可以是不连续的,就像菲涅耳透镜和其他表面高度上有台阶的光学元件一样。波前可能会自行折叠,变成多值的;而且,波前中可以有焦散。

10.7.6 泽尼克多项式

泽尼克多项式是一组独立的基函数,不同于赛德尔像差,它用于描述圆孔上的波前[21-23]。泽尼克多项式 $Z_n(\rho,\phi)$ 或者在笛卡儿坐标系中 $Z_n(x,y)$ 被构造成单位圆上的标量函数正交集,

$$\int_0^{2\pi}\int_0^1 Z_m(\rho,\phi)Z_n(\rho,\phi)\rho\mathrm{d}\rho\mathrm{d}\phi=\delta_{m,n} \tag{10.53}$$

一个像差为 $W(\rho,\phi)$(以波数表示)的圆形波前,它已被归化为直径为 2,可用一组泽尼克系数 z_n 表示

$$z_n=\int_0^{2\pi}\int_0^1 W(\rho,\phi)Z_n(\rho,\phi)\rho\mathrm{d}\rho\mathrm{d}\phi \tag{10.54}$$

泽尼克多项式的性质在许多参考文献中有论述[24-25]。表 10.7 列出了极坐标下的泽尼克多项式。它们如图 10.38 所示。泽尼克多项式使用中有多个顺序,因此这种编排并不普遍。本节的其余部分假设圆孔径的波像差函数已归化为半径 1(直径为 2)。

泽尼克多项式是完备的,这意味着任何光滑可微函数都可以通过包含足够多的阶数来描述。因此,只要有无穷多项,就可构造单位圆内的任意 δ 函数。

泽尼克多项式被用于表示像差和干涉图数据[26]。由于其正交性,系数的值不依赖于评估的项数。波前的泽尼克系数($z_1,z_2,\cdots$)是通过将泽尼克多项式投影(一次投影一个)到波像差函数上得到的,

$$z_i=\iint_{\text{单位圆}} W(x,y)Z_i(x,y)\mathrm{d}x\mathrm{d}y \tag{10.55}$$

由于泽尼克多项式是正交的,它们提供了一种简单的方法来消除波前的倾斜和离焦。如果波前用泽尼克多项式表示,

$$W(\rho,\phi)=\sum_1^N z_n Z_n(\rho,\phi) \tag{10.56}$$

然后去掉前四项 z_1、z_2、z_3 和 z_4,得到消除倾斜和离焦后的波像差 W_{fit},它是相对于最佳拟合球面的,从而使 RMS 波像差最小化,

$$W_{\text{fit}}(\rho,\phi)=\sum_5^N z_n Z_n(\rho,\phi) \tag{10.57}$$

虽然泽尼克多项式的标准用法是描述波前,但泽尼克多项式也可以描述振幅、二向衰减、延迟或任何一般的标量参数。因此,一组八个泽尼克系数可用来表示琼斯光瞳。

表 10.7　极坐标形式下泽尼克多项式的前 36 项

1	2	3	4	5	7
1	$2\rho\cos\phi$	$2\rho\sin\phi$	$\sqrt{3}(2\rho^2-1)$	$\sqrt{6}\rho^2\sin(2\phi)$	$\sqrt{6}\rho^2\cos(2\phi)$
7	8	9	10	11	12
$2\sqrt{2}\rho(3\rho^2-2)\sin\phi$	$2\sqrt{2}\rho(3\rho^2-2)\cos\phi$	$2\sqrt{2}\rho^3\sin(3\phi)$	$2\sqrt{2}\rho^3\cos(3\phi)$	$\sqrt{5}(6\rho^4-6\rho^2+1)$	$\sqrt{10}\rho^2(4\rho^2-3)$
13	14	15	16	17	18
$\sqrt{10}\rho^2(4\rho^2-3)$	$\sqrt{10}\rho^4\cos(4\phi)$	$\sqrt{10}\rho^4\sin(4\phi)$	$2\sqrt{3}\rho(10\rho^4-12\rho^2+3)$	$2\sqrt{3}\rho(10\rho^4-12\rho^2+3)$	$2\sqrt{3}\rho^3(5\rho^2-4)$
19	20	21	22	23	24
$2\sqrt{3}\rho^3(5\rho^2-4)$	$2\sqrt{3}\rho^5\cos(5\phi)$	$2\sqrt{3}\rho^5\sin(5\phi)$	$\sqrt{7}(20\rho^6-30\rho^4+12\rho^2-1)$	$\sqrt{14}\rho^2(15\rho^4-20\rho^2+6)\sin(2\phi)$	$\sqrt{14}\rho^2(15\rho^4-20\rho^2+6)\cos(2\phi)$
25	26	27	28	29	30
$\sqrt{14}\rho^4(6\rho^2-5)\sin(4\phi)$	$\sqrt{14}\rho^4(6\rho^2-5)\cos(4\phi)$	$\sqrt{14}\rho^6\sin(6\phi)$	$\sqrt{14}\rho^6\cos(6\phi)$	$4\rho(35\rho^6-60\rho^4+30\rho^2-4)\sin\phi$	$4\rho(35\rho^6-60\rho^4+30\rho^2-4)\cos\phi$
31	32	33	34	35	36
$4\rho^3(21\rho^4-30\rho^2+10)\sin(3\phi)$	$4\rho^3(21\rho^4-30\rho^2+10)\cos(3\phi)$	$4\rho^5(7\rho^2-6)\sin(5\phi)$	$4\rho^5(7\rho^2-6)\cos(5\phi)$	$4\rho^7\sin(7\phi)$	$4\rho^7\cos(7\phi)$

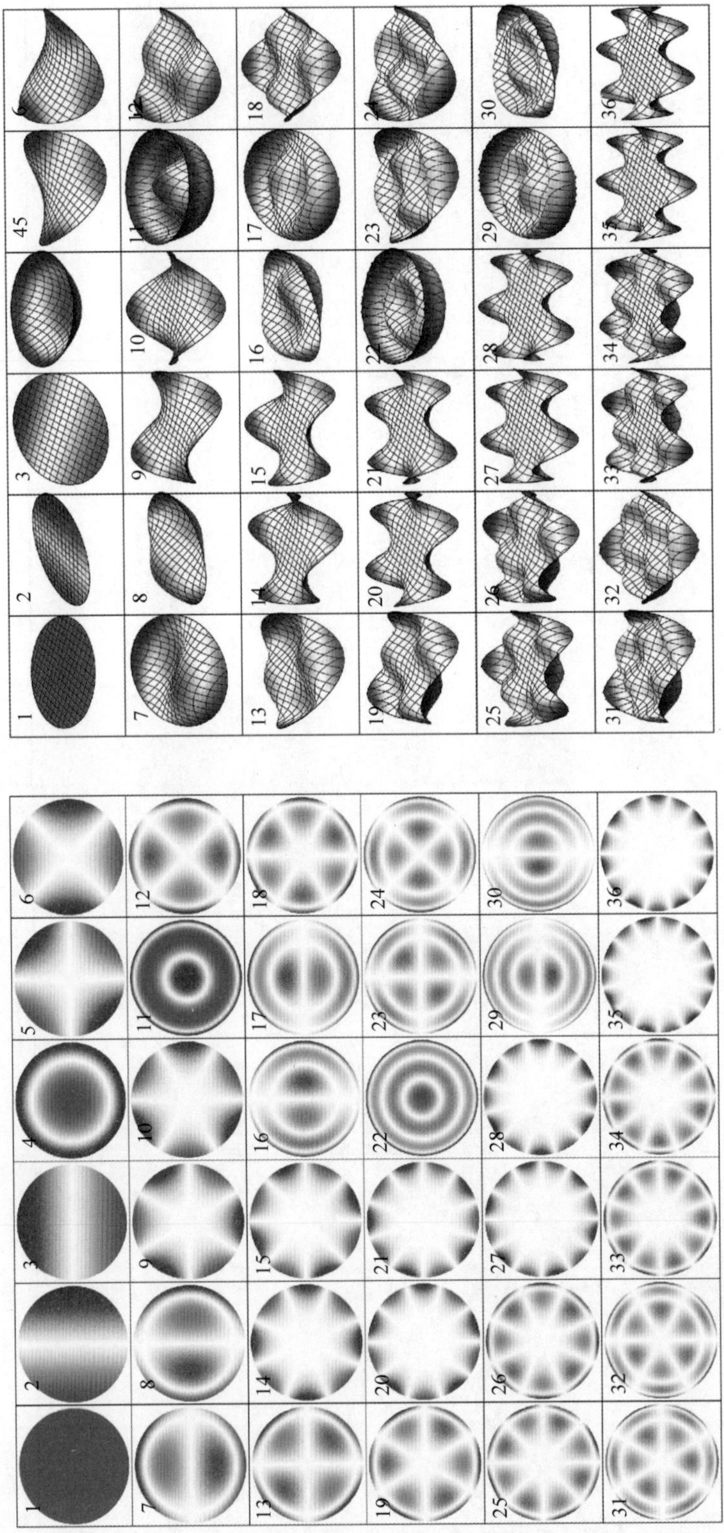

图 10.38 泽尼克多项式是单位圆上的一组正交函数。红色表示正值,蓝色表示负值,白色表示零

在圆内点阵(例如一组等间距出瞳坐标点)处计算的泽尼克多项式几乎是正交的,但不是完全正交的,因为它们的正交性是由单位圆上的积分定义的(式(10.53)),点阵采样仅近似于积分。如果需要精确的正交性,可通过对采样函数集应用格莱姆·施密特正交化来重新正交化采样泽尼克多项式集。一个类似的格莱姆·施密特正交标准化程序被用于非单位圆的其他孔径形状上生成类似泽尼克的多项式,从而生成具有正交性的新基集[27-28]。

泽尼克多项式可推广用于表征单位圆上的矢量函数[29-30]。线性二向衰减和线性延迟不是矢量函数,因为它们每旋转 180°重复一次,类似于线段在旋转后重复。为表征圆形光瞳上线性二向衰减和线性延迟分布,Ruoff 和 Totzeck[31]引入了一组有用的基函数,称为方向泽尼克多项式,将在 15.5.2 节中进一步讨论。

例 10.5　示例系统的波像差函数

图 10.39 分别为面形图(图 10.39(a))和彩色等高线图(图 10.39(b)),显示了示例手机镜头轴上波前的波像差;这个波前显示有离焦和球差。当物和像移动至离轴时,波前会产生一些彗差和像散,在 10°视场处具有如图 10.40 所示的形式。

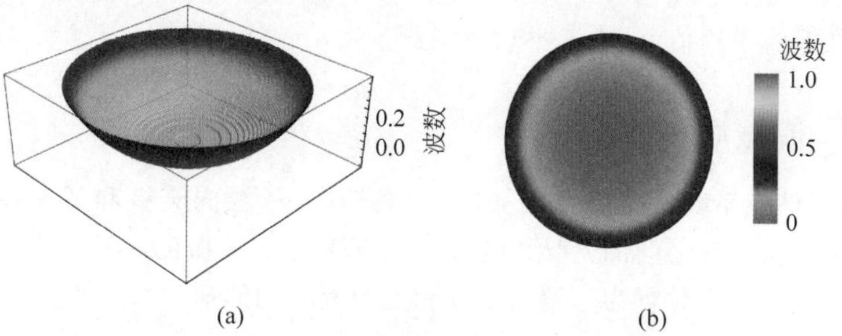

图 10.39　手机镜头的轴上波像差显示有球差

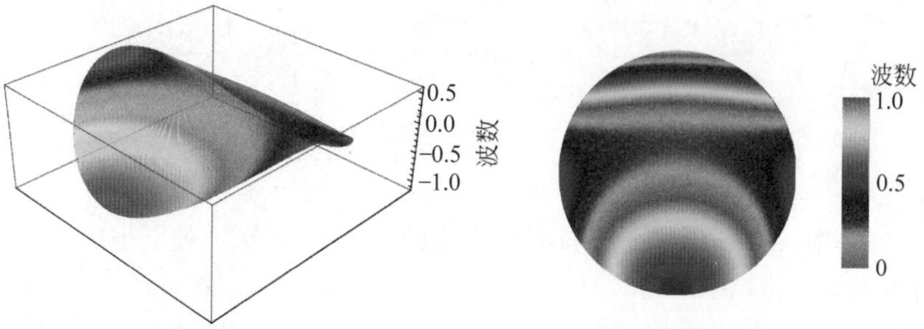

图 10.40　10°视场的离轴波像差显示有彗差、像散和其他像差

10.7.7　波前质量

成像系统出射的理想波前是振幅均匀、偏振态均匀的球面波前。光程长度在四分之一波长内的近似球面波前通常被认为是衍射受限的;这样的像非常接近理想的艾里斑,若允许峰值强度降低百分之几则也许更宽一些[32]。波前质量的一个衡量标准是均方根(RMS)波像差,即波像差的平方根,在孔径内积分,并按面积归一化

$$\Delta W_{\mathrm{RMS}}=\frac{\sqrt{\iint_{\text{光瞳}} W^2(x,y)\,\mathrm{d}x\,\mathrm{d}y}}{\iint_{\text{光瞳}} \mathrm{d}x\,\mathrm{d}y} \tag{10.58}$$

均方根波像差的单位是波长数。1 个波长的平移波像差(泽尼克 Z_1)的均方根值为 1 个波长。随着均方根值的减小,点扩展函数(PSF)变得更加紧凑,孔径中心的峰值亮度增加,点扩展函数接近理想衍射受限 PSF。

接近衍射受限的波前和像的另一个成像评价标准是斯特雷尔比 S,即 PSF 中心光强除以衍射受限 PSF 中心光强的比值。一个函数,其傅里叶变换的中心值就是该函数的平均值;因此,斯特雷尔比变为

$$S=\frac{\left|\iint_{\text{光瞳}} \mathrm{e}^{\mathrm{i}2\pi W(x,y)/\lambda}\,\mathrm{d}x\,\mathrm{d}y\right|}{\left|\iint_{\text{光瞳}} \mathrm{d}x\,\mathrm{d}y\right|}\approx \mathrm{e}^{-\Psi^2},\quad \Psi=\left(\frac{2\pi}{\lambda}\right)^2\langle (W(x,y)-\overline{W})^2\rangle \tag{10.59}$$

其中 $\overline{W}$ 是波像差的平均值,⟨⟩表示平均值。

10.7.8 偏振质量

许多光学元件或系统希望是非偏振的,理想情况下,二向衰减和延迟在任何地方都是零。例如,位于偏振器对之间的光学系统理想情况下是非偏振的。具有少量二向衰减和延迟的琼斯矩阵,可将它们设置为非偏振部分和泡利矩阵和的形式。

$$\begin{aligned}\boldsymbol{J}&=\begin{pmatrix} j_{xx} & j_{xy}\\ j_{yx} & j_{yy}\end{pmatrix}=c_0\begin{pmatrix}1&0\\0&1\end{pmatrix}+c_1\begin{pmatrix}1&0\\0&-1\end{pmatrix}+c_2\begin{pmatrix}0&1\\1&0\end{pmatrix}+c_3\begin{pmatrix}0&-\mathrm{i}\\ \mathrm{i}&0\end{pmatrix}\\ &=\begin{pmatrix}c_0+c_1 & c_2-\mathrm{i}c_3\\ c_2+\mathrm{i}c_3 & c_0-c_1\end{pmatrix}=c_0\left(\boldsymbol{\sigma}_0+\frac{c_1\boldsymbol{\sigma}_1+c_2\boldsymbol{\sigma}_2+c_3\boldsymbol{\sigma}_3}{c_0}\right)\\ &=c_0\left(\boldsymbol{\sigma}_0+\frac{(a_1+\mathrm{i}b_1)\boldsymbol{\sigma}_1+(a_2+\mathrm{i}b_2)\boldsymbol{\sigma}_2+(a_3+\mathrm{i}b_3)\boldsymbol{\sigma}_3}{c_0}\right)\end{aligned} \tag{10.60}$$

在式(10.60)中,$c_0=\rho_0\mathrm{e}^{-\mathrm{i}\phi_0}$ 代表琼斯矩阵的非偏振部分。对于小的 a 和 b,a_1、a_2 和 a_3 分别表示二向衰减的 0°、45°和左旋圆偏振分量,b_1、b_2 和 b_3 分别表示延迟的 0°、45°和左旋圆偏振分量。因此,对于小的 a 和 b,二向衰减的 RMS 是以下积分式

$$D_{\mathrm{RMS}}=\frac{\sqrt{\iint_{\text{光瞳}}(a_1^2(x,y)+a_2^2(x,y)+a_3^2(x,y))\,\mathrm{d}x\,\mathrm{d}y}}{\iint_{\text{光瞳}}\mathrm{d}x\,\mathrm{d}y} \tag{10.61}$$

对于非偏振系统,上式的值将为零。对于小值 $D_{\mathrm{RMS}}<0.5$,D_{RMS} 和二向衰减大小近乎相等,而对于较大 D_{RMS} 值则两者差异较大。对于较小的值,D_{RMS} 可以解释为平均二向衰减率,表示光瞳上二向衰减大小的平均值。以弧度表示的延迟量 RMS 值是

$$\delta_{\mathrm{RMS}} = \frac{\sqrt{\iint\limits_{\text{光瞳}} (b_1^2(x,y) + b_2^2(x,y) + b_3^2(x,y))\mathrm{d}x\,\mathrm{d}y}}{\iint\limits_{\text{光瞳}} \mathrm{d}x\,\mathrm{d}y} \tag{10.62}$$

于是,表征光瞳偏离非偏振状态程度的偏振像差的 RMS 值 $\mathrm{Pol}_{\mathrm{RMS}}$ 为

$$\mathrm{Pol}_{\mathrm{RMS}} = \frac{\sqrt{D_{\mathrm{RMS}}^2 + \delta_{\mathrm{RMS}}^2}}{\iint\limits_{\text{光瞳}} \mathrm{d}x\,\mathrm{d}y} \tag{10.63}$$

对于技术指征为非偏振的系统,应优化镀膜和光学方案,驱使 $\mathrm{Pol}_{\mathrm{RMS}}$ 接近于零。由此,入瞳和出瞳之间就会有最小的偏振变化。

10.8 非序列光线追迹

对于光线不总是以单一规定的顺序与面相交(先与面 1 相交,然后与面 2 相交,然后与面 3 相交,依此类推)的系统,应修改上述序列光线追迹程序。例如,在透镜阵列中,每个透镜表面是一个单独的光学表面。在非序列光线追迹过程中,当光线离开一个表面时,光线追迹算法必须找到下一个光线截点。光线追迹过程中,光线与表面相交的顺序必须由光线追迹算法确定;因为不同的光线将以不同的顺序与表面相交,所以在开始时没有指定顺序。大多数照明系统是非序列的,就像角锥镜和许多复杂的棱镜一样。

考虑一条光线从光线截点 $\boldsymbol{r}_q$ 处射出表面 q,传播矢量为 $\boldsymbol{k}_q$。在非序列光线追迹中,下一个光线截点 $\boldsymbol{r}_{q+1}$ 的求解如下所示。

(1) 求光线与光学系统中每个表面的交点 $q=1,2,\cdots,Q$。对于许多表面,可能会发生多次光线相交;也就是说,相交方程有多个根。

(2) 按距离对各个光线截点 $\boldsymbol{r}_q$ 排序,并选取遇到的第一个光线截点。

如果下一个光线截点($\boldsymbol{r}_{q+1}$)在孔径内,则光线将根据表面指征发生反射或折射。如果 $\boldsymbol{r}_{q+1}$ 在孔径外,光线就会终止。

在序列光线追迹的系统中,计算的目标往往是波像差函数。对于非序列系统,光学系统通常将入射波前分成多个片段,并在不同的位置和方向离开光学系统,波前被切割并重新排列。因此,对于许多这样的系统,例如照明系统,目标是计算光通量分布,而不是波像差。

10.9 相干和非相干光线追迹

光线追迹可在相干和非相干光线追迹模式下进行。这里的相干或非相干指的是计算光相位的算法,而不是入射光的相干性。计算光学系统波前的相位和光程长度是相干光线追迹的一个例子,光线追迹确定出射光的相位。相干模式在合并光线时利用所有光线的光程长度,这在所有成像计算中都是必需的。如果这种计算能够确定相干光的相位,那么它也适用于确定非相干光通过光学系统的传播和成像。非相干模式将光束非相干地组合在一起。因此,琼斯矩阵是相干偏振形式,米勒矩阵是非相干偏振形式。

与成像系统相比,照明系统的光线追迹计算通常是不同的。在照明系统和散射光分析

中,将光视为近似球面波前通常是无用或不适用的,因为光可以经由许多路径通过照明系统,如汽车前照灯或模制塑料波导管。照明系统的光线追迹方法强调光通量和光传播方向的计算。光线以大范围光程长度到达被照明面,偏振光束的合成更像斯托克斯参量的叠加,而不是近球面波前的干涉和成像。因此,对于这些照明和散射光线追迹应用,斯托克斯参数比琼斯矢量或偏振矢量更适合表示光的偏振态。类似地,米勒矩阵比琼斯矩阵或偏振光线追迹矩阵更合适。

在某些光学系统仿真中,光的相位是不需要的,甚至可能没有很好的定义。在大多数照明系统中,光是多色的,这样可以消除干涉效应。光可通过许多不同的路径到达照明面上的特定点。当光程差大于几个波长时,不同多色光束之间的干涉效应是观察不到的。照明光斑很好地近似为强度之和而不是振幅之和;或者当考虑偏振时,可近似为斯托克斯参数之和而不是琼斯矢量之和。

类似的情况也发生在杂散光模拟中。在散射光问题中,到达某个面的光线的光程长度差异可达上千个波长的范围,甚至对于可能从相邻位置散射的光线也是如此。这种光线路径和偏振特性一般是用蒙特卡罗方法来评价的,光的全电场实际上无法计算。在散射光模拟中,光线的相干合成是不合适的;因此,非相干算法(如米勒矩阵)用于所有追迹光线的最终合并。

考虑一个在轨道上观察地球表面的望远镜。太阳在望远镜的视野之外,但某些阳光可能会进入望远镜管。通过模拟望远镜挡板和其他机械结构的光散射,以及光学元件的反射和折射,可以在焦平面上估计太阳引起的杂散光,通常采用蒙特卡罗方法。入射到某个特定像素上的杂散光的光程长度可能会有厘米,甚至米的变化差异。因此,即使可以计算光线的光程长度和相位,但是随机生成的一组光线的各个相位对于模拟望远镜的杂散光测量不是特别有用。用射入望远镜筒中的激光代替太阳,焦平面上将产生散斑。虽然这种散斑图取决于会聚在一个点上的所有光的相位,但由于散斑分布取决于所有挡板表面的粗糙度,因此无法详细模拟散斑图。机械表面的详细形貌永远无法精确获知到十分之一个波。因此,即使对于这种相干激光,非相干光线追迹也适用于确定焦平面上的光通量水平。

因此,虽然一开始听起来有悖常理,但相干光在散射和散斑模拟中是非相干合成的。例如,激光照明积分球的出射光形成散斑图案,光以随机的方式相干合成,形成不规则的散斑图案。这种散斑图案无法精确计算,因为它需要知道散射表面所有凹凸的亚波长变化和精细形貌,如图 10.41 所示。为精确地计算出这样一个散斑图,所有这些凹凸都需要通过散射偏振光线追迹进行很好的采样,这将需要数以万亿计的光线。但是激光散斑图的统计特征可以计算出来,散斑统计、强度统计、偏振统计和散斑尺寸统计可从相对较少的光线数计算出来。因此,可以计算散斑的概率分布,而不是特定图案。

总之,相干光线追迹和非相干光线追迹分别指计算的相干性和非相干性,而不是光的相干性和非相干性。相干光线追迹计算相位和波前,可模拟成像和点扩散函数。非相干计算不需要计算光线路径的相位;有时,散射表面可能只知道双向反射分布函数或米勒矩阵,光线截点处的相位变化可能不知道或不需要计算。

10.9.1 用米勒矩阵进行偏振光线追迹

如 6.13 节所述,反射和折射的米勒矩阵常用于非相干光线追迹。由于米勒矩阵是在光

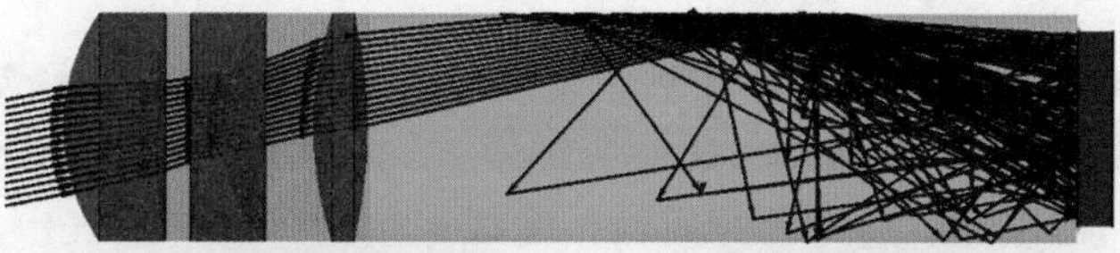

(a)

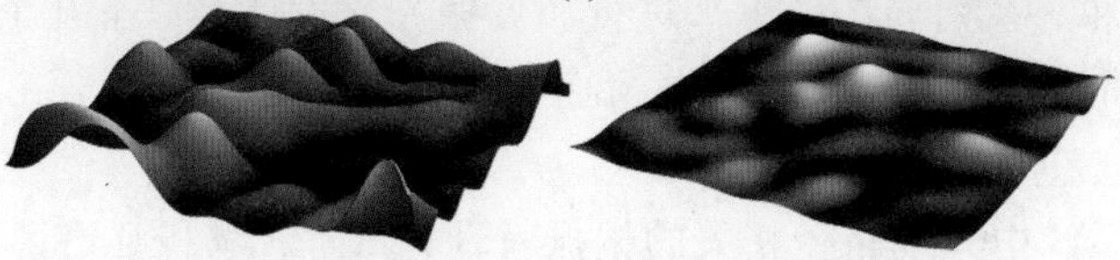

(b)

图 10.41　(a)离轴激光从镜筒内部散射,在焦平面上产生眩光。(b)协同偏振和正交偏振散斑图

线的局部坐标系中定义的,因此需要定义米勒矩阵的光线追迹坐标系。

考虑一个米勒偏振仪,它由一个起偏器和一个检偏器组成,起偏器照射一个样品,检偏器以一个特定方向收集离开样品的光。我们希望通过米勒矩阵来标定样品对特定入射光束和出射光束的偏振改变特性。入射偏振态由斯托克斯矢量指定,斯托克斯矢量是相对于与传播方向正交的 $\boldsymbol{xy}$ 坐标系定义的。类似地,出射光的斯托克斯矢量是相对于与其传播方向正交的 $\boldsymbol{x'y'}$ 坐标系定义的。对于光束未发生偏折的透射测量,$\boldsymbol{xy}$ 和 $\boldsymbol{x'y'}$ 的方向将自然选择为对齐,$\boldsymbol{x}=\boldsymbol{x'}$ 和 $\boldsymbol{y}=\boldsymbol{y'}$。$\boldsymbol{xy}$ 的全局方向是任意的,当 $\boldsymbol{xy}$ 和 $\boldsymbol{x'y'}$ 一起旋转时,测得的米勒矩阵将系统地变化。

当出射光束以不同于入射光束的方向出射时,必须为两组坐标指定不同的方向。对于表面反射的测量,符合逻辑的选择是将 $\boldsymbol{xy}$ 和 $\boldsymbol{x'y'}$ 设置为两光束的 sp 方向。其他米勒矩阵测量方案可能有其他显而易见的坐标布局。然而,所有的选择都是任意的,并得到不同的米勒矩阵。设米勒矩阵 $\boldsymbol{M}$ 是相对特定的 $\boldsymbol{xy}$ 和 $\boldsymbol{x'y'}$ 定义的。考虑相同测量条件下的另一个米勒矩阵 $\boldsymbol{M}(\theta_1,\theta_2)$,让 $\boldsymbol{x}$ 轴旋转 θ_1,$\boldsymbol{x'}$ 轴旋转 θ_2,其中 $\theta>0$ 表示迎着光束看逆时针旋转(从 $\boldsymbol{x}$ 到 $\boldsymbol{y}$)。这些米勒矩阵由下式联系起来:

$$\boldsymbol{M}(\theta_1,\theta_2)=\begin{pmatrix}1&0&0&0\\0&\cos2\theta_2&-\sin2\theta_2&0\\0&\sin2\theta_2&\cos2\theta_2&0\\0&0&0&1\end{pmatrix}\cdot\begin{pmatrix}M_{00}&M_{01}&M_{02}&M_{03}\\M_{10}&M_{11}&M_{12}&M_{13}\\M_{20}&M_{21}&M_{22}&M_{23}\\M_{30}&M_{31}&M_{32}&M_{33}\end{pmatrix}\cdot\begin{pmatrix}1&0&0&0\\0&\cos2\theta_1&\sin2\theta_1&0\\0&-\sin2\theta_1&\cos2\theta_1&0\\0&0&0&1\end{pmatrix}\tag{10.64}$$

当 $\theta_1=\theta_2$,坐标同步旋转,特征值保持不变,圆偏振特性保持不变,而线偏振特性在方向上旋转;当 $\theta_1\neq\theta_2$,矩阵性质存在质的差异,矩阵的特征值改变。如果 $\boldsymbol{M}$ 的本征偏振态原先是正交的,则它们可能将不会保持正交。在对矩阵进行数据约简后,基本偏振性质以复杂的方式耦合。例如,$\boldsymbol{M}$ 中的线性二向衰减会在 $\boldsymbol{M}(\theta_1,\theta_2)$ 中产生一个圆延迟分量。入射光束和出射光束坐标系的选择对于描述出射偏振态并不重要,但对于正确识别样品的偏振特性至关重要。

10.10 偏振光线追迹的使用

在前述介绍中,偏振光线追迹已经用偏振光线追迹矩阵的形式表示。偏振光线追迹计算也可用琼斯矩阵和一系列局部坐标来进行。偏振光学设计有以下几个主要目标:

(1) 找到满足光学指标的光学和偏振元件的合适方案;

(2) 计算偏振态在光学系统中的演变;

(3) 计算光学系统中光线路径相关的偏振特性:二向衰减和延迟;

(4) 比较不同镀膜设计对光学系统性能的影响;

(5) 模拟可在光学系统上进行的测量,如预测干涉图;

(6) 预测偏振像差测量值,例如通过光学系统采集到的米勒矩阵图像;

(7) 评价偏振像差对成像的影响,如预测不同入射偏振态下的点扩散函数及其偏振分布;

(8) 预测光学传递函数对入射偏振态的依赖关系;

(9) 通过确定对设计扰动的灵敏度来实现对光学系统的公差分析。

其中最重要的分析方法是偏振光线追迹法,它计算过光学系统的光线路径的偏振特性,并沿这些光线路径传播偏振态。偏振光线追迹每次计算一个波长,计算光线路径的偏振特性和出射光的振幅、相位和偏振态。这些量中最重要的是光的相位,由沿光线的光程长度计算得出。

偏振光线追迹的另一种方法是进行几何光线追迹(传统光学设计),同时计算每个光线截点和光线段的琼斯矩阵。传统的光线追迹计算方法确定了从入瞳到出瞳的光程长度。将光线截点琼斯矩阵相乘,以确定与光线路径相关的偏振特性,即二向衰减和延迟。每个光线截点的琼斯矩阵描述了界面在给定光线波长和入射角下的影响。界面可能包含薄膜、偏振元件、衍射光栅、各向异性材料或其他效应。这些光线截点琼斯矩阵描述了通过界面的偏振相关振幅透过率,以及光线截点的二向衰减。传统的光线追迹通过光程长度(从入射参考面沿光线路径的波长数)计算光的相位。光线截点琼斯矩阵除了光程长度外,还包含对光线相位的偏振相关调整。金属反射、薄膜和其他光学界面对光的相位有贡献,光线截点琼斯矩阵提供了一种直接的方法,将这些相位包含在光线追迹中。

使用琼斯矩阵进行偏振光线追迹需要为每个光线段定义局部坐标系。由于局部坐标问题很多,有些是根本性的,第 11 章将专门讨论局部坐标问题。我们建议在全局坐标系下进行偏振光线追迹。第 11 章基于三维广义琼斯矩阵,发展了一个更通用的偏振光线追迹算法。

二维琼斯算法和三维偏振光线追迹算法都有很大的价值。琼斯矩阵是简单的,并且被广泛理解。琼斯矩阵为描述光学系统的偏振特性提供了一种直接的方法。因为琼斯矩阵描述相位,所以它们与传统的光学设计很好地结合起来描述光学系统中的偏振效应。琼斯矩阵将在本书中用于计算各种各样的问题。特别是,为传统光学设计的波像差函数补充琼斯矩阵(作为光线坐标的函数),为出射波前提供偏振像差函数或琼斯光瞳。许多光线追迹量更容易用琼斯矩阵来表示和解释。它们只需要更多的关注和细节。偏振光学设计方法的认真研习者需要充分理解与局部坐标系相关的问题。

10.11 偏振光线追迹简史

光学设计和光线追迹算法是用来模拟光学系统中反射和折射的物理现象的。相关的偏振效应，在大多数情况下，被安全地忽略了几十年。本节下面简短的历史介绍并非全面，而是要给目前的工作带来一些背景介绍。

偏振光线追迹背后的基本物理是古老的。Drude[33-35]、Stratton[36]、Azzam 和 Bashara[37]，Born 和 Wolf[38]，以及其他许多人推导了光在非正入射的折射和反射时偏振态变化的关系。这引入了二向衰减和延迟，它们切趾或改变了波前。性能退化的大小取决于为光学系统结构选择的特定光机布局和反射镜镀膜。

Inoué[39] 在 1957 年首次对光学系统偏振像差进行了详细分析。Inoué 用偏光显微镜研究细胞内的双折射结构。在显微镜下观察生物体，其中样品放在正交偏振器之间，否则透明的细胞结构就能够被看到。显微镜物镜引入的偏振变化使一些光通过正交偏振器，限制了对比度，从而降低了看到较微弱特征的能力。

Breckinridge[40] 开发了分析光栅光谱仪偏振的方法。金属反射镜膜层引入了一些偏振，但主要贡献来自由于平行于和垂直于衍射光栅刻划的偏振光的衍射效率不同。Title[41-42] 提出了利奥和其他双折射滤光器的设计方法，并对复合(多元)延迟器的性能和偏振像差进行了全面研究。

Chipman[43-44] 在对透镜和反射镜系统进行偏振光线追迹时，注意到产生的二向衰减和延迟模式与赛德尔波像差函数的相似性，引入了一系列类似于离焦、倾斜和平移的偏振像差，如图 10.42 所示。McGuire 和 Chipman[45-46] 将这项工作扩展到高阶偏振像差，并发展了分析光学系统偏振相关点扩展函数和光学传递函数的方法。

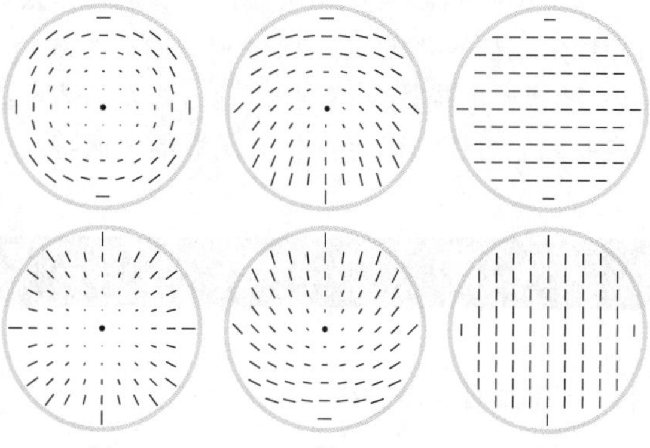

图 10.42 二阶二向衰减和延迟偏振像差。(a)离焦，(b)倾斜，和(c)平移。上面一行显示负的形式，下面一行显示正的形式

Waluschka[47] 在 1988 年提出了一种偏振光线追迹算法，该算法系统化地计算了由于镀膜引起的偏振像差。1993 年，光学研究协会(Optical *Re*search Associates)在 CODE V 光学分析程序中增加了偏振光线追迹功能，允许该程序在每个截点处进行薄膜计算，并将结果级联以逐条光线的形式计算输出偏振态。此后不久，聚焦软件公司(现命名为 ZEMAX

有限责任公司)的 ZEMAX 程序中包含进了薄膜偏振光线追迹功能。其他商业软件有继续增加偏振光线追迹功能的趋势。

Ruoff 和 Totzeck 提出了一种被称为矢量泽尼克多项式的偏振像差展开式,其函数形式与泽尼克多项式密切相关,并将这些像差应用于微光刻系统中偏振像差的分析[31,48]。

Young 和 Chipman 在研究偏振光线追迹算法时,系统化了一个 3×3 偏振矩阵系统,并将其命名为偏振光线追迹(PRT)算子(第 9 章)[49-50]。PRT 算子的优点是消除了使用琼斯矩阵进行光线追迹时所需的局部坐标系。在这一过程中,他们发现了倾斜像差,这是一种偏振旋转,对于倾斜光线在出瞳中它会发生变化[51]。

对于天文仪器,可提供几个重要的例子。Witzel 等[52]描述了超大望远镜概念设计的偏振透射率。Hines 等[53]分析了哈勃太空望远镜上的 NICMOS 仪器。Ovelar 等[54]对超大望远镜概念设计进行了建模,用以分析仪器偏振。Breckinridge 和 Oppenheimer[55]以及 Breckinridge[56]确定了天文望远镜 PSF 像的形状取决于偏振像差。McGuire 和 Chipman[57-58]以及 Young 等[59-60]开发了分析工具和模型来分析偏振像差及其对成像的影响。

本书的重点放在用于偏振光线追迹的 PRT 算子,但用琼斯算子在平面电脑屏幕和纸上表示球面波的偏振。PRT 算子是偏振光线追迹程序 PrimiS-M[61]的基础,该程序由亚利桑那大学 Chipman 和他的同事开发,并授权给艾里光学公司。PrimiS-M 被用于得到本书的大部分插图。

10.12 总结和结论

偏振光线追迹是通过对传统光线追迹算法的扩充来实现的,对于每个光线截点、各向异性元件、每个各向异性光线段,都有偏振矩阵。光程长度通常计算为每个光线段的光程长度之和。光线路径的偏振特性由偏振矩阵的矩阵积得到。偏振光线追迹过光瞳的光线阵列,从而给出偏振像差,增强了波像差的描述。特别地,延迟像差描述了波像差是如何随入射偏振态变化的。这种偏振像差函数可用来确定点扩展函数的偏振特性。

10.13 习题集

10.1 描述虚拟面的使用。

10.2 在任意 x、y 处计算下述曲面的面法线:

a. $f(x,y)=x^3$;

b. $g(x,y)=xy$;

c. $h(x,y)=(x^2+y^2)y^3$。

10.3 一条沿着方向 $\boldsymbol{k}=(1,1,0)/\sqrt{2}$ 传播的光线在 $\boldsymbol{r}=(1,1,z)$ 处入射在抛物面 $f(x,y)=(x^2+y^2)/2$ 上,

a. 求 s 基矢量;

b. 求 p 基矢量;

c. 求反射传播矢量 $\boldsymbol{k}_1$。

10.4 求解光线与复杂形状的交点是光线追迹的重要步骤。在这里，我们找到一个用于最简单封闭曲面的求解方程。一个平面，可用平面上的任一点 $\boldsymbol{p}_0=(p_{0x},p_{0y},p_{0z})$ 和平面的法线 $\boldsymbol{\eta}=(\eta_x,\eta_y,\eta_z)$ 来描述。在从 $\boldsymbol{p}_0$ 到面上任意点 $\boldsymbol{p}=(p_x,p_y,p_z)$ 的向量和法向量之间取点积时，点积将等于零。

a. 求出 $p_z(p_x,p_y)$ 形式的平面显式方程，作为 $\boldsymbol{p}$ 和 $\boldsymbol{\eta}$ 分量的函数。只要 $\boldsymbol{\eta}$ 不垂直于 (0,0,1)。一条光线，可用光线上的一个点 $\boldsymbol{r}_0$、方向余弦形式的传播向量 $\boldsymbol{k}$、从 $\boldsymbol{r}_0$ 开始沿着光线的距离 t 来描述，为 $\boldsymbol{r}(t)=(r_{0x},r_{0y},r_{0z})+(k_x,k_y,k_z)t$。

b. 首先求解 t，求出平面上光线交点的表达式(以 $\boldsymbol{p}_0$、$\boldsymbol{\eta}$、$\boldsymbol{r}_0$ 和 $\boldsymbol{k}$ 的分量形式)。提示：首先求解沿光线的距离，然后计算光线交点。

c. 求光线的 s 基矢量。

10.5 入射光线 $\boldsymbol{k}_{q-1}=(0,0,-1)$ 入射在光线截点上，该截点处法线 $\boldsymbol{\eta}_q=-(\sin\theta,0,\cos\theta)$ 指向第二种介质，其中 $n_{q-1}=1$、$n_q=2$，计算折射传播矢量。

a. 证明入射角和折射角服从斯涅耳定律。

b. 证明 $\boldsymbol{k}_{q-1}$、$\boldsymbol{k}_q$、$\boldsymbol{\eta}_q$ 位于同一平面内。

10.6 a. 列出在偏振光线追迹过程中每个光线截点处需要计算的所有量。

b. 描述执行的操作顺序。

10.7 一条边缘光线传播通过一个未镀膜的镜头，p 分量的光强透射系数为 $T_{1,\max}$，s 分量的光强透射系数为 $T_{1,\min}$。类似地，在第二个面，光强系数是 $T_{2,\max}$ 和 $T_{2,\min}$。

a. 光线截点的二向衰减系数 D_1、D_2 是多少？

b. 因为这是一条边缘光线，所以第一个面上的 p 分量就是第二个面上的 p 分量。对于这两个光线截点的组合，$T_{\max}$ 和 $T_{\min}$ 是多少？

c. 求作为 $T_{1,\max}$、$T_{1,\min}$、$T_{2,\max}$、$T_{2,\min}$ 函数的二向衰减。

d. 求作为 D_1、D_2 函数的二向衰减 D。

e. 求作为 D_1、D_2 函数的 D 的一阶泰勒级数展开。

10.8 计算三反射镜镀铝系统的三维偏振光线追迹矩阵：

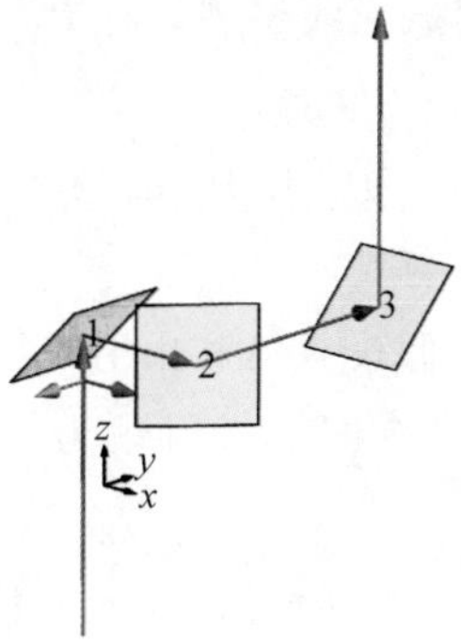

a. 将这些反射镜对齐，使得每个反射镜的表面法线分别为 $(-1,0,1)/\sqrt{2}$、$(1,-1,0)/\sqrt{2}$ 和 $(0,1,-1)/\sqrt{2}$。对于给定的入射传播矢量 (0,0,1)，计算每个反射镜后的传播矢量。

b. 使用表面法向量和传播矢量，计算所有三个面的 spk 基矢量。

c. 计算在所有三个面的正交变换矩阵。

d. 使用 $r_s = -0.947 - 0.2191\mathrm{i}$ 和 $r_p = 0.8491 + 0.4150\mathrm{i}$,计算所有三个面的 $\boldsymbol{P}$ 矩阵。

e. 计算系统的总 $\boldsymbol{P}$ 矩阵。

f. 利用总 $\boldsymbol{P}$ 矩阵的奇异值计算二向衰减,并与单反射镜的二向衰减进行比较。

g. 针对方向角为 θ 的入射线偏振光束,求出射光的 $\boldsymbol{E}$ 电场的方向角。

10.9 单片未镀膜透镜的折射率 $n=1.517$。从轴上物点通过两个透镜表面到出瞳进行光线追迹。光线追迹输出如下所示,列出了光线截点、传播矢量方向余弦以及每个光线截点处的表面法线。

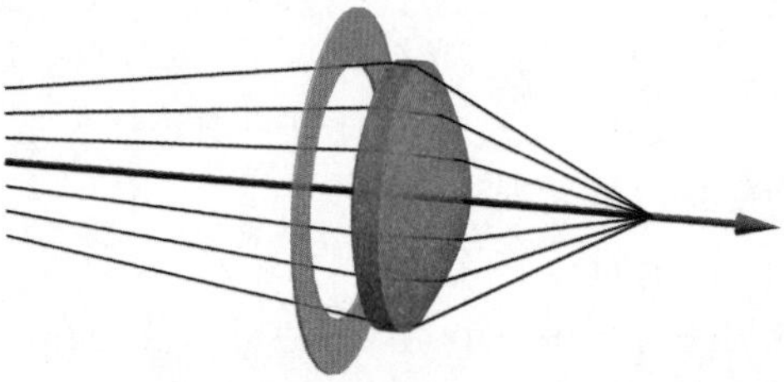

	X	Y	Z	L	M	N	Inc°	Ref°	长度	面 L	面 M	面 N
OBJ	0	0	−50	0	0.084	0.996				0	0	−1
STO	0	4.2	0	0	0.084	0.996	4.802	4.802	0	0	0	−1
2	0	4.337	1.628	0	−0.058	1.516	20.025	13.048	1.634	0	0.263	−0.965
3	0	4.175	5.894	0	−0.331	0.944	27.692	44.818	4.268	0	−0.431	−0.902
4	0	6.558	−0.911	0	−0.331	0.944	19.301	19.301	−7.210	0	0	−1
IMG	0	0.000	17.814	0	−0.331	0.944	19.301		19.840	0	0	−1

a. 计算面 2 处第一个光线截点的偏振光线追迹矩阵 $\boldsymbol{P}_1$。

b. 计算面 3 处第二个光线截点的偏振光线追迹矩阵 $\boldsymbol{P}_2$。

c. 求出两个光线截点的总偏振光线追迹矩阵 $\boldsymbol{P}$。

d. 对 $\boldsymbol{P}$ 进行奇异值分解。

e. 将 $\boldsymbol{P}$ 的奇异值的分量矩阵与 $\boldsymbol{P}_1$ 和 $\boldsymbol{P}_2$ 的分量联系起来。

f. 计算这条光线路径的二向衰减。

g. 求光线路径的琼斯矩阵。假设入射和出射琼斯矢量的局部 x 坐标为(1,0,0)。

10.10 光通过菲涅耳棱体延迟器时有四个入射角为 0°、51.79°、51.79°和 0°的光线截点。玻璃的折射率为 $n=1.497$。

a. 使用菲涅耳公式,画出 51.79°附近作为入射角函数的 r_s、r_p。

b. 让光在(0,0,1)处进入棱体。所有面法线都在 y-z 平面中。求四个光线截点的偏振光线追迹矩阵。

c. 求通过棱体后的累积偏振光线追迹矩阵 $\boldsymbol{P}$。

d. 求从入瞳到出瞳 x 偏振光和 p 偏振光的相位改变量。

e. 若菲涅耳棱体绕 z 轴旋转角度 ξ,求应用于 $\boldsymbol{P}$ 的酉变换来计算 $\boldsymbol{P}(\xi)$。

10.11　a. 光学系统的出瞳有什么特别之处？

b. 是什么使出瞳在光学分析中如此有用？

c. 显微镜和望远镜有外部(真实)出瞳，以便有效地与眼睛耦合。如果您持有这些光学系统，如何定位出瞳？

10.12　a. 光学扩展量的定义是什么，这个量的物理含义是什么？

b. 对于光学系统而言，光学扩展量的意义是什么？

10.13　创建并评估彩虹偏振的以下模型：

传播矢量为 $\boldsymbol{k}_0$ 的光线折射到折射率为 1.333 的水球中。光在内部反射一次，然后折射回球体外，如图所示。对于小范围的入射角，沿这条光路的透射相当明亮，形成彩虹。注意到光路是关于后向内反射对称的，对这种情形进行简单的分析。因此，在 1 和 3 处空气中的角度相等，水中的入射角和反射角也相等。设置以原点为中心的单位球体。分析 x-z 平面中的光线路径。让内部反射发生在球体底部，$\boldsymbol{r}_2=(0,0,1)$如图所示，其中入射角和反射角设为参数 ξ。从背面反射开始，往后和往前偏振光线追迹。在以内角 ξ 的形式求解出该问题之后，将该解转化为角度 θ 形式的描述，其中 θ 是入射阳光和雨滴返回光线之间的角度。彩虹仅对应于一个小角度范围的 ξ 和 θ，在这个角度范围内从雨滴返回的光是明亮的。彩虹的色散是由于水的折射率随波长变化引起的，这里对此不作分析。

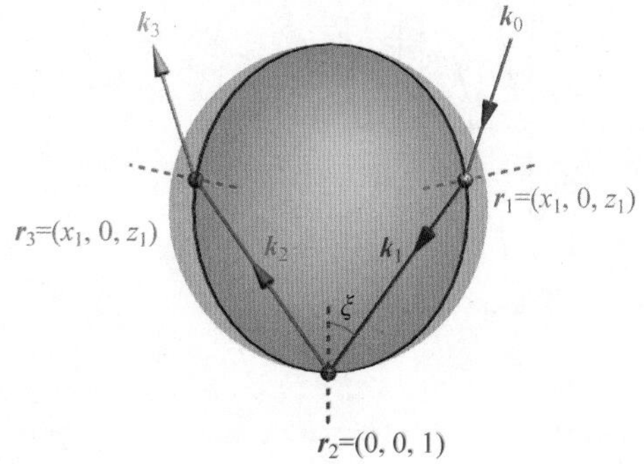

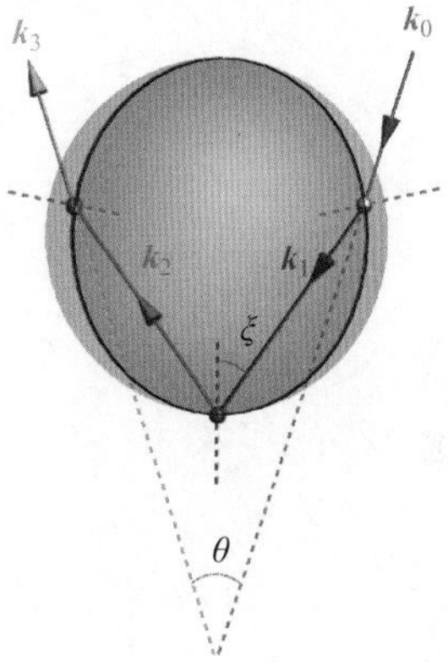

a. 求第一次折射发生的光线截点 $\boldsymbol{r}_1$，用 ξ 表示。

b. 求第一次折射后的传播矢量 $\boldsymbol{k}_1$，以及经过内反射后的传播矢量 $\boldsymbol{k}_2$，用 ξ 表示。

c. 求第一个光线截点处的面法线 η_1，用 ξ 表示。

d. 求在所有三个光线截点处的偏振光线追迹矩阵 $\boldsymbol{P}_1$、$\boldsymbol{P}_2$ 和 $\boldsymbol{P}_3$，用 ξ 的函数形式表示。

e. 求总的 $\boldsymbol{P}=\boldsymbol{P}_3\boldsymbol{P}_2\boldsymbol{P}_1$，作为 ξ 的函数。

f. 求 $\boldsymbol{k}_3$ 和 $-\boldsymbol{k}_0$ 之间的角度 θ，用 ξ 表示。

g. 画出作为 ξ 函数的总二向衰减 D。

h. 画出作为 θ 函数的整条光线路径的透射率。

10.14　计算下列赛德尔像差在圆孔径或单位半径内的RMS波像差。例如倾斜$W(\rho,\phi)=\rho\cos\phi$。

光瞳的面积为$A=\int_0^{2\pi}\int_0^1 \rho\,d\rho\,d\phi=\pi$。倾斜的RMS波前误差为$\frac{1}{A}\int_0^{2\pi}\int_0^1 \rho^2\cos^2\phi\,d\rho\,d\phi=\frac{1}{4}$。

a. 离焦,ρ^2;

b. 球差,ρ^4;

c. 彗差,$\rho^3\cos\phi$;

d. 像散,$\rho^2\cos^2\phi$。

10.14 附录:手机镜头结构参数

示例手机镜头的结构参数取自美国专利 U.S. Patent 7535658,这是一种典型的四片注塑塑料镜头。下面是一条示例光线的光线追迹,用以说明其琼斯矩阵 $\boldsymbol{J}$ 的计算。

曲率半径、厚度和折射率如图 10.43 所示,并在表 10.8 中列出。镜头的焦距为 5.57mm,后焦距为 1.53mm,工作在 F/2.8。在镜头的左侧,紧靠第一个表面的是孔径光阑。由于孔径光阑位于物空间,因此它也是入瞳。平面 9 和 10 是红外截止滤光片,这是必要的,因为 CMOS 传感器对红外光非常敏感。由于相机需要以红、绿和蓝的正确平衡以渲染场景,不产生红外影像引起的颜色失真,因此需要使用滤光片。

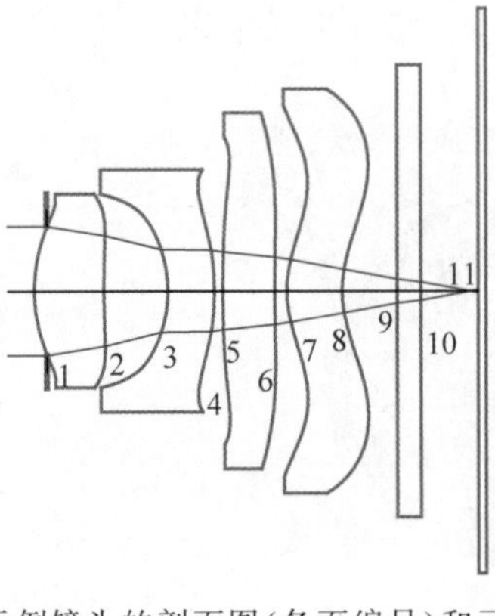

图 10.43 示例镜头的剖面图(各面编号)和示例光线路径

$$z=\frac{cr^2}{1+\sqrt{1-\kappa c^2 r^2}}+A_3r^3+A_4r^4+A_5r^5+\cdots+A_{10}r^{10} \tag{10.65}$$

镜头所有透镜的两个面都是非球面,即双非球面镜片;因此,需要较少的面来减少像差。面形由表 10.9 中列出的系数确定。这个公式不同于大多数非球面公式(只使用 r 的偶数次幂),它包括了 r 的奇数次幂:r^3 和 r^5 等。一个普遍的观点是,奇数次方几乎不增加偶数次方校正像差的能力;然而,用奇偶项来表达面形是这位镜头设计师的选择。

表 10.10 显示了图 10.43 中光线的光线追迹表,其中包含光线位置、传播矢量和每个光线截点 q 处的面法线。这些数据与 10.6.8 节的算法一起用于计算偏振光线追迹矩阵和例 10.4 中光线路径的琼斯矩阵。

表 10.8　美国专利 U.S. Patent 7535658 的镜头结构参数

面#	R	t	n
光阑		−0.20	
1	1.962	1.19	1.471
2	33.398	0.93	
3	−2.182	0.75	1.603
4	−6.367	0.10	
5	5.694	0.89	1.510
6	9.192	0.16	
7	1.674	0.85	1.510
8	1.509	0.70	
9	0	0.40	1.516
10	0	0.64	

注：R 为曲率半径，t 为面间距，n 为折射率。

表 10.9　手机镜头的非球面参数

面#	κ	$A_3(10^{-2})$	$A_4(10^{-2})$	$A_5(10^{-2})$	$A_6(10^{-2})$	$A_7(10^{-2})$	$A_8(10^{-2})$	$A_9(10^{-2})$	$A_{10}(10^{-2})$
1	2.153	−1.895	2.426	−5.123	0.08371	0.7850	0.4091	−0.7732	−0.4265
2	40.18	−0.4966	−1.434	−0.6139	−0.009284	0.6438	−0.5720	−2.385	1.108
3	2.105	−4.388	−2.555	5.160	−4.307	−2.831	3.162	4.630	−4.877
4	3.382	−11.31	−7.863	10.94	0.6228	−2.216	−0.589	−0.4123	0.1041
5	−221.1	−7.876	7.020	0.1575	−0.9958	−0.7322	0.06914	0.2540	−0.0765
6	0.9331	0.9694	−0.2516	−0.3606	−0.02497	−0.0684	−0.01414	0.02932	−0.007284
7	−7.617	7.429	−6.933	−0.5811	0.2396	−0.2100	−0.03119	−0.005552	0.0007969
8	−2.707	0.1767	−4.652	1.625	−0.3522	−0.07106	0.03825	0.00627	−0.00263

表 10.10　光线位置、传播矢量、在光线截点 q 处的面法线

q	光线截点($\boldsymbol{r}_q$)	传播矢量($\boldsymbol{k}_q$)	面法线($\boldsymbol{\eta}_q$)
0(光阑)	$\begin{bmatrix}-0.086\\-0.173\\-0.981\end{bmatrix}$	$\begin{bmatrix}0.086\\0.173\\0.981\end{bmatrix}$	$\begin{bmatrix}0\\0\\1\end{bmatrix}$
1	$\begin{bmatrix}0\\0\\0\end{bmatrix}$	$\begin{bmatrix}0.054\\0.109\\0.993\end{bmatrix}$	$\begin{bmatrix}0\\0\\1\end{bmatrix}$
2	$\begin{bmatrix}0.049\\0.099\\0.901\end{bmatrix}$	$\begin{bmatrix}0.089\\0.179\\0.980\end{bmatrix}$	$\begin{bmatrix}-0.005\\-0.010\\1.000\end{bmatrix}$
3	$\begin{bmatrix}0.119\\0.241\\1.680\end{bmatrix}$	$\begin{bmatrix}0.081\\0.164\\0.983\end{bmatrix}$	$\begin{bmatrix}0.069\\0.139\\0.988\end{bmatrix}$
4	$\begin{bmatrix}0.168\\0.339\\2.271\end{bmatrix}$	$\begin{bmatrix}0.098\\0.197\\0.976\end{bmatrix}$	$\begin{bmatrix}0.054\\0.109\\0.993\end{bmatrix}$

续表

q	光线截点($\boldsymbol{r}_q$)	传播矢量($\boldsymbol{k}_q$)	面法线($\boldsymbol{\eta}_q$)
5	$\begin{bmatrix}0.182\\0.367\\2.408\end{bmatrix}$	$\begin{bmatrix}0.061\\0.122\\0.991\end{bmatrix}$	$\begin{bmatrix}-0.012\\-0.024\\1.000\end{bmatrix}$
6	$\begin{bmatrix}0.222\\0.448\\3.064\end{bmatrix}$	$\begin{bmatrix}0.095\\0.191\\0.977\end{bmatrix}$	$\begin{bmatrix}-0.006\\-0.012\\1.000\end{bmatrix}$
7	$\begin{bmatrix}0.246\\0.495\\3.306\end{bmatrix}$	$\begin{bmatrix}0.017\\0.034\\0.999\end{bmatrix}$	$\begin{bmatrix}-0.125\\-0.252\\0.960\end{bmatrix}$
8	$\begin{bmatrix}0.257\\0.519\\4.012\end{bmatrix}$	$\begin{bmatrix}0.098\\0.197\\0.976\end{bmatrix}$	$\begin{bmatrix}-0.130\\-0.261\\0.957\end{bmatrix}$
9	$\begin{bmatrix}0.318\\0.640\\4.610\end{bmatrix}$	$\begin{bmatrix}0.065\\0.130\\0.989\end{bmatrix}$	$\begin{bmatrix}0\\0\\1\end{bmatrix}$
10(DET)	$\begin{bmatrix}0.337\\0.679\\4.910\end{bmatrix}$	$\begin{bmatrix}0.098\\0.197\\0.976\end{bmatrix}$	$\begin{bmatrix}0\\0\\1\end{bmatrix}$

10.15 参考文献

[1] G. Forbes, Better ways to specify aspheric shapes can facilitate design, fabrication and testing alike, JMA1, OSA/IODC/OF&T (2010).

[2] J. E. Greivenkamp, Field Guide to Geometrical Optics, Vol. 1, Bellingham, Washington: SPIE Press (2004).

[3] G. H. Spencer and M. V. R. K. Murty, General ray-tracing procedure, JOSA 52.6 (1962): 672-676.

[4] D. Malacara-Hernández and Z. Malacara-Hernández, Handbook of Optical Design, Boca Raton, FL: CRC Press (2013).

[5] W. T. Welford, Aberrations of Optical Systems, CRC Press (1986).

[6] T. Y. Baker, Ray tracing through non-spherical surfaces, Proc. Phys. Soc. 55.5 (1943): 361.

[7] W. A. Allen and J. R. Snyder, Ray tracing through uncentered and aspheric surfaces, JOSA 42.4 (1952): 243-249.

[8] M. A. J. Sweeney and R. H. Bartels, Ray tracing free-form B-spline surfaces, IEEE Comput. Graphics Appl. 6.2 (1986): 41-49.

[9] S. Ortiz et al., Three-dimensional ray tracing on Delaunay-based reconstructed surfaces, Appl. Opt. 48.20 (2009): 3886-3893.

[10] H. A. Macleod, Thin-Film Optical Filters, McGraw-Hill (1986), pp. 179-209.

[11] P. H. Berning, Theory and calculations of optical thin films, Phys. Thin Films, 1 (1963): 69-121.

[12] D. C. O'Shea, Elements of Modern Optical Design, CH6, New York: John Wiley & Sons (1985).

[13] J. Sasián, Theory of sixth-order wave aberrations, Appl. Opt. 49.16 (2010): D69-D95.

[14] J. Sasián, Introduction to Aberrations in Optical Imaging Systems, Cambridge University Press

(2013).

[15] K. P. Thompson, Multinodal fifth-order optical aberrations of optical systems without rotational symmetry: The comatic aberrations, JOSA A 27. 6 (2010): 1490-1504.

[16] K. P. Thompson, Aberration fields in tilted and decentered optical systems, Dissertation, Optical Sciences, University of Arizona (1980).

[17] K. Thompson, Description of the third-order optical aberrations of near-circular pupil optical systems without symmetry, JOSA A 22. 7 (2005): 1389-1401.

[18] K. P. Thompson, Multinodal fifth-order optical aberrations of optical systems without rotational symmetry: Spherical aberration, JOSA A 26. 5 (2009): 1090-1100.

[19] K. P. Thompson, Multinodal fifth-order optical aberrations of optical systems without rotational symmetry: The astigmatic aberrations, JOSA A 28. 5 (2011): 821-836.

[20] K. Fuerschbach, J. P. Rolland, and K. P. Thompson, Theory of aberration fields for general optical systems with freeform surfaces, Opt. Express 22. 22 (2014): 26585-26606.

[21] F. Zernike, Diffraction theory of the knife-edge test and its improved form, the phase-contrast method, Monthly Notices R. Astron. Soc. 94, (1934): 377-384.

[22] A. B. Bhatia and E. Wolf, On the circle polynomials of Zernike and related orthogonal sets, in Mathematical Proceedings of the Cambridge Philosophical Society, Vol. 50, No. 01, Cambridge University Press (1954).

[23] V. N. Mahajan, Zernike circle polynomials and optical aberrations of systems with circular pupils, Appl. Opt. 33. 34 (1994): 8121-8124.

[24] C. J. Kim and R. R. Shannon, Catalog of Zernike polynomials, Appl. Opt. Opt. Eng. 10 (1987): 193-221.

[25] J. C. Wyant and K. Creath, Basic wavefront aberration theory for optical metrology, Appl. Opt. Opt. Eng. 11. s 29 (1992): 2.

[26] V. N. Mahajan, Zernike polynomial and wavefront fitting, Optical Shop Testing, 3rd edition (2017), pp. 498-546.

[27] W. Swantner and W. Chow, Gram-Schmidt orthonormalization of Zernike polynomials for general aperture shapes, Appl. Opt. 33. 10 (1994): 1832-1837.

[28] R. Upton and B. Ellerbroek, Gram-Schmidt orthogonalization of the Zernike polynomials on apertures of arbitrary shape, Opt. Lett. 29. 24 (2004): 2840-2842.

[29] C. Zhao and J. H. Burge, Orthonormal vector polynomials in a unit circle, Part I: Basis set derived from gradients of Zernike polynomials, Opt. Express 15. 26 (2007): 18014-18024.

[30] C. Zhao and J. H. Burge, Orthonormal vector polynomials in a unit circle, Part II: Completing the basis set. Opt. Express 16. 9 (2008): 6586-6591.

[31] J. Ruoff and M. Totzeck, Orientation Zernike polynomials: A useful way to describe the polarization effects of optical imaging systems, J. Micro/Nanolithogr. MEMS MOEMS 8. 3 (2009): 031404-031404.

[32] J. B. Develis, G. B. Parrent, and B. Thompson, The New Physical Optics Notebook: Tutorials in Fourier Optics, Vol. 61. New York: SPIE Optical Engineering Press (1989).

[33] P. Drude, Zur elektronentheorie der metalle, Ann. Phys. 06. 3 (1900): 566-613.

[34] P. Drude, Zur elektronentheorie der metalle; II. Teil. galvanomagnetische und thermomagnetische effecte, Ann. Phys. 308. 11 (1900): 369-402.

[35] P. Drude, C. Riborg, and R. A. Millikan, The Theory of Optics. Translated from German by C. R. Mann and R. A. Millikan, London, New York (1902).

[36] J. A. Stratton, Electromagnetic Theory, McGraw-Hill (1941).

[37] R. M. A. Azzam and N. M. Bashara, Ellipsometry and Polarized Light, North-Holland: Elsevier

Science Publishing Co. ,Inc. (1987).
[38] M. Born and E. Wolf, Principles of Optics: Electromagnetic Theory of Propagation, Interference and Diffraction of Light, CUP Archive (2000).
[39] S. Inoué and W. Lewis Hyde, Studies on depolarization of light at microscope lens surfaces II. The simultaneous realization of high resolution and high sensitivity with the polarizing microscope, J. Biophys. Biochem. Cytol. 3. 6 (1957): 831-838.
[40] J. B. Breckinridge, Polarization properties of a grating spectrograph, Appl. Opt. 10 (1971): 286-294.
[41] A. M. Title, Improvement of birefringent filters. 2: Achromatic waveplates, Appl. Opt. 14 (1975): 229-237.
[42] A. M. Title and H. E. Ramsey, Improvements in birefringent filters. 6: Analog birefringent elements, Appl. Opt. 19 (1980): 2046-2058.
[43] R. A. Chipman, Polarization aberrations of lenses, in Proc. Int. Lens Design Conf. , ed. W. H. Taylor, SPIE, Vol. 554 (1985), pp. 82-87.
[44] R. A. Chipman, Polarization Aberrations, Dissertation, Optical Sciences, University of Arizona, Tucson (1987).
[45] J. P. McGuire and R. A. Chipman, Polarization aberrations I: Rotationally symmetric optical systems, Appl. Opt. ,33(2) (1994): 5080-5100.
[46] J. P. McGuire and R. A. Chipman, Polarization aberrations II: Tilted and decentered optical systems, Appl. Opt. ,33(2) (1994): 5101-5107.
[47] E. Waluschka, A polarization ray trace, Opt. Eng. 28 (1989): 86-89.
[48] J. Ruoff and M. Totzeck, Using orientation Zernike polynomials to predict the imaging performance of optical systems with birefringent and partly polarizing components, in International Optical Design Conference, International Society for Optics and Photonics (2010).
[49] G. Yun, K. Crabtree, and R. Chipman, Three-dimensional polarization ray-tracing calculus I: Definition and diattenuation, Appl. Opt. 50 (2011): 2855-2865.
[50] G. Yun, S. McClain, and R. Chipman, Three-dimensional polarization ray-tracing calculus II: Retardance, Appl. Opt. 50 (2011): 2866-2874.
[51] G. Yun, K. Crabtree, and R. Chipman, Skew aberration: A form of polarization aberration, Opt. Lett. 36 (2011): 4062-4064.
[52] G. Witzel et al. , The instrumental polarization of the Nasmyth focus polarimetric differential imager NAOS/CONICA (NACO) at the VLT. Implications for time-resolved polarimetric measurements of Sagittarius A* , Astron. Astrophys. 525 (2011): A130.
[53] D. C. Hines, G. D. Schmidt, and G. Schneider, Analysis of polarized light with NICMOS, Publ. Astron. Soc. Pacific 112. 773 (2000): 983.
[54] M. de Juan Ovelar et al. , Modeling the instrumental polarization of the VLT and E-ELT telescopes with the M&m's code, in SPIE Astronomical Telescopes + Instrumentation, International Society for Optics and Photonics (2012).
[55] J. B. Breckinridge and B. R. Oppenheimer, Polarization effects in reflecting coronagraphs for whitelight applications in astronomy, Astrophys. J. 600. 2 (2004): 1091.
[56] J. B. Breckinridge, Self-induced polarization anisoplanatism, in SPIE Optical Engineering + Applications, Proc. SPIE, 8860, 886012 (2013).
[57] J. P. McGuire Jr. and R. A. Chipman, Diffraction image formation in optical systems with polarization aberrations I: Formulation and example. J. Opt. Soc. Am. A 7(9) (1990): 1614-1626.
[58] J. P. McGuire Jr. and R. A. Chipman, Diffraction image formation in optical systems with polarization aberrations II: Amplitude response matrices for rotationally symmetric systems, J. Opt. Soc. Am. A.

8 (1991): 833-840.

[59] G. Yun, K. Crabtree, and R. A. Chipman, Three-dimensional polarization ray-tracing calculus I: Definition and diattenuation, Appl. Opt. 50. 18 (2011): 2855-2865.

[60] G. Yun, S. C. McClain, and R. A. Chipman, Three-dimensional polarization ray-tracing calculus II: Retardance, Appl. Opt. 50. 18 (2011): 2866-2874.

[61] R. A. Chipman and W. S. T. Lam, The Polaris-M ray tracing program, in SPIE Optical Engineering+ Applications, International Society for Optics and Photonics (2015).

第 11 章

琼斯光瞳和局部坐标系

11.1 引言：用于入瞳和出瞳的局部坐标系

考虑到偏振态在球面或近似球面波前的分布，将这些信息传输到计算机屏幕上需要选择如何将信息展平，这与打印地球地图所涉及的问题相同。此外，如果在球面上定义一对坐标，则可以使用琼斯矢量来描述偏振，并且算法可以在二维琼斯矢量 $\boldsymbol{E}$ 表示方式和三维偏振光线追迹矢量描述方式之间来回转换。用作球面上表面基矢量的经纬度系统似乎是一个显而易见且直接的选择；偶极子的辐射场与经线对齐。但用于球面的另一个坐标系——双极坐标，也很自然地呈现在眼前，例如，当透镜使准直的线偏振波前聚焦时。一个相关的问题是，如何定义一个线偏振球面波前使其按球面弯曲。偶极子的辐射各处都是线偏振的。但每一个在任何地方都是线偏振的波前都应该被认为是线偏振波前吗？准直的线偏振波前使所有电场在一个方向上对齐；具有波浪形或不规则取向的波前，如图 5.11 中的涡流场，不应视为线偏振，而应视为各处都是线偏振的。本章探讨两种不同形式的线偏振波前，偶极和双极，并使用这些形式为球面创建两个有用的坐标系。

用三维全局坐标描述偏振态具有很强的鲁棒性，计算简单，为计算机光线追迹提供了一种很好的方法。然而，由于光学设计人员是在计算机屏幕上查看光线追迹结果，并将信息打印到纸上，因此所得结果很难进行三维可视化。如图 11.1 所示，在平面上可视化球面波需要将三维矢量场转换为二维。例如，最常用的表示偏振像差的方法是在二维光瞳坐标系中用琼斯矩阵函数表示，即琼斯光瞳。琼斯光瞳[1]在工业上常用，是作为商业光学设计软件的输出而产生的。为了充分理解琼斯光瞳，有必要掌握用于在平面上表示三维数据的局部坐标系的微妙之处。

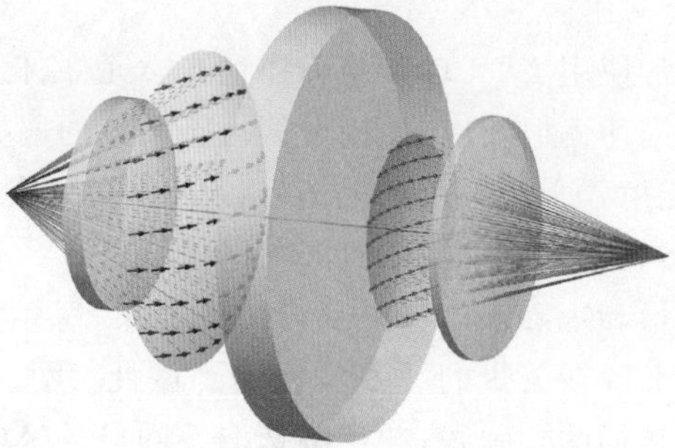

图 11.1　线偏振入射(红色)和出射(橙色)光线阵列的球面波前，显示了两个波前之间的光学系统

本章介绍了将偏振表示从 3D 转换到 2D 的两种方法及其相反过程，并分析了使用一种坐标系与使用其他坐标系时，像差描述的差异。常用的经纬度球面坐标系用于生成球面的基矢量，这里称为偶极坐标。这个坐标系和另一个坐标系——双极坐标，它们自然出现于光学系统中，并发展和应用于光学设计问题。这些系统由两个重要的电磁波辐射模型导出：偶极辐射器模型和双极模型，前者描述从理想线偏振器出射光的偏振，后者描述从理想透镜出射光的偏振。

如第 9 章(偏振光线追迹计算)和第 10 章(光学光线追迹)所示，光学系统的像质通常由光线阵列追迹来确定。当计算得到出瞳处光线阵列中每一条光线的光程长度时，就获得了以波像差函数形式表示的波前信息。为了获得偏振和波前信息，沿每一条光线计算偏振光线追迹矩阵 $\boldsymbol{P}$ 或琼斯矩阵[2-7]得到其阵列。要使用琼斯矩阵，必须为入射琼斯矢量定义 x 坐标和 y 坐标(称为局部坐标)，并为出射琼斯矢量也定义 x、y 坐标。11.7 节手机镜头的例子说明了在将偏振特性从入瞳转化为出瞳，以及 $\boldsymbol{P}$ 光瞳到琼斯光瞳时选择适当局部坐标的重要性。

11.2　局部坐标

局部坐标系的目标是提供反映局部情况的基矢量。例如，在光学设计程序中，通常为每个反射面和折射面设置单独的 x-y-z 局部坐标，每个局部坐标系的原点位于曲面的顶点；因此，可围绕曲面的轴以最容易的方式定义曲面。

第 2 章(偏振光)和第 5 章(琼斯矩阵及偏振性质)介绍了琼斯算法，其中琼斯矢量是偏振态的描述，

$$\boldsymbol{J}=\begin{pmatrix}E_x\\E_y\end{pmatrix}\tag{11.1}$$

其中 E_x 和 E_y 是沿着两个方向 x、y 的复振幅[2-5,8]，这两个方向和传播方向 $\boldsymbol{k}$ 形成一套正交 x-y-k 基。如果平面波不沿 z 轴传播，则“x-y”坐标称为与特定横向平面相关的“局部坐标”。通过将局部坐标系从一个光线段移动到下一个光线段，过光学系统的偏振态可以用一

系列局部坐标系来描述。为用琼斯矢量描述球面波前的偏振,需要一个定义局部坐标的系统来定义每个点的 E_x 和 E_y。类似地,在入射和出射波前之间建立偏振关联的琼斯矩阵需要两组基矢量,每个球面上一组。

在光学设计软件中通常使用 2×2 琼斯矩阵描述光学元件、偏振效应和光学系统的总偏振特性。琼斯矩阵包含并描述偏振效应,如用于偏振态转换的偏振元件[2-5,8]的效应。对于具有小数值孔径(NA)的光束,如近轴光束或激光束,波前并不是很弯曲,并且光场的 z 分量是总光场的很小一部分。在这种情况下,对波前的琼斯矢量[9]使用单组 x-y 坐标是令人满意的。为了使用琼斯矢量和矩阵来追迹高度弯曲的光束,每条光线及其每个光线段都需要用局部坐标在三维中定义琼斯矢量的 x 和 y 分量。因此,我们的目标是提供在球面上的局部坐标和全局坐标之间转换的方程式,并了解选取不同局部坐标的结果。

单位传播球是一个归一化传播矢量球,如图 11.2 所示,其中每个传播矢量 $\hat{\boldsymbol{k}}$ 由单位球面上的一个点表示。对于给定的 $\hat{\boldsymbol{k}}$,局部坐标在位于球面上的横向平面内给出了局部基矢量(局部 x 和局部 y)。这些局部基矢量用于描述琼斯矢量、斯托克斯参数,或 $\hat{\boldsymbol{k}}$ 的横向平面中的其他量。

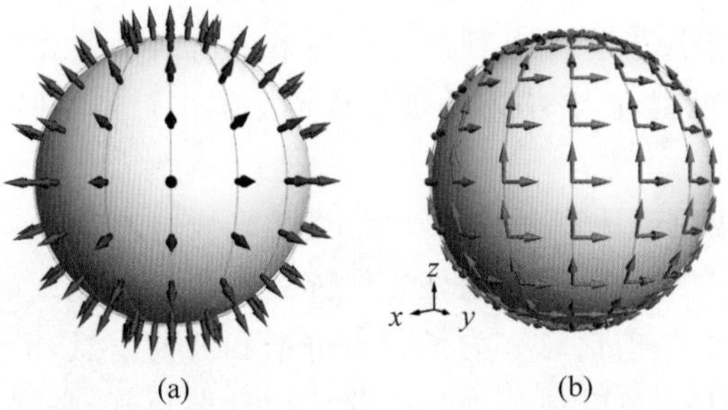

图 11.2 (a)传播球是一个单位球,传播矢量(以黑色显示)沿球法线方向出射。球面上的局部坐标由各种算法生成,这些算法为每个传播矢量分配局部 x 和 y 基矢量。(b)单位传播球上显示了局部 x、y 基矢量,如红色和绿色箭头所示。图示的 x-y-z 轴表示全局 x-y-z 坐标。用极点位于 z 轴的经纬系统,选取了这些基矢量

11.3 偶极坐标

最常见的球面坐标系是经纬度坐标系,这里称为偶极坐标(dipole coordinates)。偶极坐标是相对于极轴定义的,其中极轴由轴矢量 $\hat{\boldsymbol{a}}_{\text{Loc}}$ 指定,它定义了两个奇点或极点的位置。图 11.3 显示了单位球上的偶极坐标,其中 $\hat{\boldsymbol{a}}_{\text{Loc}}=(0,0,1)$;两个极点位于(0,0,1)和(0,0,−1)。每个单位传播矢量 $\hat{\boldsymbol{k}}$ 由纬度角 θ(在 x-y 平面内度量)和经度角 ϕ(在 x-z 平面内度量)表示

$$\hat{\boldsymbol{k}}=(k_x,k_y,k_z)=(\cos\phi\sin\theta,\sin\phi\sin\theta,\cos\theta) \tag{11.2}$$

沿恒定纬度线取的局部 x 基矢量 $\hat{\boldsymbol{x}}_{\text{Loc}}$,计算为式(11.2)相对 ϕ 的归一化微分。沿一条恒定经度线取的局部 y 基矢量 $\hat{\boldsymbol{y}}_{\text{Loc}}$,是 $\hat{\boldsymbol{k}}$ 和纬度矢量 $\hat{\boldsymbol{x}}_{\text{Loc}}$ 的叉积。因此,当极轴沿 z 方向

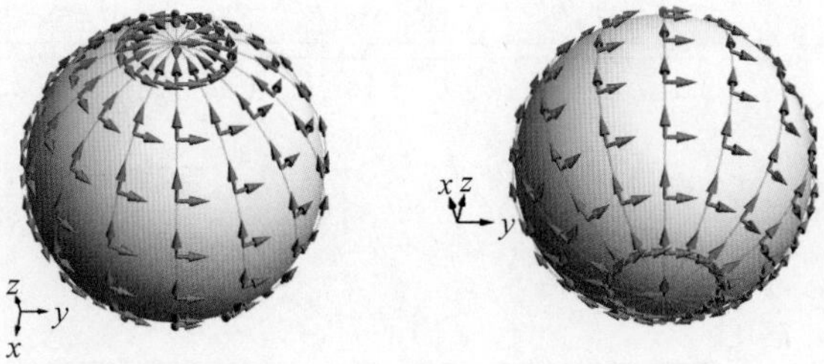

图 11.3　在单位球上的偶极坐标，偶极沿 z 轴，显示在两个不同的视图中。红色箭头是局部 x 基矢量，绿色箭头是局部 y 基矢量

$(\hat{\boldsymbol{a}}_{\text{Loc}}=(0,0,1))$时，偶极局部坐标是

$$\begin{cases}\hat{\boldsymbol{x}}_{\text{Loc}}=\dfrac{(-k_y,k_x,0)}{\sqrt{k_x^2+k_y^2}}=(-\sin\phi,\cos\phi,0)\\[2ex]\hat{\boldsymbol{y}}_{\text{Loc}}=\hat{\boldsymbol{k}}\times\hat{\boldsymbol{x}}_{\text{Loc}}=\dfrac{(k_xk_z,k_yk_z,-k_x^2-k_y^2)}{\sqrt{k_x^2+k_y^2}}=(\cos\theta\cos\phi,\cos\theta\sin\phi,-\sin\theta)\end{cases}\tag{11.3}$$

$(\hat{\boldsymbol{x}}_{\text{Loc}},\hat{\boldsymbol{y}}_{\text{Loc}},\hat{\boldsymbol{k}})$为 $\hat{\boldsymbol{k}}$ 定义的横向平面构成了一个右手局部坐标系。

通过这种形式，可使用$(\hat{\boldsymbol{x}}_{\text{Loc}},\hat{\boldsymbol{y}}_{\text{Loc}},\hat{\boldsymbol{k}})$为任意 $\hat{\boldsymbol{k}}$ 定义一个琼斯矢量。当 $\hat{\boldsymbol{k}}=\pm\hat{\boldsymbol{a}}_{\text{Loc}}$，光沿着极轴传播，式(11.3)中描述的坐标变得奇异。图 11.4 显示了轴向观察的偶极坐标；局部 x 坐标和 y 坐标随着 $\hat{\boldsymbol{k}}$ 接近极点迅速变化。

极轴沿 x 轴或 y 轴的偶极坐标很容易通过变换式(11.3)中的 $\hat{\boldsymbol{x}}_{\text{Loc}}$ 和 $\hat{\boldsymbol{y}}_{\text{Loc}}$ 中的各个量来获得。例如，当 $\hat{\boldsymbol{a}}_{\text{Loc}}=(1,0,0)$，

$$\begin{cases}\hat{\boldsymbol{x}}_{\text{Loc}}=\dfrac{(0,-k_z,k_y)}{\sqrt{k_y^2+k_z^2}}\\[2ex]\hat{\boldsymbol{y}}_{\text{Loc}}=\hat{\boldsymbol{k}}\times\hat{\boldsymbol{x}}_{\text{Loc}}=\dfrac{(k_y^2+k_z^2,-k_xk_y,-k_xk_z)}{\sqrt{k_y^2+k_z^2}}\end{cases}\tag{11.4}$$

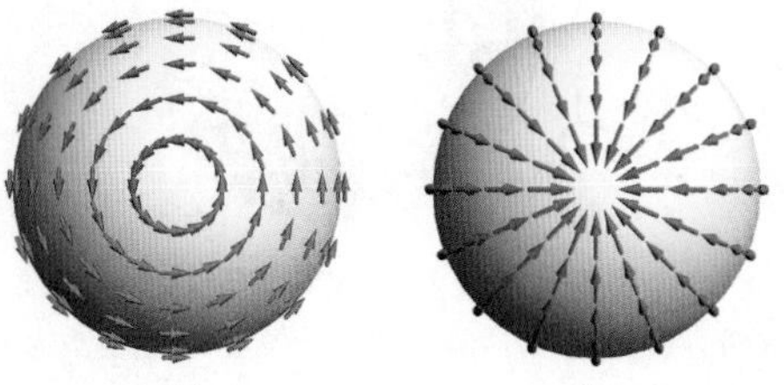

图 11.4　在极点附近即使很小的传播方向变化，(a)偶极局部 x 坐标和(b)偶极局部 y 坐标快速改变方向

对于某些问题，可能需要将轴定位于任意方向上，轴矢量为 $\hat{\boldsymbol{a}}_{\text{Loc}}=(a_x,a_y,a_z)$。对于任意 $\boldsymbol{k}$，局部 x 基矢量 $\hat{\boldsymbol{x}}_{\text{Loc}}$ 沿新的纬度线，新的局部 y 基矢量 $\hat{\boldsymbol{y}}_{\text{Loc}}$ 如下所示：

$$\begin{cases} \hat{\boldsymbol{x}}_{\mathrm{Loc}} = \dfrac{\hat{\boldsymbol{a}} \times \hat{\boldsymbol{k}}}{|\hat{\boldsymbol{a}} \times \hat{\boldsymbol{k}}|} = \dfrac{(a_y k_z - a_z k_y, a_z k_x - a_x k_z, a_x k_y - a_y k_x)}{\sqrt{(a_y k_x - a_x k_y)^2 + (a_z k_x - a_x k_z)^2 + (a_z k_y - a_y k_z)^2}} \\ \hat{\boldsymbol{y}}_{\mathrm{Loc}} = \dfrac{\hat{\boldsymbol{k}} \times \hat{\boldsymbol{a}} \times \hat{\boldsymbol{k}}}{|\hat{\boldsymbol{a}} \times \hat{\boldsymbol{k}}|} = \dfrac{\begin{pmatrix} -a_y k_x k_y + a_x k_y^2 - a_z k_x k_z + a_x k_z^2 \\ a_y k_x^2 - a_x k_x k_y - a_z k_y k_z + a_y k_z^2 \\ a_z k_x^2 + a_z k_y^2 - a_x k_x k_z - a_y k_y k_z \end{pmatrix}}{\sqrt{(a_y k_x - a_x k_y)^2 + (a_z k_x - a_x k_z)^2 + (a_z k_y - a_y k_z)^2}} \end{cases} \tag{11.5}$$

例 11.1 局部到全局偏振态

考虑沿 $\hat{\boldsymbol{k}}=(6,3,2)/7$ 方向传播的左旋圆偏振光。选择局部坐标轴,$\hat{\boldsymbol{a}}_{\mathrm{Loc}}=(0,0,1)$,偏振态可以由琼斯矢量指定,例如

$$\boldsymbol{E} = \frac{1}{\sqrt{2}}\begin{pmatrix} 1 \\ \mathrm{i} \end{pmatrix} \tag{11.6}$$

根据式(11.2),纬度角为 $\theta=\arctan\left(\dfrac{3\sqrt{5}}{2}\right)$,经度角是 $\phi=\arctan\left(\dfrac{1}{2}\right)$。对于这个 $\hat{\boldsymbol{k}}$,由式(11.3)可得偶极局部坐标为

$$\hat{\boldsymbol{x}}_{\mathrm{Loc}} = \frac{1}{\sqrt{5}}\begin{pmatrix} -1 \\ 2 \\ 0 \end{pmatrix}, \quad \hat{\boldsymbol{y}}_{\mathrm{Loc}} = \frac{1}{7\sqrt{5}}\begin{pmatrix} -4 \\ -2 \\ 15 \end{pmatrix} \tag{11.7}$$

因此,在全局坐标系中的偏振态,偏振矢量 $\boldsymbol{E}$ 为

$$\boldsymbol{E} = \frac{\hat{\boldsymbol{x}}_{\mathrm{Loc}} + \mathrm{i}\hat{\boldsymbol{y}}_{\mathrm{Loc}}}{\sqrt{2}} = \frac{1}{7\sqrt{10}}\begin{pmatrix} -7-4\mathrm{i} \\ 14-2\mathrm{i} \\ 15\mathrm{i} \end{pmatrix} \tag{11.8}$$

图 11.5 显示了相对于单位传播轴的这些矢量。

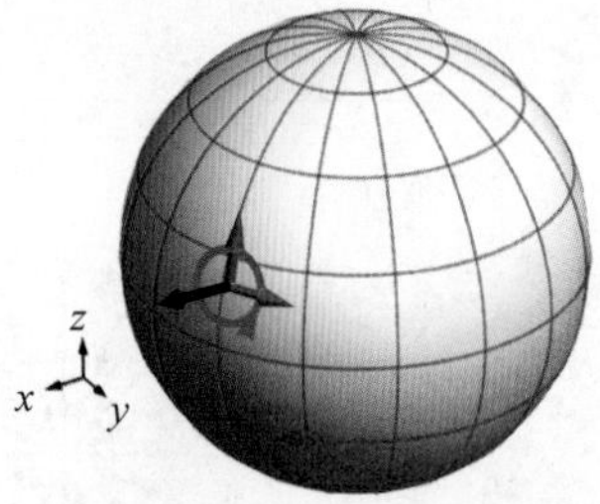

图 11.5 在 3D 中显示左旋圆偏振光的偏振椭圆

黑色箭头为传播矢量,红色箭头为局部 x 偶极基矢量,绿色箭头为局部 y 偶极基矢量

由于光线追迹程序需要追踪所有方向的光线,所以坐标系应该适用于所有 $\hat{\boldsymbol{k}}$ 或所有选择的轴矢量。但偶极坐标的定义在轴上有一对奇点。处理这种奇点的通常方法是为极点附近的小区域定义一个特殊情形。例如,在 10^{-6} rad 内,基矢量可选择为 $\hat{\boldsymbol{x}}_{\mathrm{Loc}}=(1,0,0)$ 和 $\hat{\boldsymbol{y}}_{\mathrm{Loc}}=(0,1,0)$。这比较麻烦,但必须这样做。图 11.6 显示了这种选择,沿轴矢量观察,极点周围的区域现在具有定义在极点处的任意基矢量对。

在局部坐标系中，极点的奇异性是一个大麻烦。没有无奇点的局部坐标系，因为奇点是卷绕数理论[10]（数学小贴士 11.1）的结果。幸运的是，在光线追迹过程中，利用三维偏振光线追迹演算可避免这种极点奇异性问题。然而，在将结果转移到平面上时，极点的问题仍然存在，就像在绘制整个地球的地图时极点会产生问题一样。三维偏振光线追迹算法由于避免了奇异性而被认为是鲁棒的。

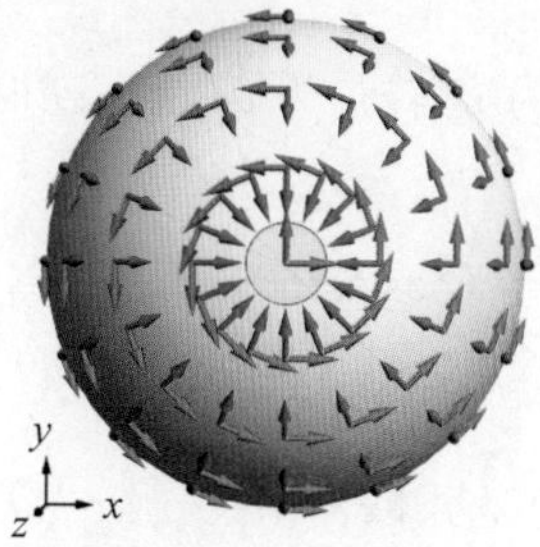

图 11.6　从 $\hat{\boldsymbol{a}}_{\text{Loc}}$（奇点）观看的偶极坐标系。为了避免奇异性和被零除的问题，在原点附近非常小的区域（以黄色显示）内，可将基矢量设置为常数

数学小贴士 11.1　卷绕数定理（Winding Number Theorem）

根据卷绕数定理[10]，在场中没有至少两个零点的情况下，不可能定义一个连续的可微的矢量场，将该场约束在整个球的球面上。一组纬度矢量或反过来一组经度矢量就是这样的两个例子，其中零点出现在极点。覆盖整个球面的琼斯矢量的所有局部坐标选择都具有这种奇异性。

图 11.7 以不同的视角显示了单位球（其中 $\hat{\boldsymbol{a}}_{\text{Loc}}=(0,0,1)$）上偶极坐标的 $\hat{\boldsymbol{x}}_{\text{Loc}}$。

上面的第一个偶极局部坐标例子沿 z 轴放置极点。根据问题的不同，$\hat{\boldsymbol{a}}_{\text{Loc}}$ 可在任意方向上选择，以简化特定问题。一般来说，$\hat{\boldsymbol{a}}_{\text{Loc}}$ 将放置在偏离光学系统光轴 90°的方向，以便移开奇点。先前，偶极局部坐标的例子定义了 $\hat{\boldsymbol{a}}_{\text{Loc}}=(0,0,1)$。现在，让我们找到一种方法来为任意轴矢量生成偶极局部坐标。

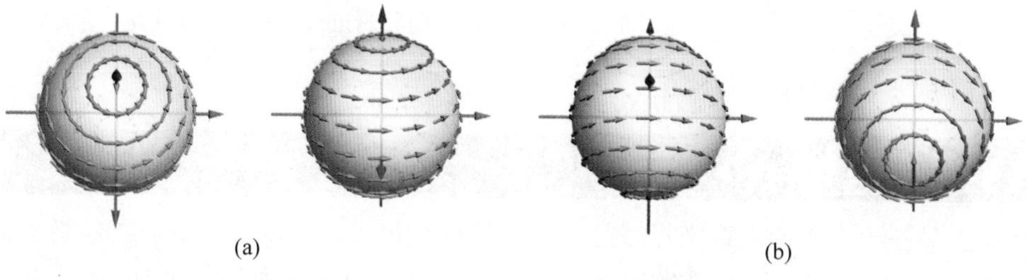

图 11.7　在不同视角下的单位球上的偶极 x 坐标（红色箭头），偶极沿 z 轴方向。全局 x、y 和 z 分别以红色、绿色和蓝色箭头显示。(a)从近 $+z$ 方向观察，(b)从近 $-z$ 方向观察

例 11.2　当 $\hat{\boldsymbol{a}}_{\text{Loc}}=(0,1,0)$ 时的偶极坐标系

本例中，使用式(11.5)的另一种替代算法计算了针对 $\hat{\boldsymbol{a}}_{\text{Loc}}=(0,1,0)$ 的偶极坐标。

1. 计算偶极坐标系默认轴 $\hat{z}=(0,0,1)$ 和 $\hat{\boldsymbol{a}}_{\text{Loc}}$ 矢量之间的矢量角 α：$\alpha=\arccos(\hat{z}\cdot\hat{\boldsymbol{a}}_{\text{Loc}})=\arccos(0)=\pi/2$，其中 $\hat{z}=\hat{\boldsymbol{k}}$。

2. 定义旋转轴矢量 $\boldsymbol{r}=\hat{z}\times\hat{\boldsymbol{a}}_{\text{Loc}}=(0,0,1)\times\hat{\boldsymbol{a}}_{\text{Loc}}=(-1,0,0)$。

3. 计算旋转矩阵 $\boldsymbol{R}$，其转轴为 $\boldsymbol{r}$，转角为 α(绕 $\boldsymbol{r}$ 逆时针转)：$\boldsymbol{R}=\begin{bmatrix}1&0&0\\0&0&1\\0&-1&0\end{bmatrix}$。

4. 计算 $\hat{\boldsymbol{k}}_{\text{new}}=\boldsymbol{R}\cdot\hat{\boldsymbol{k}}$，其中 $\hat{\boldsymbol{k}}=(\cos\phi\sin\theta,\sin\phi\sin\theta,\cos\theta)$：

$$\hat{\boldsymbol{k}}_{\text{new}}=\boldsymbol{R}\cdot\hat{\boldsymbol{k}}=(\cos\phi\sin\theta,\cos\theta,-\sin\phi\sin\theta)$$

5. 求 $\hat{\boldsymbol{x}}_{\text{Loc}}$，即 $\hat{\boldsymbol{k}}_{\text{new}}$ 相对 ϕ 的微分，$\hat{\boldsymbol{x}}_{\text{Loc}}=(-\sin\phi,0,-\cos\phi)$，和 $\hat{\boldsymbol{y}}_{\text{Loc}}=\hat{\boldsymbol{k}}_{\text{new}}\times\hat{\boldsymbol{x}}_{\text{Loc}}=(-\cos\phi\cos\theta,\sin\theta,\sin\phi\cos\theta)$。

重温本章开头的问题，$\hat{\boldsymbol{x}}_{\text{Loc}}$ 和 $\hat{\boldsymbol{y}}_{\text{Loc}}$ 可方便地描述振荡电偶极子辐射的线偏振球面波的偏振态。通过对 $\hat{\boldsymbol{y}}_{\text{Loc,i}}$ 切趾 $\sin\beta_{\text{i}}$，其中 β_{i} 是 $\hat{\boldsymbol{k}}_{\text{i}}$ 和 $\hat{\boldsymbol{a}}_{\text{Loc}}$ 矢量之间的角度，如图 11.8 所示球面波前上的线偏振偶极子辐射的 $\boldsymbol{E}$ 场只有一个沿 $\hat{\boldsymbol{y}}_{\text{Loc}}$ 的分量，不含沿 $\hat{\boldsymbol{x}}_{\text{Loc}}$ 的分量。因此，偶极局部坐标可以简化辐射源是偶极子情形中的问题。

$$\boldsymbol{E}_{\text{i}}=\hat{\boldsymbol{y}}_{\text{Loc,i}}\sin\beta_{\text{i}} \tag{11.9}$$

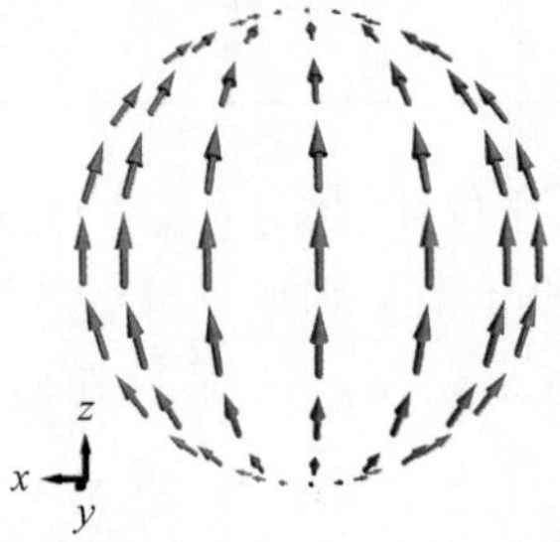

图 11.8　沿 z 方向的偶极子产生的场与纬度基矢量对齐，形成垂直偏振的球面波前。这些矢量不是单位矢量；振幅随与赤道夹角的余弦而变化

11.4　双极坐标

球面上另一个有用的局部坐标系是双极坐标(double pole coordinates)。偶极坐标可能是最常见的球面坐标系，但双极坐标是光线追迹中最有用的球面局部坐标，有两方面的原因：①双极坐标与透镜和反射镜系统自然产生的偏振形式相匹配；②双极坐标可缩放(拉伸)，以匹配放大率变化和 NA 变化。

消除偶极坐标两个麻烦的极点会很好。图 11.9 显示了一种消除极点的方法。选择球面上的一个点，称为反极点(anti-pole)。在反极点选择基矢量方向，用红色矢量表示(左)。该基矢量沿一个大圆平移(图 11.9(b))，以定义沿圆弧的基矢量。沿着每条圆弧(图 11.9(c))

重复此平行平移操作；基矢量保持其相对于每个过反极点的大圆的角度①。观察到球面顶部和底部的极点已经消除。这样在整个半球上定义了基矢量，没有奇异点，这是偶极坐标无法做到的！

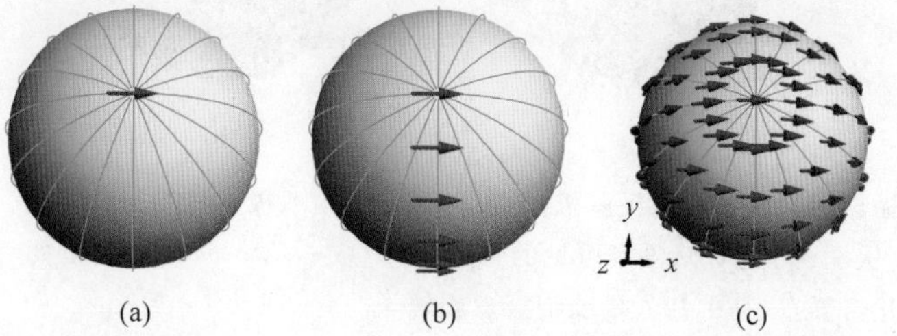

图 11.9　(a)要构造双极基矢量集，选取一个名为反极的点，并选取一个基矢量方向，即红色矢量。(b)反极点的矢量沿一个大圆弧(垂直红线)平移，以定义沿弧的基矢量。(c)在所有大圆上重复此平行平移操作，就在球面上定义了基矢量，例如局部 x 坐标。第二个基矢量与第一基矢量以及球面法线正交

奇点被消除了吗？图 11.10 显示了接续到球体背面的基矢量集。球面现在有一个与反极点在直径上对置的奇点。基矢量围绕着这个奇点旋转 4π；因此，它算作一个双极。注意，在偶极子的两极周围基矢量旋转 2π。因此，遗憾的是，正如卷绕数理论[10]所述，球面上的局部坐标必须有两个或更多的零。双极坐标将两个零放置在同一位置。一个优点是，现在这个双极坐标系统可以覆盖几乎整个球面，几乎 4π 立体弧度而没有奇点！

图 11.10　在双极坐标系球的背面，显示在极点处有一个有趣的双奇异性，即对于在双奇异点周围的单回路，基矢量旋转了 4π(720°)

思考双极矢量函数的一种方法是考虑将偶极坐标的两个极点相向移动，拉伸偶极矢量函数，直到极点在一个位置重合。两个极点最终合并，形成一个双极，实际上产生了一个奇异点。图 11.11 显示了双极坐标的局部 x 和局部 y 坐标，其中奇点即双极点，位于(0,0,−1)，相对的点，即反极点在(0,0,1)。这与卷绕数定理矛盾吗？不，双极函数在每个局部坐标中都有双重奇异性。仔细看图 11.11(b)。在一个围绕奇点旋转 2π 的过程中双极基矢量旋转了 4π；因此，这个奇点算作两个零②。图 11.11(a)显示的是球正面没有奇点的双极坐标，图 11.11(b)显示的是背面有双极点(双退化奇点)存在。

---

① 第 17 章详细讨论了平行平移。

② 有趣的事实：这也被称为“毛球定理”。若你考虑一个带有小纤维的网球，可在某些方向上刷它的纤毛，那么它的名字就很恰当了。如果你尝试梳理纤毛以形成最少数量的奇点，就会得到双极坐标(https://en.wikipedia.org/wiki/Hairy_ball_theorem)。

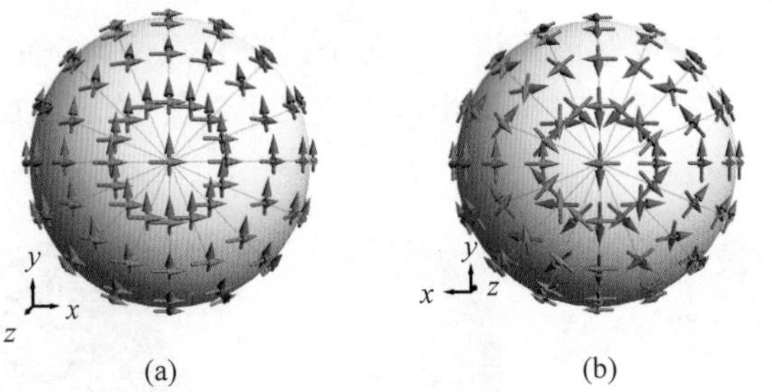

图 11.11　单位传播球面上的一对双极基矢量(红色和绿色),双极点位于(0,0,−1)。(a)在双极基矢量的前侧(从+z 方向看),没有可见的奇点。(b)从−z 看,双极基矢量的背面,在(0,0,−1)处有双退化奇异点,其中基矢量围绕极点旋转 4π

要在单位传播球面上生成双极基矢量($\hat{\boldsymbol{x}}_{\mathrm{Loc}}$,$\hat{\boldsymbol{y}}_{\mathrm{Loc}}$)方程,需要两个矢量来定义坐标系。首先,单位矢量 $\hat{\boldsymbol{a}}_{\mathrm{Loc}}$ 定义了反极点的方向。第二,矢量 $\hat{\boldsymbol{x}}_0$ 定义了反极点处第一个基矢量的方向。$\hat{\boldsymbol{x}}_0$ 是图 11.9(a)中的红色矢量。反极点处的局部 y 矢量是 $\hat{\boldsymbol{y}}_0=\hat{\boldsymbol{a}}_{\mathrm{Loc}}\times\hat{\boldsymbol{x}}_0$,形成右手基矢量集($\hat{\boldsymbol{x}}_0$,$\hat{\boldsymbol{y}}_0$,$\hat{\boldsymbol{a}}_{\mathrm{Loc}}$)。通过应用图 11.9 中的算法,任意传播矢量 $\boldsymbol{k}$ 的双极坐标由反极点上定义的两个基矢量沿旋转轴 $\boldsymbol{r}$ 旋转角度 θ 生成。

$$(\hat{\boldsymbol{x}}_{\mathrm{Loc}},\hat{\boldsymbol{y}}_{\mathrm{Loc}})=(\boldsymbol{R}\cdot\hat{\boldsymbol{x}}_0,\boldsymbol{R}\cdot(\hat{\boldsymbol{a}}_{\mathrm{Loc}}\times\hat{\boldsymbol{x}}_0)) \tag{11.10}$$

其中 $\theta=-\arccos(\hat{\boldsymbol{k}}\cdot\hat{\boldsymbol{a}}_{\mathrm{Loc}})$,$\boldsymbol{r}=\hat{\boldsymbol{k}}\times\hat{\boldsymbol{a}}_{\mathrm{Loc}}$,$\boldsymbol{R}$ 是旋转矩阵,转轴为 $\boldsymbol{r}$,转角为 θ。这个($\hat{\boldsymbol{x}}_{\mathrm{Loc}}$,$\hat{\boldsymbol{y}}_{\mathrm{Loc}}$,$\hat{\boldsymbol{k}}$)形成了右手坐标系。例如,针对 $\hat{\boldsymbol{a}}_{\mathrm{Loc}}=(0,0,1)$、$x$ 基矢量(1,0,0)的局部坐标为

$$\hat{\boldsymbol{x}}_{\mathrm{Loc}}=\left(1-\frac{k_x^2}{1+k_z},\frac{-k_xk_y}{1+k_z},-k_x\right) \tag{11.11}$$

$$\hat{\boldsymbol{y}}_{\mathrm{Loc}}=\left(\frac{-k_xk_y}{1+k_z},1-\frac{k_y^2}{1+k_z},-k_y\right) \tag{11.12}$$

图 11.12 显示了可视化基矢量方向的几何构造。白色和黑色的圆在所有它们的交点处是正交的。

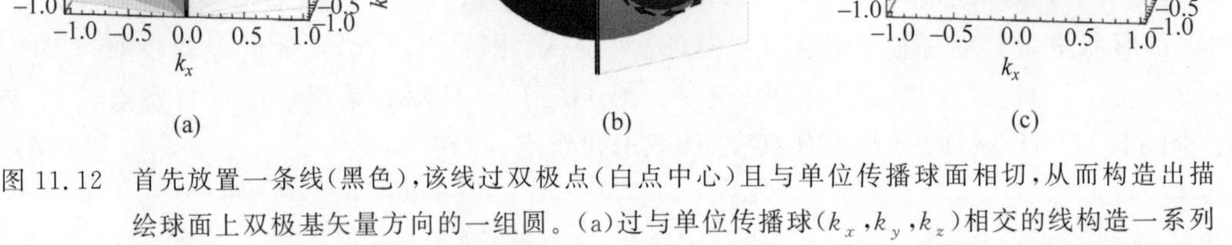

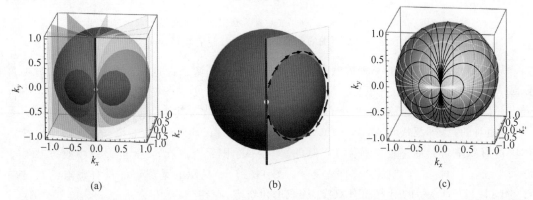

图 11.12　首先放置一条线(黑色),该线过双极点(白点中心)且与单位传播球面相切,从而构造出描绘球面上双极基矢量方向的一组圆。(a)过与单位传播球(k_x,k_y,k_z)相交的线构造一系列平面,生成一组大小不同的圆,这些圆都在双极点相交。(b)显示了 $\hat{\boldsymbol{y}}_{\mathrm{Loc}}$ 基矢量的方向,它们与其中一个圆对齐。(c)显示了球面上基矢量的方向,$\hat{\boldsymbol{x}}_{\mathrm{Loc}}$ 为白色,$\hat{\boldsymbol{y}}_{\mathrm{Loc}}$ 为黑色。这些线相当于偶极坐标系中的等纬度线和等经度线

当线偏振光束通过理想透镜聚焦时，离开透镜光束的偏振态自然地由双极坐标描述，如图 11.13 所示。非起偏透镜通过沿相应的 **s** 基矢量翻折偏振态来改变每个光线截点处偏振椭圆的方向[11]。因此，非偏振元件围绕 s 偏振态旋转偏振的横向平面，但不以任何其他方式改变偏振椭圆。当该操作应用于无像差透镜时，入射线偏振矢量阵列将转变为出瞳中的矢量阵列，呈现双极基矢量形式。

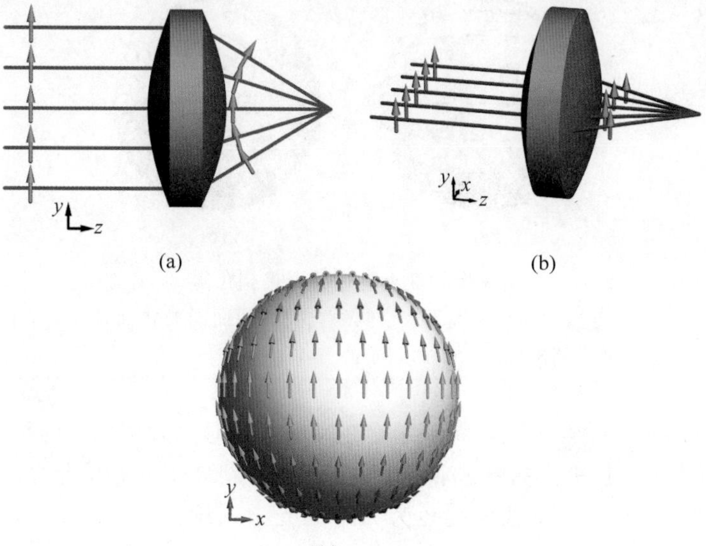

图 11.13　(a) yz 平面内准直的 y 线偏振光进入理想的非偏振透镜并折射，偏振矢量绕局部 **s** 矢量(对于这些光线，**s** 矢量都位于 x 方向)在第一次和第二次折射时发生旋转后，出射偏振矢量沿球面波前弯曲。(b)在 xz 平面内入射的偏振矢量也在每个光线截点处绕 **s** 基矢量旋转。对于这些光线，所有光线截点处 **s** 基矢量都沿 y 方向，且偏振方向也沿 y 方向，因此出射时的总偏振没有旋转。(c)离开非偏振透镜的球面波的偏振态具有双极模式，其 yz 和 xz 截面显示在上面两图中

例 11.3　产生双极偏振模式的抛物面反射镜

在某些光学系统中，双极坐标系是自然存在的。图 11.14(a)，(b)显示了抛物面反射镜系统，该系统将入射的准直光线聚焦成具有大立体角的会聚球面波前。当抛物面向左无限延伸时，立体角增大，直到波前的大小接近一个完整的球体，即 4π 立体弧度的波前会聚到焦点，如图 11.14(c)所示。当线偏振准直光束入射到抛物面上，且该抛物面是非偏振反射镜($r_s = r_p$)时，球面波前的偏振分布呈双极形式。

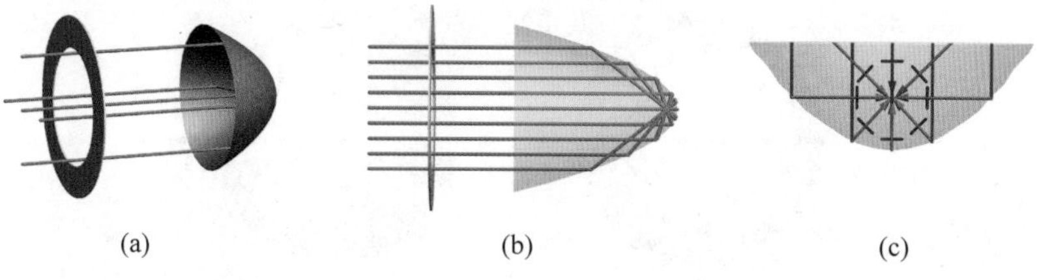

图 11.14　(a)带有光阑的抛物面反射镜的 3D 视图。(b)较长抛物面反射镜的横截面图，光以大于 2π 立体弧度的立体角到达焦平面。(c)光线如何从所有可能的角度接近焦点，偏振态用蓝色表示

围绕焦点,每条光线的传播矢量映射到单位球面上的一个点,并且在该点每条光线的偏振态可以绘制在球面上。图 11.15(a)显示了靠近顶点(图 11.14(b)的右侧或图 11.14(c)的下半部分)2π 立体弧度上的反射偏振态三维视图。图 11.15(b)显示了面向入射光方向的 2π 立体弧度上的反射偏振态。图 11.15(a)显示了球的平滑面,对应于焦点的反射镜顶点一侧的波前。图 11.15(b)显示了波前的背面,在那里,偏振态围绕焦点迅速变化。

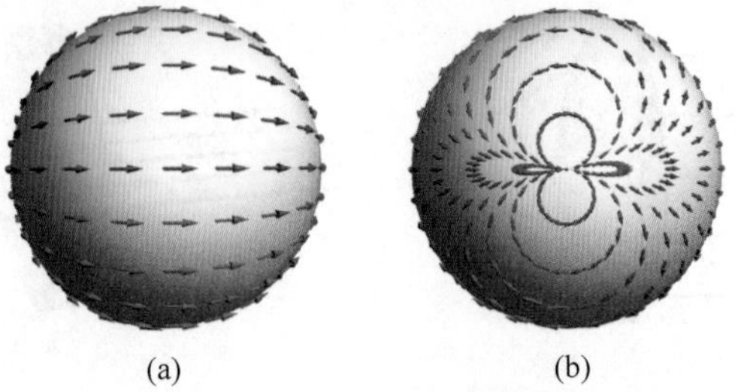

图 11.15 水平线偏振光照射非偏振抛物面反射镜并会聚到焦点,所得 4π 立体弧度球面波前的偏振态。(a)靠近抛物面反射镜顶点一侧的波前,(b)面向抛物面开口的波前背面。这些模式对应于双极局部坐标

双极坐标系的一个非常重要的特性是它在反极点处对放大率变化的尺度不变性。参考图 11.9,坐标可以围绕反极点扩展或收缩,但由于沿大圆的方向是恒定的,所以坐标系保持不变。假设一束光束进入一个数值孔径为 na_1 的光学系统,然后以 na_2 出射,反极点位于每个波前的主光线上。光束的立体角在进入和出射之间被放大或缩小。如果入射光束的偏振为双极模式,则出射光束也具有双极模式。双极坐标在反极点处对于放大率具有尺度不变性,因此更适合在成像系统中描述球面波前;在这种情况下,双极轴位于主光线的对面,不会遇到双极奇点。由于这种尺度不变性,在双极坐标系中描述波前的局部坐标系随着球面波从一个表面移动到另一个表面(伴随着 NA 的变化)保持不变。

图 11.16 显示了单位球上的双极坐标系,其中 $\hat{\boldsymbol{a}}_{\text{Loc}}=(0,0,1)$、$\hat{\boldsymbol{x}}_0=(1,0,0)$,从四个不同

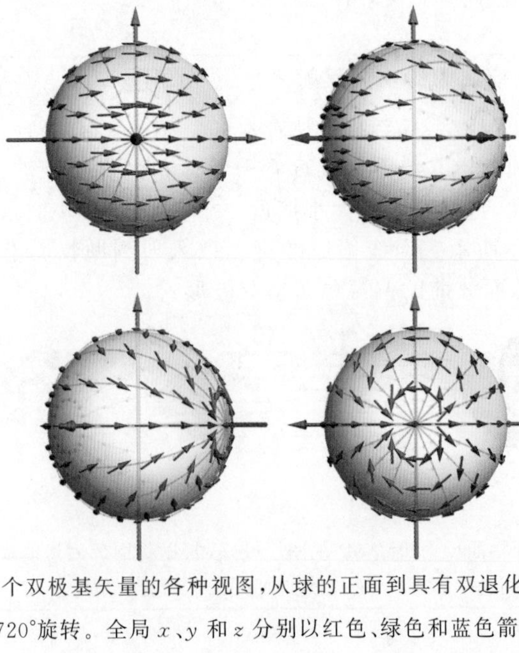

图 11.16 显示了其中一个双极基矢量的各种视图,从球的正面到具有双退化奇点的背面。注意在双极点周围 $\hat{\boldsymbol{x}}_{\text{Loc}}$ 的 720°旋转。全局 x、y 和 z 分别以红色、绿色和蓝色箭头显示

的角度观察，红色箭头代表 $\hat{\boldsymbol{x}}_{\mathrm{Loc}}$。从 $\hat{\boldsymbol{x}}_{\mathrm{Loc}}$ 开始逆时针旋转 90°就是 $\hat{\boldsymbol{y}}_{\mathrm{Loc}}$。灰色线代表的大圆穿过 $\hat{\boldsymbol{a}}_{\mathrm{Loc}}$ 轴。第一个图形是从球的正面观察的(从 $\hat{\boldsymbol{a}}_{\mathrm{Loc}}$)；因此，在球的这一侧没有奇异性。最后一个图形是沿着双极点 $-\hat{\boldsymbol{a}}_{\mathrm{Loc}}$ 观察的，奇异点出现在视图中央。

由于球的正面具有平滑且连续的矢量场，因此当将三维偏振光线追迹矩阵(定义见第 9 章)转换为琼斯光瞳时，双极坐标是选用的局部坐标，反极点位于主光线上，反之亦然。双极坐标($\hat{\boldsymbol{x}}_{\mathrm{Loc}}$,$\hat{\boldsymbol{y}}_{\mathrm{Loc}}$)是描述球面波前偏振方向的理想选择。当准直线偏振光波通过理想非偏振透镜或抛物面反射镜会聚或发散为球面波时，波前偏振态具有双极坐标形式。图 11.17 显示了使用双极 $\hat{\boldsymbol{y}}_{\mathrm{Loc}}$ 坐标描述的垂直偏振球面波前。

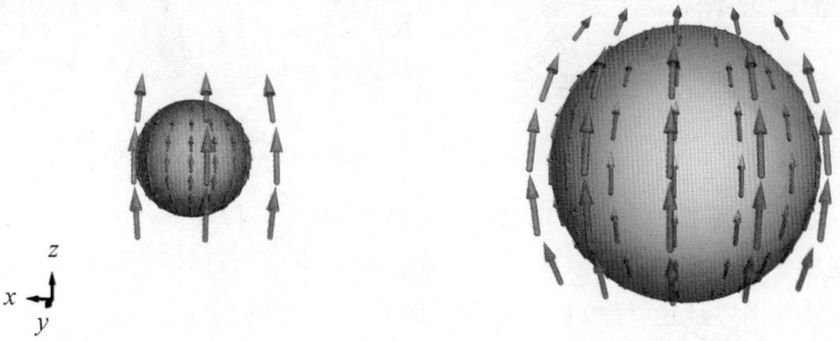

图 11.17　用双极 y 坐标为两个不同数值孔径创建线偏振的球面波前

例 11.4　当 $\hat{a}_{\mathrm{Loc}}=(0,1,0)$ 时的双极坐标

对于任意 $\hat{\boldsymbol{k}}=(k_x,k_y,k_z)$，当 $\hat{\boldsymbol{a}}_{\mathrm{Loc}}=(0,1,0)$、$\hat{\boldsymbol{x}}_0=(1,0,0)$时，用式(11.10)计算双极坐标。

首先，对于旋转轴 $\boldsymbol{r}=\hat{\boldsymbol{k}}\times\hat{\boldsymbol{a}}_{\mathrm{Loc}}=(-k_z,0,k_x)$，转角 $\theta=-\arccos(\hat{\boldsymbol{k}}\cdot\hat{\boldsymbol{a}}_{\mathrm{Loc}})=-\arccos k_y$，旋转矩阵 $\boldsymbol{R}$ 为

$$\boldsymbol{R}=\begin{pmatrix} k_y-\dfrac{k_x^2}{1+k_y} & k_x & \dfrac{-k_xk_y}{1+k_y} \\ -k_x & k_y & -k_z \\ \dfrac{-k_xk_z}{1+k_y} & k_z & 1-\dfrac{k_z^2}{1+k_y} \end{pmatrix} \tag{11.13}$$

然后，双极局部坐标可计算为

$$\hat{\boldsymbol{x}}_{\mathrm{Loc}}=\left(1-\frac{k_x^2}{1+k_y},-k_x,\frac{-k_xk_z}{1+k_y}\right)\quad 和\quad \hat{\boldsymbol{y}}_{\mathrm{Loc}}=\left(\frac{k_xk_z}{1+k_y},k_z,\frac{k_z^2}{1+k_y}-1\right) \tag{11.14}$$

11.5　高数值孔径波前

弯曲波前上的偏振变化是固有的。当聚焦很高数值孔径的光束时，接近或超过半球或 2π 立体弧度，这些偏振变化通常是有害的[12-13]，例如，考虑双极坐标形式的 x 线偏振球面光束，如图 11.18 所示。在 y-z 平面(左图和中间图形的垂直切面)，尽管波前弯曲，偏振在 x 方向上均匀偏振。但是，沿 x-z 平面，光场必须向上和向下倾斜，以保持与球面相切，如

图 11.18(b)的周长以及图(c)的中间横截面所示。x 偏振光从中心到光瞳边缘(靠近 x 轴)持续旋转,光变为沿光轴偏振,因为光现在沿(0,±1,0)传播。类似地,沿(1,0,0),光线保持 x 偏振直到光瞳边缘,如图 11.18(c)所示,但箭头指向光瞳边缘。因此,在光瞳边缘周围,偏振态变化如图 11.19 所示。这种偏振变化的结果是改变了点扩散函数,它变为在一个方向上拉长,很像像散。

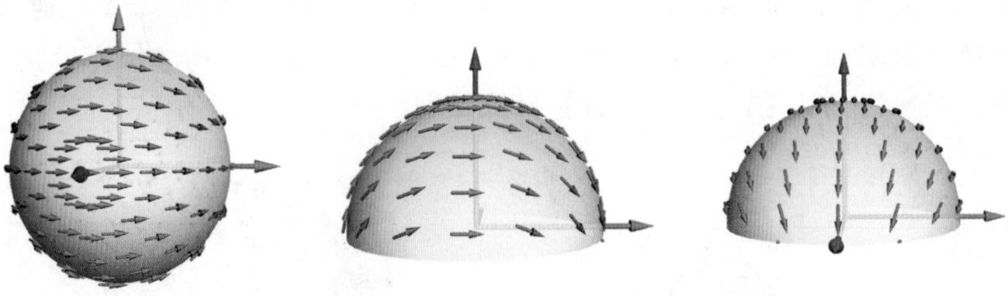

(a) (b) (c)

图 11.18 一个 x 方向线偏振的高 NA 球面波,(a)沿光轴(0,0,1)观察,(b)沿(0,1,0)观察,(c)沿(1,0,0)观察。这个偏振就是双极 x 基矢量。双极点位于球体背面中间(0,0,−1)。全局 x、y 和 z 轴分别用红色、绿色和蓝色箭头显示

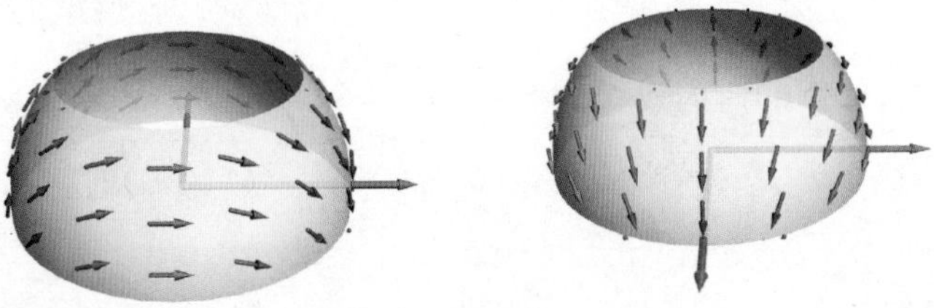

图 11.19 x 线偏振光在半球形波前边缘的分布。全局 x、y 和 z 分别以红色、绿色和蓝色箭头显示

在高数值孔径成像中,许多偏振分布非常值得关注,如图 11.20 所示的径向[14−16]和切向偏振分布。请注意,这些电磁波不能无间断扩展到中心(奇点)。

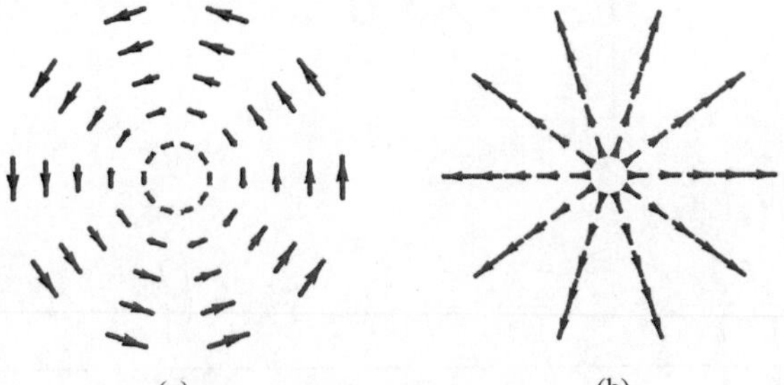

(a) (b)

图 11.20 (a)切向偏振波前和(b)径向偏振波前的偏振分布

11.6 将 P 光瞳转变为琼斯光瞳

本节介绍将偏振光线追迹矩阵($\boldsymbol{P}$)的阵列转换为琼斯光瞳的算法。10.7.3 节中介绍的 $\boldsymbol{P}$ 矩阵光瞳图提供了一个简明完整的三维描述,说明了光学系统如何将入射偏振波前转换

为相应的出射偏振波前。然而，三维可视化偏振变化是一个挑战；将波前和偏振态投影到平面上是很有用的，例如投影到计算机屏幕或印刷到像本书这样的印刷页。图 11.21 显示了带有一些偏振像差的入射和出射球面波前。为便于可视化，通过将三元偏振矢量变换为琼斯矢量，可以将偏振椭圆变换到垂直于主光线传播矢量的横向平面上。光学设计人员经常需要对系统出瞳处的偏振像差或琼斯光瞳进行评估。因此，本节的重点是计算系统出瞳处的琼斯光瞳，该光瞳将用局部坐标表示。

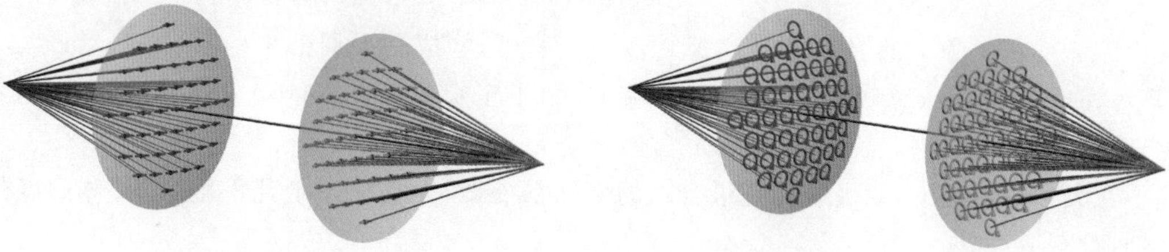

图 11.21　线偏振和圆偏振入射（蓝色）和出射（绿色）的球面波前及光线阵列

通常，偏振光线追迹计算过光学系统的阵列光线的特性，从而生成 $\boldsymbol{P}$ 矩阵的阵列。3×3 的 $\boldsymbol{P}$ 矩阵是 2×2 琼斯矩阵的推广。琼斯矩阵便于将数据简化为二向衰减和延迟像差。此外，由于许多商业光学设计软件包使用琼斯矩阵来进行偏振光线追迹，因此琼斯光瞳输出被广泛理解。将三维 $\boldsymbol{P}$ 矩阵转换为 2×2 琼斯矩阵需要入射偏振态的 x 和 y 基及出射偏振态的 x' 和 y' 基，即入射波前及其入射光线阵列的局部坐标系和出射波前及其相应出射光线阵列的局部坐标系。这种转换，将矩阵从全局坐标转换为局部坐标，可用许多不同的方法进行。必须选择一对入射和出射局部坐标系，必须指定偶极、双极等，以及 $\hat{\boldsymbol{a}}_{\mathrm{Loc}}$。这些选择通常是任意的，通常采用默认规范。但局部坐标选择不当会导致误导性的偏振现象，即琼斯光瞳瑕疵。适当选取局部坐标可简化波前的表示。特别是将局部坐标的奇异点移出波前所对应的立体角是可取的。最佳的局部坐标往往密切适配光束的偏振态；如果偏振分布接近偶极模式，偶极坐标可能是最适宜的。许多线偏振波前类似于双极模式，因此反极点在主光线上的双极局部坐标系可能是最简单的。可创建其他基矢量模式并将其应用于简化其他问题。

在第 9 章中，介绍了正交变换矩阵 $\boldsymbol{O}_{\mathrm{in}}$ 和 $\boldsymbol{O}_{\mathrm{out}}$，用于把琼斯矩阵转变为 $\boldsymbol{P}$ 矩阵。$\boldsymbol{O}_{\mathrm{in}}$ 将入射局部坐标转换为全局坐标，$\boldsymbol{O}_{\mathrm{out}}$ 将出射局部坐标转换为给定光线截点处的全局坐标。$\boldsymbol{P}$ 由两个正交变换矩阵和一个琼斯矩阵构建。对于光线序数为 (i,j) 的光线阵列，它在出瞳面上的琼斯光瞳 $\boldsymbol{J}_{ij,X}$，可用出瞳处的 $\boldsymbol{P}$ 光瞳 $\boldsymbol{P}_{ij,X}$ 并使用正交矩阵 $\boldsymbol{O}_{ij,E}$ 和 $\boldsymbol{O}_{ij,X}$ 计算得到，其中 E 表示入瞳孔，X 表示出瞳。

$$\boldsymbol{J}_{ij,X}=\boldsymbol{O}_{ij,X}^{-1}\boldsymbol{P}_{ij,X}\boldsymbol{O}_{ij,E} \tag{11.15}$$

$\boldsymbol{O}_{ij,E}$ 将入瞳局部坐标转换为全局坐标，$\boldsymbol{O}_{ij,X}^{-1}$ 把全局坐标转换为出瞳局部坐标。因此 $\boldsymbol{J}_{ij,X}$ 在入瞳和出瞳中都具有基矢量集。

入瞳和出瞳局部坐标可以任意选择，但在整个光线阵列中应保持一致。例如，偶极坐标、双极坐标或 $(\hat{\boldsymbol{s}},\hat{\boldsymbol{p}},\hat{\boldsymbol{k}})$ 坐标[17]可用作局部坐标。对于给定的光线传播矢量，入瞳处为 $(\hat{\boldsymbol{k}}_{\mathrm{E}})$，出瞳处为 $(\hat{\boldsymbol{k}}_{X})$，正交变换矩阵以入瞳和出瞳的 $(\boldsymbol{v}_{ij},\boldsymbol{w}_{ij})$，$x$-$y$ 局部坐标为列向量

$$\boldsymbol{O}_{ij,E}=\begin{pmatrix}v_{ij,x,\boldsymbol{E}} & w_{ij,x,\boldsymbol{E}} & k_{ij,x,\boldsymbol{E}}\\ v_{ij,y,\boldsymbol{E}} & w_{ij,y,\boldsymbol{E}} & k_{ij,y,\boldsymbol{E}}\\ v_{ij,z,\boldsymbol{E}} & w_{ij,z,\boldsymbol{E}} & k_{ij,z,\boldsymbol{E}}\end{pmatrix}$$

$$\boldsymbol{O}_{ij,X}=\begin{pmatrix}v_{ij,x,X} & w_{ij,x,X} & k_{ij,x,X}\\ v_{ij,y,X} & w_{ij,y,X} & k_{ij,y,X}\\ v_{ij,z,X} & w_{ij,z,X} & k_{ij,z,X}\end{pmatrix} \tag{11.16}$$

其中 i、j 是在光瞳上的光线序号,$(\boldsymbol{v}_{ij,q},\boldsymbol{w}_{ij,q},\boldsymbol{k}_{ij,q})$构成右手局部坐标系($\boldsymbol{v}_{ij,q}\times\boldsymbol{w}_{ij,q}=\boldsymbol{k}_{ij,q}$),$q=E$(对于入瞳)或 $q=X$(对于出瞳)。由于正交变换矩阵依赖于局部坐标系,因此局部坐标系的选择决定了所得的琼斯光瞳。

在大多数情况下,双极坐标是最合适的坐标系统,因为它描述了几乎整个 4π 球面度的球面,没有奇点。

11.7 例子:手机镜头像差

本节将第 10 章的手机镜头系统例子[18](图 11.22)用来演示 $\boldsymbol{P}$ 矩阵阵列和琼斯光瞳之间的转换,并探索由于局部坐标的选取而导致的琼斯光瞳中的伪影。本例选择未镀膜镜头进行分析。

波前上光线阵列的一组 $\boldsymbol{P}$ 矩阵在出瞳处形成 $\boldsymbol{P}$ 矩阵光瞳,如图 11.23 所示,波长为 589nm。该 $\boldsymbol{P}$ 矩阵光瞳可通过逐条光线应用式(11.15)转换为琼斯矩阵光瞳。选取不同的$(\boldsymbol{v}_i,\boldsymbol{w}_i)$基形式会产生不同的琼斯光瞳。图 11.24 显示了在入瞳和出瞳上使用一对双极坐标(a),(d)偶极坐标(b),(e)和 s-p 坐标(c),(f)渲染的琼斯光瞳。三个局部坐标系的局部 x 坐标如图 11.24(d)~(f)所示。对于双极坐标和偶极坐标,局部 x 坐标是光滑的和良好定义的,在出瞳上没有奇异点。由于镜头的 NA 不是太大,所以光瞳上的双极坐标和偶极坐标之间的差异很小。在这两种情况下,$\boldsymbol{P}$ 矩阵光瞳都能转换为平滑的琼斯矩阵光瞳。对于 s-p 坐标情形,入瞳局部坐标使用第一个透镜表面的 s 和 p,出瞳局部坐标使用最后一个透镜表面的 s 和 p。这些 s-p 局部 x 坐标在图中底部中心(在垂直入射于最后一个表面的光线周围)有一个奇点,在那里局部 x 坐标快速变化,在该奇点上产生快速变化的局部 x 坐标。

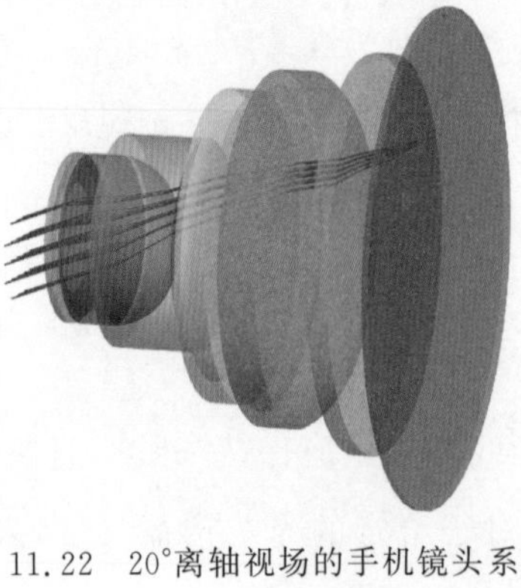

图 11.22 20°离轴视场的手机镜头系统

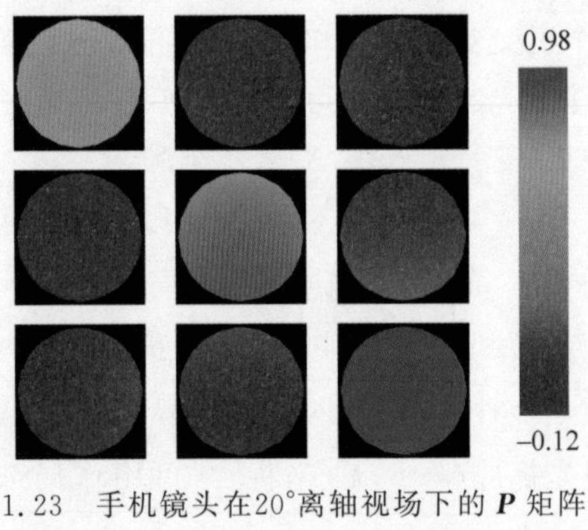

图 11.23 手机镜头在20°离轴视场下的 $\boldsymbol{P}$ 矩阵光瞳

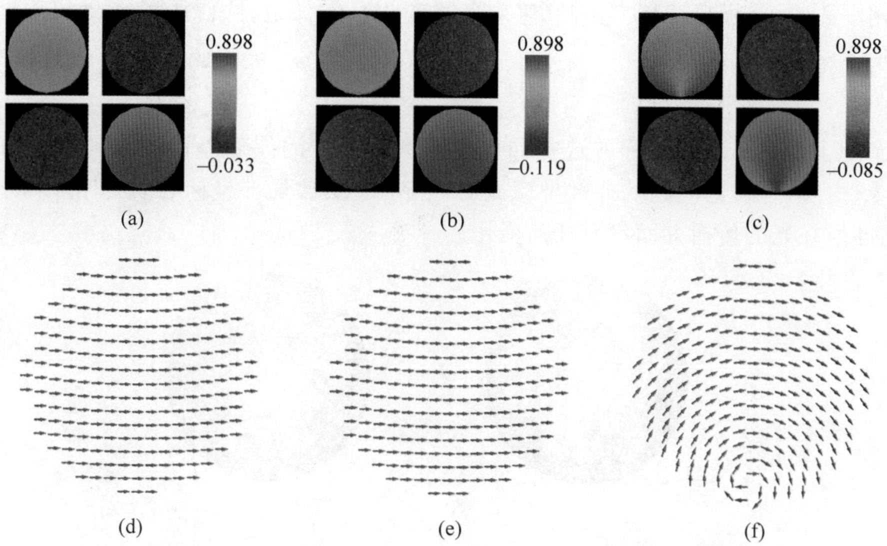

图 11.24　(a)～(c)手机镜头系统的琼斯光瞳,使用(a)双极坐标、(b)偶极坐标和(c)s-p 坐标,从 **P** 矩阵光瞳转换而来。(d)～(f)出瞳处局部 x 坐标(d)双极坐标、(e)偶极坐标和(f)s-p 坐标

因此,s-p 琼斯光瞳在同一奇点附近也包含快速变化。琼斯光瞳中的这种奇异表现可能会被误解为一种有趣的偏振效应,例如在没有漩涡存在的情况下被误认为是漩涡,这说明了坐标系正确选择的重要性。

图 11.24(a)显示了琼斯光瞳的大小,使用 $\hat{\boldsymbol{a}}_{\text{loc}}=\hat{\boldsymbol{k}}_{\text{chief}}$ 双极坐标,因此,出射波前的前侧以及琼斯光瞳没有奇点。对于这个未镀膜的示例系统,琼斯光瞳的相位为零。图(b)显示了琼斯光瞳在偶极坐标($\hat{\boldsymbol{a}}_{\text{loc}}$ 沿着 $\pm\hat{\boldsymbol{k}}_{\text{chief}}$)下的大小。图(c)显示了在第一个和最后一个面使用 s-p 坐标的琼斯光瞳大小,图(f)显示了最后一个面上的 x 坐标(即 s 坐标)。第 9 章描述的 s-p 坐标是描述单个面折射和(或)反射的偏振态的最常用局部坐标系,因为 s 和 p 偏振分量是这些光-物质相互作用的本征偏振。在这里,s-p 坐标给出了偏振变换的误导性结果。

11.8　偶极坐标与双极坐标的波像差函数差别

局部坐标基的选择不仅影响偏振描述,还影响波像差的计算!当光是圆偏振光时,这是最明显的。圆偏振光的电场矢量每周期旋转一次;因此,圆偏振光的相位就是基准时刻的电场矢量方向。当基矢量(从基矢量测量参考相位,即零相位)的方向旋转时,圆偏振光的相位在第二个坐标系中是不同的。这种效应导致偶极坐标系中的圆偏振波前在双极坐标系中展现时出现像散,反之亦然。

图 11.25 在两个不同视图中展示了偶极坐标中的 $\hat{\boldsymbol{x}}_{\text{Loc}}(\hat{\boldsymbol{a}}_{\text{loc}}=(0,1,0))$,用橙色表示,和用红色表示的双极基($\hat{\boldsymbol{a}}_{\text{loc}}=(0,0,1)$)。在两个坐标系之间观察到系统性的旋转。图 11.26 绘制了两个坐标系之间的旋转角,并显示了其马鞍形的形状,即像散形状。在这两个不同的局部坐标之间改变琼斯光瞳将改变圆偏振光的像散描述。例如,对于没有像散的系统,如果偶

极坐标用于入瞳,双极坐标用于出瞳,则琼斯光瞳将显示像散,光瞳上的变化如图 11.26 所示。传播矢量可写为 $\hat{\boldsymbol{k}}=(k_x,k_y,k_z)=(\cos\phi\sin\theta,\sin\phi\sin\theta,\cos\theta)$,其中 θ 是纬度,ϕ 是经度。

这个例子说明了局部坐标的选择如何影响圆偏振光的波像差函数和其他态的偏振描述。它为选择适合自己问题的局部坐标提供了指导。更改局部坐标会改变你解释系统像差的方式,即使在光的传播方面没有任何变化。

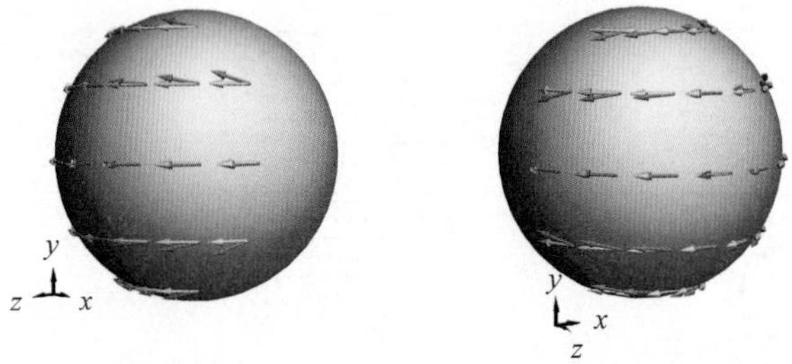

图 11.25 以两个不同的视角展示了偶极坐标(橙色,极点位于 y 轴)和双极坐标(红色,极点在(0,0,−1))中的 $\hat{\boldsymbol{x}}_{\text{loc}}$。两个坐标系之间的旋转在场的边缘更清晰。稍微向下移动了红色矢量以便进行比较

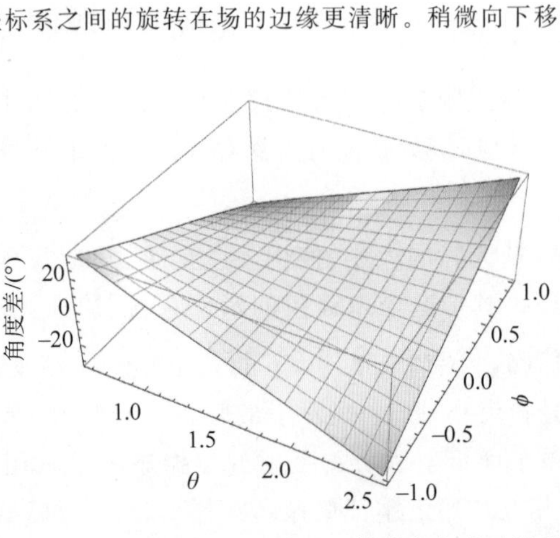

图 11.26 两个坐标系之间关于 z 轴的夹角是马鞍形的

11.9 总结

本章分析了两种适用于描述球面波偏振的球面上的局部坐标选择：双极坐标和偶极坐标。局部坐标的一个重要任务是允许将球面波前上的结果表示到计算机屏幕或纸平面上。

这些局部坐标的定义是由偏振波的形式、偶极坐标下振荡偶极子的辐射和双极坐标下通过透镜或抛物面聚焦的偏振光束引出的。偏振波前可用任何局部坐标系来描述。坐标的选择应尽可能简化表达。

在整个球面上定义的局部坐标必定具有奇点。这些奇点是一个麻烦,但它们不是一个真正的问题。在可能的情况下,奇点被选在位于物理波前之外。当一个坐标系奇点位于波前中,那么在这个坐标系表示中,似乎是偏振态在迅速变化,而实际上是坐标在变化。这种情况类似于在北极点和南极点周围进行墨卡托(Mercator)和莫尔维德(Mollweide)等地图

投影的情形。任何地图投影都会不均匀地拉伸地球表面。

11.10　习题集

11.1　解释局部坐标和全局坐标之间的不同。

11.2　与偶极坐标系相比，双极坐标系有哪些优点？

11.3　要定义双极坐标系，需要一个轴矢量 $\hat{\boldsymbol{a}}_{\text{Loc}}$ 和一个参考局部矢量 $\hat{\boldsymbol{x}}_0$。为什么偶极坐标的定义使用一个 $\hat{\boldsymbol{a}}_{\text{Loc}}$ 矢量而不用局部 x 矢量？

11.4　a. 对于具有轴 $\boldsymbol{a}=(0,0,1)$ 的偶极基底，证明局部坐标基矢量 x_{Loc} 和 y_{Loc} 正交于传播矢量 $\boldsymbol{k}=(k_x,k_y,k_z)$。

b. 证明局部坐标基矢量是归一化的。

c. 证明 x_{Loc} 和 y_{Loc} 是相互正交的。

d. 证明 x_{Loc} 和 y_{Loc} 的叉乘是传播矢量 $\boldsymbol{k}$。

11.5　a. 对于具有轴 $\boldsymbol{a}=(0,0,1)$ 的双极基底，证明局部坐标基矢量 x_{Loc} 和 y_{Loc} 正交于传播矢量 $\boldsymbol{k}=(k_x,k_y,k_z)$。

b. 证明局部坐标基矢量是归一化的。

c. 证明 x_{Loc} 和 y_{Loc} 是相互正交的。

d. 证明 x_{Loc} 和 y_{Loc} 的叉乘是传播矢量 $\boldsymbol{k}$。

11.6　光沿方向 $\hat{\boldsymbol{k}}=(3,4,5)/5\sqrt{2}$ 传播。

a. 为横向平面创建一个局部坐标系 $(\hat{\boldsymbol{x}}_{\text{Loc}},\hat{\boldsymbol{y}}_{\text{Loc}})$，其中 $\hat{\boldsymbol{x}}_{\text{Loc}}$ 位于 x-z 平面内。

b. 为横向平面创建一个局部坐标系 $(\hat{\boldsymbol{x}}_{\text{Loc}},\hat{\boldsymbol{y}}_{\text{Loc}})$，其中 $\hat{\boldsymbol{y}}_{\text{Loc}}$ 位于 y-z 平面内。

11.7　偶极坐标系是关于它的 $\hat{\boldsymbol{a}}_{\text{Loc}}$ 旋转对称的吗？双极坐标系是关于 $\hat{\boldsymbol{a}}_{\text{Loc}}$ 旋转对称的吗？

11.8　考虑双极局部坐标系中穿过极点的大圆以及沿该圆的局部坐标。这些局部坐标基矢量是如何相对于这个平面旋转的？

11.9　a. 画出一个双极局部坐标如何在垂直于轴 $\hat{\boldsymbol{a}}_{\text{Loc}}=(0,0,1)$ 的 x-y 平面上绕一个大圆变化。

b. 当平面靠近双极点并保持垂直于 $\hat{\boldsymbol{a}}_{\text{Loc}}$ 矢量时，这是怎样变化的？远离双极点呢？

11.10　如图所示，线偏振光的方向是 60°。

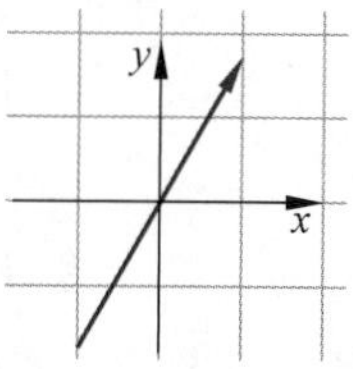

a. 写出这个 x-y 基的归一化琼斯矢量。

b. 写出局部 x'-y'坐标（从全局 x-y 基逆时针方向旋转 45°）中的琼斯矢量。

11.11　在下面两幅图中，在球冠上绘制了偶极局部 y 坐标基和双极局部 y 坐标基的部分区域。确定哪个图形包含偶极坐标场，哪个图形包含双极坐标场。每套坐标的极点位置在哪里？

11.12　卷绕数定理指出球面上的连续可微矢量场必须至少有两个零。找到以下矢量场

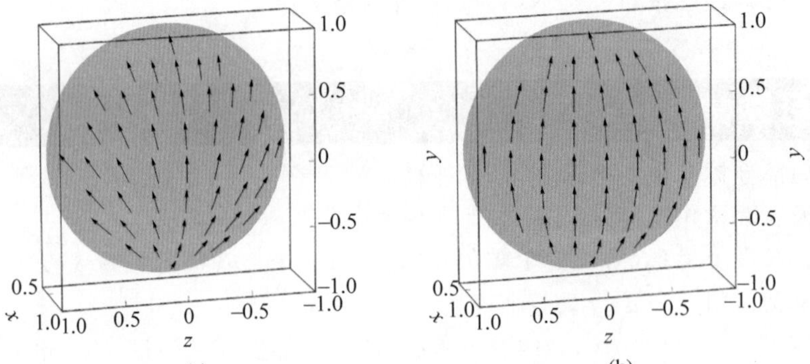

(a) (b)

的零:

a. 由偶极坐标($\hat{\boldsymbol{a}}_{\mathrm{Loc}}=(0,1,0)$)的 $\hat{\boldsymbol{x}}_{\mathrm{Loc}}$ 描述的矢量场和偶极坐标($\hat{\boldsymbol{a}}_{\mathrm{Loc}}=(1,0,0)$)的 $\hat{\boldsymbol{x}}_{\mathrm{Loc}}$ 描述的矢量场之和。

b. 双极坐标($\hat{\boldsymbol{a}}_{\mathrm{Loc}}=(0,0,1)$,$\hat{\boldsymbol{x}}_0=(1,0,0)$)的 $\hat{\boldsymbol{x}}_{\mathrm{Loc}}$ 和双极坐标($\hat{\boldsymbol{a}}_{\mathrm{Loc}}=(0,0,-1)$,$\hat{\boldsymbol{x}}_0=(1,0,0)$)的 $\hat{\boldsymbol{x}}_{\mathrm{Loc}}$ 之和。

11.13 对偶极坐标系统进行数值计算

a. 计算双极坐标矢量,$\hat{\boldsymbol{a}}_{\mathrm{Loc}}=(0,0,1)$,纬度$=90°$(赤道),$0°<$经度$<360°$,每 20° 经度。

b. 对于纬度$=45°$,重复上述计算。

c. 对于纬度$=0.1°$,重复上述计算。

11.14 球面波在 0.8NA 显微镜物镜上出射,其偏振分布与中心在 z 轴且 $\hat{\boldsymbol{x}}_0=(1,0,0)$ 的双极坐标 $\hat{\boldsymbol{y}}_{\mathrm{Loc}}$ 相同。如果这个偏振模式用偶极坐标($\hat{\boldsymbol{a}}_{\mathrm{Loc}}=(0,1,0)$)表示,偏振态和偶极坐标系之间的最大角度是多少?

11.15 完整的 4π 球面度球面波的偏振与双极坐标($\hat{\boldsymbol{a}}_{\mathrm{Loc}}=(0,0,1)$,$\hat{\boldsymbol{x}}_0=(1,0,0)$)的 $\hat{\boldsymbol{x}}_{\mathrm{Loc}}$ 一致。通过旋转的线性偏振器从原点向(0,0,1)方向观察,定性描述透射光强如何随偏振器透射轴角度 θ(从(1,0,0)开始度量)而变化。

11.16 一个金属膜($n=1.015192+i6.6273$)反射镜,它的表面法线为$\boldsymbol{\eta}=(0,-1/\sqrt{2},1/\sqrt{2})$。假设主光线沿着 $\hat{\boldsymbol{k}}_{\mathrm{chief},1}=(0,0,1)$,边缘光线沿着 $\hat{\boldsymbol{k}}_1=(0,\sin 30°,\cos 30°)$ 的一束光线锥入射在金属膜反射镜上。金属膜反射镜将主光线反射为 $\hat{\boldsymbol{k}}_{\mathrm{chief},2}=(0,1,0)$。

a. 对于 $\hat{\boldsymbol{k}}_1=(0,\sin 30°,\cos 30°)$ 的边缘光线,计算反射光线的传播矢量 $\hat{\boldsymbol{k}}_2$。

b. 用式(11.17),利用双极坐标系计算入射光和反射光的正交变换矩阵。

c. 现给出这条光线的 $\boldsymbol{P}$ 矩阵:

$$\boldsymbol{P}_{\mathrm{Out}}=\begin{bmatrix}-1.00851+0.0763605\mathrm{i} & 0 & 0\\ 0 & 0.680102-0.429658\mathrm{i} & 0.607343+0.248063\mathrm{i}\\ 0 & -0.177972+0.74419\mathrm{i} & 0.680102-0.429658\mathrm{i}\end{bmatrix}$$

利用 a. 和 b. 计算琼斯矩阵。

11.11 参考文献

[1] J. Ruoff and M. Totzeck, Orientation Zernike polynomials: A useful way to describe the polarization effects of optical imaging systems, J. Micro/Nanolithogr. MEMS MOEMS 8 (2009): 031404.

[2] R. C. Jones, A new calculus for the treatment of optical systems I, J. Opt. Soc. Am. 31 (1941): 488-493, 493-499, 500-503.

[3] R. C. Jones, A new calculus for the treatment of optical systems. IV, J. Opt. Soc. Am. 32 (1942): 486-493. 4. R. C. Jones, A new calculus for the treatment of optical systems. V. A more general formulation, and description of another calculus, J. Opt. Soc. Am. 37 (1947): 107-110, 110-112.

[5] R. C. Jones, A new calculus for the treatment of optical systems. VII. Properties of the N-matrices, J. Opt. Soc. Am. 38 (1948): 671-683.

[6] G. Yun, K. Crabtree, and R. Chipman, Three-dimensional polarization ray tracing calculus I: Definition and diattenuation, Appl. Opt. 50 (2011): 2855-2865.

[7] G. Yun, S. McClain, and R. A. Chipman, Three-dimensional polarization ray tracing, retardance, Appl. Opt. 50, 2855-2865.

[8] R. C. Jones, A new calculus for the treatment of optical systems, J. Opt. Soc. Am. 46 (1956): 126-131.

[9] W. Singer, M. Totzeck, and H. Gross, Physical image formation, in Handbook of Optical Systems, New York: Wiley (2005), pp. 613-620.

[10] S. G. Krantz, The index or winding number of a curve about a point, in Handbook of Complex Variables, Boston, MA (1999), pp. 49-50.

[11] M. Mansuripur, Classical Optics and Its Applications, figures 3. 1 and 3. 2, Cambridge, UK: Cambridge University Press (2009).

[12] T. Chen and T. D. Milster, Properties of induced polarization evanescent reflection with a solid immersion lens (SIL), Opt. Exp. 15(3) (2007): 1191-1204.

[13] T. D. Milster, J. S. Jo, K. Hirota, K. Shimura, and Y. Zhang, The nature of the coupling field in optical data storage using solid immersion lenses, Jap. J. Appl. Phys. 38 (1999): 1793-1794.

[14] M. O. Scully and M. S. Zubairy, Simple laser accelerator: Optics and particle dynamics, Phys. Rev. A 44 (1991): 2656.

[15] R. Dorn, S. Quabis, and G. Leuchs, Sharper focus for a radially polarized light beam, Phys. Rev. Lett. 91 (2003): 233901.

[16] T. Grosjean, D. Courjon, and C. Bainier, Smallest lithographic marks generated by optical focusing systems, Opt. Lett. 32 (2007): 976-978.

[17] E. Waluschka, A polarization ray trace, Opt. Eng. 28 (1989): 86-89.

[18] M. Taniyama, U. S. Patent 7,535,658 B2 (May 19, 2009).

第 12 章

菲涅耳像差

12.1 引言

本章探讨未镀膜透镜和金属反射镜的偏振像差。菲涅耳方程可以完全描述光在未镀膜光学元件表面的偏振变化。在光学系统中,由菲涅耳方程描述的出瞳位置出现的偏振变化(也就是偏振像差)称为菲涅耳像差。这种偏振像差通常使用二向衰减和延迟的变化来表述,两个参数均与光线传播路径有关。

光学系统的像差是指该系统相较于理想光学性能的偏差。理想情况下,一束理想球面波或平面波通过成像光学系统后其出射光为以正确像点为中心、振幅和偏振态恒定的球面波。然而,由于光学表面的几何结构以及折反射定律,不同光线通过光学系统后光程会发生变化,从而导致其出射波前偏离球面波前,该偏差称为波前像差。不同光线的反射或折射效率不同,导致出射振幅偏离常数值,该振幅偏差称为振幅像差或切趾。光在介质表面的 s、p 分量的反射、透射系数不同,导致反射、折射表面上偏振也发生变化。对于一组光线,入射角度不同,偏振变化也不同。因此,一束均匀偏振的入射光线,出射时偏振会发生改变[1-2]。对于许多光学系统,理想的偏振输出是均匀偏振态,光线通过光学系统时没有偏振态变化;通过该理想光学系统的这种光线路径可以用单位琼斯矩阵来描述。对于一般光学系统,由入射光与光学系统的相互作用而引起的与单位琼斯矩阵的偏差,定义为偏振像差。

由于波长尺度的光程长度变化将会大大降低图像质量,因此波前像差是迄今为止最重要的像差。波前像差的优先级如此之高,以至于在计算机辅助光学设计的前 40 年中,主流的商业光学设计软件包均没有考虑振幅像差和偏振像差。在高性能天文望远系统中，研究发现振幅和偏振变化对成像质量的影响要比波前像差小得多，但是当科学家们希望对系外行星等天体进行偏振光谱成像测量(或类似需求的任务)时，这些振幅和偏振变化不可忽视。例如，Stenflo[3]曾经探讨了偏振像差对太阳磁场测量精度的限制。

在折射和反射光学系统中，振幅像差和偏振像差主要来自于未镀膜界面、反射金属面的菲涅耳系数，以及镀膜界面相关的振幅系数。偏振像差又称为仪器偏振，指整个光学系统的偏振改变以及随光瞳坐标、物点位置和波长的变化。菲涅耳像差指严格由菲涅耳公式产生的偏振像差，也就是，镀金属膜反射镜和未镀膜透镜系统中的偏振像差[1,4-6]。多层膜表面产生的偏振像差与菲涅耳像差类似，可能具有更大或更小的数值。

本章应用菲涅耳公式来计算几个示例光学系统的偏振像差，这些光学系统包括未镀膜透镜、折光反射镜、反射镜组合、卡塞格林望远镜和菲涅耳菱体延迟器。带有折光反射镜的卡塞格林望远镜将在第 27 章进一步分析，并导出一系列设计准则。

12.2　未镀膜单透镜

本节将介绍快焦比单透镜的偏振像差的几种不同表征形式，并展示对成像的影响。图 12.1 显示了一组子午光线折射通过一个快焦比的单片透镜，并聚焦于光轴上。孔径光阑同时也是入瞳(灰色的圆环)，位于透镜前方很小距离的物空间。快焦比(高数值孔径)球面透镜在光轴上成像有很大的球差和高度畸变的点扩散函数。为了改善轴上的成像质量，透镜表面采用非球面设计。这样，透镜轴上成像的波前像差可忽略不计(大约几个毫波长，$\lambda/1000$)。表 12.1 列出了如图 12.1 所示透镜元件的参数。

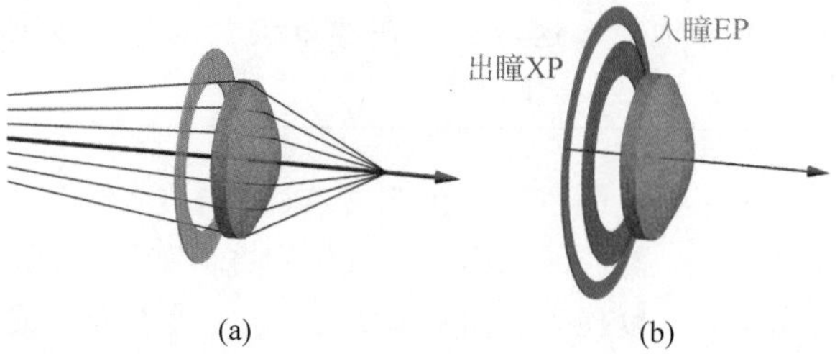

图 12.1　快焦比单透镜是菲涅耳像差的第一个例子。(a)入射光瞳(EP，灰色)限制了轴上物点发出的光束。(b)入瞳经单透镜成像的出瞳(XP，棕色)，出瞳限制了光线从透镜后表面折射后光线在像空间的范围。在这个例子中，出瞳是一个虚像，位于透镜左侧，并且比入瞳大，因为这里光瞳的放大率大于 1

表 12.1　图 12.1 中快焦比单透镜的详细参数

透镜折射率	1.51674
物面位置	距离光阑－50mm
光阑位置	距离透镜前表面－1mm
像面位置	距离透镜后表面 10.7725mm
有效焦距	10mm
入瞳直径	14mm

通过对轴上物点的阵列光线追迹,可计算光线在每个表面的入射角(AoI)和入射面方向(PoI),并绘制成入射角分布图(AoI 图),如图 12.2 所示。在 AoI 图中,每条线段的长度代表入射角 AoI 的大小,线段方向代表入射面(PoI)的方向,该方向也是光线的 p 偏振方向。图 12.2(a)为光线在透镜前表面的入射角和方向分布,沿轴向穿过入瞳中心的光线的入射角 AoI 为零,由一条长度为零的线段表示。从入瞳中心向边缘移动,入射角随离开光瞳中心的距离(径向光瞳坐标)增大。上下左右四条线段对应四条边缘光线(即从轴上物点发出并穿过光瞳边缘的光线),依据图(c)显示的比例尺,对应的入射角为 0.45rad(≈25°)。图中所有线段都是径向的,表明所有光线的入射面 PoI 都是径向的且包含光轴。图 12.2(b)是透镜后表面的 AoI 图,光线在该表面的入射角稍大,边缘入射角约为 0.6rad(≈34°),但入射面同样是径向的。对于透镜的前后两个面,入射角随径向光瞳坐标近似线性增大。

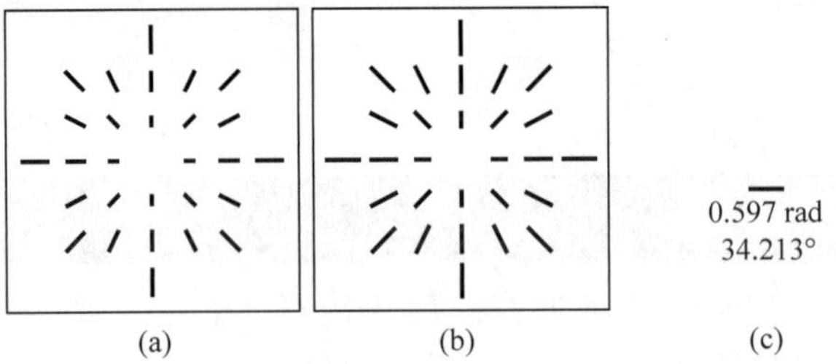

图 12.2 光线在透镜前表面(a)、后表面(b)的入射角和方向分布,入射面沿径向分布,入射角近似线性增大。(c)比例尺,给出了以弧度单位和角度单位表示的最大入射角

数学小贴士 12.1 近似线性的和二次的函数

像差理论中,当一个函数被描述为线性函数时,通常意味着该函数是近似线性的,即泰勒级数中的线性项占主导地位。这避免了在本章剩余部分重复使用近似线性这一术语。类似的解释适用于二次函数和三次函数。

在透镜的前表面,光线从空气($n=1$)入射到玻璃($n=1.51674$)。利用菲涅耳公式可求得光线在前表面的二向衰减率,对应的二向衰减大小和方向如图 12.3(a)二向衰减图所示。在二向衰减图中,每条线段的长度代表二向衰减大小,方向代表最大透过模态的方向。由菲涅耳公式可知,光从空气到玻璃界面折射时,p 模的菲涅耳系数比 s 模的大,因此,二向衰减方向均沿着径向分布,在入射面内。二向衰减大小在入瞳中心为零,向边缘呈二次方增大。图 12.3(b)为透镜后表面的二向衰减情况,光线经过内部折射以及从玻璃到空气的折射后,二向衰减效应更大了,且从光瞳中心到边缘二向衰减以二次方增大到约 0.1。图 12.3(c)为两个表面的总合二向衰减,二向衰减大小主要由后表面主导。此外,径向线性二向衰减从入瞳中心到边缘呈二次方增加是不镀膜透镜轴上偏振像差的主要形式。

图 12.4 展示了 0°线偏振入射光(水平方向的电场)经过单透镜后的出射偏振态。出瞳上光线的振幅和偏振态均发生变化,产生偏振像差。从出瞳中心到左右边缘,由于 p 模的菲涅耳透射系数随入射角二次方增大,因此出射光振幅也呈二次方增大;然而,从出瞳中心到上下边缘,光线是 s 偏振的,因此出射光振幅呈二次方减小。沿着 x 方向,0°偏振光与二向衰减轴方向一致,更有利于透射;沿着 y 方向,0°偏振光与二向衰减轴方向垂直,更倾向于反射;在光瞳的对角线方向,入射 0°偏振光与二向衰减轴成 45°夹角,因此出射偏振态朝二

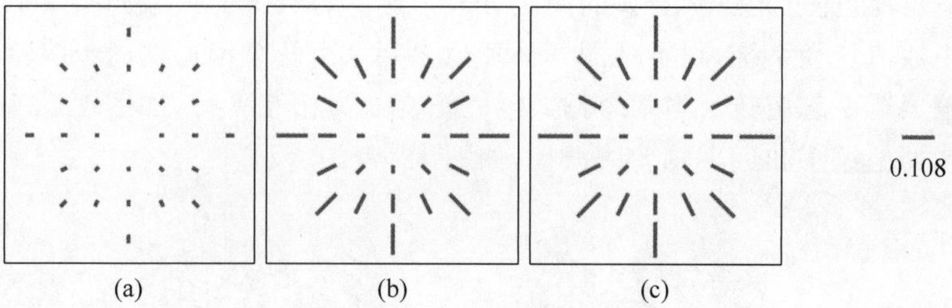

图 12.3　单透镜前、后表面以及两个表面叠加后的二向衰减图。右侧的比例尺为三张图中最大的衰减量

向衰减轴方向旋转。平行或垂直于二向衰减轴的入射光处于本征偏振态，因此出射光的偏振态与入射光一致，不受偏振像差影响。其他入射偏振态经过单透镜后出射光偏振态会朝二向衰减轴方向旋转。

当入射光为 45°偏振光时，光瞳上沿着 ±45°方位的入射偏振光处于本征偏振态。沿着 45°方位，出射光振幅从光瞳中心至边缘呈二次方增大；沿着 135°方位，出射光振幅从光瞳中心至边缘呈二次方减小，如图 12.5(a)所示。当左旋圆偏振光入射时，透镜出射的偏振分布如图 12.5(b)所示。出射光在出瞳中心为圆偏振，到出瞳边缘时逐渐变为椭圆偏振，每个椭圆偏振的主轴与如图 12.3 所示的二向衰减轴对齐。

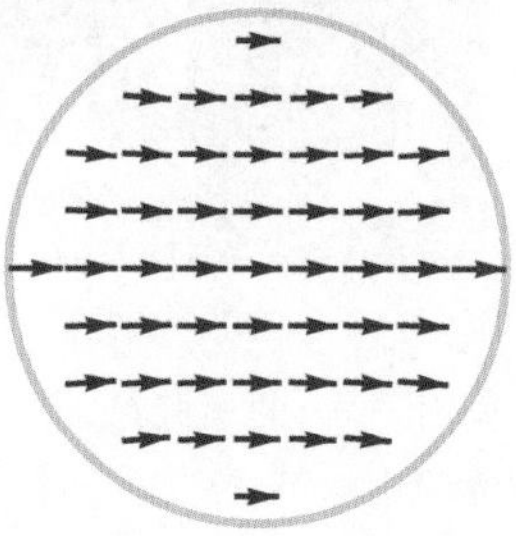

图 12.4　对于 0°偏振的入射光，单透镜出瞳的偏振椭圆分布

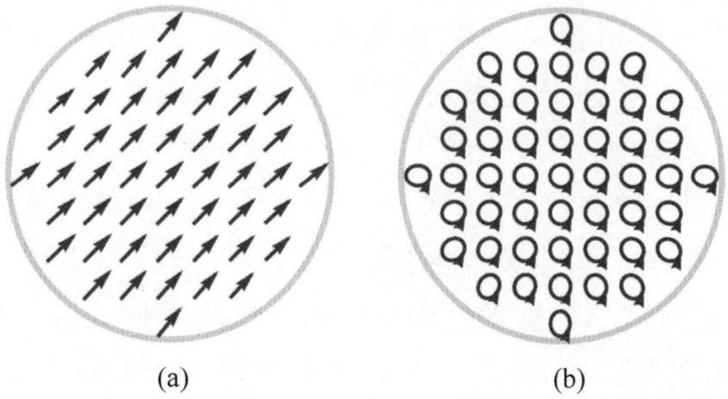

图 12.5　对于 45°偏振(a)和左旋圆偏振(b)的入射光，单透镜出射的偏振态

如图 12.6(a)所示，如果将单透镜放置于正交线偏振器(0°起偏器和 90°检偏器)之间，光线的 0°偏振分量被消除，将只有 90°分量可以透射出去，如图 12.7(a)所示。此时，沿着 x、y 方向的出瞳是暗的，而沿着 ±45°方向的出瞳边缘是亮的。出瞳对应的强度分布像一个马耳他十字，如图 12.7(b)所示。马耳他十字在偏振光学中是一个非常重要的图案，尤其常见于放置在正交偏振器之间的径向对称光学系统中。沿对角线方向，漏光的振幅与光瞳坐

标 ρ 的平方成正比,透过光强则与 ρ 的四次方成正比。若透镜的孔径光阑减小,漏光会迅速较少。对于小数值孔径系统,很难观测到马耳他十字。当两个偏振器同步旋转时,马耳他十字也将随着偏振器一起旋转。当两个偏振器由正交变为相互平行,如图 12.6(b)所示,瞳面偏振具有均匀的偏振态和近乎均匀的振幅,如图 12.7(c)所示。

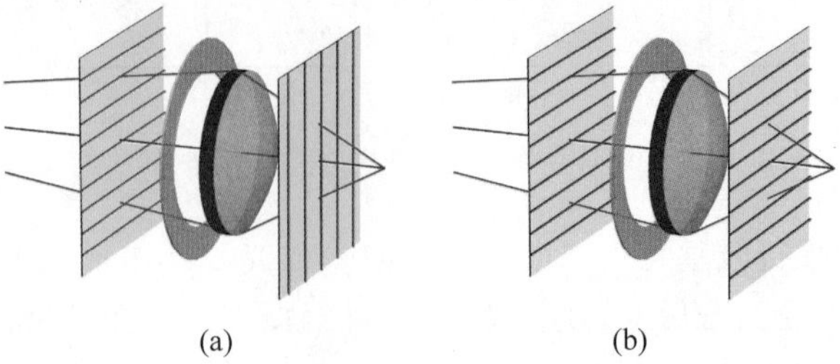

图 12.6 单透镜放置于正交偏振场((a),0°起偏器和 90°检偏器)和平行偏振场((b),0°起偏器和 0°检偏器);棕色环为入瞳

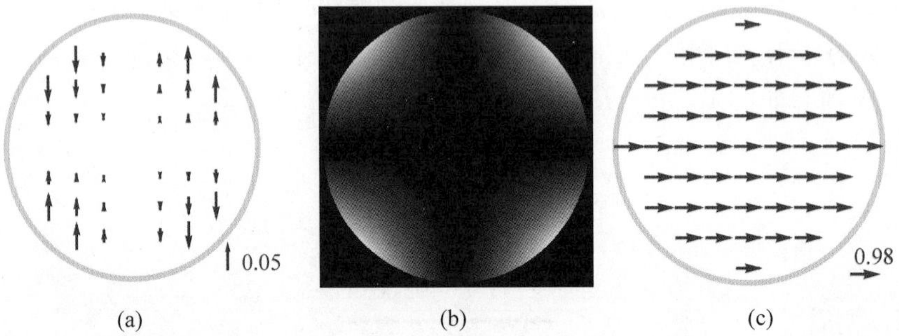

图 12.7 单透镜放置于正交偏振器之间时,输出的偏振在 x、y 方向是暗的,如图(a)所示。将大多数透镜放入正交线偏振器的偏光镜中均可看到这一现象。光瞳的四个对角线方向漏光(b),观察到的图案被称为马耳他十字。如果将单透镜放置于在相互平行的线偏振器之间(c),只能看到很小的振幅变化

利用第 9 章的偏振光线追迹方法分析快焦比单透镜,可计算获得偏振像差函数,如图 12.8(a)所示。该图展示了轴上光束通过单透镜后偏振光线追迹矩阵的各个矩阵元分布。偏振像差函数将入射球面波前映射到出射球面波前上,在三维空间中转换偏振态。xy、xz、yx 和 zx 元素均与波前的曲率有关,其中 xy 和 yx 中的二向衰减最明显。如果为入射和出射球面波选取局部坐标系,也就是,将局部的 x、y 坐标用于描述两个波前上的琼斯矢量和琼斯矩阵(如第 10 章所述),偏振像差函数可以展平为琼斯光瞳。极点在 $-z$ 的双极坐标系下,获得的琼斯光瞳如图 12.8(b)所示。在非对角元素 xy 和 yx 中,第一、第三象限和第二、第四象限的相位差是 180°,因此 xy 和 yx 对整个瞳面的积分为零,这对成像有一定影响。

当单透镜放置在不同组合的线偏振器之间时,轴上点源的图像如图 12.9 中的四个子图所示。每个子图为振幅响应函数,电场的振幅分布见 16.4 节所述。四个函数组合起来构成振幅响应矩阵 **ARM**,它作用于点源的琼斯矢量即可得到点源图像的琼斯矢量分布。**ARM** 的每个矩阵元可以由第 16 章所述的琼斯光瞳的四个矩阵元的傅里叶变换计算得到。图 12.9 中的 J_{11} 函数对应于透镜置于 0°起偏器和 0°检偏器之间的振幅分布,该函数与圆形孔径衍射受限的艾里斑非常接近。两者区别在于琼斯光瞳的 xx 元素不是均匀照射的。

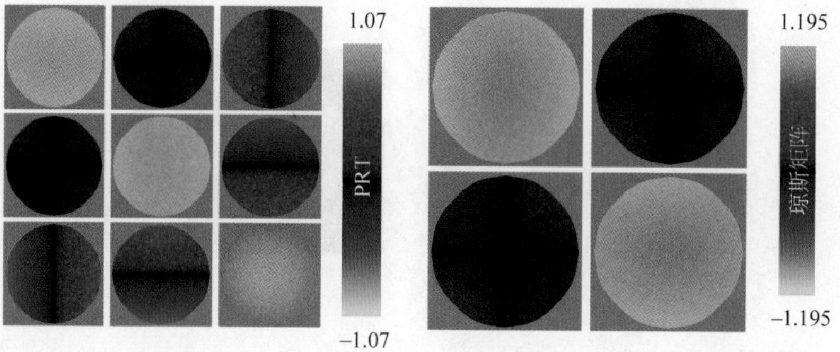

(a)　　(b)

图 12.8　快焦比单透镜的偏振像差函数(a)和琼斯光瞳(b)

图 12.9 中的 J_{21} 函数对应于透镜置于 0°起偏器和 90°检偏器之间的情形,该图像由四个主瓣围绕一个中心暗点构成,和艾里斑完全不一样。中心是暗的,因为傅里叶变换的中心值是输入函数的平均值。这种情况下,琼斯光瞳元素的 xy 和 yx 的平均值都为零。

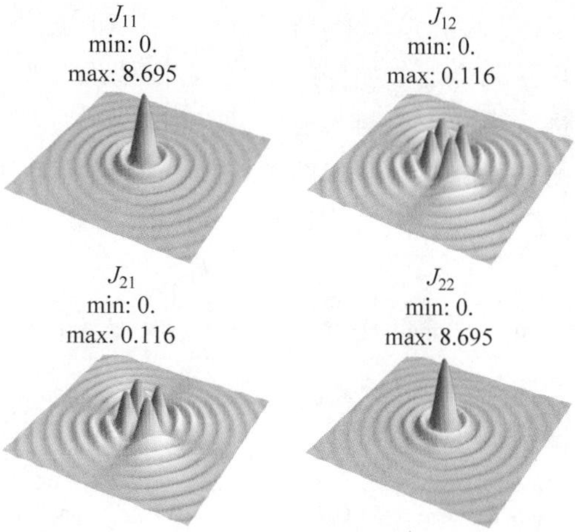

图 12.9　快焦单透镜的振幅响应函数。针对 0°和 90°起偏照射、0°和 90°检偏器检验的组合,以琼斯矩阵函数的形式给出电场的振幅分布

ARM 描述了点源成像的点扩展函数中的偏振态空间变化。图 12.10 为 0°偏振入射的点源像的琼斯矢量分布。其中,像的中心和 x、y 方向是 0°偏振的；其他地方,为 0°和 90°偏振分量的混合。图 12.11(b)为放大了的像中央偏振态图,其中偏振方向在±1.46°内变化。

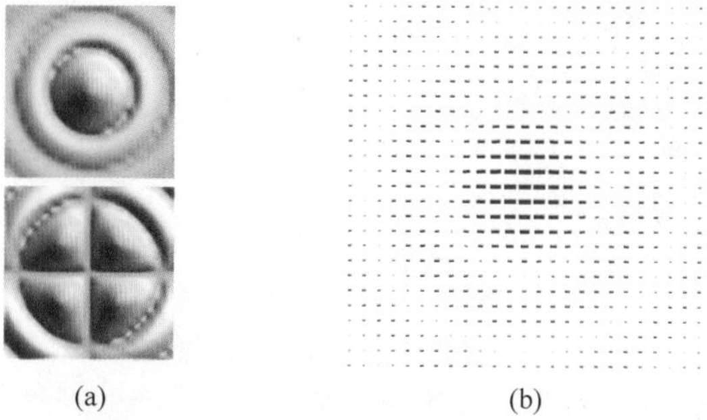

(a)　　(b)

图 12.10　(a)振幅响应琼斯矢量(图 12.9 中的 J_{11} 和 J_{21})。(b)水平偏振的入射光对应的出射偏振态

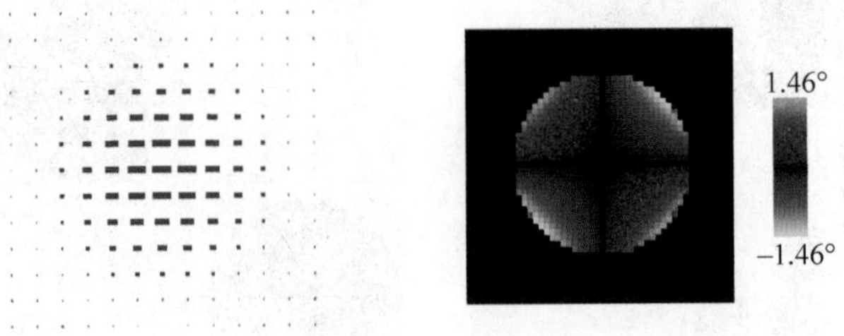

(a) (b)

图 12.11 (a)图 12.10(b)中心区域偏振态的放大图。(b)在艾里斑的第一零值以内,偏振态方向在±1.5°内变化

点源的像称为点扩散函数 PSF。有偏振像差时,PSF 扩展为点扩散矩阵 **PSM**。**PSM** 是一个米勒矩阵函数,将物点的斯托克斯矢量与 **PSM** 相乘,可获得像点的斯托克斯函数(第16章)。一个不镀膜单透镜的 **PSM** 如图 12.12 和 12.13(a)所示。图 12.12 是 **PSM** 的三维图,每张子图均给出了最大值和最小值;例如,M_{00} 元素峰值为 76,而 M_{01}、M_{02}、M_{10} 和 M_{20} 元素峰值为 0.64,比 M_{00} 低了大约 100 倍。图 12.13(a)是一个彩色栅格图,蓝色为正值,红色为负值。对角元素是四个近似相等的函数,它们接近艾里平方函数,近似于单位矩阵,表明一个点源经过单透镜后的偏振与入射偏振态相差不大。当这个 **PSM** 作用于 0°偏振光的斯托克斯矢量后,像的斯托克斯参数如图 12.13(c)所示。其中,第三行的 S_2 元素中的红色区域,当用 45°线偏振器分析时比 135°线偏振器更亮,而蓝色区域则恰好相反。

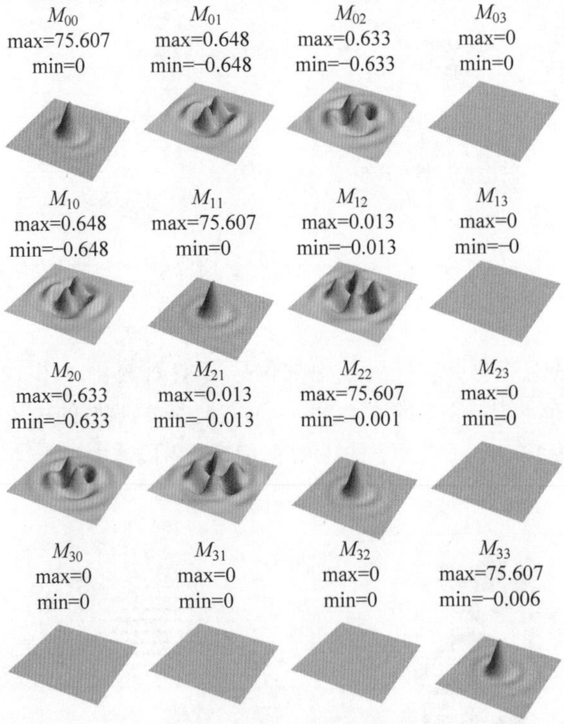

图 12.12 未镀膜透镜的米勒矩阵点扩散函数。
各个元素的缩放比例不一样以便显示细节,并各自标出了最大值和最小值

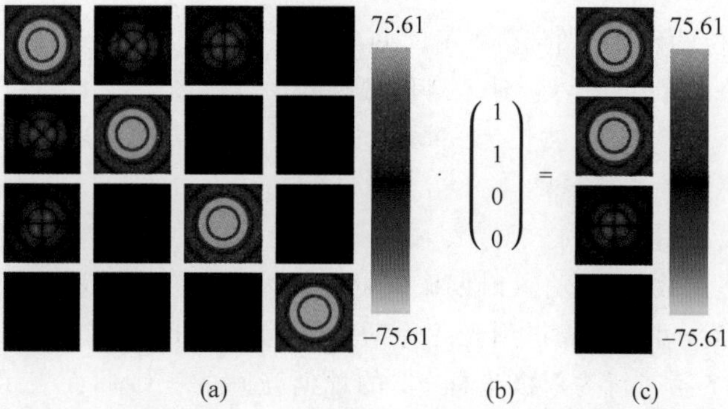

图 12.13　(a)米勒矩阵 PSF 的栅格图，它作用于水平偏振光的斯托克斯矢量(b)上，得到斯托克斯参数形式的像的偏振分布(c)。其中，S_1 的分布与 S_0 几乎相等，而 S_2 显示出一个小分量耦合为 45°分量(蓝色)和 135°分量(红色)，代表了像中偏振态的空间变化。这个栅格图饱和了，为的是显示弱分量中的细节

12.3　折光反射镜

金属膜反射镜是许多光学系统偏振像差的主要源头，如铝膜、银膜反射镜[7]。因为反射镜的入射角一般比较大，所以其偏振像差也比轴上系统大。金属膜的折射率是复数，因此反射会同时引起二向衰减和延迟。金膜的菲涅耳系数如图 12.14 所示，其中 s、p 模的相位

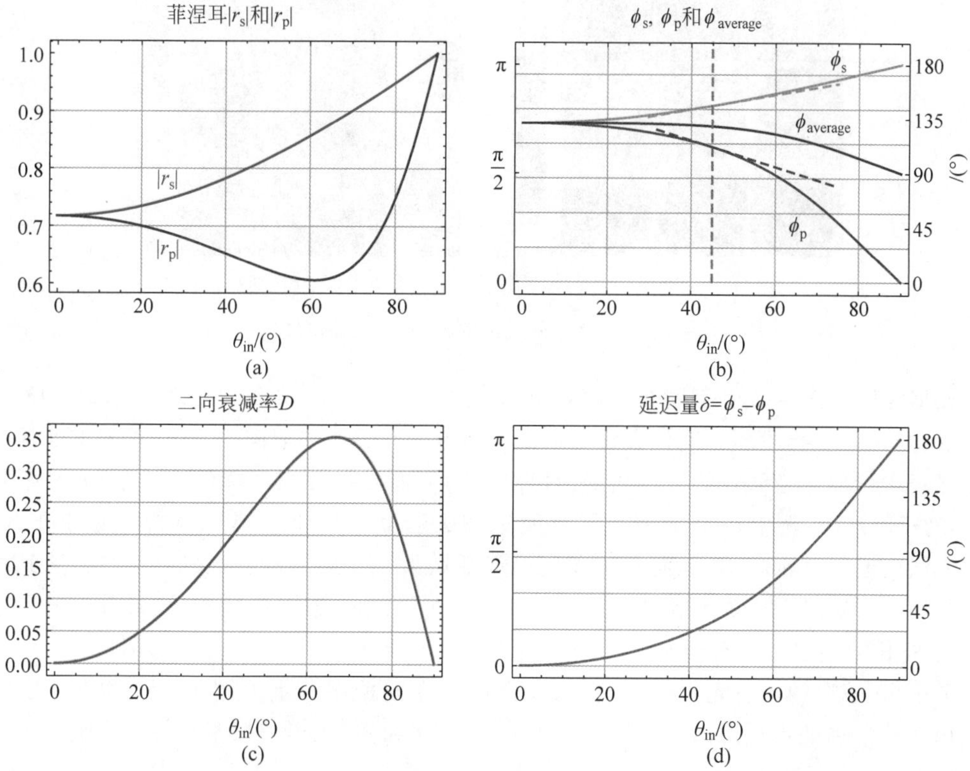

图 12.14　金膜菲涅耳系数的大小(a)和相位(b)。相位差为线性延迟(d)，它随入射角呈二次方增大

图是以全局坐标相位约定计算的,正入射时两者相位两等,无相位差 π。s、p 模的相位差即延迟量如图 12.14(d)所示。显然,延迟对偏振态的影响比图 12.14(c)的二向衰减更大。

图 12.15(a)为一个实例:波长为 500nm 的一束光线以 $5°<\theta<80°$ 的角度从金膜反射镜反射,金膜折射率为 $n=0.855+1.895i$。对应的光瞳图如图 12.15(b)所示,包括入射角的大小和方向,以及入射面方向。图 12.16 为金膜反射镜的偏振像差函数,包含了方向、相位、振幅以及偏振态的改变,它将入射偏振矢量映射为出射偏振矢量。选择好入射和出射球面波的局部坐标系后,可以计算得到光瞳琼斯矩阵(图 12.17),它代表了相位、振幅以及偏振的改变。图 12.17 第二行为双极坐标①下的琼斯光瞳的三维曲面表示,坐标极点与主光线方向相反。

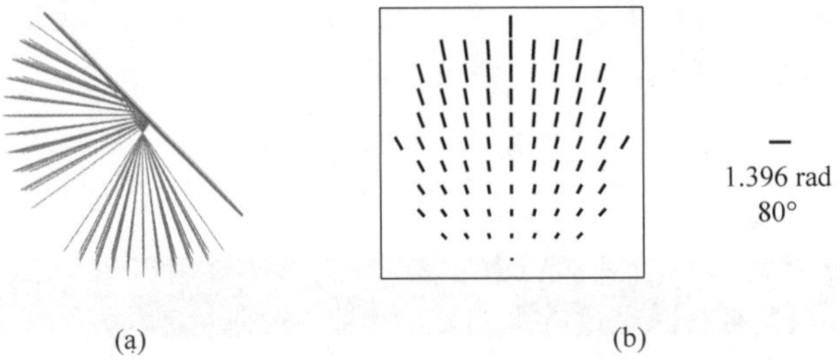

图 12.15 一束会聚光线从金膜反射镜反射(a),它的入射角光瞳图(b)

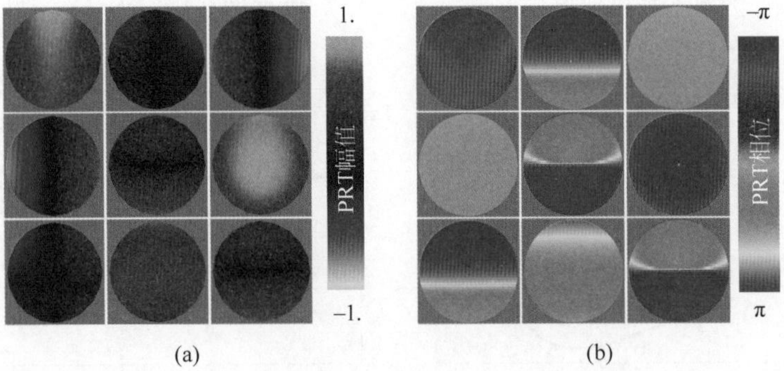

图 12.16 ***P*** 矩阵光瞳的振幅(a)和相位(b)

根据琼斯光瞳,可分别计算出二向衰减光瞳图(图 12.8(a))和延迟光瞳图(图 12.18(b))。在延迟分布图中,线段的长度代表延迟量大小而方向代表快轴取向。0°和 90°的本征偏振态沿着光瞳中线向左逆时针旋转、向右顺时针旋转,从而导致琼斯光瞳的 xy 和 yx 元素相对 y 轴改变符号。本例中,光瞳底部的二向衰减和延迟都最小,因为光线在那里近乎正入射;随着光线向光瞳顶部移动,二向衰减和延迟逐渐增大。二向衰减在 $\theta_{\text{in}}=65°$ 左右达到最大值,之后开始减小。相位延迟始终呈递增趋势,在光瞳顶部时达到约 2.41rad,相当于约 0.43 个波长的延迟量。

0°和 90°偏振的入射光经过该反射镜后,反射光偏振态分别如图 12.19 和图 12.20 所示。由于反射镜的本征态沿着 y 轴在子午面方向,0°和 90°入射偏振态与整个光瞳上的本征

① 见 11.4 节,是球面波的基本坐标系。

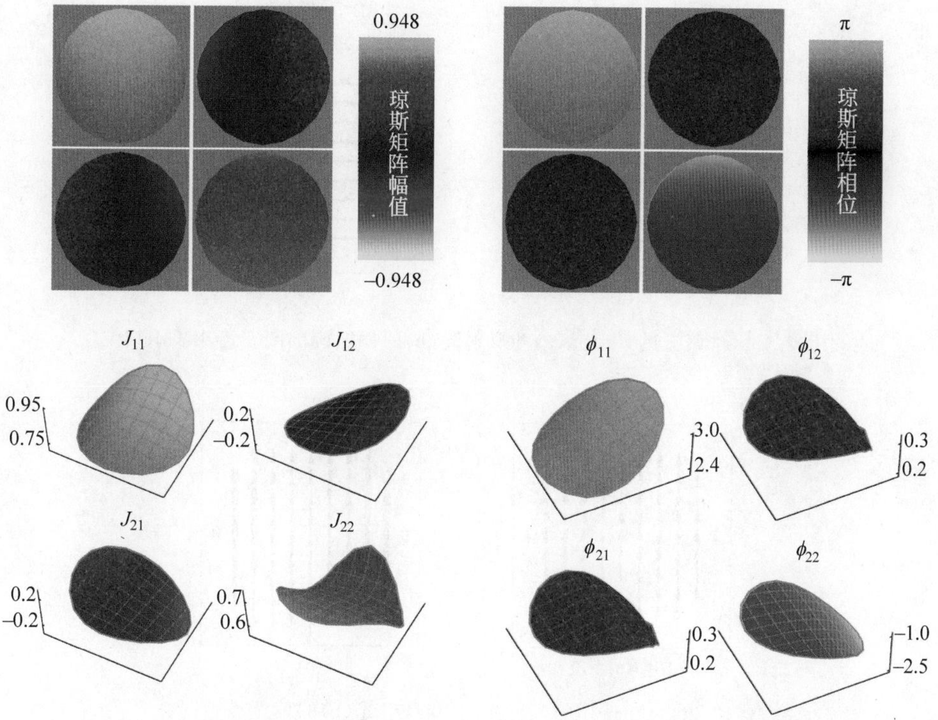

图 12.17　(第一行)金属膜反射镜琼斯光瞳，对于 x 分量(s 偏振沿 y 轴)的 xx 幅值比 y 分量的 yy 幅值更亮。(第二行)琼斯光瞳的三维图

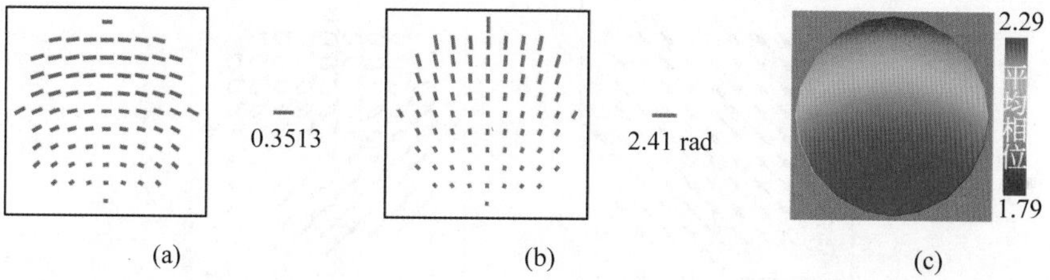

图 12.18　二向衰减(a)在光瞳底部很小，因为在光瞳底部接近正入射，入射角达到最大值接近 65°。透射轴从光瞳左侧旋转到右侧。延迟量(b)在光瞳顶部增加到近 1/2 个波长。其快轴与二向衰减的透射轴正交。s 偏振和 p 偏振之间的平均相位如图(c)所示

态接近，因此它们的偏振态变化最小。偏离子午面，反射光由线偏振逐渐变为椭圆偏振。子午轴两侧椭圆偏振的旋转方向正好相反。

如果光束以 45°方向线偏振或者圆偏振入射，则入射偏振态可分解为等量的 0°和 90°偏振分量。对于这些入射偏振态，反射时偏振变化最大。图 12.21 为 45°偏振的入射光以及对应的反射偏振态的光瞳图。瞳面上半部分的偏振变化非常大。沿着子午轴向上移动，反射偏振光椭圆率逐渐增大，椭圆长轴从 45°旋转至 135°。Swindell 曾经讨论了这种反射偏振态的手性[8]。

反射镜振幅响应矩阵 **ARM**① 的模如图 12.22 所示。当反射镜放置于两个偏振方向为

---

①　见 16.4 节的描述。

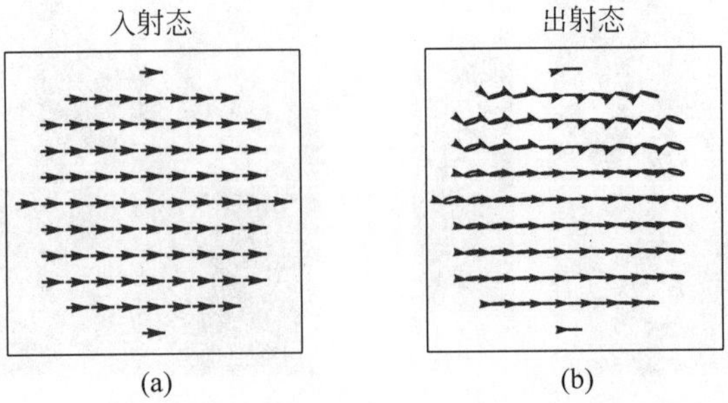

图 12.19 0°偏振的入射光(a)和反射光(b)的偏振椭圆图。箭头表示相位

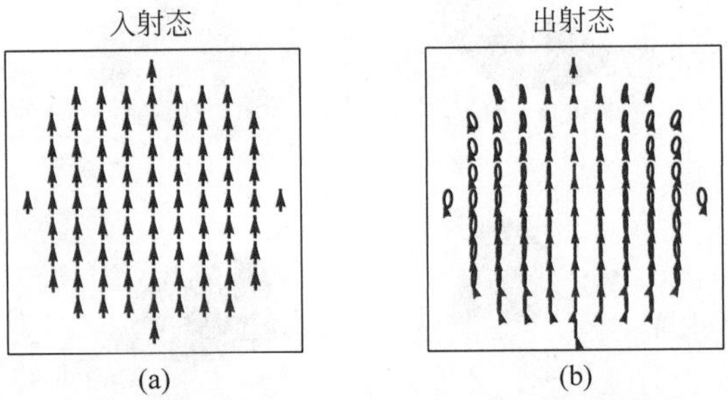

图 12.20 90°偏振的入射光(a)和反射光(b)的偏振椭圆图。
从光瞳底部到顶部反射相位有大的变化(超过 3π/4)

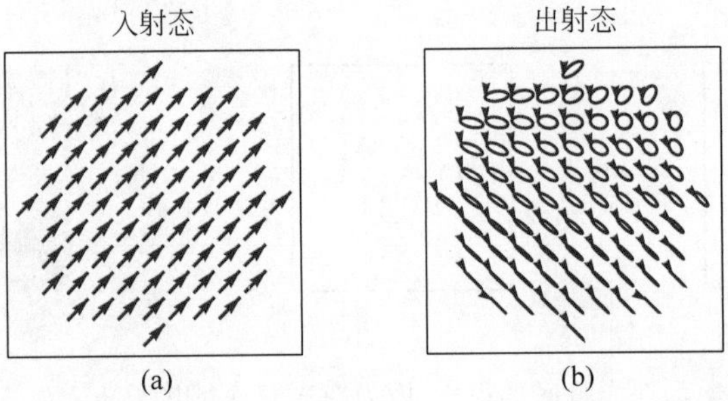

图 12.21 45°偏振的入射光(a)和反射光(b)的偏振椭圆图。
偏振椭圆是迎着光传播方向绘制的,光瞳底部附近 45°的偏振光经过反射变为 135°的偏振光

0°的偏振器之间时,比较发现矩阵元 J_{11} 呈微弱的椭圆形且衍射环沿 x 轴方向不完整,因此图像与艾里斑有一定区别。如果反射镜放置于两个偏振方向为 90°的偏振器之间时,可观测到 **ARM** 的矩阵元 J_{22} 的幅值,它类似于旋转了 90°的 J_{11}。由于图 12.14(b)所示的 s 和 p 相移方向相反,导致 J_{11} 和 J_{22} 图像的峰值向相反方向轻微移动。在图 12.22 中,J_{22} 的峰值略位于黑色 x 轴横截面的后面,而 J_{11} 的峰值略位于 x 轴横截面的前面。在正交偏振器之间产生的图像非常有趣。图 12.17 的琼斯光瞳 xy、yx 元素的光瞳平均值为 0,所以 **ARM** 的非对角元 J_{12} 和 J_{21} 的中心为 0。这两个图像分量都有两个主波瓣,沿着子午面横跨中心。J_{11} 和 J_{22} 元素衍射环损失的能量可以在 J_{12} 和 J_{21} 元素的衍射环中看到。此外,由于图 12.14 中可见的 p 偏振分量的相位变化比 s 偏振更大,因此 J_{22} 元素的像差比 J_{11} 元素更大。

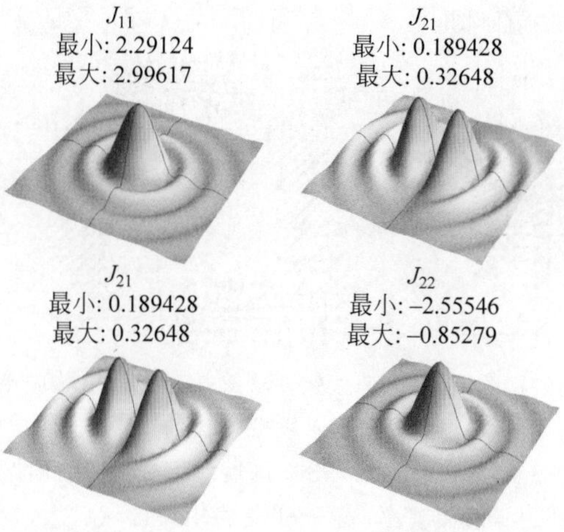

图 12.22　反射镜振幅响应矩阵 ARM 的模。J_{11} 和 J_{22} 的峰值中心相对于几何中心向相反的方向有少量偏移,因为如图 12.14 和图 12.17 所示,它们的相位向相反方向变化

当入射光为 0°线偏振光时,经过反射镜后的偏振像如图 12.23 所示,其中第一列为振幅响应琼斯矢量 x、y 两个分量的三维图,后三列为光瞳偏振椭圆分布图。中心主瓣的宽大于高,类似于由像散形成的椭圆形图像。出射偏振态略呈椭圆形,其长轴从瞳面的左侧到右侧连续逆时针旋转。

当入射光为 45°线偏振时,经过反射镜后的偏振像如图 12.24 所示,此时像结构的偏振变化更大。位于中央主瓣中心的光是椭圆偏振的,由于反射,其长轴在 135°方向。

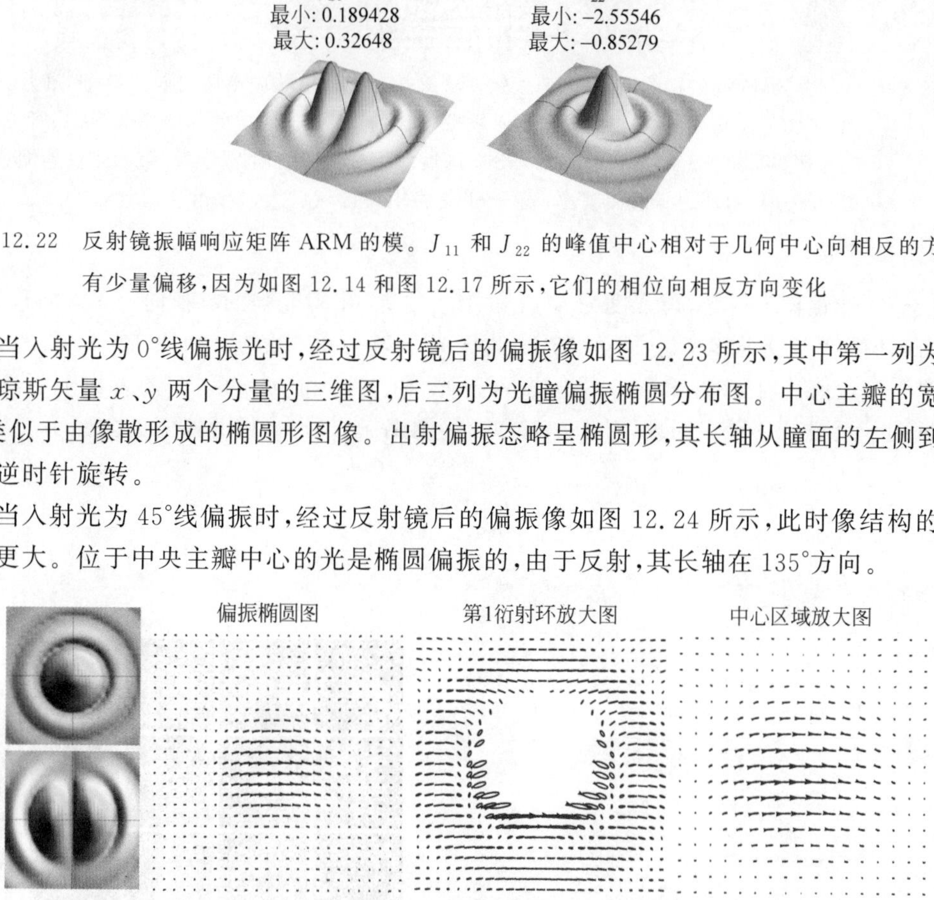

图 12.23　入射光为 0°线偏振时,反射光偏振像差。第一列为振幅响应琼斯矢量图像,上图为 x 振幅,下图为 y 振幅,y 振幅的峰值为 x 振幅峰值的 1/8。对应的偏振椭圆图用三种不同的比例显示给出。第一张偏振椭圆分布图展示了艾里斑的偏振变化;第二张排除了第一衍射环内的较高振幅,重新缩放以显示第一衍射环边缘的椭圆率;第三张是将中心区域放大以显示从左到右的连续偏振旋转

将图 12.17 的琼斯光瞳变换为米勒矩阵点扩散函数,如图 12.25 所示,左为三维图,右为光栅图。第一列为物点为非偏振光时的出射光斯托克斯参数。M_{10}、M_{20} 和 M_{30} 的中心接近零,所以出射光图像的中心近似非偏振光。M_{10} 和 M_{20} 的线偏振分量绕着图像中心旋转,而 M_{30} 的顶部具有左旋椭圆率,底部具有右旋椭圆率。

对于 0°线偏振入射光,其输出可以通过点扩散米勒矩阵的第一列和第二列相加得到。出射光总强度为 M_{00} 和 M_{01} 之和,两者相加可发现出射光强度峰值向 $+x$ 方向移动。同

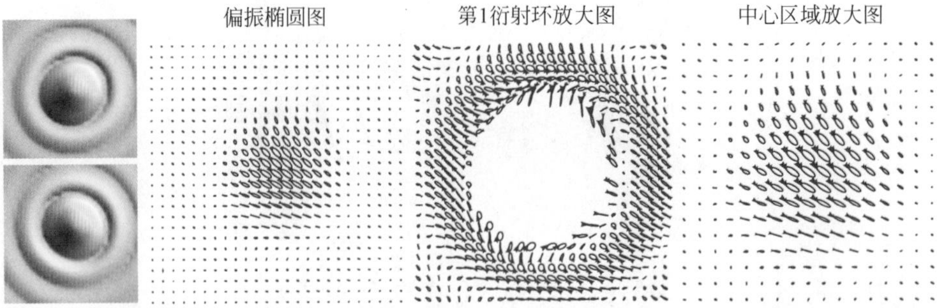

图 12.24　入射光为 45°线偏振时,反射光偏振像差。第一列为振幅响应琼斯矢量图像,上图为 x 振幅,下图为 y 振幅,y 振幅的峰值为 x 振幅峰值的 1/1.2。对应的偏振椭圆图用三种不同的比例显示给出。第一张偏振椭圆分布图展示了艾里斑的偏振变化;第二张重新缩放以显示第一衍射环边缘的椭圆率;第三张是将中心区域放大以显示从左到右的连续偏振旋转

理,对于 90°线偏振入射光,总强度为 M_{00} 和 M_{01} 之差,出射光强的峰值向 $-y$ 方向移动,但最亮的部位向 $-x$ 方向移动。因为 45°线偏振光反射为 135°偏振,如图 12.24 所示,使得 M_{22} 中心为负值。对于 45°和 135°线偏振入射光,由 M_{00} 和 M_{02} 可知,两者出射强度峰值沿 y 轴向相反方向移动。同理,对于左旋和右旋圆偏振入射光,像的峰值也会移动。

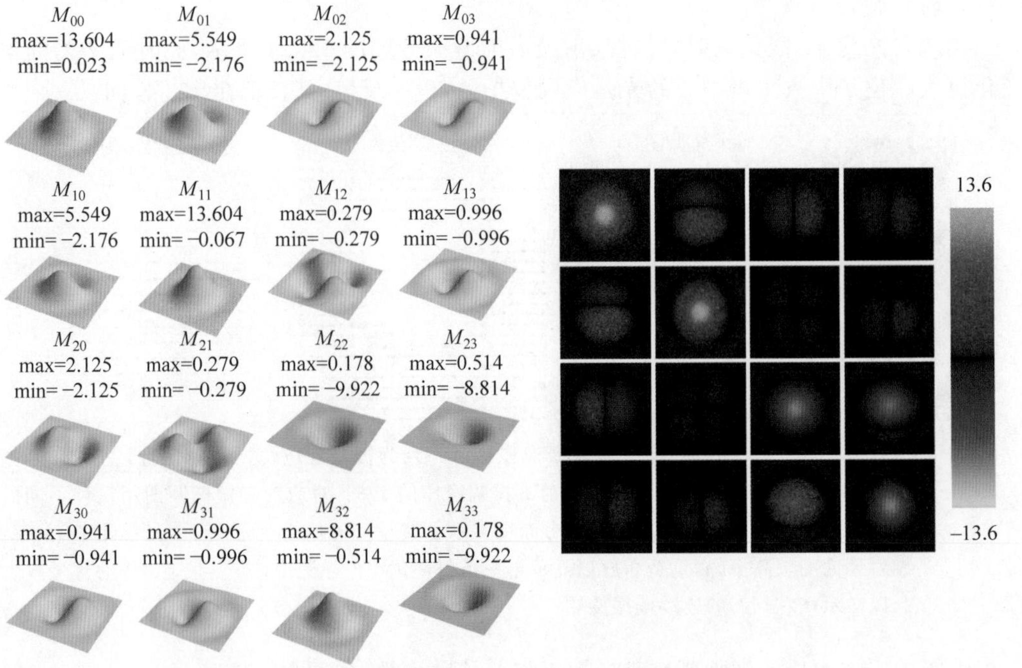

图 12.25　以两种不同方式绘制的米勒点扩展矩阵

M_{00} 的积分值为完全非偏振光照射时像面上的净光通量(未归一化),约 8%的光被吸收损失。另一些矩阵元的积分给出了其他偏振光经过反射镜后的净光通量。例如,当反射镜前放置一个 45°方向线偏振器(全局坐标系下透光轴方向为$(1,1,0)/\sqrt{2}$),反射镜后再放

置一个 135°方向线偏振器($(0,1,1)/\sqrt{2}$)，净光通量为 $M_{00}+M_{02}-M_{20}-M_{22}$ 的积分值，相当于 M_{02} 积分值的两倍。

本节说明了金膜反射镜引起的偏振像差是相当大的，而且对于铝膜和其他膜系反射镜也能得到类似结果。系统数值孔径越大，偏振像差越大。对于较小的数值孔径，偏振像差大小近似线性变化。这个金膜反射镜例子说明了为什么反射镜会给光学系统带来诸多偏振问题。

12.4　反射镜组合

12.3 节讨论了菲涅耳系数相关的二向衰减和延迟引起的反射镜的偏振变化。该偏振像差可通过另一组具有相反像差的反射镜来补偿，从而最小化偏振像差。因此，本节将依次考虑一个、两个和四个金膜反射镜的情况，以探讨偏振像差的优化机制。

图 12.26 展示了数值孔径为 0.2 的会聚光束经过一个平面反射镜 M_1 的光线追迹图。M_1 绕 z 轴旋转实现光束扫描，旋转过程中入射中心光线始终保持入射角为 45°。图 12.26 中，光线网格均匀地采样会聚光波前，入射光束从 xy 平面向 z 方向传播。其中，反射镜绕 z 轴以 45°步长从 0°扫描到 180°共计 5 个位置，扫描过程中反射镜的法线方向见表 12.2。

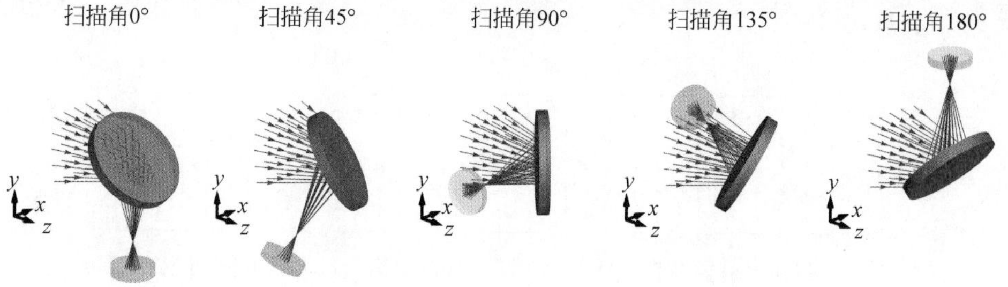

图 12.26　一束会聚光束从一个反射镜(蓝色)反射到达探测器(灰色)的光线追迹图。当反射镜的方向围绕入射光束旋转时，图像位置发生扫描，以 z 轴为中心从(0,1,1)旋转到 0°、45°、90°、135°和 180°位置

表 12.2　图 12.26 中反射镜的法线方向

扫描角度	0°	45°	90°	135°	180°
表面法线	$\frac{1}{\sqrt{2}}\begin{bmatrix}0\\1\\1\end{bmatrix}$	$\frac{1}{2}\begin{bmatrix}1\\1\\\sqrt{2}\end{bmatrix}$	$\frac{1}{\sqrt{2}}\begin{bmatrix}1\\0\\1\end{bmatrix}$	$\frac{1}{2}\begin{bmatrix}1\\-1\\\sqrt{2}\end{bmatrix}$	$\frac{1}{\sqrt{2}}\begin{bmatrix}0\\-1\\1\end{bmatrix}$

M_1 扫描时，每条光线的入射面也跟着旋转。从入射空间顺着入射方向看反射镜的入射角 AoI 分布如图 12.27 所示，图中线段长度越短，光线越接近正入射；中心光线的入射角 AoI 为 45°。在瞳面一个方向上入射角 AoI 线性变化，而在与之垂直的另一个方向上，入射面 PoI 从一侧到另一侧线性旋转。因此，当 M_1 扫描时，瞳面的入射角分布也跟着旋转。

图 12.28 为从物空间角度观察的每条光线由金膜反射后的二向衰减图。因为最大反射率偏振态沿着 s 偏振方向(s 偏振反射率比 p 偏振的大)，因此二向衰减方向总与入射面垂直。正如图 12.14(c)所示，二向衰减大小随光线入射角 AoI 呈二次方增大。

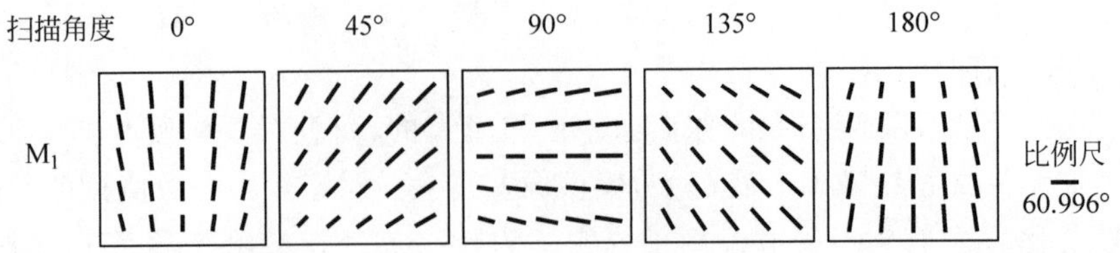

图 12.27　图 12.26 对应的单个反射镜系统的入射角分布图。右侧的图例为最大入射角(单位为度)

图 12.29 为瞳面上的相位延迟变化，即由于 M_1 扫描产生的延迟分布图。由于金膜反射镜的 $\phi_{rp}<\phi_{rs}$，反射的快轴沿 p 偏振方向，所以相位延迟取向与入射面方向一致，且与如图 12.28 所示的二向衰减轴垂直。另外如图 12.14 所示，金膜的延迟也随入射角呈二次方变化。

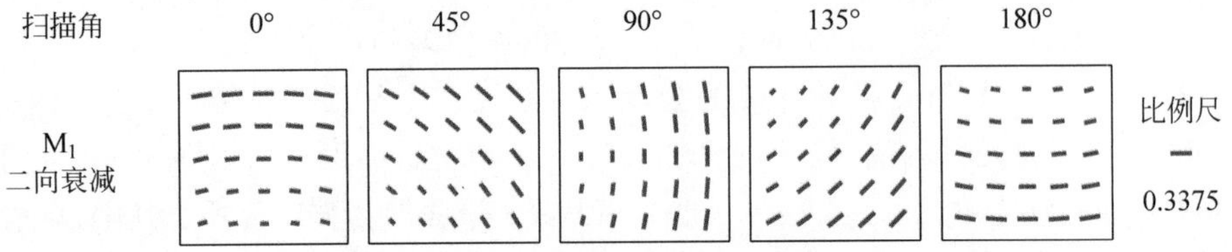

图 12.28　扫描反射镜的二向衰减分布图。右侧图例为最大衰减值

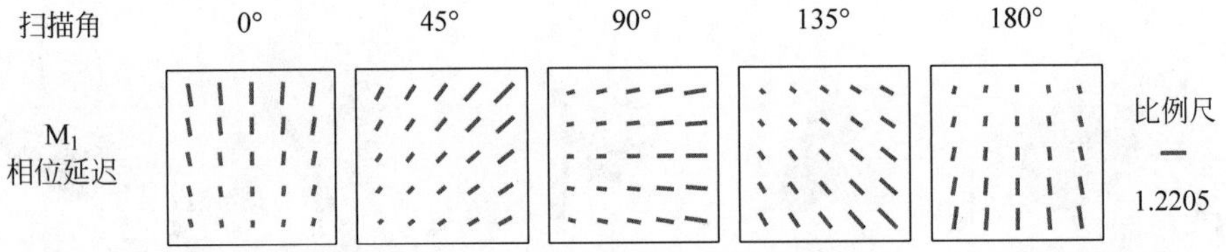

图 12.29　扫描反射镜的相位延迟分布图。右侧图例为最大延迟值(单位为弧度)

为减小单个反射镜带来的偏振像差，可在反射光路中插入另一面反射镜。第二面反射镜的放置原则为：第一面反射镜上轴向光线的 s 偏振分量在第二面反射镜上变为 p 偏振分量，反之亦然。该方案称为交叉反射镜组合。会聚光束中任何一条入射光线的偏振像差均可以被完全补偿，这个系统的偏振像差很小而且相对于中心呈线性变化。

在这个两镜系统中，假设第一面反射镜 M_1 固定，其法线在(0,1,1)方向，第二面反射镜 M_2 绕沿 y 轴的入射光束旋转。M_2 法线从(1,1,0)方向以 45°步长绕 M_1-M_2 轴旋转 180°共计 5 个位置，如图 12.30 所示。M_2 的法线方向见表 12.3。

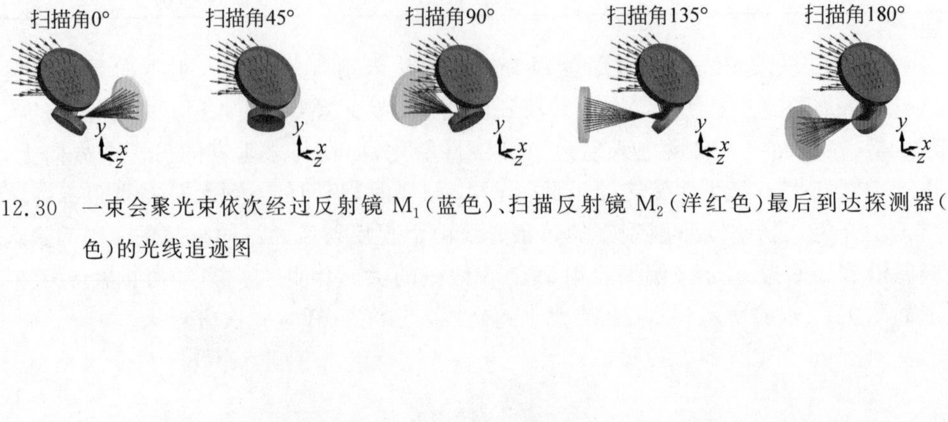

图 12.30　一束会聚光束依次经过反射镜 M_1(蓝色)、扫描反射镜 M_2(洋红色)最后到达探测器(灰色)的光线追迹图

表 12.3　图 12.30 中的反射镜 M_2 的法线方向

扫描角度	0°	45°	90°	135°	180°
表面法线	$\frac{1}{\sqrt{2}}\begin{bmatrix}1\\1\\0\end{bmatrix}$	$\frac{1}{2}\begin{bmatrix}1\\\sqrt{2}\\-1\end{bmatrix}$	$\frac{1}{\sqrt{2}}\begin{bmatrix}0\\1\\-1\end{bmatrix}$	$\frac{1}{2}\begin{bmatrix}-1\\\sqrt{2}\\-1\end{bmatrix}$	$\frac{1}{\sqrt{2}}\begin{bmatrix}-1\\1\\0\end{bmatrix}$

如图 12.31 所示，当 M_2 扫描时，其入射面相对于 M_1 变化。M_2 上显示的 PoI 轴转回 M_1 的入射空间，因此所有图直接在物空间中进行比较。中心光线在两个反射镜上的入射角均为 45°。当 M_2 相对于 M_1 扫描时，中心光线在两个反射镜上的 p 偏振分量由相互垂直变为平行再变回垂直。当处于交叉反射镜组合状态时（扫描角为 0°和 180°），光束在 M_1 和 M_2 上的入射面接近正交，然后随着 M_2 扫描两入射面开始逐渐平行。

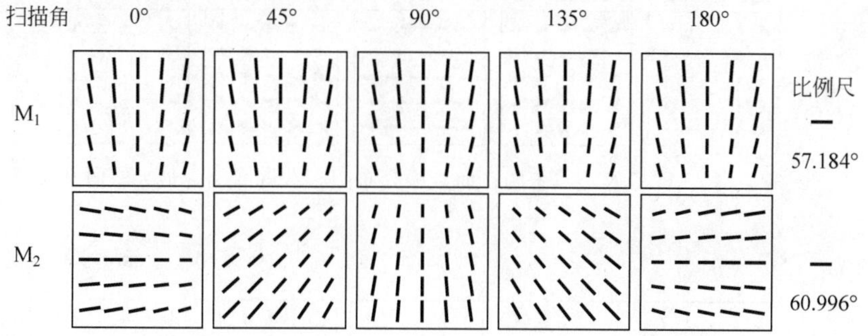

图 12.31　两反射镜系统的入射角分布图。M_1 固定不动，M_2 绕 y 轴扫描。当扫描角度为 0°和 180°时，两镜系统变为交叉反射镜组合。右侧图例为最大入射角，单位为度。M_2 图已转回 M_1 的入射空间

计算视场中每条光线路径的总 $\boldsymbol{P}$ 矩阵。如第 9 章和第 17 章所述，通过对这些 $\boldsymbol{P}$ 矩阵进行数据约简，可以得到二向衰减和延迟。随着 M_2 的扫描，M_1 和 M_2 的二向衰减以及两者累加的二向衰减分布如图 12.32 所示。由于所有二向衰减轴均是从入射空间观测的，因此所有的分布图均可以直接比较。M_2 扫描角为 90°时，M_1 和 M_2 的二向衰减方向近乎平行，总合二向衰减值最大。在 M_2 扫描角为 0°和 180°时，在光瞳内二向衰减方向最接近正交，总合二向衰减值最小。对应的相位延迟如图 12.33 所示，与二向衰减变化相似，区别在于相位快轴与二向衰减轴近乎垂直。

当 M_2 扫描角为 0°和 180°时，两个反射镜的偏振方向近乎正交，大小几乎相等，因此，最大的二向衰减和延迟相互抵消。中心位置二向衰减和相位延迟完全抵消，而其他位置的二向衰减和延迟相对中心呈线性变化。跨过中心时二向衰减轴和相位快轴改变 90°。这种偏振像差形式称为线性二向衰减倾斜和线性延迟倾斜[9]，其中轴的方向围绕节点改变 180°；该问题将在第 15 章详细讨论。

当 M_2 扫描位置偏离 0°时，总合偏振的零点也偏离中心位置；当 M_2 旋转至 45°时，偏振零点移动到左上角视场之外；当 M_2 旋转至 180°时，偏振零点重新回到视场中心；当 M_2 旋转至 90°时，两个反射镜的偏振量相加，总偏振像差相当于单个反射镜的两倍。

单个反射镜的二向衰减是线性的，而非椭圆的。尽管如此，当两个反射镜组合在一起，总合像差中存在少量的椭圆二向衰减和延迟，如图 12.32 和图 12.33 所示，在瞳面边缘有少

量的椭圆出现。当两个线性二向衰减器或延迟器的主轴既不平行也不垂直时,会产生一些圆偏振[10],从而表现出椭圆偏振特性。当两反射镜的偏振主轴相差 45°或者 135°时,产生最大圆偏振分量。这种线偏振耦合到圆偏振的现象将在 14.3 节介绍。

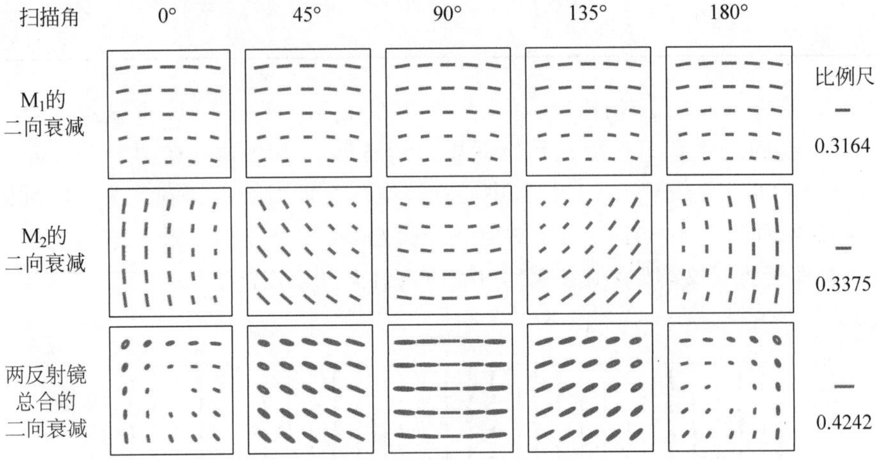

图 12.32　M_1、M_2 以及总系统的二向衰减分布图。右侧图例为最大二向衰减值

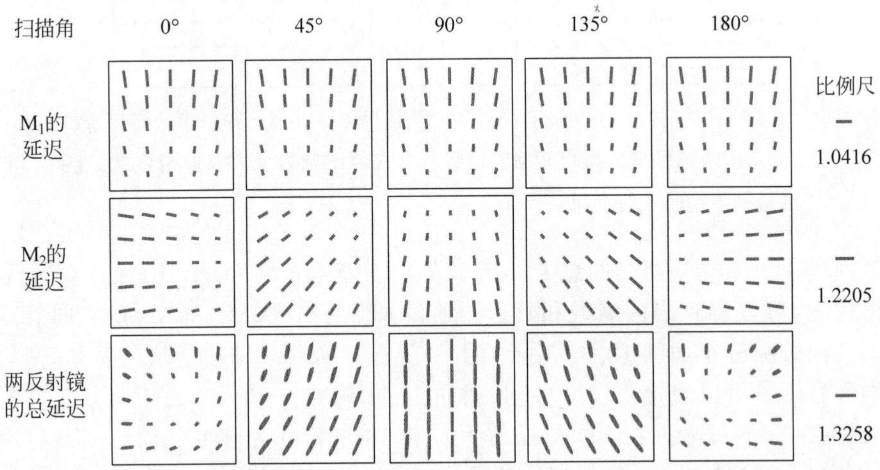

图 12.33　M_1、M_2 以及总系统的延迟分布图。右侧图例为最大延迟值(单位为弧度)

单个反射镜的偏振像差可以通过交叉反射镜组合减小,尽管如此,即使中心区域光线在两个反射镜的入射面相互垂直,仍然存在偏振的线性变化。这些残余偏振可以通过一个四反射镜系统进一步减小,该系统称为双交叉反射镜系统。图 12.34 的系统中,M_1 和 M_2 位置固定构成一组交叉系统,两者的法线分别为(0,1,1)和(−1,−1,0)。M_3 和 M_4 相对位置也固定并构成第二组交叉系统,但它们整体绕 x 轴旋转,x 轴为第一组交叉系统 M_1-M_2 的出射光轴。第二组交叉系统两反射镜 M_3 和 M_4 的起始法线分别为(1,1,0)和(0,1,1)。如图 12.34 所示,第二组交叉系统 M_3-M_4(包含探测器)绕 x 轴以 45°步长扫描至 180°共计 5 个位置,M_3 在每个位置的法线见表 12.4。图 12.35 给出了扫描过程中所有四个反射镜的入射角分布。在双交叉反射镜系统中,M_1 和 M_2 是固定的交叉反射镜组,而 M_3 和 M_4 这

对交叉反射镜作为整体旋转。

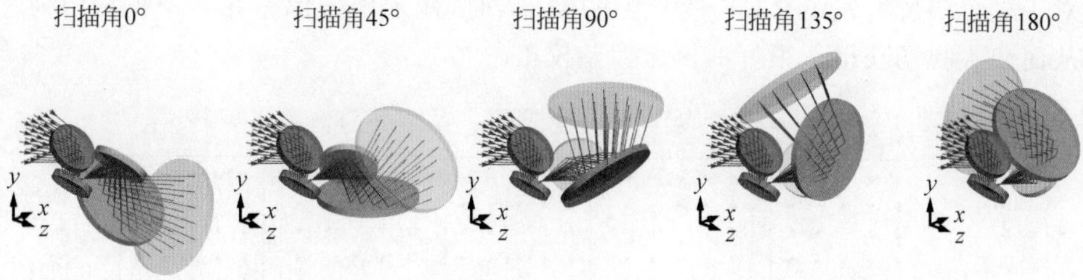

图 12.34　一束会聚光束依次经过 M_1(蓝色)、M_2(紫红)、M_3(黄色)、M_4(绿色)反射后最终到达探测器(灰色)的光线追迹图。M_1-M_2 组合固定,M_3-M_4 组合绕 x 轴扫描

表 12.4　图 12.34 中反射镜 M_3 的法线方向

扫描角度	0°	45°	90°	135°	180°
表面法线	$\frac{1}{\sqrt{2}}\begin{bmatrix}1\\1\\0\end{bmatrix}$	$\frac{1}{2}\begin{bmatrix}\sqrt{2}\\1\\1\end{bmatrix}$	$\frac{1}{\sqrt{2}}\begin{bmatrix}1\\0\\-1\end{bmatrix}$	$\frac{1}{2}\begin{bmatrix}\sqrt{2}\\-1\\-1\end{bmatrix}$	$\frac{1}{\sqrt{2}}\begin{bmatrix}1\\-1\\0\end{bmatrix}$

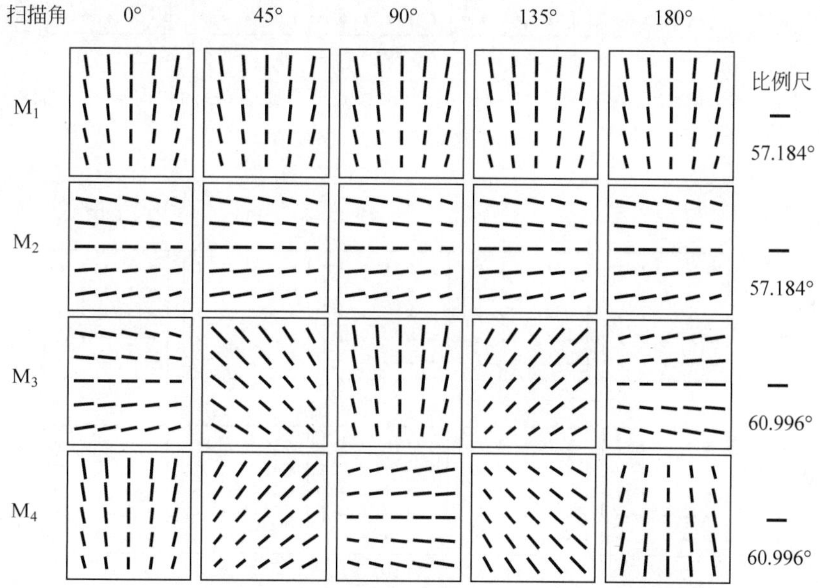

图 12.35　图 12.34 中四个反射镜的入射角分布图。M_1 和 M_2 固定,M_3 和 M_4 作为一个整体扫描。右侧图例为最大入射角(单位为度)

图 12.36 和图 12.37 为双交叉反射镜系统的二向衰减和延迟分布图。由于 M_1 和 M_2 正交、M_3 和 M_4 相互正交,尽管系统偏振向视场边缘线性增大,但视场中心的偏振始终为 0。M_3-M_4 扫描角为 0°时,M_1-M_2、M_3-M_4 的二向衰减和相位延迟的大小和方向都相同,因此叠加后总偏振是单个两反射镜组合的两倍,并且由线性倾斜主导。随着 M_3-M_4 从 0°扫描至 180°,双交叉反射系统的总偏振像差以 $\cos^2(\phi/2)$ 连续减小,其中 ϕ 是扫描角度。当扫描至 180°时,M_1-M_2、M_3-M_4 的偏振像差图在视场内近乎相互正交,因此总的偏振像差实现

最小化。此时,两个交叉反射镜组在整个视场上的偏振线性变化是相反的,可以相互补偿。因此,对于这个四反射镜组合,在180°范围内扫描时,残余偏振像差在整个视场内为二次方关系,从而使大视场获得了很好的偏振像差校正。

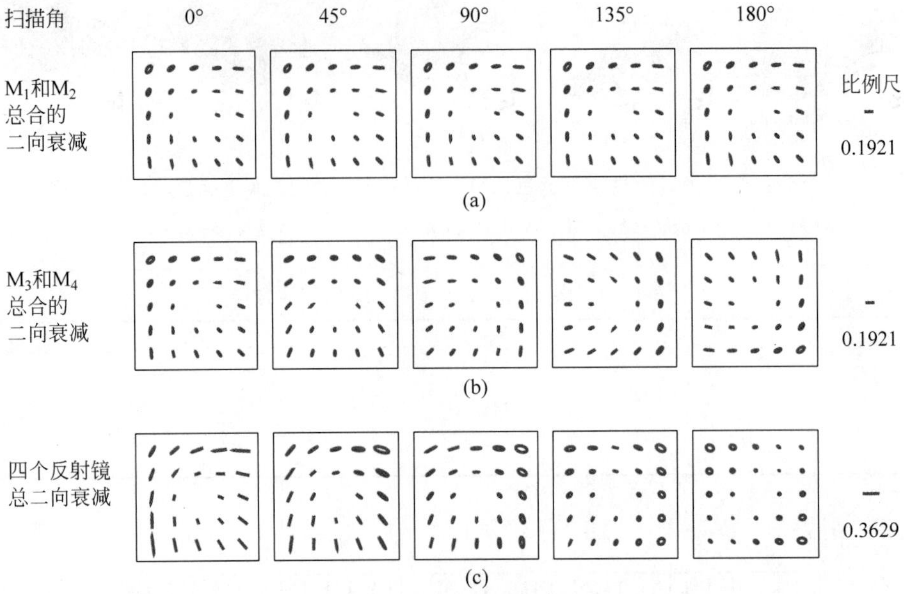

图 12.36　M_1-M_2 组合(a)、M_3-M_4 组合(b)以及两者总合(c)的二向衰减分布图。右侧图例为最大二向衰减值

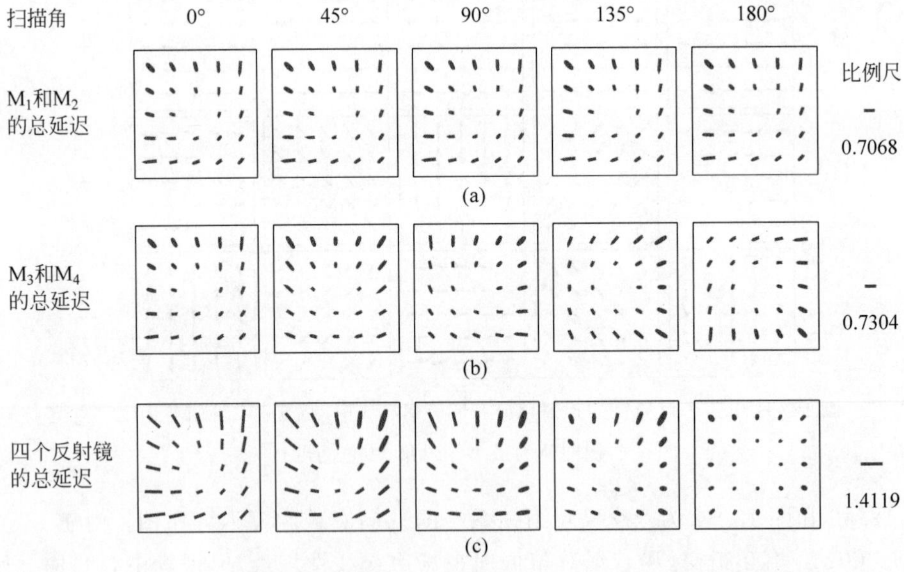

图 12.37　M_1-M_2 组合(a)、M_3-M_4 组合(b)以及两者总合(c)的延迟分布图。右侧图例为最大相位延迟值(单位为度)

表 12.5 和表 12.6 列出了上述单反射系统、单交叉系统以及双交叉金膜反射镜系统的总偏振像差。

表 12.5　入射光束数值孔径 NA 为 0.2，单反射镜系统、单交叉系统、双交叉金膜反射镜系统的最大、平均以及主光线的二向衰减

	0°	45°	90°	135°	180°
最大二向衰减					
4 反射镜	0.3629	0.3198	0.2812	0.2376	0.2055
2 反射镜	0.1921	0.3591	0.4242	0.3591	0.1921
1 反射镜	0.3164	0.3375	0.3164	0.3375	0.3164
平均二向衰减					
	0°	45°	90°	135°	180°
4 反射镜	0.2147	0.2051	0.1684	0.1256	0.0927
2 反射镜	0.1221	0.3086	0.4169	0.3086	0.1221
1 反射镜	0.2255	0.2255	0.2255	0.2255	0.2255
主光线二向衰减					
	0°	45°	90°	135°	180°
4 反射镜	0	0	0	0	0
2 反射镜	0	0.3090	0.4218	0.3090	0
1 反射镜	0.2212	0.2212	0.2212	0.2212	0.2212

表 12.6　入射光束数值孔径 NA 为 0.2，单反射镜系统、单交叉系统、双交叉金膜反射镜系统的最大、平均以及主光线的相位延迟

	0°	45°	90°	135°	180°
最大相位延迟					
双交叉系统	1.4119	1.2654	0.9919	0.8800	0.3587
单交叉系统	0.7068	1.1315	1.3258	1.1315	0.7068
单反射系统	1.0416	1.2205	1.0416	1.2205	1.0416
平均相位延迟					
	0°	45°	90°	135°	180°
双交叉系统	0.7699	0.7104	0.5613	0.3569	0.1836
单交叉系统	0.3926	0.9097	1.2470	0.9097	0.3926
单反射系统	0.6465	0.6465	0.6465	0.6465	0.6465
主光线相位延迟					
	0°	45°	90°	135°	180°
双交叉系统	0	0	0	0	0
单交叉系统	0	0.8435	1.1939	0.8435	0
单反射系统	0.5969	0.5969	0.5969	0.5969	0.5969

上述金膜反射镜的分析结果可以推广到大多数反射膜。对于许多常见的反射膜，其二向衰减和相位延迟分布和图 12.28、图 12.29、图 12.32、图 12.33、图 12.36 和图 12.37 类似，仅仅大小有所不同；偏振与入射角主要呈线性和平方关系。图 12.38 展示了未镀膜金属反射镜的二向衰减和相位延迟，其中实的和虚的折射率涵盖了大多数电介质和金属表面。在这些折射率范围内，相位延迟具有与金膜类似的函数形式，在入射角为 45°位置主要呈线性增大。另外，二向衰减也有相似的函数形式，但大小不同。在入射角为 45°位置，除了

图 12.38 左上角情形外,其余主要是线性增大的。

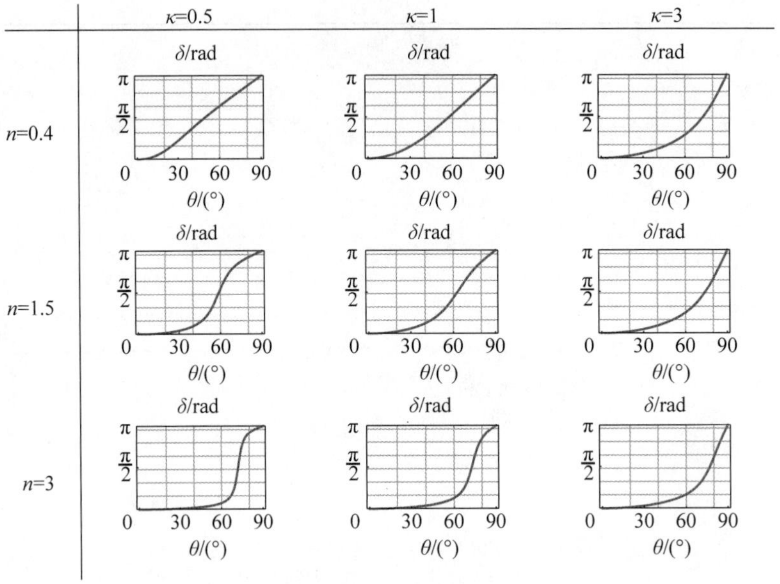

(a)

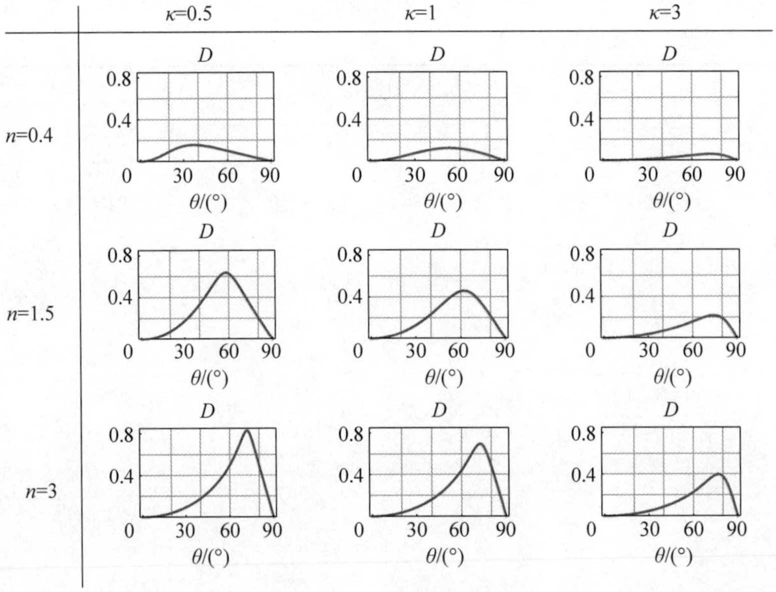

(b)

图 12.38 不同折射率金属反射的相位延迟(图(a),以弧度为单位)和二向衰减(图(b))随入射角的变化图

对于从平面镜反射的球面波,如果要产生与图 12.28、图 12.29、图 12.32、图 12.33、图 12.36 和图 12.37 类似但大小不一的偏振图,需要满足以下条件:①在入射角范围内,二向衰减或相位延迟主要呈线性关系变化;②二向衰减或相位延迟的大小远小于 1。如果单面反射镜的变化关系不是线性的,则两反射镜系统的像差也不是线性的,那么补偿后的四反射镜系统像差(图 12.36 和 12.37,右下角)将不再是二次方关系。本例中的像差已经开始

挑战这些假设。

图 12.39 为一个不满足条件①的例子。图中的二向衰减和相位延迟在入射角 45°时均不是线性变化。关于条件①，二向衰减和延迟的非线性高阶泰勒级数展开项使得二向衰减和延迟图产生非线性。关于条件②，随着数值增加，两表面之间未抵消的二向衰减和相位延迟相互作用，产生大量的椭圆延迟和二向衰减，如图 12.32 和图 12.33 最后一行所示的小椭圆。当入射角进一步增大乃至接近略入射，将产生更大的延迟量。

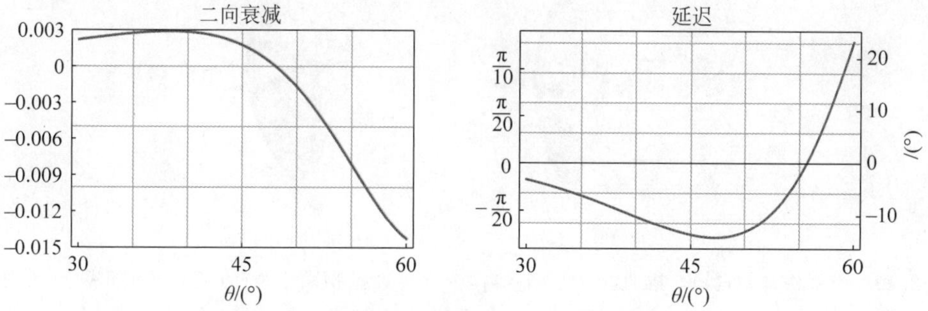

图 12.39　二向衰减和延迟与入射角的关系。其中，反射镜为银膜基底($n+i\kappa=0.0314+i5.308$)加一层厚度为 0.430μm 的 Al_2O_3 保护膜($n=1.6033$)，波长为 500nm

总而言之，当两个级联反射镜具有正交的二向衰减轴(最大透光轴)或正交的延迟轴(快轴)时，两反射镜总的二向衰减或延迟变小。因此，一个反射镜的偏振像差可以被另一个反射镜很好地补偿，其中两个反射镜正交使得第一个反射镜出射的 p 偏振光是第二个反射镜的 s 偏振光。这种交叉反射镜系统校正了一个点的偏振像差，残余像差与视场呈线性变化关系。

两个交叉反射镜组的组合(四反射镜系统)能够进一步降低单交叉反射系统的偏振像差，当 M_1-M_2 的偏振线性变化与 M_3-M_4 的正好相反时，可以获得最小的偏振像差。该系统在中心视场的偏振像差为零，其余视场仅存在小的残余二次变化偏振像差。这种双交叉反射镜系统在本节所述的单反射镜、双反射镜和四反射镜系统中具有最小的偏振像差(在大视场范围内)。

金属反射镜的偏振像差是菲涅耳系数的函数，由金属复折射率计算得到。增大复折射率会减小延迟量。减小折射率的虚部同时增大实部会增大二向衰减。偏振大小由金属膜系决定，而偏振方向分布与四镜组合中心的偏振零点保持一致。

12.5　卡塞格林望远镜

像卡塞格林望远镜这种径向对称反射系统的偏振像差，其二向衰减和相位延迟是径向对称的。图 12.40 为一个经典的卡塞格林望远镜系统，本节将以该系统为例进行分析。表 12.7 列出了望远镜系统的详细参数。准直光束沿着 z 轴向右入射到抛物面主镜(青色标识)，如图 12.40(b)所示，主镜同时也作为入瞳和孔径光阑。从主镜反射的光线会聚到双曲面次镜(紫色标识)，然后再被反射经过主镜中心通孔后聚焦在像面位置。两反射镜的半径和圆锥常数被优化以确保轴上准直光束没有几何波前像差；所有轴上光线从入瞳到出瞳及像点具有相同的光程长度。主、次镜瞳面入射角分布如图 12.41(a)，(b)所示；入射角大小从瞳面中心到边缘呈线性增大,方向呈径向分布。使用菲涅耳公式可以获得铝膜反射镜的菲涅耳系数与入射角的关系,如图 12.41(c),(d)所示,从而得到主镜、次镜以及卡塞格林系统的二向衰减光瞳图,如图 12.42 所示。其中,从入瞳到出瞳的总二向衰减(图 12.42(c))是切向的,且呈二次方增大。同理,应用菲涅耳相位系数可得到延迟光瞳图,如图 12.43 所示。结合图 12.42(c)和 12.43(c)可以得到琼斯光瞳图,如图 12.44 所示。

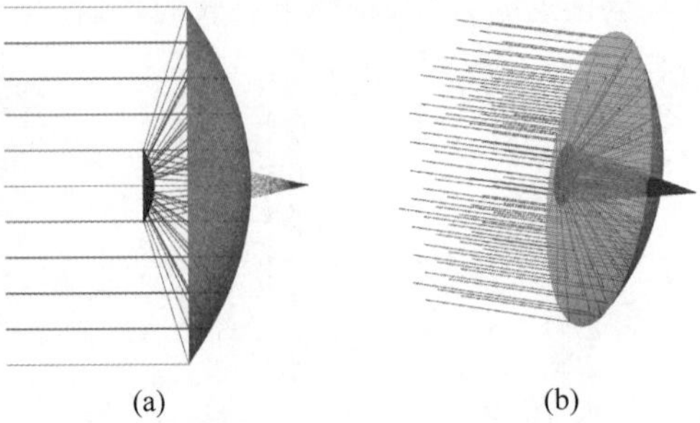

图 12.40 卡塞格林望远镜。准直光从左侧入射,依次经过抛物面主镜(青色)、次镜(紫色)反射,最后在主镜后聚焦。该系统具有零波前像差,但金属膜层会引起偏振像差

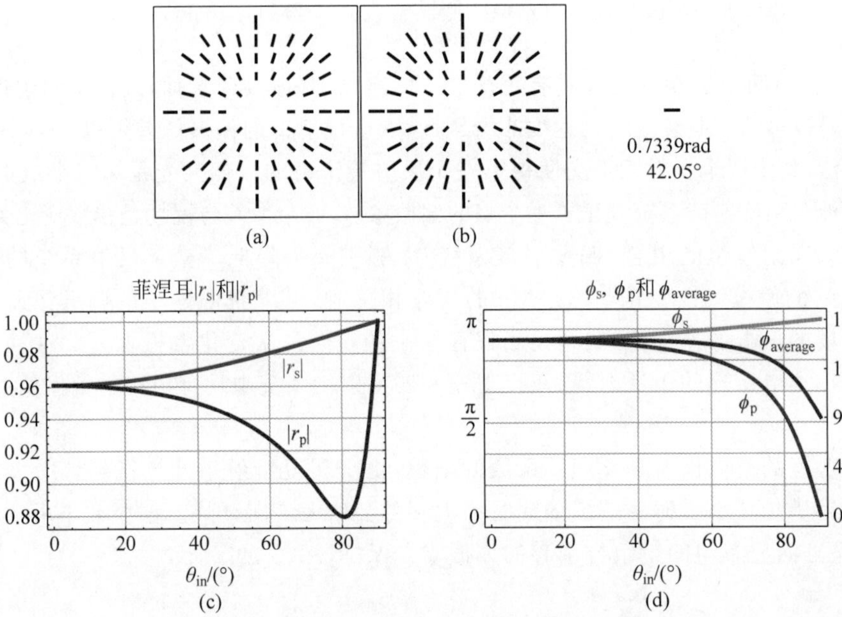

图 12.41 主镜(a)、次镜(b)的入射角分布图;(c),(d)铝膜菲涅耳系数的幅值和相位

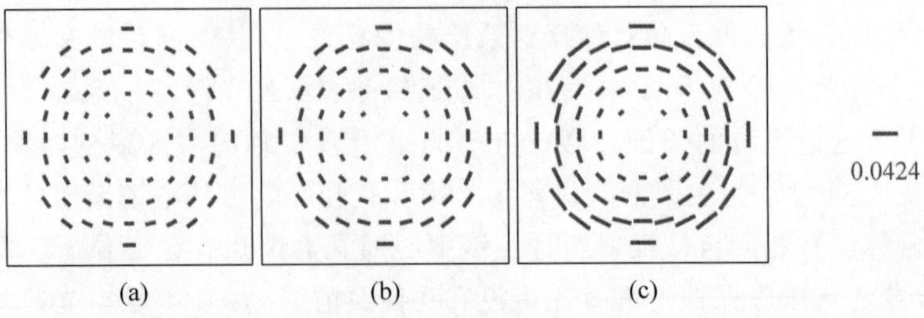

图 12.42 主镜(a)、次镜(b)的二向衰减光瞳图,它们是切向的,因为 s 分量的反射率更大。(c)从入瞳到出瞳的总二向衰减。光瞳边缘处边缘光线的二向衰减达到 0.04 以上

表 12.7　卡塞格林望远镜参数

主　镜	
曲率半径 R_1	5688mm
圆锥常数 κ_1	−1
F/#	2.3862
次　镜	
曲率半径 R_2	1228.28mm
圆锥常数 κ_2	−1.780
反射镜间隔	2317.80mm
像面位置	距离次镜 3674.77mm
入瞳直径	8323.3mm
出瞳直径	1743.44mm，距离次镜 −485.50mm
铝膜折射率	0.958+6.690i
波长 λ	0.55μm

金属膜引起的琼斯光瞳(图 12.44(b))对角元素(x 到 x，y 到 y)的相位变化是马鞍形的，沿一个轴呈二次方向上弯曲，而沿另一个轴向下弯曲。这种马鞍形图案表明，铝膜反射的延迟会引入像散!! 对于左上角对角元 $x \to x$，像散的峰谷值约 0.3rad。对于右下角对角元 $y \to y$，峰谷值大小相同，但像散方向旋转了 90°。因此，当卡塞格林望远镜放置在两个相互平行的偏振器之间时，在出射波前中可以监测到像散，并且该像散随偏振器对旋转。Reiley[11] 曾经在他的论文中讨论了这种与望远镜相关的像散。

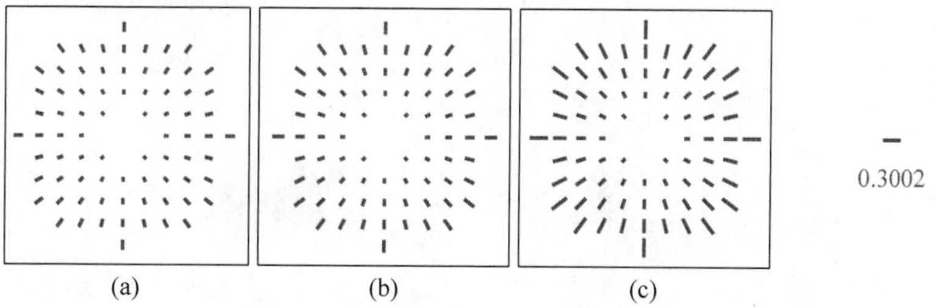

图 12.43　主镜(a)、次镜(b)以及总合(c)延迟光瞳图，它们是径向的，因为 p 偏振光比 s 偏振光传输快。延迟量从光瞳中心到边缘成二次方增大，在光瞳边缘达到约 $\lambda/20$

对于许多熟悉波像差理论的学者来说，这种由反射镜引起的像散是非常令人惊讶的。对于径向对称系统，轴上没有像散。相反，对于透镜、卡塞格林望远镜和其他系统，像散从视场中心的零点开始呈二次方增大。因此，按照惯例，当在干涉图中观察到该像散时，人们常常怀疑可能是某个反射镜偏离径向对称导致。在这种情况下，像散的方向应该随问题反射镜旋转。但由于这是偏振像差，像散并不会随着反射镜旋转；只有偏振旋转时，它才旋转。此外，如果反射膜从铝膜变为金膜或其他金属膜，则偏振像散的大小也会发生变化，但波前像差不会变化。

除了带来像散，反射镜的延迟和二向衰减将入射光耦合为正交偏振态，如琼斯光瞳的非对角线元素所示(图 12.44)。就像不镀膜透镜那样，这种耦合的偏振看起来切趾为马耳他十字形，光瞳边缘的振幅约为入射光的 0.13(对于这个 F/#、波长和金属)。当系统放置于

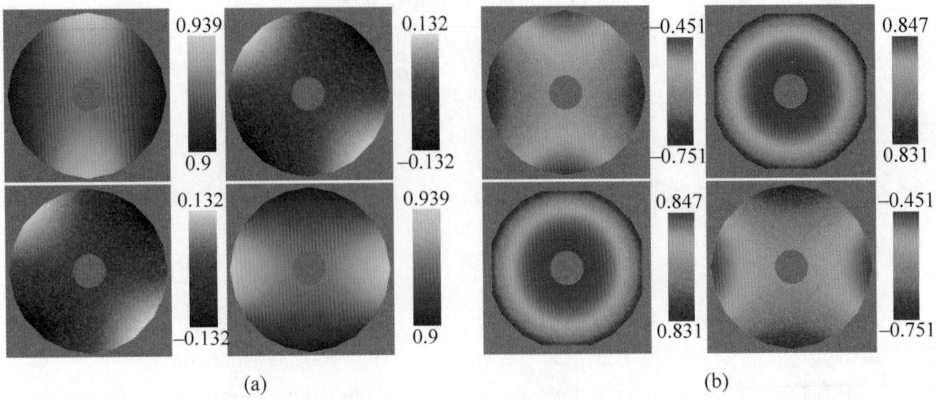

图 12.44　卡塞格林望远镜轴上琼斯光瞳的大小(a)和相位(b)。该图展示了入射光的 x 和 y 分量将如何被铝膜反射切趾和耦合。x 偏振光至 x 偏振光的反射率从光瞳中心向上下边缘增大，向左右边缘减小；y 偏振光至 y 偏振光的情况正好旋转了 90°。$x \rightarrow y$ 和 $y \rightarrow x$ 的反射率沿 x、y 轴为 0，沿±45°方向增大。由于金属膜反射，这些结果与单片透镜的结果有很大差别

正交偏振场中，这种马耳他十字光束聚焦在像面上时，形成有趣的点扩散函数，如图 12.45 的非对角线元素所示，图像包含四个亮斑，过点扩散函数(PSF)中心的水平和垂直方向是暗区。这里绘制的是幅值。反对角线上的两个亮斑具有相反的振幅，正振幅和负振幅，但用绝对值更容易显示。因此，当 0°线偏振光入射时，0°检偏器可检验 J_{11} 振幅，它是像散的(其量值在本图中不明显)。当检偏器旋转到 90°时，可观察到更弱的四个光斑，即 J_{21} 振幅。当检偏器处于 0°～90°时，可观察到一系列中间图案。

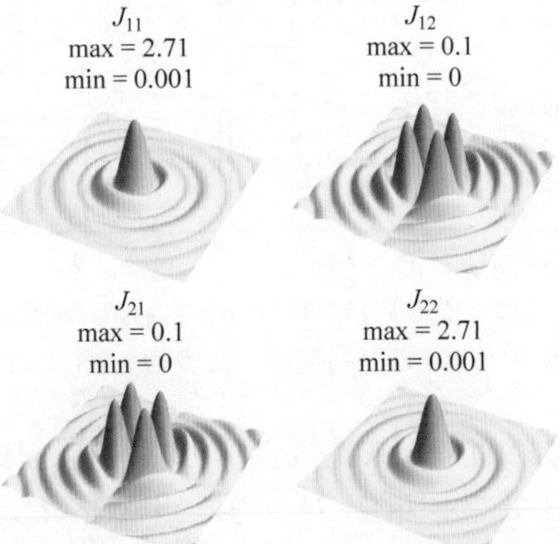

图 12.45　卡塞格林望远镜的振幅响应函数。该图展示了几种偏振组合下点目标图像中偏振态的空间变化。对于对角元 $x \rightarrow x$ 和 $y \rightarrow y$，振幅分布接近艾里斑，但金属膜 s 和 p 偏振之间的相位差引起的像散使得振幅分布略呈椭圆形。$x \rightarrow y$ 和 $y \rightarrow x$ 的响应显示出艾里斑周围有四个亮斑

将卡塞格林望远镜置于米勒矩阵成像偏振仪中，可测量其点扩散函数(PSF)，测量它对非相干平面波的响应。图 12.46 模拟了米勒矩阵点扩展矩阵。第一列包含非偏振 PSF 的斯托克斯图像。总强度 M_{00} 是旋转对称的，因为所有偏振方向的像散平均后为径向对称分

布，但比衍射受限斑更大。M_{10} 和 M_{20} 元素表明，偏离视场中心后（中心是非偏振的），PSF 会变为部分偏振，且具有空间变化的偏振态。

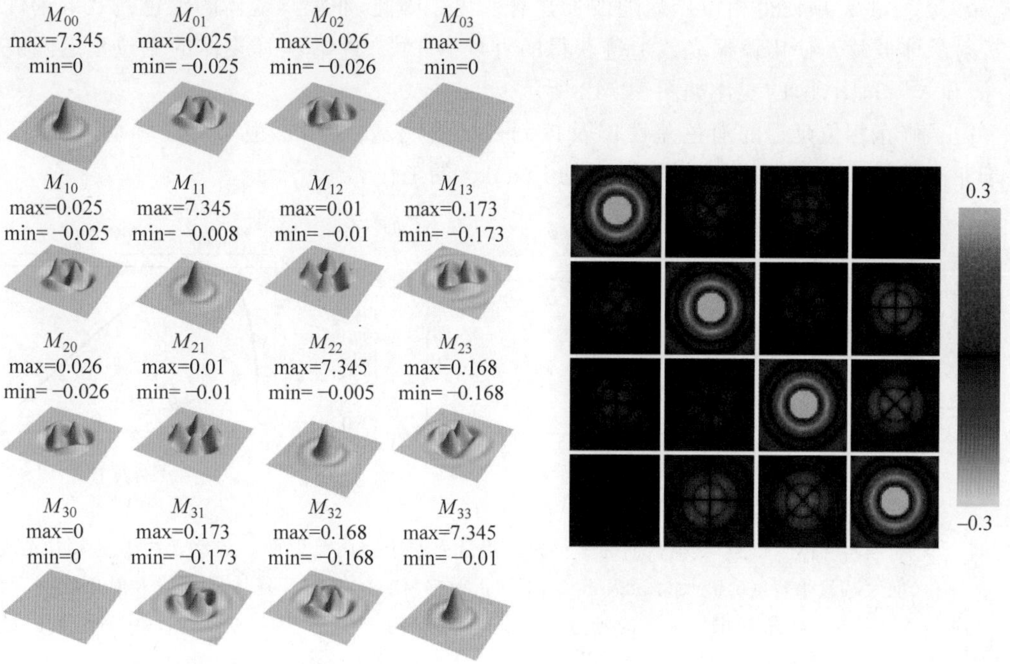

图 12.46　卡塞格林望远镜轴上像的点扩展矩阵。该图展示了任意非相干入射偏振态下 PSF 中的偏振分布。左图的曲面图单独缩放以显示偏振分布中的更多细节。由延迟引起的偏振耦合（M_{13}、M_{23}、M_{31} 和 M_{32}）远大于由二向衰减引起的偏振耦合（M_{01}、M_{02}、M_{10} 和 M_{20}）。右边的光栅图中，过度曝光使视场中心饱和，以便于显示偏振结构中的微弱细节

12.6　菲涅耳棱体

菲涅耳方程的一个巧妙应用是菲涅耳菱体，一个全反射型 $\lambda/4$ 延迟器[13]。图 12.47(a)是一个菲涅耳菱体，棱镜横截面为平行四边形且有两个全反射面。如果菱体的折射率为 $n=1.5$，则当入射角接近 52°时，全反射产生的延迟达到最大值，约为 $\lambda/8$。因此，两次全反射后可近似达到 $\lambda/4$ 延迟量。菲涅耳菱体仅需选用应力双折射较小的玻璃即可，不需要使用双折射材料，因此容易加工且价格低廉。光束在菲涅耳菱体的入射和出射方向相互平行，由于入射光和出射光之间存在横向偏移，因此，菲涅耳菱体不太适合旋转。

图 12.47 分析了菲涅耳菱体与材料折射率之间的关系。图(b)展示了折射率在 1.495 至 1.5 范围内全反射相位延迟与入射角之间的关系，水平黑线表示目标延迟量 $\lambda/8$（～0.785）所在的位置。图(c)展示了折射率为 1.4965，入射角为 51.79°时，延迟曲线正好与 $\lambda/8$ 延迟量相切；在该条件下，延迟量可以通过调整入射角度来补偿。一种折射率接近 1.4965 的玻璃是肖特 N-PK52A。折射率稍微大一点的材料其延迟曲线与 $\lambda/8$ 延迟线有两个交点，通过微调入射角实现准确的 $\lambda/8$ 延迟量。

由于相位延迟取决于折射率，菲涅耳菱体的波长相关性仅取决于折射率随波长的变化。

图 12.48 绘制了肖特 N-PK52A 材料的相位延迟变化图,结果表明在整个可见光波长范围内相位延迟变化小于 2.5°(0.04rad),比双折射波片要好得多。双折射波片的延迟量为 $\delta=2\pi\Delta nt/\lambda$[14],$1/\lambda$ 项使得相位延迟随波长显著变化。因此,菲涅耳菱体的消色差效果远优于双折射晶体波片。使用偏振光线追迹获得的肖特 N-PK52A 菲涅耳菱体的相位延迟随波长图(a)和入射角图(b)的变化如图 12.48 所示。

为了修正相位延迟的消色差性以及控制视场效应,发展出了很多菲涅耳菱体的变体。关于菲涅耳菱体相关设计的总结,请参见 Bennett 的工作[14]。

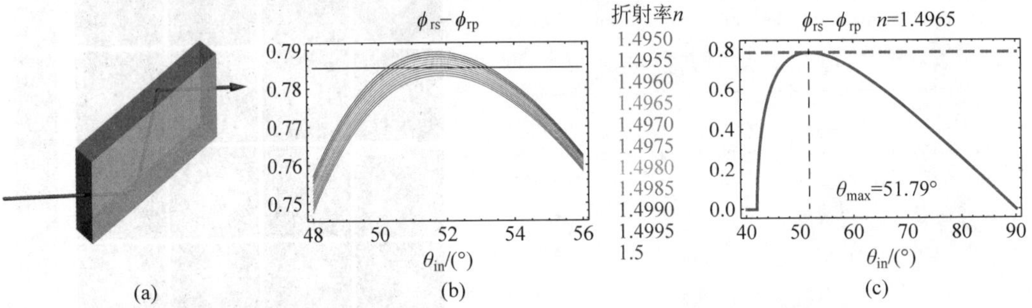

图 12.47 (a)菲涅耳菱体(绿色),其横截面为平行四边形且有两个全内反射面。蓝色光线为正入射光线路径(二向衰减最小)。(b)波长为 589nm 时,不同折射率材料的菲涅耳菱体延迟与入射角的关系,其中折射率 $n=1.4965$ 给出了 $\pi/4$ 的延迟量。(c)折射率为 1.4965,入射角为 51.79°时得到的最大延迟量

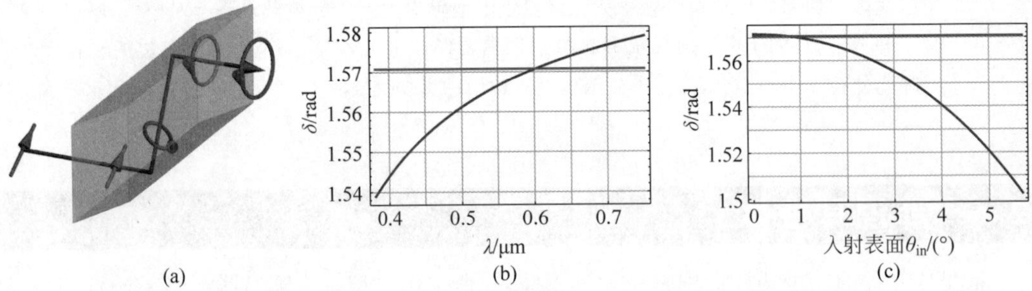

图 12.48 (a)N-PK52A 菲涅耳菱体的偏振光线追迹。入射光 45°方向偏振光,出射光变为右旋圆偏振。(b)延迟与波长的关系(蓝线),红线为 $\lambda/4$ 目标延迟。(c)延迟与入射角(空气中入射端面上 0°至 5°范围)的关系

12.7 小结

根据菲涅耳公式,不镀膜透镜或金属反射镜系统必然存在偏振像差。这些偏振像差的形式与表面的入射角分布相似。本章给出的这些示例可通过第 9 章的偏振光线追迹方法、使用 Polaris-M 程序进行仿真评估。追迹一系列光线并计算出它们的偏振追迹矩阵。计算每条光线的二向衰减、延迟的大小和方向以表征偏振像差。然后,使用第 11 章的算法将这些参数在双极坐标系中表示,以便二向衰减和延迟分布图可以在平面或计算机屏幕上显示。对于单透镜和卡塞格林望远镜,偏振像差不是特别大,偏振像差对点扩散函数的影响较小,

相比而言波前像差的优先级更高。

为理解偏振像差的大小并判定何时它会是个问题，有必要进行偏振光束追迹。这将告诉我们偏振像差是否小到可以忽略，或者确定偏振像差是否可能产生问题，例如分辨率损失或偏振光泄漏。

本章主要介绍了较为简单的未镀膜系统的偏振像差，这为进一步理解后续章节的更复杂界面做了很好的铺垫。在高质量光学系统中，例如电影制作镜头、液晶投影仪、微光刻和其他应用中，本章分析的未镀膜表面是例外。大多数透镜表面都有防反射膜层，许多反射镜具有多层反射增强膜，还可能包含其他膜层，比如光谱滤光片、分束器等。在这种情况下，本章所述的单透镜、反射镜组合和卡塞格林望远镜将具有不同的二向衰减和相位延迟，但形式与不镀膜情况相似，因为薄膜的二向衰减和延迟仍然与 s 偏振面和 p 偏振面对齐。为此，需要根据特定膜系对它们进行偏振光线追迹，以确定二向衰减和延迟分布图。为了理解这些情形，第 13 章分析了一些典型的光学薄膜，为包含膜系的偏振光线追迹和偏振像差分析提供示例和指导。

12.8　习题集

12.1　图 12.7(a)的光强度分布(振幅的平方)为马耳他十字。马耳他十字在偏振光学中是一个非常重要的图案，尤其常见于放置在正交偏振器之间的径向对称光学系统中。沿对角线方向，漏光的振幅与归一化光瞳坐标 ρ^2 成正比，而透过光强则与 ρ^4 成正比。如果减小透镜的孔径，漏光会迅速减小。因此，在数值孔径较小的透镜系统中，可能很难观测到马耳他十字。当两个偏振器同步旋转时，马耳他十字也将随之一起旋转。

a. 考虑图 12.7(b)的马耳他十字。当两个偏振器一起旋转时，为什么马耳他十字也跟着旋转？如果只将其中一个偏振器旋转一个小角度，会发生什么？透镜放置于两个正交偏振器之间，如果只旋转透镜，图案会发生什么变化？

b. 描述柱面透镜在两个正交偏振器之间旋转时透射强度图。

c. 考虑马耳他十字的总透射强度。如果光瞳直径减小到一半，透射强度减小多少？

12.2　光线正入射到玻璃上，如果光线的光强反射率等于光强透射率，求玻璃的折射率。

12.3　证明：如果光束以布儒斯特角从空气入射到平行平板上，则光束在后表面上的入射角也为布儒斯特角。

12.4　求一个蓝宝石 $\lambda/2$ 延迟器的琼斯矩阵，其快轴为 45°，波长为 589nm，$n_{\mathrm{O}}=1.76817$，$n_{\mathrm{E}}=1.76009$。第 5 章(琼斯矩阵和偏振性质)给出了理想延迟器的琼斯矩阵；现在，考虑一个实际延迟器。求 $\lambda/2$ 延迟器厚度 t 以及 o 光和 e 光的绝对相位。由于这些光程长度，延迟器的琼斯矩阵将不会是对称的、快轴不变的或慢轴不变的形式(表 5.4)。计算 o 光和 e 光正入射时的菲涅耳方程，包括琼斯矩阵中的小二向衰减。

12.5　证明：光束在空气中从介质上反射，当入射角 θ 接近 90°时，$R_{\mathrm{s}}(\theta)$ 和 $R_{\mathrm{p}}(\theta)$ 趋于相同的值；求此时 $R_{\mathrm{s}}(\theta)$ 和 $R_{\mathrm{p}}(\theta)$ 的斜率。

12.6　如图 12.49 所示，对于 $n_0=1$、$n_1=1.5$、$0<\theta<90°$ 的界面菲涅耳振幅系数 r_{s}、r_{p}、t_{s}、t_{p}，可以用一个四阶偶函数完美拟合。使用 8.5 节的方法，用 $f(\theta)=a_0+a_2\theta^2+$

$a_4\theta^4$ 进行最小二乘多项式拟合。使用菲涅耳公式计算每个振幅系数在 0°,2°,4°,…,90°的值并做成表格。然后使用 $f(\theta)$ 拟合多项式系数 a_0、a_2 和 a_4。例如,第 1 个拟合是 $r_s=-8\times10^{-9}\theta^4-0.0000306\theta^2-0.203699$。

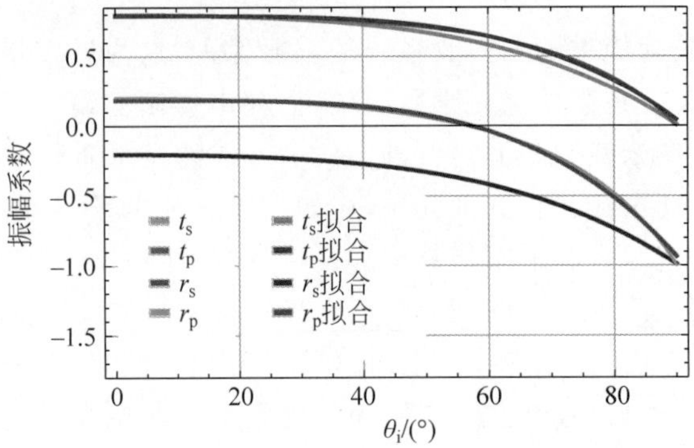

图 12.49　菲涅耳振幅系数与四阶多项式拟合结果的比较,两者非常接近

12.7　证明 $r_p=\dfrac{r_s(r_s-\cos(2\theta))}{1-r_s\cos(2\theta)}$ 和 $r_s=\dfrac{1}{2}\cos(2\theta)(1-r_p)+\sqrt{r_p+\dfrac{1}{4}\cos^2(2\theta)(1-r_p)^2}$。提示:$r_p$ 和 r_s 是 θ 的函数[15]。

12.9　参考文献

[1]　H. K. and S. Inoué, Diffraction images in the polarizing microscope, J. Opt. Soc. Am. 49 (1959): 191-198.

[2]　R. A. Chipman, Polarization analysis of optical systems, Opt. Eng. 28(2) (1989): 90-99.

[3]　J. O. Stenflo, The measurement of solar magnetic fields, Rep. Prog. Phys. 41. 6 (1978): 865.

[4]　R. A. Chipman, Polarization aberrations, PhD dissertation, College of Optical Sciences, University of Arizona (1987).

[5]　R. A. Chipman, Polarization analysis of optical systems II, Proc. SPIE 1166 (1989): 79-99.

[6]　J. P. McGuire and R. A. Chipman, Polarization aberrations. 1. Rotationally symmetric optical systems, Appl. Opt. 33 (1994): 5080-5100 and Polarization aberrations. 2. Tilted and decentered optical systems. Appl. Opt. 33 (1994): 5101-5107.

[7]　D. J. Reiley and R. A. Chipman, Coating-induced wave-front aberrations: On-axis astigmatism and chromatic aberration in all-reflecting systems, Appl. Opt. 33 (1994): 2002-2012.

[8]　W. Swindell, Handedness of polarization after metallic reflection of linearly polarized light, J. Opt. Soc. Am. 61 (1971): 212-215.

[9]　R. A. Chipman, Polarization aberrations, PhD dissertation, The University of Arizona (1987).

[10]　D. B. Chenault and R. A. Chipman, Measurements of linear diattenuation and linear retardance spectra with a rotating sample spectropolarimeter, Appl. Opt. 32 (1993): 3513-3519.

[11]　D. J. Reiley and R. A. Chipman, Coating-induced wave-front aberrations: On-axis astigmatism and chromatic aberration in all-reflecting systems, Appl. Opt. 33(10) (1994): 2002-2012.

[12]　D. J. Reiley, Polarization in Optical Design, dissertation, Physics, University of Alabama in Huntsville (1993).

[13]　R. J. King, Quarter-wave retardation systems based on the Fresnel rhomb principle, J. Sci. Instrum.

43.9 (1966)：617.

[14] J. M. Bennett, A critical evaluation of rhomb-type quarter wave retarders, Appl. Opt. 9.9 (1970)：2123-2129.

[15] R. M. A. Azzam, Direct relation between Fresnel's interface reflection coefficients for the parallel and perpendicular polarizations, J. Opt. Soc. Am. 69(7) (1979).

第 13 章

薄　膜

13.1　引言

光学薄膜在光学系统中普遍存在。大多数折射表面镀有增透膜以减少反射损失。金属反射镜上通常镀介质膜,以保护金属表面并提高反射率。许多薄膜也用于光谱滤光,以改变光的光谱成分,例如带通滤光片即阻挡了给定光谱范围之外的光。分光膜用于分割或合并波前,它在干涉仪和许多其他应用中是必要的。为了不改变偏振态,要求许多分光膜被设计为非偏振的。但另一种分光膜则设计为偏振分束膜,用于将一个偏振态反射而将另一个正交偏振态透射以实现偏振分光。

所有膜层都会影响入射光的偏振态。振幅系数表征了膜层的偏振特性;薄膜的振幅系数与界面上的电场相关,表现形式与第 12 章的菲涅耳系数相同;它们表征了光的 s 偏振和 p 偏振分量的振幅和相位变化。

本章回顾了均匀和各向同性薄膜的光学特性。首先,推导和研究了单层薄膜的反射和透射。然后,给出了任意多层薄膜光学特性的通用计算方法,并从光学工程师和镜头设计师的角度研究了几种重要膜系的偏振性能。

理论上,可以将菲涅耳系数应用于多层堆叠光学材料来计算增透膜、分光膜等薄膜的振幅反射系数和振幅透射系数。四类典型的界面如下:

(1) 均匀界面——整个有效通光孔径范围内界面特性恒定不变。

(2) 非均匀界面——整个有效通光孔径范围内膜层成分或厚度有空间变化。

（3）各向同性界面——所有材料的折射率在各个方向和任何偏振下都相同。

（4）各向异性界面——使用了双折射或光学旋光材料，折射率依赖于偏振态。各向异性可能来源于双折射材料的使用、应力，也可能来自于膜层微观结构，因为镀膜过程中许多沉积的膜层以微柱阵列的形式生长，这会导致形成双折射[1-2]。此外，通常各向同性材料与强电场或磁场相互作用后也会变为各向异性。

13.2　单层薄膜

考虑一束平面光波入射到折射率为 n_1、厚度为 t 的薄膜上，薄膜基底的折射率为 n_2，如图 13.1 所示。光学薄膜可以用 s 和 p 本征偏振的反射振幅和透射振幅系数来表征。平面波由图中的光线表示，当光线通过薄膜时，部分能流会在每个界面反射和折射，其中一些光线会经历多次反射。通过薄膜的每条光线称为子波，每个子波都有自己的振幅和相位，子波之间将相长干涉或相消干涉。因此，薄膜总的反射振幅和透射振幅由所有反射子波或透射子波的叠加决定。这些透射和反射与波长和入射角相关。

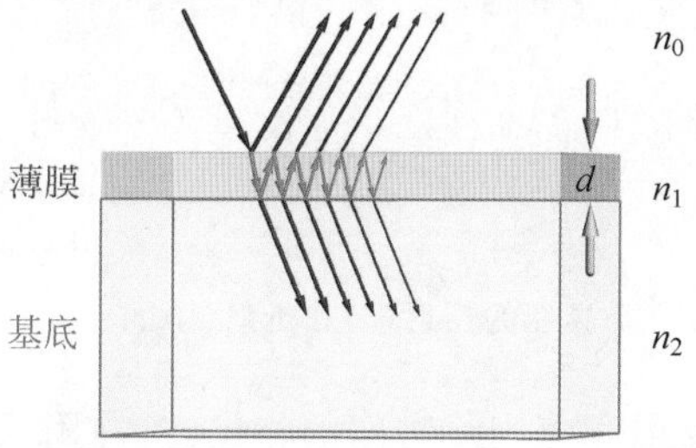

图 13.1　单层薄膜，膜层和基底的折射率分别为 n_1 和 n_2。膜层内的多次反射产生一组反射和透射子波

每个子波的相对振幅和相位可通过菲涅耳公式和薄膜的相位厚度计算。光线和上下界面相互作用的复振幅系数可由式(13.4)～式(13.11)给出。光线在介质中的角度可由斯涅耳定律(式(13.1))获得。这些角度可重新写为式(13.2)和式(13.3)形式。图 13.2 展示了每个界面的菲涅耳系数的下标：空气→薄膜(01)，薄膜→基底(12)和薄膜→空气(10)。

$$n_0\sin\theta_0=n_1\sin\theta_1=n_2\sin\theta_2 \tag{13.1}$$

$$\cos\theta_1=\sqrt{1-\frac{n_0^2\sin^2\theta_0}{n_1^2}} \tag{13.2}$$

$$\cos\theta_2=\sqrt{1-\frac{n_0^2\sin^2\theta_0}{n_2^2}} \tag{13.3}$$

$$r_{01\mathrm{s}}=\frac{n_0\cos\theta_0-n_1\cos\theta_1}{n_0\cos\theta_0+n_1\cos\theta_1}=-r_{10\mathrm{s}} \tag{13.4}$$

$$r_{01\mathrm{p}}=\frac{n_1\cos\theta_0-n_0\cos\theta_1}{n_1\cos\theta_0+n_0\cos\theta_1}=-r_{10\mathrm{p}} \tag{13.5}$$

$$r_{12s}=\frac{n_1\cos\theta_1-n_2\cos\theta_2}{n_1\cos\theta_1+n_2\cos\theta_2} \tag{13.6}$$

$$r_{12p}=\frac{n_2\cos\theta_1-n_1\cos\theta_2}{n_2\cos\theta_1+n_1\cos\theta_2} \tag{13.7}$$

$$t_{01s}=\frac{2n_0\cos\theta_0}{n_0\cos\theta_0+n_1\cos\theta_1} \tag{13.8}$$

$$t_{01p}=\frac{2n_0\cos\theta_0}{n_1\cos\theta_0+n_0\cos\theta_1} \tag{13.9}$$

$$t_{12s}=\frac{2n_1\cos\theta_1}{n_1\cos\theta_1+n_2\cos\theta_2} \tag{13.10}$$

$$t_{12p}=\frac{2n_1\cos\theta_1}{n_2\cos\theta_1+n_1\cos\theta_2} \tag{13.11}$$

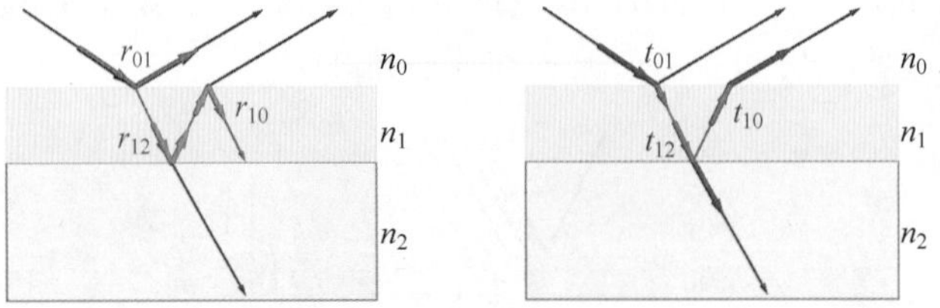

图 13.2　每个界面的反射(a)和折射(b)的菲涅耳振幅系数

相位厚度 2β 是透射和反射相邻光线之间的相位差(在附录中推导),其中

$$\beta(n_0,n_1,\theta_0,d)=\frac{2\pi}{\lambda}n_1 d\cos\theta_1 \tag{13.12}$$

式(13.13)～式(13.16)为单层薄膜的 s 和 p 振幅反射和透射系数,该系数由所有子波复振幅的总和(在附录中推导)计算得到。

$$r_s(\theta_i,n_0,n_1,n_2,d)=\frac{r_{01s}+r_{12s}e^{i2\beta}}{1-r_{12s}r_{10s}e^{i2\beta}}=|r_s|e^{-i\phi_{rs}} \tag{13.13}$$

$$r_p(\theta_i,n_0,n_1,n_2,d)=\frac{r_{01p}+r_{12p}e^{i2\beta}}{1-r_{12p}r_{10p}e^{i2\beta}}=|r_p|e^{-i\phi_{rp}} \tag{13.14}$$

$$t_s(\theta_i,n_0,n_1,n_2,d)=\frac{t_{01s}t_{12s}}{1-r_{10s}r_{12s}e^{i2\beta}}=|t_s|e^{-i\phi_{ts}} \tag{13.15}$$

$$t_p(\theta_i,n_0,n_1,n_2,d)=\frac{t_{01p}t_{12p}}{1-r_{10p}r_{12p}e^{i2\beta}}=|t_p|e^{-i\phi_{tp}} \tag{13.16}$$

式中绝对值代表每个方向上的入射振幅比例,振幅系数 ϕ 代表入射光束和出射光束之间的相位变化。该相位是相对于反射的入射表面和透射的出射表面度量的。

这些薄膜系数(式(13.13)～式(13.16))类似于菲涅耳振幅系数,它们用于第 9 章偏振光线追迹 $\boldsymbol{P}$ 矩阵中,用来表征偏振光线追迹过程中的每个光线截点,如式(9.15)所示。

$$\boldsymbol{P}_{\mathrm{t}}=\boldsymbol{O}_{\mathrm{t}}\begin{pmatrix} t_{\mathrm{s}} & 0 & 0 \\ 0 & t_{\mathrm{p}} & 0 \\ 0 & 0 & 1 \end{pmatrix}\boldsymbol{O}_{\mathrm{in}}^{-1} \quad \boldsymbol{P}_{\mathrm{r}}=\boldsymbol{O}_{\mathrm{r}}\begin{pmatrix} r_{\mathrm{s}} & 0 & 0 \\ 0 & r_{\mathrm{p}} & 0 \\ 0 & 0 & 1 \end{pmatrix}\boldsymbol{O}_{\mathrm{in}}^{-1} \tag{13.17}$$

13.2.1 减反膜

减反膜设计用于提高光学元件的透过率。它的另一个好处是几乎总是能够减小偏振像差。最常见的减反膜是由低折射率材料制成的 $\lambda/4$ 厚的一层膜（光程为 nt）。对于 $\lambda/4$ 单层膜有 $n_1 d=\lambda/4$，光线垂直入射时 $\theta_0=\theta_1=\theta_2=0°$，此时膜层反射率为

$$R=\left(\frac{n_0 n_2-n_1^2}{n_0 n_2+n_1^2}\right)^2 \tag{13.18}$$

且有

$$当\ n_1=\sqrt{n_0 n_2}\ 时\ R=0 \tag{13.19}$$

如果一块未镀膜玻璃的折射率为 1.5，则使用折射率为 $\sqrt{1.5}=1.225$ 的 $\lambda/4$ 膜层即可使得反射率为 0。然而，现实中很难获得折射率低至 1.225 的薄膜材料。最常见的低折射率镀膜材料是氟化镁（MgF_2）。单层减反膜通常由 $\lambda/4$ 的 MgF_2 制成，其在玻璃上反射率 $R=1.4\%$。镀减反膜与未镀减反膜的 s 和 p 光强透过率、二向衰减和相位延迟比较如下。

图 13.3 为玻璃上镀了一层 MgF_2 减反膜的光强透过率与膜层厚度的函数关系。可以看出，膜层厚度为 $\lambda/4$ 或 $3\lambda/4$ 时透过率最大。

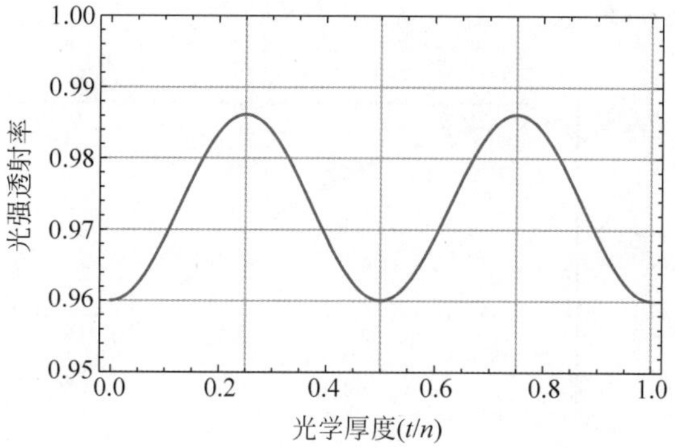

图 13.3　正入射时镀有 MgF_2 薄膜的玻璃（$n=1.5$）的透射率与膜层光学厚度（t/n）的关系

如图 13.4 所示，镀了 $\lambda/4$ MgF_2 减反膜后，正入射时镀膜玻璃的透射率优于 98%，反射率低于 2%。图 13.5 中，镀 $\lambda/4$ 膜后透射二向衰减降低，而反射二向衰减略有增加。图 13.6 显示，s 和 p 分量的透射相位变化几乎相同，在小角度入射时呈二次方变化，这表明相位改变对镀膜透镜总光焦度的贡献非常小（13.4 节）。透射和反射相位延迟随入射角呈二次方增大，如图 13.7 所示。

13.2.2 理想单层减反膜

理想单层减反膜的折射率为入射介质和基底折射率乘积的平方根（式(13.19)），具有非常低的二向衰减和延迟。图 13.8 展示了 $\lambda/4$ MgF_2 减反膜在基底上的性能，其中基底的折

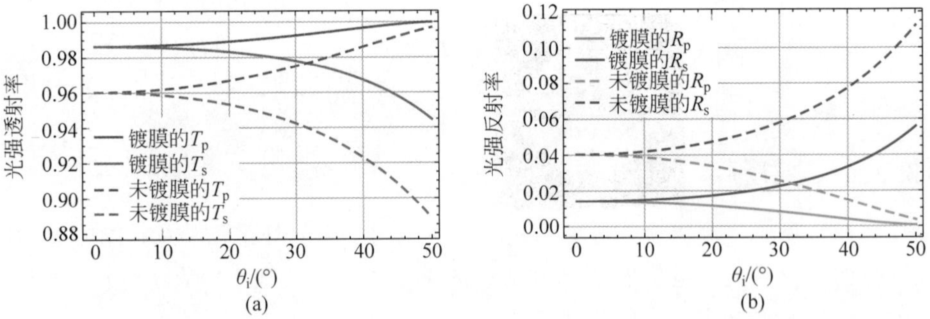

图 13.4 玻璃镀 λ/4 MgF_2 膜层前后，s 和 p 偏振光在 0.55 μm 波长处的光强透射率(a)和反射率(b)

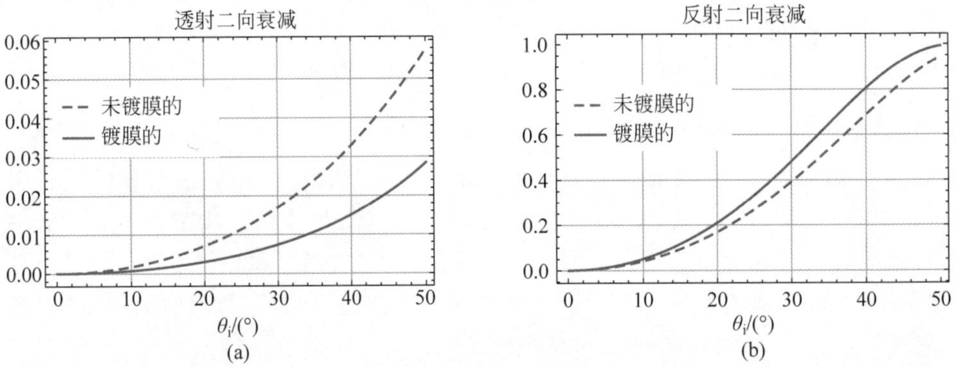

图 13.5 玻璃镀 λ/4 MgF_2 膜层前后，0.55 μm 波长处的透射二向衰减(a)和反射二向衰减(b)

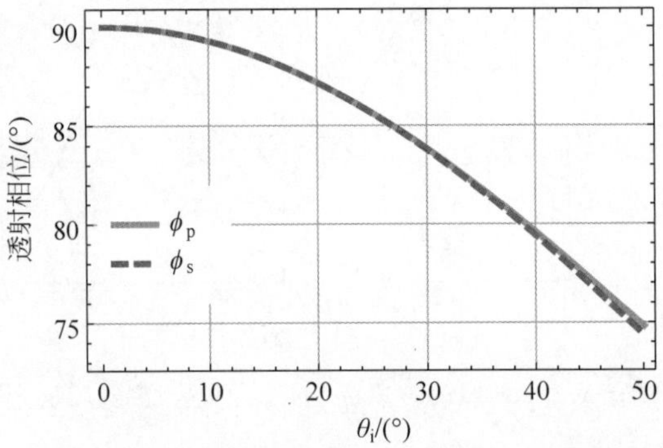

图 13.6 玻璃镀 λ/4 MgF_2 膜层后，在 0.55 μm 波长处 s 和 p 分量透射的相位改变

射率等于 MgF_2 折射率的平方。图(a)为镀膜前后二向衰减与入射角的关系，入射角 30°以内二向衰减几乎为零。正如 Azzam 所述[3]，二向衰减随入射角的变化为六次方关系，因此，二向衰减不存在关于角度的二次方或四次方变化。同样，图(b)的延迟非常小，随入射角呈四次方变化，对于该折射率和厚度，延迟不存在二次方变化关系。

13.2.3 金属分束器

分束器将入射光的振幅按比例分成透射波和反射波。本节单层膜方程只分析正入射和

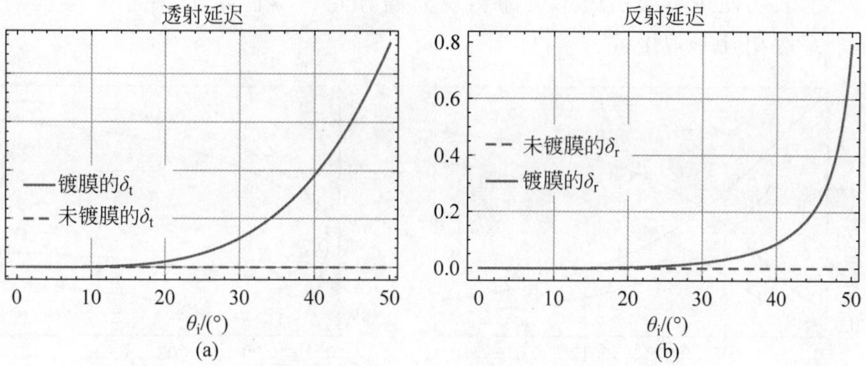

图 13.7 玻璃镀 $\lambda/4MgF_2$ 膜层前后，在 0.55 μm 波长处的透射延迟(a)和反射延迟(b)。单位为度，延迟非常小，可以忽略

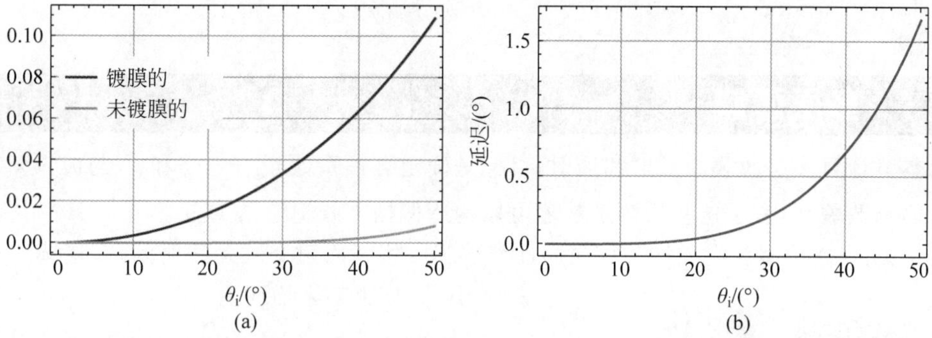

图 13.8 理想 $\lambda/4MgF_2$ 减反膜的二向衰减(a)和延迟(b)。膜层厚度为 $t=\lambda/(4n_1)$，空气折射率 $n_0=1$，MgF_2 折射率 $n_1=1.38$，基底折射率 $n_{sub}=n_{MgF_2}^2=1.9044$

45°入射角下玻璃基底上的单层铝膜。本节将探讨工作于 45°入射角下的铝膜分束器的性能，分析其与理想无偏分束器的性能差异。

如图 13.9 所示，在正入射时，对于约 4.2nm 厚的铝膜，反射率和透射率近似相等。

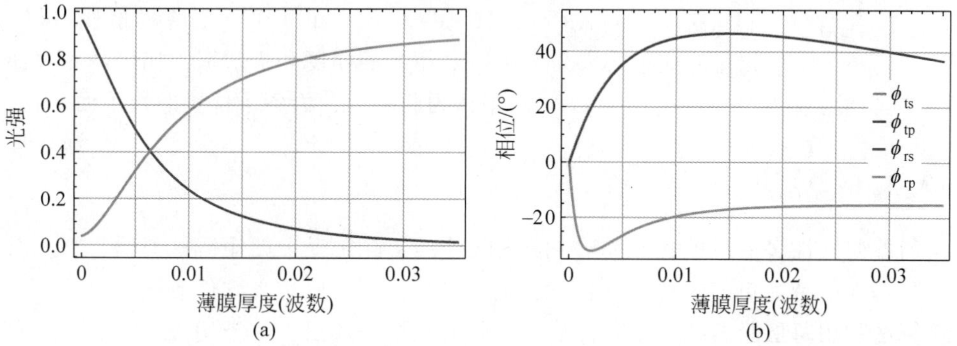

图 13.9 正入射条件下，铝膜分束器的光强透过率(图(a)橘色)、反射率(图(a)蓝色)以及相位(图(b))与铝膜厚度的关系。铝膜折射率 $n_1=1.2+7.26i$，基底玻璃折射率 $n_2=1.5$，波长为 0.6μm

图 13.10 显示了 45°入射角下铝膜的透射、反射强度和相位。s 和 p 的透射、反射系数

永远不相交,表明使用单层铝膜不可能实现无偏分光。尽管如此,在铝膜厚度约为 3.6nm 时,这四个系数相互非常接近。

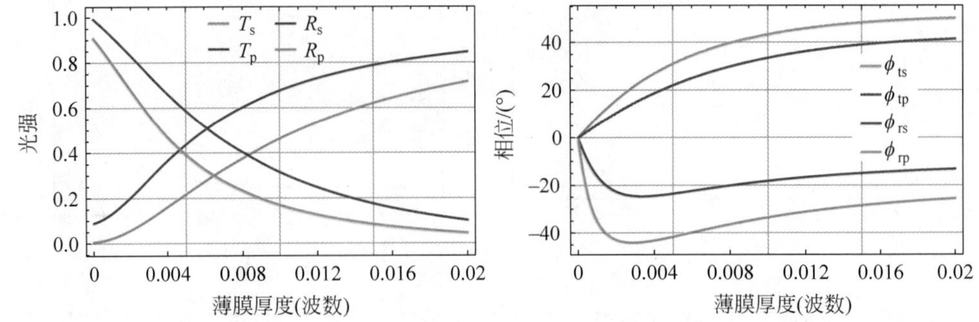

图 13.10　45°入射条件下,铝膜分束器的光强透过率、反射率以及相位与铝膜厚度的关系。铝膜折射率 $n_1=1.2+7.26i$,基底玻璃折射率 $n_2=1.5$,波长为 0.6 μm

13.3　多层薄膜

本节计算多层薄膜的反射和透射,目标是确定振幅系数 r_s、r_p、t_s 和 t_p 与波长 λ 和入射角 θ 的函数关系,有了这些振幅系数才可以构造偏振光线追迹的 $\boldsymbol{P}$ 矩阵。

考虑由 Q 层薄膜组成均匀各向同性多层膜。假设入射介质是透明的,多层膜厚度可由一个厚度矢量 $\boldsymbol{T}$ 来描述,

$$\boldsymbol{T}=(t_1,t_2,\cdots,t_q,\cdots,t_Q) \tag{13.20}$$

这些厚度以长度为单位,如毫米,称为公制厚度,以区别于用波数表示的光学厚度。每次仅计算一个波长,因此在每个波长处各膜层的折射率也可以排列成一个向量$\boldsymbol{\Lambda}$,

$$\boldsymbol{\Lambda}=(n_1,n_2,\cdots,n_q,\cdots,n_Q) \tag{13.21}$$

膜层参数包括每层的厚度及其复折射率。

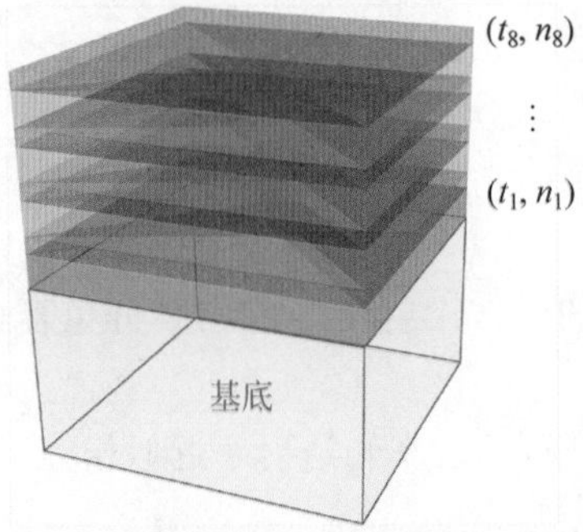

图 13.11　基底上八层堆栈的多层膜组成示意图。每层膜由厚度 t 和折射率 n 描述

图 13.11 显示了一个八层薄膜堆栈,每层都有一个与之相关的厚度和折射率。如果基底表面为曲面,则认为膜层与曲面各个位置的切平面平行。

13.3.1　算法

均匀各向同性多层膜的振幅系数可通过 Abelès 首先提出的矩阵法计算[4-5]。该算法通过透明基底的特征矩阵实现,应用广泛,是大多数商用薄膜仿真软件的核心[6]。

该算法利用每层膜的特征矩阵计算多层膜的透射和反射。对于 Q 层膜,有

$$\begin{pmatrix}B\\C\end{pmatrix}=\left[\prod_{q=1}^{Q}\begin{pmatrix}\cos\beta_q & \mathrm{i}\sin\beta_q/\eta_q\\ \mathrm{i}\eta_q\sin\beta_q & \cos\beta_q\end{pmatrix}\right]\begin{pmatrix}1\\ \eta_m\end{pmatrix} \tag{13.22}$$

其中第 q 层的相位厚度为

$$\beta_q = \frac{2\pi n_q d_q \cos\theta_q}{\lambda} \tag{13.23}$$

n_q、d_q、θ_q、η_q 分别为第 q 层薄膜的折射率、厚度、折射角和复折射率。η_m 是基底的特征导纳。对于 TE 和 TM 波，s 偏振和 p 偏振分量的特征矩阵不同，可分别由下面不同的特征导纳计算：

$$\eta_{s,q} = \sqrt{\frac{\varepsilon_0}{\mu_0}} n_q \cos\theta_q \quad 和 \quad \eta_{p,q} = \sqrt{\frac{\varepsilon_0}{\mu_0}} \frac{n_q}{\cos\theta_q} \tag{13.24}$$

多层膜总的反射和透射可由矩阵乘积式(13.22)计算。振幅反射系数为

$$r = \frac{\eta_0 - Y}{\eta_0 + Y} = \frac{\eta_0 B - C}{\eta_0 B + C} \tag{13.25}$$

其中表面导纳 $Y = C/B$，反射时的相位变化为

$$\phi_r = -\arctan\left\{\frac{\mathrm{Im}\left[\eta_m (BC^* - CB^*)\right]}{\eta_m^2 BB^* - CC^*}\right\} \tag{13.26}$$

另外，振幅透射系数为

$$t = \left(\frac{2\eta_0}{\eta_0 B + C}\right)^* \tag{13.27}$$

对应的透射相位变化(相对于出射表面度量)为

$$\phi_t = -\arctan\left[\frac{-\mathrm{Im}(\eta_0 B + C)}{\mathrm{Re}(\eta_0 B + C)}\right] \tag{13.28}$$

强度系数为出射光与入射光强度之比。因此，反射率和透射率分别为

$$R = \left(\frac{\eta_0 B - C}{\eta_0 B + C}\right)\left(\frac{\eta_0 B - C}{\eta_0 B + C}\right)^* \quad 和 \quad T = \frac{4\eta_0 \mathrm{Re}(\eta_m)}{(\eta_0 B + C)(\eta_0 B + C)^*} \tag{13.29}$$

如果所有膜层的折射率为实数，则吸收为 0；否则，吸收系数为

$$A = \frac{4\eta_0 \mathrm{Re}(BC^* - \eta_m)}{(\eta_0 B + C)(\eta_0 B + C)^*} \tag{13.30}$$

13.3.2　$\lambda/4$ 和 $\lambda/2$ 膜

当膜层厚度为 $\lambda/4$ 的整数倍时，一些简单的关系可用于薄膜设计；这些厚度对反射和透射具有最大或最小的影响。当无损介质膜厚度为 $\lambda/2$ 的整数倍时，此时有 $\beta = m\pi/2$ 时，其中 $m = 0,2,4,\cdots$，其特征矩阵变为

$$\pm\begin{pmatrix} 1 & 0 \\ 0 & 1 \end{pmatrix} \tag{13.31}$$

可以看出，当膜层厚为 $\lambda/2$ 时，该膜层对光的反射率和透射率没有影响。当 $m = 1,3,5,\cdots$ 介质膜厚度为 $\lambda/4$ 奇数倍，相应的特征矩阵为

$$\pm\begin{pmatrix} 0 & \mathrm{i}/\eta \\ \mathrm{i}\eta & 0 \end{pmatrix} \tag{13.32}$$

对于奇数层或偶数层 $\lambda/4$ 多层膜，表面导纳 Y 变为

$$\frac{\eta_1^2 \eta_3^2 \eta_5^2 \cdots}{\eta_2^2 \eta_4^2 \cdots \eta_m^2} \quad 或 \quad \frac{\eta_2^2 \eta_4^2 \cdots \eta_m^2}{\eta_1^2 \eta_3^2 \eta_5^2 \cdots} \tag{13.33}$$

许多常见的薄膜设计使用 λ/4 膜层，根据折射率可分为

- L，低折射率 λ/4 膜；
- M，中折射率 λ/4 膜；
- H，高折射率 λ/4 膜。

对于低折射率 λ/4 膜，从膜层第一个表面反射的子波和从第二个表面反射的子波相差 180°，从而使反射最小化。一些 λ/4 膜设计的例子如下：

- 空气-L-玻璃，λ/4 减反膜；
- 空气-HLHLHLHL-玻璃，高低折射率交替的 8 层膜。

13.3.3　增反膜

高反膜很容易由 λ/4 厚度的高、低折射率膜层交替组合而成。这些反射膜可以替代金属膜，能够提供更高的反射率；然而，光谱带宽和偏振特性可能与金属膜大不相同。增反膜是一个很好的例子，可非常清楚地解释薄膜计算的结果，以及解释膜层对波前和偏振像差的影响。

图 13.12(a)为 n-BK7 基板上镀的两层介质膜示意图，膜层折射率一高一低。根据膜层简写标记法，该膜层为 Air-HL-玻璃，高折射率的 λ/4 膜镀在低折射率的 λ/4 膜层之上。本例子中，高折射率材料选用氧化铪 HfO_2(n_H=1.94)，低折射率材料为 MgF_2(n_L=1.39)。

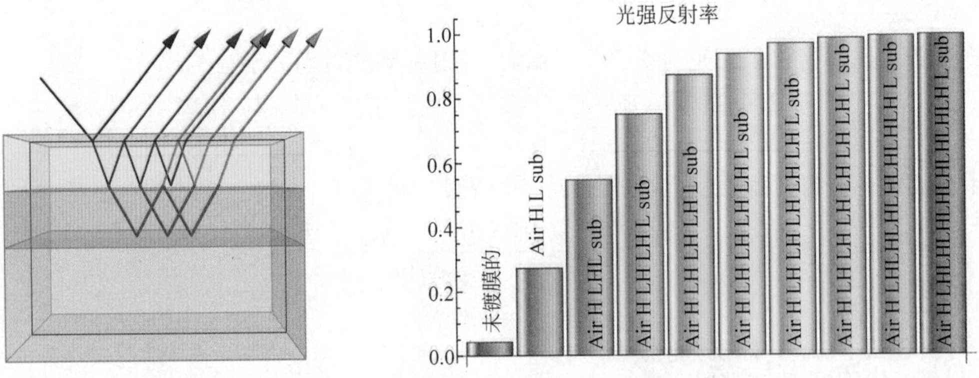

(a)　　(b)

图 13.12　(a)光从 Air-HL-玻璃膜层中反射的子波族。光束正入射时，所有子波以相同相位从上表面出射，反射率增强。(b)反射率随着交替膜$(HL)^N$ 层数增加而迅速增加，当 $N=9$ 时，反射率超过 99%

在 λ/4 减反膜(空气-L-玻璃)中，从空气到 MgF_2 界面反射的子波和从 MgF_2 到玻璃界面反射的子波在出射时相位相差 π，从而抑制了反射。在图 13.12(a)中，光束正入射到"空气-HL-玻璃"薄膜时，Air-H、H-L 和 L-H 界面的子波在反射后从薄膜顶面出射时的相位相同，因此反射增强。但由于振幅系数很小，所以只有约 25%的光从"空气-HL-玻璃"反射。这种结构现在被用作构建高反膜的基础，因为随着 HL 层对的增加，所有反射子波都保持同相位。

图 13.12(b)显示，随着 HL 层数量的增加，$\lambda_0=0.55\mu m$ 的正入射光的反射率随之增大。对于 4 层膜(空气-HLHL-玻璃)，反射率增大到 50%；当 HfO_2 和 MgF_2 交替的层数增

加到 10 层时(空气-HLHLHLHLHL-玻璃),正入射的反射率约为 95%；在增加到 18 层时(空气-HLHLHLHLHLHLHLHLHL-玻璃),反射率超过 99%。

这看起来非常完美！然而,如果反射率这么高,为何仍然需要使用金属反射镜？这种高反射率只能在有限的波长和角度范围内获得,在这个范围之外,反射率会比金属反射镜差很多。对于很多层膜的高反射率设计,其振幅系数随入射角度和波长快速变化；因此,这类膜层提供了一个很好的示例,可以非常清楚地解释膜层对波前像差和偏振像差的影响。

由 HfO_2 和 MgF_2 两种材料组成、中心波长为 λ_0 的 10 层增反膜(空气-HLHLHLHLHL-玻璃),其反射率如图 13.13 所示。

图 13.14 为 HfO_2 和 MgF_2 交替的 18 层增反膜(空气-HLHLHLHLHLHLHLHLHL-玻璃)的反射率和相位变化。图(a)可以看出,入射角在 0°～30°范围内,反射率几乎达到 100%。如果入射角度超过 40°,反射率会迅速下降,膜层的二向衰减也会变大。对应的 s 光和 p 光的相位如图(b)所示,相位随角度的变化比金属铝膜快得多。延迟($\phi_p-\phi_s$)随着反射率变化而迅速增加,p 偏振分量的相位在入射角约 50°时发生 180°突变。任何使用这类增反膜的系统,可以用平均相位(($\phi_p+\phi_s$)/2)(洋红色绘出)表示增反膜对系统波前像差的贡献。在高反射区域的边缘(入射角 40°),平均相位变化了 0.5rad 或 $\lambda/12$。正如后文所述,由于平均相位几乎是呈二次方变化,因此当有效通光孔径内入射角变化时,二次平均相位变化会引起离焦和色差,例如①准直光束入射到球面镜,或②会聚或发散光束入射到平面反射镜。

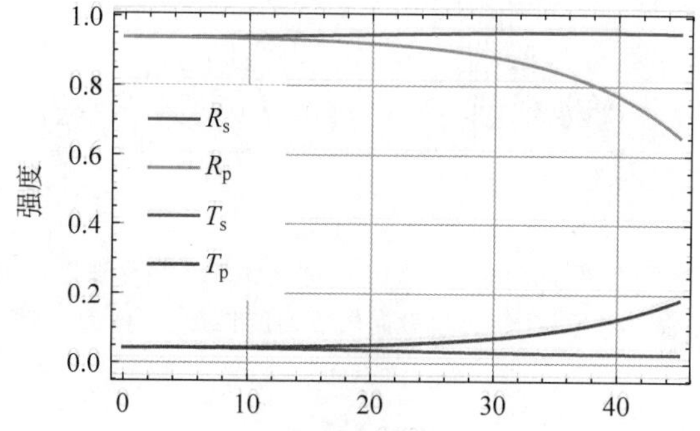

图 13.13　中心波长为 0.55μm 的 10 层增反膜(空气-HLHLHLHLHL-玻璃)的反射率随入射角的变化。正入射时反射率达到 94%,略高于铝膜(约 92%)。部分光透射进入玻璃基底(如 T_s、T_p 所示)

图 13.15 为 18 层增反膜的反射率与波长的关系。此反射膜类似于一个带通滤波器,入射角 0°至 30°范围内带宽为 0.1μm(0.5～0.6μm)。因此,设计波长上的高反射率是以降低光谱带宽为代价的。随着入射角增加,p 光的带宽比 s 光减小得更快；从而导致带通边缘二向衰减较大。相位、薄膜引起的离焦和色差将在 13.4 节进一步探讨。

对于多层反射膜,每个界面的反射率都很小,光线可以穿透到膜层深处。大量的子波具有相当的振幅,例如,所有的单次反射光或所有的三次反射光等。多层膜所有分波的平均反射深度称为有效深度 z_{eff}。对于如 18 层的高反膜,几乎没有光线到达膜层底部。根据有效深度定义,离轴入射光线与反射光线之间的平均偏移量为 d_{eff},如图 13.16 所示。s 光和 p

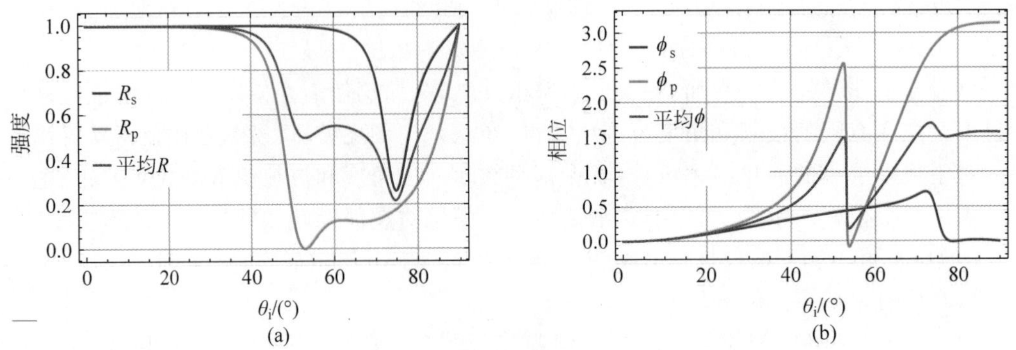

图 13.14 18 层增反膜的光强反射率(a)和相位(b)随入射角的变化。
波长为 0.55 μm,s 光和 p 光从不同的有效深度反射

光的相位差表明,具有较高振幅反射率的 s 分量反射时距离有效反射表面较近,而 p 分量距离有效反射表面更远。

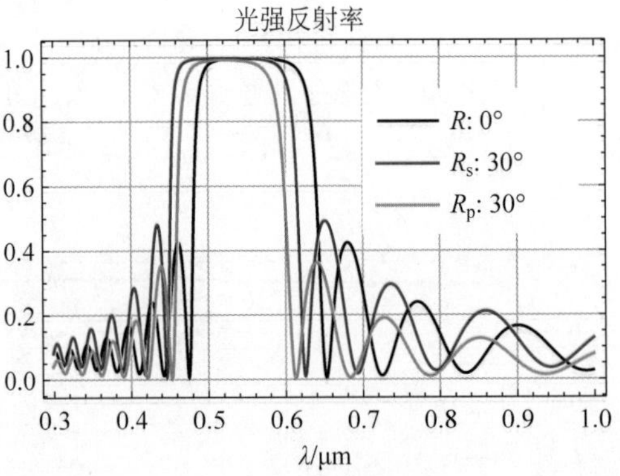

图 13.15 在 0°和 30°入射条件下,18 层增反膜的光强反射率与波长的关系。
随着入射角增大,光谱带向较短的波长移动,称为"蓝移"

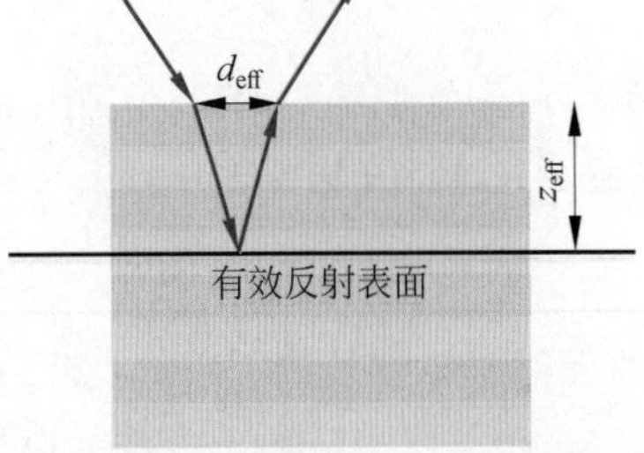

图 13.16 多层膜的反射光可以使用所有子波反射的平均深度——有效深度 z_{eff} 表征。
反射光线与入射光线的平均偏移量为 d_{eff}

13.3.4 偏振分束器

一个理想的偏振分束器(PBS)可以将入射光完全分为 s 分量和 p 分量,其中 p 分量透

射、s 分量反射。实际的分束器接近该理想状态，但仍然受限于多层膜理论和膜系材料。因此，偏振分束器仅有有限的入射角和波长范围，该范围内可以达到非常好的消光比（例如 1000∶1）。当球面波入射时，有效孔径内的入射角变化会引起偏振像差。理想的偏振分光膜可以认为是一种理想的 p 分量减反膜和 s 分量增反膜。然而，同时具有高消光比、宽波长范围和大入射角范围的偏振分光膜设计是非常困难的。

经过偏振分束器的光束通常可分为以下三类[7]：

（1）光的传播路径和偏振均准确；

（2）光的传播路径不准确；

（3）光的传播路径正确但偏振不准确。

一种 PBS 膜的设计方法是将一层层工作在布儒斯特角附近的偏振膜堆叠在一起。当光束以布儒斯特角入射单层膜时，所有的 p 偏振分量被透射，部分 s 偏振分量被反射。堆叠层数越多，s 分量的总反射率越高。对于这类堆叠式偏振器，由于反射光束是纯 s 偏振的，因此偏振度很高。另外一些 s 偏振光透射，导致透射光的偏振度和消光比较低。一般情况下，PBS 的反射光束具有较高的消光比和二向衰减，而透射光束的质量较低。因此，当使用 PBS 作为偏振器时，优选反射光束。

许多光学系统更倾向于选用入射角在 45°左右的 PBS，此时透射光束和反射光束相互正交。45°的 PBS 称为偏振分束立方体，如图 13.17 所示。在一块高折射率直角棱镜的斜面上镀偏振分光膜，然后将其粘到另一块直角棱镜上。直角棱镜的通光面镀减反膜以提高透过率。

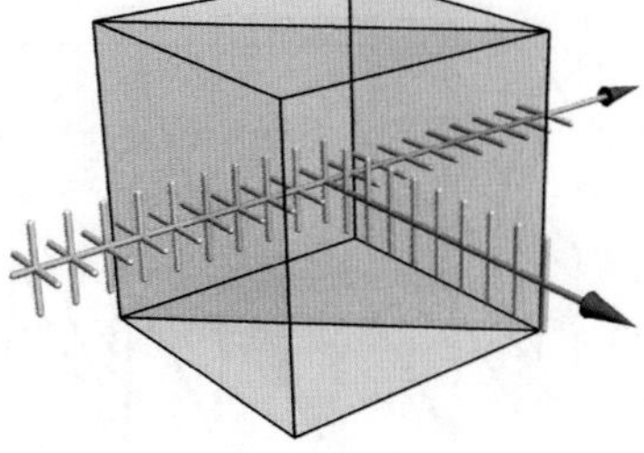

(a)

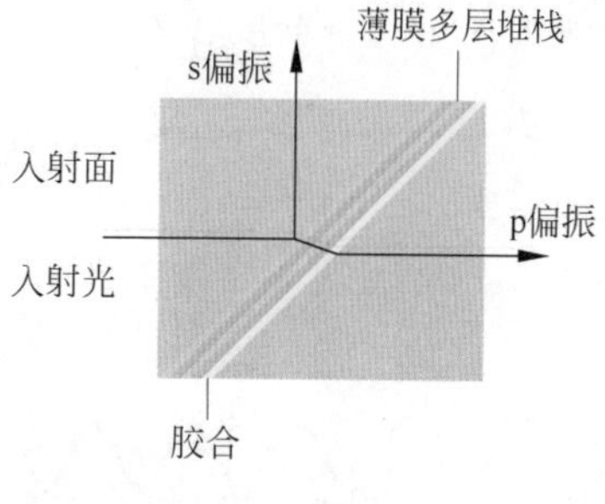

(b)

图 13.17　偏振分束立方体。(a)s 分量反射、p 分量透射。(b)在一个直角棱镜的斜面上镀偏振分光膜，然后和另一个直角棱镜胶合在一起

为了更好地利用布儒斯特角，许多 PBS 膜层的入射角设计为 55～60°左右，这种设计更容易具有更大的角度和波长带宽。文献中包含了大量各种波长和角度的 PBS 膜设计。PBS 膜的早期理论由 MacNeille 提出[8]。本节分析 MacNeille 分束器的一个例子，以理解其性能以及对偏振像差对影响，其中直角棱镜选用 SF5 玻璃，工作波长为 550nm。偏振分光膜交替使用 ZnS 和 MgF_2 两种高、低折射率材料，厚度分别为

$$t_{ZnS}=\frac{\lambda}{4n_{ZnS}\sqrt{n_{ZnS}^2+n_{MgF_2}^2}} \quad 和 \quad t_{MgF_2}=\frac{\lambda}{4n_{MgF_2}\sqrt{n_{ZnS}^2+n_{MgF_2}^2}} \tag{13.34}$$

图 13.18(a)展示了透射率、反射率与膜层数的函数关系。p 偏振分量在布儒斯特角完全透射，所以 T_p 与层数弱相关。s 偏振反射率在 1 至 10 层对内稳定增加，然后随着层对的

持续增加而振荡。采用这种设计,可在 0.55～0.7μm 获得很高的 p 光透射率和 s 光反射率。

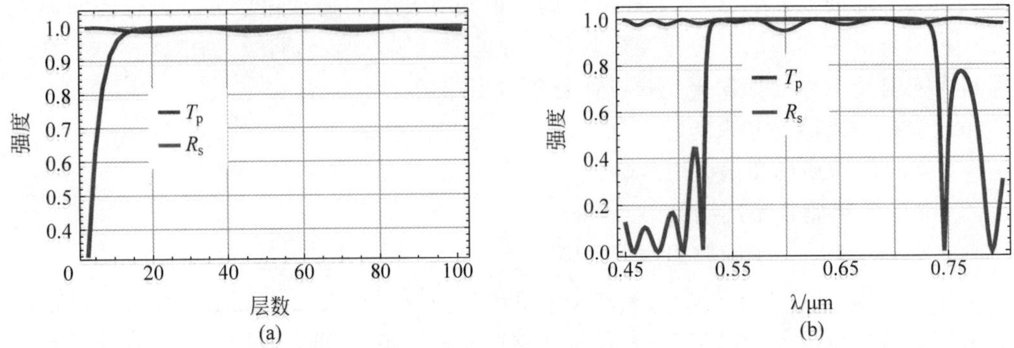

图 13.18 (a)MacNeille 分光膜的光强透射率、反射率与膜层数的关系,优化波长为 0.55μm。(b)23 层 MacNeille 分光膜的反射、透射强度。膜层厚度的计算波长为 0.55μm

在波长为 550nm 优化的 37 层 MacNeille 分光膜的性能如图 13.19 所示,图中分别给出了短波 400nm、优化波长 550nm 和长波 730nm 的结果,并且仅仅显示了所需的 s 分量反射光和 p 分量透射光。设计波长 550nm 处,入射角在 41～47°,p 透射和 s 反射都很高(约 100%)且非常稳定,在 6°范围内提供了良好的偏振分束性能。波长 440nm 处,s 反射率低于 0.2,大部分 s、p 偏振光透射,没有起到偏振分束的作用。波长 730nm 处,入射角在 46°以下时有偏振分束功能,其中 s 反射率较高但 p 透射率随波长振荡,残余的 p 偏振光被反射,因此反射光束的质量和偏振度较差。

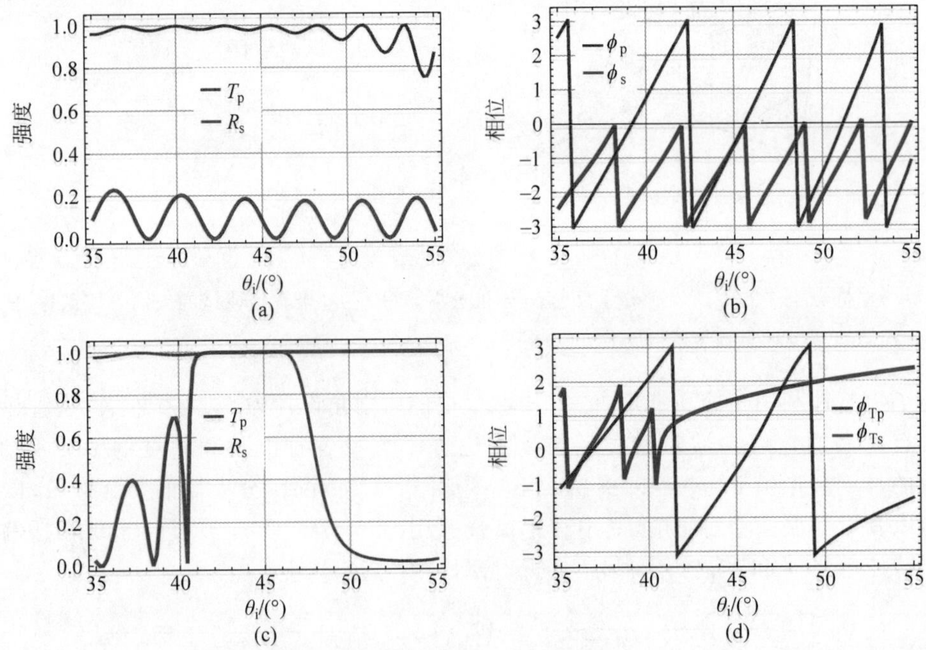

图 13.19 37 层 MacNeille 分光膜在波长 440nm((a),(b))、550nm((c),(d))、730nm((e),(f))的强度((a),(c),(e))和相位((b),(d),(f))与入射角的函数关系。膜层厚度针对 550nm 优化。图(b),(d),(f)竖线为式(13.26)和式(13.28)中的反正切函数引起的 2π 相位突变

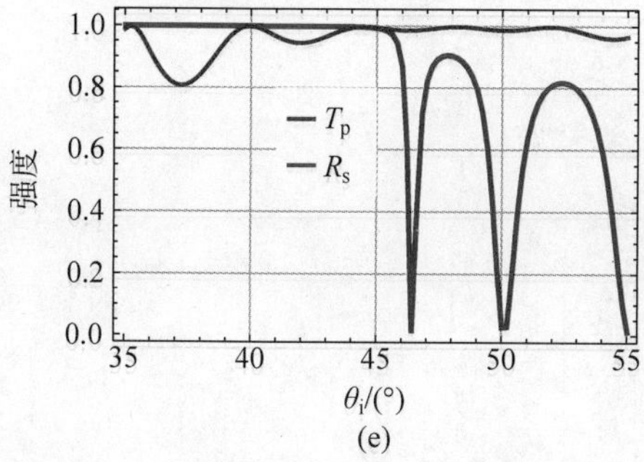

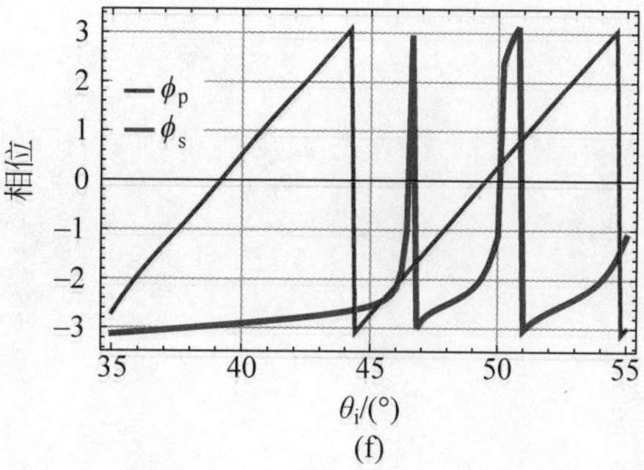

图 13.19 （续）

数学小贴士 13.1　多项式曲线拟合

多层膜振幅系数方程非常复杂以至于几乎不可能求得解析解。为理解多层膜像差和评估其对成像的影响，将系数进行线性、二次或三次多项式展开，这提供了巨大的潜力，有助于将膜层性能与二阶、四阶等一系列阶次的波前像差对应。因此，将振幅系数拟合为多项式不仅易于操作而且与像差理论吻合。泰勒级数近似法（8.5.1 节）提供了一种算法，通过拟合目标点邻域的数值、一阶导数、二阶导数等方式计算多项式系数。这些泰勒级数拟合值会偏离该点，偏离量通常作为级数中的下一阶多项式。因此，二次拟合通常会以三次方形式偏离其拟合的函数，以此类推。

许多情况下，使用最小二乘拟合法在整个感兴趣的范围内对函数进行拟合比泰勒级数近似法更加便捷。近似函数和精确函数之差的平方和的平方根（RMS 均方根）是拟合的目标函数，通过最小化 RMS 可计算得到各系数。设 $g(x)$ 是精确函数 $f(x)$ 的近似函数。函数连续时 RMS 计算如下：

$$\mathrm{RMS}=\frac{1}{x_2-x_1}\sqrt{\int_{x_1}^{x_2}[f(x)-g(x)]^2\mathrm{d}x} \tag{13.35}$$

类似地，对于 N 个离散数据点，RMS 可由下式计算：

$$\mathrm{RMS}=\frac{1}{x_N-x_1}\sqrt{\sum_{n=1}^{N}[f(x_n)-g(x_n)]^2} \tag{13.36}$$

在拟合中采用平方根的优点在于其量纲与所拟合的函数保持一致。

许多不同的函数用于曲线拟合。正弦和余弦是傅里叶级数拟合的基础。许多形式的多项式，如勒让德和切比雪夫多项式，为某类问题提供了极好的基函数。这里我们关注的重点是，通过简单的多项式拟合便捷地表征菲涅耳函数和其他薄膜函数。需要找到一个 N 阶多项式函数 $f(x)$，

$$f(x)=a_0+a_1x+a_2x^2+a_3x^3+\cdots+a_Nx^N=\sum_{n=0}^{N}a_nx^n \tag{13.37}$$

使得该函数距离 M 个数据点集（$dx_1,dx_2,\cdots,dx_m,\cdots,dx_M$）最近。一般情况下，如果 $M=N+1$，则可以找到一个多项式使得 $f(x)$ 正好通过该数据点集。如果 $M>N+1$，则可以通过最小二乘拟合最小化误差的平方根，使得函数 $f(x)$ 距离数据点集最近。

$$\Delta(a_0,a_1,a_2,\cdots,a_N)=\sum_{n=0}^{N}[f(x_m)-\mathrm{d}x_m]^2 \tag{13.38}$$

如果 $M=N+1$,多项式的系数可由以下矩阵方程计算:

$$\begin{pmatrix}1 & x_1 & x_1^2 & \cdots & x_1^N\\ 1 & x_2 & x_2^2 & & x_2^N\\ 1 & x_3 & x_3^2 & & x_3^N\\ \vdots & & & \ddots & \\ 1 & x_N & x_N^2 & & x_N^N\end{pmatrix}\begin{pmatrix}a_0\\ a_1\\ a_2\\ \vdots\\ a_N\end{pmatrix}=\begin{pmatrix}d_0\\ d_1\\ d_2\\ \vdots\\ d_N\end{pmatrix}=\boldsymbol{Xa}=d \tag{13.39}$$

其中,每行矢量积评估 $f(x)$的一个点。例如,对于四个数据点集的三阶方程拟合

$$\begin{pmatrix}1 & x_1 & x_1^2 & x_1^3\\ 1 & x_2 & x_2^2 & x_3^3\\ 1 & x_3 & x_3^2 & x_3^3\\ 1 & x_4 & x_4^2 & x_4^3\end{pmatrix}\begin{pmatrix}a_0\\ a_1\\ a_2\\ a_3\end{pmatrix}=\begin{pmatrix}d_0\\ d_1\\ d_2\\ d_3\end{pmatrix}=\boldsymbol{Xa} \tag{13.40}$$

该多项式系数可通过 $\boldsymbol{X}$ 的逆矩阵与点集相乘来求得。

$$\boldsymbol{X}^{-1}\boldsymbol{d}=\boldsymbol{a}=(a_0\quad a_1\quad a_2\quad a_3)^{\mathrm{T}} \tag{13.41}$$

假设所有的 x_n 是唯一的,则解是准确且唯一的,$f(x)$经过所有数据点。如果 $M>N+1$,伪逆矩阵 $\boldsymbol{X}_p^{-1}$ 为最小二乘最优解。

$$\boldsymbol{X}_p^{-1}=(\boldsymbol{X}^{\mathrm{T}}\cdot\boldsymbol{X})^{-1}\cdot\boldsymbol{X}^{\mathrm{T}} \tag{13.42}$$

图 13.20 为四个菲涅耳振幅系数的拟合实例,拟合函数如下:

$$f(\theta)=a_0+a_2\theta^2+a_4\theta^4 \tag{13.43}$$

通过最小化振幅系数与拟合曲线之间的面积,最小二乘拟合可得到多项式系数 a_0、a_2 和 a_4。拟合函数与精确函数相交三次。与泰勒级数不同,这些值在原点不匹配。多项式拟合通常比泰勒级数法更逼近,但需要选择适合该问题的拟合方法。

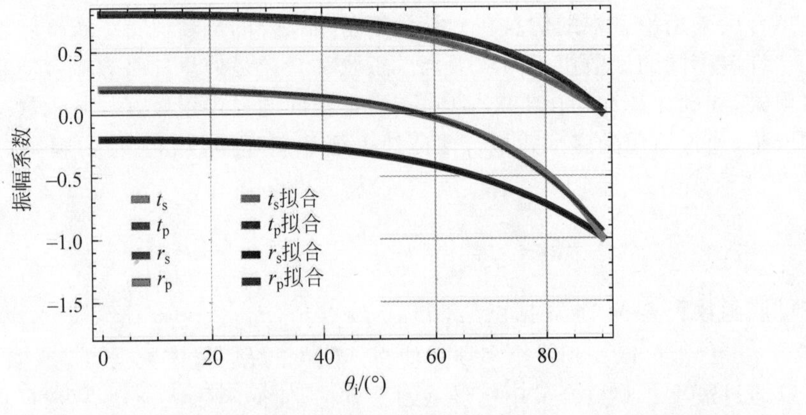

图 13.20 在 0°≤θ≤90°范围内,菲涅耳振幅系数与四阶多项式拟合的对比结果

13.4　对波前像差的影响

薄膜影响光学系统的波前像差、切趾和偏振像差。评估这些影响是在光学设计程序中增加偏振光线追迹能力的主要原因之一。图 13.21 用紫色标示了透镜入射表面和出射表面上的薄膜，为了清晰起见，膜层厚度做了放大处理。需要注意的是，薄膜可以等效为一块与主透镜粘接在一起的弯月透镜。根据透镜公式，等半径弯月透镜具有很小但非零的光焦度。近轴光学公式可用来计算这种薄透镜的焦距和纵向色差的影响。尤其是当考虑薄膜中发生多次反射情况时，这种算法是否会对焦距产生适当的校正？一种更好的方法是将透镜、前后表面的膜层和它们的近轴特性用二次相位变化来表征，如式(13.44)所示。

$$\Phi(\theta) \approx \Phi_2 \theta^2 \tag{13.44}$$

其中，Φ_2 表征了二次相位变化 Φ，单位为弧度。

图 13.21　玻璃透镜前后表面的薄膜（紫色），为了清晰显示，膜厚做了夸大处理。
薄膜与玻璃透镜组合时充当非常弱的透镜

接下来，考虑反射薄膜的离焦和色差，这里选用图 13.14 中描述的 18 层增反膜为例。为了研究参考波长为 550nm 处的离焦贡献，图 13.22 给出了增反膜 s 和 p 相位，包括平均相位（紫色）及其小角度入射的二次拟合（绿色）。可以看出入射角小于 30°时，平均相位很好地拟合为角度的二次方。这种二次方贡献意味着，当在轴对称反射镜上镀膜并且轴上照射时，薄膜会产生离焦波前像差。离焦量大小可由边缘光线入射角的二次方评估。这种离焦随波长而变化，因此会引入一个较小的纵向色差。在反射率低或迅速变化的光谱区域（图 13.15，黑色），如 475～490nm，子波之间的相长和相消干涉随入射角迅速变化，导致相位变化，因此镀膜引起的像差倾向于更大。图 13.23 为该光谱范围内对于小角度（0～30°）的 s、p 和平均相移。在 475nm 处，反射率非常低，平均相位呈二次方变化且为负值（品红）。到 480nm 时，平均二次相位为正且最大，然后从 480nm 到 500nm 逐渐减小，这对应于高反射率光谱带。475nm 处来自薄膜的高阶残余对反射镜的球差和高阶像差有贡献。图 13.24 绘制了入射角分别为 0、0.2rad 和 0.4rad 时平均相位与波长的函数关系。曲线离得越近，产生的离焦越小。

一些简单方法可以估算相位的二次变化系数。例如，使用有限差分法评估 0°和 θ_0（小入射角）下的 s 和 p 相位的二次相位变化系数 Φ_2（式(13.44)）近似为

$$\Phi_2 = \left[\frac{\phi_p(\theta_0) + \phi_s(\theta_0)}{2} - \phi(0)\right] \Big/ \theta_0^2 \tag{13.45}$$

入射角 $\theta_0 = 0.1$rad 下离焦量变化系数 Φ_2 与波长的关系如图 13.25 所示。对应的纵向色差与波长高度相关。因此，图 13.24(b)同时包含了薄膜的延迟像差和波前像差贡献信息。

因此，可以从振幅系数计算和分析薄膜对透镜光焦度和波前像差的贡献。通常，薄膜对透镜光焦度的贡献很小。在某些情况下，特别是在大量子波显著存在，或者薄膜用于振幅发生较大振荡的角度或光谱区域情况下，需要重视薄膜的这些贡献。

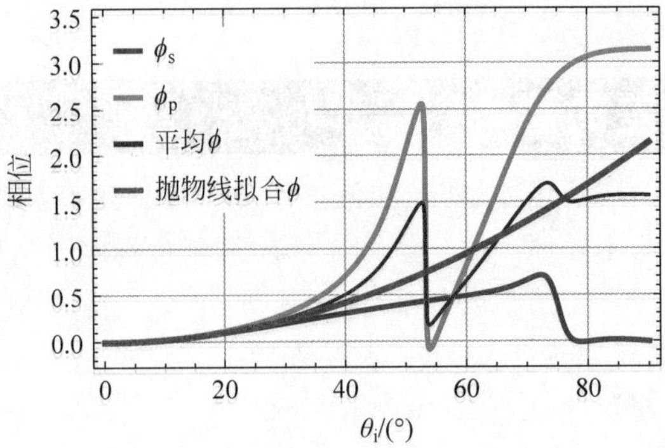

图 13.22 18 层增反膜在 550nm 参考波长处的相位与入射角的关系。对于小角度,s 相位(橙色)和 p 相位(红色)与角度近似成二次方函数关系且近乎相等。入射角小于 30°时,平均相位(紫色)很好地拟合为二次方曲线(绿色),表明当光束沿轴向入射到径向对称反射镜时,膜层将产生离焦

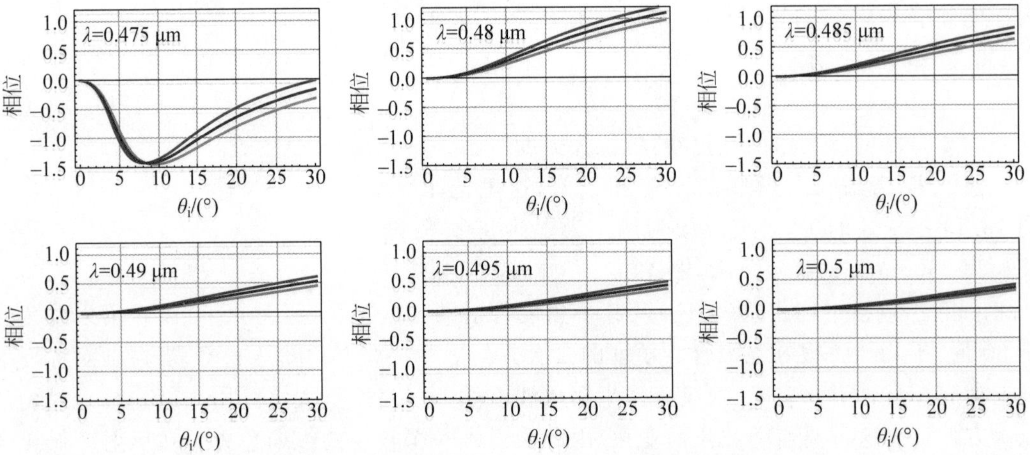

图 13.23 475~500nm 光谱区域内的 s 相位(橙色)、p 相位(红色)和平均相位(紫色)变化,该光谱范围内反射率剧烈变化。从 480nm 到 500nm,相位近似呈二次方变化,并逐渐减小。该相位变化引起色差。475nm 处,反射率很低,相位变化有明显的高阶项

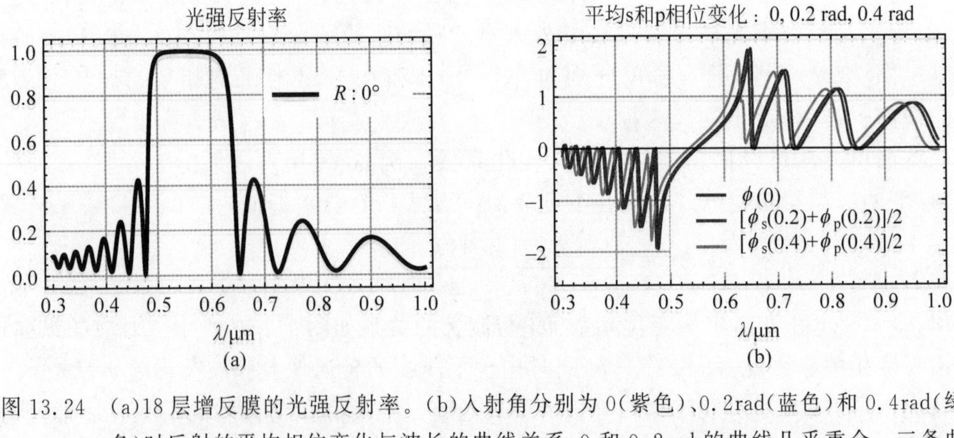

图 13.24 (a)18 层增反膜的光强反射率。(b)入射角分别为 0(紫色)、0.2rad(蓝色)和 0.4rad(绿色)时反射的平均相位变化与波长的曲线关系,0 和 0.2rad 的曲线几乎重合。三条曲线与零相位相交的位置,膜层的离焦贡献为零,例如 520nm 和 540nm 附近

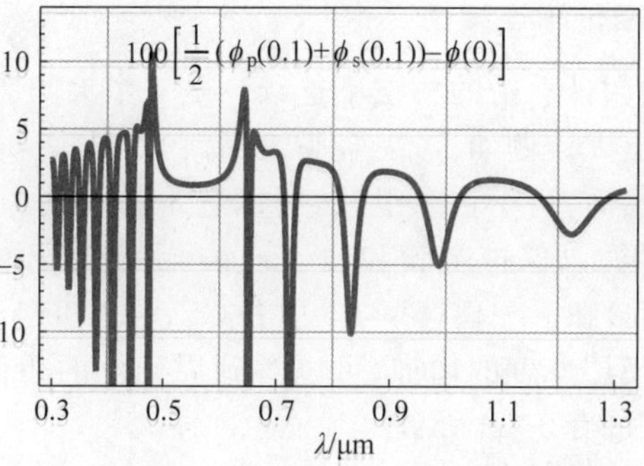

图 13.25　18 层增反膜(图 13.15)的二次相位系数 Φ_2 随波长的变化代表了不同波长下的相对离焦量，即色差。单位为离焦波前像差的弧度/薄膜边缘光线角的弧度

13.5　相位不连续性

薄膜计算及其解释中的另一个问题是振幅系数的相位跳变。根据式(13.26)的反正切函数可知，复振幅系数的相位通常只能在 $-\pi$ 到 π 范围内反复。但从物理上讲，随着入射角或波长的变化，相位可以变化多个波数。因此，在相位图中，尤其在比较厚的薄膜中，薄膜程序输出中可能出现一个或多个 2π 相位不连续，但这种不连续是计算程序导致而非真实状态。图 13.26 绘制了 $\lambda/4$ MgF_2 作为减反膜时的相位不连续性，其中出现相位不连续性时，延迟不连续性也必然出现。图 13.22 显示了入射角在 53°左右时出现的相位不连续。

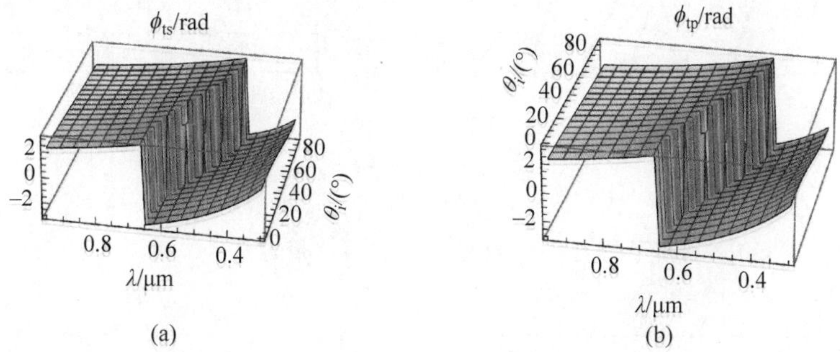

图 13.26　光线通过减反膜的透射相位不连续现象。相位不连续出现在 550nm(正入射)至 700nm(掠入射)带宽范围内。该情况下，s(a)和 p(b)相位不连续位置非常接近

这些相位不连续性可能会给某些分析带来麻烦，例如绝对相位或波前像差的计算；可对 s 相位和 p 相位各自进行相位展开操作。第 16 章中描述的点扩散函数和光学传递函数的计算需要对出瞳的复振幅和波前图进行傅里叶变换。在傅里叶变换中，输入量是笛卡儿形式($z=x+iy$)的复数值阵列。幸运的是，傅里叶变换不受出瞳函数中的 2π 相位跳变的影响。因此，该重要计算不需要进行相位展开。

与本节的问题类似，厚延迟器的相位展开也是一个常见问题，将在第 26 章中讨论。

例 13.1　金膜保护层的相位不连续性

膜层较厚时,振幅系数计算中的相位不连续性是一个大问题,这是因为光的光程长度随波长和入射角的变化更大。例如,考虑金膜表面镀一层厚的介电保护层,金膜反射镜是非常好的红外反射器。然而,由于黄金很软,所以它不易清洁。因此,通常在金膜上再镀一层坚硬透明的电介质层,以保护金膜和便于清洁。一般氧化铝材料(蓝宝石)为首选。图 13.27 绘制了 s 相位(a)和 p 相位(b)与入射角($0°<\theta<90°$)和厚度($0<t<0.250\,\mu m$)的函数关系。随着保护膜层厚度的增加,可以看到周期性的相位变化。相位展开算法能够展开超过 $\pm\pi$ 的相位,如第 26 章所示。

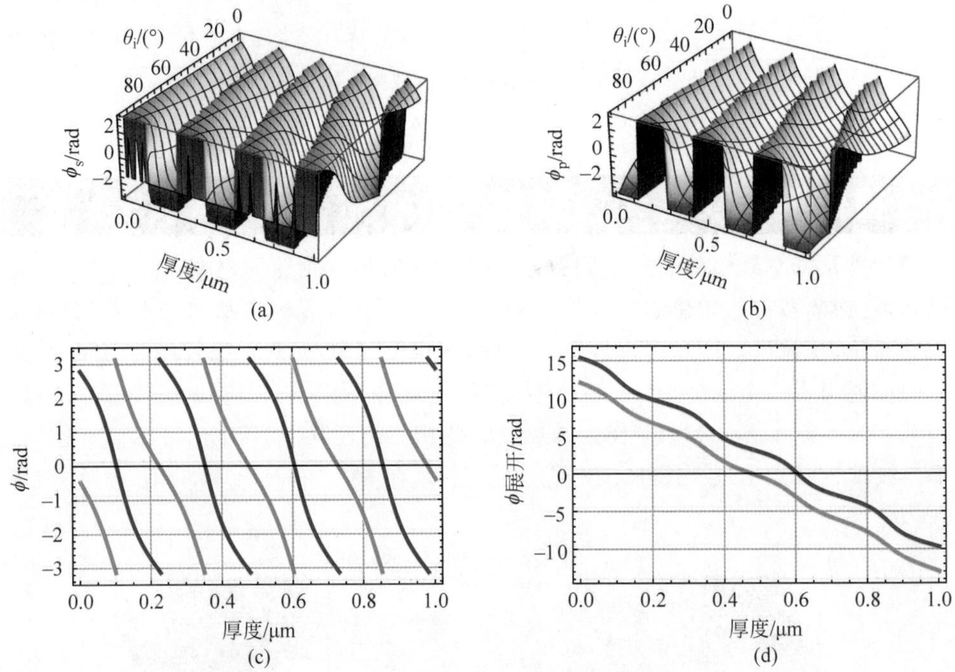

图 13.27　((a),(b))金膜上镀 Al_2O_3 保护膜的相位变化。相位随保护膜厚度呈 2π 周期性跳变。((c),(d))30°入射角下的 s 相位(红色)和 p 相位(橙色)。(c)相位在 $-\pi$ 到 $+\pi$ 之间跳变。(d)相位展开

13.6　小结

本章回顾了单层和多层薄膜公式,并将其应用于一系列特别感兴趣的膜系实例中进行偏振分析。偏振特性由 s 偏振和 p 偏振的振幅反射系数和振幅透射系数完全描述,与菲涅耳系数相似。

单层减反膜,如玻璃表面的 $\lambda/4$ 氟化镁,既可提高透过率又大大降低了二向衰减,同时解决了两个问题。分束器可以由几纳米厚的金属薄膜制成,但这种单层膜在 s 和 p 分量特性上差异很大,产生显著的二向衰减和延迟。制作无偏分束器需要更复杂的膜系。此外,对于许多供应商和在许多产品目录中,无偏仅意味着 s 和 p 分量的反射率和透射率相等,但并

不代表 s 和 p 分量的相位变化也相等。因此，除非使用更复杂的相位匹配设计，否则右旋圆偏振光经过无偏分束器后，其反射光和透射光不再是圆偏振而是椭圆偏振的。

通过多层 $\lambda/4$ 膜的高、低折射率层交替排列，可以实现高反射膜的制备，其反射率比金属膜高得多。由于每层的反射很小，因此需要大量的膜层。由于光线深入到膜系中，这类高反膜对角度和偏振的敏感度比金属膜大得多，产生大量的相位变化，从而影响波前像差。因此，厚的膜系通常会产生比较大(在可测量的量级)的离焦、色差、彗差、像散以及其他像差，应在高性能光学系统中仔细分析。

类似的膜系设计可用于偏光分束器。偏振光分束器反射光中的 s 分量要比透射光中的 p 分量纯很多。因此，当偏振分束器用作偏振器时，通常优选反射光束。偏振分束器的相位随入射角度变化明显，在会聚和发散光束中会产生像差。

这些例子旨在演示分析振幅系数的幅值和相位图的方法，以评估膜层引起的波前像差、切趾、二向衰减和延迟。然后，可以比较不同的膜层，并且可以将膜层带来像差与其他光学设计信息综合在一起。一般来说，膜层引起的波前像差可能很小，光学设计师可能会忽视这些像差，但这将带来潜在的危险，尤其是在当今光学分析软件使得偏振光线追迹变得更容易的情况下。

13.7　附录：单层膜公式的推导

考虑一束振幅为 E_{inc} 的入射光。空气/薄膜、薄膜/基底和薄膜/空气界面处的振幅反射系数为界面菲涅耳系数 r_{01}、r_{12} 和 r_{10}。同理，通过空气/薄膜、薄膜/基底和薄膜/空气界面的振幅透射系数为菲涅耳系数 t_{01}、t_{12} 和 t_{10}。图 13.28 显示了前三次反射子波。反射子波的振幅如下所示：

$$\begin{cases} E_I = r_{01} E_{\text{inc}} \\ E_{II} = t_{01} r_{12} t_{10} E_{\text{inc}} \mathrm{e}^{\mathrm{i}\alpha} = t_{01} t_{10} r_{12} \mathrm{e}^{\mathrm{i}\alpha} E_{\text{inc}} \\ E_{III} = t_{01} r_{12} r_{10} r_{12} t_{10} E_{\text{inc}} \mathrm{e}^{\mathrm{i}2\alpha} = t_{01} t_{10} r_{12}^2 r_{10} \mathrm{e}^{\mathrm{i}2\alpha} E_{\text{inc}} \\ \vdots \\ E_N = t_{01} t_{10} r_{12} (r_{12} r_{10} \mathrm{e}^{\mathrm{i}\alpha})^N E_{\text{inc}} \end{cases} \tag{13.46}$$

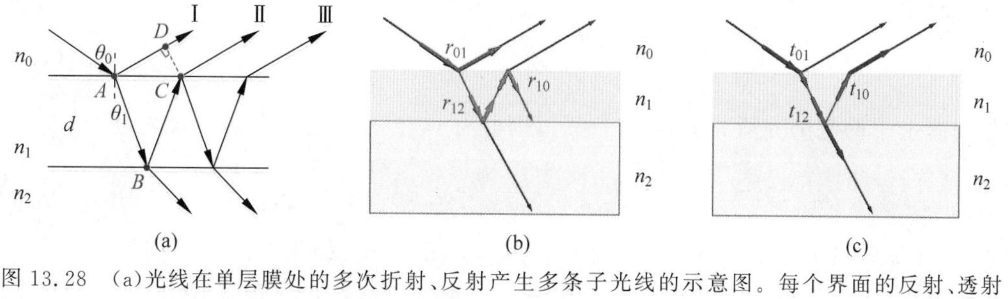

图 13.28　(a)光线在单层膜处的多次折射、反射产生多条子光线的示意图。每个界面的反射、透射菲涅耳振幅系数如图(b)和图(c)所示

因此，子波振幅形成一组几何级数($a, ax, ax^2, ax^3, \cdots$)，其中每个连续项被乘以 $r_{12} r_{10} \mathrm{e}^{\mathrm{i}\alpha}$。设 $\alpha = 2\beta$ 为相位：

$$\alpha = 2\beta = \frac{2\pi}{\lambda}\Delta \mathrm{OPL}_{I,II}$$

其中,

$$\Delta \mathrm{OPL}_{I,II} = \mathrm{OPL}_{ABC} - \mathrm{OPL}_{AD}$$

其中,

$$\mathrm{OPL}_{ABC} = 2n_1 \frac{d}{\cos\theta_1} \quad \text{和 } \mathrm{OPL}_{AD} = 2n_0 d \tan\theta_1 \sin\theta_0$$

$$\Delta\ \mathrm{OPL}_{I,II} = \frac{2n_1 d - 2n_0 d \sin\theta_1 \sin\theta_0}{\cos\theta_1}$$

其中,

$$n_0 \sin\theta_0 = n_1 \sin\theta_1$$

$$\Delta\ \mathrm{OPL}_{I,II} = \frac{2n_1 d(1 - \sin^2\theta_1)}{\cos\theta_1} = 2n_1 d\cos\theta_1 \tag{13.47}$$

式中,当 $\Delta\mathrm{OPL}_{I,II} = 2n_1 d\cos\theta_1 = m\lambda$ 时发生相长干涉。总反射率为所有 E 分量之和($N \to \infty$),相当于几何级数之和

$$a + ax + ax^2 + ax^3 + \cdots = a\sum_{n=0}^{\infty} x^n = \frac{a}{1-x} \tag{13.48}$$

其中 $-1 < x < 1$。必须对 s 振幅反射系数重复一次,对 p 振幅反射系数重复一次,从而有

$$r = r_{01} + t_{01}t_{10}r_{12}\mathrm{e}^{\mathrm{i}\alpha} \lim_{N\to\infty}[1 + r_{12}r_{10}\mathrm{e}^{\mathrm{i}\alpha} + r_{12}^2 r_{10}^2 \mathrm{e}^{\mathrm{i}2\alpha} \cdots + r_{12}^{N-2} r_{10}^{N-2} \mathrm{e}^{\mathrm{i}(N-2)\alpha}]$$

$$= r_{01} + t_{01}t_{10}r_{12}\mathrm{e}^{\mathrm{i}\alpha}\sum_{n=0}^{\infty}(r_{12}r_{10}\mathrm{e}^{\mathrm{i}\alpha})^n = r_{01} + t_{01}t_{10}r_{12}\mathrm{e}^{\mathrm{i}\alpha}\sum_{n=0}^{\infty}(-r_{12}r_{01}\mathrm{e}^{\mathrm{i}\alpha})^n$$

$$= r_{01} + \frac{t_{01}t_{10}r_{12}\mathrm{e}^{\mathrm{i}\alpha}}{1 - r_{12}r_{10}\mathrm{e}^{\mathrm{i}\alpha}} = \frac{r_{01} - r_{01}r_{12}r_{10}\mathrm{e}^{\mathrm{i}\alpha} + t_{01}t_{10}r_{12}\mathrm{e}^{\mathrm{i}\alpha}}{1 - r_{12}r_{10}\mathrm{e}^{\mathrm{i}\alpha}}$$

$$= \frac{r_{01} - r_{12}\mathrm{e}^{\mathrm{i}\alpha}(r_{01}r_{10} - t_{01}t_{10})}{1 - r_{12}r_{10}\mathrm{e}^{\mathrm{i}\alpha}} = \frac{r_{01} + r_{12}\mathrm{e}^{\mathrm{i}\alpha}(-r_{01}r_{10} + t_{01}t_{10})}{1 - r_{12}r_{10}\mathrm{e}^{\mathrm{i}\alpha}}$$

$$= \frac{r_{01} + r_{12}\mathrm{e}^{\mathrm{i}\alpha}(r_{01}r_{01} + t_{01}t_{10})}{1 - r_{12}r_{10}\mathrm{e}^{\mathrm{i}\alpha}} = \frac{r_{01} + r_{12}\mathrm{e}^{\mathrm{i}\alpha}}{1 - r_{12}r_{10}\mathrm{e}^{\mathrm{i}\alpha}} = \frac{r_{01} + r_{12}\mathrm{e}^{\mathrm{i}\alpha}}{1 + r_{12}r_{01}\mathrm{e}^{\mathrm{i}\alpha}} \tag{13.49}$$

对于无吸收的薄膜,图 13.29 中的总反射强度和透射强度之和必须等于入射总强度,因此以下关系成立:

$$\begin{cases} 1 = r_{01}r_{01} + t_{01}t_{10}, \\ 0 = r_{01}t_{01} + t_{01}r_{10} \end{cases} \quad \text{于是} \quad \begin{cases} 1 = r_{01}^2 + t_{01}t_{10} \\ r_{01} = -r_{10} \end{cases} \tag{13.50}$$

如果薄膜上下两侧的介质相同,即 $n_0 = n_2$,因此有 $r_{12} = r_{10}$,反射振幅系数变为

$$r = \frac{r_{01} + r_{10}\mathrm{e}^{\mathrm{i}\alpha}}{1 - r_{10}r_{10}\mathrm{e}^{\mathrm{i}\alpha}} = \frac{r_{01} - r_{01}\mathrm{e}^{\mathrm{i}\alpha}}{1 - r_{01}^2\mathrm{e}^{\mathrm{i}\alpha}} = \frac{r_{01}(1 - \mathrm{e}^{\mathrm{i}\beta})}{1 - r_{01}^2\mathrm{e}^{\mathrm{i}\beta}} \tag{13.51}$$

同理,对于振幅透射系数 t_s 和 t_p,分别对 s 和 p 应用以下方程获得:

$$t = t_{01}t_{12}(1 + r_{12}r_{10}\mathrm{e}^{\mathrm{i}\alpha} + r_{12}^2 r_{10}^2 \mathrm{e}^{\mathrm{i}2\alpha} + \cdots) = t_{01}t_{12}\sum_{n=0}^{\infty}(r_{12}r_{10}\mathrm{e}^{\mathrm{i}\alpha})^n$$

$$= \frac{t_{01}t_{12}}{1 - r_{10}r_{12}\mathrm{e}^{\mathrm{i}\alpha}} = \frac{t_{01}t_{12}}{1 + r_{01}r_{12}\mathrm{e}^{\mathrm{i}\alpha}} \tag{13.52}$$

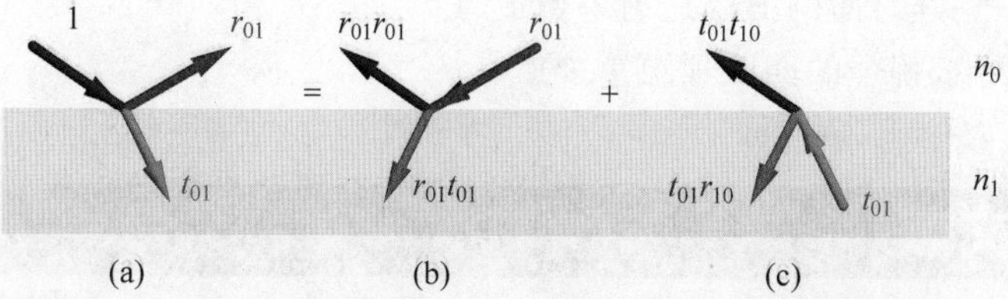

图 13.29　(a)振幅为 1 的入射光线(黑色箭头)在界面产生振幅系数分别为 r_{01} 和 t_{01} 的反射(蓝色箭头)和折射(绿色箭头)。(b)与反射光相反方向入射到界面的光,具有相同的振幅系数 r_{01},它折射(紫色)并反射(黑色)到与图(a)入射光相反的方向。在图(a)中,两条出射光线的振幅系数随着两条出射光线的变化而变化。(c)与中间图形类似,一条光线以与折射光相反的方向入射

13.8　习题集

13.1　写出入射角 60°时 $\lambda/4$ MgF_2 薄膜的特征矩阵,并计算 s 和 p 分量振幅系数。

13.2　图 13.6 为一层 MgF_2 减反膜的透射 s 和 p 分量相位变化。两种偏振的光程长度和相位变化相等。因此,相变和延迟产生自哪里?

13.3　在低折射率($n_2=1.386$)衬底上镀一层高折射率($n_1=2.895$)光学厚度为 $\lambda/4$ 的薄膜,波长 $\lambda=488\text{nm}$。当用这两种材料构建分束膜(反射率和透射率相等)时,工作角是多少?

13.4　求正入射时单层膜零反射的条件。根据式(13.13)和式(13.14),将振幅反射系数设置为 0,$a_s(\theta=0,n_0,n_1,n_2,t_1)=a_p(\theta=0,n_0,n_1,n_2,t_1)=0$,求解在正入射时反射为 0 的厚度 t_1 和折射率 n_1。

13.5　对于 n 个点,一定能够找到一个 $n-1$ 阶多项式,该多项式通过所有 n 个点。例如,考虑五个点$(x_0,f(x_0)),(x_1,f(x_1)),\cdots,(x_4,f(x_4))$,用四阶多项式 $f(x)=c_0+xc_1+x^2c_2+x^3c_3+x^4c_4$ 拟合。点与系数可以通过以下矩阵方程联系起来:

$$\begin{pmatrix} m_{00} & m_{01} & m_{02} & m_{03} & m_{04} \\ m_{10} & m_{11} & m_{12} & m_{13} & m_{14} \\ m_{20} & m_{21} & m_{22} & m_{23} & m_{24} \\ m_{30} & m_{31} & m_{32} & m_{33} & m_{34} \\ m_{40} & m_{41} & m_{42} & m_{43} & m_{44} \end{pmatrix} \begin{pmatrix} c_0 \\ c_1 \\ c_2 \\ c_3 \\ c_4 \end{pmatrix} = \begin{pmatrix} f(x_0) \\ f(x_1) \\ f(x_2) \\ f(x_3) \\ f(x_4) \end{pmatrix}$$

a. 求这个方程中的矩阵系数 m_{ij},用于由 $f(x)$集计算 c。

b. 写出计算多项式系数($c_0\cdots$)的矩阵方程。

c. 提供用一个二次函数拟合三个点得到 c_0、c_1 和 c_2 的方程。给出所有九个矩阵元素,它们为$(x_1,f(x_1))$,$(x_2,f(x_2))$和$(x_3,f(x_3))$的函数。

13.6　继续 13.5 的问题。

a. 提供用一个偶数阶四阶多项式拟合三个点得到 c_0、c_2 和 c_4 的方程。给出所有九个矩阵元素为$(x_0,f(x_0))$,$(x_2,f(x_2))$和$(x_4,f(x_4))$的函数。

b. 拟合空气-硅界面的振幅透射系数 t_s 和 t_p。

c. t_s 和 t_p 中,哪个的四阶项更重要?

13.9 参考文献

[1] I. J. Hodgkinson, F. Horowitz, H. A. Macleod, M. Sikkens, and J. J. Wharton, Measurement of the principal refractive indices of thin films deposited at oblique incidence, JOSA A 2(10) (1985): 1693-1697.

[2] I. J. Hodgkinson and Q. H. Wu, Birefringent Thin Films and Polarizing Elements, Singapore: World Scientific (1997).

[3] R. M. A. Azzam and M. M. K. Howlader, Fourth- and sixth-order polarization aberrations of antireflection-coated optical surfaces, Opt. Lett. 26 (2001): 1607-1608.

[4] F. Abelès, Researches sur la propagation des ondes électromagnétiques sinusoïdales dans les milieus stratifies. Applications aux couches minces, Ann. Phys. Paris, 12ième Series 5 (1950): 596-640.

[5] F. Abelès, Researches sur la propagation des ondes électromagnétiques sinusoïdales dans les milieus stratifies. Applications aux couches minces, Ann. Phys. Paris, 12ième Series 5 (1950): 706-784.

[6] H. A. Macleod, Thin-Film Optical Filters, 3rd edition, Taylor & Francis (2001).

[7] J. L. Pezzaniti and R. A. Chipman, Angular dependence of polarizing beam-splitter cubes, Appl. Opt. 33.10 (1994): 1916-1929.

[8] S. M. MacNeille, Beam splitter, U. S. Patent 2,403,731 (1946).